PROBABILITY & STATISTICS

Statistic Graph
All mentions:

Statistic Graph
All mentions:

50%

25%

100%

EXCEL
을 활용한 **확률과 통계**

이재원 · 이욱기 지음

북스힐

EXCEL 을 활용한 **확률과 통계**

초판 인쇄 | 2021년 9월 1일
초판 발행 | 2021년 9월 5일

지은이 | 이재원 · 이욱기
펴낸이 | 조승식
펴낸곳 | (주)도서출판 북스힐

등 록 | 1998년 7월 28일 제22-457호
주 소 | 서울시 강북구 한천로 153길 17
전 화 | (02) 994-0071
팩 스 | (02) 994-0073

홈페이지 | www.bookshill.com
이메일 | bookshill@bookshill.com

정가 36,000원
ISBN 979-11-5971-346-0

이재원 ljaewon@kumoh.ac.kr

성균관대학교 수학과를 졸업하고, 동 대학교 대학원에서 이학 석사, 이학 박사를 취득하였다. 1996년부터 국립 금오공과대학교 응용수학과에 재직하고 있으며, 미국 아이오와대학교에서 객원 교수를 지냈고, 한국수학교육학회, 대한수학회, 영남수학회 회원으로 활동하고 있다. 저서로 《기초통계학》, 《확률과 통계》, 《확률과 보험통계》, 《통계수학》, 《수리통계학의 이해》, 《쉽게 배우는 생활 속의 통계학》, 《금융수학》, 《기초수학》, 《기초 미분적분학》, 《미분적분학》, 《대학수학》, 《Mathematica로 배우는 대학수학》, 《미분방정식》, 《공업수학》 등이 있으며, 역서로 《미분적분학 바이블》, 《미분적분학 에센스》, 《공학도라면 반드시 알아야 할 최소한의 수학》 등이 있다.

이욱기 wookgee@kumoh.ac.kr

부산대학교 산업공학과를 졸업하였고, 포항공과대학교에서 공학 석사, 미국 루이빌대학교에서 공학 박사를 취득하였다. 1999년부터 국립 금오공과대학교 경영학과에 재직하고 있으며, 저서로 《확률과 통계》가 있다.

왜 엑셀로 통계학을 공부해야 하나?

빅데이터와 AI 분야가 부각되는 제4차 산업 시대에 접어들면서 통계학에 대한 관심이 높아지고 있다. 그러나 실제 교육 현장에서 대부분의 학생들은 '통계학을 왜 배우지?', '통계학을 어디에 사용하지?' 등의 의문을 품으며 통계학이 어렵다고 느낀다.

학생들이 통계학을 포기하는 가장 큰 요인은 바로 미분적분학으로 인해 복잡한 계산이 수반된다는 점이다. 미분적분학은 확률과 통계를 공부함에 있어 선행되어야 할 필수적인 학문이다. 그러다 보니 미분적분학에 약한 많은 학생들이 통계학에 대한 어려움을 느끼고 있다. 따라서 이 책은 가능한 한 미분적분학 내용을 최소화하면서 확률과 통계를 이해할 수 있도록 구성되었다. 또한 수기에 의한 계산 능력을 등한시할 수는 없지만 기본적인 계산을 제외한 대부분의 계산은 엑셀 프로그램을 이용했다. 엑셀을 이용하여 통계 처리를 하는 이유는 통계 처리를 위한 대부분의 소프트웨어는 가격이 높으면서 임대 형식인 반면, 엑셀은 거의 모든 컴퓨터에 탑재돼 있으면서 어디서나 쉽게 이용할 수 있고 통계적 처리 능력도 뛰어나다는 데 있다.

이 책은 실생활의 다양한 사례를 반영하여 예제와 연습문제 등을 구성하였다. 특히 통계청이나 지자체의 보고서를 비롯하여 신문, 잡지 등에 나온 통계자료를 이용함으로써 통계학에 친숙하게 다가갈 수 있도록 하였다. 이로써 여러분은 통계학을 '왜' 배우는지, '어디에' 사용하는지, '어떻게' 처리하는지 등을 자연스럽게 익힐 수 있을 것이다. 아울러 저자는 이러한 문제들을 통해 수학적 사고력이 아닌 통계적인 사고력이 함양될 수 있도록 노력하였다.

저자와 함께 공부한 어느 학생이 통계학 수업을 끝마칠 즈음에 한 말이 있다. 바로 '백문불여일견(百聞不如一見)'이다. 즉, 백 마디 말보다 통계자료인 숫자를 그림이나 그래프를 통해 자료를 요약·정리하는 방법을 터득하고, 이 수치를 과학적으로 분석하고 추론하는 과정을 직접 실시함으로써 통계학을 이해하게 되었다는 것이다. 저자는 이 학생이 통계학을 가장 정확하게 이해했다고 생각한다. 통계학을 단순히 숫자만 연상되는 딱딱한 학문이라 생각한다면 통계는 의미 없는 수치들의 집단이자 죽은 숫자에 불과하다. 그러나 그 속에서 의미를 찾기 시작한다면 숫자들은 살아 움직이며 각자가 품은 비밀들을 풀어 보여 줄 것이다. 이러한 수치들을 통해 집단의 규모나 분포를 알 수 있고, 분포가 어떻게 변하는지도 확인할 수 있다.

감사의 글

이 책의 기획에서 출판까지 수고를 아끼지 않은 북스힐 조승식 사장님과 박한솔 씨를 비롯한 편집부 관계자 분들께 감사의 말을 전한다.

지은이 **이 재 원, 이 욱 기**

이 책의 구성

이 책의 기본 집필 방향은 첫째로 가능한 한 수학적 지식을 배제한다는 것이고, 둘째로 통계처리를 위한 계산은 엑셀을 이용한다는 것이다. 이 방향 아래 두 학기용 통계학 교재에서 필수적이자 기본이 되는 내용으로 구성되어 있다. 이 책은 크게 기술통계학(1~4장), 확률(5~7장), 통계적 추론(8~15장)의 세 영역으로 구성되어 있다.

기술통계학 (Chapter 01~04)

Chapter 01 통계학이란? 통계학이란 무엇이고 왜 통계학을 배워야 하며 자료가 무엇인지 설명한다.

Chapter 02 기술통계학_범주형 자료 표, 그림 등을 이용하여 범주형 자료를 요약하는 방법을 설명한다.

Chapter 03 기술통계학_양적자료 표, 그림 등을 이용하여 양적자료를 요약하는 방법을 설명한다.

Chapter 04 기술통계학_수치 이용 수집한 자료를 대표할 수 있는 여러 가지 중심 척도와 산포의 척도에 대한 장단점을 비교하는 데 중점을 두고 있다.

확률(Chapter 05~07)

Chapter 05 확률의 기초 확률과 조건부확률의 개념을 설명한다.

Chapter 06 이산확률분포 확률변수의 의미와 확률을 구하는 방법 그리고 특수한 이산확률분포의 여러 특성을 소개한다.

Chapter 07 연속확률분포 연속확률변수의 의미와 정규분포에 대해 자세히 설명한다.

미리 보기

학생들이 효과적으로 통계학을 공부할 수 있도록 다음과 같은 다양한 도구를 활용하였다.

각종 데이터를 활용한 본문

실생활 및 사회에서 자주 쓰는 소재의 데이터로 설명하여 개념을 쉽게 이해하고 확장할 수 있도록 하였다.

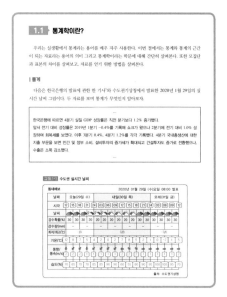

핵심 용어·주요 수식·성질

핵심 용어는 별색으로, 주요 수식과 정리 및 성질은 음영으로 강조하였다.

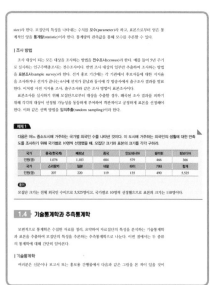

예제

신문 기사나 사회 문제 및 통계 자료를 활용한 문제를 출제하여 응용력을 키울 수 있도록 하였다. 엑셀을 활용하는 문제의 경우 X로 표시했다(이외의 계산 문제에도 엑셀을 활용할 수 있다).

엑셀 실습

각 소절의 내용을 엑셀로 실습하는 방법을 순서에 따라 자세히 설명하였다.

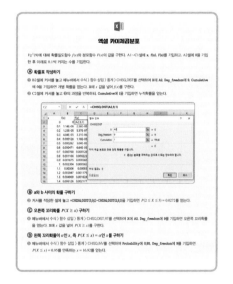

개념문제 / 연습문제 / 실전문제

각 장마다 개념문제, 연습문제, 실전문제를 두어 개념부터 순차적으로 학습한 내용을 응용할 수 있도록 하였다. 엑셀을 활용하는 문제의 경우 로 표시했다(이외의 계산 문제에도 엑셀을 활용할 수 있다).

학습 로드맵

이 책은 크게 세 영역으로 나뉘며 총 15장으로 구성되어 있다.

기술통계학

Chapter 01	Chapter 02	Chapter 03	Chapter 04
통계학이란?	기술통계학 _범주형 자료	기술통계학 _양적자료	기술통계학 _수치 이용

확 률

Chapter 05	Chapter 06	Chapter 07
확률의 기초	이산확률분포	연속확률분포

통계적 추론

Chapter 08	Chapter 09	Chapter 10	Chapter 11
표본분포	단일 모집단의 추정	두 모집단의 추정	단일 모집단의 가설검정

Chapter 12	Chapter 13	Chapter 14	Chapter 15
두 모집단의 가설검정	분산분석	회귀분석	카이제곱검정

■ 동영상 제공

다음 사이트에서 본 교재에 대한 동영상을 제공합니다.
http://www.kocw.or.kr/

■ 참고 문헌

1. 강상욱 외 8인. 통계학 입문. 제3판. 자유아카데미. 2014.
2. 강희찬 외 3인(역). 경영경제통계학(Applied Statistics in Business & Economics, David P. Doane, Lori E.Seward, 6e). 맥그로힐에듀케이션코리아. 2019.
3. 류귀열 외 4인(역). 앤더슨의 통계학(Essentials of Modern Business Statistics, D.R. Anderson 외 2인, 6e). 한올. 2017.
4. 이상규(역). 켈러의 경영경제통계학(Statistics for Management and Economics, 11ed, Gerald Keller). 센게이지러닝코리아(주). 2018.
5. 이재원. 생생한 사례로 배우는 확률과 통계. 한빛아카데미. 2016.
6. 이재원. 생활 속의 통계학. 북스힐. 2018.
7. 이재원, 이욱기. 공학인증을 위한 확률과 통계(4판). 북스힐. 2019.

엑셀 실습 전에

이 책의 엑셀 실습을 위해서 다음과 같이 엑셀의 **데이터 분석** 기능을 추가해야 한다.

❶ 메뉴바에서 파일〉더 보기...〉옵션〉추가 기능을 선택한다.

❷ 하단의 이동을 클릭한 후 다음 화면이 나오면 **분석 도구** 기능을 체크한다.

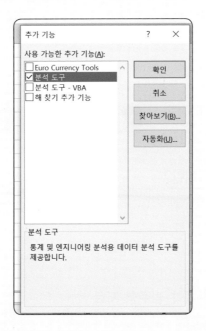

❸ 메뉴바에서 데이터 〉 데이터 분석을 선택하면 통계와 관련된 여러 엑셀 실습이 가능하다.

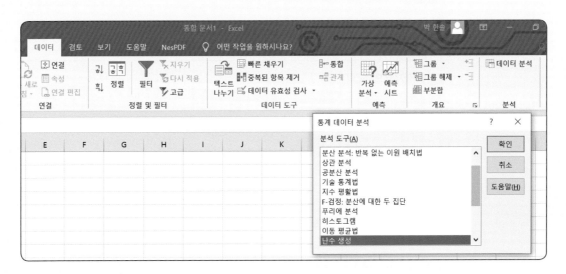

차 례

기술통계학

통계학이란?

What is Statistics?

어떤 통계적인 목적 아래 수집된 수치를 자료라 하며, 이 자료를 정리, 요약하여 그림으로 표현하거나 자료를 대표하는 수치를 계산하는 것을 기술통계학이라 한다. 이 같은 수치를 과학적으로 분석하여 추정하거나 예측하는 방법을 제시하기도 하는데, 이를 추측통계학이라 한다.

1장에서는 통계와 통계학의 의미를 살펴보고 통계학의 기초인 자료에 대해 알아본다. 또한 모집단과 표본의 차이를 살펴보고 통계학의 두 줄기인 기술통계학과 추측통계학을 비교해본다.

1.1 ▶ 통계학이란?

우리는 실생활에서 통계라는 용어를 매우 자주 사용한다. 이번 절에서는 통계와 통계의 근간이 되는 자료라는 용어의 의미 그리고 통계학이라는 학문에 대해 간단히 살펴본다. 또한 모집단과 표본의 차이를 살펴보고, 자료를 얻기 위한 방법을 살펴본다.

▎통계

다음은 한국은행의 발표에 관한 한 기사[1]와 수도권기상청에서 발표한 2020년 1월 29일의 실시간 날씨 그림이다. 두 자료를 보며 통계가 무엇인지 알아보자.

...

한국은행에 따르면 4분기 실질 GDP 성장률은 직전 분기보다 1.2% 증가했다.

앞서 전기 대비 성장률은 2019년 1분기 −0.4%를 기록해 쇼크가 왔으나 2분기에 전기 대비 1.0% 성장하며 회복세를 보였다. 이후 3분기 0.4%, 4분기 1.2%를 각각 기록했다. 4분기 국내총생산에 대한 지출 부문을 보면 민간 및 정부 소비, 설비투자의 증가세가 확대되고 건설투자도 증가로 전환했으나, 수출은 소폭 감소했다.

...

그림 1-1 수도권 실시간 날씨

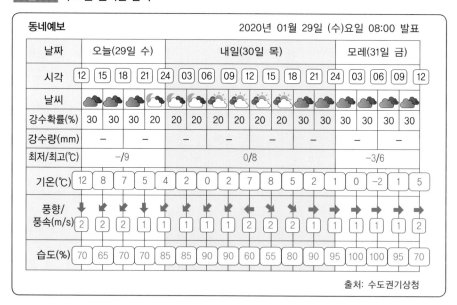

출처: 수도권기상청

---

[1] 김진솔(2020.01.22.). 한국은행 "작년 4분기 경제성장률 1.2%…연간 2.0% 성장". 매일경제.

위 기사에서 나온 분기별 GDP 성장률은 {1.2, −0.4, 1.0, 0.4, 1.2}(단위: %)이다. 그리고 수도권 실시간 날씨를 나타내는 [그림 1−1]로부터 시간대별 기온은 {7, 8, 7, 5, …}(단위: ℃), 강수확률은 {30, 30, 30, 20, …}(단위: %), 습도는 {70, 65, 70, 70, …}(단위: %)임을 알 수 있다. 이와 같이 사회나 자연환경의 여러 상황을 나타내는 수들의 집단을 **통계**(statistic)라 한다.

| 통계학

우리는 통계를 나타내는 수들을 일상생활에서 흔히 접하고 있으며 이런 수의 변화에 많은 관심을 갖는다. 예를 들어 분기마다 확인되는 GDP의 변화는 국가의 경제정책뿐만 아니라 기업과 국민의 생활경제에도 많은 영향을 미친다. 또한 실시간 날씨를 나타내는 수들을 통해 외출할 때 우산을 들고 갈지 외투를 입어야 하는지 등을 결정하게 될 것이다.

통계를 나타낼 때 기본이 되는 수치들은 관찰이나 측정을 통해 얻어지며, 이러한 수치를 **자료**(data)라 한다. 자료는 5년마다 실시되는 인구주택총조사처럼 일정한 주기로 얻기도 하며, 통계 프로그램 등을 이용한 시뮬레이션을 통해 자동적으로 생성하기도 한다. 또한 실시간 검색어와 같이 컴퓨터 프로그램에 의해 자동으로 기록되도록 할 수도 있다. 한편 기업을 경영하는 CEO 또는 경제학자들은 기업이나 국가의 여러 경제지표에 대한 수치를 분석함으로써 현 시점에서의 지표를 진단하고 새로운 정책을 입안하는 등 의사결정에 통계를 활용한다.

이와 같이 어떤 통계적 목적 아래 자료를 수집, 정리, 요약하고 과학적으로 분석하여 의사결정에 이르는 방법을 제시하는 학문이 바로 **통계학**(statistics)이다. 이때 **경영통계학**(business statistics)이란 국내외 경기동향의 변화뿐만 아니라 산업별 생산, 출하, 재고 및 매출에 관한 통계 등과 같은 자료를 분석하여 기업의 경영에 대한 의사결정을 제시하는 학문이다.

| 통계적 기법

이렇게 수집한 통계자료를 어떻게 표현하고 분석해야 할까? 즉, 수집한 자료를 어떻게 통계적으로 표현하고, 그 결과를 어떤 과정으로 분석하여 불확실한 미래를 어떤 방향으로 예측할 것인지 생각해야 한다. 더 나아가 예측치 또는 목표치를 달성하기 위한 방법까지 결정해야 한다. 이렇듯 수집한 자료를 표현하고 분석하기 위한 통계적 기법이 필요하다.

2018년과 2019년의 분기별 GDP를 나타낸 [표 1−1]을 살펴보자. 2019년도 1/4분기에는 마이너스 성장을 하였으며, 분기마다 약 1% 내외의 성장률로 성장한 것을 알 수 있다.

표 1-1 분기별 GDP 성장률

연도	2018				2019			
분기	1	2	3	4	1	2	3	4
성장률(%)	1.1	0.7	0.6	1.0	−0.4	1.1	0.4	1.2

이 통계자료를 [그림 1-2]와 같이 그림으로 나타내면 분기별 성장률을 더욱 쉽게 이해할 수 있다. 이와 같이 수치로 표현되는 통계적인 정보를 이해하기 쉽게 표나 그림으로 나타낼 수 있다.

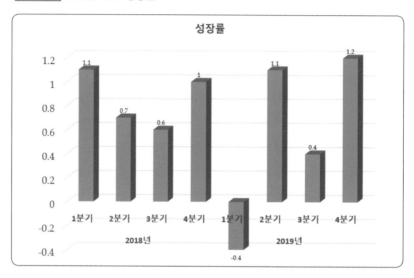

그림 1-2 분기별 GDP 성장률

이때 경제학자들은 2018년 1/4분기를 기준으로 2년 동안 GDP 성장률을 대표하여 평균 성장률이 0.7%라고 표현하기도 한다. 이와 같이 수집한 자료를 대표하는 수와 그 수들의 변동을 나타내는 척도를 구한다. 그리고 인구학자들은 5년마다 실시하는 인구주택총조사의 결과를 분석하여 50년 후의 우리나라 인구를 통계적으로 거의 정확하게 예측하기도 한다.

통계적 기법이란 통계로 표현되는 수들을 표와 그림으로 나타내거나 대푯값과 변동 척도를 구하고, 미래의 값을 과학적으로 예측하는 이러한 통계적 분석 방법을 말한다.

1.2 ▶ 자료

앞에서 언급한 것처럼 관찰이나 측정을 통해 수집한 수치를 자료라 하며, 통계적으로 처리되지 않은 최초에 수집된 본래의 자료를 **원자료**(raw data)라 한다. 모든 통계자료는 수치적인 척도로 표현되는 정량적인 자료와 그렇지 않은 정성적인 자료로 구분된다.

| 양적자료

사칙연산이 가능하며 수치적인 척도로 표현되는 자료는 정량적으로 크기를 비교할 수 있으며, 이러한 자료를 **양적자료**(quantitative data)라 한다. 예를 들어 다음과 같은 자료는 양적자료이다.

- 지난 한 달 동안 기록된 온도
- 150명 정원인 통계학과 학생의 키

온도의 경우 한 달 동안 일일 기온을 비교하여 어제보다 오늘 기온이 올랐는지 확인할 수 있다. 또한 키에 대한 자료에서도 측정값을 비교하여 A가 B보다 더 크거나 작다는 의미를 부여할 수 있다.

| 구간자료와 비율자료

양적자료는 자료의 특성에 따라 이산자료와 연속자료로 구분된다. 예를 들어 10년간 서울시에서 발생한 매년 범죄 건수와 같이 관측값이 정수인 자료를 **이산자료**(discrete data)라 한다. 반면 하루 동안의 온도 변화와 같이 지정된 구간 안에서 측정되는 자료를 **연속자료**(continuous data)라 한다. 그러나 수로 표현되는 자료 중 앞에서 살펴본 온도와 키에 대한 자료는 비율이라는 개념에 의해 구분된다. 예를 들어 어제는 34.5℃, 오늘은 35.8℃라 하면 어제보다 오늘 기온이 1.3℃ 더 높다고 할 수 있다. 이때 온도 35.8℃가 17.9℃인 날에 비해 뜨거운 정도가 두 배라고 말할 순 없다. 반면 174 cm인 성인의 키는 87 cm인 어린이의 키의 두 배라고 할 수 있다. 이 차이점은 온도의 경우 물이 어는 빙점을 0℃로 정함으로써 절대영점, 즉 없음을 의미하는 0의 개념이 없다는 것에서 비롯된다.

이와 같이 숫자들이 비율의 의미를 갖지 못하고 단순히 산술적으로 비교할 수 있거나 덧셈과 뺄셈이 가능한 자료를 **구간자료**(interval data)라 하고, 구간자료의 특성이 있으면서도 곱셈과 나눗셈이 가능한 비율의 의미를 갖는 자료를 **비율자료**(ratio data)라 한다. 온도, 지능지수, 혈압, 주가지수, 물가지수 등은 구간자료이지만, 몸무게, 키, 무게, 압력 등과 같이 대부분의 양적자료는 비율자료이다.

| 범주형 자료

혈액형, 성별, 국가명, 피부색, 종교 등을 나타내는 자료는 크기를 서로 비교할 수 없으며 수치적인 척도로 표현되지 않는다. 예를 들어 A형, B형, AB형, O형으로 구분되는 혈액형은 사칙연산이 가능하지 않으며, A형이 B형보다 크다 작다와 같은 비교가 불가능하다. 이와 같은 자료는 단순히 범주형으로 나타나며, 이를 **질적자료**(qualitative data) 또는 **범주형 자료**(categorical data)라 한다.

| 명목자료

지역별 우편번호나 전화번호와 같이 범주형 자료에 속한 범주를 분류하기 위해 각 범주에 수치를 부여할 수 있다. 이와 같이 각 범주를 수치화한 자료를 **명목자료**(nominal data)라 한다. 이때 수치는 수로써의 양적 의미가 있는 것이 아니고 단순히 각 범주를 설명하는 숫자이다. 예를 들어 혈액형을 다음과 같이 숫자로 표현할 수 있다.

A형 – 1   B형 – 2   O형 – 3   AB형 – 4

이때 반드시 1, 2, 3, 4와 같은 숫자를 이용해야 하는 것은 아니고 단지 구분되기만 하면 된다. 따라서 혈액형을 다음과 같이 수치화해도 무방하다.

A형 – 0   B형 – 1   O형 – 2   AB형 – 3

이와 같은 명목자료는 설문지 등에서 많이 볼 수 있다. 다음 만족도 조사에서 성별을 나타내는 범주인 남자와 여자를 각각 숫자 1과 2로 표현했으며, 만족 정도를 나타내는 다섯 가지 범주를 각각 숫자 1, 2, 3, 4, 5로 표현했다.

[만족도 조사]

1. 귀하의 성별은?
   ① 남자   ② 여자
2. 현재 당신은 직장생활에 만족하십니까?
   ① 매우 불만족   ② 불만족   ③ 보통   ④ 만족   ⑤ 매우 만족

| 서열자료

다음과 같은 각급 학교를 생각해보자. 각급 학교를 나타내는 범주에서 '초등학교 – 중학교 – 고등학교 – 대학 – 대학원'이라는 순서의 개념을 갖는다.

초등학교   중학교   고등학교   대학   대학원

만족도를 나타내는 다음 5개의 범주는 '불만족'보다는 '보통'이 좋고, 그보다는 '만족'이 좋다는 의미를 부여할 수 있다.

매우 불만족   불만족   보통   만족   매우 만족

이와 같이 순서의 개념을 갖는 범주형 자료를 **서열자료**(ordinal data)라 한다. 이런 서열자료에 숫자를 부여할 경우에는 순서를 유지하는 방향으로 제시해야 한다. 예를 들어 각급 학교를 나타내는 범주는 다음과 같이 숫자로 표현할 수 있다.

초등학교 – 1   중학교 – 2   고등학교 – 3   대학 – 4   대학원 – 5

같은 맥락으로 만족도를 나타내는 범주에는 위 만족도 조사의 예처럼 숫자를 부여한다.

서열자료에 부여된 숫자는 순서를 유지하면서 임의로 부여한 것이므로 구간자료와 같이 두 숫자 사이의 차이를 해석할 수는 없다.

| 집단화 자료

양적자료는 여러 개의 범주로 묶어서 표현할 수 있으며, 이와 같이 표현된 자료를 **집단화 자료**(grouped data)라 한다. 예를 들어 시험 점수를 다음과 같이 10점 간격으로 구분하여 A, B, C, D, F를 부여할 수 있으며, 이때 자료 A, B, C, D, F를 집단화 자료라 한다.

90점 이상 − A   80~89점 − B   70~79점 − C

60~69점 − D   59점 이하 − F

시험 점수를 60점 이상은 P(Pass), 59점 이하는 F(Fail)로 구분한 자료와 초봉을 5천만 원 이상은 A, 4천만 원 이상 5천만 원 미만은 B, 3천만 원 이상 4천만 원 미만은 C, 2천만 원 이상 3천만 원 미만은 D, 2천만 원 미만은 E 등으로 구분한 자료도 집단화 자료이다.

| 시계열 자료와 횡단면 자료

주식시장에 나오는 상장회사들의 주가는 매시간, 매일, 매월 변한다. 특정 지역의 토지에 대한 공시지가 또한 시간이 지나면서 변한다. 이와 같이 시간의 흐름에 따라 얻어지는 자료를 **시계열 자료**(time series data)라 한다. 예를 들어 코스피 지수, 코스닥 지수, 아파트 가격, 국가 브랜드, 월평균 온도, 월평균 환율, 월평균 유가 등은 시계열 자료이다.

이러한 시계열 자료는 [그림 1-3]과 같이 가로축에 시간을, 세로축에 측정값을 기입해서 나타내며, 관측값을 얻어내는 일정한 기간을 주기(period)라 한다.

반면 아파트 매매 거래량과 같이 동일한 시간대 또는 거의 비슷한 시점에 얻어지는 자료를 **횡단면 자료**(cross-sectional data)라 한다. 예를 들어 2018년도 지역별 공시지가, 아파트 거래량, OECD 국가별 1인당 GDP, 무역수지 등은 횡단면 자료이다.

그림 1-3 지난 10년간 원-달러 환율의 시계열 그림

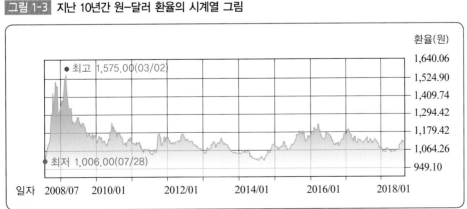

1.3 ▶ 모집단과 표본

통계학은 단순히 통계자료를 얻는 것으로 끝나지 않는다. 수집한 자료를 통해 필요한 정보를 얻고, 그 정보를 의사결정을 내리기 위한 도구로 사용해야 한다. 이 목표를 이루기 위해 다음 두 가지 방법으로 자료를 수집한다.

| 모집단

첫 번째 방법은 통계적 분석을 위한 모든 대상을 상대로 전수조사를 하는 것이다. 예를 들어 2020년 4월 15일에 실시된 제21대 국회의원선거에서 20대 유권자의 성향을 알기 위해 유권자 전체를 대상으로 조사하거나 우리나라 100대 기업의 재정 상태를 알기 위해 이 100개의 기업 각각을 조사할 수 있다. 이때 20대 유권자 전체 또는 100개 기업과 같이 조사 대상이 되는 모든 대상을 **모집단**(population)이라 한다. 특히 위 두 예처럼 유한개의 자료로 구성된 모집단을 **유한모집단**(finite population)이라 하고, 자료가 무수히 많은 모집단을 **무한모집단**(infinite population)이라 한다.

| 표본

100대 기업의 재정 상태를 조사한다면 단지 100개의 기업만 조사하면 된다. 반면 20대 이하 유권자의 지지 성향을 조사한다면 20대 이하 유권자인 7,950,285명[2]을 대상으로 지지 성향을 모두 조사해야 한다. 이는 사실상 경제적, 시간적 그리고 공간적인 측면으로 봐도 불가능하다. 따라서 각 여론조사 기관들은 그들 중 일부만 선정하여 20대 유권자의 성향을 분석하고, 그 결과를 이용하여 20대의 성향을 예측한다.

이와 같이 모집단으로부터 추출한 일부 대상을 **표본**(sample)이라 한다. 즉, 어떤 통계적인 목적을 가지고 통계 조사를 할 때 모집단은 그 대상이 되는 모든 요소들의 집합을 의미하며, 표본은 모집단의 부분집합으로서 제한적으로 선정된 요소들의 집합을 의미한다. 이때 모집단을 이루는 대상의 수를 **모집단 크기**(population size), 표본을 이루는 대상의 수를 **표본의 크기**(sample

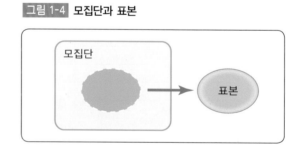

그림 1-4 **모집단과 표본**

---

[2] 2020년 4월 15일 총선 중앙선거관리위원회 자료

size)라 한다. 모집단의 특성을 나타내는 수치를 **모수**(parameter)라 하고, 표본으로부터 얻은 통계적인 양을 **통계량**(statistic)이라 한다. 통계량의 관측값을 통해 모수를 추론할 수 있다.

| 조사 방법

조사 대상이 되는 모든 대상을 조사하는 방법을 **전수조사**(census)라 한다. 예를 들어 5년 주기로 실시하는 인구주택총조사는 전수조사이다. 반면 조사 대상의 일부만 추출하여 조사하는 방법을 **표본조사**(sample survey)라 한다. 선거 홍보 기간에는 각 기관에서 후보자들에 대한 지지율을 조사하거나 선거가 끝나는 6시에 선거가 끝남과 동시에 각 방송사에서 출구조사 결과를 발표한다. 이처럼 사전 지지율 조사, 출구조사와 같은 조사 방법이 표본조사이다.

표본조사를 실시하기 위해 모집단으로부터 대상을 추출할 경우, 왜곡된 조사 결과를 피하기 위해 각각의 대상이 선정될 가능성을 동등하게 부여하여 객관적이고 공정하게 표본을 선정해야 한다. 이와 같은 선택 방법을 **임의추출**(random sampling)이라 한다.

예제 1

다음은 어느 중소도시에 거주하는 국가별 외국인 수를 나타낸 것이다. 이 도시에 거주하는 외국인의 생활에 대한 만족도를 조사하기 위해 국가별로 10명씩 선정했을 때, 모집단 크기와 표본의 크기를 각각 구하라.

국가	중국(한국계)	베트남	중국	인도네시아	필리핀	캄보디아
인원(명)	1,076	1,183	684	579	466	366
국가	스리랑카	일본	네팔	타이	기타	합계
인원(명)	207	220	119	135	490	5,525

풀이

모집단 크기는 전체 외국인 수이므로 5,525이고, 국가별로 10명씩 선정했으므로 표본의 크기는 110이다.

1.4 ▶ 기술통계학과 추측통계학

보편적으로 통계학은 수집한 자료를 정리, 요약하여 자료집단의 특성을 분석하는 기술통계학과 표본을 추출하여 모집단의 특성을 추론하는 추측통계학으로 나눈다. 이번 절에서는 두 종류의 통계학에 대해 간단히 알아본다.

| 기술통계학

여러분은 신문이나 보고서 또는 홍보용 간행물에서 다음과 같은 그림을 본 적이 있을 것이다.

그림 1-5 통계 관련 그림들

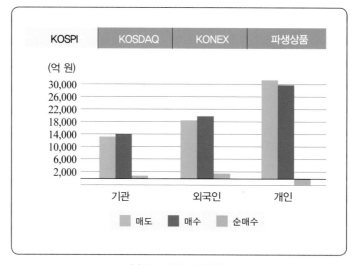

(a) 투자자별 매매 동향

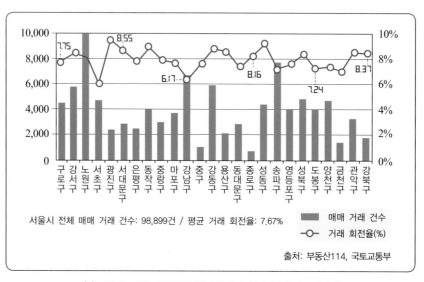

(b) 2017년 서울 자치구별 아파트 매매 거래량 및 거래 회전율

[그림 1-5]를 통해 투자자별 매매 동향이나 서울 지역의 자치구별 아파트 매매 거래량을 쉽게 이해할 수 있다. 예를 들어 아파트 매매 거래량의 경우 강남 지역에 비해 노원구의 거래량이 거의 10%에 육박하여 가장 많고 종로구가 가장 적은 것으로 나타난다. 그러나 거래량을 전체 아파트 수로 나눈 거래 회전율은 거래량에 비해 종로구가 노원구보다 약간 높다. 따라서 수집한 자료를 정리하여 표, 그래프, 그림 등으로 나타내면 자료집단의 특성을 쉽게 이해할 수 있다.

이와 같이 자료집단의 특징을 명확하게 표현하기 위해 수집한 자료를 정리하여 표, 그래프, 그림 등으로 나타내거나 자료가 갖는 수치적인 특성을 분석하고 설명하는 통계적 방법을 **기술통계학**(descriptive statistics)이라 한다.

추측통계학

다음 기사를 살펴보자.

> 제21대 국회의원선거에서 지상파 방송 3사가 공동으로 실시한 출구조사에서 A 후보는 54.5%, B 후보는 44.7%를 얻었다. 이로 인하여 A 후보측은 승리를 예측하였으며, 실제 투표 결과는 A 후보 54.9%, B 후보 44.5%를 획득하여 A 후보가 승리했다. …

여기서 출구조사 대상이 된 유권자들로 구성된 표본의 지지율을 이용하여 전체 유권자의 지지율을 추론하는 경우를 생각할 수 있다. 표본을 선정하여 조사하는 이유는 모집단의 특성 또는 정보를 나타내는 모수는 대부분 알려져 있지 않기 때문이다. 즉, 표본을 조사하여 얻은 통계량을 이용하여 알려지지 않은 모수를 추정하거나 모수에 대한 주장을 검정하여 의사결정을 내린다. 이와 같이 통계적으로 모수에 대해 추론하는 과정을 **통계적 추론**(statistical inference)이라 한다. 그러나 표본에서 얻은 결과는 표본을 선정하는 방법이나 그 대상들에 의해 항상 변수가 존재하므로 모수에 대한 정확한 값을 제공하지는 못한다. 이와 같은 이유로 10장 이후에서 살펴볼 신뢰수준과 유의수준이라는 개념이 필요하다. 아마도 여러분은 지지율에 대한 신문기사에서 다음과 같은 내용을 본 적이 있을 것이다.

> 이번 조사는 전국 성인 남녀 1,504명을 대상으로 조사했으며, 응답률은 4.1%, 표본오차는 95% 신뢰수준에서 ±2.5%포인트였다.

이렇게 표본을 대상으로 얻은 정보로부터 모집단에 대한 불확실한 특성(모수)을 과학적으로 추론(추정, 예측, 의사결정 등)하는 통계적 방법을 **추측통계학**(inferential statistics)이라 한다.

기술통계학과 추측통계학의 과정을 요약하면 [그림 1-6]과 같다.

그림 1-6 기술통계학과 추측통계학의 과정

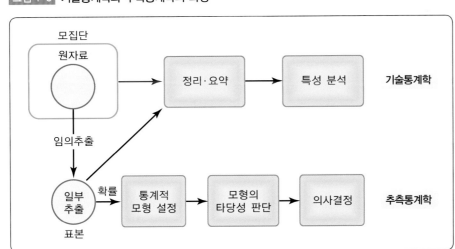

1. 자료에는 사칙연산이 가능한 자료와 그렇지 못한 자료가 있다. 이런 자료를 각각 무슨 자료라고 하는가?

2. 관측값을 셈할 수 있는 자료와 관측값이 어떤 구간에서 나타나는 자료가 있다. 이런 자료를 각각 무슨 자료라고 하는가?

3. 크기 또는 대소 관계만 있는 수치적 자료와 비율의 의미를 갖는 수치적 자료가 있다. 이런 자료를 각각 무슨 자료라고 하는가?

4. 각 범주에 숫자를 부여한 자료를 무엇이라 하는가?

5. 각 범주 사이에 순서의 의미가 내포된 자료를 무엇이라 하는가?

6. 시간의 개념이 포함된 자료에는 어떤 것이 있는가?

7. 동일한 시간대에 얻은 자료를 무엇이라 하는가?

8. 시간의 흐름에 따라 얻은 자료를 무엇이라 하는가?

9. 통계 조사를 위한 대상 전체와 그 일부를 각각 무엇이라 하는가?

10. 전체를 대상으로 조사하는 방법과 일부만 조사하는 방법을 각각 무엇이라 하는가?

연습문제

1. 다음 조사에서 모집단과 표본은 무엇인지 각각 구하라.
   (a) 올해 졸업한 학생들의 취업률을 조사하기 위해 전국에서 150명을 대상으로 취업 여부를 조사했다.
   (b) 아르바이트 하는 학생의 시간당 최저 임금을 조사하기 위해 임의로 1,500명을 선정하여 최저 임금을 조사했다.
   (c) 2019년에 수입한 자동차의 안전도를 조사하기 위해 45대의 안전도를 측정했다.

2. 다음 자료를 구간자료와 비율자료로 구분하라.
   (a) 출생 연도   (b) 시간   (c) 코스피 지수
   (d) 시간   (e) 길이   (f) 인천공항의 실내 온도

3. 다음 자료를 명목자료와 서열자료로 구분하라.

(a) 연령   (b) 거주지

(c) 월드컵 순위   (d) 신용카드의 비밀번호

(e) 축구 선수의 등 번호   (f) 신용 등급

4. 다음 자료를 양적자료와 범주형 자료로 구분하라.

(a) 군대의 계급   (b) 서울 톨게이트를 빠져나간 자동차의 수

(c) 계좌번호   (d) 나라별 올림픽 금메달 수

(e) 서울에 유입된 인구수   (f) 우리나라에서 영업 중인 카페 브랜드

5. 다음 자료를 시계열 자료와 횡단면 자료로 구분하라.

(a) 지난 10년간 대미 무역 수지   (b) 후보자 선호도

(c) 대학별 국가 장학금 수혜액   (d) 지난 10년간 사립대의 등록금 액수

(e) 지난 10년간 외국인 관광객 수 (f) 지난 5년간 10대 그룹의 사회 환원액

6. 다음은 숙박 시설 요금을 비교하는 어느 회사에서 제공한 제주도 호텔 10곳의 가격과 평점을 나타낸 것이다. 물음에 답하라.

호텔	요금(원)	평점	소재지
제주 신라 호텔	508,201	9.0	서귀포
롯데 호텔 제주	555,391	8.6	서귀포
휘슬락 호텔	114,999	8.0	제주
하워드 존슨 호텔	89,105	8.5	서귀포
오션펠리스 호텔	102,963	8.3	서귀포
켄싱턴리조트	202,801	7.1	서귀포
디아일랜드블루호텔	109,997	8.3	서귀포
켄싱턴 제주 호텔	423,498	8.7	서귀포
제주 엠스테이 호텔	89,899	8.2	서귀포
베스트웨스턴 제주 호텔	76,848	8.4	제주

(a) 범주의 개수를 구하라.

(b) 양적자료와 범주형 자료는 각각 무엇인가?

(c) 주어진 자료를 구간자료, 비율자료, 명목자료, 서열자료로 구분하라.

(d) 주어진 자료를 설명하기 위해 필요한 성분(변수)은 모두 몇 개인가?

7. 다음은 한국지방행정연구원에서 2017년 정책 연구로 지원한 〈일자리 확충을 위한 지방자치단체역할〉에 포함된 경기도의 개별형 외국인 투자 지역 자료이다. 물음에 답하라.

외국투자기업	생산 품목	위치	지정 면적(m²)
동우화인켐(주)	TFT−LCD 액정용 칼라필터	평택	252,334
아반스트레이트코리아(주)	LCD용 글라스기판	평택	88,770
한국 HOYA전자(주)	TFT−LCD용 대형 Photo Mas	평택	18,642
프렉스에어코리아(주)	산업용 가스	용인시	48,608
한국타임즈항공	헬기 및 부품	김포시	336,770
린데코리아(주)	산업용 가스	용인시	26,672
페어차일드(주)	전력용 반도체	부천시	6,579
한국몰렉스(주)	전자커넥터 디자인	안산시	13,926
덴소인터내셔널코리아(주)	자동차 부품연구	의왕시	20,586
ASE코리아(주)	반도체 및 시스템솔루션	파주시	27,432
한국니토옵티칼(주)	공업용 필름	평택	13,195
에어프로덕츠코리아(주)	산업용 가스	화성시	5,892
(주)한국에이에스엠지니텍	반도체 제조용 기계	화성	7,198
에어프로덕츠코리아(주)	산업용 가스	평택	34,167

(a) 범주의 개수를 구하라.

(b) 양적자료와 범주형 자료는 각각 무엇인가?

(c) 생산 품목과 위치는 각각 무슨 자료인가?

(d) 주어진 자료를 설명하기 위해 필요한 성분(변수)은 모두 몇 개인가?

8. 〈경기도 민선6기 일자리대책 종합계획(2014~2018)〉에서는 15세 이상 취업자 수를 4년간 70만 명 증가시키는 계획을 세웠다. 이를 달성하기 위해 다음과 같은 목표를 설정했을 때, 이 자료는 무슨 유형의 자료인지 구하라(단, 단위는 천 명이다).

연도	2014	2015	2016	2017	2018
취업자 수(15세 이상)	6,222	6,421	6,600	6,765	6,922

출처: 민선 6기 일자리사업 추진계획(2014. 9. 30 기준), 경기도 일자리정책과

9. 다음은 서울연구원에서 조사한 〈2017 서울시 비영리스타트업 현황과 청년일자리 보고서〉에 포함된 비영리스타트업에 고용된 청년들의 일자리 만족도를 나타낸 것이다. 결과값은 리커트 (Likert) 5점 척도로 환산한 값이며 항목별로 매우 만족은 5점, 매우 불만족은 1점으로 계산했다. 이 자료는 무슨 유형의 자료인지 구하라(단, 단위는 점이다).

조사 항목	자신의 적성과 흥미	직무수행 자율성	개인 발전 가능성	의사소통과 인간관계	직업 미래전망	복리후생	전공과의 연관성
만족도	4.23	4.09	4.02	3.86	3.80	3.75	3.61
조사 항목	고용 안정성	근무환경	업무 난이도	근로 시간	업무량	급여	
만족도	3.59	3.55	3.55	3.39	2.96	2.68	

10. 다음은 2006년부터 2년 간격으로 2016년까지 국토교통부에서 조사한 〈주거실태조사 보고서〉의 일부이다. 물음에 답하라.

구분		1인 가구	2인 가구	3인 가구	4인 가구	5인 가구	6인 이상 가구	합계	평균 가구수
저소득층	2006	29.3	37.0	16.9	12.2	3.4	1.2	100.0	2.28
	2008	32.3	38.8	15.9	9.7	2.6	0.8	100.0	2.14
	2010	38.5	36.1	14.7	7.9	2.3	0.6	100.0	2.02
	2012	32.4	42.7	14.2	7.8	2.1	0.8	100.0	2.07
	2014	52.8	34.4	9.0	2.9	0.7	0.3	100.0	1.65
	2016	52.0	32.6	10.1	4.1	1.1	0.2	100.0	1.70
중소득층	2006	5.2	16.1	25.3	39.5	10.4	3.4	100.0	3.45
	2008	6.8	16.5	27.2	37.9	9.0	2.6	100.0	3.34
	2010	7.9	20.8	25.6	34.2	9.0	2.5	100.0	3.24
	2012	4.6	16.7	27.9	38.7	9.4	2.6	100.0	3.40
	2014	15.5	24.7	27.8	25.5	5.4	1.2	100.0	2.84
	2016	13.0	24.8	29.5	25.6	5.8	1.2	100.0	2.90
고소득층	2006	1.8	10.7	20.6	46.7	14.4	5.9	100.0	3.82
	2008	1.8	10.7	21.9	47.1	13.7	4.7	100.0	3.76
	2010	2.1	13.1	22.7	44.7	12.9	4.4	100.0	3.68
	2012	0.9	11.0	21.9	51.1	11.7	3.4	100.0	3.73
	2014	4.6	13.8	28.3	39.6	11.2	2.5	100.0	3.47
	2016	3.3	15.4	29.4	38.9	10.3	2.8	100.0	3.47

(a) 범주의 개수를 구하라.

(b) 저소득층, 중소득층, 고소득층 자료는 무슨 자료인가?

(c) 연도별 가구 형태는 무슨 자료인가?

(d) 평균 가구수는 무슨 자료인가?

1. 서울 지역에 거주하는 시민의 주거 실태를 조사하기 위해 임의로 50명을 선정하여 '당신은 함께 사는 가족이 몇 명입니까?'라고 질문했다. 다음은 50명의 응답 결과이다. 물음에 답하라.

```
4 5 1 5 4 1 1 1 2 1 5 1 2 2 3 5 2 5 5 2
3 3 1 3 3 2 2 1 4 5 5 2 5 3 4 1 3 5 2 2
4 4 1 5 5 2 4 2 3 1
```

(a) 모집단과 표본은 무엇인지 각각 구하라.

(b) 최초로 조사한 원자료는 무슨 자료인가?

(c) 이 자료의 평균은 조사한 관찰값을 모두 합한 수치를 응답자의 수인 50으로 나눈 값을 의미한다. 서울 시민의 평균 가구수를 구하라.

(d) 다음은 조사한 자료를 동거하는 가구수에 따라 분류한 표이다. 이 표로 분류한 자료는 무슨 자료인가?

구분	1인 가구	2인 가구	3인 가구	4인 가구	5인 이상 가구
가구수	11	12	8	7	12

2. 전자 업종에 근무하는 회사원 50명을 상대로 5점 척도에 의한 근로 만족도를 조사했다. 매우 만족하는 경우 4점 초과 5점 이하, 매우 불만족인 경우 0점에서 1점 이하를 부여하는 방식으로 '당신은 근무하는 회사의 근로 여건에 만족하십니까?'라고 질문했다. 다음은 50명의 응답 결과이다. 물음에 답하라(단, 단위는 점이다).

```
4.4  4.3  3.6  3.3  3.0  3.4  4.6  4.9  3.9  2.1
3.4  3.1  2.8  4.9  3.8  3.3  1.4  3.8  3.1  2.6
2.8  4.0  3.7  4.8  2.9  3.2  2.9  3.8  4.2  3.6
3.2  2.5  2.7  3.0  2.4  2.4  3.0  2.7  1.7  2.8
0.9  2.6  3.7  2.6  3.1  1.7  4.7  4.3  2.4  2.5
```

(a) 모집단과 표본은 무엇인지 각각 구하라.

(b) 최초로 조사한 원자료는 무슨 자료인가?

(c) [실전문제 1]과 같은 방법으로 평균 만족도를 구하라.

(d) 다음 분류표를 이용하여 원자료를 만족도에 따라 분류한 표를 작성하라.

만족도	매우 불만족	불만족	보통	만족	매우 만족
응답 결과	0 초과 1 이하	1 초과 2 이하	2 초과 3 이하	3 초과 4 이하	4 초과 5 이하

(e) (d)에서 작성한 표와 같이 분류한 자료는 무슨 자료인가?

기술통계학_범주형 자료

Descriptive Statistics for Categorical Data

텔레비전, 신문, 잡지를 비롯한 각종 보고서에서 표 또는 그림으로 요약된 자료를 흔히 볼 수 있다. 수집한 원자료를 이와 같이 요약하는 기법은 통계에서 매우 중요하다.
이번 장에서는 범주형으로 수집한 원자료를 표와 그림을 이용하여 요약, 분석하는 방법에 대해 살펴본다.

1장에서 정량적인 자료, 정성적인 자료(범주형 자료)의 의미와 자료를 수집하는 방법에 대해 살펴봤다. 사실상 모집단은 크기가 방대하여 여러 제약에 의해 전수조사를 하는 것이 불가능하다는 것도 알아봤다. 따라서 우리가 조사하고 분석할 대부분의 자료는 표본을 대상으로 한다. 특히 자료를 수집하는 것만으로 그 자료들의 특성을 쉽게 알 수 없다는 점 때문에 표와 그림을 이용하여 자료를 요약한다. 실제로 신문이나 잡지, 보고서 등에선 표와 그림으로 자료를 시각화한다.

이처럼 수집한 자료를 표와 그림으로 요약하는 방법을 아는 것은 기술통계학에서 매우 중요하다. 이번 절에서는 범주형 자료인 정성자료를 표와 그림으로 나타내는 방법을 살펴본다.

2.1.1 점도표

범주형 자료를 그림으로 요약하는 가장 간단한 형태는 바로 점도표이다. **점도표**(dot plot)는 가로축에 각 범주를 작성하고 세로축에 각 범주의 측정값에 해당하는 수만큼 점으로 나타낸 그림이다. 어느 동아리 회원 20명의 혈액형을 조사한 다음 자료를 살펴보자.

B	A	O	B	O	O	AB	O	A	AB
A	O	AB	B	O	A	A	AB	O	O

다음 순서에 따라 점도표를 그린다.

❶ 관찰된 각 범주의 개수를 센다.

$$A형 - 5 \quad B형 - 3 \quad O형 - 8 \quad AB형 - 4$$

이와 같이 각 범주에서 관찰된 자료의 수를 **도수**(frequency)라 한다.

❷ 가로축에 4개의 범주인 A형, B형, O형, AB형을 일정한 간격으로 기입한다.

❸ 수직 방향으로 각 범주 위에 도수만큼의 점을 일정한 간격으로 나타낸다.

동아리 회원 20명의 혈액형에 대한 점도표를 그리면 [그림 2-1]과 같다. 점도표를 이용하면 각 범주에 대한 관찰값을 쉽게 비교할 수 있다.

점도표는 각 범주에 해당하는 수만큼 점을 찍어서 나타내므로 그 수가 매우 많은 경우에는 사용하기 부적절하다.

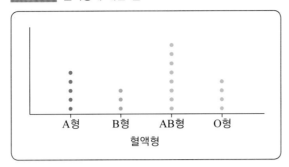

그림 2-1 혈액형에 대한 점도표

예제 1

어느 대형 마트를 이용한 고객 20명을 상대로 만족도를 조사하여 다음 결과를 얻어다. 이 자료에 대한 점도표를 그려라.

매우 불만족 1명　　불만족 4명　　보통 8명　　만족 5명　　매우 만족 2명

풀이

수평선에 5개의 범주인 '매우 불만족, 불만족, 보통, 만족, 매우 만족'을 일정한 간격으로 기입하고, 각 범주의 관찰 도수인 1, 4, 8, 5, 2에 해당하는 수만큼 점으로 나타내면 점도표는 다음과 같다.

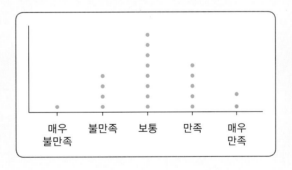

2.1.2 도수표

점도표는 각 범주를 시각적으로 비교하기에 좋지만, 전체 도수가 매우 많으면 사용하기 곤란할 뿐만 아니라 각 범주의 상대 비율을 알 수 없다는 단점도 있다. 점도표의 이런 단점을 보완하기 위해 각 범주를 상대적으로도 비교하는 도수표를 사용한다. **도수표**(frequency table)는 다음과 같이 작성한다.

❶ 범주가 k개인 자료에 대해 크기가 $(k+1) \times 4$인 표를 만든다.
❷ 첫 번째 행에 범주 이름, 도수, 상대도수, 백분율 등을 기입한다.

❸ 첫 번째 열에 각 범주를 기입한다.

❹ 두 번째 열에 각 범주에 해당하는 관찰 도수를 기입한다.

❺ 세 번째 열에 각 범주에 해당하는 상대도수 또는 상대도수의 백분율을 기입한다.

상대도수(relative frequency)는 각 범주의 도수를 전체 도수로 나눈 값이다. 즉, 각 범주의 상대도수는 다음과 같다.

$$(상대도수) = \frac{(범주의\ 도수)}{(전체\ 도수)}$$

상대도수의 **백분율**(percentage)은 상대도수에 100을 곱한 값이며 단위는 %이다. 예를 들어 동아리 회원 20명의 혈액형에 대한 자료에서 각 혈액형의 상대도수를 구하면 다음과 같다.

$$A형\ \frac{5}{20} = 0.25, \quad B형\ \frac{3}{20} = 0.15,$$

$$O형\ \frac{8}{20} = 0.40, \quad AB형\ \frac{4}{20} = 0.20$$

각 혈액형의 상대도수에 대한 백분율은 다음과 같다.

$$A형\ 0.25 \times 100 = 25(\%), \quad B형\ 0.15 \times 100 = 15(\%),$$

$$O형\ 0.40 \times 100 = 40(\%), \quad AB형\ 0.20 \times 100 = 20(\%)$$

이를 통해 백분율을 포함하는 도수표를 작성하면 [표 2-1]과 같다.

표 2-1 혈액형에 대한 도수표

혈액형	도수	상대도수	백분율(%)
A형	5	0.25	25
B형	3	0.15	15
O형	8	0.40	40
AB형	4	0.20	20

이 도수표로부터 동아리 회원 20명의 혈액형은 A형 25%, B형 15%, O형 40%, AB형 20%로 분포하고 있음을 알 수 있다. 이처럼 도수표를 이용하면 전체 도수가 큰 경우에도 각 범주를 쉽게 비교할 수 있다.

[예제 1] 자료에 대한 도수표를 작성하고, 이 도수표를 분석하라.

풀이

첫 번째 열에 5개의 범주를, 두 번째 열에 각 범주의 도수를 기입한다. 세 번째 열에 각 범주의 도수를 전체 도수인 20으로 나눈 상대도수를, 네 번째 열에 백분율을 기입하면 다음 도수표를 얻는다.

만족도	도수	상대도수	백분율(%)
매우 불만족	1	0.05	5
불만족	4	0.20	20
보통	8	0.40	40
만족	5	0.25	25
매우 만족	2	0.10	10

이 대형 마트를 이용한 고객의 $\frac{1}{4}$인 25%가 만족도에 부정적인 의사를 표시했으므로 마트는 고객 서비스를 개선할 필요가 있다.

도수표는 자료가 내포하는 정보를 잘 요약해 주지만 독자 입장에서 표는 시각적으로 잘 와닿지 않는다. 예를 들어 어떤 종류의 차를 구입할지 아직 정하지 못한 구매자가 동급인 여러 차량이 있는 자료를 볼 때, 표보다는 그림으로 봐야 좀 더 쉽게 차량을 비교할 수 있을 것이다. 이와 같이 도수표로 요약된 정보를 그림으로 나타내는 대표적인 방법으로 막대그래프, 원그래프, 띠그래프가 있다.

엑셀 도수표

혈액형의 예에 대한 도수표를 만든다.

❶ A1~D1셀에 **혈액형**, **도수**, **상대도수**, **백분율**을 기입한다.

❷ 혈액형 범주와 각 범주에 해당하는 도수를 기입하고, 메뉴바에서 수식 〉 자동 합계 〉 합계를 누른다.

❸ C2셀에 커서를 놓고 **=B2/$B$6**을 기입한 후 Enter↵ 를 누른다. 이제 C2셀의 오른쪽 하단을 마우스로 끌어 내린다.

❹ D2셀에 커서를 놓고 **=C2*100**을 기입한 후 Enter↵ 를 누른다. 이제 D2셀의 오른쪽 하단을 마우스로 끌어 내린다.

❺ 작성한 내용을 드래그 하고, 메뉴바에서 삽입 〉 표를 선택하여 도수표를 만든다.

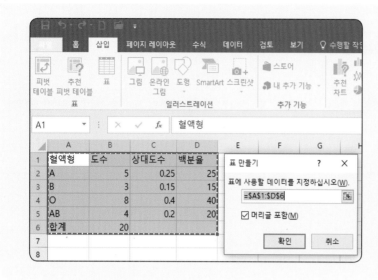

2.1.3 막대그래프

막대그래프(bar chart)는 각 범주를 일정한 간격으로 가로축에 나타내고, 각 범주에 대응하는 도수, 상대도수, 백분율 등을 같은 폭의 수직 막대로 나타낸 그림이다. 이때 수직 막대의 높이는 도수, 상대도수, 백분율의 수치에 해당하며, 막대 폭은 보기 좋도록 임의로 정한다.

예를 들어 [표 2-1]에 대한 막대그래프를 그리면 [그림 2-2]와 같다. 이때 세로축의 척도로 도수, 상대도수, 백분율이 가능하며, 세 경우에 대한 막대그래프를 각각 도수 막대그래프, 상대도수 막대그래프, 백분율 막대그래프라 한다.

그림 2-2 혈액형에 대한 막대그래프

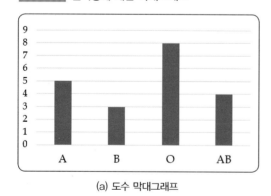
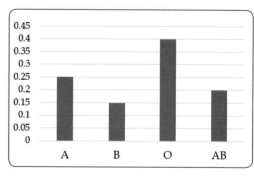

(a) 도수 막대그래프   (b) 상대도수 막대그래프

[그림 2-3]과 같이 범주의 도수 또는 백분율이 감소하거나 증가하도록 범주를 재배열할 수 있으며, 이렇게 재배열한 그림을 **파레토 그래프**(Pareto chart)라 한다. 파레토 그래프는 어떤 제품의 생산 라인에서 불량품이 나오거나 사고가 나는 주된 원인을 찾는 등 품질관리 분야에서 중

요한 원인을 밝히기 위해 많이 사용한다. 이때 [그림 2–3]에서 점선은 각 범주의 상대도수를 누적한 비율을 의미한다.[3]

그림 2-3 혈액형에 대한 도수 파레토 그래프

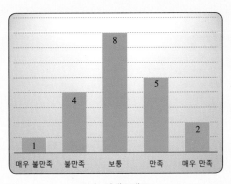

예제 3

[예제 2]에서 구한 도수표를 이용하여 다음 그림을 그려라.

(a) 도수 막대그래프와 백분율 막대그래프

(b) (a)에 대한 파레토 그래프

풀이

가로축에 5개의 범주를 기입하고, 각 범주의 도수와 백분율의 크기를 높이로 갖는 수직 막대를 그린다.

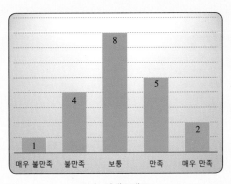

도수 막대그래프

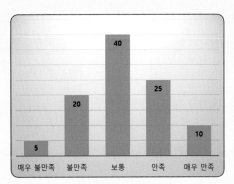

백분율 막대그래프

막대그래프를 크기가 큰 순서로 재배열한 파레토 그래프는 다음과 같다.

---

[3] 엑셀에서는 파레토 그래프에 각 범주의 상대도수를 누적한 점선을 보여 준다.

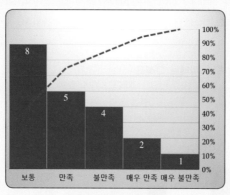

도수 파레토 그래프

엑셀 막대그래프

혈액형의 예에 대한 막대그래프를 만든다.

❶ 도수표에서 혈액형과 도수를 드래그 한다.

❷ 메뉴바에서 삽입 〉추천 차트 또는 **막대그래프** 아이콘을 선택한다.

❸ 생성된 막대그래프를 마우스로 누른 다음 여러 선택 사항을 체크한다.

❹ 막대 위에 커서를 놓고 마우스 오른쪽 버튼을 눌러서 **계열 차트 종류 변경**을 선택하면 막대 모양을 바꿀 수 있다. 이때 히스토그램 〉파레토를 선택하면 파레토 그림을 얻는다.

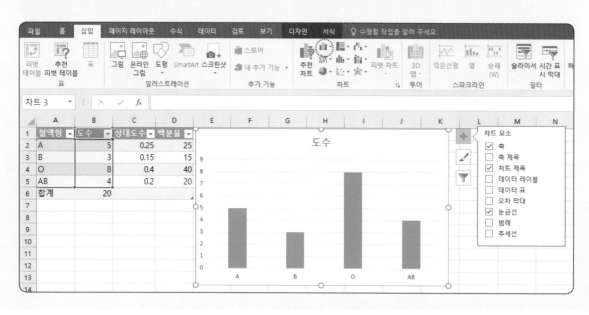

2.1.4 원그래프

막대그래프는 각 범주에 대한 도수를 비교할 때 많이 사용하는데, 상대도수를 비교할 땐 막대그래프보다 원그래프를 많이 사용한다. **원그래프**(pie chart)는 범주형 자료의 비율 관계를 이용하여 각 범주를 상대적으로 나타낸 비율 그래프이다. 이 그래프는 다음과 같이 각 범주의 상대도수 또는 백분율에 해당하는 중심각을 갖는 파이 조각 모양이다.

$$(\text{범주의 중심각}) = (\text{상대도수}) \times 360°$$

각 범주가 차지하는 백분율과 도수의 크기에 따라 파이 조각의 크기가 결정되므로 어떤 범주가 중요한지 쉽게 파악할 수 있다. 따라서 원그래프는 여러 범주(요인) 중 문제 해결에 중요한 역할을 하는 범주를 찾는 데 적합하다.

혈액형에 대한 도수표인 [표 2-1]에서 각 혈액형의 중심각을 구하면 [표 2-2]와 같다.

표 2-2 혈액형의 각 범주에 대한 중심각

혈액형	상대도수	중심각
A형	0.25	$0.25 \times 360° = 90°$
B형	0.15	$0.15 \times 360° = 54°$
O형	0.40	$0.40 \times 360° = 144°$
AB형	0.20	$0.20 \times 360° = 72°$

[표 2-2]를 기준으로 원그래프를 그리면 [그림 2-4]와 같다. 이때 각 범주에 대한 도수, 상대도수 등을 함께 기입할 수 있다.

그림 2-4 혈액형에 대한 원그래프

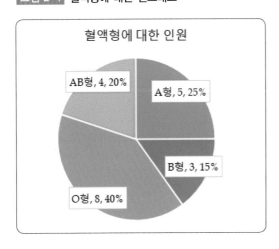
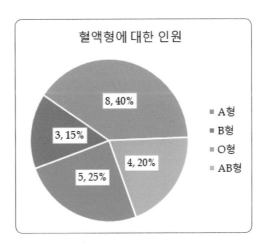

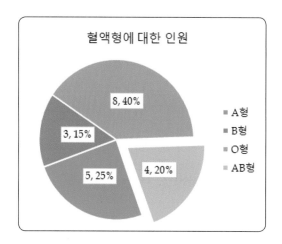

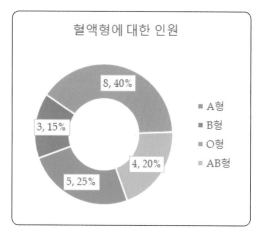

[예제 2]에서 구한 도수표에 대해 도수와 비율을 포함하는 원그래프를 그려라(단, '매우 불만족'에 대한 범주는 분해하여 나타낸다).

풀이

5개의 범주에 대한 중심각의 크기는 다음과 같다.

만족도	상대도수	중심각
매우 불만족	0.05	$0.05 \times 360° = 18°$
불만족	0.20	$0.20 \times 360° = 72°$
보통	0.40	$0.40 \times 360° = 144°$
만족	0.25	$0.25 \times 360° = 90°$
매우 만족	0.10	$0.10 \times 360° = 36°$

따라서 마트를 이용한 고객의 만족도에 대한 원그래프는 다음과 같다.

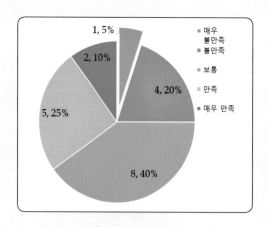

엑셀 원그래프

막대그래프를 그리는 방법과 거의 동일한데, **막대그래프** 아이콘 대신 **원그래프** 아이콘을 선택한다. 그 다음 취향에 맞게 선택 사항을 체크하여 원그래프를 작성한다.

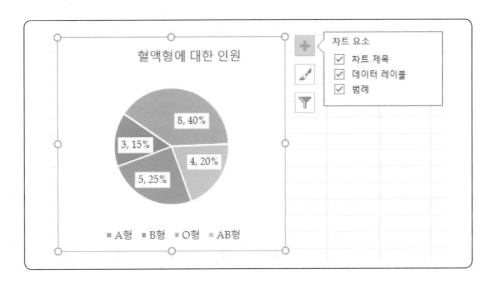

2.1.5 띠그래프

비율 또는 크기를 비교할 경우 중심각보다는 길이를 이용하는 것이 보다 더 쉽게 인식되는 경향이 있다. 길이를 이용하여 범주형 자료를 비교하는 방법으로 띠그래프가 있다. **띠그래프**(band chart)는 전체 띠의 길이를 다음과 같이 각 범주에 해당하는 비율로 분할하고, 분할된 띠 안에 범주 이름, 도수, 백분율 등을 나타낸 그림이다.

$$(범주의 크기) = (상대도수) \times (띠의 길이)$$

길이가 10 cm인 띠를 이용하여 동아리 회원 20명의 혈액형에 대한 띠그래프를 만드는 경우, 각 혈액형에 대한 띠의 길이는 다음과 같다.

A형 − 2.5 cm   B형 − 1.5 cm   O형 − 4 cm   AB형 − 2 cm

따라서 혈액형에 대한 띠그래프는 [그림 2−5]와 같다.

그림 2-5 혈액형에 대한 띠그래프

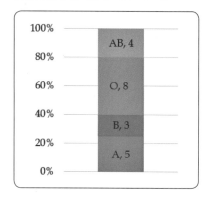

예제 5

[예제 2]에서 구한 도수표를 이용하여 길이가 20 cm인 띠그래프를 그려라(단, 세로축의 척도는 비율이며, 각 띠에 범주와 도수를 기입한다).

풀이

5개의 범주에 대한 띠의 길이는 다음과 같다.

만족도	상대도수	띠의 길이
매우 불만족	0.05	$0.05 \times 20 = 1\,cm$
불만족	0.20	$0.20 \times 20 = 4\,cm$
보통	0.40	$0.40 \times 20 = 8\,cm$
만족	0.25	$0.25 \times 20 = 5\,cm$
매우 만족	0.10	$0.10 \times 20 = 2\,cm$

따라서 마트를 이용한 고객의 만족도에 대한 띠그래프는 다음과 같다.

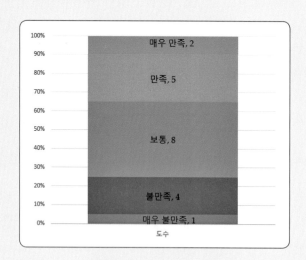

엑셀 띠그래프

혈액형의 예에 대한 띠그래프를 만든다.

❶ 도수표에서 혈액형과 도수를 드래그 한다.

❷ 메뉴바에서 삽입 〉추천 차트 〉모든 차트를 선택하여 **100% 기준 누적 세로 막대형**의 띠그래프를 선택한다.

❸ 차트 영역을 클릭하고 오른쪽 상단의 ➕ 를 클릭하면 여러 차트 요소를 추가할 수 있다.

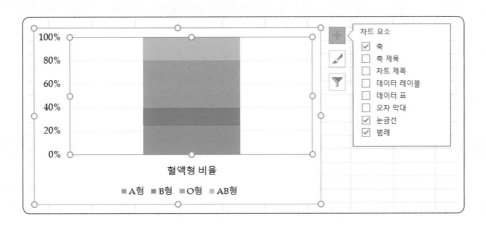

2.1.6 꺾은선그래프

막대그래프를 좀 더 간단히 표현하기 위해 꺾은선그래프를 사용하기도 한다. **꺾은선그래프** (graph of broken line)는 수직 막대 상단의 중심을 직선으로 연결하여 각 범주를 비교하는 그림이다. 이 그래프는 두 개 이상의 자료집단을 범주별로 비교하거나 시간의 흐름에 따른 추이를 나타낼 때 많이 사용한다. 그러나 세로축의 척도를 어떻게 선정하는지에 따라 자료의 해석이 아예 달라질 수 있다. 다음은 2018년 인구주택총조사의 광역시도별 인구를 나타낸 표이다.

표 2-3 2018년 인구주택총조사

지역	서울	부산	대구	인천	광주	대전
인구(천 명)	9673.9	3395.3	2444.4	2936.1	1490.1	1511.2
지역	울산	세종	경기	강원	충북	충남
인구(천 명)	1150.1	312.4	13103.2	1520.4	1620.9	2181.4
지역	전북	전남	경북	경남	제주	–
인구(천 명)	1818.2	1790.4	2671.9	3350.4	658.3	–

출처: 통계청

[그림 2-6]은 [표 2-3]에 대한 꺾은선그래프이다. 이때 두 그림의 점선 부분이 다른 것을 알수 있다. [그림 2-6(a)]의 점선 부분은 [그림 2-6(b)]의 점선 부분에 비해 기울어진 정도가 크고, [그림 2-6(b)]의 다른 부분은 격차가 작은 것으로 보인다. 따라서 세로축 척도의 크기에 따라 꺾은선그래프에 의한 해석이 왜곡될 수 있다.

그림 2-6 광역시도별 2018년도 인구수

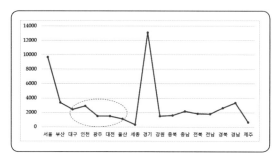

(a) 세로축 척도 간격이 좁은 경우

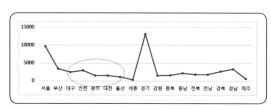

(b) 세로축 척도 간격이 넓은 경우

예제 6

[예제 3]에서 구한 도수 막대그래프를 이용하여 도수 꺾은선그래프를 그려라.

풀이

5개의 범주에 대한 도수 막대그래프에서 수직 막대 상단의 중심을 연결하면 다음과 같은 꺾은선그래프를 얻는다.

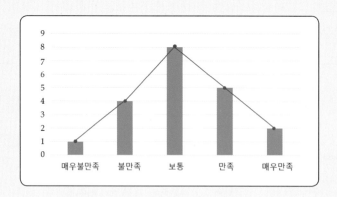

시간(분, 시, 일, 주, 월, 분기, 년)에 따른 자료(시계열 자료)의 변화 추이를 분석해야 하는 경우가 있다. 예를 들어 어느 지역의 월별 아파트 시세, 한 달 동안 특정 회사의 주식 변동, 월별 유가의 변동, 분기별 소비자 물가지수 등과 같이 일정한 시간 간격에 따른 자료의 변동을 생각할 수 있다. 이런 자료를 시각적으로 쉽게 이해하기 위해 꺾은선그래프를 그리는데, 가로축에 시간을 기입하고 세로축에 각 시각에 대응하는 자료값을 점으로 나타낸 후 선분으로 잇는다. 이와 같이 시간에 따른 자료의 변화 추이를 분석한 그림을 **시계열 그림**(time series plot)이라 하며, 시계열 그림을 이용하면 미래의 어느 시점에 대한 자료값을 쉽게 예측할 수 있다.

엑셀 꺾은선그래프

혈액형의 예에 대한 꺾은선그래프를 만든다.

❶ 도수표에서 혈액형과 도수를 드래그 한다.

❷ 메뉴바에서 삽입 〉 추천 차트 또는 **꺾은선그래프** 아이콘을 선택한다. 선호하는 꺾은선그래프의 모양을 선택하여 그래프 모양을 바꿀 수 있다.

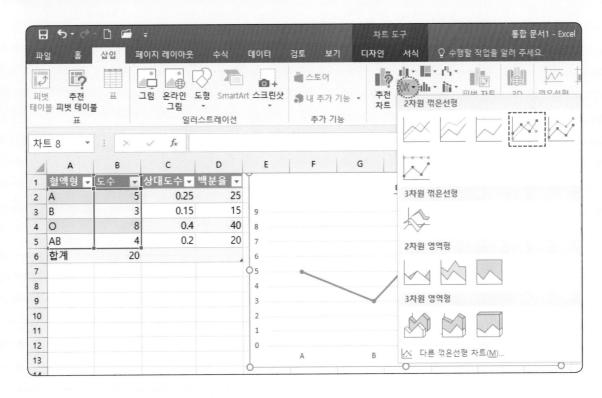

2.2 ▶ 두 개 이상의 범주형 자료의 요약

2.1절에서 범주형 자료를 표와 그림으로 요약하는 방법을 살펴봤다. 이때 주된 관심의 대상은 동아리 회원의 혈액형과 같이 하나의 자료집단이었다. 이렇게 자료집단이 하나뿐인 자료를 **일변량 자료**(univariate data)라 한다.

한편 동아리 회원의 혈액형을 성별로 분류하여 분석한다면 자료집단을 성별(남자, 여자)과 혈액형(A형, B형, O형, AB형)으로 분리하여 생각해야 한다. 이와 같이 자료집단이 두 개 이상인 자료를 **다변량 자료**(multivariate data)라 하고, 특히 자료집단이 두 개인 자료를 **이변량 자료**(bivariate data)라 한다. 이번 절에서는 다변량 자료를 요약하는 방법에 대해 살펴본다.

2.2.1 교차분류표에 의한 요약

[표 2-4]는 어느 대형 마트를 이용한 고객 50명의 만족도를 성별과 만족의 정도에 따라 조사한 결과이다.

표 2-4 성별에 따른 만족도 조사표

고객 번호	만족도	성별	고객 번호	만족도	성별
1	매우 만족	여자	26	보통	여자
2	보통	여자	27	만족	남자
3	매우 만족	여자	28	매우 불만족	여자
4	보통	남자	29	만족	여자
5	만족	여자	30	보통	여자
6	매우 만족	남자	31	보통	여자
7	보통	남자	32	매우 불만족	남자
8	보통	여자	33	보통	여자
9	불만족	여자	34	매우 만족	여자
10	매우 불만족	남자	35	매우 불만족	여자
11	매우 불만족	여자	36	보통	여자
12	보통	남자	37	매우 불만족	여자
13	보통	여자	38	보통	남자
14	만족	여자	39	매우 만족	여자
15	보통	여자	40	만족	남자
16	매우 불만족	여자	41	불만족	여자
17	만족	남자	42	만족	남자
18	만족	남자	43	보통	남자
19	매우 만족	여자	44	매우 불만족	여자
20	만족	여자	45	매우 만족	여자
21	매우 불만족	여자	46	매우 불만족	여자
22	만족	남자	47	매우 만족	남자
23	보통	여자	48	불만족	여자
24	매우 만족	남자	49	보통	남자
25	불만족	남자	50	보통	여자

그러면 [표 2-5]와 같이 성별 범주와 만족도 범주를 함께 표시한 도수표를 만들 수 있다. 이와 같이 두 개 이상의 범주형 자료의 관계를 나타내는 도수표를 **교차분류표**(cross-classification table)라 한다. 교차분류표를 이용하면 성별에 따른 마트 이용에 대한 만족도를 쉽게 비교할 수 있다. 예를 들어 50명의 고객 중 '매우 불만족'을 택한 고객은 남자 2명과 여자 8명인 것을 바로 알 수 있다.

표 2-5 성별에 따른 만족도 교차분류표

성별 \ 만족도	매우 만족	만족	보통	불만족	매우 불만족	합계
남자	3	6	6	1	2	18
여자	6	4	11	3	8	32
합계	9	10	17	4	10	50

[표 2-5]로부터 남자와 여자 그리고 전체 고객에 대한 각 만족도의 백분율도 구할 수 있다. 우선 각 범주의 수를 성별 인원수로 나누어 [표 2-6]과 같이 백분율을 나타내는 표로 변환한다. 그러면 남자들 중 11.11%가 마트 이용에 대해 '매우 불만족'을 느낀 반면, 여자들 중 25%가 '매우 불만족'으로 느낌으로써 여자가 남자보다 두 배 이상 '매우 불만족'을 택한 것을 알 수 있다.

표 2-6 성별에 따른 만족도 백분율 교차분류표

성별 \ 만족도	매우 만족	만족	보통	불만족	매우 불만족	합계
남자	16.67	33.33	33.33	5.56	11.11	100
여자	18.75	12.50	34.38	9.38	25.00	100

예제 7

과학기술정보통신부와 한국인터넷진흥원에서 조사한 〈2017 인터넷이용실태 요약보고서〉에 따르면 2017년도 기준으로 광역시별 인터넷 이용률은 다음과 같다. 이 자료를 이용하여 교차분류표를 작성하고, 간단히 분석하라(단, 단위는 (천 명, %)이다).

서울(8649, 90.5)   인천(2534, 89.0)   대전(1370, 91.8)   대구(2255, 93.6)
울산(1098, 97.0)   부산(3130, 93.3)   광주(1375, 93.9)

풀이

지역에 따른 이용자 수와 비율에 대한 교차분류표를 작성하면 다음과 같다.

지역	서울	인천	대전	대구	울산	부산	광주
이용자(천 명)	8,649	2,534	1,370	2,255	1,098	3,130	1,375
이용률(%)	90.5	89.0	91.8	93.6	97.0	93.3	93.9

이에 따르면 울산광역시의 인터넷 이용자 수가 가장 적지만 이용률은 가장 높고, 인천광역시의 이용률이 가장 낮다. 특히 서울은 다른 광역시 인구를 모두 합한 인구수에 육박하지만 인터넷 이용률은 하위 수준인 것을 알 수 있다.

엑셀 교차분류표(피벗 테이블)

성별에 따른 만족도의 예에 대한 교차분류표를 만든다.

❶ A1~C1셀에 **고객, 만족도, 성별**을 기입한 후 각 범주에 해당 자료를 기입한다.

❷ 메뉴바에서 **삽입 〉 피벗 테이블**을 선택한다.

❸ **표/범위**에 **A1:C51**을 입력하고 테이블을 작성할 위치를 기입한다.

❹ **고객, 만족도, 성별**을 체크하고, 행의 **만족도**를 열로 끌어온다.

❺ 하단 우측에 있는 **Σ값**을 클릭한 후 **값 필드 설정**에서 **개수**를 선택한다.

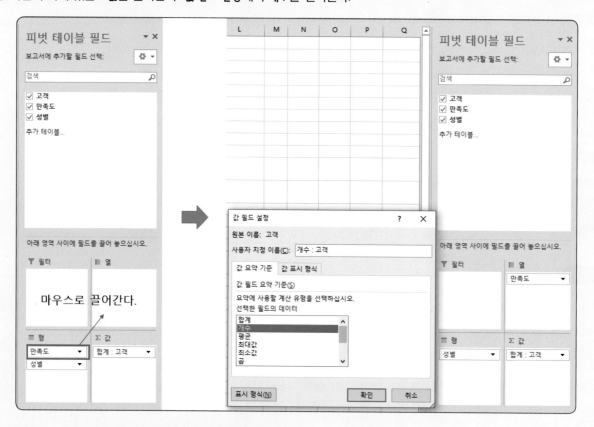

❻ 그러면 다음과 같은 교차분류표인 피벗 테이블을 얻는다.

개수 : 고객	열 레이블					
행 레이블 ▾ 만족		매우 만족	매우 불만족	보통	불만족	총합계
남자	6	3	2		1	18
여자	4	6	8	11	3	32
총합계	10	9	10	17	4	50

❼ 테이블 전체를 드래그 하면 앞에서와 같이 여러 그림을 그릴 수 있다.

2.2.2 그림에 의한 비교

▌막대그래프

성별에 따른 도수 막대그래프를 그리면 [그림 2-7(a)]와 같이 남자와 여자의 만족도를 쉽게
비교할 수 있다. 또한 [그림 2-7(b)]와 같이 만족도별로 남녀를 비교할 수도 있다.

그림 2-7 도수 막대그래프에 의한 비교

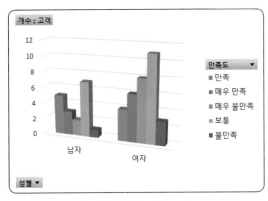 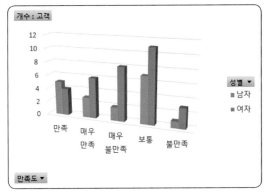

(a) 성별에 따른 만족도 비교   (b) 만족도에 따른 성별의 비교

▌원그래프

[그림 2-8]과 같이 두 개의 동심원을 이용하여 남자와 여자의 만족도에 대한 원그래프를 작
성할 수 있다. 이 그림을 통해 자료를 요약하면 여자의 만족도는 '보통'이 가장 많으나 남자의 만
족도는 '만족'과 '보통'이 가장 많다는 것을 알 수 있다.

그림 2-8 원그래프에 의한 비교

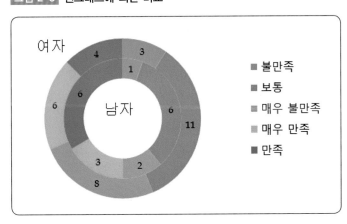

| 띠그래프

[그림 2-9]와 같이 띠그래프에 의해 '성별에 따른 만족도 비교' 또는 '만족도에 따른 남녀 비교'를 나타낼 수 있다. [그림 2-9(a)]에서 남자의 만족도는 '만족'과 '보통'이 가장 많으나 여자의 만족도는 '보통'이 가장 많은 것으로 요약된다. 만족도에 따라 분류한 띠그래프 [그림 2-9(b)]에선 '만족'을 제외한 모든 범주에서 남자보다 여자의 비율이 높게 나타남을 알 수 있다.

그림 2-9 띠그래프에 의한 비교

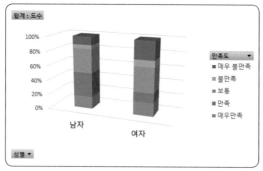 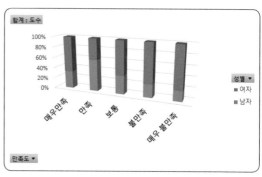

(a) 성별에 다른 만족도 비교   (b) 만족도에 다른 성별의 비교

| 꺾은선그래프

[그림 2-10(a)]과 같이 한 범주의 막대가 여러 개인 경우 자료집단을 쉽게 비교하기 위해 2.1.6절에서 살펴본 꺾은선그래프를 사용한다. 그러면 [그림 2-10]과 같이 범주별로 도수를 비교하는 꺾은선그래프를 얻는다.

그림 2-10 꺾은선그래프에 의한 비교

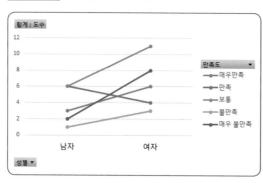 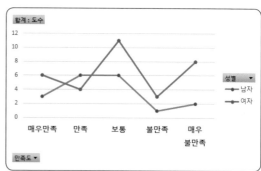

(a) 성별에 다른 만족도 비교   (b) 만족도에 다른 성별의 비교

| 방사형 그래프

꺾은선그래프의 가로축에 해당하는 부분을 다각형의 둘레로, 세로축에 해당하는 부분을 중심에서 다각형의 꼭짓점을 향하는 선분 또는 직선으로 표현한 정다각형 모양의 그림을 **방사형 그**

래프(radar chart)라 한다. 한 개의 범주형 자료 또는 두 개 이상의 범주형 자료를 비교할 때 많이 사용하며, 범주형 자료들 사이의 강점과 약점을 쉽게 알 수 있어서 심리 검사 결과, 직원들의 역량 등을 나타내는 그래프로 많이 활용한다. 예를 들어 성별에 따른 만족도 조사의 교차분류표인 [표 2-5]에 대한 방사형 그래프를 그리면 [그림 2-11]과 같다.

그림 2-11 방사형 그래프에 의한 비교

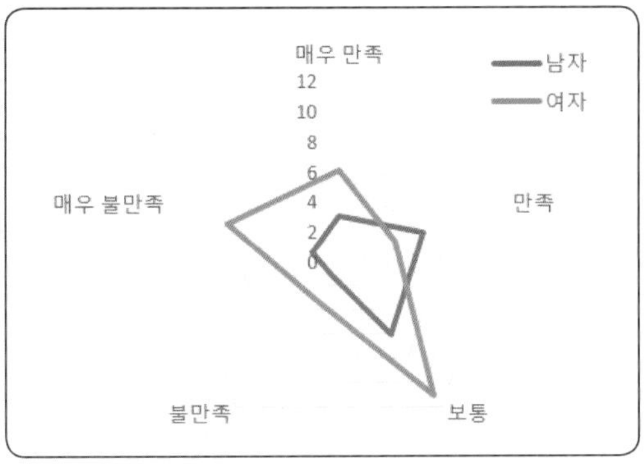

예제 8

다음은 어느 국가의 공업도시의 월별 일기 일수를 나타낸 것이다. 물음에 답하라.

(a) 표를 완성하라.
(b) 월별 맑음과 강수 일수에 대한 도수 막대그래프를 그려라.
(c) 월별 맑음과 강수 일수의 비율에 대한 띠그래프를 그려라.
(d) 월별 맑음과 강수 일수에 대한 꺾은선그래프를 그려라.

월	일기 일수		월별 비율(%)		
	맑음	강수	맑음	강수	합계
2	29	15			100
4	24	12			100
6	30	18			100
8	38	13			100
10	26	19			100
12	34	22			100

풀이

(a) 월별 일수의 총합을 구하면 각각 44, 36, 48, 51, 45, 56이다. 따라서 월별 범주의 수를 월별 총합으로 나누면 다음과 같은 백분율을 얻는다.

월	일기 일수		월별 비율(%)		
	맑음	강수	맑음	강수	합계
2	29	15	65.9	34.1	100
4	24	12	66.7	33.3	100
6	30	18	62.5	37.5	100
8	38	13	74.5	25.5	100
10	26	19	57.8	42.2	100
12	34	22	60.7	39.3	100

(b) 월별 맑음과 강수 일수에 대한 도수 막대그래프를 그리면 다음과 같다.

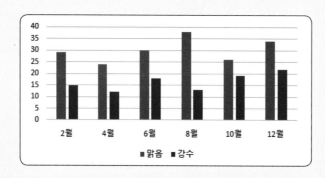

(c) (a)에서 구한 백분율을 이용하여 월별 맑음과 강수 일수의 비율에 대한 띠그래프를 그리면 다음과 같다.

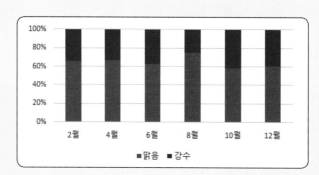

(d) (b)에서 구한 도수 막대그래프를 이용하여 월별 맑음과 강수 일수에 대한 꺾은선그래프를 그리면 다음과 같다.

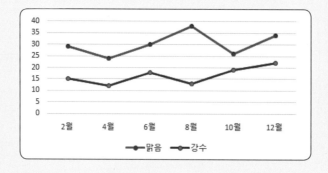

1. 가로축에 범주를 기입하고 수직 방향으로 각 범주의 도수를 점으로 찍어서 표현하는 그림을 무엇이라 하는가?

2. 점도표의 단점은 무엇인가?

3. 도수표의 장점은 무엇인가?

4. 각 범주에 대응하는 도수, 상대도수, 백분율 등을 같은 폭의 사각형 모양의 수직 막대로 나타낸 그림을 무엇이라 하는가?

5. 막대그래프를 범주의 도수가 커지거나 작아지는 순서로 재배열한 그림을 무엇이라 하는가?

6. 파레토 그래프의 장점은 무엇인가?

7. 각 범주의 상대도수를 비교하기 위한 원 모양의 그림을 무엇이라 하는가?

8. 각 범주에 해당하는 비율로 일정한 크기의 띠를 분할한 그림을 무엇이라 하는가?

9. 두 개 이상의 자료집단을 범주별로 비교하거나 시간의 흐름에 따른 추이를 나타낼 때 많이 사용하는 그림을 무엇이라 하는가?

10. 자료집단이 두 개인 자료를 무엇이라 하는가?

11. 자료집단이 두 개인 자료를 요약한 표를 무엇이라 하는가?

1. 다음은 어느 서비스 센터를 이용한 고객을 상대로 한 만족도 조사 결과이다. 이 자료에 대한 점도표를 그려라.

> 매우 불만족 1명   불만족 3명   보통 7명   만족 6명   매우 만족 3명

2. 다음은 어느 공업단지 안에 있는 50개 기업에 대해 여름철 휴가 일수를 조사한 결과이다. 물음에 답하라.

> 3 3 5 4 5 6 5 3 5 6 3 4 4 6 6 3 5 5 4 3 5 5 3 6 6
> 3 4 3 4 4 4 4 5 6 3 5 6 6 5 3 5 3 5 3 3 4 6 3 3 5

(a) 도수표를 작성하라.

(b) 도수 막대그래프와 꺾은선그래프를 그려라.

(c) 원그래프와 띠그래프를 그려라.

3. 다음은 어느 회사의 근로자 90명의 업무 능력을 5등급 S(Superior), G(Good), A(Average), P(Poor), I(Inferior)로 분류한 결과이다. 물음에 답하라.

P	A	P	A	I	S	P	S	I	G	A	P	P	P	A	A	A	P	S	A
P	P	G	I	P	A	A	P	G	G	I	I	G	P	P	A	A	A	G	A
S	G	I	S	I	S	G	I	A	A	I	S	G	A	P	G	G	P	A	P
P	A	I	S	I	A	I	P	P	G	P	I	A	P	S	G	G	A	I	I
A	G	P	G	P	P	A	A	A	P										

(a) 도수표를 작성하라.

(b) 도수 막대그래프와 꺾은선그래프를 그려라.

(c) 상대도수 막대그래프와 꺾은선그래프를 그려라.

(d) 원그래프와 띠그래프를 그려라.

4. 어느 대학에서는 클린 캠퍼스를 만들기 위해 학내에서 음주하지 못하도록 결정하였다. 이에 학생회에서 120명의 학생을 대상으로 학내 음주에 대한 찬반 투표를 실시하여 다음 결과를 얻었다. 물음에 답하라.

찬성	찬성	찬성	무응답	찬성	무응답	찬성	반대	무응답	찬성
찬성	반대	무응답	찬성	반대	찬성	반대	찬성	찬성	무응답
무응답	찬성	찬성	반대	찬성	찬성	찬성	찬성	무응답	반대
찬성	찬성	무응답	찬성	무응답	찬성	찬성	찬성	반대	반대
찬성	찬성	찬성	반대	반대	찬성	찬성	찬성	반대	반대
찬성	찬성	반대	찬성	반대	찬성	무응답	찬성	찬성	무응답
찬성	무응답	반대	찬성	찬성	반대	찬성	반대	찬성	반대
찬성	찬성	반대	찬성	반대	찬성	찬성	반대	찬성	찬성
찬성	반대	반대	찬성	찬성	찬성	찬성	무응답	찬성	찬성
찬성	찬성	찬성	반대	반대	찬성	무응답	반대	찬성	반대
찬성	반대	찬성	무응답	반대	반대	찬성	반대	찬성	반대
찬성	무응답	반대	무응답	반대	찬성	반대	찬성	반대	반대

(a) 도수표를 작성하라.

(b) 도수 막대그래프를 그려라.

(c) 상대도수 막대그래프를 그려라.

(d) 원그래프와 띠그래프를 그려라.

5. 다음은 어느 산업도시에서 하루에 사용하는 용도별 전력량을 나타낸 것이다. 이 자료에 대한 도수표를 작성하라(단, 단위는 MW이다).

용도	가정용	공공용	서비스업	산업용
전력량	479,103	126,241	925,573	9,224,691

6. 다음은 어느 도시에서 하루에 소비하는 용도별 급수 사용량을 나타낸 표이다. 이 자료에 대한 도수표를 작성하라(단, 단위는 1,000 m³이다).

용도	가정용	업무용	공업용	욕탕용	기타
전력량	26,384	15,145	58,821	207	3,065

7. 다음은 숙박 시설 요금을 비교하는 어느 회사에서 제공한 제주도 호텔 10곳의 가격과 평점을 나타낸 것이다. 물음에 답하라.

호텔	가격(원)	평점	소재지
제주 신라 호텔	508,201	9.0	서귀포
롯데 호텔 제주	555,391	8.6	서귀포
휘슬락 호텔	114,999	8.0	제주
하워드 존슨 호텔	89,105	8.5	서귀포
오션펠리스 호텔	102,963	8.3	서귀포
켄싱턴리조트	202,801	7.1	서귀포
디아일랜드블루호텔	109,997	8.3	서귀포
켄싱턴 제주 호텔	423,498	8.7	서귀포
제주 엠스테이 호텔	89,899	8.2	서귀포
베스트웨스턴 제주 호텔	76,848	8.4	제주

  (a) 가격에 대한 막대그래프를 그려라.
  (b) 평점에 대한 막대그래프를 그려라.

8. 다음은 〈2012년 부산 지역 외국인주민 생활환경 실태조사 및 정책발전방안 보고서〉에 따른 부산의 외국인 주민 105명을 대상으로 한 자녀의 교육 환경의 만족도 조사 결과에 대한 도수표이다. 이 도수표를 완성하라.

만족도	도수	상대도수	백분율(%)
만족			62.9
보통	33		
불만족			
합계			

9. 다음은 다문화 가족에 대한 여성가족부의 조사 자료에 따른 2018년 주요 국적별 결혼 이민자 수이다. 물음에 답하라.

국가	중국(한국계)	중국	필리핀	일본	베트남
이민자 수	21,894	36,812	11,836	13,738	42,460

(a) 도수표를 작성하라.

(b) 막대그래프와 꺾은선그래프를 그려라.

(c) 원그래프와 띠그래프를 그려라.

10. 다음은 2018년 7월에 판매된 국산차의 대수를 나타낸 것이다. 물음에 답하라.

차종	싼타페	그랜저	포터	아반떼	카니발
판매 대수	9,893	8,571	8,003	7,522	7,474
차종	쏘렌토	쏘나타	봉고	모닝	코나
판매 대수	6,056	5,948	5,188	5,161	4,917

(a) 도수표를 작성하라.

(b) 막대그래프와 꺾은선그래프를 그려라.

(c) 원그래프와 띠그래프를 그려라.

11. 다음은 2020년 4월 1일자 조선비즈에 실린 연봉이 높은 10대 회사에 대한 자료이다. 물음에 답하라.

회사	평균 연봉(만 원)	회사	평균 연봉(만 원)
SK에너지	13,200	LG칼텍스	11,109
SK인천석유화학	13,000	S-Oil	11,032
SK종합화학	12,500	현대오일뱅크	10,900
SK하이닉스	11,747	삼성전자	10,800
SK텔레콤	11,600	LG상사	10,700

(a) 도수표를 작성하라.

(b) 막대그래프와 꺾은선그래프를 그려라.

(c) 띠그래프를 그려라.

12. 다음은 어느 도시의 2020년 건강 생활 실천 교육의 실적이다. 이 자료에 대한 도수표, 막대그래프, 꺾은선그래프, 원그래프, 띠그래프를 그려라.

교육 내용	금연	영양	절주	운동	비만	구강 보건
인원수	49,779	7,013	8,412	27,420	4,198	7,564

13. 다음은 우리나라에서 2018년 7월 28일에 상영된 상위 5위 영화에 대한 기자·평론가와 관객의 평점을 나타낸 것이다. 물음에 답하라.

영화	미션임파서블	인크레더블2	인랑	신비아파트	앤트맨과 와이프
기자·평론가	7.43	7.33	5.80	6.00	6.13
관객	9.18	9.34	5.68	8.91	8.88

(a) 영화별로 기자·평론가와 관객의 평점을 나타내는 막대그래프를 그려라.

(b) 영화별로 기자·평론가와 관객의 평점을 나타내는 꺾은선그래프를 그려라.

(c) 기자·평론가와 관객에 따른 영화별 평점을 나타내는 막대그래프를 그려라.

14. 다음은 외국어 교육을 강화한 어느 대학의 교육 전후 학과별 외국어 시험 결과이다. 물음에 답하라(단, 단위는 점이다).

학과	A	B	C	D	E	F	G	H
교육 전	356	335	404	382	328	342	369	369
교육 후	425	463	485	484	488	527	472	462

학과	I	J	K	L	M	N	O	P
교육 전	419	291	401	419	378	398	335	375
교육 후	525	399	553	526	479	519	416	453

(a) 학과별로 교육 전후의 교육 효과를 비교하는 도수 막대그래프를 그려라.

(b) 학과별로 교육 전후의 교육 효과를 비교하는 꺾은선그래프를 그려라.

15. 다음은 제5회 지방선거와 제6회 지방선거의 시간대별 투표율을 나타낸 것이다. 물음에 답하라(단, 단위는 %이다).

시간대	7시	9시	11시	13시	15시	16시	17시	18시
제5회 지방선거	3.3	11.1	21.6	34.1	42.3	46.0	49.3	54.5
제6회 지방선거	2.7	9.3	18.8	38.8	46.0	49.1	52.2	56.8

(a) 시간대별로 두 지방선거를 비교하는 도수 막대그래프를 그려라.

(b) 시간대별로 두 지방선거를 비교하는 꺾은선그래프를 그려라.

16. 다음은 2018년 1월 23일부터 25일까지 조사한 '설 연휴 기간 동안 1박 이상의 고향 방문이나 여행 계획'에 대한 응답 결과이다. 이 조사는 휴대전화 RDD 조사(집전화 보완)로 이루어졌으며 95% 신뢰수준에서 표본오차는 ±3.1%포인트, 응답률은 18.8%(총 5,331명 중 1,003명 응답)이다. 설 연휴 계획은 비율(%)로, 고향 방문과 여행을 병행하는 경우는 고향 방문으로 나타냈을 때, 물음에 답하라.

세대	성별	응답자 수(명)	설 연휴 계획(%)		
			고향 방문	여행	무계획
20대(19세 포함)	남자	92	56	7	37
	여자	83	49	3	48
30대	남자	89	57	5	38
	여자	86	56	7	37
40대	남자	107	55	8	37
	여자	100	62	4	34
50대	남자	99	47	3	50
	여자	99	33	3	64
60대 이상	남자	110	14	5	81
	여자	138	11	3	86

(a) 설 연휴 계획에 대한 성별에 따른 세대별 비율을 비교하는 막대그래프를 그려라.

(b) 설 연휴 계획에 대한 세대별 남녀의 비율을 비교하는 막대그래프를 그려라.

(c) 세대에 대한 성별에 따른 설 연휴 계획을 비교하는 막대그래프를 그려라.

(d) 고향 방문 계획을 가진 세대별 남녀의 비율을 비교하는 막대그래프를 그려라.

17. 다음은 통계청에서 조사한 연도별 우리나라 부양 인구 비율을 나타낸 것이다. 부양 인구 비율이란 내국인을 기준으로 생산 가능한 연령층(15~64세) 인구에 대한 비생산 연령층(15세 미만, 65세 이상의 합) 인구의 비율로, 생산 가능한 연령층 인구가 비생산 연령층을 부양해야 하는 사회 경제적 부담을 나타내는 지표이다. 물음에 답하라(단, 부양 인구 비율은 소년 부양(15세 미만) 인구 비율과 노년 부양(65세 이상) 인구 비율로 구분할 수 있으며 단위는 %이다).

연도	2008	2009	2010	2011	2012	2013
부양 인구 비율	37.8	37.3	36.9	36.3	36.2	36.2
소년 부양 인구 비율	23.8	22.9	22.0	21.2	20.6	20.0
노년 부양 인구 비율	14.0	14.4	14.8	15.0	15.6	16.3
연도	2014	2015	2016	2017	2018	–
부양 인구 비율	36.2	36.2	36.2	36.8	37.4	–
소년 부양 인구 비율	19.4	18.8	18.2	18.0	17.8	–
노년 부양 인구 비율	16.8	17.5	18.0	18.8	19.6	–

(a) 연도별로 소년과 노년 부양 인구 비율을 비교하는 막대그래프를 그려라.

(b) 연도별로 소년과 노년 부양 인구 비율을 비교하는 꺾은선그래프를 그리고, 연도별 추세를 간단히 설명하라.

(c) 연도별로 소년과 노년 부양 인구 비율을 비교하는 띠그래프를 그려라.

(d) 연도별로 전체 부양 인구 비율, 소년, 노년 부양 인구 비율을 비교하는 막대그래프를 그려라.

18. 다음은 통계청에서 2018년에 조사한 〈2017년 혼인 이혼통계〉에서 2년 간격으로 자료를 추출하여 재구성한 것이다. 혼인율과 이혼율은 인구 1,000명당 혼인 건수에 대해, 당해 연도 7월 1일을 기준으로 혼인율(이혼율)은 '연간 총 혼인(이혼) 건수'를 '당해 연도 주민등록연앙인구'로 나눈 값에 1,000을 곱하여 계산한 것이다. 물음에 답하라(단, 이 기간에 남편과 아내의 주소가 모두 해외 주소인 자료는 제외했으며 단위는 %이다).

연도	2000	2002	2004	2006	2008	2010	2012	2014	2016
혼인율	7.0	6.3	6.4	6.4	6.6	6.5	6.5	6	5.5
이혼율	2.5	3.0	2.9	2.5	2.4	2.3	2.3	2.3	2.1

(a) 혼인율과 이혼율에 따른 자료를 연도에 의해 비교하는 막대그래프를 그리고 간단히 분석하라.

(b) 연도별로 혼인율과 이혼율을 비교하는 막대그래프를 그려라.

(c) 연도별로 혼인율과 이혼율을 비교하는 꺾은선그래프를 그려라.

(d) 연도별로 혼인율과 이혼율을 비교하는 띠그래프를 그려라.

19. 공적연금의 수급률은 실질적으로 연금의 혜택이 얼마나 광범하게 적용되는지 나타내며, 국가의 실질적 사회보장의 정도를 보여 준다. 수급률이란 연금 수급자 수를 공적연금 가입자 수로 나눈 백분율을 의미한다. 다음은 통계청에서 제공한 공적연금 수급률 자료이다. 물음에 답하라(단, 단위는 %이다).

연도	2008	2009	2010	2011	2012	2013	2014	2015	2016	2017
국민연금	13.8	15.0	15.6	16.0	17.3	17.6	17.8	18.8	20.1	21.6
공무원연금	27.2	28.0	29.6	30.9	32.7	34.2	36.6	39.0	40.9	42.8
사학연금	12.2	13.0	14.0	14.9	16.3	17.5	18.9	20.9	20.4	21.8

(a) 연도별로 각 연금의 수급률을 비교하는 막대그래프를 그려라.

(b) 연도별로 각 연금의 수급률을 비교하는 꺾은선그래프를 그려라.

(c) 연도별로 각 연금의 수급률을 비교하는 띠그래프를 그려라.

(d) 연도에 따른 연금의 수급률에 대해 간단히 설명하라.

실전문제

1. 대부분의 국가는 정치 분야에서 여성의 참여 기회가 적은 것으로 알려져 있다. 국제의회연맹의 〈Women in Parliaments Data〉에 의하면 OECD 주요 국가의 여성 국회의원 비율이 다음과 같다고 한다. 물음에 답하라(단, 단위는 %이다).

연도	2008	2009	2010	2011	2012	2013	2014	2015	2016	2017
뉴질랜드	33.6	33.6	33.6	32.2	32.2	32.2	29.8	31.4	31.4	38.3
독일	32.2	32.8	32.8	32.9	32.9	36.5	36.5	36.5	36.5	30.7
멕시코	23.2	27.6	26.2	26.2	36.8	36.8	37.4	42.4	42.4	42.6
미국	17.0	16.8	16.8	16.8	18.0	17.8	19.3	19.4	19.2	19.4
스웨덴	47.0	46.4	45.0	44.7	44.7	45.0	44.7	43.6	43.6	43.6
일본	9.4	11.3	11.3	10.8	7.9	8.1	8.1	9.5	9.5	10.1
터키	9.1	9.1	9.1	14.2	14.2	14.4	14.4	14.9	14.9	14.6
프랑스	18.2	18.9	18.9	18.9	26.9	26.9	26.2	26.2	26.2	39.0
한국	13.7	14.7	14.7	14.7	15.7	15.7	16.3	16.3	17.0	17.0

(a) 연도별로 한국과 일본의 여성 국회의원 비율을 비교하는 막대그래프를 그리고 간단히 분석하라.

(b) 연도별로 우리나라의 여성 국회의원 비율을 나타내는 꺾은선그래프를 그리고 간단히 분석하라.

(c) 연도별로 우리나라와 유럽 국가의 여성 국회의원 비율을 비교하는 꺾은선그래프를 그리고 간단히 분석하라.

(d) 국가별로 2016년과 2017년의 여성 국회의원 비율을 비교하는 막대그래프를 그리고 간단히 분석하라.

(e) 5급 이상인 여성 공무원의 비율이 2001년 중앙정부 3.6%, 지방정부 5.3%에 불과했으나, 최근에 빠른 증가세를 보여 2019년 여성가족부의 보도자료에 따르면 중앙정부의 4급 이상 여성이 19.5%, 지방정부의 5급 이상 여성이 16.7%가 됐다고 한다. 여성 국회의원 비율의 증가세와 연관하여 행정부와 입법부의 여성 비율이 증가하는 것에 대한 개인의 의견을 간단히 제시하라.

2. 수질 오염도는 BOD(생물학적 산소 요구량), COD(화학적 산소 요구량), TP(총인 농도) 같은 측정 기준에 따라 상이하게 평가될 수 있으며, 특히 BOD는 물 속의 미생물이 유기물을 분해하고 안정화하는 데 필요한 산소의 양으로 유기물질에 의한 오염 정도를 나타내는 대표적인 측정 기준이다. 수질과 수생태계 환경 기준에 따르면 BOD가 3 mg/L 이하를 '좋은 물'이라 한다. 정부는 2006년에 〈물환경 관리 기본 계획〉을 수립한 후 꾸준히 노력하여 2015년 말 기준 중권역 기준으로 한강과 낙동강 권역은 목표를 달성하였고, 금강과 영산강은 각 1개 중권역만 목표에 미달한 상태이다. 다음은 우리나라 4대강에 대한 지난 10년간 BOD 농도를 나타낸다. 물음에 답하라(단, 단위는 mg/L이다).

연도	2008	2009	2010	2011	2012	2013	2014	2015	2016	2017
금강 (대청댐)	1.0	1.0	1.0	1.0	1.0	1.0	1.0	1.0	0.9	0.8
낙동강 (물금)	2.4	2.8	2.4	1.5	2.4	2.3	2.3	2.2	2.0	2.0
영산강 (주암댐)	0.6	0.8	1.0	1.0	0.8	0.8	0.7	0.9	0.9	0.8
한강 (팔당댐)	1.3	1.3	1.2	1.1	1.1	1.1	1.2	1.3	1.3	1.1

(a) 강별로 연도에 따른 BOD 농도를 나타내는 막대그래프를 그리고 간단히 분석하라.

(b) 연도별로 4대강의 BOD 농도를 비교하는 막대그래프를 그리고 간단히 분석하라.

(c) 연도별로 4대강의 BOD 농도를 비교하는 띠그래프를 그려라.

(d) 연도별로 4대강의 BOD 농도를 비교하는 꺾은선그래프를 그리고 간단히 분석하라.

3. 우리나라도 1인 가구 수가 꾸준히 증가하고 있으며, 이에 따라 1인 가구를 대상으로 하는 주택을 비롯하여 여러 종류의 산업도 매출이 상승하고 있다. 2015년도 인구주택총조사에 따르면 1인 가구는 남자와 여자의 성비가 거의 비슷하며, 구성 형태는 미혼, 사별, 이혼 그리고 배우자가 있으나 별거 등으로 나타난다. 다음은 부산연구원에서 조사한 〈2017년 부산지역 1인 가구 증가에 따른 종합정책연구〉에 따른 세대별 1인 가구 교육 수준의 비율이다. 물음에 답하라(단, 단위는 % 이다).

지역	세대	초등학교	중학교	고등학교	전문대	대학교	대학원	미취학
전국	청년	0.0	0.9	21.2	20.2	50.4	7.3	0.0
	중장년	7.1	13.1	45.5	9.7	18.8	5.6	0.2
	노년	37.3	15.2	15.0	1.5	4.4	1.0	25.6
부산	청년	0.0	1.1	20.0	20.2	53.6	5.1	0.0
	중장년	7.4	15.9	45.5	9.8	17.1	4.0	0.2
	노년	37.5	19.5	18.7	1.8	4.3	0.8	17.3

(a) 교육 수준별로 전국과 부산의 비율을 비교하는 막대그래프를 그리고 간단히 분석하라.

(b) 부산 지역의 교육 수준별 비율을 전국과 비교하는 막대그래프를 그려라.

(c) 세대별로 전국과 부산의 교육 수준별 비율을 비교하는 막대그래프를 그리고 간단히 분석하라.

(d) 부산 지역의 세대별 교육 수준의 비율을 전국과 비교하는 막대그래프를 그려라.

(e) 부산 지역의 교육 수준별 세대의 비율을 전국과 비교하는 막대그래프를 그려라.

(f) 교육 수준에 따른 전국과 부산의 비율을 세대별로 비교하는 막대그래프를 그리고 간단히 분석하라.

4. 우리나라의 청년 실업률은 매우 심각한 상황이며 정부에서도 실업률을 낮추기 위한 여러 정책을 수시로 발표하고 있다. 실업률은 15세 이상 64세 이하의 경제활동인구에 대한 15세 이상 64세 이하의 실업자 비율을 나타내며, 다음은 구직 기간 4주를 기준으로 한 실업자의 비율을 나타낸 것이다. 이는 고용통계의 모수인구가 등록 센서스 기반으로 변경됨에 따라 2000년 7월부터 2017년 12월까지의 자료를 보정한 수치이다. 물음에 답하라(단, 단위는 %이다).

연도	2000	2001	2002	2003	2004	2005	2006	2007	2008
전체	4.6	4.2	3.4	3.7	3.8	3.9	3.6	3.4	3.3
남자	5.1	4.6	3.8	3.9	4.0	4.1	4.0	3.8	3.7
여자	3.8	3.5	2.9	3.5	3.5	3.6	3.1	2.8	2.8
연도	2009	2010	2011	2012	2013	2014	2015	2016	2017
전체	3.8	3.8	3.5	3.3	3.2	3.6	3.7	3.8	3.8
남자	4.2	4.1	3.7	3.4	3.4	3.6	3.7	3.9	3.9
여자	3.2	3.4	3.2	3.1	3.0	3.6	3.7	3.7	3.6

(a) 연도별로 성별에 따른 실업률을 나타내는 막대그래프를 그려라.

(b) 연도별로 성별에 따른 실업률을 나타내는 꺾은선그래프를 그리고 간단히 분석하라.

(c) 2013년부터 2017년까지 5년 동안 남자와 여자의 실업률을 비교하는 막대그래프를 그리고 간단히 분석하라.

(d) 남자와 여자의 2017년 실업률을 비교하는 막대그래프를 그리고 간단히 분석하라.

기술통계학_양적자료

Descriptive Statistics for Qualitative Data

2장에서는 범주형 자료를 표와 그림으로 요약, 분석하는 방법에 대해 살펴봤다.
이번 장에서는 정량적으로 측정되는 양적자료를 표, 그림으로 요약하고 분석하는 방법에 대해 살펴본다. 특히 단일 자료집단의 중심위치를 나타내는 수치를 구하고, 자료가 흩어진 모양을 분석한다. 나아가 두 자료집단 사이의 인과관계를 그림으로 표현하고, 인과관계를 나타내는 함수식과 예측값을 구하는 방법을 살펴본다.

3.1 ▶ 양적자료의 요약

2장에서 범주형 자료를 표와 그림으로 나타내는 방법을 살펴봤다. 이제 양적자료의 유용한 특성이나 정보를 얻기 위해 표 또는 그림을 이용하여 양적자료를 표현하고 요약하는 방법에 대해 살펴본다.

3.1.1 점도표

범주형 자료와 마찬가지로 양적자료를 가장 쉽게 그림으로 표현할 수 있는 것은 점도표이다. 양적자료에 대한 점도표는 측정된 값들을 범주로 생각하여 가로축에 측정값을 기입한 후 세로축에 각 측정값이 관찰된 도수를 점으로 표현한다. 따라서 양적자료의 점도표는 다음과 같은 장점이 있다.

- 자료의 정확한 위치를 알 수 있다.
- 자료에 대한 대략적인 중심위치(50% 위치)를 알 수 있다.
- 자료의 흩어진 모양을 쉽게 파악할 수 있다.

그러나 범주형 자료처럼 자료의 수만큼 점을 찍어 나타내므로 그 수가 매우 많은 경우에는 사용하기 부적절하다.

점도표는 다음 순서에 따라 그린다.

❶ 관찰된 정량적인 수치를 가장 작은 숫자부터 차례대로 가로축에 기입한다.
❷ 수직 방향으로 각 숫자의 도수에 해당하는 수만큼 일정한 간격으로 점을 나타낸다.

다음은 어느 대학의 경영학과 1학년 학생 50명이 받은 통계학 학점이다.

2.9	3.2	3.0	3.5	1.3	3.7	3.2	3.0	3.3	3.3
3.9	3.0	4.1	2.8	3.1	3.3	4.0	2.8	3.2	2.9
3.3	3.1	3.0	3.1	4.0	3.0	3.1	3.1	3.0	3.2
2.8	2.9	3.8	3.7	4.1	3.0	3.1	3.5	3.4	3.4
3.5	3.8	3.6	4.2	2.6	3.0	2.9	4.3	3.6	3.4

학생 50명의 학점에 대한 점도표를 그리면 [그림 3-1]과 같다. 이 점도표로부터 다음과 같은 사실을 알 수 있다.

❶ 최저 학점은 1.3이고 최고 학점은 4.3이다.
❷ 대부분의 학점은 2.6에서 4.3 부근에 있으며, 최저 학점인 1.3은 이들로부터 멀리 떨어져 있다.

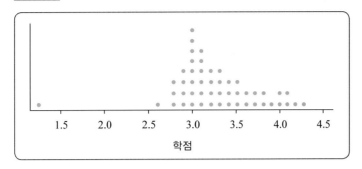

그림 3-1 통계학 점수에 대한 점도표

❸ 3.0을 받은 학생이 8명으로 가장 많다.

❹ 50명의 학점 중 하위 25%와 상위 25%를 제외한 중심부에 있는 학점은 대략 3.0에서 3.6 사이에 있다.

❺ 중심위치, 즉 50%에 위치한 학점은 대략 3.2이다.

❻ 경영학과 학생들의 통계학 학점은 최저 학점인 1.3을 제외하면 3.2를 중심으로 왼쪽에 집 중돼 있고 오른쪽으로 긴 꼬리 모양으로 분포한다.

예제 1

다음은 어느 대학의 신입생 50명을 대상으로 지능 지수를 조사한 결과이다. 물음에 답하라.

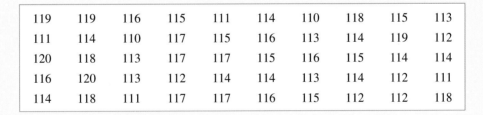

119	119	116	115	111	114	110	118	115	113
111	114	110	117	115	116	113	114	119	112
120	118	113	117	117	115	116	115	114	114
116	120	113	112	114	114	113	114	112	111
114	118	111	117	117	116	115	112	112	118

(a) 점도표를 그려라.

(b) 대략적인 중심위치를 구하라.

(c) 이 자료의 흩어진 모양을 설명하라.

풀이

(a) 가로축에 지능 지수를 기입하고 수직 방향으로 각 지능 지수의 도수만큼의 점을 일정한 간격으로 표시하면 다음과 같다.

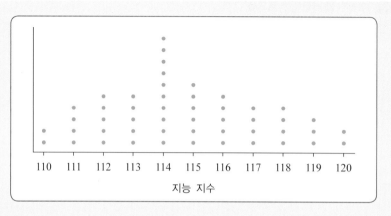

(b) 대략적인 중심위치는 114이다.

(c) 이 자료는 114를 중심으로 삼각형 모양으로 흩어져 있다.

3.1.2 도수분포표

점도표는 양적자료의 대략적인 중심위치와 흩어진 모양(분포 형태)을 알 수 있으나 자료의 수가 많은 경우에는 쓰기 어렵다는 단점이 있다. 실제로 사회에서 얻는 대부분의 자료는 복잡하고 양도 매우 많다. 예를 들어 경영학과 전체 학생 100명의 통계학 점수가 다음과 같다고 하자.

88	95	79	83	75	54	66	85	89	75
80	80	95	80	72	51	69	85	84	91
76	98	72	84	92	70	75	95	67	76
70	96	90	49	64	91	80	77	93	58
86	75	90	91	76	77	96	76	88	81
87	90	84	56	84	91	82	86	82	84
70	62	83	67	88	79	59	69	89	94
57	69	70	79	71	84	88	88	67	80
89	89	82	74	91	81	74	86	90	96
81	94	88	80	51	87	53	92	60	51

100명의 점수를 나타내는 이 수치만으로는 어떤 정보도 얻을 수 없다. 이 경우 1.2절에서 살펴본 것처럼 양적자료를 일정한 간격에 따라 집단으로 묶어서 집단화 자료로 변형하고, 묶인 집단을 범주로 생각하여 각 범주의 도수를 기입하는 도수표를 작성한다. 이로부터 측정값의 개수에 상관없이 원자료가 갖고 있는 중심위치와 분포 모양을 비롯한 여러 유용한 특성이나 정보

를 얻을 수 있다. 이와 같이 양적자료의 측정값들을 집단화 자료로 변환한 도수표를 **도수분포표**(frequency distribution table)라 한다. 도수분포표에는 계급, 도수, 상대도수, 누적도수, 누적상대도수, 계급값 등을 기입한다.

| 계급

양적자료의 각 수치를 일정한 간격으로 집단화한 범주를 **계급**(class)이라 한다. 이때 각 계급을 다음과 같이 네 가지 방법으로 분할하면 각각의 자료값이 중복되지 않고 어느 한 계급에만 속하게 된다.

❶ 초과~이하형

10 초과 20 이하, 20 초과 30 이하, 30 초과 40 이하 등

❷ 이상~미만형

10 이상 20 미만, 20 이상 30 미만, 30 이상 40 미만 등

❸ 이상~이하형

10 이상 19 이하, 20 이상 29 이하, 30 이상 39 이하 등

❹ 하위 단위형

9.5~10.5, 10.5~20.5, 20.5~30.5 등

❶은 계급의 상한값을, ❷는 계급의 하한값을 포함한다. ❸은 각 계급의 하한값과 상한값을 모두 포함하는 형태이며, 이전 계급의 상한값과 이후 계급의 하한값을 명확히 구분한다. ❹에서 경계값은 기본 단위의 $\frac{1}{2}$을 이용한다. 그러면 하위 단위에 의해 구분되므로 각 계급에 중복되는 자료값이 없다. 가능하면 처음 세 유형의 계급보다는 하위 단위형 계급을 사용할 것을 권장한다. 계급의 간격을 반드시 같도록 할 필요는 없으나 간격이 동일해야 자료를 해석하는 데 편리하므로 간격을 같게 하는 것이 좋다.

| 계급의 개수

계급의 수를 결정하기 위한 절대적인 방법은 없으나 계급의 수가 너무 적으면 원자료가 갖고 있는 정보가 왜곡될 가능성이 크다. 반면 자료의 수에 비해 계급의 수가 너무 많으면 도수분포표가 복잡하며 점도표처럼 자료값을 수직 방향으로 모두 나열해야 할 수도 있다. 일반적으로 자료의 수가 많을수록 도수분포표의 계급에 대한 개수도 늘어나며, 도수분포표를 이용한 히스토그램을 이용하여 자료의 분포 모양을 쉽게 알 수 있다.

적당한 계급의 수를 구하기 위해 보편적으로 두 가지 방법을 사용한다. 우선 자료의 수 n이 200 이하이면 계급의 수는 다음 식으로 정의되는 k를 선택한다.

$$k = (\sqrt[3]{n} \text{의 정수 부분})$$

자료값이 200개 이상이면 다음과 같이 **스터지스 공식**(Sturge's formula)으로 계산되는 수에 가까운 정수(k)를 선택한다.

$$k \approx 1 + 3.3 \log_{10} n$$

[표 3-1]은 자료의 수에 따른 계급의 개수를 나타내며, 이 계급의 개수는 보편적인 방법일 뿐 반드시 이렇게 정해야 하는 것은 아니다.

표 3-1 계급의 개수

자료의 수		50	100	150	200	500	1,000	3,000	5,000	10,000
계급의 개수	200 이하	4	5	5	6	8	10	14	17	22
	스터지스 방법	7	8	8	9	10	11	12	13	14

[표 3-1]에 따라 100명의 통계학 점수 자료에 대한 도수분포표를 만들기 위해 계급의 수를 5로 정한다.

| 계급 간격

각 계급의 간격은 전체 자료 중 최대 측정값과 최소 측정값의 차를 계급의 수 k로 나눈 수와 가까운 정수로 택한다. 즉, 계급 간격(w)은 다음과 같다.

$$w = \frac{(최대 \ 측정값) - (최소 \ 측정값)}{k}$$

100명의 통계학 점수 자료에서 최댓값은 98이고 최솟값이 49이므로 계급 간격은 다음과 같다.

$$w = \frac{98 - 49}{5} = 9.8$$

이 경우 각 계급의 경계를 고려하여 계급 간격을 10으로 정한다. 이제 앞에서 설명한 계급의 네 유형 중 하나를 택하여 최소 측정값이 첫 번째 계급에 포함되도록 한다.

| 도수

범주형 자료와 마찬가지로 각 계급 안에 도수, 상대도수, 누적도수, 누적상대도수 등을 기입한다. 이때 **상대도수**(relative frequency)는 각 계급의 도수를 전체 도수로 나눈 값이고, 이전 계급까지의 모든 도수 또는 상대도수를 합한 수를 각각 **누적도수**(cumulative frequence), **누적상대도수**(cumulative relative frequence)라 한다.

| 계급값

양적자료를 집단화 자료로 변환하여 도수분포표를 작성하면 각 계급 안에 들어가는 자료의 개수는 알 수 있으나 계급 안에 들어 있는 자료 개개의 측정값이 얼마인지는 알 수 없다. 따라서 각 계급을 대표하는 값으로 계급의 중앙에 놓이는 수치를 사용하며, 이 수치를 **계급값**(class mark)이라 한다. 즉, 계급값은 다음과 같다.

$$(계급값) = \frac{(계급의 \ 하한값) + (계급의 \ 상한값)}{2}$$

하위 단위형으로 통계학 점수 자료에 대한 도수분포표를 작성하면 [표 3-2]와 같다.

표 3-2 통계학 점수에 대한 도수분포표

계급	계급 간격	도수	상대도수	누적도수	누적상대도수	계급값
1	48.5~58.5	9	0.09	9	0.09	53.5
2	58.5~68.5	8	0.08	17	0.17	63.5
3	68.5~78.5	22	0.22	39	0.39	73.5
4	78.5~88.5	36	0.36	75	0.75	83.5
5	88.5~98.5	25	0.25	100	1.00	93.5
합계		100	1.00	–	–	–

[표 3-2]로부터 통계학 점수는 49와 98 사이에 분포하는 것을 알 수 있다. 3계급까지 누적상대도수가 39명이므로 100명의 통계학 점수에 대한 중심위치인 50%의 자료값은 4계급에 들어 있다. 특히 전체 자료의 36%를 차지하는 4계급 중 11% 위치의 수를 구하면 전체 자료 중 50%에 해당하는 자료의 측정값을 대략적으로 알 수 있다. 4계급의 하한값 78.5로부터 11% 위치에 놓이는 수(x)를 구하면 $x \approx 3.06$이다.

$$11\% : 36\% = x : 10(구간의 \ 길이)$$

따라서 100명의 통계학 점수에 대한 대략적인 중심위치는 다음과 같이 약 81.6이다.

$$78.5 + 3.06 = 81.56 \approx 81.6$$

중심위치가 들어 있는 4계급을 중심으로 하위 계급(1, 2, 3계급)의 개수가 상위 계급(5계급)의 개수보다 많으므로 100명의 점수는 오른쪽으로 긴 꼬리 모양으로 분포하는 것을 알 수 있다. 도수분포표는 다음과 같은 장점이 있다.

• 자료에 대한 대략적인 중심위치를 알 수 있다.
• 자료가 흩어진 모양을 쉽게 알 수 있다.

그러나 도수분포표는 각 계급에 해당하는 도수만 이용하므로 원자료의 정확한 측정값을 알 수 없다는 단점이 있다.

[예제 1] 자료에 대한 계급의 수가 6인 도수분포표를 작성하고 중심위치와 분포 모양을 설명하라.

풀이

자료의 최솟값이 110, 최댓값이 120이고 계급의 수가 6이므로 계급 간격은 $w = \dfrac{120 - 110}{6} = 1.67 \approx 2$ 이다. 따라서 1계급의 하한을 109.5라 하면 다음 도수분포표를 얻는다.

계급	계급 간격	도수	상대도수	누적도수	누적상대도수	계급값
1	109.5 ~ 111.5	6	0.12	6	0.12	110.5
2	111.5 ~ 113.5	10	0.20	16	0.32	112.5
3	113.5 ~ 115.5	15	0.30	31	0.62	114.5
4	115.5 ~ 117.5	10	0.20	41	0.82	116.5
5	117.5 ~ 119.5	7	0.14	48	0.96	118.5
6	119.5 ~ 121.5	2	0.04	50	1.00	120.5
합계		50	1.00	−	−	−

2계급까지 누적상대도수가 0.32이고 3계급의 하한값 113.5로부터 18% 위치에 놓이는 수(x)를 구하기 위해 다음 비례식을 이용하면 $x \approx 1.1$이다.

$$18\% : 32\% = x : 2$$

따라서 50명의 지능 지수에 대한 대략적인 중심위치는 113.5 + 1.1 = 114.6이다. 3계급을 중심으로 하위 계급이 2개, 상위 계급이 3개이므로 대략적인 분포 모양은 대칭형이다.

엑셀 도수분포표

Ⓐ FREQUENCY 함수를 이용하는 방법

통계학 점수의 예에 대한 도수분포표를 만든다.

❶ A1~E20셀에 자료를 기입하고 H1~M1셀에 계급 간격, 도수, 상대도수, 누적도수, 누적상대도수, 계급값을 기입한다.

❷ H2~H6셀에 계급 간격의 상한 58, 68, 78, 88, 98을 기입하고 I2~I6셀을 드래그 한다.

❸ 메뉴바에서 수식 〉함수 삽입 〉통계 〉FREQUENCY를 선택하여 Data_array와 Bins_array에 각각 A1:E20과 H2:H6을 기입한다.

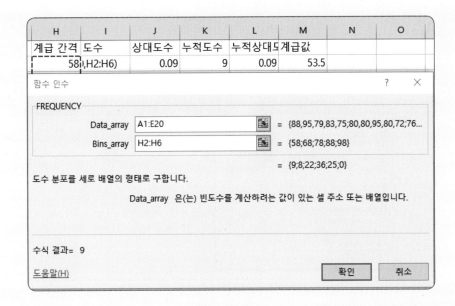

④ F2 를 누르고 Ctrl + Shift + Enter↵ 를 누르면 도수표를 얻는다.

⑤ H7셀에 **합계**를 기입하고, I7셀에서 자동 합계 〉 합계를 선택하여 도수의 합을 구한다.

⑥ J2셀에 **=I2/$I$7**을 기입하고 Enter↵ 를 누른다. J2셀에 커서를 놓고 우측 하단을 끌어 내리면 상대도수를 얻는다.

⑦ K2셀에 **=SUM($I$2:I2)**를 기입하고 Enter↵ 를 누른다. K2셀에 커서를 놓고 우측 하단을 끌어 내리면 누적도수를 얻는다.

⑧ L2셀에 **=SUM($J$2:J2)**를 기입하고 Enter↵ 를 누른다. L2셀에 커서를 놓고 우측 하단을 끌어 내리면 누적상대도수를 얻는다.

⑨ M2~M3셀에 계급값 **53.5, 63.5**를 기입하고 셀 우측 하단을 끌어 내리면 계급값을 얻는다.

계급 간격	도수	상대도수	누적도수	누적상대도수	계급값
58	9	0.09	9	0.09	53.5
68	8	0.08	17	0.17	63.5
78	22	0.22	39	0.39	73.5
88	36	0.36	75	0.75	83.5
98	25	0.25	100	1	93.5
합계	100				

Ⓑ 데이터 분석을 이용하는 방법

통계학 점수의 예에 대한 도수분포표를 만든다.

❶ A1~E20셀에 자료를 기입하고 메뉴바에서 데이터 〉 데이터 분석 〉 히스토그램을 선택한다.

❷ 입력 범위와 계급 구간에 각각 **$A$1:$E$20**과 **$H$2:$H$6**을, 출력 범위에 **$O$1**을 기입한다.

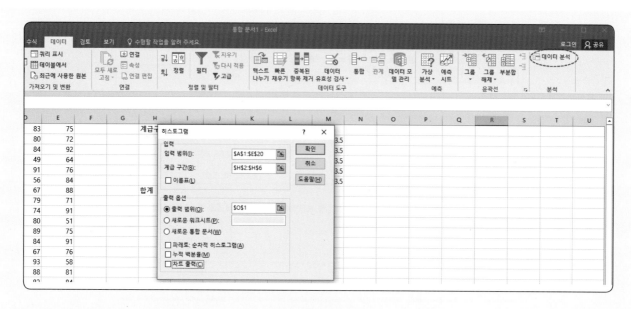

❸ 다음 도수분포표를 얻으며, Ⓐ의 방법에 따라 나머지 값들을 구한다.

N	O	P	Q
	계급	빈도수	
	58	9	
	68	8	
	78	22	
	88	36	
	98	25	
	기타	0	

3.1.3 히스토그램

범주형 자료의 도수표를 막대그래프로 나타내면 자료의 특성을 시각적으로 쉽게 알 수 있듯이 양적자료도 도수분포표를 이용하여 막대그래프 같은 그림을 그릴 수 있다. 이 그림을 **히스토그램**(frequency histogram)이라 하며 도수분포표의 각 계급을 밑변으로 하고 도수를 높이로 갖는 수직 막대로 나타낸다. 즉, 막대그래프와의 차이점은 이웃하는 막대가 서로 떨어지지 않고 연속적으로 그려진다는 것이다.

히스토그램은 다음과 같은 장점을 갖는다.

• 자료에 대한 대략적인 중심위치를 알 수 있다.
• 자료가 흩어진 모양을 쉽게 알 수 있다.

특히 히스토그램을 이용하면 도수분포표에 비해 시각적으로 다음 특성들을 쉽게 알 수 있다.

- 수집한 자료의 대칭성 또는 비대칭성
- 자료의 흩어진 모양
- 자료의 집중 경향
- 틈새(gap)를 갖는 계급
- 다른 계급들로부터 멀리 떨어진 계급

자료의 흩어진 모양에 따라 대칭형, 비대칭형, 집중형과 퍼짐형 등으로 구분한다.

| 대칭형

히스토그램의 중심에 수직선을 그렸을 때 [그림 3-2]와 같이 좌우가 거의 비슷한 형태를 **대칭형**(symmetric)이라 한다. 이 경우 히스토그램은 삼각형 모양 또는 **쌍봉형**(bimodal)으로 나타난다. 특히 삼각형 모양의 대칭형 히스토그램은 자료의 수가 많을수록 계급 간격이 좁아지면서 종 모양에 가까워진다.

그림 3-2 대칭형 히스토그램

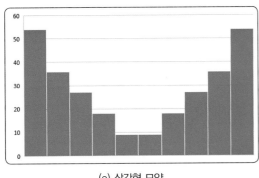

(a) 삼각형 모양

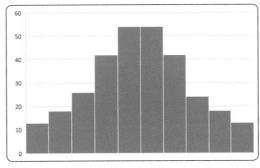

(b) 쌍봉형

| 비대칭형

히스토그램이 어느 한쪽으로 치우치고 다른 쪽으로 긴 꼬리 모양을 갖는 형태를 **비대칭형**(asymmetry)이라 하며 [그림 3-3]과 같이 두 가지 유형이 있다. [그림 3-3(a)]처럼 왼쪽으로 치우치고 오른쪽으로 긴 꼬리 모양의 히스토그램을 **양의 비대칭**(positive skewed)이라 하고, [그림 3-3(b)]처럼 오른쪽으로 치우치고 왼쪽으로 긴 꼬리 모양의 히스토그램을 **음의 비대칭**(negative skewed)이라 한다. 예를 들어 대기업의 직원 구성은 하위 근로자로 내려갈수록 근로자의 수가 많은 반면, 상위 임원으로 올라갈수록 임원의 수가 적은 분포를 이루므로 양의 비대칭 히스토그램을 나타낸다. 반대로 시험 문제를 너무 쉽게 출제하면 고득점을 받는 학생 수가 저득점을 받는 학생 수보다 많게 되므로 음의 비대칭을 이루게 된다.

그림 3-3 비대칭형 히스토그램

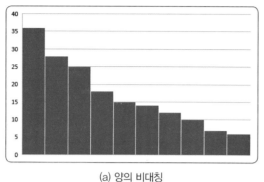
(a) 양의 비대칭

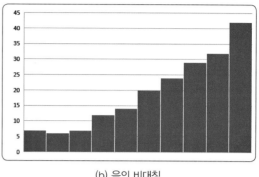
(b) 음의 비대칭

┃틈새형

틈새형(gap style)은 [그림 3-4]와 같이 어느 계급 간격의 도수가 0인 형태로 나타나는 히스토그램이다. 이 같은 틈새형 히스토그램은 주로 자료에 특이값이 있을 때 나타난다. 이때 **특이값**(outlier)은 대부분의 측정값으로부터 멀리 떨어진 측정값을 말한다.

그림 3-4 틈새형 히스토그램

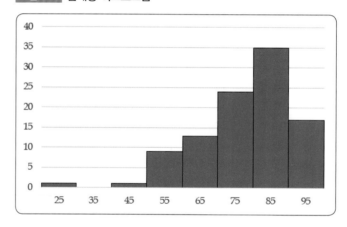

┃집중형

[그림 3-5]와 같이 어느 한 계급에 대부분의 자료가 모인 형태의 히스토그램을 **집중형**(centralized)이라 한다. 이 경우 히스토그램은 단 하나의 봉우리를 갖는 모양이며, 해당 계급의 도수가 가장 크다. 특히 집중형 히스토그램은 중심위치가 봉우리가 있는 해당 계급에 위치한다.

그림 3-5 집중형 히스토그램

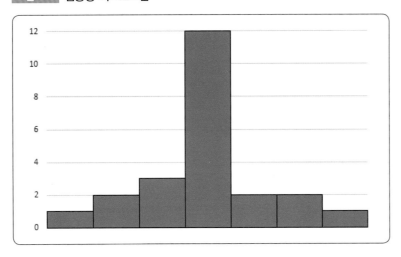

| 퍼짐형

[그림 3-6]과 같이 모든 계급에서 도수가 거의 비슷한 정도로 나타나는 히스토그램을 **퍼짐형**
(uniform)이라 한다. 동전 또는 주사위를 무수히 많이 던질 때 앞면과 뒷면이 나온 각각의 횟수
또는 각 주사위의 눈의 수가 나온 횟수 같은 경우를 생각할 수 있다.

그림 3-6 퍼짐형 히스토그램

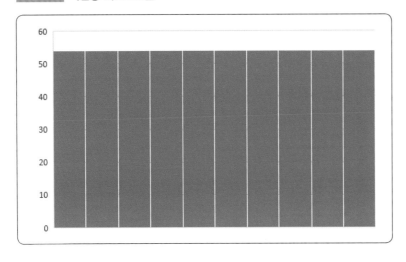

지금까지 도수분포표에서 각 계급의 도수를 이용하여 히스토그램을 그렸다. 이와 같은 히스
토그램을 **도수 히스토그램**(frequency histogram)이라 한다. [그림 3-7]과 같이 세로축에 도수
대신 상대도수, 누적도수, 누적상대도수를 넣을 수 있으며, 각각 **상대도수 히스토그램**(relative
frequency histogram), **누적도수 히스토그램**(cumulative frequency histogram), **누적상대도수 히
스토그램**(cumulative relative frequency histogram)이라 한다.

그림 3-7 여러 가지 히스토그램

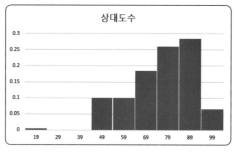

(a) 상대도수 히스토그램

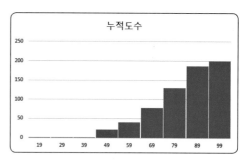

(b) 누적도수 히스토그램

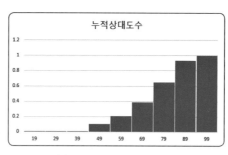

(c) 누적상대도수 히스토그램

예제 3

[예제 2]에서 구한 도수분포표를 이용하여 계급값을 중심으로 하는 도수 히스토그램, 상대도수 히스토그램, 누적도수 히스토그램, 누적상대도수 히스토그램을 그려라.

풀이

가로축을 계급 간격인 109.5~111.5, 111.5~113.5, 113.5~115.5, 115.5~117.5, 117.5~119.5, 119.5~121.5로 구분하고 계급값을 기입한다. 세로축 방향으로 도수, 상대도수, 누적도수, 누적상대도수에 해당하는 값을 높이로 하는 수직 막대를 그리면 다음과 같은 네 히스토그램을 얻는다.

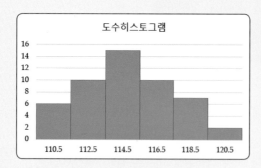

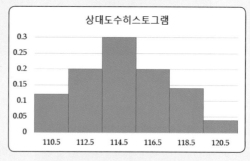

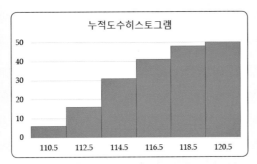

누적도수히스토그램

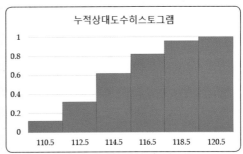

누적상대도수히스토그램

엑셀 히스토그램

통계학 점수의 예에 대한 히스토그램을 만든다.

❶ 앞에서 기입한 도수분포표의 I1~I6셀을 드래그 한 후 삽입 〉 추천 차트에서 **막대그래프** 아이콘을 선택하면 막대그래프를 얻는다.

❷ 막대 위에 커서를 놓고 마우스 오른쪽 버튼을 클릭하여 **데이터 선택**을 선택한다.

❸ **가로축 레이블**의 편집을 클릭한 후 축 레이블의 범위를 수정하기 위해 계급값 M2~M6셀을 드래그 하여 **확인**을 누른다. **데이터 원본 선택** 창에서 **확인**을 다시 누르면 가로축 레이블이 계급값으로 바뀐다.

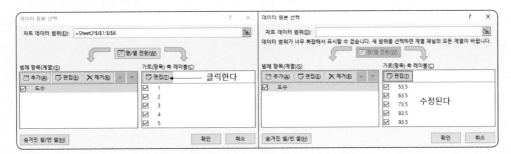

❹ 막대 위에 커서를 놓고 마우스 오른쪽 버튼을 클릭하여 **데이터 계열 서식**을 선택하면 막대의 간격을 비롯한 여러 가지를 체크하여 막대 모양을 바꿀 수 있다.

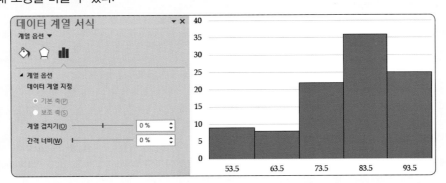

3.1.4 도수다각형

범주형 자료를 꺾은선그래프로 나타낸 것처럼 양적자료를 요약하는 그림으로 도수다각형이 있다. **도수다각형**(frequency polygon)은 히스토그램의 연속적인 막대 상단의 중심을 선으로 연결하여 다각형으로 표현한 그림이다. 이 그림은 히스토그램과 마찬가지로 세로축에 도수, 상대도수, 누적도수, 누적상대도수 등을 넣어 작성할 수 있으며, 히스토그램과 동일한 장점을 갖는다.

- 자료에 대한 대략적인 중심위치를 알 수 있다.
- 자료의 분포 모양을 쉽게 알 수 있다.

특히 두 개 이상의 양적자료를 비교할 때 자주 사용된다.

예제 4

[예제 3]에서 구한 히스토그램을 이용하여 계급값을 중심으로 하는 도수다각형, 상대도수다각형, 누적도수다각형, 누적상대도수다각형을 그려라.

풀이

네 히스토그램의 수직 막대 상단의 중심을 각각 선으로 연결하면 다음과 같은 네 도수다각형을 얻는다.

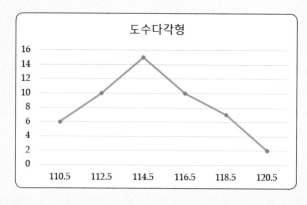
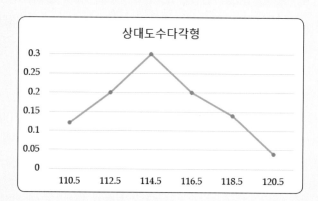
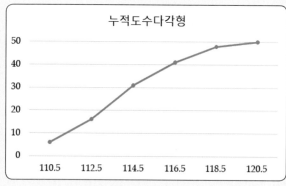
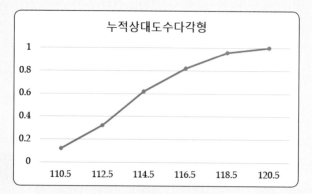

엑셀 도수다각형

삽입 〉추천 차트에서 **꺾은선형** 아이콘을 선택하면 막대그래프에 대한 도수다각형을 얻는다.

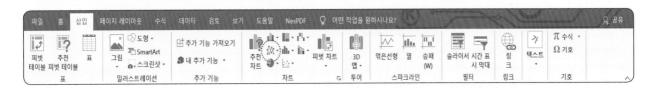

3.1.5 줄기-잎 그림

지금까지 양적자료를 요약하는 여러 그림을 살펴봤다. 점도표는 정확한 자료의 측정값을 비롯하여 중심위치, 분포 모양을 쉽게 알 수 있으나 자료의 수가 많으면 쓰기 곤란하다는 단점이 있다. 도수분포표, 히스토그램, 도수다각형 또한 대략적인 중심위치와 분포 모양을 알 수 있으나 각 계급에 속한 실제 측정값은 알 수 없다는 단점이 있다. 이와 같은 단점을 보완하며 전체 자료의 순위와 자료 형태를 보여 주는 줄기-잎 그림이 있다. **줄기-잎 그림**(stem-leaf display)은 실제 측정값을 이용하여 각 자료값을 나타낸 그림으로 다음과 같은 장점을 갖는다.

- 자료에 대한 중심위치를 알 수 있다.
- 자료의 분포 모양을 쉽게 알 수 있다.
- 자료의 실제 측정값을 알 수 있다.

줄기-잎 그림은 다음 순서에 따라 그린다.

❶ 줄기와 잎을 구분한다. 이때 변동이 작은 부분을 줄기, 변동이 많은 부분을 잎으로 지정한다. 보편적으로 측정값의 가장 낮은 자리 숫자를 잎으로 정하고 나머지 자리 숫자를 줄기로 정한다.

❷ 줄기 부분을 작은 수부터 위에서 아래로 차례대로 나열하고, 오른쪽에 수직선을 긋는다.

❸ 원자료에서 각 줄기 부분에 해당하는 잎 부분을 관찰된 순서대로 나열한다.

❹ 잎 부분의 측정값을 크기순으로 재배열한다.

❺ 전체 자료의 중심(50% 위치)에 놓이는 자료값이 있는 행의 왼쪽에 괄호를 쓰고, 괄호 안에 그 행에 해당하는 잎의 수(도수)를 기입한다.

❻ 괄호가 있는 행을 중심으로 괄호와 동일한 열에 누적도수를 위아래로 각각 기입하고, 잎

의 단위와 전체 도수를 기입한다.

이 순서에 따라 100명의 통계학 점수 자료에 대한 줄기–잎 그림을 그려보자.

❶ 일의 자리 숫자를 잎, 십의 자리 숫자를 줄기로 정한다.

❷ 줄기 부분을 작은 수부터 순차적으로 나열하고, 오른쪽에 수직선을 긋는다.

```
4 |
5 |
6 |
7 |
8 |
9 |
```

❸ 원자료에서 각 줄기 부분에 해당하는 잎 부분을 관찰된 순서대로 나열한다.

```
4 | 9
5 | 418697131
6 | 6974279970
7 | 95526205607567609091 44
8 | 835900054406817442624389488099216 1807
9 | 5518256013016014 10642
```

❹ 잎 부분의 측정값을 크기순으로 재배열한다.

```
4 | 9
5 | 111346789
6 | 0246777999
7 | 0000122445555666677999
8 | 0000001112223344444455666778888889999
9 | 00001111223445556668
```

❺ 전체 자료의 중심(50% 위치)에 놓이는 자료값이 있는 행의 왼쪽에 괄호를 쓰고, 괄호 안에 그 행에 해당하는 잎의 수(도수)를 기입한다.

```
      4 | 9
      5 | 111346789
      6 | 0246777999
      7 | 0000122445555666677999
(37)  8 | 0000001112223344444455666778888889999
      9 | 00001111223445556668
```

❻ 괄호가 있는 행을 중심으로 괄호와 동일한 열에 누적도수를 위아래로 각각 기입하고, 잎의 단위와 전체 도수 N을 기입한다.

```
    1 | 4 | 9                                            잎의 단위: 1.0
   10 | 5 | 111346789                                    N = 100
   20 | 6 | 0246777999
   42 | 7 | 00001224455556666677999
  (37) | 8 | 0000001112223344444455666778888889999
   21 | 9 | 00001111223445556668
```

이로써 100개의 측정값에 대한 줄기-잎 그림이 완성됐다. 이 줄기-잎 그림은 계급 간격이 10이고 잎의 개수가 각 계급의 도수인 가로 막대형 히스토그램을 나타낸다. 이때 잎 부분을 나타내는 세 번째 열의 숫자들은 각 자료값에 대한 단위가 1인 숫자이고, 첫 번째 열에 있는 수 (37)은 80부터 89까지 자료값이 37개이며, 이 자료집단에 대한 중심위치가 놓이는 것을 나타낸다.

한편 줄기-잎 그림은 계급 간격이 2 또는 5인 경우로 세분화할 수 있으며, 계급 간격이 2인 경우 잎 부분은 0~1, 2~3, 4~5, 6~7, 8~9로 구분하고 계급 간격이 5인 경우는 잎을 0~4, 5~9로 구분한다. 다음은 계급 간격이 5인 줄기-잎 그림을 나타낸다.

```
    1 | 4 | 9                                            잎의 단위: 1.0
    6 | 5 | 11134                                         N = 100
   10 | 5 | 6789
   13 | 6 | 024
   20 | 6 | 6777999
   29 | 7 | 000012244
   42 | 7 | 5555666677999
  (20) | 8 | 00000011122233444444
   38 | 8 | 55666778888889999
   21 | 9 | 00001111122344
    7 | 9 | 5556668
```

예제 5

다음은 어느 대학 통계학과 50명의 통계학 학점을 나타낸 것이다. 이 자료에 대한 줄기-잎 그림을 그려라.

2.9	3.2	3.0	3.5	1.3	3.7	3.2	3.0	3.3	3.3
3.9	3.0	4.1	2.8	3.1	3.3	4.0	2.8	3.2	2.9
3.3	3.1	3.0	3.1	4.0	3.0	3.1	3.1	3.0	3.2
2.8	2.9	3.8	3.7	4.1	3.0	3.1	3.5	3.4	3.4
3.5	3.8	3.6	4.2	2.6	3.0	2.9	4.3	3.6	3.4

풀이

줄기와 잎을 각각 자료값의 정수 부분과 소수 부분으로 정하고, 관찰된 순서대로 잎 부분을 작성한다. 그 다음 잎 부분을 크기순으로 재배열하면 다음과 같은 줄기-잎 그림을 얻는다.

1	1	3	잎의 단위: 0.1
9	2	68889999	$N = 50$
(35)	3	00000000011111112222233333444555 6677889	
6	4	001123	

0.0~0.4와 0.5~0.9로 세분화하면 다음 줄기-잎 그림을 얻는다.

1	1	3	잎의 단위: 0.1
1	1		$N = 50$
1	2		
9	2	68889999	
(25)	3	00000000011111122223333444	
16	3	5556677889	
6	4	001123	

3.2 ▸ 두 개 이상의 양적자료의 요약

2.2절에서 표와 그림으로 두 개의 범주형 자료를 요약하는 방법을 살펴봤다. 마찬가지로 두 개의 양적자료를 비교하기 위해 이와 같은 방법을 사용할 수 있다. 예를 들어 다음 두 가지 형태의 양적자료를 생각할 수 있다.

- 서로 독립인 두 자료집단의 비교
- 서로 종속인 두 자료집단의 비교

서로 독립인 두 자료집단이란 경쟁 관계에 있는 두 고등학교 학생들의 학업 능력과 같이 비교하는 대상이 서로 다른 경우를 의미한다. 그러나 광고 비용에 따른 매출액의 증가와 같이 두 자료집단이 종속적인 관계를 갖는 경우도 있다. 이번 절에서는 이 두 가지 유형의 자료집단을 표와 그림으로 요약하는 방법에 대해 살펴본다.

3.2.1 점도표

두 고등학교 학생들의 학업 능력을 비교하기 위해 각각 50명의 학생을 표본으로 선정하여 동일한 수학 문제를 통해 다음 결과를 얻었다고 하자.

표 3-3	두 고등학교의 수학 점수									
A 고등학교	40	57	44	74	45	77	47	57	51	80
	57	90	54	85	53	82	60	94	55	67
	42	63	44	76	56	78	48	60	52	81
	60	93	55	86	53	49	60	54	55	87
	61	67	64	69	63	69	62	68	66	69
B 고등학교	55	81	57	85	65	95	71	75	69	98
	73	66	96	72	78	57	84	65	89	46
	82	59	88	85	81	78	85	66	96	72
	76	70	99	75	68	97	73	79	87	84
	65	92	56	83	62	88	86	82	58	87

[그림 3-8(a)]와 같이 동일한 길이의 가로축에 측정값들의 척도를 기입하고 위아래로 두 고등학교 학생들의 수학 점수를 분리하여 점도표를 작성할 수 있다. [그림 3-8(b)]와 같이 동일한 척도 위에 쌓기형으로 점도표를 작성할 수도 있다.

점도표로부터 A 고등학교의 수학 점수는 왼쪽에 집중되고 오른쪽으로 긴 꼬리 모양을 이루고 있으며, B 고등학교는 오른쪽에 집중되고 왼쪽으로 긴 꼬리 모양을 이루는 것을 알 수 있다.

그림 3-8 두 자료집단의 점도표

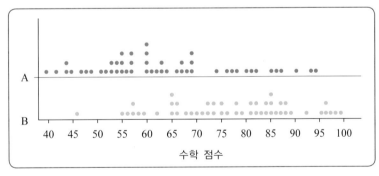

(a) 분리형 점도표

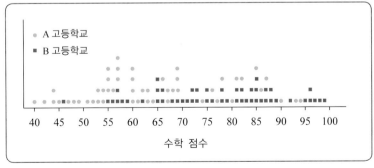

(b) 쌓기형 점도표

3.2 두 개 이상의 양적자료의 요약 **69**

이때 A 고등학교와 B 고등학교의 중심위치는 대략적으로 각각 60과 79이고, A 고등학교의 수학 점수가 B 고등학교의 수학 점수보다 왼쪽으로 집중된다.

예제 6

다음은 두 직조기에 연결된 실이 작업 공정 중에 끊어진 횟수를 한 달 동안 조사한 결과이다. 이 결과에 대한 점도표를 그리고 간단히 분석하라.

기계 A	11	39	12	28	14	36	10	10	26	24
	18	17	24	18	14	15	14	40	22	16
	36	26	37	14	25	30	33	22	29	10
기계 B	26	39	14	39	21	21	26	36	24	39
	24	33	15	37	29	37	40	36	28	15
	18	34	25	20	24	27	10	14	25	17

풀이

가로축에 측정값들의 수치를 기입하고 위아래로 두 기계에서 실이 끊어진 횟수를 분리하여 점도표를 작성하면 다음과 같다.

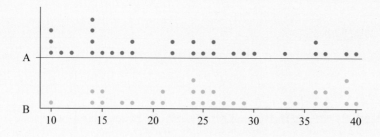

기계 A의 끊어진 횟수는 왼쪽으로 치우치고 오른쪽으로 긴 꼬리를 가지는 모양으로 중심위치는 약 22이다. 하루에 24회 이상 끊어진 횟수는 기계 B가 기계 A보다 많으며, 기계 B의 횟수에 대한 중심위치는 약 25.5이다.

3.2.2 도수분포표

도수분포표를 이용하여 두 자료집단을 비교하기 위해 동일한 계급 간격을 이용해서 도수, 상대도수, 누적도수, 누적상대도수, 계급값 등을 기입한다. 예를 들어 [표 3-3]에 제시된 두 고등학교의 수학 점수를 비교하기 위해 [표 3-4]와 같이 도수분포표를 작성한다.

A 고등학교의 경우 2계급까지 누적 비율이 42%이므로 수학 점수에 대한 중심(50% 위치)은 3계급의 앞부분에 있다. 반면 B 고등학교의 경우 4계급까지 누적 비율이 54%이므로 수학 점수에 대한 중심은 4계급의 뒷부분에 있는 것을 알 수 있다.

표 3-4 두 고등학교의 수학 점수에 대한 도수분포표

계급 간격	A 고등학교				B 고등학교				계급값
	도수	상대도수	누적도수	누적상대도수	도수	상대도수	누적도수	누적상대도수	
39.5~49.5	8	0.16	8	0.16	1	0.02	1	0.02	44.5
49.5~59.5	13	0.26	21	0.42	6	0.12	7	0.14	54.5
59.5~69.5	16	0.32	37	0.74	8	0.16	15	0.30	64.5
69.5~79.5	4	0.08	41	0.82	12	0.24	27	0.54	74.5
79.5~89.5	6	0.12	47	0.94	16	0.32	43	0.86	84.5
89.5~99.5	3	0.06	50	1.00	7	0.14	50	1.00	94.5
합계	50	1.00	–	–	50	1.00	–	–	–

예제 7

[예제 6] 자료에 대한 계급의 수가 4인 도수분포표를 작성하라.

풀이

두 자료집단의 최댓값과 최솟값이 각각 40과 10으로 동일하다. 따라서 최댓값과 최솟값의 차를 계급의 수 4로 나누면 다음과 같이 계급 간격 8을 얻는다.

$$\frac{40-10}{4} = 7.5 \approx 8$$

이제 1계급의 하한을 9.5라 하면 두 자료집단에 대한 도수분포표는 다음과 같다.

계급 간격	기계 A				기계 B				계급값
	도수	상대도수	누적도수	누적상대도수	도수	상대도수	누적도수	누적상대도수	
9.5~17.5	12	0.40	12	0.40	6	0.20	6	0.20	13.5
17.5~25.5	7	0.23	19	0.63	9	0.30	15	0.50	21.5
25.5~33.5	6	0.20	25	0.83	6	0.20	21	0.70	29.5
33.5~41.5	5	0.17	30	1.00	9	0.30	30	1.00	37.5
합계	30	1.00	–	–	30	1.00	–	–	–

3.2.3 도수다각형

두 개 이상의 범주형 자료를 비교하기 위해 꺾은선그래프를 이용한 것처럼 집단화된 양적자료를 비교하기 위해 도수다각형을 사용한다. 이 경우 각 계급의 도수를 나타내는 수직 막대 상단의 중심을 선분으로 연결한다.

[그림 3-9]는 두 고등학교의 수학 점수를 나타내는 히스토그램을 이용하여 그린 도수다각형이다. 이 그림을 살펴보면 A 고등학교 학생들의 수학 점수는 44.5와 64.5 사이에 집중되고 오른쪽으로 긴 꼬리를 갖는다. 그러나 B 고등학교 학생들의 수학 점수는 74.5와 94.5 사이에 집중되고 왼쪽으로 긴 꼬리를 갖는 모양으로 분포하는 것을 확인하여 두 자료집단을 쉽게 비교할 수 있다.

그림 3-9 수학 점수의 도수다각형

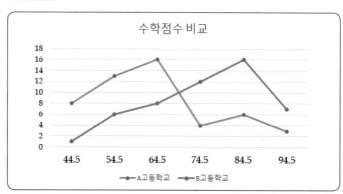

예제 8

[예제 7]에서 구한 도수분포표를 이용하여 도수다각형과 누적도수다각형을 그려라.

풀이

두 히스토그램의 수직 막대 상단의 중심을 선분으로 연결하면 다음 도수다각형과 누적도수다각형을 얻는다.

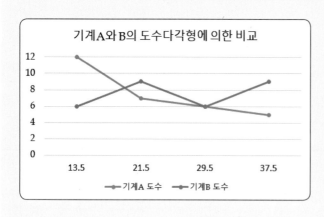

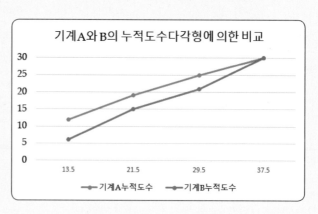

3.2.4 줄기-잎 그림

줄기-잎 그림을 이용하여 두 자료집단을 비교하는 경우 중심부의 수직 방향에 줄기를 설정하고 양방향으로 누적도수와 잎을 기록한다. 예를 들어 [표 3-3]에 제시된 두 고등학교의 수학 점수에 대한 줄기-잎 그림을 그리면 다음과 같다.

	누적도수	줄기 부분	누적도수	
		줄기 부분		

A 고등학교 / B 고등학교

A 고등학교	누적도수	줄기	누적도수	B 고등학교
잎의 단위: 1.0 9 8 7 5 4 4 2 0	8	4	1	6 잎의 단위: 1.0
$N=50$ 7 7 7 6 5 5 5 4 4 3 3 2 1	21	5	7	5 6 7 7 8 9 $N=50$
9 9 9 8 7 7 6 4 3 3 2 1 0 0 0 0	(16)	6	15	2 5 5 5 6 6 8 9
8 7 6 4	13	7	(12)	0 1 2 2 3 3 5 5 6 8 8 9
7 6 5 2 1 0	9	8	23	1 1 2 2 3 4 4 5 5 5 6 7 7 8 8 9
4 3 0	3	9	7	2 5 6 6 7 8 9

3.2.5 산점도와 추세선

두 종류의 자료집단이 독립변수와 종속변수의 관계를 가지는 경우가 있다. 예를 들어 광고 비용과 매출액, 최저 시급과 실업률, 경제성장률과 노동 증가율 등이 있다. 이와 같은 자료는 보통 (x, y) 형태의 쌍으로 나타내며, 그림으로 나타내는 방법으로 산점도가 있다. **산점도**(scatter diagram)는 가로축에 독립변수 x를, 세로축에 종속변수 y를 기입함으로써 자료를 순서쌍 (x, y)로 표현한 그림이다.

[표 3-5]는 중고차 시장에 나와 있는 어떤 종류의 자동차에 대한 사용 기간(년)에 따른 가격(만 원)을 조사한 결과이다.

표 3-5 중고 자동차의 사용 기간에 따른 가격

기간 x(년)	2	3	4	4	5	6	6	7	8	9	10
가격 y(만 원)	1989	1205.1	1146.6	1111.5	1041.3	994.5	959.4	819	819	772.2	561.6

자동차의 사용 기간에 따라 가격이 변하므로 독립변수는 사용 기간이고 종속변수는 가격이다. 가로축을 사용 기간, 세로축을 가격으로 정하고 순서쌍 (2, 1989), (3, 1205.1), ···, (10, 561.6)을 좌표평면에 점으로 나타내면 [그림 3-10]과 같은 산점도가 완성된다.

그림 3-10 사용 기간에 따른 가격의 산점도

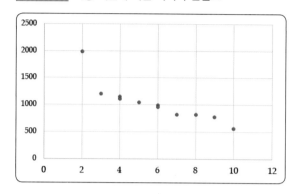

[그림 3-10]을 분석해보자. [그림 3-11(a)]와 같이 산점도의 점들이 일정한 방향으로 나타나는 경향이 있으며, 이러한 경향을 직선 또는 곡선으로 나타낼 수 있다. 이와 같은 직선 또는 곡선을 **추세선**(trend line)이라 하며, 추세선의 방정식을 구하면 [그림 3-11(b)]와 같이 특정한 독립변수 값에 대한 종속변수 값을 예측할 수 있다.

그림 3-11 산점도에 대한 추세선과 예측

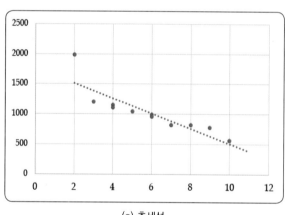

(a) 추세선

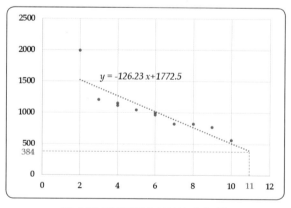

$y = -126.23\,x + 1772.5$

(b) 추세선의 방정식과 11년의 가격 예측

엑셀 산점도와 추세선

중고 자동차의 예에 대한 산점도와 추세선을 만든다.

❶ A1셀, B1셀에 **기간**, **가격**을 기입하고 A2~B12셀에 자료를 기입한 후 A1~B12셀을 드래그 한다.

❷ 메뉴바에서 삽입 〉추천 차트에서 분산형을 선택하면 산점도를 얻는다.

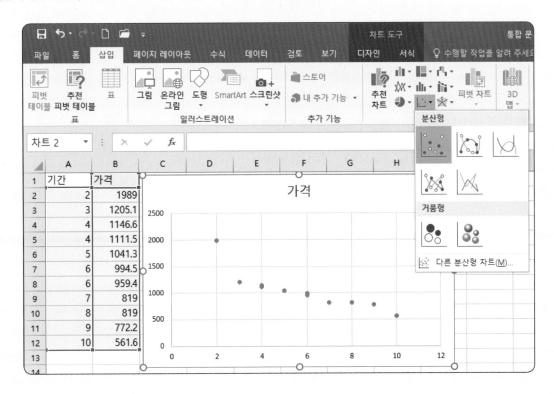

❸ 점 위에 커서를 놓고 마우스 오른쪽 버튼을 눌러서 **추세선 추가**를 선택한 후 **추세선 옵션**에서 **선형**을 선택하면 산점도에 추세선이 추가된다.

❹ **수식을 차트에 표시**를 체크하면 추세선의 방정식이 추가된다.

1. 양적자료의 점도표가 갖는 장점은 무엇인가?

2. 도수분포표로 요약하는 내용은 무엇인가?

3. 도수분포표의 계급에 대한 유형에는 어떤 것들이 있는가?

4. 자료의 수가 n일 때, 계급의 개수를 구하는 스터지스 공식을 써라.

5. 계급값은 무엇을 의미하는가? 또한 계급값을 어떻게 구하는가?

6. 대부분의 측정값으로부터 멀리 떨어진 측정값을 무엇이라 하는가?

7. 도수분포표의 장점은 무엇인가?

8. 도수분포표를 이용하여 얻는 수직 막대 그림을 무엇이라 하는가?

9. 왼쪽으로 치우치고 오른쪽으로 긴 꼬리 모양을 가진 히스토그램을 무엇이라 하는가?

10. 도수다각형의 장점은 무엇인가?

11. 도수다각형은 어떤 경우에 사용하는가?

12. 도수분포표와 히스토그램의 단점을 보완하여 자료값을 모두 보여 주는 그림은 무엇인가?

연습문제

1. 다음 자료에 대해 계급의 수가 6인 하위 단위형 도수분포표를 만들려고 한다. 물음에 답하라.

13	23	15	34	25	33	14	45	26	35	23	64	34	23	36
28	41	25	11	37	16	24	53	47	96	32	49	22	34	43
51	35	25	26	34	55	25	23	16	45	24	31	15	25	26
43	17	61	25	31	28	22	36	26	44	16	51	35	31	23

(a) 최댓값과 최솟값을 찾아라.

(b) 계급 간격을 구하라.

(c) 1계급의 하한값과 상한값을 구하라.

(d) 1계급의 계급값을 구하라.

(e) 도수분포표를 작성하라.

(f) 대략적인 중심위치를 구하라.

(g) 이 자료는 양의 비대칭인지 음의 비대칭인지 써라.

(h) 특이값으로 보이는 측정값을 써라.

2. 다음 자료에 대해 계급의 수가 6인 초과~이하형 도수분포표를 만들려고 한다. 물음에 답하라.

152	136	192	174	138	162	184	102	192	183	166	194	136	155	148
178	153	162	185	143	185	188	144	118	197	170	151	176	187	177
158	196	196	164	180	135	113	185	175	130	154	128	168	190	122
194	134	169	190	180	173	132	117	185	178	163	180	177	166	181

(a) 최댓값과 최솟값을 찾아라.

(b) 계급 간격을 구하라.

(c) 1계급의 하한값과 상한값을 구하라.

(d) 1계급의 계급값을 구하라.

(e) 도수분포표를 작성하라.

(f) 대략적인 중심위치를 구하라.

(g) 이 자료는 양의 비대칭인지 음의 비대칭인지 써라.

3. [연습문제 1] 자료에 대한 점도표를 작성하라.

4. [연습문제 2] 자료에 대한 점도표를 작성하라.

5. [연습문제 1]에서 구한 도수분포표에 대해 계급값을 가로축으로 갖는 도수 히스토그램, 상대도수 히스토그램, 누적도수 히스토그램, 누적상대도수 히스토그램을 그려라.

6. [연습문제 2]에서 구한 도수분포표에 대해 계급값을 가로축으로 갖는 도수 히스토그램, 상대도수 히스토그램, 누적도수 히스토그램, 누적상대도수 히스토그램을 그려라.

7. [연습문제 5]에서 구한 도수 히스토그램에 대해 계급값을 가로축으로 갖는 도수다각형, 상대도수 다각형, 누적도수다각형, 누적상대도수다각형을 그려라.

8. [연습문제 6]에서 구한 도수 히스토그램에 대해 계급값을 가로축으로 갖는 도수다각형, 상대도수 다각형, 누적도수다각형, 누적상대도수다각형을 그려라.

9. [연습문제 1] 자료에 대해 특이값으로 보이는 자료를 제거하고 간격이 5인 줄기–잎 그림을 그려라.

10. [연습문제 2] 자료에 대해 간격이 10인 줄기–잎 그림을 그려라.

11. 다음은 우리나라 주요 도시의 미세먼지(PM−10) 농도를 나타낸 것이다. 물음에 답하라(단, 단위는 $\mu\mathrm{g/m^3}$이다).

연도	2008	2009	2010	2011	2012	2013	2014	2015	2016
서울	55	54	49	47	41	45	46	45	48
부산	51	49	49	47	43	49	48	46	44
대구	57	48	51	47	42	45	45	46	43
인천	57	60	55	55	47	49	49	53	49
광주	50	46	45	43	38	42	41	43	40
대전	45	43	44	44	39	42	41	46	44
울산	54	49	48	49	46	47	46	46	43
세종	–	–	–	–	–	–	–	–	46

출처: 환경부, 대기환경연보

(a) 계급의 수가 5인 도수분포표를 작성하라.

(b) 계급의 수가 5인 도수 히스토그램과 도수다각형을 그리고 간단히 분석하라.

(c) 간격이 5인 줄기−잎 그림을 그려라.

(d) 도시별로 비교하는 시계열 그림을 그리고 2019년도 서울의 미세농도를 추정하라(단, 세종시는 제외한다).

12. 통계청의 지역·국적 및 성별 등록 외국인 현황에 따르면 2016년 당시 우리나라 주요 도시에 거주하는 외국 국적을 가진 동남아시아 주요 5개국의 외국인 수는 다음과 같다. 물음에 답하라.

국적		베트남	필리핀	태국	인도네시아	캄보디아
수원	장안구	495	73	119	25	18
	권선구	472	167	178	23	80
	팔달구	199	54	57	15	26
	영통구	443	74	175	65	84
성남시	수정구	419	97	76	6	64
	중원구	435	159	159	21	52
	분당구	125	96	111	7	13
안양시	만안구	401	78	79	23	27
	동안구	233	79	56	40	30
안산시	상록구	739	194	288	91	115
	단원구	1,683	1,282	1,317	1,368	527

국적		베트남	필리핀	태국	인도네시아	캄보디아
고양시	덕양구	468	162	594	44	247
	일산동구	345	266	674	55	263
	일산서구	185	40	246	11	105
용인시	처인구	816	709	1,212	275	784
	기흥구	299	85	215	47	110
	수지구	97	35	100	7	14
청주시	상당구	198	70	98	16	59
	서원구	238	115	76	24	41
	흥덕구	394	259	276	67	86
	청원구	406	161	570	100	48
천안시	동남구	792	226	598	319	405
	서북구	1,013	453	1,308	366	585
전주시	완산구	503	72	66	9	129
	덕진구	701	95	112	46	158
포항시	남구	987	218	174	328	111
	북구	559	112	137	142	52
창원시	의창구	966	267	241	211	201
	성산구	1,061	322	239	471	124
	마산합포구	581	78	214	252	139
	마산회원구	795	80	116	105	99
	진해구	676	168	270	283	132

(a) 계급의 수가 8인 도수분포표를 작성하라.

(b) 계급의 수가 20인 도수분포표를 작성하라.

(c) (a)와 (b)의 도수 히스토그램과 도수다각형을 각각 그려라.

(d) (a)와 (b)의 도수 히스토그램을 간단히 비교하라.

(e) 동일한 가로축에 국적별 외국인 수에 대한 점도표를 그려서 국가마다 특이값으로 보이는 수치를 써라(단, 가로축의 레이블은 100 단위로 정하고 점 하나는 최대 4개의 도수를 나타내도록 작성한다).

13. 일정 기간 동안 일정 지역 내에서 새로 창출된 최종생산물 가치의 합, 즉 각 시·도에서 경제활동 별로 얼마만큼의 부가가치가 발생되었는지 나타내는 경제지표를 GRDP라고 한다. 다음은 2014 년부터 2016년 사이의 우리나라 광역시도별 1인당 GRDP를 나타낸 것이다. 물음에 답하라(단, 단위는 백만 원이다).

도시	서울	부산	대구	인천	광주	대전	울산	경기
2014	32.95	21.34	18.80	24.28	20.80	21.12	58.22	26.83
2015	34.65	22.66	19.80	26.25	21.59	22.08	59.87	28.40
2016	36.48	23.57	20.18	27.82	22.56	23.42	61.78	29.60

도시	강원	충북	충남	전북	전남	경북	경남	제주
2014	24.61	31.42	47.44	24.18	34.86	34.71	30.55	24.15
2015	26.09	32.99	48.73	24.87	36.43	35.47	31.23	25.64
2016	27.46	35.35	49.84	25.58	38.10	36.99	32.26	27.46

(a) 전체 자료에 대한 계급의 수가 5인 도수분포표를 작성하라.

(b) 전체 자료에 대한 계급의 수가 9인 도수분포표를 작성하라.

(c) (a)와 (b)의 도수 히스토그램에 대한 대략적인 중심위치를 구하라.

(d) (a)와 (b)의 도수 히스토그램과 도수다각형을 각각 그려라.

(e) (a)와 (b)의 도수 히스토그램을 이용하여 특이값으로 보이는 수치를 써라.

(f) 시도별 연도에 따른 1인당 GRDP를 비교하는 꺾은선그래프를 그리고 가장 낮은 도시를 써라.

14. 다음은 동급인 두 종류의 자동차에 대한 1L당 주행 거리를 조사한 결과이다. 물음에 답하라 (단, 단위는 km이다).

A	11	16	19	17	13	17	14	14	16	19
	19	12	16	18	17	16	15	19	16	12
	16	13	12	17	13	18	19	13	18	12
	15	15	12	17	18	14	16	19	17	16
	19	14	14	18	19	15	15	18	14	16
B	16	16	19	15	13	17	13	19	12	13
	12	17	12	13	11	19	18	19	15	12
	18	13	19	11	13	16	19	15	16	17
	15	14	11	12	17	17	12	16	14	13
	17	15	12	16	15	19	12	11	16	17

(a) 계급의 수가 5인 도수분포표를 각각 작성하여 비교하라.

(b) 도수분포표를 이용하여 대략적인 중심위치를 각각 구하라.

(c) 두 자료집단의 각 계급의 도수를 쌓은 형태의 도수 히스토그램을 그려라.

(d) 도수 히스토그램을 이용하여 도수다각형을 각각 그려라.

(e) 간격이 2인 세분화된 줄기−잎 그림을 각각 그려서 비교하라.

15. 다음은 통계학 시험에 투자한 시간과 학점의 상관관계를 알기 위해 공부 시간에 따른 취득 학점을 조사한 결과이다. 물음에 답하라.

시간 x(시간)	1.0	1.5	2.0	2.5	3.0	3.5	4.0	4.5	5.0	5.5	6.0	6.5
학점 y	1.5	2.0	2.4	2.7	3.0	3.3	3.4	3.6	3.8	3.8	4.0	4.3

(a) 공부 시간에 따른 학점을 나타내는 산점도를 그려라.

(b) 추세선의 방정식을 구하라.

(c) 2시간 20분 동안 공부한다면 예상되는 학점은 얼마인가?

(d) 학점이 4.5가 되려면 얼마나 많은 시간을 투자해야 하는가?

16. 2019년 7월 1일 기준으로 우리나라 여름철 전기 요금은 300 kWh 이하인 경우 기본 요금이 910원이며 1 kWh당 93.3원이다. 물음에 답하라.

(a) 전기 사용량에 따른 전기 요금을 나타내는 방정식을 구하라.

(b) 사용량이 4 kwh, 5 kwh, 6 kwh, 7 kwh일 때, 전기 요금을 구하고 산점도와 추세선을 그려라.

(c) 10.25 kwh만큼 사용했을 때의 전기 요금을 구하라.

17. 다음은 어느 대학에서 신입생들의 수학 능력을 알아보기 위해 대학수학과 통계학 학점을 조사한 결과이다. 물음에 답하라.

대학수학(x)	2.5	2.7	3.0	3.4	3.4	3.8	4.0	4.1	4.2	4.4
통계학(y)	2.7	3.1	3.1	3.2	3.5	3.6	3.6	3.9	4.1	4.3

(a) 대학수학 학점에 따른 통계학 학점의 산점도와 추세선을 그려라.

(b) 추세선의 방정식을 구하라.

(c) 대학수학 학점이 3.9일 때, 통계학 학점을 예측하라.

(d) 통계학 학점이 3.4일 때, 대학수학 학점을 예측하라.

18. 다음은 사회단체에서 우리나라 20대 남자의 몸무게와 키의 관계를 알기 위해 20대 남자 16명의 몸무게와 키를 조사한 결과이다. 물음에 답하라.

몸무게 x(kg)	58.6	61.6	63.8	64.0	64.7	65.2	65.6	65.9
키 y(cm)	159.2	162.1	164.7	169.0	169.2	169.3	170.0	182.7
몸무게 x(kg)	66.3	67.0	67.6	67.7	67.9	68.0	68.0	68.3
키 y(cm)	171.2	171.8	171.8	173.1	173.1	173.5	173.8	173.8

(a) 몸무게에 따른 키의 산점도와 추세선을 그려라.

(b) 추세선의 방정식을 구하라.

(c) 몸무게가 88 kg일 때, 키를 예측하라.

(d) 특이값으로 보이는 키를 써라.

19. 다음은 중년층 남성 16명의 몸무게와 혈압을 측정한 자료이다. 물음에 답하라.

몸무게 x(kg)	56.2	57.1	62.2	64.2	65.5	66.3	68.1	71.8
혈압 y(mmHg)	121	125	128	130	133	141	131	146
몸무게 x(kg)	73.2	74.6	76.2	77.5	79.7	80.1	81.5	83.6
혈압 y(mmHg)	149	144	153	149	151	154	158	163

(a) 몸무게에 따른 혈압의 산점도와 추세선을 그려라.

(b) 추세선의 방정식을 구하라.

(c) 몸무게가 50 kg인 중년 남성의 혈압을 추정하라.

(d) 정상인 중년층 남성의 수축기 혈압은 120 mmHg이다. 현재 혈압이 180 mmHg인 중년층 남성의 혈압이 정상이 되려면 최소한 체중을 얼마나 줄여야 하는가?

20. 다음은 15세 미만인 소년이 65세 이상 노인을 부양하는 비율인 소년 부양 인구 비율을 나타낸 것이다. 추세선의 방정식을 구하고, 2030년의 소년 부양 인구 비율을 예측하라.

연도	2008	2009	2010	2011	2012	2013
소년 부양 인구 비율(%)	23.8	22.9	22.0	21.2	20.6	20.0
연도	2014	2015	2016	2017	2018	2030
소년 부양 인구 비율(%)	19.4	18.8	18.2	18.0	17.8	

실전문제

1. 다음은 교환대에서 근무하는 교환원의 근무 여건을 알기 위해 50일 동안 특정 시간대에 교환대에 걸려오는 전화 횟수를 조사한 결과이다. 물음에 답하라.

15	14	17	19	17	18	5	18	19	16	17	8	8	9	14	6	18
14	18	16	13	15	19	9	17	13	13	17	9	9	6	7	16	19
6	17	9	12	25	10	5	12	17	20	15	8	15	5	18	16	

(a) 점도표를 그리고 간단히 분석하라.

(b) 계급의 수가 6인 도수분포표를 작성하여 간단히 분석하라.

(c) 도수분포표를 이용하여 대략적인 중심위치를 구하라.

(d) 도수분포표를 이용하여 도수 히스토그램, 누적상대도수 히스토그램을 그리고 간단히 분석하라.

(e) 상대도수다각형과 누적상대도수다각형을 그려라.

(f) 간격이 5인 줄기-잎 그림을 그려라.

(g) 특이값으로 보이는 전화 횟수를 써라.

2. 다음은 어느 두 브랜드의 패스트푸드점에서 음식을 주문해서 나올 때까지 걸리는 시간을 100명의 조사원이 각각 조사한 결과이다. 물음에 답하라(단, 단위는 초이다).

A	40	41	81	92	78	80	91	58	61	80	37	44	72	54	76	93	74
	53	88	28	68	57	81	47	40	78	46	48	88	48	67	70	83	65
	67	74	80	96	44	79	74	44	94	64	78	63	53	88	67	46	94
	84	42	79	69	82	73	92	67	36	85	56	54	59	31	70	93	92
	60	121	85	85	91	82	86	85	70	90	55	74	94	93	62	40	33
	93	83	95	64	84	38	52	58	96	97	98	93	60	65	78		
B	82	96	91	44	69	100	74	57	90	70	43	41	102	70	55	74	47
	62	78	92	53	72	65	67	156	97	67	46	93	73	86	100	85	88
	95	55	78	83	55	90	87	63	40	92	88	69	40	72	61	58	82
	40	82	46	74	89	51	76	77	99	74	73	61	70	47	59	43	63
	61	81	97	48	53	78	42	95	88	85	90	62	77	96	71	77	69
	91	61	81	95	80	43	53	58	43	69	99	86	86	81	40		

(a) 점도표를 각각 그리고 간단히 분석하라.

(b) 계급의 수가 10인 도수분포표를 각각 작성하여 비교하라.

(c) 도수분포표를 이용하여 대략적인 중심위치를 각각 구하라.

(d) 두 자료집단의 각 계급의 도수를 쌓은 형태의 도수 히스토그램을 그려라.

(e) 도수 히스토그램을 이용하여 도수다각형을 각각 그려라.

(f) 간격이 10인 줄기-잎 그림을 각각 그려서 비교하라.

(g) 특이값으로 보이는 서비스 시간을 각각 써라.

기술통계학_수치 이용

Descriptive Statistics using Numbers

3장에서 표와 그림으로 양적자료를 요약, 분석하면서 중심위치와 분포 모양에 대해 살펴봤다.
이번 장에서는 양적자료를 표현하는 대표적 방법인 중심위치를 나타내는 척도와 자료의 흩어진 정도를
측정하는 척도에 대해 살펴본다. 3장에서 두 자료집단 사이의 인과관계를 알아봤듯이 이번에는 두 자료
집단 사이의 인과관계를 나타내는 척도를 알아본다.

지금까지 표와 그림으로 자료를 시각적으로 쉽게 이해하고 요약하는 방법을 살펴봤다. 그러나 단순히 표와 그림만으로는 자료의 성질을 특정할 수 없다.

통계 전문가들은 모집단이나 표본의 특성을 정확하게 파악하기 위해 여러 수치를 이용한다. 이러한 수치들은 표본을 이용하여 모집단의 수치를 예측하는 통계적 추론에서 매우 중요한 역할을 담당한다. 이번 절에서는 수집한 양적자료가 어떤 하나의 수치에 집중하는 경향을 보이는 척도, 즉 중심위치를 나타내는 척도를 구하는 방법에 대해 살펴본다.

4.1.1 평균

양적자료집단의 중심위치를 나타내기 위해 가장 널리 사용하는 척도는 바로 평균이다. 평균에는 산술평균, 기하평균, 조화평균 등이 있으나 통계학에서 말하는 **평균**(mean)은 일반적으로 **산술평균**(arithmetic mean)을 의미한다. 산술평균은 모든 자료값을 더해서 자료의 총 개수로 나눈 수치, 즉 다음과 같이 정의되는 수치이다.

$$m = \frac{1}{n}(x_1 + x_2 + \cdots + x_n) = \frac{1}{n}\sum_{i=1}^{n} x_i$$

여기서 x_1, x_2, $\cdots$, x_n은 자료값이고 n은 자료의 개수이다. 이때 모집단의 평균을 **모평균**(population mean)이라 하고, 측정한 모집단의 전체 자료가 x_1, x_2, $\cdots$, x_N일 때 모평균 μ는 다음과 같이 정의한다.

$$\mu = \frac{1}{N}\sum_{i=1}^{N} x_i$$

n개의 자료값 x_1, x_2, $\cdots$, x_n으로 구성된 표본에 대한 평균 $\bar{x}$를 **표본평균**(sample mean)이라 하고 다음과 같이 정의한다.

$$\bar{x} = \frac{1}{n}\sum_{i=1}^{n} x_i$$

동일한 블록을 측정 자료의 빈도에 맞춰서 긴 막대저울 위에 쌓았을 때, 평균은 이 막대저울이 수평으로 놓이게 되는 중심점(균형점)을 나타내는 척도이다.

경부고속도로는 서울 요금소부터 부산 구서 나들목까지 총 33개의 나들목이 있으며, 다음은 각 나들목 사이의 거리를 측정한 결과이다. 이때 나들목 사이의 평균 거리를 구하라(단, 단위는 km이다).

9.59	4.62	0.65	7.75	16.98	11.78	7.24	10.15	25.49	11.44	10.37
9.33	15.04	12.16	16.63	12.06	9.70	12.46	8.05	19.91	5.58	12.48
4.35	16.41	22.53	17.56	18.40	10.86	27.43	7.39	14.57	11.92	2.00

풀이

33개의 나들목 사이의 거리를 모두 합하면 $\sum_{i=1}^{33} x_i = 402.88$이므로 평균은 다음과 같다.

$$\mu = \frac{1}{33} \sum_{i=1}^{33} x_i = \frac{402.88}{33} \approx 12.21$$

[예제 1]에서 평균은 경부고속도로 전체 나들목 사이의 평균 거리이므로 모평균을 나타낸다.

예제 2

다음은 어느 대학의 신입생 중 50명을 임의로 선정하여 지능 지수를 조사한 결과이다. 50명에 대한 평균을 구하고, 점도표를 그려서 평균의 위치를 표시하라.

119	119	116	115	111	114	110	118	115	113
111	114	110	117	115	116	113	114	119	112
120	118	113	117	117	115	116	115	114	114
116	120	113	112	114	114	113	114	112	111
114	118	111	117	117	116	115	112	112	118

풀이

50명의 지능 지수를 모두 합하면 $\sum_{i=1}^{50} x_i = 5739$이므로 평균은 다음과 같다.

$$\bar{x} = \frac{1}{50} \sum_{i=1}^{50} x_i = \frac{5739}{50} = 114.78$$

점도표에 114.78을 표시하면 다음과 같다.

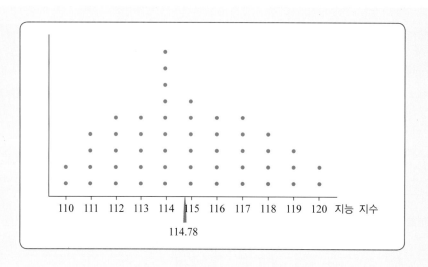

[예제 2]의 평균은 전체 신입생 중 표본으로 선정한 50명의 평균 지능 지수이므로 표본평균을 나타낸다.

모평균과 표본평균의 가장 큰 단점은 특이값의 영향을 받는다는 것이다. 예를 들어 표본 [1, 2, 3, 4, 5]에 대한 표본평균 $\bar{x}$를 구하면 다음과 같다.

$$\bar{x} = \frac{1+2+3+4+5}{5} = 3$$

점도표를 그리면 [그림 4-1]과 같이 평균인 3의 위치는 받침대를 놓으면 점도표가 균형을 이루는 곳과 같다.

그림 4-1 중심위치인 평균의 의미

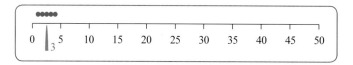

한편 표본이 [1, 2, 3, 4, 50]인 경우 표본평균 $\bar{x}$는 다음과 같다.

$$\bar{x} = \frac{1+2+3+4+50}{5} = 12$$

점도표를 그리면 [그림 4-2]와 같이 12인 위치에 받침대를 놓아야 균형을 이루게 된다.

그림 4-2 특이값이 있는 경우 중심위치인 평균

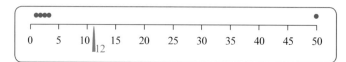

이와 같이 평균은 수집한 자료 중 과도하게 크거나 작은 특이값의 유무에 큰 영향을 받는다. 그럼에도 모평균과 표본평균은 다음과 같은 장점을 가지며 통계적 추론에서 자주 사용한다.

- 평균은 유일하다.
- 계산하기 쉽다.
- 모든 자료값을 반영한다.
- 각 자료값 x_i와 평균 $\bar{x}$의 편차 $x_i - \bar{x}$의 합은 0이다. 즉, $\sum_{i=1}^{n}(x_i - \bar{x}) = 0$이다.

4.1.2 중앙값

앞에서 줄기-잎 그림을 그릴 때 50% 위치의 자료값이 놓이는 행의 왼쪽에 괄호를 넣어 그 행의 도수를 기입했다. 이는 전체 자료를 작은 값부터 큰 값의 순서로 나열할 때 50% 위치에 놓이는 자료값이 바로 그 행에 있음을 나타낸다. 이와 같이 자료값을 크기순으로 재배열했을 때 가장 가운데에 놓이는 자료값을 **중앙값**(median)이라 한다. 이 중앙값을 '중앙에 위치한 수'라는 의미로 **중위수**라고도 한다. 예를 들어 다음 자료에서 가장 가운데에 위치한 수는 3이므로 중앙값은 3이다.

$$[1,\ 2,\ 3,\ 4,\ 5]$$

또한 다음 자료도 가장 가운데에 위치한 수는 3이므로 중앙값은 3이다.

$$[1,\ 2,\ 3,\ 4,\ 50]$$

이처럼 중앙값은 단순히 50% 위치의 자료값을 나타내므로 평균과 달리 특이값의 영향을 받지 않는다.

자료의 개수가 홀수이면 가운데에 있는 자료값을 중심으로 좌우에 있는 자료의 개수가 같을 것이다. 자료 [1, 2, 3, 4, 50]의 경우 자료값 3을 중심으로 왼쪽과 오른쪽에 각각 두 개의 자료가 있다. 반면 자료의 개수가 짝수이면 가운데에 있는 두 자료값에 의해 전체 자료가 양분된다. 자료 [1, 2, 3, 4, 6, 50]의 경우 가운데에 있는 자료값은 3과 4이다. 이 두 수를 중심으로 왼쪽에 세 개(1, 2, 3)와 오른쪽으로 세 개(4, 6, 50)로 분리된다.

따라서 중앙값은 자료의 개수가 홀수이면 가장 가운데에 있는 자료값으로 정의하고, 자료의 개수가 짝수이면 가운데에 있는 두 자료값의 평균으로 정의한다. 이를 정리하면 중앙값 M_e는 다음과 같다.

$$M_e = \begin{cases} x_{\left(\frac{n+1}{2}\right)}, & n\text{이 홀수인 경우} \\[2mm] \dfrac{x_{\left(\frac{n}{2}\right)} + x_{\left(\frac{n}{2}+1\right)}}{2}, & n\text{이 짝수인 경우} \end{cases}$$

여기서 $x_{(k)}$는 전체 자료값을 크기순으로 나열하여 k번째에 놓이는 자료값을 나타낸다.

중앙값은 극단적인 특이값에 영향을 받지 않는다는 것뿐만 아니라 자료집단이 어느 한쪽 방향으로 치우치고 다른 쪽으로 긴 꼬리 모양을 갖는 비대칭 분포를 이루는 경우에도 평균보다 좋은 중심위치를 나타낸다는 장점을 갖는다. 그러나 다음과 같은 단점이 있으며, 이로 인해 통계적 추론에서 평균만큼 많이 사용하지는 않는다.

- 수리적으로 다루기 힘들다.
- 전체 자료를 크기순으로 나열하여 중앙에 놓이는 자료를 찾아야 한다는 점에서 자료의 수가 많으면 사용하기 부적절하다.

예제 3

[예제 1] 자료와 [예제 2] 자료에 대한 중앙값을 각각 구하라.

풀이

[예제 1] 자료값은 33개이므로 중앙에 위치한 값은 17번째에 있고, 따라서 중앙값은 $M_e = x_{(17)} = 11.78$이다.

[예제 2] 자료값은 50개이므로 중앙값은 가운데에 있는 두 자료값의 평균, 즉 다음과 같이 25번째와 26번째 자료값 114와 115의 평균인 114.5이다.

$$M_e = \frac{x_{(25)} + x_{(26)}}{2} = \frac{114 + 115}{2} = 114.5$$

4.1.3 최빈값

특이값에 영향을 받지 않는 또 다른 중심위치로 최빈값이 있다. **최빈값**(mode)은 자료 중 가장 큰 도수를 가지는 자료값으로 양적자료와 범주형 자료에 모두 사용할 수 있다.

예를 들어 자료 [1, 2, 3, 4, 4, 5, 6, 700]은 특이값 700이 있으나 가장 많은 빈도수를 가지는 자료값이 4(두 개)이므로 최빈값 M_o는 4이다. 자료 [1, 2, 2, 3, 4, 4, 5, 6]의 경우 도수가 가장 큰 자료값은 2와 4이며 따라서 이 자료에 대한 최빈값은 2와 4이다. 그러나 자료 [1, 2, 3, 4, 5, 6]은 가장 큰 도수를 가지는 자료값이 없으므로 이 경우 최빈값이 없다. 즉, 최빈값은 자료집단에서 없을 수도 있으며, 하나 또는 둘 이상 존재할 수 있다.

[그림 4-3]과 같이 최빈값이 하나인 자료집단은 **단봉분포**(unimodal distribution)를 이룬다 하고, 최빈값이 두 개 또는 그 이상인 자료집단은 각각 **쌍봉분포**(bimodal distribution) 또는 **다봉분포**(multimodal distribution)를 이룬다고 한다.

그림 4-3 최빈값과 자료의 분포 모양

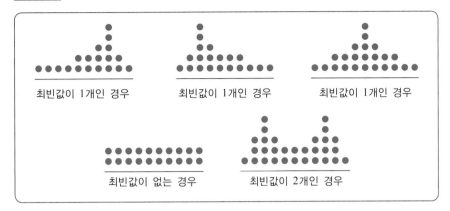

최빈값은 명목자료를 요약할 때 매우 유용하며, 점도표에서 가장 높은 막대를 나타내는 범주가 바로 최빈값이다. 예를 들어 최빈값은 옷 사이즈를 나타내는 [XXS, XS, S, M, L, XL, XXL] 또는 여자 옷 사이즈를 나타내는 [44, 55, 66, 77, 88, 110] 등과 같은 명목자료의 중심위치를 나타낼 때 많이 사용한다.

다음은 어느 매장에 걸려 있는 남자 옷 20장의 치수이다.

XS − 2장   S − 4장   M − 8장   L − 5장   XL − 1장

다섯 종류의 옷 치수를 각각 다음과 같이 숫자로 나타내보자.

XS = 1,   S = 2,   M = 3,   L = 4,   XL = 5

최빈값은 도수가 3으로 가장 큰 M이고, 이는 가장 많은 남자 옷 치수가 M인 것을 의미한다. 평균을 구하면 $\bar{x} = 2.95$이고, 이 수치로 옷 사이즈를 설명할 수는 없다. 명목자료 1, 2, 3, 4, 5는 단순히 옷 사이즈인 XS, S, M, L, XL를 숫자로 표현하기 위해 임의로 부여한 것이기 때문이다.

그림 4-4 명목자료와 최빈값

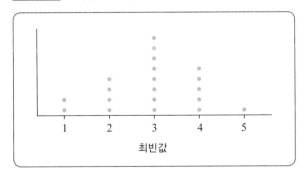

예제 4

[예제 1] 자료와 [예제 2] 자료에 대한 최빈값을 각각 구하라.

풀이

[예제 1] 자료는 각 자료값의 도수가 모두 1이므로 최빈값은 없다. [예제 2] 자료는 자료값 114가 9개로 가장 많으므로 최빈값은 114이다.

지금까지 양적자료의 중심위치를 나타내는 대표적 척도인 평균, 중위수, 최빈값에 대해 살펴봤다. 극단적으로 크거나 작은 자료값이 존재하여 자료집단이 양의 비대칭 형태이거나 음의 비대칭 형태인 경우, 중심위치로 평균을 사용한다면 중심위치가 크게 왜곡될 수 있다. 반면 중앙값과 최빈값은 특이값에 영향을 받지 않으므로 평균보다는 중심위치를 잘 보여 준다. 그러나 최빈값은 경우에 따라 여러 개 존재하거나 없을 수도 있으므로 양적자료의 중심위치를 나타내기에는 부적합하다. 따라서 비대칭 분포를 이루는 자료집단의 경우 중심위치로 중앙값을 사용하는 것이 좋다. 자료의 분포 모양이 [그림 4-5]와 같이 대칭형인 경우 일반적으로 평균, 중앙값, 최빈값이 모두 동일하다.

$$(평균) = (중앙값) = (최빈값)$$

그림 4-5 대칭형인 자료집단의 중심위치

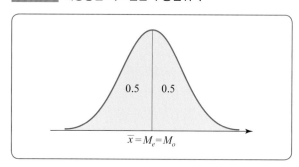

비대칭 형태로 분포를 이루는 자료집단의 경우 [그림 4-6]과 같이 중앙위치인 중앙값이 평균과 최빈값 사이에 놓인다. 비대칭 분포를 이룰 땐 중심위치로 중앙값을 이용하는 것이 바람직하다.

그림 4-6 비대칭형인 자료집단의 중심위치

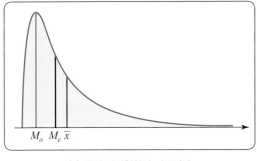

(a) 양의 비대칭형인 자료집단

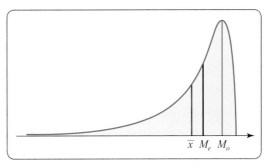

(b) 음의 비대칭형인 자료집단

4.1.4 절사평균

자료집단에 특이값이 있으면 산술평균을 이용한 중심위치는 원자료의 중심위치에 대한 정보를 크게 왜곡할 수 있음을 살펴봤다. 이때 좀 더 바람직한 중심위치를 구하기 위해 특이값을 제외하고 산술평균을 구한다. 예를 들어 자료집단 A [1, 2, 3, 4, 5]의 평균은 $\bar{x}_A = 3$이고 자료집단 B [1, 2, 3, 4, 50]의 평균은 $\bar{x}_B = 12$이다. 자료집단 B에서 1, 50을 제외한 나머지 자료값 2, 3, 4의 산술평균을 구하면 자료집단 A의 평균과 일치한다. 즉, 특이값의 개수만큼 위쪽과 아래쪽의 자료값을 제외한 나머지 자료에 대한 산술평균을 구하면 중심위치가 많이 보정된다. 이처럼 자료집단에 특이값이 포함된 경우, 자료의 총 개수에서 일정 비율만큼 가장 큰 자료와 가장 작은 자료를 제거한 나머지 자료값을 이용하여 구한 산술평균을 **절사평균**(trimmed mean)이라 하고 T_M으로 나타낸다.

절사평균은 보편적으로 가장 큰 자료 10%와 가장 작은 자료 10%를 제거하는 방법을 많이 사용한다. 예를 들어 10개의 자료로 구성된 자료집단에 대한 10%-절사평균이란 10의 10%인 1개의 자료값을 가장 큰 쪽과 가장 작은 쪽에서 각각 제거하고 남은 나머지 8개 자료에 대한 산술평균이다. 반드시 10%를 제거해야 하는 것은 아니며 경우에 따라 그 이하 또는 그 이상을 제거할 수 있다.

수집한 자료의 개수가 n일 때, 다음 순서에 따라 $100\alpha\%$-절사평균을 구한다.

❶ 수집한 자료를 작은 값부터 크기순으로 재배열한다.
❷ $\alpha n = k$(정수)이면 k에 해당하는 자료의 수만큼 양끝에서 제거한다. αn이 정수가 아니면 αn을 넘지 않는 가장 큰 정수만큼 양끝에서 제거한다.
❸ 제거하고 남은 자료에 대한 산술평균을 구한다.

다음 자료의 10%-절사평균과 25%-절사평균을 구하라.

4	1	6	3	1	7	6	2	3	3	5	4
8	3	9	2	3	6	4	3	4	70	7	4

풀이

다음과 같이 자료를 크기순으로 재배열한다.

[1 1 2 2 3 3 3 3 3 3 4 4 4 4 4 5 6 6 6 7 7 8 9 70]

10%-절사평균: 자료의 수 $n = 24$, 절사율 10%로부터 $24 \times 0.1 = 2.4$이므로 위아래로 제거할 자료의 수는 각각 2이다. 따라서 다음 자료의 평균을 구하면 $T_M = 4.35$이다.

[2 2 3 3 3 3 3 3 4 4 4 4 4 5 6 6 6 7 7 8]

25%-절사평균: 자료의 수 $n = 24$, 절사율 25%로부터 $24 \times 0.25 = 6$이므로 위아래로 제거할 자료의 수는 각각 6이다. 따라서 다음 자료의 평균을 구하면 $T_M \approx 4.08$이다.

[3 3 3 3 4 4 4 4 4 5 6 6]

4.1.5 기하평균

평균이라 하면 보편적으로 산술평균을 의미한다고 했지만 기하평균을 사용하는 경우도 있다. 많은 사람들이 인구 증가율, 경제성장률, 기업의 매출액 증가율처럼 전년도 대비 금년도의 성장률을 나타내는 수치의 평균을 산술평균이라 잘못 생각하지만 사실 이는 기하평균이다. **기하평균**(geometric mean)은 다음과 같이 n개의 자료를 모두 곱한 수치에 대한 n제곱근으로 정의하며 $\overline{x}_g$로 나타낸다.

$$\overline{x}_g = \sqrt[n]{x_1 \times x_2 \times \cdots \times x_n}$$

어느 회사의 2019년도 매출액이 전년도에 비해 2배로, 2020년도 매출액은 2019년에 비해 8배로 늘었다고 하자. 그러면 이 회사의 매출액은 2018년도 대비 매출액이 16배로 늘어난 것이다. 이때 산술평균 $\dfrac{2+8}{2} = 5$를 이용하여 평균 증가율이 5배라고 하면 오류를 범하게 된다. 매출액이 2년 동안 평균 5배로 증가했다면 연평균 증가율이 5배라는 의미이다. 다시 말해 2018년도 대비 2019년에 5배, 2019년도 대비 2020년에 5배의 증가율을 나타내고, 결국 2018년도 기준으로 2년 동안 25배로 증가한 것이 되어 오류가 되는 것이다. 이 경우 산술평균 대신 기하평균을 사용하여 연평균 증가율은 $\sqrt{2 \times 8} = \sqrt{16} = 4$라고 하는 것이 합당하다. 평균적으로 2018

년도 대비 2019년에 4배, 2019년도 대비 2020년에 4배의 증가율을 나타내고, 결국 2018년도 기준으로 2년 동안 16배로 증가한 것이 되어 정확한 결과가 나온다.

어느 시점을 기준으로 n년 동안 매년 회사의 성장률이 $x_1, x_2, \cdots, x_n$이라 하자. 전년도 대비 성장인수는 각각 $1 + x_1, 1 + x_2, \cdots, 1 + x_n$이고 연평균 성장률을 $\overline{x}_g$라 하면 기준 연도로부터 n년 후 성장한 결과값은 다음과 같이 나타낼 수 있다.

$$(1 + \overline{x}_g)^n = (1 + x_1)(1 + x_2) \cdots (1 + x_n)$$

즉, **연평균 성장률**(compound annual growth rate ; CAGR) $\overline{x}_g$는 다음과 같다.

$$\overline{x}_g = \sqrt[n]{(1 + x_1)(1 + x_2) \cdots (1 + x_n)} - 1$$

기준 연도를 1이라 하면 $(1 + x_1)(1 + x_2) \cdots (1 + x_n)$은 n년 후의 성장한 값을 나타내므로 연평균 성장률을 다음과 같이 구할 수도 있다.

$$\overline{x}_g = \sqrt[n]{\frac{(\text{최종 연도 값})}{(\text{기준 연도 값})}} - 1$$

예제 6

다음은 2010년도 매출액이 100억 원인 어느 기업의 10년간 매출액이다. 물음에 답하라.

연도	매출액(억 원)	전년도 대비 증가율	연도	매출액(억 원)	전년도 대비 증가율
2011	120		2016	138	
2012	115		2017	132	
2013	124		2018	150	
2014	130		2019	152	
2015	134		2020	155	

(a) 표를 완성하라.
(b) 증가율을 이용한 연평균 성장률을 구하라.
(c) 매출액을 이용한 연평균 성장률을 구하라.

(a)

연도	매출액(억 원)	전년도 대비 증가율	연도	매출액(억 원)	전년도 대비 증가율
2011	120	0.2	2016	138	0.0299
2012	115	−0.0417	2017	132	−0.0435
2013	124	0.0783	2018	150	0.1364
2014	130	0.0484	2019	152	0.0133
2015	134	0.0308	2020	155	0.0197

(b) $\bar{x}_g = \sqrt[10]{1.2 \times 0.9583 \times \cdots \times 1.0197} - 1 \approx \sqrt[10]{1.55005} - 1 \approx 0.0448$ 이므로 10년간 연평균 증가율은 약 4.48%이다.

(c) $\bar{x}_g = \sqrt[10]{\dfrac{155}{100}} - 1 = \sqrt[10]{1.55} - 1 \approx 0.0448$ 이므로 10년간 연평균 증가율은 약 4.48%이다.

4.1.6 가중평균

산술평균의 계산식을 다음과 같이 풀어 써보자.

$$\bar{x} = \frac{1}{n}(x_1 + x_2 + \cdots + x_n) = x_1 \times \frac{1}{n} + x_2 \times \frac{1}{n} + \cdots + x_n \times \frac{1}{n}$$

즉, 산술평균은 n개의 자료값 $x_1, x_2, \cdots, x_n$이 각각 동등한 비율인 $\frac{1}{n}$로 나타날 때의 평균으로 해석할 수 있다.

자료 [1, 2, 2, 3, 4, 4, 5, 6]의 산술평균 계산 과정을 살펴보자.

$$\begin{aligned}
\bar{x} &= \frac{1}{8}(1 + 2 + 2 + 3 + 4 + 4 + 5 + 6) \\
&= 1 \times \frac{1}{8} + 2 \times \frac{1}{8} + 2 \times \frac{1}{8} + 3 \times \frac{1}{8} + 4 \times \frac{1}{8} + 4 \times \frac{1}{8} + 5 \times \frac{1}{8} + 6 \times \frac{1}{8} \\
&= 1 \times \frac{1}{8} + 2 \times \frac{2}{8} + 3 \times \frac{1}{8} + 4 \times \frac{2}{8} + 5 \times \frac{1}{8} + 6 \times \frac{1}{8} \\
&= 3.375
\end{aligned}$$

위 과정에서 자료값 1, 2, 3, 4, 5, 6의 가중치가 서로 다름을 알 수 있다. 즉, 1, 3, 5, 6은 가중치가 1인 반면, 2와 4는 가중치가 2이다. 이와 같이 각 자료값의 가중치가 서로 다를 때의 평균을 **가중평균**(weighted mean)이라 하며, 가중평균은 서로 다른 자료값 $x_1, x_2, \cdots, x_k$의 도수가 각각 $f_1, f_2, \cdots, f_k$이고 전체 도수가 n일 때 다음과 같이 정의된다.

$$\bar{x} = x_1 \times \frac{f_1}{n} + x_2 \times \frac{f_2}{n} + \cdots + x_k \times \frac{f_k}{n}$$

가중평균은 4.3절에서 살펴볼 도수분포표를 이용하여 집단화 자료의 평균을 구할 때 많이 사용한다.

예제 7

다음 자료의 가중평균을 구하라.

자료값	1	2	3	4	5	6
도수	1	1	2	1	2	3

풀이

전체 도수는 10이므로 가중평균은 다음과 같다.

$$\bar{x} = 1 \times \frac{1}{10} + 2 \times \frac{1}{10} + 3 \times \frac{2}{10} + 4 \times \frac{1}{10} + 5 \times \frac{2}{10} + 6 \times \frac{3}{10}$$
$$= 4.1$$

엑셀 중심위치 척도

Ⓐ 중심위치를 나타내는 엑셀 함수

[예제 5] 자료에 대해 중심위치 척도를 구한다. A1~D6셀에 자료를 입력한 후 다음 함수를 활용한다.

❶ 평균: 메뉴바에서 수식 〉 함수 삽입 〉 통계 〉 AVERAGE를 선택하여 **A1:D6**을 기입한다.

❷ 중앙값: 메뉴바에서 수식 〉 함수 삽입 〉 통계 〉 MEDIAN을 선택하여 **A1:D6**을 기입한다.

❸ 최빈값: 메뉴바에서 수식 〉 함수 삽입 〉 통계 〉 MODE.SNGL을 선택하여 **A1:D6**을 기입한다.

❹ 절사평균: 메뉴바에서 수식 〉 함수 삽입 〉 통계 〉 TRIMMEAN을 선택하여 **Array**에 **A1:D6**을 기입하고, **Percent**에 **0.1**을 기입한다. 여기서 0.1은 전체 자료의 개수에 대한 10%를 나타낸다. 즉, 10% – 절사평균을 구하려면 0.2를 기입해야 한다.

❺ 기하평균: 메뉴바에서 수식 〉 함수 삽입 〉 통계 〉 GEOMEAN을 선택하여 **A1:D6**을 기입한다.

척도	엑셀 함수
평균	= AVERAGE(자료의 범위)
중앙값	= MEDIAN(자료의 범위)
최빈값	= MODE.SNGL(자료의 범위)
절사평균	= TRIMMEAN(자료의 범위, 비율)
기하평균	= GEOMEAN(자료의 범위)

ⓑ 가중평균 구하기(도수분포표의 평균)

[예제 5] 자료에 대해 가중평균을 구한다.

❶ 앞에서 기입한 도수분포표에 이어 G8셀에 **도수*계급값**을 기입한다.

❷ G9셀에 **=B9*F9**를 기입하고, G9셀의 우측 하단을 G13셀까지 끌어 내린다.

❸ G14셀에 커서를 놓고 **=SUM(G9:G13)/100**을 기입하면 가중평균을 얻는다.

	A	B	C	D	E	F	G
G15			× ✓ f_x				
1	4	8	6	4	평균		7
2	1	3	2	3	중앙값		4
3	6	9	3	4	최빈값		3
4	3	2	3	70	절사평균		4.35
5	1	3	5	7	기하평균		4.177156
6	7	6	4	4			
7							
8	계급구간	도수	상대도수	누적도수	누적상대도수	계급값	도수*계급값
9	58	9	0.09	9	0.09	53.5	481.5
10	68	8	0.08	17	0.17	63.5	508
11	78	22	0.22	39	0.39	73.5	1617
12	88	36	0.36	75	0.75	83.5	3006
13	98	25	0.25	100	1	93.5	2337.5
14	합계	100					79.5

4.1.7 백분위수와 사분위수

4.1.2절에서 중앙값은 자료를 크기순으로 재배열하여 가장 가운데에 놓이는 수치, 즉 50% 위치에 놓이는 수치라고 했다. 따라서 중앙값은 전체 자료를 크기순으로 나열하여 아래쪽 50%, 위쪽 50%로 양분하는 척도이다. 이처럼 자료를 크기순으로 재배열한 후 전체 자료를 100등분하거나 4등분하는 척도를 생각할 수 있다.

대학수학능력시험에서 개인이 과목별로 득점한 점수를 원점수라 하며, 이 점수에 대한 원점수와 표준점수, 백분위 점수를 받게 된다. 이때 원점수는 수험생 각자가 과목별로 취득한 본래의 점수이고, 백분위 점수는 과목별 전체 수험생이 취득한 점수를 100등분하여 본인의 원점수가 놓인 위치의 점수이다.

$p\%$ **백분위수(percentile)**란 크기순으로 나열된 전체 자료를 1%씩 등간격으로 구분하여 $p\%$ 위치에 놓이는 자료값을 말한다. 즉, [그림 4-7(a)]와 같이 x_p보다 작거나 같은 자료값의 비율이 적어도 $p\%$이고, x_p보다 크거나 같은 자료값의 비율이 $(100 - p)\%$인 수치 x_p가 바로 $p\%$ 백분위수이다. 대학수학능력시험을 치른 어떤 수험생의 수학 백분위 점수가 70% 백분위수라면

그림 4-7 백분위수와 사분위수

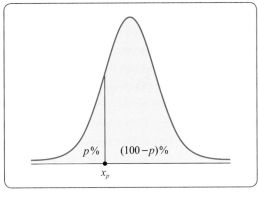

(a) $p\%$ 백분위수 x_p

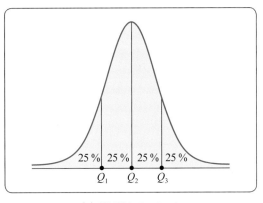

(b) 사분위수 Q_1, Q_2, Q_3

전체 수험생의 70%가 이 수험생보다 수학 점수가 낮고, 30%가 이 수험생보다 수학 점수가 높음을 의미한다.

　같은 방법으로 **사분위수**(quartiles)란 크기순으로 나열된 전체 자료를 4등분하는 위치의 수치를 말한다. [그림 4–7(b)]와 같이 작은 쪽으로부터 25% 위치에 놓이는 수치를 각각 제1사분위수(Q_1), 제2사분위수(Q_2), 제3사분위수(Q_3)라 한다. 그러면 중앙값은 제2사분위수이자 50% 백분위수이다.

　n개의 자료로 구성된 자료집단의 $p\%$ 백분위수의 위치 l_p는 다음과 같이 구한다.

$$l_p = (n + 1) \times \frac{p}{100}$$

　예를 들어 크기순으로 나열된 자료 [0 0 1 1 1 2 2 3 3 6 6 7 8 9 33]에 대해 30% 백분위수 x_{30}의 위치를 l_{30}이라 하면 다음과 같다.

$$l_{30} = 16 \times \frac{30}{100} = 4.8$$

　즉, x_{30}은 네 번째 자료값과 다섯 번째 자료값 사이의 80% 위치에 있다. 네 번째 자료값과 다섯 번째 자료값 모두 1이므로 두 자료값의 거리는 0이고 따라서 $x_{30} = 1$이다. 또한 60% 백분위수 x_{60}의 위치 l_{60}은 다음과 같다.

$$l_{60} = 16 \times \frac{60}{100} = 9.6$$

　즉, x_{60}은 아홉 번째 자료값과 열 번째 자료값 사이의 60% 위치에 있다. 아홉 번째 자료값과 열 번째 자료값이 각각 3과 6이므로 두 자료값의 거리가 3이다. 따라서 x_{60}은 아홉 번째 자료값으로부터 60% 위치의 수인 $0.6 \times 3 = 1.8$을 더한 수치, 즉 $x_{60} = 3 + 1.8 = 4.8$이다.

어느 대학의 통계학 교수는 다음과 같은 50명의 통계학 점수를 하위 10% 이하, 10~25%, 25~50%, 50~80%, 상위 20% 이상으로 구분하여 각 그룹의 학점을 F, D, C, B, A로 부여하기로 했다. 각 학점의 경계 점수를 구하라.

2.9	3.2	3.0	3.5	1.3	3.7	3.2	3.0	3.3	3.3
3.9	3.0	4.1	2.8	3.1	3.3	4.0	2.8	3.2	2.9
3.3	3.1	3.0	3.1	4.0	3.0	3.1	3.1	3.0	3.2
2.8	2.9	3.8	3.7	4.1	3.0	3.1	3.5	3.4	3.4
3.5	3.8	3.6	4.2	2.6	3.0	2.9	4.3	3.6	3.4

풀이

이 점수에 대한 줄기-잎 그림을 그리면 다음과 같다.

1	1	3		잎의 단위: 0.1
9	2	68889999		$N = 50$
(35)	3	00000000011111112222333344455566778899		
6	4	001123		

구하는 경계 점수는 10% 백분위수, 25% 백분위수, 50% 백분위수, 80% 백분위수이고, 이 백분위수들의 위치는 각각 다음과 같다.

$$l_{10} = 51 \times \frac{10}{100} = 5.1, \quad l_{25} = 51 \times \frac{25}{100} = 12.75,$$

$$l_{50} = 51 \times \frac{50}{100} = 25.5, \quad l_{80} = 51 \times \frac{80}{100} = 40.8$$

x_{10}은 다섯 번째 학점 2.8과 여섯 번째 학점 2.9 사이의 10% 위치에 있으므로 10% 백분위수는 다음과 같다.

$$x_{10} = 2.8 + 0.1 \times (2.9 - 2.8) = 2.81$$

같은 방법으로 나머지 경계값은 각각 다음과 같다.

$$x_{25} = 3.0 + 0.75 \times (3.0 - 3.0) = 3.0,$$
$$x_{50} = 3.2 + 0.5 \times (3.2 - 3.2) = 3.2,$$
$$x_{80} = 3.7 + 0.8 \times (3.7 - 3.7) = 3.7$$

엑셀 백분위수와 사분위수

[예제 5] 자료에 대해 백분위수와 사분위수를 구한다. A1~D6셀에 자료를 입력한 후 다음 함수를 활용한다.

❶ 메뉴바에서 수식 〉 함수 삽입 〉 통계 〉 PERCENTILE.EXC를 선택한 후 **Array**에 **A1:D6**을 기입하고, **K**에 **0.3**을 기입하여 30% 백분위수를 구한다.

❷ 메뉴바에서 수식 〉 함수 삽입 〉 통계 〉 QUARTILE.EXC를 선택한 후 **Array**에 **A1:D6**을 기입하고, **Quart**에 **1**을 기입하면 제1사분위수를 구한다. 여기서 **Quart**는 사분위수 값으로 최솟값은 0, 사분위수는 각각 1, 2, 3이고 최댓값은 4이다.

척도	엑셀 함수
백분위수	= PERCENTILE.EXC(자료의 범위, 비율)
사분위수	= QUARTILE.EXC(자료의 범위, 1)

4.2 변동성 척도

3장에서 양적자료를 표와 그림으로 요약할 때 중심위치뿐만 아니라 분포 모양에 대해서도 많이 언급했다. 4.1절에서 자료의 중심위치에 대해서 살펴봤지만, 중심위치 하나만으로는 수집한 자료의 특성을 대표한다고 할 수 없다.

다음 두 자료집단을 살펴보자.

자료집단 A	[1 2 3 4 5 6 7 7 7 8 9 10 11 12 13]
자료집단 B	[5 6 6 6 7 7 7 7 7 7 7 8 8 8 9]

두 자료집단의 평균과 중앙값을 구하면 다음과 같이 두 척도가 모두 같다는 것을 알 수 있다.

$$\bar{x}_A = \bar{x}_B = M_{eA} = M_{eB} = 7$$

따라서 두 자료집단은 동일한 특성을 갖는다고 할 수 있을 것이다. 그러나 [그림 4-8]과 같이 점도표를 각각 그려서 비교하면 두 자료집단은 명확하게 다르다. 자료집단 A는 평균을 중심으로 폭넓게 퍼져 있으나 자료집단 B는 평균을 중심으로 밀집되어 있다.

즉, 두 자료집단의 중심위치가 동일하더라도 중심위치인 평균을 중심으로 밀집한 정도가 서로 다를 수 있으므로 자료의 흩어진 정도를 나타내는 척도가 필요하다. 이런 척도를 **산포도** (measure of dispersion)라 하며, 이 수치는 자료가 중심위치로부터 어느 정도로 흩어져 있는

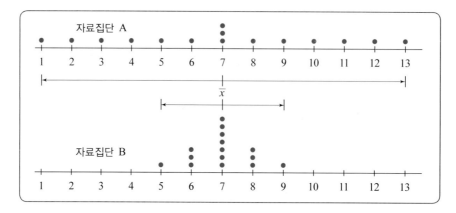

그림 4-8 두 자료집단의 중심위치와 분포 모양

지 나타낸다. 또한 자료는 수집 방법, 시기 등에 따라 자료의 흩어진 모양에 변동이 있으며, 이렇게 변동하는 정도를 나타내는 척도를 **변동성 척도**(measure of variability)라 한다. 결국 산포도와 변동성 척도는 동일한 의미로 사용되며, 이번 절에서는 이러한 척도들에 대해 살펴본다.

4.2.1 범위

변동성 척도 중 가장 간단한 형태는 범위이다. 3.1.2절에서 도수분포표를 작성하기 위해 계급 간격을 구한 것을 생각해보자. 이때 계급 간격은 최대 자료값에서 최소 자료값을 뺀 수를 계급의 개수로 나누어 구했다. 이와 같이 수집한 자료 중 최대 자료값에서 최소 자료값을 뺀 수를 **범위**(range)라고 한다. 다시 말해 자료 $x_1, x_2, \cdots, x_n$을 작은 값부터 크기순으로 재배열한 자료를 $x_{(1)}, x_{(2)}, \cdots, x_{(n)}$이라 할 때, 이 자료의 범위는 다음과 같이 정의한다.

$$R = x_{(n)} - x_{(1)}$$

앞의 자료집단 A의 범위는 $R_A = 13 - 1 = 12$이고 자료집단 B의 범위는 $R_B = 9 - 5 = 4$이며, 범위가 클수록 폭넓게 분포하는 것이다.

범위는 자료의 개수에 상관없이 단 두 개의 자료값인 최대 자료값과 최소 자료값만을 사용하므로 다른 자료값들은 범위 계산에 전혀 영향을 미치지 않는다. 또한 자료집단 A의 자료값 13을 130이라 하면 범위는 12가 아니라 129가 된다. 즉, 범위는 특이값의 영향을 매우 많이 받는다. 정리하면 범위는 특이값이 없고 자료의 수가 적으며 어느 정도 대칭형 분포를 이룰 때 사용하는 것이 바람직하다.

다음 자료의 범위를 구하라.

$$[19 \quad 12 \quad 14 \quad 15 \quad 28 \quad 17 \quad 18 \quad 14 \quad 24 \quad 20]$$

풀이

자료를 크기순으로 재배열하면 [12 14 14 15 17 18 19 20 24 28]이므로 최대 자료값은 28, 최소 자료값은 12이다. 따라서 범위는 $R = 28 - 12 = 16$이다.

엑셀 범위

[예제 5] 자료에 대해 범위를 구한다. A1~D6셀에 자료를 입력한 후 다음 함수를 활용한다.

❶ 메뉴바에서 수식 〉 자동 합계 〉 최대값을 선택하여 A1~D6셀을 드래그 하고 Enter↵를 누르면 최댓값을 얻는다.

❷ 메뉴바에서 수식 〉 자동 합계 〉 최소값을 선택하여 A1~D6셀을 드래그 하고 Enter↵를 누르면 최솟값을 얻는다.

❸ =F1-F2 또는 =MAX(A1:D6)-MIN(A1:D6)을 기입하면 범위를 얻는다.

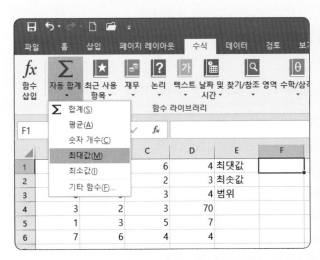
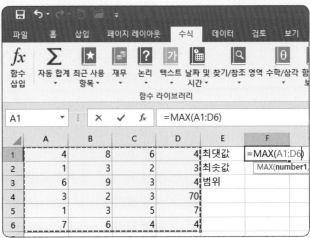

척도	엑셀 함수
최댓값	= MAX(자료의 범위)
최솟값	= MIN(자료의 범위)

4.2.2 사분위수 범위

범위는 특이값의 영향을 많이 받는 단점이 있음을 살펴봤다. 이와 같은 범위의 단점을 보완하는 변동성 척도로 사분위수 범위가 있다. **사분위수 범위**(interquartile range; IQR)는 제1사분위수(Q_1)와 제3사분위수(Q_3) 사이의 범위, 즉 중심부에 있는 50% 자료에 대한 범위로 다음과 같이 정의한다.

$$\text{IQR} = Q_3 - Q_1$$

사분위수 범위는 자료값의 위쪽 25%와 아래쪽 25%를 제거한 범위이므로 특이값의 영향을 전혀 받지 않으며, 중심위치로 중앙값을 사용하는 경우에 주로 사용한다. 사분위수 범위를 이용하여 상자그림을 그리면 자료의 중심부에 있는 50% 자료에 대한 분포 모양, 꼬리 부분의 모양, 특이값의 존재 유무를 명확하게 알 수 있다.

이제 **상자그림**(box plot)을 그리는 방법을 살펴보자. 상자그림은 꼬리 부분을 수염 모양으로 나타낸다고 해서 **상자수염그림**(box and whisker plot)이라고도 한다. 우선 상자그림에서 쓰이는 용어를 먼저 살펴보자.

- **안울타리**(inner fence): 사분위수 Q_1과 Q_3으로부터 각각 $1.5 \times \text{IQR}$만큼 떨어져 있는 값을 안울타리라 하며, 아래쪽 안울타리 f_l과 위쪽 안울타리 f_u는 다음과 같다.
  - 아래쪽 안울타리(lower inner fence): $f_l = Q_1 - 1.5 \times \text{IQR}$
  - 위쪽 안울타리(upper inner fence): $f_u = Q_3 + 1.5 \times \text{IQR}$
- **바깥울타리**(outer fence): 사분위수 Q_1과 Q_3으로부터 각각 $3 \times \text{IQR}$만큼 떨어져 있는 값을 바깥울타리라 하며, 아래쪽 바깥울타리 f_L과 위쪽 바깥울타리 f_U는 다음과 같다.
  - 아래쪽 바깥울타리(lower outer fence): $f_L = Q_1 - 3 \times \text{IQR}$
  - 위쪽 바깥울타리(upper outer fence): $f_U = Q_3 + 3 \times \text{IQR}$
- **인접값**(adjacent value): 안울타리 안에 놓이는 가장 극단적인 자료값, 즉 아래쪽 안울타리보다 큰 가장 작은 자료값과 위쪽 안울타리보다 작은 가장 큰 자료값을 의미한다.
- **보통 특이값**(mild outlier): 안울타리와 바깥울타리 사이에 놓이는 자료값이다.
- **극단 특이값**(extreme outlier): 바깥울타리 외부에 놓이는 자료값이다.

다음 순서에 따라 상자그림을 그린다.

❶ 자료를 크기순으로 재배열하여 사분위수 Q_1, Q_2, Q_3을 구한다.
❷ 사분위수 범위 $\text{IQR} = Q_3 - Q_1$을 구한다.
❸ Q_1에서 Q_3까지 직사각형 모양으로 연결하고, 중앙값 Q_2의 위치에 기호 +를 표시한다.
❹ 안울타리를 구하고 인접값에 기호 ┃로 표시한 후, Q_1과 Q_3에서 인접값까지 선분으로 연결

하여 상자그림의 수염 부분을 작성한다.

❺ 바깥울타리를 구하여 관측 가능한 보통 특이값의 위치에 ○, 극단 특이값의 위치에 ×로
표시한다.

그러면 [그림 4-9]와 같은 상자그림이 완성된다.

그림 4-9 상자그림

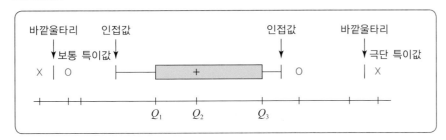

상자그림은 전체 자료의 중심부에 있는 자료가 중심위치 Q_2를 중심으로 집중된 정도와 꼬리
부분의 정보를 보여 준다. [그림 4-9]의 상자그림에서 25~50%의 자료가 50~75% 사이의 자
료보다 많이 밀집하고 있으며, 하위 25% 자료는 상위 25%에 해당하는 자료보다 좀 더 길게 분
포하는 것을 알 수 있다. 특히 특이값에 대한 정보를 알려 주는데, 잘못 관측된 것으로 간주되
는 자료값(극단 특이값)이 두 개 있으며 어느 정도 관측이 가능한 자료값(보통 특이값)이 두 개
있음을 보여 준다. 보편적으로 보통 특이값은 약 1% 정도로, 극단 특이값은 약 0.01% 정도로
관찰된다.

예제 10

다음 자료집단의 사분위수 범위를 구하고 상자그림을 그려라.

48.8	51.8	49.7	50.3	49.9	49.6	50.4	49.8	55.1	46.6
49.9	51.2	50.7	49.5	49.1	50.3	48.0	50.4	49.7	50.6
50.6	51.2	50.5	48.7	49.1	50.5	49.9	49.3	50.8	48.9
51.7	48.9	50.4	49.2	51.0	49.8	51.3	49.7	50.5	49.7
49.0	50.8	49.9	50.0	51.2	49.6	49.9	50.0	49.5	49.7

풀이

우선 사분위수의 위치를 구한다.

$$Q_1\text{의 위치: } l_{25} = 51 \times \frac{25}{100} = 12.75, \qquad Q_2\text{의 위치: } l_{50} = 51 \times \frac{50}{100} = 25.5$$

$$Q_3\text{의 위치: } l_{75} = 51 \times \frac{75}{100} = 38.25$$

$x_{(12)} = x_{(13)} = 49.5$, $x_{(25)} = x_{(26)} = 49.9$, $x_{(38)} = x_{(39)} = 50.6$이므로 사분위수는 다음과 같다.

$$Q_1 = 49.5, \quad Q_2 = 49.9, \quad Q_3 = 50.6$$

따라서 사분위수 범위는 IQR $= Q_3 - Q_1 = 50.6 - 49.5 = 1.1$이다.

다음 순서에 따라 상자그림을 그린다.

❶ 안울타리와 인접값을 구하고, Q_1, Q_3과 인접값을 각각 연결한다.

$$f_l = Q_1 - 1.5 \times \text{IQR} = 49.5 - 1.65 = 47.85$$
$$f_u = Q_3 + 1.5 \times \text{IQR} = 50.6 + 1.65 = 52.25$$

따라서 인접값은 각각 48.0과 51.8이다.

❷ 이제 바깥울타리를 구한다.

$$f_L = Q_1 - 3 \times \text{IQR} = 49.5 - 3.3 = 46.2$$
$$f_U = Q_3 + 3 \times \text{IQR} = 50.6 + 3.3 = 53.9$$

❸ 관찰값 55.1은 위쪽 바깥울타리보다 크므로 극단 특이값이고, 46.6은 인접값과 아래쪽 바깥울타리 사이에 있으므로 보통 특이값이다.

따라서 상자그림을 그리면 다음과 같다.

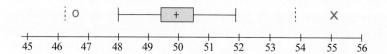

엑셀 사분위수 범위와 상자그림

[예제 5] 자료에 대해 사분위수 범위를 구하고 상자그림을 만든다. A1~D6셀에 자료를 입력한다.

❶ 4.1절에서 소개한 방법으로 사분위수를 구한 후 =F3-F1을 입력하여 사분위수 범위를 구한다.

❷ A~D열의 자료를 A, B, C, D 자료집단으로 구분하게 되므로 하나의 열로 재배열한다.

❸ 재배열한 자료를 드래그 하고, 메뉴바에서 삽입 〉추천 차트 〉상자 수염을 선택하면 상자그림을 얻는다. 이때 점은 특이값을 나타낸다.

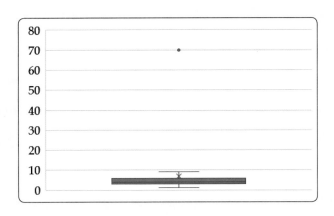

4.2.3 분산과 표준편차

범위는 최대 자료값과 최소 자료값만 이용하고 사분위수 범위는 중심부에 있는 50% 자료만을 이용하므로 두 척도 모두 전체 자료에 대한 정보를 제공하지는 못한다. 이 단점을 보완하기 위한 변동성 척도가 바로 분산과 표준편차이며, 통계적 추론에서 변동성 척도로 가장 많이 사용한다. 평균을 모평균과 표본평균으로 구분하듯이 분산도 모집단의 분산을 나타내는 모분산과 표본의 분산을 나타내는 표본분산으로 구분한다.

모분산(population variance)은 모평균 μ와 자료값 $x_1, x_2, \cdots, x_N$의 편차제곱 $(x_i - \mu)^2$, $i = 1, 2, \cdots, N$의 평균이며 σ^2으로 나타낸다. 즉, 모분산은 다음과 같이 정의한다.

$$\sigma^2 = \frac{1}{N} \sum_{i=1}^{N} (x_i - \mu)^2$$

표본분산(sample variance)은 표본평균 $\overline{x}$와 표본의 자료값 $x_1, x_2, \cdots, x_n$의 편차제곱 $(x_i - \overline{x})^2$, $i = 1, 2, \cdots, n$의 합을 $n - 1$로 나눈 수치이며 s^2으로 나타낸다. 즉, 표본분산은 다음과 같이 정의한다.

$$s^2 = \frac{1}{n-1} \sum_{i=1}^{n} (x_i - \overline{x})^2$$

모분산은 편차제곱합을 전체 자료의 수 N으로 나누는 반면, 표본분산은 편차제곱합을 전체 자료의 수 n이 아닌 $n - 1$로 나누는 것에 유의해야 한다. 이는 통계적 추론에서 표본분산으로 모분산을 추론할 때 $n - 1$로 나누는 것이 보다 바람직하기 때문이다. 이에 대해선 10장에서 자세히 살펴본다.

분산을 사용할 경우 정의에서 알 수 있듯이 평균편차의 제곱을 다루게 되기 때문에 자료값의 단위가 m, kg이면 분산의 단위는 m^2, kg^2이 되어 단위가 모호해진다. 단위가 m이면 길이를 의미하지만 분산의 단위는 m^2가 되어 넓이를 뜻하게 된다. 이를 해결하기 위해 양의 제곱근을 사용한다. 즉, $\sqrt{m^2} = m$, $\sqrt{kg^2} = kg$ 이다. 따라서 자료값과 동일한 단위를 사용하기 위해 변동성의 척도로 분산의 양의 제곱근을 사용하며, 이 척도를 표준편차라 한다.

모집단과 표본의 표준편차를 각각 **모표준편차**(population standard deviation), **표본표준편차**(sample standard deviation)라 하며 다음과 같이 정의한다.

$$\text{모표준편차} \qquad \sigma = \sqrt{\frac{1}{N}\sum_{i=1}^{N}(x_i - \mu)^2}$$

$$\text{표본표준편차} \qquad s = \sqrt{\frac{1}{n-1}\sum_{i=1}^{n}(x_i - \overline{x})^2}$$

분산 또는 표준편차가 클수록 전체 자료는 '평균을 중심으로 넓게 흩어져 있다' 또는 '변동성이 크다'라고 한다.

분산과 표준편차는 각 자료값에 대한 정보가 포함하고 있으며 수리적으로 다루기 쉽다는 장점이 있으나 특이값의 영향을 받는다는 단점도 있다.

예제 11

[예제 1] 자료에 대한 분산과 표준편차를 구하라.

풀이

[예제 1]에서 모평균 $\mu = 12.21$을 구했다. 분산을 구하기 위해 다음과 같은 표를 작성한다.

x_i	$x_i - \mu$	$(x_i - \mu)^2$	x_i	$x_i - \mu$	$(x_i - \mu)^2$	x_i	$x_i - \mu$	$(x_i - \mu)^2$
9.59	−2.62	6.8644	9.33	−2.88	8.2944	4.35	−7.86	61.7794
4.62	−7.59	57.6081	15.04	2.83	8.0089	16.41	4.2	17.6400
0.65	−11.56	133.6336	12.16	−0.05	0.0025	22.53	10.32	106.5024
7.75	−4.46	19.8916	16.63	4.42	19.5364	17.56	5.35	28.6225
16.98	4.77	22.7529	12.06	−0.15	0.0225	18.40	6.19	38.3161
11.78	−0.43	0.1849	9.70	−2.51	6.3001	10.86	−1.35	1.8225
7.24	−4.97	24.7009	12.46	0.25	0.0625	27.43	15.22	231.6484
10.15	−2.06	4.2436	8.05	−4.16	17.3056	7.39	−4.82	23.2324
25.49	13.28	176.3584	19.91	7.70	59.2900	14.57	2.36	5.5696
11.44	−0.77	0.5929	5.58	−6.63	43.9569	11.92	−0.29	0.0841
10.37	−1.84	3.3856	12.48	0.27	0.0729	2.00	−10.21	104.2441

이제 모분산을 구하면 다음과 같다.

$$\sigma^2 = \frac{1}{33} \sum_{i=1}^{33} (x_i - 12.21)^2 = \frac{1232.5313}{33} \approx 37.3494$$

따라서 모표준편차는 $\sigma = \sqrt{37.3494} \approx 6.11$이다.

예제 12

표본으로 얻은 자료 [2 4 3 5 8 3 6 2 5]의 분산과 표준편차를 구하라.

풀이

표본평균을 구하면 $\bar{x} \approx 4.22$이다. 분산을 구하기 위해 다음과 같은 표를 작성한다.

x_i	$x_i - \mu$	$(x_i - \mu)^2$	x_i	$x_i - \mu$	$(x_i - \mu)^2$	x_i	$x_i - \mu$	$(x_i - \mu)^2$
2	−2.22	4.9284	5	0.78	0.6084	6	1.78	3.1684
4	−0.22	0.0484	8	3.78	14.2884	2	−2.22	4.9284
3	−1.22	1.4884	3	−1.22	1.4884	5	0.78	0.6084

이제 표본분산을 구하면 다음과 같다.

$$s^2 = \frac{1}{8} \sum_{i=1}^{9} (x_i - 4.22)^2 = \frac{31.5556}{8} \approx 3.9445$$

따라서 표본표준편차는 $s = \sqrt{3.9445} \approx 1.99$이다.

엑셀 분산과 표준편차

[예제 5] 자료에 대해 범위를 구한다. A1~D6셀에 자료를 입력한 후 다음 함수를 활용한다.

❶ 메뉴바에서 수식 〉함수 삽입 〉VAR.S를 선택하여 A1~D6셀을 드래그 하고 Enter↵를 누르면 표본분산을 얻는다. 함수 VAR.P를 선택하면 모분산을 얻는다.

❷ 메뉴바에서 수식 〉함수 삽입 〉STDEV.S를 선택하여 A1~D6셀을 드래그 하고 Enter↵를 누르면 표본표준편차를 얻는다. 함수 STDEV.P를 선택하면 모표준편차를 얻는다.

척도	엑셀 함수	
	모집단	표본
분산	= VAR.P(자료의 범위)	= VAR.S(자료의 범위)
표준편차	= STDEV.P(자료의 범위)	= STDEV.S(자료의 범위)

크기가 100인 다음 표본을 살펴보자.

53	69	59	63	52	61	58	59	67	60	67	62	59	60	62
73	69	58	64	54	60	59	57	57	62	68	60	58	62	61
51	70	63	64	63	61	63	64	59	61	67	61	62	60	60
56	71	68	65	63	60	65	67	58	62	66	62	62	60	62
55	54	52	65	61	60	65	62	65	61	48	61	59	58	62
57	62	63	65	62	60	63	61	64	58	54	62	57	57	60
57	60	62	55	62	57	65	65	61	54					

이 자료집단의 평균과 표준편차는 각각 $\bar{x} = 61$, $s \approx 4.4$이고, 다음 6개의 수치를 얻는다.

$$\bar{x} - 3s = 47.8, \quad \bar{x} - 2s = 52.2, \quad \bar{x} - s = 56.6,$$
$$\bar{x} + s = 65.4, \quad \bar{x} + 2s = 69.8, \quad \bar{x} + 3s = 74.2$$

이 자료에 대한 히스토그램에 6개의 지표를 표시하면 [그림 4-10]과 같다.

100개의 자료 중 구간 $(\bar{x} - s, \bar{x} + s)$ 안에 76개, 구간 $(\bar{x} - 2s, \bar{x} + 2s)$ 안에 93개, 구간 $(\bar{x} - 3s, \bar{x} + 3s)$ 안에 100개가 들어 있는 것을 확인할 수 있다. 즉, 세 구간 $(\bar{x} - s, \bar{x} + s)$, $(\bar{x} - 2s, \bar{x} + 2s)$, $(\bar{x} - 3s, \bar{x} + 3s)$가 포함하는 자료의 비율이 각각 76%, 93%, 100%이다. 실제로 일상에서 얻을 수 있는 대부분의 자료는 자료의 개수가 클수록 [그림 4-10]과 같이 평균을 중심으로 대칭인 종 모양에 가깝게 나타난다.

그림 4-10 히스토그램과 표준편차

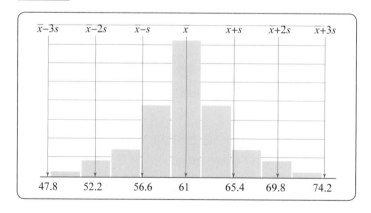

종 모양의 히스토그램을 갖는 자료집단에는 다음 성질이 있다.

- 자료의 약 68%가 구간 $(\bar{x} - s, \bar{x} + s)$ 안에 놓인다.
- 자료의 약 95%가 구간 $(\bar{x} - 2s, \bar{x} + 2s)$ 안에 놓인다.
- 자료의 약 99.7%가 구간 $(\bar{x} - 3s, \bar{x} + 3s)$ 안에 놓인다.

이러한 특성을 히스토그램이 종 모양인 자료집단에 대한 **경험적 규칙**(empirical rule)이라 한다.

러시아 수학자 체비쇼프(P.L.Chebyshev; 1821~1894)는 다음과 같이 평균을 중심으로 대칭인 어떤 구간 안에 놓이는 자료의 비율을 증명하였으며, 이것을 **체비쇼프 정리**(Chebyshev's Theorem)라 한다.

- 전체 자료 중 적어도 $\frac{3}{4}$, 즉 75%가 구간 $(\bar{x} - 2s, \bar{x} + 2s)$ 안에 놓인다.
- 전체 자료 중 적어도 $\frac{8}{9}$, 즉 88.9%가 구간 $(\bar{x} - 3s, \bar{x} + 3s)$ 안에 놓인다.
- 일반적으로 $k > 1$에 대해 전체 자료 중 적어도 $100 \left(1 - \frac{1}{k^2}\right)$%의 비율이 구간 $(\bar{x} - ks, \bar{x} + ks)$ 안에 놓인다.

예제 13

자료의 수가 1,000인 자료집단의 평균과 표준편차가 각각 $\bar{x} = 23$, $s = 2$이다. 체비쇼프 정리를 이용하여 물음에 답하라.

(a) 구간 $(\bar{x} - 2s, \bar{x} + 2s)$ 안에 적어도 몇 개의 자료값이 들어 있는가?

(b) 구간 $(\bar{x} - 6s, \bar{x} + 6s)$ 안에 적어도 몇 개의 자료값이 들어 있는가?

풀이

(a) 구간 $(\bar{x} - 2s, \bar{x} + 2s)$ 안에 적어도 75%의 자료가 놓이므로 적어도 750개의 자료값이 들어 있다.

(b) $k = 6$이고 적어도 $100 \left(1 - \frac{1}{6^2}\right) = \frac{3500}{36} \approx 97.2\,(\%)$의 자료가 놓이므로 적어도 972개의 자료값이 들어 있다.

4.2.4 변동계수

표준편차가 크다는 것은 평균을 중심으로 자료집단의 자료값들이 폭넓게 흩어져 있음을 의미한다. 이때 표준편차는 절대적인 수치로 표현된 변동성 척도이다. 그러나 실제로 절대적인 수치로 나타내는 것이 곤란한 경우가 많다. 예를 들어 연봉이 10억 원대인 고위급 임원들과 연봉이

3천만 원대인 신입사원들의 월 지출금의 폭을 비교한다면 매우 큰 차이가 있을 것이다. 표준편차로 성인의 키에 대한 산포와 몸무게에 대한 산포를 비교한다는 것도 의미가 없을 것이다. 이와 같이 측정 단위가 같더라도 평균의 차가 매우 큰 두 집단의 산포를 비교하거나 측정 단위가 서로 다른 두 집단의 산포를 비교할 때 절대적 수치인 표준편차를 사용하는 것은 부적절하다. 이런 경우에는 단위에 관계없이 양수인 값을 가지며 평균에 대한 상대적인 변동성을 나타내는 척도인 변동계수를 사용한다. **변동계수**(coefficient of variation)는 표준편차를 평균으로 나눈 백분율로 단위는 %이다. 모집단과 표본에 대한 변동계수를 각각 **모변동계수**(population coefficient of variation), **표본변동계수**(sample coefficient of variation)라 하며 다음과 같이 정의한다.

$$\text{모변동계수} \qquad \text{CV}_p = \frac{\sigma}{\mu} \times 100(\%)$$

$$\text{표본변동계수} \qquad \text{CV}_s = \frac{s}{\bar{x}} \times 100(\%)$$

변동계수가 클수록 자료들은 평균으로부터 상대적으로 폭넓게 흩어져 있다.

예제 14

다음은 어느 회사의 고액 연봉을 받는 임원 그룹과 신입사원 그룹의 한 달 용돈을 비교하기 위해 각각 5명씩 임의로 선정하여 조사한 결과이다. 두 그룹에 대한 표준편차와 변동계수를 구하고 비교하라(단, 단위는 만 원이다).

임원	1,200	1,150	1,198	1,054	1,147
신입사원	72	54	100	67	34

풀이

우선 두 그룹의 평균을 구하면 각각 1149.8, 65.4이다. 이제 분산을 구하기 위해 다음과 같은 표를 작성한다.

임원			신입사원		
x_i	$x_i - \bar{x}$	$(x_i - \bar{x})^2$	y_i	$y_i - \bar{y}$	$(y_i - \bar{y})^2$
1200	50.2	2520.04	72	6.6	43.56
1150	0.2	0.04	54	−11.4	129.96
1198	48.2	2323.24	100	34.6	1197.16
1054	−95.8	9177.64	67	1.6	2.56
1147	−2.8	7.84	34	−31.4	985.96

임원 그룹의 분산과 표준편차는 다음과 같다.

$$s_1^2 = \frac{1}{4}\sum_{i=1}^{5}(x_i - 1149.8)^2 = \frac{14028.8}{4} = 3507.2, \ s_1 = \sqrt{3507.2} \approx 59.22$$

신입사원 그룹의 분산과 표준편차는 다음과 같다.

$$s_2^2 = \frac{1}{4}\sum_{i=1}^{5}(y_i - 65.4)^2 = \frac{2359.2}{4} = 589.8, \ s_2 = \sqrt{589.8} \approx 24.29$$

따라서 두 그룹의 변동계수는 각각 다음과 같다.

$$CV_1 = \frac{59.22}{1149.8} \times 100 \approx 5.15(\%),$$

$$CV_2 = \frac{24.29}{65.4} \times 100 \approx 37.14(\%)$$

절대적 수치인 표준편차에 의한 변동은 임원 그룹이 더 크지만 상대적 수치인 변동계수를 이용하면 신입사원 그룹의 소비가 더 폭넓게 나타난다는 것을 알 수 있다.

4.3 집단화 자료의 평균과 분산

지금까지 가공되지 않은 원자료의 중심위치와 변동성에 대해 살펴봤다. 때때로 원자료가 아닌 도수분포표로 요약된 자료만 주어지기도 한다. 3.1절에서 도수분포표로 주어진 자료의 중심위치를 대략적으로 구하는 방법을 살펴봤다. 이때 중심위치는 전체 자료를 크기순으로 나열하여 50%에 위치한 수, 즉 도수분포표를 이용한 중앙값을 구한 것이다. 이번 절에서는 도수분포표로 주어진 자료의 평균과 분산을 구하는 방법을 살펴본다.

3장에서 언급한 것처럼 도수분포표로 주어진 자료는 정확한 자료값을 알 수 없다는 단점이 있다. 따라서 각 계급에 들어 있는 자료값을 계급값으로 대표하며, 중심위치인 평균을 구하기 위해 가중평균을 사용한다.

예를 들어 표본에 대한 도수분포표에서 1계급의 계급값이 x_1, 도수가 f_1이고 2계급의 계급값이 x_2, 도수가 f_2이고, $\cdots$, k번째 계급의 계급값이 x_k, 도수가 f_k라고 하자. 1계급 안에 있는 f_1개의 자료값을 1계급의 대푯값인 계급값 x_1로 대치하고, 2계급 안에 있는 f_2개의 자료값을 계급값 x_2로 대치한다. 다른 계급 안에 있는 각 자료값들도 동일한 방법으로 대치하면 전체 자료의 수는 $n = f_1 + f_2 + \cdots + f_k$이고, n개의 자료값은 각각 다음과 같이 생각한다.

$$\overbrace{x_1, x_1, \cdots, x_1}^{f_1}, \ \overbrace{x_2, x_2, \cdots, x_2}^{f_2}, \cdots, \ \overbrace{x_k, x_k, \cdots, x_k}^{f_k}$$

이 자료집단의 산술평균은 다음과 같이 가중평균으로 구할 수 있다.

$$\bar{x} = \frac{1}{n}\left(\overbrace{x_1 + x_1 + \cdots + x_1}^{f_1} + \overbrace{x_2 + x_2 + \cdots + x_2}^{f_2} + \cdots + \overbrace{x_k + x_k + \cdots + x_k}^{f_k} \right)$$

$$= \frac{1}{n}(x_1 f_1 + x_2 f_2 + \cdots + x_k f_k)$$

$$= x_1 \times \frac{f_1}{n} + x_2 \times \frac{f_2}{n} + \cdots + x_k \times \frac{f_k}{n}$$

따라서 계급의 수가 k이고 i번째 계급의 계급값이 x_i, 도수가 f_i, $i = 1, 2, \cdots, k$인 도수분포표로 주어진 자료의 평균은 다음과 같은 가중평균이다.

$$\bar{x} = \frac{1}{n}(x_1 f_1 + x_2 f_2 + \cdots + x_k f_k) = \frac{1}{n}\sum_{i=1}^{k} x_i f_i$$

표본에 대한 도수분포표에서 각 자료값의 평균편차 제곱은 다음과 같다.

$$\overbrace{(x_1 - \bar{x})^2, \cdots, (x_1 - \bar{x})^2}^{f_1}, \overbrace{(x_2 - \bar{x})^2, \cdots, (x_2 - \bar{x})^2}^{f_2}, \cdots, \overbrace{(x_k - \bar{x})^2, \cdots, (x_k - \bar{x})^2}^{f_k}$$

그러면 표본분산은 다음과 같다.

$$s^2 = \frac{1}{n-1}\left[(x_1 - \bar{x})^2 f_1 + (x_2 - \bar{x})^2 f_2 + \cdots + (x_k - \bar{x})^2 f_k \right]$$

$$= \frac{1}{n-1}\sum_{i=1}^{k}(x_i - \bar{x})^2 f_i$$

따라서 이와 같이 도수분포표로 요약된 자료의 표본분산과 표본표준편차는 다음과 같다.

$$s^2 = \frac{1}{n-1}\sum_{i=1}^{k}(x_i - \bar{x})^2 f_i, \quad s = \sqrt{\frac{1}{n-1}\sum_{i=1}^{k}(x_i - \bar{x})^2 f_i}$$

예제 15

다음 표본에 대한 도수분포표를 완성하고 평균, 분산, 표준편차를 구하라.

계급 간격	도수(f_i)	계급값(x_i)	$x_i f_i$	$(x_i - \bar{x})^2$	$(x_i - \bar{x})^2 f_i$
0.5~8.5	5				
8.5~16.5	14				
16.5~24.5	16				
24.5~32.5	12				
32.5~40.5	3				
합계	50	—		—	

풀이

도수분포표를 완성하면 다음과 같다.

계급 간격	도수(f_i)	계급값(x_i)	$x_i f_i$	$(x_i - \overline{x})^2$	$(x_i - \overline{x})^2 f_i$
0.5~8.5	5	4.5	22.5	226.2016	1131.008
8.5~16.5	14	12.5	175	49.5616	693.8624
16.5~24.5	16	20.5	328	0.9216	14.7456
24.5~32.5	12	28.5	342	80.2816	963.3792
32.5~40.5	3	36.5	109.5	287.6416	862.9248
합계	50	−	977	−	3665.92

평균은 다음과 같다.

$$\overline{x} = \frac{1}{50}\sum_{i=1}^{5} f_i x_i = \frac{977}{50} = 19.54$$

따라서 분산과 표준편차는 각각 다음과 같다.

$$s^2 = \frac{1}{49}\sum_{i=1}^{5}(x_i - \bar{x})^2 f_i = \frac{3665.92}{49} \approx 74.8147, \quad s = \sqrt{74.8147} \approx 8.65$$

엑셀 도수분포표의 분산

[예제 15]의 도수분포표의 계급, 도수, 계급값을 A2~C6셀에 입력하여 분산을 구한다.

❶ D2셀에 **=B2*C2**를 기입하고 D2셀의 우측 하단을 D6셀까지 끌어 내린다.

❷ D7셀에 **=SUM(D2:D6)/50**을 기입하면 평균을 얻는다.

❸ E2셀에 **=(C2-$D$7)^2*B2**를 기입하고 E2셀의 우측 하단을 E6셀까지 끌어 내린다.

❹ E7셀에 **=SUM(E2:E6)/49**를 기입하면 분산을 얻는다.

	A	B	C	D	E
1	계급간격	도수	계급값	도수*계급값	편차제곱합
2	0.5 ~ 8.5	5	4.5	=B2*C2	=(C2-$D$7)^2*B2
3	8.5 ~ 16.5	14	12.5		
4	16.5 ~ 24.5	16	20.5		
5	24.5 ~ 32.5	12	28.5		
6	32.5 ~ 40.5	3	36.5		
7	합 계	50			

4.4 분포 모양과 표준점수

3.1.3절에서 원자료에 대한 히스토그램이 여러 형태로 나타나는 것을 살펴봤다. 특히 삼각형 모양의 대칭형과 어느 한쪽으로 치우치는 비대칭형 히스토그램도 알아봤다. 이번 절에서는 비대칭 정도를 나타내는 척도인 왜도와 봉우리 모양을 나타내는 척도인 첨도에 대해 살펴본다. 그리고 평균을 중심으로 수집한 개개의 자료값을 상대적인 위치로 변환하여 비교하는 표준점수에 대해 알아본다.

4.4.1 왜도와 첨도

히스토그램은 크게 대칭형과 비대칭형으로 나눌 수 있다. 이때 왼쪽으로 치우치고 오른쪽으로 긴 꼬리를 갖는 히스토그램을 양의 비대칭, 그 반대인 히스토그램을 음의 비대칭이라 했다. 이런 비대칭 정도를 나타내는 척도를 **왜도**(skewness)라 하며 다음과 같이 정의한다.

$$s_k = \frac{n}{(n-1)(n-2)} \sum_{i=1}^{n} \left(\frac{x_i - \overline{x}}{s} \right)^3$$

왜도가 양수이면 자료집단은 양의 비대칭으로 분포한다고 하며, 히스토그램 또는 분포 모양이 왼쪽으로 치우치고 오른쪽으로 긴 꼬리를 갖는다. 반면 왜도가 음수이면 자료집단은 음의 비대칭으로 분포한다고 하며, 히스토그램 또는 분포 모양이 오른쪽으로 치우치고 왼쪽으로 긴 꼬리를 갖는다. 왜도가 0이면 자료는 삼각형 모양의 대칭형인 히스토그램을 갖는다.

대칭인 분포 모양을 갖는 자료집단의 중심위치는 평균, 중앙값, 최빈값이 모두 같지만, 비대칭인 분포 모양을 갖는 자료집단의 경우 평균보다 중앙값이 중심위치로 더 적절하다는 것을 4.1절에서 살펴봤다. 왜도를 구하는 공식이 복잡해 보이기는 하지만 엑셀을 비롯한 통계 소프트웨어를 이용하면 쉽게 구할 수 있다.

한편 히스토그램의 중심부인 봉우리 모양이 뾰족한지 편평한지 그리고 꼬리 부분이 길게 나타나는지 짧게 나타나는지 나타내는 척도를 **첨도**(kurtosis)라 하며 다음과 같이 정의한다.

$$\kappa = \frac{\frac{1}{n} \sum_{i=1}^{n} (x_i - \overline{x})^4}{\left(\frac{1}{n} \sum_{i=1}^{n} (x_i - \overline{x})^2 \right)^2} - 3$$

첨도를 다음과 같이 정의하기도 한다.

$$\kappa = \frac{n(n+1)}{(n-1)(n-2)(n-3)} \sum_{i=1}^{n} \left(\frac{x_i - \overline{x}}{s} \right)^4 - \frac{3(n-1)^2}{(n-2)(n-3)}$$

$\kappa = 0$이면 정규분포[4]의 종 모양과 같아진다. [그림 4-11]과 같이 $\kappa > 0$이면 봉우리 부분이 정규분포보다 뾰족하면서 꼬리 부분이 길게 나타나며, $\kappa < 0$이면 봉우리 부분이 정규분포에 비해 편평하며 꼬리 부분이 짧게 나타난다. 특이값이 존재하면 첨도는 매우 커지게 되며, 특이값의 존재 여부를 확인하는 척도로도 종종 사용한다.

그림 4-11 첨도와 정규분포

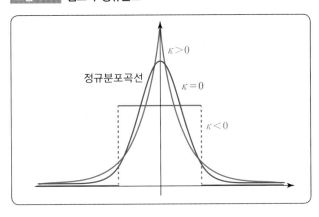

예제 16

다음 세 표본에 대한 왜도와 첨도를 구하고, 정규분포와 비교하여 분포 모양을 설명하라.
(a) 자료집단 [1 2 2 2 3 5] (b) 자료집단 [1 3 3 3 3 5] (c) 자료집단 [0 1 4 4 4 5]

풀이

(a) 먼저 평균을 구하면 $\bar{x} = 2.5$이다. 이제 왜도와 첨도를 구하기 위해 다음과 같은 표를 작성한다.

자료값	$(x_i - \bar{x})^2$	$(x_i - \bar{x})^3$	$(x_i - \bar{x})^4$
1	2.25	−3.375	5.0625
2	0.25	−0.125	0.0625
2	0.25	−0.125	0.0625
2	0.25	−0.125	0.0625
3	0.25	−0.125	0.0625
5	6.25	15.625	39.0625
합계	9.50	12.000	44.3750

따라서 분산과 표준편차는 각각 다음과 같다.

$$s^2 = \frac{1}{5}\sum_{i=1}^{6}(x_i - \bar{x})^2 = \frac{9.5}{5} = 1.9, \quad s = \sqrt{1.9} \approx 1.378$$

---

[4] 정규분포의 형태는 종 모양이며 첨도는 3이다. 정규분포의 첨도를 0으로 만들기 위해 첨도를 위 정의에 주어진 식으로 수정했다. 정규분포는 7장에서 자세히 살펴볼 것이다.

왜도와 첨도는 각각 다음과 같다.

$$s_k = \frac{6}{4 \times 5} \times \frac{12}{1.378^3} \approx 1.376,$$

$$\kappa = \frac{6 \times 7}{3 \times 4 \times 5} \times \frac{44.375}{1.9^2} - \frac{3 \times 5^2}{3 \times 4} \approx 2.355$$

따라서 왼쪽으로 치우치며 봉우리가 정규분포에 비해 뾰족하며 꼬리 부분도 정규분포에 비해 오른쪽으로 길게 분포한다.

(b) 먼저 평균을 구하면 $\bar{x} = 3$이다. 이제 왜도와 첨도를 구하기 위해 다음과 같은 표를 작성한다.

자료값	$(x_i - \bar{x})^2$	$(x_i - \bar{x})^3$	$(x_i - \bar{x})^4$
1	4	−8	16
3	0	0	0
3	0	0	0
3	0	0	0
3	0	0	0
5	4	8	16
합계	8	0	32

따라서 분산과 표준편차는 각각 다음과 같다.

$$s^2 = \frac{1}{5}\sum_{i=1}^{6}(x_i - \bar{x})^2 = \frac{8}{5} = 1.6, \quad s = \sqrt{1.6} \approx 1.265$$

왜도와 첨도는 각각 다음과 같다.

$$s_k = \frac{6}{4 \times 5} \times \frac{0}{1.265^3} = 0,$$

$$\kappa = \frac{6 \times 7}{3 \times 4 \times 5} \times \frac{32}{1.6^2} - \frac{3 \times 5^2}{3 \times 4} = 2.5$$

따라서 평균을 중심으로 대칭형이며 꼬리 부분은 정규분포에 비해 길게 분포한다.

(c) 먼저 평균을 구하면 $\bar{x} = 3$이다. 이제 왜도와 첨도를 구하기 위해 다음과 같은 표를 작성한다.

자료값	$(x_i - \bar{x})^2$	$(x_i - \bar{x})^3$	$(x_i - \bar{x})^4$
0	9	−27	81
1	4	−8	16
4	1	1	1
4	1	1	1
4	1	1	1
5	4	8	16
합계	20	−24	116

따라서 분산과 표준편차는 각각 다음과 같다.

$$s^2 = \frac{1}{5}\sum_{i=1}^{6}(x_i - \overline{x})^2 = \frac{20}{5} = 4, \quad s = \sqrt{4} \approx 2$$

왜도와 첨도는 각각 다음과 같다.

$$s_k = \frac{6}{4 \times 5} \times \left(-\frac{24}{2^3}\right) = -0.9,$$

$$\kappa = \frac{6 \times 7}{3 \times 4 \times 5} \times \frac{116}{4^2} - \frac{3 \times 5^2}{3 \times 4} = -1.175$$

따라서 오른쪽으로 치우치며 봉우리가 정규분포에 비해 편평하며 꼬리 부분도 정규분포에 비해 왼쪽으로 짧게 분포한다.

엑셀 왜도와 첨도

[예제 16(a)] 자료에 대해 왜도와 첨도를 구한다. A1~A6셀에 자료를 입력한 후 다음 함수를 활용한다.

❶ 메뉴바에서 수식 〉 함수 삽입 〉 통계 〉 SKEW를 선택하여 **Number1**에 **A1:A6**을 기입하면 왜도를 얻는다. 이때 모집단의 왜도에 대한 엑셀 함수는 SKEW.P이다.

❷ 메뉴바에서 수식 〉 함수 삽입 〉 통계 〉 KURT를 선택하여 **Number1**에 **A1:A6**을 기입하면 첨도를 얻는다.

척도	엑셀 함수
왜도	=SKEW(자료의 범위)
첨도	=KURT(자료의 범위)

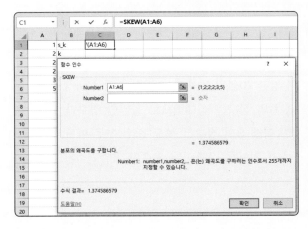

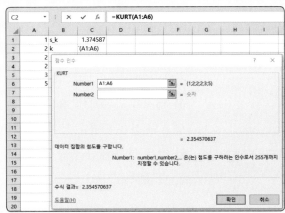

4.4.2 표준점수

4.1.7절에서 언급한 것처럼 대학수학능력시험을 치른 수험생의 원점수는 수험생이 취득한 점수로 절대적인 의미의 수치이다. 반면 표준점수[5]는 평균을 중심으로 각 자료값을 상대적인 위치의 점수로 변환한 자료값이다. 표준점수는 평균에서 큰 차이가 나는 두 자료집단의 분포 모양을 비교할 때 많이 사용한다.

표준점수(standardized score)는 원자료의 평균을 0으로 놓고 각 자료값이 평균으로부터 표준편차의 몇 배의 위치에 놓이는지 나타내는 수치로 **z-점수**(z-score)라고도 한다. 표준점수로 변환하기 위해 자료의 수가 n인 자료집단의 각 자료값을 $x_1, x_2, \cdots, x_n$이라 할 때, 표본평균 $\overline{x}$와 표준편차 s를 이용하여 자료값 x_i에 대한 z-점수는 다음과 같이 정의한다. 물론 자료집단이 모집단인 경우에는 모평균 μ와 모표준편차 σ를 이용한다.

$$\text{모집단의 } z\text{-점수} \qquad z_i = \frac{x_i - \mu}{\sigma}$$

$$\text{표본의 } z\text{-점수} \qquad z_i = \frac{x_i - \overline{x}}{s}$$

어떤 자료값 x_i의 z-점수를 z_i라 하면, 이는 최초의 자료값 x_i가 평균을 중심으로 표준편차의 z_i배에 위치하는 것을 나타낸다. 예를 들어 자료값 x_i의 z-점수를 $z_i = 1.5$라 하면 자료값 x_i는 다음과 같다.

$$\frac{x_i - \overline{x}}{s} = 1.5 \quad \Rightarrow \quad x_i = \overline{x} + 1.5s$$

즉, 자료값 x_i의 위치가 평균으로부터 표준편차의 1.5배만큼 큰 위치에 놓여 있음을 의미한다. 마찬가지로 z-점수가 $z_i = -1.5$이면 자료값 x_i는 다음과 같이 평균으로부터 표준편차의 1.5배만큼 작은 위치에 놓여 있음을 의미한다.

$$\frac{x_i - \overline{x}}{s} = -1.5 \quad \Rightarrow \quad x_i = \overline{x} - 1.5s$$

따라서 z-점수가 양수이면 자료값은 평균보다 크고, z-점수가 음수이면 자료값이 평균보다 작다. 예를 들어 대학수학능력시험에서 평균 20점인 과목에서 38점을 받은 학생 A의 점수와 평균 45점인 과목에서 38점을 받은 학생 B의 점수는 상대적으로 동일한 점수가 될 수 없다. 학생 A의 점수는 평균 점수를 상회하지만 학생 B의 점수는 평균 점수에 못 미치기 때문이다. 이와 같은 경우 평균을 중심으로 한 상대적 위치를 나타내는 척도인 표준점수를 이용하여 비교할 수 있다.

---

[5] 수학능력시험에서 국어와 수학의 표준점수는 '{(원점수 − 과목 전체 평균 점수) / 표준편차} × 20 + 100'이다.

예제 17

표본 [−3 2 3 4 5 7]의 표준점수를 구하라.

풀이

주어진 자료의 평균과 표준편차를 구하면 $\bar{x} = 3$, $s \approx 3.406$이다. 그러므로 각 자료값의 표준점수는 다음과 같다.

자료	−3	2	3	4	5	7
$x_i - \bar{x}$	−6	−1	0	1	2	4
표준점수	−1.762	−0.294	0	0.294	0.587	1.174

엑셀 표준점수

[예제 17] 자료에 대해 표준점수를 구한다. A2~B7셀에 자료를 입력한 후 다음 함수를 활용한다.

❶ 함수 AVERAGE로 D1셀에 **평균**을 기입하고, 함수 STDEV.S로 D2셀에 **표준편차**를 기입한다.
❷ 메뉴바에서 수식〉함수 삽입〉통계〉STANDARDIZE를 선택하여 **X**에 A2:A7을 기입하고, 평균과 표준편차를 기입하면 각 자료값에 대한 표준점수를 얻는다.
❸ B2셀에 **=STANDARDIZE(A2:A7,$D$1,$D$2)**를 기입하고 Enter↵를 누른다.
❹ B2셀의 우측 하단을 끌어 내리면 각 자료값에 대한 표준점수를 얻는다.

	A	B	C	D
1	자료	표준점수	평균	3
2	-3	-1.76166	표준편차	3.405877
3	2	-0.29361		
4	3	0		
5	4	0.29361		
6	5	0.58722		
7	7	1.17444		

척도	엑셀 함수
표준점수	=STANDARDIZE(자료의 범위, 평균, 표준편차)

4.5 두 자료 사이의 관계 척도

지금까지 한 자료집단을 수치적으로 요약하는 방법에 대해 알아봤다. 한편 3.2.5절에서 독립변수와 종속변수의 관계가 있는 두 자료집단을 요약하기 위해 산점도와 추세선을 구하는 방법을 살펴봤다. 이번 절에서는 두 자료집단 사이의 선형성에 대한 정보를 제공하는 척도인 공분산과 상관계수에 대해 살펴본다.

4.5.1 공분산

대부분의 독립변수와 종속변수의 관계는 직선으로 설명할 수 있다. 독립변수와 종속변수의 관계를 나타내는 자료점들 (x_i, y_i)에 대한 추세선이 $y = ax + b$인 경우 독립변수와 종속변수는 **선형관계**(linear relationship)가 있다고 한다. 이때 $a > 0$이면 두 변수는 **양의 선형관계**(positive linear relationship)가 있다 하고, $a < 0$이면 두 변수는 **음의 선형관계**(negative linear relationship)가 있다고 한다. 양의 선형관계가 있는 경우 독립변수가 증가할 때 종속변수도 증가하고, 음의 선형관계가 있는 경우 독립변수가 증가할 때 종속변수는 감소한다. 그리고 직선인 추세선을 구할 수 없는 경우에 두 변수는 **무상관관계**(non-correlation)라고 한다. 특히 자료점들 (x_i, y_i)가 추세선에 가까우면 선형적 관계가 강하고 (x_i, y_i)들이 직선을 중심으로 폭넓게 나타나면 선형적 관계가 약하다고 한다. 이러한 강도를 나타내는 척도로 공분산을 사용하며 모집단의 공분산과 표본의 공분산을 각각 다음과 같이 정의한다.

$$\text{모집단 공분산} \qquad \sigma_{xy} = \frac{1}{N}\sum_{i=1}^{N}(x_i - \mu_x)(y_i - \mu_y)$$

$$\text{표본 공분산} \qquad s_{xy} = \frac{1}{n-1}\sum_{i=1}^{n}(x_i - \overline{x})(y_i - \overline{y})$$

모집단 공분산(population covariance)은 독립변수의 평균편차와 종속변수의 평균편차의 곱에 대한 평균이고, **표본 공분산**(sample covariance)은 독립변수의 평균편차와 종속변수의 평균편차의 곱을 모두 더하여 $n - 1$로 나눈 값이다. 여기서 μ_x, μ_y는 각각 독립변수의 모평균, 종속변수의 모평균이고 $\overline{x}$, $\overline{y}$는 각각 독립변수의 표본평균, 종속변수의 표본평균이다.

표본 공분산은 다음과 같이 간단히 구할 수도 있다.

$$s_{xy} = \frac{1}{n-1}\left(\sum_{i=1}^{n} x_i y_i - n\overline{x}\,\overline{y}\right)$$

표본 공분산을 구하기 위해 n이 아니라 $n - 1$로 나누는 이유는 단일 표본의 분산을 구할 때와 동일하다.

공분산이 두 자료집단의 선형성과 어떻게 연결되는지 살펴보기 위해 다음 세 표본을 살펴보자.

표본 A [(1, 1), (2, 4), (3, 9), (4, 14)]

표본 B [(1, 14), (2, 9), (3, 4), (4, 1)]

표본 C [(1, 14), (2, 4), (3, 1), (4, 15)]

[표 4-1]은 표본 A의 공분산을 구하기 위해 평균편차와 그 곱을 나타낸 것이다.

표 4-1 표본 A의 평균편차				
x_i	y_i	$x_i - \overline{x}$	$y_i - \overline{y}$	$(x_i - \overline{x})(y_i - \overline{y})$
1	1	−1.5	−6	9.0
2	4	−0.5	−3	1.5
3	9	0.5	2	1.0
4	14	1.5	7	10.5
$\overline{x} = 2.5$	$\overline{y} = 7$	0	0	합계: 22.0

공분산을 구하면 $s_{xy} = \dfrac{22}{3} \approx 7.33$이고 산점도는 [그림 4-12]와 같다.

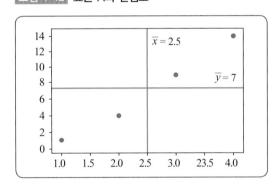

그림 4-12 표본 A의 산점도

이 산점도를 두 직선 $\overline{x} = 2.5$, $\overline{y} = 7$로 분할하여 사분면으로 분석하면 다음과 같다.

• 제1사분면에 있는 점은 x_i가 $\overline{x} = 2.5$보다 크고 y_i도 역시 $\overline{y} = 7$보다 큰 자료이다.
• 제3사분면에 있는 점은 x_i가 $\overline{x} = 2.5$보다 작고 y_i도 역시 $\overline{y} = 7$보다 큰 자료이다.

이로부터 $s_{xy} > 0$일 때, 독립변수의 자료값이 평균보다 크면 종속변수의 자료값은 적어도 평균보다 크거나 같고, 반대로 독립변수의 자료값이 평균보다 작으면 종속변수의 자료값은 적어도 평균보다 작거나 같은 것을 알 수 있다.

$$s_{xy} > 0\text{이면 두 변수는 양의 선형관계가 있다.}$$

[표 4–2]는 표본 B의 공분산을 구하기 위해 평균편차와 그 곱을 나타낸 것이다.

표 4-2 표본 B의 평균편차				
x_i	y_i	$x_i - \overline{x}$	$y_i - \overline{y}$	$(x_i - \overline{x})(y_i - \overline{y})$
1	14	−1.5	7	−10.5
2	9	−0.5	2	−1.0
3	4	0.5	−3	−1.5
4	1	1.5	−6	−9.0
$\overline{x} = 2.5$	$\overline{y} = 7$	0	0	합계: −22.0

공분산을 구하면 $s_{xy} = -\dfrac{22}{3} \approx -7.33$이고 산점도는 [그림 4–13]과 같다.

그림 4-13 표본 B의 산점도

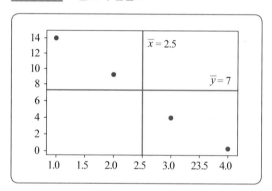

이 산점도를 두 직선 $\overline{x} = 2.5$, $\overline{y} = 7$로 분할하여 사분면으로 분석하면 다음과 같다.

- 제2사분면에 있는 점은 x_i가 $\overline{x} = 2.5$보다 작고 y_i는 $\overline{y} = 7$보다 큰 자료이다.
- 제4사분면에 있는 점은 x_i가 $\overline{x} = 2.5$보다 크고 y_i는 $\overline{y} = 7$보다 작은 자료이다.

이로부터 $s_{xy} < 0$일 때, 독립변수의 자료값이 평균보다 크면 종속변수의 자료값은 평균보다 작거나 같고, 반대로 독립변수의 자료값이 평균보다 작으면 종속변수의 자료값은 평균보다 크거나 같은 것을 알 수 있다.

$$s_{xy} < 0\text{이면 두 변수는 음의 선형관계가 있다.}$$

[표 4–3]은 표본 C의 공분산을 구하기 위해 평균편차와 그 곱을 나타낸 것이다.

표 4-3 표본 C의 평균편차

x_i	y_i	$x_i - \overline{x}$	$y_i - \overline{y}$	$(x_i - \overline{x})(y_i - \overline{y})$
1	14	−1.5	5.5	−8.25
2	4	−0.5	−4.5	2.25
3	1	0.5	−7.5	−3.75
4	15	1.5	6.5	9.75
$\overline{x} = 2.5$	$\overline{y} = 8.5$	0	0	합계: 0

공분산을 구하면 $s_{xy} = -3$이고 산점도는 [그림 4−14]와 같다.

그림 4-14 표본 C의 산점도

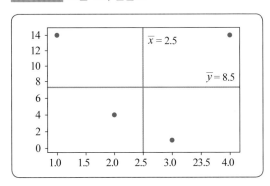

이 산점도를 두 직선 $\overline{x} = 2.5$, $\overline{y} = 8.5$로 분할하면 네 개의 사분면에 걸쳐 (x_i, y_i)가 나타나며, x_i가 증가하더라도 y_i가 증가하기도 감소하기도 한다. 이때 $x_i - \overline{x}$와 $y_i - \overline{y}$는 서로 다른 부호를 갖는다.

이와 같은 사실을 바탕으로 공분산의 부호로부터 다음을 알 수 있다.

- $s_{xy} > 0$이면 대부분의 자료점은 [그림 4−12]와 같이 제1, 3사분면에 놓이게 되며, x와 y는 양의 선형적 관계를 갖는다.
- $s_{xy} < 0$이면 대부분의 자료점은 [그림 4−13]과 같이 제2, 4사분면에 놓이게 되며, x와 y는 음의 선형적 관계를 갖는다.
- 자료점이 [그림 4−14]와 같이 4개의 사분면에 고르게 놓이면 공분산은 작아진다. 특히 $s_{xy} = 0$이면 x와 y 사이에 선형적 관계가 성립하지 않는다.

예제 18

독립변수 x와 종속변수 y로 표현되는 다음 두 표본에 대해 두 변수 사이의 선형성에 대해 말하라.

x	1	2	3	4	5	6	7
y	1.6	2.4	3.5	3.8	4.3	4.5	4.5

풀이

먼저 다음과 같이 표를 작성한다.

번호	x_i	y_i	$x_i - \overline{x}$	$(x_i - \overline{x})^2$	$y_i - \overline{y}$	$(y_i - \overline{y})^2$	$(x_i - \overline{x})(y_i - \overline{y})$
1	1	1.6	−3	9	−1.914	3.6634	5.742
2	2	2.4	−2	4	−1.114	1.2410	2.228
3	3	3.5	−1	1	−0.014	0.0002	0.014
4	4	3.8	0	0	0.286	0.0818	0.000
5	5	4.3	1	1	0.786	0.6178	0.786
6	6	4.5	2	4	0.986	0.9722	1.972
7	7	4.5	3	9	0.986	0.9722	2.958
합계	28	24.6	0	28	0.002	7.5486	13.700

그러면 다음을 얻는다.

$$\overline{x} = \frac{1}{7}\sum_{i=1}^{7}x_i = 4, \ \ \overline{y} = \frac{1}{7}\sum_{i=1}^{7}y_i \approx 3.514, \ \ \sum_{i=1}^{7}(x_i - \overline{x})(y_i - \overline{y}) = 13.7$$

따라서 x와 y 사이의 공분산은 $s_{xy} = \dfrac{13.7}{6} \approx 2.28$이므로 두 변수 사이에 양의 선형관계가 있다고 할 수 있다.

그러면 '공분산의 크기와 선형성의 강도가 일치할까?'하는 의문이 생긴다. 추가 정보 없이는 공분산의 절댓값이 크다고 해서 반드시 선형성이 강하다고 할 수는 없다. 공분산은 독립변수의 평균편차와 종속변수의 평균편차의 곱에 의해 결정되므로 공분산의 단위가 모호하다는 단점도 있다. 예를 들어 몸무게에 따른 키의 공분산을 구한다면 공분산의 단위는 kg·cm이다. 이와 같은 단점들을 보완하려면 선형성의 강도를 나타내는 다른 척도가 필요하다.

4.5.2 상관계수

공분산을 이용하여 두 자료집단 사이의 선형적 상관관계를 측정해봤다. 그러나 공분산의 크기로 선형성의 강도를 명확하게 판단할 수는 없으며, 공분산은 단위가 모호하다는 단점도 있다. 이런 단점들을 보완하기 위해 상관계수를 사용한다. **상관계수**(correlation coefficient)는 두 자료집단의 성형성에 대한 강도를 보여 줄뿐만 아니라 단위도 없다. 모집단의 상관계수와 표본의 상관계수를 다음과 같이 정의한다.

$$\text{모상관계수} \qquad \rho = \frac{\sigma_{xy}}{\sigma_x \sigma_y}$$

$$\text{표본상관계수} \qquad r = \frac{s_{xy}}{s_x s_y}$$

모상관계수(population correlation coefficient)는 모집단 공분산 σ_{xy}를 두 모집단의 모표준편차 σ_x와 σ_y의 곱으로 나눈 수치이다. 마찬가지로 **표본상관계수**(sample correlation coefficient)는 표본 공분산 s_{xy}을 두 표본의 표본표준편차 s_x와 s_y의 곱으로 나눈 수치이다.

상관계수 r(또는 ρ)은 다음과 같은 특성을 갖는다.

- $-1 \leq r \leq 1$
- $r > 0$이면 x와 y는 양의 상관관계를 갖는다.
- $r < 0$이면 x와 y는 음의 상관관계를 갖는다.
- $r = 0$이면 x와 y는 무상관관계이다.
- $r = 1$이면 x와 y는 완전 양의 상관관계를 갖는다고 한다.
- $r = -1$이면 x와 y는 완전 음의 상관관계를 갖는다고 한다.

상관계수가 두 자료집단의 선형성에 대한 강도를 보여 주기는 하지만 상관계수가 -1, 0, 1인 경우 이외에는 그 강도를 명확하게 알 수 없다. 상관계수가 0에 가까우면 선형성이 약하고, -1이나 1에 가까우면 선형성이 강하다고 할 수 있는 정도이다.

한편 상관계수가 동일하더라도 두 변수 사이에 선형관계가 성립할 수도 있고 그렇지 않을 수도 있다. [그림 4-15]는 두 변수 사이의 상관계수가 동일한 네 개의 자료집단을 나타낸 것이다. [그림 4-15(a)]는 두 변수 사이에 선형관계가 있음을 보여 주며, [그림 4-15(b)]는 특이값을 제외하면 선형관계가 있으나 특이값으로 인하여 두 변수 사이의 상관계수가 왜곡된 비선형 관계를 보여 준다. [그림 4-15(c)]는 자료값들이 어느 한 직선보다는 3차 곡선에 근접하게 나타나는 비선형 관계를 보여 준다. [그림 4-15(d)]는 선형관계가 전혀 없으나 특이값 하나에 의해 왜곡된 선형관계를 보여 준다.

그림 4-15 상관계수가 동일하지만 서로 다른 네 자료집단

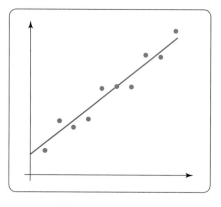

(a) 선형관계가 있는 경우

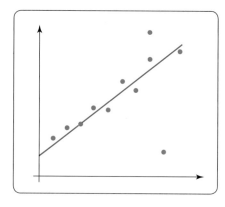

(b) 특이값에 의해 왜곡된 비선형 관계

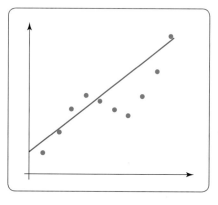

(c) 3차 곡선에 의한 비선형 관계

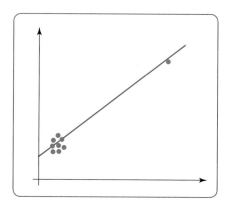

(d) 선형관계가 없으나 왜곡된 경우

예제 19

[예제 18] 자료에 대한 상관계수를 구하고 선형성에 대해 말하라.

풀이

[예제 18]의 표를 이용하여 x와 y의 분산과 표준편차를 구하면 각각 다음과 같다.

$$s_x^2 = \frac{1}{6}\sum_{i=1}^{7}(x_i - \overline{x})^2 = \frac{28}{6} = 4.6667, \ \ s_x \approx 2.16$$

$$s_y^2 = \frac{1}{6}\sum_{i=1}^{7}(y_i - \overline{y})^2 = \frac{7.5486}{6} = 1.2581, \ \ s_y \approx 1.12$$

$s_{xy} = 2.28$, $s_x = 2.16$, $s_y = 1.12$이므로 상관계수는 다음과 같다.

$$r = \frac{2.28}{2.16 \times 1.12} \approx 0.942$$

따라서 상관계수가 1에 가까우므로 양의 선형관계가 강하다.

엑셀 공분산과 상관계수

[예제 18] 자료에 대해 공분산과 상관계수를 구한다. A1~B7셀에 자료를 입력한 후 다음 함수를 활용한다.

❶ 메뉴바에서 수식 〉함수 삽입 〉통계 〉COVARIANCE.S를 선택하여 **Array1**에 **A1:A7**을, **Array2**에 **B1:B7**을 기입하면 공분산을 얻는다. 이때 모집단 공분산에 대한 엑셀 함수는 COVARIANCE.P이다.

❷ 메뉴바에서 수식 〉함수 삽입 〉통계 〉CORREL을 선택하여 **Array1**에 **A1:A7**을, **Array2**에 **B1:B7**을 기입하면 상관계수를 얻는다.

척도	엑셀 함수
공분산	=COVARIANCE.S(자료집단 1의 범위, 자료집단 2의 범위)
상관계수	=CORREL(자료집단 1의 범위, 자료집단 2의 범위)

개념문제

1. 수집한 양적자료가 어떤 하나의 수치에 집중하는 경향을 무엇이라 하는가?

2. 중심위치를 나타내기 위해 가장 널리 사용하는 척도는 무엇인가?

3. 평균의 가장 큰 단점은 무엇인가?

4. 자료를 작은 값부터 크기순으로 재배열했을 때 가장 가운데에 놓이는 자료값을 무엇이라 하는가?

5. 자료집단에서 도수가 가장 큰 자료값을 무엇이라 하는가?

6. 중앙값은 어떤 분포를 갖는 자료에 주로 사용하는가?

7. 특이값을 제외한 나머지 자료의 평균을 무엇이라 하는가?

8. 도수분포표로 주어진 자료의 중심위치를 나타내는 척도는 무엇인가?

9. 인구 증가율과 같이 전년도 대비 금년도의 성장률을 나타내는 수치에 대한 평균은 무엇인가?

10. 자료를 사등분하는 척도를 무엇이라 하는가?

11. 중심위치로부터 자료가 어느 정도로 흩어져 있는지 나타내는 척도를 무엇이라 하는가?

12. 특이값의 존재 유무를 명확히 보여 주는 그림은 무엇인가?

13. 모분산과 표본분산의 차이는 무엇인가?

14. 경험적 규칙에 따르면 $\bar{x} - 2s$와 $\bar{x} + 2s$ 사이에 몇 %의 자료가 들어 있는가?

15. 체비쇼프 정리에 따르면 구간 $(\bar{x} - 3s, \bar{x} + 3s)$ 안에 적어도 얼마나 많은 자료가 들어 있는가?

16. 평균의 차가 매우 큰 두 자료집단의 변동성을 상대적으로 비교하는 척도는 무엇인가?

17. 비대칭 정도를 나타내는 척도는 무엇인가?

18. 첨도가 양수인 자료의 봉우리 부분을 설명하라.

19. 평균을 중심으로 자료값들을 상대적인 위치의 점수로 변환한 것을 무엇이라 하는가?

20. 두 자료집단 사이의 선형성에 대한 정보를 제공하는 척도로 어떤 것들이 있는가?

연습문제

1. 표본 [15 12 16 15 180]에 대해 다음을 구하라.

   (a) 평균, 중앙값, 최빈값, 20%−절사평균

   (b) 범위, 분산, 표준편차

   (c) 변동계수

2. 표본 [0 1 1 1 1 3 5 7]에 대해 다음을 구하라.

   (a) 평균, 중앙값, 최빈값, 20%−절사평균

   (b) 범위, 분산, 표준편차

   (c) 변동계수

3. 다음 자료집단의 가중평균과 분산을 구하라.

자료값(x_i)	10	20	30	40	50
가중치(w_i)	8	5	3	2	2

4. 다음 자료에 대한 평균 수익률을 구하라.

기간	1	2	3	4	5
수익률(%)	8	4	−2	3	6

5. 다음은 2010년에 매출액이 100억 원인 어느 기업의 5년간 매출액을 나타낸 것이다. 물음에 답하라.

연도	2011	2012	2013	2014	2015
매출액(억 원)	110	120	130	140	150

(a) 연도별로 전년 대비 증가율을 구하라.

(b) 증가율을 이용한 연평균 성장률을 구하라.

(c) 매출액을 이용한 연평균 성장률을 구하라.

6. 다음은 2017년도 기준으로 조사한 10년간 소비자물가 상승률을 나타낸 것이다. 물음에 답하라 (단, 단위는 %이다).

연도		2008	2009	2010	2011	2012	2013	2014	2015	2016	2017
소비자물가 상승률		4.7	2.8	2.9	4.0	2.2	1.3	1.3	0.7	1.0	1.9
소비 품목	식료품비	4.9	7.6	6.4	8.1	4.0	0.9	0.3	1.6	2.3	3.4
	교육비	5.5	2.5	2.3	1.7	1.4	1.2	1.5	1.7	1.6	1.1

출처: 통계청

(a) 연도에 따른 소비자물가 상승률과 소비 품목별 상승률을 나타내는 꺾은선그래프를 그려라.

(b) 소비자물가와 소비 품목에 대한 지난 10년간 평균 상승률을 구하고 분석하라.

(c) 소비자물가 상승률에 대해 간단히 설명하라(단, 2008년에 국제 원유 가격이 급등했다).

(d) 식료품비의 상승률에 대해 간단히 설명하라.

(e) 교육비의 상승률에 대해 간단히 설명하라.

7. 다음은 2008년부터 2016년까지 우리나라 주요 도시에서 측정된 미세먼지(PM−10) 농도를 나타낸 것이다. 물음에 답하라(단, 단위는 μg/m^{3}이다).

55	54	49	47	41	45	46	45	48
51	49	49	47	43	49	48	46	44
57	48	51	47	42	45	45	46	43
57	60	55	55	47	49	49	53	49
50	46	45	43	38	42	41	43	40
45	43	44	44	39	42	41	46	44
54	49	48	49	46	47	46	46	43

출처: 통계청

(a) 30% 백분위수를 구하라.

(b) 사분위수와 사분위수 범위를 구하라.

(c) 안울타리, 바깥울타리, 인접값을 구하라.

(d) 상자그림을 그리고 분석하라.

8. 다음은 2014년부터 2016년까지 우리나라 광역시도에 거주하는 국민의 1인당 GRDP를 나타낸 것이다. 물음에 답하라(단, 단위는 백만 원이다).

32.95	24.61	21.59	36.43	58.22	30.55	20.18	49.84
21.34	31.42	22.08	35.47	26.83	24.15	27.82	25.58
18.80	47.44	59.87	31.23	34.65	26.09	22.56	38.10
24.28	24.18	28.40	25.64	22.66	32.99	23.42	36.99
20.80	34.86	36.48	27.46	19.80	48.73	61.78	32.26
21.12	34.71	23.57	35.35	26.25	24.87	29.60	27.46

출처: 통계청

(a) 10% 백분위수와 90% 백분위수를 구하라.

(b) 사분위수와 사분위수 범위를 구하라.

(c) 안울타리, 바깥울타리, 인접값을 구하라.

(d) 상자그림을 그리고 분석하라.

9. 다음 도수표로 주어진 자료의 평균, 분산, 표준편차를 구하라.

계급 간격	도수(f_i)
9.5~19.5	9
19.5~29.5	9
29.5~39.5	9
39.5~49.5	10
49.5~59.5	2
59.5~69.5	1

10. 다음 도수표로 주어진 자료의 평균과 분산, 표준편차를 구하라.

계급 간격	도수(f_i)
57.5~58.5	2
58.5~59.5	14
59.5~60.5	10
60.5~61.5	7
61.5~62.5	10
62.5~63.5	6
63.5~64.5	1

11. [연습문제 1] 자료에 대해 다음을 구하라.

    (a) 왜도   (b) 첨도   (c) 표준점수

12. 표본 [0 1 1 1 1 3 5 7]에 대해 다음을 구하라.

    (a) 왜도   (b) 첨도   (c) 표준점수

13. 다음은 어느 동호회 회원 10명의 몸무게와 키를 측정한 결과이다. 몸무게와 키에 대한 변동계수를 구하고 비교하라.

몸무게 x(kg)	78	67	72	69	74	68	67	77	71	76
키 y(cm)	181	168	181	179	173	170	181	175	169	173

14. 어느 대학의 경영학 과목 중간시험을 응시한 학생 50명의 점수는 평균 75, 표준편차 7인 것으로 알려졌다. 물음에 답하라.

    (a) 경험적 규칙에 의하면 점수가 68과 82 사이인 학생은 몇 명인가?

    (b) 체비쇼프 정리에 의하면 점수가 61과 89 사이인 학생은 몇 명인가?

15. 3장 [연습문제 15] 자료에 대해 물음에 답하라.

시간 x(시간)	1.0	1.5	2.0	2.5	3.0	3.5	4.0	4.5	5.0	5.5	6.0	6.5
학점 y	1.5	2.0	2.4	2.7	3.0	3.3	3.4	3.6	3.8	3.8	4.0	4.3

    (a) 공분산을 구하라.

    (b) 상관계수를 구하라.

    (c) 시간에 대한 학점의 선형성에 대해 분석하라.

16. 다음은 연도별 우리나라 남녀의 평균 수명을 나타내는 자료이다. 물음에 답하라(단, 단위는 세이다).

연도	2003	2004	2005	2006	2007	2008	2009	2010	2011	2012
남자	73.9	74.5	75.1	75.7	76.1	76.5	77.0	77.2	77.7	78.0
여자	80.8	81.4	81.9	82.4	82.7	83.3	83.8	84.1	84.5	84.6

    (a) 공분산을 구하라.

    (b) 상관계수를 구하라.

    (c) 남녀의 평균 수명에 대한 산점도를 그리고 선형성에 대해 분석하라.

17. 3장 [연습문제 17] 자료에 대해 물음에 답하라.

대학수학(x)	2.5	2.7	3.0	3.4	3.4	3.8	4.0	4.1	4.2	4.4
통계학(y)	2.7	3.1	3.1	3.2	3.5	3.6	3.6	3.9	4.1	4.3

(a) 공분산을 구하라.

(b) 상관계수를 구하라.

(c) 대학수학 학점에 대한 통계학 학점의 선형성에 대해 분석하라.

18. 3장 [연습문제 19] 자료에 대해 물음에 답하라.

몸무게 x(kg)	56.2	57.1	62.2	64.2	65.5	66.3	68.1	71.8
혈압 y(mmHg)	121	125	128	130	133	141	131	146
몸무게 x(kg)	73.2	74.6	76.2	77.5	79.7	80.1	81.5	83.6
혈압 y(mmHg)	149	144	153	149	151	154	158	163

(a) 공분산을 구하라.

(b) 상관계수를 구하라.

(c) 몸무게에 대한 혈압의 선형성에 대해 분석하라.

19. 다음은 어떤 세탁 공장에서 물 소비량과 세탁량 사이에 상관관계가 존재하는지 알아보기 위해 표본을 추출하여 조사한 결과이다. 물음에 답하라.

물 소비량(10t)	20	30	25	40	35	50	70	60	65	55
세탁량(t)	2.5	3.0	2.5	3.5	4.0	4.5	5.0	4.5	4.0	3.5

(a) 공분산을 구하라.

(b) 상관계수를 구하라.

(c) 물 소비량에 대한 세탁량의 선형성에 대해 분석하라.

20. 다음은 어느 제철회사에서 철의 강도와 공정 온도 사이에 관련이 있는지 알아보기 위해 관찰한 결과이다. 물음에 답하라.

온도 x(℃)	136.4	138.2	131.4	138.8	132.6	135.5	139.4	140.0	130.1	127.5
강도 y(MPa)	6.36	6.75	7.02	6.80	6.64	6.82	6.35	6.04	7.12	6.68

(a) 평균 공정 온도, 평균 강도를 구하라.

(b) 공분산과 상관계수를 구하라.

🅧 (c) 산점도와 추세선을 그리고, 추세선의 방정식을 구하라.

(d) 공정 온도 129℃에서 예측되는 강도를 구하라.

(e) 강도가 8MPa일 때, 공정 온도를 구하라.

실전문제

1. 3장 [실전문제 1] 자료에 대해 다음을 구하라.

15	14	17	19	17	18	5	18	19	16	17	8	8	9	14	6	18
14	18	16	13	15	19	9	17	13	13	17	9	9	6	7	16	19
6	17	9	12	25	10	5	12	17	20	15	8	15	5	18	16

(a) 평균, 중앙값, 최빈값, 10%−절사평균

(b) 사분위수, 사분위수 범위

(c) 상자그림과 분포 모양

(d) 분산, 표준편차, 변동계수

(e) 왜도, 첨도와 분포 모양

2. 다음은 어느 도시 노동복지과의 연도별 직업 훈련 현황을 나타낸 것이다. 물음에 답하라.

연도	2012	2013	2014	2015	2016	2017	2018	2019	2020
입소 x(명)	110	78	48	25	39	21	30	49	42
수료 y(명)	93	66	40	22	34	20	28	44	39
취업 z(명)	26	17	18	12	21	16	24	36	32

(a) 연평균 입소자 수, 수료자 수, 취업자 수를 구하라.

(b) 입소자 수, 수료자 수, 취업자 수의 표준편차를 구하라.

(c) 입소자 수, 수료자 수, 취업자 수의 공분산, 상관계수를 구하고 선형성을 분석하라.

(d) 입소자 수, 수료자 수, 취업자 수를 비교하는 시계열 그림을 그리고 분석하라.

CHAPTER
05

확률의 기초

Basic Probability

자료를 수집하고 요약, 분석한 결과를 이용하여 미래의 어떤 경향을 예측할 수 있다. 확률론은 표본으로 부터 얻은 정보를 이용하여 미래를 과학적으로 예측하기 위한 도구이다.

이 책에서는 확률론 중에서도 확률의 개념, 확률변수, 확률분포를 집중적으로 살펴본다. 특히 이번 장에 서는 확률의 개념, 확률의 덧셈법칙과 곱셈법칙, 사건의 독립성과 베이즈 정리에 대해 알아본다.

5.1 ▶ 표본공간과 경우의 수

지금까지 통계자료를 수집하고 요약, 분석하는 방법에 대해 살펴봤다. 그러나 통계자료는 과거의 것들이므로 미래를 정확히 반영한다고 할 수는 없다. 예를 들어 과거 10년간 연평균 매출 10억 원을 달성한 기업의 내년 매출이 10억 원을 넘을 수 있는지 확신할 수 없을 것이다. 따라서 기업에서는 국내 경기 부양책을 비롯한 국외의 경기 활성화에 주의를 기울일 것이다. 이와 같이 미래에 대한 불확실성을 충분히 이해하고 부정적인 환경을 극복하여 목표를 달성하기 위한 가능성, 즉 확률에 많은 관심을 갖게 된다. 이번 절에서는 확률의 개념을 이해하기 위한 전단계로 확률 실험과 경우의 수를 계산하는 방법에 대해 살펴본다.

5.1.1 표본공간

우리는 사회현상, 자연현상을 관찰하거나 실험, 서베이를 통해 대부분의 자료값을 얻는다. 이때 어떤 통계적 목적 아래 관찰값이나 측정값을 얻는 일련의 과정을 **통계 실험**(statistical experiment)이라 한다. 다음과 같이 네 가지 경우에 대한 통계 실험을 생각해보자.

❶ **5개의 불량품이 들어 있는 100개의 장난감에서 불량품의 개수 측정하기**
100개의 장난감 중 차례로 10개를 뽑을 때, 뽑은 장난감 속에 들어 있는 가능한 불량품의 개수는 0, 1, 2, 3, 4, 5이다. 즉, 나타날 수 있는 불량품의 개수에 대한 집합은 $S = \{0, 1, 2, 3, 4, 5\}$이고, 이 집합은 유한집합이다.

❷ **처음으로 1의 눈이 나올 때까지 주사위를 던진 횟수 측정하기**
첫 번째로 나온 눈의 수가 1인 경우 던진 횟수는 1이고, 처음에 1이 아닌 눈이 나오고 두 번째 나온 눈의 수가 1인 경우 주사위를 던진 횟수는 2이다. 이렇게 던진 횟수를 측정하면 무수히 많이 던져야 1의 눈이 처음으로 나오는 경우를 생각할 수 있다. 따라서 주사위를 던진 가능한 횟수는 1, 2, 3, …이므로 나타날 수 있는 모든 가능한 경우의 수의 집합은 $S = \{1, 2, 3, \cdots\}$이고, 이 집합은 셈할 수 있는 무한집합이다.

❸ **오차가 2 mL인 1 L 들이 우유병에 들어 있는 우유의 양 측정하기**
오차가 2 mL이므로 1 L 들이 우유병에 들어 있는 우유의 양은 적어도 998 mL에서 많아야 1002 mL이다. 즉, 측정 가능한 우유의 양은 998 mL에서 1002 mL이므로 우유의 양에 대한 집합은 $S = [998, 1002]$이고, 이 집합은 유한구간이다.

❹ **새로 교체한 형광등의 수명 측정하기**
새로 교체한 형광등의 수명이 다하게 되는 시간을 알 수 없으므로 측정 가능한 형광등의 수명은 무한구간인 $S = (0, \infty)$로 나타난다.

| 표본공간

이제 100개의 장난감 중 임의로 하나를 꺼낸다고 하자. 그러면 꺼낸 장난감은 양품과 불량품 중 어느 하나에 속할 것이다. 이와 같은 통계 실험을 통해 임의로 하나를 추출할 때 다음과 같이 세 가지 성질을 생각할 수 있다.

- 완전성(exhaustive property): 실험 결과가 명확하게 잘 정의되고 모든 결과를 포함해야 한다.
- 상호 배타성(mutually exclusive property): 한 번의 실험에서 가능한 결과는 오직 하나뿐이고, 두 가지 이상이 동시에 나타나지 않는다.
- 우연성(possibility): 실험 결과는 우연에 의해 나타난다.

이 세 가지 특성을 갖는 통계 실험에서 어떤 특정한 실험 결과를 얻어내는 과정을 **확률 실험**(probability experiment)이라 하며, 확률 실험을 반복하는 것을 **시행**(trial)이라 한다. 확률 실험에서 나타날 수 있는 모든 결과들의 집합을 **표본공간**(sample space)이라 하며 보통 S로 나타낸다. 예를 들어 앞의 네 가지 경우에 대한 확률 실험을 실시했을 때 나타날 수 있는 모든 경우인 표본공간은 각각 다음과 같다.

❶ $S = \{0, 1, 2, 3, 4, 5\}$
❷ $S = \{1, 2, 3, \cdots\}$
❸ $S = [998, 1002]$
❹ $S = (0, \infty)$

표본공간이 ❶, ❷와 같이 유한집합이거나 셀 수 있는 무한집합일 때 이 표본공간을 **이산표본공간**(discrete sample space)이라 한다. ❸, ❹와 같이 유한구간 또는 무한구간인 표본공간은 **연속표본공간**(continuous sample space)이라 한다. 이때 표본공간을 이루는 개개의 실험 결과 또는 원소를 **표본점**(sample point)이라 하며 보통 알파벳 소문자로 나타낸다.

한편 동전을 두 번 던지는 확률 실험에서 나올 수 있는 모든 경우는 (앞면, 앞면), (앞면, 뒷면), (뒷면, 앞면), (뒷면, 뒷면)뿐이므로 앞면이 나오는 사건을 H, 뒷면이 나오는 사건을 T라 하면 표본공간은 다음과 같다.

$$S = \{HH, HT, TH, TT\}$$

적어도 한 번 앞면이 나오는 경우는 (앞면, 앞면), (앞면, 뒷면), (뒷면, 앞면)이고, 이것을 집합 $A = \{HH, HT, TH\}$와 같이 나타낼 수 있다. 이처럼 표본공간을 이루는 표본점들 중 관심의 대상이 되는 표본점들로 구성된 집합을 **사건**(event)이라 하며 보통 알파벳 대문자로 나타낸다. 특히 표본점이 하나도 없는 사건을 **공사건**(empty event), 하나의 표본점으로 구성된 사건을 **단순사건**(simple event)이라 한다.

예제 1

동전을 세 번 던지는 실험에서 표본공간과 적어도 두 번 앞면이 나오는 사건을 구하라.

풀이

먼저 나올 수 있는 모든 경우는 다음과 같이 8가지이다.

HHH, HHT, HTH, THH, HTT, THT, TTH, TTT

따라서 표본공간은 S = {HHH, HHT, HTH, THH, HTT, THT, TTH, TTT}이다. 특히 앞면이 두 번 이상인 표본점은 HHH, HHT, HTH, THH이므로 적어도 두 번 앞면이 나오는 사건은 A = {HHH, HHT, HTH, THH}이다.

확률을 계산하는 가장 기본적인 방법은 확률 실험에서 나타날 수 있는 모든 경우의 수를 구하는 것이다. 그러나 확률 실험에서는 표본공간을 구해서 표본점의 개수를 세기 곤란한 경우가 많다. 표본공간을 이루는 표본점의 개수, 즉 확률 실험에서 나타날 수 있는 서로 다른 결과의 개수를 구하는 방법으로 순열과 조합을 많이 사용한다.

5.1.2 순열

A, B, C, D가 적힌 네 장의 카드 중 서로 다른 세 장의 카드를 택하여 순서대로 나열할 수 있는 방법은 [그림 5-1]과 같이 모두 24가지이다.

그림 5-1 네 장의 카드 중 세 장을 순서대로 나열하는 모든 경우

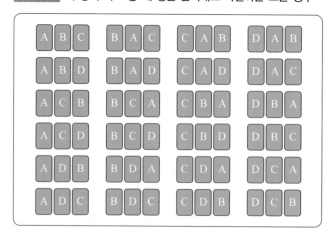

이제 네 장의 카드 중 서로 다른 카드 세 장을 택하여 순서대로 세 상자 안에 각각 넣는 시행을 생각해보자. 그러면 [그림 5-2]와 같이 첫 번째 상자에 들어갈 수 있는 카드는 A, B, C, D 중 하나이다. 즉, 첫 번째 상자에 카드 한 장을 넣을 수 있는 방법은 모두 네 가지이다. 이들 중 카드 A를 첫 번째 상자에 넣었다고 하면 남아 있는 카드는 B, C, D이고 이 카드들 중 두 번째 상자에 카드 한 장을 넣을 수 있는 방법은 세 가지이다. 이제 카드 B를 두 번째 상자에 넣었다면 남은 카드는 C와 D뿐이므로 세 번째 상자에 카드를 넣을 수 있는 방법은 두 가지이다. 그러므로 네 장의 카드 중 서로 다른 카드 세 장을 택하여 순서대로 나열할 수 있는 방법은 $4 \times 3 \times 2 = 24$(가지)이다.

그림 5-2 카드를 순서대로 나열하는 경우의 수

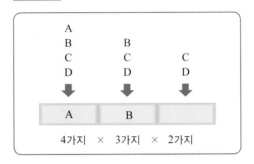

같은 방법으로 1부터 n까지 적힌 n장의 카드 중 서로 다른 $r(1 \leq r \leq n)$장을 택하여 순서대로 나열하는 경우의 수를 생각하자. [그림 5-3]과 같이 n장의 카드 중 첫 번째로 선택할 수 있는 카드의 가짓수는 n이다. 처음에 1번 카드를 선택했다면 두 번째로 선택할 수 있는 카드는 1번 카드를 제외한 나머지 $n-1$장의 카드 중 어느 하나이다. 이 과정을 반복하면 r번째로 선택할 수 있는 카드는 1, 2, $\cdots$, $r-1$번 카드를 제외한 나머지 $n-r+1$개 중 하나이다. 따라서 n장의 카드 중 $r(1 \leq r \leq n)$개를 택하여 순서대로 나열할 수 있는 경우의 수는 다음과 같다.

$$n \times (n-1) \times (n-2) \times \cdots \times (n-r+1)$$

그림 5-3 서로 다른 n개 중 r개를 택하는 순열의 수

이와 같이 서로 다른 n개 중 r개를 택하여 순서대로 나열하는 것을 **순열**(permutation)이라 하며, 순열의 수는 다음과 같다.

$$_nP_r = n \times (n-1) \times (n-2) \times \cdots \times (n-r+1), \ 1 \leq r \leq n$$

특히 서로 다른 n개를 모두 택하여 순서대로 나열하는 경우의 수는 다음과 같다.

$$_nP_n = n \times (n-1) \times (n-2) \times \cdots \times 3 \times 2 \times 1$$

이를 간단히 $n!$로 나타내고 n의 **계승**(factorial)이라 한다.

$$_nP_n = n! = n \times (n-1) \times (n-2) \times \cdots \times 3 \times 2 \times 1$$

순열의 수 $_nP_r$은 계승을 이용하여 다음과 같이 표현할 수 있으며 $0! = 1$로 약속한다.

$$_nP_r = \frac{n!}{(n-r)!}, \quad 0 \le r \le n$$

예제 2

다섯 개의 서로 다른 과일 중 두 개를 선택하여 순서대로 진열하는 방법의 수와 다섯 개를 모두 진열하는 방법의 수를 구하라.

풀이

다섯 개의 과일 중 서로 다른 두 개를 선택하여 나열하는 방법의 수는 다음과 같다.

$$_5P_2 = \frac{5!}{3!} = \frac{5 \times 4 \times 3 \times 2 \times 1}{3 \times 2 \times 1} = 20$$

다섯 개를 모두 나열하는 방법의 수는 다음과 같다.

$$_5P_5 = 5! = 5 \times 4 \times 3 \times 2 \times 1 = 120$$

5.1.3 조합

이제 A, B, C, D가 적힌 네 장의 카드 중 순서를 무시하고 세 장의 카드를 택하는 시행을 생각해보자. 순서를 무시하므로 ABC, ACB, BAC, BCA, CAB, CBA는 모두 동일한 경우이고 이렇게 중복되는 경우가 $3! = 6$(가지) 있다. 다른 세 장의 카드를 뽑는 경우들도 [그림 5-4]와 같이 동일한 경우가 각각 6가지씩 있다. 따라서 네 장의 카드 중 순서를 무시하고 세 장의 카드를 택하는 방법은 네 가지뿐이고, 이는 $\frac{_4P_3}{3!} = 4$로 나타낼 수 있다.

같은 방법으로 서로 다른 n장 중 순서를 무시하고 $r(1 \le r \le n)$장을 택하는 경우의 수는 $\frac{_nP_r}{r!}$이다. 이와 같이 서로 다른 n개 중 순서를 무시하고 $r(1 \le r \le n)$개를 택하는 것을 **조합**(combination)이라 한다. 조합의 수는 $_nC_r$ 또는 $\binom{n}{r}$로 나타내며 다음과 같다.

$$_nC_r = \frac{_nP_r}{r!} = \frac{n!}{r!(n-r)!}, \quad 0 \le r \le n$$

그림 5-4 그림 5-4 네 장의 카드 중 세 장을 택하는 모든 경우

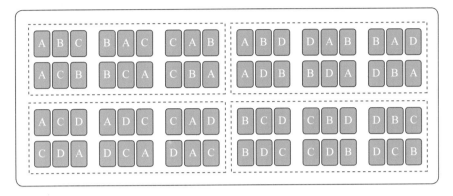

예제 3

다섯 개의 서로 다른 과일 중 두 개를 선택하는 방법의 수를 구하라.

풀이

다섯 개의 과일 중 두 개를 선택하는 방법의 수는 다음과 같다.

$$_5C_2 = \frac{_5P_2}{2!} = \frac{5!}{2! \times 3!} = 10$$

조합의 수에 대한 응용 중 가장 중요한 것은 다음과 같은 다항식 $(a+b)^n$의 전개식이며, 이를 **이항정리**(binomial theorem)라 한다.

$$(a+b)^n = {_nC_0}b^n + {_nC_1}ab^{n-1} + {_nC_2}a^2b^{n-2} + \cdots + {_nC_{n-1}}a^{n-1}b + {_nC_n}a^n$$

$0 \le r \le n$에 대해 $_nC_r = {_nC_{n-r}}$이고 전개식에서 각 항의 계수 $_nC_0$, $_nC_1$, $\cdots$, $_nC_n$을 **이항계수**(binomial coefficient)라 한다.

엑셀 순열의 수와 조합의 수

❶ 순열: 메뉴바에서 수식 〉 함수 삽입 〉 통계 〉 PERMUT를 선택하여 Number에 n, Number_chosen에 r을 기입한다.

❷ 조합: 메뉴바에서 수식 〉 함수 삽입 〉 수학/삼각 〉 COMBIN을 선택하여 Number에 n, Number_chosen에 r을 기입한다. 참고로 함수 COMBINA는 중복을 허용하는 조합의 수이다.

척도	엑셀 함수
순열	=PERMUT(n, r)
조합	=COMBIN(n, r)

5.2 ▶ 확률의 의미와 확률 계산

동일한 조건에서 같은 확률 실험을 반복한다고 할 때, **확률**(probability)은 반복되는 확률 실험에서 어떤 사건이 일어날 가능성을 상대적으로 측정한 0과 1 사이의 숫자이며, 사건 A의 확률을 $P(A)$로 나타낸다.

표본공간 $S = \{e_1, e_2, \cdots, e_n\}$에 대해 확률은 다음 두 조건을 반드시 만족해야 한다.

- 모든 단순사건 $E_i = \{e_i\}$에 대해 $0 \leq P(E_i) \leq 1$이다.
- 표본공간 S의 확률은 1이다. 즉, $P(S) = \sum_{i=1}^{n} P(E_i) = 1$이다.

따라서 사건 $A = \{e_1, e_2, \cdots, e_k\}$, $1 \leq k \leq n$에 대해 $P(A) = \sum_{i=1}^{k} P(E_i)$이다.

5.2.1 확률의 의미

확률은 보통 고전적 확률, 경험적 확률, 통계적 확률, 공리론적 의미의 확률, 주관적 확률로 구분할 수 있다.

| 고전적 확률

수학자들이 자주 사용하는 고전적 확률은 **수학적 확률**(mathematical probability)이라고도 한다. **고전적 확률**(classical probability)은 표본공간 안에 있는 각 표본점이 나타날 가능성이 동등하다는 조건 아래 사건 A의 확률을 다음과 같이 표본공간 S 안의 표본점의 개수에 대한 사건 A 안에 있는 표본점의 개수의 비율로 정의한다.

$$P(A) = \frac{(\text{사건 } A \text{ 안의 표본점의 개수})}{(\text{표본공간 } S \text{ 안의 표본점의 개수})}$$

같은 동전을 세 번 던지는 실험에서 앞면이 적어도 두 번 나올 확률을 구해보자. 이때 '동전이 같다'는 것은 앞면과 뒷면이 나올 가능성이 동일하게 $\frac{1}{2}$이라는 의미이다. [예제 1]에서 살펴본 것처럼 표본공간 S와 앞면이 두 번 이상 나오는 사건 A는 다음과 같다.

$$S = \{HHH, HHT, HTH, THH, HTT, THT, TTH, TTT\},$$

$$A = \{HHH, HHT, HTH, THH\}$$

표본공간 S 안의 표본점은 8개, 사건 A 안의 표본점은 4개이다. 따라서 고전적 확률의 정의에 의해 앞면이 적어도 두 번 나올 확률은 $P(A) = \frac{4}{8} = \frac{1}{2}$이다.

예제 4

주사위를 두 번 반복하여 던져 나온 눈의 수에 대한 표본공간을 구하고 두 눈의 수의 합이 7일 확률을 구하라.

풀이

주사위를 처음 던져서 나올 수 있는 눈의 수는 모두 1, 2, 3, 4, 5, 6이고, 각 경우에 대해 두 번째에 나올 수 있는 눈의 수도 역시 1, 2, 3, 4, 5, 6이므로 표본공간 S는 다음과 같다.

$$S = \left\{ \begin{array}{llllll} (1,1), & (1,2), & (1,3), & (1,4), & (1,5), & (1,6), \\ (2,1), & (2,2), & (2,3), & (2,4), & (2,5), & (2,6), \\ (3,1), & (3,2), & (3,3), & (3,4), & (3,5), & (3,6), \\ (4,1), & (4,2), & (4,3), & (4,4), & (4,5), & (4,6), \\ (5,1), & (5,2), & (5,3), & (5,4), & (5,5), & (5,6), \\ (6,1) & (6,2) & (6,3) & (6,4) & (6,5) & (6,6) \end{array} \right\}$$

두 눈의 수의 합이 7인 사건을 A라 하면 사건 A는 다음과 같다.

$$A = \{(1,6), (2,5), (3,4), (4,3), (5,2), (6,1)\}$$

표본공간 S와 사건 A의 표본점은 각각 36개, 6개이므로 구하는 확률은 $P(A) = \frac{6}{36} = \frac{1}{6}$이다.

| 경험적 확률

경험적 확률은 기상청에서 일기예보를 할 때 구름의 흐름을 관측한 후 과거 경험으로부터 '내일 중부지방에 비가 올 확률이 90%이고 남부지방은 쾌청할 것이다'와 같이 예측할 때 많이 사용한다. 또 다른 예로, 종종 [그림 5-5]와 같은 사진과 함께 희귀한 확률이 언급된 신문기사를 볼 수 있다. 이들은 모두 경험에 의한 확률을 나타낸다.

그림 5-5 경험에 의한 확률

(a) $\dfrac{1}{1000000}$의 확률로 나타나는 사과 (b) $\dfrac{1}{1000000}$의 확률로 나타나는 흰 참새

경험적 확률(empirical probability)은 경험에 의해 관찰될 수 있는 총 도수에 대한 특별한 사건이 관찰되는 도수의 상대적인 비율이다. 경험적 확률로서 사건 A가 일어날 확률 $P(A)$는 다음과 같이 정의한다.

$$P(A) = \frac{(\text{사건 } A\text{의 도수})}{(\text{총 관찰 도수})}$$

| 통계적 확률

통상적으로 동전을 한 번 던질 때 앞면이 나올 확률을 0.5라고 한다. 앞면이 나오는 사건을 A라 할 때 사건 A가 일어날 확률을 고전적 의미로 구한다면 표본공간은 $S = \{H, T\}$이고 $A = \{H\}$이므로 $P(A) = \dfrac{1}{2}$이다. 그러나 같은 동전을 열 번 던졌을 때 앞면이 나온 횟수는 꼭 다섯 번 나올 수도 그렇지 않을 수도 있다. [표 5-1]은 이에 대해 알아보기 위해 동전 던지기 실험으로 얻은 결과이다. 동전을 던진 횟수를 n, 앞면이 나온 횟수를 r_n, 앞면이 나온 횟수에 대한 상대도수를 $p_n = \dfrac{r_n}{n}$이라 하자.

표 5-1 동전 던지기 실험 결과

시행 횟수(n)	50	100	500	1,000	1,500
앞면이 나온 횟수(r_n)	30	55	236	523	753
상대도수(p_n)	0.6	0.55	0.472	0.523	0.502
시행 횟수(n)	2,000	2,500	5,000	10,000	15,000
앞면이 나온 횟수(r_n)	996	1,230	2,533	4,953	7,454
상대도수(p_n)	0.498	0.492	0.507	0.495	0.497

[그림 5–6]과 같이 시행 횟수 n이 커질수록 상대도수 p_n은 0.5에 가까워짐을 알 수 있다.

그림 5-6 동전 던지기 시행 횟수 n에 따른 p_n의 변화

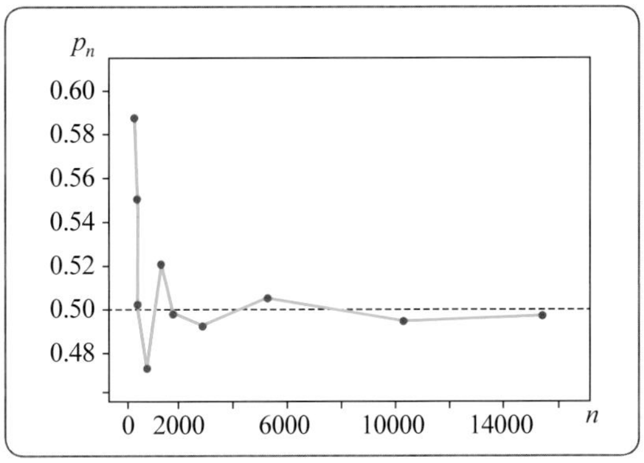

이처럼 일반적으로 동일한 조건 아래 같은 확률 실험을 반복할수록 어떤 사건에 대한 상대도수 p_n은 일정한 수 p에 가까워진다. 통계적 확률은 시행을 반복할수록 고전적 확률에 가까워지는 것을 알 수 있으며, 이를 **대수법칙**(law of large numbers)이라 한다. 즉, 어떤 실험을 n번 반복했을 때 사건 A가 일어난 횟수를 r_n이라 하면 n이 충분히 커질수록 사건 A에 대한 상대도수 $p_n = \dfrac{r_n}{n}$은 일정한 값 p에 가까워진다. 이때 p를 사건 A의 **통계적 확률**(statistical probability)이라 하고 $P(A) = p$로 나타낸다.

예제 5

다음은 어느 대형 마트를 이용한 고객 50명을 상대로 조사한 만족도 결과이다. 마트 이용객 한 사람을 임의로 선정했을 때, 이 사람이 불만족으로 응답할 확률과 만족 이상으로 응답할 확률을 각각 구하라.

만족도	매우 만족	만족	보통	불만족	매우 불만족
응답자 수	11	10	15	9	5

풀이

만족도 조사에 대한 도수분포표를 작성하면 다음과 같다.

만족도	도수	상대도수	백분율(%)
매우 만족	11	0.22	22
만족	10	0.20	20
보통	15	0.30	30
불만족	9	0.18	18
매우 불만족	5	0.10	10
합계	50	1.00	100

불만족으로 응답한 사건을 A라 하면 상대도수에 의한 확률의 개념에 의해 불만족으로 응답할 확률은 $P(A) = 0.18$이다.

만족 이상으로 응답한 사건을 B라 하면 만족과 매우 만족으로 대답한 비율이 42%이므로 만족 이상으로 대답할 확률은 $P(B) = 0.42$이다.

공리론적 확률

지금까지 살펴본 확률의 개념은 어느 경우이든 표본공간 안에 있는 표본점의 개수가 유한한 경우에만 적용할 수 있다. 그러나 궁수가 활을 쏘아 10점 영역에 맞힐 확률은 앞에서 정의한 확률의 개념으로는 구할 수 없다. 표본공간이 되는 과녁 안에는 무수히 많은 점(표본점)이 있기 때문이다. 따라서 기하학적인 개념을 도입한 공리론적 확률이 필요하다. **공리론적 확률**(axiomatic probability)은 사건 A가 일어날 확률을 다음과 같이 정의한다.

$$P(A) = \frac{(\text{사건 } A \text{에 대한 영역의 크기})}{(\text{표본공간 전체 영역의 크기})}$$

여기서 영역의 크기란 표본공간이 직선일 땐 길이를, 평면 또는 공간일 땐 각각 넓이와 부피를 뜻한다. 이러한 경우엔 공리론적인 확률의 개념이 필요하지만, 이 책에서는 특별한 언급이 없는 한 확률을 고전적 확률로 제한한다.

예제 6

반지름의 길이가 30 cm인 과녁판 중심에 반지름의 길이가 5 cm인 원이 그려져 있다. 궁수가 활을 쏴서 중심에 있는 원 안에 맞힐 확률을 구하라.

풀이

표본공간은 반지름의 길이가 30 cm인 전체 과녁판이고, 활을 중심에 있는 반지름 5 cm인 원에 맞히는 사건을 A라 하자. 그러면 구하는 확률은 다음과 같다.

$$P(A) = \frac{5^2 \pi}{30^2 \pi} = \frac{1}{36} \approx 0.028$$

주관적 확률

경험이나 정보, 사전 지식이 없어서 고전적 확률에만 기초한 경우 관찰자의 직관이나 추측으로 확률을 구할 수밖에 없다. 예를 들어 주식투자 자문 회사에서 컨설팅을 하는 직원은 일반인

이 알 수 없는 기업체의 각종 자료를 습득하여 분석한 후, 투자자들에게 '이때쯤 특정 분야의 주식이 오를 확률이 크다'라고 자문한다. 이런 자문이 틀릴 경우엔 사회적 물의를 일으키기도 한다. 컨설팅 직원의 자문은 과학적인 방법에 의한 분석이라기보다 개인적인 직관, 경험, 지식, 정보에 기초한 추측, 추정에 의해 정해진 확률, 즉 **주관적 확률**(subjective probability)이기 때문이다.

5.2.2 확률 법칙

이제 합사건, 여사건, 차사건의 개념을 알아본 후 이 사건들의 확률 계산과 확률의 덧셈법칙에 대해 살펴본다.

| 기본 사건의 확률

확률의 세 가지 조건 중 하나는 표본공간 S의 확률이 1이라는 것이다. 즉, $P(S) = 1$이다. 공사건 $\varnothing$은 원소가 하나도 없으므로 고전적 확률의 정의에 의하여 $P(\varnothing) = 0$이다.

| 합사건과 곱사건의 확률

임의의 두 사건 A, B에 대해 A 또는 B가 나타나는 사건을 두 사건 A, B의 **합사건**(union of events)이라 하고 다음과 같이 정의한다.

$$A \cup B = \{x \mid x \in A \text{ 또는 } x \in B\}$$

A, B가 동시에 나타나는 사건을 두 사건 A, B의 **곱사건**(intersection of events)이라 하고 다음과 같이 정의한다.

$$A \cap B = \{x \mid x \in A \text{ 그리고 } x \in B\}$$

합사건과 곱사건을 벤다이어그램으로 그리면 [그림 5-7]과 같다.

그림 5-7 합사건과 곱사건

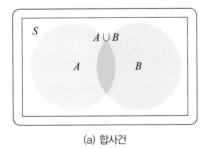

(a) 합사건   (b) 곱사건

고전적 확률은 사건을 이루는 원소의 개수와 밀접한 관계가 있다. 이제 두 사건의 공통 부분에 표본점이 있는 경우와 그렇지 않은 경우에 대해 합사건의 확률을 계산해보자. 표본공간 S와 사건 A의 원소의 개수를 각각 $n(S)$와 $n(A)$라 하면 A와 B에 공통인 표본점이 하나도 없을 때, 즉 $A \cap B = \varnothing$이면 두 사건 A, B는 **서로 배반사건**(mutually exclusive events)이라 한다. 서로 배반인 두 사건 A, B는 공통인 표본점이 없으므로 합사건 $A \cup B$ 안에 있는 표본점의 개수는 다음과 같이 두 사건 안에 있는 표본점의 개수의 합이다.

$$n(A \cup B) = n(A) + n(B)$$

따라서 고전적 확률의 정의에 의해 합사건 $A \cup B$의 확률은 다음과 같다.

$$P(A \cup B) = \frac{n(A \cup B)}{n(S)} = \frac{n(A) + n(B)}{n(S)}$$
$$= \frac{n(A)}{n(S)} + \frac{n(B)}{n(S)} = P(A) + P(B)$$

한편 두 사건 A, B가 서로 배반이 아니면 A와 B는 적어도 하나의 공통인 표본점이 존재한다. 즉, $A \cap B \neq \varnothing$이면 합사건 $A \cup B$ 안에 있는 표본점의 개수는 다음과 같다.

$$n(A \cup B) = n(A) + n(B) - n(A \cap B)$$

따라서 두 사건 A, B가 서로 배반이 아니면 합사건 $A \cup B$의 확률은 다음과 같다.

$$P(A \cup B) = P(A) + P(B) - P(A \cap B)$$

합사건의 확률을 정리하면 다음과 같으며, 이를 확률의 **덧셈법칙**(addition rule)이라 한다.

> - 두 사건 A와 B가 배반이면 $P(A \cup B) = P(A) + P(B)$이다.
> - 두 사건 A와 B가 배반이 아니면 $P(A \cup B) = P(A) + P(B) - P(A \cap B)$이다.

세 사건 A, B, C의 합사건 $A \cup B \cup C$의 확률은 다음과 같다.

$$P(A \cup B \cup C) = P(A) + P(B) + P(C) - P(A \cap B) - P(B \cap C) - P(C \cap A) + P(A \cap B \cap C)$$

예제 7

주사위를 두 번 반복하여 던지는 시행을 할 때, 다음을 구하라.
(a) 두 눈의 수의 합이 7이거나 두 눈의 수가 같을 확률
(b) 두 눈의 수의 합이 7이거나 두 번째 눈의 수가 3의 배수일 확률

풀이

두 눈의 수의 합이 7인 사건을 A, 두 눈의 수가 같은 사건을 B, 두 번째 눈의 수가 3의 배수인 사건을 C라 하면 세 사건 A, B, C는 다음과 같다.

$$A = \{(1, 6), (2, 5), (3, 4), (4, 3), (5, 2), (6, 1)\},$$

$$B = \{(1, 1), (2, 2), (3, 3), (4, 4), (5, 5), (6, 6)\},$$

$$C = \left\{ \begin{array}{l} (1, 3), (2, 3), (3, 3), (4, 3), (5, 3), (6, 3), \\ (1, 6), (2, 6), (3, 6), (4, 6), (5, 6), (6, 6) \end{array} \right\}$$

[예제 4]에서 표본공간의 원소의 개수는 36이므로 $P(A) = \dfrac{1}{6}$, $P(B) = \dfrac{1}{6}$, $P(C) = \dfrac{1}{3}$이다.

(a) 두 사건 A, B는 서로 배반이므로 구하는 확률은 다음과 같다.

$$P(A \cup B) = P(A) + P(B) = \frac{1}{6} + \frac{1}{6} = \frac{2}{6} = \frac{1}{3}$$

(b) $A \cap C = \{(4, 3), (1, 6)\}$에서 $P(A \cap C) = \dfrac{1}{18}$이므로 구하는 확률은 다음과 같다.

$$P(A \cup C) = P(A) + P(C) - P(A \cap C) = \frac{1}{6} + \frac{1}{3} - \frac{1}{18} = \frac{16}{36} = \frac{4}{9}$$

| 여사건과 차사건의 확률

[그림 5-8(a)]와 같이 어떤 사건 A 안에 들어 있지 않은 표본점들로 구성된 사건을 사건 A의 **여사건**(complementary event)이라 하고 다음과 같이 정의한다.

$$A^c = \{x \mid x \in S \text{ 그리고 } x \notin A\}$$

사건 A의 여사건은 A가 발생하지 않는 사건을 나타낸다. 즉, 두 사건 A와 A^c에 공통인 표본점이 없으며, 따라서 확률의 덧셈법칙에 의해 다음이 성립한다.

$$P(A \cup A^c) = P(A) + P(A^c)$$

$A \cup A^c = S$이므로 $P(A) + P(A^c) = 1$이 성립한다. 즉, 사건 A의 여사건 A^c의 확률은 다음과 같다.

$$P(A^c) = 1 - P(A)$$

여사건의 확률은 사건 A의 확률보다 여사건 A^c의 확률을 구하는 것이 더 쉬울 때 사용한다.

한편 사건 A에서 사건 B의 표본점을 모두 제외한 나머지 표본점으로 구성된 사건, 즉 사건 A에서 곱사건 $A \cap B$를 제외한 사건을 사건 A에서 사건 B를 뺀 **차사건**(difference event)이라 하고 다음과 같이 정의한다.

$$A - B = \{x \mid x \in A \text{ 그리고 } x \notin B\}$$

[그림 5-8(b)]와 같이 사건 B가 사건 A의 부분집합, 즉 $B \subset A$일 때 차사건 $A - B$의 확률은 다음과 같다.

$$P(A - B) = P(A) - P(B)$$

그림 5-8 여사건과 차사건

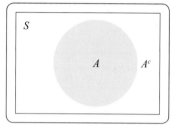
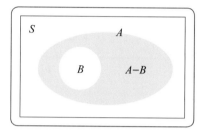

(a) 사건 A의 여사건 A^c　　　(b) 차사건 $A - B$

예제 8

남자 15명과 여자 5명으로 구성된 모임에서 임의로 임원 2명을 선출할 때, 남자를 적어도 한 명 선출할 확률을 구하려고 한다. 이 확률을 다음 방법으로 구하라.

(a) 모든 경우를 고려한다.

(b) 여사건의 확률을 이용한다.

풀이

(a) 전체 20명 중 두 명을 선출하는 경우의 수는 $_{20}C_2 = \dfrac{20!}{2! \times 18!} = 190$이다. 남자가 적어도 한 명 선출되는 모든 경우는 다음과 같다.

① 남자가 한 명, 여자가 한 명인 경우의 수: $_{15}C_1 \times {}_5C_1 = \dfrac{15!}{1! \times 14!} \times \dfrac{5!}{1! \times 4!} = 75$

② 남자가 두 명인 경우의 수: $_{15}C_2 \times {}_5C_0 = \dfrac{15!}{2! \times 13!} \times \dfrac{5!}{0! \times 5!} = 105$

①, ②에 의해 남자가 적어도 한 명 선출되는 경우의 수는 180이고 구하는 확률은 $P(A) = \dfrac{180}{190} = \dfrac{18}{19}$이다.

(b) 남자가 적어도 한 명 선출되는 사건을 A라 하면 A^c는 여자만 두 명 선출되는 사건이고, 그 경우의 수는 $_5C_2 = \dfrac{5!}{2! \times 3!} = 10$이다. 따라서 남자가 적어도 한 명 선출될 확률은 $P(A) = 1 - P(A^c) = 1 - \dfrac{10}{190} = \dfrac{18}{19}$이다.

5.3 결합확률과 조건부확률

5.2절에서 두 사건의 곱사건과 그 확률을 살펴봤다. 이번 절에서는 두 개 이상의 사건에 대한 곱사건의 확률, 사전에 조건이 주어지는 경우의 확률 그리고 사건들 사이의 독립성에 대해 살펴본다.

5.3.1 조건부확률

[표 5-2]는 어느 회사의 남녀 근로자 50명의 업무 능력을 다섯 개의 그룹으로 나누어 조사한 결과이다.

표 5-2 근로자의 성별에 따른 업무 능력

성별 \ 업무 능력	매우 탁월	탁월	보통	미흡	매우 미흡	합계
남자(명)	2	3	14	7	4	30
여자(명)	1	5	8	4	2	20
합계	3	8	22	11	6	50

이제 근로자 한 명을 임의로 선정할 때 이 근로자가 남자인 사건을 A, 여자인 사건을 A^c라 하자. 그리고 이 근로자의 업무 능력이 매우 탁월한 사건을 B_1, 탁월한 사건을 B_2, 보통인 사건을 B_3, 미흡한 사건을 B_4, 매우 미흡한 사건을 B_5라 하자. 임의로 선정된 근로자가 매우 탁월한 능력을 갖춘 남자인 사건 $A \cap B_1$, 매우 미흡한 여자인 사건 $A^c \cap B_5$ 등과 같이 근로자에 대해 모두 10가지 곱사건을 생각할 수 있다. 이와 같은 곱사건에 고전적 확률의 개념을 적용하면 [표 5-3]을 얻는다. [표 5-3]은 전체 근로자를 두 가지 범주인 성별과 업무 능력에 따라 분류한 확률을 나타내며, 이와 같은 확률표를 **결합확률표**(joint probability table)라 한다.

표 5-3 근로자의 성별에 따른 업무 능력의 결합확률표

성별 \ 업무 능력	B_1	B_2	B_3	B_4	B_5	합계
A	0.04	0.06	0.28	0.14	0.08	0.60
A^c	0.02	0.10	0.16	0.08	0.04	0.40
합계	0.06	0.16	0.44	0.22	0.12	1.00

전체 근로자 50명 중 남자가 30명, 여자가 20명이므로 임의로 선정한 근로자가 남자일 확률과 여자일 확률은 각각 0.6과 0.4이고 이는 결합확률표에서 두 사건 A, A^c에 대해 오른쪽 방향으로 각각 5개의 확률을 모두 더한 것과 같다. 마찬가지로 각 업무 능력에 대해 아랫방향으로 두

확률을 더하면 전체 근로자의 업무 능력에 대한 확률을 얻는다. 이 확률들은 결합확률표의 오른쪽과 아래쪽 주변에 표시된다는 점 때문에 **주변확률**(marginal probability)이라 한다.

이 결합확률표를 작성하면 남자 근로자 중 한 명을 임의로 선정할 때 이 근로자의 업무 능력에 따른 고전적 확률을 계산할 수 있다. 전체 남자 근로자 30명에 대해 업무 능력별 인원수의 상대적인 비율에 의한 확률은 [표 5-4]와 같다.

표 5-4 남자 근로자로 제한한 경우 업무 능력에 따른 확률

업무 능력	매우 탁월	탁월	보통	미흡	매우 미흡	합계
남자	2	3	14	7	4	30
확률	0.067	0.100	0.467	0.233	0.133	1.000

남자 근로자 중 임의로 한 사람을 선정했을 때, 이 근로자의 업무 능력이 탁월할 확률은 전체 30명 중 3명이므로 확률은 0.100이다. 이와 같이 남자 근로자를 선정했다는 전제 조건 아래 이 근로자의 업무 능력이 탁월할 확률을 사건 A가 일어났을 때의 사건 B_2의 조건부확률이라 하며 $P(B_2 | A) = 0.100$으로 나타낸다. 즉, $P(A) > 0$인 어떤 사건 A가 일어났다는 조건 아래 사건 B가 일어날 확률을 **조건부확률**(conditional probability)이라 하며 $P(B | A)$로 나타낸다. [그림 5-9]와 같이 조건부확률 $P(B | A)$는 표본공간을 사건 A로 제한하고, 그 중에서 사건 B가 나타날 확률을 의미한다.

그림 5-9 조건부확률의 의미

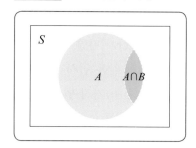

남자 근로자를 선정했다는 전제 아래 이 근로자의 업무 능력이 탁월할 조건부확률을 다시 생각해보자. 이 조건부확률은 고전적 확률의 의미에서 다음과 같다.

$$P(B_2 | A) = \frac{3}{30}$$

이 확률의 분모와 분자를 각각 전체 근로자의 수 50으로 나누면 다음과 같다.

$$P(B_2 | A) = \frac{3}{30} = \frac{\frac{3}{50}}{\frac{30}{50}}$$

여기서 분자 $\frac{3}{50}$은 전체 근로자 중 한 명을 임의로 선정할 때 업무 능력이 탁월한 남자가 선

정될 확률, 즉 $P(A \cap B_2)$를 나타낸다. 분모 $\frac{30}{50}$은 전체 근로자 중 한 명을 임의로 선정할 때 남자가 선정될 확률, 즉 $P(A)$를 나타낸다. 따라서 사건 A가 일어났다는 조건 아래 사건 B_2가 일어날 조건부확률은 다음과 같이 나타낼 수 있다.

$$P(B_2 \mid A) = \frac{P(A \cap B_2)}{P(A)}$$

사건 A가 일어났다는 조건 아래 사건 B가 일어날 조건부확률은 사건 A의 확률 $P(A)$에 대한 사건 $A \cap B$의 확률 $P(A \cap B)$의 상대적인 비율이다. 즉, 조건부확률 $P(B \mid A)$를 다음과 같이 정의한다.

$$P(B \mid A) = \frac{P(A \cap B)}{P(A)}$$

예제 9

다음은 어느 대형 마트를 이용한 고객 100명을 상대로 만족도를 조사한 결과이다. 물음에 답하라.

성별 \ 만족도	매우 만족	만족	보통	불만족	매우 불만족
남자	11	10	15	9	5
여자	4	10	18	11	7

(a) 주변확률을 포함하는 결합확률표를 작성하라.
(b) 임의로 선정한 고객이 여자이면서 보통 이상으로 응답할 확률을 구하라.
(c) 임의로 선정한 고객이 불만 이하로 응답할 확률을 구하라.
(d) 남자가 선정됐다고 할 때, 이 고객이 만족 이상으로 응답할 확률을 구하라.

풀이

(a) 결합확률표를 작성하면 다음과 같다.

성별 \ 만족도	매우 만족	만족	보통	불만족	매우 불만족	주변확률
남자	0.11	0.10	0.15	0.09	0.05	0.5
여자	0.04	0.10	0.18	0.11	0.07	0.5
주변확률	0.15	0.20	0.33	0.20	0.12	1.0

(b) 선정한 고객이 여자일 사건을 B, 매우 만족, 만족, 보통으로 응답할 사건을 각각 A_1, A_2, A_3이라 하자. 그러면 구하는 확률은 다음과 같다.

$$P(A_1 \cap B) + P(A_2 \cap B) + P(A_3 \cap B) = 0.04 + 0.10 + 0.18 = 0.32$$

(c) 선정한 고객이 불만족과 매우 불만족으로 응답하는 사건을 각각 A_4, A_5라 하면 구하는 확률은 다음과 같다.

$$P(A_4) + P(A_5) = 0.20 + 0.12 = 0.32$$

(d) 남자가 선정되는 사건은 B^c이고 매우 만족, 만족으로 응답할 사건은 각각 A_1, A_2이므로 구하는 확률은 다음과 같다.

$$P(A_1 \cup A_2 \mid B^c) = P(A_1 \mid B^c) + P(A_2 \mid B^c) = \frac{P(A_1 \cap B^c)}{P(B^c)} + \frac{P(A_2 \cap B^c)}{P(B^c)}$$

$$= \frac{0.11}{0.5} + \frac{0.1}{0.5} = \frac{0.21}{0.5} = 0.42$$

5.3.2 확률의 곱셈법칙

확률의 덧셈법칙은 두 사건의 합사건에 대한 확률을 구하는 방법을 제시한다. 반면 두 사건의 곱사건에 대한 확률을 구하는 방법은 확률의 곱셈법칙이다. $P(B) > 0$일 때 조건부확률 $P(A \mid B)$의 정의로부터 다음과 같이 곱사건 $A \cap B$의 확률을 얻을 수 있으며, 이를 확률의 **곱셈법칙**(multiplication law)이라 한다.

$$P(A \cap B) = P(B)P(A \mid B)$$

이에 대해 살펴보기 위해 [표 5-3]과 [표 5-4]를 다시 살펴보자. 임의로 선정된 남자 근로자의 업무 능력이 탁월할 확률 0.06은 남자를 선택할 확률 0.6과 남자를 선정했다는 조건 아래 이 근로자의 업무 능력이 탁월할 확률 0.1의 곱이다. 즉, 임의로 선정한 남자 근로자의 업무 능력이 탁월할 확률은 곱셈법칙에 의해 다음과 같이 구할 수 있다.

$$P(A \cap B_2) = P(A)P(B_2 \mid A) = 0.6 \times 0.1 = 0.06$$

예제 10

다음은 보험회사가 자동차 보험에 가입한 고객 명단을 분석한 결과이다.

- 모든 고객은 적어도 한 대 이상의 자동차 보험에 가입하고 있다.
- 고객 중 65%는 두 대 이상의 자동차 보험에 가입하고 있다.
- 고객 중 15%는 스포츠카 보험에 가입하고 있다.
- 두 대 이상의 자동차 보험에 가입한 고객 중 10%는 스포츠카 보험에 가입하고 있다.

무작위로 선정된 고객이 스포츠카가 아닌 정확히 한 대의 자동차에 대해 보험에 가입했을 확률을 구하라.

풀이

자동차 보험에 가입한 고객 한 명을 임의로 선정했을 때, 이 사람이 두 대 이상의 자동차 보험에 가입했을 사건을 A, 스포츠카 보험에 가입했을 사건을 B라 하자. 선정된 고객이 스포츠카가 아닌 정확히 한 대의 자동차에 대해 보험에 가입했을 사건은 $A^c \cap B^c$이고 $A^c \cap B^c = (A \cup B)^c$이다. 따라서 확률 $P(A^c \cap B^c)$를 구하기 위해 확률 $P(A \cup B)$를 구한 후 여사건의 확률을 계산한다. 우선 스포츠카를 포함하여 두 대 이상의 자동차 보험에 가입했을 확률은 곱셈법칙에 의해 다음과 같다.

$$P(A \cap B) = P(A)P(B \mid A) = 0.65 \times 0.1 = 0.065$$

따라서 $P(A \cup B)$는 다음과 같다.

$$P(A \cup B) = P(A) + P(B) - P(A \cap B) = 0.65 + 0.15 - 0.065 = 0.735$$

여사건의 확률에 의해 구하는 확률은 다음과 같다.

$$P(A^c \cap B^c) = 1 - P(A \cup B) = 1 - 0.735 = 0.265$$

두 사건에 대한 확률의 곱셈법칙은 세 사건 이상으로 확대할 수 있다. 예를 들어 세 사건 A, B, C에 대해 $P(A \cup B) > 0$이라 하자. 사건 $A \cap B$가 일어났다는 조건 아래 사건 C가 일어날 조건부확률은 다음과 같다.

$$P(C \mid A \cap B) = \frac{P((A \cap B) \cap C)}{P(A \cap B)}$$

따라서 세 사건 A, B, C가 동시에 일어날 확률은 곱셈법칙에 의해 다음과 같다.

$$P(A \cap B \cap C) = P(A \cap B)P(C \mid A \cap B)$$

이때 두 사건에 대한 곱셈법칙 $P(A \cap B) = P(A)P(B \mid A)$를 적용하면 세 사건에 대한 곱셈법칙은 다음과 같이 나타낼 수 있다.

$$P(A \cap B \cap C) = P(A)P(B \mid A)P(C \mid A \cap B), \ \ P(A \cap B) > 0$$

[그림 5–10]과 같이 흰색 바둑돌 다섯 개와 검은색 바둑돌 세 개가 들어 있는 주머니에서 바둑돌 두 개를 연속적으로 꺼내는 경우를 생각해보자. 처음에 꺼낸 바둑돌을 주머니 안에 다시 넣고 두 번째 바둑돌을 꺼내는 것처럼 추출했던 것을 되돌려 놓는 추출 방법을 **복원추출**(replacement)이라 하고, 그렇지 않은 추출 방법을 **비복원추출**(without replacement)이라 한다.

주머니에서 차례대로 바둑돌 두 개를 꺼낼 때, 처음에 검은색 바둑돌이 나오고 두 번째로 흰색 바둑돌이 나올 확률을 두 가지 방법으로 구해보자. 처음에 꺼낸 바둑돌이 검은색인 사건을 A, 두 번째로 꺼낸 바둑돌이 흰색인 사건을 B라 하자.

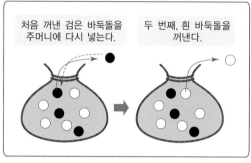

그림 5-10 추출 방법

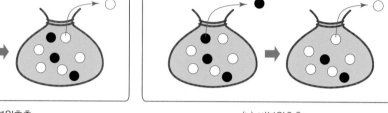

처음 꺼낸 검은 바둑돌을 주머니에 다시 넣는다.

두 번째, 흰 바둑돌을 꺼낸다.

처음 꺼낸 검은 바둑돌을 주머니에 다시 넣지 않는다.

두 번째, 흰 바둑돌을 꺼낸다.

(a) 복원추출

(b) 비복원추출

| 복원추출

우선 처음에 검은색 바둑돌을 꺼낼 확률은 $P(A) = \frac{3}{8}$이다. 복원추출에 의해 바둑돌을 꺼내므로 처음에 꺼낸 검은색 바둑돌을 다시 주머니 안에 넣는다. 그러면 주머니 안에 들어 있는 바둑돌에는 변화가 없으므로 처음에 검은색 바둑돌을 꺼냈다는 조건 아래 두 번째로 흰색 바둑돌을 꺼낼 확률은 $P(B|A) = \frac{5}{8}$이다. 따라서 곱셈법칙에 의해 구하는 확률은 다음과 같다.

$$P(A \cap B) = P(A)P(B|A) = \frac{3}{8} \times \frac{5}{8} = \frac{15}{64}$$

| 비복원추출

복원추출과 마찬가지로 처음에 꺼낸 바둑돌이 검은색일 확률은 $P(A) = \frac{3}{8}$이다. 비복원추출에 의해 바둑돌을 꺼내므로 처음에 검은색 바둑돌을 꺼냈다면 주머니에는 흰색 바둑돌 다섯 개와 검은색 바둑돌 두 개가 남아 있을 것이다. 즉, 두 번째로 흰색 바둑돌을 꺼낼 확률은 $P(B|A) = \frac{5}{7}$이다. 따라서 곱셈법칙에 의해 구하는 확률은 다음과 같다.

$$P(A \cap B) = P(A)P(B|A) = \frac{3}{8} \times \frac{5}{7} = \frac{15}{56}$$

예제 11

남자 15명과 여자 5명으로 구성된 모임에서 임의로 임원 2명을 선출할 때, 남자와 여자를 각각 한 명씩 선출할 확률을 구하려고 한다. 이 확률을 다음 방법으로 구하라.
(a) 경우의 수를 이용한다.
(b) 곱셈법칙을 이용한다.

풀이

(a) 전체 20명 중 두 명을 선출하는 경우의 수는 $_{20}C_2 = \frac{20!}{2! \times 18!} = 190$이고 남자와 여자가 각각 한 명씩 선출되는 경우

의 수는 $_{15}C_1 \times {}_5C_1 = \dfrac{15!}{1! \times 14!} \times \dfrac{5!}{1! \times 4!} = 75$이다. 그러므로 남자와 여자를 각각 한 명씩 선출할 확률은 $\dfrac{75}{190} = \dfrac{15}{38}$이다.

(b) 남자와 여자를 각각 한 명씩 선출하는 방법은 두 가지가 있다. 먼저 남자를 뽑고 나중에 여자를 뽑는 방법과 먼저 여자를 뽑고 나중에 남자를 뽑는 방법이다. 남자를 뽑는 사건을 A, 여자를 뽑는 사건을 B라 하자. 곱셈법칙을 이용하여 확률 $P(A \cap B)$를 구해보자.

① 처음에 남자를 뽑을 확률은 $P(A) = \dfrac{15}{20}$이고, 이 조건 아래 두 번째로 여자를 뽑을 확률은 $P(B|A) = \dfrac{5}{19}$이다. 따라서 먼저 남자를 뽑고 나중에 여자를 뽑을 확률은 다음과 같다.

$$P(A)P(B|A) = \frac{15}{20} \times \frac{5}{19} = \frac{75}{380}$$

② 처음에 여자를 뽑을 확률은 $P(B) = \dfrac{5}{20}$이고, 이 조건 아래 두 번째로 남자를 뽑을 확률은 $P(A|B) = \dfrac{15}{19}$이다. 따라서 처음에 여자를 뽑고 나중에 남자를 뽑을 확률은 다음과 같다.

$$P(B)P(A|B) = \frac{5}{20} \times \frac{15}{19} = \frac{75}{380}$$

그러므로 남자와 여자를 각각 한 명씩 선출할 확률은 다음과 같다.

$$P(A \cap B) = P(A)P(B|A) + P(B)P(A|B)$$
$$= \frac{75}{380} + \frac{75}{380} = \frac{75}{190} = \frac{15}{38}$$

5.3.3 독립사건

주사위와 동전을 동시에 반복해서 던지는 실험을 생각해보자. 이 실험에 대한 표본공간은 다음과 같고 결합확률표는 [표 5–5]와 같다.

$$S = \{(\text{H}, i), (\text{T}, i) \mid i = 1, 2, \cdots, 6\}$$

표 5-5 주사위와 동전 실험의 결합확률표

주사위 / 동전	1	2	3	4	5	6	주변확률
H	$\dfrac{1}{12}$	$\dfrac{1}{12}$	$\dfrac{1}{12}$	$\dfrac{1}{12}$	$\dfrac{1}{12}$	$\dfrac{1}{12}$	$\dfrac{1}{2}$
T	$\dfrac{1}{12}$	$\dfrac{1}{12}$	$\dfrac{1}{12}$	$\dfrac{1}{12}$	$\dfrac{1}{12}$	$\dfrac{1}{12}$	$\dfrac{1}{2}$
주변확률	$\dfrac{1}{6}$	$\dfrac{1}{6}$	$\dfrac{1}{6}$	$\dfrac{1}{6}$	$\dfrac{1}{6}$	$\dfrac{1}{6}$	1

동전의 앞면이 나오는 사건을 A, 주사위의 눈의 수가 3인 사건을 B라 하자. 그러면 두 사건의 확률은 각각 다음과 같다.

$$P(A) = \frac{1}{2}, \ P(B) = \frac{1}{6}$$

동전의 앞면이 나왔다는 조건 아래 주사위의 눈의 수가 3일 확률을 구해보자. 두 사건이 동시에 일어나는 사건은 $A \cap B = \{(H, 3)\}$이고 $P(A \cap B) = \frac{1}{12}$이다. 따라서 동전의 앞면이 나왔다는 조건 아래 주사위의 눈의 수가 3일 확률과 동전의 결과에 상관없이 주사위의 눈의 수가 3일 확률은 다음과 같이 동일하다.

$$P(B \mid A) = \frac{P(A \cap B)}{P(A)} = \frac{\frac{1}{12}}{\frac{1}{2}} = \frac{1}{6} = P(B)$$

마찬가지로 주사위의 눈의 수가 3이라는 조건 아래 동전의 앞면이 나올 확률과 주사위의 눈의 수에 상관없이 동전의 앞면이 나올 확률은 동일하다.

$$P(A \mid B) = \frac{P(A \cap B)}{P(B)} = \frac{\frac{1}{12}}{\frac{1}{6}} = \frac{1}{2} = P(A)$$

사실 동전과 주사위를 함께 던질 때 동전의 앞면이 나오든 뒷면이 나오든 주사위에 아무런 영향을 미치지 않기 때문에 이 결과를 당연하게 여길 것이다. 이와 같이 어떤 사건 A의 발생 여부가 다른 사건 B의 발생에 아무런 영향을 미치지 않을 때, 즉 다음이 성립할 때 두 사건 A와 B는 **독립**(independent)이라 한다.

$$P(B \mid A) = P(B), \ P(A) > 0$$

독립이 아닌 두 사건, 즉 $P(A) > 0$일 때 $P(B \mid A) \neq P(B)$인 두 사건 A와 B는 **종속**(dependent)이라 한다. 곱셈법칙에 의하여 $P(A \cap B) = P(A)P(B \mid A)$이므로 두 사건 A와 B가 독립일 필요충분조건은 다음과 같다. 즉, 독립인 두 사건에 대한 다음 곱셈법칙을 얻는다.

사건 A와 사건 B가 독립이다. $\Leftrightarrow$ $P(A \cap B) = P(A)P(B)$

두 사건의 독립성은 세 개의 사건 A, B, C에도 적용할 수 있다.

세 사건 A, B, C가 독립이다. $\Leftrightarrow$ $P(A \cap B \cap C) = P(A)P(B)P(C)$

예제 12

다음은 어떤 기업의 인사과에서 100명의 근로자에 대해 성별에 따른 업무 능력을 조사한 결과이다. 이 기업에서 근무하는 근로자 한 명을 임의로 선정했을 때 다음을 구하라(단, 단위는 명이다).

성별 \ 업무 능력	탁월	우수	보통	미약	불능	합계
남자	4	11	28	14	6	63
여자	2	10	14	9	2	37
합계	6	21	42	23	8	100

(a) 이 근로자가 남자일 확률
(b) 이 근로자가 업무 능력이 우수할 확률
(c) 이 근로자가 남자라는 조건 아래 업무 능력이 우수할 확률
(d) 업무 능력과 성별의 독립성

풀이

결합확률표를 작성하면 다음과 같다.

성별 \ 업무 능력	탁월(S)	우수(G)	보통(A)	미약(P)	불능(I)	주변확률
남자(M)	0.04	0.11	0.28	0.14	0.06	0.63
여자(F)	0.02	0.10	0.14	0.09	0.02	0.37
주변확률	0.06	0.21	0.42	0.23	0.08	1.00

(a) 임의로 선정한 근로자가 남자일 확률은 $P(M) = 0.63$이다.
(b) 임의로 선정한 근로자의 능력이 우수할 확률은 $P(G) = 0.21$이다.
(c) 이 근로자가 남자라는 조건 아래 업무 능력이 우수할 확률은 다음과 같다.

$$P(G \mid M) = \frac{P(M \cap G)}{P(M)} = \frac{0.11}{0.63} \approx 0.1746$$

(d) $P(G \mid M) \approx 0.1746 \neq P(G) = 0.21$이므로 업무 능력과 성별은 독립이 아니다.

5.4 ▶ 베이즈 정리

조건부확률의 응용 중 가장 중요한 것으로 베이즈 정리를 생각할 수 있다. 베이즈 정리는 어떤 사건이 발생했을 때, 이 사건이 발생하도록 하는 여러 요인 중 어느 특정한 요인이 작용했을 확률을 계산해 준다. 예를 들어 어느 제조업자는 동일한 원자재를 A, B, C 세 공급자로부터 납

품받는다고 하자. 이 제조업자가 자재 창고에 쌓여 있는 원자재 하나를 선택했는데 이것이 불량품이라고 하면, 제조업자는 어느 공급자로부터 이 원자재를 납품받았는지 알고 싶을 것이다. 이와 같이 불량품을 발견했을 때 그 원인이 되는 세 공급자 중 특정 공급자가 납품했을 확률을 계산하는 상황에 베이즈 정리를 사용한다. 이번 절에서는 베이즈 정리의 기초가 되는 전확률 공식과 베이즈 정리에 대해 살펴본다.

5.4.1 전확률 공식

세 사건 A_1, A_2, A_3 중 어느 두 사건을 택하더라도 그 두 사건이 서로 배반이고 이 세 사건의 합사건이 표본공간이 된다고 하자. 즉, 세 사건 A_1, A_2, A_3이 다음 두 조건을 만족할 때, 이 세 사건을 표본공간 S의 **분할**(partition)이라 한다.

- $A_i \cap A_j = \varnothing,\ i \neq j,\ \ i, j = 1, 2, 3$
- $S = A_1 \cup A_2 \cup A_3$

[그림 5-11]과 같이 표본공간 S의 분할인 세 사건 A_1, A_2, A_3을 이용하여 임의의 사건 B는 쌍마다 배반인 세 사건 $B \cap A_1$, $B \cap A_2$, $B \cap A_3$으로 분할된다.

그림 5-11 표본공간의 분할

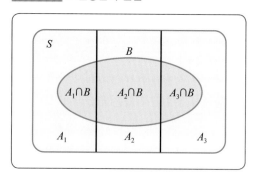

따라서 사건 B의 확률은 덧셈법칙에 의해 다음과 같다.

$$P(B) = P(B \cap A_1) + P(B \cap A_2) + P(B \cap A_3)$$

여기서 우변의 세 결합확률에 곱셈법칙을 적용하면 각각 다음과 같다.

$$P(B \cap A_i) = P(A_i)P(B \mid A_i),\ \ i = 1, 2, 3$$

따라서 사건 B의 확률을 다음과 같이 구할 수 있다.

$$P(B) = P(A_1)P(B \mid A_1) + P(A_2)P(B \mid A_2) + P(A_3)P(B \mid A_3)$$

이것을 쌍마다 배반인 사건 $A_1, A_2, \cdots, A_n$에 적용하면 다음과 같으며, **전확률 공식**(formula of total probability)이라 한다.

$$P(B) = P(A_1)P(B \mid A_1) + P(A_2)P(B \mid A_2) + \cdots + P(A_n)P(B \mid A_n)$$

예제 13

어느 회사는 자율에 의한 신입사원 연수 프로그램을 실시한다. 이 프로그램에 참가한 신입사원이 할당된 생산량을 달성할 확률은 0.95이고 참가하지 않은 신입사원이 할당된 생산량을 달성할 확률은 0.43이다. 신입사원의 86%가 자율적으로 이 프로그램에 참가했을 때, 임의로 선정한 신입사원이 할당된 생산량을 달성할 확률을 구하라.

풀이

임의로 선정한 신입사원이 프로그램에 참가하는 사건을 A, 할당된 생산량을 달성하는 사건을 B라 하면 $P(A) = 0.86$, $P(A^c) = 0.14$이다. 이 신입사원이 연수 프로그램에 참가했을 때 할당된 생산량을 달성할 확률은 $P(B \mid A) = 0.95$이고, 참가하지 않았을 때 할당된 생산량을 달성할 확률은 $P(B \mid A^c) = 0.43$이다. 따라서 전확률 공식에 의해 구하는 확률은 다음과 같다.

$$P(B) = P(A)P(B \mid A) + P(A^c)P(B \mid A^c)$$
$$= 0.86 \times 0.95 + 0.14 \times 0.43 = 0.8772$$

5.4.2 베이즈 정리

[예제 13]에서 임의로 선정한 신입사원이 할당된 생산량을 달성했다고 하자. 그러면 이 신입사원이 연수 프로그램에 참가하여 생산량을 달성했을 수 있지만 그렇지 않았을 수도 있다. 생산량을 달성한 사건을 발생시킬 가능성은 연수 프로그램에 참가하는 경우와 참가하지 않은 경우로 나누어 생각할 수 있다. 신입사원이 목표 생산량을 달성했다는 조건 아래 이 사원이 연수 프로그램에 참가했을 확률은 다음과 같다.

$$P(A \mid B) = \frac{P(A \cap B)}{P(B)} = \frac{P(A)P(B \mid A)}{P(B)} = \frac{0.86 \times 0.95}{0.8772} \approx 0.9314$$

동일한 조건 아래 이 사원이 연수 프로그램에 참가하지 않았을 확률은 다음과 같다.

$$P(A^c \mid B) = \frac{P(A^c \cap B)}{P(B)} = \frac{P(A^c)P(B \mid A^c)}{P(B)} = \frac{0.14 \times 0.43}{0.8772} \approx 0.0686$$

이와 같이 어떤 사건이 발생했다는 조건 아래 이 사건이 발생하는 데 어떤 특정한 요인이 작용했을 확률을 구하는 방법을 살펴본다. 이를 위해 사건 $A_1, A_2, \cdots, A_n$이 표본공간 S의 분할이라 하고 $P(B) > 0$인 어떤 사건 B가 발생했다고 하자. 이때 사건 $A_1, A_2, \cdots, A_n$은 사건 B가 발생하는 요인으로 작용하는 사전에 알려진 사건들이다. 예를 들어 사건 B는 임의로 선정한 신입 사원이 할당된 생산량을 달성하는 사건이고 A_1은 연수 프로그램에 참가하는 사건, A_2는 연수 프로그램에 참가하지 않는 사건을 의미한다.

이제 사건 B가 발생했다는 조건 아래 이 사건이 사전에 주어진 사건 A_i에 의해 발생했을 조건부확률 $P(A_i \mid B)$를 구해보자. 우선 조건부확률의 정의에 의해 다음이 성립한다.

$$P(A_i \mid B) = \frac{P(A_i \cap B)}{P(B)}$$

분자의 확률 $P(A_i \cap B)$는 곱셈공식에 의해 $P(A_i \cap B) = P(A_i)P(B \mid A_i)$이고 분모의 확률 $P(B)$는 전확률 공식에 의해 다음과 같이 표현할 수 있다.

$$P(B) = P(A_1)P(B \mid A_1) + P(A_2)P(B \mid A_2) + \cdots + P(A_n)P(B \mid A_n)$$

따라서 조건부확률 $P(A_i \mid B)$는 다음과 같다.

$$P(A_i \mid B) = \frac{P(A_i)P(B \mid A_i)}{P(A_1)P(B \mid A_1) + P(A_2)P(B \mid A_2) + \cdots + P(A_n)P(B \mid A_n)}$$

이것을 **베이즈 정리**(Bayes' theorem)라 하며, 사건 B의 발생 원인으로 알려진 사건들의 확률 $P(A_i)$를 **사전확률**(prior probability), 사건 B가 발생한 이후의 확률 $P(A_i \mid B)$를 **사후확률** (posterior probability)이라 한다. 베이즈 정리는 사전확률들 $P(A_i)$가 미미한 정보에 기초하여 추측되는 경우 더 많은 정보를 수집하는 수단으로 쓸 수 있다는 점에서 의사결정론에서 매우 폭넓게 사용한다.

예제 14

다음은 250명의 성인을 대상으로 흡연과 고혈압의 관계를 연구하여 얻은 결과이다. 이 중 임의로 한 사람을 선정했을 때, 물음에 답하라(단, 단위는 명이다).

구분	비흡연자	적당한 흡연자	심한 흡연자
고혈압 환자	27	39	43
저혈압 환자	10	16	22
정상인	53	28	12

(a) 선정한 사람이 심한 흡연자일 확률을 구하라.
(b) 선정한 사람이 고혈압 환자일 확률을 구하라.
(c) 선정한 사람이 고혈압 환자일 때, 이 사람이 비흡연자일 확률을 구하라.

풀이

임의로 선정한 사람이 비흡연자, 적당한 흡연자, 심한 흡연자인 사건을 각각 N, M, H라 하고, 고혈압 환자, 저혈압 환자, 정상인인 사건을 각각 A, B, C라 하여 결합확률표를 다음과 같이 작성한다.

구분	N	M	H	주변확률
A	0.108	0.156	0.172	0.436
B	0.040	0.064	0.088	0.192
C	0.212	0.112	0.048	0.372
주변확률	0.360	0.332	0.308	1.000

(a) $P(H) = P(H \cap A) + P(H \cap B) + P(H \cap C) = 0.308$

(b) $P(A) = P(A \cap N) + P(A \cap M) + P(A \cap H) = 0.436$

(c) $P(N|A) = \dfrac{P(N \cap A)}{P(A)} = \dfrac{0.108}{0.436} \approx 0.2477$

개념문제

1. 어떤 통계적 목적 아래 관찰값이나 측정값을 얻는 일련의 과정을 무엇이라 하는가?

2. 확률 실험이 갖추어야 할 세 가지 기본 조건은 무엇인가?

3. 확률 실험에서 나타날 수 있는 모든 결과를 나열한 집합을 무엇이라 하는가?

4. 표본공간을 이루는 개개의 실험 결과 또는 원소를 무엇이라 하는가?

5. 표본점이 하나도 없는 사건을 무엇이라 하는가?

6. 서로 다른 n개 중 r개를 택하여 순서대로 나열하는 것을 무엇이라 하는가?

7. 서로 다른 n개 중 순서를 무시하고 r개를 택하는 것을 무엇이라 하는가?

8. 고전적 확률의 기본 조건은 무엇인가?

9. 두 사건 A, B에 대해 A 또는 B가 나타나는 사건을 무엇이라 하는가?

10. 두 사건 A, B에 대해 A와 B가 동시에 나타나는 사건을 무엇이라 하는가?

11. 공통인 표본점을 갖지 않는 두 사건을 무엇이라 하는가?

12. 결합확률표에서 행 또는 열을 따라 결합확률을 더한 확률을 무엇이라 하는가?

13. 어떤 사건이 일어났다는 조건 아래 다른 사건이 일어날 확률을 무엇이라 하는가?

14. 처음에 꺼낸 바둑돌을 주머니 안에 다시 넣고 두 번째 바둑돌을 꺼내는 추출 방법을 무엇이라 하는가?

15. 어떤 사건의 발생 여부가 다른 사건의 발생에 아무런 영향을 미치지 않을 때, 이 두 사건을 무엇이라 하는가?

16. 사건이 발생했을 때 원인으로 작용하는 사건들의 확률을 무엇이라 하는가?

연습문제

1. 다음 수를 구하라.
   (a) $6!$ (b) $_6P_3$ (c) $_4P_4$

2. 다음 수를 구하라.
   (a) $_4C_0$ (b) $_4C_4$ (c) $_4C_1$ (d) $_4C_3$

3. 15대의 휴대전화 중 불량품이 2대 포함되어 있다고 할 때, 다음을 구하라.
   (a) 15대 중 임의로 휴대전화 3대를 선택하는 방법의 수
   (b) 15대 중 양호한 휴대전화 3대를 선택하는 방법의 수
   (c) 15대 중 양호한 모바일 2대와 불량품 1대를 선택하는 방법의 수

4. 주머니 안에 1, 2, 3, 4의 숫자가 각각 적힌 공 4개가 들어 있다. 물음에 답하라.
   (a) 비복원추출에 의해 차례대로 두 개의 공을 꺼내는 경우의 표본공간을 구하라.
   (b) 복원추출에 의해 차례대로 두 개의 공을 꺼내는 경우의 표본공간을 구하라.

5. 통계학을 수강하는 학생 50명의 혈액형을 조사한 결과 A형이 15명, B형이 12명, AB형이 9명, O형이 14명인 것으로 조사됐다. 이 중 임의로 1명을 선정할 때, 선정된 학생의 혈액형이 B형 또는 O형일 확률을 구하라.

6. 다음은 청소년들이 일주일 동안 인터넷을 얼마나 사용하는지 알아보기 위해 50명의 청소년을 표본으로 인터넷 이용 시간을 조사한 결과이다. 이 중 임의로 한 명을 선택했을 때, 다음을 구하라.

이용 시간 (시간)	10 이상 18 이하	19 이상 27 이하	28 이상 36 이하	37 이상 45 이하	46 이상 54 이하	55 이상 63 이하
인원 수	4	6	13	16	10	1

(a) 27시간 이하로 사용할 확률

(b) 19시간 이상 45시간 이하로 사용할 확률

(c) 46시간 이상 사용할 확률

7. 어느 방 안에 5명이 있을 때, 이들 중 생일이 같은 사람이 2명 이상일 확률을 구하라.

8. 4명으로 구성된 그룹에서 적어도 2명의 생일이 같은 요일일 확률을 구하라.

9. 주사위를 네 번 던질 때, 처음 나온 눈의 수가 1이 아닐 확률을 구하라.

10. 어느 학생이 경영학원론 과목에서 A학점을 받을 가능성이 70%, 재무관리 과목에서 A학점을 받을 가능성이 85%, 경영학원론이나 재무관리에서 A학점을 받을 가능성이 90%라고 한다. 물음에 답하라.

    (a) 이 학생이 두 과목에서 모두 A학점을 받을 확률을 구하라.

    (b) 이 학생이 재무관리에서만 A학점을 받을 확률을 구하라.

11. 마케팅 표본조사 결과, 조사 대상자의 55%가 A 회사 제품을 선호하였고 43%는 B 회사 제품을 선호하였으며, 22%는 두 회사 제품을 모두 선호하였다. 임의로 선정한 사람이 A 회사나 B 회사 제품만을 선호할 확률을 구하라.

12. 어느 도시에 공급되는 상수도를 조사하면 두 종류의 불순물이 공통적으로 발견된다고 한다. 상수도의 20%는 아무런 불순물도 포함되지 않았고, A형의 불순물이 발견된 상수도는 45%, B형의 불순물이 발견된 상수도는 55%이었다. 한 도시를 임의로 선택하여 불순물을 조사할 때, 오로지 한 종류의 불순물만 발견될 확률을 구하라.

13. 어느 건설업자는 신도시 건설 프로젝트에 필요한 중고 덤프트럭을 매입하려고 한다. 이 업자가 이전에 중고 덤프트럭을 구입한 경험에 따르면, 각 덤프트럭을 적어도 6개월 이상 사용할 수 있을 확률은 65%이다. 이 업자가 새로운 신도시 건설을 위해 중고 덤프트럭 네 대를 구입했을 때, 물음에 답하라.

    (a) 6개월 후에도 사용할 수 있는 덤프트럭의 대수에 대한 표본공간을 구하라.

    (b) 한 대의 덤프트럭만이 6개월 후에도 사용할 수 있을 확률을 구하라.

    (c) 두 대의 덤프트럭을 6개월 후에도 사용할 수 있을 확률을 구하라.

14. 어느 회사는 국가에서 실시하는 두 프로젝트 공모에 동시에 지원한다. 두 프로젝트 중 하나라도 선정될 확률은 0.8이고 두 프로젝트 모두 선정될 확률은 0.3이라 한다. 두 프로젝트 중 하나만 선정될 확률을 구하라.

15. 마케팅 표본조사 결과, 조사 대상자의 75%가 자동차를 소유하고 있고 35%는 집을 갖고 있으며, 27%는 자동차와 집을 모두 소유하고 있었다. 임의로 선정한 사람이 자동차나 집 중 어느 하나만 소유하고 있을 확률을 구하라.

16. 그림과 같은 교차로에서 좌회전 차로를 디자인할 때, 원활한 교통을 위해 좌회전 차로의 길이를 결정하는 것은 매우 중요하다. 다음은 이 목적 아래 일주일 동안 교통량이 많은 출퇴근 시간대에 해당 교차로에서 좌회전하기 위해 기다리는 차량의 대수를 관찰한 것이다. 물음에 답하라.

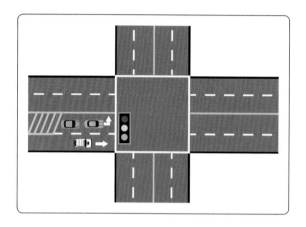

| 4 | 5 | 7 | 9 | 8 | 7 | 8 | 7 | 7 | 2 | 3 | 9 | 5 | 8 | 7 | 7 | 6 | 8 | 4 | 5 | 9 | 7 | 6 | 5 | 3 |
| 5 | 8 | 2 | 6 | 9 | 0 | 8 | 4 | 6 | 2 | 8 | 5 | 2 | 6 | 8 | 9 | 5 | 1 | 5 | 9 | 4 | 7 | 5 | 7 | 7 |

(a) 차량의 대수에 대한 도수분포표를 작성하라.

(b) 출퇴근 시간대 중 임의의 시각에 좌회전하기 위해 기다리는 차량이 5대 이상일 확률을 상대 도수를 이용하여 구하라.

17. 혈압과 심장박동의 관계를 연구하고 있는 의사가 자신의 환자를 대상으로 혈압 상태(정상, 고혈압, 저혈압)와 심박 상태(정상, 비정상)를 조사하여 다음 결과를 얻었다. 환자들 중 임의로 한 명을 선정할 때, 물음에 답하라.

> • 전체 환자 중 14%는 고혈압이고, 22%는 저혈압이다.
> • 전체 환자 중 15%는 심박이 비정상이다.
> • 심박 상태가 비정상인 환자 중 $\frac{1}{3}$이 고혈압이다.
> • 정상 혈압을 가진 환자 중 $\frac{1}{8}$은 심박 상태가 비정상이다.

(a) 선정된 환자의 심박 상태가 정상이지만 고혈압일 확률을 구하라.

(b) 선정된 환자가 고혈압일 때, 이 환자의 심박 상태가 정상일 확률을 구하라.

18. 50개의 볼펜이 들어 있는 상자에 불량품 5개가 들어 있다. 다음과 같은 방법으로 이 상자에서 볼펜 2개를 임의로 꺼낼 때, 2개 모두 불량품일 확률을 구하라.

(a) 복원추출   (b) 비복원추출

19. 8명의 남학생과 7명의 여학생이 있는 교실에서 한 교사가 비복원추출에 의해 3명의 학생을 무작위로 선정할 때, 남학생의 수가 여학생의 수보다 많을 확률을 구하라.

20. 고층 건물의 붕괴는 불충분한 지지대 또는 과도한 침하의 두 가지 원인에 기인한다. 불충분한 지지대와 과도한 침하에 의해 붕괴되는 사건을 각각 A, B라 할 때, $P(A) = 0.002$, $P(B) = 0.007$, $P(A \mid B) = 0.12$라 하자. 물음에 답하라.

(a) 고층 건물이 붕괴할 확률을 구하라.

(b) 과도한 침하에 의해서만 붕괴할 확률을 구하라.

(c) 어느 한 원인에 의해서만 붕괴할 확률을 구하라.

21. 다음은 어느 제약 회사의 영업사원 450명에 대해 판매 능력과 승진에 대한 잠재 능력을 각각 세 단계로 분석한 결과이다. 물음에 답하라.

판매 능력 \ 승진 잠재력	나쁨(F)	좋음(G)	뛰어남(E)	합계
평균 아래(B)	24	65	14	103
평균(A)	57	147	48	252
평균 위(U)	35	38	22	95
합계	116	250	84	450

(a) $P(E)$를 구하라.

(b) $P(E \cap B)$, $P(E \cap A)$, $P(E \cap U)$를 구하라.

(c) $P(E \mid B)$, $P(E \mid A)$, $P(E \mid U)$를 구하라.

(d) $P(A \cap G)$를 구하라.

(e) $P(A)P(G \mid A)$, $P(G)P(A \mid G)$를 구하라.

(f) (d), (e)를 이용하여 $P(A \cap G)$의 계산에 대해 설명하라.

22. 에이즈(AIDS) 검사로 널리 사용되는 방법으로 ELISA 검사가 있다. 다음은 이 검사 방법으로 100,000명의 에이즈 감염 여부를 검사한 결과이다. 검사를 받은 사람들 중 임의로 한 명을 선정했을 때, 다음을 구하라.

구분	에이즈 보균자 수	에이즈 미보균자 수
양성 반응	4,535	5,255
음성 반응	125	90,085

(a) 선정한 사람이 미보균자일 때, 이 사람이 양성 반응을 보일 확률

(b) 선정한 사람이 보균자일 때, 이 사람이 음성 반응을 보일 확률

23. 많은 심리학자들은 태어난 순서와 자신감 사이에 매우 밀접한 관계가 있다고 한다. 다음은 이 가설을 연구하기 위해 초등학교 어린이 500명을 임의로 선정하여 조사한 결과이다. 500명의 학생 중 임의로 한 명을 선정했을 때, 다음을 구하라(단, 단위는 명이다).

구분	첫째인 경우	첫째가 아닌 경우
자신감이 있다	125	72
자신감이 없다	95	208

(a) 선정한 어린이가 첫째일 확률

(b) 선정한 어린이가 자신감이 있는 어린이일 확률

(c) 선정한 어린이가 첫째일 때, 이 어린이가 자신감이 있는 어린이일 확률

(d) 선정한 어린이가 자신감이 있는 어린이일 때, 이 어린이가 첫째일 확률

24. 어느 5곳의 대학병원 의료팀이 2018년에 사망한 937명의 남자 중 210명의 사망 원인이 심장병과 관련된 것을 합동으로 발견하였다. 937명 중 312명은 어느 한 부모가 심장병으로 고통 받았으며, 이 312명 중 102명이 심장병과 관련된 원인으로 사망한 것으로 나타났다. 사망한 937명의 남자 중 임의로 선정한 사람의 두 부모가 모두 심장병과 관련이 없다는 조건 아래 이 사람이 심장병과 관련된 원인으로 사망했을 확률을 구하라.

25. 표는 2006년 7월 통계청에서 공시한 의료 산업에 종사하는 전문직 근로자 자료이다. 의료 산업에 종사하는 근로자 중 임의로 한 근로자를 선정했을 때, 다음을 구하라.

성별\직종	의사	치과의사	한의사	약사	합계
남자(명)	66,254	16,606	13,496	19,364	115,720
여자(명)	15,744	4,738	1,910	34,128	56,520

(a) 선정한 근로자가 여자일 확률

(b) 선정한 근로자가 남자인 치과의사일 확률

(c) 선정한 근로자가 약사일 확률

(d) 선정한 근로자가 여자일 때, 이 여자가 약사일 확률

(e) 선정한 근로자가 약사일 때, 이 사람이 여자일 확률

26. 어떤 교차로는 직진하는 차량이 우회전하는 차량의 두 배 정도로 많으며, 좌회전하는 차량은 우회전하는 차량의 $\frac{1}{2}$이라 한다. 물음에 답하라.

(a) 교차로에 접근하는 어떤 차량이 직진, 좌회전, 우회전할 확률을 각각 구하라.

(b) 교차로에 접근하는 어떤 차량이 회전한다고 할 때, 이 차량이 좌회전할 확률을 구하라.

27. 어떤 질병의 증상이 나타나는 시기에 이 질병이 있는 사람 중 97%가 혈액검사에서 양성 반응을 보였으며, 질병이 없는 사람 중 0.5%가 동일한 혈액검사에서 양성 반응을 보였다고 한다. 또한 전체 국민 중 이 질병이 있는 사람의 비율이 1.5%라고 한다. 전체 국민 중 임의로 선정된 한 사람이 양성 반응을 보였다는 조건 아래 선정된 사람이 이 질병이 있을 확률을 구하라.

28. 어떤 생명보험회사의 계리인실에서는 다음 사실에 주목하고 있다. 물음에 답하라.

> • 생명보험 가입자 중 10%는 흡연가이다.
> • 15%는 심박 상태가 비정상이다.
> • 보험 가입 기간 안에 흡연가가 사망할 확률은 5%이다.
> • 보험 가입 기간 안에 비흡연가가 사망할 확률은 1%이다.

(a) 임의로 선정한 보험 가입자가 가입 기간 안에 사망할 확률을 구하라.
(b) 보험 가입자가 사망했다고 할 때, 이 가입자가 흡연가일 확률을 구하라.

29. 앞면이 나올 가능성이 $\frac{2}{3}$인 찌그러진 동전을 독립적으로 두 번 던질 때, 다음을 구하라.
(a) 앞면이 한 번도 나오지 않을 확률
(b) 앞면이 한 번만 나올 확률
(c) 앞면이 두 번 나올 확률

30. 같은 동전을 네 번 던지는 게임에서 처음에 앞면이 나오는 사건을 A, 세 번째 뒷면이 나오는 사건을 B, 앞면이 한 번만 나오는 사건을 C라 할 때, 다음을 구하라.
(a) 두 사건들 A와 B, B와 C, C와 A의 독립성
(b) 세 사건 A와 B와 C의 독립성

31. 적십자사에서 발간한 〈2012 혈액사업 통계연보〉에 따르면 헌혈한 우리나라 사람들 중 Rh+ O형은 27.3%라 한다. 우리나라 국민 중 서로 연고가 없는 네 명을 임의로 선택했을 때, 다음을 구하라.
(a) 네 명 모두 Rh+ O형일 확률
(b) 네 명 중 아무도 Rh+ O형이 아닐 확률
(c) 적어도 한 명이 Rh+ O형일 확률

32. 다음은 어느 대형 마트 관리부서에서 이 마트를 이용하는 고객의 지불 방법을 조사한 결과이다. 물음에 답하라.

성별＼지불 방법	신용카드	현금	직불카드	상품권
남자	40%	12%	1%	0%
여자	25%	15%	5%	2%

(a) 계산대에 있는 고객이 현금으로 지불할 확률을 구하라.

(b) 계산대에 있는 여자 고객이 현금으로 지불할 확률을 구하라.

(c) 계산대에 여자 고객이 있을 때, 이 고객이 현금으로 지불할 확률을 구하라.

33. 어느 공장에서 지난해 발생한 사고를 분석했더니 다음과 같이 근로 환경, 근로자의 부주의, 기계의 결함에 의해 발생했다는 것을 알게 됐다. 근로자의 근무 시간인 1교대(09:00~17:00), 2교대(17:00~01:00), 3교대(01:00~09:00)도 한 요인이었다. 지난해 발생한 사고 중 임의로 한 사례를 선정했을 때, 물음에 답하라.

사고 이유 / 근무 시간	근로 환경	근로자의 부주의	기계의 결함
1교대	3%	23%	2%
2교대	5%	28%	1%
3교대	6%	29%	3%

(a) 선정한 사고가 각 근무 시간대에 발생했을 확률을 구하라.

(b) 선정한 사고가 근로자의 부주의에 의해 발생했을 확률을 구하라.

(c) 근로자의 부주의에 의해 사고가 발생했을 때, 이 사고가 1교대 시간대에서 발생했을 확률을 구하라.

34. 어느 도시는 두 발전소 A와 B로부터 전력을 공급받는다. 각 발전소는 이 도시의 평균 전력량을 충분히 공급하고 있다. 하루 중 피크 시간대에 적어도 한 발전소의 전력 공급이 중단되면 도시 전체가 정전된다. 두 발전소 A와 B의 전력 공급이 중단될 확률은 각각 0.02, 0.005이고 두 발전소의 공급이 모두 중단될 확률은 0.0007일 때, 다음을 구하라.

(a) 어느 날 두 발전소 중 어느 한 곳의 전력 공급이 중단됐을 때, 다른 발전소의 전력 공급도 중단될 확률

(b) 도시 전체가 정전될 확률

(c) 도시 전체가 정전됐을 때, 발전소 A의 전력 공급만 중단됐을 확률

35. 스톡옵션의 변동에 대한 가장 간단한 모델은 스톡 가격이 매일 1단위만큼 오를 확률이 $\frac{2}{3}$이고 떨어질 확률이 $\frac{1}{3}$이며, 그날그날의 변동은 독립이라고 가정하는 것이다. 이 모델에 따라 물음에 답하라.

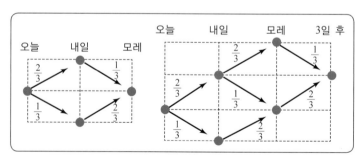

(a) 이틀 후 스톡 가격이 처음과 동일할 확률을 구하라.

(b) 3일 후 스톡 가격이 1단위만큼 오를 확률을 구하라.

(c) 3일 후 스톡 가격이 1단위만큼 올랐을 때, 첫날 올랐을 확률을 구하라.

36. 근로자가 어떤 기계를 사용 설명서에 따라 운용할 때 오작동이 발생할 확률은 1%이고 그렇지 않을 때 오작동이 발생할 확률은 4%이다. 시간이 부족한 관계로 근로자가 설명서를 완벽히 숙지하지 못하여 기계를 정확하게 운용할 가능성이 80%밖에 되지 않는다. 이 근로자에 의해 기계에 오작동이 발생할 확률을 구하라.

37. 어느 도시에 거주하는 초보 운전자의 60%가 운전 교육을 받았다. 처음 1년간 운전 교육을 받지 않은 초보 운전자가 사고를 낼 확률이 8%이고 운전 교육을 받은 초보 운전자가 사고를 낼 확률은 5%라고 할 때, 물음에 답하라.

(a) 처음 1년간 초보 운전자가 사고를 내지 않았을 확률을 구하라.

(b) 처음 1년간 초보 운전자가 사고를 내지 않았을 때, 이 운전자가 운전 교육을 받았을 확률을 구하라.

38. 다음은 지난 몇 년 동안 해고된 근로자의 연령에 따른 해고 이유를 분석한 결과이다. 물음에 답하라.

연령 해고 이유	20대	30대	40대	50대	60대 이상
회사 파산	0.015	0.033	0.047	0.031	0.005
정리 해고	0.024	0.034	0.051	0.053	0.074
산재 해고	0.061	0.043	0.026	0.015	0.009
징계 해고	0.001	0.001	0.003	0.002	0.001
계약 만료	0.114	0.105	0.103	0.101	0.048

(a) 20~30대의 근로자가 정리 해고될 확률을 구하라.

(b) 50대 이상이 해고될 확률을 구하라.

(c) 계약 만료에 의해 해고되었다고 할 때, 해고된 근로자의 연령이 20~30대일 확률을 구하라.

39. 지난 5년 동안 어떤 단체에 가입한 사람을 대상으로 건강에 대한 연구가 이루어져 왔다. 연구 초기에 흡연 정도에 따라 담배를 많이 피우는 사람, 적게 피우는 사람, 전혀 담배를 피우지 않는 사람의 비율이 각각 20%, 30%, 50%라는 결과가 나왔다. 5년의 연구 기간에 담배를 적게 피우는 사람은 전혀 피우지 않는 사람의 두 배가 사망했고 많이 피우는 사람에 비해선 절반만이 사망했다. 임의로 선정한 회원이 연구 기간에 사망했을 때, 이 회원이 담배를 많이 피우는 사람이었을 확률을 구하라.

1. 그림과 같이 두 고속도로 A와 B가 고속도로 C로 합류된다. 두 고속도로 A와 B의 교통량은 동일하지만 혼잡한 시간대에 두 고속도로 A와 B가 혼잡할 확률은 각각 0.2, 0.4이다. 고속도로 A가 혼잡할 때 고속도로 B가 혼잡해질 확률은 0.7이고, 고속도로 B가 혼잡할 때 고속도로 A가 혼잡해질 확률은 0.4이다. 또한 두 고속도로 A와 B가 모두 혼잡하지 않을 때 고속도로 C가 혼잡해질 확률은 0.3이다. 이때 고속도로 C가 혼잡해질 확률을 구하라.

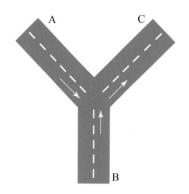

2. 다음은 어느 단체에서 조사한 우리나라 국민에 대한 세대별 학력에 따른 자료를 요약한 비율표이다. 이를 근거로 우리나라 국민 중 한 사람을 임의로 선정했을 때, 다음을 구하라.

세대＼학력	초등학교	중학교	고등학교	전문대	대학교	대학원	미취학
청년	0.0000	0.0030	0.0707	0.0673	0.1680	0.0243	0.0000
중장년	0.0237	0.0437	0.1517	0.0323	0.0627	0.0187	0.0007
노년	0.1243	0.0507	0.0500	0.0050	0.0147	0.0033	0.0853

(a) 세대와 학력에 대한 주변확률
(b) 선정한 사람이 전문대학 이상의 교육을 받았을 확률
(c) 선정한 사람이 초등학교 이상의 교육을 받았을 확률
(d) 선정한 사람이 중장년일 때, 이 사람이 대학 이상의 교육을 받았을 확률
(e) 선정한 사람이 대학 이상의 교육을 받았을 때, 이 사람이 중장년일 확률

CHAPTER

06

이산확률분포

Discrete Probability Distribution

— 6.1 이산확률변수
— 6.2 이산확률분포

5장에서 사건, 확률의 개념과 확률을 계산하는 방법을 살펴봤다.
표본공간을 이루는 표본점은 특성에 따라 분류할 수 있다. 예를 들어 주사위를 한 번 던지는 실험에서
표본공간은 $S = \{1, 2, 3, 4, 5, 6\}$이고 짝수의 눈이 나오는 사건은 눈의 수가 2의 배수라는 특성이 있다.
이때 각 표본점을 X라는 문자로 나타낼 수 있는데, X는 주사위 눈의 수를 나타내며 이것이 바로 확률
변수의 한 예이다.
확률변수는 통계적 추론에서 확률분포를 비롯해 매우 중요한 역할을 한다. 이번 장에서는 확률변수의
개념과 확률을 계산하는 방법을 다룬다.

6.1 이산확률변수

어떤 확률 실험이 이루어졌을 때, 모든 실험 결과의 구성보다 실험 결과로 결정되는 수치에 관심을 가지는 경우가 있다. 예를 들어 한 달 동안 휴대전화에 수신된 일일 스팸 문자 수, 하루 동안 생산된 어떤 제품의 불량품 수를 생각할 때, 우리는 스팸 문자 또는 불량품인 제품보다 그 수치에 관심을 더 갖는다. 이번 절에서는 확률 실험에서 나타나는 이와 같은 수치와 그에 대응하는 사건과 확률 그리고 이 수치들의 평균과 분산을 구하는 방법을 살펴본다.

6.1.1 이산확률변수의 정의

동전을 세 번 반복하여 던지는 확률 실험에 대한 표본공간은 다음과 같다.

$$S = \{\text{HHH, HHT, HTH, THH, HTT, THT, TTH, TTT}\}$$

앞면이 나온 횟수에 관심을 갖는다면 앞면이 나온 횟수에 따라 표본공간을 다음과 같이 분할할 수 있다.

$$\{\text{HHH}\}, \quad \{\text{HHT, HTH, THH}\}, \quad \{\text{HTT, THT, TTH}\}, \quad \{\text{TTT}\}$$

X를 앞면이 나온 횟수라 할 때, 각 사건을 숫자 0, 1, 2, 3과 대응시킬 수 있으며 각 사건을 나타내는 숫자에 대한 확률은 [그림 6-1]과 같다.

그림 6-1 앞면의 개수에 대응하는 숫자와 확률

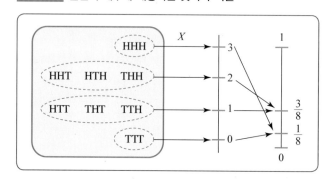

따라서 동전을 세 번 반복하여 던졌을 때 앞면이 나온 횟수를 X라 하면 다음과 같이 X는 각 표본점을 숫자와 대응시키는 역할을 한다.

$$X = 0 \Leftrightarrow \{\text{TTT}\} \qquad\qquad X = 1 \Leftrightarrow \{\text{HTT, THT, TTH}\}$$
$$X = 2 \Leftrightarrow \{\text{HHT, HTH, THH}\} \quad X = 3 \Leftrightarrow \{\text{HHH}\}$$

이와 같이 확률 실험에서 나타나는 개개의 결과를 숫자 하나와 대응시키는 함수를 **확률변수**

(random variable)라 하며, 보통 X와 같은 대문자로 나타낸다. X의 값에 대한 사건과 그 확률은 [표 6-1]과 같다.

표 6-1 동전을 세 번 던져서 앞면이 나오는 사건과 그 확률

X	사건	확률
0	{TTT}	$\dfrac{1}{8}$
1	{HTT, THT, TTH}	$\dfrac{3}{8}$
2	{HHT, HTH, THH}	$\dfrac{3}{8}$
3	{HHH}	$\dfrac{1}{8}$

1의 눈이 나올 때까지 주사위를 던진 횟수를 확률변수 X라 하자. 처음에 1의 눈이 나오면 던진 횟수가 1이므로 이 경우 $X = 1$이다. 처음에 1이 아닌 눈, 즉 2, 3, 4, 5, 6 중 어느 하나가 나오고 두 번째에 1의 눈이 나오면 주사위를 던진 횟수가 2이므로 $X = 2$이다. 이 방법으로 1의 눈이 나올 때까지 주사위를 계속 던진다면 X로 가능한 모든 수는 1, 2, 3, …일 것이고, 이는 무수히 많지만 셈을 할 수 있다. 이와 같이 확률변수 X로 가능한 모든 수가 유한하거나 무한히 많더라도 셈을 할 수 있을 때, 이 확률변수 X를 **이산확률변수**(discrete random variable)라 한다. 프로 골퍼가 한 게임에서 친 공의 개수, 요금소를 빠져나간 자동차의 대수, 보험 설계사가 보험 다섯 상품을 모두 팔 때까지 만난 고객의 수 등은 모두 이산확률변수이다.

예제 1

다음 확률변수가 이산확률변수인지 결정하라.
(a) 하루 동안 휴대전화에 수신된 스팸 문자 수
(b) 통계학 수업을 수강하는 학생 수
(c) 휴대전화 배터리의 수명
(d) 택시 정류장에 도착했을 때 택시를 기다리는 손님 수

풀이

(a) 하루 동안 스팸 문자가 하나도 수신되지 않는 경우부터 무수히 많이 수신되는 경우까지 가능하나 셈을 할 수 있으므로 이는 이산확률변수이다.
(b) 통계학 수업을 수강하는 학생 수는 한정적이므로 이산확률변수이다.
(c) 휴대전화를 새로 구입하거나 교체한 이후 배터리의 수명이 언제 다할지 정확하게 계산할 수 없으므로 셈을 할 수 없는 무한구간이다. 따라서 배터리 수명은 이산확률변수가 아니다.
(d) 택시 정류장에 도착했을 때 택시를 기다리는 손님 수는 없을 수 있고, 있어도 셈을 할 수 있으므로 이산확률변수이다.

6.1.2 확률함수

[표 6-1]의 확률변수 X의 값을 확률과 대응시키면 [표 6-2]를 얻는다.

표 6-2 동전 실험에 대한 확률표

X	0	1	2	3
$P(X=x)$	$\dfrac{1}{8}$	$\dfrac{3}{8}$	$\dfrac{3}{8}$	$\dfrac{1}{8}$

이와 같이 확률변수 X의 값과 대응하는 확률을 나타낸 표를 **확률표**(probability table)라 한다. 또한 확률변수 X에 대한 확률을 다음과 같이 간단히 함수로 표현할 수 있다.

$$p(x) = P(X=x) = \begin{cases} \dfrac{1}{8}, & x=0,\ 3 \\ \dfrac{3}{8}, & x=1,\ 2 \end{cases}$$

이와 같이 확률변수 X의 값을 확률과 대응시키는 함수 $p(x)$를 **확률함수**(probability function)라 한다. 확률변수 X의 값을 $x_1, x_2, \cdots, x_n$이라 하면 이산확률변수 X의 확률함수 $p(x)$는 반드시 다음 두 성질을 갖는다.

> - 모든 x_i에 대하여 $0 \leq p(x_i) \leq 1$이다.
> - $\displaystyle\sum_{i=1}^{n} p(x_i) = 1$

확률표 또는 확률함수를 이용하면 [그림 6-2]와 같이 확률변수 X에 대한 히스토그램을 그릴 수 있으며, 이를 **확률 히스토그램**(probability histogram)이라 한다.

그림 6-2 확률 히스토그램

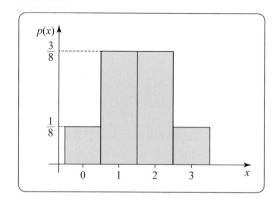

확률변수 X와 대응하는 확률을 확률표 또는 함수 또는 확률 히스토그램으로 표현하는 것을

확률변수 X의 **확률분포**(probability distribution)라 한다. [표 6–1]에서 $X = 1$, $X = 3$인 사건은 각각 {HTT, THT, TTH}, {HHH}이며 두 사건은 서로 배반이다. 이를 일반화하면 X로 가능한 서로 다른 두 수 a, b에 대해 $X = a$, $X = b$에 대한 두 사건은 서로 배반이다. 따라서 확률변수 X의 값들이 어떤 집합 A 안에 있을 확률 $P(X \in A)$는 다음과 같다.

$$P(X \in A) = \sum_{x \in A} p(x)$$

예를 들어 동전을 세 번 던져서 앞면이 두 번 이상 나올 확률은 다음과 같다. 이 확률은 확률 히스토그램 [그림 6–2]에서 $x = 2, 3$인 경우의 두 막대의 넓이의 합과 동일하다.

$$P(X \geq 2) = p(2) + p(3) = \frac{3}{8} + \frac{1}{8} = \frac{1}{2}$$

예제 2

주사위를 두 번 던져서 나온 두 눈의 수의 차에 대한 절댓값을 확률변수 X라 할 때, X의 확률표를 작성하여 두 눈의 수의 차에 대한 절댓값이 2 이상일 확률을 구하라.

풀이

확률변수 X의 값에 대한 사건과 그 확률은 다음과 같다.

X	대응하는 표본점	확률
0	{(1, 1), (2, 2), (3, 3), (4, 4), (5, 5), (6, 6)}	$\frac{6}{36}$
1	{(1, 2), (2, 1), (2, 3), (3, 2), (3, 4), (4, 3), (4, 5), (5, 4), (5, 6), (6, 5)}	$\frac{10}{36}$
2	{(1, 3), (2, 4), (3, 1), (3, 5), (4, 2), (4, 6), (5, 3), (6, 4)}	$\frac{8}{36}$
3	{(1, 4), (2, 5), (3, 6), (4, 1), (5, 2), (6, 3)}	$\frac{6}{36}$
4	{(1, 5), (2, 6), (5, 1), (6, 2)}	$\frac{4}{36}$
5	{(1, 6), (6, 1)}	$\frac{2}{36}$

따라서 확률변수 X의 확률표는 다음과 같다.

X	0	1	2	3	4	5
$P(X = x)$	$\frac{6}{36}$	$\frac{10}{36}$	$\frac{8}{36}$	$\frac{6}{36}$	$\frac{4}{36}$	$\frac{2}{36}$

확률표로부터 두 눈의 수의 차에 대한 절댓값이 2 이상일 확률은 다음과 같다.

$$P(X \geq 2) = 1 - p(0) - p(1) = 1 - \frac{6}{36} - \frac{10}{36} = \frac{20}{36} = \frac{5}{9}$$

특히 임의의 실수 x에 대해 확률 $P(X \leq x)$를 확률변수 X의 **분포함수**(distribution function)라 하며 $F(x)$로 나타낸다. 분포함수는 임의의 실수 x까지 누적된 누적확률을 나타내며, 확률함수를 이용하여 다음과 같이 정의할 수 있다.

$$F(x) = P(X \leq x) = \sum_{u \leq x} p(u)$$

동전을 세 번 던져서 나온 앞면의 횟수인 확률변수 X에 대한 분포함수를 [그림 6-3]을 통해 구해보자.

그림 6-3 확률함수와 임의의 실수 x

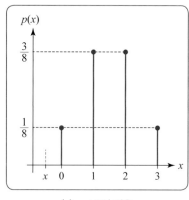

(a) $x < 0$인 경우

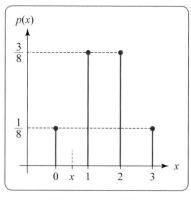

(b) $0 \leq x < 1$인 경우

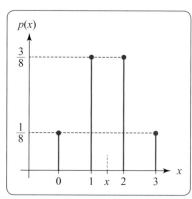

(c) $1 \leq x < 2$인 경우

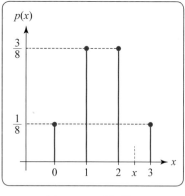

(d) $2 \leq x < 3$인 경우

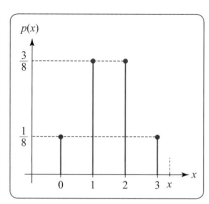

(e) $x \geq 3$인 경우

임의의 실수 x에 대해 누적확률 $P(X \le x)$는 다음과 같다.

❶ $x < 0$이면 $X \le x$일 확률, 즉 누적확률은 0이므로 $P(X \le x) = 0$이다.

❷ $0 \le x < 1$이면 누적확률은 $\frac{1}{8}$이므로 $P(X \le x) = \frac{1}{8}$이다.

❸ $1 \le x < 2$이면 누적확률은 $\frac{1}{8} + \frac{3}{8} = \frac{1}{2}$이므로 $P(X \le x) = \frac{1}{2}$이다.

❹ $2 \le x < 3$이면 누적확률은 $\frac{1}{8} + \frac{3}{8} + \frac{3}{8} = \frac{7}{8}$이므로 $P(X \le x) = \frac{7}{8}$이다.

❺ $x \ge 3$이면 누적확률은 $\frac{1}{8} + \frac{3}{8} + \frac{3}{8} + \frac{1}{8} = 1$이므로 $P(X \le x) = 1$이다.

따라서 확률변수 X의 분포함수 $F(x)$는 다음과 같다.

$$F(x) = \begin{cases} 0, & x < 0 \\ \dfrac{1}{8}, & 0 \le x < 1 \\ \dfrac{1}{2}, & 1 \le x < 2 \\ \dfrac{7}{8}, & 2 \le x < 3 \\ 1, & x \ge 3 \end{cases}$$

6.1.3 기댓값과 분산

[그림 6-2]와 같은 이산확률변수의 확률 히스토그램은 3장에서 살펴본 상대도수 히스토그램과 유사한 것을 알 수 있다. 단지 상대도수 히스토그램은 표본으로 얻은 n개의 자료로 이루어진 표본에 대한 상대도수를 나타낸 것이고, 확률 히스토그램은 발생할 수 있는 모든 경우(모집단)에 대한 확률을 설명한다는 것이다. 그러나 고전적 확률 개념으로 보면 상대도수는 확률을 나타내므로 두 히스토그램은 동일한 의미로 생각할 수 있다. 상대도수 히스토그램의 경우 중심위치를 나타내는 척도로 표본평균 $\bar{x}$를, 표본평균을 중심으로 밀집되거나 퍼지는 정도를 나타내는 척도로 분산 s^2을 사용한 것을 앞에서 살펴봤다.

| 기댓값

상대도수 히스토그램에 대해 중심위치와 흩어진 모양을 나타내는 척도를 살펴봤듯이 이산확률변수의 확률 히스토그램에 대해서도 동일한 척도를 생각할 수 있다. 확률 히스토그램은 모든 경우를 생각하므로 이산확률변수 X의 평균과 분산은 각각 μ와 σ^2으로 나타낸다.

이산확률변수 X의 평균을 정의하기 위해 공정한 주사위를 한 번 던지는 확률 실험에서 나온 눈의 수를 이산확률변수 X라 하면 X의 확률분포는 [표 6-3]과 같다.

표 6-3 공정한 주사위 실험에 대한 확률표

X	1	2	3	4	5	6
$P(X=x)$	$\frac{1}{6}$	$\frac{1}{6}$	$\frac{1}{6}$	$\frac{1}{6}$	$\frac{1}{6}$	$\frac{1}{6}$

확률변수 X의 값 1, 2, 3, 4, 5, 6으로 이루어진 모집단의 평균을 구하면 다음과 같다.

$$\mu = \frac{1}{6}(1+2+3+4+5+6) = 3.5$$

위 평균을 다음과 같이 다시 생각해보자.

$$\mu = \frac{1}{6}(1+2+3+4+5+6) = 1 \times \frac{1}{6} + 2 \times \frac{1}{6} + 3 \times \frac{1}{6} + 4 \times \frac{1}{6} + 5 \times \frac{1}{6} + 6 \times \frac{1}{6}$$

각 항의 1, 2, 3, 4, 5, 6은 확률변수 X의 값을 나타내는 숫자이고, 뒤에 곱한 $\frac{1}{6}$은 X의 값 각 경우의 확률임을 알 수 있다. 즉, 평균은 1에서 6까지의 모든 숫자에 동일한 가중치 1을 부여한 가중평균이다.

주사위 공정 중 실수를 하여 3의 눈과 6의 눈이 두 면씩 들어가 눈의 수가 1, 2, 3, 3, 6, 6인 주사위를 만들었다고 가정하자. 이 주사위를 한 번 던져서 나온 눈의 수를 확률변수 X라 하면 X의 확률분포는 [표 6-4]와 같다.

표 6-4 불량 주사위 실험에 대한 확률표

X	1	2	3	6
$P(X=x)$	$\frac{1}{6}$	$\frac{1}{6}$	$\frac{2}{6}$	$\frac{2}{6}$

이제 모든 자료값이 1, 2, 3, 3, 6, 6인 모집단의 평균을 구하면 다음과 같다.

$$\mu = \frac{1}{6}(1+2+3+3+6+6) = 3.5$$

이 모평균 μ를 다음과 같이 생각할 수 있다.

$$\mu = \frac{1}{6}(1+2+3+3+6+6) = 1 \times \frac{1}{6} + 2 \times \frac{1}{6} + 3 \times \frac{2}{6} + 6 \times \frac{2}{6}$$

평균을 구하는 위 식의 구조를 살펴보면 확률변수 X의 값 1, 2, 3, 6에 대한 가중평균임을 알 수 있다. 이와 같이 확률변수 X로 가능한 각각의 값과 그 경우의 확률 $p(x)$를 곱한 후 모두 더하면 확률변수 X의 **평균**(mean)을 얻는다. 이때 확률변수 X의 평균을 X의 **기댓값**(expected value)이라 하며 $E(X)$로 나타낸다. 확률변수 X의 기댓값은 [그림 6-4]와 같이 X의 확률분포에서 중심 위치를 나타내며 다음과 같이 정의한다.

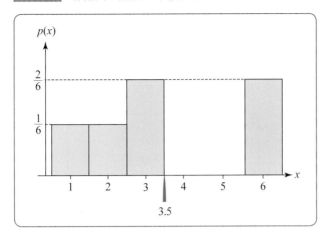

그림 6-4 기댓값과 확률분포의 중심위치

$$\mu = E(X) = \sum_{\text{모든 } x} xp(x) = \sum_{\text{모든 } x} xP(X = x)$$

임의의 상수 $a, b(a \neq 0)$에 대해 이산확률변수 X의 기댓값은 다음 성질을 갖는다.

- $E(a) = a$
- $E(aX) = aE(X)$
- $E(aX + b) = aE(X) + b$

분산

4.2.3절에서 모평균 μ와 자료값 $x_1, x_2, \cdots, x_N$에 대해 모분산을 다음과 같이 정의했다.

$$\sigma^2 = \frac{1}{N}\sum_{i=1}^{N}(x_i - \mu)^2$$

이는 각 편차제곱 $(x_i - \mu)^2$이 나타날 가능성, 즉 가중치가 동일한 경우의 분산을 의미한다. 4.3절에서 집단화 자료의 분산을 구한 것처럼 이산확률변수 X의 **분산**(variance)을 다음과 같이 정의하고 $Var(X)$로 나타낸다.

$$\sigma^2 = Var(X) = \sum_{\text{모든 } x}(x - \mu)^2 p(x) = \sum_{\text{모든 } x}(x - \mu)^2 P(X = x)$$

따라서 이산확률변수 X의 분산은 X와 기댓값 μ의 편차제곱에 대한 평균으로 다음과 같다.

$$\sigma^2 = Var(X) = E[(X - \mu)^2]$$

기댓값의 성질을 이용하면 분산 σ^2을 다음과 같이 간단히 할 수 있다.

$$\sigma^2 = E(X^2) - \mu^2 = \sum_{\text{모든 } x} x^2 p(x) - \mu^2$$

임의의 상수 $a, b(a \neq 0)$에 대해 이산확률변수 X의 분산은 다음 성질을 갖는다.

- $Var(a) = 0$
- $Var(aX) = a^2 Var(X)$
- $Var(aX + b) = a^2 Var(X)$

4.2절에서 정의한 것처럼 확률변수 X의 분산의 양의 제곱근을 X의 **표준편차**(standard deviation)라 하며 σ 또는 $SD(X)$로 나타낸다. 확률변수 X의 표준편차는 다음 성질을 갖는다.

- $SD(a) = 0$
- $SD(aX) = |a| SD(X)$
- $SD(aX + b) = |a| SD(X)$

예제 3

동전을 세 번 던져서 앞면이 나온 횟수를 확률변수 X라 할 때, 다음을 구하라.
(a) X의 평균
(b) $X - 1$의 평균
(c) X의 분산과 표준편차
(d) $X - 1$의 분산

풀이

확률변수 X의 확률표는 다음과 같다.

X	0	1	2	3
$P(X = x)$	$\frac{1}{8}$	$\frac{3}{8}$	$\frac{3}{8}$	$\frac{1}{8}$

(a) $\mu = 0 \times \frac{1}{8} + 1 \times \frac{3}{8} + 2 \times \frac{3}{8} + 3 \times \frac{1}{8} = \frac{3}{2}$

(b) 기댓값의 성질에 의해 $E(X - 1) = E(X) - 1 = \frac{3}{2} - 1 = \frac{1}{2}$이다.

(c) X^2의 기댓값을 구하면 다음과 같다.

$$E(X^2) = 0^2 \times \frac{1}{8} + 1^2 \times \frac{3}{8} + 2^2 \times \frac{3}{8} + 3^2 \times \frac{1}{8} = 3$$

따라서 X의 분산과 표준편차는 각각 다음과 같다.

$$\sigma^2 = E(X^2) - \mu^2 = 3 - \left(\frac{3}{2}\right)^2 = \frac{3}{4} = 0.75, \ \ \sigma = \sqrt{0.75} \approx 0.866$$

(d) 분산의 성질에 의해 $Var(X - 1) = Var(X) = 0.75$이다.

4.2.3절에서 살펴본 체비쇼프 정리와 경험적 규칙을 이산확률분포에 적용하면 [표 6–5]와 같다.

표 6-5 이산확률분포에 대한 체비쇼프 정리와 경험적 규칙

확률	체비쇼프 정리	경험적 규칙
$P(\mu - \sigma < X < \mu + \sigma)$	0 이상	약 0.68
$P(\mu - 2\sigma < X < \mu + 2\sigma)$	$\frac{3}{4} = 0.75$ 이상	약 0.95
$P(\mu - 3\sigma < X < \mu + 3\sigma)$	$\frac{8}{9} \approx 0.889$ 이상	약 0.997
$P(\mu - k\sigma < X < \mu + k\sigma)$	$1 - \frac{1}{k^2}$ 이상	

예제 4

어느 대학의 통계학 과목을 수강한 학생들의 점수가 평균 86, 표준편차 3인 확률분포를 이룬다. 체비쇼프 정리를 이용하여 어느 학생의 통계학 점수가 77 이상 95 이하일 확률의 최솟값을 구하라.

풀이

통계학 점수를 확률변수를 X라 하면 $\mu = 86$, $\sigma = 3$이므로 확률 $P(77 \leq X \leq 95)$의 최솟값을 구한다. 이를 위해 평균과 표준편차를 이용하여 부등식을 다음과 같이 나타낸다.

$$77 \leq X \leq 95 \Rightarrow -9 \leq X - 86 \leq 9$$
$$\Rightarrow |X - 86| \leq 9$$
$$\Rightarrow |X - 86| \leq 3 \times 3$$

체비쇼프 정리에 의해 어느 학생의 통계학 점수가 77 이상 95 이하일 확률의 최솟값은 다음과 같다.

$$P(|X - \mu| \leq 3\sigma) \geq 1 - \frac{1}{3^2} = \frac{8}{9}$$

6.2 ▶ 이산확률분포

앞에서 살펴본 이산확률분포 중 특수한 상황을 설명하는 경우가 있다. 예를 들어 동전을 세 번 던져서 앞면이 나온 횟수 또는 신약을 복용한 환자들 중 효과가 있던 환자의 수 등과 같은 경우 이항분포라 하는 확률 모형을 사용하여 확률을 계산한다. 도로를 설계할 때 교통사고의 빈도를 감안하며 이 경우 푸아송분포라 부르는 확률 모형을 널리 사용한다. 또한 1의 눈이 나올 때까지 주사위를 던진 횟수를 고려할 땐 확률 모형 중 기하분포를 사용한다.

이번 절에서는 이산확률분포의 중심 역할을 하는 이항분포, 푸아송분포, 초기하분포, 기하분포를 살펴본다.

6.2.1 이산균등분포

가장 간단한 형태의 이산확률분포로 이산균등분포를 생각할 수 있다. 예를 들어 주사위를 반복하여 던져서 나온 눈의 수를 확률변수 X라 할 때, X의 값으로 가능한 모든 수는 1, 2, 3, 4, 5, 6뿐이며 각 경우의 확률은 $\frac{1}{6}$이다. 즉, 확률변수 X의 확률함수는 다음과 같다.

$$p(x) = P(X = x) = \frac{1}{6}, \quad x = 1, 2, 3, 4, 5, 6$$

이와 같이 확률변수 X의 값 1, 2, $\cdots$, n에 대하여 확률함수가 다음과 같이 정의되는 확률분포를 모수 n인 **이산균등분포**(discrete uniform distribution)라 하며 $X \sim DU(n)$으로 나타낸다.

$$p(x) = \frac{1}{n}, \quad x = 1, 2, \cdots, n$$

이때 확률변수 X와 X^2의 기댓값은 다음과 같다.

$$E(X) = \sum_{x=1}^{n} x p(x) = \sum_{x=1}^{n} \frac{x}{n} = \frac{1}{n} \times \frac{n(n+1)}{2} = \frac{n+1}{2},$$

$$E(X^2) = \sum_{x=1}^{n} x^2 p(x) = \sum_{x=1}^{n} \frac{x^2}{n} = \frac{1}{n} \times \frac{n(n+1)(2n+1)}{6} = \frac{(n+1)(2n+1)}{6}$$

확률변수 X의 분산은 $Var(X) = E(X^2) - \mu^2$이므로 $X \sim DU(n)$에 대해 다음을 얻는다.

- 평균: $\mu = \dfrac{n+1}{2}$
- 분산: $\sigma^2 = \dfrac{n^2-1}{12}$

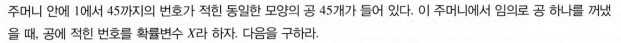

예제 5

주머니 안에 1에서 45까지의 번호가 적힌 동일한 모양의 공 45개가 들어 있다. 이 주머니에서 임의로 공 하나를 꺼냈을 때, 공에 적힌 번호를 확률변수 X라 하자. 다음을 구하라.

(a) X의 확률함수

(b) X의 평균과 분산

(c) 40 이상의 번호가 적힌 공이 나올 확률

풀이

(a) 공의 모양이 동일하므로 45개의 공이 나올 가능성이 동등하다. 즉, X의 확률함수는 다음과 같다.

$$p(x) = \frac{1}{45}, \quad x = 1, 2, \cdots, 45$$

(b) $\mu = \dfrac{45 + 1}{2} = 23, \quad \sigma^2 = \dfrac{45^2 - 1}{12} = \dfrac{506}{3} \approx 168.667$

(c) 40 이상의 번호가 적힌 공이 나올 확률은 다음과 같다.

$$P(X \geq 40) = p(40) + p(41) + p(42) + p(43) + p(44) + p(45)$$
$$= \frac{1}{45} + \frac{1}{45} + \frac{1}{45} + \frac{1}{45} + \frac{1}{45} + \frac{1}{45} = \frac{2}{15} = 0.133$$

엑셀 이산균등분포 난수

❶ A1셀에 커서를 놓고 메뉴바에서 수식 〉 함수 삽입 〉 수학/삼각 〉 RANDBETWEEN을 선택하여 **Bottom**에 1을, **Top**에 **45**를 기입하면 1 이상 45 이하의 난수를 얻는다.

❷ A1셀에 커서를 놓고 오른쪽 하단을 원하는 개수만큼 끌어 내린다.

난수 엑셀 함수	=RANDBETWEEN(1, n)

6.2.2 이항분포

매 시행에서 서로 상반되는 실험 결과를 다루는 경우가 있는데, 이는 이산확률분포에서 가장 많이 사용하는 확률 모형이다. 이번 절에서는 이러한 통계 실험을 유한 번 반복했을 때 특정한 실험 결과가 나타난 횟수에 관한 확률분포를 살펴본다.

| 베르누이 분포

동전 던지기의 앞면과 뒷면, 선거에서 특정 후보에 대한 지지와 반대, 설문조사에서 YES와 NO, 상품의 불량품과 양품 등 실험 결과가 서로 상반되는 두 가지뿐인 특수한 경우에서 관심을 갖는 결과를 성공, 그렇지 않은 결과를 실패라 하자. 예를 들어 품질관리팀은 하루 동안 불량품이 얼마나 나왔는지 관심이 많을 것이다. 이 경우 생산한 제품 중 임의로 선택한 제품이 불량품이면 성공, 양호한 제품이면 실패라 하고, 불량품이 나올 가능성을 **성공률**(success rate)이라 하며 p로 나타낸다. 그러므로 양호한 제품이 나올 가능성, 즉 실패율은 $1 - p$이다. 이와 같이 가능한 결과가 두 가지인 확률 실험을 **베르누이 실험**(Bernoulli experiment)이라 하고, 베르누이 실험을 독립적으로 반복하여 시행하는 것을 **베르누이 시행**(Bernoulli trial)이라 한다. 즉, 베르누이 시행은 다음 조건을 만족하는 확률 실험이다.

- 각 시행의 결과는 둘 중 하나이다. 이때 원하는 결과를 성공(S)이라 하고 그렇지 않은 결과를 실패(F)라 한다.
- 매 시행에서 성공률은 p이고 실패율은 $q = 1 - p$이다.
- 매 시행은 독립적이다. 즉, 이전 결과가 다음 시행에 영향을 미치지 않는다.

베르누이 실험 결과, 성공이면 확률변수를 $X = 1$, 실패이면 $X = 0$이라 하자. 성공률이 p이므로 확률변수 X의 확률함수 $p(x)$는 다음과 같다.

$$p(x) = \begin{cases} 1 - p, & x = 0 \\ p, & x = 1 \end{cases}$$

이때 확률변수 X의 확률분포를 모수 p인 **베르누이 분포**(Bernoulli distribution)라 하고 $X \sim B(1, p)$로 나타내며, 기댓값의 정의에 의해 확률변수 X의 평균과 분산은 각각 다음과 같다.

- 평균: $\mu = p$
- 분산: $\sigma^2 = p(1 - p)$

| 이항분포

베르누이 시행을 n번 반복하는 것을 **이항실험**(binomial experiment)이라 한다. 매회 성공률이 p인 베르누이 시행을 n번 반복하여 성공한 횟수에 집중해보자. 그러면 n번 중 성공한 횟수를 확률변수 X로 나타낼 수 있으며, X의 값은 0, 1, 2, $\cdots$, n이다. 즉, n번 반복적으로 시행하여 한 번도 성공하지 못하는 경우부터 n번 모두 성공하는 경우를 생각할 수 있다. 다음 예제를 통해 각 경우의 확률을 계산하는 방법을 살펴보자.

예제 6

어느 대학의 통계학 교수가 이번 퀴즈는 오지선다형으로 네 문제를 출제했다. 어떤 학생이 다섯 개의 지문 중 고르는 문제라는 것에 방심하고 시험 공부를 전혀 하지 않아 퀴즈를 볼 때 임의로 각 문제의 답을 하나씩 선택했다고 하자. 네 문제 중 이 학생이 정답을 고른 개수를 확률변수 X라 할 때, 다음을 구하라.

(a) X의 확률표

(b) X의 평균

(c) 정답을 적어도 한 개 이상 선택할 확률

풀이

(a) 정답을 고르면 S, 오답을 고르면 F라고 하자. 다섯 개의 지문 중 임의로 하나를 선택하므로 각 문제마다 정답을 선택할 확률은 $\frac{1}{5}$, 오답을 선택할 확률은 $\frac{4}{5}$이다. 이때 나타날 수 있는 모든 경우는 16가지이며, 표본공간은 다음과 같다.

$$\left\{ \begin{array}{l} \text{SSSS, SSSF, SSFS, SFSS, SSFF, SFSF, SFFS, SFFF,} \\ \text{FSSS, FSSF, FSFS, FFSS, FSFF, FFSF, FFFS, FFFF} \end{array} \right\}$$

이를 성공(S)의 횟수(X)로 분할하여 확률을 나타내면 다음과 같다.

X	사건	확률
0	{FFFF}	$\left(\frac{4}{5}\right)^4$
1	{SFFF, FSFF, FFSF, FFFS}	$\left(\frac{1}{5}\right)\left(\frac{4}{5}\right)^3$
2	{SSFF, SFSF, SFFS, FFSS, FSFS, FSSF}	$\left(\frac{1}{5}\right)^2\left(\frac{4}{5}\right)^2$
3	{SSSF, SSFS, SFSS, FSSS}	$\left(\frac{1}{5}\right)^3\left(\frac{4}{5}\right)$
4	{SSSS}	$\left(\frac{1}{5}\right)^4$

따라서 X의 확률표는 다음과 같다.

X	0	1	2	3	4
$P(X=x)$	$\left(\frac{4}{5}\right)^4 = 0.4096$	$4 \times \left(\frac{1}{5}\right)\left(\frac{4}{5}\right)^3 = 0.4096$	$6 \times \left(\frac{1}{5}\right)^2\left(\frac{4}{5}\right)^2 = 0.1536$	$4 \times \left(\frac{1}{5}\right)^3\left(\frac{4}{5}\right) = 0.0256$	$\left(\frac{1}{5}\right)^4 = 0.0016$

(b) $\mu = 0 \times 0.4096 + 1 \times 0.4096 + 2 \times 0.1536 + 3 \times 0.0256 + 4 \times 0.0016 = 0.8$

(c) $P(X \geq 1) = 1 - p(0) = 1 - 0.4096 = 0.5904$

[예제 6]의 확률함수 $p(x)$를 구해보자. 우선 확률변수 X는 서로 다른 네 문제 중 정답을 선택한 문제의 개수이므로 다음과 같이 조합의 수를 이용하여 나타낼 수 있다.

$$_4C_0 = 1, \ _4C_1 = 4, \ _4C_2 = 6, \ _4C_3 = 4, \ _4C_4 = 1$$

각 경우의 확률을 다음과 같이 구조적으로 생각할 수 있다.

$$p(0) = \left(\frac{4}{5}\right)^4 = {}_4C_0 \left(\frac{1}{5}\right)^0 \left(\frac{4}{5}\right)^{4-0}, \qquad p(1) = 4 \times \left(\frac{1}{5}\right)^1 \left(\frac{4}{5}\right)^3 = {}_4C_1 \left(\frac{1}{5}\right)^1 \left(\frac{4}{5}\right)^{4-1},$$

$$p(2) = 6 \times \left(\frac{1}{5}\right)^2 \left(\frac{4}{5}\right)^2 = {}_4C_2 \left(\frac{1}{5}\right)^2 \left(\frac{4}{5}\right)^{4-2}, \quad p(3) = 4 \times \left(\frac{1}{5}\right)^3 \left(\frac{4}{5}\right)^1 = {}_4C_3 \left(\frac{1}{5}\right)^3 \left(\frac{4}{5}\right)^{4-3},$$

$$p(4) = \left(\frac{1}{5}\right)^4 = {}_4C_4 \left(\frac{1}{5}\right)^4 \left(\frac{4}{5}\right)^{4-4}$$

예를 들어 확률 $P(X = 1)$의 구조는 [그림 6-5]와 같다.

그림 6-5 확률의 구조

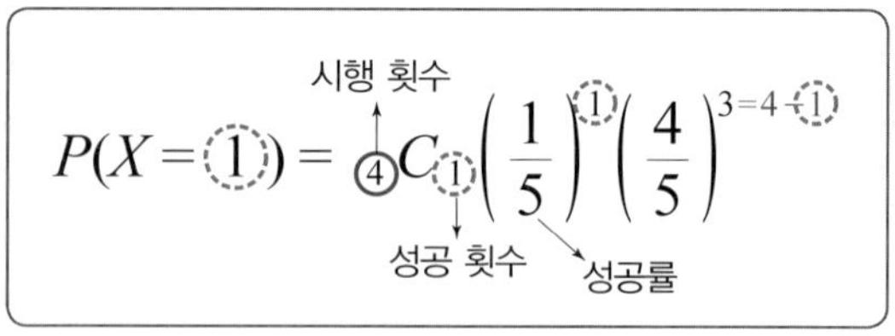

따라서 확률변수 X의 확률함수는 다음과 같다.

$$P(X = x) = {}_4C_x \left(\frac{1}{5}\right)^x \left(\frac{4}{5}\right)^{4-x}, \quad x = 0, 1, 2, 3, 4$$

일반적으로 매회 성공률이 p인 베르누이 시행을 n번 반복하여 성공한 횟수를 확률변수 X라 하자. n번의 시행 중 x번 성공하는 경우의 수는 다음과 같다.

$$_nC_x = \frac{n!}{x!(n-x)!}, \quad x = 0, 1, 2, \cdots, n$$

이 시행은 독립시행이므로 n번 시행에서 x번 성공하는 각 경우의 확률은 $p^x(1-p)^{n-x}$이다. 따라서 매회 성공률이 p인 베르누이 시행을 n번 반복했을 때, 성공 횟수에 대한 확률함수는 다음과 같다.

$$P(X = x) = {}_nC_x p^x (1-p)^{n-x}, \quad x = 0, 1, 2, \cdots, n$$

이와 같이 매회 성공률이 p인 베르누이 시행을 n번 반복할 때, 성공한 횟수(X)의 확률분포를 모수 n과 p인 **이항분포**(binomial distribution)라 하고 $X \sim B(n, p)$로 나타낸다. 모수 n과 p인 이항분포의 확률함수는 다음과 같다.

$$p(x) = {}_nC_x p^x (1-p)^{n-x}, \quad x = 0, 1, 2, \cdots, n$$

모수 p이고 독립인 베르누이 확률변수 $X_i \sim B(1, p)$, $i = 1, 2, \cdots, n$에 대해 다음 확률변수를

정의하자.

$$X = X_1 + X_2 + \cdots + X_n$$

X_i의 값이 0과 1뿐이므로 확률변수 X의 값은 0, 1, 2, $\cdots$, n이며, X는 성공률이 p인 베르누이 시행을 독립적으로 n번 반복하여 성공한 횟수를 나타낸다. 즉, n는 모수 n과 p인 이항분포를 이루므로 확률변수 X의 평균과 분산은 다음과 같다.

$$\begin{aligned}
E(X) &= E(X_1 + X_2 + \cdots + X_n) \\
&= E(X_1) + E(X_2) + \cdots + E(X_n) \\
&= p + p + \cdots + p = np \\
Var(X) &= Var(X_1 + X_2 + \cdots + X_n) \\
&= Var(X_1) + Var(X_2) + \cdots + Var(X_n) \\
&= p(1-p) + p(1-p) + \cdots + p(1-p) = np(1-p)
\end{aligned}$$

일반적으로 모수 n과 p인 이항확률변수 X의 평균과 분산은 다음과 같다.

- 평균: $\mu = np$
- 분산: $\sigma^2 = np(1-p)$

예제 7

어느 보험 외판원의 과거 실적을 보면 하루 동안 만난 10명의 고객 중 평균적으로 2명에게 보험을 판매했다. 이 외판원이 과로로 인해 한 달 동안 쉬고 회복한 후 다시 출근하여 하루 동안 10명의 고객을 만났을 때, 하루에 보험을 판매한 고객의 수를 확률변수 X라 하자. 물음에 답하라.

(a) X의 확률함수
(b) 하루에 반드시 3명에게 판매할 확률
(c) 하루에 1명 이상에게 판매할 확률

풀이

(a) 매일 10명을 만나서 평균적으로 2명에게 보험을 판매하므로 X는 모수가 $n = 10$과 $p = 0.2$인 이항분포를 이룬다. 따라서 X의 확률함수는 다음과 같다.

$$p(x) = {}_{10}C_x 0.2^x 0.8^{10-x}, \quad x = 0, 1, 2, \cdots, 10$$

(b) 구하는 확률은 다음과 같다.

$$\begin{aligned}
P(X = 3) = p(3) &= {}_{10}C_3 0.2^3 0.8^7 \\
&= \frac{10!}{3!7!} 0.2^3 0.8^7 \\
&\approx 120 \times 0.008 \times 0.2097 = 0.2013
\end{aligned}$$

(c) 보험을 1명에게도 판매하지 못할 확률은 $p(0) = {}_{10}C_0 \, 0.2^0 \, 0.8^{10} \approx 0.1074$이다. 따라서 1명 이상에게 판매할 확률은 다음과 같다.

$$P(X \geq 1) = 1 - p(0) = 1 - 0.1074 = 0.8926$$

│ 이항분포의 모양

모수 n과 p인 이항확률변수의 확률함수는 일반적으로 [그림 6-6]과 같이 나타난다. [그림 6-6(a)]에서 보는 바와 같이 $p = 0.4$인 경우 n이 커질수록 오른쪽으로 이동하면서 이항분포는 종 모양인 대칭형에 가까워진다. 또한 [그림 6-6(b)]와 같이 $n = 25$인 경우 p가 0에 가까울수록 이항분포는 왼쪽으로 치우치고 오른쪽으로 긴 꼬리 모양인 양의 비대칭형이 되는 반면, p가 1에 가까울수록 오른쪽으로 치우치고 왼쪽으로 긴 꼬리 모양인 음의 비대칭형이 된다. $p = 0.5$이면 n이 커지든 작아지든 평균 $\mu = \dfrac{n}{2}$을 중심으로 좌우 대칭이며, 이 경우 이항분포를 **대칭이항분포**(symmetric binomial distribution)라 한다.

그림 6-6 n과 p에 따른 이항분포 비교

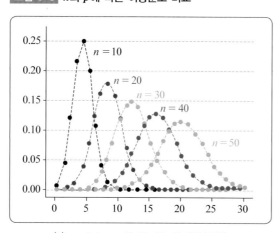
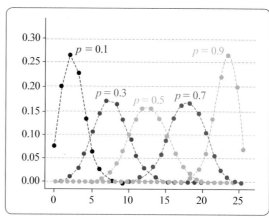

(a) $p = 0.4$, $n = 10, 20, 30, 40, 50$인 경우   (b) $n = 25$, $p = 0.1, 0.3, 0.5, 0.7, 0.9$인 경우

│ 누적이항확률

모수 n과 p인 이항분포에서 확률변수 X로 가능한 임의의 값 x에 대해 x보다 작거나 같을 확률 $P(X \leq x)$를 **누적이항확률**(cumulative binomial probability)이라 한다. 누적이항확률은 다음 성질이 성립하며, a와 b는 확률변수 X의 값인 $0, 1, 2, \cdots, n$ 중 하나이다.

- $P(X = a) = P(X \le a) - P(X \le a - 1)$
- $P(a < X \le b) = P(X \le b) - P(X \le a)$
- $P(a < X < b) = P(X \le b - 1) - P(X \le a)$
- $P(X > a) = 1 - P(X \le a)$
- $P(X \ge a) = 1 - P(X \le a - 1)$

$X \sim B(n, p)$인 경우 X가 어떤 값을 가질 때의 확률을 계산하기 위해 확률함수를 이용하는 것은 매우 번거롭다. 이런 불편을 해소하기 위해 대부분의 통계학 교재에는 부록으로 누적이항확률표를 제시하고 있으며, 이 책도 [부록 1]에 수록되어 있다. 이항확률변수 X의 위 성질과 누적이항확률표를 이용하여 쉽게 확률을 계산할 수 있다. 이 확률표에서 n과 x는 각각 시행 횟수와 성공 횟수이며, p는 성공률, 소수점 이하 네 자리 숫자들은 x까지 누적확률, 즉 $P(X \le x)$를 나타낸다. 예를 들어 [예제 7]의 $P(X = 3)$은 [표 6–6]을 이용하여 다음 순서에 따라 구한다.

❶ n이 10인 부분을 찾는다.

❷ 상단에서 p가 0.2인 열을 찾는다.

❸ 좌측 열에서 x가 3인 행을 선택한다.

❹ x가 3인 행과 p가 0.2인 열이 만나는 위치의 수 0.8791을 확인한다.

❺ 즉, $P(X \le 3) = 0.8791$이다.

❻ 같은 방법으로 $P(X \le 2) = 0.6778$이다.

❼ 따라서 $P(X = 3) = P(X \le 3) - P(X \le 2) = 0.8791 - 0.6778 = 0.2013$이다.

$P(X \ge 1)$의 경우 [표 6–6]에서 $P(X = 0) = 0.1074$를 찾으면 다음과 같이 계산할 수 있다.

$$P(X \ge 1) = 1 - P(X = 0) = 1 - 0.1074 = 0.8926$$

표 6-6 **누적이항확률표**

n	x	0.05	0.10	0.15	0.20	0.25	0.30	0.35	0.40	0.45
10	0	0.5987	0.3487	0.1969	0.1074	0.0563	0.0282	0.0135	0.0060	0.0025
	1	0.9139	0.7361	0.5443	0.3758	0.2440	0.1493	0.0860	0.0464	0.0233
	2	0.9885	0.9298	0.8202	0.6778	0.5256	0.3828	0.2616	0.1673	0.0996
	3	0.9990	0.9872	0.9500	0.8791	0.7759	0.6496	0.5138	0.3823	0.2660
	4	0.9999	0.9984	0.9901	0.9672	0.9219	0.8497	0.7515	0.6331	0.5044
	5	1.0000	0.9999	0.9986	0.9936	0.9803	0.9527	0.9051	0.8339	0.7384
	6	1.0000	1.0000	0.9999	0.9991	0.9965	0.9894	0.9740	0.9452	0.8980

시행 횟수   성공 횟수 $P(X \le 3)$ 성공률

p

이렇게 누적이항확률표를 이용하여 구한 확률과 [예제 7]에서 확률함수를 이용하여 구한 확률이 동일한 것을 알 수 있다.

▍이항확률변수의 합

독립인 두 이항확률변수 X, Y가 각각 $X \sim B(n, p)$, $Y \sim B(m, p)$이면 $X + Y \sim B(n + m, p)$이다. 즉, 성공률이 동일하고 시행 횟수가 다른 두 이항확률변수의 합 역시 이항분포를 이루며, 시행 횟수는 각 시행 횟수의 합이고 성공률은 동일하다.

예제 8

텔레마케터 A는 10분 동안 6명의 고객에게 전화를 걸어 상품을 판매할 확률이 30%이고, 텔레마케터 B는 10분 동안 4명의 고객에게 전화를 걸어 상품을 판매할 확률이 30%라고 한다. 물음에 답하라.
(a) 10분 동안 A와 B가 판매한 상품의 수의 합에 대한 확률분포를 구하라.
(b) 10분 동안 A와 B가 상품의 수의 합이 6일 확률을 구하라.
(c) 10분 동안 A와 B가 상품을 3개씩 판매할 확률을 구하라.

풀이

A가 판매한 상품의 수를 X, B가 판매한 상품의 수를 Y, 두 사람이 판매한 상품의 수의 합을 S라 하자.
(a) X와 Y는 각각 이항분포 $X \sim B(6, 0.3)$, $Y \sim B(4, 0.3)$을 이룬다. X와 Y는 독립이므로 두 사람이 판매한 상품의 수의 합 $S = X + Y$의 분포는 $S \sim B(10, 0.3)$이다.
(b) $P(S = 6) = P(S \leq 6) - P(S \leq 5) = 0.9894 - 0.9527 = 0.0367$
(c) X와 Y는 독립이므로 다음이 성립한다.

$$P(X = 3,\ Y = 3) = P(X = 3)P(Y = 3)$$

다음과 같이 누적이항확률표로부터 X와 Y가 각각 3일 확률을 얻는다.

$$P(X = 3) = 0.9295 - 0.7443 = 0.1852, \quad P(Y = 3) = 0.9919 - 0.9163 = 0.0756$$

따라서 구하는 확률은 다음과 같다.

$$P(X = 3,\ Y = 3) = P(X = 3)P(Y = 3) = 0.1852 \times 0.0756 \approx 0.0140$$

시행 횟수 n이 커질수록 이항분포는 [그림 6-6(a)]와 같이 종 모양에 가까워지는데, 이를 스톡옵션에 적용할 수 있다. 옵션 가격을 결정하기 위해 널리 사용하는 방법으로 블랙-숄즈(Black-Scholes) 모형과 이항분포에 기반을 둔 **이항 격자 모형**(binomial lattice model)이 있다. 이항 격자 모형은 이항분포 모형이 궁극적으로 블랙-숄즈 모형으로 수렴할 것이라는 생각으로부터 존 콕스(John Cox)와 마크 루빈스타인(Mark Rubinstein)이 제시한 이론이다. 이들은 이항분포 옵션 가격에 대한 결정 이론을 설정하기 위해 다음과 같은 조건을 가정했다.

- 주식 가격(S)은 이항분포 생성 과정(binomial generating process)을 따른다.
- 주식 가격은 상승과 하락의 두 가지 경우만 존재한다.
- 주가상승배수(1 + 주가상승률)는 1 + 무위험수익률보다 크고, 주가하락배수(1 + 주가하락률)는 1 + 무위험수익률보다 작다. 이 관계가 성립하지 않으면 무위험 차익거래 기회가 존재한다.
- 주식 보유에 따른 배당금 지급은 없다.
- 거래 비용을 비롯한 세금 등이 존재하지 않는다.

이항 격자 모형의 기간 폭을 좁게 하면 이항분포 모형이 블랙-숄즈 모형으로 수렴하는 것이 증명된다. 이와 같은 이항 격자 모형은 미래의 옵션 가격에 대한 확률을 산출해서 최종 시점으로부터 역순으로 계산해서 주식 가치를 산출하는 방법으로 계산이 비교적 용이하며, 시기별로 주식 가치를 알 수 있다는 장점이 있다.

이항분포 모형에서 사용하는 기본적인 기호는 다음과 같다.

S: 주식 가격 p: 주가상승률

u: 주가상승배수(1 + 주가상승률) d: 주가하락배수(1 + 주가하락률)

r: 무위험수익률 c: 콜옵션 가격

C_u: 주가 상승 시 콜옵션 가격 C_d: 주가 하락 시 콜옵션 가격

K: 행사 가격

현재 시점에서 만기까지 4기간을 나타내는 [그림 6-7]에서 1기간을 생각해보자. 만기 시 주식 가격은 p의 확률로 S_u의 값을 갖거나 $1 - p$의 확률로 S_d의 값을 가질 것이다. 이제 행사 가격이 K인 콜옵션을 생각해보자. 단일 콜옵션의 손익은 p의 확률로 $\text{Max}(S_u - K, 0)$이거나 $1 - p$의 확률로 $\text{Max}(S_d - K, 0)$이 된다.

예를 들어 주식 가격이 $S = 100$이고 주가가 10%씩 상승하거나 10%씩 하락한다면 S_u는 u의 비율만큼 상승한 가격이고 S_d는 d의 비율만큼 하락한 가격이다. 따라서 1기간 후 상승한 가격과 하락한 가격은 다음과 같다.

$$S_u = S \times (1 + 0.1) = 110, \quad S_d = S \times (1 - 0.1) = 90$$

행사 가격이 $K = 100$이고 주가 상승 시 옵션의 가치와 주가 하락 시 옵션의 가치를 각각 C_u, C_d라 하면 단일 콜옵션의 손익은 다음과 같다.

$$C_u = \text{Max}(S_u - K, 0) = \text{Max}(110 - 100, 0) = 10,$$
$$C_d = \text{Max}(S_d - K, 0) = \text{Max}(90 - 100, 0) = 0$$

이제 콜옵션 1개를 매도하고 주식 δ주를 매입하는 무위험 포트폴리오에 대한 콜옵션의 현재 가격 c를 구해보자. 주가가 상승할 때 포트폴리오는 $110 \times \delta - 5$이고, 주가가 하락할 때 포트폴

그림 6-7 주식에 대한 옵션 가치평가 이항트리

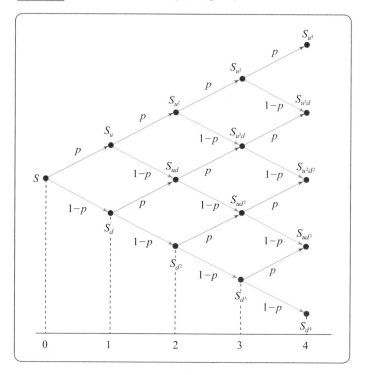

리오는 $90 \times \delta - 0$이다. 무위험 포트폴리오는 주가가 상승할 때와 하락할 때의 가치가 같아야 하므로 $110 \times \delta - 5 = 90 \times \delta$이고 따라서 $\delta = 0.25$주, 즉 콜옵션 1개를 매도하고 주식 0.25개를 매입하면 무위험 포트폴리오가 된다.

2기간에서 주식 가격은 다음과 같다.

$$S_{uu} = 110 \times (1 + 0.1) = 121, \quad S_{ud} = 110 \times (1 - 0.1) = 99,$$
$$S_{du} = 90 \times (1 + 0.1) = 99, \quad S_{dd} = 90 \times (1 - 0.1) = 81$$

따라서 2기간에서 콜옵션 가격은 $S_{uu} = 121$과 $S_{dd} = 81$이고, 주가 상승 시 옵션의 가치와 주가 하락 시 옵션의 가치는 각각 다음과 같다.

$$C_{uu} = \mathrm{Max}(S_{uu} - K, 0) = \mathrm{Max}(121 - 100, 0) = 21,$$
$$C_{ud} = \mathrm{Max}(S_{ud} - K, 0) = \mathrm{Max}(99 - 100, 0) = 0,$$
$$C_{dd} = \mathrm{Max}(S_{dd} - K, 0) = \mathrm{Max}(81 - 100, 0) = 0$$

2기간 이항분포 모형에서 콜옵션 가격 c는 다음과 같다.

$$c = e^{-2r\delta T}\left[p^2 C_{uu} + 2p(1 - p)C_{ud} + (1 - p)^2 C_{dd}\right]$$

여기서 확률 p는 $p = \dfrac{e^{r\delta T} - d}{u - d}$, δT는 연간으로 환산한 만기 기간이다. 이와 같은 방법을 반복하여 n기간에서의 콜옵션 가격을 결정할 수 있다.

엑셀 이항분포

$X \sim B(10, 0.2)$에 대해 확률함수 $p(x)$, $x = 0, 1, \cdots, 10$의 값을 구한다. A1~C1셀에 x, p(x), cp(x)를 기입하고, A2~A12셀에 0부터 10까지의 수를 기입한 후 다음 함수를 활용한다.

Ⓐ 확률표 작성하기

❶ B2셀에 커서를 놓고 메뉴바에서 수식 〉 함수 삽입 〉 통계 〉 BINOM.DIST를 선택하여 Number_s에 A2, Trials에 10, Probability_s에 0.2, Cumulative에 0을 기입하면 개별 확률을 얻는다. Number_s에 x 값을 넣어 $p(x)$를 구한다.

❷ C2셀에 커서를 놓고 ❶의 과정을 반복하되, Cumulative에 1을 기입하면 누적확률을 얻는다.

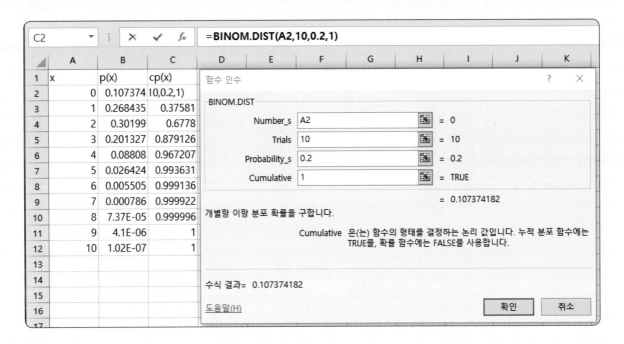

Ⓑ a와 b 사이의 확률 구하기

❸ 메뉴바에서 수식 〉 함수 삽입 〉 통계 〉 BINOM.DIST.RANGE를 선택하여 Trials에 10, Probability_s에 0.2, Number_s에 2, Number_s2에 5를 기입하면 $P(2 \le X \le 5) = 0.6178$을 얻는다.

ⓒ $P(X \leq x) = \alpha$인 x 구하기

❹ 메뉴바에서 수식 〉 함수 삽입 〉 통계 〉 BINOM.INV를 선택하여 **Trials**에 10, **Probability_s**에 0.2, **Alpha**에 0.967을 기입하면 $P(X \leq x) = 0.967$을 만족하는 x를 얻는다.

ⓓ 난수 생성

❺ 메뉴바에서 데이터 〉 데이터 분석 〉 통계 〉 난수 생성을 선택하여 **변수의 개수**에 6, **난수의 개수**에 5, **성공률**에 0.2, **시행 횟수**에 10을 기입하고 **분포**는 **이항 본포** 항목을 선택하면 5행 6열에 $X \sim B(10, 0.2)$에 대한 30개의 난수가 생성된다.

이항확률함수	=BINOM.DIST(x, n, p, 0)
누적이항확률함수	=BINOM.DIST(x, n, p, 1)
a와 b 사이의 이항확률	=BINOM.DIST.RANGE(n, p, a, b)
누적이항확률이 α인 x	=BINOM.INV(n, p, alpha)

6.2.3 푸아송분포

이항분포는 베르누이 실험을 제한된 횟수만큼 실시하여 어떤 특정한 사건이 발생한 횟수에 대한 확률 모형을 설명한다. 반면 일정한 단위 시간이나 단위 면적 또는 단위 공간에서 특정한 사건이 발생하는 횟수에 관한 확률 모형은 이항분포로 설명할 수 없다. 단위 시간이란 1분, 1시간, 1일, 1달, 1년 등이 될 수 있으며, 단위 면적은 A4 용지 한 장, 소설책 한 페이지, 옷감 한 필지 등이 될 수 있다. 단위 공간은 방 한 칸, 컨테이너 상자 하나, $1\,cm^3$인 상자 하나 등을 나타낸다. 이와 같은 확률 모형의 예로 다음을 들 수 있다.

- 하루 동안 접수된 보험 청구 횟수
- 한 달 동안 교차로에서 발생한 교통사고 건수
- 자정부터 1시간 동안 마트에 온 손님의 수
- 송유관 100 m당 균열의 수
- 통계학 교재의 한 페이지에 들어 있는 오자의 수
- 컨테이너 상자 안에 들어 있는 불량 장난감의 수

이와 같은 경우에 프랑스 수학자 푸아송(Simeon Denis Poisson; 1781−1840)을 기리기 위하여 붙여진 푸아송분포를 사용한다. 다음 세 가지 조건을 만족하는 이산확률변수 X의 확률분포를 **푸아송분포**(Poisson distribution)라 한다.

❶ 확률 실험은 일정한 시간(면적, 공간)에서 사건이 발생한 횟수로 구성되며, 이 횟수는 0, 1, 2, …이다.

❷ 서로 다른 시간이라 하더라도 동일한 시간(면적, 공간)에서 사건이 발생할 확률은 동일하다.

❸ 어떤 시간(면적, 공간)에서 사건이 발생한 횟수는 다른 시간(면적, 공간)에서 발생한 횟수와 독립이다.

단위 시간(면적, 공간)에 어떤 특정한 사건이 일어난 평균 횟수를 μ라 할 때, 푸아송 확률변수 X는 모수 μ인 푸아송분포를 이룬다 하고 $X \sim P(\mu)$로 나타낸다. 예를 들어 어느 교차로에서 신호 위반에 의한 자동차 사고가 한 달 평균 1.5건이 발생한다고 하자. 그러면 두 달 동안 이 교차로에서 발생한 자동차 사고 건수 X는 평균 3건인 푸아송분포를 이루며 $X \sim P(3)$으로 나타낸다. 이 경우 푸아송분포의 세 가지 조건을 다음과 같이 설명할 수 있다.

❶ 두 달 동안 사고가 일어나지 않을 수 있으며 1건, 2건, 3건 등의 빈도로 사고가 날 수 있다. 따라서 X는 0, 1, 2, …이다.

❷ 1월부터 2월까지 사고가 1건 발생할 확률은 5월부터 6월까지 사고가 1건 발생할 확률과 동일하다.

❸ 1월부터 2월까지 발생한 사고 건수는 5월부터 6월까지 발생한 사고 건수에 아무런 영향을 미치지 않는다.

모수 μ인 푸아송분포에 따르는 푸아송 확률변수 X로 가능한 값은 ❶에 의해 0, 1, 2, …이고 X의 확률함수는 다음과 같다.

$$p(x) = \frac{\mu^x}{x!} e^{-\mu}, \quad x = 0, 1, 2, \cdots$$

여기서 μ는 확률변수 X의 평균이고, e는 약 2.718인 상수이다. 특히 $X \sim P(\mu)$를 이루는 확률변수 X의 분산은 평균과 동일하다. 즉, $\sigma^2 = \mu$이다.

예제 9

어느 교차로에서 신호 위반에 의한 자동차 사고가 한 달 평균 1.5건이 발생할 때, 다음을 구하라(단, $e^{-1.5} \approx 0.2232$, $e^{-3} \approx 0.0498$이다).

(a) 사고 건수에 대한 확률함수

(b) 봄철인 4월 한 달 동안 사고 건수가 1건 이하일 확률

(c) 봄철인 4월 한 달 동안 사고 건수가 2건 이상일 확률

(d) 4월과 5월 두 달 동안 사고가 발생하지 않을 확률

풀이

한 달 동안 발생한 사고 건수를 확률변수 X라 하자.

(a) $p(x) = \dfrac{1.5^x}{x!} \times 0.2232$, $x = 0, 1, 2, \cdots$

(b) $P(X \leq 1) = p(0) + p(1) = \left(\dfrac{1.5^0}{0!} + \dfrac{1.5^1}{1!} \right) \times 0.2232 = 0.558$

(c) $P(X \geq 2) = 1 - P(X \leq 1) = 1 - 0.558 = 0.442$

(d) 두 달 동안 평균 사고가 3건이 발생하므로 이 두 달 동안 발생한 사고 건수를 Y라 하면 확률함수는 다음과 같다.

$$q(y) = \dfrac{3^y}{y!} \times 0.0498, \quad y = 0, 1, 2, \cdots$$

따라서 두 달 동안 사고가 발생하지 않을 확률은 다음과 같다.

$$P(Y = 0) = q(0) = \dfrac{3^0}{0!} \times 0.0498 = 0.0498$$

일반적으로 푸아송분포의 확률함수는 [그림 6-8]과 같으며, μ가 작을수록 푸아송분포는 왼쪽으로 치우치고 오른쪽으로 긴 꼬리 모양인 양의 비대칭형이지만 μ가 커질수록 종 모양의 대칭형으로 나타난다.

그림 6-8 평균에 따른 푸아송분포 비교

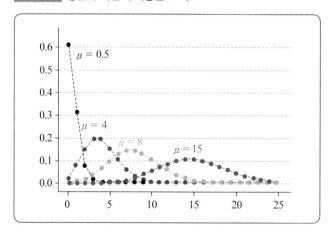

| 누적푸아송확률

이항분포의 누적확률을 구한 것과 마찬가지로 모수 μ인 푸아송분포에 대한 확률은 [부록 2]의 누적푸아송확률표를 이용한다. 예를 들어 [예제 9]의 $\mu = 1.5$인 푸아송분포에서 다음 순서에 따라 두 확률 $P(X \leq 1)$, $P(X \geq 3)$을 구하며, 이 과정은 [표 6-7]에 나타나 있다.

❶ x가 1인 부분을 찾는다.

❷ 상단에서 μ가 1.5인 열을 찾는다.

❸ x가 1인 행과 μ가 1.5인 열이 만나는 위치의 수 0.558을 선택한다.

❹ 즉, $P(X \leq 1) = 0.558$이다.

❺ 같은 방법으로 $P(X \leq 2) = 0.809$이다.

❻ $P(X \geq 3) = 1 - P(X \leq 2) = 1 - 0.809 = 0.191$이다.

발생 횟수 $P(X \leq 1)$ 평균

표 6-7 누적푸아송확률표

					μ				
x	1.10	1.20	1.30	1.40	1.50	1.60	1.70	1.80	1.90
0	0.333	0.301	0.273	0.247	0.223	0.202	0.183	0.165	0.150
1	0.699	0.663	0.627	0.592	0.558	0.525	0.493	0.463	0.434
2	0.900	0.879	0.857	0.833	0.809	0.783	0.757	0.731	0.704
3	0.974	0.966	0.957	0.946	0.934	0.921	0.907	0.891	0.875
4	0.995	0.992	0.989	0.986	0.981	0.976	0.970	0.964	0.954
5	0.999	0.998	0.998	0.997	0.996	0.994	0.992	0.990	0.987
6	1.000	1.000	1.000	0.999	0.999	0.999	0.998	0.997	0.997

예제 10

24시간 동안 영업하는 어느 상점에 시간당 평균 6명의 손님이 푸아송분포를 이루며 찾아온다고 할 때, 다음을 구하라.

(a) 밤 0시부터 1시까지 찾아온 손님이 1명일 확률

(b) 밤 0시부터 1시까지 찾아온 손님이 6명 이상일 확률

(c) 밤 0시부터 1시까지 찾아온 손님이 5명보다 적을 확률

(d) 아침 9시부터 9시 30분까지 찾아온 손님이 4명 이상일 확률

풀이

상점에 찾아온 손님 수를 확률변수 X라 하면 X는 1시간에 평균 6인 푸아송분포를 이룬다.

(a) $P(X = 1) = P(X \leq 1) - P(X = 0) = 0.017 - 0.002 = 0.015$

(b) $P(X \geq 6) = 1 - P(X \leq 5) = 1 - 0.446 = 0.554$

(c) $P(X < 5) = P(X \leq 4) = 0.285$

(d) 시간대에 관계없이 30분 동안 찾아온 손님 수의 평균은 3이므로 아침 9시부터 9시 30분까지 찾아온 손님 수(Y)는 평균 3인 푸아송분포를 이룬다. 따라서 30분 사이에 찾아온 손님이 4명 이상일 확률은 다음과 같다.

$$P(Y \geq 4) = 1 - P(Y \leq 3) = 1 - 0.647 = 0.353$$

| 이항분포와 푸아송분포

누적이항확률표를 이용하여 이항확률을 쉽게 구할 수 있지만 대부분의 통계학 교재에서 시행 횟수 n이 30 이상인 경우의 확률표는 싣지 않는다. 실제로 확률함수를 이용하여 확률을 구하는 것도 매우 번거롭다. 예를 들어 $n = 50$, $p = 0.06$인 이항분포를 이루는 확률변수 X에 대해 $P(X \geq 6)$을 구한다면, $n = 50$인 누적이항확률표가 없으므로 다음 확률함수를 이용할 수밖에 없다.

$$p(x) = {}_{50}C_x 0.06^x 0.94^{50-x}, \quad x = 0, 1, 2, \cdots, 50$$

즉, 여섯 개의 확률 $p(0)$, $p(1)$, $p(2)$, $p(3)$, $p(4)$, $p(5)$를 각각 계산하여 $1 - \{p(0) + p(1) + p(2) + p(3) + p(4) + p(5)\}$의 값을 구해야 하는 것이다. 불가능한 것은 아니지만 손이 너무 많이 가고 번거로운 일이다.

이와 같이 시행 횟수 n이 30 이상이고 성공률 p가 작을 때는 푸아송분포를 이용하여 이항확률을 근사적으로 구할 수 있다. 이항분포의 평균 $\mu = np$가 일정하다면 n이 커질수록 p가 작아지고, 이 경우 [그림 6-9]와 같이 이항확률변수는 평균 $\mu = np$인 푸아송 확률변수와 거의 일치하는 것을 확인할 수 있다. 즉, 시행 횟수 n이 충분히 크고 성공률 p가 충분히 작으면 $B(n, p) \approx P(\mu)$이고 푸아송분포를 이용하여 이항분포의 확률을 근사적으로 구할 수 있다. 이때 n이 충분히 크지만 p가 충분히 작지 않다면 정규분포[6]를 이용하여 이항확률을 근사적으로 구한다.

예제 11

$n = 50$, $p = 0.06$인 이항분포를 이루는 확률변수 X에 대해 $P(X \geq 6)$의 근사 확률을 구하라.

풀이

확률변수 X가 이루는 이항분포는 평균 $\mu = 50 \times 0.06 = 3$인 푸아송분포에 가까워지므로 $P(X \geq 6)$은 다음과 같이 근사적으로 구할 수 있다.

$$\begin{aligned}P(X \geq 6) &= 1 - P(X \leq 5) \\ &= 1 - 0.916 \\ &= 0.084\end{aligned}$$

---

[6] 7.2.3절에서 자세히 다룬다.

그림 6-9 이항분포와 푸아송분포

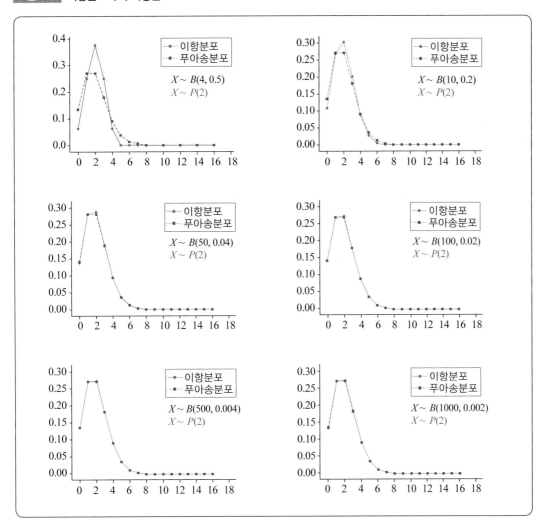

실제로 [예제 11]의 확률을 엑셀의 이항확률을 이용하여 구하면 다음과 같다.

$$P(X \geq 6) = 1 - P(X \leq 5)$$
$$= 1 - 0.922$$
$$= 0.078$$

즉, 실제 이항확률은 푸아송분포에 의한 근사 확률 0.084와 불과 0.006 정도의 차이만 있음을 알 수 있다.

엑셀 푸아송분포

Ⓐ 확률표 작성하기

❶ B2셀에 커서를 놓고 메뉴바에서 수식〉함수 삽입〉통계〉POISSON.DIST를 선택하여 X에 A2, Mean에 1.5, Cumulative에 0
을 기입하면 개별 확률을 얻는다. X에 x 값을 넣어 $p(x)$를 구한다.

❷ C2셀에 커서를 놓고 ❶의 과정을 반복하되, Cumulative에 1을 기입하면 누적확률을 얻는다.

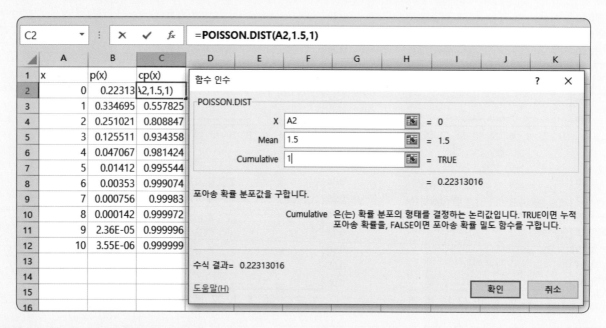

Ⓑ a와 b 사이의 확률 구하기

❸ D2셀에 커서를 놓고 =POISSON.DIST(5, 1.5, 1)−POISSON.DIST(1, 1.5, 1)을 기입하면 $P(2 \leq X \leq 5) = 0.4377$을 얻는다.

Ⓒ 난수 생성

❹ 메뉴바에서 데이터〉데이터 분석〉통계〉난수 생성을 선택하여 변수의 개수에 6, 난수의 개수에 5, 평균율에 1.5를 기입하고
분포는 푸아송분포 항목을 선택하면 5행 6열에 $X \sim P(1.5)$에 대한 30개의 난수가 생성된다.

확률함수	=POISSON.DIST(x, μ, 0)
누적확률함수	=POISSON.DIST(x, μ, 1)
a와 b 사이의 확률	=POISSON.DIST(b, μ, 1)−POISSON.DIST(a−1, μ, 1)

6.2.4 초기하분포

이항분포는 매 시행마다 성공률 p가 동일하고 각 시행은 독립적으로 이루어진다는 조건 아래 n번 반복한 시행에서의 성공 횟수에 관한 확률 모형이다. 한편 매 시행마다 성공률이 달라지고 각 시행이 독립적으로 이루어지지 않는 경우에 관한 확률 모형으로 초기하분포를 사용한다.

크기가 N인 모집단이 검은색 바둑돌(성공) r개와 흰색 바둑돌(실패) $N - r$개로 구성되어 있을 때, 비복원추출로 n개의 바둑돌을 꺼낸다고 가정하자. [그림 6-10]과 같이 주머니에서 꺼낸 n개의 바둑돌 중 검은색 바둑돌(성공)의 개수를 확률변수 X라 할 때, X는 모수 N, r, n인 **초기하분포**(hypergeometric distribution)를 이룬다 하고 $X \sim H(N, r, n)$으로 나타낸다.

그림 6-10 **주머니에서 n개의 공 꺼내기**

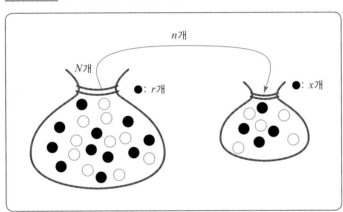

흰색 바둑돌이 4개, 검은색 바둑돌이 6개 들어 있는 주머니에서 5개를 꺼낸다면, 꺼낸 바둑돌 5개 중 적어도 1개의 검은색 바둑돌이 있어야 한다. 그러나 만약 주머니에 흰색 바둑돌이 6개, 검은색 바둑돌이 4개 들어 있다면 꺼낸 바둑돌 5개 중 검은색 바둑돌이 없을 수 있다. 즉, 주머니에서 꺼낸 바둑돌에 포함된 검은색 바둑돌의 수 x는 0과 $n + r - N$ 중 큰 수보다 크거나 같아야 한다. 또한 x는 주머니 안에 들어 있는 흰색 바둑돌의 수 r 또는 주머니에서 꺼낸 전체 바둑돌의 수 n을 초과할 수 없다. 따라서 모수 N, r, n인 초기하분포에서 확률변수 X로 가능한 값 x의 범위는 다음과 같다.

$$\max\{0, n + r - N\} \leq x \leq \min\{r, n\}$$

보편적으로 모집단에 있는 성공의 개수 r이 추출한 개수 n보다 크고 $n + r$이 모집단의 크기 N보다 작은 경우, 즉 확률변수로 가능한 값이 0, 1, 2, …, n인 경우를 많이 사용한다.

임의로 추출한 n개 안에 포함된 성공의 개수를 x라 하자. N개 중 n개를 임의로 선택하는 모든 경우의 수는 $_NC_n$이다. 전체 r개의 성공 중 x개가 선정되는 경우의 수는 $_rC_x$이고, 전체 $N - r$개의 실패 중 $n - x$개가 선정되는 경우의 수는 $_{N-r}C_{n-x}$이다. 즉, n개 중 성공이 x개이고 실패가

$n - x$개인 경우의 수는 $_rC_{x\ N-r}C_{n-x}$이다. 따라서 고전적 확률에 의해 임의로 추출한 n개 안에 포함된 성공의 수가 x일 확률은 다음과 같다.

$$p(x) = \frac{_rC_{x\ N-r}C_{n-x}}{_NC_n}, \quad \max\{0,\ n+r-N\} \leq x \leq \min\{r,\ n\}$$

모수가 N, r, n인 초기하분포를 이루는 확률변수 X의 평균과 분산은 다음과 같다.

- 평균: $\mu = n\dfrac{r}{N}$
- 분산: $\sigma^2 = n\dfrac{r}{N}\left(1 - \dfrac{r}{N}\right)\left(\dfrac{N-n}{N-1}\right)$

예제 12

흰색 바둑돌 6개와 검은색 바둑돌 4개가 들어 있는 주머니에서 바둑돌 5개를 꺼낼 때, 포함된 검은색 바둑돌의 개수를 확률변수 X라 하자. 물음에 답하라.

(a) X의 확률함수를 구하라.

(b) $P(X = 2)$를 구하라.

(c) $P(X \leq 2)$를 구하라.

(d) X의 평균과 분산을 구하라.

풀이

(a) $p(x) = \dfrac{_4C_{x\ 6}C_{5-x}}{_{10}C_5} = \dfrac{_4C_{x\ 6}C_{5-x}}{252}, \quad x = 0, 1, 2, 3, 4$

(b) $P(X = 2) = p(2) = \dfrac{_4C_{2\ 6}C_3}{252} = \dfrac{6 \times 20}{252} = \dfrac{10}{21} \approx 0.4762$

(c) $P(X \leq 2) = p(0) + p(1) + p(2) = \dfrac{6 + 60 + 120}{252} = \dfrac{31}{42} \approx 0.7381$

(d) $\mu = 5 \times \dfrac{4}{10} = 2, \quad \sigma^2 = 5 \times \dfrac{4}{10} \times \dfrac{6}{10} \times \dfrac{10-5}{10-1} = \dfrac{2}{3} \approx 0.667$

일반적으로 초기하분포의 확률함수는 [그림 6-11]과 같고, 모집단에서 성공의 비율에 따라 그 모양이 달라진다. 성공률이 $\dfrac{r}{N} < 0.5$이면 왼쪽으로 치우치고 오른쪽으로 긴 꼬리 모양인 양의 비대칭형이고, $\dfrac{r}{N} > 0.5$이면 오른쪽으로 치우치고 왼쪽으로 긴 꼬리 모양인 음의 비대칭형이며, $\dfrac{r}{N} = 0.5$이면 대칭형으로 나타난다.

그림 6-11 초기하분포의 확률함수

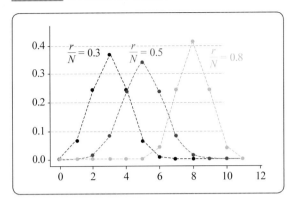

모집단에서 성공의 비율 $\dfrac{r}{N} = p$가 일정하고 N이 충분히 크다면 $\dfrac{N-n}{N-1} \approx 1$이므로 평균은 $\mu = np$, 분산은 $\sigma^2 \approx np(1-p)$임을 알 수 있다. 즉, 모집단의 크기 N이 충분히 큰 초기하분포는 평균이 $\mu = np$이고 분산이 $\sigma^2 = np(1-p)$인 이항분포에 근사하는 것을 알 수 있다.

예제 13

어느 대기업에 입사한 신입사원 1,000명이 남자 650명, 여자 350명으로 구성됐다고 한다. 특정 부서에 배치할 신입사원을 성별을 구분하지 않고 임의로 10명을 선정했을 때, 선정된 10명에 포함된 여자 신입사원의 수를 확률변수 X라 하자. 다음을 구하라.

(a) X의 평균

(b) 선정된 10명 중 여자가 5명이 포함될 근사 확률

풀이

(a) $\mu = 10 \times \dfrac{350}{1000} = 3.5$

(b) $X \sim H(1000, 350, 10)$이므로 X는 모수가 $n = 10$, $p = \dfrac{350}{1000} = 0.35$인 이항분포에 근사한다. 따라서 10명 중 여자가 5명이 포함될 근사 확률은 다음과 같다.

$$\begin{aligned} P(X = 5) &= P(X \leq 5) - P(X \leq 4) \\ &= 0.9051 - 0.7515 \\ &= 0.1536 \end{aligned}$$

[예제 13(b)]를 초기하분포의 확률함수로 확률을 구한다면 세 경우의 수 $_{1000}C_{10}$, $_{350}C_5$, $_{650}C_5$를 계산해야 한다. 이를 직접 계산하는 것은 무모한 행위일 것이다. 실제로 컴퓨터로 이 세 경우의 수를 구하면 다음과 같다.

$$_{1000}C_{10} = 263409560461970212832400,$$
$$_{350}C_5 = 42530162570,$$
$$_{650}C_5 = 952113256380$$

이 값, 즉 초기하분포의 확률함수를 이용하여 10명 중 여자가 5명이 포함될 확률을 계산하면 0.153728이고, 이항분포를 이용하여 구한 근사 확률 0.1536과 매우 비슷하다는 것을 확인할 수 있다.

엑셀 초기하분포

$X \sim H(10, 4, 5)$에 대해 확률함수 $p(x)$, $x = 0, 1, 2, 3, 4$의 값을 구한다. A1~C1셀에 **x**, **p(x)**, **cp(x)**를 기입하고, A2~A6셀에 0부터 4까지의 수를 기입한 후 다음 함수를 활용한다.

Ⓐ 확률표 작성하기

❶ B2셀에 커서를 놓고 메뉴바에서 수식 〉함수 삽입 〉통계 〉HYPGEOM.DIST를 선택하여 **Sample_s**에 A2, **Number_sample**에 5, **Population_s**에 4, **Number_pop**에 10, **Cumulative**에 0을 기입하면 개별 확률을 얻는다. **Sample_s**에 x 값을 넣어 $p(x)$를 구한다.

❷ C2셀에 커서를 놓고 ❶의 과정을 반복하되, **Cumulative**에 1을 기입하면 누적확률을 얻는다.

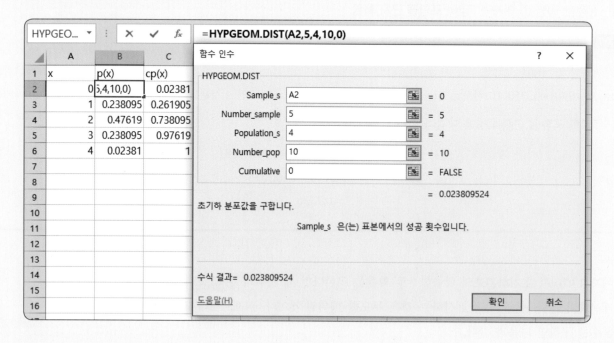

Ⓑ a와 b 사이의 확률 구하기

❸ C2셀에 커서를 놓고 **=HYPGEOM.DIST(3, 5, 4, 10, 1)-HYPGEOM.DIST(1, 5, 4, 10, 1)**을 기입하면 $P(2 \leq X \leq 3)=0.714286$을 얻는다.

Ⓒ 난수 생성

❹ 메뉴바에서 데이터 〉 데이터 분석 〉 통계 〉 난수 생성을 선택하여 **변수의 개수**에 **6**, **난수의 개수**에 **5**, **종료**에 **$A$2:$B$6**을 기입하고 **분포**는 **이산 분포** 항목을 선택하면 5행 6열에 $X \sim H(10, 4, 5)$에 대한 30개의 난수가 생성된다.

확률함수	=HYPGEOM.DIST(x, n, r, N, 0)
누적확률함수	=HYPGEOM.DIST(x, n, r, N, 1)
a와 b 사이의 확률	=HYPGEOM.DIST(b, n, r, N, 1)−HYPGEOM.DIST(a−1, n, r, N, 1)

개념문제

1. 각 표본점을 숫자로 대응시키는 것을 무엇이라 하는가?

2. 확률변수에 대한 확률값을 나타내는 함수를 무엇이라 하는가?

3. 확률함수 $p(x)$는 음수가 될 수 있는가?

4. 확률변수 X는 음수가 될 수 있는가?

5. 확률변수 X의 기댓값에 대해 $E(aX) = aE(X)$가 맞는가?

6. 확률변수 X의 분산에 대해 $Var(aX) = aVar(X)$가 맞는가?

7. $P(\mu - 2\sigma < X < \mu + 2\sigma) \leq \dfrac{3}{4}$이 맞는가?

8. 두 가지 가능한 결과로 이루어진 확률 실험을 독립적으로 반복하여 시행하는 것을 무엇이라 하는가?

9. 베르누이 시행을 n번 반복하여 성공한 횟수에 관한 확률분포를 무엇이라 하는가?

10. 일정한 시간에 사건이 발생한 횟수에 관한 확률분포를 무엇이라 하는가?

11. 성공과 실패로 구성된 모집단에서 비복원추출로 n개를 임의로 꺼낼 때, 추출한 것에 포함된 성공의 개수에 관한 확률분포를 무엇이라 하는가?

12. 모수 n과 p인 이항분포를 이루는 확률변수의 평균과 분산은 무엇인가?

13. 모수 m인 푸아송분포를 이루는 확률변수의 평균과 분산은 무엇인가?

연습문제

1. $X \sim B(10, 0.35)$에 대해 다음을 구하라.

(a) $P(X = 5)$　　　　　　　　(b) $P(X \neq 4)$

(c) $P(X \geq 6)$　　　　　　　　(d) $P(3 \leq X < 7)$

(e) 평균과 분산　　　　　　　　(f) $P(\mu - \sigma \leq X \leq \mu + \sigma)$

2. $X \sim P(6)$에 대해 다음을 구하라.

(a) $P(X = 5)$　　　　　　　　(b) $P(X \neq 4)$

(c) $P(X \geq 6)$　　　　　　　　(d) $P(3 \leq X < 7)$

(e) 평균과 분산　　　　　　　　(f) $P(\mu - \sigma \leq X \leq \mu + \sigma)$

3. 모수 $N = 9$, $r = 5$, $n = 4$인 초기하분포에 대해 다음을 구하라.

(a) $P(X = 4)$　　　　　　　　(b) $P(X \neq 4)$

(c) $P(X \geq 1)$　　　　　　　　(d) $P(2 \leq X \leq 4)$

(e) 평균과 분산　　　　　　　　(f) $P(\mu - \sigma \leq X \leq \mu + \sigma)$

4. 다음은 이산확률변수 X의 확률표이다. 두 양수 a와 b에 대해 $a = 2b$일 때, 물음에 답하라.

X	1	2	3	4	5
$P(X = x)$	$\frac{1}{8}$	$\frac{1}{8}$	a	b	$\frac{1}{8}$

(a) a와 b를 구하라.

(b) $P(X \leq 3)$을 구하라.

5. 확률변수 X의 값이 1, 2, 3, 4, 5이고 $P(X < 3) = 0.4$, $P(X > 3) = 0.3$일 때, 다음을 구하라.

(a) $P(X = 3)$　　　　　　(b) $P(X < 4)$　　　　　　(c) $P(X > 2)$

6. 파란 공 3개, 빨간 공 2개, 흰 공 5개가 들어 있는 주머니에서 공 4개를 동시에 꺼낼 때, 꺼낸 공 중 흰 공의 개수를 확률변수 X라 하자. 다음을 구하라.

(a) X의 확률표

(b) X의 평균과 분산

(c) 흰 공을 3개 이상 꺼낼 확률

7. 다음은 어느 공업단지에 있는 전체 기업 500곳의 여름 휴가 일수에 대한 도수표이다. 이 공업단지에서 근무하는 근로자 한 명을 임의로 선정했을 때, 이 근로자의 휴가 일수를 확률변수 X라 하자. 물음에 답하라.

휴가 일수	3	4	5	6
회사 수	160	100	140	100

(a) X로 가능한 값을 모두 구하라.

(b) X의 확률표를 작성하라.

(c) 선정된 근로자의 휴가 일수가 5일 확률을 구하라.

8. 다음은 어느 도시에 거주하는 중소득층의 가구원 수에 대한 비율이다. 이 도시의 중소득층 주민을 임의로 한 명 선정했을 때, 이 주민의 가구원 수를 확률변수 X라 하자. 물음에 답하라(단, 6인 이상 가구는 6인으로 정한다).

가구	1인	2인	3인	4인	5인	6인 이상
비율(%)	13.0	24.8	29.5	25.6	5.8	1.3

(a) X로 가능한 값을 모두 구하라.

(b) X의 평균, 분산, 표준편차를 구하라.

(c) 선정된 주민의 가구원이 4인 이상일 확률을 구하라.

(d) 선정된 주민의 가구원이 2인 이상 4인 이하일 확률을 구하라.

(e) 선정된 주민의 가구원이 3인 이하일 확률을 구하라.

9. 일반적으로 인터넷 서점에서 구매한 도서는 2~3일 안에 배송된다고 광고한다. 마케팅을 공부하는 경영학과 학생 50명은 실제로 이 광고 내용이 맞는지 알아보기 위해 각자가 읽고 싶었던 소설책을 인터넷 서점에서 한 권씩 구매하는 실험을 했다. 다음은 소설책이 집으로 배송되는 데 걸린 일수에 따른 책 수를 정리한 것이다. 소설책이 배송되는 데 걸린 일수를 확률변수 X라 할 때, 물음에 답하라.

일수	1	2	3	4	5	6
책 수	4	13	14	12	4	3

(a) X의 확률표를 작성하라.

(b) 인터넷 서점의 광고 내용이 맞을 확률을 구하라.

(c) 광고 내용보다 늦게 도착할 확률을 구하라.

(d) 평균 도착 일수를 구하라.

10. 다음은 어느 자동차 판매 영업소에서 지난 1년 동안 자동차를 판매한 일수를 분석한 것이다. 하루에 판매한 자동차 대수를 확률변수 X라 할 때, 물음에 답하라(단, 1년은 365일로 계산한다).

판매한 자동차 대수	0	1	2	3	4	5
판매 일수	77	126	113	38	8	3

(a) X의 확률표를 작성하라.

(b) 하루 동안 자동차를 판매하지 못할 확률을 구하라.

(c) 하루 동안 자동차를 3대 이상 판매할 확률을 구하라.

(d) 하루 동안 판매한 평균 자동차 대수를 구하라.

(e) 3일 동안 자동차를 한 대만 판매할 확률을 구하라(단, 당일 판매한 자동차의 수는 전 날 판매한 자동차 수와 독립이다).

11. 길거리 포장마차에서 판매하는 음식의 이익금은 음식에 대한 순수 이익금이 매출액의 40%이고 부대비용이 월 12만 원이라고 한다. 이 포장마차의 월평균 매출액이 400만 원이고 표준편차가 20만 원일 때, 이익금에 대한 평균과 표준편차를 구하라.

12. 다음은 확률변수 X의 확률표이다. 물음에 답하라.

X	1	2	3	4
$P(X = x)$	0.3	0.2	0.1	0.4

(a) X의 평균, 분산, 표준편차를 구하라.

(b) $Y = 2X - 1$의 확률표를 작성하라.

(c) (b)를 이용하여 Y의 평균, 분산, 표준편차를 구하라.

(d) (a)를 이용하여 Y의 평균, 분산, 표준편차를 구하라.

13. 1와 10 사이에서 이산균등분포를 이루는 확률변수 X에 대해 물음에 답하라.

(a) X의 확률함수를 구하라.

(b) X의 평균과 분산을 구하라.

(c) $Y = X - 1$의 확률함수를 구하라.

(d) $Y = X - 1$의 평균과 분산을 구하라.

14. 어떤 보험회사는 다음 내용을 전제로 허리케인에 의한 피해에 대해 보험 가격을 결정한다.

- 매년 많아야 한 번의 허리케인이 찾아온다.
- 매년 허리케인이 찾아올 확률은 0.06이다.
- 각 연도에 찾아온 허리케인의 횟수는 독립이다.

보험회사의 가정을 기초로 10년 동안 매년 허리케인이 찾아온 횟수를 확률변수 X라 할 때, 다음을 구하라.

(a) X의 확률함수   (b) $P(X < 3)$

15. 인간의 특성인 피부색, 눈동자 색, 머리카락의 색깔, 왼손잡이 여부 등은 한 쌍의 유전자에 의해 결정된다. 우성인자를 d, 열성인자를 r이라 하면 (d, d)를 순수우성, (r, r)을 순수열성, (d, r) 또는 (r, d)를 혼성이라고 한다. 두 남녀가 결혼하면 그 자녀는 부모로부터 각각 어느 한 유전인자를 물려받게 되며, 이 유전인자는 두 종류의 유전인자 중 동등한 기회로 대물림한다. 물음에 답하라.

(a) 부모가 모두 혼성 유전인자를 가지고 있을 때, 그 자녀가 순수열성일 확률을 구하라.

(b) 혼성 유전인자를 가진 부모에게 5명의 자녀가 있을 때, 5명 중 한 명만 순수열성일 확률을 구하라.

(c) 혼성 유전인자를 가진 부모에게 5명의 자녀가 있을 때, 순수열성인 자녀 수의 평균을 구하라.

16. 어느 사회단체에서 초등학생이 늦은 시각까지 학원에 다니는 것에 대해 조사한 결과 35%가 반대 의견을 냈다고 한다. 이 조사에 응한 15명 중 반대 의견을 표시한 사람 수에 대해 다음을 구하라.

(a) 5명 이하가 반대 의견을 표시했을 확률

(b) 3명 이상이 반대 의견을 표시했을 확률

(c) 반대 의견을 제시한 사람이 3명 이상 6명 이하일 확률

(d) 반대 의견을 제시한 사람 수의 평균

17. 주유소에는 주유를 시작하기 전에 정전기를 막기 위한 방전 장치가 주유기에 부착되어 있다. 주유소 종업원이 관찰한 결과 고객의 10명 중 2명 정도가 방전 장치를 이용하지 않았다. 어느 날 20대의 자동차가 주유를 위해 이 주유소에 찾아왔을 때, 다음을 구하라.

(a) 방전 장치를 이용하지 않은 고객이 5명 이하일 확률

(b) 방전 장치를 이용하지 않은 고객이 5명을 초과할 확률

(c) 방전 장치를 이용하지 않은 고객이 3명 이상 7명 미만일 확률

(d) 정확히 4명이 방전 장치를 이용하지 않을 확률

18. 1997년 〈Journal of Peace Research〉에 민주주의와 비민주주의 국가의 뉴스 통제 정도를 연구한 결과가 발표됐다. 이 결과에 따르면 민주주의 국가의 80%는 언론의 자유를 허용한 반면, 비민주주의 국가는 10%만 허용했다. 물음에 답하라.

(a) 민주주의를 이념으로 갖는 50개 국가를 임의로 선정했을 때, 언론의 자유를 허용하는 국가 수의 평균을 구하라.

(b) 비민주주의를 이념으로 갖는 40개 국가를 임의로 선정했을 때, 언론의 자유를 허용하는 국가 수의 평균을 구하라.

(c) (b)에서 선정한 국가 중 3개 이상의 국가가 언론의 자유를 허용할 근사 확률을 구하라.

19. A와 B 두 사업장을 운영하는 어느 기업체는 사원의 복지 차원에서 임의로 5명을 선정하여 휴가 기간에 국외 여행을 보내 주기로 했다. A 사업장에는 300명, B 사업장에는 200명이 근무하고 있다고 할 때, 다음을 구하라.

(a) 선정된 5명 중 B 사업장에 근무하는 사원 수의 평균

(b) 선정된 5명 중 B 사업장에 근무하는 사원이 한 명도 없을 근사 확률

(c) 선정된 5명 중 B 사업장에 근무하는 사원이 2명 이하일 근사 확률

(d) 선정된 5명 중 B 사업장에 근무하는 사원이 3명 이상일 근사 확률

(e) 선정된 5명 중 B 사업장에 근무하는 사원이 2명 이상 4명 이하일 근사 확률

20. 어느 교차로에서 교통사고로 사망한 사람이 연평균 3명인 푸아송분포를 이룬다고 할 때, 다음을 구하라.

(a) 올 한 해 동안 교통사고로 사망한 사람이 없을 확률

(b) 올 한 해 동안 교통사고로 많아야 2명이 사망할 확률

(c) 올 한 해 동안 교통사고로 적어도 2명 이상이 사망할 확률

21. 어느 식당은 한 달에 평균 2건의 예약이 취소된다. 한 달 동안 취소된 예약 건수를 X라 할 때, 다음을 구하라.

(a) X의 확률함수

(b) 한 달 동안 취소된 예약이 많아야 3건일 확률

(c) 두 달 동안 취소된 예약이 3건일 확률

22. 어느 장난감 수입상은 500개의 상품 중 일부를 표본조사하여 불량품이 2개 이하일 때 이 상품을 모두 수입하기로 계약했다. 항구에 들어온 500개의 상품 중 15개의 불량품이 포함되어 있는 것을 수입상은 모르고 있다. 이 수입상이 10개의 상품을 임의로 선정하여 불량품이 몇 개인지 조사하고자 한다. $n = 10$, $p = 0.03$인 다음 누적이항확률표를 이용하여 물음에 답하라.

X	0	1	2	3	4	5	6	7
$P(X \leq x)$	0.7374	0.9655	0.9972	0.9998	0.9999	0.9999	1.0000	1.0000

(a) 수입상이 500개의 상품을 모두 수입할 근사 확률을 구하라.

(b) 불량품이 5개 이상일 근사 확률을 구하라.

(c) 불량품이 2개 이상 4개 이하일 근사 확률을 구하라.

(d) 푸아송분포를 이용하여 불량품이 2개 이상 4개 이하일 근사 확률을 구하라.

1. 어느 도시의 모든 자동차 검사장에 들어온 자동차는 10%의 비율로 재검사를 받아야 한다고 한다. 어느 검사장에 자동차 6대가 검사를 받기 위해 대기하고 있을 때, 다음을 구하라.
   (a) 모든 자동차가 검사를 통과할 확률
   (b) 단 한 대만이 재검사를 받을 확률
   (c) 많아야 두 대가 재검사를 받을 확률

2. 어느 강물의 오염 실태를 표본조사하기 위해 이 강의 주변 지역 20곳에서 물을 채취하여 병에 담았다고 한다. 수질을 조사한 결과 오염이 매우 심각한 지역은 10곳, 약간 오염된 지역은 6곳, 청정한 지역은 4곳이라 할 때, 채취한 강물을 담은 병들 중 임의로 5개를 선정했다. 5개의 병 중 오염이 매우 심각한 지역의 물병, 약간 오염된 지역의 물병, 청정한 지역의 물병의 개수를 각각 확률변수 X, Y, Z라 할 때, 물음에 답하라.
   (a) X, Y, Z의 확률함수를 구하라.
   (b) 선정된 병 5개 중 오염이 매우 심각한 지역의 물병이 2개, 약간 오염된 지역의 물병이 2개, 청정한 지역의 물병이 1개일 확률을 구하라.
   (c) 선정된 병 5개 중 오염이 매우 심각한 지역의 물병의 개수에 대한 확률표를 작성하라.
   (d) 선정된 병 5개 중 오염이 매우 심각한 지역의 물병의 개수의 평균을 구하라.
   (e) 선정된 병 5개 중 4개 이상이 오염이 매우 심각한 지역의 물병일 확률을 구하라.

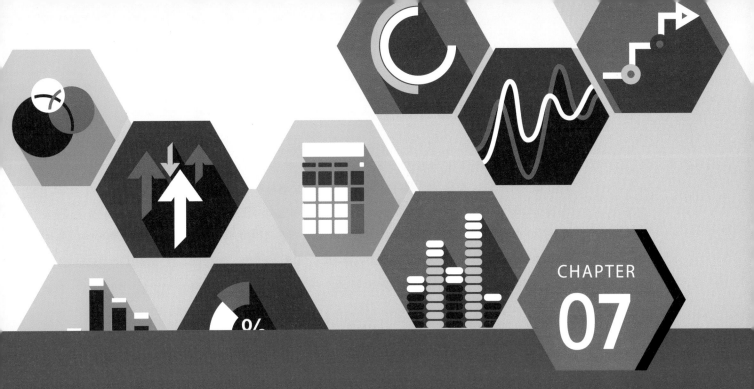

CHAPTER

07

연속확률분포

Continuous Probability Distribution

6장에서 확률변수에 대한 확률분포를 소개했으며, 특히 이산확률변수에 대한 대표적인 확률분포로 이항분포, 푸아송분포, 초기하분포를 살펴봤다.
이번 장에서는 확률변수의 값들이 구간으로 나타나는 연속확률변수를 소개한 후 연속확률변수의 확률을 구하는 방법에 대해 알아본다. 특히 통계적 추론에서 많이 사용하는 확률분포인 정규분포, t-분포, F-분포, 카이제곱분포와 그들의 특성에 대해 살펴본다.

7.1 ▶ 연속확률변수

3.1.3절에서 삼각형 모양의 대칭형 히스토그램은 자료가 많을수록 계급 간격이 좁아지면서 종 모양에 가까워지는 것을 언급했다. 이는 평균과 표준편차가 각각 같은 네 자료집단에 대해 자료가 많을수록 [그림 7–1]과 같이 계급 간격은 좁아지면서 히스토그램의 각 사각형 상단을 이은 직선들이 부드러운 곡선처럼 연속적으로 그려지는 것을 설명한다. 이 성질은 대칭형뿐만 아니라 어느 한쪽으로 치우친 히스토그램에도 적용된다. 이번 절에서는 확률함수가 연속인 곡선으로 그려지는 확률변수에 대해 확률 및 평균, 분산을 구하는 방법을 살펴본다.

7.1.1 연속확률변수와 확률밀도함수

오차가 2 mL인 1 L 들이 우유병에 들어 있는 우유의 양을 확률변수 X라 하면 X의 값의 범위는 유한구간 [0.998, 1.002]이다. 새로 교체한 형광등의 수명을 확률변수 X라 하면 X의 값의 범위는 무한구간 [0, ∞)이다. 이와 같이 확률변수 X의 값의 범위가 유한구간 [a, b] 또는 무한구간 [a, ∞), (−∞, ∞) 형태인 확률변수를 **연속확률변수**(continuous random variable)라 한다.

목표 지점까지 가는 데 걸리는 시간, 정오부터 오후 1시까지의 온도 변화, 휴대전화의 배터리 수명 등을 확률변수 X라 하면 X의 값의 범위는 유한구간 또는 무한구간으로 나타나므로 이는

그림 7-1 자료 수에 따른 히스토그램

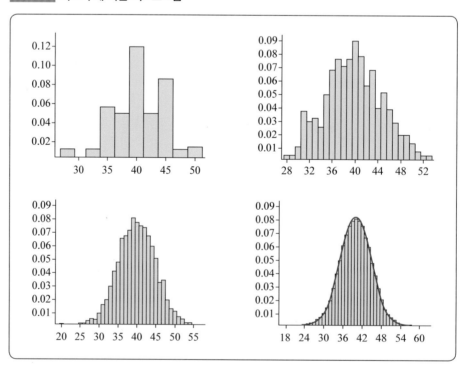

모두 연속확률변수이다. 따라서 연속확률변수는 셈을 할 수 없을 정도로 무수히 많은 값을 갖는다. [그림 7-1]과 같이 이산자료가 많아짐에 따라 히스토그램은 곡선에 근사하는데, 이 곡선에 대한 함수 $f(x)$를 생각할 수 있다. 이 함수 $f(x)$를 연속확률변수 X의 **확률밀도함수**(probability density function)라 하며 반드시 다음 두 성질을 갖는다.

- 임의의 실수 x에 대하여 $f(x) \geq 0$이다.
- 함수 $f(x)$의 그래프 아래에 놓이는 전체 넓이는 1이다. 즉, $\int_{-\infty}^{\infty} f(x)dx = 1$이다.

이산확률변수 X에 대해 확률 $P(a \leq X \leq b)$는 $a, a+1, \cdots, b$를 중심으로 밑변의 길이가 1이고 확률함수 값이 높이인 직사각형들의 넓이를 더한 것과 같다. 마찬가지로 연속확률변수 X가 a와 b 사이에 놓일 확률 $P(a \leq X \leq b)$는 [그림 7-2]와 같이 구간 $[a, b]$에서 함수 $f(x)$의 그래프 아래에 놓이는 부분의 넓이이다.

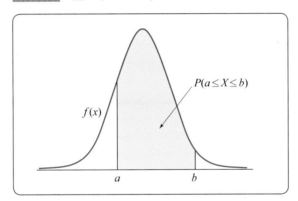

그림 7-2 확률 $P(a \leq X \leq b)$

주어진 구간에서 연속함수로 둘러싸인 부분의 넓이를 구하려면 적분을 해야 하듯이 연속확률변수 X가 a와 b 사이에 놓일 확률은 다음과 같이 적분하여 구한다.[7]

$$P(a \leq X \leq b) = \int_a^b f(x)dx$$

한 점에서 함수의 그래프 아래에 놓이는 부분의 넓이는 0이므로 연속확률변수 X가 어떤 특정한 점 a만을 취할 확률은 0이다.

$$P(X = a) = 0$$

---

[7] 더한다는 의미인 Sum의 첫 문자 S에 대응하는 그리스 문자가 Σ이고 S의 위아래를 잡아당기면 적분기호 $\int$가 만들어진다. 따라서 수학기호 Σ와 $\int$은 모두 더한다는 의미를 가지고 있으며, 단지 각각 이산형과 연속형이라는 차이뿐이다.

따라서 연속확률분포의 경우 다음 확률의 값은 모두 동일하다. 이는 이산확률분포에서는 성립하지 않는다.

$$P(a \leq X \leq b) = P(a < X \leq b) = P(a \leq X < b) = P(a < X < b)$$

연속확률변수 X의 분포함수 $F(x) = P(X \leq x)$는 임의의 실수 x보다 작거나 같은 범위, 즉 구간 $(-\infty, x]$에서 확률밀도함수 $f(x)$를 다음과 같이 적분하여 구한다.

$$F(x) = P(X \leq x) = \int_{-\infty}^{\infty} f(u)du$$

연속확률변수 X의 확률밀도함수가 모든 실수에서 다음과 같다고 하자.

$$f(x) = \begin{cases} 2x, & 0 \leq x \leq 1 \\ 0, & \text{다른 곳에서} \end{cases}$$

그러면 확률밀도함수의 그래프는 [그림 7–3]과 같다.

그림 7-3 확률밀도함수

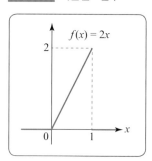

이때 [그림 7–4]와 같이 임의의 실수 x에 따른 누적확률 $P(X \leq x)$는 다음과 같다.

그림 7-4 분포함수

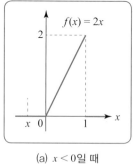 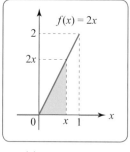 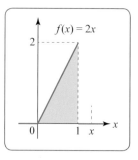

(a) $x < 0$일 때   (b) $0 \leq x < 1$일 때   (c) $x \geq 1$일 때

- $x < 0$이면 $P(X \leq x) = 0$이다.
- $0 \leq x < 1$이면 누적확률은 삼각형의 넓이이므로 $P(X \leq x) = x^2$이다.
- $x \geq 1$이면 누적확률은 1이다.

따라서 확률변수 X의 분포함수는 다음과 같다.

$$F(x) = \begin{cases} 0, & x < 0 \\ x^2, & 0 \leq x < 1 \\ 1, & x \geq 1 \end{cases}$$

예제 1

연속확률변수 X의 확률밀도함수가 모든 실수에서 다음과 같을 때, 물음에 답하라.

$$F(x) = \begin{cases} x, & 0 \leq x < 1 \\ a - x, & 1 \leq x < 2 \\ 0, & \text{다른 곳에서} \end{cases}$$

(a) 상수 a를 구하고 함수 $f(x)$의 그래프를 그려라.

(b) $P(X \leq 1.5)$를 구하라.

(c) X의 분포함수를 구하라.

풀이

(a) 확률밀도함수 $f(x)$의 그래프 아래에 놓이는 전체 넓이가 1이므로 다음을 만족해야 한다.

$$\int_{-\infty}^{\infty} f(x)\,dx = \int_0^1 f(x)\,dx + \int_1^2 f(x)\,dx$$

$$= \int_0^1 x\,dx + \int_1^2 (a-x)\,dx = \left[\frac{1}{2}x^2\right]_0^1 + \left[ax - \frac{1}{2}x^2\right]_1^2$$

$$= \frac{1}{2} + \left(a - \frac{3}{2}\right) = a - 1 = 1$$

따라서 $a = 2$이고 함수 $f(x)$의 그래프는 [그림 1]과 같다.

그림 1

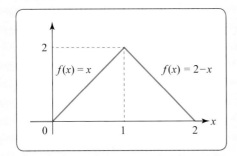

그림 2

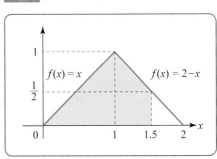

(b) 구하는 확률 $P(X \leq 1.5)$는 [그림 2]의 색칠된 넓이이므로 다음과 같다.

$$P(X \leq 1.5) = \frac{1}{2} + \left\{ \frac{1}{2}\left(1 + \frac{1}{2}\right) \times \frac{1}{2} \right\} = \frac{7}{8} = 0.875$$

또는 $P(X \leq 1.5) = 1 - P(1.5 \leq X \leq 2)$이고 $1.5 \leq x \leq 2$에서 그래프 아랫부분인 삼각형의 넓이가 $\frac{1}{8}$이므로

$P(X \leq 1.5) = 1 - \frac{1}{8} = \frac{7}{8} = 0.875$이다.

(c) 임의의 실수 x에 대한 누적확률을 구하면 다음과 같다.

❶ $x < 0$이면 $P(X \leq x) = 0$이다.

❷ $0 \leq x < 1$이면 구간 $[0, x]$에서 누적확률, 즉 밑변과 높이가 x인 삼각형의 넓이이므로 $P(X \leq x) = \frac{x^2}{2}$이다.

❸ $1 \leq x < 2$이면 구간 $[0, 1]$에서 삼각형의 넓이 $\frac{1}{2}$과 구간 $[1, x]$에서 윗변의 길이가 $2 - x$, 밑변의 길이가 1, 높이가 $x - 1$인 사다리꼴의 넓이 $\frac{1}{2}(4x - x^2 - 3)$의 합이므로 $P(X \leq x) = 2x - \frac{x^2}{2} - 1$이다.

❹ $x \geq 2$이면 $P(X \leq x) = 1$이다.

따라서 확률변수 X의 분포함수는 다음과 같다.

$$F(x) = \begin{cases} 0, & x < 0 \\ \dfrac{x^2}{2}, & 0 \leq x < 1 \\ 2x - \dfrac{x^2}{2} - 1, & 1 \leq x < 2 \\ 1, & x \geq 2 \end{cases}$$

7.1.2 기댓값과 분산

6.1.3절에서 수학기호 $\sum$를 이용하여 이산확률변수의 기댓값과 분산을 다음과 같이 정의했다.

$$\mu = E(X) = \sum_{\text{모든 } x} xp(x), \quad \sigma^2 = Var(X) = \sum_{\text{모든 } x} (x - \mu)^2 p(x)$$

연속확률변수의 확률밀도함수는 연속적으로 나타나며, 이 경우 $\sum$와 동일한 의미를 갖는 수학기호가 적분기호 $\int$이므로, 확률밀도함수가 $f(x)$인 연속확률변수 X의 기댓값과 분산은 다음과 같이 정의한다.

$$\mu = E(X) = \int_{-\infty}^{\infty} xf(x)dx, \quad \sigma^2 = Var(X) = \int_{-\infty}^{\infty} (x - \mu)^2 f(x)dx$$

연속확률변수의 기댓값은 연속확률분포에 대한 중심위치인 평균을 나타내며, 분산은 평균을 중심으로 흩어진 정도를 나타내는 척도이다. 이때 연속확률변수의 기댓값과 분산은 이산확률변

수와 비슷한 성질을 갖는다. 즉, 임의의 상수 a, $b(a \neq 0)$에 대해 다음이 성립한다.

표 7-1 연속확률변수의 기댓값, 분산, 표준편차에 대한 성질

기댓값(평균)	분산	표준편차
$E(a) = a$	$Var(a) = 0$	$SD(a) = 0$
$E(aX) = aE(X)$	$Var(aX) = a^2 Var(X)$	$SD(aX) = \|a\| SD(X)$
$E(aX + b) = aE(X) + b$	$Var(aX + b) = a^2 Var(X)$	$SD(aX + b) = \|a\| SD(X)$

특히 분산 σ^2은 다음과 같이 간단히 구할 수 있다.

$$\sigma^2 = E(X^2) - \mu^2 = \int_{-\infty}^{\infty} x^2 f(x) dx - \mu^2$$

예제 2

[예제 1]의 연속확률변수 X에 대해 다음을 구하라.

(a) X의 평균   (b) $X + 2$의 평균

(c) X의 분산과 표준편차   (d) $X + 2$의 분산

풀이

(a) 적분을 이용하여 평균을 구하면 다음과 같다.

$$E(X) = \int_{-\infty}^{\infty} x f(x) dx = \int_0^1 x^2 dx + \int_1^2 (2x - x^2) dx = \left[\frac{1}{3}x^3\right]_0^1 + \left[x^2 - \frac{1}{3}x^3\right]_1^2 = \frac{1}{3} + \left(\frac{4}{3} - \frac{2}{3}\right) = 1$$

(b) $E(X + 2) = E(X) + 2 = 1 + 2 = 3$

(c) 먼저 X^2의 기댓값을 구하면 다음과 같다.

$$E(X^2) = \int_{-\infty}^{\infty} x^2 f(x) dx = \int_0^1 x^3 dx + \int_1^2 (2x^2 - x^3) dx$$

$$= \left[\frac{1}{4}x^4\right]_0^1 + \left[\frac{2}{3}x^3 - \frac{1}{4}x^4\right]_1^2$$

$$= \frac{1}{4} + \left(\frac{4}{3} - \frac{5}{12}\right) = \frac{7}{6}$$

따라서 분산과 표준편차는 각각 다음과 같다.

$$\sigma^2 = E(X^2) - \mu^2 = \frac{7}{6} - 1 = \frac{1}{6} \approx 0.1667, \quad \sigma = \frac{1}{\sqrt{6}} \approx 0.4082$$

(d) 분산의 성질을 이용하여 평균을 구하면 다음과 같다.

$$Var(X + 2) = Var(X) = \frac{1}{6} \approx 0.1667$$

7.2 ▶ 연속확률분포

연속확률분포들 중 가장 중요한 것은 바로 정규분포이다. 통계적 추론에서 정규분포 외에 t-분포, 카이제곱분포, F-분포 등을 사용한다. 또한 휴대전화에 스팸 문자가 푸아송분포에 따라 수신될 때, 한 스팸 문자가 수신된 후 다음 스팸 문자가 수신될 때까지 걸리는 시간에 대한 확률 모형에 지수분포를 사용한다. 이번 절에서는 이와 같은 연속확률분포들의 성질을 살펴본다.

7.2.1 균등분포

오차가 2 mL인 1 L 들이 우유병에 들어 있는 우유의 양 X가 균등하게 분포할 때, X의 값의 범위 $0.998 \leq x \leq 1.002$에서 확률밀도함수 $f(x)$의 값이 일정하게 나타난다. 함수 $f(x)$의 그래프 아래에 놓이는 전체 넓이가 1이므로 $f(x)$는 다음과 같아야 한다.

$$f(x) = \frac{1}{0.004}, \quad 0.998 \leq x \leq 1.002$$

확률변수 X의 값의 범위 $a \leq x \leq b$에서 확률밀도함수 $f(x)$가 일정할 때, 확률분포는 [그림 7-5(a)]와 같이 주어진 x의 범위에서 직사각형 모양으로 나타난다. 그러면 X의 확률밀도함수가 다음과 같으며, 이런 확률분포를 **균등분포**(uniform distribution) 또는 **직사각형분포**(rectangular distribution)라 하고 $X \sim U(a, b)$로 나타낸다.

$$f(x) = \frac{1}{b - a}, \ a \leq x \leq b$$

a와 b 사이에 있는 임의의 c, d $(c < d)$에 대해 확률 $P(c \leq X \leq d)$는 다음과 같다.

$$P(c \leq X \leq d) = \frac{d - c}{b - a}$$

이 확률은 기하학적으로 [그림 7-5(b)]와 같은 직사각형의 넓이를 의미한다.

그림 7-5 균등분포

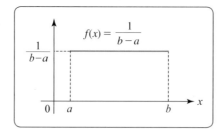

(a) 균등분포 확률밀도함수

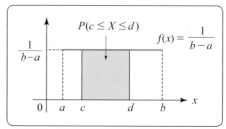

(b) 확률 $P(c \leq X \leq d)$

$X \sim U(a, b)$이면 분포함수 $F(x) = P(X \le x)$는 다음과 같다.

$$F(x) = \begin{cases} 0, & x < a \\ \dfrac{x-a}{b-a}, & a \le x < b \\ 1, & x \ge b \end{cases}$$

[그림 7–5(a)]의 직사각형 밑에 받침대를 놓아 직사각형이 수평이 되도록 할 때, 받침대의 위치는 직감적으로 직사각형의 가로의 중심인 $x = \dfrac{a+b}{2}$임을 알 수 있다. 따라서 $a \le x \le b$에서 균등분포를 이루는 연속확률변수 X의 평균(기댓값)과 분산은 다음과 같다. 분산 공식은 적분을 이용하여 얻을 수 있다.

- 평균: $E(X) = \dfrac{a+b}{2}$
- 분산: $Var(X) = \dfrac{(b-a)^2}{12}$

예제 3

서울에서 제주도까지 항공기로 가는 데 소요되는 시간은 기상 상황에 따라 50분과 65분 사이에서 일정하게 나타난다고 한다. 항공 시간을 확률변수 X라 할 때, 다음을 구하라.

(a) X의 확률밀도함수 (b) X의 평균
(c) X의 표준편차 (d) 54분에서 57분 사이의 시간이 소요될 확률
(e) 61분 이상 걸릴 확률 (f) 정확히 60분 걸릴 확률

풀이

(a) 항공 시간이 50분과 65분 사이에서 균등분포를 이루므로 X의 확률밀도함수는 다음과 같다.

$$f(x) = \frac{1}{15}, \ 50 \le x \le 65$$

(b) $E(X) = \dfrac{50+65}{2} = 57.5$

(c) X의 분산은 $\sigma^2 = \dfrac{(65-50)^2}{12} = 18.75$이므로 표준편차는 $\sigma = \sqrt{18.75} \approx 4.33$이다.

(d) 54분에서 57분 사이의 시간이 소요될 확률은 밑변의 길이가 3이고 높이가 $\dfrac{1}{15}$인 직사각형의 넓이와 같으므로 다음과 같다.

$$P(54 \le X \le 57) = (57-54) \times \frac{1}{15} = \frac{1}{5} = 0.2$$

(e) $P(X \ge 61) = (65-61) \times \dfrac{1}{15} = \dfrac{4}{15} \approx 0.2667$

(f) $P(X = 60) = 0$

엑셀 균등분포 난수

메뉴바에서 데이터 > 데이터 분석 > 통계 > 난수 생성을 선택하여 변수의 개수에 6, 난수의 개수에 5, 시작에 0, 종료에 10을 기입하고 **분포**는 **일양 분포** 항목을 선택하면 5행 6열에 $X \sim U(0, 10)$에 대한 30개의 난수가 생성된다.

난수 엑셀 함수	0과 1 사이의 난수	=RAND()
	a와 b 사이의 난수	=a+(b−a)*RAND()

7.2.2 지수분포

6.2.3절에서 일정 기간 동안 교차로에서 사고가 발생하는 건수를 푸아송분포를 이용하여 설명했다. 이때 사고가 발생한 이후 다음 사고가 발생할 때까지 걸리는 시간을 **대기시간**(waiting time)이라 하며, 대기시간과 관련된 확률분포로 지수분포를 사용한다. 예를 들어 호텔 프런트에 도착한 손님들 사이의 시간, 불량품이 생산된 이후 다음 불량품이 나올 때까지 걸리는 시간, 스팸 문자가 수신된 이후 다시 스팸 문자가 수신될 때까지 걸리는 시간 등은 지수분포로 설명되며, 지수분포는 신뢰성 공학 또는 큐잉이론(queuing theory)에서 많이 사용한다.

어떤 특정한 사건이 평균적으로 $\frac{1}{2}$시간, 즉 30분마다 한 번씩 일어난다면 1시간마다 평균 2건의 사건이 발생하게 된다. 따라서 어떤 사건이 평균적으로 $\frac{1}{\lambda}$ 단위시간마다 일어날 때, 이 사건은 단위시간당 평균 λ의 비율로 발생한다. 이 비율 λ를 **발생률**(incident rate) 또는 **위험률**(hazard rate)이라 하며, 이 비율로 어떤 사건이 발생하는 데 걸리는 시간을 확률변수 X라 하자. 그러면 X의 확률밀도함수가 다음과 같으며, 이 확률분포를 모수 λ인 **지수분포**(exponential distribution)라 하고 $X \sim Exp(\lambda)$로 나타낸다.

$$f(x) = \lambda e^{-\lambda x}, \ \ x > 0$$

여기서 λ는 양의 상수이고 e는 약 2.718인 상수이다. [그림 7−6]과 같이 모수 λ인 지수분포의 확률밀도함수는 왼쪽으로 치우치고 오른쪽으로 긴 꼬리 모양인 양의 비대칭형으로 나타난다.

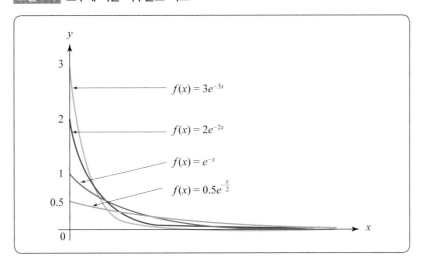

그림 7-6 모수에 따른 지수분포 비교

$f(x) = 3e^{-3x}$

$f(x) = 2e^{-2x}$

$f(x) = e^{-x}$

$f(x) = 0.5e^{-\frac{x}{2}}$

어떤 사건이 시간당 λ의 비율로 일어나면 두 사건 사이의 대기시간은 평균적으로 $\frac{1}{\lambda}$이다. 따라서 모수 λ인 지수분포의 평균은 모수의 역수이며, 분산은 다음과 같이 모수 제곱의 역수인 것으로 알려져 있다. 즉, 평균과 표준편차가 동일하다.

- 평균: $\mu = \dfrac{1}{\lambda}$
- 분산: $\sigma^2 = \dfrac{1}{\lambda^2}$

지수분포의 확률 계산

모수 λ인 지수분포에 따르는 연속확률변수 X에 대해 $P(a \leq X \leq b)$는 [그림 7-7]와 같이 구간 $[a, b]$에서 곡선 아래의 넓이이고, 이 확률을 구하기 위해 e^x을 적분해야 하는 어려움이 있다.

그림 7-7 지수분포의 확률 $P(a \leq X \leq b)$

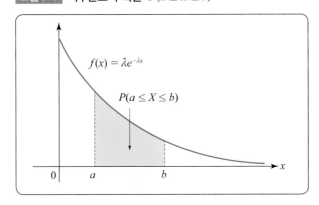

$f(x) = \lambda e^{-\lambda x}$

$P(a \leq X \leq b)$

그림 7-8 지수분포의 분포함수와 생존함수

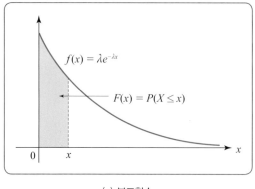

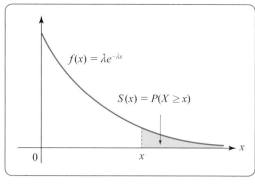

(a) 분포함수   (b) 생존함수

한편 확률변수 X의 분포함수는 [그림 7-8(a)]의 넓이를 나타내며 적분을 이용하여 분포함수를 구하면 다음과 같다.

$$F(x) = P(X \le x) = 1 - e^{-\lambda x}$$

[그림 7-8(b)]의 넓이를 나타내는 확률 $P(X \ge x)$를 오른쪽 **꼬리확률**(tail probability), 분포함수 $P(X \le x)$를 왼쪽 꼬리확률이라 한다. 특히 지수분포의 경우 오른쪽 꼬리확률을 **생존함수** (survival function)라 하고 $S(x)$로 나타낸다.

$$S(x) = P(X \ge x) = 1 - P(X \le x) = e^{-\lambda x}$$

확률 $P(a \le X \le b)$를 다음과 같이 분포함수로 나타낼 수 있다.

$$P(a \le X \le b) = F(b) - F(a) = e^{-\lambda a} - e^{-\lambda b}$$

$e \approx 2.718$을 이용하면 확률의 근삿값을 계산할 수 있다.

예제 4

어느 패스트푸드 가게에서 주문한 음식이 나올 때까지 걸리는 시간이 평균 20초라고 한다. 물음에 답하라(단, $e^{-0.75} \approx 0.4724$, $e^{-1.25} \approx 0.2865$이다).

(a) 음식이 나올 때까지 걸리는 시간에 대한 확률밀도함수와 표준편차를 구하라.

(b) 음식이 나올 때까지 걸리는 시간이 15초 이하일 확률을 구하라.

(c) 음식이 나올 때까지 걸리는 시간이 25초를 초과할 확률을 구하라.

(d) 주문한 지 15~25초 후에 음식이 나올 확률을 구하라.

음식이 나올 때까지 걸리는 시간을 확률변수 X라 하면 $X \sim Exp\left(\frac{1}{20}\right)$이다.

(a) X의 확률밀도함수는 $f(x) = \frac{1}{20}e^{-\frac{x}{20}} = 0.05e^{-0.05x}$, $x > 0$이고, 표준편차는 $\sigma = 20$이다.

(b) $P(X \leq 15) = 1 - e^{-\frac{15}{20}} \approx 1 - 0.4724 = 0.5276$

(c) $P(X > 25) = 1 - P(X \leq 25) = e^{-\frac{25}{20}} = e^{-1.25} \approx 0.2865$

(d) $P(15 < X < 25) = P(X \leq 25) - P(X \leq 15) = e^{-\frac{15}{20}} - e^{-\frac{25}{20}} \approx 0.4724 - 0.2865 = 0.1859$

┃ 푸아송분포와 지수분포

한 달 동안 어느 교차로에서 발생하는 교통사고 건수가 평균 2인 푸아송분포를 이루며, 시간 구간 $[0, t]$에서 사고 건수를 확률변수 $X(t)$라 하자. 그러면 구간 $[0, t]$에서 평균 사고 건수는 $\mu = 2t$인 푸아송분포를 이루므로 $X(t)$의 확률밀도함수는 다음과 같다.

$$p(x) = \frac{(2t)^x}{x!}e^{-2t}, \quad x = 0, 1, 2, \cdots$$

처음 사고가 발생할 때까지 걸리는 시간을 T라 하자. 그러면 $T > t$인 사건은 [그림 7-9]와 같이 관측을 시작한 이후로 t시간이 지난 이후 교통사고가 발생함을 의미하고, 이는 구간 $[0, t]$에서 사고가 일어나지 않았음을 의미한다. 즉, 두 사건 $T > t$와 $X(t) = 0$은 동치이다.

그림 7-9 $T > t$인 사건

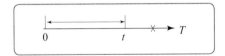

따라서 확률변수 T의 오른쪽 꼬리확률은 다음과 같다.

$$P(T \geq t) = P(X(t) = 0) = \frac{(2t)^0}{0!}e^{-2t} = e^{-2t}, \quad t > 0$$

이 확률은 모수 $\lambda = 2$인 지수분포의 생존함수와 동일하다. 즉, 평균 μ의 비율로 푸아송분포에 따라 사건이 발생할 때, 두 사건 사이의 대기시간은 모수 $\lambda = \mu$인 지수분포를 이룬다.

휴대전화에 시간당 0.5건의 문자가 푸아송분포를 이루며 수신된다고 하자. 문자가 수신된 이후 다음 문자가 수신될 때까지 걸리는 시간을 확률변수 X라 할 때, 물음에 답하라(단, $e^{-0.5} \approx 0.6065$, $e^{-0.75} \approx 0.4724$, $e^{-1.5} \approx 0.2231$이다).

(a) X의 확률밀도함수와 표준편차를 구하라.

(b) 문자가 수신된 이후로 3시간 이내에 다음 문자가 수신될 확률을 구하라.

(c) 수신된 두 문자 사이의 시간이 3시간을 초과할 확률을 구하라.

(d) 문자가 수신된 지 1시간이 지나고 1.5시간 이내에 다음 문자가 수신될 확률을 구하라.

풀이

(a) X의 확률밀도함수는 다음과 같다.

$$f(x) = 0.5e^{-0.5x}, \quad x > 0$$

X의 표준편차는 모수의 역수이므로 $\sigma = \dfrac{1}{0.5} = 2$이다.

(b) $P(X \le 3) = 1 - e^{-0.5 \times 3} \approx 1 - 0.2231 = 0.7769$

(c) $P(X > 3) = e^{-0.5 \times 3} \approx 0.2231$

(d) $P(1 < X < 1.5) = F(1.5) - F(1) = e^{-0.5 \times 1} - e^{-0.5 \times 1.5} \approx 0.6065 - 0.4724 = 0.1341$

엑셀 지수분포

$X \sim Exp(0.5)$에 대해 확률밀도함수 $f(x)$와 분포함수 $F(x)$의 값을 구한다. A1~C1셀에 **x, f(x), F(x)**를 기입하고, A2셀에 **0**을 기입한 후 아래로 0.01씩 커지는 수를 기입한다.

Ⓐ 확률표 작성하기

❶ B2셀에 커서를 놓고 메뉴바에서 수식 〉 함수 삽입 〉 통계 〉 EXPON.DIST를 선택하여 **X**에 **A2**, Lambda에 **0.5**, Cumulative에 **0**을 기입하면 개별 확률을 얻는다. **X**에 x 값을 넣어 $f(x)$를 구한다.

❷ C2셀에 커서를 놓고 ❶의 과정을 반복하되, Cumulative에 **1**을 기입하면 누적확률을 얻는다.

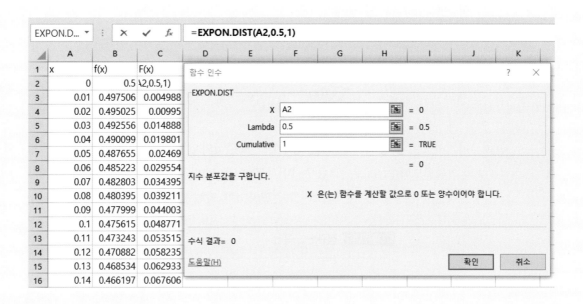

Ⓑ a와 b 사이의 확률 구하기

❸ 커서를 적당한 셀에 놓고 =EXPON.DIST(1.5,0.5,1)-EXPON.DIST(1,0.5,1)을 기입하면 $P(1 < X < 1.5) = 0.1341$을 얻는다.

Ⓒ 난수 생성

❹ 커서를 적당한 셀에 놓고 =-LN(RAND())/0.5를 기입하면 $\lambda = 0.5$인 지수분포를 이루는 난수를 얻는다. 이제 커서를 이 난수 위에 놓고 오른쪽 하단을 원하는 개수만큼 끌어 내리면 난수를 얻는다. 난수들 위에 커서를 놓고 F9를 누르면 다른 난수들을 얻는다.

확률함수	=EXPON.DIST(x, λ, 0)
누적확률함수	=EXPON.DIST(x, λ, 1)
a와 b 사이의 확률	=EXPON.DIST(b, λ, 1) − EXPON.DIST(a, λ, 1)
난수 함수	=−LN(RAND())/λ

7.2.3 정규분포

정규분포는 가장 많이 사용하는 연속확률분포이다. 이 분포는 사람의 키, 몸무게, 혈압, 강우량, 판매량 등과 같이 자연현상, 산업현장뿐만 아니라 경영 또는 비즈니스에 다양하게 적용되고 있다. 특히 정규분포는 우리나라 대기업에서 품질 개선을 위해 식스시그마(6σ) 기법에 사용하고 있으며, 이렇듯 통계적 추론에서 가장 중요한 역할을 담당하고 있으므로 자세히 살펴볼 필요가 있다.

정규분포(normal distribution)는 다음과 같은 확률밀도함수를 가지는 연속확률분포이고 $X \sim N(\mu, \sigma^2)$으로 나타낸다.

$$f(x) = \frac{1}{\sqrt{2\pi}\,\sigma} e^{-\frac{(x-\mu)^2}{2\sigma^2}}, \quad -\infty < x < \infty$$

여기서 π는 값이 약 3.1415인 상수이고 모수 μ와 σ^2은 각각 평균과 분산이다. 정규확률변수 X의 확률밀도함수 $f(x)$는 [그림 7–10]과 같은 종 모양으로서 정규분포의 중심은 평균 μ에 의해, 평균에 집중하거나 퍼지는 정도는 표준편차 σ에 의해 결정된다.

그림 7-10 정규분포 곡선

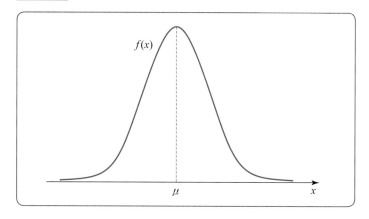

[그림 7–10]으로부터 정규분포에 대해 다음 특성을 발견할 수 있다.

- 평균 $x = \mu$에 대해 좌우대칭이다. 즉, $P(X < \mu) = P(X > \mu) = 0.5$이다.
- 중앙값은 평균과 같다.
- 왜도는 0이다.
- 정규분포는 평균 $x = \mu$에서 최댓값을 갖는다.
- 최빈값은 평균과 같다.
- 첨도는 3이다.[8]
- 정규분포의 양쪽 꼬리 부분은 무한히 뻗어 나가지만 x축에 닿지 않는다.

[그림 7–11]은 표준편차 σ가 동일하지만 평균이 각각 1, 2, 3인 세 정규분포를 나타낸 것이다. 이로부터 표준편차가 동일한 정규분포는 모양이 서로 같은 것을 알 수 있다.

---

[8] 본래 정규분포의 첨도는 3이지만 0을 기준으로 양수와 음수를 이용하여 뾰족한 정도를 나타내기 위해 4.4절에서 정규분포의 첨도를 0이 되도록 수정하여 계산했다.

그림 7-11 표준편차가 동일한 세 정규분포

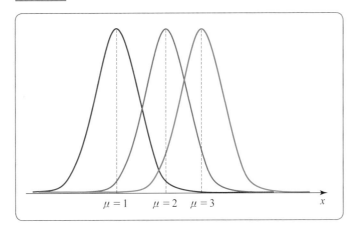

[그림 7-12]는 평균이 동일하지만 표준편차가 각각 1, 3, 5인 세 정규분포를 나타낸 것이다. 이로부터 정규분포는 표준편차가 작을수록 평균에 밀집하며, 클수록 폭넓게 퍼지는 모양임을 알 수 있다.

그림 7-12 평균이 동일한 세 정규분포

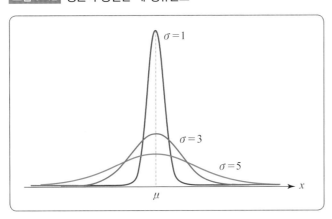

| 표준정규분포

평균이 $\mu = 0$이고 표준편차가 $\sigma = 1$인 정규확률변수를 특별히 Z로 나타내며, Z가 이루는 정규분포를 **표준정규분포**(standard normal distribution)라 한다. 정규확률변수 Z의 확률밀도함수는 다음과 같으며 $\phi(z)$로 나타낸다.

$$\phi(z) = \frac{1}{\sqrt{2\pi}} e^{-\frac{z^2}{2}}, \ -\infty < z < \infty$$

정규확률변수 Z의 확률밀도함수 $\phi(z)$는 [그림 7-13]과 같다.

그림 7-13 표준정규분포 곡선

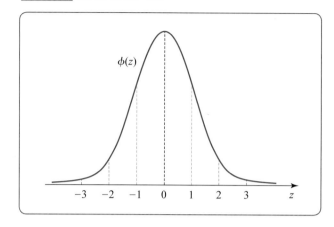

평균이 μ이고 표준편차가 σ인 확률변수 X에 대해 다음과 같이 정의되는 확률변수를 **표준화 확률변수**(standardized random variable)라 한다. 확률변수 X의 평균과 표준편차가 어떤 값을 갖더라도 X의 표준화 확률변수 Z의 평균과 표준편차는 항상 0과 1이다.

$$Z = \frac{X - \mu}{\sigma}$$

따라서 $X \sim N(\mu, \sigma^2)$일 때 정규확률변수 X를 표준화하면 $Z \sim N(0, 1)$이다. 즉, 다음이 성립한다.

- $X \sim N(\mu, \sigma^2)$이면 $Z = \dfrac{X - \mu}{\sigma} \sim N(0, 1)$이다.
- $Z \sim N(0, 1)$이면 $X = \mu + \sigma Z \sim N(\mu, \sigma^2)$이다.

표준정규분포의 꼬리확률

[그림 7-14]와 같이 표준정규확률변수 Z에 대해 오른쪽 꼬리확률이 $\alpha(0 < \alpha < 1)$인 점을 나타내는 $100(1 - \alpha)\%$ 백분위수를 z_α로 나타낸다. 따라서 $P(Z \leq z_\alpha) = 1 - \alpha$이고 표준정규분포는 평균 $\mu = 0$에 대해 좌우대칭이므로 오른쪽 꼬리확률과 왼쪽 꼬리확률은 다음과 같다.

$$P(Z > z_\alpha) = \alpha, \; P(Z < -z_\alpha) = \alpha$$

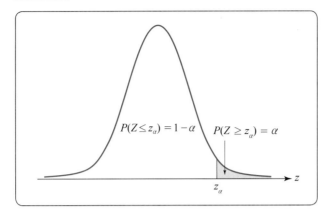

그림 7-14 표준정규분포의 꼬리확률

$$P(Z \leq z_\alpha) = 1 - \alpha \qquad P(Z \geq z_\alpha) = \alpha$$

$$z_\alpha$$

양쪽 꼬리확률이 $\dfrac{\alpha}{2}$인 두 점 $-z_{\alpha/2}$, $z_{\alpha/2}$에 대해 다음을 얻는다.

$$P(|Z| \leq z_{\alpha/2}) = P(-z_{\alpha/2} \leq Z \leq z_{\alpha/2}) = 1 - \alpha$$

이와 같은 표준정규분포의 꼬리확률들은 통계적 추론, 특히 추정과 가설검정에서 매우 중요한 역할을 한다.

| 표준정규분포의 성질

성질 1 $P(Z \leq 0) = P(Z \geq 0) = 0.5$이다.

표준화 확률변수 Z의 확률밀도함수 $\phi(z)$는 실수 전체 구간에서 0보다 크며 곡선 아래의 넓이가 1이다. 또한 평균 $z = 0$에 대해 좌우대칭이므로 [그림 7-15]와 같이 $z = 0$의 왼쪽과 오른쪽의 넓이가 동일하다. 즉, $P(Z \leq 0) = P(Z \geq 0) = 0.5$이다.

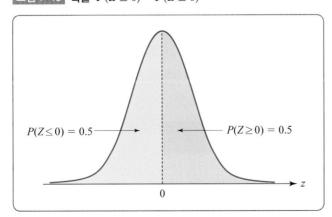

그림 7-15 확률 $P(Z \leq 0) = P(Z \geq 0)$

$$P(Z \leq 0) = 0.5 \qquad P(Z \geq 0) = 0.5$$

$$0$$

성질 2 임의의 양수 a에 대해 $P(Z \le -a) = P(Z \ge a)$이다.

함수 $\phi(z)$가 $z = 0$에 대해 좌우대칭이므로 [그림 7-16]과 같이 양수 a에 대해 $z \le -a$와 $z \ge a$에서 곡선 아래의 넓이가 동일하다. 즉, $P(Z \le -a) = P(Z \ge a)$이다.

그림 7-16 확률 $P(Z \le -a) = P(Z \ge a)$

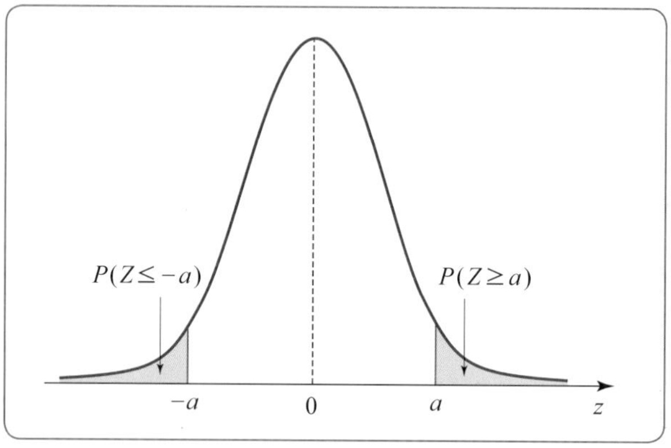

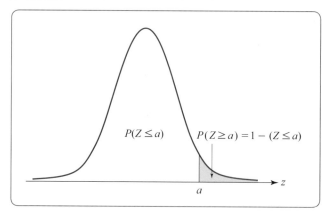

성질 3 임의의 a에 대해 $P(Z \ge a) = 1 - P(Z \le a)$이다.

$Z \ge a$는 $Z < a$의 여사건이고 임의의 a에 대해 $P(Z = a) = 0$이므로 명백히 $P(Z \ge a) = 1 - P(Z \le a)$가 성립한다. **성질 2**에 의해 $P(Z \le -a) = 1 - P(Z \le a)$도 성립한다.

그림 7-17 확률 $P(Z \ge a) = 1 - P(Z \le a)$

$P(Z \le a)$

$P(Z \ge a) = 1 - (Z \le a)$

a

z

성질 4 임의의 양수 a에 대해 $P(0 \le Z \le a) = P(Z \le a) - 0.5$이다.

성질 1에 의해 $P(Z \le 0) = 0.5$이고 양수 a에 대해 $P(Z \le a) = 0.5 + P(0 \le Z \le a)$이므로 명백히 $P(0 \le Z \le a) = P(Z \le a) - 0.5$가 성립한다. 또한 대칭성에 의해 $P(Z \ge a) = 0.5 - P(0 \le Z \le a)$이다.

그림 7-18 확률 $P(0 \le Z \le a) = P(Z \le a) - 0.5$

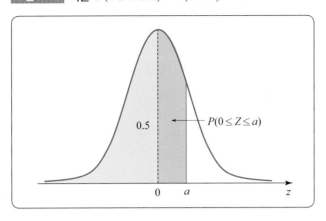

성질 5 임의의 양수 a에 대해 $P(|Z| \le a) = 2P(Z \le a) - 1$이다.

양수 a에 대해 $P(|Z| \le a) = P(-a \le Z \le a)$이고 함수 $\phi(z)$가 $z = 0$에 대해 좌우대칭이므로 [그림 7-19]와 같이 $P(-a \le Z \le 0) = P(0 \le Z \le a)$이다. 그러므로 **성질 4** 로부터 $P(|Z| \le a) = 2P(Z \le a) - 1$이 성립한다.

그림 7-19 확률 $P(|Z| \le a) = 2P(Z \le a) - 1$

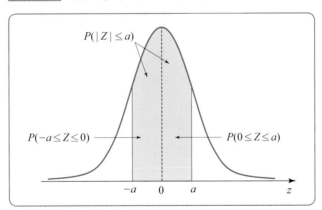

다음은 위 성질들을 요약한 것이다. 이는 정규분포에 대한 확률 계산에 매우 유용하게 사용된다.

> 임의의 양수 a에 대해 다음이 성립한다.
> - $P(Z \le 0) = P(Z \ge 0) = 0.5$
> - $P(Z \le -a) = P(Z \ge a) = 1 - P(Z \le a)$
> - $P(0 \le Z \le a) = P(Z \le a) - 0.5,\ \ P(Z \ge a) = 0.5 - P(0 \le Z \le a)$
> - $P(|Z| \le a) = 2P(Z \le a) - 1$

성질6 표준정규 확률변수가 $z = \pm 1,\ \pm 2,\ \pm 3$ 사이에 있을 확률은 다음과 같다.

$$P(|Z| \le 1) = 0.683,\quad P(|Z| \le 2) = 0.954,\quad P(|Z| \le 3) = 0.997$$

그림 7-20 표준편차에 의한 확률

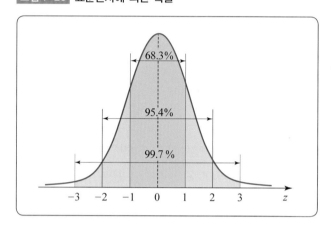

성질7 오른쪽 꼬리확률이 0.05, 0.025, 0.0005이고, 중심확률이 0.9. 0.95, 0.99인 백분위수는 각각 1.645, 1.96, 2.58이다.

- $P(Z > 1.645) = 0.05,\quad P(Z > 1.96) = 0.025,\quad P(Z > 2.58) = 0.005$
- $P(|Z| < 1.645) = 0.9,\ P(|Z| < 1.96) = 0.95,\quad P(|Z| < 2.58) = 0.99$

이 백분위수들은 통계적 추론에서 매우 중요하며, [그림 7-21]을 보면 각 백분위수에 대해 쉽게 이해할 수 있다.

그림 7-21 표준정규분포의 중심확률과 백분위수

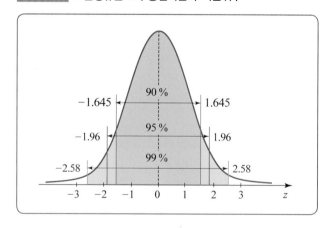

| 표준정규분포 누적확률 계산

이항분포, 푸아송분포와 마찬가지로 표준정규분포에 대한 확률을 계산하기 위해 [부록 3]의 누적표준정규확률표를 이용할 수 있다. [표 7–2]를 이용하여 다음 순서에 따라 $P(Z \leq 1.37)$을 구해보자.

➊ 좌측 열에서 소수점 아래 첫째 자리까지, 즉 1.3인 행을 찾는다.

➋ 상단에서 소수점 아래 둘째 자리, 즉 0.07인 열을 선택한다.

➌ 1.3인 행과 0.07인 열이 만나는 위치의 수 0.9147을 확인한다.

➍ 즉, $P(Z \leq 1.37) = 0.9147$이다.

표 7-2 누적표준정규확률표

z	0.00	0.01	0.02	0.03	0.04	0.05	0.06	0.07	0.08	0.09
0.9	0.8159	0.8186	0.8212	0.8238	0.8264	0.8289	0.8315	0.9340	0.8365	0.8389
1.0	0.8413	0.8438	0.8461	0.8485	0.8508	0.8531	0.8554	0.8577	0.8599	0.8621
1.1	0.8643	0.8665	0.8686	0.8708	0.8729	0.8749	0.8770	0.8790	0.8810	0.8830
1.2	0.8949	0.8869	0.8888	0.8907	0.8925	0.8944	0.8962	0.8980	0.8997	0.9015
1.3	0.9032	0.9049	0.9066	0.9182	0.9099	0.9115	0.9131	0.9147	0.9162	0.9177
1.4	0.9192	0.9207	0.9222	0.9236	0.9251	0.9265	0.9279	0.9292	0.9306	0.9319
1.5	0.9332	0.9345	0.9357	0.9370	0.9382	0.9394	0.9406	0.9418	0.9429	0.9441
1.6	0.9452	0.9463	0.9474	0.9484	0.9495	0.9505	0.9515	0.9525	0.9535	0.9545
1.7	0.9554	0.9564	0.9573	0.9582	0.9591	0.9599	0.9608	0.9616	0.9625	0.9633

예제 6

[부록 3]을 이용하여 $P(Z \leq 1.56)$을 구하라.

풀이

구하는 확률은 다음 그림의 넓이이다.

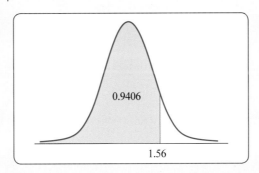

z	0.00	0.01	0.02	0.03	0.04	0.05	0.06	0.07	0.08	0.09
1.5	0.9332	0.9345	0.9357	0.9370	0.9382	0.9394	0.9406	0.9418	0.9429	0.9441

[부록 3]에서 1.5인 행과 0.06인 열이 만나는 위치의 수가 0.9406이므로 $P(Z \leq 1.56) = 0.9406$이다.

예제 7

[부록 3]을 이용하여 $P(Z \geq 1.96)$을 구하라.

풀이

구하는 확률은 다음 그림의 넓이이다.

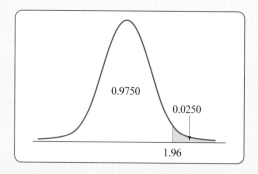

z	0.00	0.01	0.02	0.03	0.04	0.05	0.06	0.07	0.08	0.09
1.9	0.9713	0.9719	0.9726	0.9732	0.9738	0.9744	0.9750	0.9756	0.9761	0.9767

먼저 $z \leq 1.96$인 부분의 넓이, 즉 $P(Z \leq 1.96)$을 구한다. 이는 [부록 3]에서 1.9인 행과 0.06인 열이 만나는 위치의 수 0.9750이다. 따라서 표준정규분포의 성질3 에 의해 구하는 확률은 다음과 같다.

$$P(Z \geq 1.96) = 1 - P(Z \leq 1.96) = 1 - 0.975 = 0.025$$

예제 8

[부록 3]을 이용하여 $P(Z \leq -1.44)$를 구하라.

풀이

구하는 확률은 왼쪽 그림의 넓이이다.

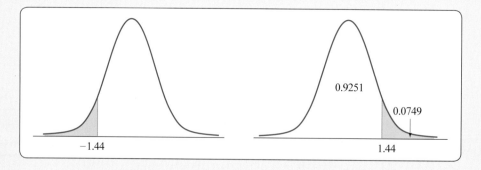

z	0.00	0.01	0.02	0.03	0.04	0.05	0.06	0.07	0.08	0.09
1.4	0.9192	0.9207	0.9222	0.9236	0.9251	0.9265	0.9279	0.9292	0.9306	0.9319

[부록 3]에서 1.4인 행과 0.04인 열이 만나는 위치의 수가 0.9251이므로 표준정규분포의 성질2 , 성질3 에 의해 구하는 확률은 다음과 같다.

$$P(Z \le -1.44) = P(Z \ge 1.44) = 1 - P(Z \le 1.44) = 1 - 0.9251 = 0.0749$$

예제 9

[부록 3]을 이용하여 $P(-1.25 \le Z \le 1.25)$를 구하라.

풀이

구하는 확률은 왼쪽 그림의 넓이이다.

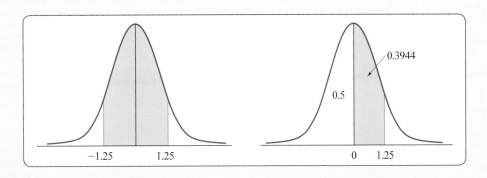

z	0.00	0.01	0.02	0.03	0.04	0.05	0.06	0.07	0.08	0.09
1.2	0.8949	0.8869	0.8888	0.8907	0.8925	0.8944	0.8962	0.8980	0.8997	0.9015

표준정규분포의 대칭성에 의해 $P(-1.25 \le Z \le 1.25) = 2P(0 \le Z \le 1.25)$이고 [부록 3]에서 1.2인 행과 0.05인 열이 만나는 위치의 수가 0.8944이므로 표준정규분포의 대칭성과 성질4 에 의해 구하는 확률은 다음과 같다.

$$P(-1.25 \le Z \le 1.25) = 2 \times P(0 \le Z \le 1.25)$$
$$= 2(0.8944 - 0.5)$$
$$= 2 \times 0.3944 = 0.7888$$

성질5 에 의해 다음과 같이 구할 수도 있다.

$$P(-1.25 \le Z \le 1.25) = 2P(Z \le 1.25) - 1$$
$$= 2 \times 0.8944 - 1 = 0.7888$$

[부록 3]을 이용하여 $P(-1.23 \leq Z \leq 2.58)$을 구하라.

풀이

구하는 확률은 다음 그림의 넓이이다.

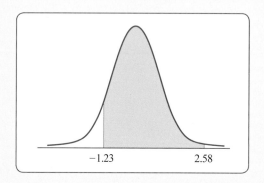

이는 다음과 같이 왼쪽 그림의 넓이 $P(Z \leq 2.58)$에서 오른쪽 그림의 넓이 $P(Z \leq -1.23)$을 뺀 값과 같다.

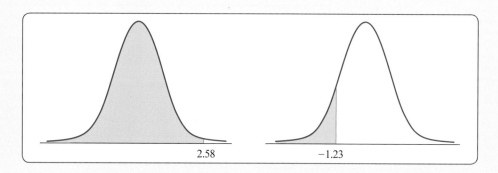

$P(Z \leq 2.58)$, $P(Z \leq 1.23)$은 [부록 3]에서 각각 0.9951, 0.8907이고, $P(Z \leq -1.23)$은 성질2, 성질3 에 의해 $P(Z \leq -1.23) = 1 - P(Z \leq 1.23) = 1 - 0.8907 = 0.1093$이다. 따라서 구하는 확률은 다음과 같다.

$$P(-1.23 \leq Z \leq 2.58) = P(Z \leq 2.58) - P(Z \leq -1.23)$$
$$= P(Z \leq 2.58) - [1 - P(Z \leq 1.23)]$$
$$= 0.9951 - 0.1093 = 0.8858$$

정규분포의 확률 계산

일반적으로 정규분포에 대한 확률을 구하려면 확률밀도함수를 적분해야 하지만 불행히도 이를 직접 계산하는 것은 불가능하다. 정규분포의 평균은 모든 실수가 될 수 있으며 표준편차 또한 0보다 큰 모든 실수가 될 수 있기 때문에 모든 경우에 대한 확률표를 제시한다는 것도 불가능하다. 이때 평균이 μ, 표준편차가 σ인 정규확률변수를 표준화하면 표준화 확률변수 Z는 평균이 0, 표준편차가 1인 표준정규분포를 이루는 것을 앞에서 알아봤다. 즉, 평균이 μ, 표준편차가 σ인 정규분포에 대한 확률은 표준정규분포로 표준화하여 구할 수 있다. $X \sim N(\mu, \sigma^2)$일 때 확률 $P(a < X < b)$를 구하기 위해 X와 a, b를 표준화하면 다음과 같다.

$$Z = \frac{X - \mu}{\sigma}, \ z_a = \frac{a - \mu}{\sigma}, \ z_b = \frac{b - \mu}{\sigma}$$

즉, 정규분포의 $a \leq X \leq b$는 표준정규분포의 $z_a \leq Z \leq z_b$와 같고, 다음이 성립한다.

- $P(X \leq a) = P(Z \leq z_a)$
- $P(a \leq X \leq b) = P(z_a \leq Z \leq z_b)$
- $P(X \geq a) = P(Z \geq z_a)$

예를 들어 통계학 점수가 평균이 75, 표준편차가 7인 정규분포를 이룰 때, 통계학 점수 X가 62와 90 사이일 확률을 구해보자. 우선 62와 90을 표준화한다.

$$z_a = \frac{62 - 75}{7} \approx -1.86, \quad z_b = \frac{90 - 75}{7} \approx 2.14$$

X의 표준화 확률변수 Z는 표준정규분포를 이루므로 점수가 62와 90 사이일 확률은 다음과 같다.

$$\begin{aligned}
P(62 \leq X \leq 90) &= P(-1.86 \leq Z \leq 2.14) \\
&= P(Z \leq 2.14) - P(Z \leq -1.86) \\
&= P(Z \leq 2.14) - [1 - P(Z \leq 1.86)] \\
&= 0.9838 - (1 - 0.9686) = 0.9524
\end{aligned}$$

예제 11

어느 도시에 거주하는 18~19세 남자의 키는 평균 173.4 cm, 표준편차가 2.5 cm인 정규분포를 이룬다고 할 때, 다음을 구하라.

(a) 이 도시에서 임의로 선정한 남자의 키가 167 cm 이상일 확률

(b) 이 도시에서 임의로 선정한 남자의 키가 178 cm 미만일 확률

(c) 이 도시에서 임의로 선정한 남자의 키가 168 cm와 180 cm 사이일 확률

풀이

18~19세 남자의 키를 확률변수 X라 하면 $Z = \dfrac{X - 173.4}{2.5}$는 표준정규분포를 이룬다.

(a) $\dfrac{167 - 173.4}{2.5} = -2.56$이므로 구하는 확률은 다음과 같다.

$$P(X \geq 167) = P(Z \geq -2.56) = P(Z \leq 2.56) = 0.9948$$

(b) $\dfrac{178 - 173.4}{2.5} = 1.84$이므로 구하는 확률은 다음과 같다.

$$P(X < 178) = P(Z \leq 1.84) = 0.9671$$

(c) 168과 180을 표준화하면 각각 다음과 같다.

$$z_a = \frac{168 - 173.4}{2.5} = -2.16, \quad z_b = \frac{180 - 173.4}{2.5} = 2.64$$

따라서 구하는 확률은 다음과 같다.

$$P(168 \leq X \leq 180) = P(-2.16 \leq Z \leq 2.64) = P(Z \leq 2.64) - P(Z \leq -2.16)$$
$$= P(Z \leq 2.64) - [1 - P(Z \leq 2.16)]$$
$$= 0.9959 - (1 - 0.9846) = 0.9805$$

| 백분위수 구하기

지금까지 정규분포 또는 표준정규분포에 대해 특정한 x_0 또는 z_0이 주어지면 이 값보다 크거나 작은 경우에 대한 확률을 구하는 방법을 살펴봤다. 이번에는 반대로 꼬리확률 α가 주어질 때, 이에 대응하는 백분위수를 구하는 방법을 살펴보자. 예를 들어 표준정규분포의 성질7, 성질3 을 이용하면 꼬리확률 $P(Z > 1.96) = 0.025$이다. 역으로 $P(Z > z_{0.025}) = 0.025$를 만족하는 97.5% 백분위수 $z_{0.025}$를 구해본다. [그림 7-22]와 같이 $P(Z \leq z_{0.025}) = 0.975$이므로 누적표준정규확률표에서 누적확률이 0.9750인 값을 찾으면 1.96이다. 즉, $z_{0.025} = 1.96$이다.

그림 7-22 백분위수 구하기

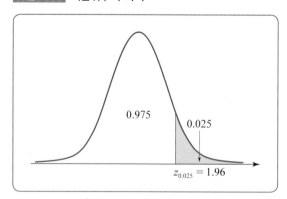

같은 방법으로 오른쪽 꼬리확률이 0.05, 0.025, 0.005가 되는 90%, 95%, 99% 백분위수를 구하면 다음과 같다.

$$z_{0.05} = 1.645, \ z_{0.025} = 1.96, \ z_{0.005} = 2.58$$

꼬리확률에 대한 백분위수는 통계적 추론에서 자주 다루므로 암기해 둘 필요가 있다.

예제 12

$z_{0.05} = 1.645$임을 보인 후 왼쪽 꼬리확률이 0.05인 5% 백분위수 $z_{0.95}$를 구하라.

풀이

$z_{0.05}$는 오른쪽 꼬리확률이 0.05가 되는 z 값이므로 $P(Z \leq z) = 0.9500$이다. [부록 3]의 확률 중 0.9500을 찾아야 하지만 이 수치는 없다. 다음 표와 같이 0.9500에 가장 가까운 두 확률 0.9495와 0.9505를 찾을 수 있고, 0.9500은 이 두 수의 중앙에 놓이므로 두 백분위수의 소수점 아래 둘째 자리 0.04와 0.05의 중앙에 놓이는 수를 구한다. 이는 0.045이고 따라서 구하는 95% 백분위수 $z_{0.05}$는 1.645이다.

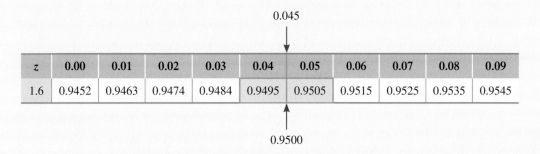

z	0.00	0.01	0.02	0.03	0.04	0.05	0.06	0.07	0.08	0.09
1.6	0.9452	0.9463	0.9474	0.9484	0.9495	0.9505	0.9515	0.9525	0.9535	0.9545

표준정규분포는 $z = 0$을 중심으로 대칭이므로 왼쪽 꼬리확률이 0.05인 5% 백분위수는 $z_{0.95} = -z_{0.05} = -1.645$이다.

표준정규분포 곡선의 대칭성을 이용하여 왼쪽 꼬리확률이 0.05, 0.025, 0.005가 되는 백분위수를 구하면 다음과 같다.

$$-z_{0.05} = -1.645, \ -z_{0.025} = -1.96, \ -z_{0.005} = -2.58$$

평균이 μ이고 표준편차가 σ인 정규분포에 대해 오른쪽 꼬리확률이 α인 x_α, 즉 $P(X \leq x_\alpha) = 1 - \alpha$를 만족하는 $100(1 - \alpha)$% 백분위수 x_α 역시 구할 수 있다. 먼저 누적표준정규확률표에서 꼬리확률 $P(Z \leq z_\alpha) = 1 - \alpha$를 만족하는 z_α를 구한다. z_α는 x_α를 표준화한 위치를 나타내므로 다음 관계를 얻는다.

$$z_\alpha = \frac{x_\alpha - \mu}{\sigma} \;\Rightarrow\; x_\alpha = \mu + \sigma z_\alpha$$

예제 13

어느 대학 통계학과 학생들의 이번 학기 통계학 점수는 평균이 75, 표준편차가 7인 정규분포를 이룬다고 한다. 상위 10%는 A학점, 하위 15%는 F학점을 받는다고 할 때, A학점의 최소 점수와 F학점의 최대 점수를 구하라.

풀이

통계학 점수를 확률변수 X라 하면 $X \sim N(75, 7^2)$이다. 상위 10%는 오른쪽 꼬리확률이 0.1이므로 누적확률은 0.9이고, 이는 다음 표와 같이 0.8997과 0.9015 사이에 있다. 두 확률의 차는 0.0018이고 0.9는 0.8997로부터 0.0003만큼 떨어져 있으므로 $z_{0.1}$의 위치는 다음 비례식에 의해 1.28로부터 $z \approx 0.002$만큼 떨어진 위치에 있다.

$$0.0018 : 0.01 = 0.0003 : z$$

따라서 $z_{0.1} = 1.282$이고 $x_{0.1} = 75 + 7 \times 1.282 = 83.974$이므로 A학점의 최소 점수는 84점이다.

z	0.00	0.01	0.02	0.03	0.04	0.05	0.06	0.07	0.08	0.09
0.9	0.8159	0.8186	0.8212	0.8238	0.8264	0.8289	0.8315	0.9340	0.8365	0.8389
1.0	0.8413	0.8438	0.8461	0.8485	0.8508	0.8531	0.8554	0.8577	0.8599	0.8621
1.1	0.8643	0.8665	0.8686	0.8708	0.8729	0.8749	0.8770	0.8790	0.8810	0.8830
1.2	0.8949	0.8869	0.8888	0.8907	0.8925	0.8944	0.8962	0.8980	0.8997	0.9015
1.3	0.9032	0.9049	0.9066	0.9182	0.9099	0.9115	0.9131	0.9147	0.9162	0.9177

하위 15%는 왼쪽 꼬리확률이 0.15이므로 오른쪽 꼬리확률이 0.15인 $z_{0.15}$를 먼저 구한다. $z_{0.15}$에 대한 누적확률은 0.85이고, 이는 0.8485와 0.8508 사이에 있다. 두 확률의 차는 0.0023이고 0.85는 0.8485로부터 0.0015만큼 떨어져 있으므로 $z_{0.15}$의 위치는 다음 비례식에 의해 1.03으로부터 $z \approx 0.0065$만큼 떨어진 위치에 있다.

$$0.0023 : 0.01 = 0.0015 : z$$

따라서 $z_{0.15} = 1.0365$, 즉 $-z_{0.15} = -1.0365$이다. 따라서 $x_{0.85} = 75 + 7 \times (-1.0365) = 67.7445$이므로 F학점의 최대 점수는 67점이다.

▎정규확률변수의 합의 분포

이제 정규분포에 대한 중요한 성질 두 가지를 추가로 살펴보자. 평균이 μ, 분산이 σ^2인 정규 확률변수 X를 $Z = \dfrac{X - \mu}{\sigma}$로 표준화하면 표준화 확률변수 Z의 평균은 0, 분산은 1이 된다. 또 한 $Y = aX + b$라 하면 확률변수 Y는 평균이 $a\mu + b$, 분산이 $a^2\sigma^2$인 정규분포를 이룬다. 더욱이 분산의 정의를 이용하면 독립인 확률변수 X와 Y의 분산 σ_1^2과 σ_2^2에 대해 다음이 성립하는 것을 쉽게 알 수 있다.

$$Var(X \pm Y) = \sigma_1^2 + \sigma_2^2$$

독립인 두 정규확률변수의 합과 차 역시 정규분포를 이룬다. 따라서 다음 성질이 성립하며 이는 추측통계학에서 매우 유용하게 사용된다.

- $aX + b \sim N(a\mu_1 + b, a^2\sigma_1^2)$, $a(\neq 0)$와 b는 임의의 상수
- $X + Y \sim N(\mu_1 + \mu_2, \sigma_1^2 + \sigma_2^2)$
- $X - Y \sim N(\mu_1 - \mu_2, \sigma_1^2 + \sigma_2^2)$

예제 14

어느 도시의 시청에서는 특정 시간대에 인근에 있는 두 지역의 교차로를 지나는 자동차의 통행량을 분석하기 위해 한 달 동안 조사했다. 조사 결과에 따르면 특정 시간대에 두 교차로를 지나는 차량은 다음과 같은 정규분포를 이룬다는 결론을 얻었다. 물음에 답하라.

구분	평균	표준편차
A 지역	250.4	7.5
B 지역	243.6	8

(a) 이 시간대에 두 교차로를 지나는 전체 차량의 대수에 대한 확률분포를 구하라.

(b) 이 시간대에 두 교차로를 지나는 차량의 합이 500대 이상일 확률을 구하라.

(c) 이 시간대에 두 교차로를 지나는 차량 대수의 차에 대한 확률분포를 구하라.

(d) A 지역을 지나는 차량이 B 지역을 지나는 차량보다 10대 이상 많을 확률을 구하라.

(e) B 지역을 지나는 차량이 A 지역을 지나는 차량보다 많을 확률을 구하라.

풀이

A 지역과 B 지역을 지나는 차량 대수를 각각 X, Y라 하면 평균과 분산은 각각 다음과 같다.

$$\mu_X = 250.4, \ \ \mu_Y = 243.6, \ \ \sigma_X^2 = 7.5^2 = 56.25, \ \ \sigma_Y^2 = 8^2 = 64$$

두 교차로를 지나는 전체 차량 대수를 $S = X + Y$, 두 교차로를 지나는 차량 대수의 차를 $D = X - Y$라 하자.

(a) $\mu_S = 250.4 + 243.6 = 494$, $\sigma_S^2 = 56.25 + 64 \approx 10.966^2$이므로 $S \sim N(494, 10.966^2)$이다.

(b) $P(S \geq 500) = 1 - P(S < 500)$이고 500을 표준화하면 $\dfrac{500 - 494}{10.966} \approx 0.55$이므로 구하는 확률은 다음과 같다.

$$P(S \geq 500) = 1 - P(S < 500) = 1 - P(Z < 0.55) = 1 - 0.7088 = 0.2912$$

(c) $D \sim N(6.8, 10.966^2)$

(d) $P(D \geq 10) = 1 - P(D < 10)$이고 10을 표준화하면 $\dfrac{10 - 6.8}{10.966} \approx 0.29$이므로 구하는 확률은 다음과 같다.

$$P(D \geq 10) = P(Z \geq 0.29) = 1 - 0.6141 = 0.3859$$

(e) 구하는 확률은 $P(X - Y < 0)$이고 0을 표준화하면 $\dfrac{0 - 6.8}{10.966} \approx -0.62$이므로 구하는 확률은 다음과 같다.

$$P(X < Y) = P(Z < -0.62) = P(Z > 0.62) = 1 - 0.7324 = 0.2676$$

┃ 이항분포의 정규근사

6.2.3절에서 모수가 n, p인 이항분포에 대해 평균 $\mu = np$가 일정하고 n이 충분히 크면 $p \approx 0$이고, 이때 푸아송분포를 이용하여 이항확률을 근사적으로 구했다. 또한 시행 횟수 n이 충분히 크지만 성공률 p가 충분히 작지 않을 경우에는 정규분포를 이용하여 이항확률을 근사적으로 구한다고 언급했다. 이제 정규분포를 이용하여 이항확률을 근사적으로 구하는 방법을 살펴본다.

일반적으로 $np \geq 5$, $nq \geq 5$일 때 시행 횟수 n이 커질수록 이항분포는 평균 $\mu = np$, 분산 $\sigma^2 = npq$인 정규분포에 가까워지는 것으로 알려져 있다. 따라서 모수가 n, p인 이항분포에 대해 이항확률변수 X는 다음과 같이 정규분포에 근사하며 이를 이항분포의 **정규근사**(normal approximation)라 한다.

$$X \approx N(np, npq)$$

예제 15

확률변수 X가 모수 $n = 60$, $p = 0.6$인 이항분포를 이룰 때 다음을 구하라(단, $P(X \leq 40) = 0.8830$, $P(X \leq 29) = 0.0445$이다).

(a) 이항확률 $P(30 \leq X \leq 40)$　　　　(b) 정규근사에 의한 $P(30 \leq X \leq 40)$

풀이

(a) $P(30 \leq X \leq 40) = P(X \leq 40) - P(X \leq 29) = 0.8830 - 0.0445 = 0.8385$

(b) 확률변수 X는 평균이 $\mu = 60 \times 0.6 = 36$, 분산이 $\sigma^2 = 60 \times 0.6 \times 0.4 = 14.4$인 정규분포에 근사한다.
　　즉, $X \approx N(36, 3.7947^2)$이다. 그러므로 구하는 확률은 다음과 같다.

$$P(30 \leq X \leq 40) = P\left(\frac{30 - 36}{3.7947} \leq Z \leq \frac{40 - 36}{3.7947}\right) \approx P(-1.58 \leq Z \leq 1.05)$$

$$= P(Z \leq 1.05) - P(Z \leq -1.58) = P(Z \leq 1.05) - [1 - P(Z \leq 1.58)]$$

$$= 0.8531 + 0.9429 - 1 = 0.7960$$

[예제 15]에서 이항확률 $P(30 \leq X \leq 40)$과 정규근사 확률의 차는 큰 편이다. 이항확률은 [그림 7-23]에 있는 확률 히스토그램인 막대들의 넓이를 합한 수치이다. 30부터 40까지 정규근사를 하는 경우, 확률 히스토그램의 밑변 29.5~30의 넓이와 40~40.5의 넓이를 계산에서 누락시키게 된다. 이로 인해 이항확률과 정규근사 확률 사이의 오차가 큰 것이다.

그림 7-23 이항분포의 정규근사

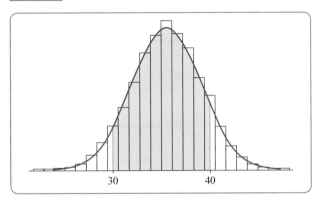

따라서 정규근사에 의해 확률을 계산할 때, 이런 오차를 줄이기 위해 [그림 7-24]와 같이 $P(29.5 \leq X \leq 40.5)$를 구한다. 즉, 정규근사에 의해 확률 $P(a \leq X \leq b)$를 구하기 위해 $P(a - 0.5 \leq X \leq b + 0.5)$를 구하며, 이러한 근사 확률을 **연속성 수정 정규근사**(normal approximation with continuity correction factor)라 한다.

그림 7-24 연속성 수정 이항분포의 정규근사 확률

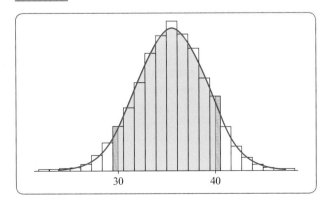

예제 16

[예제 15]의 이항확률변수에 대해 연속성 수정 정규근사에 의해 $P(30 \leq X \leq 40)$의 근사 확률을 구하고 [예제 15(a)]의 확률과 비교하라.

풀이

$$P(29.5 \leq X \leq 40.5) = P\left(\frac{29.5 - 36}{3.7947} \leq Z \leq \frac{40.5 - 36}{3.7947}\right) \approx P(Z < 1.19) - P(Z < 1.71)$$

$$= 0.8830 + 0.9564 - 1 = 0.8394$$

이 확률과 이항확률의 차는 불과 0.0009이다.

엑셀 정규분포

$X \sim N(75, 49)$에 대해 확률밀도함수 $f(x)$와 분포함수 $F(x)$의 값을 구한다. A1~C1셀에 **x**, **f(x)**, **F(x)**를 기입하고, A2셀에 **74**를 기입한 후 아래로 0.1씩 커지는 수를 기입한다.

Ⓐ 확률표 작성하기

❶ B2셀에 커서를 놓고 메뉴바에서 수식 〉함수 삽입 〉통계 〉 NORM.DIST를 선택하여 **X**에 **A2**, **Mean**에 **75**, **Standard_dev**에 **7**, **Cumulative**에 **0**을 기입하면 개별 확률을 얻는다. **X**에 x 값을 넣으면 $f(x)$를 구할 수 있고, 함수 NORM.S.DIST를 택하면 표준정규분포가 된다.

❷ C2셀에 커서를 놓고 ❶의 과정을 반복하되, **Cumulative**에 **1**을 기입하면 누적확률을 얻는다.

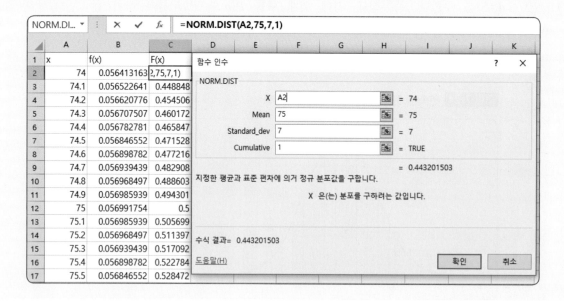

Ⓑ a와 b 사이의 확률 구하기

❸ 커서를 적당한 셀에 놓고 **=NORM.DIST(76,75,7,1)-NORM.DIST(74,75,7,1)**을 기입하면 $P(74 \leq X \leq 76) = 0.113597$을 얻는다.

Ⓒ $P(X \leq x) = \alpha$인 x를 구하기

❹ 메뉴바에서 수식〉함수 삽입〉통계〉NORM.INV를 선택하여 **Probability**에 **0.95**, **Mean**에 **75**, **Standard_dev**에 **7**을 기입하면 $P(X \leq x) = 0.95$를 만족하는 $x = 86.51398$을 얻는다.

Ⓓ 난수 생성

❺ 메뉴바에서 데이터〉데이터 분석〉통계〉난수 생성을 선택하여 **변수의 개수**에 **6**, **난수의 개수**에 **5**, **평균**에 **75**, **표준 편차**에 **7**을 기입하고 **분포**는 **정규 분포** 항목을 선택하면 5행 6열에 $X \sim N(75, 49)$에 대한 30개의 난수가 생성된다.

	정규분포	표준정규분포
확률밀도함수	=NORM.DIST(x, μ, σ, 0)	=NORM.S.DIST(z, 0)
누적확률함수	=NORM.DIST(x, μ, σ, 1)	=NORM.S.DIST(z, 1)
a와 b 사이의 확률	=NORM.DIST(b, μ, σ, 1) − NORM.DIST(a, μ, σ, 1)	
누적확률이 $1 - \alpha$인 x (오른쪽 꼬리확률 α)	=NORM.INV($1-\alpha$, μ, σ)	=NORM.S.INV($1-\alpha$)
난수 함수	=NORM.INV(RAND(), μ, σ)	=NORM.S.INV(RAND())

7.2.4 카이제곱분포

표준화 확률변수 $Z_1, Z_2, \cdots, Z_n$이 독립이라 할 때, 이 확률변수들의 제곱을 모두 더한 새로운 확률변수 $V = Z_1^2 + Z_2^2 + \cdots + Z_n^2$이 이루는 확률분포를 자유도 n인 **카이제곱분포**(chi-squared distribution)라 하며 $V \sim \chi^2(n)$으로 나타낸다. 카이제곱분포에서 자유도 n은 서로 합한 표준화 확률변수들의 제곱의 개수를 나타내며, 단일 표준화 확률변수의 제곱은 자유도 1인 카이제곱분포 $Z^2 \sim \chi^2(1)$을 이룬다. 이 확률분포의 확률밀도함수는 [그림 7-25]와 같으며, 자유도 n에 따라 모양이 다르게 나타난다.

그림 7-25 자유도에 따른 카이제곱분포

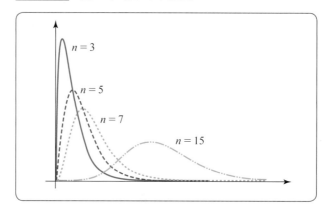

이 그림으로부터 다음과 같은 카이제곱분포의 특성을 알 수 있다.

- 왼쪽으로 치우치고 오른쪽으로 긴 꼬리 모양인 양의 비대칭 분포를 이룬다.
- 자유도 n이 커질수록 카이제곱분포는 종 모양의 분포에 가까워진다. 즉, 자유도 n이 커질수록 카이제곱분포는 정규분포에 근사한다.

| 꼬리확률과 백분위수

[그림 7-26]과 같이 자유도 n인 카이제곱분포에 대해 오른쪽 꼬리확률이 α인 임계점을 $\chi_\alpha^2(n)$으로 나타내며, 이 임계점은 다음과 같이 $100(1-\alpha)\%$ 백분위수를 나타낸다.

$$P(V < \chi_\alpha^2(n)) = 1 - \alpha \quad \text{또는} \quad P(V > \chi_\alpha^2(n)) = \alpha$$

왼쪽 꼬리확률이 α이면 오른쪽 꼬리확률이 $1-\alpha$이므로 왼쪽 꼬리확률이 α인 임계점은 $\chi_{1-\alpha}^2(n)$으로 나타낸다.

그림 7-26 카이제곱분포의 백분위수

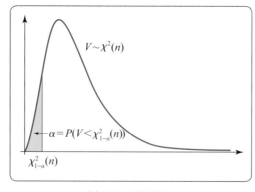

(a) $100\alpha\%$ 백분위수

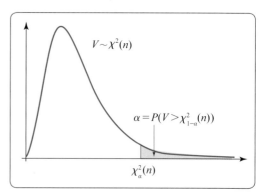

(b) $100(1-\alpha)\%$ 백분위수

자유도 n인 카이제곱분포에 대해 오른쪽 꼬리확률이 α인 임계점 χ_α^2를 구하려면 카이제곱분 포의 오른쪽 꼬리확률을 나타내는 [부록 4]의 카이제곱분포표를 이용해야 한다. 예를 들어 자유 도 6인 카이제곱분포에서 다음 순서에 따라 $P(V > \chi_{0.05}^2(6)) = 0.05$인 $\chi_{0.05}^2(6)$을 구하며, 이 과 정은 [표 7-3]에 나타나 있다.

❶ 자유도를 나타내는 d.f.에서 6을 찾는다.
❷ 오른쪽 꼬리확률을 나타내는 α에서 0.05를 확인한다.
❸ 자유도가 6인 행과 오른쪽 꼬리확률이 0.05인 열이 만나는 위치의 수 12.59를 선택한다.
❹ 따라서 $\chi_{0.05}^2(6) = 12.59$, 즉 $P(V > 12.59) = 0.05$이다.

$$P(V < 1.64) = 0.05 \qquad P(V > 12.59) = 0.05$$

표 7-3 **카이제곱분포표**

α d.f.	0.999	0.995	0.990	0.975	0.950	0.10	0.05	0.025	0.01	0.005
1	0.00	0.00	0.00	0.00	0.00	2.71	3.84	5.02	6.63	7.88
2	0.00	0.01	0.02	0.05	0.10	4.61	5.99	7.38	9.21	10.60
3	0.02	0.07	0.11	0.22	0.35	6.25	7.81	9.35	11.34	12.84
4	0.09	0.21	0.30	0.48	0.71	7.78	9.49	11.14	13.28	14.86
5	0.21	0.41	0.55	0.83	1.15	9.24	11.07	12.83	15.09	16.75
6	0.38	0.68	0.87	1.24	1.64	10.64	12.59	14.45	16.81	18.55
7	0.60	0.99	1.24	1.69	2.17	12.02	14.07	16.01	18.48	20.28
8	0.86	1.34	1.65	2.18	2.73	13.36	15.51	17.53	20.09	21.95
9	1.15	1.73	2.09	2.70	3.33	14.68	16.92	19.02	21.67	23.59

이제 왼쪽 꼬리확률이 0.05인 임계점을 구해보자. 이 임계점보다 클 확률은 0.95이므로 임계 점은 $\chi_{0.95}^2(6)$이고, [표 7-3]과 같이 자유도가 6인 행과 오른쪽 꼬리확률이 0.95인 열이 만나는 위치의 수 1.64가 바로 이 임계점이다. 즉, $\chi_{0.95}^2(6) = 1.64$이고 이는 $P(V < 1.64) = 0.05$를 의 미한다.

예제 17

[부록 4]를 이용하여 두 임계점 $\chi_{0.95}^2(9)$와 $\chi_{0.05}^2(9)$를 구하라.

풀이

자유도가 9인 행과 $\alpha = 0.95$인 열이 만나는 위치의 수가 3.33이므로 $\chi_{0.95}^2(9) = 3.33$이다. 마찬가지로 자유도가 9인 행 과 $\alpha = 0.05$인 열이 만나는 위치의 수가 16.92이므로 $\chi_{0.05}^2(9) = 16.92$이다.

엑셀 카이제곱분포

$V\chi^2(9)$에 대해 확률밀도함수 $f(x)$와 분포함수 $F(x)$의 값을 구한다. A1~C1셀에 **x**, **f(x)**, **F(x)**를 기입하고, A2셀에 **0**을 기입한 후 아래로 0.1씩 커지는 수를 기입한다.

Ⓐ 확률표 작성하기

❶ B2셀에 커서를 놓고 메뉴바에서 수식 〉 함수 삽입 〉 통계 〉 CHISQ.DIST를 선택하여 **X**에 **A2**, **Deg_freedom**에 **9**, **Cumulative**에 **0**을 기입하면 개별 확률을 얻는다. **X**에 x 값을 넣어 $f(x)$를 구한다.

❷ C2셀에 커서를 놓고 ❶의 과정을 반복하되, **Cumulative**에 **1**을 기입하면 누적확률을 얻는다.

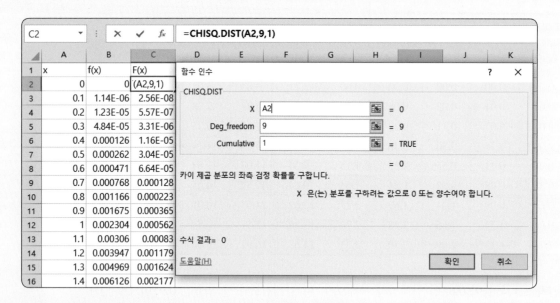

Ⓑ a와 b 사이의 확률 구하기

❸ 커서를 적당한 셀에 놓고 =CHISQ.DIST(3,9,1)-CHISQ.DIST(2,9,1)을 기입하면 $P(2 \leq X \leq 3) = 0.0272$를 얻는다.

Ⓒ 오른쪽 꼬리확률 $P(X \geq x)$ 구하기

❹ 메뉴바에서 수식 〉 함수 삽입 〉 통계 〉 CHISQ.DIST.RT를 선택하여 **X**에 **A2**, **Deg_freedom**에 **9**를 기입하면 오른쪽 꼬리확률을 얻는다. **X**에 x 값을 넣어 $P(X \geq x)$를 구한다.

Ⓓ 왼쪽 꼬리확률이 α인 x, 즉 $P(X \leq x) = \alpha$인 x를 구하기

❺ 메뉴바에서 수식 〉 함수 삽입 〉 통계 〉 CHISQ.INV를 선택하여 **Probability**에 **0.95**, **Deg_freedom**에 **9**를 기입하면
$P(X \leq x) = 0.95$를 만족하는 $x = 16.92$를 얻는다.

Ⓔ **오른쪽 꼬리확률이 α인 x, 즉 $P(X \geq x) = \alpha$인 x를 구하기**

❻ 메뉴바에서 수식 〉 함수 삽입 〉 통계 〉 CHISQ.INV.RT를 선택하여 **Probability**에 **0.05**, **Deg_freedom**에 **9**를 기입하면
$P(X \geq x) = 0.05$를 만족하는 $x = 16.92$를 얻는다.

확률밀도함수	=CHISQ.DIST(x, n, 0)
누적확률함수	=CHISQ.DIST(x, n, 1)
a와 b 사이의 확률	=CHISQ.DIST(b, n, 1) − CHISQ.DIST(a, n, 1)
오른쪽 꼬리확률	=CHISQ.DIST.RT(x, n)
누적확률이 α인 x	=CHISQ.INV(α, n)
누적확률이 $1 - \alpha$인 x (오른쪽 꼬리확률 α)	=CHISQ.INV.RT(α, n)

7.2.5 t-분포

표준화 확률변수 Z와 자유도 n인 카이제곱 확률변수 V가 독립일 때, 확률변수 $T = \dfrac{Z}{\sqrt{V/n}}$가 이루는 확률분포를 자유도 n인 **t-분포**(t-distribution)라 하고 $T \sim t(n)$으로 나타낸다. 이 분포는 다음과 같은 특성을 갖는다.

- $t = 0$에서 최댓값을 갖고 $t = 0$에 대하여 대칭이므로 평균, 중위수, 최빈값이 동일하다.
- t-분포 곡선은 표준정규분포 곡선과 같이 종 모양이다.
- [그림 7−27]과 같이 자유도 n이 증가할수록 $t = 0$에 더욱 집중된다.

그림 7-27 자유도에 따른 t-분포

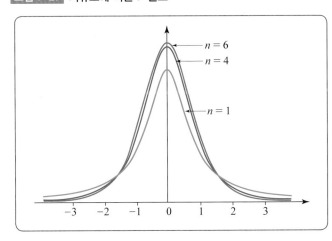

특히 t-분포는 [그림 7-28]과 같이 꼬리 부분이 표준정규분포보다 약간 더 두텁고, 자유도 n이 증가하면 t-분포는 표준정규분포에 근접한다.

그림 7-28 t-분포와 표준정규분포의 비교

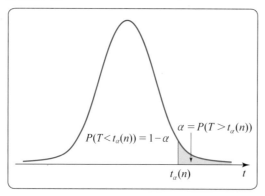

꼬리확률과 백분위수

자유도 n인 t-분포는 $t = 0$에 대해 대칭이므로 오른쪽 꼬리확률 $P(T > t_\alpha) = \alpha$를 만족하는 $100(1 - \alpha)\%$ 백분위수를 $t_\alpha(n)$으로 나타내며 다음 성질을 갖는다.

- $P(T > t_\alpha(n)) = P(T < -t_\alpha(n)) = \alpha$
- $P(T < t_{\alpha/2}(n)) = 1 - \alpha$

[그림 7-29]는 자유도 n인 t-분포의 꼬리확률과 중심확률을 나타낸다.

그림 7-29 $100(1 - \alpha)\%$ 백분위수 $t_\alpha(n)$와 중심확률

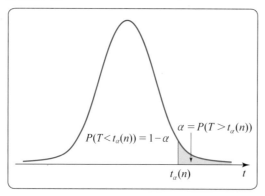
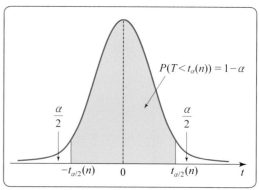

(a) 꼬리확률 $P(T > t_\alpha(n)) = \alpha$ (b) 중심확률 $P(|T| < t_{\alpha/2}(n)) = 1 - \alpha$

자유도 n인 t–분포에 대해 오른쪽 꼬리확률이 α인 임계점 $t_\alpha(n)$을 구하려면 t–분포의 오른쪽 꼬리확률을 나타내는 [부록 5]의 t–분포표를 이용해야 한다. 예를 들어 자유도 4인 t–분포에서 다음 순서에 따라 $P(T > t_{0.05}(4)) = 0.05$인 $t_{0.05}(4)$를 구하며, 이 과정은 [표 7–4]에 나타나 있다.

❶ 자유도를 나타내는 d.f.에서 4를 찾는다.
❷ 오른쪽 꼬리확률을 나타내는 α에서 0.05를 확인한다.
❸ 자유도 4인 행과 오른쪽 꼬리확률이 0.05인 열이 만나는 위치의 수 2.132를 선택한다.
❹ 따라서 $t_{0.05}(4) = 2.132$, 즉 $P(T > 2.132) = 0.05$이다.

$$t_{0.05}(4) = 2.132, \ P(T > 2.132) = 0.05$$

표 7-4 t–분포표

d.f. \ α	0.25	0.10	0.05	0.025	0.01	0.005
1	1.000	3.078	6.314	12.706	31.821	63.675
2	0.816	1.886	2.920	4.303	6.965	9.925
3	0.765	1.638	2.353	3.182	4.541	5.841
4	0.741	1.533	2.132	2.776	3.747	4.604
5	0.727	1.476	2.015	2.571	3.365	4.032
6	0.718	1.440	1.943	2.447	3.143	3.707

예제 18

[부록 5]를 이용하여 두 임계점 $t_{0.95}(9)$와 $t_{0.05}(9)$를 구하라.

풀이

자유도 9인 행과 $\alpha = 0.05$인 열이 만나는 위치의 수가 1.833이므로 $t_{0.05}(9) = 1.833$이다. t–분포는 $t = 0$에 대해 대칭이므로 $t_{0.95}(9) = -t_{0.05}(9) = -1.833$이다.

엑셀 t–분포

$T \sim t(9)$에 대해 확률밀도함수 $f(x)$와 분포함수 $F(x)$의 값을 구한다. A1~C1셀에 **x**, **f(x)**, **F(x)**를 기입하고, A2셀에 **0**을 기입한 후 아래로 0.1씩 커지는 수를 기입한다.

Ⓐ 확률표 작성하기

❶ B2셀에 커서를 놓고 메뉴바에서 수식 〉함수 삽입 〉통계 〉T.DIST를 선택하여 **X**에 **A2**, **Deg_freedom**에 9, **Cumulative**에 0
을 기입하면 개별 확률을 얻는다. **X**에 x 값을 넣어 $f(x)$를 구한다.

❷ C2셀에 커서를 놓고 ❶의 과정을 반복하되, **Cumulative**에 1을 기입하면 누적확률을 얻는다.

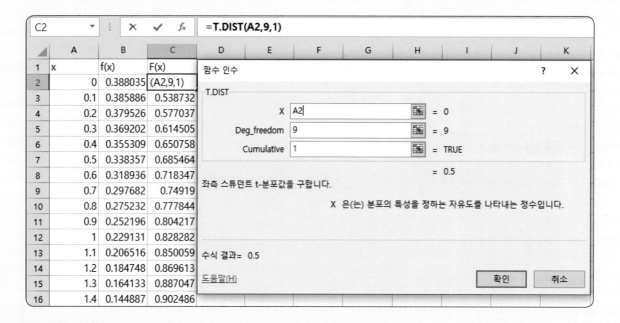

Ⓑ a와 b 사이의 확률 구하기

❸ 커서를 적당한 셀에 놓고 **=T.DIST(2,9,1)-T.DIST(1,9,1)**을 기입하면 $P(1 \leq X \leq 2) = 0.1334$를 얻는다.

Ⓒ 오른쪽 꼬리확률 $P(X \geq x)$ 구하기

❹ 메뉴바에서 수식 〉함수 삽입 〉통계 〉T.DIST.RT를 선택하여 **X**에 **A2**, **Deg_freedom**에 9를 기입하면 오른쪽 꼬리확률을 얻
는다. 이때 **X**에 x 값을 넣어 $P(X \geq x)$를 구한다.

Ⓓ 양쪽 꼬리확률 $P(|X| \geq x)$ 구하기

❺ 메뉴바에서 수식 〉함수 삽입 〉통계 〉T.DIST.2T를 선택하여 **X**에 **A2**, **Deg_freedom**에 9를 기입하면 오른쪽 꼬리확률을 얻
는다. 이때 **X**에 x 값을 넣어 $P(|X| \geq x)$를 구하며, x 값은 양수이다.

Ⓔ 왼쪽 꼬리확률이 α인 x, 즉 $P(X \leq x) = \alpha$인 x를 구하기

❻ 메뉴바에서 수식 〉함수 삽입 〉통계 〉T.INV를 선택하여 **Probability**에 0.05, **Deg_freedom**에 9를 기입하면 $P(X \leq x) =$
0.05를 만족하는 $x = -1.833$을 얻는다. 오른쪽 꼬리확률이 0.05인 백분위수를 구하기 위해 **Probability**에 0.95, **Deg_
freedom**에 9를 기입하면 $x = 1.833$을 얻는다.

Ⓕ 양쪽 꼬리확률이 α인 x, 즉 $P(|X| \geq x) = \alpha$인 x를 구하기

❼ 메뉴바에서 수식 〉함수 삽입 〉통계 〉T.INV.2T를 선택하여 **Probability**에 0.05, **Deg_freedom**에 9를 기입하면 $P(X \geq x) =$ 0.05를 만족하는 $x = 2.26$을 얻는다.

확률밀도함수	=T.DIST(x, n, 0)
누적확률함수	=T.DIST(x, n, 1)
a와 b 사이의 확률	=T.DIST(b, n, 1) − T.DIST(a, n, 1)
오른쪽 꼬리확률	=T.DIST.RT(x, n)
양쪽 꼬리확률	=T.DIST.2T(x, n)
누적확률이 α인 x	=T.INV(α, n)
누적확률이 $1 - \alpha$인 x (오른쪽 꼬리확률 α)	=T.INV($1-\alpha$, n)
양쪽 꼬리확률이 α인 x	=T.INV.2T(α, n)

7.2.6 F-분포

자유도가 각각 m과 n이고 독립인 카이제곱 확률변수 U와 V로 정의된 확률변수 $F = \dfrac{U/m}{V/n}$ 가 이루는 확률분포를 분자의 자유도 m, 분모의 자유도 n인 **F-분포**(F-distribution)라 한다. 이 확률분포의 확률밀도함수는 [그림 7-30]과 같으며, 자유도 m과 n에 따라 모양이 다르게 나타난다.

그림 7-30 자유도에 따른 F-분포

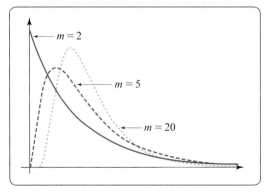

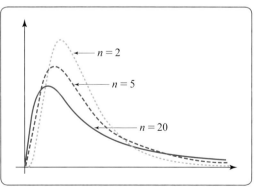

(a) n이 일정하고 m이 다른 경우   (b) m이 일정하고 n이 다른 경우

[그림 7-30]으로부터 다음과 같은 F-분포의 특성을 알 수 있다.

- 왼쪽으로 치우치고 오른쪽으로 긴 꼬리 모양인 양의 비대칭 분포를 이룬다.
- 분모의 자유도 n이 커질수록 $\mu \approx 1$, $\sigma^2 \approx \frac{2}{m}$가 된다.
- 자유도 m, n이 커지면 $\mu = 1$을 중심으로 좌우대칭인 정규분포에 근사한다.

| 꼬리확률과 백분위수

[그림 7-31(a)]와 같이 분자의 자유도와 분모의 자유도가 각각 m과 n인 F-분포에 대해 오른쪽 꼬리확률이 α인 임계점을 $f_\alpha(m, n)$으로 나타내며, 이 임계점은 다음과 같이 $100(1 - \alpha)\%$ 백분위수를 나타낸다.

$$P(F < f_\alpha(m, n)) = 1 - \alpha, \quad P(F > f_\alpha(m, n)) = \alpha$$

왼쪽 꼬리확률이 α이면 오른쪽 꼬리확률이 $1 - \alpha$이므로 왼쪽 꼬리확률이 α인 임계점은 $f_{1-\alpha}(m, n)$으로 나타낸다. [그림 7-31(b)]와 같이 왼쪽 꼬리확률과 오른쪽 꼬리확률이 $\frac{\alpha}{2}$인 두 임계점 $f_{\alpha/2}(m, n)$과 $f_{1-\alpha/2}(m, n)$에 대해 다음 확률을 얻는다.

$$P(f_{1-\alpha/2}(m, n) \le F \le f_{\alpha/2}(m, n)) = 1 - \alpha$$

그림 7-31 $100(1 - \alpha)\%$ 백분위수 $f_\alpha(m, n)$

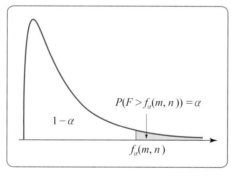

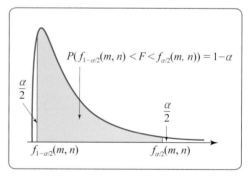

(a) 꼬리확률 $P(F > f_\alpha(m, n)) = \alpha$ (b) 중심확률 $P(f_{1-\alpha/2}(m, n) < F < f_{\alpha/2}(m, n)) = 1 - \alpha$

오른쪽 꼬리확률에 대한 임계점은 F-분포표를 이용하여 구할 수 있지만, 불행히도 이 표에는 왼쪽 꼬리확률에 대한 임계값은 나오지 않는다. 왼쪽 꼬리확률에 대한 임계점은 다음 공식을 이용하여 구한다.

$$f_{1-\alpha}(m, n) = \frac{1}{f_\alpha(n, m)}$$

즉, 분자의 자유도와 분모의 자유도가 각각 m과 n인 F-분포에 대한 왼쪽 꼬리확률이 α인 임계점은 두 자유도를 서로 바꾼 F-분포에 대한 오른쪽 꼬리확률이 α인 임계점 $f_\alpha(n, m)$의 역수와 동일하다.

분자의 자유도와 분모의 자유도가 각각 m과 n인 F-분포에 대한 오른쪽 꼬리 확률이 α인 임계점 $f_\alpha(m, n)$을 구하려면 [부록 6]의 F-분포표를 이용해야 한다. 예를 들어 $m = 4$, $n = 5$인 F-분포에서 다음 순서에 따라 $P(F > f_{0.05}(4, 5)) = 0.05$인 $f_{0.05}(4, 5)$를 구하며, 이 과정은 [표 7-5]에 나타나 있다.

❶ 분자의 자유도 4를 찾는다.

❷ 분모의 자유도 5에서 α 값 0.050을 확인한다.

❸ 분자의 자유도 4인 열과 분모의 자유도 5의 0.050인 행이 만나는 위치의 수 5.19를 선택한다.

❹ 따라서 $f_{0.05}(4, 5) = 5.19$, 즉 $P(F > 5.19) = 0.05$이다.

꼬리확률

$f_{0.05}(4, 5) = 5.19, \ P(F > 5.19) = 0.05$

표 7-5 F-분포표

분모의 자유도	α	분자의 자유도								
		1	2	3	4	5	6	7	8	9
4	0.010	4.54	4.32	4.19	4.11	4.05	4.01	3.98	3.95	3.94
	0.050	7.71	6.94	6.59	6.39	6.26	6.16	6.09	6.04	6.00
	0.025	12.22	10.65	9.98	9.60	9.36	9.20	7.07	8.98	8.90
	0.005	21.20	18.00	16.69	15.98	15.52	15.21	14.98	14.80	14.66
	0.001	74.14	61.25	56.18	53.44	51.71	50.53	49.66	49.00	48.47
5	0.010	4.06	3.78	3.62	3.52	3.45	3.40	3.37	3.34	3.32
	0.050	6.61	5.79	5.41	5.19	5.05	4.95	4.88	4.82	4.77
	0.025	10.01	8.43	7.76	7.39	7.15	6.98	6.85	6.76	6.68
	0.005	16.26	13.27	12.06	11.39	10.97	10.67	10.46	10.29	10.16
	0.001	47.18	37.12	33.20	31.09	29.75	28.83	28.16	27.65	27.24

왼쪽 꼬리확률이 0.05인 임계점 $f_{0.95}(4, 5)$는 [표 7-5]에 주어지지 않으나, 분자의 자유도와 분모의 자유도를 바꾼 F-분포에서 $\alpha = 0.05$인 $f_{0.05}(5, 4)$를 찾아 구할 수 있다. 이 수는 6.26이고, 따라서 $f_{0.95}(4, 5)$는 6.26의 역수, 즉 $f_{0.95}(4, 5) = \dfrac{1}{6.26} \approx 0.16$이다.

예제 19

[부록 6]을 이용하여 두 임계점 $f_{0.05}(8, 9)$와 $f_{0.95}(8, 9)$를 구하라.

풀이

분자의 자유도 8인 열과 분모의 자유도 9의 $\alpha = 0.05$인 행이 만나는 위치의 수가 3.23이므로 $f_{0.05}(8, 9) = 3.23$이다. 분자의 자유도 9인 열과 분모의 자유도 8의 $\alpha = 0.05$인 행이 만나는 위치의 수가 3.39이므로 $f_{0.05}(9, 8) = 3.39$이다. 따라서 $f_{0.95}(8, 9) = \dfrac{1}{f_{0.05}(9, 8)} = \dfrac{1}{3.39} \approx 0.295$이다.

엑셀 *F*-분포

$F \sim F(8, 9)$에 대해 확률밀도함수 $f(x)$와 분포함수 $F(x)$의 값을 구한다. A1~C1셀에 **x**, **f(x)**, **F(x)**를 기입하고, A2셀에 0을 기입한 후 아래로 0.1씩 커지는 수를 기입한다.

Ⓐ 확률표 작성하기

❶ B2셀에 커서를 놓고 메뉴바에서 수식 〉함수 삽입 〉통계 〉 F.DIST를 선택하여 X에 A2, Deg_freedom1에 8, Deg_freedom2에 9, Cumulative에 0을 기입하면 개별 확률을 얻는다. X에 x 값을 넣어 $f(x)$를 구한다.

❷ C2셀에 커서를 놓고 ❶의 과정을 반복하되, Cumulative에 1을 기입하면 누적확률을 얻는다.

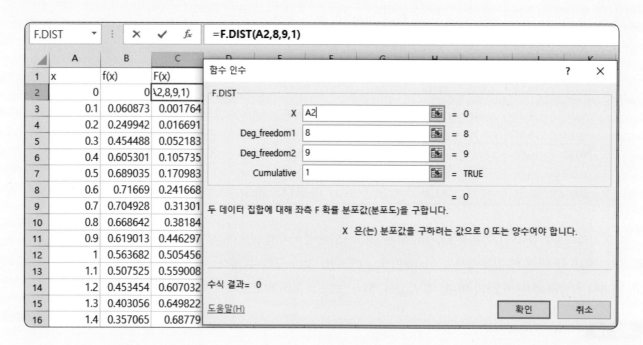

Ⓑ a와 b 사이의 확률 구하기

❸ 커서를 적당한 셀에 놓고 **=F.DIST(2,8,9,1)-F.DIST(1,8,9,1)**을 기입하면 $P(1 \leq X \leq 2) = 0.3335$를 얻는다.

Ⓒ 오른쪽 꼬리확률 $P(X \geq x)$ 구하기

❹ 메뉴바에서 수식 〉함수 삽입 〉통계 〉F.DIST.RT를 선택하여 X에 A2, Deg_freedom1에 8, Deg_freedom2에 9를 기입하면 오른쪽 꼬리확률을 얻는다. X에 x 값을 넣어 $P(X \geq x)$를 구한다.

Ⓓ 왼쪽 꼬리확률이 α인 x, 즉 $P(X \leq x) = \alpha$인 x를 구하기

❺ 메뉴바에서 수식 〉함수 삽입 〉통계 〉F.INV를 선택하여 Probability에 0.95, Deg_freedom1에 8, Deg_freedom2에 9를 기입하면 $P(X \leq x) = 0.95$를 만족하는 $x = 3.23$을 얻는다.

Ⓔ 오른쪽 꼬리확률이 α인 x, 즉 $P(X \geq x) = \alpha$인 x를 구하기

❻ 메뉴바에서 수식 〉함수 삽입 〉통계 〉F.INV.RT를 선택하여 Probability에 0.05, Deg_freedom1에 8, Deg_freedom2에 9를 기입하면 $P(X \geq x) = 0.05$를 만족하는 $x = 3.23$을 얻는다.

확률밀도함수	=F.DIST(x, m, n, 0)
누적확률함수	=F.DIST(x, m, n, 1)
a와 b 사이의 확률	=F.DIST(b, m, n, 1) − F.DIST(a, m, n, 1)
오른쪽 꼬리확률	=F.DIST.RT(x, m, n)
누적확률이 α인 x	=F.INV(α, m, n)
누적확률이 $1 - \alpha$인 x (오른쪽 꼬리확률 α)	=F.INV.RT(α, m, n) 또는 =F.INV(1−α, n)

개념문제

1. 확률변수는 $(-\infty, \infty)$ 형태의 무한구간에서 값을 가질 수 있는가?

2. 어떤 폐구간에서 확률밀도함수의 값이 일정한 확률분포를 무엇이라 하는가?

3. 푸아송분포에 따라 발생하는 사건의 대기시간에 관한 확률분포를 무엇이라 하는가?

4. 품질 개선을 위해 식스시그마(6σ) 기법에 사용하고 있는 확률분포는 무엇인가?

5. 모수 λ인 지수분포의 평균과 분산은 무엇인가?

6. 표준정규분포에서 $P(|Z| \leq 2)$는 얼마인가?

7. 표준정규분포에서 $P(|Z| \leq 1.96)$은 얼마인가?

8. 표준정규분포에서 $P(Z \leq z_{0.15})$는 얼마인가?

9. 이항분포를 정규근사할 때 연속성을 수정하는 이유는 무엇인가?

10. 카이제곱분포는 음의 비대칭인가? 아니면 양의 비대칭인가?

11. F-분포에서 두 자유도가 커지면 어떤 분포에 근사하는가?

12. F-분포에서 $f_{0.999}(m, n)$은 어떻게 구하는가?

13. 표준정규분포에서 $z_{0.025}$는 얼마인가?

14. 자유도 10인 t-분포에서 $t_{0.025}(10)$은 얼마인가?

15. 자유도 7인 카이제곱분포에서 $\chi^2_{0.025}(7)$은 얼마인가?

16. 분자와 분모의 자유도가 각각 4와 7인 F-분포에서 $f_{0.99}(4, 7)$은 얼마인가?

연습문제

1. 표준화 확률변수 Z에 대해 다음을 구하라.

    (a) $P(Z \geq 1.65)$ (b) $P(Z < -1.23)$

    (c) $P(Z > -2.14)$ (d) $P(-1.32 \leq Z \leq 1.32)$

    (e) $P(1.23 < Z < 2.14)$ (f) $P(-1.16 \leq Z \leq 2.19)$

2. 확률변수 X가 평균이 15, 표준편차가 2인 정규분포를 이룰 때, 다음을 구하라.

    (a) $P(X \geq 13)$ (b) $P(X > 18)$

    (c) $P(X < 10.5)$ (d) $P(11.5 \leq X \leq 20.7)$

3. [부록 4]를 이용하여 다음을 구하라.

    (a) $\chi^2_{0.025}(8)$ (b) $\chi^2_{0.995}(8)$

4. [부록 5]를 이용하여 다음을 구하라.

    (a) $t_{0.01}(10)$ (b) $t_{0.95}(10)$

5. [부록 6]을 이용하여 다음을 구하라.

    (a) $f_{0.01}(5, 8)$ (b) $f_{0.95}(5, 8)$

6. $X \sim N(\mu, \sigma^2)$일 때, 다음을 구하라.

   (a) $P(X \leq \mu + \sigma z_\alpha)$ (b) $P(\mu - \sigma z_{\alpha/2} \leq X \leq \mu + \sigma z_{\alpha/2})$

7. 표준화 확률변수 Z에 대해 다음을 만족하는 z_0을 구하라.

   (a) $P(Z \leq z_0) = 0.9971$ (b) $P(Z \geq z_0) = 0.0154$

   (c) $P(0 \leq Z \leq z_0) = 0.3554$ (d) $P(-z_0 \leq Z \leq z_0) = 0.9030$

   (e) $P(Z \leq z_0) = 0.0066$ (f) $P(Z \geq z_0) = 0.6915$

8. $X \sim N(6, 2^2)$일 때, 다음을 만족하는 x_0을 구하라.

   (a) $P(X \leq x_0) = 0.9911$ (b) $P(X \leq x_0) = 0.0233$

   (c) $P(4 \leq X \leq x_0) = 0.8259$ (d) $P(-x_0 \leq X \leq x_0) = 0.95$

   (e) $P(-x_0 \leq X \leq x_0) = 0.5406$ (f) $P(X \geq x_0) = 0.9505$

9. 자유도 n인 t−분포에서 분산이 1.25일 때, 자유도 n과 $P(|T| \leq 2.228)$을 구하라.

10. $X \sim \chi^2(10)$일 때, $P(X < a) = 0.05$, $P(a < X < b) = 0.90$을 만족하는 상수 a와 b를 구하라.

11. 양수 k에 대해 연속확률변수 X의 확률밀도함수는 $f(x) = k$, $1 \leq x \leq 6$이다. 물음에 답하라.

    (a) 양수 k와 확률변수 X의 확률밀도함수를 구하라.

    (b) 확률변수 X의 평균과 분산을 구하라.

    (c) X가 4 이상일 확률을 구하라.

    (d) X가 2보다 크고 5 작거나 같을 확률을 구하라.

    (e) X가 3보다 작거나 같을 확률을 구하라.

12. 연속확률변수 X가 0에서 20 사이에서 균등한 분포를 이룬다. 물음에 답하라.

    (a) 확률변수 X의 확률밀도함수를 구하라.

    (b) 확률변수 X의 평균과 분산을 구하라.

    (c) X가 17 이상일 확률을 구하라.

    (d) X가 8보다 크고 15 작거나 같을 확률을 구하라.

    (e) X가 4보다 작거나 같을 확률을 구하라.

13. 연속확률변수 X의 확률밀도함수가 $f(x) = kx$, $0 \leq x \leq 5$이다. 물음에 답하라.

    (a) 양수 k를 구하라.

    (b) X가 3 이상일 확률을 구하라.

    (c) X가 2 이상 4 작거나 같을 확률을 구하라.

    (d) X가 4보다 작을 확률을 구하라.

14. 연속확률변수 X의 확률밀도함수 $y = f(x)$, $0 \le x \le a$는 그림과 같이 두 직선 $y = 2x$, $y = a - x$ 로 구성된다. 물음에 답하라.

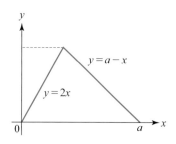

(a) 상수 a를 구하라.

(b) $P(X \ge k) = P(X \le k)$를 만족하는 상수 k를 구하라.

(c) X가 1.5 이하일 확률을 구하라.

15. 2018년도에 어느 기관에서 조사한 정부의 '종합부동산세'를 강화하는 것에 대해 어떻게 생각하는지 여론조사를 실시한 결과 반대 여론이 30.7%이었다. 다음은 이 여론조사에 참여한 20명을 임의로 선정하여 이 사람들 중 반대한 사람의 수 X에 대한 누적확률을 나타낸 것이다. 물음에 답하라.

X	0	1	2	3	4	5	6	7
누적확률	0.0007	0.0064	0.0308	0.0955	0.2172	0.3899	0.5811	0.7505

출처: 리얼미터

(a) 표본으로 20명을 임의로 추출할 때, 반대하는 사람이 6명 이하일 확률

🅧 (b) 표본의 크기를 늘려 200명을 임의로 추출할 때, 반대하는 사람이 60명 이하일 확률

🅧 (c) 표본의 크기를 더 늘려 2,000명을 임의로 추출할 때, 반대하는 사람이 600명 이하일 확률

(d) (a)~(c)로부터 무엇을 알 수 있는지 설명하라.

16. 어느 야구 동호회에서 타석에 들어온 선수들이 삼진 아웃될 확률이 32%라고 한다. 한 경기에서 두 팀의 선수들이 타석에 총 50회 들어왔을 때, 다음을 구하라.

(a) 삼진 아웃된 선수의 명수의 평균과 표준편차

(b) 삼진 아웃된 선수가 10명 이하일 근사 확률

(c) 삼진 아웃된 선수가 15명을 초과할 근사 확률

(d) 삼진 아웃된 선수가 13명 이상 18명 이하일 근사 확률

(e) 정확히 18명이 삼진 아웃될 근사 확률

17. 어느 유명한 상표의 $900\,\mathrm{cm}^2$ 넓이의 정사각형 모양 타일은 20장당 평균 0.3장의 타일에 흠집이 있다고 한다. 건설업자가 별장을 짓기 위해 이 상표의 타일 100장을 구입했다고 한다. 물음에 답하라.

(a) 100장의 타일 중 흠집이 있는 타일 수의 평균과 분산을 구하라.

(b) 100장의 타일에 모두 흠집이 없을 확률을 구하라.

(c) 100장의 타일 중 흠집이 있는 타일이 2장 이하일 확률을 구하라.

(d) 100장의 타일 중 흠집이 있는 타일이 4장 이상일 확률을 구하라.

(e) 1,000장의 타일 중 흠집이 있는 타일이 20장 이하일 확률을 구하라(단, 푸아송분포는 정규분포에 근사하며 연속성을 수정하여 근사 확률을 구할 수 있다).

18. 친구와 만나기 위해 약속 장소에 정시에 도착했으나 친구가 아직 나오지 않았다. 친구를 기다리는 시간은 $\lambda = 0.1$(분)인 지수분포를 이룬다고 할 때, 물음에 답하라(단, $e^{-0.3} \approx 0.741$, $e^{-1.5} \approx 0.2231$이다).

(a) 친구를 기다리는 평균 시간을 구하라.

(b) 약속 시간이 3분을 경과하기 이전에 친구를 만날 확률을 구하라.

(c) 15분 이상 기다려야 친구를 만날 확률을 구하라.

19. 택시 정류장에서 손님들이 택시를 잡는 데 평균 5분이 걸린다고 한다. 물음에 답하라(단, $e^{-0.6} \approx 0.549$, $e^{-2} \approx 0.1353$이다).

(a) 정류장에서 택시에 타기 위해 기다리는 시간에 대한 확률밀도함수를 구하라.

(b) 3분도 안 돼서 택시에 탈 확률을 구하라.

(c) 10분 이상 기다려야 택시에 탈 확률을 구하라.

20. 2018년 우리나라 국민의 평균 수명이 82.4세인 것으로 나타났다.[9] 우리나라 국민의 수명이 지수분포를 이룬다는 사실이 알려져 있다고 하자. 우리나라 국민 중 임의로 한 명을 선정했을 때, 다음을 구하라(단, $e^{-\frac{50}{82.4}} \approx 0.5451$, $e^{-\frac{80}{82.4}} \approx 0.3788$, $e^{-\frac{10}{82.4}} \approx 0.8857$이다).

(a) 선정된 사람이 50세 이전에 사망할 확률

(b) 선정된 사람이 80세 이후까지 생존할 확률

(c) 임의로 선정한 사람의 나이가 83세 이상이라 할 때, 이 사람이 앞으로 10년 이상 더 생존할 확률

21. 장마철에 어느 도시에서 배출되는 물의 양은 시간당 평균 26.5만 m³, 표준편차 5만 m³인 정규분포를 이룬다. 배수 시설은 시간당 최대 32만 m³를 배출하도록 고안되어 있다. 물음에 답하라.

(a) 시간당 배출량이 23.5만 m³과 30.8만 m³ 사이일 확률을 구하라.

(b) 장마철에 이 도시가 침수 피해를 입을 확률을 구하라.

22. 이번 학기 통계학 성적은 $X \sim N(76, 16)$인 정규분포를 이루며, 담당 교수는 A, B, C, D, F학점의 비율을 각각 10%, 35%, 30%, 15%, 10%로 정해서 학점을 부여한다고 한다. A, B, C, D학점의 하한 점수를 구하라.

---

[9] 허지윤(2018. 7. 12.). 국민 기대 수명 82.4세… 15세 이상 흡연율은 OECD 평균보다 낮아. 조선비즈

23. $X \sim B(35, 0.4)$일 때, 연속성을 수정한 근사 확률을 구하라.

(a) $P(X \leq 15)$ (b) $P(11 \leq X \leq 17)$ (c) $P(X \geq 21)$

24. 통계청에 의하면 2020년 4월 기준 우리나라 청년실업률이 9.3%라고 한다. 청년 100명을 무작위로 선정하여 취업 여부를 조사했을 때, 물음에 답하라.

(a) 선정된 청년 100명 중 미취업자 수의 평균을 구하라.

(b) 선정된 청년 100명 중 미취업자 수의 분산과 표준편차를 구하라.

(c) 선정된 청년 100명 중 미취업자가 8명일 근사 확률을 구하라.

(d) 선정된 청년 100명 중 미취업자가 많아야 15명일 근사 확률을 구하라.

25. 통계학 시험 시간은 60분이지만 평균적으로 학생들은 44분만에 답안지를 제출하고 실제 시험 시간은 표준편차가 5분인 정규분포를 이룬다고 한다. 물음에 답하라.

(a) 임의로 선정한 학생이 30분 안에 답안지를 제출할 확률을 구하라.

(b) 임의로 선정한 학생이 38분과 48분 사이에 답안지를 제출할 확률을 구하라.

(c) 임의로 선정한 학생이 50분이 지나도록 답안지를 제출하지 못할 확률을 구하라.

26. 시속 100 km로 속도가 제한된 어느 고속도로에서 달리는 자동차 속도는 평균이 시속 110 km, 표준편차가 시속 5 km인 정규분포를 이룬다고 한다. 물음에 답하라.

(a) 임의로 선정한 자동차가 규정 속도를 지킬 확률을 구하라.

(b) 임의로 선정한 자동차 네 대의 평균 속도가 시속 105 km와 시속 115 km 사이일 확률을 구하라.

(c) 임의로 선정한 자동차 속도의 상위 15%인 최저 속도를 구하라.

(d) 임의로 선정한 자동차 속도의 하위 10%인 최고 속도를 구하라.

실전문제

1. 어느 축구 선수가 그 동안 경기장에서 선수로 참가한 시간(x분)을 분석한 결과 그림과 같은 확률밀도함수 $f(x)$를 갖는다고 한다. 이 선수가 어느 중요한 경기의 엔트리 명단에 들어 있다고 할 때, 물음에 답하라.

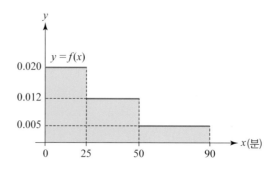

(a) 이 선수가 경기에 선수로 참가한 시간에 대한 확률밀도함수 $f(x)$를 구하라.

(b) 이 선수가 경기에 15분 이상 참가할 확률을 구하라.

(c) 이 선수가 경기에 30분에 투입되어 65분에 교체될 확률을 구하라.

(d) 이 선수가 경기의 전반전만 참가할 확률을 구하라.

2. 총 30석뿐인 작은 비행기에 예매한 승객이 탑승하지 않을 확률은 다른 승객과 독립적으로 0.1이라 한다. 이 비행기의 항공사는 32석의 티켓을 판매했을 때, 비행기에 탑승하려는 승객이 실제 좌석보다 많을 확률을 다음 방법에 의해 구하라.

(a) 확률함수   (b) 정규근사

3. 11,359명을 모집하는 어느 공무원 필기시험에 178,500명이 응시했다. 필기시험의 점수는 평균이 74, 표준편차가 12인 정규분포를 이룬다고 한다. 12,495명을 1차로 선발하여 면접을 치를 때, 면접 대상자가 되기 위한 최저 점수를 구하라.

표본분포

Sampling Distribution

1장에서 모집단의 특성을 나타내는 수치를 모수, 표본의 특성을 나타내는 수치를 통계량이라 했다. 대부분의 모수는 알려지지 않은 수치이기 때문에 표본을 추출하여 얻은 통계량으로 모수를 추론하게 된다. 이때 표본을 임의로 추출하므로 어떤 대상이 선정되는지에 따라 표본의 평균이나 분산이 달라진다. 따라서 표본평균이나 표본분산은 확률변수이고, 이들은 어떤 확률분포를 이루게 된다. 이번 장에서는 표본으로부터 얻은 통계량들의 확률분포에 대해 살펴본다.

8.1 ▶ 모집단분포와 표본분포

2장과 3장에서 모집단 또는 표본으로 얻은 자료를 요약하기 위해 그림을 그리거나 도표를 작성했다. 4장에서는 이들의 특성인 중심위치와 변동성을 구하는 방법을 살펴봤다.

모집단의 자료들에 대한 히스토그램을 그리면 특정한 분포를 이루게 된다. 이번 절에서는 모집단분포와 표본분포에 대해 살펴본다.

8.1.1 모집단분포

주사위를 50만 번 던져서 나온 눈의 수를 기록한다고 가정해보자. 모집단은 50만 개의 수로 구성되며 이 수들에 대한 히스토그램은 어떤 일정한 형태의 분포를 나타낼 것이다. 이 실험을 통계 프로그램으로 시뮬레이션 하여 [표 8-1]을 얻었다고 하자. 이 모집단은 50만 개의 수로 구성되며, 실험 결과인 각 눈의 수에 대한 상대도수는 $\frac{1}{6} \approx 0.167$에 가까운 것을 알 수 있다.

표 8-1 주사위 던지기 시뮬레이션 결과

눈의 수	1	2	3	4	5	6
도수	83,286	83,141	83,261	83,003	83,599	83,710
상대도수	0.167	0.166	0.167	0.166	0.167	0.167

따라서 주사위를 던져서 나온 눈의 수를 확률변수 X라 하면 모집단은 다음과 같은 확률분포를 이룬다.

표 8-2 주사위 던지기 실험의 모집단분포

X	1	2	3	4	5	6
$P(X = x)$	$\frac{1}{6}$	$\frac{1}{6}$	$\frac{1}{6}$	$\frac{1}{6}$	$\frac{1}{6}$	$\frac{1}{6}$

이는 5장에서 설명한 것처럼 주사위를 무수히 많이 던져서 나온 눈의 개수는 거의 비슷해지며, 각 눈의 수에 대한 상대도수(확률)는 거의 동등하게 $\frac{1}{6}$이라는 사실과 일치한다. 이와 같이 어떤 통계적 실험의 결과인 모집단의 자료가 이루는 확률분포를 **모집단분포**(population distribution)라 한다.

주사위 실험의 모집단에 대한 모평균과 모분산은 각각 다음과 같다.

$$\text{모평균:} \quad \mu = \frac{1}{6}\sum_{x=1}^{6} x = \frac{21}{6} = 3.5$$

$$\text{모분산:} \quad \sigma^2 = \frac{1}{6}\sum_{x=1}^{6} x^2 - 3.5^2 = \frac{91}{6} - 3.5^2 = \frac{35}{12} \approx 2.917$$

50만 번의 결과에 대해 1의 눈이 나온 비율 16.7%와 같이 모집단을 구성하는 모든 대상 중 특정한 성질을 갖는 대상의 비율을 **모비율**(population proportion)이라 한다. 즉, 모집단의 크기가 N이고 모집단에서 특정한 성질을 갖는 대상의 수가 x이면 모비율 p는 다음과 같이 정의한다.

$$p = \frac{x}{N}$$

8.1.2 표본분포

주사위를 50만 번 던진 시뮬레이션 결과를 다시 생각해보자. 이 모집단에서 크기가 100인 표본을 얻기 위해 50만 개의 실험 결과 중 임의로 100개를 선정하여 [표 8–3]을 얻었다고 하자.

표 8-3 크기가 100인 표본의 결과

눈의 수	1	2	3	4	5	6
도수	11	20	18	13	19	19
상대도수	0.11	0.20	0.18	0.13	0.19	0.19

그러면 표본평균과 표본분산은 각각 다음과 같다.

$$\text{표본평균: } \overline{x} = \frac{1}{100}\sum_{i=1}^{100} x_i = \frac{366}{100} = 3.66$$

$$\text{표본분산: } s^2 = \frac{1}{99}\sum_{i=1}^{100}(x_i - 3.66)^2 = \frac{280.44}{99} \approx 2.833$$

표본에서 1의 눈이 나온 비율 11%와 같이 표본에서 특정한 성질을 갖는 대상의 비율을 **표본비율**(sample proportion)이라 한다. 즉, 표본의 크기가 n이고 표본에서 특정한 성질을 갖는 대상의 수가 x이면 표본비율 $\hat{p}$은 다음과 같이 정의한다.

$$\hat{p} = \frac{x}{n}$$

크기가 100인 표본을 다시 한 번 선정한다면 그 결과는 [표 8–3]과 다르게 나타날 것이다. 따라서 동일한 크기의 표본이라 하더라도 표본을 어떻게 선정하는지에 따라 표본평균, 표본분산, 표본비율이 달라진다.

예제 1

어느 대학에서 자동차로 통학하는 학생의 비율을 알기 위해 250명의 학생을 표본으로 선정하여 조사했다. 그 결과 자동차로 통학하는 학생이 15명이었을 때, 표본비율을 구하라.

풀이

표본으로 선정한 250명 중 자동차로 통학하는 학생이 15명이므로 표본비율은 $\hat{p} = \dfrac{15}{250} = 0.06$이다.

표본평균, 표본분산, 표본비율은 표본으로부터 얻은 통계적인 양이므로 이들은 통계량이다. 표본의 선정에 따라 이 세 통계량의 값이 달라지므로 통계량은 또 다른 확률분포를 이루게 되며, 이 확률분포를 **표본분포**(sampling distribution)라 한다. 예를 들어 주머니 안에 들어 있는 세 장의 카드에 −1, 0, 1의 숫자가 적혀 있으며 −1, 0, 1의 숫자가 적힌 카드가 나올 가능성이 동일하게 $\dfrac{1}{3}$이라 하자. 꺼낸 카드에 적혀 있는 숫자를 확률변수라 X라 하면 모집단분포는 [표 8-4]와 같다.

표 8-4 카드 실험의 모집단분포

X	−1	0	1
$P(X = x)$	$\dfrac{1}{3}$	$\dfrac{1}{3}$	$\dfrac{1}{3}$

복원추출로 두 장의 카드를 꺼낼 때, 첫 번째 카드의 숫자가 $i(i = -1, 0, 1)$일 확률은 $\dfrac{1}{3}$이고 두 번째 카드가 $j(j = -1, 0, 1)$일 확률은 $\dfrac{1}{3}$이다. 따라서 복원추출로 꺼낸 두 장의 카드가 (i, j)일 확률은 $\dfrac{1}{9}$이고, 크기가 2인 표본으로 나올 수 있는 모든 경우와 각각의 평균은 다음과 같다.

표본:　(−1, −1)　(−1, 0)　(−1, 1)　(0, −1)　(0, 0)　(0, 1)　(1, −1)　(1, 0)　(1, 1)

평균:　　−1　　　$-\dfrac{1}{2}$　　　0　　　$-\dfrac{1}{2}$　　　0　　　$\dfrac{1}{2}$　　　0　　　$\dfrac{1}{2}$　　　1

확률:　　$\dfrac{1}{9}$　　　$\dfrac{1}{9}$　　　$\dfrac{1}{9}$　　　$\dfrac{1}{9}$　　　$\dfrac{1}{9}$　　　$\dfrac{1}{9}$　　　$\dfrac{1}{9}$　　　$\dfrac{1}{9}$　　　$\dfrac{1}{9}$

그러므로 표본평균 $\overline{X}$의 확률분포는 [표 8-5]와 같다.

표 8-5 크기가 2인 표본평균의 확률분포

$\overline{X}$	−1	$-\dfrac{1}{2}$	0	$\dfrac{1}{2}$	1
$P(\overline{X} = \overline{x})$	$\dfrac{1}{9}$	$\dfrac{2}{9}$	$\dfrac{3}{9}$	$\dfrac{2}{9}$	$\dfrac{1}{9}$

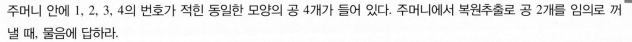

예제 2

주머니 안에 1, 2, 3, 4의 번호가 적힌 동일한 모양의 공 4개가 들어 있다. 주머니에서 복원추출로 공 2개를 임의로 꺼낼 때, 물음에 답하라.

(a) 표본으로 나올 수 있는 모든 경우를 구하라.

(b) (a)에서 구한 각 표본의 평균을 구하라.

(c) 표본평균 $\overline{X}$의 확률분포를 구하라.

(d) 표본평균 $\overline{X}$의 평균과 분산을 구하라.

풀이

(a) 표본으로 나올 수 있는 모든 경우는 다음과 같다.

$$(1, 1), \quad (1, 2), \quad (1, 3), \quad (1, 4), \quad (2, 1), \quad (2, 2), \quad (2, 3), \quad (2, 4),$$
$$(3, 1), \quad (3, 2), \quad (3, 3), \quad (3, 4), \quad (4, 1), \quad (4, 2), \quad (4, 3), \quad (4, 4)$$

(b) (a)로부터 나올 수 있는 표본평균은 1, 1.5, 2, 2.5, 3, 3.5, 4이다.

(c) $i, j = 1, 2, 3, 4$에 대해 각 공이 나올 확률은 $\frac{1}{4}$이다. 또한 독립적으로 공 2개를 꺼내므로 표본 (i, j)가 나올 확률은 곱셈법칙에 의해 $\frac{1}{4} \times \frac{1}{4} = \frac{1}{16}$이고 각 표본에 대한 표본평균의 확률분포는 다음과 같다.

표본	$\overline{x}$	$p(\overline{x})$
(1, 1)	1	$\frac{1}{16}$
(1, 2), (2, 1)	1.5	$\frac{2}{16}$
(1, 3), (2, 2), (3, 1)	2	$\frac{3}{16}$
(1, 4), (2, 3), (3, 2), (4, 1)	2.5	$\frac{4}{16}$
(2, 4), (3, 3), (4, 2)	3	$\frac{3}{16}$
(3, 4), (4, 3)	3.5	$\frac{2}{16}$
(4, 4)	4	$\frac{1}{16}$

(d) 기댓값의 정의에 의해 표본평균 $\overline{X}$의 평균은 다음과 같다.

$$E(\overline{X}) = 1 \times \frac{1}{16} + 1.5 \times \frac{2}{16} + 2 \times \frac{3}{16} + \cdots + 4 \times \frac{1}{16} = \frac{40}{16} = 2.5$$

또한 $\overline{X}^2$의 기댓값은 다음과 같다.

$$E(\overline{X}^2) = 1^2 \times \frac{1}{16} + 1.5^2 \times \frac{2}{16} + 2^2 \times \frac{3}{16} + \cdots + 4^2 \times \frac{1}{16} = \frac{110}{16} = 6.875$$

따라서 표본평균 $\overline{X}$의 분산은 $Var(\overline{X}) = 6.875 - 2.5^2 = 0.625$이다.

8.2 ▶ 표본평균의 표본분포

이번 절에서는 모집단에서 임의로 선정한 크기가 n인 표본에 대한 표본평균의 분포를 살펴본다. 특히 모집단분포가 정규분포인 경우와 정규분포가 아닌 경우 그리고 모집단분포가 정규분포라 하더라도 모분산을 알고 있는 경우와 그렇지 않은 경우로 나누어 표본평균의 분포가 어떻게 나타나는지 알아볼 것이다.

우선 일반적인 모집단에 대해 모평균과 표본평균의 평균, 모분산과 표본평균의 분산 사이의 관계를 설명하는 중심극한정리를 살펴본다.

| 중심극한정리

정규분포를 이루지 않는 모집단에서 복원추출로 표본을 선정할 때, 표본의 크기에 따라 표본평균의 표본분포가 어떻게 변하는지 살펴보자. [예제 2] 시행에서 공 1개를 꺼냈을 때 나오는 번호를 확률변수 X라 할 때, 확률함수가 $p(x) = \dfrac{1}{4}$, $x = 1, 2, 3, 4$인 모집단에 대한 모평균과 모분산은 각각 $\mu = 2.5$, $\sigma^2 = 1.25$이다. 이 모집단에서 크기가 2인 표본을 임의로 선정할 때, [예제 2(c)]와 같이 표본평균 $\overline{X}$의 확률분포는 [표 8-6]과 같으며 표본평균 $\overline{X}$의 평균과 분산은 각각 $E(\overline{X}) = \mu = 2.5$, $Var(\overline{X}) = \dfrac{\sigma^2}{2} = 0.625$임을 알 수 있다.

표 8-6 크기가 2인 표본평균의 확률분포

$\overline{X}$	1	1.5	2	2.5	3	3.5	4
$P(\overline{X} = \overline{x})$	$\dfrac{1}{16}$	$\dfrac{2}{16}$	$\dfrac{3}{16}$	$\dfrac{4}{16}$	$\dfrac{3}{16}$	$\dfrac{2}{16}$	$\dfrac{1}{16}$

이 모집단에서 크기가 3인 표본을 임의로 선정해보자. 그러면 표본으로 나올 수 있는 모든 경우는 $4^3 = 64$(가지)이며, 표본평균 $\overline{X} = \dfrac{1}{3}(X_1 + X_2 + X_3)$의 확률분포는 [표 8-7]과 같다.

표 8-7 크기가 3인 표본평균의 확률분포

$\overline{X}$	1	1.33	1.67	2	2.33	2.67	3	3.33	3.67	4
$P(\overline{X} = \overline{x})$	$\dfrac{1}{64}$	$\dfrac{3}{64}$	$\dfrac{6}{64}$	$\dfrac{10}{64}$	$\dfrac{12}{64}$	$\dfrac{12}{64}$	$\dfrac{10}{64}$	$\dfrac{6}{64}$	$\dfrac{3}{64}$	$\dfrac{1}{64}$

표본평균 $\overline{X}$의 평균과 분산은 각각 $E(\overline{X}) = 2.5$, $Var(\overline{X}) \approx 0.417$이고 다음이 성립한다.

$$E(\overline{X}) = \mu = 2.5, \quad Var(\overline{X}) = \frac{\sigma^2}{3} = 0.417$$

마찬가지로 이 모집단에서 크기가 4인 표본을 임의로 선정할 때, 표본으로 나올 수 있는 모든 경우는 $4^4 = 256$(가지)이며, 각 경우에 대한 표본평균 $\overline{X}$의 분포는 [표 8-8]과 같다.

표 8-8 크기가 4인 표본평균의 확률분포

$\overline{X}$	1	1.25	1.50	1.75	2	2.25	2.50
$P(\overline{X} = \overline{x})$	$\dfrac{1}{4^4}$	$\dfrac{4}{4^4}$	$\dfrac{10}{4^4}$	$\dfrac{20}{4^4}$	$\dfrac{31}{4^4}$	$\dfrac{40}{4^4}$	$\dfrac{44}{4^4}$
$\overline{X}$	2.75	3	3.25	3.50	3.75	4	
$P(\overline{X} = \overline{x})$	$\dfrac{40}{4^4}$	$\dfrac{31}{4^4}$	$\dfrac{20}{4^4}$	$\dfrac{10}{4^4}$	$\dfrac{4}{4^4}$	$\dfrac{1}{4^4}$	

표본평균 $\overline{X}$의 평균과 분산은 각각 $E(\overline{X}) = 2.5$, $Var(\overline{X}) = 0.3125$이고 다음이 성립한다.

$$E(\overline{X}) = \mu = 2.5, \quad Var(\overline{X}) = \frac{\sigma^2}{4} = 0.3125$$

크기가 5인 표본에 대한 표본평균 $\overline{X}$의 확률분포는 [표 8-9]와 같으며, 두 확률변수 사이에 다음이 성립한다.

$$E(\overline{X}) = \mu = 2.5, \quad Var(\overline{X}) = \frac{\sigma^2}{5} = 0.25$$

표 8-9 크기가 5인 표본평균의 확률분포

$\overline{X}$	1	1.2	1.4	1.6	1.8	2	2.2	2.4
$P(\overline{X} = \overline{x})$	$\dfrac{1}{4^5}$	$\dfrac{5}{4^5}$	$\dfrac{15}{4^5}$	$\dfrac{35}{4^5}$	$\dfrac{65}{4^5}$	$\dfrac{101}{4^5}$	$\dfrac{135}{4^5}$	$\dfrac{155}{4^5}$
$\overline{X}$	2.6	2.8	3	3.2	3.4	3.6	3.8	4
$P(\overline{X} = \overline{x})$	$\dfrac{155}{4^5}$	$\dfrac{135}{4^5}$	$\dfrac{101}{4^5}$	$\dfrac{65}{4^5}$	$\dfrac{35}{4^5}$	$\dfrac{15}{4^5}$	$\dfrac{5}{4^5}$	$\dfrac{1}{4^5}$

이로부터 모평균이 μ, 모분산이 σ^2인 모집단에서 크기가 n인 표본을 복원추출하면 표본평균 $\overline{X}$의 평균은 모평균과 동일하고, $\overline{X}$의 분산은 모분산을 표본의 크기 n으로 나눈 값과 같다는 것을 알 수 있다.

$$E(\overline{X}) = \mu, \quad Var(\overline{X}) = \frac{\sigma^2}{n}$$

표본평균 $\overline{X}$의 표준편차는 다음과 같으며, 이를 $\overline{X}$의 **표준오차**(standard error)라 한다.

$$SD(\overline{X}) = \frac{\sigma}{\sqrt{n}}$$

[예제 2]에 주어진 모집단분포와 표본의 크기에 따른 표본평균 $\overline{X}$의 분포를 비교하면, [그림 8-1]과 같이 표본의 크기 n이 커질수록 $\overline{X}$의 분포는 종 모양의 정규분포 곡선에 가까워지는 것을 알 수 있다.

그림 8-1 모집단분포와 n에 따른 표본평균의 표본분포

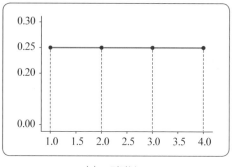

(a) 모집단분포

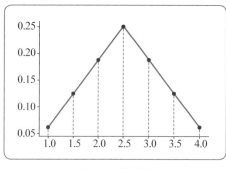

(b) $n = 2$인 경우

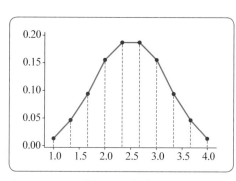

(c) $n = 3$인 경우

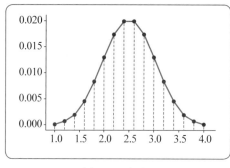

(d) $n = 4$인 경우

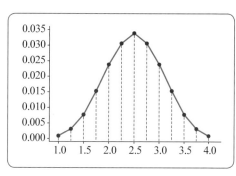

(e) $n = 5$인 경우

이는 임의의 분포를 이루는 모집단에서 크기가 n인 표본을 택할 때, n이 충분히 크면 표본평균 $\overline{X}$는 평균 μ와 분산 $\dfrac{\sigma^2}{n}$인 정규분포에 근사하는 것을 의미하며 이를 **중심극한정리**(central limit theorem)라 한다.

모집단에서 비복원추출로 크기가 n인 표본을 추출하는 경우 표본평균 $\overline{X}$의 평균은 모평균과 동일하지만, $\overline{X}$의 분산은 다음과 같다.

$$Var(\overline{X}) = \frac{\sigma^2}{n} \times \frac{N-n}{N-1}$$

모집단 크기 N이 충분히 크면 $\frac{N-n}{N-1} \approx 1$이므로 $\overline{X}$의 분산은 복원추출하는 경우와 동일하게 $Var(\overline{X}) = \frac{\sigma^2}{n}$이다.

|모분산을 아는 정규모집단의 표본평균

모평균이 μ, 모분산이 σ^2인 정규모집단에서 크기가 n인 표본을 선정하면 표본평균 $\overline{X}$는 평균이 μ, 분산이 $\frac{\sigma^2}{n}$인 정규분포를 이룬다. 즉, 다음과 같다.

$$\overline{X} \sim N\left(\mu, \frac{\sigma^2}{n}\right)$$

$\overline{X}$를 표준화하면 다음과 같다.

$$Z = \frac{\overline{X} - \mu}{\sigma/\sqrt{n}} \sim N(0, 1)$$

이때 표본의 크기 n이 커질수록 $\overline{X}$의 표준오차는 $\sigma_{\overline{X}} = \frac{\sigma}{\sqrt{n}}$는 0에 가까워지므로 [그림 8-2]와 같이 표본평균의 표본분포는 모평균에 더욱 집중되는 정규분포에 가까워진다.

그림 8-2 정규모집단과 표본평균의 표본분포

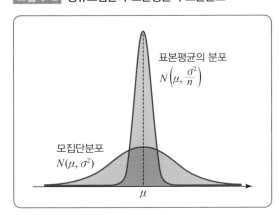

예제 3

2020년 신한은행에서 20대가 스트레스로 인한 충동구매로 소비하는 평균 금액을 조사한 결과 8.6만 원이라고 한다.[10] 20대의 충동구매에 의한 소비 금액의 표준편차가 1.2인 정규분포를 이룬다고 할 때, 다음을 구하라.

(a) 20대 한 명을 임의로 선정했을 때, 이 사람이 충동구매로 소비하는 금액이 7만 원 이상일 확률
(b) 20대 네 명을 임의로 선정했을 때, 네 명의 충동구매에 의한 평균 소비 금액이 이루는 표본분포
(c) 20대 네 명을 임의로 선정했을 때, 네 명의 충동구매에 의한 평균 소비 금액이 7만 원 이상일 확률
(d) 20대 네 명의 충동구매에 의한 평균 소비 금액이 7만 원과 10만 원 사이일 확률

---

[10] 김수완(2020. 2. 8.). '홧김비용'을 아시나요?… 스트레스로 충동구매하는 2030. 아시아경제.

풀이

20대가 충동구매로 소비하는 금액을 X라 하면 $X \sim N(8.6, 1.2^2)$이다.

(a) $P(X \geq 7) = P\left(Z \geq \dfrac{7 - 8.6}{1.2}\right) \approx P(Z \geq -1.33) = P(Z \leq 1.33) = 0.9082$

(b) 표본의 크기가 4이므로 표본평균 $\overline{X}$는 $\mu_{\overline{X}} = 8.6$이고 $\sigma_{\overline{X}} = \dfrac{1.2}{\sqrt{4}} = 0.6$인 정규분포를 이룬다.

(c) $P(\overline{X} \geq 7) = P\left(Z \geq \dfrac{7 - 8.6}{0.6}\right) \approx P(Z \geq -2.67) = P(Z \leq 2.67) = 0.9962$

(d) 평균 소비 금액이 7만 원과 10만 원 사이일 확률은 다음과 같다.

$$
\begin{aligned}
P(7 < \overline{X} < 10) &= P\left(\frac{7 - 8.6}{0.6} < Z < \frac{10 - 8.6}{0.6}\right) \\
&\approx P(-2.67 < Z < 2.33) \\
&= P(Z \leq 2.33) - P(Z \leq -2.67) \\
&= P(Z \leq 2.33) - [1 - P(Z \leq 2.67)] \\
&= 0.9901 - (1 - 0.9962) \\
&= 0.9863
\end{aligned}
$$

┃ 모분산을 모르는 정규모집단의 표본평균

일반적으로 모표준편차는 알려져 있지 않다. 따라서 표본평균으로 모평균을 추론할 때 정규분포가 아닌 다른 분포를 활용해야 한다. 모분산 σ^2을 아는 정규모집단에서 크기가 n인 표본을 선정할 때, 표본평균 $\overline{X}$의 표본분포에 대해 다음이 성립함을 앞에서 살펴봤다.

$$
Z = \frac{\overline{X} - \mu}{\sigma/\sqrt{n}} \sim N(0, 1)
$$

그러나 모분산 σ^2을 모르면 이와 같은 표본분포를 활용할 수 없다. 이때 표본의 크기 n이 충분히 커지면 $s^2 \approx \sigma^2$이므로 확률변수 Z에서 σ를 다음과 같이 s로 대체할 수 있다.

$$
T = \frac{\overline{X} - \mu}{s/\sqrt{n}}
$$

이와 같은 통계량을 T-통계량이라 하며, 이는 자유도 $n - 1$인 t-분포를 이루는 것으로 알려져 있다. 즉, 모표준편차를 모르는 정규모집단의 모평균을 추론하기 위해 표본평균을 이용하며, 이때 사용하는 확률분포는 자유도 $n - 1$인 t-분포이다.

$$
T = \frac{\overline{X} - \mu}{s/\sqrt{n}} \sim t(n - 1)
$$

어떤 자동차 회사에서 새로 개발한 스포츠카의 연비가 평균 20인 정규분포를 이룬다고 발표했다. 다음은 이 내용이 맞는지 사회단체에서 임의로 해당 회사의 스포츠카 5대를 표본으로 추출하여 연비를 측정한 결과이다. 물음에 답하라(단, 단위는 km/L이다).

19.3	20.9	19.6	20.2	21.3

(a) 표본평균과 관련된 표본분포를 구하라.

(b) 추출한 표본에 대한 표본평균과 표본표준편차를 구하라.

(c) 추출한 표본을 이용하여 표본평균이 상위 10%인 최저 연비를 구하라.

풀이

(a) 모집단분포가 $\mu = 20$이지만 모분산을 모르는 정규분포이고 $n = 5$이므로 표본평균과 관련된 표본분포는 자유도 4인 t−분포이다. 즉, $T = \dfrac{\overline{X} - 20}{s/\sqrt{5}} \sim t(4)$이다.

(b) 선정된 표본에 대한 표본평균은 다음과 같다.

$$\overline{x} = \frac{19.3 + 20.9 + 19.6 + 20.2 + 21.3}{5} = 20.26$$

분산을 구하기 위해 다음 표를 작성한다.

x	$x - \overline{x}$	$(x - \overline{x})^2$
19.3	−0.96	0.9216
20.9	0.64	0.4096
19.6	−0.66	0.4356
20.2	−0.06	0.0036
21.3	1.04	1.0816

그러면 표본분산과 표본표준편차는 각각 다음과 같다.

$$s^2 = \frac{1}{4}\sum_{i=1}^{5}(x_i - 20.26)^2 = \frac{2.852}{4} = 0.713, \ \ s = \sqrt{0.713} \approx 0.8444$$

(c) $s = 0.8444$이므로 $T = \dfrac{\overline{X} - 20}{0.8444/\sqrt{5}} \approx \dfrac{\overline{X} - 20}{0.3776} \sim t(4)$이고 상위 10%인 임계값은 자유도 4인 t−분포에서 90% 백분위수와 같으므로 $t_{0.1}(4) = 1.533$이다. 따라서 상위 10%인 최저 연비는 다음과 같다.

$$x = 20 + 0.3776 \times 1.533 \approx 20.58$$

모분산을 아는 모집단의 표본평균

지금까지 정규모집단의 모분산을 아는 경우와 모르는 경우에 대해 표본평균 $\overline{X}$와 관련된 확률분포를 살펴봤다. 이번에는 모집단이 정규분포가 아닌 임의의 분포를 이루고 표본의 크기 n이 충분히 큰 경우를 생각하자. 그러면 중심극한정리에 의해 표본평균은 다음 분포에 근사할 것이다.

$$\overline{X} \approx N\left(\mu, \frac{\sigma^2}{n}\right)$$

따라서 모평균이 μ, 모분산이 σ^2인 임의의 모집단분포에서 크기가 충분히 큰 표본을 선정하면 표본평균 $\overline{X}$는 다음과 같이 근사한다.

$$Z = \frac{\overline{X} - \mu}{\sigma/\sqrt{n}} \approx N(0, 1)$$

예제 5

제조 과정에서 생성된 음료수 속 벤젠의 양이 10 ppb 이하이면 그 음료수는 안전하다고 한다. 2018년 2월에 식약처는 우리나라 국민이 자주 섭취하거나 판매량이 많은 음료수 6종을 대상으로 검사하여 인삼홍삼음료에서 벤젠의 양이 평균 4.5 ppb로 안전한 수준이라고 발표했다. 이 음료에 포함된 벤젠의 표준편차가 1.5 ppb라 할 때, 음료수 64개를 표본조사하여 평균이 4.41 ppb와 4.8 ppb 사이일 근사 확률을 구하라.

풀이

이 음료수에 들어 있는 벤젠의 양은 평균이 4.5, 표준편차가 1.5이므로 음료수 64개에 포함된 벤젠의 평균을 $\overline{X}$라 하면 표본평균은 근사적으로 평균이 4.5, 표준편차가 $\frac{1.5}{\sqrt{64}} = 0.1875$인 정규분포를 이룬다. 따라서 표본평균이 4.41 ppb와 4.8 ppb 사이일 근사 확률은 다음과 같다.

$$
\begin{aligned}
P(4.41 < \overline{X} < 4.8) &\approx P\left(\frac{4.41 - 4.5}{0.1875} < Z < \frac{4.8 - 4.5}{0.1875}\right) \\
&= (-0.48 < Z < 1.6) \\
&= P(Z \le 1.6) - P(Z \le -0.48) \\
&= P(Z \le 1.6) - [1 - P(Z \le 0.48)] \\
&= 0.9452 - (1 - 0.6844) \\
&= 0.6296
\end{aligned}
$$

8.3 ▶ 표본평균의 차에 대한 표본분포

어느 회사의 두 공장에서 생산한 평균 생산량의 차이, 남녀의 평균 연봉의 차이 등과 같이 표본평균의 차에 대한 확률분포를 생각해보자. 8.2절에서 정규모집단의 모분산을 아는 경우와 그렇지 않은 경우에 표본평균 $\overline{X}$와 관련된 표본분포를 서로 다른 것으로 사용했다. 마찬가지로 두 정규모집단의 모분산을 아는 경우와 모르는 경우에 표본평균의 차와 관련된 분포를 서로 다른 것으로 사용한다.

▎모분산을 아는 두 정규모집단

7.2.3절에서 독립인 두 확률변수 X와 Y가 정규분포 $X \sim N(\mu_1, \sigma_1^2)$, $Y \sim N(\mu_2, \sigma_2^2)$을 이루면 $X - Y \sim N(\mu_1 - \mu_2, \sigma_1^2 + \sigma_2^2)$인 것을 살펴봤다. 이제 독립인 두 정규모집단의 모평균을 각각 μ_1, μ_2라 하고 모분산을 각각 σ_1^2, σ_2^2이라 하자. 이 두 모집단에서 각각 크기가 n, m인 표본을 추출하여 두 표본평균을 $\overline{X}$, $\overline{Y}$라 하면 $\overline{X}$, $\overline{Y}$는 독립이고 다음과 같은 정규분포를 이룬다.

$$\overline{X} \sim N\left(\mu_1, \frac{\sigma_1^2}{n}\right), \quad \overline{Y} \sim N\left(\mu_2, \frac{\sigma_2^2}{m}\right)$$

따라서 정규확률변수의 성질에 의해 표본평균의 차 $\overline{X} - \overline{Y}$는 평균이 $\mu_1 - \mu_2$, 분산이 $\frac{\sigma_1^2}{n} + \frac{\sigma_2^2}{m}$인 정규분포를 이룬다.

$$\overline{X} - \overline{Y} \sim N\left(\mu_1 - \mu_2, \frac{\sigma_1^2}{n} + \frac{\sigma_2^2}{m}\right)$$

$\overline{X} - \overline{Y}$의 표준편차는 다음과 같고, 이 표준편차는 표본평균의 차에 대한 표준오차이다.

$$\sigma_{\overline{X} - \overline{Y}} = \sqrt{\frac{\sigma_1^2}{n} + \frac{\sigma_2^2}{m}}$$

표본평균의 차를 표준화하면 다음과 같다.

$$Z = \frac{(\overline{X} - \overline{Y}) - (\mu_1 - \mu_2)}{\sqrt{\frac{\sigma_1^2}{n} + \frac{\sigma_2^2}{m}}} \sim N(0, 1)$$

모평균이 $\mu_1 = 5$, 모분산이 $\sigma_1^2 = 4$인 정규모집단에서 크기가 16인 표본평균을 $\overline{X}$라 하고, 모평균이 $\mu_2 = 3$, 모분산이 $\sigma_2^2 = 18$인 정규모집단에서 크기가 9인 표본평균을 $\overline{Y}$라 할 때, 다음을 구하라.

(a) $P(\overline{X} - \overline{Y} < 0)$ (b) $P(\overline{X} - \overline{Y} > 4.5)$ (c) $P(-0.94 < \overline{X} - \overline{Y} < 4.94)$

풀이

모평균이 $\mu_1 = 5$, 모분산이 $\sigma_1^2 = 4$인 정규모집단에서 크기가 $n = 16$인 표본을 추출하므로 표본평균 $\overline{X}$는 평균이 5, 분산이 $\dfrac{\sigma_1^2}{n} = \dfrac{4}{16} = 0.25$인 정규분포를 이룬다. 모평균이 $\mu_2 = 3$, 모분산이 $\sigma_2^2 = 18$인 정규모집단에서 크기가 $m = 9$인 표본을 추출하므로 표본평균 $\overline{Y}$는 평균이 3, 분산이 $\dfrac{\sigma_2^2}{m} = \dfrac{18}{9} = 2$인 정규분포를 이룬다. 따라서 표본평균의 차 $\overline{X} - \overline{Y}$는 평균이 $\mu_{\overline{X}-\overline{Y}} = 2$, 분산이 $\sigma_{\overline{X}-\overline{Y}}^2 = 2.25$인 정규분포를 이룬다.

(a) $P(\overline{X} - \overline{Y} < 0) = P\left(Z < \dfrac{0-2}{1.5}\right) \approx P(Z < -1.33) = 1 - P(Z \leq 1.33) = 1 - 0.9082 = 0.0918$

(b) $P(\overline{X} - \overline{Y} > 4.5) = P\left(Z > \dfrac{4.5-2}{1.5}\right) \approx P(Z > 1.67) = 1 - P(Z \leq 1.67) = 1 - 0.9525 = 0.0475$

(c) $P(-0.94 < \overline{X} - \overline{Y} < 4.94) = P\left(\dfrac{-0.94-2}{1.5} < Z < \dfrac{4.94-2}{1.5}\right) \approx P(-1.96 \leq Z \leq 1.96) = 2 \times 0.975 - 1 = 0.95$

$\sigma_1^2 = \sigma_2^2 = \sigma^2$, 즉 두 모분산이 σ^2으로 동일하면 $\overline{X} - \overline{Y}$의 표본분포는 다음과 같다.

$$\overline{X} - \overline{Y} \sim N\left(\mu_1 - \mu_2, \left(\dfrac{1}{n} + \dfrac{1}{m}\right)\sigma^2\right)$$

이 경우 표본평균의 차에 대한 표준오차는 다음과 같다.

$$\sigma_{\overline{X}-\overline{Y}} = \sigma\sqrt{\dfrac{1}{n} + \dfrac{1}{m}}$$

[예제 6]의 두 정규모집단에 대해 모분산이 모두 $\sigma_1^2 = \sigma_2^2 = 4$일 때, 다음을 구하라.

(a) $P(\overline{X} - \overline{Y} < 0)$ (b) $P(\overline{X} - \overline{Y} > 4.5)$ (c) $P(-0.94 < \overline{X} - \overline{Y} < 4.94)$

풀이

$\overline{X}$는 평균이 5, 분산이 $\dfrac{\sigma_1^2}{n} = \dfrac{4}{16}$인 정규분포를 이루고, $\overline{Y}$는 평균이 3, 분산이 $\dfrac{\sigma_2^2}{m} = \dfrac{4}{9}$인 정규분포를 이룬다. 따라서 표본평균의 차 $\overline{X} - \overline{Y}$는 평균이 $\mu_{\overline{X}-\overline{Y}} = 2$, 표준편차가 $\sigma_{\overline{X}-\overline{Y}} = 2\sqrt{\dfrac{1}{16} + \dfrac{1}{9}} \approx 0.8333$인 정규분포를 이룬다.

(a) $P(\overline{X} - \overline{Y} < 0) = P\left(Z < \dfrac{0-2}{0.833}\right) \approx P(Z < -2.40) = P(Z \geq 2.40) = 1 - 0.9918 = 0.0082$

(b) $P(\overline{X} - \overline{Y} > 4.5) = P\left(Z > \dfrac{4.5-2}{0.833}\right) \approx P(Z > 3.00) = 1 - 0.9987 = 0.0013$

(c) $P(-0.94 < \overline{X} - \overline{Y} < 4.94) = P\left(\dfrac{-0.94-2}{0.833} < Z < \dfrac{4.94-2}{0.833}\right) \approx P(-3.53 \leq Z \leq 3.53) = 2 \times 0.9998 - 1 = 0.9996$

| 모분산이 동일하지만 값은 모르는 두 정규모집단

대부분의 모집단은 정규분포를 이루는 여부에 관계없이 모분산이 알려져 있지 않다. 즉, 두 정규모집단으로부터 얻은 독립 표본이라 하더라도 모분산을 모르므로 다음과 같은 표본평균의 차의 표준화 확률변수에 모분산 σ_1^2, σ_2^2을 대입할 수 없다.

$$Z = \dfrac{(\overline{X} - \overline{Y}) - (\mu_1 - \mu_2)}{\sqrt{\dfrac{\sigma_1^2}{n} + \dfrac{\sigma_2^2}{m}}} \sim N(0, 1)$$

따라서 σ_1^2, σ_2^2을 대체할 척도가 필요하며, 단일 표본과 마찬가지로 각각의 모분산을 표본분산으로 대체한다. 이때 두 모분산을 모르지만 동일하다는 것을 알고 있는 경우, 즉 $\sigma_1^2 = \sigma_2^2 = \sigma^2$이고 σ^2은 미지인 경우 다음과 같이 정의되는 **합동표본분산**(pooled sample variance)을 사용한다.

$$S_p^2 = \dfrac{1}{n+m-2}\left[(n-1)S_1^2 + (m-1)S_2^2\right]$$

여기서 S_1^2, S_2^2은 각각 표본 $\{X_1, X_2, \cdots, X_n\}$, $\{Y_1, Y_2, \cdots, Y_m\}$의 표본분산이며, 합동표본분산의 양의 제곱근인 S_p를 **합동표본표준편차**(pooled sample standard deviation)라 한다.

표준화 확률변수 Z에서 σ_1^2, σ_2^2을 S_p^2으로 대체하면 다음과 같이 자유도 $n+m-2$인 t-분포를 이루는 것으로 알려져 있다.

$$T = \dfrac{(\overline{X} - \overline{Y}) - (\mu_1 - \mu_2)}{s_p\sqrt{\dfrac{1}{n} + \dfrac{1}{m}}} \sim t(n+m-2)$$

독립인 두 정규모집단의 모평균은 각각 5, 30이고 모분산은 동일하다. 다음은 이 정규모집단에서 임의로 표본을 추출한 결과이다. 표본평균의 차에 대한 95% 백분위수를 구하라.

	표본의 크기	표본분산
표본 1	16	4
표본 2	9	18

풀이

표본 1과 표본 2의 표본평균을 각각 $\overline{X}$, $\overline{Y}$라 하면 합동표본분산과 합동표본표준편차는 각각 다음과 같다.

$$s_p^2 = \frac{1}{16 + 9 - 2}(15 \times 4 + 8 \times 18) \approx 8.8696, \quad s_p = \sqrt{8.8696} \approx 2.9782$$

한편 $\sqrt{\frac{1}{16} + \frac{1}{9}} \approx 0.4167$이므로 $s_p\sqrt{\frac{1}{n} + \frac{1}{m}} = 2.9782 \times 0.4167 \approx 1.241$이고 $\mu_{\overline{X} - \overline{Y}} = 2$이므로 $\overline{X} - \overline{Y}$에 대해 다음 분포를 얻는다.

$$T = \frac{(\overline{X} - \overline{Y}) - 2}{1.241} \sim t(23)$$

$t_{0.05}(23) = 1.714$이므로 $\overline{X} - \overline{Y}$의 95% 백분위수는 $2 + 1.714 \times 1.241 \approx 4.127$이다.

모분산이 다르며 값도 모르는 두 정규모집단

독립인 두 정규모집단의 모분산이 알려지지 않을 뿐만 아니라 두 모분산이 서로 같지도 않다고 해보자. 즉, $\sigma_1^2 \neq \sigma_2^2$이고 모분산을 모르는 두 정규모집단에서 추출한 표본평균의 차 $\overline{X} - \overline{Y}$에 대한 표본분포를 살펴볼 필요가 있다. 다음과 같이 두 모분산 σ_1^2, σ_2^2을 각각 표본분산 s_1^2, s_2^2으로 대체한 확률변수 T는 자유도 ν인 t-분포에 근사하는 것으로 알려져 있다.

$$T = \frac{(\overline{X} - \overline{Y}) - (\mu_1 - \mu_2)}{\sqrt{\dfrac{s_1^2}{n} + \dfrac{s_2^2}{m}}} \approx t(\nu)$$

여기서 자유도 ν는 다음 식에서 소수점 이하의 값을 버린 정수이다.

$$\nu = \frac{\left(\dfrac{s_1^2}{n} + \dfrac{s_2^2}{m}\right)^2}{\dfrac{1}{n-1}\left(\dfrac{s_1^2}{n}\right)^2 + \dfrac{1}{m-1}\left(\dfrac{s_2^2}{m}\right)^2}$$

독립인 두 정규모집단의 모평균은 각각 5, 30이고 모분산은 알려져 있지 않다. 다음은 이 정규모집단에서 임의로 표본을 추출한 결과이다. 표본평균의 차에 대한 근사적인 95% 백분위수를 구하라.

	표본의 크기	표본분산
표본 1	16	4
표본 2	9	18

풀이

표본 1과 표본 2의 표본평균을 각각 $\overline{X}$, $\overline{Y}$라 하면 $\mu_{\overline{X}-\overline{Y}} = 2$이고 다음을 얻는다.

$$\sqrt{\frac{s_1^2}{n} + \frac{s_2^2}{m}} = \sqrt{\frac{4}{16} + \frac{18}{9}} = \sqrt{2.25} = 1.5,$$

$$\nu = \frac{\left(\frac{4}{16} + \frac{18}{9}\right)^2}{\frac{\left(\frac{4}{16}\right)^2}{15} + \frac{\left(\frac{18}{9}\right)^2}{8}} \approx 10$$

따라서 $T = \dfrac{(\overline{X}-\overline{Y}) - 2}{1.5} \sim t(10)$이고, $t_{0.05}(10) = 1.812$이므로 $\overline{X}-\overline{Y}$에 대한 근사적인 95% 백분위수는 다음과 같다.

$$a = 2 + 1.812 \times 1.5 = 4.718$$

모분산을 아는 임의의 두 모집단

독립인 두 모집단의 모평균이 μ_1, μ_2이고 모분산이 σ_1^2, σ_2^2으로 알려져 있지만 두 모집단 모두 정규분포를 이루지 않는다고 하자. 크기가 n과 m으로 충분히 큰 두 표본을 임의로 선정하면 중심극한정리에 의해 두 표본평균 $\overline{X}$, $\overline{Y}$는 각각 근사적으로 다음 정규분포를 이룰 것이다. 여기서 표본의 크기가 30 이상이면 충분히 크다고 한다.

$$\overline{X} \approx N\left(\mu_1, \frac{\sigma_1^2}{n}\right), \quad \overline{Y} \approx N\left(\mu_2, \frac{\sigma_2^2}{m}\right)$$

따라서 표본평균의 차 $\overline{X}-\overline{Y}$는 근사적으로 다음과 같은 정규분포를 이룬다.

$$\overline{X} - \overline{Y} \approx N\left(\mu_1 - \mu_2, \frac{\sigma_1^2}{n} + \frac{\sigma_2^2}{m}\right)$$

$\overline{X} - \overline{Y}$의 표준화 확률변수는 다음과 같다.

$$Z = \frac{(\overline{X} - \overline{Y}) - (\mu_1 - \mu_2)}{\sqrt{\dfrac{\sigma_1^2}{n} + \dfrac{\sigma_2^2}{m}}} \approx N(0, 1)$$

예제 10

모평균이 5, 모분산이 4인 모집단과 모평균이 3, 모분산이 18인 모집단에서 각각 크기가 36과 49인 표본을 임의로 추출했다. 두 표본의 표본평균을 각각 $\overline{X}$, $\overline{Y}$라 할 때, 다음 근사 확률을 구하라.

(a) $P(\overline{X} - \overline{Y} < 0)$

(b) $P(\overline{X} - \overline{Y}) > 3.5$

(c) $P(0.94 < \overline{X} - \overline{Y} < 3.94)$

풀이

모평균이 5, 모분산이 4인 정규모집단에서 크기가 36인 표본을 추출하므로 표본평균 $\overline{X}$는 근사적으로 평균이 5, 분산이 $\dfrac{\sigma_1^2}{n} = \dfrac{4}{36} \approx 0.111$인 정규분포를 이룬다. 모평균이 3, 모분산이 18인 정규모집단에서 크기가 49인 표본을 추출하므로 표본평균 $\overline{Y}$는 근사적으로 평균이 3, 분산이 $\dfrac{\sigma_2^2}{m} = \dfrac{18}{49} \approx 0.367$인 정규분포를 이룬다. 따라서 표본평균의 차 $\overline{X} - \overline{Y}$는 근사적으로 평균이 $\mu_{\overline{X} - \overline{Y}} = 2$, 표준편차가 $\sigma_{\overline{X} - \overline{Y}} = \sqrt{0.111 + 0.367} \approx 0.691$인 정규분포를 이룬다.

(a) $P(\overline{X} - \overline{Y} < 0) = P\left(Z < \dfrac{0 - 2}{0.691}\right) \approx P(Z < -2.89) = 1 - P(Z \le 2.89) = 1 - 0.9981 = 0.0019$

(b) $P(\overline{X} - \overline{Y} > 3.5) = P\left(Z > \dfrac{3.5 - 2}{0.691}\right) \approx P(Z > 2.17) = 1 - P(Z \le 2.17) = 1 - 0.9850 = 0.0150$

(c) 구하는 근사 확률은 다음과 같다.

$$
\begin{aligned}
P(0.94 < \overline{X} - \overline{Y} < 3.94) &= P\left(\frac{0.94 - 2}{0.691} < Z < \frac{3.94 - 2}{0.691}\right) \\
&\approx P(-1.53 < Z < 2.81) \\
&= P(Z \le 2.81) - P(Z \le -1.53) \\
&= 0.9975 - [1 - P(Z \le 1.53)] \\
&= 0.9975 - (1 - 0.9370) \\
&= 0.9345
\end{aligned}
$$

8.4 ▶ 표본비율의 표본분포

이항분포의 정규근사에 의해 표본의 크기가 충분히 크면 모수가 n, p인 이항분포에 대해 이항확률변수 X는 근사적으로 정규분포 $N(np, np(1-p))$를 이룬다. 독립인 두 정규확률변수의 차도 정규분포를 이룬다는 것 또한 7.2.3절에서 다뤘다. 이와 같은 사실과 정규분포의 성질을 이용하여 단일 표본비율과 두 표본비율의 차에 대한 표본분포를 살펴본다.

▌단일 표본비율의 표본분포

우리나라 전체 국민을 대상으로 정부 정책의 찬성률을 조사한다고 하자. 전체 국민 N명 중 정부 정책을 지지하는 사람의 수를 x라 하면 모비율은 $p = \dfrac{x}{N}$이다. 또한 표본으로 선정된 n명 중 정부 정책을 지지하는 사람의 수를 x라 하면 표본비율은 $\hat{p} = \dfrac{x}{n}$이다. 정부 정책에 대한 전체 국민의 지지율을 p라 할 때, 표본으로 선정된 i번째 사람이 정부 정책을 지지하면 $X_i = 1$, 그렇지 않으면 $X_i = 0$이라 하자. 그러면 확률변수 X_i는 다음과 같이 성공률 p인 베르누이 분포를 이룬다.

$$P(X_i = 0) = 1 - p, \ \ P(X_i = 1) = p, \ \ i = 1, 2, \cdots, n$$

$X = X_1 + X_2 + \cdots + X_n$이라 하면 X는 n명의 표본 중 정부 정책을 지지하는 사람의 수를 나타내며 모수 n과 p인 이항분포를 이룬다. 즉, X의 평균과 분산은 각각 다음과 같다.

$$E(X) = np, \quad Var(X) = np(1 - p)$$

따라서 크기가 n인 표본비율은 다음과 같이 정의된다.

$$\hat{P} = \frac{X}{n} = \frac{1}{n}\sum_{i=1}^{n} X_i$$

이항분포의 정규근사에 의해 $np \geq 5$, $n(1 - p) \geq 5$이면 X는 근사적으로 평균이 $\mu_X = np$, 분산이 $\sigma_X^2 = npq$, $q = 1 - p$인 정규분포 $N(np, npq)$를 이룬다. 따라서 표본의 크기가 충분히 크다면 표본비율 $\hat{P}$은 근사적으로 다음과 같은 평균과 분산을 갖는 정규분포를 이룬다.

$$E(\hat{P}) = p, \quad Var(\hat{P}) = \frac{pq}{n}$$

표본비율 $\hat{P}$을 표준화하면 다음과 같고, $\hat{P}$의 표준편차 $\sigma_{\hat{P}} = \sqrt{\dfrac{pq}{n}}$는 표본비율의 표준오차이다.

$$Z = \frac{\hat{P} - p}{\sqrt{pq/n}} \approx N(0, 1)$$

예제 11

2018년도 국가직 9급 공무원 필기시험에 합격한 여성의 비율은 53.2%이다. 필기시험에 합격한 100명을 임의로 선정했을 때, 이 중 여성의 비율이 50%를 넘을 근사 확률을 구하라.

풀이

필기시험에 합격한 100명 중 여성의 비율을 $\hat{P}$이라 하면 $\hat{P}$은 평균이 $\mu_{\hat{P}} = 0.532$, 표준편차가 $\sigma_{\hat{P}} = \sqrt{(0.532 \times 0.468)/100}$ ≈ 0.05인 정규분포를 이룬다. 따라서 구하는 근사 확률은 다음과 같다.

$$P(\hat{P} > 0.5) \approx P\left(Z > \frac{0.5 - 0.532}{0.05}\right) = P(Z > -0.64) = P(Z \leq 0.64) = 0.7389$$

| 두 표본비율의 차에 대한 표본분포

남자와 여자의 지지율이 각각 p_1, p_2인 정부 정책에 대해 크기가 n, m인 남자와 여자의 표본을 선정하여 두 그룹의 표본비율을 각각 $\hat{P}_1$과 $\hat{P}_2$이라 하자. $np_1 \geq 5$, $nq_1 \geq 5$, $np_2 \geq 5$, $nq_2 \geq 5$ $(q_1 = 1 - p_1, q_2 = 1 - p_2)$이면 두 표본비율은 근사적으로 각각 다음과 같은 정규분포를 이룬다.

$$\hat{P}_1 \approx N\left(p_1, \frac{p_1 q_1}{n}\right), \quad \hat{P}_2 \approx N\left(p_2, \frac{p_2 q_2}{m}\right)$$

이때 두 모집단이 독립이므로 표본비율의 차 $\hat{P}_1 - \hat{P}_2$의 확률분포는 다음과 같다.

$$\hat{P}_1 - \hat{P}_2 \approx N\left(p_1 - p_2, \frac{p_1 q_1}{n} + \frac{p_2 q_2}{m}\right)$$

두 표본비율의 차 $\hat{P}_1 - \hat{P}_2$을 표준화하면 다음과 같다.

$$\frac{(\hat{P}_1 - \hat{P}_2) - (p_1 - p_2)}{\sqrt{\frac{p_1 q_1}{n} + \frac{p_2 q_2}{m}}} \approx N(0, 1)$$

예제 12

A 공장과 B 공장에서 생산한 제품의 불량률이 각각 $p_1 = 0.006$, $p_2 = 0.0052$라 한다. 두 공장에서 생산한 제품을 각각 100개씩 표본으로 선정할 때, 다음을 구하라.

(a) 표본 A와 표본 B의 불량률을 각각 $\hat{P}_1$과 $\hat{P}_2$이라 할 때, $\hat{P}_1 - \hat{P}_2$의 표본분포

(b) $\hat{P}_1 - \hat{P}_2$이 0.0061보다 클 근사 확률

(c) $\hat{P}_1 - \hat{P}_2$이 0.014와 0.023 사이일 근사 확률

풀이

(a) $\hat{P}_1 - \hat{P}_2$의 평균은 $\mu_{\hat{P}_1 - \hat{P}_2} = 0.0008$이고 $\hat{P}_1 - \hat{P}_2$의 표준오차는 다음과 같다.

$$\sqrt{\frac{p_1 q_1}{n} + \frac{p_2 q_2}{m}} = \sqrt{\frac{0.006 \times 0.994}{100} + \frac{0.0052 \times 0.9948}{100}} \approx 0.011$$

따라서 $\hat{P}_1 - \hat{P}_2$의 표본분포는 다음과 같다.

$$\hat{P}_1 - \hat{P}_2 \approx N(0.0008, 0.011^2)$$

(b) $P(\hat{P}_1 - \hat{P}_2 > 0.0061) = P\left(Z > \dfrac{0.0061 - 0.0008}{0.011}\right) \approx P(Z > 0.48) = 1 - P(Z \leq 0.48) = 1 - 0.6844 = 0.3156$

(c) 구하는 근사 확률은 다음과 같다.

$$P(0.014 < \hat{P}_1 - \hat{P}_2 < 0.023) = P\left(\frac{0.014 - 0.0008}{0.011} < Z < \frac{0.023 - 0.0008}{0.011}\right)$$

$$\approx P(1.2 < Z < 2.02) = P(Z \leq 2.02) - P(Z \leq 1.2)$$

$$= 0.9738 - 0.8849 = 0.0889$$

8.5 ▶ 표본분산에 대한 표본분포

7.2절에서 표준화 확률변수들의 제곱의 합은 카이제곱분포과 관련이 있으며, 독립인 두 카이제곱 확률변수의 비는 F−분포와 관련이 있다는 것을 살펴봤다. 이번 절에는 정규모집단에서 추출한 표본분산이 카이제곱분포과 관련이 있으며, 독립인 두 정규모집단에서 추출한 표본분산의 비는 F−분포와 관련이 있음을 알아본다.

| 단일 표본분산에 대한 표본분포

모평균이 μ, 모표준편차가 σ인 정규모집단에서 크기가 n인 표본을 임의로 선정할 때, 표본분산 S^2의 확률분포에 대해 살펴보자. 7.2.4절에서 표준화 확률변수 $Z_1, Z_2, \cdots, Z_n$이 독립이면 확률변수 $V = Z_1^2 + Z_2^2 + \cdots + Z_n^2$은 자유도 n인 카이제곱분포를 이루고, 단일 표준화 확률변수의 제곱 Z^2은 자유도 1인 카이제곱분포를 이루는 것을 알아봤다.

$$V \sim \chi^2(n), \quad Z^2 \sim \chi^2(1)$$

특히 정규모집단에서 추출한 크기가 n인 표본평균 $\overline{X}$에 대해 다음을 얻는다.

$$Z = \frac{\overline{X} - \mu}{\sigma/\sqrt{n}} \sim N(0, 1), \quad Z^2 = \left(\frac{\overline{X} - \mu}{\sigma/\sqrt{n}}\right)^2 \sim \chi^2(1)$$

한편 크기가 n인 표본분산은 다음과 같이 정의했다.

$$S^2 = \frac{1}{n-1} \sum_{i=1}^{n} (X_i - \overline{X})^2$$

이때 자유도 n인 카이제곱 확률변수 $\sum_{i=1}^{n} Z_i^2$은 다음과 같이 두 통계량의 합으로 표현되며, $Z^2 \sim \chi^2(1)$이므로 $\frac{(n-1)S^2}{\sigma^2}$은 자유도 $n-1$인 카이제곱분포를 이룬다.

$$\sum_{i=1}^{n} Z_i^2 = \frac{(n-1)S^2}{\sigma^2} + \left(\frac{\overline{X} - \mu}{\sigma/\sqrt{n}}\right)^2$$

다시 말해 모평균이 μ, 모분산이 σ^2인 정규모집단에서 크기가 n인 표본을 임의로 추출할 경우, 표본분산 S^2과 관련된 확률변수는 다음과 같이 자유도 $n-1$인 카이제곱분포를 이룬다.

$$V = \frac{(n-1)S^2}{\sigma^2} \sim \chi^2(n-1)$$

| 합동표본분산에 대한 표본분포

모분산이 $\sigma_1^2 = \sigma_2^2 = \sigma^2$이고 독립인 두 정규모집단에서 각각 크기가 n과 m인 표본을 추출할 때 합동표본분산을 다음과 같이 정의했다.

$$S_p^2 = \frac{1}{n+m-2}\left[(n-1)S_1^2 + (m-1)S_2^2\right]$$

한편 크기가 n과 m인 두 표본분산 S_1^2과 S_2^2에 대해 다음 표본분포를 얻는다.

$$V_1 = \frac{(n-1)S_1^2}{\sigma^2} \sim \chi^2(n-1), \ \ V_2 = \frac{(m-1)S_2^2}{\sigma^2} \sim \chi^2(m-1)$$

합동표본분산 S_p^2은 두 표본분산 S_1^2, S_2^2에 의해 다음과 같이 표현되는 것을 간단히 확인할 수 있다.

$$\frac{n+m-2}{\sigma^2} S_p^2 = \frac{(n-1)S_1^2}{\sigma^2} + \frac{(m-1)S_2^2}{\sigma^2}$$

독립인 두 통계량 V_1과 V_2는 각각 자유도 $n-1$과 $m-1$인 카이제곱분포를 이룬다. 따라서 이 두 통계량의 합 $\frac{n+m-2}{\sigma^2} S_p^2$은 다음과 같이 자유도 $n+m-2$인 카이제곱분포를 이룬다.

$$\frac{n+m-2}{\sigma^2} S_p^2 \sim \chi^2(n+m-2)$$

예제 13

모분산이 16으로 동일하고 독립인 두 정규모집단에서 각각 크기가 4와 5인 표본을 임의로 추출했을 때, 합동표본분산에 대한 95% 백분위수 v_0을 구하라.

풀이

합동표본분산 $V = \dfrac{7}{16}S_p^2$은 자유도 7인 카이제곱분포를 이룬다. $\chi^2_{0.05}(7) = 14.07$이므로 합동표본분산에 대한 95% 백분위수 v_0은 다음과 같다.

$$\chi^2_{0.05}(7) = \frac{7}{16}v_0 = 14.07, \quad v_0 = \frac{16 \times 14.07}{7} = 32.16$$

두 표본분산의 비에 대한 표본분포

지금까지 독립인 두 모집단에서 추출한 표본에 대한 두 통계량의 차의 표본분포를 살펴봤다. 이제 독립인 두 정규모집단의 모분산에 대해 다음 세 관계를 생각해보자.

$$\sigma_1^2 > \sigma_2^2, \quad \sigma_1^2 = \sigma_2^2, \quad \sigma_1^2 < \sigma_2^2$$

이와 같은 관계는 다음과 같이 볼 수도 있다.

$$\frac{\sigma_1^2}{\sigma_2^2} > 1, \quad \frac{\sigma_1^2}{\sigma_2^2} = 1, \quad \frac{\sigma_1^2}{\sigma_2^2} < 1$$

두 정규모집단에서 각각 크기가 n과 m인 표본을 추출할 때 표본분산을 S_1^2과 S_2^2이라 하면 다음이 성립한다.

$$V_1 = \frac{(n-1)S_1^2}{\sigma_1^2} \sim \chi^2(n-1), \quad V_2 = \frac{(m-1)S_2^2}{\sigma_2^2} \sim \chi^2(m-1)$$

F-분포의 정의에 의해 다음 F-통계량은 분자의 자유도 $n-1$, 분모의 자유도 $m-1$인 F-분포를 이룬다.

$$F = \frac{\dfrac{V_1}{n-1}}{\dfrac{V_2}{m-1}} = \frac{\dfrac{(n-1)S_1^2/\sigma_1^2}{n-1}}{\dfrac{(m-1)S_2^2/\sigma_2^2}{m-1}} = \frac{S_1^2/\sigma_1^2}{S_2^2/\sigma_2^2}$$

따라서 모분산이 σ_1^2과 σ_2^2이고 독립인 두 정규모집단에서 각각 크기가 n과 m인 표본을 추출할 때 표본분산을 S_1^2과 S_2^2이라 하면 두 표본분산의 비 $\dfrac{S_1^2}{S_2^2}$은 다음과 같이 F-분포와 관련이 있다.

$$\frac{S_1^2/\sigma_1^2}{S_2^2/\sigma_2^2} \sim F(n-1, m-1)$$

두 회사에서 생산한 2 L 들이 생수 페트병에 들어 있는 생수의 양에 대한 모분산이 같다고 한다. 두 회사에서 생산한 생수 페트병을 각각 5개, 8개를 구입하여 표본으로 선정했다. 이 두 표본의 표본분산을 각각 S_1^2, S_2^2이라 할 때, 다음을 구하라.

(a) $\dfrac{S_1^2}{S_2^2}$의 표본분포

(b) $P\left(\dfrac{S_1^2}{S_2^2} > f_0\right) = 0.05$인 f_0

(c) $P\left(\dfrac{S_1^2}{S_2^2} < f_1\right) = 0.05$인 f_1

풀이

(a) 두 회사에서 생산한 생수의 양에 대한 변동성이 같으므로 두 모분산의 비는 $\dfrac{\sigma_1^2}{\sigma_2^2} = 1$이고 통계량 $\dfrac{S_1^2}{S_2^2}$은 분자의 자유도 4, 분모의 자유도 7인 F-분포를 이룬다.

$$\frac{S_1^2}{S_2^2} \sim F(4, 7)$$

(b) f_0은 분자의 자유도 4, 분모의 자유도 7인 F-분포에서 95% 백분위수이므로 다음과 같다.

$$f_0 = f_{0.05}(4, 7) = 4.12$$

(c) f_1은 분자의 자유도 4, 분모의 자유도 7인 F-분포에서 5% 백분위수이므로 다음과 같다.

$$f_1 = f_{0.95}(4, 7) = \frac{1}{f_{0.05}(7, 4)} = \frac{1}{6.09} \approx 0.164$$

개념문제

1. 모집단의 자료가 이루는 확률분포를 무엇이라 하는가?

2. 모집단을 구성하는 모든 대상 중 어떤 특정한 성질을 갖는 대상들의 비율을 무엇이라 하는가?

3. 표본에서 얻은 통계량이 이루는 확률분포를 무엇이라 하는가?

4. 표본평균의 표준편차를 무엇이라 하는가?

5. 임의의 모집단분포로부터 충분히 큰 크기의 표본을 택하면 표본평균은 정규분포에 근사하는 것을 무엇이라 하는가?

6. 모평균이 μ, 모분산이 σ^2인 모집단에서 크기가 n인 표본을 복원추출할 때, 표본평균의 평균과 분산은 어떻게 되는가?

7. 평균이 μ, 분산이 σ^2인 정규모집단에서 크기가 n인 표본을 선정할 때, $\dfrac{\overline{X} - \mu}{\sigma/\sqrt{n}}$ 의 확률분포는 무엇인가?

8. 평균이 μ이고 분산을 모르는 정규모집단에서 크기가 n인 표본을 선정할 때, $\dfrac{\overline{X} - \mu}{s/\sqrt{n}}$ 의 확률분포는 무엇인가?

9. 평균이 μ, 분산이 σ^2인 정규모집단에서 크기가 n인 표본을 선정할 때, $\dfrac{(n-1)S^2}{\sigma^2}$ 의 확률분포는 무엇인가?

10. 모비율이 p인 모집단에서 충분히 큰 크기의 n인 표본을 선정할 때, 표본비율 $\hat{P}$이 근사적으로 이루는 확률분포는 무엇인가?

11. 모평균이 $\mu_1 = \mu_2$이고 모분산이 2, 3이며 독립인 두 정규모집단에서 각각 크기가 50과 30인 표본을 추출할 때, 표본평균의 차 $\overline{X} - \overline{Y}$의 확률분포는 무엇인가?

12. 모평균이 μ_1, μ_2이고 모분산이 3으로 동일한 두 정규모집단에서 각각 크기가 40과 50인 표본을 추출할 때, 표본평균의 차 $\overline{X} - \overline{Y}$의 표준오차는 얼마인가?

13. 모분산이 동일한 두 정규모집단에서 각각 크기가 5와 7인 표본을 추출하여 두 표본의 표본분산을 1과 1.2라 할 때, 합동표본분산은 얼마인가?

14. 모비율이 0.2, 0.1인 두 모집단에서 각각 크기가 50과 100인 표본을 추출할 때, 표본비율의 차 $\hat{P}_1 - \hat{P}_2$이 근사적으로 이루는 확률분포는 무엇인가?

15. 모분산이 1, 1.5인 두 정규모집단에서 각각 크기가 5와 7인 표본을 추출할 때, 표본분산의 비 $\dfrac{1.5S_1^2}{S_2^2}$ 의 확률분포는 무엇인가?

연습문제

1. 우리나라 주요 도시의 주민 생활에 대한 만족도를 파악하기 위해 표본조사를 실시했다. 다음은 도시별로 만족도 조사에 무응답을 한 주민 수를 나타낸 것이다. 이 결과에 대한 표본평균과 표본분산을 구하라.

15	13	11	0	8	9	4	6

2. 다음은 어느 도시 주민의 출근 시간에 영향을 미치는 교차로의 대기 시간을 파악하기 위해 주요 교차로의 대기시간을 조사하여 얻은 결과이다. 물음에 답하라(단, 단위는 분이다).

3.8	5.3	2.0	4.0	1.2	3.9	5.3	4.9	1.2	3.4
5.0	1.8	1.5	3.0	1.7	5.5	1.8	5.0	4.6	5.5
3.2	2.1	5.5	2.3	3.5	4.7	2.6	4.5	3.6	1.2
2.4	4.3	5.0	1.7	4.0	3.5	1.9	2.4	2.9	5.5
3.4	4.8	1.2	1.1	1.5	2.3	1.5	4.9	5.5	3.8

(a) 표본평균, 표본분산, 표본표준편차를 구하라.

(b) 계급의 수가 8인 도수분포표를 작성하라.

(c) (b)에 대한 히스토그램을 그려라.

3. 주머니 안에 1, 2, 3의 번호가 적힌 동일한 모양의 공이 3개 들어 있다. 주머니에서 복원추출로 공 2개를 임의로 꺼낼 때, 물음에 답하라.

(a) 표본으로 나올 수 있는 공의 숫자에 대한 모든 경우를 구하라.

(b) (a)에서 구한 각 표본의 평균을 구하라.

(c) 표본평균 $\overline{X}$의 확률분포를 구하라.

(d) 표본평균 $\overline{X}$의 평균과 분산을 구하라.

(e) 표본평균 $\overline{X}$의 평균과 모평균의 관계를 설명하라.

(f) 표본평균 $\overline{X}$의 분산과 모분산의 관계를 설명하라.

4. [연습문제 3] 모집단에서 비복원추출로 공 2개를 추출할 때, 물음에 답하라.

(a) 표본으로 나올 수 있는 공의 숫자에 대한 모든 경우를 구하라.

(b) (a)에서 구한 각 표본의 평균을 구하라.

(c) 표본평균 $\overline{X}$의 확률분포를 구하라.

(d) 표본평균 $\overline{X}$의 평균과 분산을 구하라.

(e) 표본평균 $\overline{X}$의 평균과 모평균의 관계를 설명하라.

(f) 표본평균 $\overline{X}$의 분산과 모분산의 관계를 설명하라.

5. 모집단분포가 $f(x) = 0.25$, $x = 1, 2, 3, 4$인 모집단에서 비복원추출로 크기가 2인 표본을 선정할 때, 물음에 답하라.

(a) 표본으로 나올 수 있는 모든 경우를 구하라.

(b) (a)에서 구한 각 표본의 평균을 구하라.

(c) 표본평균 $\overline{X}$의 확률분포를 구하라.

(d) 표본평균 $\overline{X}$의 평균과 분산을 구하라.

(e) 표본평균 $\overline{X}$의 평균과 모평균의 관계를 설명하라.

(f) 표본평균 $\overline{X}$의 분산과 모분산의 관계를 설명하라.

6. 모집단분포가 $f(x) = \dfrac{1}{6}$, $x = 1, 2, \cdots, 6$인 모집단에서 비복원추출로 크기가 2인 표본을 선정할 때, 물음에 답하라.

(a) 표본으로 나올 수 있는 모든 경우를 구하라.

(b) (a)에서 구한 각 표본의 평균을 구하라.

(c) 표본평균 $\overline{X}$의 확률분포를 구하라.

(d) 표본평균 $\overline{X}$의 평균과 분산을 구하라.

(e) 표본평균 $\overline{X}$의 평균과 모평균의 관계를 설명하라.

(f) 표본평균 $\overline{X}$의 분산과 모분산의 관계를 설명하라.

7. [연습문제 6] 모집단에서 크기가 3인 표본을 복원추출할 때, 물음에 답하라.

(a) 표본으로 나올 수 있는 모든 경우를 구하라.

(b) (a)에서 구한 각 표본의 평균을 구하라.

(c) 표본평균 $\overline{X}$의 확률분포를 구하라.

(d) 표본평균 $\overline{X}$의 평균과 분산을 구하라.

(e) 표본평균 $\overline{X}$의 평균과 모평균의 관계를 설명하라.

(f) 표본평균 $\overline{X}$의 분산과 모분산의 관계를 설명하라.

8. 모평균이 10, 모표준편차가 2.5인 정규분포를 이루는 어느 모집단에서 크기가 25인 표본을 임의로 추출할 때, 다음을 구하라.

(a) 표본평균의 표본분포

(b) 표본평균의 표준오차

(c) 표본평균이 9 이상 11 이하일 확률

(d) 표본평균이 모평균보다 $1.5\sigma_{\overline{X}}$ 이상 더 클 확률

9. 모평균이 12, 모표준편차가 2인 정규모집단에서 다음과 같은 크기의 표본을 임의로 추출할 때, 표본평균이 11.7과 12.4 사이일 확률을 구하라.

(a) $n = 16$ (b) $n = 64$ (c) $n = 100$

10. 모평균이 100, 모표준편차가 6인 정규모집단에서 크기가 25인 표본을 임의로 추출할 때, 다음을 구하라.

(a) $P(|\overline{X} - \mu| \geq 3)$

(b) $P(\overline{X} \geq x_0) = 0.01$인 x_0

11. 모분산이 9인 정규모집단에서 임의로 추출한 표본에 대한 표본평균 $\overline{X}$의 분산이 $\sigma^2_{\overline{X}} = 0.18$일 때, 표본의 크기 n을 구하라.

12. 서울 시내 교차로의 대기시간을 줄이기 위해 2018년에 〈신호운영계획〉을 개편했다. 이후 교차로의 대기시간이 줄었는지 알아보기 위해 임의로 교차로 50곳을 선정하여 대기시간을 조사한 결과 [연습문제 2]의 결과를 얻었다고 하자. 서울 시내 교차로의 대기시간은 평균이 4, 표준오차가 1.5인 정규분포를 이룬다고 할 때, 선정한 교차로 50곳의 대기시간의 평균에 대해 다음을 구하라 (단, 단위는 분이다).

(a) 표본평균의 표본분포

(b) 표본평균이 3.65 이하일 확률

(c) 표본평균이 4.59 이상일 확률

(d) 표본평균이 3.5와 4.5 사이일 확률

13. 정부는 실제 도로 배출 허용 기준을 질소산화물(NOx) 배출량 0.114 g/km로 강화했다. 국산 특정 자동차 모델의 질소산화물 평균 배출량을 독일에서 측정했더니 우리나라 기준치의 세 배에 달하는 0.329 g/km로 나왔다. 이 자동차 모델의 질소산화물 배출량이 표준편차가 0.15 g/km인 정규분포를 이룬다고 할 때, 물음에 답하라.

(a) 이 자동차 모델 한 대를 무작위로 선정했을 때, 질소산화물 배출량이 우리나라 기준에 적합할 확률을 구하라.

(b) 이 자동차 모델 두 대를 무작위로 선정했을 때, 질소산화물 배출량의 표본평균이 우리나라 기준에 적합할 확률을 구하라.

14. 유럽연합은 2021년부터 도로 주행 시 경유차의 질소산화물 배출량을 0.12 g/km로 강화하기로 했다. 유럽에 수출하려는 국산 경유 자동차 중 특정 모델의 질소산화물 배출량은 평균이 0.23 g/km, 표준편차가 0.05 g/km인 정규분포를 이룬다고 한다. 물음에 답하라.

(a) 이 자동차 모델 한 대를 무작위로 선정했을 때, 질소산화물 배출량이 유럽연합 기준에 적합할 확률을 구하라.

(b) 이 자동차 모델 두 대를 무작위로 선정했을 때, 질소산화물 배출량의 표본평균이 유럽연합 기준에 적합할 확률을 구하라.

15. 우리 몸에 나쁜 LDL 혈중 콜레스테롤 수치는 160 미만으로 낮춰야 한다고 한다. 어느 도시에 사는 30세 이상 성인 남자의 혈중 콜레스테롤 수치는 평균이 156인 정규분포를 이룬다. 다음은 성인 남자 7명을 임의로 선정하여 콜레스테롤 수치를 측정한 결과이다. 물음에 답하라(단, 단위는 mg/dL이다).

| 161 | 158 | 160 | 156 | 151 | 149 | 164 |

(a) 표본평균과 관련된 표본분포를 구하라.

(b) 표본평균이 159.33과 160.98 사이일 근사 확률을 구하라.

(c) 표본평균이 상위 1%인 백분위수를 구하라.

16. 2018년 2월 통계청에서 보도한 자료에 의하면 대졸자의 평균 구직 기간은 3.4개월이라 한다. 대학을 졸업한 후 취직한 10명을 상대로 조사한 결과 평균 준비 기간이 3.5개월이고 표준편차가 0.4개월이었다. 대졸자의 구직 기간은 정규분포를 이룬다고 가정할 때, 물음에 답하라.

(a) 표본평균과 관련된 표본분포를 구하라.

(b) 표본평균이 3.26과 3.70 사이일 근사 확률을 구하라.

(c) 표본평균이 하위 10%인 백분위수를 구하라.

17. 전년도에 전국적으로 음주운전 단속을 실시한 결과 100일간 면허정지 처분을 받은 사람들의 혈중알코올농도를 측정한 결과 평균이 0.085, 표준편차가 0.006이라고 한다. 어느 날 한 도시에서 불심검문을 통해 100일간 면허정지에 해당하는 160명의 음주운전자를 적발했다. 이 날 면허정지 처분을 받은 사람들의 평균 혈중알코올농도가 0.07과 0.095 사이일 근사 확률을 구하라(단, 단위는 %이다).

18. 스톡옵션의 가격이 하루 동안 1만 원이 오르거나 내릴 확률이 동일하고 독립이라고 가정하자. 500만 원을 투자한 지 50일 후의 가격을 $X = 500 + \sum_{i=1}^{50} X_i$ (X_i는 i번째 날의 등락 금액)(만 원)으로 정의한다. 물음에 답하라.

(a) 하루 동안 등락 금액의 평균을 구하라.

(b) 하루 동안 등락 금액의 분산을 구하라.

(c) 중심극한정리에 의해 50일 후의 가격 X가 근사적으로 이루는 확률분포를 구하라.

(d) 50일 후의 가격이 520만 원 이상일 확률을 구하라.

19. 모비율이 $p = 0.15$인 모집단에서 다음과 같은 크기의 표본을 임의로 추출할 때, 표본비율이 $p - 0.005$와 $p + 0.005$ 사이일 근사 확률을 구하라.

(a) $n = 50$ (b) $n = 100$ (c) $n = 1000$

20. 모비율이 다음과 같은 모집단에서 크기가 $n = 100$인 표본을 임의로 추출할 때, 표본비율이 0.4 보다 클 근사 확률을 구하라.

(a) $p = 0.3$ (b) $p = 0.5$ (c) $p = 0.55$

21. 2018년 서울연구원에서 조사한 자료에 따르면 서울의 미래에 대해 낙관적으로 생각하는 시민이 27.2%라고 발표했다. 이 비율을 믿을 수 있는지 알기 위해 1,200명을 조사했을 때, 서울의 미래 를 낙관적으로 생각하는 시민의 비율에 대해 다음을 구하라.

(a) 표본비율의 표본분포

(b) 표본비율이 30%를 초과할 확률

(c) 표본비율이 25%와 30% 사이일 확률

(d) 1,200명의 서울 시민 중 350명 이상이 서울의 미래를 낙관적으로 생각할 확률

22. 우리나라 20대 성인 중 8%가 왼손잡이라고 한다. 이를 확인하기 위해 1,000명의 20대 성인을 임 의로 선정하여 왼손잡이인지 관찰했다. 1,000명의 왼손잡이 비율에 대해 다음을 구하라.

(a) 표본비율의 표본분포

(b) 표본비율이 7%를 초과할 확률

(c) 표본비율이 6.6%와 9.8% 사이일 확률

(d) 1,000명의 20대 성인 중 60명 이상이 왼손잡이일 확률

23. 색상이 조화롭게 보이는 비율은 70 : 25 : 5라고 한다. 여기서 70은 기본 색상의 비율, 25는 보조 색상의 비율, 5는 주제 색상의 비율이다. 이 비율을 사용한 대표적인 매장이 이마트와 스타벅스 인데, 두 매장의 주제 색상은 각각 노란색, 짙은 초록색이다. 주제 색상을 5의 비율로 사용한 전 국 매장의 비율이 5%라고 하자. 임의로 선정한 매장 1,500곳 중 주제 색상을 5의 비율로 사용하 는 비율에 대해 물음에 답하라.

(a) 표본비율이 근사적으로 이루는 확률분포를 구하라.

(b) 모비율 p에 대해 표본비율이 $p - 0.014$와 $p + 0.014$ 사이일 확률을 구하라.

(c) 주제 색상을 5의 비율로 사용하는 매장이 50곳과 80곳 사이일 확률을 구하라.

(d) 표본비율의 90% 백분위수와 99% 백분위수를 구하라.

24. 대도시 주부들의 15%가 식품비로 주당 15만 원 이상을 소비한다고 한다. 어느 식품 회사의 마케 팅 부서에서 대도시 2,000명의 주부를 대상으로 식품비로 주당 15만 원 이상을 소비하는지 조사 하고자 한다. 물음에 답하라.

(a) 표본비율이 근사적으로 이루는 확률분포를 구하라.

(b) 모비율 p에 대해 표본비율이 $p - 0.006$과 $p + 0.006$ 사이일 확률을 구하라.

(c) 표본비율의 90% 백분위수, 95% 백분위수, 99% 백분위수를 구하라.

25. 표준편차가 2인 정규모집단에서 다음과 같은 표본을 추출했다. 물음에 답하라.

7.9	5.1	10.2	7.1	5.5	6.4	4.5	6.8	4.2	2.9

(a) 통계량 $V = \dfrac{9S^2}{4}$의 확률분포를 구하라.

(b) 추출한 표본에 대한 분산 s_0^2을 구하라.

(c) $P(S^2 < v_1) = 0.1$인 v_1을 구하라.

(d) $P(S^2 > v_2) = 0.05$인 v_2를 구하라.

26. 어느 의료인의 주장에 따르면 우리나라 성인 남성이 봄철에 하루 동안 마시는 물의 양의 평균은 2.8 L라고 한다. 다음은 이 의료인의 주장에 대해 알아보기 위해 우리나라 성인 남성 16명을 임의로 선정하여 하루 동안 마시는 물의 양을 측정한 결과이다. 우리나라 성인 남성이 하루 동안 마시는 물의 양은 모표준편차가 0.2447인 정규분포를 이룬다고 할 때, 물음에 답하라(단, 단위는 L이다).

2.74	2.87	3.19	2.84	3.26	3.64	2.84	2.75
3.59	2.34	2.78	2.83	2.75	2.71	2.58	2.69

(a) 통계량 $V = \dfrac{15S^2}{\sigma^2}$의 확률분포를 구하라.

(b) 추출한 표본에 대한 분산 s_0^2을 구하라.

(c) 추출한 표본을 이용하여 통계량의 관찰값 $v_0 = \dfrac{15s_0^2}{0.0599}$을 구하라.

(d) 표본분산 S^2이 (b)의 s_0^2보다 클 근사 확률을 구하라.

(e) $P(S^2 < v_1) = 0.25$인 v_1을 구하라.

(f) $P(S^2 > v_2) = 0.05$인 v_2을 구하라.

27. 독립인 두 정규모집단의 모평균과 모표준편차가 다음과 같다. 두 모집단에서 각각 표본을 임의로 추출했을 때, 물음에 답하라.

모집단 1		모집단 2		표본 1의 크기	표본 2의 크기
모평균	모표준편차	모평균	모표준편차		
154	3	145	5	36	49

(a) 표본평균의 차에 대한 표본분포를 구하라.

(b) 표본평균의 차가 10 이상일 확률을 구하라.

(c) 표본평균의 차가 7.2와 11.6 사이일 확률을 구하라.

(d) 두 모표준편차가 동일하게 5일 때, 표본평균의 차가 7.2와 11.6 사이일 확률을 구하라.

(e) 두 표본의 크기가 동일하게 36일 때, 표본평균의 차가 7.2와 11.6 사이일 확률을 구하라.

28. 독립인 두 정규모집단의 모평균이 각각 20, 15이고 모표준편차는 각각 5, 4이다. 두 모집단에서 각각 크기가 100인 표본을 임의로 선정하여 첫 번째 표본평균을 $\overline{X}$, 두 번째 표본평균을 $\overline{Y}$라 할 때, 다음을 구하라.

(a) $P(|\overline{X} - \overline{Y}| < 3.5)$ (b) $P(|\overline{X} - \overline{Y}| > 6)$

29. 독립인 두 정규모집단의 모평균과 모표준편차가 다음과 같다. 두 모집단에서 각각 표본을 임의로 추출했을 때, 물음에 답하라.

모집단 1		모집단 2		표본 1의 크기	표본 2의 크기
모평균	모표준편차	모평균	모표준편차		
55	5	53	8	25	50

(a) 표본 1의 평균이 표본 2의 평균보다 클 확률을 구하라.

(b) 모평균이 각각 255와 253일 때, (a)의 확률을 구하라.

(c) 모표준편차가 각각 2배로 늘어날 때, (a)의 확률을 구하라.

(d) 표본의 크기가 각각 50과 25일 때, (a)의 확률을 구하라.

30. 2020년 4월 잡코리아 뉴스에 따르면 우리나라 대기업 직원의 평균 근속 연수와 평균 연봉은 다음과 같다. 남녀의 근속 연수는 표준편차가 각각 7, 5인 정규분포를 이룬다고 가정한다. 대기업의 남자 직원과 여자 직원을 10명씩 임의로 선정했을 때, 물음에 답하라.

	평균 근속 연수	평균 연봉(만 원)
남자	11.3	8,992
여자	8.8	5,949

(a) 선정된 남자 직원과 여자 직원의 평균 근속 연수의 차가 6.5 이상일 확률을 구하라.

(b) 선정된 남자 직원과 여자 직원의 평균 근속 연수의 차의 절댓값이 8 이하일 확률을 구하라.

31. [연습문제 30]에서 남녀의 평균 연봉은 분산이 각각 4,000, 2,000인 정규분포를 이룬다고 가정할 때, 다음을 구하라.

(a) 선정된 남자 직원과 여자 직원의 평균 연봉의 차가 3,000만 원 이상일 확률

(b) 선정된 남자 직원과 여자 직원의 평균 연봉의 차의 절댓값이 3,100만 원 이하일 확률

32. 어느 아르바이트 알선 업체에서 조사한 내용에 따르면 20대 대학생의 1회 평균 데이트 비용은 남자가 44,500원, 여자가 34,100원이라 한다. 평균 데이트 비용은 표준편차가 각각 3,000원과 2,100원인 정규분포를 이룬다고 할 때, 물음에 답하라.

(a) 임의로 선정한 20대 남자의 데이트 비용이 50,000원을 초과할 확률을 구하라.

(b) 임의로 선정한 20대 여자의 데이트 비용이 40,000원을 초과할 확률을 구하라.

(c) 임의로 선정한 20대 남녀의 데이트 비용이 상위 5%인 경계 금액을 각각 구하라.

(d) 20대 남자 15명과 여자 20명을 표본으로 선정했을 때, 선정된 남자와 여자의 평균 데이트 비용의 차가 12,800원 이상일 확률을 구하라.

(e) 20대 남자 15명과 여자 20명을 표본으로 선정했을 때, 선정된 남자와 여자의 평균 데이트 비용의 차가 9,150원과 12,250원 사이일 확률을 구하라.

(f) 20대 남자 15명과 여자 20명을 표본으로 선정했을 때, 선정된 남자와 여자의 평균 데이트 비용의 차가 x_0원보다 클 확률이 0.025인 x_0을 구하라.

33. 어느 동호회의 남성 키는 평균이 173.4 cm, 표준편차가 5.5 cm이고, 여성 키는 평균이 160.3 cm, 표준편차가 4.9 cm라 한다. 남성과 여성을 각각 100명씩 임의로 선정했을 때, 남성의 평균 키가 여성의 평균 키보다 12 cm 이상 클 근사 확률을 구하라.

34. 독립인 두 정규모집단 A와 B의 평균은 각각 $\mu_X = 650$, $\mu_Y = 620$이고 모분산은 동일하다. 두 모집단에서 각각 표본을 임의로 추출하여 다음 결과를 얻었다. 물음에 답하라.

	표본의 크기	표본평균	표본표준편차
A 표본	15	646	25
B 표본	12	622	28

(a) 두 표본에 대한 합동표본분산과 합동표본표준편차를 구하라.

(b) 표본평균의 차와 관련된 확률분포를 구하라.

(c) 표본평균의 차에 대한 90% 백분위수를 구하라.

35. [연습문제 34]에서 미지인 두 모분산이 서로 다름을 알고 있다고 가정하자. 물음에 답하라.

(a) 표본평균의 차와 관련된 확률분포를 구하라.

(b) 표본평균의 차에 대한 근사적인 90% 백분위수를 구하라.

36. 모분산이 동일하게 16이고 독립인 두 정규모집단에서 각각 크기가 5와 7인 표본을 임의로 추출했을 때, 합동표본분산에 관한 확률분포와 합동표본분산의 95% 백분위수를 구하라.

37. 모분산이 동일하게 25이고 독립인 두 정규모집단에서 각각 크기가 6과 8인 표본을 임의로 추출했을 때, 다음을 구하라.

(a) 합동표본분산에 관한 확률분포

(b) 합동표본분산의 95% 백분위수

(c) 합동표본분산이 54.625 이상일 확률

38. 모분산이 각각 9와 8이고 독립인 두 정규모집단에서 각각 크기가 6과 8인 표본을 임의로 추출했을 때, 두 표본분산 S_1^2, S_2^2에 대해 다음을 구하라.

(a) $P\left(\dfrac{S_1^2}{S_2^2} > s_0\right) = 0.05$인 s_0　　　　(b) $P\left(\dfrac{S_1^2}{S_2^2} < s_1\right) = 0.05$인 s_1

39. 다음은 고혈압 환자 30명을 임의로 선정하여 두 그룹으로 분류하고 서로 다른 방법으로 치료한 다음 측정한 혈압이다. 평균 수치가 높을수록 치료의 효과가 있음을 나타내고, 두 방법에 의한 치료 결과는 정규분포를 이룬다고 한다. 물음에 답하라(단, 단위는 mmHg이고, $f_{0.05}(12, 16) = 2.425$이다).

	표본의 크기	표본평균	표본표준편차
표본 1	13	52.5	10.5
표본 2	17	48.2	9.8

(a) 두 표본에 대한 합동표본분산을 구하라.

(b) 두 모평균이 동일할 때, 표본평균의 차가 7.62보다 클 확률을 구하라.

(c) 두 모표준편차가 모두 10일 때, 합동표본분산이 158.8보다 클 확률을 구하라.

(d) 두 모표준편차가 각각 10과 9일 때, 두 표본분산 S_1^2과 S_2^2에 대해 $P(S_1^2 > 2.994S_2^2)$을 구하라.

40. 다음은 시중에서 판매 중인 두 회사의 원두커피에 포함된 카페인의 양을 조사한 결과이다. 두 회사의 원두커피에 포함된 카페인의 양은 정규분포를 이룬다고 할 때, 물음에 답하라(단, 단위는 mg이다).

	표본의 크기	표본평균	표본표준편차
표본 1	10	78	1.5
표본 2	14	75	1.2

(a) 두 표본에 대한 합동표본분산을 구하라.

(b) 두 모평균이 동일할 때, 표본평균의 차 $\overline{X} - \overline{Y}$에 대해 $P(\overline{X} - \overline{Y} > x_0) = 0.05$인 x_0을 구하라.

(c) 두 모표준편차가 모두 1.5일 때, 합동표본분산 S_p에 대해 $P(S_p^2 > s_0) = 0.05$인 s_0을 구하라.

(d) 두 모표준편차가 각각 1.2와 1.1일 때, 두 표본분산 S_1^2과 S_2^2에 대해 $P\left(\dfrac{S_1^2}{S_2^2} > f_0\right) = 0.05$인 f_0을 구하라.

41. 법원의 판결에 의해 형사소송에서 무죄를 주장하는 피고인이 교도소로 수감되는 비율은 84.7%이고, 유죄를 인정하는 피고인이 교도소로 수감되는 비율은 52.1%라고 어느 변호사가 주장한다. 이 사실을 알아보기 위해 무죄를 주장하는 피고인 100명과 유죄를 인정하는 피고인 100명을 임의로 선정했다. 이 200명 중 무죄를 주장하는 피고인이 교도소로 수감되는 비율을 $\hat{P}_1$, 유죄를 인정하는 피고인이 교도소로 수감되는 비율을 $\hat{P}_2$이라 할 때, $\hat{P}_1 - \hat{P}_2$이 30%를 초과할 근사 확률을 구하라.

42. 어느 커피 회사에서는 우리나라 성인 여성의 27%와 남성의 22%가 특정 커피 브랜드를 좋아한다고 주장한다. 이에 대해 알아보기 위해 성인 남녀를 각각 250명씩 임의로 선정하여 조사한 결과 여성 중 69명, 남성 중 58명이 이 커피 브랜드를 좋아한다고 응답했다. 선정한 남녀 중 커피 브랜드를 좋아하는 여성의 비율을 $\hat{P}_1$, 남성의 비율을 $\hat{P}_2$이라 할 때, 다음을 구하라.

(a) $\hat{P}_1 - \hat{P}_2$이 근사적으로 이루는 확률분포

(b) $\hat{P}_1 - \hat{P}_2$이 1% 이하일 근사 확률

(c) $\hat{P}_1 - \hat{P}_2$이 관찰된 표본비율의 차보다 클 근사 확률

(d) $P(\hat{P}_1 - \hat{P}_2 > p_0) = 0.025$인 p_0

43. 2012년 12월에 부산시에서 조사한 〈부산 지역 외국인 주민 생활환경 실태조사 및 정책발전방안〉에 따르면 한국어 교육을 받을 의향이 있는지 묻는 항목에 중화권 131명 중 93.9%, 북미 및 유럽권 48명 중 93.8%가 그렇다고 응답했다. 두 지역의 외국인 주민의 한국어 교육을 받을 의향이 동일하게 93%라고 가정하고, 한국어 교육을 받을 의향이 있는 중화권 외국인 주민의 표본비율을 $\hat{P}_1$, 북미 및 유럽권 외국어 주민의 비율을 $\hat{P}_2$이라 할 때, 다음을 구하라.

(a) $\hat{P}_1 - \hat{P}_2$이 근사적으로 이루는 확률분포

(b) $\hat{P}_1 - \hat{P}_2$이 5% 이하일 근사 확률

(c) $\hat{P}_1 - \hat{P}_2$이 관찰된 표본비율의 차보다 클 근사 확률

(d) $P(\hat{P}_1 - \hat{P}_2 > p_0) = 0.05$인 p_0

실전문제

1. 2018년도 9급 공무원 모집의 필기시험에 합격한 응시생의 시험 점수는 평균이 74, 표준편차가 12인 정규분포를 이룬다고 한다. 필기시험에 합격한 응시생 100명을 임의로 선정하여 시험 점수를 조사했을 때, 시험 점수의 평균에 대해 다음을 구하라.

(a) 70 이하일 확률

(b) 72와 75 사이일 확률

(c) 77 이상일 확률

2. 사회단체인 바른사회시민회의는 학부모 중 78%가 대학수학능력시험을 개편하지 않고 현재 체제를 유지하길 원한다고 한다.[11] 다음과 같은 크기의 표본을 임의로 선정할 때, 선정된 학부모의 75% 이상이 현 체제를 선호할 근사 확률을 구하고, 표본의 크기에 따른 확률을 비교하라.

(a) 100명   (b) 1,000명   (c) 2,000명

---

[11] 김재현(2017. 8. 30.). 학부모 10명 중 8명 "수능 개편안 NO… 현행체제 유지해야". 뉴스1.

3. 두 제약 회사에서 생산된 진통제의 효과를 알아보기 위해 치통 환자를 두 그룹으로 나누어 실험을 했다. 두 진통제에 대한 다음 자료를 이용하여 실험에 참가한 환자들에 대한 진통제 A의 평균 치료 시간이 진통제 B의 평균 치료 시간보다 짧을 확률을 구하라(단, 치료 시간의 단위는 분이다).

	모평균	모표준편차	표본의 크기
진통제 A	13	2	75
진통제 B	12	3	50

4. 어느 자동차 동호회는 월요일에 생산된 자동차의 결함 비율이 0.8%이고, 다른 요일에 생산된 자동차의 결함 비율은 월요일보다 0.2% 작다고 주장한다. 이에 대해 알아보기 위하여 월요일에 생산된 자동차 125대와 다른 요일에 생산된 자동차 155대를 임의로 선정하여 조사했다. 선정된 자동차들 중 월요일에 생산된 자동차가 다른 요일에 생산된 자동차보다 결함 비율이 클 확률을 구하라.

단일 모집단의 추정

Estimation about a Single Population

2장부터 4장까지 기술통계학을 살펴봤고, 6장에서 이산확률변수, 7장에서 연속확률분포, 8장에서 표본분포를 살펴봤다.

이제 이 내용들을 기초로 하여 통계적으로 추론하는 방법에 대해 알아본다. 통계적 추론으로 알려지지 않은 모수를 추정하는 과정과 모수에 대한 주장을 검정하는 과정이 있다. 이번 장에서는 추정에 대한 개념을 알아보고 단일 모집단에 대한 구간추정을 수행해본다.

9.1 추정의 개념

8장에서 모수를 알고 있다는 전제 아래 표본의 통계량들에 대한 표본분포를 살펴봤다. 그러나 대부분의 모집단은 모수가 알려져 있지 않으므로 표본의 통계량으로 모수를 추론한다. 이번 절에서는 표본을 이용하여 단일 모집단의 모수에 대한 점추정과 구간추정의 개념을 살펴본다.

9.1.1 점추정

서울시는 교차로의 대기시간을 줄이기 위해 〈교통신호 제어 방식〉을 전면 개편한 적이 있다. 개편으로 인해 교차로의 대기시간이 정말 줄었는지 알아보기 위해 모든 교차로의 대기시간을 측정한다는 것은 시간적, 경제적 측면으로 봐도 사실상 어렵다. 따라서 임의로 50곳의 교차로를 표본으로 선정하여 교차로의 대기시간을 측정한 후 이 자료에 대한 표본평균을 구하고, 그 표본평균을 바탕으로 서울시에 있는 교차로에서의 평균 대기시간을 추측할 수 있다. 다시 말해 미지의 모평균을 추정하기 위해 [그림 9-1]과 같이 표본을 선정하고, 모평균을 추정하기 위한 통계량으로 표본평균 $\overline{X}$를 사용한다. 50곳의 대기시간 $x_1, x_2, \cdots, x_{50}$을 측정하여 $\overline{X}$의 관찰값 $\overline{x}$를 구한 다음 서울시에 있는 전체 교차로의 평균 대기시간 μ의 참값을 추측하는 것이다.

그림 9-1 모수의 추론 과정

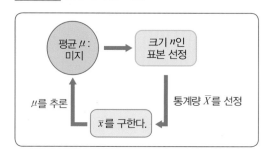

이와 같이 크기가 n인 표본을 추출하여 표본에서 관찰된 값 $x_1, x_2, \cdots, x_n$으로 미지의 모수를 추측하는 과정을 **추정**(estimation)이라 한다. 이때 모평균, 모분산, 모비율과 같은 모수의 참값을 추정하기 위해 표본에서 얻은 통계량을 이용하며, 이러한 통계량을 **점추정량**(point estimator)이라 한다. 그리고 표본에서 관찰된 값 $x_1, x_2, \cdots, x_n$에 대한 점추정량의 관찰값을 **점추정값**(point estimate)이라 한다. 예를 들어 표본으로 선정한 교차로 50곳의 평균 대기시간이 1분 30초이었다면 이를 이용하여 서울시에 있는 모든 교차로의 평균 대기시간이 1분 30초라고 추정할 수 있는데, 크기가 50인 표본평균은 모평균에 대한 점추정량이고, 표본평균의 관찰값 1분 30초는 점추정값이다.

특정한 모수를 점추정하기 위한 추정량은 여러 개 존재할 수 있으며, 이 점추정량들 중 가장 바람직한 추정량을 선택해야 한다. 이 과정에서 추정량에 대한 세 가지 특성을 고려해야 한다.

| 불편성

불편성은 [그림 9-2(a)]와 같이 모수에 대한 추정량의 표본분포가 모수의 참값을 중심으로 갖는 것을 의미하며, 이러한 추정량을 **불편추정량**(unbiased estimator)이라 한다. 즉, 모수 θ에 대한 점추정량 $\hat{\theta}$의 기댓값이 모수 θ의 참값이면 점추정량 $\hat{\Theta}$은 모수 θ에 대한 불편추정량이다.

$$E(\hat{\Theta}) = \theta$$

불편추정량이 아닌 추정량을 **편의추정량**(biased estimator)이라 하며 [그림 9-2(b)]와 같이 점추정량 $\hat{\Theta}$의 기댓값과 모수 θ의 차 $b = E(\hat{\Theta}) - \theta$를 **편의**(bias)라 한다.

그림 9-2 불편추정량과 편의추정량 $\hat{\Theta}$

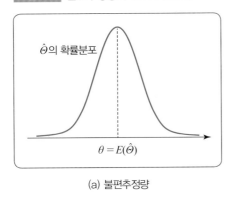
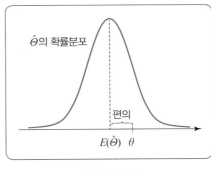

(a) 불편추정량 (b) 편의추정량

표본평균 $\overline{X}$의 평균과 모평균 μ는 동일하다. 즉, 모평균 μ의 점추정량으로 $\hat{\mu} = \overline{X}$를 사용한다면 $E(\hat{\mu}) = \mu_{\overline{X}} = \mu$이므로 표본평균 $\overline{X}$는 모평균 μ에 대한 불편추정량이다. 모집단분포가 정규분포인 경우 표본의 중앙값도 모평균 μ에 대한 불편추정량인 것이 알려져 있다. 모비율 p인 모집단에서 표본을 선정하면 표본의 크기에 관계없이 표본비율 $\hat{P}$에 대해 $E(\hat{P}) = p$이므로 $\hat{P}$은 p에 대한 불편추정량이다. 또한 $V \sim \chi^2(n)$이면 $E(V) = n$이므로 다음이 성립한다.

$$E\left[\frac{(n-1)S^2}{\sigma^2}\right] = \frac{n-1}{\sigma^2}E(S^2) = n-1, \ \ E(S^2) = \sigma^2$$

즉, 표본분산 S^2은 모분산 σ^2에 대한 불편추정량이다. 이때 표본분산을 $S^2 = \frac{1}{n}\sum_{i=1}^{n}(X_i - \overline{X})^2$으로 정의하면 $E(S^2) < \sigma^2$이 되어 표본분산은 모분산에 대한 편의추정량이 된다. 따라서 표본분산은 모분산과 달리 편차제곱합을 표본의 크기보다 1만큼 작은 $n-1$로 나눈 것으로 정의한다.

표본분산 S^2이 모분산 σ^2에 대한 불편추정량이더라도 표본표준편차가 모표준편차의 불편추정량인 것은 아니다. 그러나 $n \geq 10$이면 표본표준편차와 모표준편차의 편의는 무시할 수 있을 정도로 작으므로 모표준편차에 대한 추론을 위해 표본표준편차를 이용한다.

모평균이 μ인 모집단에서 크기가 3인 표본 X_1, X_2, X_3을 추출하여 모평균에 대한 점추정량을 다음과 같이 정의했다. 각 점추정량을 모평균 μ에 대한 불편추정량과 편의추정량으로 구분하라.

$$\hat{\mu}_1 = \frac{1}{3}(X_1 + X_2 + X_3), \quad \hat{\mu}_2 = \frac{1}{4}(2X_1 + X_2 + X_3), \quad \hat{\mu}_3 = \frac{1}{5}(X_1 + 2X_2 + 2X_3), \quad \hat{\mu}_4 = \frac{1}{5}(X_1 + 2X_2 + X_3)$$

풀이

$E(X_1) = E(X_2) = E(X_3) = \mu$이므로 기댓값의 성질을 이용하여 각 추정량의 평균을 구하면 다음과 같다.

$$E(\hat{\mu}_1) = \frac{1}{3}E(X_1 + X_2 + X_3) = \frac{1}{3}[E(X_1) + E(X_2) + E(X_3)] = \frac{1}{3}(\mu + \mu + \mu) = \mu,$$

$$E(\hat{\mu}_2) = \frac{1}{4}E(2X_1 + X_2 + X_3) = \frac{1}{4}[2E(X_1) + E(X_2) + E(X_3)] = \frac{1}{4}(2\mu + \mu + \mu) = \mu,$$

$$E(\hat{\mu}_3) = \frac{1}{5}E(X_1 + 2X_2 + 2X_3) = \frac{1}{5}[E(X_1) + 2E(X_2) + 2E(X_3)] = \frac{1}{5}(\mu + 2\mu + 2\mu) = \mu,$$

$$E(\hat{\mu}_4) = \frac{1}{5}E(X_1 + 2X_2 + X_3) = \frac{1}{5}[E(X_1) + 2E(X_2) + E(X_3)] = \frac{1}{5}(\mu + 2\mu + \mu) = \frac{4}{5}\mu$$

따라서 $\hat{\mu}_1$, $\hat{\mu}_2$, $\hat{\mu}_3$은 모평균 μ에 대한 불편추정량이고, $\hat{\mu}_4$은 모평균 μ에 대한 편의추정량이다.

[그림 9–3]은 [예제 1]의 네 점추정량 $\hat{\mu}_1$, $\hat{\mu}_2$, $\hat{\mu}_3$, $\hat{\mu}_4$의 확률분포를 나타낸다. $\hat{\mu}_1$, $\hat{\mu}_2$, $\hat{\mu}_3$은 μ를 중심으로 분포하므로 불편추정량인 반면, $\hat{\mu}_4$의 확률분포는 μ로부터 $\frac{1}{5}\mu$만큼 왼쪽으로 편의된 것을 알 수 있다. 따라서 모평균 μ를 추정하려면 세 점추정량 $\hat{\mu}_1$, $\hat{\mu}_2$, $\hat{\mu}_3$을 선택해야 한다.

그림 9-3 불편추정량과 편의추정량

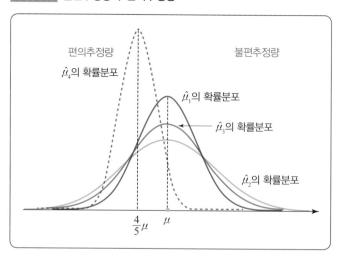

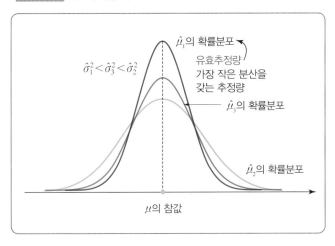

그림 9-4 유효추정량의 의미

유효성

[예제 1]과 같이 모평균 μ에 대해 여러 불편추정량이 존재한다. [그림 9-4]와 같이 각 불편추정량의 분산이 작을수록 중심인 모평균에 가깝게 밀집한다. 이와 같이 비교적 분산이 작은 추정량은 상대적으로 효율성이 크다고 하며, 가장 작은 분산을 갖는 추정량을 **유효추정량**(efficient estimator)이라 한다. [예제 1]에서 모평균 μ에 대한 불편추정량 $\hat{\mu}_1, \hat{\mu}_2, \hat{\mu}_3$ 중 분산이 가장 작은 $\hat{\mu}_1$, 즉 표본평균 $\hat{\mu}_1 = \overline{X}$ 는 모평균 μ에 대한 유효추정량이다.

모집단이 정규분포를 이루는 경우 표본의 중앙값도 모평균 μ에 대한 불편추정량이지만 표본의 중앙값의 분산은 표본평균의 분산보다 크다는 사실이 알려져 있다. 따라서 모평균에 대한 불편추정량으로 표본평균은 표본의 중앙값보다 상대적으로 효율성이 크다. 일반적으로 모수 θ에 대한 불편추정량들 중 유효성을 갖는 추정량을 선택하는 것이 좋으며, 이는 분산이 가장 작은 불편추정량이므로 **최소분산불편추정량**(minimum variance unbiased estimator)이라 한다.

일치성

표본의 크기 n에 따른 추정량의 성질은 중요하다. 이때 모수와 추정량 사이의 근접 정도를 나타내는 척도는 분산 또는 표준편차이며, [그림 9-5]와 같이 분산이 작을수록 추정량의 분포는 모수 θ에 집중한다. 이처럼 표본의 크기가 커질수록 추정량의 분산이 0에 가까워지는 성질은 통계적 추론에서 매우 중요하며, 이런 성질을 갖는 추정량을 **일치추정량**(consistent estimator)이라 한다. 즉, 추정량 $\hat{\Theta}$이 모수 θ에 대한 일치추정량이면 표본의 크기 n이 커질수록 확률적으로 $\hat{\Theta} \approx \theta$가 된다. 체비쇼프 정리에 의해 $\overline{X}, \hat{P}, S^2$은 각각 μ, p, σ^2에 대한 일치추정량이다.

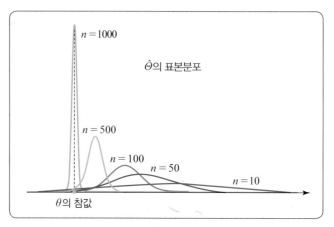

그림 9-5 n에 따른 추정량 $\hat{\Theta}$의 표본분포

일반적으로 모수를 추정할 때 이 세 정질을 모두 갖춘 추정량보다 더 좋은 추정량을 찾는다는 것은 거의 불가능하다. 이런 이유로 모평균, 모분산, 모비율을 추정하기 위한 점추정량으로 각각 표본평균, 표본분산, 표본비율을 사용하는 것이 일반적이다.

9.1.2 구간추정

표본평균, 표본분산, 표본비율이 모평균, 모분산, 모비율을 추정하기 위한 가장 좋은 점추정 량이라 하더라도 표본을 임의로 추출하므로 표본에 따라 왜곡된 추정값이 나올 수 있다. 이러한 오류를 피하기 위해 모수의 참값이 포함될 것으로 예상되는 구간을 이용하여 추정하는 방법을 **구간추정**(interval estimation)이라 하고, 모수를 추정하기 위한 구간을 **구간추정량**(interval estimator)이라 한다. 그리고 표본으로부터 얻은 구간추정량의 관찰값을 **구간추정값**(interval estimate)이라 한다.

| 신뢰구간

점추정량으로 얻은 모든 추정값이 모수의 참값에 충분히 가깝다고 확신할 수는 없으므로 어느 정도 모수의 참값이 포함될 것으로 예상되는 구간을 이용하여 모수를 추정한다. 이때 모수 θ의 참값이 포함될 것으로 확신하는 정도를 **신뢰도**(degree of confidence)라 하며 $100(1 - \alpha)\%$로 나타낸다. 또한 신뢰도를 갖는 구간으로 구한 구간추정값 (a, b)를 신뢰도 $100(1 - \alpha)\%$에 대한 모수 θ의 **신뢰구간**(confidence interval)이라 한다. 일반적으로 90%, 95%, 99% 신뢰구간을 많이 사용하며 각 경우에 대해 $\alpha = 0.1, 0.05, 0.01$이다. 이때 신뢰구간의 중심은 모수 θ에 대한 점추정값 $\hat{\theta}$이며, 따라서 신뢰구간 (a, b)는 $(\hat{\theta} - e, \hat{\theta} + e)$이고 이 구간의 중심으로부터 좌우로 떨어진 최대 길이 e를 **오차한계**(margin of error)라 한다. 여기서 $\hat{\theta} - e$, $\hat{\theta} + e$를 **신뢰하한**(lower confidence limit), **신뢰상한**(upper confidence limit)이라 한다.

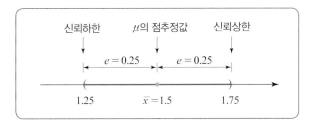

그림 9-6 대기시간에 대한 95% 신뢰구간

교차로 50곳의 평균 대기시간이 1분 30초일 때 모평균 μ에 대한 95% 신뢰구간이 (1.25, 1.75)라 하면 [그림 9–6]과 같이 모평균 μ에 대한 점추정값은 $\bar{x} = 1.5$, 오차한계는 $e = 0.25$이다.

▌신뢰구간의 의미

모평균은 비록 알려져 있지 않지만 모집단의 특성을 나타내는 수치이다. 이 모평균에 대한 95% 신뢰구간을 구하기 위해 표본을 추출한다면, 표본을 추출할 때마다 모평균에 대한 신뢰구간이 달라질 것이다. [그림 9–7]은 표본 20개를 추출하여 구한 모평균의 구간추정값을 나타낸 것이다. 표본 5의 신뢰구간을 제외한 나머지 19개의 신뢰구간은 모평균의 참값을 포함하는 것을 알 수 있다.

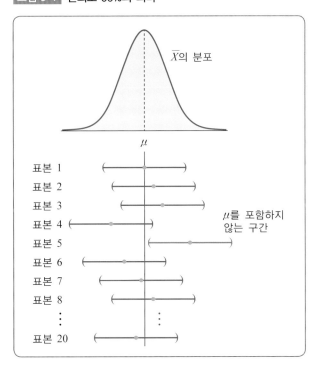

그림 9-7 신뢰도 95%의 의미

이와 같이 95% 신뢰구간이란 모수의 참값이 신뢰구간에 포함될 확률이 95%인 것을 나타내는 것이 아닌, 동일한 방법으로 표본 20개를 추출하여 얻은 신뢰구간 중 최대 5%에 해당하는 1개의 신뢰구간을 제외한 나머지 95%의 신뢰구간이 모수의 참값을 포함하는 것을 의미한다. 즉, 95% 신뢰도라 함은 20개의 신뢰구간 중에서 모수를 포함하는 신뢰구간의 비율이 95%임을 나타낸다.

그렇다면 모수 θ에 대한 신뢰구간은 신뢰도가 높으면서 폭이 좁아야 바람직할 것이다. 그러나 신뢰도가 높으면 신뢰구간의 폭이 넓어지고, 신뢰도가 낮으면 신뢰구간의 폭이 좁아짐으로써 신뢰도와 신뢰구간의 길이는 서로 상충한다. 표본의 크기가 클수록 표본에는 모집단에 대한 정보가 많아지므로 풍부한 정보로부터 신뢰구간의 폭은 더 좁아진다. 따라서 신뢰도와 신뢰구간의 길이를 절충할 방법이 필요하다. 일반적으로 신뢰도를 먼저 정해 놓고 신뢰구간의 길이를 최소로 하는 신뢰구간을 이끌어 낸다. 신뢰도가 동일하면 신뢰구간의 길이는 점추정량의 분산에 의해, 점추정량의 분산은 표본의 크기에 의해 결정된다.

9.2 ▶ 모평균의 구간추정

앞에서 살펴봤듯이 모평균을 추정하기 위한 가장 좋은 점추정량은 표본평균이다. 또한 구간추정은 미리 정한 신뢰도에 따라 모수의 점추정량을 중심으로 오차한계가 e인 신뢰구간을 구하는 것임을 알았다. 즉, 모평균의 구간추정은 표본평균을 중심으로 오차한계가 e인 신뢰구간을 구하는 것이다. 8장에서 정규모집단의 모분산을 아는지 모르는지에 따라 표본평균과 관련된 표본분포가 서로 다른 것을 살펴봤다. 이에 따라 정규모집단의 모평균을 구간추정하기 위해 모분산을 아는 경우와 모르는 경우 각각에 서로 다른 표본분포를 적용해야 한다. 이번 절에서는 표본평균을 이용하여 모평균에 대한 $100(1 - \alpha)\%$ 신뢰구간을 구하는 방법을 살펴본다.

9.2.1 모분산을 아는 경우

대부분의 모집단에 대해 모분산은 알려져 있지 않지만, 품질관리를 위해 생산 공정에서 얻은 자료를 과거부터 착실히 기록한 상황을 생각해보자. 그러면 이 자료들로 구성된 모집단의 모분산을 알 수 있으므로 이 경우는 모분산이 알려진 것으로 취급할 수 있다. 모집단, 즉 생산 공정에서 얻은 자료가 정규분포를 이룬다고 하자. 크기가 n인 표본을 추출하면 모평균 μ에 대한 점추정량은 표본평균 $\overline{X}$이며, $\overline{X}$에 대해 다음 분포가 성립한다.

$$Z = \frac{\overline{X} - \mu}{\sigma/\sqrt{n}} \sim N(0, 1)$$

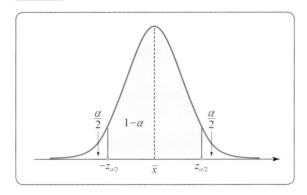

그림 9-8 꼬리확률과 임계점

이때 양쪽 꼬리확률이 동일하게 $\frac{\alpha}{2}$이면 중심확률은 $P(-z_{\alpha/2} < Z < z_{\alpha/2}) = 1 - \alpha$이고 [그림 9-8]과 같이 오차한계는 $e = z_{\alpha/2}$이다. 이는 모집단에서 반복적으로 추출한 표본으로 표본평균을 계산할 때, 표본평균들이 유동적이라 하더라도 다음과 구간이 모평균 μ를 포함하는 비율이 $1 - \alpha$임을 나타낸다.

$$\left(\overline{X} - z_{\alpha/2} \frac{\sigma}{\sqrt{n}}, \ \overline{X} + z_{\alpha/2} \frac{\sigma}{\sqrt{n}} \right)$$

따라서 이 구간은 신뢰도 $100(1 - \alpha)\%$에서 모분산 σ^2을 아는 정규모집단의 모평균 μ에 대한 구간추정량이다. 이때 모평균 μ와 점추정 $\overline{x}$의 차, 즉 오차한계를 **추정오차**(error of estimation)라 하며, 이는 $e = z_{\alpha/2} \frac{\sigma}{\sqrt{n}}$이다. 그러므로 모분산 σ^2을 아는 정규모집단에서 크기가 n인 표본을 추출하여 표본평균의 관찰값 $\overline{x}$를 얻었을 때, 모평균 μ에 대한 $100(1 - \alpha)\%$ 신뢰구간을 다음과 같이 요약할 수 있다.

모평균 μ에 대한 $100(1 - \alpha)\%$ 신뢰구간(모분산 σ^2을 아는 경우)

- 신뢰하한: $\text{LB} = \overline{x} - z_{\alpha/2} \frac{\sigma}{\sqrt{n}}$
- 신뢰상한: $\text{UB} = \overline{x} + z_{\alpha/2} \frac{\sigma}{\sqrt{n}}$
- 추정오차: $e = z_{\alpha/2} \frac{\sigma}{\sqrt{n}}$
- 신뢰구간: $\left(\overline{x} - z_{\alpha/2} \frac{\sigma}{\sqrt{n}}, \ \overline{x} + z_{\alpha/2} \frac{\sigma}{\sqrt{n}} \right)$

특히 7.2.3절 **성질 7** 에서 오른쪽 꼬리확률이 0.05, 0.025, 0.005인 임계값은 다음과 같음을 알아봤다.

$$z_{0.05} = 1.645, \ \ z_{0.025} = 1.96, \ \ z_{0.005} = 2.58$$

따라서 모평균 μ에 대한 90%, 95%, 99% 신뢰구간은 각각 다음과 같다.

- μ에 대한 90 % 신뢰구간: $\left(\bar{x} - 1.645\dfrac{\sigma}{\sqrt{n}}, \bar{x} + 1.645\dfrac{\sigma}{\sqrt{n}} \right)$

- μ에 대한 95 % 신뢰구간: $\left(\bar{x} - 1.96\dfrac{\sigma}{\sqrt{n}}, \bar{x} + 1.96\dfrac{\sigma}{\sqrt{n}} \right)$

- μ에 대한 99 % 신뢰구간: $\left(\bar{x} - 2.58\dfrac{\sigma}{\sqrt{n}}, \bar{x} + 2.58\dfrac{\sigma}{\sqrt{n}} \right)$

예제 2

모표준편차가 3인 정규모집단에서 크기가 50인 표본을 추출하여 표본평균 15를 얻었다. 신뢰도가 다음과 같을 때, 모평균 μ에 대한 신뢰구간을 구하라.

(a) 신뢰도 90%   (b) 신뢰도 95%

풀이

(a) 다음 순서에 따라 90% 신뢰구간을 구한다.

❶ 주어진 정보로부터 다음 값을 파악한다.

$$\sigma = 3, \quad n = 50, \quad \bar{x} = 15, \quad 1 - \alpha = 0.9, \quad \frac{\alpha}{2} = 0.05, \quad z_{0.05} = 1.645$$

❷ 추정오차를 구한다.

$$e_{90\%} = z_{0.05}\frac{\sigma}{\sqrt{n}} = 1.645\frac{3}{\sqrt{50}} \approx 0.6979$$

❸ 신뢰하한과 신뢰상한을 계산한다.

$$\text{LB} = \bar{x} - z_{\alpha/2}\frac{\sigma}{\sqrt{n}} = \bar{x} - e_{90\%} = 15 - 0.6979 = 14.3021,$$

$$\text{UB} = \bar{x} + z_{\alpha/2}\frac{\sigma}{\sqrt{n}} = \bar{x} + e_{90\%} = 15 + 0.6979 = 15.6979$$

❹ 따라서 90% 신뢰구간은 (14.3021, 15.6979)이다.

(b) 다음 순서에 따라 95% 신뢰구간을 구한다.

❶ 주어진 정보로부터 다음 값을 파악한다.

$$\sigma = 3, \quad n = 50, \quad \bar{x} = 15, \quad 1 - \alpha = 0.95, \quad \frac{\alpha}{2} = 0.025, \quad z_{0.025} = 1.96$$

❷ 추정오차를 구한다.

$$e_{95\%} = z_{0.025}\frac{\sigma}{\sqrt{n}} = 1.96\frac{3}{\sqrt{50}} \approx 0.8316$$

❸ 신뢰하한과 신뢰상한을 계산한다.

$$\text{LB} = \overline{x} - z_{\alpha/2}\frac{\sigma}{\sqrt{n}} = \overline{x} - e_{95\%} = 15 - 0.8316 = 14.1684,$$

$$\text{UB} = \overline{x} + z_{\alpha/2}\frac{\sigma}{\sqrt{n}} = \overline{x} + e_{95\%} = 15 + 0.8316 = 15.8316$$

❹ 따라서 95% 신뢰구간은 (14.1684, 15.8316)이다.

| 모분산을 아는 임의의 모집단

모분산을 알고 있으나 모집단분포를 모르는 경우, 표본의 크기 n이 충분히 크면 중심극한정리에 의해 표본평균은 근사적으로 다음 정규분포를 이루는 것을 앞에서 살펴봤다.

$$\overline{X} \approx N\left(\mu, \frac{\sigma^2}{n}\right) \quad \text{또는} \quad Z = \frac{\overline{X} - \mu}{\sigma/\sqrt{n}} \approx N(0, 1)$$

따라서 정규모집단과 마찬가지로 모평균 μ에 대한 90%, 95%, 99% 근사 신뢰구간을 다음과 같이 얻을 수 있다.

- μ에 대한 90% 근사 신뢰구간: $\left(\overline{x} - 1.645\frac{\sigma}{\sqrt{n}}, \overline{x} + 1.645\frac{\sigma}{\sqrt{n}}\right)$

- μ에 대한 95% 근사 신뢰구간: $\left(\overline{x} - 1.96\frac{\sigma}{\sqrt{n}}, \overline{x} + 1.96\frac{\sigma}{\sqrt{n}}\right)$

- μ에 대한 99% 근사 신뢰구간: $\left(\overline{x} - 2.58\frac{\sigma}{\sqrt{n}}, \overline{x} + 2.58\frac{\sigma}{\sqrt{n}}\right)$

예제 3

다음은 과거에 흡연 경험이 있는 청년들이 금연을 처음 시도한 이후 현재까지 평균 금연 기간을 알기 위해 50명의 청년을 표본조사한 결과이다. 사전 정보로 5년 전에 조사할 당시의 표준편차 8을 모표준편차로 이용하여 청년들의 평균 금연 기간에 대한 95% 근사 신뢰구간을 구하라(단, 단위는 개월이다).

26	30	29	38	31	34	36	31	27	20
34	28	27	30	27	37	27	29	34	25
28	29	30	30	24	34	31	31	35	26
34	27	30	35	27	31	31	33	34	29
29	28	33	27	41	35	29	25	38	27

풀이

다음 순서에 따라 95% 근사 신뢰구간을 구한다.

❶ 주어진 정보로부터 다음 값을 파악한다.

$$\sigma = 8, \quad n = 50, \quad 1 - \alpha = 0.95, \quad \alpha = 0.05, \quad \frac{\alpha}{2} = 0.025, \quad z_{0.025} = 1.96$$

❷ 표본평균은 $\bar{x} = \dfrac{1}{50}\sum_{i=1}^{50} x_i = \dfrac{1521}{50} = 30.42$이다.

❸ 추정오차는 $e_{95\%} = z_{0.025}\dfrac{\sigma}{\sqrt{n}} = 1.96\dfrac{8}{\sqrt{50}} \approx 2.22$이다.

❹ 신뢰하한과 신뢰상한을 계산한다.

$$LB = x - e_{95\%} = 30.42 - 2.22 = 28.20,$$
$$UB = x + e_{95\%} = 30.42 + 2.22 = 32.64$$

❺ 따라서 95% 근사 신뢰구간은 (28.20, 32.64)이다.

엑셀 모평균에 대한 신뢰구간(모분산을 아는 경우)

Ⓐ 표본의 결과를 알고 있는 경우

$\sigma = 3$인 정규모집단에서 $n = 50$, $\bar{x} = 15$인 경우 95% 신뢰구간을 구한다.

❶ A1셀에 커서를 놓고 메뉴바에서 수식 〉함수 삽입 〉통계 〉CONFEDENCE.NORM을 선택하여 Alpha에 0.05, Standard_dev에 3, Size에 50을 기입하면 오차한계 0.8315를 얻는다.

❷ B1셀에 =15-A1을, B2셀에 =15+A1을 기입하면 신뢰하한 14.1684와 신뢰상한 15.8315를 얻는다. 즉, 95% 신뢰구간은 (14.1684, 15.8315)이다.

Ⓑ 표본 데이터를 알고 있는 경우

[예제 3] 자료에 대해 95% 근사 신뢰구간을 구한다.

❸ A1~A50셀에 데이터를 기입한 후 B1셀에 커서를 놓고 메뉴바에서 수식 〉자동 합계 〉평균을 선택하여 평균 30.42를 구한다.

❹ B2셀에 커서를 놓고 ❶에 준하여 CONFEDENCE.NORM에서 Alpha에 0.05, Standard_dev에 8, Size에 50을 기입하면 오차한계 2.217을 얻는다.

❺ C1셀에 =B1-B2를, C2셀에 =B1+B2를 기입하면 신뢰하한 28.20255와 신뢰상한 32.63745를 얻는다. 즉, 95% 신뢰구간은 (28.20255, 32.63745)이다.

9.2.2 모분산을 모르는 경우

모분산이 알려지지 않은 정규모집단에서 크기가 n인 표본을 추출할 때, 표본표준편차 s에 대해 다음과 같이 T-통계량은 자유도 $n-1$인 t-분포를 이루는 것을 8.2절에서 살펴봤다.

$$T = \frac{\overline{X} - \mu}{s/\sqrt{n}} \sim t(n-1)$$

한편 7.2.5절에서 양쪽 꼬리확률이 $\frac{\alpha}{2}$인 두 임계값 $-t_{\alpha/2}(n)$, $t_{\alpha/2}(n)$에 대한 중심확률은 $1-\alpha$인 것을 알았다. 이는 모분산을 아는 경우와 마찬가지로 다음과 구간이 모평균 μ를 포함하는 비율이 $1-\alpha$임을 나타낸다.

$$\left(\overline{X} - t_{\alpha/2}(n-1)\frac{s}{\sqrt{n}}, \ \overline{X} + t_{\alpha/2}(n-1)\frac{s}{\sqrt{n}} \right)$$

이때 모평균 μ에 대한 추정오차는 $e = t_{\alpha/2}(n-1)\frac{s}{\sqrt{n}}$이다. 모분산이 알려지지 않은 정규모집단의 모평균을 추정하기 위해 소표본($n < 30$)을 선정하면, 자유도 $n-1$인 t-분포를 이용하여 모평균 μ에 대한 $100(1-\alpha)\%$ 신뢰구간을 얻을 수 있다. 따라서 모분산을 모르는 경우 모평균 μ에 대한 $100(1-\alpha)\%$ 신뢰구간을 다음과 같이 요약할 수 있다.

모평균 μ에 대한 $100(1-\alpha)\%$ 신뢰구간(모분산을 모르는 경우)

- 신뢰하한: $\text{LB} = \overline{x} - t_{\alpha/2}(n-1)\frac{s}{\sqrt{n}}$

- 신뢰상한: $\text{UB} = \overline{x} + t_{\alpha/2}(n-1)\frac{s}{\sqrt{n}}$

- 추정오차: $e = t_{\alpha/2}(n-1)\frac{s}{\sqrt{n}}$

- 신뢰구간: $\left(\overline{x} - t_{\alpha/2}(n-1)\frac{s}{\sqrt{n}}, \overline{x} + t_{\alpha/2}(n-1)\frac{s}{\sqrt{n}} \right)$

따라서 모분산을 모르는 정규모집단의 모평균 μ에 대한 90%, 95%, 99% 신뢰구간은 각각 다음과 같다.

- μ에 대한 90% 신뢰구간: $\left(\overline{x} - t_{0.05}(n-1)\frac{s}{\sqrt{n}}, \ \overline{x} + t_{0.05}(n-1)\frac{s}{\sqrt{n}} \right)$

- μ에 대한 95% 신뢰구간: $\left(\overline{x} - t_{0.025}(n-1)\frac{s}{\sqrt{n}}, \ \overline{x} + t_{0.025}(n-1)\frac{s}{\sqrt{n}} \right)$

- μ에 대한 99% 신뢰구간: $\left(\overline{x} - t_{0.005}(n-1)\frac{s}{\sqrt{n}}, \ \overline{x} + t_{0.005}(n-1)\frac{s}{\sqrt{n}} \right)$

다음은 어떤 자동차 회사에서 새로 개발한 스포츠카의 평균 연비가 얼마나 되는지 알기 위해 이 스포츠카 10대를 표본으로 추출하여 연비를 측정한 결과이다. 연비는 정규분포를 이룬다고 할 때, 다음을 구하라(단, 단위는 km/L이다).

| 19.3 | 20.7 | 19.6 | 20.1 | 21.1 | 20.5 | 20.7 | 19.5 | 19.8 | 20.7 |

(a) 표본평균과 표본표준편차
(b) 모평균에 대한 95% 신뢰구간

풀이

(a) 표본평균은 다음과 같다.

$$\bar{x} = \frac{1}{10} \sum_{i=1}^{10} x_i = \frac{202}{10} = 20.2$$

표본분산과 표본표준편차를 구하기 위해 다음 표를 작성한다.

x_i	19.3	20.7	19.6	20.1	21.1	20.5	20.7	19.5	19.8	20.7
$(x_i - \bar{x})^2$	0.81	0.25	0.36	0.01	0.81	0.09	0.25	0.49	0.16	0.25

따라서 $\sum_{i=1}^{10} (x_i - \bar{x})^2 = 3.48$이고 표본분산과 표본표준편차는 각각 다음과 같다.

$$s^2 = \frac{1}{9} \sum_{i=1}^{10} (x_i - \bar{x})^2 = \frac{3.48}{9} \approx 0.3867, \quad s \approx 0.6219$$

(b) 다음 순서에 따라 95% 신뢰구간을 구한다.

❶ 주어진 정보로부터 다음 값을 파악한다.

$$\bar{x} = 20.2, \ s = 0.6219, \quad n = 10, \quad 1 - \alpha = 0.95, \quad \frac{\alpha}{2} = 0.025, \quad t_{0.025}(9) = 2.262$$

❷ 추정오차를 구한다.

$$e_{95\%} = t_{0.025}(9) \frac{s}{\sqrt{n}} = 2.262 \frac{0.6219}{\sqrt{10}} \approx 0.4448$$

❸ 신뢰하한과 신뢰상한을 계산한다.

$$\text{LB} = \bar{x} - e_{95\%} = 20.2 - 0.4448 = 19.7552,$$

$$\text{UB} = \bar{x} + e_{95\%} = 20.2 + 0.4448 = 20.6448$$

❹ 따라서 95% 신뢰구간은 (19.7552, 20.6448)이다.

엑셀 모평균에 대한 신뢰구간(모분산을 모르는 경우)

Ⓐ 표본의 결과를 알고 있는 경우

$s = 3$, $n = 25$, $\bar{x} = 15$인 경우 95% 신뢰구간을 구한다.

❶ A1셀에 커서를 놓고 메뉴바에서 수식 〉 함수 삽입 〉 통계 〉 CONFEDENCE.T를 선택하여 Alpha에 0.05, Standard_dev에 3, Size에 50을 기입하면 오차한계 1.2383을 얻는다.

❷ B1셀에 =15-A1을, B2셀에 =15+A1을 기입하면 신뢰하한 13.76166과 신뢰상한 16.23834를 얻는다. 즉, 95% 신뢰구간은 (13.76166, 16.23834)이다.

Ⓑ 표본 데이터를 알고 있는 경우

[예제 4] 자료에 대해 95% 신뢰구간을 구한다.

❸ A1~A10셀에 데이터를 기입한 후 B1셀과 B2셀에 각각 AVERAGE와 STDEV.S를 이용하여 표본평균 20.27과 표본표준편차 0.78888을 구한다.

❹ C1셀에 커서를 놓고 ❶에 준하여 CONFEDENCE.T에서 Alpha에 0.05, Standard_dev에 B2, Size에 10을 기입하면 오차한계 0.5643을 얻는다.

❺ D1셀에 =B1-C1을, D2셀에 =B1+C1을 기입하면 신뢰하한 19.7057과 신뢰상한 20.8343을 얻는다. 즉, 95% 신뢰구간은 (19.7057, 20.8343)이다.

Ⓒ 데이터 분석을 이용하는 방법

B1셀에 커서를 놓고 메뉴바에서 수식 〉 데이터 〉 데이터 분석 〉 기술통계법을 선택하여 입력 범위에 $A$1:$A$10, 출력 범위에 $B$1을 기입하고, 요약 통계량, 평균에 대한 신뢰 수준을 체크한 후 95를 기입하면, 평균(20.2)을 비롯한 신뢰도 95%에 대한 오차한계(0.444827) 등 여러 통계량을 얻는다.

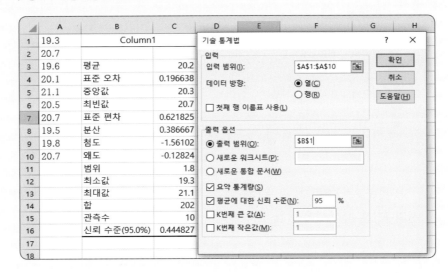

9.3 ▶ 모비율의 구간추정

특정 후보에 대한 지지율과 같은 범주형 자료로 구성된 모집단에서 관심 대상인 모비율 p에 대해 구간추정하는 방법을 살펴보자. 크기가 n인 표본을 선정하여 관심 대상이 선정되는 경우 '성공', 그렇지 않은 경우 '실패'로 정의하면, 성공의 수 X에 대해 표본비율은 $\hat{P} = \dfrac{X}{n}$이다. 8.4절에서 살펴본 것처럼 표본비율 $\hat{P}$에 대해 다음 분포를 얻는다.

$$Z = \frac{\hat{P} - p}{\sqrt{pq/n}} \approx N(0, 1)$$

그러므로 모비율 p에 대한 $100(1-\alpha)\%$ 근사 신뢰구간은 다음과 같다.

$$\left(\hat{P} - z_{\alpha/2} \sqrt{\frac{pq}{n}}, \ \hat{P} + z_{\alpha/2} \sqrt{\frac{pq}{n}} \right)$$

여기서 신뢰구간의 제곱근 안에 있는 p와 $q = 1-p$는 추정하고자 하는 미지의 수치이다. 그러나 표본비율 $\hat{P}$은 모비율 p에 대한 일치추정량이며 표본의 크기가 충분히 크면 $\hat{p} \approx p$이므로 모비율 p에 대한 $100(1-\alpha)\%$ 근사 신뢰구간을 다음과 같이 대체할 수 있다.

$$\left(\hat{P} - z_{\alpha/2} \sqrt{\frac{\hat{P}\hat{Q}}{n}}, \ \hat{P} + z_{\alpha/2} \sqrt{\frac{\hat{P}\hat{Q}}{n}} \right), \ \hat{Q} = 1 - \hat{P}$$

따라서 표본비율의 관찰값이 $\hat{p}$일 때, 모비율 p에 대한 $100(1-\alpha)\%$ 근사 신뢰구간을 다음과 같이 요약할 수 있다. 이때 $\hat{q} = 1 - \hat{p}$이다.

모평균 p에 대한 $100(1-\alpha)\%$ 근사 신뢰구간

- 신뢰하한: $\mathrm{LB} = \hat{p} - z_{\alpha/2} \sqrt{\dfrac{\hat{p}\hat{q}}{n}}$

- 신뢰상한: $\mathrm{UB} = \hat{p} + z_{\alpha/2} \sqrt{\dfrac{\hat{p}\hat{q}}{n}}$

- 추정오차: $e = z_{\alpha/2} \sqrt{\dfrac{\hat{p}\hat{q}}{n}}$

- 신뢰구간: $\left(\hat{p} - z_{\alpha/2} \sqrt{\dfrac{\hat{p}\hat{q}}{n}}, \ \hat{p} + z_{\alpha/2} \sqrt{\dfrac{\hat{p}\hat{q}}{n}} \right)$

특히 $z_{0.05} = 1.645$, $z_{0.025} = 1.96$, $z_{0.005} = 2.58$이므로 모비율 p에 대한 90%, 95%, 99% 근사 신뢰구간은 각각 다음과 같다.

- p에 대한 90% 근사 신뢰구간: $\left(\hat{p} - 1.645 \sqrt{\dfrac{\hat{p}\hat{q}}{n}} ,\ \hat{p} + 1.645 \sqrt{\dfrac{\hat{p}\hat{q}}{n}} \right)$

- p에 대한 95% 근사 신뢰구간: $\left(\hat{p} - 1.96 \sqrt{\dfrac{\hat{p}\hat{q}}{n}} ,\ \hat{p} + 1.96 \sqrt{\dfrac{\hat{p}\hat{q}}{n}} \right)$

- p에 대한 99% 근사 신뢰구간: $\left(\hat{p} - 2.58 \sqrt{\dfrac{\hat{p}\hat{q}}{n}} ,\ \hat{p} + 2.58 \sqrt{\dfrac{\hat{p}\hat{q}}{n}} \right)$

예제 5

어느 대학에서는 클린 캠퍼스를 만들기 위해 교내에서 음주를 하지 못하도록 결정했다. 학생회에서 120명의 학생을 대상으로 교내 음주에 대한 찬반 투표를 실시하여 다음 결과를 얻었다. 이를 이용하여 전체 학생의 교내 음주 찬성률에 대한 95% 근사 신뢰구간을 구하라.

찬성	찬성	찬성	무응답	찬성	무응답	찬성	반대	무응답	찬성
찬성	반대	무응답	찬성	반대	찬성	반대	찬성	찬성	무응답
무응답	찬성	찬성	반대	찬성	찬성	찬성	찬성	무응답	반대
찬성	찬성	무응답	찬성	무응답	찬성	찬성	찬성	반대	반대
찬성	찬성	찬성	반대	반대	찬성	찬성	찬성	반대	반대
찬성	찬성	반대	찬성	반대	찬성	무응답	찬성	찬성	무응답
찬성	무응답	반대	찬성	찬성	반대	찬성	반대	찬성	반대
찬성	찬성	반대	찬성	반대	찬성	찬성	반대	찬성	찬성
찬성	반대	반대	찬성	찬성	찬성	찬성	무응답	찬성	찬성
찬성	찬성	찬성	반대	반대	찬성	무응답	반대	찬성	반대
찬성	반대	찬성	무응답	반대	반대	찬성	반대	찬성	반대
찬성	무응답	반대	무응답	반대	찬성	반대	찬성	반대	반대

풀이

다음 순서에 따라 95% 근사 신뢰구간을 구한다.

❶ 표본비율을 구한다.

　　120명 중 찬성한 학생은 66명이므로 표본비율 $\hat{p}$과 $\hat{q}$은 다음과 같다.

$$\hat{p} = \frac{66}{120} = 0.55, \quad \hat{q} = 1 - \hat{p} = 0.45$$

❷ 주어진 정보로부터 다음 값을 파악한다.

$$\hat{p} = 0.55, \quad \hat{q} = 0.45, \quad n = 120, \quad 1 - \alpha = 0.95, \quad \alpha = 0.05, \quad \frac{\alpha}{2} = 0.025, \quad z_{0.025} = 1.96$$

❸ 추정오차는 $e_{95\%} = 1.96 \sqrt{\dfrac{0.55 \times 0.45}{120}} \approx 0.089$이다.

❹ 신뢰하한과 신뢰상한을 계산한다.

$$LB = \hat{p} - e_{95\%} = 0.55 - 0.089 = 0.461,$$

$$UB = \hat{p} - e_{95\%} = 0.55 + 0.089 = 0.639$$

❺ 따라서 95% 근사 신뢰구간은 (0.461, 0.639)이다.

엑셀 모비율에 대한 신뢰구간

[예제 5] 자료에 대해 95% 근사 신뢰구간을 구한다.

❶ A열에 투표 결과를 기입하고 B1~B10셀에 **표본크기, 관심대상, 응답수, 표본비율, 신뢰도, z값, 표준오차, 추정오차, 신뢰하한, 신뢰상한**을 기입한다.

❷ C1셀에 **120**을 기입하고 C2셀에 **찬성**을 기입한다.

❸ C3셀에 응답수 **=COUNTIF(A1:A120,C2)**을, C4셀에 표본비율 **=C3/C1**을 기입하면 응답수 66과 표본비율 0.55를 얻는다.

❹ C5셀에 신뢰도 **0.95**를 기입하고 오른쪽 꼬리확률 0.025에 대한 임계값을 구하기 위해 C6셀에 **=NORM.S.INV(0.975)**를 기입한다.

❺ C7셀에 **=SQRT(C4*(1-C4)/C1)**를 기입하면 $\sqrt{\dfrac{\hat{p}\hat{q}}{n}}$의 값 0.045415를 얻는다.

❻ C8셀에 **=C6*C7**을 기입하면 추정오차 0.089011을 얻는다.

❼ C9셀에 **=C4-C8**, C10셀에 **=C4+C8**을 기입하면 신뢰하한 0.460989와 신뢰상한 0.639011을 얻는다. 즉, 95% 근사 신뢰구간은 (0.460989, 0.639011)이다.

	A	B	C
1	찬성	표본크기	120
2	찬성	관심대상	찬성
3	무응답	응답수	66
4	찬성	표본비율	0.55
5	찬성	신뢰도	0.95
6	찬성	z값	1.959964
7	찬성	표준오차	0.045415
8	찬성	추정오차	0.089011
9	찬성	신뢰하한	0.460989
10	찬성	신뢰상한	0.639011
11	찬성		

9.4 ▶ 모분산의 구간추정

평균이 동일한 두 자료집단에 대해 변동성 척도가 얼마나 중요한지 4장에서 살펴봤다. 예를 들어 어느 부속품이 평균적으로 주문자의 요구에 적합하다고 하더라도 변동성이 크다면 제조 공정에서 많은 불량품을 생산하게 될 것이다. 따라서 변동성에 대한 추론은 매우 중요하며, 특히 주식투자 포트폴리오에 있어 손해 위험을 감소시키는 데 분산이 많은 영향을 미친다. 이번 절에서는 정규모집단의 모분산에 대한 구간추정량을 구하는 방법을 살펴본다.

모분산이 σ^2인 정규모집단에서 추출한 크기가 n인 표본분산 S^2은 σ^2에 대한 불편추정량인 것을 살펴봤다. 따라서 정규모집단의 모분산 σ^2을 추정하기 위해 표본분산 S^2을 이용한다. 표본표준편차 S는 모표준편차 σ에 대한 불편추정량이 아니지만 $n \geq 10$이면 편의를 무시할 수 있으므로 모표준편차를 추정할 때 표본표준편차를 이용한다. 이때 통계량 $V = \dfrac{(n-1)S^2}{\sigma^2}$은 자유도 $n-1$인 카이제곱분포를 이루는 것을 8.5절에서 살펴봤다. 이를 이용하여 모분산 σ^2을 통계적으로 추론하며, 통계량 V를 **카이제곱 통계량**(chi-squared statistics)이라 한다. [그림 9-9]와 같이 양쪽 꼬리확률이 $\dfrac{\alpha}{2}$인 임계값은 $\chi^2_{1-\alpha/2}(n-1)$과 $\chi^2_{\alpha/2}(n-1)$이다.

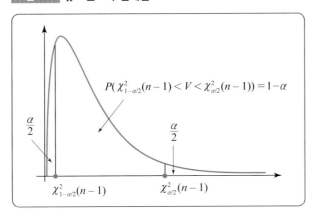

그림 9-9 χ^2-분포와 임계점

그러므로 자유도 $n-1$인 카이제곱분포에 대해 다음 확률을 얻는다.

$$P\left(\chi^2_{1-\alpha/2}(n-1) < \frac{(n-1)S^2}{\sigma^2} < \chi^2_{\alpha/2}(n-1) \right) = 1 - \alpha,$$

$$P\left(\frac{(n-1)S^2}{\chi^2_{\alpha/2}(n-1)} < \sigma^2 < \frac{(n-1)S^2}{\chi^2_{1-\alpha/2}(n-1)} \right) = 1 - \alpha$$

따라서 정규모집단에서 추출한 크기가 n인 표본분산이 s^2이면 모분산 σ^2에 대한 $100(1-\alpha)\%$ 신뢰구간을 다음과 같이 요약할 수 있다.

모분산 σ^2에 대한 100$(1-\alpha)$% 신뢰구간

- 신뢰하한: $\text{LB} = \dfrac{(n-1)s^2}{\chi^2_{\alpha/2}(n-1)}$

- 신뢰상한: $\text{UB} = \dfrac{(n-1)s^2}{\chi^2_{1-\alpha/2}(n-1)}$

- 추정오차: $e = t_{\alpha/2}(n-1)\dfrac{s}{\sqrt{n}}$

- 신뢰구간: $\left(\dfrac{(n-1)s^2}{\chi^2_{\alpha/2}(n-1)}, \ \dfrac{(n-1)s^2}{\chi^2_{1-\alpha/2}(n-1)} \right)$

$n \geq 10$이면 모표준편차 σ에 대한 100$(1-\alpha)$% 신뢰구간은 다음과 같다.

$$\left(s\sqrt{\dfrac{n-1}{\chi^2_{\alpha/2}(n-1)}}, \ s\sqrt{\dfrac{n-1}{\chi^2_{1-\alpha/2}(n-1)}} \right)$$

따라서 정규모집단의 모분산 σ^2에 대한 90%, 95%, 99% 신뢰구간은 각각 다음과 같다.

- σ^2에 대한 90% 신뢰구간: $\left(\dfrac{(n-1)s^2}{\chi^2_{0.05}(n-1)}, \ \dfrac{(n-1)s^2}{\chi^2_{0.95}(n-1)} \right)$

- σ^2에 대한 95% 신뢰구간: $\left(\dfrac{(n-1)s^2}{\chi^2_{0.025}(n-1)}, \ \dfrac{(n-1)s^2}{\chi^2_{0.975}(n-1)} \right)$

- σ^2에 대한 99% 신뢰구간: $\left(\dfrac{(n-1)s^2}{\chi^2_{0.005}(n-1)}, \ \dfrac{(n-1)s^2}{\chi^2_{0.99}(n-1)} \right)$

예제 6

[예제 4] 자료에서 모분산 σ^2에 대한 95% 신뢰구간을 구하라.

풀이

다음 순서에 따라 95% 신뢰구간을 구한다.

❶ [예제 4]에서 표본분산 $s^2 \approx 0.3867$을 구했다.

❷ 표본의 크기가 10이므로 자유도 9인 χ^2-분포에서 95% 신뢰구간에 대한 두 임계값은 각각 다음과 같다.

$$\chi^2_{0.025}(9) = 19.02, \ \chi^2_{0.975}(9) = 2.70$$

❸ 신뢰하한과 신뢰상한을 계산한다.

$$\frac{9s^2}{\chi_{0.025}^2(9)} = \frac{9 \times 0.3867}{19.02} \approx 0.183,$$

$$\frac{9s^2}{\chi_{0.975}^2(9)} = \frac{9 \times 0.3867}{2.7} = 1.289$$

❹ 따라서 95% 신뢰구간은 (0.183, 1.289)이다.

엑셀 모분산에 대한 신뢰구간

[예제 4] 자료에 대해 95% 신뢰구간을 구한다.

❶ A1셀에 **연비**, A2~A11셀에 데이터를 기입하고, B1~B5셀에 **표본분산**, **카이0.025**, **카이0.975**, **신뢰하한**, **신뢰상한**을 기입한다.

❷ C1셀에 커서를 놓고 VAR.S를 이용하여 표본분산 0.386667을 구한다.

❸ C2셀에 커서를 놓고 메뉴바에서 수식 〉 함수 삽입 〉 통계 〉 CHISQ.INV.RT를 선택하여 **Probability**에 **0.025**, **Deg_freedom**에 **9**를 기입하면 $\chi_{0.025}^2(9) = 19.02277$을 얻는다.

❹ C3셀에 커서를 놓고 메뉴바에서 수식 〉 함수 삽입 〉 통계 〉 CHISQ.INV.RT를 선택하여 **Probability**에 **0.975**를 기입하거나 CHISQ.INV를 선택하여 **Probability**에 **0.025**를 기입하면 $\chi_{0.975}^2(9) = 2.700389$를 얻는다.

❺ C4셀과 C5셀에 **=9*B1/C3**, **=9*B1/C2**를 기입하면 신뢰하한 0.1829과 신뢰상한 1.2887을 얻는다. 즉, 95% 신뢰구간은 (0.1829, 1.2887)이다.

	A	B	C
1	연비	표본분산	0.386667
2	19.3	카이0.025	19.02277
3	20.7	카이0.975	2.700389
4	19.6	신뢰하한	0.182939
5	20.1	신뢰상한	1.288703
6	21.1		
7	20.5		
8	20.7		
9	19.5		
10	19.8		
11	20.7		

지금까지 주어진 표본의 크기를 이용하여 모수에 대한 신뢰구간을 구해봤다. 표본의 크기가 클수록 모집단에 대한 정보를 더 많이 포함하게 됨으로써 신뢰구간의 폭은 좁아지게 되고, 반대로 표본의 크기가 작을수록 표본의 자료가 갖는 정보가 미흡하므로 신뢰구간의 폭은 넓어진다. 따라서 신뢰구간의 폭이 넓으면 신뢰도는 높아지지만 원하는 정보를 제대로 제공하지 못하고, 반대로 폭이 좁으면 원하는 정보를 얻지만 신뢰도는 떨어진다. 따라서 정해 놓은 신뢰도에 따른 신뢰구간의 오차를 최소로 하기 위해 적당한 크기의 표본을 선정해야 한다. 이번 절에서는 표본평균, 표본비율의 신뢰구간을 얻기 위한 적당한 표본의 크기를 결정하는 방법을 살펴본다.

9.5.1 모평균을 추정하기 위한 표본의 크기

모분산이 알려진 정규모집단에서 크기가 n인 표본을 추출할 때, $100(1-\alpha)\%$ 신뢰구간에서 표본평균과 모평균의 오차한계가 $e = z_{\alpha/2} \dfrac{\sigma}{\sqrt{n}}$임을 알았다. 이는 표본을 어떻게 추출하더라도 $\overline{X}$ 와 μ의 오차가 오차한계보다 작을 확률이 $1-\alpha$임을 의미한다. 따라서 $100(1-\alpha)\%$ 신뢰도에서 오차한계는 $\overline{X}$와 μ의 오차를 최대로 허용한 값이며, 이를 e라 하면 다음이 성립한다.

$$e = z_{\alpha/2} \frac{\sigma}{\sqrt{n}}$$

$100(1-\alpha)\%$ 신뢰도에서 최대로 허용할 수 있는 오차 e로부터 다음과 같이 모평균을 추정하기 위한 표본의 크기 n을 얻는다.

$$n = \left(z_{\alpha/2} \frac{\sigma}{e}\right)^2$$

일반적으로 표본의 크기를 결정하는 식의 우변은 소수로 결정되며 n은 정수이므로 우변보다 큰 정수 중 가장 작은 것으로 택한다. 예를 들어 $\sigma = 0.5$, $e = 0.1$이고 95% 신뢰도라 하면 표본의 크기는 다음과 같다.

$$n = \left(\frac{1.96 \times 0.5}{0.1}\right)^2 = 96.04$$

따라서 표본의 크기는 96보다 큰 정수 중 가장 작은 97로 정한다.

대부분의 모집단은 모표준편차 σ가 알려져 있지 않으므로 표본의 크기를 결정하려면 σ를 추측해야 한다. 보편적으로 모표준편차를 추측하기 위해 다음 두 가지 방법을 사용한다.

- 이전에 조사한 경험이 있는 자료에 대한 모표준편차를 사용한다.
- 이런 자료가 없는 경우 본조사를 실시하기 전에 예비조사로 얻은 표본표준편차를 모표준편차로 이용한다.

예를 들어 2 L 들이 페트병에 들어 있는 음료수 양에 대한 95% 신뢰구간을 구해보자. 이전에 조사한 경험에 비추어 2 L 들이 음료수 페트병에 들어 있는 음료수 양의 표준편차가 0.01인 정규분포를 이룬다고 하자. 이때 오차한계가 0.003이라면 표본조사해야 할 페트병의 개수는 다음과 같이 43이다.

$$n = \left(\frac{1.96 \times 0.01}{0.003} \right)^2 \approx 42.68 \approx 43$$

이런 정보가 없다면 크기가 15인 표본에 대해 예비조사를 하여 표본평균 2.01, 표본표준편차 0.012를 얻었다고 하자. 표본표준편차 0.012를 모표준편차로 이용하여 표본의 크기를 구하면 다음과 같다.

$$n = \left(\frac{1.96 \times 0.012}{0.003} \right)^2 = 61.4656 \approx 62$$

이로부터 예비조사를 한 15개의 페트병에 이어 47개를 더 조사해야 함을 알 수 있다.

예제 7

$\sigma = 0.25$인 정규모집단의 모평균에 대한 90% 신뢰구간을 얻기 위해 추출해야 할 표본의 크기를 구하라(단, 오차한계는 $e = 0.05$이다).

풀이

$\sigma = 0.25$, $e = 0.05$이므로 모평균에 대한 90% 신뢰구간을 얻기 위해 추출해야 할 표본의 크기는 다음과 같다.

$$n = \left(\frac{1.645 \times 0.25}{0.05} \right)^2 \approx 67.65 \approx 68$$

9.5.2 모비율을 추정하기 위한 표본의 크기

모비율 p를 추정하기 위한 표본의 크기를 결정하는 방법은 모평균의 경우와 비슷하다. 신뢰도 $100(1 - \alpha)\%$에서 모비율 p에 대한 추정오차는 $e = z_{\alpha/2} \sqrt{\dfrac{\hat{p}\hat{q}}{n}}$ 이다. 따라서 신뢰도 $100(1 - \alpha)\%$에서 모비율 p에 대한 오차한계를 d라 하면 표본의 크기는 다음과 같다.

$$n = z_{\alpha/2}^2 \frac{\hat{p}(1 - \hat{p})}{e^2}$$

그러나 표본비율 $\hat{p}$은 표본의 크기가 결정된 이후 표본에서 얻는 수치이므로 표본의 크기를 결정하는 단계에서는 알 수 없는 값이다. 그러므로 다음 세 가지 방법을 이용하여 표본의 크기를 결정한다.

- 과거의 경험에 의해 모비율에 대한 사전 정보 p^*를 알고 있다면 표본의 크기를 다음과 같이 구할 수 있다.

$$n = z_{\alpha/2}^2 \frac{p^*(1-p^*)}{e^2}$$

- 예비조사로 얻은 표본비율 p^*를 모비율에 대한 사전 정보로 사용한다.
- 대수적으로 $\hat{p}(1-\hat{p})$을 완전제곱식으로 변형하면 다음과 같다.

$$\hat{p}(1-\hat{p}) = -\left(\hat{p} - \frac{1}{2}\right)^2 + \frac{1}{4}$$

$$\leq \frac{1}{4}$$

따라서 $\hat{p}(1-\hat{p})$의 최댓값 $\frac{1}{4}$을 취하여 다음과 같이 표본의 크기를 선정한다.

$$n \geq \frac{z_{\alpha/2}^2}{4e^2}$$

예제 8

어느 지역구 국회의원으로 출마한 후보자 A의 지지도에 대한 오차 범위 ±2%에서 95% 신뢰구간을 구하고자 한다. 다음과 같은 경우 얼마나 많은 주민을 상대로 지지도를 조사해야 하는지 구하라.

(a) 후보자 A가 지난 선거에서 지지율 54%로 당선됐다.
(b) 후보자 A가 이번 선거에 처음 출마했다.

풀이

(a) 사전 정보가 있으므로 $p^* = 0.54$를 이용한다. 오차한계가 2%이므로 $e = 0.02$이고 $z_{0.025} = 1.96$이므로 표본의 크기는 다음과 같다.

$$n = 1.96^2 \frac{0.54 \times 0.46}{0.02^2} \approx 2385.63 \approx 2386$$

따라서 2,386명의 주민을 상대로 지지도를 조사해야 한다.

(b) 이 후보자에 대한 사전 정보가 없으므로 표본의 크기를 다음과 같이 구한다.

$$n \geq \frac{1.96^2}{4 \times 0.02^2} = 2401$$

따라서 최소한 2,401명의 주민을 상대로 지지도를 조사해야 한다.

1. 모수를 추정하기 위한 표본의 통계량을 무엇이라 하는가?

2. 표본에서 얻은 수치를 이용하여 모수의 참값을 추정하는 방법을 무엇이라 하는가?

3. 모수의 참값이 포함될 것으로 예상되는 구간을 이용하여 추정하는 방법을 무엇이라 하는가?

4. 추정량의 표본분포가 모수의 참값을 중심으로 갖는 점추정량의 성질을 무엇이라 하는가?

5. 모평균, 모분산, 모비율에 대한 대표적인 불편추정량은 무엇인가?

6. 모수에 대한 추정량들 중 가장 작은 분산을 가지는 추정량을 무엇이라 하는가?

7. 표본의 크기가 커질수록 모수에 가까워지는 추정량을 무엇이라 하는가?

8. 주어진 신뢰도에 따른 모수의 구간추정값을 무엇이라 하는가?

9. 95% 신뢰구간을 모수의 참값이 신뢰구간에 포함될 확률이 95%라고 한다면, 이는 신뢰구간에 대해 정확하게 말한 것인가?

10. 모분산을 아는 정규모집단의 모평균을 추정하기 위해 사용하는 표본분포는 무엇인가?

11. 모분산을 아는 정규모집단의 모평균에 대한 $100(1-\alpha)\%$ 신뢰구간은 무엇인가?

12. 모분산을 아는 정규모집단의 모평균에 대한 $100(1-\alpha)\%$ 신뢰구간에서 추정오차는 무엇인가?

13. 모분산을 모르는 정규모집단의 모평균을 추정하기 위해 사용하는 표본분포는 무엇인가?

14. 모분산을 모르는 정규모집단의 모평균에 대한 $100(1-\alpha)\%$ 신뢰구간은 무엇인가?

15. 모분산을 모르는 정규모집단의 모평균에 대한 $100(1-\alpha)\%$ 신뢰구간에서 추정오차는 무엇인가?

16. 모비율 p에 대한 $100(1-\alpha)\%$ 신뢰구간은 무엇인가?

17. 모비율 p에 대한 $100(1-\alpha)\%$ 신뢰구간에서 추정오차는 무엇인가?

18. 모분산 σ^2을 추정하기 위해 사용하는 표본분포는 무엇인가?

19. 모분산 σ^2에 대한 $100(1-\alpha)\%$ 신뢰구간은 무엇인가?

20. 모평균에 대한 $100(1-\alpha)\%$ 신뢰구간을 구할 때, 오차한계가 d이기 위한 표본의 크기는 얼마인가(단, 예비조사로 모표준편차 σ^*를 얻었다)?

21. 모비율에 대한 사전 정보가 없을 때, 오차한계가 d인 모비율에 대한 $100(1-\alpha)\%$ 신뢰구간을 구한다면 표본의 크기는 얼마로 해야 하는가?

연습문제

1. 모평균이 μ인 모집단에서 크기가 2인 표본 X_1, X_2를 추출하여 모평균에 대한 점추정량을 다음과 같이 정의했다. 이 네 점추정량에 대해 물음에 답하라.

$$\hat{\mu}_1 = X_1, \quad \hat{\mu}_2 = \frac{1}{2}(X_1 + X_2), \quad \hat{\mu}_3 = \frac{1}{3}(X_1 + 2X_2), \quad \hat{\mu}_4 = \overline{X} + \frac{1}{2}$$

(a) 모평균 μ에 대한 불편추정량과 편의추정량으로 구분하라.
(b) 모평균 μ에 대한 유효추정량을 선택하라.
(c) 모평균 μ에 대한 최소분산불편추정량을 구하라.

2. 정규모집단에서 크기가 3인 표본을 추출하여 모평균에 대한 점추정량을 다음과 같이 정의했다. 물음에 답하라.

$$\hat{\mu}_1 = \frac{1}{2}(X_1 + X_2), \qquad \hat{\mu}_2 = \frac{1}{3}(X_1 + X_2 + X_3),$$

$$\hat{\mu}_3 = \frac{1}{4}(2X_1 + X_2 + X_3), \quad \hat{\mu}_4 = \frac{1}{5}(2X_1 + 2X_2 + X_3)$$

(a) 모평균 μ에 대한 불편추정량과 편의추정량으로 구분하라.
(b) 모평균 μ에 대한 유효추정량을 선택하라.
(c) 모평균 μ에 대한 최소분산불편추정량을 구하라.

3. 정규모집단의 모평균에 대한 95% 신뢰구간을 구하기 위해 크기가 25인 표본을 선정했다. 모표준편차가 다음과 같을 때 오차한계를 구하고, 모표준편차가 커질수록 신뢰구간이 어떻게 변하는지 설명하라.

(a) $\sigma = 1$ (b) $\sigma = 2$ (c) $\sigma = 5$ (d) $\sigma = 10$

4. 모표준편차가 2인 정규모집단의 모평균에 대한 95% 신뢰구간을 구하기 위해 다음과 같은 크기의 표본을 선정했다. 오차한계를 구하고, 표본의 크기가 커질수록 신뢰구간이 어떻게 변하는지 설명하라.

(a) $n = 20$ (b) $n = 50$ (c) $n = 100$ (d) $n = 200$

5. 모표준편차가 1.2인 정규모집단의 모평균을 추정하기 위해 크기가 25인 표본을 선정하여 표본평균 $\bar{x} = 12.4$를 얻었다. 신뢰도가 다음과 같을 때 모평균에 대한 신뢰구간을 구하고, 신뢰도가 커질수록 신뢰구간이 어떻게 변하는지 설명하라.

(a) 90%　　　　　　　(b) 95%　　　　　　　(c) 99%

6. 정규모집단의 모평균에 대한 95% 신뢰구간을 구하기 위해 크기가 16인 표본을 선정했다. 표본표준편차가 다음과 같을 때 오차한계를 구하고, 표본표준편차가 커질수록 신뢰구간이 어떻게 변하는지 설명하라.

(a) $s = 1$　　　　(b) $s = 1.5$　　　　(c) $s = 2$　　　　(d) $s = 4$

7. 정규모집단의 모평균에 대한 95% 신뢰구간을 구하기 위해 다음과 같은 크기의 표본을 조사하여 표본표준편차 2를 얻었다. 이때 오차한계를 구하고, 표본의 크기가 커질수록 신뢰구간이 어떻게 변하는지 설명하라.

(a) $n = 10$　　　　(b) $n = 20$　　　　(c) $n = 41$　　　　(d) $n = 81$

8. 정규모집단의 모평균을 추정하기 위해 크기가 25인 표본을 조사하여 표본평균 9.4와 표본표준편차 1.25를 얻었다. 신뢰도가 다음과 같을 때 모평균에 대한 신뢰구간을 구하고, 신뢰도가 커질수록 신뢰구간이 어떻게 변하는지 설명하라.

(a) 90%　　　　　　　(b) 95%　　　　　　　(c) 99%

9. 모비율에 대한 95% 근사 신뢰구간을 구하기 위해 다음과 같은 크기의 표본을 조사하여 표본비율 0.54를 얻었다. 오차한계를 구하고, 표본의 크기가 커질수록 신뢰구간이 어떻게 변하는지 설명하라.

(a) $n = 50$　　　　(b) $n = 100$　　　　(c) $n = 150$　　　　(d) $n = 200$

10. 모표준편차가 3인 정규모집단에서 크기가 20인 표본을 조사하여 $\sum_{i=1}^{20} x_i = 46.2$를 얻었다. 모평균에 대한 90% 신뢰구간을 구하라.

11. 다음은 서울 시내 교차로의 평균 대기시간을 알아보기 위해 임의로 교차로 50곳을 선정하여 대기시간을 조사한 결과이다. 서울 시내 교차로의 대기시간이 표준편차가 0.5인 정규분포를 이룬다고 할 때, 서울 시내 교차로의 평균 대기시간에 대한 99% 신뢰구간을 구하라(단, 단위는 분이다).

3.8	5.3	2.0	4.0	1.2	3.9	5.3	4.9	1.2	3.4
5.0	1.8	1.5	3.0	1.7	5.5	1.8	5.0	4.6	5.5
3.2	2.1	5.5	2.3	3.5	4.7	2.6	4.5	3.6	1.2
2.4	4.3	5.0	1.7	4.0	3.5	1.9	2.4	2.9	5.5
3.4	4.8	1.2	1.1	1.5	2.3	1.5	4.9	5.5	3.8

12. 다음은 우리나라 빈곤층 아동·청소년 가구의 평균 의료급여 수급을 추정하기 위해 아동·청소년 30가구를 표본조사한 결과이다. 빈곤층 아동·청소년 가구의 의료급여 수급은 표준편차가 3.2인 정규분포를 이룬다고 할 때, 우리나라 빈곤층 아동·청소년 가구의 평균 의료급여에 대한 95% 신뢰구간을 구하라(단, 단위는 만 원이다).

93.2	89.6	92.6	92.5	94.8	102.1	93.3	90.8	93.6	91.5
88.7	94.3	88.1	96.5	82.2	97.2	99.3	93.3	86.4	83.3
97.2	89.6	84.5	89.1	81.5	87.1	94.3	92.4	93.6	97.2

13. 다음은 어떤 패스트푸드 가게에서 음식이 나오는 데 걸리는 시간을 파악하기 위해 임의로 20명의 손님을 선정한 후 이 손님들이 음식을 기다리는 시간을 조사한 결과이다. 과거 경험에 따르면 음식이 제공되는 시간이 표준편차가 15인 정규분포를 이룬다고 한다. 음식이 제공되는 평균 시간에 대한 90% 신뢰구간을 구하라(단, 단위는 초이다).

95	64	96	95	124	89	93	98	86	95
92	86	94	91	85	87	93	92	86	97

14. 다음은 텔레비전의 평균 광고 시간이 얼마나 되는지 알아보기 위해 임의로 광고 40개를 선정하여 광고 시간을 측정한 결과이다. 텔레비전 광고 시간이 표준편차가 3인 정규분포를 이룬다고 할 때, 텔레비전의 평균 광고 시간에 대한 95% 신뢰구간을 구하라(단, 단위는 초이다).

29	33	32	30	32	31	30	31	28	29
32	33	32	27	27	33	32	33	27	32
30	29	30	32	30	33	32	28	31	32
30	30	27	30	32	27	30	30	32	29

15. 금융감독원이 우리나라 28곳의 대학에 재학 중인 학생 2,490명을 대상으로 금융에 대해 얼마나 이해하는지 평가하기 위해 총점이 100점인 시험을 실시하여 다음 결과를 얻었다.

- 2,490명의 평균 점수는 60.8이다.
- 이 자료에 따르면 경영경제 계열 학생들의 평균 점수는 65.7이고, 공학 계열 학생들의 평균 점수는 49.5이다.

(a) 우리나라 대학생의 금융에 대한 이해도를 나타내는 점수는 모표준편차가 8.5인 정규분포를 이룬다고 할 때, 우리나라 대학생의 평균 점수에 대한 95% 신뢰구간을 구하라.

(b) 경영경제 계열 학생의 금융에 대한 이해도를 나타내는 점수는 모표준편차가 4.5인 정규분포를 이룬다고 하자. 평가에 응한 경영경제 계열 학생이 336명일 때, 경영경제 계열 학생들의 평균 점수에 대한 90% 신뢰구간을 구하라.

(c) 공학 계열 학생의 금융에 대한 이해도를 나타내는 점수는 모표준편차가 8.7인 정규분포를 이룬다고 하자. 평가에 응한 공학 계열 학생이 314명일 때, 공학 계열 학생들의 평균 점수에 대한 99% 신뢰구간을 구하라.

16. 어느 대형 마트에서 고객의 평균 소비 금액을 알기 위해 100명을 임의로 선정하여 조사했더니 100명의 평균 소비 금액이 9.84만 원이었다. 5년 전에 조사한 결과에 따르면 고객의 평균 소비 금액의 표준편차가 1.5만 원이었다고 할 때, 이 마트 고객의 평균 소비 금액에 대한 98% 근사 신뢰구간을 구하라.

17. 동남아시아에 한 달간 자유여행을 할 때 필요한 평균 비용을 알아보기 위해 동남아시아 자유여행 경험이 있는 64명을 임의로 선정하여 조사했더니 여행 평균 비용이 165만 원이었다. 여행 비용의 모표준편차가 12.5만 원이라 할 때, 평균 비용에 대한 95% 근사 신뢰구간을 구하라.

18. 다음은 2014년부터 2018년까지 측정된 우리나라 주요 도시의 미세먼지(PM−10) 농도를 나타낸 자료이다. 미세먼지 농도는 정규분포를 이룬다고 할 때, 물음에 답하라(단, 단위는 $\mu\text{g/m}^3$이고 $t_{0.025}(39) \approx 2.023$이다).

46	41	41	49	45	48	46	46	46	43
53	46	46	45	46	43	44	40	49	43
44	48	47	43	45	40	46	42	44	44
40	40	44	41	40	39	41	40	47	42

출처: 통계청

(a) 미세먼지 평균 농도의 점추정값을 구하라.

(b) 미세먼지 평균 농도에 대한 95% 신뢰구간에서 오차한계를 구하라.

(c) 미세먼지 평균 농도에 대한 95% 신뢰구간을 구하라.

19. 다음은 점심시간 동안 식당가 근처의 공용주차장에 주차한 직장인들의 승용차에 대해 평균 주차 시간을 알아보기 위해 임의로 15대의 승용차를 선정하여 주차 시간을 조사한 결과이다. 주차 시간은 정규분포를 이룬다고 할 때, 물음에 답하라(단, 단위는 분이다).

56	63	56	47	68	62	69	52	62	43	64	68	76	65	55

(a) 평균 주차 시간의 점추정값을 구하라.

(b) 평균 주차 시간에 대한 99% 신뢰구간에 대한 오차한계를 구하라.

(c) 평균 주차 시간에 대한 99% 신뢰구간을 구하라.

20. 주당 52시간 근무 제도가 실시되면서 어느 회사에서는 직원들의 복리후생을 지원하기로 했다. 그 일환으로 15명의 직원을 임의로 선정하여 일주일 동안 자기계발에 투자하는 시간을 조사하여 다음 자료를 얻었다. 이 회사 직원들이 자기계발에 투자하는 시간은 정규분포를 이룰 때, 일주일 동안 이 회사의 전 직원이 자기계발에 투자하는 평균 시간에 대한 95% 신뢰구간을 구하라(단, 단위는 시간이다).

8	9	20	14	9	10	9	16	12	16	18	14	19	10	8

21. 2020년 통계청 자료에 의하면 우리나라 국민의 연간 소비 금액은 16.2백만 원이라고 한다. 다음은 우리나라 국민 30명을 임의로 선정하여 연간 소비 금액을 조사한 결과이다. 국민 1인당 연간 평균 소비 금액에 대한 95% 신뢰구간을 구하라(단, 단위는 백만 원이다).

16.9	16.7	15.4	13.6	13.8	14.5	17.1	16.9	28.3	18.3
11.6	15.2	15.6	24.4	11.7	15.5	16.3	15.4	16.5	9.8
19.2	18.7	11.1	15.5	14.2	19.0	14.3	19.3	15.3	15.9

22. 어느 타이어 회사에서 새로운 제조법으로 생산한 타이어의 평균 주행거리를 알아보기 위해 이 회사의 타이어 16개를 임의로 선정하여 다음 주행거리를 얻었다. 과거 경험에 의하면 타이어의 주행거리는 정규분포를 이룰 때, 새로운 제조법으로 생산한 타이어의 평균 주행거리에 대한 99% 신뢰구간을 구하라(단, 단위는 1,000 km이다).

62.2	64.6	59.7	58.1	59.8	60.5	60.2	59.4
61.5	61.7	62.2	57.6	57.8	61.1	57.9	55.7

23. 다음은 어느 세탁 공장에서 한 달 동안 쓰는 평균 물 소비량을 알기 위해 표본조사한 결과이다. 한 달 동안 쓰는 평균 물 소비량에 대한 90% 신뢰구간을 구하라(단, 단위는 10톤이고 물 소비량은 정규분포를 이룬다).

20	30	25	40	35	50	70	60	65	55

24. 부산여성가족개발원 연구보고서에서 부산 지역 외국인 근로자 680명을 상대로 한국의 의료 환경에 대해 조사한 결과, 진료 비용이 높다는 응답이 23.1%로 나타났다. 이 자료를 기초로 하여 한국에 거주하는 외국인이 느끼는 우리나라 의료비가 높다는 비율에 대한 95% 근사 신뢰구간을 구하라.

25. 광주시교육청은 2019년부터 생활교복을 권고하고 있다. 광주광역시 소재 중고등학교에 다니는 학생 720명을 대상으로 설문조사를 한 결과 97%가 생활교복을 선호했다고 하자. 이에 근거하여 광주 지역 중고등학생의 생활교복 착용의 찬성률에 대한 90% 근사 신뢰구간을 구하라.

26. 2014년에 한국소비자보호원은 서울 지역 자가 운전자 1,000명을 대상으로 조사한 결과 가짜 휘발유 또는 정량 미달 주유를 의심한 적이 있는 소비자가 79.3%에 이르는 것으로 나타났다고 밝혔다. 이와 같은 경험을 가진 서울 지역 자가 운전자의 비율에 대한 99% 근사 신뢰구간을 구하라.

27. 다음은 과제물의 점검과 작성을 본인이 직접 하는지 조사하기 위해 20명의 교수와 25명의 학생을 임의로 선정하여 교수들에게 과제물을 본인이 직접 점검하는지 질문하고, 학생들에게 과제물을 본인이 직접 작성하는지 질문하여 얻은 자료이다. 이때 'Yes'는 과제물 본인이 직접 점검하거나 작성한다고 답한 것을 의미한다. 물음에 답하라.

교수	Yes	Yes	No	Yes	No	No	Yes	Yes	No	Yes
	No	No	Yes	Yes	No	Yes	Yes	No	Yes	Yes
학생	No	Yes	No	No	Yes	No	Yes	No	No	Yes
	No	Yes	No	No	No	No	No	Yes	No	Yes
	Yes	No	Yes	No	Yes					

(a) 과제물을 본인이 직접 점검하는 교수의 비율에 대한 95% 근사 신뢰구간을 구하라.

(b) 과제물을 본인이 직접 작성하는 학생의 비율에 대한 90% 근사 신뢰구간을 구하라.

28. 20대 여성 100명을 대상으로 건강 다이어트 식품을 복용하는지 조사한 결과 35명이 다이어트 식품을 복용하는 것으로 나타났다. 우리나라 20대 여성의 건강 다이어트 식품을 복용하는 비율에 대한 98% 근사 신뢰구간을 구하라.

29. 다음은 통계청에서 2014년 2분기 적자 가구의 비율을 표본조사한 결과이다. 물음에 답하라.

- 전체 적자 가구의 비율은 23%이다.
- 서민층과 중산층의 적자 가구의 비율은 각각 26.8%와 19.8%이다.

(a) 우리나라 전체 적자 가구의 비율에 대한 95% 신뢰구간을 구하라(단, 표본의 크기는 14,950이라 가정한다).

(b) 서민층의 적자 가구 비율에 대한 90% 신뢰구간을 구하라(단, 표본의 크기는 4,500이라 가정한다).

(c) 중산층의 적자 가구 비율에 대한 99% 신뢰구간을 구하라(단, 표본의 크기는 9,450이라 가정한다).

30. 정규모집단에서 크기가 10인 표본을 선정하여 표본표준편차 1.6을 얻었을 때, 모분산에 대한 95% 신뢰구간을 구하라.

31. 어느 생수 회사의 생수병 15개를 수거하여 무게를 조사한 결과 표준편차 2.4를 얻었다. 생수병 무게의 모표준편차에 대한 90% 신뢰구간을 구하라(단, 단위는 g이다).

32. 다음은 어느 회사에서 생산되는 음료수 12캔의 당분 함량을 조사한 자료이다. 이 자료로부터 이 회사에서 생산되는 음료수의 당분 함량에 대한 분산과 표준편차에 대한 95% 신뢰구간을 구하라 (단, 단위는 g/300 mL이다).

14.7	15.9	13.5	14.6	16.1	15.6	15.4	15.1	13.4	14.8	15.6	15.3

33. 어느 대학에서 재학생들의 월평균 생활비에 대한 95% 신뢰구간을 구하려고 한다. 전체 재학생의 생활비는 모표준편차가 7만 원인 정규분포를 이루고 오차한계는 5,000원이라 할 때, 몇 명의 재학생에 대해 월평균 생활비를 조사해야 하는지 구하라.

34. 환경부와 부산광역시의 2016년 6월 보도자료에 따르면 '낙동강 하굿둑 수문을 40분간 열면 하굿둑 상류 3 km 지점의 염분 농도가 0.3 psu를 기록할 것이다'라고 한다. 이 지점의 평균 염분 농도에 대한 90% 신뢰구간을 구하려고 한다. 염분의 농도에 대한 표준편차는 0.02 psu일 때, 오차한계를 0.004 이하로 하려면 얼마나 많은 표본이 필요한지 구하라(단, 이 지점의 염분 농도는 정규분포를 이룬다고 한다).

35. 어느 제조회사는 새로 개발한 신제품의 불량률을 조사하려고 한다. 신제품의 불량률에 대한 95% 신뢰구간에서 허용오차를 1% 이내로 하기 위해 필요한 표본의 크기를 구하라.

36. 과거 대학문화신문의 보도 자료에 의하면 서울 지역 대학생의 78%가 '수업 중에 스마트폰을 사용한 경험이 있다'고 한다. 신뢰수준 90%와 오차한계 2.5%에서 올해 대학생들의 수업 중 스마트폰 사용에 대한 경험을 조사하기 위한 표본의 크기를 구하라.

37. 표본조사를 통해 모 일간지의 선호도에 대한 95% 신뢰구간을 구하려고 한다. 오차한계를 2% 이내로 하기 위해 필요한 표본의 크기를 다음 조건에 따라 구하라.
(a) 과거 표본조사에 따르면 22.4%가 이 일간지를 선호하는 것으로 나타났다.
(b) 표본조사를 처음으로 실시하여 아무 정보가 없다.

38. 표본의 크기와 모비율에 대한 신뢰구간에 대해 물음에 답하라.
(a) 모비율에 대한 아무 정보가 없다고 하자. 허용오차를 3% 이내로 하여 모비율에 대한 95% 신뢰구간을 구하기 위한 표본의 크기는 얼마인가?
(b) (a)에서 구한 표본의 크기를 이용하여 표본비율 0.65를 얻었다고 하자. 모비율에 대한 95% 신뢰구간을 구하라.
(c) 모비율에 대한 정보가 0.65로 알려졌을 때, 허용오차를 3% 이내로 하여 모비율에 대한 95% 신뢰구간을 구하기 위한 표본의 크기는 얼마인가?
(d) (c)에서 구한 표본의 크기를 이용하여 표본비율 0.65를 얻었다고 하자. 모비율에 대한 95% 신뢰구간을 구하라.

1. 대기권의 약 0.035%를 차지하고 있는 이산화탄소의 양을 알아보기 위하여 30개국을 표본조사 하여 다음을 얻었다. 대기권의 평균 이산화탄소의 양에 대한 95% 신뢰구간을 구하라(단, 단위는 ppm이고 대기권의 이산화탄소의 양은 표준편차가 9.1인 정규분포를 이룬다고 가정한다).

321	337	331	316	337	331	336	350	328	340
358	340	341	343	339	329	331	322	325	336
327	349	332	337	338	341	305	326	339	335

2. 다음은 2014년부터 2016년까지 조사한 우리나라 광역시·도에 거주하는 국민의 1인당 GRDP이 다. 우리나라 국민 1인당 GRDP는 표준편차가 10인 정규분포를 이룬다고 할 때, 우리나라 국민 1인당 평균 GRDP에 대한 98% 신뢰구간을 구하라(단, 단위는 백만 원이다).

32.9	24.6	21.6	36.4	58.2	20.2	30.6	49.8	21.1	34.7
21.3	31.4	22.5	35.5	26.5	27.8	24.1	25.6	23.6	35.3
18.8	47.4	59.8	32.2	34.6	22.5	26.1	38.1	26.2	29.6
24.8	22.1	28.4	25.6	22.7	23.4	32.9	36.9	24.8	27.4

3. 다음은 대기환경연보에서 환경부가 발표한 2000년부터 2016년까지 서울 지역의 이산화황의 농 도를 나타낸 자료이다. 서울 지역의 이산화황 농도는 정규분포를 이룬다고 할 때, 서울 지역의 평 균 이산화황 농도에 대한 95% 신뢰구간을 구하라(단, 단위는 ppm이다).

연도	2000	2001	2002	2003	2004	2005	2006	2007	2008
이산화황	0.006	0.005	0.005	0.005	0.005	0.005	0.005	0.006	0.006
연도	2009	2010	2011	2012	2013	2014	2015	2016	−
이산화황	0.005	0.005	0.005	0.005	0.006	0.006	0.005	0.005	−

두 모집단의 추정

Estimation about two Populations

9장에서 단일 모집단의 모수를 추정하는 방법에 대해 살펴봤다.
한편 두 경쟁 업체에서 생산한 유사 제품의 평균 판매량의 차, 특정한 후보에 대한 세대별 지지율 차이
등과 같이 두 모집단을 비교, 분석하는 경우를 생각할 수 있다. 이번 장에서는 두 모집단에 대한 모평균
의 차, 모비율의 차, 모분산의 비를 추정하는 방법을 살펴본다.

10.1 모평균 차의 구간추정

독립인 두 정규모집단에 대한 모평균의 차를 추정하는 방법은 단일 모집단과 동일하다. 이번 절에서는 두 모분산을 아는 경우와 모르는 경우로 나누어 모평균의 차를 추정하는 방법을 살펴본다. 또한 독립인 아니면서 쌍체로 이루어진 두 모집단, 즉 동일한 대상에 대해 실험 전과 실험 후의 차이를 조사하는 경우에 대해 모평균의 차를 추정하는 방법도 살펴본다.

10.1.1 두 모분산을 아는 경우

모분산이 각각 σ_1^2, σ_2^2으로 알려지고 독립인 정규모집단 1, 정규모집단 2의 모평균 μ_1과 μ_2의 차 $\mu_1 - \mu_2$에 대한 구간추정을 살펴보자. 이를 위해 두 모집단에서 크기가 n, m인 표본을 추출하여 표본평균을 각각 $\overline{X}$, $\overline{Y}$라 한 후 8.3절에서 표본평균의 차 $\overline{X} - \overline{Y}$에 대해 다음과 같은 표준정규분포를 얻었다.

$$Z = \frac{(\overline{X} - \overline{Y}) - (\mu_1 - \mu_2)}{\sqrt{\dfrac{\sigma_1^2}{n} + \dfrac{\sigma_2^2}{m}}} \sim N(0, 1)$$

단일 모집단과 동일하게 양쪽 꼬리확률이 각각 $\dfrac{\alpha}{2}$인 중심확률은 $P(-z_{\alpha/2} < Z < z_{\alpha/2}) = 1 - \alpha$ 이고 다음이 성립한다.

$$P\left(\left| (\overline{X} - \overline{Y}) - (\mu_1 - \mu_2) \right| < z_{\alpha/2} \sqrt{\frac{\sigma_1^2}{n} + \frac{\sigma_2^2}{m}} \right) = 1 - \alpha$$

그러므로 모분산이 σ_1^2과 σ_2^2으로 알려지고 독립인 두 정규모집단에서 각각 크기가 n, m인 표본을 추출하여 표본평균의 관찰값 $\overline{x}$, $\overline{y}$를 얻었을 때, 모평균의 차 $\mu_1 - \mu_2$에 대한 $100(1 - \alpha)\%$ 신뢰구간을 다음과 같이 요약할 수 있다.

모평균의 차 $\mu_1 - \mu_2$에 대한 $100(1 - \alpha)\%$ 신뢰구간(두 모분산 σ_1^2, σ_2^2을 아는 경우)

- 신뢰하한: $\text{LB} = (\overline{x} - \overline{y}) - z_{\alpha/2} \sqrt{\dfrac{\sigma_1^2}{n} + \dfrac{\sigma_2^2}{m}}$

- 신뢰상한: $\text{UB} = (\overline{x} - \overline{y}) + z_{\alpha/2} \sqrt{\dfrac{\sigma_1^2}{n} + \dfrac{\sigma_2^2}{m}}$

- 추정오차: $e = z_{\alpha/2} \sqrt{\dfrac{\sigma_1^2}{n} + \dfrac{\sigma_2^2}{m}}$

- 신뢰구간: $\left((\overline{x} - \overline{y}) - z_{\alpha/2} \sqrt{\dfrac{\sigma_1^2}{n} + \dfrac{\sigma_2^2}{m}}, \ (\overline{x} - \overline{y}) + z_{\alpha/2} \sqrt{\dfrac{\sigma_1^2}{n} + \dfrac{\sigma_2^2}{m}} \right)$

따라서 모평균의 차 $\mu_1 - \mu_2$에 대한 90%, 95%, 99% 신뢰구간은 각각 다음과 같다.

- $\mu_1 - \mu_2$에 대한 90% 신뢰구간:
$$\left((\bar{x} - \bar{y}) - 1.645\sqrt{\frac{\sigma_1^2}{n} + \frac{\sigma_2^2}{m}},\ (\bar{x} - \bar{y}) + 1.645\sqrt{\frac{\sigma_1^2}{n} + \frac{\sigma_2^2}{m}}\right)$$

- $\mu_1 - \mu_2$에 대한 95% 신뢰구간:
$$\left((\bar{x} - \bar{y}) - 1.96\sqrt{\frac{\sigma_1^2}{n} + \frac{\sigma_2^2}{m}},\ (\bar{x} - \bar{y}) + 1.96\sqrt{\frac{\sigma_1^2}{n} + \frac{\sigma_2^2}{m}}\right)$$

- $\mu_1 - \mu_2$에 대한 99% 신뢰구간:
$$\left((\bar{x} - \bar{y}) - 2.58\sqrt{\frac{\sigma_1^2}{n} + \frac{\sigma_2^2}{m}},\ (\bar{x} - \bar{y}) + 2.58\sqrt{\frac{\sigma_1^2}{n} + \frac{\sigma_2^2}{m}}\right)$$

예제 1

모표준편차가 4인 정규모집단에서 크기가 20인 표본을 추출하여 평균 $\bar{x} = 50$을 얻었고, 모표준편차가 2인 정규모집단에서 크기가 25인 표본을 추출하여 표본평균 $\bar{y} = 48$을 얻었다. 두 모집단이 독립이라 할 때, 모평균의 차 $\mu_1 - \mu_2$에 대한 95% 신뢰구간을 구하라.

풀이

다음 순서에 따라 95% 신뢰구간을 구한다.

❶ 주어진 정보로부터 다음 값을 파악한다.

$$\sigma_1 = 4,\ \sigma_2 = 2,\ n = 20,\ m = 25,\ \bar{x} = 50,\ \bar{y} = 48,\ 1 - \alpha = 0.95,\ z_{0.025} = 1.96$$

❷ $\mu_1 - \mu_2$에 대한 점추정값은 $\bar{x} - \bar{y} = 50 - 48 = 2$이다.

❸ 추정오차를 구한다.

$$e_{95\%} = 1.96\sqrt{\frac{\sigma_1^2}{n} + \frac{\sigma_2^2}{m}} = 1.96\sqrt{\frac{16}{20} + \frac{4}{25}} \approx 1.9204$$

❹ 신뢰하한과 신뢰상한을 계산한다.

$$\text{LB} = (\bar{x} - \bar{y}) - e_{95\%} = 2 - 1.9204 = 0.0796,$$
$$\text{UB} = (\bar{x} - \bar{y}) + e_{95\%} = 2 + 1.9204 = 3.9204$$

❺ 따라서 95% 신뢰구간은 (0.0796, 3.9204)이다.

| 모분산을 아는 임의의 두 모집단

두 모집단이 독립이고 모분산 σ_1^2, σ_2^2이 알려져 있으나 모집단분포는 모른다고 하자. 그러면 8.2절에서 살펴본 것과 같이 중심극한정리에 의해 두 표본평균 $\overline{X}$, $\overline{Y}$는 독립이며 근사적으로 평균이 각각 $\mu_1 - \mu_2$이고 분산이 각각 $\dfrac{\sigma_1^2}{n}$, $\dfrac{\sigma_2^2}{m}$인 정규분포를 이룬다. 즉, 두 정규모집단의 모분산을 아는 경우와 동일한 방법으로 $\mu_1 - \mu_2$에 대한 근사 신뢰구간을 구할 수 있다.

예제 2

두 중소기업에서 생산한 휴대폰 배터리의 평균 수명에 차이가 있는지 알아보기 위해 두 회사의 배터리를 각각 100개, 120개를 수거하여 평균 수명을 측정한 결과 $\overline{x} = 25.8$, $\overline{y} = 25.4$를 얻었다. 배터리의 수명의 표준편차는 두 회사 모두 1일 때, 두 회사에서 생산한 배터리의 평균 수명의 차에 대한 90% 근사 신뢰구간을 구하라(단, 단위는 시간이다).

풀이

다음 순서에 따라 90% 근사 신뢰구간을 구한다.

❶ 주어진 정보로부터 다음 값을 파악한다.

$$\sigma_1 = \sigma_2 = 1, \ n = 100, \ m = 120, \ \overline{x} = 25.8, \ \overline{y} = 25.4, \ 1 - \alpha = 0.9, \ \alpha = 0.1, \ z_{0.05} = 1.645$$

❷ $\mu_1 - \mu_2$에 대한 점추정값은 $\overline{x} - \overline{y} = 25.8 - 25.4 = 0.4$이다.

❸ 추정오차를 구한다.

$$e_{90\%} = 1.645\sqrt{\frac{\sigma_1^2}{n} + \frac{\sigma_2^2}{m}} = 1.645\sqrt{\frac{1}{100} + \frac{1}{120}} \approx 0.22$$

❹ 신뢰하한과 신뢰상한을 계산한다.

$$\text{LB} = (\overline{x} - \overline{y}) - e_{90\%} = 0.4 - 0.22 = 0.18,$$
$$\text{UB} = (\overline{x} - \overline{y}) + e_{90\%} = 0.4 + 0.22 = 0.62$$

❺ 따라서 90% 근사 신뢰구간은 (0.18, 0.62)이다.

엑셀 모평균의 차에 대한 신뢰구간(모분산을 아는 경우)

$\sigma_1 = 4$, $\sigma_2 = 2$인 두 정규모집단에서 $n = 20$, $m = 25$, $\overline{x} = 50$, $\overline{y} = 48$인 경우 95% 신뢰구간을 구한다.

Ⓐ **표본의 결과를 알고 있는 경우**

❶ A2~A5셀에 **모표준편차**, **표본크기**, **표본평균**, **신뢰도**를 기입한다.

❷ B1셀, C1셀에 **표본1**, **표본2**를 기입하고, B2셀, C2셀부터 주어진 정보를 기입한다.

❸ A6셀에 **z0.025**를 기입한 후 B6셀에 커서를 놓고 메뉴바에서 수식 〉함수 삽입 〉통계 〉NORM.S.INV를 선택하여 Probability에 **0.975**를 기입하면 $z_{0.025}$인 1.959964를 얻는다.

❹ D1~D4셀에 **점추정값**, **오차한계**, **신뢰하한**, **신뢰상한**을 기입하고, E1~E4셀에 **=B4-C4**, **=B6*SQRT(B2^2/B3+C2^2/C3)**, **=E1-E2**, **=E1+E2**를 기입하면 95% 신뢰구간의 하한 0.079635과 상한 3.920365를 얻는다.

▲	A	B	C	D	E
1		표본1	표본2	점추정값	2
2	모표준편차	4	2	오차한계	1.920365
3	표본크기	20	25	신뢰하한	0.079635
4	표본평균	50	48	신뢰상한	3.920365
5	신뢰도	0.95			
6	z0.025	1.959964			

Ⓑ 표본 데이터를 알고 있는 경우

두 표본을 A열과 B열에 각각 기입하고, AVERAGE를 이용하여 두 표본평균을 구한 후 Ⓐ의 과정을 반복한다.

10.1.2 두 모분산을 모르는 경우

현실에서는 두 모분산이 알려져 있지 않은 상황이 대부분이므로 이 경우엔 정규분포를 이용하는 앞 절의 방법으로 모평균의 차를 추정할 수 없다. 이번 절에서는 독립인 두 정규모집단의 모분산을 모르는 경우 모평균의 차를 추정하는 방법을 살펴본다. 이때 알려지지 않은 두 모분산이 동일한 경우와 서로 다른 경우에 따라 추정 방법이 다르다.

| 모분산이 동일하지만 값은 모르는 두 정규모집단

8.3절에서 두 모분산이 $\sigma_1^2 = \sigma_2^2 = \sigma^2$이고 σ_1^2과 σ_2^2을 모를 때, 합동표본분산 S_p^2과 표본평균의 차로 정의된 $T-$통계량이 다음과 같이 자유도 $n + m - 2$인 $t-$분포를 이룸을 이용했다.

$$T = \frac{(\overline{X} - \overline{Y}) - (\mu_1 - \mu_2)}{s_p \sqrt{\dfrac{1}{n} + \dfrac{1}{m}}} \sim t(n + m - 2)$$

자유도가 $n + m - 2$이므로 양쪽 꼬리확률이 각각 $\dfrac{\alpha}{2}$인 중심확률은 다음과 같다.

$$P\left(\left|(\overline{X} - \overline{Y}) - (\mu_1 - \mu_2)\right| < t_{\alpha/2}(n + m - 2)s_p \sqrt{\frac{1}{n} + \frac{1}{m}}\right) = 1 - \alpha$$

따라서 두 모분산이 동일하지만 값은 모르는 두 정규모집단에서 각각 크기가 n, m인 표본을 추출하여 표본평균의 관찰값 $\bar{x}$, $\bar{y}$를 얻었을 때, 모평균의 차 $\mu_1 - \mu_2$에 대한 $100(1 - \alpha)\%$ 신뢰구간을 다음과 같이 요약할 수 있다. 이때 신뢰구간에서 $t_{\alpha/2}$는 $t_{\alpha/2}(n + m - 2)$를 의미한다.

모평균의 차 $\mu_1 - \mu_2$에 대한 $100(1 - \alpha)\%$ 신뢰구간(두 모분산을 모르는 경우)

- 신뢰하한: $\text{LB} = (\bar{x} - \bar{y}) - t_{\alpha/2}(n + m - 2)s_p \sqrt{\dfrac{1}{n} + \dfrac{1}{m}}$

- 신뢰상한: $\text{UB} = (\bar{x} - \bar{y}) + t_{\alpha/2}(n + m - 2)s_p \sqrt{\dfrac{1}{n} + \dfrac{1}{m}}$

- 추정오차: $e = t_{\alpha/2}(n + m - 2)s_p \sqrt{\dfrac{1}{n} + \dfrac{1}{m}}$

- 신뢰구간: $\left((\bar{x} - \bar{y}) - t_{\alpha/2}s_p \sqrt{\dfrac{1}{n} + \dfrac{1}{m}}, \ (\bar{x} - \bar{y}) + t_{\alpha/2}s_p \sqrt{\dfrac{1}{n} + \dfrac{1}{m}} \right)$

예제 3

독립인 두 정규모집단의 모분산이 동일하다. 모평균의 차를 알아보기 위해 표본조사를 실시하여 다음 결과를 얻었을 때, 모평균의 차에 대한 95% 신뢰구간을 구하라.

	크기	표본평균	표본표준편차
표본 1	12	8.9	1.4
표본 2	10	7.6	1.2

풀이

다음 순서에 따라 95% 신뢰구간을 구한다.

❶ 주어진 정보로부터 다음 값을 파악한다.

$s_1^2 = 1.96$, $s_2^2 = 1.44$, $n = 12$, $m = 10$, $n + m - 2 = 20$, $\bar{x} = 8.9$, $\bar{y} = 7.6$, $1 - \alpha = 0.95$, $t_{0.025}(20) = 2.086$

❷ $\mu_1 - \mu_2$에 대한 점추정값은 $\bar{x} - \bar{y} = 8.9 - 7.6 = 1.3$이다.

❸ 합동표본분산과 합동표본표준편차를 구한다.

$$s_p^2 = \frac{1}{20}(11 \times 1.96 + 9 \times 1.44) = 1.726, \ s_p \approx 1.3138$$

❹ 추정오차는 $e_{95\%} = (2.086 \times 1.3138) \sqrt{\dfrac{1}{12} + \dfrac{1}{10}} \approx 1.1735$이다.

❺ 신뢰하한과 신뢰상한을 계산한다.

$$\text{LB} = (\bar{x} - \bar{y}) - e_{95\%} = 1.3 - 1.1735 = 0.1265,$$

$$\text{UB} = (\bar{x} - \bar{y}) + e_{95\%} = 1.3 + 1.1735 = 2.4735$$

❻ 따라서 95% 신뢰구간은 $(0.1265, 2.4735)$이다.

엑셀 모평균의 차에 대한 신뢰구간(모분산이 같지만 값을 모르는 경우)

두 정규모집단에서 $s_1 = 1.4$, $s_2 = 1.2$, $n = 12$, $m = 10$, $\bar{x} = 8.9$, $\bar{y} = 7.6$인 경우 95% 신뢰구간을 구한다.

Ⓐ 표본의 결과를 알고 있는 경우

❶ A2~A7셀에 **표본표준편차**, **표본크기**, **표본평균**, **신뢰도**, **합동표본표준편차**, **t0.025**를 기입한다.

❷ B1셀, C1셀에 **표본1**과 **표본2**를 기입하고, B2셀, C2셀부터 주어진 정보를 기입한다.

❸ B6셀에 **=SQRT((B2^2*(B3-1)+C2^2*(C3-1))/20)**을 기입하여 합동표본표준편차 1.313773을 구한다.

❹ B7셀에 커서를 놓고 메뉴바에서 **수식 〉 함수 삽입 〉 통계 〉 T.INV**를 선택하여 **Probability**에 **0.975**, **Deg_freedom**에 **20**을 기입하면 $t_{0.025}(20)$인 2.085963을 얻는다.

❺ D1~D4셀에 **점추정값**, **오차한계**, **신뢰하한**, **신뢰상한**을 기입하고, E1~E4셀에 **=B4-C4**, **=B6*B7*SQRT(1/B3+1/C3)**, **=E1-E2**, **=E1+E2**를 기입하면 95% 신뢰구간의 하한 0.126595와 상한 2.473405를 얻는다.

◢	A	B	C	D	E
1		표본1	표본2	점추정값	1.3
2	표본표준편차	1.4	1.2	오차한계	1.173405
3	표본크기	12	10	신뢰하한	0.126595
4	표본평균	8.9	7.6	신뢰상한	2.473405
5	신뢰도	0.95			
6	합동표본표준편차	1.313773			
7	t0.025	2.085963			

Ⓑ 표본 데이터를 알고 있는 경우

두 표본을 A열과 B열에 각각 기입하고, AVERAGE, STDEV.S를 이용하여 두 표본평균과 표본표준편차를 구한 후 Ⓐ의 과정을 반복한다.

| 모분산이 다르며 값도 모르는 두 정규모집단

독립인 두 정규모집단의 모분산이 알려지지 않을 뿐만 아니라 두 모분산이 서로 같지도 않을 때, 즉 $\sigma_1^2 \neq \sigma_2^2$일 때 8.3절에서 표본평균의 차로 정의된 T−통계량이 다음과 같이 근사적으로 자유도 ν인 t−분포를 이룸을 살펴봤다.

$$T = \frac{(\bar{X} - \bar{Y}) - (\mu_1 - \mu_2)}{\sqrt{\dfrac{s_1^2}{n} + \dfrac{s_2^2}{m}}} \approx t(\nu)$$

여기서 자유도 ν는 다음 식에서 소수점 이하의 값을 버린 정수이다.

$$\nu = \frac{\left(\dfrac{s_1^2}{n} + \dfrac{s_2^2}{m}\right)^2}{\dfrac{1}{n-1}\left(\dfrac{s_1^2}{n}\right)^2 + \dfrac{1}{m-1}\left(\dfrac{s_2^2}{m}\right)^2}$$

따라서 두 모분산이 서로 다르고 미지인 경우 모평균의 차 $\mu_1 - \mu_2$에 대한 $100(1-\alpha)\%$ 근사 신뢰구간은 다음과 같다.

모평균의 차 $\mu_1 - \mu_2$에 대한 $100(1-\alpha)\%$ 근사 신뢰구간(두 모분산 σ_1^2, σ_2^2을 아는 경우)

- 신뢰하한: $\text{LB} = (\bar{x} - \bar{y}) - t_{\alpha/2}(\nu)\sqrt{\dfrac{s_1^2}{n} + \dfrac{s_2^2}{m}}$

- 신뢰상한: $\text{UB} = (\bar{x} - \bar{y}) + t_{\alpha/2}(\nu)\sqrt{\dfrac{s_1^2}{n} + \dfrac{s_2^2}{m}}$

- 추정오차: $e = t_{\alpha/2}(\nu)\sqrt{\dfrac{s_1^2}{n} + \dfrac{s_2^2}{m}}$

- 신뢰구간: $\left((\bar{x} - \bar{y}) - t_{\alpha/2}(\nu)\sqrt{\dfrac{s_1^2}{n} + \dfrac{s_2^2}{m}}, \ (\bar{x} - \bar{y}) + t_{\alpha/2}(\nu)\sqrt{\dfrac{s_1^2}{n} + \dfrac{s_2^2}{m}}\right)$

예제 4

[예제 3] 자료에서 두 정규모집단의 모분산이 서로 다를 때, 모평균의 차에 대한 95% 근사 신뢰구간을 구하라.

풀이

다음 순서에 따라 95% 근사 신뢰구간을 구한다.

❶ 주어진 정보로부터 $s_1^2 = 1.96$, $s_2^2 = 1.44$, $n = 12$, $m = 10$, $\bar{x} = 8.9$, $\bar{y} = 7.6$을 파악한다.

❷ 자유도와 임계값을 구한다.

$$\nu = \frac{\left(\dfrac{1.96}{12} + \dfrac{1.44}{10}\right)^2}{\dfrac{1}{11}\left(\dfrac{1.96}{12}\right)^2 + \dfrac{1}{9}\left(\dfrac{1.44}{10}\right)^2} \approx 19.97 \approx 19, \ 1 - \alpha = 0.95, \ \alpha = 0.05, \ t_{0.025}(19) = 2.093$$

❸ $\mu_1 - \mu_2$에 대한 점추정값은 $\bar{x} - \bar{y} = 8.9 - 7.6 = 1.3$이다.

❹ 추정오차는 $e_{95\%} = 2.093\sqrt{\dfrac{1.96}{12} + \dfrac{1.44}{10}} \approx 1.16$이다.

❺ 신뢰하한과 신뢰상한을 계산한다.

$$\text{LB} = (\bar{x} - \bar{y}) - e_{95\%} = 1.3 - 1.16 = 0.14,$$

$$\text{UB} = (\bar{x} - \bar{y}) + e_{95\%} = 1.3 + 1.16 = 2.46$$

⑥ 따라서 95% 근사 신뢰구간은 (0.14, 2.46)이다.

엑셀 모평균의 차에 대한 신뢰구간(모분산이 다르며 값도 모르는 경우)

두 정규모집단에서 $s_1 = 1.4$, $s_2 = 1.2$, $n = 12$, $m = 10$, $\bar{x} = 8.9$, $\bar{y} = 7.6$인 경우 95% 신뢰구간을 구한다.

❶ A2~A7셀에 **표본표준편차**, **표본크기**, **표본평균**, **신뢰도**, **자유도**, **t0.025**를 기입한다.

❷ B1셀, C1셀에 **표본 1**과 **표본 2**를 기입하고, B2셀, C2셀부터 주어진 정보를 기입한다.

❸ B6셀에 **=(B2^2/B3+C2^2/C3)^2/((B2^2/B3)^2/(B3-1)+(C2^2/C3)^2/(C3- 1))**을 기입하여 자유도 19.97224를 구한다.

❹ B7셀에 커서를 놓고 메뉴바에서 **수식 〉함수 삽입 〉통계 〉T.INV**를 선택하여 **Probability**에 **0.975**, **Deg_freedom**에 **B6** 또는 **19**를 기입하면 $t_{0.025}(19)$인 2.093024를 얻는다.

❺ D1~D4셀에 **점추정값**, **오차한계**, **신뢰하한**, **신뢰상한**을 기입하고, E1~E4셀에 **=B4-C4**, **=B7*SQRT(B2^2/B3+C2^2/C3)**, **=E1-E2**, **=E1+E2**를 기입하면 95% 신뢰구간의 하한 0.139677과 상한 2.460323을 얻는다.

	A	B	C	D	E
1		표본1	표본2	점추정값	1.3
2	표본표준편차	1.4	1.2	오차한계	1.160323
3	표본크기	12	10	신뢰하한	0.139677
4	표본평균	8.9	7.6	신뢰상한	2.460323
5	신뢰도	0.95			
6	자유도	19.97224			
7	t0.025	2.093024			

10.1.3 짝으로 이루어진 경우

지금까지 독립인 두 정규모집단의 모평균의 차에 대한 추정 방법을 살펴봤다. 이번에는 동일한 실험 대상에 대해 헬스클럽에 다니기 전 몸무게와 다닌 후 몸무게의 차에 대한 평균을 비교한다고 하자. 그러면 실험 결과는 각 대상자가 헬스클럽에 다니기 전후로 구성될 것이다. 즉, 각 실험 대상자의 실험 전 측정값 x kg과 실험 후 측정값 y kg에 대해 실험 결과는 (x, y)와 같은 형태로 나타난다. 이와 같이 쌍으로 된 실험 결과 (x, y)를 **쌍체 관찰값**(paired observation)이라 하며, 이번 절에서는 쌍체 표본에 대한 신뢰구간을 구하는 방법에 대해 살펴본다.

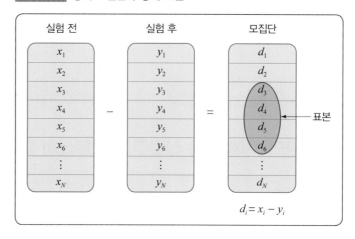

그림 10-1 쌍체 모집단과 쌍체 표본

표본으로 선정된 n명의 동일한 실험 대상자에 대해 실험 전후의 실험 결과가 정규분포를 이룬다 하고 실험 전의 평균을 μ_1, 실험 후의 평균을 μ_2라 하자. 이때 실험 전후의 차인 $D_i = X_i - Y_i$, $i = 1, 2, 3, \cdots$의 모평균 μ_D에 대한 구간추정을 위해 [그림 10-1]과 같이 크기가 n인 쌍체 표본 (X_i, Y_i), $i = 1, 2, \cdots, n$을 선정한다. 따라서 $D_i = X_i - Y_i$, $i = 1, 2, 3, \cdots, n$은 실험 전후의 차에 대한 표본이며 모집단을 구성하는 실험 전후의 차 D_i는 평균이 $\mu_D = \mu_1 - \mu_2$이고 분산이 σ_D^2인 정규분포를 이룬다.

$$D_i \sim N(\mu_D, \sigma_D^2)$$

크기가 n인 쌍체 표본에 의한 D_i, $i = 1, 2, 3, \cdots, n$의 표본평균 $\overline{D}$의 평균은 모평균 μ_D와 일치하며, 이는 μ_D에 대한 점추정량으로 사용한다. D_i, $i = 1, 2, 3, \cdots, n$의 표본분산 s_D^2은 다음과 같이 간단히 구할 수 있다.

$$s_D^2 = \frac{n\left(\sum\limits_{i=1}^{n} d_i^2\right) - \left(\sum\limits_{i=1}^{n} d_i\right)^2}{n(n-1)}$$

표본평균 $\overline{D}$의 표준화 확률변수는 다음과 같이 자유도 $n-1$인 t-분포를 이룬다.

$$T = \frac{\overline{D} - \mu_D}{s_D / \sqrt{n}} \sim t(n-1)$$

양쪽 꼬리확률이 각각 $\dfrac{\alpha}{2}$인 임계값 $-t_{\alpha/2}(n-1)$과 $t_{\alpha/2}(n-1)$에 대해 다음이 성립한다.

$$P\left(\left|\overline{D} - \mu_D\right| < t_{\alpha/2}(n-1)\frac{s_D}{\sqrt{n}}\right) = 1 - \alpha$$

따라서 짝으로 이루어진 두 정규모집단에서 크기가 n인 쌍체 표본을 추출하여 표본평균의 관찰값 $\overline{d}$를 얻었을 때, 모평균의 차 $\mu_D = \mu_1 - \mu_2$에 대한 $100(1 - \alpha)\%$ 신뢰구간을 다음과 같이 요약할 수 있다.

모평균의 차 $\mu_1 - \mu_2$에 대한 $100(1 - \alpha)\%$ 신뢰구간(짝으로 이루어진 경우)

- 신뢰하한: $\mathrm{LB} = \overline{d} - t_{\alpha/2}(n - 1)\dfrac{s_D}{\sqrt{n}}$

- 신뢰상한: $\mathrm{UB} = \overline{d} + t_{\alpha/2}(n - 1)\dfrac{s_D}{\sqrt{n}}$

- 추정오차: $e = t_{\alpha/2}(n - 1)\dfrac{s_D}{\sqrt{n}}$

- 신뢰구간: $\left(\overline{d} - t_{\alpha/2}(n - 1)\dfrac{s_D}{\sqrt{n}}, \ \overline{d} + t_{\alpha/2}(n - 1)\dfrac{s_D}{\sqrt{n}}\right)$

특별한 다이어트 프로그램을 한 달 동안 실시하면 평균 체중이 어느 정도로 줄어드는지 실험한다고 하자. [표 10-1]은 회원 5명을 임의로 선정하여 한 달 동안 다이어트 프로그램을 참가한 전후의 몸무게를 측정한 결과이다.

표 10-1 다이어트 프로그램 전후의 몸무게 비교

회원	참가 전 몸무게 x_i (kg)	참가 후 몸무게 y_i (kg)	몸무게 차 $d_i = x_i - y_i$ (kg)	d_i^2
1	82	73	9	81
2	63	58	5	25
3	71	66	5	25
4	69	61	8	64
5	74	68	6	36

이제 다음 순서에 따라 프로그램 참가 전후의 평균 몸무게의 차에 대한 95% 신뢰구간을 구한다.

❶ [표 10-1]과 같이 쌍체 관찰값의 차 $d_i = x_i - y_i$를 구한다.

❷ $\sum\limits_{i=1}^{5} d_i = 33$, $\sum\limits_{i=1}^{5} d_i^2 = 231$이므로 d_i에 대한 평균 $\overline{d}$, 분산 s_D^2, 표준편차 s_D를 구한다.

$$\overline{d} = \frac{1}{5}(9 + 5 + 5 + 8 + 6) = 6.6,$$

$$s_D^2 = \frac{5 \times 231 - 33^2}{5 \times 4} = 3.3, \quad s_D = \sqrt{3.3} \approx 1.817$$

❸ $n = 5$이므로 자유도 4인 t−분포에서 $\dfrac{\alpha}{2} = 0.025$에 대한 임계값 $t_{0.025}(4) = 2.776$을 구한다.

❹ 추정오차를 구한다.

$$e_{95\%} = 2.776 \times \frac{1.817}{\sqrt{5}} \approx 2.256$$

❺ 신뢰하한과 신뢰상한을 계산한다.

$$\text{LB} = \overline{d} - e_{95\%} = 6.6 - 2.256 = 4.344,$$

$$\text{UB} = \overline{d} + e_{95\%} = 6.6 + 2.256 = 8.856$$

❻ 따라서 95% 신뢰구간은 (4.344, 8.856)이다.

예제 5

다음은 경찰청에서 사고가 빈번한 교차로의 신호 체계를 바꾸면 이 교차로에서 사고를 줄일 수 있는지 파악하기 위해, 시범적으로 사고가 잦은 지역을 선정하여 지난 한 달 동안 발생한 사고 건수와 신호 체계를 바꾼 후의 사고 건수를 조사한 결과이다. 사고 건수는 정규분포를 이룬다고 할 때, 신호 체계 변경 전후의 평균 사고 건수의 차에 대한 95% 신뢰구간을 구하라.

지역	1	2	3	4	5	6	7	8	9
교체 전	6	8	7	8	11	14	8	5	9
교체 후	3	8	5	5	7	9	7	6	8

풀이

다음 순서에 따라 95% 신뢰구간을 구한다.

❶ 쌍체 관찰값의 차 $d_i = x_i - y_i$를 구한다.

지역	1	2	3	4	5	6	7	8	9	합계
d_i	3	0	2	3	4	5	1	−1	1	18
d_i^2	9	0	4	9	16	25	1	1	1	66

❷ d_i에 대한 평균 $\overline{d}$, 분산 s_D^2, 표준편차 s_D를 구한다.

$$\overline{d} = \frac{18}{9} = 2, \ \ s_D^2 = \frac{9 \times 66 - 18^2}{9 \times 8} = 3.75, \ \ s_D \approx 1.936$$

❸ $n = 9$이므로 자유도 8인 t−분포에서 $\frac{\alpha}{2} = 0.025$에 대한 임계값을 구한다.

$$t_{0.025}(8) = 2.306$$

❹ 추정오차를 구한다.

$$e_{95\%} = 2.306 \frac{1.936}{\sqrt{9}} \approx 1.488$$

⑤ 신뢰하한과 신뢰상한을 계산한다.

$$\text{LB} = \bar{d} - e_{95\%} = 2 - 1.488 = 0.512,$$

$$\text{UB} = \bar{d} + e_{95\%} = 2 + 1.488 = 3.488$$

⑥ 따라서 95% 신뢰구간은 (0.512, 3.488)이다.

엑셀 모평균의 차에 대한 신뢰구간(짝으로 이루어진 경우)

[예제 5] 자료에 대해 95% 신뢰구간을 구한다.

❶ A1셀, B1셀, C1셀에 **교체전**, **교체후**, **차이**를 기입하고 A2셀, B2셀부터 측정값을 기입한다.

❷ C2셀에 **=A2-B2**를 기입한 후 C2셀의 오른쪽 하단을 C7셀까지 끌어 내린다.

❸ D1~D7셀에 **표본크기**, **표본평균**, **표본표준편차**, **t0.025**, **오차한계**, **신뢰하한**, **신뢰상한**을, E1셀에 **9**를 기입하고 E2셀, E3셀에 AVERAGE와 STDEV.S를 이용하여 표본평균 2와 표본표준편차 1.936492를 얻은 후 E4셀에 **=T.INV(0.975,8)**을 기입하여 $t_{0.025}(8)$인 2.306004를 얻는다.

❹ E5~E7셀에 **=E4*E3/SQRT(E1)**, **=E2-E5**, **=E2+E5**를 기입하면 오차한계 1.488519, 신뢰하한 0.511481, 신뢰상한 3.488519를 얻는다.

	A	B	C	D	E
1	교체전	교체후	차이	표본크기	9
2	6	3	3	표본평균	2
3	8	8	0	표본표준편차	1.936492
4	7	5	2	t0.025	2.306004
5	8	5	3	오차한계	1.488519
6	11	7	4	신뢰하한	0.511481
7	14	9	5	신뢰상한	3.488519

▶ **오차한계를 구하기 위해 엑셀 함수를 이용하는 방법**

메뉴바에서 함수 삽입 〉 통계 〉 CONFIDENCE.T를 선택하여 Alpha에 **0.05**, standard_dev에 **E3**, Size에 **E1** 또는 **9**를 기입하면 동일한 오차한계를 얻는다.

10.2 모비율 차의 구간추정

두 공장에서 생산한 제품의 불량률 차이, 두 후보의 지지율 차이, 광고 전후의 판매율 차이와 같이 모비율의 차에 대한 구간추정을 살펴본다.

모비율이 각각 p_1, p_2이고 독립인 모집단 1과 모집단 2에서 각각 크기가 n, m인 표본을 추출했을 때, 표본 1과 표본 2의 표본비율을 각각 $\hat{P}_1$, $\hat{P}_2$이라 하자. 8.4절에서 표본비율의 차 $\hat{P}_1 - \hat{P}_2$을 표준화하면 근사적으로 표준정규분포를 이루는 것을 살펴봤다.

$$Z = \frac{(\hat{P}_1 - \hat{P}_2) - (p_1 - p_2)}{\sqrt{\dfrac{p_1 q_1}{n} + \dfrac{p_2 q_2}{m}}} \approx N(0, 1)$$

표본의 크기 n과 m이 충분히 크면 $\hat{p}_1 \approx p_1$, $\hat{p}_2 \approx p_2$이므로 다음과 같이 근사적으로 표준정규분포를 이룬다.

$$Z = \frac{(\hat{P}_1 - \hat{P}_2) - (p_1 - p_2)}{\sqrt{\dfrac{\hat{p}_1 \hat{q}_1}{n} + \dfrac{\hat{p}_2 \hat{q}_2}{m}}} \approx N(0, 1)$$

단일 모집단과 마찬가지로 양쪽 꼬리확률이 각각 $\dfrac{\alpha}{2}$인 임계값 $-z_{\alpha/2}$와 $z_{\alpha/2}$에 대해 다음이 성립한다. 이때 $\hat{q}_1 = 1 - \hat{p}_1$, $\hat{q}_2 = 1 - \hat{p}_2$이다.

$$P\left(\left|(\hat{P}_1 - \hat{P}_2) - (p_1 - p_2)\right| < z_{\alpha/2} \sqrt{\frac{\hat{p}_1 \hat{q}_1}{n} + \frac{\hat{p}_2 \hat{q}_2}{m}}\right) = 1 - \alpha$$

따라서 두 모집단에서 각각 크기가 n, m인 표본을 추출하여 표본비율의 관찰값 $\hat{p}_1$, $\hat{p}_2$을 얻었을 때, 모비율의 차 $p_1 - p_2$에 대한 점추정값은 $\hat{p}_1 - \hat{p}_2$이며 모비율의 차 $p_1 - p_2$에 대한 $100(1 - \alpha)\%$ 근사 신뢰구간을 다음과 같이 요약할 수 있다.

모비율의 차 $p_1 - p_2$에 대한 $100(1 - \alpha)\%$ 근사 신뢰구간

- 신뢰하한: $\text{LB} = (\hat{p}_1 - \hat{p}_2) - z_{\alpha/2} \sqrt{\dfrac{\hat{p}_1 \hat{q}_1}{n} + \dfrac{\hat{p}_2 \hat{q}_2}{m}}$

- 신뢰상한: $\text{UB} = (\hat{p}_1 - \hat{p}_2) + z_{\alpha/2} \sqrt{\dfrac{\hat{p}_1 \hat{q}_1}{n} + \dfrac{\hat{p}_2 \hat{q}_2}{m}}$

- 추정오차: $e = z_{\alpha/2} \sqrt{\dfrac{\hat{p}_1 \hat{q}_1}{n} + \dfrac{\hat{p}_2 \hat{q}_2}{m}}$

- 신뢰구간: $\left((\hat{p}_1 - \hat{p}_2) - z_{\alpha/2} \sqrt{\dfrac{\hat{p}_1 \hat{q}_1}{n} + \dfrac{\hat{p}_2 \hat{q}_2}{m}}, \ (\hat{p}_1 - \hat{p}_2) + z_{\alpha/2} \sqrt{\dfrac{\hat{p}_1 \hat{q}_1}{n} + \dfrac{\hat{p}_2 \hat{q}_2}{m}}\right)$

따라서 모비율의 차 $p_1 - p_2$에 대한 90%, 95%, 99% 근사 신뢰구간은 각각 다음과 같다.

- $p_1 - p_2$에 대한 90% 근사 신뢰구간:

$$\left((\hat{p}_1 - \hat{p}_2) - 1.645 \sqrt{\frac{\hat{p}_1 \hat{q}_1}{n} + \frac{\hat{p}_2 \hat{q}_2}{m}}, \ (\hat{p}_1 - \hat{p}_2) + 1.645 \sqrt{\frac{\hat{p}_1 \hat{q}_1}{n} + \frac{\hat{p}_2 \hat{q}_2}{m}} \right)$$

- $p_1 - p_2$에 대한 95% 근사 신뢰구간:

$$\left((\hat{p}_1 - \hat{p}_2) - 1.96 \sqrt{\frac{\hat{p}_1 \hat{q}_1}{n} + \frac{\hat{p}_2 \hat{q}_2}{m}}, \ (\hat{p}_1 - \hat{p}_2) + 1.96 \sqrt{\frac{\hat{p}_1 \hat{q}_1}{n} + \frac{\hat{p}_2 \hat{q}_2}{m}} \right)$$

- $p_1 - p_2$에 대한 99% 근사 신뢰구간:

$$\left((\hat{p}_1 - \hat{p}_2) - 2.58 \sqrt{\frac{\hat{p}_1 \hat{q}_1}{n} + \frac{\hat{p}_2 \hat{q}_2}{m}}, \ (\hat{p}_1 - \hat{p}_2) + 2.58 \sqrt{\frac{\hat{p}_1 \hat{q}_1}{n} + \frac{\hat{p}_2 \hat{q}_2}{m}} \right)$$

예제 6

두 제약회사 A와 B에서 생산한 감기약의 효능을 비교하기 위해 감기 환자 500명을 선정하여 각각 250명에게 회사 A의 감기약과 회사 B의 감기약을 복용하도록 했다. 이틀 안에 완쾌한 환자 수를 조사해보니 각각 225명과 200명이었을 때, 완쾌 비율의 차에 대한 90% 근사 신뢰구간을 구하라.

풀이

다음 순서에 따라 90% 근사 신뢰구간을 구한다.

❶ 회사 A와 회사 B의 완쾌 비율을 각각 p_1, p_2라 하면 표본비율은 각각 $\hat{p}_1 = \dfrac{225}{250} = 0.9$, $\hat{p}_2 = \dfrac{200}{250} = 0.8$이다.

❷ 주어진 정보로부터 다음 값을 파악한다.

$$\hat{q}_1 = 0.1, \ \hat{q}_2 = 0.2, \ n = m = 250, \ 1 - \alpha = 0.9, \ \alpha = 0.1, \ z_{0.05} = 1.645$$

❸ $p_1 - p_2$에 대한 점추정값은 $\hat{p}_1 - \hat{p}_2 = 0.1$이다.

❹ 추정오차를 구한다.

$$e_{90\%} = 1.645 \sqrt{\frac{0.9 \times 0.1}{250} + \frac{0.8 \times 0.2}{250}} \approx 0.052$$

❺ 신뢰하한과 신뢰상한을 계산한다.

$$\text{LB} = (\hat{p}_1 - \hat{p}_2) - e_{90\%} = 0.1 - 0.052 = 0.048,$$

$$\text{UB} = (\hat{p}_1 - \hat{p}_2) + e_{90\%} = 0.1 + 0.052 = 0.152$$

❻ 따라서 90% 근사 신뢰구간은 (0.048, 0.152)이다.

엑셀 모비율의 차에 대한 신뢰구간

[예제 6] 자료에 대해 90% 근사 신뢰구간을 구한다.

❶ A2~A7셀에 **표본크기, 성공의 수, 표본비율, 실패율, 신뢰도, z0.1**을 기입하고 B1과 C1셀에 **표본 1**과 **표본 2**를 기입한 후 기본 정보를 작성한다.

❷ B7셀에 커서를 놓고 메뉴바에서 수식 〉함수 삽입 〉통계 〉NORM.S.INV를 선택하여 **Probability**에 **0.9**를 기입하면 $z_{0.05}$인 1.644854를 얻는다.

❸ D1~D5셀에 **점추정값, 표준오차, 오차한계, 신뢰하한, 신뢰상한**을 기입하고 E1~E5셀에 =B4-C4, =SQRT(B4*B5/B2+C4*C5/C2), =B7*E2, =E1-E3, =E1+E3을 기입하면 신뢰하한 0.047985와 신뢰상한 0.152015를 얻는다.

	A	B	C	D	E
1		표본1	표본2	점추정값	0.1
2	표본크기	250	250	표준오차	0.031623
3	성공의 수	225	200	오차한계	0.052015
4	표본비율	0.9	0.8	신뢰하한	0.047985
5	실패율	0.1	0.2	신뢰상한	0.152015
6	신뢰도	0.9			
7	z0.1	1.644854			

10.3 ▶ 모분산 비의 구간추정

모분산이 각각 σ_1^2, σ_2^2이고 독립인 두 정규모집단에서 각각 크기가 n, m인 표본을 추출하여 표본분산을 S_1^2과 S_2^2이라 하면 $\dfrac{S_1^2}{S_2^2}$으로 정의된 통계량이 다음과 같은 F−분포를 이루는 것을 8.5절에서 살펴봤다.

$$\frac{S_1^2/\sigma_1^2}{S_2^2/\sigma_2^2} \sim F(n-1, m-1)$$

표본분산은 모분산에 대한 불편추정량이므로 표본분산의 비 $\dfrac{S_1^2}{S_2^2}$을 이용하여 독립인 두 정규모집단의 모분산의 비 $\dfrac{\sigma_1^2}{\sigma_2^2}$을 추정한다. 이때 [그림 10−2]와 같이 분자의 자유도와 분모의 자유도가 각각 $n-1$, $m-1$인 F−분포에서 양쪽 꼬리확률이 각각 $\dfrac{\alpha}{2}$인 임계값은 $f_{1-\alpha/2}(n-1, m-1)$, $f_{\alpha/2}(n-1, m-1)$이다.

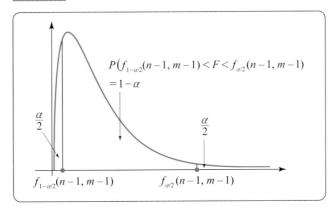

그림 10-2 F-분포의 꼬리확률

$$P\left(f_{1-\alpha/2}(n-1, m-1) < F < f_{\alpha/2}(n-1, m-1)\right) = 1-\alpha$$

$\dfrac{\alpha}{2}$

$\dfrac{\alpha}{2}$

$f_{1-\alpha/2}(n-1, m-1)$

$f_{\alpha/2}(n-1, m-1)$

이 두 임계값에 대해 다음을 얻는다.

$$P\left(f_{1-\alpha/2}(n-1, \, m-1) < \frac{S_1^2/\sigma_1^2}{S_2^2/\sigma_2^2} < f_{\alpha/2}(n-1, \, m-1)\right) = 1-\alpha,$$

$$P\left(\frac{1}{f_{\alpha/2}(n-1, \, m-1)} \frac{S_1^2}{S_2^2} < \frac{\sigma_1^2}{\sigma_2^2} < \frac{1}{f_{1-\alpha/2}(n-1, \, m-1)} \frac{S_1^2}{S_2^2}\right) = 1-\alpha$$

7.2.6절에서 살펴본 것처럼 꼬리확률 $1 - \dfrac{\alpha}{2}$에 대해 다음이 성립한다.

$$\frac{1}{f_{1-\alpha/2}(n-1, m-1)} = f_{\alpha/2}(m-1, \, n-1)$$

그러므로 다음 확률을 얻는다.

$$P\left(\frac{1}{f_{\alpha/2}(n-1, \, m-1)} \frac{S_1^2}{S_2^2} < \frac{\sigma_1^2}{\sigma_2^2} < f_{\alpha/2}(m-1, \, n-1) \frac{S_1^2}{S_2^2}\right) = 1-\alpha$$

따라서 독립인 두 정규모집단에서 각각 크기가 n, m인 표본을 추출하여 표본분산의 관찰값 s_1^2과 s_2^2을 얻었을 때, 모분산의 비 $\dfrac{\sigma_1^2}{\sigma_2^2}$에 대한 $100(1-\alpha)\%$ 신뢰구간을 다음과 같이 요약할 수 있다. 이때 $n_1 = n-1, m_1 = m-1$이다.

모분산의 비 $\dfrac{\sigma_1^2}{\sigma_2^2}$에 대한 $100(1-\alpha)\%$ 신뢰구간

- 신뢰하한: $\text{LB} = \dfrac{s_1^2}{s_2^2} \dfrac{1}{f_{\alpha/2}(n_1, m_1)}$

- 신뢰상한: $\text{UB} = \dfrac{s_1^2}{s_2^2} f_{\alpha/2}(m_1, n_1)$

- 신뢰구간: $\left(\dfrac{s_1^2}{s_2^2} \dfrac{1}{f_{\alpha/2}(n_1, m_1)}, \, \dfrac{s_1^2}{s_2^2} f_{\alpha/2}(m_1, n_1)\right)$

독립인 두 정규모집단에서 각각 표본을 선정하여 다음 결과를 얻었다. 모분산의 비 $\dfrac{\sigma_1^2}{\sigma_2^2}$에 대한 95% 신뢰구간을 구하라.

	크기	표본평균	표본표준편차
표본 1	11	15.4	1.5
표본 2	10	14.1	2.6

풀이

다음 순서에 따라 95% 신뢰구간을 구한다.

❶ 주어진 정보로부터 다음 값을 파악한다.

$$s_1 = 1.5, \quad s_2 = 2.6, \quad n = 11, \quad m = 10, \quad 1 - \alpha = 0.95, \quad \frac{\alpha}{2} = 0.025,$$

$$f_{0.025}(10, 9) = 3.96, \quad f_{0.025}(9, 10) = 3.78$$

❷ 신뢰하한과 신뢰상한을 계산한다.

$$\text{LB} = \frac{1.5^2}{2.6^2} \frac{1}{f_{0.025}(10, 9)} \approx 0.084,$$

$$\text{UB} = \frac{1.5^2}{2.6^2} f_{0.025}(9, 10) \approx 1.258$$

❸ 따라서 95% 신뢰구간은 (0.084, 1.258)이다.

엑셀 모분산의 비에 대한 신뢰구간

[예제 7] 자료에 대해 95% 신뢰구간을 구한다.

❶ A2~A7셀에 **표본크기**, **표본표준편차**, **신뢰도**, **점추정값**, **f1**, **f2**를 기입하고 B1과 C1셀에 **표본 1**과 **표본 2**를 기입한 후 기본 정보를 작성한다.

❷ B5셀에 **=B3^2/C3^2**를, B6셀과 B7셀에 **=F.INV(0.025,10,9)**, **=F.INV.RT(0.025,10,9)**를 기입한다.

❸ D1셀과 D2셀에 **신뢰하한**, **신뢰상한**을 기입하고 E1셀과 E2셀에 **=B5/B7**, **=B5/B6**을 기입하면 신뢰하한 0.083969와 신뢰상한 1.257791을 얻는다.

	A	B	C	D	E
1		표본1	표본2	신뢰하한	0.083969
2	표본크기	11	10	신뢰상한	1.257791
3	표본표준편차	1.5	2.6		
4	신뢰도	0.95			
5	점추정값	0.33284			
6	f1	0.264623			
7	f2	3.963865			

개념문제

1. 독립인 두 정규모집단의 모분산을 아는 경우 모평균의 차를 추정하기 위해 사용하는 확률분포는 무엇인가?

2. 독립인 두 정규모집단의 모분산을 아는 경우 모평균의 차에 대한 점추정량은 무엇인가?

3. 독립인 두 정규모집단의 모분산 σ_1^2, σ_2^2을 아는 경우 각각 크기가 n, m인 표본을 추출했을 때, 모평균의 차에 대한 95% 신뢰구간에서 오차한계는 얼마인가?

4. 독립인 두 정규모집단의 모분산을 모르는 경우 모평균의 차를 추정하기 위해 사용하는 확률분포는 무엇인가?

5. 독립인 두 정규모집단의 모분산은 모르지만 값은 같은 경우 모평균의 차를 추정하기 위해 모분산 대신에 사용하는 통계량은 무엇인가?

6. 독립인 두 정규모집단의 모분산을 모르는 경우 모평균의 차를 추정하려고 한다. 두 모분산이 같은 경우와 다른 경우의 자유도는 동일한가?

7. 쌍으로 이루어진 두 정규모집단의 모평균의 차를 추정하기 위해 사용하는 확률분포는 무엇인가?

8. 독립인 두 모집단의 모비율의 차를 추정하기 위한 점추정량은 무엇인가?

9. 독립인 두 모집단에서 각각 크기가 n, m인 표본을 추출하여 표본비율의 관찰값 $\hat{p}_1$, $\hat{p}_2$을 얻었을 때, 모비율의 차에 대한 $100(1-\alpha)\%$ 근사 신뢰구간에서 추정오차는 얼마인가?

10. 독립인 두 정규모집단의 모분산의 비를 추정하기 위해 사용하는 확률분포는 무엇인가?

1. 다음은 독립인 두 정규모집단에서 표본조사를 한 결과이다. 모평균의 차에 대한 95% 신뢰구간을 구하라.

	크기	표본평균	모분산
표본 1	36	11.6	2.0
표본 2	25	9.8	2.4

2. 다음은 모분산을 모르지만 값은 같은 독립인 두 정규모집단에서 표본조사를 한 결과이다. 모평균의 차에 대한 95% 신뢰구간을 구하라.

	크기	표본평균	표본분산
표본 1	8	121	14.5
표본 2	11	105	13.2

3. 다음은 모분산이 서로 다르고 값도 알려지지 않은 독립인 두 정규모집단에서 표본조사를 한 결과이다. 모평균의 차에 대한 95% 근사 신뢰구간을 구하라.

	크기	표본평균	표본분산
표본 1	8	21	14.5
표본 2	11	17	13.2

4. 모분산이 모두 4이고 독립인 두 모집단에서 각각 크기가 64, 85인 표본을 추출하여 표본평균의 관찰값 $\bar{x} = 16$, $\bar{y} = 16$을 얻었을 때, 모평균의 차에 대한 95% 신뢰구간을 구하라.

5. 모집단분포가 각각 $N(\mu_1, 125)$, $N(\mu_2, 256)$인 독립인 두 정규모집단에서 각각 크기가 18, 24인 표본을 추출하여 표본평균의 관찰값 $\bar{x} = 111$, $\bar{y} = 97$을 얻었을 때, 모평균의 차 $\mu_1 - \mu_2$에 대해 다음을 구하라.
   (a) $\mu_1 - \mu_2$에 대한 점추정값
   (b) 표준오차
   (c) 90% 신뢰구간에서 오차한계
   (d) 90% 신뢰구간

6. 우리나라 성인 남녀의 하루 에너지 섭취량에 차이가 있는지 알기 위해 남자 150명, 여자 100명을 임의로 선정하여 측정한 결과 남자는 평균 2,125 kcal, 여자는 평균 1,591 kcal이었다. 남녀의 하루 에너지 섭취량은 각각 표준편차가 217 kcal, 142 kcal인 정규분포를 이룬다고 할 때, 남녀의 평균 에너지 섭취량의 차에 대한 99% 신뢰구간을 구하라.

7. 어느 회사의 인사관리 부서에서는 서로 다른 두 부서에 배치된 신입사원의 외국어 능력의 차이를 파악하고자 한다. A 부서에 배치된 신입사원 7명과 B 부서에 배치된 신입사원 9명을 임의로 선정하여 토익 점수를 조사한 결과 각각 841, 823이었다. 두 부서 선배들의 토익 점수는 표준편차가 각각 8, 13인 정규분포를 이룬다고 할 때, 두 부서에 배치된 신입사원의 평균 토익 점수의 차에 대한 95% 신뢰구간을 구하라.

8. 서울시와 수도권 주민의 소비 성향을 분석하기 위해 각각 36명씩 임의로 선정하여 일주일 동안 소비한 금액을 조사한 결과 서울시 주민과 수도권 주민의 평균은 각각 21만 원, 15만 원이었다. 서울시와 수도권 주민이 일주일 동안 소비한 금액은 표준편차가 각각 4.5만 원, 3.1만 원인 정규분포를 이룰 때, 서울시와 수도권 주민의 평균 소비 금액의 차에 대한 90% 신뢰구간을 구하라.

9. 다음은 2010년에 발표된 한국영양학회지의 〈고등학생의 식습관과 건강인지에 관한 연구〉에서 서울 지역 고등학교 남학생 260명과 여학생 250명을 표본조사를 한 결과이다. 물음에 답하라.

> - 주 1회 이상 아침식사를 안 먹는 비율은 남학생이 41.1%, 여학생이 44.1%이다.
> - 자신이 건강하다고 생각하는 비율은 남학생이 68.9%, 여학생이 55.6%이다.
> - 남학생의 평균 키는 174.1 cm이고 여학생의 평균 키는 161.6 cm이다.
> - 남학생의 평균 몸무게는 65.9 kg이고 여학생의 평균 몸무게는 여학생이 52.5 kg이다.

(a) 서울 지역 고등학교 남학생과 여학생의 평균 키의 차에 대한 95% 신뢰구간을 구하라(단, 남학생 키와 여학생 키는 표준편차가 각각 4.3, 3.1인 정규분포를 이룬다고 가정한다).

(b) 서울 지역 고등학교 남학생과 여학생의 평균 몸무게의 차에 대한 98% 신뢰구간을 구하라(단, 남학생 몸무게와 여학생의 몸무게는 표준편차가 각각 4.5, 2.5인 정규분포를 이룬다고 가정한다).

(c) 서울 지역 고등학생 중 주 1회 이상 아침식사를 안 먹는 여학생의 비율과 남학생의 비율의 차에 대한 90% 근사 신뢰구간을 구하라.

(d) 서울 지역 고등학생 중 자신이 건강하다고 생각하는 남학생의 비율과 여학생의 비율의 차에 대한 98% 근사 신뢰구간을 구하라.

10. 사교육은 우리나라 학교 수업에 큰 영향을 미치는 요인으로 분석된다. 다음은 어느 사설 기관에서 대학교 신입생 중 학원을 비롯한 사교육을 받은 학생과 순수하게 학교 수업만 받은 학생 사이에 대수능 점수의 차이가 있는지 조사한 결과이다. 사교육을 받은 학생과 학교 수업만 받은 학생의 평균 점수의 차에 대한 95% 신뢰구간을 구하라.

	크기	표본평균	모표준편차
사교육을 받은 표본	30	94.4	2.0
학교 수업만 받은 표본	20	88.6	2.4

11. 어느 회사에서는 임의로 15명의 직원을 선정하여 야간에 대학 교육을 받도록 지원하고 있다. 이 지원에 의해 대학 교육을 받은 근로자 15명은 어떤 제품을 생산하는 데 평균 6.2시간이 걸렸으며, 대학 교육을 받지 않은 근로자 10명은 동일한 제품을 생산하는 데 평균 8.5시간이 걸렸다. 두 집단의 생산 시간은 표준편차가 모두 3인 정규분포를 이룬다고 할 때, 대학 교육을 받지 않은 근로자와 대학 교육을 받은 근로자가 이 제품을 생산하는 데 걸리는 평균 시간의 차에 대한 90% 신뢰구간을 구하라.

12. 운전 중 휴대폰 사용은 교통사고의 주요 원인이다. 다음은 운전 중 휴대폰을 사용하는 경우와 그렇지 않은 경우를 임의로 선정하여 급작스런 상황에서 승용차의 제동 시간을 측정한 결과이다. 운전 중 휴대폰을 사용하는 경우와 그렇지 않은 경우의 제동 시간은 표준편차가 각각 5.6, 3.2인 정규분포를 이룬다고 할 때, 두 경우의 평균 제동 시간의 차에 대한 98% 신뢰구간을 구하라(단, 단위는 시간이다).

휴대폰 사용	45	41	44	40	42	44	46	51	46	51
	51	45	47	45	49					
휴대폰 미사용	31	33	30	32	33	33	33	35	40	35
	37	32	37	35	36	34	38	33	31	40

13. 어느 대기업에 근무하는 남녀 근로자의 평균 연령의 차이를 알고자 한다. 남녀 근로자를 각각 15명, 12명을 임의로 선정하여 조사한 결과 남자 근로자의 평균 연령은 38.3세, 표준편차가 5.4세이고, 여자 근로자의 평균 연령은 30.6세, 표준편차가 2.2세이었다. 이 대기업의 전체 남녀 근로자는 모분산이 동일한 정규분포를 이룬다고 할 때, 남녀 근로자의 평균 연령의 차에 대한 95% 신뢰구간을 구하라.

14. 다음은 두 대형 마트에 주말 동안 방문한 고객의 소비 금액의 차이를 알기 위해 각각 표본조사를 한 결과이다. 두 마트 고객의 소비 금액은 모분산이 동일하고 독립인 정규분포를 이룬다고 할 때, 평균 지출 금액의 차에 대한 90% 신뢰구간을 구하라(단, 단위는 만 원이다).

	크기	표본평균	표본표준편차
표본 1	7	9.4	2.0
표본 2	13	8.6	2.4

15. 다음은 어느 결혼 정보 회사에서 20대 남녀의 사교성에 차이가 있는지 알기 위해 20대 남녀를 임의로 선정하여 그들의 휴대폰에 저장된 전화번호 개수를 조사한 결과이다. 우리나라 20대 남녀의 휴대폰에 저장된 전화번호 개수는 모분산이 동일한 정규분포를 이룬다고 할 때, 평균 전화번호 개수의 차에 대한 99% 신뢰구간을 구하라(단, 단위는 만 원이다).

	크기	표본평균	표본표준편차
남자	24	169	15
여자	18	146	21

16. 어느 대학 통계학과의 남학생과 여학생의 몸무게는 모분산이 동일한 정규분포를 이룬다고 한다. 다음은 통계학과 남녀 두 집단에서 임의로 표본을 선정하여 조사한 결과이다. 남학생과 여학생의 평균 몸무게의 차에 대한 95% 신뢰구간을 구하라(단, 단위는 kg이다).

남학생	67	66	77	69	62	72	75
여학생	56	57	51	53	55	49	

17. 어느 대학의 통계학과에서는 엑셀을 이용한 통계학 수업과 칠판을 이용한 통계학 수업의 성취도에 차이가 있는지 파악하기 위해 경영학과 수업은 엑셀을 이용하여 수업을 진행하고, 경제학과 수업은 칠판을 이용하여 수업을 진행했다. 다음은 한 학기를 마치는 시점에서 두 방식의 수업을 받은 학생을 임의로 선정하여 점수를 조사한 결과이다. 두 학과 학생들의 통계학 이해도는 비슷하고 점수는 모두 정규분포를 이룬다고 할 때, 두 수업 방식에 의한 평균 점수의 차에 대한 95% 신뢰구간을 구하라.

엑셀 이용 수업	93	95	75	98	88	98	98	96	77	85
칠판 이용 수업	82	67	96	92	77	93	67	98	85	81

18. 다음은 효능이 동일한 약품 A와 약품 B로 치료하는 데 걸리는 기간을 분석하기 위해 환자를 두 그룹으로 나누어 표본조사를 한 결과이다. 약품 A와 약품 B로 치료하는 데 걸리는 기간은 모분산이 동일하고 각각 정규분포를 이룬다고 할 때, 두 약품에 의한 평균 치료 기간의 차에 대한 98% 신뢰구간을 구하라(단, 단위는 일이다).

	크기	표본평균	표본표준편차
약품 A	15	$\bar{x} = 34.5$	$s_1 = 2.1$
약품 B	17	$\bar{y} = 31.6$	$s_2 = 3.7$

19. 다음은 어느 신용카드 회사에서 VISA 카드와 MASTER 카드 소지자의 하루 평균 사용 금액의 차이를 알기 위해 표본조사를 한 결과이다. 하루 동안 두 종류의 신용카드 소지자의 사용 금액은 모분산이 동일하고 각각 정규분포를 이룬다고 할 때, 두 종류의 신용카드 소지자의 하루 평균 사용 금액의 차에 대한 99% 신뢰구간을 구하라(단, 단위는 천 원이다).

	크기	표본평균	표본표준편차
VISA 카드	21	$\bar{x} = 74.5$	$s_1 = 12$
MASTER 카드	21	$\bar{y} = 62.8$	$s_2 = 15$

20. 다음은 서울과 부산 두 지역에서 측정한 아황산가스 오염 수치이다. 두 지역의 아황산가스 오염 수치는 각각 정규분포를 이룬다고 할 때, 물음에 답하라(단, 단위는 ppm이다).

서울	0.067	0.088	0.075	0.094	0.053	0.082	0.059	0.068	0.077	0.084
부산	0.073	0.078	0.085	0.089	0.064	0.072	0.069	0.068	0.087	0.077

출처: 통계청

(a) 서울 지역과 부산 지역의 평균 아황산가스 오염 수치에 대한 95% 신뢰구간을 각각 구하라.

(b) 서울 지역과 부산 지역의 평균 아황산가스 오염 수치의 차에 대한 95% 신뢰구간을 구하라.

21. 다음은 모분산이 서로 다르고 독립인 정규모집단에서 임의로 표본을 선정하여 얻은 결과이다. 이를 이용하여 두 집단의 모평균 차에 대한 95% 근사 신뢰구간을 구하라.

표본 1	14	15	16	13	12	14	14
표본 2	10	14	13	13	11		

22. 보편적으로 40대 남성이 40대 여성보다 혈압이 높다고 한다. 다음은 이를 확인하기 위해 40대 남성과 여성을 임의로 선정하여 표본조사를 한 결과이다. 40대 남녀의 혈압은 각각 정규분포를 이루지만 모분산이 서로 다르고 알려져 있지 않다고 할 때, 40대 남성의 평균 혈압과 40대 여성의 평균 혈압의 차에 대한 90% 근사 신뢰구간을 구하라(단, 단위는 mmHg이다).

	크기	표본평균	표본표준편차
40대 남성	7	148	4.3
40대 여성	8	126	5.1

23. 스마트폰의 발달은 출판사의 경영에 많은 영향을 미치고 있다. 다음은 어느 출판사에서 서점을 방문한 독자들을 임의로 선정하여 지난 1년 동안 몇 권을 책을 읽었는지 조사한 결과이다. 남자와 여자가 1년 동안 읽은 책의 권수는 각각 정규분포를 이루지만 모분산이 서로 다르고 알려져 있지 않다고 할 때, 남녀가 읽은 책의 평균 권 수의 차에 대한 98% 근사 신뢰구간을 구하라.

남자	4	5	3	7	4	6	3	4
여자	3	3	5	6	7	3		

24. 다음은 남녀의 평균 월급에 차이가 있는지 알아보기 위해 임의로 표본을 선정하여 조사한 결과이다. 남녀의 월급은 알려지지 않은 모분산이 서로 다르고 알려져 있지 않으며 정규분포를 이룬다고 할 때, 물음에 답하라(단, 단위는 만 원이다).

구분	인원	평균 월급	표준편차
남성 근로자	54	261.6	11.8
여성 근로자	24	254.4	10.3

(a) t-분포를 이용하여 남성 근로자와 여성 근로자의 평균 월급의 차에 대한 95% 근사 신뢰구간을 구하라.

(b) 정규분포를 이용하여 남성 근로자와 여성 근로자의 평균 월급의 차에 대한 95% 신뢰구간을 구하라.

25. 다음은 안전사고에 대한 교육을 실시하기 전후 평균 사고 건수의 차이를 알아보기 위해 다섯 곳의 작업장에서 종사하는 근로자를 상대로 조사한 결과이다. 사고 건수는 각각 정규분포를 이룬다고 할 때, 교육 전후의 평균 사고 건수의 차에 대한 95% 신뢰구간을 구하라.

작업장	1	2	3	4	5
교육 전	4	3	5	4	3
교육 후	2	2	2	2	0

26. 다음은 LPGA에 출전한 여자 선수들의 첫 번째 라운드와 네 번째 라운드의 타수에 차이가 있는지 알기 위해 7명의 선수를 임의로 선정하여 표본조사를 한 결과이다. 선수들의 타수는 각각 정규분포를 이룬다고 할 때, 첫 번째 라운드와 네 번째 라운드의 평균 타수의 차에 대한 90% 신뢰구간을 구하라.

선수	1	2	3	4	5	6	7
1라운드	69	72	70	68	71	71	67
4라운드	72	70	69	66	69	72	71

27. 어느 회사의 생산 본부에서 불량품을 줄이기 위해 생산 라인을 교체했다. 다음은 이 회사의 근로자 11명을 임의로 선정하여 교체 전후로 생산한 불량품의 개수를 조사한 결과이다. 회사 근로자들이 생산한 불량품의 개수는 각각 정규분포를 이룬다고 할 때, 교체 전후의 불량품의 평균 개수의 차에 대한 98% 신뢰구간을 구하라.

근로자	1	2	3	4	5	6	7	8	9	10	11
교체 전	9	11	8	7	9	10	8	10	9	8	10
교체 후	5	9	9	5	7	9	4	7	8	8	4

28. 다음은 헬스클럽에 다니면 체중이 얼마나 줄어드는지 알기 위해 회원 15명을 임의로 선정하여 헬스클럽에 다니기 전후의 체중을 조사한 결과이다. 헬스클럽 회원들의 체중은 각각 정규분포를 이룬다고 할 때, 헬스클럽에 다니기 전후의 평균 체중의 차에 대한 95% 신뢰구간을 구하라(단, 단위는 kg이다).

회원	1	2	3	4	5	6	7	8	9	10	11	12	13	14	15
다니기 전	72	76	78	72	65	64	75	72	78	75	69	73	64	71	76
다닌 후	67	68	72	71	63	63	70	69	72	70	65	71	64	69	72

29. 다음은 우리나라 30대 부부의 키의 차이를 알아보기 위해 임의로 30대 부부 10쌍을 선정하여 키를 측정한 결과이다. 우리나라 30대 부부 중 남편과 아내의 키는 각각 정규분포를 이룬다고 할 때, 30대 남편과 아내의 평균 키에 대한 99% 신뢰구간을 구하라(단, 단위는 cm이다).

부부	1	2	3	4	5	6	7	8	9	10
남편	167	174	175	176	160	169	166	168	174	176
아내	163	162	164	161	157	163	157	155	157	167

30. 어느 회사에서 특정 제품의 생산 라인 A와 B의 불량률의 차이를 알아보고자 한다. 생산 라인 A에서 생산한 제품 500개 중 6개가 불량품이었고, 생산 라인 B에서 생산한 제품 450개 중 5개가 불량품이었을 때, 두 생산라인의 불량률의 차에 대한 95% 근사 신뢰구간을 구하라.

31. 어떤 유전학자는 여자와 남자를 각각 1,000명씩 임의로 선정하여 조사한 결과, 빈혈 증세를 보인 여자와 남자가 각각 67명과 43명인 사실을 알았다. 빈혈 증세를 보인 여자와 남자의 비율의 차에 대한 95% 근사 신뢰구간을 구하라.

32. 어느 특정 브랜드의 커피를 좋아하는 남녀의 비율에 차이가 있는지 알아보기 위해 여자 680명, 남자 575명을 임의로 선정하여 조사한 결과, 여자 중 342명, 남자 중에서 245명이 이 브랜드의 커피를 좋아한다고 응답했다. 이 커피를 좋아하는 여자와 남자의 비율의 차에 대한 90% 근사 신뢰구간을 구하라.

33. 보통 맥주와 흑맥주에 대한 취향을 조사한 결과 흑맥주를 좋아하는 사람은 남자 250명 중 68명, 여자 185명 중 37명이었다. 흑맥주를 좋아하는 남자와 여자의 비율의 차에 대한 98% 근사 신뢰구간을 구하라.

34. 통계청은 2014년 2분기 적자 가구의 비율을 표본조사하여 서민층과 중산층의 적자 가구의 비율이 각각 26.8%, 19.8%임을 파악했다. 서민층과 중산층 표본의 크기가 각각 4,500명, 9,450명이라 가정할 때, 서민층과 중산층의 적자 가구의 비율의 차에 대한 99% 근사 신뢰구간을 구하라.

35. 동일한 증세에 사용하는 두 약품의 효능을 비교하기 위해 환자를 두 그룹으로 나누어 임상 시험을 실시했다. 156명으로 구성된 그룹은 첫 번째 약품을 복용하여 이 중 한 달 안에 완치된 환자는 148명이었고, 186명으로 구성된 그룹은 두 번째 약품을 복용하여 한 달 안에 완치된 환자는 168명이었다. 두 약품의 평균 치료율의 차에 대한 95% 근사 신뢰구간을 구하라.

36. 다음은 과제물의 점검과 작성을 본인이 직접 하는지 조사하기 위해 20명의 교수와 25명의 학생을 임의로 선정하여 교수들에게 과제물을 본인이 직접 점검하는지 질문하고, 학생들에게 과제물을 본인이 직접 작성하는지 질문하여 얻은 자료이다. 'Yes'는 과제물 본인이 직접 점검하거나 작성한다고 답한 것을 의미할 때, 과제물을 본인이 점검하는 교수의 비율과 과제물을 본인이 작성하는 학생의 비율의 차에 대한 90% 근사 신뢰구간을 구하라.

교수	Yes	Yes	No	Yes	No	No	Yes	Yes	No	Yes
	No	No	Yes	Yes	No	Yes	Yes	No	Yes	Yes
학생	No	Yes	No	No	Yes	No	Yes	No	No	Yes
	Yes	No	Yes	No	No	No	No	No	Yes	No
	Yes	Yes	No	Yes	No					

37. 휴대폰을 보면서 길거리를 걷는 것이 사회적 문제로 대두되고 있다. 다음은 어느 도시에서 청소년과 성인을 상대로 길거리를 걸으면서 휴대폰을 보는 것에 대해 규제를 할 것인지 찬반 여론조사를 실시한 결과이다. 청소년과 성인의 찬성률의 차에 대한 95% 근사 신뢰구간을 구하라.

청소년	찬성	반대	찬성	반대	찬성	찬성	찬성	찬성	찬성	반대
	찬성	찬성	찬성	찬성	찬성	반대	반대	찬성	반대	찬성
	찬성	찬성	찬성	찬성	찬성	반대	찬성	반대	찬성	찬성
	찬성	반대	찬성	찬성	찬성					
성인	찬성	반대	찬성	반대	찬성	반대	찬성	반대	찬성	반대
	반대	반대	반대	반대	찬성	반대	반대	찬성	반대	찬성
	찬성	반대	찬성	찬성	찬성	반대	찬성	반대	반대	반대
	찬성	찬성	반대	찬성	반대	반대	찬성	반대	반대	찬성

38. 식품위생법에 의하면 냉동 탑차는 냉장 식품을 영하 10~0°C로 운송해야 한다. 다음은 두 지역에서 출하된 냉동 탑차를 각각 임의로 선정하여 적정 온도를 잘 지키는지 조사한 결과이다. 내동 탑차 온도는 정규분포를 이룬다고 할 때, 두 지역에서 출하된 냉동 탑차 온도의 모분산의 비에 대한 95% 신뢰구간을 구하라(단, 단위는 °C이다).

	크기	표본평균	표본표준편차
표본 1	8	−5	1.6
표본 2	7	−4	2.1

39. 다음은 두 배터리 회사의 스마트폰용 배터리 수명을 표본조사한 결과이다. 배터리 수명은 정규분포를 이룬다고 할 때, 배터리 수명의 모분산의 비에 대한 90% 신뢰구간을 구하라(단, 단위는 년이다).

	크기	표본평균	표본표준편차
표본 1	10	2.5	0.8
표본 2	10	2.1	0.5

40. 어떤 부품을 조립하는 데 걸리는 시간에 대해 남녀 근로자 사이에 분산이 동일한지 알아보기 위해 남자 근로자 13명과 여자 근로자 10명을 임의로 조사하여 각각의 모분산 5.6, 5.2를 얻었다. 남녀 근로자의 조립 시간은 정규분포를 이룬다고 할 때, 남자 근로자와 여자 근로자 조립 시간의 모분산의 비에 대한 98% 신뢰구간을 구하라.

41. 다음은 시중에서 판매 중인 두 회사의 원두커피 한 잔에 포함된 카페인의 양을 조사한 결과이다. 두 회사의 원두커피 한 잔에 포함된 카페인의 양은 정규분포를 이룬다고 알려져 있을 때, 두 회사의 원두커피 한 잔에 포함된 카페인 양의 모분산의 비에 대한 95% 신뢰구간을 구하라(단, 단위는 mg이다).

	크기	표본평균	표본표준편차
표본 1	10	78	1.5
표본 2	9	75	1.2

42. 다음은 고혈압 환자 32명을 두 그룹으로 분류하여 각각 다른 방법으로 치료한 결과를 수치로 나타낸 것이다. 평균 수치가 높을수록 치료의 효과가 있음을 나타내고 두 방법에 의한 치료 결과는 정규분포를 이룬다고 할 때, 두 치료 방법 효과의 모분산의 비에 대한 95% 신뢰구간을 구하라.

	크기	표본평균	표본표준편차
표본 1	16	52.5	10.5
표본 2	16	48.2	9.8

실전문제

1. 다음은 국가통계포털에서 제공하는 서울과 부산의 미세먼지(PM−10) 농도를 월별로 나타낸 것이다. 미세먼지 농도는 모분산이 서로 다른 정규분포를 이룬다고 할 때, 서울과 부산의 미세먼지 평균 농도의 차에 대한 95% 근사 신뢰구간을 구하라(단, 단위는 $\mu g/m^3$이다).

도시 ＼ 월	2018.8	2018.9	2018.10	2018.11	2018.12	2019.1	2019.2	2019.3	2019.4
서울	22	20	28	52	43	66	57	69	41
부산	28	26	32	47	40	48	48	51	40

도시 ＼ 월	2019.5	2019.6	2019.7	2019.8	2019.9	2019.10	2019.11	2019.12	2020.1
서울	52	29	26	25	21	31	40	42	42
부산	47	32	26	30	24	27	35	35	32

2. 다음은 통계청에서 제공한 2017년과 2018년 주요 도시의 1인당 개인소득을 나타낸 것이다. 이 자료가 정부에서 2017년 말에 특정한 경제정책을 수립하여 2018년 도시별 개인소득을 얻은 자료라고 가정할 때, 2018년에 도시별 개인소득이 얼마나 증가했는지 95% 신뢰구간을 구하라(단, 단위는 백만 원이고 2017년과 2018년의 우리나라 1인당 개인소득은 정규분포를 이룬다고 가정한다).

도시	서울	부산	대구	인천	광주	대전	울산
2017	22.2	18.2	18.4	17.9	18.9	19.3	22.0
2018	23.3	18.9	18.6	18.6	19.8	19.7	21.7

3. 과학기술정보통신부에서 2019년 2월에 조사한 바에 따르면, 우리나라 남자의 93.9%와 여자 89.1%가 인터넷을 이용하는 것으로 나타났다. 남자와 여자를 무작위로 2,000명씩 선정하여 얻은 결과라 할 때, 남녀의 인터넷 이용률의 차에 대한 95% 근사 신뢰구간을 구하라.

단일 모집단의 가설검정

Hypothesis Testing about a Single Population

9장과 10장에서 모수에 대한 점추정과 구간추정을 살펴봤다. 이는 모수의 참값에 대한 추론인 반면, 모수의 참값에 대한 어떤 주장이 타당한지 확인하는 과정이 바로 가설검정이다. 11장에서는 가설검정의 의미와 단일 모집단의 모수에 대한 가설을 검정하는 방법을 살펴본다.

11.1 가설검정의 의미와 절차

지금까지 통계적 추론의 한 측면인 추정에 대해 살펴봤다. 추정은 표본을 추출하여 정해진 신뢰도에 적합한 미지의 모수를 추론하는 것이다. 또 다른 통계적 추론인 가설검정은 표본을 이용하여 모수에 대한 어떤 주장이 타당한지 판정하는 것이다. 이번 절에서는 가설검정의 의미와 그 절차에 대해 살펴본다.

11.1.1 가설검정의 의미

우리나라 법은 기소된 어떤 사람이 유죄임을 법정에서 밝히기까지 무죄 추정의 원칙을 따른다. 이때 검사는 기소인이 유죄임을 증명하는 자료를, 변호사는 무죄임을 증명하는 자료를 제시한다. 즉, 기소된 사람이 일으킨 한 가지 사실에 대해 서로 상반되는 검사의 주장과 변호사의 주장이 존재하며, 판사는 기소된 사람이 무죄라고 가정하고 어떤 주장이 타당한지 판정하게 된다. 다시 말해 판사는 다음 두 가지 주장 중 어느 하나를 선택하게 된다.

$$H_0: \text{기소인은 무죄이다.}$$
$$H_1: \text{기소인은 유죄이다.}$$

모수에 대한 어떤 주장이 있을 때 이 주장이 참인지 거짓인지 명확하게 증명되기 전까지는 참인 것으로 인정하며, 표본을 추출하여 이 주장에 타당성이 있는지 결정한다. 이때 변호사와 검사의 주장과 같이 타당성의 유무를 명확히 밝혀야 할 모수에 대한 두 가지 주장을 **가설**(hypothesis)이라 하고, 표본을 추출하여 모수에 대한 두 가지 주장 중 어느 주장이 타당한지 판정하는 과정을 **가설검정**(hypothesis testing)이라 한다.

| 귀무가설과 대립가설

모수에 대한 어떤 주장이 있다면 잠정적으로 이 주장은 참인 것으로 가정하며, 이 주장이 참인지 거짓인지 판정하기 위해 상반되는 또 다른 주장을 설정한다. 이 두 가지 주장에 대해 거짓임이 명확히 규명될 때까지 참인 것으로 인정되는 주장, 즉 타당성을 입증해야 할 가설을 **귀무가설**(null hypothesis)이라 하고 H_0으로 나타낸다. 귀무가설의 반대가 되는 가설, 즉 귀무가설이 거짓이라면 참이 되는 가설을 **대립가설**(alternative hypothesis)이라 하고 H_1로 나타낸다. 가설검정의 최종 목표는 표본을 이용하여 귀무가설 H_0이 참이라고 추론할 수 있는 증거를 제시하는 것이다. 모수를 추정하기 위해 표본 통계량을 이용하듯이 귀무가설 H_0의 진위 여부를 판정하기 위한 통계량을 **검정통계량**(test statistic)이라 한다.

▌가설의 유형

가설검정은 대립가설이 참이라고 주장할 수 있는 증거를 제시하는 것이다. 예를 들어 배터리 제조회사에서 자동차 블랙박스 배터리의 수명이 평균 3년이라 주장한다고 하자. 그러면 운전자들은 블랙박스 배터리를 3년 주기로 교체해야겠다고 생각할 것이다. 그러나 이 회사의 주장은 객관적인 조사를 통해 참인지 거짓인지 판정돼야 한다. 회사의 주장이 참이라는 가정 아래 이에 반대되는 주장인 대립가설을 설정한 다음, 대립가설이 참이라고 할 만한 증거를 제시하는 것이 가설검정이다. 따라서 배터리 회사의 주장인 '배터리의 평균 수명은 3년이다'라는 가설은 타당성을 입증해야 할 귀무가설이고, 대립가설은 '배터리의 평균 수명은 3년이 아니다'이다. 즉, 귀무가설과 대립가설은 각각 다음과 같다.

$$H_0: \mu = 3, \quad H_1: \mu \neq 3$$

택시 기사들을 대상으로 표본조사하여 실제로 블랙박스 배터리의 수명을 조사한 결과, 표본평균이 3년에 미치지 못하거나 초과한다면 이 회사의 주장은 타당성이 떨어질 것이다. 택시 기사의 입장에서 평균 수명이 3년 미만이라고 의심한다면 대립가설을 다음과 같이 설정할 수 있다.

$$H_0: \mu \geq 3, \quad H_1: \mu < 3$$

반대로 배터리의 평균 수명이 3년을 초과한다고 의심한다면 대립가설을 다음과 같이 설정할 수 있다.

$$H_0: \mu \leq 3, \quad H_1: \mu > 3$$

이와 같이 세 가지 유형의 가설을 생각할 수 있으며, 귀무가설은 항상 등호(=)가 포함된 기호를 사용하고 대립가설은 등호가 없는 부등호만 사용한다. 즉, 귀무가설은 기호 =, ≥, ≤ 등을 사용하고 대립가설은 이 기호와 반대되는 ≠, <, >를 사용한다. 예를 들어 모수 θ에 대한 주장 θ_0의 귀무가설과 대립가설은 다음과 같이 설정한다.

$$\begin{cases} H_0: \theta = \theta_0 \\ H_1: \theta \neq \theta_0 \end{cases}, \quad \begin{cases} H_0: \theta \geq \theta_0 \\ H_1: \theta < \theta_0 \end{cases}, \quad \begin{cases} H_0: \theta \leq \theta_0 \\ H_1: \theta > \theta_0 \end{cases}$$

▌기각역

검정통계량을 이용하여 배터리 회사의 주장인 귀무가설 $H_0: \mu = 3$을 검정한 결과, 검정통계량의 관찰값과 귀무가설 H_0이 주장하는 수치 3의 편차가 매우 크면 H_0의 신빙성은 떨어진다. 이 경우 H_0이 거짓이라는 결론을 얻게 되므로 대립가설 H_1이 타당성을 얻는다. 이와 같이 H_0이 거짓이면 귀무가설 H_0을 **기각**(reject)한다 하고, 반대로 H_0이 참이면 귀무가설 H_0을 기각할 수 없다고 한다. 이때 귀무가설 H_0을 기각시키는 검정통계량의 영역을 **기각역**(critical region) 이라 하며, 표본에서 얻은 검정통계량의 관찰값이 이 영역에 놓이게 되면 H_0을 기각한다. 반면 귀무가설이 주장하는 수치와 검정통계량의 관찰값의 편차가 매우 작으면 귀무가설 H_0을 기각할 수 없게 된다.

검정오류

가설검정은 귀무가설이 참이라는 가정 아래 실시하며, 두 가설 중 하나를 택하게 된다. 두 가설 중 어느 한 가설을 선택한다고 해서 선택한 가설이 맞고 선택하지 않은 가설은 틀린 것이라고 할 수는 없다. 한 가설을 선택한다는 것은 '이 가설이 틀리다고 할 만한 강력한 증거가 없다'는 것을 의미하며, 실제로 변동이 있는 표본으로 검정하기 때문에 검정 결과도 확률적으로 나타날 수밖에 없다. 다시 말해, 귀무가설을 기각한다는 결론은 귀무가설이 틀릴 가능성이 높다는 것이지 귀무가설이 틀리다는 것을 나타내지 않는다. 반대로 귀무가설을 기각할 수 없다는 결론은 귀무가설이 맞을 가능성이 높다는 것이지 귀무가설이 참이라는 것을 나타내지는 않는다.

이렇듯 귀무가설 H_0이 실제로 참이지만 표본을 이용한 검정 결과에 따라 H_0을 기각하거나 기각하지 않는 경우가 발생한다. H_0을 기각하지 않는다면 옳은 결정을 내리게 되지만, H_0을 기각한다면 검정 결과는 오류가 된다. 반대로 귀무가설 H_0이 실제로 거짓이고 검정 결과에 따라 H_0을 기각한다면 옳은 결정을 내리게 되지만, H_0을 기각하지 않는다면 잘못된 결정을 내리게 된다. 이를 요약하면 [표 11-1]과 같다.

표 11-1 가설검정에 대한 네 가지 결과

실제 상황 / 검정 결과	H_0이 참	H_0이 거짓
H_0을 채택	올바른 결정	제2종 오류
H_0을 기각	제1종 오류	올바른 결정

이와 같이 검정 결과에 의해 발생하는 오류를 **검정오류**(test error)라 하며, 검정오류에는 두 가지 종류가 있다. 귀무가설 H_0이 실제로 참이지만 H_0을 기각함으로써 발생하는 오류를 **제1종 오류**(type I error)라 하며 α로 나타낸다. 반대로 귀무가설 H_0이 실제로 거짓이지만 H_0을 기각시키지 않음으로써 발생하는 오류를 **제2종 오류**(type II error)라 한다. 이때 제1종 오류를 범할 확률 α를 **유의수준**(significance level)이라 하며, 보편적으로 유의수준 α로 0.01, 0.05, 0.1을 많이 사용한다.

$$\alpha = P(\text{제1종 오류}) = P(H_0\text{을 기각} \mid H_0\text{이 참})$$

대립가설 H_1이 실제로 참이지만 귀무가설 H_0을 기각하지 않는 제2종 오류를 범할 확률을 β로 나타낸다. 그러면 $1 - \beta$는 귀무가설 H_0이 거짓일 때 H_0을 기각함으로써 올바른 결정을 할 확률을 나타내며, 이를 **검정력**(power of the test)이라 한다.

유의수준 α와 제2종 오류를 범할 확률 β를 동시에 작게 하는 검정이 바람직하겠지만 α가 줄어들면 β가 커지게 된다. 즉, 유의수준 α를 고정시키고 β를 최소로 하는 기각역을 구한다면 $1 - \beta$는 최대로 커지게 된다. 한편 표본의 크기가 커지면 표본분포는 모수를 중심으로 집중하게 되며, 따라서 제2종 오류의 확률이 줄어들게 된다.

11.1.2 가설검정의 유형과 절차

귀무가설의 검정 절차로 기각역을 이용하는 방법과 p-값을 이용하는 방법이 있다.

| 기각역을 이용한 검정 절차

이제 귀무가설 H_0을 통계적으로 검정하는 방법에 대해 살펴본다. 추정을 위해 신뢰도를 미리 정해 놓듯이 가설검정의 경우 유의수준을 미리 정해 놓는다. 다음 순서에 따라 귀무가설에 대한 진위 여부를 검정한다.

❶ 대립가설 H_1을 설정한다. 이때 등호가 포함된 기호는 항상 귀무가설에서 사용한다.
❷ 문제의 특성에 따라 유의수준 α를 정한다.
❸ 적당한 검정통계량을 선택한다.
❹ 검정 유형에 따라 유의수준 α에 대한 기각역을 구한다.
❺ 검정통계량의 관찰값이 기각역 안에 놓이면 귀무가설 H_0을 기각하고, 그렇지 않으면 H_0을 기각하지 않는다.

귀무가설의 유형에 따라 [표 11-2]와 같은 세 가지 유형의 가설검정으로 분류된다.

표 11-2 가설에 따른 검정 방법

검정 유형＼가설	귀무가설	대립가설
양측검정	$H_0 : \theta = \theta_0$	$H_1 : \theta \neq \theta_0$
하단측검정	$H_0 : \theta \geq \theta_0$	$H_1 : \theta < \theta_0$
상단측검정	$H_0 : \theta \leq \theta_0$	$H_1 : \theta > \theta_0$

| 양측검정

귀무가설 $H_0 : \theta = \theta_0$에 대해 대립가설 $H_1 : \theta \neq \theta_0$으로 구성되는 검정 방법을 **양측검정**(two sided hypothesis)이라 한다. 배터리의 평균 수명이 3년이라는 주장에 대해 그렇지 않다는 주장이 있다고 하면 귀무가설 H_0과 대립가설 H_1을 다음과 같이 설정할 수 있다.

$$H_0 : \mu = 3, \quad H_1 : \mu \neq 3$$

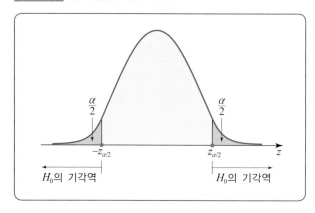

그림 11-1 양측검정에 대한 기각역

참인 것으로 인정하는 모평균 3과 표본평균의 관찰값 $\bar{x}$ 사이에 큰 차이가 없다면 $\bar{x}$는 모평균이 3인 정규모집단에서 임의로 선정한 표본의 평균이라고 생각할 수 있다. 따라서 표본평균의 관찰값을 이용한 이 검정 결과는 대립가설 H_1이 참이라는 근거가 될 수 없으므로 귀무가설 H_0을 기각할 충분한 이유가 되지 않는다. 그러나 표본평균 $\bar{x}$가 모평균 3으로부터 충분히 멀리 떨어진 값이라면 $\bar{x}$는 모평균이 3인 정규분포에서 임의로 추출한 표본평균이라기보다는 모평균이 3보다 매우 큰 모집단 또는 매우 작은 모집단으로부터 얻은 표본평균일 가능성이 크다. 이는 귀무가설 H_0보다는 대립가설 H_1의 타당성을 뒷받침해 주는 근거가 되므로 H_0을 기각하게 된다.

표본평균의 관찰값이 모평균 3보다 아주 크거나 작다면 이 관찰값은 정규분포의 양쪽 꼬리 부분 중 어느 한쪽에 놓이게 된다. 따라서 양측검정에서 귀무가설 H_0에 대한 기각역은 양쪽 꼬리 부분이며, 특히 [그림 11-1]과 같이 유의수준 α에 대한 기각역은 양쪽 꼬리확률이 각각 $\frac{\alpha}{2}$가 되는 두 임계값보다 작거나 큰 범위가 된다.

그러므로 검정통계량의 관찰값 z_0이 [그림 11-2]와 같이 기각역인 왼쪽 꼬리 부분 또는 오른쪽 꼬리 부분에 놓이게 되면 H_0을 기각하고, 기각역 안에 놓이지 않는다면 H_0을 기각할 수 없다.

그림 11-2 검정통계량의 관찰값과 H_0의 기각

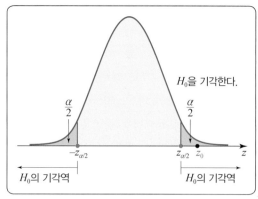

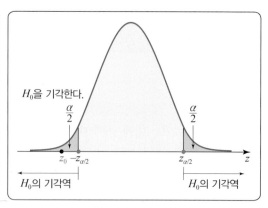

(a) $Z > z_{\alpha/2}$일 때　　　　　　　　　(b) $Z < -z_{\alpha/2}$일 때

| 하단측검정

귀무가설 $H_0 : \theta \geq \theta_0$에 대해 대립가설 $H_1 : \theta < \theta_0$으로 구성되는 검정 방법을 **하단측검정** (one sided lower hypothesis)이라 한다. 배터리의 평균 수명이 3년 이상이라는 주장에 대해 그렇지 않다는 주장이 있다고 하면 귀무가설 H_0과 대립가설 H_1을 다음과 같이 설정할 수 있다.

$$H_0 : \mu \geq 3, \ H_1 : \mu < 3$$

표본평균 $\bar{x}$가 모평균 3보다 매우 작다면 $\bar{x}$는 모평균이 3보다 매우 작은 모집단에서 얻은 표본평균일 가능성이 크다. 이는 귀무가설 H_0보다는 대립가설 H_1의 타당성을 뒷받침해 주는 근거가 되므로 H_0을 기각하게 된다. 이 경우 관찰값은 정규분포의 왼쪽 꼬리 부분에 놓이게 되므로 유의수준 α에 대한 기각역은 [그림 11-3(a)]와 같이 왼쪽 꼬리 부분이 된다. 따라서 검정통계량의 관찰값 z_0이 [그림 11-3(b)]와 같이 기각역인 왼쪽 꼬리 부분에 놓이게 되면 H_0을 기각하고, 기각역 안에 놓이지 않는다면 H_0을 기각할 수 없다.

그림 11-3 하단측검정에 대한 기각역과 H_0의 기각

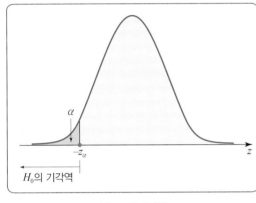
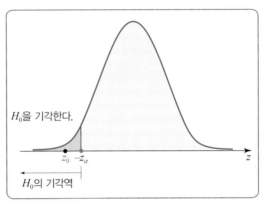

(a) H_0의 기각역   (b) H_0을 기각하는 경우

| 상단측검정

귀무가설 $H_0 : \theta \leq \theta_0$에 대해 대립가설 $H_1 : \theta > \theta_0$으로 구성되는 검정 방법을 **상단측검정** (one sided upper hypothesis)이라 한다. 배터리의 평균 수명이 3년 이하라는 주장에 대해 그렇지 않다는 주장이 있다고 하면 귀무가설 H_0과 대립가설 H_1을 다음과 같이 설정할 수 있다.

$$H_0 : \mu \leq 3, \ \ H_1 : \mu > 3$$

표본평균 $\bar{x}$가 모평균 3보다 매우 크다면 $\bar{x}$는 모평균이 3보다 매우 큰 모집단에서 얻은 표본평균일 가능성이 더 크다. 귀무가설 H_0보다는 대립가설 H_1의 타당성을 뒷받침해 주는 근거가 되므로 H_0을 기각하게 된다. 이 경우 관찰값은 정규분포의 오른쪽 꼬리 부분에 놓이게 되므로

그림 11-4 상단측검정에 대한 기각역과 H_0의 기각

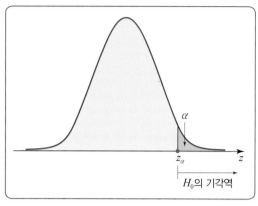 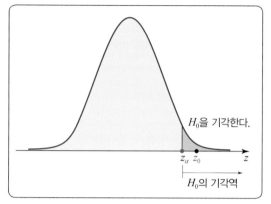

(a) H_0의 기각역　　　　　　　　　　(b) H_0을 기각하는 경우

유의수준 α에 대한 기각역은 [그림 11-4(a)]와 같이 오른쪽 꼬리 부분이 된다. 따라서 검정통계량의 관찰값 z_0이 [그림 11-4(b)]와 같이 기각역인 오른쪽 꼬리 부분에 놓이게 되면 H_0을 기각하고, 기각역 안에 놓이지 않는다면 H_0을 기각할 수 없다.

11.1.3 p-값과 기각역

지금까지 유의수준 α가 주어지면 검정 유형에 따라 기각역이 정해지고, 검정통계량의 관찰값을 이용하여 귀무가설을 기각하거나 기각하지 않는 방법을 살펴봤다. [그림 11-5]와 같이 유의수준이 $\alpha = 0.05$이면 검정통계량의 관찰값 z_0이 기각역 안에 놓이므로 H_0을 기각하는 반면, 유의수준이 $\alpha = 0.025$이면 z_0이 기각역 안에 놓이지 않으므로 H_0을 기각할 수 없다. 즉, 기각역을 이용한 가설검정은 유의수준을 어떻게 정하느냐에 따라 동일한 검정통계량의 관찰값에 대해 귀무가설을 기각하거나 그렇지 못하는 경우가 발생한다.

그림 11-5 유의수준에 따른 기각 여부

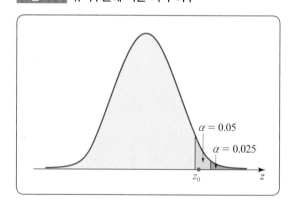

이와 같은 모호함을 피하기 위해 p-값이라 하는 변동 가능한 유의수준을 사용한다. **p-값** (p-value)은 귀무가설 H_0이 참이라는 가정 아래 관찰된 검정통계량의 값보다 극단적인 검정통계량의 관찰값이 관측될 확률이다. 즉, p-값은 표본에서 얻은 검정통계량의 관찰값에 기초하여 귀무가설을 기각할 수 있는 가장 작은 유의수준을 의미한다. 예를 들어 모표준편차가 0.4인 정규모집단에서 모평균의 참값이 3일 때, 크기가 16인 표본에서 관찰된 표본평균을 3.15라 하면 p-값 $= P(\overline{X} > 3.15)$이다. 이때 $\overline{X} \sim N\left(3, \dfrac{1}{0.4/\sqrt{16}}\right)$이므로 $\overline{X}$를 표준화하여 p-값을 구하면 다음과 같다.

$$p\text{-값} = P(\overline{X} > 3.15) = P\left(Z > \frac{3.15 - 3}{0.4/\sqrt{16}}\right) = P(Z > 1.5) = 0.0668$$

즉, 모평균이 3인 정규모집단에서 표본평균이 3.15보다 큰 표본이 관측될 확률은 0.0668이다. 동일한 조건에서 표본평균이 3.31보다 큰 표본이 관측될 확률은 p-값 $= 0.001$이며, [그림 11-6]과 같이 p-값이 작아질수록 표본평균과 모평균의 차이가 커지고 p-값이 커질수록 표본평균과 모평균의 차이가 작아지는 것을 알 수 있다.

그림 11-6 표본평균에 따른 p-값

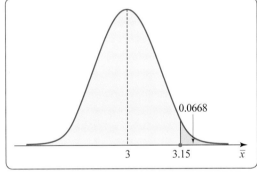
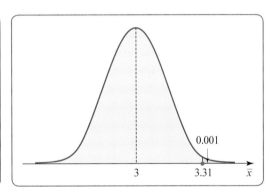

(a) $\overline{x} = 3.15$인 경우(p-값 $= 0.0668$)   (b) $\overline{x} = 3.31$인 경우(p-값 $= 0.001$)

따라서 p-값이 주어진 유의수준보다 작으면 귀무가설 H_0을 기각하고, p-값이 유의수준보다 크면 H_0을 기각할 수 없음을 알 수 있다. 사실 p-값은 귀무가설 H_0이 참이라는 조건 아래 관찰된 표본에서 얻은 결과라기보다는 H_0에 대한 모순을 극복할 표본을 얻을 확률, 즉 검정통계량의 값을 초과할 확률을 나타내므로 이 값이 작을수록 H_0에 대한 타당성은 떨어진다. p-값과 유의수준 α에 따른 귀무가설 H_0의 기각 여부는 [표 11-3]과 같다.

표 11-3 p-값과 유의수준에 따른 H_0의 기각 여부

p-값	유의수준(α)		
	0.1	0.05	0.01
p-값 ≥ 0.1	H_0을 기각 안 함	H_0을 기각 안 함	H_0을 기각 안 함
$0.05 \leq p$-값 < 0.1	H_0을 기각함	H_0을 기각 안 함	H_0을 기각 안 함
$0.01 \leq p$-값 < 0.05	H_0을 기각함	H_0을 기각함	H_0을 기각 안 함
p-값 < 0.01	H_0을 기각함	H_0을 기각함	H_0을 기각함

[표 11-3]으로부터 다음을 알 수 있다.

- p-값이 0.01보다 작으면 모든 유의수준에 대해 귀무가설 H_0을 기각하므로 대립가설 H_1이 타당하다는 압도적인 증거가 된다. 이 경우 검정이 **매우 유의미하다**(highly significant)라고 말한다.
- p-값이 0.01과 0.05 사이이면 유의수준이 1%인 경우를 제외하고 귀무가설 H_0을 기각하므로 대립가설 H_1이 타당하다는 강한 증거가 된다. 이 경우 검정이 **강하게 유의미하다**(strongly significant)라고 말한다.
- p-값이 0.05와 0.1 사이이면 유의수준이 10%인 경우에만 귀무가설 H_0을 기각하므로 대립가설 H_1이 타당하다는 약한 증거가 된다. 이 경우 검정이 **약하게 유의미하다**(weekly significant)라고 말한다.
- p-값이 0.1 이상이면 모든 유의수준에 대해 귀무가설 H_0을 기각하지 않으므로 대립가설 H_1이 타당하다는 증거가 전혀 되지 않는다. 이 경우 검정이 **유의미하지 않다**(not statistically significant)라고 말한다.

다음 순서에 따라 p-값을 이용하여 귀무가설 H_0에 대한 타당성을 검정할 수 있다.

❶ 대립가설 H_1을 설정한다.
❷ 유의수준 α를 정한다.
❸ 적당한 검정통계량을 선택한다.
❹ p-값을 구한다.
❺ p-값 $\leq \alpha$이면 H_0을 기각하고, p-값 $> \alpha$이면 H_0을 기각하지 않는다.

11.2 모평균의 가설검정(모분산을 아는 경우)

모평균에 대한 신뢰구간을 구하기 위해 사용한 추정량은 표본평균이며, 모분산을 아는지 모르는지에 따라 표본평균과 관련된 확률분포는 서로 다르게 나타났다. 이와 동일하게 모평균의 가설검정을 위한 검정통계량으로 표본평균을 사용하며, 모분산을 아는지 모르는지에 따라 검정을 위해 사용하는 확률분포는 서로 다르다. 이번 절에서는 모분산을 아는 정규모집단의 모평균에 대한 가설을 검정하는 방법에 대해 살펴본다.

11.2.1 양측검정

모평균에 대한 귀무가설 $H_0 : \mu = \mu_0$을 검정하는 방법에 대해 살펴본다. 어느 자동차 유리를 생산하는 회사는 유리 두께의 평균이 6.5 mm, 즉 $H_0 : \mu = 6.5$라 주장하며, 과거 경험에 의해 유리 두께는 표준편차가 0.1 mm인 정규분포를 이루는 것을 알고 있다고 하자. 회사의 주장에 타당성이 있는지 유의수준 5%에서 검정하기 위해 36개의 유리를 표본으로 추출하여 두께를 측정했을 때, 표본으로 선정된 유리의 평균 두께 $\bar{x}$ mm가 유의미하게 크거나 작으면 H_0을 기각하고 $\bar{x}$ mm가 6.5 mm에 가깝다면 H_0을 기각하지 않는다. 이에 대한 검정을 위해 귀무가설 H_0과 대립가설 H_1을 다음과 같이 설정한다.

$$H_0 : \mu = 6.5, \quad H_1 : \mu \neq 6.5$$

H_0을 기각하기 전까지 유리의 평균 두께가 6.5 mm라는 주장을 참인 것으로 인정하면, $\mu = 6.5$, $\sigma = 0.1$인 정규모집단에서 추출한 크기가 36인 표본평균 $\bar{X}$에 대해 다음 검정통계량은 표준정규분포를 이룬다.

$$Z = \frac{\bar{X} - 6.5}{0.1/\sqrt{36}} \approx \frac{\bar{X} - 6.5}{0.017}$$

이제 표본평균의 관찰값을 이용하여 양측검정의 기각역에 의한 검정 방법과 p-값에 의한 검정 방법을 살펴보자.

| 기각역을 이용한 검정 방법

대립가설이 $H_1 : \mu \neq 6.5$이므로 유의수준 $\alpha = 0.05$에 대한 양측검정의 기각역은 다음과 같다.

$$Z < -z_{0.025} = -1.96, \quad Z > z_{0.025} = 1.96$$

표본으로 선정한 유리 36개의 평균 두께가 6.45 mm라고 하면 검정통계량의 관찰값은 다음과 같다.

$$z_0 = \frac{6.45 - 6.5}{0.017} \approx -2.94$$

이 관찰값은 왼쪽 꼬리 부분인 기각역 안에 놓이므로 H_0을 기각한다. 유리 36개의 평균 두께가 6.54 mm라고 하면 검정통계량의 관찰값은 다음과 같다.

$$z_0 = \frac{6.54 - 6.5}{0.017} \approx 2.35$$

이 관찰값 역시 오른쪽 꼬리 부분인 기각역 안에 놓이므로 H_0을 기각한다. 즉, 표본평균이 6.45 mm이거나 6.54 mm인 경우 귀무가설의 신빙성이 떨어지며, 따라서 이 회사에서 생산한 유리의 평균 두께가 6.5 mm라는 주장은 타당성이 부족하다. 반면 표본평균이 6.53 mm로 측정되었다면 검정통계량의 관찰값은 다음과 같다.

$$z_0 = \frac{6.53 - 6.5}{0.017} \approx 1.765$$

이 관찰값은 유의수준 5%의 기각역 안에 놓이지 않으므로 H_0을 기각할 수 없다. 따라서 이 회사에서 생산한 유리의 평균 두께가 6.5 mm라는 주장에 신빙성이 있다.

양측검정에 대한 기각역과 검정통계량의 관찰값 $z_0 = -2.94$, $z_0 = 2.35$는 [그림 11-7(a)]와 같으며, 이 경우 귀무가설을 기각한다. 그러나 검정통계량의 관찰값 $z_0 = 1.765$는 [그림 11-7(b)]와 같이 기각역 안에 놓이지 않으므로 이 경우 귀무가설을 기각할 수 없다.

그림 11-7 양측검정에 대한 검정통계량의 관찰값과 기각역

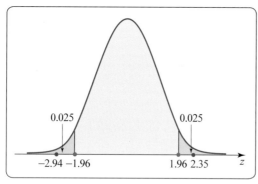 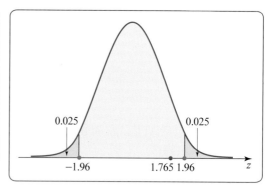

(a) H_0을 기각하는 경우   (b) H_0을 기각할 수 없는 경우

따라서 모분산을 아는 정규모집단의 모평균에 대해 기각역을 이용한 양측검정을 요약하면 다음과 같다.

귀무가설 $H_0 : \mu = \mu_0$에 대해 양측검정에 대한 검정통계량과 그 관찰값은 다음과 같다.

$$Z = \frac{\overline{X} - \mu_0}{\sigma/\sqrt{n}}, \quad z_0 = \frac{\overline{x} - \mu_0}{\sigma/\sqrt{n}}$$

기각역은 $R : Z < -z_{\alpha/2},\ Z > z_{\alpha/2}$이며 z_0이 기각역 안에 놓이면 H_0을 기각한다.

| p-값을 이용한 검정 방법

p-값을 이용하여 유리의 평균 두께가 6.5 mm라는 주장을 검정해보자. 양측검정인 경우 검정통계량의 관찰값 z_0에 대한 p-값은 다음과 같이 정의한다.

$$p\text{-값} = P(Z < -|z_0|) + P(Z > |z_0|)$$

즉, p-값은 [그림 11-8]과 같다.

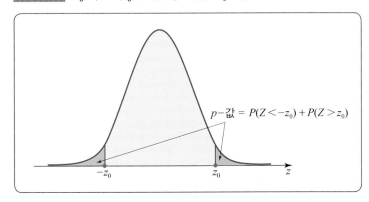

그림 11-8 $H_0 : \mu = \mu_0$에 대한 양측검정의 p-값

표본평균이 6.45 mm이면 검정통계량의 관찰값은 $z_0 = -2.94$이므로 p-값은 다음과 같다.

$$p\text{-값} = P(Z < -2.94) + P(Z > 2.94) = 2(1 - 0.9984) = 0.0032$$

이 경우 p-값이 유의수준 0.05보다 작으므로 H_0을 기각한다. 이때 p-값이 0.01보다 작으므로 이 검정은 매우 유의미하다.

표본평균이 6.54 mm이면 검정통계량의 관찰값은 $z_0 = 2.35$이므로 p-값은 다음과 같다.

$$p\text{-값} = P(Z < -2.35) + P(Z > 2.35) = 2(1 - 0.9906) = 0.0188$$

이 경우 p-값이 유의수준 0.05보다 작으므로 H_0을 기각한다. 그러나 p-값이 0.01보다 크므로 유의수준 0.01에서 검정한다면 H_0을 기각할 수 없다. 즉, 유리의 평균 두께가 6.5 mm라는 주장은 유의수준 1%에서 신빙성이 있지만 유의수준 5%에서는 신빙성이 떨어진다.

표본평균이 6.53 mm이면 검정통계량의 관찰값은 $z_0 = 1.765$이므로 p-값은 다음과 같다.

$$p\text{-값} = P(Z < -1.765) + P(Z > 1.765) = 2(1 - 0.9612) = 0.0776$$

이 경우 p-값이 유의수준 0.05보다 크므로 H_0을 기각할 수 없다. 그러나 p-값이 0.1보다 작으므로 유의수준 0.1에서 검정한다면 H_0은 기각된다. 즉, 유리의 평균 두께가 6.5 mm라는 주장은 유의수준 5%에서 신빙성이 있지만 유의수준 10%에서는 신빙성이 떨어진다.

검정통계량의 관찰값 $z_0 = -2.94$, $z_0 = 2.35$에 대한 각각의 p-값 0.0032, 0.0188 그리고 검정통계량의 관찰값 $z_0 = 1.765$에 대한 p-값 $= 0.0776$과 유의수준 $\alpha = 0.05$에 대한 귀무가설 H_0의 기각 여부는 [그림 11-9]와 같다.

그림 11-9 양측검정에 대한 p-값과 유의수준 $\alpha = 0.05$를 비교한 검정

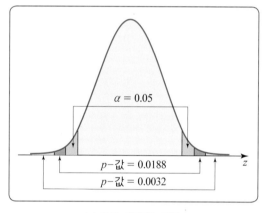 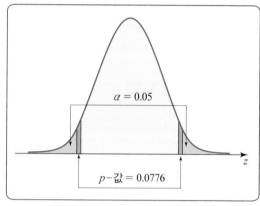

(a) H_0을 기각하는 경우   (b) H_0을 기각할 수 없는 경우

따라서 모분산을 아는 정규모집단의 모평균에 대해 p-값을 이용한 양측검정을 요약하면 다음과 같다.

귀무가설 $H_0 : \mu = \mu_0$에 대해 양측검정에 대한 검정통계량의 관찰값 z_0의 p-값은 다음과 같다.

$$p\text{-값} = P(Z < -|z_0|) + P(Z > |z_0|)$$

유의수준 α에 대해 p-값 $\leq \alpha$이면 H_0을 기각하고, p-값 $> \alpha$이면 H_0을 기각하지 않는다.

예제 1

문화체육관광부에서 발표한 〈2017년 국민독서실태조사〉 자료에 따르면 우리나라 직장인의 연평균 독서량이 8.3권이라고 한다. 이 자료의 진위를 알아보기 위해 50명의 직장인을 임의로 선정하여 조사했더니 연평균 8.4권의 책을 읽는다는 결과가 나왔다. 직장인의 독서량은 모표준편차가 0.4권인 정규분포를 이룬다고 알려져 있을 때, 물음에 답하라.

(a) 귀무가설과 대립가설을 설정하라.

(b) 유의수준 5%에 대한 기각역을 구하라.

(c) 검정통계량의 관찰값을 구하라.

(d) 기각역을 이용하여 유의수준 5%에서 귀무가설을 검정하라.

(e) p-값을 구하라.

(f) p-값을 이용하여 유의수준 5%에서 귀무가설을 검정하라.

풀이

(a) 귀무가설과 대립가설은 각각 $H_0 : \mu_0 = 8.3$, $H_1 : \mu_0 \neq 8.3$이다.

(b) 유의수준 5%에 대한 양측검정의 기각역은 $Z < -z_{0.025} = -1.96$, $Z > z_{0.025} = 1.96$이다.

(c) 모표준편차가 $\sigma = 0.4$이므로 검정통계량은 $Z = \dfrac{\overline{X} - 8.3}{0.4/\sqrt{50}}$이고 $\bar{x} = 8.4$이므로 검정통계량의 관찰값은

$z_0 = \dfrac{8.4 - 8.3}{0.4/\sqrt{50}} \approx 1.77$이다.

(d) 검정통계량의 관찰값 $z_0 = 1.77$은 기각역 안에 놓이지 않으므로 유의수준 5%에서 귀무가설 $H_0 : \mu_0 = 8.3$을 기각할 수 없다. 즉, 직장인의 연평균 독서량이 8.3권이라는 주장은 타당성이 있다.

(e) $|z_0| = 1.77$이므로 p-값은 다음과 같다.

$$p\text{-값} = P(Z < -1.77) + P(Z > 1.77) = 2(1 - 0.9616) = 0.0768$$

(f) p-값 $= 0.0768 > \alpha = 0.05$이므로 유의수준 5%에서 귀무가설 $H_0 : \mu_0 = 8.3$을 기각할 수 없다.

11.2.2 하단측검정

모평균에 대한 귀무가설 $H_0 : \mu \geq \mu_0$을 검정하는 방법에 대해 살펴본다. 어느 자동차 회사가 자동차 유리를 납품한 회사에 유리의 평균 두께가 6.5 mm 이상이기 때문에 자동차 생산에 어려움이 많다고 주장한다고 하자. 그러면 유리를 납품한 회사는 자동차 회사의 주장이 잘못됐음을 증명해야 하므로 검정을 위해 귀무가설 H_0과 대립가설 H_1을 다음과 같이 설정해야 한다.

$$H_0 : \mu \geq 6.5, \quad H_1 : \mu < 6.5$$

유리 제조회사에서 생산한 유리 두께의 표준편차가 0.1 mm라고 하면 $\mu = 6.5$, $\sigma = 0.1$인 정규모집단에서 추출한 크기가 36인 표본평균 $\overline{X}$에 대해 다음 검정통계량은 표준정규분포를 이룬다.

$$Z = \frac{\overline{X} - 6.5}{0.1/\sqrt{36}} \approx \frac{\overline{X} - 6.5}{0.017}$$

| 기각역을 이용한 검정 방법

대립가설이 $H_1 : \mu < 6.5$이므로 유의수준 $\alpha = 0.05$에 대한 하단측검정의 기각역은 다음과 같다.

$$Z < -z_{0.05} = -1.645$$

표본으로 선정한 유리 36개의 평균 두께가 6.45 mm라고 하면 검정통계량의 관찰값은 다음과 같다.

$$z_0 = \frac{6.45 - 6.5}{0.017} \approx -2.94$$

이 관찰값은 왼쪽 꼬리 부분인 기각역 안에 놓이므로 H_0을 기각한다. 따라서 자동차 유리의 평균 두께가 6.5 mm 이상이라는 주장은 타당성이 부족하다. 유리 36개의 평균 두께가 6.473 mm 라고 하면 검정통계량의 관찰값은 다음과 같다.

$$z_0 = \frac{6.473 - 6.5}{0.017} \approx -1.59$$

이 관찰값은 유의수준 5%의 기각역 안에 놓이지 않으므로 H_0을 기각할 수 없다. 즉, 자동차 유리의 평균 두께가 6.5 mm 이상이라는 주장에 신빙성이 있다.

검정통계량의 관찰값 $z_0 = -2.94$는 [그림 11-10(a)]와 같이 기각역 안에 놓이므로 귀무가설을 기각한다. 그러나 검정통계량의 관찰값 $z_0 = -1.59$는 [그림 11-10(b)]와 같이 기각역 안에 놓이지 않으므로 귀무가설을 기각할 수 없다.

그림 11-10 하단측검정에 대한 검정통계량의 관찰값과 기각역

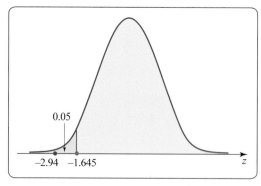

(a) H_0을 기각하는 경우

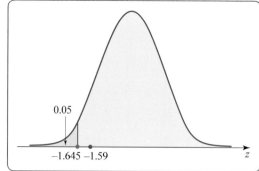

(b) H_0을 기각할 수 없는 경우

따라서 모분산을 아는 정규모집단의 모평균에 대해 기각역을 이용한 하단측검정을 요약하면 다음과 같다.

귀무가설 $H_0 : \mu \geq \mu_0$에 대해 하단측검정에 대한 검정통계량과 그 관찰값은 다음과 같다.

$$Z = \frac{\overline{X} - \mu_0}{\sigma/\sqrt{n}}, \ z_0 = \frac{\overline{x} - \mu_0}{\sigma/\sqrt{n}}$$

기각역은 $R : Z < -z_\alpha$이며 z_0이 기각역 안에 놓이면 H_0을 기각한다.

| p-값을 이용한 검정 방법

하단측검정인 경우 검정통계량의 관찰값 z_0에 대한 p-값은 다음과 같이 정의한다.

$$p\text{-값} = P(Z < z_0)$$

즉, p-값은 [그림 11-11]과 같다.

그림 11-11　$H_0 : \mu \geq \mu_0$에 대한 하단측검정의 p-값

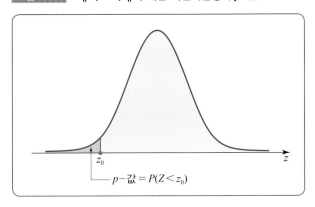

p-값 $= P(Z < z_0)$

표본평균이 6.45 mm이면 검정통계량의 관찰값이 $z_0 = -2.94$이므로 p-값은 다음과 같다.

$$p\text{-값} = P(Z < -2.94) = 1 - 0.9984 = 0.0016$$

이 경우 p-값이 유의수준 0.05보다 작으므로 H_0을 기각한다. 이때 p-값이 0.01보다 작으므로 이 검정은 매우 유의미하다.

표본평균이 6.473 mm이면 검정통계량의 관찰값이 $z_0 = -1.59$이므로 p-값은 다음과 같다.

$$p\text{-값} = P(Z < -1.59) = 1 - 0.9441 = 0.0559$$

이 경우 p-값이 유의수준 0.05보다 크므로 H_0을 기각할 수 없다. 즉, 유리의 평균 두께가 6.5 mm 이상이라는 주장은 신빙성이 있다.

이들 p-값과 유의수준에 대한 귀무가설 H_0의 기각 여부는 [그림 11-12]와 같다.

그림 11-12 하단측검정에 대한 p-값과 유의수준 $\alpha = 0.05$를 비교한 검정

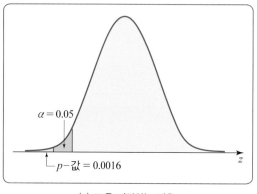

(a) H_0을 기각하는 경우

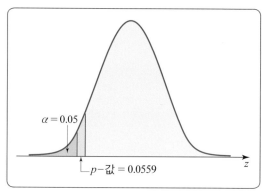

(b) H_0을 기각할 수 없는 경우

따라서 모분산을 아는 정규모집단의 모평균에 대해 p-값을 이용한 하단측검정을 요약하면 다음과 같다.

귀무가설 $H_0 : \mu \geq \mu_0$에 대해 하단측검정에 대한 검정통계량의 관찰값 z_0의 p-값은 다음과 같다.

$$p\text{-값} = P(Z < z_0)$$

유의수준 α에 대해 p-값 $\leq \alpha$이면 H_0을 기각하고, p-값 $> \alpha$이면 H_0을 기각하지 않는다.

예제 2

어느 자동차 회사에서 새로 개발한 하이브리드 자동차의 연비가 18.2 이상이라고 발표했다. 이를 알아보기 위해 이 자동차를 구입한 9명의 자동차 동호회 회원을 임의로 선정하여 조사한 결과 연비의 평균이 17.7임을 얻었다. 이 회사에서 자체적으로 조사한 결과에 따르면 하이브리드 자동차의 연비는 모표준편차가 0.92인 정규분포를 이루는 것으로 알려져 있다. 물음에 답하라(단, 단위는 km/L이다).

(a) 귀무가설과 대립가설을 설정하라.

(b) 유의수준 5%에 대한 기각역을 구하라.

(c) 검정통계량의 관찰값을 구하라.

(d) 기각역을 이용하여 유의수준 5%에서 귀무가설을 검정하라.

(e) p-값을 구하라.

(f) p-값을 이용하여 유의수준 5%에서 귀무가설을 검정하라.

풀이

(a) 귀무가설과 대립가설은 각각 $H_0 : \mu_0 \geq 18.2$, $H_1 : \mu_0 < 18.2$이다.

(b) 유의수준 5%에 대한 하단측검정의 기각역은 $Z < -z_{0.05} = -1.645$이다.

(c) 모표준편차가 $\sigma = 0.92$이므로 검정통계량은 $Z = \dfrac{\overline{X} - 18.2}{0.92/\sqrt{9}}$이고 $\bar{x} = 17.7$이므로 검정통계량의 관찰값은 $z_0 = \dfrac{17.7 - 18.2}{0.92/\sqrt{9}} \approx -1.63$이다.

(d) 검정통계량의 관찰값 $z_0 = -1.63$은 기각역 안에 놓이지 않으므로 유의수준 5%에서 귀무가설 $H_0 : \mu_0 \geq 18.2$를 기각할 수 없다. 즉, 연비가 18.2 이상이라는 자동차 회사의 발표는 신빙성이 높다.

(e) $z_0 = -1.63$이므로 p-값 $= P(Z < -1.63) = 1 - 0.9484 = 0.0516$이다.

(f) p-값 $= 0.0516 > \alpha = 0.05$이므로 유의수준 5%에서 귀무가설 $H_0 : \mu_0 \geq 18.2$를 기각할 수 없다.

11.2.3 상단측검정

모평균에 대한 귀무가설 $H_0 : \mu \leq \mu_0$을 검정하는 방법에 대해 살펴본다. 이 경우 하단측검정의 반대 상황으로 이해할 수 있다. 즉, 귀무가설 H_0과 대립가설 H_1을 다음과 같이 설정한다.

$$H_0 : \mu \leq 6.5, \quad H_1 : \mu > 6.5$$

유리 제조회사에서 생산한 유리 두께의 표준편차가 0.1 mm라고 하면 $\mu = 6.5$, $\sigma = 0.1$인 정규모집단에서 추출한 크기가 36인 표본평균 $\overline{X}$에 대해 다음 검정통계량은 표준정규분포를 이룬다.

$$Z = \frac{\overline{X} - 6.5}{0.1/\sqrt{36}} \approx \frac{\overline{X} - 6.5}{0.017}$$

| 기각역을 이용한 검정 방법

대립가설이 $H_1 : \mu > 6.5$이므로 유의수준 $\alpha = 0.05$에 대한 상단측검정의 기각역은 다음과 같다.

$$Z > z_{0.05} = 1.645$$

표본으로 선정한 유리 36개의 평균 두께가 6.54 mm라고 하면 검정통계량의 관찰값은 다음과 같다.

$$z_0 = \frac{6.54 - 6.5}{0.017} \approx 2.35$$

이 관찰값은 오른쪽 꼬리 부분인 기각역 안에 놓이므로 H_0을 기각한다. 따라서 자동차 유리의 평균 두께가 6.5 mm 이하라는 주장은 타당성이 부족하다. 유리 36개의 평균 두께가 6.52 mm라고 하면 검정통계량의 관찰값은 다음과 같다.

$$z_0 = \frac{6.52 - 6.5}{0.017} \approx 1.18$$

이 관찰값은 유의수준 5%의 기각역 안에 놓이지 않으므로 H_0을 기각할 수 없다. 즉, 자동차 유리의 평균 두께가 6.5 mm 이하라는 주장에 신빙성이 있다.

그림 11-13 상단측검정에 대한 검정통계량의 관찰값과 기각역

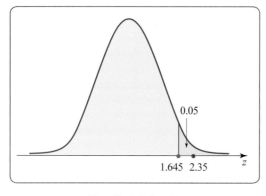

(a) H_0을 기각하는 경우   (b) H_0을 기각할 수 없는 경우

검정통계량의 관찰값 $z_0 = 2.35$는 [그림 11–13(a)]와 같이 기각역 안에 놓이므로 귀무가설을 기각한다. 그러나 검정통계량의 관찰값 $z_0 = 1.18$은 [그림 11–13(b)]와 같이 기각역 안에 놓이지 않으므로 귀무가설을 기각할 수 없다.

따라서 모분산을 아는 정규모집단의 모평균에 대해 기각역을 이용한 상단측검정을 요약하면 다음과 같다.

귀무가설 $H_0 : \mu \leq \mu_0$에 대해 상단측검정에 대한 검정통계량과 그 관찰값은 다음과 같다.

$$Z = \frac{\overline{X} - \mu_0}{\sigma/\sqrt{n}}, \ z_0 = \frac{\overline{x} - \mu_0}{\sigma/\sqrt{n}}$$

기각역은 $R : Z > z_\alpha$이며 z_0이 기각역 안에 놓이면 H_0을 기각한다.

| p-값을 이용한 검정 방법

상단측검정인 경우 검정통계량의 관찰값 z_0에 대한 p-값은 다음과 같이 정의한다.

$$p\text{-값} = P(Z > z_0)$$

즉, p-값은 [그림 11–14]와 같다.

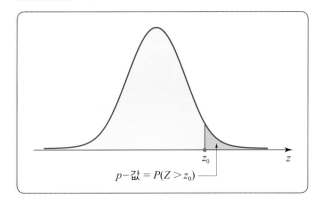

그림 11-14 $H_0 : \mu \leq \mu_0$에 대한 상단측검정의 p-값

p-값 $= P(Z > z_0)$

표본평균이 6.54 mm이면 검정통계량의 관찰값이 $z_0 = 2.35$이므로 p-값은 다음과 같다.

$$p\text{-값} = P(Z > 2.35) = 1 - P(Z < 2.35) = 1 - 0.9906 = 0.0094$$

이 경우 p-값이 유의수준 0.05보다 작으므로 H_0을 기각한다. 이때 p-값이 0.01보다 작으므로 이 검정은 매우 유의미하다.

표본평균이 6.52 mm이면 검정통계량의 관찰값이 $z_0 = 1.18$이므로 p-값은 다음과 같다.

$$p\text{-값} = P(Z > 1.18) = 1 - 0.8810 = 0.119$$

이 경우 p-값이 유의수준 0.05보다 크므로 H_0을 기각할 수 없다. 즉, 유리의 평균 두께가 6.5 mm 이하라는 주장은 신빙성이 있다.

이들 p-값과 유의수준에 대한 귀무가설 H_0의 기각 여부는 [그림 11-15]와 같다.

그림 11-15 상단측검정에 대한 p-값과 유의수준 $\alpha = 0.05$를 비교한 검정

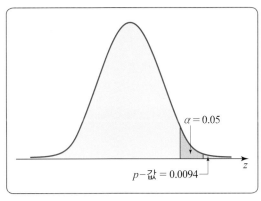

(a) H_0을 기각하는 경우

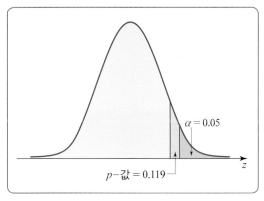

(b) H_0을 기각할 수 없는 경우

따라서 모분산을 아는 정규모집단의 모평균에 대해 p-값을 이용한 상단측검정을 요약하면 다음과 같다.

귀무가설 $H_0 : \mu \leq \mu_0$에 대해 상단측검정에 대한 검정통계량의 관찰값 z_0의 p-값은 다음과 같다.

$$p\text{-값} = P(Z > z_0)$$

유의수준 α에 대해 p-값 $\leq \alpha$이면 H_0을 기각하고, p-값 $> \alpha$이면 H_0을 기각하지 않는다.

예제 3

어느 패스트푸드 회사에서 자사의 햄버거는 한 개당 나트륨의 양이 평균 995 이하라고 주장한다. 이 주장을 검정하기 위해 사회단체에서 이 회사의 햄버거 40개를 임의로 수거하여 조사한 결과 평균 나트륨의 양이 999인 것을 얻었다. 이 회사 햄버거 한 개의 나트륨 양은 표준편차가 10.5인 정규분포를 이룬다고 할 때, 물음에 답하라(단, 단위는 mg이다).

(a) 귀무가설과 대립가설을 설정하라.

(b) 유의수준 1%에 대한 기각역을 구하라.

(c) 검정통계량의 관찰값을 구하라.

(d) 기각역을 이용하여 유의수준 1%에서 귀무가설을 검정하라.

(e) p-값을 구하라.

(f) p-값을 이용하여 유의수준 1%에서 귀무가설을 검정하라.

풀이

(a) 귀무가설과 대립가설은 각각 $H_0 : \mu_0 \leq 995$, $H_1 : \mu_0 > 995$이다.

(b) 유의수준 1%에 대한 상단측검정의 기각역은 다음과 같다.

$$Z > z_{0.01} = 2.33$$

(c) 모표준편차가 $\sigma = 10.5$이므로 검정통계량은 $Z = \dfrac{\overline{X} - 995}{10.5/\sqrt{40}}$이고 $\bar{x} = 999$이므로 검정통계량의 관찰값은
$z_0 = \dfrac{999 - 995}{10.5/\sqrt{40}} \approx 2.41$이다.

(d) 검정통계량의 관찰값 $z_0 = 2.41$은 기각역 안에 놓이므로 유의수준 1%에서 귀무가설 $H_0 : \mu_0 \leq 995$를 기각한다. 즉, 나트륨 양의 평균이 995 이하라는 회사의 주장은 타당성이 부족하다.

(e) $z_0 = 2.41$이므로 p-값은 다음과 같다.

$$p\text{-값} = P(Z > 2.41) = 1 - 0.9920 = 0.008$$

(f) p-값과 α의 값을 비교하면 다음과 같다.

$$p\text{-값} = 0.008 < \alpha = 0.01$$

따라서 유의수준 1%에서 귀무가설 $H_0 : \mu_0 \leq 995$를 기각한다.

[표 11-4]는 모분산을 아는 정규모집단의 모평균에 대한 가설검정을 정리한 것이다.

표 11-4 **모평균에 대한 검정 유형, 기각역 그리고 p-값(모분산을 아는 경우)**

가설과 기각역 검정 방법	귀무가설 H_0	대립가설 H_1	H_0의 기각역	p-값
양측검정	$\mu = \mu_0$	$\mu \neq \mu_0$	$\lvert Z \rvert > z_{\alpha/2}$	$P(\lvert Z \rvert > \lvert z_0 \rvert)$
하단측검정	$\mu \geq \mu_0$	$\mu < \mu_0$	$Z < -z_\alpha$	$P(Z < z_0)$
상단측검정	$\mu \leq \mu_0$	$\mu > \mu_0$	$Z > z_\alpha$	$P(Z > z_0)$

모분산 σ^2을 아는 임의의 모집단의 모평균에 대한 귀무가설 $H_0 : \mu = \mu_0$을 검정한다고 하자. 표본의 크기가 충분히 크면($n \geq 30$) 중심극한정리에 의해 표본평균 $\overline{X}$는 근사적으로 정규분포를 이루고 다음이 성립한다.

$$Z = \frac{\overline{X} - \mu_0}{\sigma/\sqrt{n}} \approx N(0, 1)$$

따라서 모분산을 아는 임의의 모집단의 모평균에 대한 가설검정은 모분산을 아는 정규모집단의 모평균에 대한 가설검정에 준하여 검정할 수 있다.

엑셀 모평균에 대한 가설검정(모분산을 아는 경우)

양측검정

[예제 1]의 $H_0 : \mu_0 = 8.3$에 대한 유의수준 5%인 양측검정을 한다.

❶ A1~A5셀에 **모평균 가설, 모표준편차, 표본평균, 표본크기, 유의수준**을 기입하고 B열에 기본 정보를 기입한다.

❷ C1~C4셀에 **검정통계량값, 왼쪽 기각역, 오른쪽 기각역, p-값**을 기입한다.

❸ D1셀에 **=(B3-B1)/(B2/SQRT(B4))**를 기입하여 검정통계량의 관찰값 1.767767을 얻는다.

❹ D2셀에 커서를 놓고 메뉴바에서 **수식 〉 함수 삽입 〉 통계 〉 NORM.S.INV**를 선택하여 **Probability**에 0.025를 기입하고, D3셀도 마찬가지로 함수를 선택하여 **Probability**에 0.975를 기입하여 왼쪽과 오른쪽 기각역의 임계값 −1.95996과 1.95996을 구한다.

❺ D4셀에 **=2*NORM.S.DIST(-D1,1)**을 기입하면 p-값 0.0771을 얻는다. 이때 검정통계량 값의 절댓값을 이용하기 위해 **-D1**을 입력했다.

▶ 표본 데이터가 A1~C6셀에 있는 경우 Z.TEST를 이용하여 다음과 같이 꼬리확률함수와 p−값을 구할 수 있다.

꼬리확률함수	Z.TEST(array, μ_0, σ)는 1-Norm.S.Dist((Average(array)−μ_0)/(σ/ $\sqrt{n}$),TRUE)를 의미한다. 여기서 array는 표본 데이터가 있는 영역이다.
p−값	=2*MIN(Z.TEST(A1:C6, μ_0, σ), 1-Z.TEST(A1:C6, μ_0, σ))

|결론| 다음과 같이 검정통계량의 관찰값 1.767767이 오른쪽 기각역의 경계값 1.959964보다 작으므로 귀무가설을 기각할 수 없다. 또는 p−값 0.0771이 유의수준 0.05보다 크므로 귀무가설을 기각할 수 없다.

	A	B	C	D
1	모평균 가설	8.3	검정통계량 값	1.767767
2	모표준편차	0.4	왼쪽 기각역	-1.95996
3	표본평균	8.4	오른쪽 기각역	1.959964
4	표본크기	50	p-값	0.0771
5	유의수준	0.05		

하단측검정

양측검정 과 동일한 방법으로 검정을 실시한다. 단, 오른쪽 기각역은 필요하지 않으며 왼쪽 기각역을 구하기 위해 D2셀에서 NORM.S.INV를 선택하여 Probability에 0.05를 기입한다. p−값을 구하기 위해 D4셀에 =NORM.S.DIST(D1,1)을 기입한다. A1~C6셀에 표본 데이터가 있는 경우 =1-Z.TEST(A1:C6, μ_0, σ)를 이용하여 p−값을 구할 수도 있다.

상단측검정

양측검정 과 동일한 방법으로 검정을 실시한다. 단, 왼쪽 기각역은 필요하지 않으며 오른쪽 기각역을 구하기 위해 D3셀에서 NORM.S.INV를 선택하여 Probability에 0.95를 기입한다. p−값을 구하기 위해 D4셀에 =1-NORM.S.DIST(-D1,1)을 기입한다. A1~C6셀에 표본 데이터가 있는 경우 =Z.TEST(A1:C6, μ_0, σ)를 이용하여 p−값을 구할 수도 있다.

11.3 모평균의 가설검정(모분산을 모르는 경우)

모분산을 모르는 정규모집단의 모평균 μ를 추정하기 위해 모표준편차 σ를 표본표준편차 s로 대체하면 다음과 같은 T−통계량이 자유도 $n-1$인 t−분포를 이루는 것을 8.2절에서 살펴봤다.

$$T = \frac{\overline{X} - \mu}{s/\sqrt{n}}$$

마찬가지로 모분산을 모르는 정규모집단의 모평균에 대한 가설을 검정하기 위해 T−통계량과 자유도 $n-1$인 t−분포를 사용한다.

다음 순서에 따라 기각역을 이용하여 모분산을 모르는 정규모집단의 모평균 μ에 대한 귀무가설 H_0의 타당성을 검정할 수 있다.

❶ 귀무가설 H_0과 대립가설 H_1을 설정한다.
❷ 유의수준 α를 정한다.
❸ 검정통계량 $T = \dfrac{\overline{X} - \mu_0}{s/\sqrt{n}}$을 선택하고, 관찰값 t_0을 구한다.
❹ 유의수준 α에 대한 임계값과 기각역을 구한다.
❺ 검정통계량의 관찰값 t_0이 기각역 안에 놓이면 H_0을 기각하고, 그렇지 않으면 H_0을 기각하지 않는다.

또는 p-값을 이용하여 p-값 $\leq \alpha$이면 H_0을 기각하고, p-값 $> \alpha$이면 H_0을 기각하지 않는다.

이제 모분산이 알려지지 않은 정규모집단의 모평균에 대한 세 가지 유형의 가설을 검정하는 방법을 살펴본다. 모분산을 아는 경우와 마찬가지로 모평균에 대한 두 가설을 검정하기 위해 표본평균을 사용한다.

11.3.1 양측검정

기각역과 p-값을 이용하여 모분산을 모르는 정규모집단의 모평균에 대한 다음 귀무가설을 검정하는 방법을 살펴본다.

$$H_0 : \mu = \mu_0$$

| 기각역을 이용한 검정 방법

대립가설이 $H_1 : \mu \neq \mu_0$이므로 유의수준 α에 대한 기각역은 Z-검정과 같이 양쪽 꼬리 부분이다. 자유도 $n-1$인 t-분포에서 양쪽 꼬리확률이 각각 $\dfrac{\alpha}{2}$인 임계값은 $\pm t_{\alpha/2}(n-1)$이므로 유의수준 α에 대한 기각역은 다음과 같다. 이때, 임계값 $\pm t_{\alpha/2}(n-1)$은 [부록 5]를 이용하여 구할 수 있다.

$$T < -t_{\alpha/2}(n-1), \; T > t_{\alpha/2}(n-1)$$

따라서 검정통계량의 관찰값 $t_0 = \dfrac{\overline{x} - \mu_0}{s/\sqrt{n}}$이 [그림 11-16(a)]와 같이 기각역 안에 놓이면 H_0을 기각한다. 즉, $\mu = \mu_0$이라는 주장의 근거는 미약하다. 반면 관찰값 t_0이 [그림 11-16(b)]와 같이 기각역 안에 놓이지 않으면 H_0을 기각할 근거는 미약하므로 $\mu = \mu_0$이라는 주장은 신빙성이 높다.

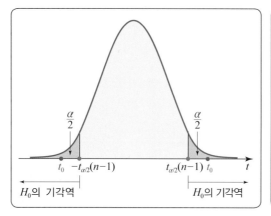

그림 11-16 양측검정에 대한 검정통계량의 관찰값과 기각역

(a) H_0을 기각하는 경우　　　　　(b) H_0을 기각할 수 없는 경우

유의수준 5%에서 자동차 유리의 평균 두께가 6.5 mm라는 주장을 검정하기 위해 크기가 16인 표본을 선정했다고 하자. 자유도 15인 t-분포에서 양쪽 꼬리확률이 각각 0.025인 임계값은 각각 $t_{0.025}(15) = 2.131$, $-t_{0.025}(15) = -2.131$이므로 기각역은 다음과 같다.

$$T < -2.131, \quad T > 2.131$$

$t_0 = 1.765$라 하면 이 관찰값이 기각역 안에 놓이지 않으므로 H_0을 기각할 수 없다. 그러나 $t_0 = 2.25$라 하면 이 관찰값이 기각역 안에 놓이므로 H_0을 기각한다.

모분산을 모르는 정규모집단의 모평균에 대해 기각역을 이용한 양측검정을 요약하면 다음과 같다.

귀무가설 $H_0 : \mu = \mu_0$에 대해 양측검정에 대한 검정통계량과 그 관찰값은 다음과 같다.

$$T = \frac{\overline{X} - \mu_0}{s/\sqrt{n}}, \quad t_0 = \frac{\overline{x} - \mu_0}{s/\sqrt{n}}$$

기각역은 $R : T < -t_{\alpha/2}(n-1), T > t_{\alpha/2}(n-1)$이며 t_0이 기각역 안에 놓이면 H_0을 기각한다.

p-값을 이용한 검정 방법

양측검정인 경우 검정통계량의 관찰값 t_0에 대한 p-값은 다음과 같이 정의한다.

$$p\text{-값} = P(T < -|t_0|) + P(T > |t_0|)$$

즉, p-값은 [그림 11-17]과 같다.

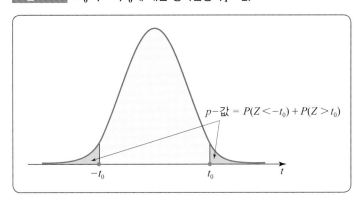

그림 11-17 $H_0 : \mu = \mu_0$에 대한 양측검정의 p-값

$$p\text{-값} = P(Z < -t_0) + P(Z > t_0)$$

이 경우 Z-검정과 달리 [부록 5]를 이용해도 정확한 p-값을 구할 수 없다. 모분산을 모르고 자동차 유리의 평균 두께가 6.5 mm라는 주장을 검정할 때, 크기가 16인 표본에서 얻은 검정통계량의 관찰값이 $t_0 = 1.765$라 하면 p-값은 다음과 같다.

$$p\text{-값} = P(T < -1.765) + P(T > 1.765) = 2P(T > 1.765)$$

오른쪽 꼬리확률을 나타내는 [표 11-5]에서 관찰값 $t_0 = 1.765$는 두 임계값 1.753과 2.131 사이에 있으므로 $0.025 < P(T > 1.765) < 0.05$임을 알 수 있다. p-값은 확률 $P(T > 1.765)$의 두 배이므로 $0.05 < p\text{-값} < 0.1$이다. 즉, p-값이 0.05보다 크므로 유의수준 5%에서 귀무가설을 기각할 수 없으나 p-값이 0.1보다 작으므로 유의수준 10%에서는 귀무가설을 기각한다.

표 11-5 자유도 15인 t-분포에 대한 오른쪽 꼬리확률과 임계값

d.f α	0.25	0.20	0.15	0.10	0.05	0.025	0.02	0.01	← 오른쪽 꼬리확률
15	0.691	0.866	1.074	1.341	1.753	2.131	2.249	2.602	← 임계값

1.765

모분산을 모르는 정규모집단의 모평균에 대해 p-값을 이용한 양측검정을 요약하면 다음과 같다.

귀무가설 $H_0 : \mu = \mu_0$에 대해 양측검정에 대한 검정통계량의 관찰값 t_0의 p-값은 다음과 같다.

$$p\text{-값} = P(T < -|t_0|) + P(T > |t_0|)$$

유의수준 α에 대해 p-값 $\leq \alpha$이면 H_0을 기각하고, p-값 $> \alpha$이면 H_0을 기각하지 않는다.

소문에 의하면 전문 CEO의 재임 기간은 평균 3년이라고 한다. 한편 2018년 자본시장연구원에서 조사한 〈국내 증권업 CEO 재임기간과 경영성과〉 자료에 따르면 전문 CEO의 재임 기간은 평균 38.9개월인 것으로 나타났다. 이때 31명의 전문 CEO를 조사했으며, 이들의 재임 기간에 대한 표준편차가 8개월이라 한다. 전문 CEO들의 재임 기간은 정규분포를 이룬다고 할 때, 소문에 대한 진위 여부에 대해 물음에 답하라.

(a) 귀무가설과 대립가설을 설정하라.

(b) 유의수준 5%에 대한 기각역을 구하라.

(c) 검정통계량의 관찰값을 구하라.

(d) 기각역을 이용하여 유의수준 5%에서 귀무가설을 검정하라.

(e) p-값을 이용하여 유의수준 5%에서 귀무가설을 검정하라.

풀이

(a) 귀무가설과 대립가설은 각각 $H_0 : \mu_0 = 36$, $H_1 : \mu_0 \neq 36$이다.

(b) $n = 31$이므로 유의수준 5%에 대한 양측검정의 기각역은 $T < -t_{0.025}(30) = -2.042$, $T > t_{0.025}(30) = 2.042$이다.

(c) 표본표준편차가 $s = 8$이므로 검정통계량은 $T = \dfrac{\overline{X} - 36}{8/\sqrt{31}}$이고, $\overline{x} = 38.9$이므로 검정통계량의 관찰값은 $t_0 = \dfrac{38.9 - 36}{8/\sqrt{31}} \approx 2.018$이다.

(d) 검정통계량의 관찰값 $t_0 = 2.018$은 기각역 안에 놓이지 않으므로 유의수준 5%에서 귀무가설 $H_0 : \mu_0 = 36$을 기각할 수 없다. 즉, 재임 기간이 평균 3년이라는 소문은 신빙성이 높다.

(e) $t_0 = 2.018$이므로 p-값 $= P(T < -2.018) + P(T > 2.018) = 2P(T > 2.018)$이다.

자유도 30인 t-분포에 대해 $0.025 < P(T > 2.018) < 0.05$이므로 $0.05 < p$-값 < 0.1이다. 즉, p-값 > 0.05이므로 유의수준 5%에서 귀무가설 $H_0 : \mu_0 = 36$을 기각할 수 없다.

11.3.2 하단측검정

기각역과 p-값을 이용하여 모분산을 모르는 정규모집단의 모평균에 대한 귀무가설 $H_0 : \mu \geq \mu_0$을 검정하는 방법을 살펴본다.

| 기각역을 이용한 검정 방법

대립가설이 $H_1 : \mu < \mu_0$이므로 유의수준 α에 대한 기각역은 왼쪽 꼬리 부분이다. 자유도 $n - 1$인 t-분포에서 왼쪽 꼬리확률이 α인 임계값은 $-t_\alpha(n - 1)$이므로 유의수준 α에 대한 기각역은 다음과 같다.

$$T < -t_\alpha(n - 1)$$

따라서 검정통계량의 관찰값 $t_0 = \dfrac{\overline{x} - \mu_0}{s/\sqrt{n}}$ 이 [그림 11−18(a)]와 같이 기각역 안에 놓이면 H_0

을 기각한다. 즉, $\mu \geq \mu_0$이라는 주장의 근거는 미약하다. 반면 t_0이 [그림 11−18(b)]와 같이 기각역 안에 놓이지 않으면 H_0을 기각할 근거가 미약하므로 $\mu \geq \mu_0$이라는 주장은 신빙성이 높다.

그림 11-18 하단측검정에 대한 검정통계량의 관찰값과 기각역

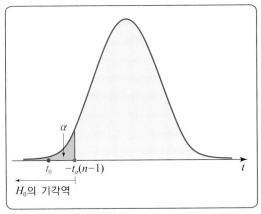
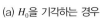

(a) H_0을 기각하는 경우

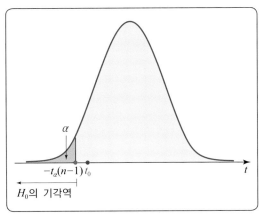

(b) H_0을 기각할 수 없는 경우

유의수준 5%에서 자동차 유리의 평균 두께가 6.5 mm 이상이라는 주장을 검정하기 위해 크기가 16인 표본을 선정했다고 하자. 자유도 15인 t−분포에서 왼쪽 꼬리확률이 0.05인 임계점은 $t_{0.05}(15) = 1.753$이므로 기각역은 다음과 같다.

$$T < -1.753$$

$t_0 = -1.765$라 하면 이 관찰값이 기각역 안에 놓이므로 H_0을 기각한다. 그러나 $t_0 = -1.72$라 하면 이 관찰값이 기각역 안에 놓이지 않으므로 H_0을 기각할 수 없다.

모분산을 모르는 정규모집단의 모평균에 대해 기각역을 이용한 하단측검정을 요약하면 다음과 같다.

귀무가설 $H_0 : \mu \geq \mu_0$에 대해 하단측검정에 대한 검정통계량과 그 관찰값은 다음과 같다.

$$T = \frac{\overline{X} - \mu_0}{s/\sqrt{n}}, \ \ t_0 = \frac{\overline{x} - \mu_0}{s/\sqrt{n}}$$

기각역은 $R : T < -t_\alpha(n-1)$이며 t_0이 기각역 안에 놓이면 H_0을 기각한다.

| p-값을 이용한 검정 방법

하단측검정인 경우 검정통계량의 관찰값 t_0에 대한 p-값은 다음과 같이 정의한다.

$$p\text{-값} = P(T < t_0)$$

즉, p-값은 [그림 11-19]와 같다.

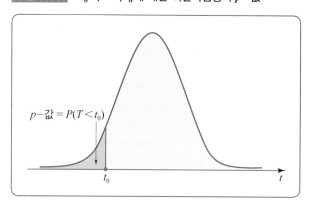

그림 11-19 $H_0 : \mu \geq \mu_0$에 대한 하단측검정의 p-값

검정통계량의 관찰값이 $t_0 = -1.765$라 하면 p-값은 다음과 같다.

$$p\text{-값} = P(T < -1.765) = P(T > 1.765)$$

[표 11-5]에서 관찰값 $t_0 = 1.765$는 두 임계값 1.753과 2.131 사이에 있고 $0.025 < P(T > 1.765) < 0.05$, 즉 p-값이 0.05보다 작으므로 유의수준 5%에서 귀무가설을 기각한다.

검정통계량의 관찰값이 $t_0 = -1.72$라 하면 p-값은 다음과 같다.

$$p\text{-값} = P(T < -1.72) = P(T > 1.72)$$

[표 11-5]에서 $0.05 < P(T > 1.72) < 0.1$이므로 유의수준 5%에서 귀무가설을 기각할 수 없으나 p-값이 0.1보다 작으므로 유의수준 10%에서는 귀무가설을 기각한다.

모분산을 모르는 정규모집단의 모평균에 대해 p-값을 이용한 하단측검정을 요약하면 다음과 같다.

귀무가설 $H_0 : \mu \geq \mu_0$에 대해 하단측검정에 대한 검정통계량의 관찰값 t_0의 p-값은 다음과 같다.

$$p\text{-값} = P(T < t_0)$$

유의수준 α에 대해 p-값 $\leq \alpha$이면 H_0을 기각하고, p-값 $> \alpha$이면 H_0을 기각하지 않는다.

예제 5

샴푸 회사에서 새로 개발한 탈모방지용 샴푸는 다른 회사의 샴푸보다 저렴하지만 용량이 평균적으로 1,000 이상이라고 광고한다. 다음은 이 샴푸 10개를 임의로 수거하여 용량을 조사한 결과이다. 이 회사에서 생산하는 각종 샴푸의 용량은 정규분포를 이룬다고 할 때, 물음에 답하라(단, 단위는 mL이다).

| 999 | 1000 | 997 | 995 | 999 | 998 | 1003 | 997 | 1001 | 998 |

(a) 귀무가설과 대립가설을 설정하라.

(b) 유의수준 5%에 대한 기각역을 구하라.

(c) 검정통계량의 관찰값을 구하라.

(d) 기각역을 이용하여 유의수준 5%에서 귀무가설을 검정하라.

(e) p-값을 이용하여 유의수준 5%에서 귀무가설을 검정하라.

풀이

(a) 귀무가설과 대립가설은 각각 $H_0 : \mu_0 \geq 1000$, $H_1 : \mu_0 < 1000$이다.

(b) $n = 10$이므로 유의수준 5%에 대한 하단측검정의 기각역은 다음과 같다.

$$T < -t_{0.05}(9) = -1.833$$

(c) 관찰된 표본에 대한 평균과 표준편차를 구하면 각각 다음과 같다.

$$\overline{x} = \frac{1}{10} \sum_{i=1}^{10} x_i = 998.7,$$

$$s^2 = \frac{1}{9} \sum_{i=1}^{10} (x_i - 998.7)^2 \approx 5.1222,$$

$$s = \sqrt{5.1222} \approx 2.26$$

$s = 2.26$이므로 검정통계량은 $T = \dfrac{\overline{X} - 1000}{2.26/\sqrt{10}}$이고, $\overline{x} = 998.7$이므로 검정통계량의 관찰값은 다음과 같다.

$$t_0 = \frac{998.7 - 1000}{2.26/\sqrt{10}} \approx -1.819$$

(d) 검정통계량의 관찰값 $t_0 = -1.819$는 기각역 안에 놓이지 않으므로 유의수준 5%에서 귀무가설 $H_0 : \mu_0 \geq 1000$을 기각할 수 없다. 즉, 샴푸의 평균 용량이 1,000 이상이라는 회사의 주장은 신빙성이 있다.

(e) $t_0 = -1.819$이므로 p-값은 다음과 같다.

$$p\text{-}값 = P(T < -1.819) = P(T > 1.819)$$

자유도 9인 t-분포에 대해 $0.05 < P(T > 1.819) < 0.1$이므로 $0.05 < p$-값 < 0.1이다. 즉, p-값 > 0.05이므로 유의수준 5%에서 귀무가설 $H_0 : \mu_0 \geq 1000$을 기각할 수 없다.

11.3.3 상단측검정

기각역과 p−값을 이용하여 모분산을 모르는 정규모집단의 모평균에 대한 귀무가설 $H_0 : \mu \leq \mu_0$을 검정하는 방법을 살펴본다.

| 기각역을 이용한 검정 방법

대립가설이 $H_1 : \mu > \mu_0$이므로 유의수준 α에 대한 기각역은 오른쪽 꼬리 부분이다. 자유도 $n - 1$인 t−분포에서 오른쪽 꼬리확률이 α인 임계값은 $t_\alpha(n - 1)$이므로 유의수준 α에 대한 기각역은 다음과 같다.

$$T > t_\alpha(n - 1)$$

따라서 검정통계량의 관찰값 $t_0 = \dfrac{\bar{x} - \mu_0}{s/\sqrt{n}}$이 [그림 11−20(a)]와 같이 기각역 안에 놓이면 H_0을 기각한다. 즉, $\mu \leq \mu_0$이라는 주장의 근거는 미약하다. 반면 관찰값 t_0이 [그림 11−20(b)]와 같이 기각역 안에 놓이지 않으면 H_0을 기각할 근거가 미약하므로 $\mu \leq \mu_0$이라는 주장은 신빙성이 높다.

그림 11-20 상단측검정에 대한 검정통계량의 관찰값과 기각역

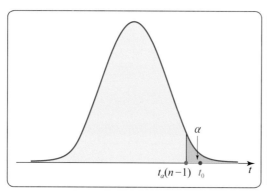
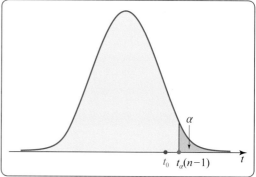

(a) H_0을 기각하는 경우 　　　　　(b) H_0을 기각할 수 없는 경우

유의수준 5%에서 자동차 유리의 평균 두께가 6.5 mm 이하라는 주장을 검정하기 위해 크기가 16인 표본을 선정했다고 하자. 자유도 15인 t−분포에서 오른쪽 꼬리확률이 0.05인 임계점은 $t_{0.05}(15) = 1.753$이므로 기각역은 다음과 같다.

$$T > 1.753$$

$t_0 = 1.765$라 하면 이 관찰값이 기각역 안에 놓이므로 H_0을 기각한다. 그러나 검정통계량의 관찰값이 $t_0 = 1.72$라 하면 이 관찰값이 기각역 안에 놓이지 않으므로 H_0을 기각할 수 없다.

모분산을 모르는 정규모집단의 모평균에 대해 기각역을 이용한 상단측검정을 요약하면 다음과 같다.

귀무가설 $H_0 : \mu \leq \mu_0$에 대해 상단측검정에 대한 검정통계량과 그 관찰값은 다음과 같다.

$$T = \frac{\overline{X} - \mu_0}{s/\sqrt{n}}, \ t_0 = \frac{\overline{x} - \mu_0}{s/\sqrt{n}}$$

기각역은 $R : T > t_\alpha(n-1)$이며 t_0이 기각역 안에 놓이면 H_0을 기각한다.

| p-값을 이용한 검정 방법

상단측검정인 경우 검정통계량의 관찰값 t_0에 대한 p-값은 다음과 같이 정의한다.

$$p\text{-값} = P(T > t_0)$$

즉, p-값은 [그림 11-21]과 같다.

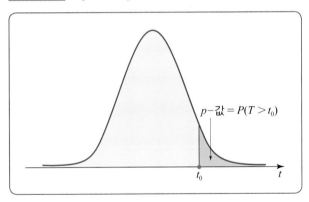

그림 11-21 $H_0 : \mu \leq \mu_0$에 대한 상단측검정의 p-값

기각역을 이용한 검정 방법과 마찬가지로 검정통계량의 관찰값이 $t_0 = 1.765$라 하면 p-값은 다음과 같다.

$$p\text{-값} = P(T > 1.765)$$

[표 11-5]에서 관찰값 $t_0 = 1.765$는 두 임계값 1.753과 2.131 사이에 있고 $0.025 < P(T > 1.765) < 0.05$, 즉 p-값이 0.05보다 작으므로 유의수준 5%에서 귀무가설을 기각한다.

검정통계량의 관찰값이 $t_0 = 1.72$라 하면 p-값은 다음과 같다.

$$p\text{-값} = P(T > 1.72)$$

[표 11-5]에서 $0.05 < P(T > 1.72) < 0.1$이다. 즉, p-값이 0.05보다 크므로 유의수준 5%에서 귀무가설을 기각할 수 없으나 p-값이 0.1보다 작으므로 유의수준 10%에서는 귀무가설을 기각한다.

모분산을 모르는 정규모집단의 모평균에 대해 p-값을 이용한 상단측검정을 요약하면 다음과 같다.

귀무가설 $H_0 : \mu \leq \mu_0$에 대해 상단측검정에 대한 검정통계량의 관찰값 t_0의 p-값은 다음과 같다.

$$p\text{-값} = P(T > t_0)$$

유의수준 α에 대해 p-값$\leq \alpha$이면 H_0을 기각하고, p-값$> \alpha$이면 H_0을 기각하지 않는다.

예제 6

어느 제약 회사에서 이 회사의 향정신성 약물인 흥분억제제의 반응 시간이 3.5분 이하라고 주장한다. 이 주장에 대해 알아보기 위해 15명의 환자에게 흥분억제제를 투약하여 반응 시간을 측정한 결과 평균이 4분, 표준편차가 0.8분인 분포를 이뤘다. 이 흥분억제제의 반응 시간은 정규분포를 이룬다고 할 때, 물음에 답하라.

(a) 귀무가설과 대립가설을 설정하라.
(b) 유의수준 1%에 대한 기각역을 구하라.
(c) 검정통계량의 관찰값을 구하라.
(d) 기각역을 이용하여 유의수준 1%에서 귀무가설을 검정하라.
(e) p-값을 이용하여 유의수준 1%에서 귀무가설을 검정하라.

풀이

(a) 귀무가설과 대립가설은 각각 $H_0 : \mu_0 \leq 3.5$, $H_1 : \mu_0 > 3.5$이다.

(b) $n = 15$이므로 유의수준 1%에 대한 상단측검정의 기각역은 $T > t_{0.01}(14) = 2.624$이다.

(c) 표본표준편차가 $s = 0.8$이므로 검정통계량은 $T = \dfrac{\overline{X} - 3.5}{0.8/\sqrt{15}}$이고, $\overline{x} = 4$이므로 검정통계량의 관찰값은 $t_0 = \dfrac{4 - 3.5}{0.8/\sqrt{15}}$ ≈ 2.421이다.

(d) 검정통계량의 관찰값 $t_0 = 2.421$은 기각역 안에 놓이지 않으므로 유의수준 1%에서 귀무가설 $H_0 : \mu_0 \leq 3.5$를 기각할 수 없다. 즉, 흥분억제제의 반응 시간이 3.5분 이하라는 제약 회사의 주장은 타당성이 있다.

(e) $t_0 = 2.421$이므로 p-값 $= P(T > 2.421)$이다.
자유도 14인 t-분포에 대해 $0.01 < P(T > 2.421) < 0.02$이므로 $0.01 < p$-값 < 0.02이다. 즉, p-값 > 0.01이므로 유의수준 1%에서 귀무가설 $H_0 : \mu_0 \leq 3.5$를 기각할 수 없다.

[표 11-6]은 모분산을 모르는 정규모집단의 모평균에 대한 가설검정을 정리한 것이다.

표 11-6 모평균에 대한 검정 유형, 기각역, p-값(모분산을 모르는 경우)

가설과 기각역 검정 방법	귀무가설 H_0	대립가설 H_1	H_0의 기각역	p-값
양측검정	$\mu = \mu_0$	$\mu \neq \mu_0$	$|T| > t_{\alpha/2}(n-1)$	$P(|T| > |t_0|)$
하단측검정	$\mu \geq \mu_0$	$\mu < \mu_0$	$T < -t_\alpha(n-1)$	$P(T < t_0)$
상단측검정	$\mu \leq \mu_0$	$\mu > \mu_0$	$T > t_\alpha(n-1)$	$P(T > t_0)$

엑셀 모평균에 대한 가설검정(모분산을 모르는 경우)

양측검정

[예제 4]의 $H_0 : \mu_0 = 36$에 대한 유의수준 5%인 양측검정을 한다.

❶ A1~A5셀에 **모평균 가설, 표본평균, 표본표준편차, 표본크기, 유의수준**을 기입하고 B열에 기본 정보를 기입한다.

❷ C1~C3셀에 **검정통계량값, 양쪽 기각역, p-값**을 기입한다.

❸ D1셀에 =**(B2-B1)/(B3/SQRT(B4))**을 기입하여 검정통계량의 관찰값 2.018315를 얻는다.

❹ D2셀에 커서를 놓고 메뉴바에서 **수식 〉함수 삽입 〉통계 〉T.INV.2T**를 선택하여 **Probability**에 **0.05**, **Deg_freedom**에 **30**을 기입하여 양쪽 기각역의 임계값에 대한 절댓값 2.042272를 얻는다. 즉, 양측 기각역의 임계값은 각각 -2.042272와 2.042272이다.

❺ D3셀에 커서를 놓고 메뉴바에서 **수식 〉함수 삽입 〉통계 〉T.DIST.2T**를 선택하여 **X**에 **D1**, **Deg_freedom**에 **30**을 기입하면 p-값 0.052577을 얻는다.

|결론| 다음과 같이 검정통계량의 관찰값 2.018315가 오른쪽 기각역의 경계값 2.042272보다 작으므로 귀무가설을 기각할 수 없다. 또는 p-값 0.052577이 유의수준 0.05보다 크므로 귀무가설을 기각할 수 없다.

	A	B	C	D
1	모평균 가설	36	검정통계량값	2.018315
2	표본평균	38.9	양쪽 기각역	2.042272
3	표본표준편차	8	p-값	0.052577
4	표본크기	31		
5	유의수준	0.05		

하단측검정

양측검정 과 동일한 방법으로 [예제 5]의 하단측검정을 실시한다.

❶ D1셀에 =(B2-B1)/(B3/SQRT(B4))를 기입하여 검정통계량의 관찰값 −1.81901을 얻는다.

❷ D2셀에 커서를 놓고 수식 〉함수 삽입 〉통계 〉T.INV를 선택하여 **Probability**에 0.05, **Deg_freedom**에 9를 기입하여 왼쪽 기각역의 임계값 −1.83311을 얻는다.

❸ D3셀에 =T.DIST(D1,9,1)을 기입하여 p−값 0.051132를 얻는다.

상단측검정

양측검정 과 동일한 방법으로 [예제 6]의 상단측검정을 실시한다.

❶ D1셀에 =(B2-B1)/(B3/SQRT(B4))을 기입하여 검정통계량의 관찰값 2.420615를 얻는다.

❷ D2셀에 커서를 놓고 수식 〉함수 삽입 〉통계 〉T.INV를 선택하여 **Probability**에 0.99, **Deg_freedom**에 14를 기입하여 오른쪽 기각역의 임계값 2.624494를 얻는다.

❸ D3셀에 =1-T.DIST(D1,14,1)을 기입하여 p−값 0.014836을 얻는다.

11.4 모비율의 가설검정

9.3절에서 모비율에 대한 근사 신뢰구간을 구하기 위해 표본비율 $\hat{P}$을 이용했다. 크기가 n인 표본비율 $\hat{P}$에 대해 다음과 같은 Z−통계량은 근사적으로 표준정규분포를 이루는 것을 살펴봤다.

$$Z = \frac{\hat{P} - p}{\sqrt{pq/n}}$$

마찬가지로 모비율에 대한 가설을 검정하기 위해 Z−통계량을 사용하며, 모비율에 대한 주장을 기각하기 전까지 귀무가설인 모비율의 주장을 참인 것으로 생각하므로 검정통계량은 다음과 같다. 이때 $q_0 = 1 - p_0$이다.

$$Z = \frac{\hat{P} - p_0}{\sqrt{p_0 q_0/n}}$$

이 검정통계량을 이용하여 다음 순서에 따라 두 가지 방법으로 모비율에 대한 가설검정을 수행한다.

기각역을 이용한 검정 방법

❶ 귀무가설 H_0과 대립가설 H_1을 설정한다.

❷ 유의수준 α를 정한다.

❸ 검정통계량 $Z = \dfrac{\hat{P} - p_0}{\sqrt{p_0 q_0 / n}}$을 선택하고, 관찰값 z_0을 구한다.

❹ 유의수준 α에 대한 임계값과 기각역을 구한다.

❺ 검정통계량의 관찰값 z_0이 기각역 안에 놓이면 H_0을 기각하고, 그렇지 않으면 H_0을 기각하지 않는다.

p-값을 이용한 검정 방법

❶ 귀무가설 H_0과 대립가설 H_1을 설정한다.

❷ 유의수준 α를 정한다.

❸ 검정통계량 $Z = \dfrac{\hat{P} - p_0}{\sqrt{p_0 q_0 / n}}$을 선택하고, 관찰값 z_0을 구한다.

❹ p-값을 구한다.

❺ p-값 $\leq \alpha$이면 H_0을 기각하고, p-값 $> \alpha$이면 H_0을 기각하지 않는다.

[표 11-7]은 모비율에 대한 가설검정을 정리한 것이다.

표 11-7 모비율에 대한 검정 유형, 기각역, p-값

가설과 기각역 / 검정 방법	귀무가설 H_0	대립가설 H_1	H_0의 기각역	p-값
양측검정	$p = p_0$	$p \neq p_0$	$\lvert Z \rvert > z_{\alpha/2}$	$P(\lvert Z \rvert > \lvert z_0 \rvert)$
하단측검정	$p \geq p_0$	$p < p_0$	$Z < -z_\alpha$	$P(Z < z_0)$
상단측검정	$p \leq p_0$	$p > p_0$	$Z > z_\alpha$	$P(Z > z_0)$

예제 7

소문에 따르면 서울 지역에서 가짜 휘발유 또는 정량 미달 주유를 의심한 경험이 있는 소비자가 81% 이상이라고 한다. 이에 대해 한국소비자보호원에서 2014년 8월 서울 지역 자가 운전자 1,000명을 대상으로 설문조사를 실시한 결과, 가짜 석유 또는 정량 미달 주유를 의심한 경험이 있는 소비자가 79.3%인 것으로 나타났다. 물음에 답하라.

(a) 귀무가설과 대립가설을 설정하라.

(b) 유의수준 5%에 대한 기각역을 구하라.

(c) 검정통계량의 관찰값을 구하라.

(d) 기각역을 이용하여 유의수준 5%에서 귀무가설을 검정하라.

(e) p-값을 이용하여 유의수준 5%에서 귀무가설을 검정하라.

풀이

(a) 귀무가설과 대립가설은 각각 $H_0 : p_0 \geq 0.81$, $H_1 : p_0 < 0.81$이다.

(b) 유의수준 5%에 대한 하단측검정의 기각역은 다음과 같다.

$$Z < -z_{0.05} = -1.645$$

(c) $n = 1000$, $p_0 = 0.81$이므로 검정통계량과 검정통계량의 관찰값은 다음과 같다.

$$Z = \frac{\hat{P} - 0.81}{\sqrt{\dfrac{0.81 \times 0.19}{1000}}}, \quad z_0 = \frac{0.793 - 0.81}{\sqrt{\dfrac{0.81 \times 0.19}{1000}}} \approx -1.37$$

(d) 검정통계량의 관찰값 $z_0 = -1.37$은 기각역 안에 놓이지 않으므로 유의수준 5%에서 귀무가설 $H_0 : p_0 \geq 0.81$을 기각할 수 없다. 즉, 가짜 휘발유 또는 정량 미달 주유에 대한 소문은 신빙성이 있다.

(e) $z_0 = -1.37$이므로 p-값은 다음과 같다.

$$p\text{-값} = P(Z < -1.37) = P(Z > 1.37) = 0.0853$$

즉, p-값 > 0.05이므로 유의수준 5%에서 귀무가설 $H_0 : p_0 \geq 0.81$을 기각할 수 없다.

엑셀 모비율에 대한 가설검정

[예제 7]의 $H_0 : p_0 \geq 0.81$에 대한 유의수준 5%인 하단측검정을 한다.

❶ A1~A4셀에 **모비율 가설**, **표본비율**, **표본크기**, 유의수준을 기입하고, B열에 기본 정보를 기입한다.

❷ C1~C3셀에 **검정통계량 값**, 왼쪽 기각역, p-값을 기입한다.

❸ D1~D3셀에 =(B2-B1)/SQRT(B1*(1-B1)/B3), =NORM.S.INV(0.05), =NORM.S.DIST(D1,1)을 기입하면 검정통계량의 관찰값 −1.37034, 기각역 −1.64485, p-값 0.08529를 얻는다.

|**결론**| 다음과 같이 검정통계량의 관찰값 −1.37034가 왼쪽 기각역의 경계값 −1.64485보다 크므로 귀무가설을 기각할 수 없다. 또는 p-값 0.08529가 유의수준 0.05보다 크므로 귀무가설을 기각할 수 없다.

	A	B	C	D
1	모비율 가설	0.81	검정통계량 값	-1.37034
2	표본비율	0.793	왼쪽 기각역	-1.64485
3	표본크기	1000	p-값	0.08529
4	유의수준	0.05		

11.5 ▶ 모분산의 가설검정

모분산이 σ^2인 정규모집단에서 크기가 n인 표본을 임의로 선정할 때, 표본분산 S^2과 관련된 다음 확률변수는 자유도 $n-1$인 카이제곱분포를 이루는 것을 8.5절에서 살펴봤다.

$$V = \frac{(n-1)S^2}{\sigma^2}$$

모분산에 대한 주장을 기각하기 전까지 귀무가설인 모분산의 주장을 참인 것으로 생각하므로 다음 검정통계량과 자유도 $n-1$인 χ^2−분포를 이용한다.

$$V = \frac{(n-1)S^2}{\sigma_0^2}$$

이 검정통계량을 이용하여 다음 순서에 따라 모분산에 대한 가설검정을 수행한다.

❶ 귀무가설 H_0과 대립가설 H_1을 설정한다.

❷ 유의수준 α를 정한다.

❸ 검정통계량 $V = \dfrac{(n-1)S^2}{\sigma_0^2}$을 선택하고, 관찰값 v_0을 구한다.

❹ 유의수준 α에 대한 임계값과 기각역을 구한다.

❺ 검정통계량의 관찰값 v_0이 기각역 안에 놓이면 H_0을 기각하고, 그렇지 않으면 H_0을 기각하지 않는다.

p−값을 이용할 수도 있으나 t−검정과 비슷하게 p−값을 정확하게 구하기 곤란하다는 점이 있다. 따라서 p−값을 이용하는 경우 t−검정과 동일한 방법으로 검정한다.

11.5.1 양측검정

기각역과 p−값을 이용하여 모분산에 대한 귀무가설 $H_0 : \sigma^2 = \sigma_0^2$을 검정하는 방법을 살펴본다.

| 기각역을 이용한 검정 방법

대립가설이 $H_1 : \sigma^2 \neq \sigma_0^2$이므로 유의수준 α에 대한 기각역은 자유도 $n-1$인 χ^2−분포의 양쪽 꼬리 부분이다. 이때 자유도 $n-1$인 χ^2−분포에서 양쪽 꼬리확률이 각각 $\dfrac{\alpha}{2}$인 임계값은 $\chi_{1-\alpha/2}^2(n-1)$과 $\chi_{\alpha/2}^2(n-1)$이므로 유의수준 α에 대한 기각역은 다음과 같다.

$$V < \chi_{1-\alpha/2}^2(n-1), \ \ V > \chi_{\alpha/2}^2(n-1)$$

따라서 검정통계량의 관찰값 $v_0 = \dfrac{(n-1)s^2}{\sigma_0^2}$이 [그림 11-22(a)]와 같이 기각역 안에 놓이면 H_0을 기각한다. 반면 관찰값 v_0이 [그림 11-22(b)]와 같이 기각역 안에 놓이지 않으면 H_0을 기각할 근거가 미약하므로 $\sigma^2 = \sigma_0^2$이라는 주장은 신빙성이 높다.

그림 11-22 양측검정에 대한 검정통계량의 관찰값과 기각역

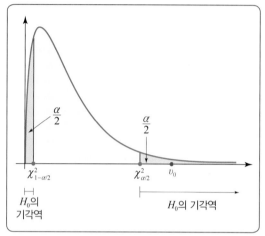

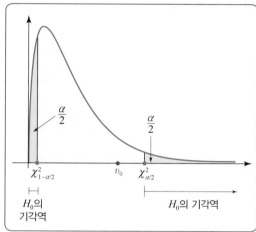

(a) H_0을 기각하는 경우

(b) H_0을 기각할 수 없는 경우

정규분포를 이루는 스마트폰 배터리의 수명에 대해 모분산이 $\sigma^2 = 1.2$라는 제조회사의 주장을 유의수준 5%에서 검정하기 위해 배터리 15개를 임의로 선정하여 표본분산 $s^2 = 1.5$를 얻었다고 하자. 자유도 14인 χ^2-분포에서 왼쪽과 오른쪽 꼬리확률이 각각 0.025인 임계값은 $\chi_{0.975}^2(14) = 5.63$, $\chi_{0.025}^2(14) = 26.12$이므로 기각역은 다음과 같다.

$$V < 5.63, \quad V > 26.12$$

$v_0 = \dfrac{14 \times 1.5}{1.2} = 17.5$이고 이는 기각역 안에 놓이지 않으므로 H_0을 기각할 수 없다. 즉, $\sigma^2 = 1.2$라는 주장은 신빙성이 있다. 그러나 표본분산이 $s^2 = 2.3$이라 하면 $v_0 = \dfrac{14 \times 2.3}{1.2} \approx 26.83$ 이고 이는 기각역 안에 놓이므로 H_0을 기각한다. 즉, $\sigma^2 = 1.2$라는 주장은 신빙성이 없다.

정규모집단의 모분산에 대해 기각역을 이용한 양측검정을 요약하면 다음과 같다.

귀무가설 $H_0 : \sigma^2 = \sigma_0^2$에 대해 양측검정에 대한 검정통계량과 그 관찰값은 다음과 같다.

$$V = \frac{(n-1)S^2}{\sigma_0^2}, \quad v_0 = \frac{(n-1)s^2}{\sigma_0^2}$$

기각역은 $R : V < \chi_{1-\alpha/2}^2(n-1)$, $V > \chi_{\alpha/2}^2(n-1)$이며 v_0이 기각역 안에 놓이면 H_0을 기각한다.

| p-값을 이용한 검정 방법

양측검정인 경우 검정통계량의 관찰값 v_0에 대한 p-값은 다음과 같이 정의한다.

$$p\text{-값} = 2 \times \min\{P(V < v_0), P(V > v_0)\}$$

즉, 검정통계량의 관찰값 v_0이 [그림 11–23(a)]와 같이 왼쪽에 놓이면 p-값 $= 2P(V < v_0)$이고 [그림 11–23(b)]와 같이 오른쪽에 놓이면 p-값 $= 2P(V > v_0)$이다.

그림 11-23 양측검정에 대한 검정통계량의 관찰값과 p-값

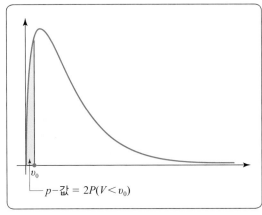

(a) v_0이 왼쪽에 놓이는 경우

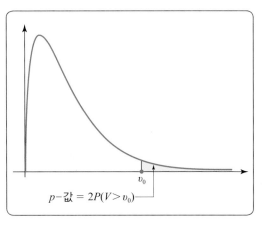

(b) v_0이 오른쪽에 놓이는 경우

이 경우 [부록 4]를 이용해도 두 확률 $P(V > v_0)$, $P(V < v_0)$의 정확한 값을 구할 수 없으므로 t–검정과 비슷한 방법으로 두 확률을 구한다. 배터리의 수명에 대한 모분산이 $\sigma_0^2 = 1.2$인지 검정하기 위해 크기가 15인 표본에 대한 표본분산 $s^2 = 1.5$를 얻었다면 검정통계량의 관찰값은 $v_0 = 17.5$이며, [표 11–8]에서 관찰값 $v_0 = 17.5$는 두 임계값 17.12와 18.15 사이에 있다. 그러므로 $0.200 < P(V > 17.5) < 0.250$이고 $0.4 < p\text{-값} < 0.5$, 즉 p-값이 0.05보다 크므로 유의수준 5%에서 귀무가설을 기각할 수 없다. 그러나 표본분산이 $s^2 = 2.3$이면 검정통계량의 관찰값이 $v_0 = 26.83$이며, [표 11–8]로부터 $0.020 < P(V > 26.83) < 0.025$를 얻는다. 그러므로 $0.04 < p\text{-값} < 0.05$, 즉 p-값 < 0.05이므로 유의수준 5%에서 귀무가설을 기각한다.

표 11-8 자유도 14인 χ^2–분포에 대한 오른쪽 꼬리확률과 임계값

d.f $\quad \alpha$	0.050	0.250	0.200	0.150	0.100	0.050	0.025	0.020	0.010	← 오른쪽 꼬리확률
14	13.34	17.12	18.15	19.41	21.06	23.68	26.12	26.87	29.14	← 임계값

17.5 (↑ 17.12/18.15 사이)　　26.83 (↑ 26.12 위)

정규모집단의 모분산에 대해 p-값을 이용한 양측검정을 요약하면 다음과 같다.

귀무가설 $H_0 : \sigma^2 = \sigma_0^2$에 대해 양측검정에 대한 검정통계량의 관찰값 v_0의 p-값은 다음과 같다.

$$p\text{-값} = 2 \times \min\{P(V < v_0), \ P(V > v_0)\}$$

유의수준 α에 대해 p-값 $\leq \alpha$이면 H_0을 기각하고, p-값 $> \alpha$이면 H_0을 기각하지 않는다.

예제 8

어느 SNS에 올라온 글에 의하면 우리나라 남자 신생아의 출생 당시 키는 평균이 50.83, 표준편차가 2.58인 정규분포를 이룬다고 한다. 모표준편차에 대한 주장을 검정하기 위해 남자 신생아 30명을 임의로 선정하여 측정한 결과 표본표준편차 3을 얻었다. 물음에 답하라(단, 단위는 cm이다).

(a) 귀무가설과 대립가설을 설정하라.

(b) 유의수준 5%에 대한 기각역을 구하라.

(c) 검정통계량의 관찰값을 구하라.

(d) 기각역을 이용하여 유의수준 5%에서 귀무가설을 검정하라.

(e) p-값을 이용하여 유의수준 5%에서 귀무가설을 검정하라.

풀이

(a) 귀무가설과 대립가설은 각각 $H_0 : \sigma = 2.58$, $H_1 : \sigma \neq 2.58$이므로 다음과 같이 귀무가설과 대립가설을 설정한다.

$$H_0 : \sigma^2 = 2.58^2, \ H_1 : \sigma^2 \neq 2.58^2$$

(b) $n = 30$이므로 유의수준 5%에 대한 양측검정의 기각역은 다음과 같다.

$$V < \chi_{0.975}^2(29) = 16.05, \ V > \chi_{0.025}^2(29) = 45.72$$

(c) 검정통계량은 $V = \dfrac{29S^2}{2.58^2}$이고 표본분산이 $s^2 = 9$이므로 검정통계량의 관찰값은 다음과 같다.

$$v_0 = \frac{29 \times 9}{2.58^2} \approx 39.21$$

(d) 검정통계량의 관찰값 $v_0 = 39.21$은 기각역 안에 놓이지 않으므로 유의수준 5%에서 귀무가설 $H_0 : \sigma^2 = 2.58^2$을 기각할 수 없다. 즉, 우리나라 남자 신생아의 키에 대한 표준편차가 2.58이라는 SNS 글의 주장은 신빙성이 높다.

(e) 자유도 29인 χ^2-분포에 대해 $P(V > 39.09) = 0.1$, $P(V > 42.56) = 0.05$이므로 $0.05 < P(V > 39.21) < 0.1$이다. 따라서 $0.1 < p$-값 < 0.2, 즉 p-값 > 0.05이므로 유의수준 5%에서 귀무가설 $H_0 : \sigma = 2.58$을 기각할 수 없다.

11.5.2 하단측검정

기각역과 p-값을 이용하여 모분산에 대한 귀무가설 $H_0 : \sigma^2 \geq \sigma_0^2$을 검정해본다.

❙ 기각역을 이용한 검정 방법

대립가설이 $H_1 : \sigma^2 < \sigma_0^2$이므로 유의수준 α에 대한 기각역은 자유도 $n-1$인 χ^2-분포의 왼쪽 꼬리 부분이다. 이때 자유도 $n-1$인 χ^2-분포에서 왼쪽 꼬리확률이 α인 임계값은 $\chi_{1-\alpha}^2(n-1)$이므로 유의수준 α에 대한 기각역은 다음과 같다.

$$V < \chi_{1-\alpha}^2(n-1)$$

따라서 검정통계량의 관찰값 $v_0 = \dfrac{(n-1)s^2}{\sigma_0^2}$이 [그림 11-24(a)]와 같이 기각역 안에 놓이면 H_0을 기각한다. 반면 관찰값 v_0이 [그림 11-24(b)]과 같이 기각역 안에 놓이지 않으면 H_0을 기각할 근거가 미약하므로 $\sigma^2 \geq \sigma_0^2$이라는 주장은 신빙성이 높다.

그림 11-24 하단측검정에 대한 검정통계량의 관찰값과 기각역

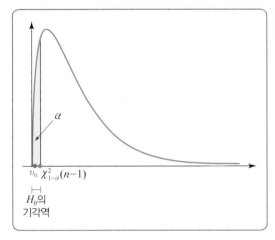
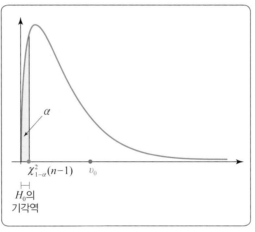

(a) H_0을 기각하는 경우   (b) H_0을 기각할 수 없는 경우

정규모집단의 모분산에 대해 기각역을 이용한 하단측검정을 요약하면 다음과 같다.

귀무가설 $H_0 : \sigma^2 \geq \sigma_0^2$에 대해 하단측검정에 대한 검정통계량과 그 관찰값은 다음과 같다.

$$V = \frac{(n-1)S^2}{\sigma_0^2}, \ \ v_0 = \frac{(n-1)s^2}{\sigma_0^2}$$

기각역은 $R : V < \chi_{1-\alpha}^2(n-1)$이며 v_0이 기각역 안에 놓이면 H_0을 기각한다.

| p-값을 이용한 검정 방법

하단측검정인 경우 검정통계량의 관찰값 v_0에 대한 p-값은 다음과 같이 정의한다.

$$p\text{-값} = P(V < v_0)$$

즉, p-값은 [그림 11-25]와 같다.

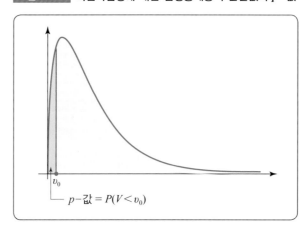

그림 11-25 하단측검정에 대한 검정통계량의 관찰값과 p-값

모분산이 $\sigma^2 \geq 1.2$인지 검정하기 위해 크기가 15인 표본에 대한 표본분산 $s^2 = 0.56$을 얻었다면 검정통계량의 관찰값은 다음과 같다.

$$v_0 = \frac{14 \times 0.56}{1.2} \approx 6.53$$

[부록 4]로부터 오른쪽 꼬리확률 $P(V > 6.53)$에 대해 다음을 얻는다.

$$0.95 < P(V > 6.53) < 0.975$$

그러므로 왼쪽 꼬리확률은 $0.025 < P(V < 6.53) < 0.05$이므로 $0.025 < p$-값 < 0.05이다. 즉, p-값 < 0.05이므로 유의수준 5%에서 귀무가설을 기각한다.

정규모집단의 모분산에 대해 p-값을 이용한 하단측검정을 요약하면 다음과 같다.

귀무가설 $H_0 : \sigma^2 \geq \sigma_0^2$에 대해 하단측검정에 대한 검정통계량의 관찰값 v_0의 p-값은 다음과 같다.

$$p\text{-값} = P(V < v_0)$$

유의수준 α에 대해 p-값 $\leq \alpha$이면 H_0을 기각하고, p-값 $> \alpha$이면 H_0을 기각하지 않는다.

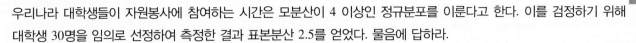

예제 9

우리나라 대학생들이 자원봉사에 참여하는 시간은 모분산이 4 이상인 정규분포를 이룬다고 한다. 이를 검정하기 위해 대학생 30명을 임의로 선정하여 측정한 결과 표본분산 2.5를 얻었다. 물음에 답하라.

(a) 귀무가설과 대립가설을 설정하라.

(b) 유의수준 5%에 대한 기각역을 구하라.

(c) 검정통계량의 관찰값을 구하라.

(d) 기각역을 이용하여 유의수준 5%에서 귀무가설을 검정하라.

(e) p-값을 이용하여 유의수준 5%에서 귀무가설을 검정하라.

풀이

(a) 귀무가설과 대립가설은 각각 $H_0 : \sigma^2 \geq 4$, $H_1 : \sigma^2 < 4$이다.

(b) $n = 30$이므로 유의수준 5%에 대한 하단측검정의 기각역은 다음과 같다.

$$V < \chi_{0.95}^2(29) = 17.71$$

(c) 검정통계량은 $V = \dfrac{29S^2}{4}$이고 표본분산이 $s^2 = 2.5$이므로 검정통계량의 관찰값은 $v_0 = \dfrac{29 \times 2.5}{4} = 18.125$이다.

(d) 검정통계량의 관찰값 $v_0 = 18.125$는 기각역 안에 놓이지 않으므로 유의수준 5%에서 귀무가설 $H_0 : \sigma^2 \geq 4$를 기각할 수 없다. 즉, 대학생들의 자원봉사 시간에 대한 모분산이 4 이상이라는 주장은 신빙성이 높다.

(e) 자유도 29인 χ^2-분포에 대해 $0.900 < P(V > 18.125) < 0.950$, 즉 $0.05 < P(V < 18.125) < 0.1$이므로 $0.05 < p$-값 < 0.1이다. 따라서 p-값 > 0.05이므로 유의수준 5%에서 귀무가설 $H_0 : \sigma^2 \geq 4$를 기각할 수 없다.

11.5.3 상단측검정

기각역과 p-값을 이용하여 모분산에 대한 귀무가설 $H_0 : \sigma^2 \leq \sigma_0^2$을 검정해본다.

| 기각역을 이용한 검정 방법

대립가설이 $H_1 : \sigma^2 > \sigma_0^2$이므로 유의수준 α에 대한 기각역은 자유도 $n - 1$인 χ^2-분포의 오른쪽 꼬리 부분이다. 이때 자유도 $n - 1$인 χ^2-분포에서 왼쪽 꼬리확률이 α인 임계값은 $\chi_\alpha^2(n - 1)$이므로 유의수준 α에 대한 기각역은 다음과 같다.

$$V > \chi_\alpha^2(n - 1)$$

따라서 검정통계량의 관찰값 $v_0 = \dfrac{(n - 1)s^2}{\sigma_0^2}$이 [그림 11-26(a)]와 같이 기각역 안에 놓이면 H_0을 기각한다. 반면 관찰값 v_0이 [그림 11-26(b)]과 같이 기각역 안에 놓이지 않으면 H_0을 기각할 근거가 미약하므로 $\sigma^2 \leq \sigma_0^2$이라는 주장은 신빙성이 높다.

그림 11-26 상단측검정에 대한 검정통계량의 관찰값과 기각역

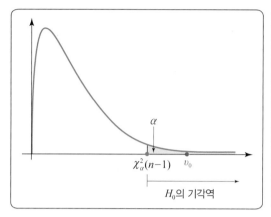

(a) H_0을 기각하는 경우   (b) H_0을 기각할 수 없는 경우

정규모집단의 모분산에 대해 기각역을 이용한 상단측검정을 요약하면 다음과 같다.

귀무가설 $H_0 : \sigma^2 \leq \sigma_0^2$에 대해 상단측검정에 대한 검정통계량과 그 관찰값은 다음과 같다.

$$V = \frac{(n-1)S^2}{\sigma_0^2}, \quad v_0 = \frac{(n-1)s^2}{\sigma_0^2}$$

기각역은 $R : V > \chi_\alpha^2(n-1)$이며 v_0이 기각역 안에 놓이면 H_0을 기각한다.

p-값을 이용한 검정 방법

상단측검정인 경우 검정통계량의 관찰값 v_0에 대한 p-값은 다음과 같이 정의한다.

$$p\text{-값} = P(V > v_0)$$

즉, p-값은 [그림 11-27]과 같다.

그림 11-27 상단측검정에 대한 검정통계량의 관찰값과 p-값

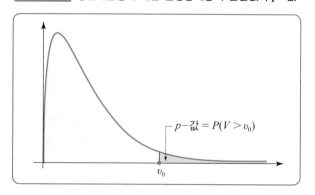

$p\text{-값} = P(V > v_0)$

정규모집단의 모분산에 대해 p–값을 이용한 상단측검정을 요약하면 다음과 같다.

귀무가설 $H_0 : \sigma^2 \leq \sigma_0^2$에 대해 상단측검정에 대한 검정통계량의 관찰값 v_0의 p–값은 다음과 같다.

$$p\text{–값} = P(V > v_0)$$

유의수준 α에 대해 p–값 $\leq \alpha$이면 H_0을 기각하고, p–값 $> \alpha$이면 H_0을 기각하지 않는다.

예제 10

어느 음료 회사는 자사에서 생산하는 2 L 페트병에 들어 있는 탄산 농도는 분산이 0.15 이하인 정규분포를 이룬다고 주장한다. 이를 검정하기 위해 이 회사의 2 L 페트병 15개를 임의로 선정하여 측정한 결과 표본분산 0.25를 얻었다. 물음에 답하라.

(a) 귀무가설과 대립가설을 설정하라.
(b) 유의수준 5%에 대한 기각역을 구하라.
(c) 검정통계량의 관찰값을 구하라.
(d) 기각역을 이용하여 유의수준 5%에서 귀무가설을 검정하라.
(e) p–값을 이용하여 유의수준 5%에서 귀무가설을 검정하라.

풀이

(a) 귀무가설과 대립가설은 각각 $H_0 : \sigma^2 \leq 0.15$, $H_1 : \sigma^2 > 0.15$이다.
(b) $n = 15$이므로 유의수준 5%에 대한 상단측검정의 기각역은 다음과 같다.

$$V > \chi_{0.05}^2(14) = 23.68$$

(c) 검정통계량은 $V = \dfrac{14S^2}{0.15}$이고 표본분산이 $s^2 = 0.25$이므로 검정통계량의 관찰값은 $v_0 = \dfrac{14 \times 0.25}{0.15} \approx 23.33$이다.
(d) 검정통계량의 관찰값 $v_0 = 23.33$은 기각역 안에 놓이지 않으므로 유의수준 5%에서 귀무가설 $H_0 : \sigma^2 \leq 0.15$를 기각할 수 없다. 즉, 2 L 페트병에 들어 있는 탄산농도에 대한 분산이 0.15 이하라는 주장은 타당성이 있다.
(e) 자유도 14인 χ^2–분포에 대해 $P(V > 21.06) = 0.1$, $P(V > 23.68) = 0.05$이므로 $0.05 < P(V > 23.33) < 0.1$, 즉 $0.05 < p$–값 < 0.1이다. 따라서 p–값 > 0.05이므로 유의수준 5%에서 귀무가설 $H_0 : \sigma^2 \leq 0.15$를 기각할 수 없다.

[표 11–9]는 정규모집단의 모분산에 대한 가설검정을 정리한 것이다.

표 11-9 모분산에 대한 검정 유형, 기각역, p-값

검정 방법 \ 가설과 기각역	귀무가설 H_0	대립가설 H_1	H_0의 기각역	p-값
양측검정	$\sigma^2 = \sigma_0^2$	$\sigma^2 \neq \sigma_0^2$	$V < \chi_{1-\alpha/2}^2(n-1)$, $V > \chi_{\alpha/2}^2(n-1)$	$2 \times \min\{P(V < v_0),\ P(V > v_0)\}$
하단측검정	$\sigma^2 \geq \sigma_0^2$	$\sigma^2 < \sigma_0^2$	$V < \chi_{1-\alpha/2}^2(n-1)$	$P(V < v_0)$
상단측검정	$\sigma^2 \leq \sigma_0^2$	$\sigma^2 > \sigma_0^2$	$V > \chi_{\alpha/2}^2(n-1)$	$P(V > v_0)$

엑셀 모분산에 대한 가설검정

양측검정

[예제 8]의 $H_0 : \sigma^2 = 2.58^2$에 대한 유의수준 5%인 양측검정을 한다.

❶ A1~A4셀에 **모분산 가설, 표본분산, 표본크기, 유의수준**을 기입하고 B열에 기본 정보를 기입한다.

❷ C1~C셀에 **검정통계량값, 왼쪽 기각역, 오른쪽 기각역, p-값**을 기입한다.

❸ D1셀에 **=(B3-1)*B2/B1**을 기입하여 검정통계량의 관찰값 39.21을 얻는다.

❹ D2셀에 커서를 놓고 메뉴바에서 수식 〉함수 삽입 〉통계 〉CHISQ.INV를 선택하여 **Probability**에 0.025, **Deg_freedom**에 **29**를 기입하여 왼쪽 기각역의 임계값 16.04707을 얻는다.

❺ D3셀에 커서를 놓고 메뉴바에서 수식 〉함수 삽입 〉통계 〉CHISQ.INV.RT를 선택하여 **Probability**에 0.025, **Deg_freedom**에 **29**를 기입하여 오른쪽 기각역의 임계값 45.72229를 얻는다.

❻ D4셀에 커서를 놓고 **=2*MIN(CHISQ.DIST(D1,29,1), 1-CHISQ.DIST(D1,29,1))**을 기입하면 p-값 0.1954를 얻는다.

| **결론** | 검정통계량의 관찰값 34.075가 양쪽 기각역의 임계값 사이에 있으므로 귀무가설을 기각할 수 없다. 또는 p-값 0.1954가 유의수준 0.05보다 크므로 귀무가설을 기각할 수 없다.

	A	B	C	D
1	모분산 가설	6.6564	검정통계량값	39.21038
2	표본분산	9	왼쪽 기각역	16.04707
3	표본크기	30	오른쪽 기각역	45.72229
4	유의수준	0.05	p-값	0.195399

양측검정 과 동일한 방법으로 [예제 9]의 하단측검정을 실시한다.

❶ D1셀에 =(B3-1)*B2/B1을 기입하여 검정통계량의 관찰값 18.125를 얻는다.

❷ D2셀에 커서를 놓고 메뉴바에서 수식 〉함수 삽입 〉통계 〉 CHISQ.INV를 선택하여 Probability에 0.05, Deg_freedom에 29를 기입하여 왼쪽 기각역의 임계값 17.70837을 얻는다.

❸ D3셀에 커서를 놓고 메뉴바에서 수식 〉함수 삽입 〉통계 〉 CHISQ.DIST를 선택하여 X에 D1, Deg_freedom에 29, Cumulative에 1을 기입하여 p-값 0.058315를 얻는다.

양측검정 과 동일한 방법으로 [예제 10]의 상단측검정을 실시한다.

❶ D1셀에 =(B3-1)*B2/B1을 기입하여 검정통계량의 관찰값 23.33을 얻는다.

❷ D2셀에 커서를 놓고 메뉴바에서 수식 〉함수 삽입 〉통계 〉 CHISQ.INV.RT를 선택하여 Probability에 0.05, Deg_freedom에 14를 기입하여 오른쪽 기각역의 임계값 23.68479를 얻는다.

❸ D3셀에 =CHISQ.DIST.RT(D1,14)을 기입하여 p-값 0.055057을 얻는다.

개념문제

1. 타당성의 유무를 명확히 밝혀야 할 모수에 대한 주장을 무엇이라 하는가?

2. 타당성을 입증해야 할 가설을 무엇이라 하는가?

3. 귀무가설과 대립가설 중 등호(=)가 들어간 기호를 사용하는 가설은 무엇인가?

4. 귀무가설이 참이지만 검정 결과 귀무가설을 기각함으로써 발생하는 오류를 무엇이라 하는가?

5. 제1종 오류를 범할 확률을 무엇이라 하는가?

6. 귀무가설을 기각함으로써 올바른 결정을 할 확률을 무엇이라 하는가?

7. 귀무가설 $H_0 : \theta = \theta_0$에 대해 대립가설 $H_1 : \theta \neq \theta_0$으로 구성되는 검정 방법을 무엇이라 하는가?

8. 귀무가설 H_0이 참이라는 가정 아래 관찰된 검정통계량의 값보다 극단적인 검정통계량의 관찰값이 관측되는 확률을 무엇이라 하는가?

9. p-값이 작아질수록 어떤 가설을 기각시키는가?

10. 모분산을 아는 정규모집단의 모평균에 대한 주장을 검정하기 위해 사용하는 통계량은 무엇인가?

11. 모분산을 아는 정규모집단의 모평균에 대한 주장의 양측검정을 위한 $p-$값은 무엇인가?

12. 모분산을 모르는 정규모집단의 모평균에 대한 주장을 검정하기 위해 사용하는 통계량은 무엇인가?

13. 모비율에 대한 주장을 검정하기 위해 사용하는 통계량은 무엇인가?

14. 모분산에 대한 주장을 검정하기 위해 사용하는 통계량은 무엇인가?

연습문제

[1~6] 정규모집단에 대한 다음 가설과 표본평균에 대해 검정통계량의 관찰값과 기각역을 구하고 검정 결과를 말하라.

1. $H_0 : \mu = 200$, H_1: $\mu \neq 200$, $\sigma = 24$, $n = 50$, $\bar{x} = 205$, $\alpha = 0.05$

2. H_0: $\mu \geq 200$, H_1: $\mu < 200$, $\sigma = 24$, $n = 50$, $\bar{x} = 191$, $\alpha = 0.01$

3. $H_0 : \mu \leq 200$, $H_1 : \mu > 200$, $\sigma = 24$, $n = 50$, $\bar{x} = 207$, $\alpha = 0.01$

4. $H_0 : \mu = 17.5$, $H_1 : \mu \neq 17.5$, $\sigma = 1.6$, $n = 32$, $\bar{x} = 16.8$, $\alpha = 0.01$

5. $H_0 : \mu \geq 17.5$, $H_1 : \mu < 17.5$, $\sigma = 1.6$, $n = 32$, $\bar{x} = 17.0$, $\alpha = 0.05$

6. $H_0 : \mu \leq 17.5$, $H_1 : \mu > 17.5$, $\sigma = 1.6$, $n = 32$, $\bar{x} = 18.2$, $\alpha = 0.01$

7. [연습문제 1]에 대한 $p-$값을 구하고 검정 결과를 말하라.

8. [연습문제 2]에 대한 $p-$값을 구하고 검정 결과를 말하라.

9. [연습문제 3]에 대한 $p-$값을 구하고 검정 결과를 말하라.

10. [연습문제 4]에 대한 $p-$값을 구하고 검정 결과를 말하라.

11. [연습문제 5]에 대한 $p-$값을 구하고 검정 결과를 말하라.

12. [연습문제 6]에 대한 $p-$값을 구하고 검정 결과를 말하라.

[13~15] 정규모집단에 대한 다음 가설과 표본평균에 대해 검정통계량의 관찰값과 기각역을 구하고 검정 결과를 말하라.

13. $H_0 : \mu = 78$, $H_1 : \mu \neq 78$, $s = 6$, $n = 25$, $\bar{x} = 76$, $\alpha = 0.05$

14. $H_0 : \mu \geq 78$, $H_1 : \mu < 78$, $s = 6$, $n = 25$, $\bar{x} = 75.5$, $\alpha = 0.01$

15. $H_0 : \mu \leq 78$, $H_1 : \mu > 78$, $s = 6$, $n = 25$, $\bar{x} = 80$, $\alpha = 0.1$

16. [연습문제 13]에 대한 $p-$값을 이용하여 검정 결과를 말하라.

17. [연습문제 14]에 대한 $p-$값을 이용하여 검정 결과를 말하라.

18. [연습문제 15]에 대한 $p-$값을 이용하여 검정 결과를 말하라.

[19~21] 다음 가설과 표본비율에 대해 검정통계량의 관찰값과 기각역을 구하고 검정 결과를 말하라.

19. $H_0 : p = 0.38$, $H_1 : p \neq 0.38$, $n = 1500$, $\hat{p} = 0.35$, $\alpha = 0.01$

20. $H_0 : p \geq 0.38$, $H_1 : p < 0.38$, $n = 1500$, $\hat{p} = 0.35$, $\alpha = 0.01$

21. $H_0 : p \leq 0.38$, $H_1 : p > 0.38$, $n = 1500$, $\hat{p} = 0.4$, $\alpha = 0.05$

[22~24] 정규모집단에 대한 다음 가설과 표본분산에 대해 검정통계량의 관찰값과 기각역을 구하고 검정 결과를 말하라.

22. $H_0 : \sigma^2 = 12$, $H_1 : \sigma^2 \neq 12$, $n = 15$, $s^2 = 25$, $\alpha = 0.01$

23. $H_0 : \sigma^2 \geq 12$, $H_1 : \sigma^2 < 12$, $n = 15$, $s^2 = 5.6$, $\alpha = 0.05$

24. $H_0 : \sigma^2 \leq 12$, $H_1 : \sigma^2 > 12$, $n = 15$, $s^2 = 25$, $\alpha = 0.01$

25. [연습문제 22]에 대한 $p-$값을 이용하여 검정 결과를 말하라.

26. [연습문제 23]에 대한 $p-$값을 이용하여 검정 결과를 말하라.

27. [연습문제 24]에 대한 $p-$값을 이용하여 검정 결과를 말하라.

28. 정규모집단에 대해 $H_0 : \mu = 34$, $H_1 : \mu \neq 34$, $\sigma = 2.5$이며 표본의 크기가 다음과 같고 $\bar{x} = 34.6$일 때, 검정통계량의 관찰값 z_0과 $p-$값을 구하라.

(a) $n = 10$ (b) $n = 50$ (c) $n = 100$

29. [연습문제 28]의 결과에 대해 물음에 답하라.

(a) 표본의 크기가 커질수록 z_0과 $p-$값이 어떻게 변하는지 설명하라.

(b) 동일한 유의수준에 대해 표본의 크기가 커질수록 어떤 현상이 발생하는지 설명하라.

30. 정규모집단에 대해 $H_0 : \mu \geq 56.4$, $H_1 : \mu < 56.4$, $\sigma = 4$이며 표본의 크기가 다음과 같고 $\bar{x} = 55.6$일 때, 검정통계량의 관찰값 z_0과 p–값을 구하라.

    (a) $n = 10$ (b) $n = 50$ (c) $n = 100$

31. [연습문제 30]의 결과에 대해 물음에 답하라.

    (a) 표본의 크기가 커질수록 z_0과 p–값이 어떻게 변하는지 설명하라.

    (b) 동일한 유의수준에 대해 표본의 크기가 커질수록 어떤 현상이 발생하는지 설명하라.

32. 정규모집단에 대해 $H_0 : \mu \leq 77$, $H_1 : \mu > 77$, $\sigma = 5.5$이며 표본의 크기가 다음과 같고 $\bar{x} = 78.3$일 때, 검정통계량의 관찰값 z_0과 p–값을 구하라.

    (a) $n = 10$ (b) $n = 50$ (c) $n = 100$

33. [연습문제 32]의 결과에 대해 물음에 답하라.

    (a) 표본의 크기가 커질수록 z_0과 p–값이 어떻게 변하는지 설명하라.

    (b) 동일한 유의수준에 대해 표본의 크기가 커질수록 어떤 현상이 발생하는지 설명하라.

34. 정규모집단에 대해 $H_0 : \mu = 34$, $H_1 : \mu \neq 34$, $\sigma = 2.5$이며 크기가 50인 표본평균이 다음과 같을 때, 검정통계량의 관찰값 z_0과 p–값을 구하라.

    (a) $\bar{x} = 34.5$ (b) $\bar{x} = 34.8$ (c) $\bar{x} = 35.0$

35. [연습문제 34]의 결과에 대해 물음에 답하라.

    (a) 표본평균이 커질수록 z_0과 p–값이 어떻게 변하는지 설명하라.

    (b) 동일한 유의수준에 대해 표본평균이 커질수록 어떤 현상이 발생하는지 설명하라.

36. 정규모집단에 대해 $H_0 : \mu \geq 56.4$, $H_1 : \mu < 56.4$, $\sigma = 4$이며 크기가 50인 표본평균이 다음과 같을 때, 검정통계량의 관찰값 z_0과 p–값을 구하라.

    (a) $\bar{x} = 56.1$ (b) $\bar{x} = 55.5$ (c) $\bar{x} = 55$

37. [연습문제 36]의 결과에 대해 물음에 답하라.

    (a) 표본평균이 작아질수록 z_0과 p–값이 어떻게 변하는지 설명하라.

    (b) 동일한 유의수준에 대해 표본평균이 작아질수록 어떤 현상이 발생하는지 설명하라.

38. 정규모집단에 대해 $H_0 : \mu \leq 77$, $H_1 : \mu > 77$, $\sigma = 5.5$이며 크기가 50인 표본평균이 다음과 같을 때, 검정통계량의 관찰값 z_0과 p–값을 구하라.

    (a) $\bar{x} = 77.5$ (b) $\bar{x} = 78$ (c) $\bar{x} = 79$

39. [연습문제 38]의 결과에 대해 물음에 답하라.

    (a) 표본평균이 커질수록 z_0과 p–값이 어떻게 변하는지 설명하라.

    (b) 동일한 유의수준에 대해 표본평균이 커질수록 어떤 현상이 발생하는지 설명하라.

40. 환경부는 휴대폰 케이스 코팅 업체들이 집중된 어느 지역에서 오염 물질인 총탄화수소의 대기 배출 농도가 평균 902라고 발표했다. 이를 검정하기 위해 이 지역에 있는 해당 업체 50곳을 조사하여 대기 배출 농도가 평균 895임을 얻었다. 총탄화수소의 농도는 모표준편차가 25인 정규분포를 이룬다고 할 때, 기각역을 구하여 환경부의 발표를 유의수준 5%에서 검정하라(단, 단위는 ppm이다).

41. 어느 교통 전문가는 신호체계를 교체한 이후 서울 시내 교차로의 평균 대기시간이 3.2분이라 주장한다고 한다. 다음은 이를 검정하기 위해 임의로 교차로 50곳을 선정하여 대기시간을 조사한 결과이다. 서울 시내 교차로의 대기시간은 모표준편차가 0.5인 정규분포를 이룬다고 할 때, p-값을 이용하여 경찰청의 주장을 유의수준 5%에서 검정하라(단, 단위는 분이다).

3.8	5.3	2.0	4.0	1.2	3.9	5.3	4.9	1.2	3.4
5.0	1.8	1.5	3.0	1.7	5.5	1.8	5.0	4.6	5.5
3.2	2.1	5.5	2.3	3.5	4.7	2.6	4.5	3.6	1.2
2.4	4.3	5.0	1.7	4.0	3.5	1.9	2.4	2.9	5.5
3.4	4.8	1.2	1.1	1.5	2.3	1.5	4.9	5.5	3.8

42. 어느 패스트푸드 가게는 음식이 나오는 데 걸리는 시간이 89초 이하라고 한다. 다음은 이를 검정하기 위해 20명의 손님이 음식을 기다리는 시간을 조사한 결과이다. 과거 조사에 따르면 이 패스트푸드 가게의 서비스 시간은 모표준편차가 5인 정규분포를 이룬다고 할 때, 기각역을 구하여 이 패스트푸드 가게의 주장을 유의수준 2%에서 검정하라(단, 단위는 초이다).

92	64	96	95	123	89	93	98	86	95
92	86	93	90	85	88	93	91	86	90

43. 어느 여행사에서 동남아시아에 한 달간 자유여행을 할 때 필요한 평균 비용은 160만 원이라고 한다. 이 주장을 검정하기 위해 동남아시아 자유여행 경험이 있는 15명을 임의로 선정하여 조사했더니 여행 평균 비용이 167만 원, 표준편차가 12.5만 원이었다. 개인별 여행 비용은 정규분포를 이룬다고 할 때, 기각역을 이용하여 이 여행사의 주장을 유의수준 5%에서 검정하라.

44. 어느 타이어 회사에서 새로운 공법으로 생산한 타이어의 평균 주행거리는 61,000 km 이상이라고 주장한다. 다음은 이를 검정하기 위해 이 회사의 타이어 16개를 임의로 선정하여 주행거리를 조사한 결과이다. 과거 조사에 따르면 이 회사의 타이어의 주행거리는 정규분포를 이룬다고 할 때, 물음에 답하라(단, 단위는 1,000 km이다).

62.2	64.6	59.7	58.1	59.8	60.5	60.2	59.4
61.5	61.7	62.2	57.6	57.8	61.1	57.9	55.7

(a) 기각역을 이용하여 이 회사의 주장을 유의수준 5%에서 검정하라.

(b) p-값을 이용하여 이 회사의 주장을 유의수준 5%에서 검정하라.

45. 어느 소비자 단체에서 조사한 결과 텔레비전의 평균 광고 시간은 30초 이하라고 한다. 다음은 이를 검정하기 위해 임의로 30개의 광고를 선정하여 시간을 측정한 결과이다. 텔레비전의 광고 시간은 정규분포를 이룬다고 할 때, 물음에 답하라(단, 단위는 초이다).

29	33	32	30	32	31	30	31	28	29
30	33	35	27	27	33	32	33	27	32
30	31	30	32	30	33	32	28	31	32

(a) 기각역을 이용하여 이 회사의 주장을 유의수준 2%에서 검정하라.

(b) p-값을 이용하여 이 회사의 주장을 유의수준 2%에서 검정하라.

46. 어느 잡지사에서 발행하는 여성 잡지에 따르면 20대 여성 중 35%가 다이어트 식품을 복용한다고 한다. 이를 검정하기 위해 20대 여성 180명을 임의로 선정하여 조사한 결과 이 중 51명이 다이어트 식품을 복용하는 것으로 나타났다. 물음에 답하라.

(a) 기각역을 이용하여 이 잡지사의 주장을 유의수준 5%에서 검정하라.

(b) p-값을 이용하여 이 잡지사의 주장을 유의수준 5%에서 검정하라.

47. 보건복지부에서 발표한 〈2018 음주폐해 예방 실행계획〉에 따르면 음주 경험자 중 62%가 혼자 술을 마셔 본 적이 있다고 한다. 이 비율이 62%를 초과하는지 알아보기 위해 음주 경험자 1,500명을 임의로 선정하여 조사한 결과 957명이 혼자 술을 마셔 본 적이 있는 것으로 나타났다. 물음에 답하라.

(a) 기각역을 이용하여 보도기사를 유의수준 5%에서 검정하라.

(b) p-값을 이용하여 보도기사를 유의수준 5%에서 검정하라.

48. 어느 국가 정책에 대한 여론을 알아보기 위해 여론조사를 실시했다. 국민의 절반 이상이 이 정책을 지지한다고 할 수 있는지 다음 여론조사 결과를 유의수준 5%에서 검정하라.

(a) 100명을 상대로 여론조사한 결과 45명이 이 정책을 지지했다.

(b) 1,000명을 상대로 여론조사한 결과 450명이 정책을 지지했다.

49. 어느 자동차 회사에서 생산된 신모델의 연비는 표준편차가 0.6 km/L 이상이라고 한다. 표준편차에 대한 주장을 검정하기 위해 이 모델의 자동차 20대를 이용하여 주행시험을 한 결과 표준편차가 0.51 km/L인 것으로 나타났다. 자동차 연비는 정규분포를 이룬다고 할 때, 물음에 답하라.

(a) 기각역을 이용하여 표준편차에 대한 이 회사의 주장을 수용할 수 있는지 유의수준 5%에서 검정하라.

(b) p-값을 이용하여 표준편차에 대한 이 회사의 주장을 수용할 수 있는지 유의수준 5%에서 검정하라.

50. 어느 음료수 회사는 당사 음료수의 당분 함량은 평균이 14g이고 분산이 0.8 이하라고 주장한다. 다음은 이를 검정하기 위해 임의로 이 회사의 음료수 12개를 선정하여 당분 함량을 조사한 결과이다. 음료수의 당분 함량은 정규분포를 이룬다고 할 때, 이 회사의 주장을 유의수준 1%에서 검정하라(단, 단위는 g이다).

15.6	13.2	12.8	13.1	14.6	15.1	15.6	13.6	14.2	13.1	14.2	12.9

실전문제

1. 보건복지부에 따르면 우리나라 빈곤층 아동·청소년 가구의 평균 의료급여 수급이 92.5만 원 이상이라고 한다. 다음은 이를 검정하기 위해 임의로 빈곤층 아동·청소년 30가구를 선정하여 표본조사한 결과이다. 빈곤층 아동·청소년 가구의 의료급여 수급은 모표준편차 3.2만 원인 정규분포를 이룬다고 할 때, 기각역을 이용하여 보건복지부의 주장을 유의수준 1%에서 검정하라(단, 단위는 만 원이다).

93.2	89.6	92.6	92.5	94.8	102.1	93.3	90.8	93.6	91.5
88.7	94.3	88.1	96.5	82.2	97.2	99.3	93.3	86.4	83.3
97.2	89.6	84.5	89.1	81.5	87.1	94.3	92.4	93.6	97.2

2. 어느 환경단체에서는 우리나라 주요 도시의 미세먼지(PM-10) 평균 농도가 47 이하라고 주장한다. 다음은 이를 검정하기 위해 환경 단체에서 임의로 25곳의 도시를 선정하여 미세먼지(PM-10) 농도를 측정한 결과이다. 도시별 미세먼지 농도는 정규분포를 이룬다고 할 때, 물음에 답하라(단, 단위는 $\mu g/m^3$이다).

55	54	49	47	46	41	45	46	45	48
51	49	50	44	45	44	49	48	46	44
57	52	51	47	54					

(a) 기각역을 이용하여 이 회사의 주장을 유의수준 5%에서 검정하라.

(b) p-값을 이용하여 이 회사의 주장을 유의수준 5%에서 검정하라.

3. 보건복지부의 2019년 9월 자료에 의하면 저체중 출생아의 발생율이 6.2%라고 한다. 이를 확인하기 위해 2019년에 출생한 신생아 1,000명을 임의로 선정하여 조사한 결과, 75명이 저체중인 것으로 확인되었다. 보건복지부의 주장에 대해 유의수준 10%에서 검정하라.

4. 어느 의학전문 잡지 실린 기사에 따르면 우리나라 신생아의 몸무게는 표준편차가 600 g인 정규분포를 이룬다고 한다. 이를 검정하기 위해 임의로 선정한 신생아 30명의 몸무게를 조사한 결과 표준편차 475 g을 얻었다. 이 잡지 기사의 주장을 유의수준 5%에서 검정하라.

CHAPTER

12

두 모집단의 가설검정

Hypothesis Testing about two Populations

10장에서 두 모집단에 대한 모평균의 차, 모비율의 차, 모분산의 비를 추정하는 방법을 살펴봤다. 이번 장에서는 11장에서 살펴본 가설검정 기법을 모평균의 차, 모비율의 차, 모분산의 비에 적용하여 두 모집단의 모평균, 모비율, 모분산의 관계에 대한 가설을 검정하는 방법을 살펴본다.

12.1 ▶ 모평균 차의 가설검정

두 제조업체에서 유사한 제품을 생산하여 각각 판매한다고 하자. 그러면 두 업체는 소비자가 어느 업체의 제품을 더 많이 구매하는지, 즉 어느 업체의 제품이 더 많이 팔리는지에 관심이 있을 것이다. 두 업체의 연간 판매량이 각각 평균이 μ_1, μ_2인 정규분포를 이룬다고 하면 두 업체의 연평균 판매량에 대해 다음과 같은 세 가지 유형의 귀무가설을 생각할 수 있다.

$$\mu_1 - \mu_2 = \mu_0, \ \mu_1 - \mu_2 \geq \mu_0, \ \mu_1 - \mu_2 \leq \mu_0$$

위 귀무가설에 대한 대립가설은 다음과 같이 생각할 수 있다.

$$\begin{cases} H_0 : \mu_1 - \mu_2 - \mu_0, \\ H_1 : \mu_1 - \mu_2 \neq \mu_0 \end{cases} \begin{cases} H_0 : \mu_1 - \mu_2 \geq \mu_0, \\ H_1 : \mu_1 - \mu_2 < \mu_0 \end{cases} \begin{cases} H_0 : \mu_1 - \mu_2 \leq \mu_0 \\ H_1 : \mu_1 - \mu_2 > \mu_0 \end{cases}$$

특히 $\mu_0 = 0$이면 세 가지 유형의 가설은 다음과 같다.

$$\begin{cases} H_0 : \mu_1 - \mu_2 = 0 \\ H_1 : \mu_1 - \mu_2 \neq 0 \end{cases} \begin{cases} H_0 : \mu_1 - \mu_2 \geq 0 \\ H_1 : \mu_1 - \mu_2 < 0 \end{cases} \begin{cases} H_0 : \mu_1 - \mu_2 \leq 0 \\ H_1 : \mu_1 - \mu_2 > 0 \end{cases}$$

이번 절에서는 두 모집단의 모분산을 아는 경우와 그렇지 않은 경우 두 모평균의 차에 대한 가설을 검정하는 방법을 살펴본다.

12.1.1 두 모분산을 아는 경우

모분산이 각각 σ_1^2, σ_2^2으로 알려지고 독립인 두 정규모집단에서 각각 크기가 n, m인 표본을 추출하여 표본평균을 각각 $\overline{X}$, $\overline{Y}$라 한 후, 모평균의 차 $\mu_1 - \mu_2$에 대한 구간추정을 위해 10.1.1 절에서 다음과 같은 Z-통계량을 사용했다.

$$Z = \frac{(\overline{X} - \overline{Y}) - (\mu_1 - \mu_2)}{\sqrt{\dfrac{\sigma_1^2}{n} + \dfrac{\sigma_2^2}{m}}}$$

이때 세 귀무가설 $\mu_1 - \mu_2 = \mu_0, \mu_1 - \mu_2 \geq \mu_0, \mu_1 - \mu_2 \leq \mu_0$을 검정하며, 각각의 가설을 기각하기 전까지 참인 것으로 인정한다. 이와 같은 귀무가설을 검정하기 위한 검정통계량은 다음과 같다.

$$Z = \frac{(\overline{X} - \overline{Y}) - \mu_0}{\sqrt{\dfrac{\sigma_1^2}{n} + \dfrac{\sigma_2^2}{m}}}$$

따라서 표본평균 $\overline{X}$, $\overline{Y}$의 관찰값 $\overline{x}$와 $\overline{y}$에 대해 검정통계량의 관찰값은 다음과 같다.

$$z_0 = \frac{(\overline{x} - \overline{y}) - \mu_0}{\sqrt{\dfrac{\sigma_1^2}{n} + \dfrac{\sigma_2^2}{m}}}$$

이로써 모분산을 아는 단일 모집단의 모평균을 검정하는 방법에 의해 세 가지 유형의 가설을 검정할 수 있다. 유의수준 α에 대해 세 가지 유형의 귀무가설 H_0을 다음과 같이 검정한다.

귀무가설과 대립가설이 각각 $H_0 : \mu_1 - \mu_2 = \mu_0$, $H_1 : \mu_1 - \mu_2 \neq \mu_0$인 양측검정

- 기각역은 양쪽 꼬리 부분 $R : Z < -z_{\alpha/2}$, $Z > z_{\alpha/2}$이며 관찰값 z_0이 기각역 안에 놓이면 H_0을 기각한다.
- p-값 $= P(|Z| > |z_0|)$이며, p-값 $> \alpha$이면 H_0을 채택하고 p-값 $\leq \alpha$이면 H_0을 기각한다.

귀무가설과 대립가설이 각각 $H_0 : \mu_1 - \mu_2 \geq \mu_0$, $H_1 : \mu_1 - \mu_2 < \mu_0$인 하단측검정

- 기각역은 왼쪽 꼬리 부분 $R : Z < -z_\alpha$이며 관찰값 z_0이 기각역 안에 놓이면 H_0을 기각한다.
- p-값 $= P(Z < z_0)$이며, p-값 $> \alpha$이면 H_0을 채택하고 p-값 $\leq \alpha$이면 H_0을 기각한다.

귀무가설과 대립가설이 각각 $H_0 : \mu_1 - \mu_2 \leq \mu_0$, $H_1 : \mu_1 - \mu_2 > \mu_0$인 상단측검정

- 기각역은 오른쪽 꼬리 부분 $R : Z > z_\alpha$이며 관찰값 z_0이 기각역 안에 놓이면 H_0을 기각한다.
- p-값 $= P(Z > z_0)$이며, p-값 $> \alpha$이면 H_0을 채택하고 p-값 $\leq \alpha$이면 H_0을 기각한다.

예제 1

다음은 독립인 두 정규모집단에서 각각 표본을 선정하여 얻은 결과이다. 기각역을 이용하여 유의수준 5%에서 다음 귀무가설을 검정하라.

	모표준편차	크기	표본평균
표본 1	4	20	51
표본 2	4	25	47

(a) $H_0 : \mu_1 - \mu_2 = 0$

(b) $H_0 : \mu_1 - \mu_2 \leq 2.1$

풀이

다음 순서에 따라 귀무가설을 검정한다.

(a) ❶ 대립가설이 $H_1 : \mu_1 - \mu_2 \neq 0$인 양측검정이므로 유의수준 5%에 대한 기각역은 $Z < -1.96$, $Z > 1.96$이다.

❷ $\sigma_1^2 = 16$, $\sigma_2^2 = 16$, $n = 20$, $m = 25$, $\bar{x} = 51$, $\bar{y} = 47$이므로 검정통계량의 관찰값은 다음과 같다.

$$z_0 = \frac{(51 - 47) - 0}{\sqrt{\dfrac{16}{20} + \dfrac{16}{25}}} \approx 3.33$$

❸ 검정통계량의 관찰값 $z_0 = 3.33$이 기각역 안에 놓이므로 유의수준 5%에서 귀무가설 $H_0 : \mu_1 - \mu_2 = 0$을 기각한다.

(b) ❶ 대립가설이 $H_1 : \mu_1 - \mu_2 > 2.1$인 상단측검정이므로 유의수준 5%에 대한 기각역은 $Z > 1.645$이다.

❷ $\sigma_1^2 = 16$, $\sigma_2^2 = 16$, $n = 20$, $m = 25$, $\bar{x} = 51$, $\bar{y} = 47$이므로 검정통계량의 관찰값은 다음과 같다.

$$z_0 = \frac{(51 - 47) - 2.1}{\sqrt{\dfrac{16}{20} + \dfrac{16}{25}}} \approx 1.583$$

❸ 검정통계량의 관찰값 $z_0 = 1.583$이 기각역 안에 놓이지 않으므로 유의수준 5%에서 귀무가설 $H_0 : \mu_1 - \mu_2 \leq 2.1$을 기각할 수 없다.

엑셀 모평균의 차에 대한 가설검정(모분산을 아는 경우)

Ⓐ 표본의 결과를 알고 있는 경우

양측검정

[예제 1(a)]의 $H_0 : \mu_1 - \mu_2 = 0$에 대한 유의수준 5%인 양측검정을 한다.

❶ A2~A6셀에 **모표준편차**, **표본평균**, **표본크기**, **모평균 가설차**, **유의수준**을 기입하고 B열과 C열에 각각 표본 1과 표본 2의 기본 정보를 기입한다.

❷ D1~D5셀에 **표본평균의 차**, **검정통계량 값**, **왼쪽 기각역**, **오른쪽 기각역**, **p-값**을 기입한다.

❸ E1~E5셀에 =B3-C3, =(E1-B5)/SQRT(B2^2/B4+C2^2/C4), =NORM.S.INV(0.025), =NORM.S.INV(0.975), =2*(1-NORM.S.DIST(E2,1))을 기입한다.

|결론| 다음과 같이 검정통계량의 값 3.33333이 오른쪽 기각역의 임계값 1.95996보다 크므로 귀무가설을 기각한다. 또는 p-값 0.000858이 유의수준 0.05보다 작으므로 귀무가설을 기각한다.

	A	B	C	D	E
1		표본1	표본2	표본평균의 차	4
2	모표준편차	4	4	검정통계량 값	3.333333333
3	표본평균	51	47	왼쪽 기각역	-1.95996398
4	표본크기	20	25	오른쪽 기각역	1.959963985
5	모평균 가설차	0		p-값	0.000858121
6	유의수준	0.05			

상단측검정

양측검정 과 동일한 방법으로 [예제 1(b)]의 상단측검정을 실시한다. 단, **모평균 가설차**를 **2.1**로 수정하고 E3셀에 **=NORM.S.INV(0.95)**를 기입하여 오른쪽 기각역의 임계값을 얻는다. E4셀에 **=1-NORM.S.DIST(E2,1)**을 기입하여 p-값을 얻는다.

|결론| 다음과 같이 검정통계량의 값 1.58333이 오른쪽 기각역의 임계값 1.6448보다 작으므로 귀무가설을 기각할 수 없다. 또는 p-값 0.0566이 유의수준 0.05보다 크므로 귀무가설을 기각할 수 없다.

	A	B	C	D	E
1		표본1	표본2	표본평균의 차	4
2	모표준편차	4	4	검정통계량 값	1.583333
3	표본평균	51	47	오른쪽 기각역	1.644854
4	표본크기	20	25	p-값	0.056673
5	모평균 가설차	2.1			
6	유의수준	0.05			

Ⓑ 표본 데이터를 알고 있는 경우(데이터 분석)

모표준편차가 각각 $\sigma_1 = 4$, $\sigma_2 = 4$이고 모평균이 각각 μ_1, μ_2인 두 정규모집단에 대해 $H_0 : \mu_1 - \mu_2 \leq 2.1$을 검정하기 위해 다음과 같이 크기가 각각 20, 25인 두 표본을 얻었다고 하자.

표본 1	49	51	52	49	54	49	52	49	52	53	52	54	51	50	48	52	54	51	50	48
표본 2	47	45	46	46	45	47	48	51	49	47	48	45	47	45	46	45	47	48	50	
	49	46	49	46	47															

❶ A열과 B열에 각각 표본 1과 표본 2의 자료를 기입한다.

❷ 메뉴바에서 데이터 > 데이터 분석 > z-검정: 평균에 대한 두집단을 선택한다.

❸ 변수 1 입력 범위, 변수 2 입력 범위, 가설 평균차, 변수 1의 분산, 변수 2의 분산에 각각 **$A$1:$A$21, $B$1:$B$26, 2.1, 16, 16**을 기입한다.

❹ 이름표를 체크한 후 유의 수준에 **0.05**를, 출력 범위에 **$C$1**을 기입한다.

|결론| 기각역의 임계값이 1.6448이고 검정통계량 값 1.58333이 임계값보다 작다. 또한 p-값 0.056667이 유의수준 0.05보다 크므로 상단측검정에서 귀무가설을 기각할 수 없다. $H_0 : \mu_1 - \mu_2 = 2.1$인 경우 p-값은 0.11330이고 기각역의 임계값은 1.95996임을 보여 주며, 따라서 양측검정에서 귀무가설을 기각할 수 없다.

	A	B	C	D	E	
1	표본1	표본2	z-검정: 평균에 대한 두 집단			
2	49	47				
3	51	45		표본1	표본2	
4	52	46	평균	51	47	
5	49	46	기지의 분산	16	16	
6	54	45	관측수	20	25	
7	49	47	가설 평균차	2.1		
8	52	48	z 통계량	1.583333333		
9	49	51	P(Z<=z) 단측 검정	0.056672755	p-값	상단측검정 결과
10	52	49	z 기각치 단측 검정	1.644853627	기각역	
11	53	47	P(Z<=z) 양측 검정	0.113345509	p-값	양측검정 결과
12	52	48	z 기각치 양측 검정	1.959963985	기각역	

12.1.2 두 모분산을 모르는 경우

10.1절에서 모분산을 모르는 두 정규모집단의 모평균의 차를 추정하기 위해 알려지지 않은 모분산이 동일한 경우와 서로 다른 경우로 나누어 생각했다. 이와 같이 모분산을 모르는 두 정규모집단의 모평균의 차에 대한 가설을 검정하기 위해 두 경우로 나누어 살펴본다.

두 모분산이 동일하지만 값은 모르는 두 정규모집단

두 모분산이 $\sigma_1^2 = \sigma_2^2 = \sigma^2$이고 σ_1^2과 σ_2^2을 모를 때, 두 정규모집단의 모평균의 차 $\mu_1 - \mu_2$에 대한 구간추정을 위해 합동표본분산 S_p^2과 표본평균의 차로 정의된 T-통계량이 다음과 같이 자유도 $n + m - 2$인 t-분포를 이룸을 이용했다.

$$Z = \frac{(\overline{X} - \overline{Y}) - (\mu_1 - \mu_2)}{s_p \sqrt{\dfrac{1}{n} + \dfrac{1}{m}}} \sim t(n + m - 2)$$

동일한 방법에 의해 다음 세 가지 유형의 귀무가설을 검정하기 위해 각각 크기가 n, m인 표본을 추출하여 T-통계량을 사용한다.

$$H_0 : \mu_1 - \mu_2 = \mu_0, \ \ H_0 : \mu_1 - \mu_2 \geq \mu_0, \ \ H_0 : \mu_1 - \mu_2 \leq \mu_0$$

귀무가설을 기각하기 전까지 참인 것으로 인정하므로 이와 같은 귀무가설을 검정하기 위한 검정통계량은 다음과 같은 T-통계량이며 $T \sim t(n + m - 2)$임을 이용한다.

$$T = \frac{(\overline{X} - \overline{Y}) - \mu_0}{s_p \sqrt{\dfrac{1}{n} + \dfrac{1}{m}}}$$

따라서 유의수준 α에 대해 세 가지 유형의 귀무가설을 다음과 같이 검정한다.

귀무가설과 대립가설이 각각 $H_0 : \mu_1 - \mu_2 = \mu_0$, $H_1 : \mu_1 - \mu_2 \neq \mu_0$인 양측검정

• 기각역은 양쪽 꼬리 부분 $R : |T| > t_{\alpha/2}(n+m-2)$이며 관찰값 t_0이 기각역 안에 놓이면 H_0을 기각한다.

• p-값 $= P(|T| > |t_0|)$이며, p-값 $> \alpha$이면 H_0을 채택하고 p-값 $\leq \alpha$이면 H_0을 기각한다.

귀무가설과 대립가설이 각각 $H_0 : \mu_1 - \mu_2 \geq \mu_0$, $H_1 : \mu_1 - \mu_2 < \mu_0$인 하단측검정

• 기각역은 왼쪽 꼬리 부분 $R : T < -t_{\alpha}(n+m-2)$이며 관찰값 t_0이 기각역 안에 놓이면 H_0을 기각한다.

• p-값 $= P(T < t_0)$이며, p-값 $> \alpha$이면 H_0을 채택하고 p-값 $\leq \alpha$이면 H_0을 기각한다.

귀무가설과 대립가설이 각각 $H_0 : \mu_1 - \mu_2 \leq \mu_0$, $H_1 : \mu_1 - \mu_2 > \mu_0$인 상단측검정

• 기각역은 오른쪽 꼬리 부분 $R : T > t_{\alpha}(n+m-2)$이며 관찰값 t_0이 기각역 안에 놓이면 H_0을 기각한다.

• p-값 $= P(T > t_0)$이며, p-값 $> \alpha$이면 H_0을 채택하고 p-값 $\leq \alpha$이면 H_0을 기각한다.

예제 2

모분산이 동일하고 독립인 두 정규모집단에서 각각 표본을 선정하여 다음 결과를 얻었다. 기각역을 이용하여 유의수준 5%에서 다음 귀무가설을 검정하라.

	크기	표본평균	표본표준편차
표본 1	12	48.0	2.5
표본 2	15	43.7	3.2

(a) $H_0 : \mu_1 - \mu_2 = 2.5$ (b) $H_0 : \mu_1 - \mu_2 \leq 2$

풀이

$n = 12$, $m = 15$, $s_1 = 2.5$, $s_2 = 3.2$이므로 합동표본분산과 합동표본표준편차는 다음과 같다.

$$s_p^2 = \frac{1}{25}(11 \times 2.5^2 + 14 \times 3.2^2) = 8.4844, \quad s_p \approx \sqrt{8.4844} \approx 2.9128$$

따라서 다음 순서에 따라 귀무가설을 검정한다.

(a) ❶ 대립가설이 $H_1 : \mu_1 - \mu_2 \neq 2.5$이고 $n + m - 2 = 25$인 양측검정이므로 유의수준 5%에 대한 기각역은 다음과 같다.

$$T < -t_{0.025}(25) = -2.06, \quad T > t_{0.025}(25) = 2.06$$

❷ $\bar{x} = 48.0$, $\bar{y} = 43.7$이므로 검정통계량의 관찰값은 다음과 같다.

$$t_0 = \frac{(48 - 43.7) - 2.5}{2.9128\sqrt{\dfrac{1}{12} + \dfrac{1}{15}}} \approx 1.5956$$

❸ 검정통계량의 관찰값 $t_0 = 1.5956$이 기각역 안에 놓이지 않으므로 유의수준 5%에서 귀무가설 $H_0 : \mu_1 - \mu_2 = 2.5$ 를 기각할 수 없다.

(b) ❶ 대립가설이 $H_1 : \mu_1 - \mu_2 > 2$이고 $n + m - 2 = 25$인 상단측검정이므로 유의수준 5%에 대한 기각역은 다음과 같다.

$$T > t_{0.05}(25) = 1.708$$

❷ $\bar{x} = 48.0$, $\bar{y} = 43.7$이므로 검정통계량의 관찰값은 다음과 같다.

$$t_0 = \frac{(48 - 43.7) - 2}{2.9128\sqrt{\dfrac{1}{12} + \dfrac{1}{15}}} \approx 2.0388$$

❸ 검정통계량의 관찰값 $t_0 = 2.0388$이 기각역 안에 놓이므로 귀무가설 $H_0 : \mu_1 - \mu_2 \leq 2$를 기각한다.

엑셀 모평균의 차에 대한 가설검정(모분산이 같지만 값을 모르는 경우)

Ⓐ 표본의 결과를 알고 있는 경우

양측검정

[예제 2(a)]의 $H_0 : \mu_1 - \mu_2 = 2.5$에 대한 유의수준 5%인 양측검정을 한다.

❶ A2~A6셀에 **표본평균, 표본표준편차, 표본크기, 모평균 가설차, 유의수준**을 기입하고 B열과 C열에 각각 표본 1과 표본 2 의 기본 정보를 기입한다.

❷ D1~E5셀에 **표본평균의 차, 합동표본표준편차, 검정통계량 값, 양쪽 기각역, p-값**을 기입한다.

❸ E1~E5셀에 =B2-C2, =SQRT(((B4-1)*B3^2+(C4-1)*C3^2)/(B4+C4-2)), =(E1-B5)/(E2*SQRT(1/B4+1/C4)), =T.INV.2T(0.05,25), =T.DIST.2T(E3,25)를 기입한다.

| **결론** | 다음과 같이 검정통계량의 값 1.595572가 오른쪽 기각역의 임계값 2.059539보다 작으므로 귀무가설을 기각할 수 없 다. 또는 p-값 0.12315가 유의수준 0.05보다 크므로 귀무가설을 기각할 수 없다.

	A	B	C	D	E
1		표본1	표본2	표본평균의 차	4.3
2	표본평균	48	43.7	합동표준편차	2.912799
3	표본표준편차	2.5	3.2	검정통계량 값	1.595572
4	표본크기	12	15	양쪽 기각역	2.059539
5	모평균 가설차	2.5		p-값	0.12315
6	유의수준	0.05			

|상단측검정|

|양측검정| 과 동일한 방법으로 [예제 2(b)]의 상단측검정을 실시한다. 단, **모평균 가설차**를 **2**로 수정하고 E4셀에 **=T.INV(0.95,25)** 를 기입하여 오른쪽 기각역의 임계값을 얻는다. E5셀에 **=T.DIST.RT(E3,25)**를 기입하여 p-값을 얻는다.

|결론| 다음과 같이 검정통계량의 값 2.038이 오른쪽 기각역의 임계값 1.7081보다 크므로 귀무가설을 기각한다. 또는 p-값 0.026089가 유의수준 0.05보다 작으므로 귀무가설을 기각한다.

	A	B	C	D	E
1		표본1	표본2	표본평균의 차	4.3
2	표본평균	48	43.7	합동표준편차	2.912799
3	표본표준편차	2.5	3.2	검정통계량 값	2.038786
4	표본크기	12	15	오른쪽 기각역	1.708141
5	모평균 가설차	2		p-값	0.026089
6	유의수준	0.05			

⑬ 표본 데이터를 알고 있는 경우(데이터 분석)

모분산이 동일한 두 정규모집단에 대해 $H_0 : \mu_1 - \mu_2 \leq 2$를 검정하기 위해 다음과 같이 크기가 각각 12, 15인 두 표본을 얻었다고 하자.

표본 1	47.5	48.5	46.5	48.5	47.5	48.0	46.5	47.5	49.5	46.0	51.5	48.5
표본 2	42.5	44.0	41.5	42.0	41.5	45.5	44.5	45.0	43.5	44.5	43.5	45.0
	42.5	44.0	46.0									

❶ A열과 B열에 각각 표본 1과 표본 2의 자료를 기입한다.

❷ 메뉴바에서 데이터 〉데이터 분석 〉t–검정: 등분산 가정 두집단을 선택한다.

❸ **변수 1 입력 범위, 변수 2 입력 범위, 가설 평균차**에 각각 **$A$1:$A$13, $B$1:$B$16, 2**를 기입한다.

❹ **이틈표**를 체크한 후 유의 수준에 **0.05**를, 출력 범위에 **$C$1**을 기입한다.

|결론| 검정통계량의 값 4.063325가 기각역의 임계값이 1.708141보다 크다. 또한 p-값 0.0002111이 유의수준 0.05보다 작으므로 상단측검정에서 귀무가설을 기각한다. $H_0 : \mu_1 - \mu_2 = 2$인 경우 p-값은 0.000421이고 기각역의 임계값은 2.059539임을 보여 주며, 따라서 양측검정에서 귀무가설을 기각한다.

	A	B	C	D	E	
1	표본1	표본2	t-검정: 등분산 가정 두 집단			
2	47.5	42.5				
3	48.5	44		표본1	표본2	
4	46.5	41.5	평균	48	43.7	
5	48.5	42	분산	2.227273	2.064286	
6	47.5	41.5	관측수	12	15	
7	48	45.5	공동(Pooled) 분산	2.136		
8	46.5	44.5	가설 평균차	2		
9	47.5	45	자유도	25		
10	49.5	43.5	t 통계량	4.063325		
11	46	44.5	P(T<=t) 단측 검정	0.000211	p-값	상단측검정 결과
12	51.5	43.5	t 기각치 단측 검정	1.708141	기각역	
13	48.5	45	P(T<=t) 양측 검정	0.000421	p-값	양측검정 결과
14		42.5	t 기각치 양측 검정	2.059539	기각역	
15		44				
16		46				

| 모분산이 다르며 값도 모르는 두 정규모집단

10.1.2절에서 독립인 두 정규모집단의 모분산을 모르고 $\sigma_1^2 \neq \sigma_2^2$인 경우 모평균의 차에 대한 구간추정을 위해 표본평균의 차로 정의된 T−통계량이 다음과 같이 근사적으로 자유도 ν인 t−분포를 이룸을 이용했다.

$$T = \frac{(\overline{X} - \overline{Y}) - (\mu_1 - \mu_2)}{\sqrt{\dfrac{s_1^2}{n} + \dfrac{s_2^2}{m}}} \approx t(\nu)$$

여기서 자유도 ν는 다음 식에서 소수점 이하의 값을 버린 정수이다.

$$\nu = \frac{\left(\dfrac{s_1^2}{n} + \dfrac{s_2^2}{m}\right)^2}{\dfrac{1}{n-1}\left(\dfrac{s_1^2}{n}\right)^2 + \dfrac{1}{m-1}\left(\dfrac{s_2^2}{m}\right)^2}$$

동일한 방법에 의해 다음 세 가지 유형의 귀무가설을 검정하기 위해 각각 크기가 n, m인 표본을 추출하여 T−통계량을 사용한다.

$$H_0 : \mu_1 - \mu_2 = \mu_0, \ \ H_0 : \mu_1 - \mu_2 \geq \mu_0, \ \ H_0 : \mu_1 - \mu_2 \leq \mu_0$$

귀무가설을 기각하기 전까지 참인 것으로 인정하므로 이와 같은 귀무가설을 검정하기 위한 검정통계량은 다음과 같은 T−통계량이며 $T \approx t(\nu)$임을 이용한다.

$$T = \frac{(\overline{X} - \overline{Y}) - \mu_0}{\sqrt{\dfrac{s_1^2}{n} + \dfrac{s_2^2}{m}}}$$

따라서 모분산을 아는 경우와 동일한 방법으로 세 가지 유형의 귀무가설을 검정한다.

예제 3

[예제 2] 자료에서 두 정규모집단의 모분산이 서로 다를 때, 기각역을 이용하여 유의수준 5%에서 다음 귀무가설을 검정하라.

(a) H_0 : $\mu_1 - \mu_2 = 2.5$　　　　(b) H_0 : $\mu_1 - \mu_2 \le 2$

풀이

$n = 12$, $m = 15$, $s_1 = 2.5$, $s_2 = 3.2$이므로 자유도는 다음과 같다.

$$\nu = \frac{\left(\dfrac{2.5^2}{12} + \dfrac{3.2^2}{15}\right)^2}{\dfrac{1}{11}\left(\dfrac{2.5^2}{12}\right)^2 + \dfrac{1}{14}\left(\dfrac{3.2^2}{15}\right)^2} \approx 24.99 \approx 24$$

따라서 다음 순서에 따라 귀무가설을 검정한다.

(a) ❶ 대립가설이 H_1 : $\mu_1 - \mu_2 \ne 2.5$이고 자유도 24인 양측검정이므로 유의수준 5%에 대한 기각역은 다음과 같다.

$$T < -t_{0.025}(24) = -2.064, \quad T > t_{0.025}(24) = 2.064$$

❷ $\bar{x} = 48.0$, $\bar{y} = 43.7$이므로 검정통계량의 관찰값은 다음과 같다.

$$t_0 = \frac{(48 - 43.7) - 2.5}{\sqrt{\dfrac{2.5^2}{12} + \dfrac{3.2^2}{15}}} \approx 1.641$$

❸ 검정통계량의 관찰값 $t_0 = 1.641$은 기각역 안에 놓이지 않으므로 유의수준 5%에서 귀무가설 H_0 : $\mu_1 - \mu_2 = 2.5$를 기각할 수 없다.

(b) ❶ 대립가설이 H_1 : $\mu_1 - \mu_2 > 2$이고 자유도 24인 상단측검정이므로 유의수준 5%에 대한 기각역은 다음과 같다.

$$T > t_{0.05}(24) = 1.711$$

❷ $\bar{x} = 48.0$, $\bar{y} = 43.7$이므로 검정통계량의 관찰값은 다음과 같다.

$$t_0 = \frac{(48 - 43.7) - 2}{\sqrt{\dfrac{2.5^2}{12} + \dfrac{3.2^2}{15}}} \approx 2.097$$

❸ 검정통계량의 관찰값 $t_0 = 2.097$이 기각역 안에 놓이므로 귀무가설 $H_0 : \mu_1 - \mu_2 \leq 2$를 기각한다.

엑셀 모평균의 차에 대한 가설검정(모분산이 다르며 값도 모르는 경우)

Ⓐ 표본의 결과를 알고 있는 경우

양측검정

[예제 3(a)]의 $H_0 : \mu_1 - \mu_2 = 2.5$에 대한 유의수준 5%인 양측검정을 한다.

❶ A2~A6셀에 표본평균, 표본표준편차, 표본크기, 모평균 가설차, 유의수준을 기입하고 B열과 C열에 각각 표본 1과 표본 2의 기본 정보를 기입한다.

❷ D1~D5셀에 자유도, 표본평균의 차, 검정통계량 값, 양쪽 기각역, p-값을 기입한다.

❸ E1~E5셀에 =(B3^2/B4+C3^2/C4)^2/((B3^2/B4)^2/(B4-1)+(C3^2/C4)^2/(C4-1)), =B2-C2, =(E2-B5)/SQRT(B3^2/B4+C3^2/C4), =T.INV.2T(0.05,E1), =T.DIST.2T(E3,E1)을 기입한다.

|결론| 다음과 같이 검정통계량의 값 1.640777이 오른쪽 기각역의 임계값 2.063899보다 작으므로 귀무가설을 기각할 수 없다. 또는 p-값 0.1138860이 유의수준 0.05보다 크므로 귀무가설을 기각할 수 없다.

	A	B	C	D	E
1		표본1	표본2	자유도	24.99469
2	표본평균	48	43.7	표본평균의 차	4.3
3	표본표준편차	2.5	3.2	검정통계량 값	1.640777
4	표본크기	12	15	양쪽 기각역	2.063899
5	모평균 가설차	2.5		p-값	0.113886
6	유의수준	0.05			

상단측검정

양측검정 과 동일한 방법으로 [예제 3(b)]의 상단측검정을 실시한다. 단, 모평균 가설차를 2로 수정하고 E4셀에 =T.INV(0.95,E1)을 기입하여 오른쪽 기각역의 임계값을 얻는다. E5셀에 =T.DIST.RT(E3,E1)을 기입하여 p-값을 얻는다.

|결론| 다음과 같이 검정통계량의 값 2.096548이 오른쪽 기각역의 임계값 1.710882보다 크므로 귀무가설을 기각한다. 또는 p-값 0.0233770이 유의수준 0.05보다 작으므로 귀무가설을 기각한다.

	A	B	C	D	E
1		표본1	표본2	자유도	24.99469
2	표본평균	48	43.7	표본평균의 차	4.3
3	표본표준편차	2.5	3.2	검정통계량 값	2.096548
4	표본크기	12	15	오른쪽 기각역	1.710882
5	모평균 가설차	2		p-값	0.023377
6	유의수준	0.05			

Ⓑ 표본 데이터를 알고 있는 경우(데이터 분석)

모분산이 동일한 두 정규모집단에 대해 $H_0 : \mu_1 - \mu_2 \leq 2$를 검정하기 위해 다음과 같이 크기가 각각 12, 15인 두 표본을 얻었다고 하자.

표본 1	47.5	48.5	46.5	48.5	47.5	48.0	46.5	47.5	49.5	46.0	51.5	48.5
표본 2	42.5	44.0	41.5	42.0	41.5	45.5	44.5	45.0	43.5	44.5	43.5	45.0
	42.5	44.0	46.0									

❶ A열과 B열에 각각 표본 1과 표본 2의 자료를 기입한다.

❷ 메뉴바에서 데이터 〉 데이터 분석 〉 t-검정: 이분산 가정 두집단을 선택하고 등분산 가정 두집단의 경우와 동일하게 검정을 수행한다.

|결론| 검정통계량의 값 4.045529가 기각역의 임계값 1.713872보다 크다. 또한 p-값 0.000251이 유의수준 0.05보다 작으므로 상단측검정에서 귀무가설을 기각한다. $H_0 : \mu_1 - \mu_2 \leq 2$인 경우 p-값은 0.000502이고 기각역의 임계값은 ± 2.068658임을 보여 주며, 따라서 양측검정에서 귀무가설을 기각한다.

	A	B	C	D	E	
1	표본1	표본2	t-검정: 이분산 가정 두 집단			
2	47.5	42.5				
3	48.5	44		표본1	표본2	
4	46.5	41.5	평균	48	43.7	
5	48.5	42	분산	2.227273	2.064286	
6	47.5	41.5	관측수	12	15	
7	48	45.5	가설 평균차	2		
8	46.5	44.5	자유도	23		
9	47.5	45	t 통계량	4.045529		
10	49.5	43.5	P(T<=t) 단측 검정	0.000251	p-값	상단측검정 결과
11	46	44.5	t 기각치 단측 검정	1.713872	기각역	
12	51.5	43.5	P(T<=t) 양측 검정	0.000502	p-값	양측검정 결과
13	48.5	45	t 기각치 양측 검정	2.068658	기각역	
14		42.5				
15		44				
16		46				

12.2 ▶ 쌍체 *t*-검정

동일한 대상에 대해 실험 전후의 실험 결과와 같이 쌍으로 이루어진 정규모집단의 모평균의 차에 대한 가설을 검정하는 방법을 살펴본다. 쌍체 관찰값들의 표본 (X_i, Y_i), $i = 1, 2, \cdots, n$에 대한 실험 전후의 차를 $D_i = X_i - Y_i$, $i = 1, 2, \cdots, n$이라 할 때, 짝으로 이루어진 두 정규모집단의 모평균의 차에 대한 구간추정을 위해 D_i, $i = 1, 2, \cdots, n$의 표본평균 $\overline{D}$로 정의된 T-통계량이 다음과 같이 자유도 $n - 1$인 t-분포를 이룬다는 것을 10.1.3절에서 살펴봤다.

$$T = \frac{\overline{D} - \mu_D}{s_D/\sqrt{n}} \sim t(n - 1)$$

여기서 μ_D는 실험 전의 평균 μ_1과 실험 후의 평균 μ_2에 대해 $\mu_D = \mu_1 - \mu_2$이고, 모집단을 구성하는 쌍체 표본의 차 D_i, $i = 1, 2, \cdots, n$의 표본분산 s_D^2은 다음과 같이 간단히 구할 수 있다.

$$s_D^2 = \frac{n\left(\sum_{i=1}^{n} d_i^2\right) - \left(\sum_{i=1}^{n} d_i\right)^2}{n(n - 1)}$$

쌍체로 이루어진 두 정규모집단의 모평균의 차에 대한 귀무가설을 검정하기 위한 검정통계량은 다음과 같은 T-통계량이며 $T \sim t(n - 1)$임을 이용한다.

$$T = \frac{\overline{D} - \mu_D}{s_D/\sqrt{n}}$$

특별한 다이어트 프로그램에 한 달 동안 참가하면 체중을 평균 8 kg 줄일 수 있다는 주장을 검정한다고 하자. [표 12-1]은 회원 5명을 임의로 선정하여 한 달 동안 다이어트 프로그램을 참가하기 전후의 몸무게를 측정한 결과이다.

표 12-1 다이어트 프로그램 전후의 몸무게 비교

회원	참가 전 몸무게 x_i(kg)	참가 후 몸무게 y_i(kg)	개인별 몸무게 차 $d_i = x_i - y_i$(kg)	d_i^2
1	82	73	9	81
2	63	58	5	25
3	71	66	5	25
4	69	61	8	64
5	74	68	6	36

다이어트 프로그램을 실시하기 전후의 두 모집단은 대상이 동일하므로 대상이 서로 다른 두 모집단에 비해 표본오차가 작아지는 경향을 보인다. 이 다이어트 프로그램에 의해 한 달 후 체중 8 kg이 줄어든다는 주장을 검정하는 것이므로 귀무가설은 $H_0 : \mu_1 - \mu_2 = 8$이고 이에 대한 대립가설은 $H_1 : \mu_1 - \mu_2 \neq 8$이다. 즉, 귀무가설을 기각한다면 프로그램 전후의 평균 체중의 차는 8 kg이 아니라고 할 수 있다.

임의로 선정한 회원 5명의 프로그램 전후의 체중의 차에 대한 평균, 분산, 표준편차를 구하면 각각 다음과 같다.

$$\bar{d} = \frac{1}{5}(9 + 5 + 5 + 8 + 6) = 6.6,$$

$$s_D^2 = \frac{5 \times 231 - 33^2}{5 \times 4} = \frac{66}{20} = 3.3,$$

$$s_D = \sqrt{3.3} \approx 1.817$$

따라서 검정통계량의 관찰값은 다음과 같다.

$$t_0 = \frac{6.6 - 8}{1.817/\sqrt{5}} \approx -1.7229$$

유의수준이 5%라 하면 검정통계량 T는 자유도 4인 t-분포를 이루므로 양측검정을 위한 기각역은 다음과 같다.

$$T < -t_{0.025}(4) = -2.776, \ \ T > t_{0.025}(4) = 2.776$$

검정통계량의 관찰값 $t_0 = -1.7229$가 기각역 안에 놓이지 않으므로 H_0을 기각할 수 없다. 즉, 한 달 후에 체중이 평균 8 kg 줄어든다는 주장은 신빙성이 있다.

반면 이 프로그램에 참가하면 체중이 평균 9 kg이 줄어든다고 주장한다면 검정통계량의 관찰값은 다음과 같다.

$$t_0 = \frac{6.6 - 9}{1.817/\sqrt{5}} \approx -2.9535$$

검정통계량의 관찰값 $t_0 = -2.9535$가 기각역 안에 놓이므로 이 주장은 타당성이 부족하다.

| 기각역을 이용한 검정 방법

기각역을 이용하여 쌍체로 이루어진 두 정규모집단의 모평균의 차에 대한 가설을 다음 순서에 따라 검정한다.

❶ 귀무가설 $H_0 : \mu_1 - \mu_2 = \mu_D$, $H_0 : \mu_1 - \mu_2 \geq \mu_D$, $H_0 : \mu_1 - \mu_2 \leq \mu_D$에 대한 대립가설 H_1을 설정한다.

❷ 유의수준 α에 대한 기각역을 구한다. 이때 기각역은 T-검정과 동일하다.

❸ 차에 대한 표본평균 $\overline{d}$와 표본표준편차 s_D를 구한다.

❹ 검정통계량의 관찰값 $t_0 = \dfrac{\overline{d} - \mu_D}{s_D/\sqrt{n}}$를 구한다.

❺ t_0이 기각역 안에 놓이면 H_0을 기각하고 그렇지 않으면 H_0을 기각할 수 없다.

| p-값을 이용한 검정 방법

모분산을 모르는 단일 정규모집단의 모평균에 대한 가설을 t-분포를 이용하여 검정할 때와 마찬가지로 이 경우에도 정확한 p-값을 구할 수 없다. 그러므로 p-값의 범위를 유의수준과 비교함으로써 귀무가설의 기각 여부를 결정한다.

쌍체로 이루어진 두 정규모집단의 모평균에 대한 가설검정을 정리하면 [표 12-2]와 같다.

표 12-2 쌍체 모평균의 차에 대한 검정 유형, 기각역, p-값

검정 방법 \ 가설과 기각역	귀무가설 H_0	대립가설 H_1	H_0의 기각역	p-값
양측검정	$\mu_1 - \mu_2 = \mu_D$	$\mu_1 - \mu_2 \neq \mu_D$	$R : |T| > t_{\alpha/2}(n-1)$	$P(|T| > |t_0|)$
하단측검정	$\mu_1 - \mu_2 \geq \mu_D$	$\mu_1 - \mu_2 < \mu_D$	$R : T < -t_\alpha(n-1)$	$P(T < t_0)$
상단측검정	$\mu_1 - \mu_2 \leq \mu_D$	$\mu_1 - \mu_2 > \mu_D$	$R : T > t_\alpha(n-1)$	$P(T > t_0)$

예제 4

한 지방경찰청에서 자동차 사고가 빈번히 일어나는 교차로의 신호체계를 바꾼 후 교통사고가 월 평균 3건 이상 줄었다고 주장한다. 다음은 이를 확인하기 위해 임의로 교차로 9곳을 선정하여 사고 건수를 조사한 결과이다. 물음에 답하라.

지역	1	2	3	4	5	6	7	8	9
교체 전	6	8	7	8	11	14	8	5	9
교체 후	3	8	5	5	7	9	7	6	8

(a) 기각역을 이용하여 경찰청의 주장을 유의수준 5%에서 검정하라.

(b) p-값을 이용하여 경찰청의 주장을 유의수준 5%에서 검정하라.

풀이

(a) 다음 순서에 따라 귀무가설을 검정한다.

❶ 귀무가설과 대립가설은 각각 $H_0 : \mu_1 - \mu_2 \geq 3$, $H_1 : \mu_1 - \mu_2 < 3$이다.

❷ 유의수준 5%에 대한 하단측검정이므로 기각역은 $T < -t_{0.05}(8) = -1.860$이다.

❸ 쌍체 관찰값의 차 $d_i = x_i - y_i$를 구한다.

지역	1	2	3	4	5	6	7	8	9	합계
d_i	3	0	2	3	4	5	1	−1	1	18
d_i^2	9	0	4	9	16	25	1	1	1	66

d_i에 대한 평균 $\bar{d}$, 분산 s_D^2, 표준편차 s_D는 각각 다음과 같다.

$$\bar{d} = \frac{18}{9} = 2, \quad s_D^2 = \frac{9 \times 66 - 18^2}{9 \times 8} = 3.75, \quad s_D \approx 1.936$$

❹ 검정통계량의 관찰값은 $t_0 = \dfrac{2 - 3}{1.936/\sqrt{9}} \approx -1.5496$이다.

❺ 검정통계량의 관찰값 $t_0 = -1.5496$이 기각역 안에 놓이지 않으므로 유의수준 5%에서 귀무가설 $H_0 : \mu_1 - \mu_2 \geq 3$을 기각할 수 없다. 즉, 경찰청의 주장은 신빙성이 있다.

(b) $t_0 = -1.5496$이므로 p−값 $= P(T < -1.5496) = P(T > 1.5496)$이다.

자유도 8인 t−분포에 대해 $0.05 < P(T > 1.5496) < 0.1$이므로 $0.05 < p$−값 < 0.1이다. 즉, p−값 > 0.05이므로 유의수준 5%에서 귀무가설 $H_0 : \mu_1 - \mu_2 \geq 3$을 기각할 수 없다.

엑셀 쌍체 t−검정

[하단측검정]

[예제 4]의 $H_0 : \mu_1 - \mu_2 \geq 3$에 대한 유의수준 5%인 하단측검정을 한다.

❶ A1~D1셀에 **교체전**, **교체후**, **차이**, **차이제곱**을 기입하고 A열과 B열에 각각 교체 전과 교체 후의 기본 정보를 기입한다.

❷ C2셀, D2셀에 **=A2-B2**, **=C2^2**을 기입하고 셀의 오른쪽 하단을 끌어 내린다.

❸ C11셀, D11셀에 각각 차이와 차이 제곱의 합을 구한다.

❹ E1~E6셀에 **가설 차이**, **차이평균**, **차이표준편차**, **검정통계량 값**, **기각역**, **p-값**을 기입한다.

❺ F1~F6셀에 3, **=AVERA\$(C2:C10)**, **=SQRT((9*D11-C11^2)/(8*9))**, **=(F2-F1)/(F3/SQRT(9))**, **=T.INV(0.05,8)**, **=T.DIST(F4,8,1)**을 기입한다.

|**결론**| 다음과 같이 검정통계량의 값 −1.54919가 왼쪽 기각역의 임계값 −1.85955보다 크므로 귀무가설을 기각할 수 없다. 또는 p−값 0.079964가 유의수준 0.05보다 크므로 귀무가설을 기각할 수 없다.

	A	B	C	D	E	F
1	교체전	교체후	차이	차이제곱	가설 차이	3
2	6	3	3	9	차이평균	2
3	8	8	0	0	차이표준편차	1.936492
4	7	5	2	4	검정통계량 값	-1.54919
5	8	5	3	9	기각역	-1.85955
6	11	7	4	16	p-값	0.079964
7	14	9	5	25		
8	8	7	1	1		
9	5	6	-1	1		
10	9	8	1	1		
11	합		18	66		

※ 양측검정은 기각역과 p-값을 t-검정으로 구한다.

상단측검정과 양측검정(데이터 분석)

메뉴바에서 데이터 〉 데이터 분석 〉 t-검정: 쌍체비교를 선택하고 등분산 가정 두 집단의 경우와 동일하게 검정을 수행한다.

|결론| $H_0 : \mu_1 - \mu_2 \leq 0$인 경우 검정통계량 값 3.098387이 기각역의 임계값 1.859548보다 크다. 또한 p-값 0.007351이 유의수준 0.05보다 작으므로 귀무가설을 기각한다. $H_0 : \mu_1 - \mu_2 \neq 0$인 경우 p-값은 0.0147020이고 기각역의 임계값은 2.306004임을 보여 주며, 따라서 양측검정에서 귀무가설을 기각한다.

	A	B	C	D	E	
1	교체 전	교체 후	t-검정: 쌍체 비교			
2	6	3				
3	8	8		교체 전	교체 후	
4	7	5	평균	8.444444	6.444444	
5	8	5	분산	7.277778	3.527778	
6	11	7	관측수	9	9	
7	14	9	피어슨 상관 계수	0.696228		
8	8	7	가설 평균차	0		
9	5	6	자유도	8		
10	9	8	t 통계량	3.098387		
11			P(T<=t) 단측 검정	0.007351	p-값	상단측검정 결과
12			t 기각치 단측 검정	1.859548	기각역	
13			P(T<=t) 양측 검정	0.014702	p-값	양측검정 결과
14			t 기각치 양측 검정	2.306004	기각역	

12.3 ▶ 모비율 차의 가설검정

10.2절에서 두 모집단의 모비율의 차 $p_1 - p_2$에 대한 구간추정을 위해 표본비율 $\hat{P}_1$, $\hat{P}_2$으로 정의된 다음 통계량이 근사적으로 표준정규분포를 이룸을 이용했다. 이때 $\hat{q}_1 = 1 - \hat{p}_1$, $\hat{q}_2 = 1 - \hat{p}_2$이다.

$$Z = \frac{(\hat{P}_1 - \hat{P}_2) - (p_1 - p_2)}{\sqrt{\dfrac{\hat{p}_1 \hat{q}_1}{n} + \dfrac{\hat{p}_2 \hat{q}_2}{m}}} \approx N(0, 1)$$

이제 두 모집단의 모비율에 대한 다음 세 가지 유형의 귀무가설을 검정하는 방법을 살펴본다.

$$H_0 : p_1 - p_2 = p_0, \; H_0 : p_1 - p_2 \geq p_0, \; H_0 : p_1 - p_2 \leq p_0$$

귀무가설을 기각하기 전까지 참인 것으로 인정하므로 이와 같은 귀무가설을 검정하기 위한 검정통계량은 다음과 같은 Z–통계량이며 $Z \approx N(0, 1)$임을 이용한다.

$$Z = \frac{(\hat{P}_1 - \hat{P}_2) - p_0}{\sqrt{\dfrac{\hat{p}_1 \hat{q}_1}{n} + \dfrac{\hat{p}_2 \hat{q}_2}{m}}}$$

특히 $p_0 = 0$이면 세 가지 유형의 귀무가설은 각각 $H_0 : p_1 - p_2 = 0$, $H_0 : p_1 - p_2 \geq 0$, $H_0 : p_1 - p_2 \leq 0$이며, 이 경우 다음과 같이 두 표본을 통합하여 정의되는 **합동표본비율**(pooled sample proportion)을 이용한다.

$$\hat{p} = \frac{x + y}{n + m}$$

이는 두 모분산이 동일한 경우 모평균의 차에 대한 가설을 검정하기 위해 합동표본분산을 이용한 것과 같은 원리이다. 즉, 두 모비율 $\hat{p}_1$, $\hat{p}_2$이 동일한지 검정하기 위해 $\hat{p}_1$, $\hat{p}_2$을 $\hat{p}$으로 대체한 후 다음 검정통계량을 이용한다.

$$Z = \frac{\hat{P}_1 - \hat{P}_2}{\sqrt{\hat{p}(1 - \hat{p})\left(\dfrac{1}{n} + \dfrac{1}{m}\right)}}$$

따라서 유의수준 α에 대해 세 가지 유형의 귀무가설 H_0을 다음과 같이 검정한다.

예제 5

두 제약회사 A와 B에서 생산한 감기약의 효능이 동일하다는 주장을 확인하기 위해 임의로 감기 환자를 각각 250명씩 선정하여 이틀 안에 완쾌한 환자 수를 조사한 결과 각각 225명, 210명이었다. 두 제약회사에서 생산한 감기약의 효능에 차이가 있는지 유의수준 5%에서 검정하라.

풀이

다음 순서에 따라 귀무가설을 검정한다.

❶ 제약회사 A와 제약회사 B에서 생산한 감기약의 효능을 각각 p_1, p_2라 하면 귀무가설과 대립가설은 각각 다음과 같다.

$$H_0 : p_1 - p_2 = 0, \ H_1 : p_1 - p_2 \neq 0$$

❷ 유의수준 5%에 대한 양측검정이므로 기각역은 $Z < -1.96$, $Z > 1.96$이다.

❸ $\hat{p}_1 = \dfrac{225}{250} = 0.9$, $\hat{p}_2 = \dfrac{210}{250} = 0.84$, $\hat{p} = \dfrac{225 + 210}{250 + 250} = 0.87$, $n = m = 250$이므로 검정통계량의 관찰값은 다음과 같다.

$$z_0 = \frac{0.9 - 0.84}{\sqrt{(0.87 \times 0.13)\left(\dfrac{1}{250} + \dfrac{1}{250}\right)}} \approx 2$$

❹ 검정통계량의 관찰값 $z_0 = 2$가 기각역 안에 놓이므로 유의수준 5%에서 귀무가설 $H_0 : p_1 - p_2 = 0$을 기각한다. 즉, 두 회사에서 생산한 감기약의 효능이 동일하다는 주장은 타당성이 부족하다.

예제 6

한 신문기사[12]에 따르면 설 명절에 기혼 여성의 70.9%, 기혼 남성의 53.6%가 스트레스를 받는다고 한다. 다음은 경인 지역에 사는 기혼 성인 남녀를 임의로 선정하여 명절 스트레스를 받았는지 조사한 결과이다. 이 기사를 토대로 물음에 답하라.

	전체 인원수	스트레스를 받은 인원수
여성	857	613
남성	982	568

(a) 기각역을 이용하여 명절 스트레스를 받은 기혼 여성의 비율이 기혼 남성의 비율보다 17% 이상 큰지 유의수준 5% 에서 검정하라.

(b) p-값을 이용하여 명절 스트레스를 받은 기혼 여성의 비율이 기혼 남성의 비율보다 17% 이상 큰지 유의수준 5%에 서 검정하라.

풀이

스트레스를 받은 여성과 남성의 비율을 각각 p_1, p_2라 하자.

(a) 다음 순서에 따라 귀무가설을 검정한다.

❶ 귀무가설과 대립가설은 각각 다음과 같다.

$$H_0 : p_1 - p_2 \geq 0.17, \quad H_1 : p_1 - p_2 < 0.17$$

❷ 유의수준 5%에 대한 하단측검정이므로 기각역은 $Z < -1.645$이다.

❸ $\hat{p}_1 = \dfrac{613}{857} \approx 0.7153$, $\hat{p}_2 = \dfrac{568}{982} \approx 0.5784$, $n = 857$, $m = 982$이므로 검정통계량의 관찰값은 다음과 같다.

$$Z = \frac{(0.7153 - 0.5784) - 0.17}{\sqrt{\dfrac{0.7153 \times 0.2847}{857} + \dfrac{0.5784 \times 0.4216}{982}}} \approx -1.5015$$

❹ 검정통계량의 관찰값 $z_0 = -1.5015$는 기각역 안에 놓이지 않으므로 유의수준 5%에서 귀무가설 $H_0 : p_1 - p_2 \geq 0.17$ 을 기각할 수 없다. 즉, 명절 스트레스를 받은 여성의 비율이 남성의 비율보다 17% 이상 크다는 주장은 신빙성 이 있다.

(b) $z_0 \approx -1.50$이므로 p-값은 다음과 같다.

$$p\text{-값} = P(Z < -1.5) = P(Z > 1.5) = 1 - 0.9332 = 0.0668$$

즉, p-값 > 0.05이므로 유의수준 5%에서 귀무가설 $H_0 : p_1 - p_2 \geq 0.17$을 기각할 수 없다.

---

[12] 이수기(2020. 1. 16.). "아내는 시댁, 남편은 아내 때문에"… 성인 10명 중 6명 명절 스트레스. 중앙일보.

엑셀 모비율의 차에 대한 가설검정

양측검정

[예제 5]의 $H_0 : p_1 - p_2 = 0$에 대한 유의수준 5%인 양측검정을 한다.

❶ A2~A5셀에 **크기, 성공수, 가설 차, 유의수준**을 기입하고 B열과 C열에 각각 표본 1과 표본 2의 기본 정보를 기입한다.

❷ D1~D6셀에 **표본비율 차, 합동표본비율, 검정통계량 값, 왼쪽 기각역, 오른쪽 기각역, p-값**을 기입한다.

❸ E1~E6셀에 =(B3/B2)-(C3/C2), =(B3+C3)/(B2+C2), =(E1-B4)/SQRT(E2*(1-E2)*(1/B2+1/C2)), =NORM.S.INV(0.025),
   =NORM.S.INV(0.975), =2*(1-NORM.S.DIST(E3,1))을 기입한다.

|결론| 다음과 같이 검정통계량의 값 1.994688이 오른쪽 기각역의 임계값보다 크므로 귀무가설을 기각한다. 또는 p-값
0.0460077이 유의수준 0.05보다 작으므로 귀무가설을 기각한다.

	A	B	C	D	E
1		표본1	표본2	표본비율 차	0.06
2	크기	250	250	합동표본비율	0.87
3	성공수	225	210	검정통계량 값	1.994688
4	가설 차	0		왼쪽 기각역	-1.95996
5	유의수준	0.05		오른쪽 기각역	1.959964
6				p-값	0.046077

※ 하단측검정과 상단측검정은 양측검정과 동일하게 수행하며, 기각역과 p-값은 Z-검정에 의해 구한다.

12.4 모분산 비의 가설검정

독립인 두 정규모집단의 모분산 σ_1^2과 σ_2^2이 동일한지 검정하는 방법을 살펴본다. 귀무가설
$H_0 : \sigma_1^2 = \sigma_2^2$에 대해 다음 세 가지 유형의 대립가설을 생각할 수 있다.

$$H_1 : \sigma_1^2 \neq \sigma_2^2, \quad H_1 : \sigma_1^2 < \sigma_2^2, \quad H_1 : \sigma_1^2 > \sigma_2^2$$

이 세 가지 유형의 대립가설은 다음과 같이 변형할 수 있다.

$$H_1 : \frac{\sigma_1^2}{\sigma_2^2} \neq 1, \quad H_1 : \frac{\sigma_1^2}{\sigma_2^2} < 1, \quad H_1 : \frac{\sigma_1^2}{\sigma_2^2} > 1$$

모분산이 각각 σ_1^2, σ_2^2이고 독립인 두 정규모집단에서 각각 크기가 n, m인 표본을 추출하여 표본분산을 S_1^2과 S_2^2이라 하면 $\dfrac{S_1^2}{S_2^2}$으로 정의된 통계량이 다음과 같은 F-분포를 이룸을 10.3절에서 이용했다.

$$\frac{S_1^2/\sigma_1^2}{S_2^2/\sigma_2^2} \sim F(n-1,\ m-1)$$

귀무가설을 기각하기 전까지 참인 것으로 인정하므로 이와 같은 귀무가설을 검정하기 위한 검정통계량은 다음과 같은 F-통계량이며 $F \sim F(n-1,\ m-1)$임을 이용한다.

$$F = \frac{S_1^2}{S_2^2}$$

두 모분산이 동일하다는 주장을 다음 순서에 따라 검정한다.

❶ 대립가설 H_1을 설정한다.
❷ F-분포에서 유의수준 α에 대한 기각역을 구한다.
❸ 검정통계량 $F = \dfrac{S_1^2}{S_2^2}$을 선택하고 관찰값 f_0을 구한다.
❹ f_0이 기각역 안에 놓이면 H_0을 기각하고 그렇지 않으면 H_0을 기각할 수 없다.

따라서 유의수준 α에 대해 세 가지 유형의 귀무가설 H_0을 다음과 같이 검정한다.

귀무가설과 대립가설이 각각 $H_1 : \dfrac{\sigma_1^2}{\sigma_2^2} = 1$, $H_1 : \dfrac{\sigma_1^2}{\sigma_2^2} \neq 1$인 양측검정

- 기각역은 양쪽 꼬리 부분 $R : F < f_{1-\alpha/2}(n-1,\ m-1)$, $F > f_{\alpha/2}(n-1,\ m-1)$이며 관찰값 f_0이 기각역 안에 놓이면 H_0을 기각한다.
- p-값 $= 2 \times \min\{P(F < f_0),\ P(F > f_0)\}$이며, p-값 $> \alpha$이면 H_0을 채택하고 p-값 $\leq \alpha$이면 H_0을 기각한다.

귀무가설과 대립가설이 각각 $H_1 : \dfrac{\sigma_1^2}{\sigma_2^2} \geq 1$, $H_1 : \dfrac{\sigma_1^2}{\sigma_2^2} < 1$인 하단측검정

- 기각역은 왼쪽 꼬리 부분 $R : F < f_{1-\alpha}(n-1,\ m-1)$이며 관찰값 f_0이 기각역 안에 놓이면 H_0을 기각한다.
- p-값 $= P(F < f_0)$이며, p-값 $> \alpha$이면 H_0을 채택하고 p-값 $\leq \alpha$이면 H_0을 기각한다.

귀무가설과 대립가설이 각각 $H_1 : \dfrac{\sigma_1^2}{\sigma_2^2} \le 1$, $H_1 : \dfrac{\sigma_1^2}{\sigma_2^2} > 1$인 상단측검정

- 기각역은 오른쪽 꼬리 부분 $R : F > f_\alpha(n-1, m-1)$이며 관찰값 f_0이 기각역 안에 놓이면 H_0을 기각한다.
- p-값 $= P(F > f_0)$이며, p-값 $> \alpha$이면 H_0을 채택하고 p-값 $\le \alpha$이면 H_0을 기각한다.

예제 7

독립인 두 정규모집단에서 각각 표본을 선정하여 다음 결과를 얻었다. 모분산에 대한 다음 귀무가설을 유의수준 5%에서 검정하라.

	크기	표본평균	표본표준편차
표본 1	11	13.5	2.9
표본 2	10	14.1	1.5

(a) $H_0 : \sigma_1^2 = \sigma_2^2$　　　　　(b) $H_0 : \sigma_1^2 \le \sigma_2^2$

풀이

다음 순서에 따라 귀무가설을 검정한다.

(a) ❶ 대립가설이 $H_1 : \sigma_1^2 \ne \sigma_2^2$이다.

　❷ $n = 11$, $m = 10$이므로 유의수준 5%에 대한 양측검정의 기각역은 다음과 같다.

$$F < f_{0.975}(10, 9) = \frac{1}{f_{0.025}(9, 10)} = \frac{1}{3.78} \approx 0.265, \quad F > f_{0.025}(10, 9) = 3.96$$

　❸ $s_1 = 2.9$, $s_2 = 1.5$이므로 검정통계량의 관찰값은 $f_0 = \dfrac{2.9^2}{1.5^2} \approx 3.738$이다.

　❹ 검정통계량의 관찰값 $f_0 = 3.738$이 기각역 안에 놓이지 않으므로 귀무가설 $H_0 : \sigma_1^2 = \sigma_2^2$을 기각할 수 없다. 즉, 두 모분산이 동일하다는 주장은 신빙성이 있다.

(b) ❶ 대립가설은 $H_1 : \sigma_1^2 > \sigma_2^2$이다.

　❷ $n = 11$, $m = 10$이므로 유의수준 5%에 대한 상단측검정의 기각역은 다음과 같다.

$$F > f_{0.05}(10, 9) = 3.14$$

　❸ $s_1 = 2.9$, $s_2 = 1.5$이므로 검정통계량의 관찰값은 $f_0 = \dfrac{2.9^2}{1.5^2} \approx 3.738$이다.

　❹ 검정통계량의 관찰값 $f_0 = 3.738$이 기각역 안에 놓이므로 귀무가설 $H_0 : \sigma_1^2 \le \sigma_2^2$을 기각한다. 즉, 두 번째 모집단의 모분산이 첫 번째 모집단의 모분산보다 크거나 같다는 주장은 타당성이 부족하다.

엑셀 모분산의 비에 대한 가설검정

Ⓐ 표본의 결과를 알고 있는 경우

양측검정

[예제 7]의 $H_0 : \sigma_1^2 = \sigma_2^2$에 대한 유의수준 5%인 양측검정을 한다.

❶ A2~A4셀에 **표본표준편차, 표본크기, 유의수준**을 기입하고 B열과 C열에 각각 표본 1과 표본 2의 기본 정보를 기입한다.

❷ D1~D4셀에 **검정통계량 값, 왼쪽 기각역, 오른쪽 기각역, p-값**을 기입한다.

❸ E1~E4셀에 =B2^2/C2^2, =F.INV(0.025,10,9), =F.INV.RT(0.025,10,9), =2*(1-F.DIST(E1,10,9,1))을 기입한다.

|**결론**| 다음과 같이 검정통계량의 값 3.73777이 양쪽 기각역의 임계값 사이에 있으므로 귀무가설을 기각할 수 없다. 또는 p-값 0.059864가 유의수준 0.05보다 크므로 귀무가설을 기각할 수 없다.

◢	A	B	C	D	E
1		표본1	표본2	검정통계량 값	3.737778
2	표본표준편차	2.9	1.5	왼쪽 기각역	0.264623
3	표본크기	11	10	오른쪽 기각역	3.963865
4	유의수준	0.05		p-값	0.059864

하단측검정

왼쪽 기각역	=F.INV(0.05,10,9)
p-값	=F.DIST(E1,10,9,1)

상단측검정

오른쪽 기각역	=F.INV.RT(0.05,10,9)
p-값	=1-F.DIST(E1,10,9,1) 또는 =F.DIST.RT(E1,10,9)

Ⓑ 표본 데이터를 알고 있는 경우(상단측검정)

두 정규모집단에 대해 $H_0 : \sigma_1^2 \le \sigma_2^2$을 검정하기 위해 다음과 같이 크기가 각각 10, 7인 두 표본을 얻었다고 하자.

표본 1	45	51	44	40	45	46	44	47	51	41
표본 2	31	37	33	34	32	35	40			

메뉴바에서 데이터 〉데이터 분석 〉F-검정: 분산에 대한 두 집단을 선택하고 등분산 가정 두집단의 경우와 동일하게 검정을 수행한다.

|결론| 검정통계량의 값(F 비) 1.3676이 기각역의 임계값 4.099보다 작다. 또한 p-값 0.362894가 유의수준 0.05보다 크므로 상단측검정에서 귀무가설을 기각할 수 없다.

	A	B	C	D	E
1	표본1	표본2	F-검정: 분산에 대한 두 집단		
2	45	31			
3	51	37		표본1	표본2
4	44	33	평균	45.4	34.57143
5	40	34	분산	13.15556	9.619048
6	45	32	관측수	10	7
7	46	35	자유도	9	6
8	44	40	F 비	1.367657	
9	47		P(F<=f) 단측 검정	0.362894	
10	51		F 기각치: 단측 검정	4.099016	
11	41				

개념문제

1. 독립인 두 정규모집단의 모분산 σ_1^2, σ_2^2을 아는 경우 모평균의 차에 대한 가설을 검정하기 위한 통계량은 무엇인가?

2. 독립인 두 정규모집단의 모분산은 모르지만 값은 같은 경우 모평균의 차에 대한 가설을 검정하기 위한 통계량은 무엇인가?

3. 독립인 두 정규모집단의 모분산을 모르고 값도 다른 경우 모평균의 차에 대한 가설을 검정하기 위한 통계량은 무엇인가?

4. 쌍으로 이루어진 두 정규모집단의 모평균의 차에 대한 가설을 검정하기 위해 사용하는 확률분포는 무엇인가?

5. 쌍으로 이루어진 두 정규모집단의 모평균의 차에 대한 가설을 검정하기 위한 통계량은 무엇인가?

6. 독립인 두 모집단의 모비율의 차를 검정하기 위한 통계량은 무엇인가?

7. 독립인 두 모집단의 모비율이 동일하다는 주장을 검정하기 위해 사용하는 표본비율을 무엇이라 하는가?

8. 크기가 각각 n, m인 두 표본의 성공 횟수가 각각 x, y일 때 합동표본비율은 무엇인가?

9. 두 모집단의 모비율이 동일하다는 주장을 검정하기 위해 사용하는 통계량은 무엇인가?

10. 독립인 두 정규모집단의 모분산이 동일하다는 주장을 검정하기 위해 사용하는 확률분포는 무엇인가?

11. 독립인 두 정규모집단의 모분산이 동일하다는 주장을 검정하기 위해 사용하는 통계량은 무엇인가?

연습문제

[1~8] 다음은 독립인 두 정규모집단에서 임의로 표본을 추출하여 얻은 결과이다. 두 모집단의 모평균이 각각 μ_1, μ_2일 때, 물음에 답하라.

	크기	표본평균	표본표준편차
표본 1	25	73.7	6.2
표본 2	18	71.8	5.9

1. 기각역을 이용하여 유의수준 5%에서 귀무가설 $H_0 : \mu_1 = \mu_2$를 검정하라.

2. p-값을 이용하여 유의수준 5%에서 귀무가설 $H_0 : \mu_1 = \mu_2$를 검정하라.

3. 기각역을 이용하여 유의수준 1%에서 귀무가설 $H_0 : \mu_1 = \mu_2$를 검정하라.

4. p-값을 이용하여 유의수준 1%에서 귀무가설 $H_0 : \mu_1 = \mu_2$를 검정하라.

5. 기각역을 이용하여 유의수준 5%에서 귀무가설 $H_0 : \mu_1 - \mu_2 \leq 0.5$를 검정하라.

6. p-값을 이용하여 유의수준 5%에서 귀무가설 $H_0 : \mu_1 - \mu_2 \leq 0.5$를 검정하라.

7. 기각역을 이용하여 유의수준 1%에서 귀무가설 $H_0 : \mu_1 - \mu_2 \leq 0.5$를 검정하라.

8. p-값을 이용하여 유의수준 1%에서 귀무가설 $H_0 : \mu_1 - \mu_2 \leq 0.5$를 검정하라.

[9~16] 다음은 모분산이 동일하며 독립인 두 정규모집단에서 임의로 표본을 추출하여 얻은 결과이다. 두 모집단의 모평균이 각각 μ_1, μ_2일 때, 물음에 답하라.

	크기	표본평균	표본표준편차
표본 1	7	12.6	3.8
표본 2	6	9.3	3.5

9. 기각역을 이용하여 유의수준 5%에서 귀무가설 $H_0 : \mu_1 = \mu_2$를 검정하라.

10. p-값을 이용하여 유의수준 5%에서 귀무가설 $H_0 : \mu_1 = \mu_2$를 검정하라.

11. 기각역을 이용하여 유의수준 1%에서 귀무가설 $H_0 : \mu_1 = \mu_2$를 검정하라.

12. p-값을 이용하여 유의수준 1%에서 귀무가설 $H_0 : \mu_1 = \mu_2$를 검정하라.

13. 기각역을 이용하여 유의수준 5%에서 귀무가설 $H_0 : \mu_1 - \mu_2 \leq 1$을 검정하라.

14. p-값을 이용하여 유의수준 5%에서 귀무가설 $H_0 : \mu_1 - \mu_2 \leq 1$을 검정하라.

15. 기각역을 이용하여 유의수준 1%에서 귀무가설 $H_0 : \mu_1 - \mu_2 \leq 1$을 검정하라.

16. p-값을 이용하여 유의수준 1%에서 귀무가설 $H_0 : \mu_1 - \mu_2 \leq 1$을 검정하라.

[17~24] 다음은 모분산이 서로 다르며 독립인 두 정규모집단에서 임의로 표본을 추출하여 얻은 결과이다. 두 모집단의 모평균이 각각 μ_1, μ_2일 때, 물음에 답하라.

	크기	표본평균	표본표준편차
표본 1	7	12.6	3.8
표본 2	6	9.3	3.5

17. 기각역을 이용하여 유의수준 5%에서 귀무가설 $H_0 : \mu_1 = \mu_2$를 검정하라.

18. p-값을 이용하여 유의수준 5%에서 귀무가설 $H_0 : \mu_1 = \mu_2$를 검정하라.

19. 기각역을 이용하여 유의수준 1%에서 귀무가설 $H_0 : \mu_1 = \mu_2$를 검정하라.

20. p-값을 이용하여 유의수준 1%에서 귀무가설 $H_0 : \mu_1 = \mu_2$를 검정하라.

21. 기각역을 이용하여 유의수준 5%에서 귀무가설 $H_0 : \mu_1 - \mu_2 \leq 1$을 검정하라.

22. p-값을 이용하여 유의수준 5%에서 귀무가설 $H_0 : \mu_1 - \mu_2 \leq 1$을 검정하라.

23. 기각역을 이용하여 유의수준 1%에서 귀무가설 $H_0 : \mu_1 - \mu_2 \leq 1$을 검정하라.

24. p-값을 이용하여 유의수준 1%에서 귀무가설 $H_0 : \mu_1 - \mu_2 \leq 1$을 검정하라.

[25~32] 다음은 독립인 두 모집단에서 임의로 표본을 추출하여 얻은 결과이다. 두 모집단의 모비율이 각각 p_1, p_2일 때, 물음에 답하라.

	크기	표본비율
표본 1	500	0.60
표본 2	450	0.54

25. 기각역을 이용하여 유의수준 5%에서 귀무가설 $H_0 : p_1 = p_2$를 검정하라.

26. p−값을 이용하여 유의수준 5%에서 귀무가설 $H_0 : p_1 = p_2$를 검정하라.

27. 기각역을 이용하여 유의수준 10%에서 귀무가설 $H_0 : p_1 = p_2$를 검정하라.

28. p−값을 이용하여 유의수준 10%에서 귀무가설 $H_0 : p_1 = p_2$를 검정하라.

29. 기각역을 이용하여 유의수준 5%에서 귀무가설 $H_0 : p_1 - p_2 \geq 0.12$를 검정하라.

30. p−값을 이용하여 유의수준 5%에서 귀무가설 $H_0 : p_1 - p_2 \geq 0.12$를 검정하라.

31. 기각역을 이용하여 유의수준 1%에서 귀무가설 $H_0 : p_1 - p_2 \geq 0.12$를 검정하라.

32. p−값을 이용하여 유의수준 1%에서 귀무가설 $H_0 : p_1 - p_2 \geq 0.12$를 검정하라.

[33~40] 다음은 독립인 두 정규모집단에서 표본을 추출하여 얻은 결과이다. 두 모집단의 모분산이 각각 σ_1^2, σ_2^2일 때, 물음에 답하라.

	크기	표본분산
표본 1	8	10
표본 2	9	2.2

33. 기각역을 이용하여 유의수준 5%에서 귀무가설 $H_0 : \sigma_1^2 = \sigma_2^2$을 검정하라.

34. p−값을 이용하여 유의수준 5%에서 귀무가설 $H_0 : \sigma_1^2 = \sigma_2^2$을 검정하라.

35. 기각역을 이용하여 유의수준 2%에서 귀무가설 $H_0 : \sigma_1^2 = \sigma_2^2$을 검정하라.

36. p−값을 이용하여 유의수준 2%에서 귀무가설 $H_0 : \sigma_1^2 = \sigma_2^2$을 검정하라.

37. 기각역을 이용하여 유의수준 5%에서 귀무가설 $H_0 : \sigma_1^2 \leq \sigma_2^2$을 검정하라.

38. p−값을 이용하여 유의수준 5%에서 귀무가설 $H_0 : \sigma_1^2 \leq \sigma_2^2$을 검정하라.

39. 기각역을 이용하여 유의수준 1%에서 귀무가설 $H_0 : \sigma_1^2 \leq \sigma_2^2$을 검정하라.

40. p-값을 이용하여 유의수준 1%에서 귀무가설 $H_0 : \sigma_1^2 \le \sigma_2^2$을 검정하라.

41. 다음은 유치원에 다니는 남자 어린이가 여자 어린이보다 일주일 동안 텔레비전 시청 시간이 더 긴지 알아보기 위해 텔레비전 시청 시간을 표본조사한 결과이다. 유치원에 다니는 남녀 어린이의 주당 텔레비전 시청 시간은 각각 정규분포를 이룬다고 할 때, 유치원에 다니는 남자 어린이가 여자 어린이보다 일주일 동안 텔레비전을 오래 보는지 유의수준 5%에서 검정하라(단, 단위는 시간이다).

	크기	표본평균	모표준편차
남자	48	16.8	3.7
여자	42	15.7	2.8

42. 우리나라 여성이 남성에 비해 10년 이상 더 오래 산다는 주장에 대해 알아보기 위하여 사망한 여성과 남성을 임의로 50명씩 선정하여 사망 연령을 조사한 결과 여성이 남성보다 8.3세 더 많았다. 우리나라 여성과 남성의 사망 연령은 각각 모표준편차가 5.6, 4.2인 정규분포를 이룬다고 할 때, 이 주장을 유의수준 5%에서 검정하라.

43. 다음은 어느 패스트푸드 가게에 근무하는 신입 종업원과 기존 종업원의 서비스 시간에 차이가 있는 알아보기 위해 서비스 시간을 표본조사한 결과이다. 두 종업원 그룹의 서비스 시간은 모분산이 동일하고 각각 정규분포를 이룬다고 할 때, 신입 종업원과 기존 종업원의 서비스 시간에 차이가 있는지 유의수준 5%에서 검정하라(단, 단위는 분이다).

	크기	표본평균	표본표준편차
신입 종업원	11	4.2	1.2
기존 종업원	9	3.3	0.8

44. 다음은 두 회사 A와 B에서 생산한 타이어의 제동 거리가 같은지 알아보기 위해 두 회사의 타이어를 각각 15개씩 임의로 선정하여 제동 거리를 조사한 결과이다. 두 회사에서 생산한 타이어의 제동 거리는 모분산이 동일하고 각각 정규분포를 이룬다고 할 때, 두 회사에서 생산한 타이어의 제동 거리가 같은지 유의수준 1%에서 조사하라(단, 단위는 m이다).

	표본평균	표본표준편차
A 회사	12.4	0.7
B 회사	13.2	0.9

45. 전기자동차용 배터리를 생산하는 어느 회사 A는 자사 배터리가 경쟁사 B에서 생산한 배터리보다 1회 충전 시 수명이 4시간 이상 더 길다고 주장한다. 다음은 이를 알아보기 위해 두 회사의 배터리를 수거하여 수명을 조사한 결과이다. 두 종류의 배터리 수명은 모분산이 동일하고 각각 정

규분포를 이룬다고 할 때, 이 회사의 주장을 유의수준 5%에서 검정하라(단, 단위는 시간이다).

	크기	표본평균	표본표준편차
배터리 A	15	36.4	2.1
배터리 B	17	34.1	3.7

46. 어느 회사의 CEO는 자유롭게 근무 시간을 선택하도록 하면 근로자의 효율을 높이는지 알고자 한다. 다음은 이를 위해 능력이 비슷한 근로자를 두 그룹으로 나누어 자유 시간 선택제와 고정 시간제로 각각 근무하도록 한 후 일의 양을 조사한 결과이다. 각 근무 시간의 선택 방법에 따른 근로자의 일의 양은 모분산이 동일하고 각각 정규분포를 이룬다고 할 때, 자유 시간 선택제로 근무한 근로자의 평균 일의 양이 더 큰지 유의수준 5%에서 조사하라.

	크기	표본평균	표본표준편차
자유 시간 선택제	10	78.4	2.4
고정 시간제	13	76.1	3.5

47. 다음은 어느 신용카드 회사에서 VISA 카드와 MASTER 카드 소지자의 하루 평균 사용 금액에 차이가 없는지 알기 위해 각 카드 소지자의 사용 금액을 표본조사한 결과이다. 각 카드 소지자의 사용 금액은 모분산이 서로 다르고 각각 정규분포를 이룬다고 할 때, 두 종류의 신용카드 소지자의 평균 사용 금액에 차이가 없는지 유의수준 5%에서 검정하라(단, 단위는 천 원이다).

	크기	표본평균	표본표준편차
VISA 카드	18	74.5	4.6
MASTER 카드	21	64.2	12.4

48. 다음은 서울 시민의 한 달 주유비가 수도권 주민의 한 달 주유비보다 많은지 알기 위해 두 지역 주민의 한 달 주유비를 표본조사한 결과이다. 두 지역 주민의 주유비의 모분산이 서로 다르고 각각 정규분포를 이룬다고 할 때, 서울 시민의 평균 한 달 주유비가 수도권 주민의 평균 한 달 주유비보다 많은지 유의수준 5%에서 검정하라(단 단위는 만 원이다).

	크기	표본평균	표본표준편차
서울 시민	10	21.0	4.5
수도권 주민	10	17.5	3.1

49. 다음은 어느 대학의 신입생 중 순수하게 학교 수업만 받은 학생의 점수가 학원을 비롯한 사교육을 받은 학생의 점수보다 낮은지 알아보기 위해 두 그룹으로 나누어 표본조사한 결과이다. 두 그룹의 학생의 점수는 모분산이 서로 다르고 각각 정규분포를 이룬다고 할 때, 학교 수업만 받은

학생과 사교육을 받은 학생의 점수보다 낮은지 유의수준 5%에서 검정하라.

	크기	표본평균	표본표준편차
학교 수업만 받은 표본	15	74.3	5.5
사교육을 받은 표본	17	78.6	6.7

50. 골프채를 생산하는 어느 회사는 새로 개발한 신형 골프채를 사용하면 타수를 줄일 수 있다고 주장한다. 다음은 이에 대해 알아보기 위해 6명의 골퍼를 임의로 선정하여 가장 최근에 기록한 5번의 평균 타수와 신형 골프채를 사용하여 각각 5번씩 골프를 치게 한 후 평균 타수를 물어본 결과이다. 기존과 신형 골프채에 의한 타수는 각각 정규분포를 이룬다고 할 때, 신형 골프채를 사용하면 타수가 줄어드는지 유의수준 5%에서 검정하라.

골퍼	1	2	3	4	5	6
구형 골프채	95	102	83	92	85	96
신형 골프채	92	96	83	93	82	91

51. 다음은 실험 전후에 변화가 있는지 확인하기 위해 크기가 10인 표본을 선정하여 실험 전후 측정값을 조사한 결과이다. 실험 전후 측정값은 각각 정규분포를 이룬다고 할 때, 실험 전후 측정값의 평균에 차이가 없는지 유의수준 5%에서 검정하라.

표본	1	2	3	4	5	6	7	8	9	10
실험 전	5.6	7.4	5.8	10.9	8.8	9.7	6.8	7.9	8.6	5.8
실험 후	5.3	6.9	5.5	9.7	9.2	9.8	7.0	7.3	8.2	5.5

52. 다음은 안전사고에 대한 교육을 받으면 사고 건수가 줄어드는지 알아보기 위해 5곳의 작업장에서 종사하는 근로자를 각각 1명씩 선정하여 사고 건수를 조사한 결과이다. 근로자의 사고 건수는 정규분포를 이룬다고 할 때, 교육 후 사고가 줄어드는지 유의수준 5%에서 검정하라.

작업장	1	2	3	4	5
교육 전	4	3	5	4	3
교육 후	2	4	3	2	0

53. 어느 회사의 생산관리 부서에서 특정 제품의 두 생산 라인 A와 B의 불량률에 차이가 있는지 알아보고자 한다. 생산 라인 A에서 나온 제품 1,600개 중 8개가 불량품이었고 생산라인 B에서 나온 제품 1,500개 중 3개가 불량품이었다. 두 생산 라인의 불량률에 차이가 있는지 유의수준 5%에서 검정하라.

54. 어느 특정 브랜드의 커피를 좋아하는 여자와 남자의 비율에 차이가 있는지 알아보기 위해 여자와 남자를 각각 680명과 575명을 임의로 선정하여 이 커피를 좋아하는지 조사했다. 그 결과 여자 중 345명, 남자 중 248명이 좋아한다고 응답했다. 이 커피를 좋아하는 여자와 남자의 비율에 차이가 있는지 유의수준 1%에서 검정하라.

55. 맥주 애호가 중 흑맥주를 좋아하는 남자의 비율이 여자의 비율보다 15% 이상 크다는 주장에 대해 알아보기 위해 흑맥주를 좋아하는 맥주 애호가들의 취향을 조사한 결과 남자 250명 중 흑맥주를 더 좋아하는 사람이 72명, 여자 185명 중 흑맥주를 더 좋아하는 사람이 36명이었다. 흑맥주를 좋아하는 남자의 비율이 여자의 비율보다 15% 이상 큰지 유의수준 5%에서 검정하라.

56. 서민층 적자 가구의 비율이 중산층 적자 가구의 비율보다 8.5% 이상 많다는 주장에 대해 알아보기 위해 임의로 서민층 4,500가구와 중산층 9,500가구를 선정하여 조사한 결과 각각 1,206가구와 1,881가구가 적자 가구로 나타났다. 이를 이용하여 서민층 적자 가구의 비율이 중산층 적자 가구의 비율보다 8.5% 이상 많다는 주장을 유의수준 5%에서 검정하라.

57. 어느 보도 자료에 따르면 학업을 위해 아르바이트하는 남학생의 비율이 여학생의 비율보다 3%를 초과한다고 한다. 이 주장을 확인하기 위해 남학생 570명과 여학생 660명을 대상으로 조사한 결과 남학생 391명과 395명이 학업을 위해 아르바이트하고 있었다. 아르바이트하는 남학생의 비율이 여학생의 비율보다 3%를 초과하는지 유의수준 2%에서 검정하라.

58. 다음은 40대 남자의 혈압에 대한 분산이 여자보다 높다고 주장을 확인하기 위해 40대 남녀를 임의로 선정하여 혈압을 조사한 결과이다. 40대 남녀 혈압은 각각 정규분포를 이룬다고 할 때, 40대 남자의 혈압에 대한 분산이 여자의 혈압에 대한 분산보다 높은지 유의수준 5%에서 검정하라(단, 단위는 mmHg이다).

	크기	표본평균	표본표준편차
남자	7	148	6.2
여자	8	126	3.1

59. 다음은 A 회사의 배터리 수명에 대한 분산이 B 회사보다 작다는 주장을 확인하기 위해 표본조사한 결과이다. 두 회사의 배터리의 수명은 각각 정규분포를 이룬다고 할 때, 두 회사의 배터리 수명의 분산에 대한 주장을 유의수준 5%에서 검정하라(단, 단위는 시간이다).

	크기	표본평균	표본표준편차
배터리 A	13	2.5	0.48
배터리 B	10	2.1	0.82

1. 사회 계열과 공학 계열을 졸업한 근로자들의 월평균 급여가 동일한지 알아보기 위해 두 계열의 졸업자를 각각 50명씩 선정하여 표본조사한 결과 월평균 급여는 각각 228.4만 원과 233.3만 원이었다. 사회 계열을 졸업한 근로자와 공학 계열을 졸업한 근로자의 급여는 각각 모표준편차가 15.4만 원, 8.7만 원인 정규분포를 이룬다고 할 때, 두 계열을 졸업한 근로자들의 월평균 급여가 동일한지 유의수준 5%에서 검정하라.

2. 다음은 LPGA에 출전한 여자 선수들의 첫 번째 라운드의 타수가 네 번째 라운드의 타수보다 작은지 알기 위해 7명의 선수를 임의로 선정하여 두 라운드의 타수를 조사한 결과이다. 각 선수들의 타수는 정규분포를 이룬다고 할 때, 첫 번째 라운드의 타수가 네 번째 라운드의 타수보다 작은지 유의수준 5%에서 검정하라.

선수	1	2	3	4	5	6	7
1라운드	69	72	70	68	71	71	67
4라운드	72	70	69	66	69	72	71

3. 국영 TV의 광고방송에 대해 대도시 거주민의 찬성률이 중소도시에 거주민의 찬성률보다 큰지 알아보고자 한다. 이를 위해 대도시 거주민 2,055명과 중소도시 거주민 800명을 임의로 선정하여 조사한 결과 국영 TV의 광고방송을 찬성하는 사람이 각각 1,312명과 486명이었다. 대도시 거주민의 찬성률이 중소도시 거주민의 찬성률보다 큰지 유의수준 5%에서 검정하라.

4. 서울 지역 1인당 평균 소득의 분산이 울산 지역 1인당 평균 소득의 분산과 동일한지 알아보기 위해 두 지역 주민을 7명씩 임의로 선정하여 조사한 결과 다음과 같았다. 이를 근거로 서울 지역 1인당 평균 소득의 분산이 울산 지역 1인당 평균 소득의 분산과 동일한지 유의수준 5%에서 조사하라(단, 단위는 만 원이다).

	평균	표본표준편차
서울	2,854	85.8
울산	2,684	52.4

CHAPTER
13

분산분석

Analysis of Variance

11장에서는 단일 정규모집단의 모평균에 대한 가설검정을, 12장에서는 두 정규모집단의 모평균의 차에 대한 가설검정을 살펴봤다. 이번 장에서는 세 개 이상의 정규모집단의 평균이 동일한지 검정하는 방법에 대해 살펴본다.

두 모평균이 동일한지 검정할 때 분산의 역할이 크듯이 세 개 이상의 모평균의 동일성을 검정할 때도 모분산이나 표본분산을 이용하기 때문에 이와 같은 검정 방법을 분산분석이라 한다.

13.1 분산분석 소개

12.1절에서 두 모분산을 아는 경우와 그렇지 않은 경우에 대해 모평균의 차가 있는지 검정하는 방법을 살펴봤다. 그러나 실제로는 세 개 이상의 독립인 정규모집단에 대한 모평균을 비교하는 경우가 대부분이다. 이때 모집단들의 분산은 동일한 것으로 가정한다.

휴가 기간이 작업 능률에 영향을 미치는지 알기 위해 동일한 작업을 수행하는 근로자를 휴가 기간이 각각 3일, 5일, 7일인 세 그룹 A, B, C로 나눈 후, 각 그룹에서 6명씩 임의로 선정하여 작업을 마치는 데 걸리는 시간을 측정하여 [표 13-1]을 얻었다고 하자.

표 13-1 휴가 기간에 따른 작업 시간

표본 A	표본 B	표본 C
54	54	47
53	47	59
46	50	60
58	53	48
57	58	52
47	56	55

세 그룹 A, B, C의 평균 작업 시간을 μ_1, μ_2, μ_3이라 하고 다음과 같이 '세 모평균이 모두 동일하다'는 귀무가설을 설정한다.

$$H_0 : \mu_1 = \mu_2 = \mu_3$$

세 그룹의 작업 시간은 모분산이 동일하고 각각 정규분포를 이룬다고 가정하여 H_0이 참이라고 가정하자. 세 표본평균 $\bar{x}_1 = 52.5$, $\bar{x}_2 = 53$, $\bar{x}_3 = 53.5$는 [그림 13-1]과 같이 동일한 평균을 갖는 모집단에서 추출한 표본인 것으로 생각할 수 있다.

그림 13-1 $\mu_1 = \mu_2 = \mu_3$인 경우 표본평균의 관찰값

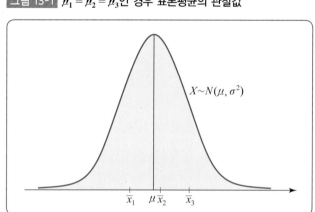

이 귀무가설을 부정하는 대립가설은 다음과 같이 '모평균이 모두 같은 것은 아니다', 즉 '적어도 어느 두 모평균은 다르다'고 설정할 수 있다.

$$H_1 : \text{모두가 같은 것은 아니다.}$$

$\mu_1 = \mu_2 \neq \mu_3$이 참이라 하면 $\mu_1 = \mu_2 = \mu$이지만 $\mu_3 \neq \mu$이므로 [그림 13-2]와 같이 두 표본평균 $\bar{x}_1, \bar{x}_2$는 동일한 모집단 1에서 추출했으나 표본평균 $\bar{x}_3$은 모집단 2에서 추출한 것을 의미한다.

그림 13-2 $\mu_1 = \mu_2 \neq \mu_3$인 경우 표본평균의 관찰값

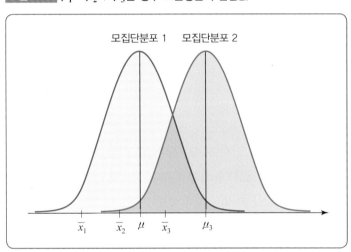

귀무가설 $H_0 : \mu_1 = \mu_2 = \mu_3$을 검정하기 위해 12.1.2절과 마찬가지로 다음 세 가지 귀무가설을 설정하고 t-검정을 실시해야 한다.

$$H_0 : \mu_1 = \mu_2, \quad H_0 : \mu_1 = \mu_3, \quad H_0 : \mu_2 = \mu_3$$

유의수준 5%에서 t-검정을 한다면 실제로 이 세 귀무가설 H_0이 참일 때 옳다는 결론을 얻게 될 확률은 각각 0.95이므로 t-검정에 의해 올바른 결론을 얻을 확률은 $(0.95)^3 \approx 0.8574$이다. 적어도 어느 한 검정에 의해 잘못된 결론을 내려 H_0을 기각시킬 제1종 오류를 일으킬 확률, 즉 유의수준이 $\alpha = 1 - 0.8574 = 0.1426$으로 높게 나타나는 것이다. 또한 세 가설에 대해 개별적으로 t-검정을 실시해야 하며 이 가설들 중 어느 하나라도 기각되면 귀무가설 $H_0 : \mu_1 = \mu_2 = \mu_3$을 기각해야 한다. '네 개의 모평균이 동일하다'는 귀무가설을 유의수준 5%에서 검정하기 위해 두 개씩 짝을 지어 t-검정을 실시한다면 검정을 여섯 번이나 해야 하며 유의수준은 $\alpha = 1 - (0.95)^6 \approx 0.2649$로 더욱 높아질 것이다.

이처럼 비교하고자 하는 모평균의 개수가 늘어날수록 수행해야 할 t-검정의 횟수가 늘어나며 유의수준도 더욱 커진다. 따라서 $H_0 : \mu_1 = \mu_2 = \mu_3$을 검정하기 위해 t-검정 대신 한 번으로 검정되는 검정 방법을 선택하는 것이 바람직하다. 이와 같이 세 개 이상의 모평균에 대한 동질성

을 검정하는 기법을 **분산분석**(analysis of variance; ANOVA)이라 한다. 이는 여러 분산에 대해 추론하는 것이 아닌 여러 평균에 대한 동질성을 검정하기 위해 표본분산을 분석하는 것이기 때문에 붙인 명칭이다. 분산분석을 수행하기 위해 다음 세 가지 성질을 가정한다.

- 정규성(normality): 표본을 추출한 모집단은 정규분포를 이룬다.
- 등분산성(equi-variance): 표본을 추출한 모집단은 동일한 분산을 갖는다.
- 독립성(independence): 모집단에서 추출한 표본은 각각 독립이다.

따라서 이번 장에서 다루는 모든 문제의 표본들은 위 세 가지 성질을 만족한다고 가정한다.

13.2 ▶ 일원분산분석

이번 절에서는 분산분석의 가장 간단한 형태인 일원분산분석에 대해 살펴본다. [표 13–1]과 같이 3일, 5일, 7일로 구분된 휴가 기간에 따른 작업 시간을 모집단으로 생각해보자. 모집단을 구분하는 기본 변수를 **요인** 또는 **인자**(factor)라 하고, 이 요인이 갖는 값을 **수준**(level)이라 하며, 각 요인에 대한 수준의 조합을 **처리**(treatment)라 한다. 즉, 모집단이 휴가 기간에 의해 구분되므로 휴가 기간은 요인이고 이 요인은 3일, 5일, 7일인 수준을 갖는 것이다. 이때 휴가를 국내와 국외에서 보낸 경우로 나눈다면, 수준별로 국내와 국외로 구분되어 총 6가지로 나타나며, 이를 처리라 한다. [표 13–1]은 요인이 하나이므로 요인의 수준이 처리와 같다. 요인인 휴가 기간이 작업 시간에 영향을 미치는지 알고 싶으므로 요인은 **독립변수**(independent variable)이고 작업 시간은 **종속변수**(dependent variable)이다. 이와 같이 세 개 이상의 수준을 갖고 요인이 하나인 분산분석 방법을 **일원분산분석**(one-way analysis of variance)이라 한다. [표 13–2]는 일원분산분석 과정을 나타낸 것이다.

표 13-2 일원분산분석을 위한 기본 표

	\multicolumn{6}{c}{**처리**}					

1	**2**	$\cdots$	**j**	$\cdots$	**k**
x_{11}	x_{12}	$\cdots$	x_{1j}	$\cdots$	x_{1k}
x_{21}	x_{22}		x_{2j}		x_{2k}
$\vdots$	$\vdots$		$\vdots$		$\vdots$
$x_{n_1 1}$	$x_{n_2 2}$	$\cdots$	$x_{n_j j}$	$\cdots$	$x_{n_k k}$

	1	**2**	$\cdots$	**j**	$\cdots$	**k**
크기	n_1	n_2	$\cdots$	n_j	$\cdots$	n_k
표본평균	$\bar{x}_1$	$\bar{x}_2$	$\cdots$	$\bar{x}_j$	$\cdots$	$\bar{x}_k$

여기서 사용한 기호는 다음과 같다.

- k: 모집단의 수
- x_{ij}: j번째 모집단에서 추출한 표본의 i번째 관측값
- n_j: j번째 모집단에서 추출한 표본의 크기
- $\overline{x}_j$: j번째 모집단에서 추출한 표본의 평균, 즉 다음과 같다.

$$\overline{x}_j = \frac{1}{n_j} \sum_{i=1}^{n_j} x_{ij}$$

이때 모든 관측값의 총 평균을 $\overline{\overline{x}}$로 나타낸다. 즉, $\overline{\overline{x}}$는 다음과 같다.

$$\overline{\overline{x}} = \frac{1}{n} \sum_{j=1}^{k} \sum_{i=1}^{n_j} x_{ij}, \ \ n = n_1 + n_2 + \cdots + n_k$$

표본의 크기가 각각 m이면 전체 표본의 크기는 $n = mk$이고 총 평균은 다음과 같다.

$$\overline{\overline{x}} = \frac{1}{mk} \sum_{j=1}^{k} \sum_{i=1}^{m} x_{ij} = \frac{1}{k} \sum_{j=1}^{k} \left(\frac{1}{m} \sum_{i=1}^{m} x_{ij} \right) = \frac{1}{k} \sum_{j=1}^{k} \overline{x}_j$$

즉, k개의 표본의 크기가 동일하다면 총 평균은 k개 표본평균들의 평균과 같다. [표 13-1]에 대한 기본 표는 [표 13-3]과 같고, 모든 관측값의 총 평균은 $\overline{\overline{x}} = 53$이다.

표 13-3 휴가 기간에 따른 작업 시간의 기본 표

	표본 A	표본 B	표본 C
	54	54	47
	53	47	59
	46	50	60
	58	53	48
	57	58	52
	47	56	55
크기	6	6	6
표본평균	52.5	53.0	53.5

앞에서 여러 평균에 대한 동질성을 검정하기 위해 표본분산을 이용하며, 이 표본분산은 표본들 사이의 분산과 표본 안의 분산으로 구분된다. 표본들 사이의 분산으로 표본평균들이 얼마나 가까운지 측정하는 척도를 **처리간 변동**(between-treatment variation) 또는 **그룹간 변동**(between-groups variation)이라 하고, 표본 안의 분산을 **처리내 변동**(within-treatment variation) 또는 **그룹내 변동**(within-groups variation)이라 한다. 처리내 변동은 처리에 의해 발생하지 않은 독립변수의 변동에 대한 척도이다.

| 제곱합

우선 다음과 같이 **처리제곱합**(sum of squares for treatment; SSTR)을 정의한다.

$$\text{SSTR} = \sum_{j=1}^{k} n_j \left(\overline{x}_j - \overline{\overline{x}} \right)^2$$

표본평균들이 $\overline{x}_1 = \overline{x}_2 = \cdots = \overline{x}_k = \overline{x}$이면 $\overline{x} = \overline{\overline{x}}$, 즉 SSTR = 0이다. 표본평균들이 모두 비슷하게 나타나면 처리제곱합 SSTR은 작아지며, 이 경우 모든 모평균이 동일하다는 귀무가설은 신빙성을 갖는다. 표본평균들의 변동성을 측정하기 위해 SSTR을 자유도 $k - 1$로 나누면, 이는 각 표본평균 $\overline{x}_j$와 총 평균 $\overline{\overline{x}}$의 편차 제곱의 가중평균을 나타내며 이를 **처리평균제곱**(treatment mean square; MST)이라 한다.

$$\text{MST} = \frac{\text{SSTR}}{k - 1}$$

[표 13–1]에서 $\overline{x}_1 = 52.5$, $\overline{x}_2 = 53$, $\overline{x}_3 = 53.5$, $\overline{\overline{x}} = 53$이므로 처리제곱합과 처리평균제곱은 다음과 같다.

$$\text{SSTR} = 6(\overline{x}_1 - \overline{\overline{x}})^2 + 6(\overline{x}_2 - \overline{\overline{x}})^2 + 6(\overline{x}_3 - \overline{\overline{x}})^2$$
$$= 6(52.5 - 53)^2 + 6(53 - 53)^2 + 6(53.5 - 53)^2 = 3$$
$$\text{MST} = \frac{3}{2} = 1.5$$

분산분석을 위해 세 가지 성질 중 하나인 등분산성을 전제했다. 즉, 다음 조건이 요구된다.

$$\sigma_1^2 = \sigma_2^2 = \cdots = \sigma_k^2 = \sigma^2$$

모분산이 동일하지만 알려지지 않은 경우에는 표본평균의 차를 추론하기 위해 다음 합동표본분산을 사용했다.

$$s_p^2 = \frac{1}{n + m - 2} \left[(n - 1)s_1^2 + (m - 1)s_2^2 \right]$$

마찬가지로 j번째 모집단에서 추출한 표본의 표본분산을 s_j^2이라 하면 **오차제곱합**(sum of squares due to error; SSE)을 다음과 같이 정의한다. 오차제곱합은 처리들에 의해 설명되지 않는 종속변수의 변동을 나타내는 척도로 처리내 변동을 나타낸다.

$$\text{SSE} = (n_1 - 1)s_1^2 + (n_2 - 1)s_2^2 + \cdots + (n_k - 1)s_k^2$$
$$= \sum_{i=1}^{n_1} \left(x_{i1} - \overline{x}_1 \right)^2 + \sum_{i=1}^{n_2} \left(x_{i2} - \overline{x}_2 \right)^2 + \cdots + \sum_{i=1}^{n_k} \left(x_{ik} - \overline{x}_k \right)^2$$
$$= \sum_{j=1}^{k} \sum_{i=1}^{n_j} \left(x_{ij} - \overline{x}_j \right)^2$$

즉, 오차제곱합은 다음과 같다.

$$SSE = \sum_{j=1}^{k} \sum_{i=1}^{n_j} (x_{ij} - \overline{x}_j)^2$$

다음과 같이 오차제곱합 SSE를 전체 표본의 크기에서 처리의 수를 뺀 $n - k$로 나눈 값을 **평균제곱오차**(mean square for error; MSE)라 한다. 여기서 $n - k$는 SSE의 자유도이다.

$$MSE = \frac{SSE}{n - k}$$

[표 13–1]에서 $\sigma_1^2 = 25.1$, $\sigma_2^2 = 16$, $\sigma_3^2 = 29.9$이므로 오차제곱합은 다음과 같다.

$$SSE = 5 \times 25.1 + 5 \times 16 + 5 \times 29.9 = 355$$

따라서 평균제곱오차는 다음과 같다.

$$MSE = \frac{355}{18 - 3} \approx 23.667$$

개개의 측정값 x_{ij}와 총 평균 $\overline{\overline{x}}$와의 편차제곱들의 합인 **총제곱합**(total sum of squares; SST)을 다음과 같이 정의한다.

$$SST = \sum_{j=1}^{k} \sum_{i=1}^{n_j} (x_{ij} - \overline{\overline{x}})^2$$

총제곱합은 처리제곱합과 오차제곱합의 합으로 표현할 수 있다. 즉, 다음이 성립한다.

$$SST = SSTR + SSE$$

| 검정통계량과 검정 방법

귀무가설 $H_0 : \mu_1 = \mu_2 = \cdots = \mu_k$가 참이면 MST와 MSE는 공통의 모분산 σ^2에 대한 불편추정량을 제공한다. 그러므로 $F = \dfrac{MST}{MSE}$는 두 표본분산의 비이며, F-통계량은 분자의 자유도 $k - 1$, 분모의 자유도 $n - k$인 F-분포를 이룬다. H_0이 거짓이라 하면 MST가 σ^2을 과대하게 추정하므로 F의 관찰값도 매우 크게 나타난다. 따라서 귀무가설 $H_0 : \mu_1 = \mu_2 = \cdots = \mu_k$를 확인하기 위해 상단측검정을 실시하며, 일원분산분석을 할 때 검정통계량과 확률분포는 다음과 같다.

$$F = \frac{MST}{MSE} \sim F(k - 1, n - k)$$

이때 기각역은 다음과 같다.

$$F > f_\alpha(k-1,\, n-k)$$

검정통계량의 관찰값을 f_0이라 하면 p-값은 다음과 같다.

$$p\text{-값} = P(F > f_0)$$

[표 13-1]에서 검정통계량의 관찰값은 $f_0 = \dfrac{1.5}{23.667} \approx 0.0634$이고 유의수준 5%에서 귀무가설 $H_0 : \mu_1 = \mu_2 = \mu_3$을 검정하기 위한 기각역은 $F > f_{0.05}(2,\, 15) = 3.68$이다. 따라서 유의수준 5%에서 H_0을 기각할 수 없다. 즉, 세 모평균은 동일하다는 주장은 신빙성이 있다.

지금까지 살펴본 일원분산분석 과정을 요약하면 다음과 같다.

❶ 귀무가설과 대립가설을 설정한다.

$$H_0 : \mu_1 = \mu_2 = \cdots = \mu_k$$

$$H_1 : \text{모든 모평균이 서로 같은 것은 아니다.}$$

❷ 유의수준 α에 대한 기각역 $F > f_\alpha(k-1,\, n-k)$를 구한다.

❸ 검정통계량 $F = \dfrac{\text{MST}}{\text{MSE}}$를 선택하고, 관찰값 f_0을 구한다. 이를 위해 [표 13-4]와 같은 **분산분석표**(ANOVA table)을 사용한다.

표 13-4 일원분산분석을 위한 분산분석표

변동 요인	자유도	제곱합	평균제곱	F-통계량
처리(그룹간)	$k-1$	SSTR	$\text{MST} = \dfrac{\text{SSTR}}{k-1}$	$F = \dfrac{\text{MST}}{\text{MSE}}$
오차(그룹내)	$n-k$	SSE	$\text{MSE} = \dfrac{\text{SSE}}{n-k}$	–
합계	$n-1$	SST	–	–

❹ 관찰값 f_0이 기각역 안에 놓이면 H_0을 기각하고, 그렇지 않으면 기각하지 않는다.

[표 13-1]에 대한 분산분석표를 작성하면 [표 13-5]와 같다.

표 13-5 휴가 기간에 따른 작업 시간에 대한 분산분석표

변동 요인	자유도	제곱합	평균제곱	F-통계량
처리(그룹간)	2	3	1.5	0.0634
오차(그룹내)	15	355	23.667	–
합계	17	358	–	–

이 분산분석표를 기초로 하면 F-통계량의 관찰값 $f_0 = 0.0634$가 기각역 $F > f_{0.05}(2, 15) = 3.68$ 안에 놓이지 않으므로 귀무가설 $H_0 : \mu_1 = \mu_2 = \mu_3$을 기각할 수 없다. 즉, 유의수준 5%에서 휴가 기간에 따른 평균 작업 시간에 차이가 없다는 주장은 신빙성이 있다는 결론을 얻는다.

예제 1

다음은 업체별로 스마트폰 배터리의 수명을 조사한 결과이다. 이를 이용하여 업체별 배터리의 평균 수명이 같은지 유의수준 5%에서 검정하라(단, 단위는 시간이다).

표본 A	표본 B	표본 C	표본 D
38	32	31	36
37	29	32	35
46	23	33	42

풀이

네 업체 스마트폰 배터리의 평균 수명을 각각 μ_1, μ_2, μ_3, μ_4라 하고 먼저 귀무가설과 대립가설을 다음과 같이 설정한다.

$$H_0 : \mu_1 = \mu_2 = \mu_3 = \mu_4$$

$$H_1 : \text{모든 평균 수명이 서로 같은 것은 아니다.}$$

유의수준 5%에 대한 기각역은 $F > f_{0.05}(3, 8) = 4.07$이고, 각 처리의 평균과 총 평균은 다음과 같다.

$$\overline{x}_1 = \frac{38 + 37 + 46}{3} \approx 40.33, \quad \overline{x}_2 = \frac{32 + 29 + 23}{3} = 28,$$

$$\overline{x}_3 = \frac{31 + 32 + 33}{3} = 32, \quad \overline{x}_4 = \frac{36 + 35 + 42}{3} \approx 37.67,$$

$$\overline{\overline{x}} = \frac{40.33 + 28 + 32 + 37.67}{4} = 34.5$$

이를 이용하여 다음 처리제곱합과 오차제곱합을 얻는다.

$$\text{SSTR} = \sum_{j=1}^{4} 3(\overline{x}_j - \overline{\overline{x}})^2$$

$$= 3(40.33 - 34.5)^2 + 3(28 - 34.5)^2 + 3(32 - 34.5)^2 + 3(37.67 - 34.5)^2$$

$$\approx 277.61$$

$$\text{SSE} = \sum_{j=1}^{4} \sum_{i=1}^{3} (x_{ij} - \overline{x}_j)^2$$

$$= (38 - 40.33)^2 + (37 - 40.33)^2 + (46 - 40.33)^2 + (32 - 28)^2 + (29 - 28)^2 + (23 - 28)^2$$

$$+ (31 - 32)^2 + (32 - 32)^2 + (33 - 32)^2 + (36 - 37.67)^2 + (35 - 37.67)^2 + (42 - 37.67)^2$$

$$\approx 121.33$$

따라서 분산분석표는 다음과 같다.

변동 요인	자유도	제곱합	평균제곱	F-통계량
처리(그룹간)	3	277.61	$\dfrac{277.61}{3} \approx 92.537$	$\dfrac{92.54}{15.166} \approx 6.10$
오차(그룹내)	8	121.33	$\dfrac{121.33}{8} \approx 15.166$	−
합계	11	398.94	−	−

F-통계량의 관찰값 $f_0 = 6.10$이 기각역 $F > 4.07$ 안에 놓이므로 유의수준 5%에서 귀무가설 $H_0 : \mu_1 = \mu_2 = \mu_3 = \mu_4$을 기각한다. 즉, 네 업체 스마트폰 배터리의 모든 평균 수명이 서로 같은 것은 아니다.

엑셀 일원분산분석

[예제 1]의 $H_0 : \mu_1 = \mu_2 = \mu_3 = \mu_4$를 유의수준 5%에서 검정한다.

❶ A1~D1셀에 **표본 A**, **표본 B**, **표본 C**, **표본 D**를 기입하고, A2~D4셀에 각 표본의 자료를 기입한다.

❷ 메뉴바에서 데이터 〉 데이터 분석 〉 분산 분석: 일원 배치법을 선택한다.

❸ **입력 범위**에 **$A$1:$D$4**를 기입하고, **첫째 행 이름표 사용**을 체크한 후 유의 수준에 **0.05**를, 출력 범위에 **$E$1**을 기입하면 다음과 같은 요약표와 분산분석표를 얻는다.

분산 분석: 일원 배치법

요약표   각 표본에 대한 합, 평균, 분산

인자의 수준	관측수	합	평균	분산
표본 A	3	121	40.33333	24.3333333
표본 B	3	84	28	21
표본 C	3	96	32	1
표본 D	3	113	37.66667	14.3333333

분산 분석   처리(그룹간)
            오차(그룹내)

변동의 요인	제곱합	자유도	제곱 평균	F 비	P-값	F 기각치
처리	277.6667	3	92.55556	6.1025641	0.018297	4.066181
잔차	121.3333	8	15.16667	F 통계량 관찰값		F 검정 기각역 하한
계	399	11				

요약표는 각 표본에 대한 합, 평균, 분산을 보여 주며 분산분석표는 검정 결과를 보여 준다.

▶ [예제 1] 풀이의 처리 제곱합과의 차이는 근삿값 처리 때문이다.

|결론| 유의수준 5%에서 기각역이 $F > 4.066$이므로 F-통계량의 관찰값(F 비) $f_0 = 6.1026$이 기각역 안에 놓인다. 또는 p-값 0.018이 유의수준 0.05보다 작으므로 귀무가설을 기각한다.

13.3 다중비교 검정

일원분산분석을 한 결과 귀무가설을 기각한다면 적어도 두 개의 처리 평균에 차이가 있는 것이므로 적어도 두 모집단의 평균은 차이가 있다는 결론을 내리게 된다. 그러나 이 경우 단지 모평균이 서로 다른 모집단이 존재한다는 사실만 보여 줄 뿐, 어떤 모평균이 서로 다른지 알 수 없다. 따라서 어떤 모평균이 다른 모평균들과 차이를 보이는지 분석할 필요가 있으며, 이런 분석 절차를 **다중비교**(multiple comparison)라 한다.

모분산이 같고 독립인 세 정규모집단에서 각각 크기가 6인 표본을 선정하여 [표 13-6]을 얻었다고 하자.

표 13-6 크기가 6인 세 표본

표본 A	표본 B	표본 C
52	44	47
51	47	59
46	50	60
54	44	48
56	45	52
47	46	55

이로부터 분산분석표를 작성하면 [표 13-7]과 같다. 유의수준 5%에서 F-통계량의 관찰값 5.219가 기각역 $F > 3.68$ 안에 놓이므로 귀무가설 $H_0 : \mu_1 = \mu_2 = \mu_3$을 기각한다. 즉, 적어도 어느 두 모평균은 서로 다르다는 결론에 도달한다.

표 13-7 세 표본에 대한 분산분석표

변동 요인	자유도	제곱합	평균제곱	F-통계량	F-기각치
처리(그룹간)	2	175	87.5	5.219	3.68
오차(그룹내)	15	251.5	16.767	−	−
합계	17	426.5	−	−	−

세 모집단 중 가장 큰 평균 또는 가장 작은 평균을 갖는 모집단이 무엇인지 표본평균을 이용하여 조사한다면, 표본평균이 각각 $\bar{x}_1 = 51$, $\bar{x}_2 = 46$, $\bar{x}_3 = 53.5$이므로 대부분 모집단 C의 평균이 가장 크고 모집단 B의 평균이 가장 작다고 추론할 것이다. 그러나 세 표본은 서로 독립인 세 모집단에서 임의로 얻은 것이기 때문에 표본평균으로 모평균의 차를 비교하는 것은 불가능하다. 모집단의 모평균에 대한 대소 관계를 분석하는 절차가 바로 다중비교이며, 두 가지 검정 방법을 소개한다.

| 피셔(Fisher)의 최소 유의차 검정

세 모평균이 서로 어떻게 다른지 알기 위해 모평균을 둘씩 짝을 지어 각각에 대한 모평균의 차에 대해 검정한다. 이때 모분산을 모르지만 등분산이라는 조건을 전제하므로 $t-$검정에 의해 세 모평균 μ_1, μ_2, μ_3을 둘씩 짝을 지어 세 귀무가설 $\mu_1 - \mu_2 = 0$, $\mu_2 - \mu_3 = 0$, $\mu_1 - \mu_3 = 0$에 대해 검정한다. 만일 k개의 모평균에 대한 동질성을 검정한다면, 두 개씩 짝을 지어 검정하므로 총 $_kC_2$번의 $t-$검정을 실시해야 한다. 이때 두 표본평균의 차가 기각역 안에 놓이지 않으면 두 모평균의 차가 0이라는 귀무가설을 기각하지 못하고, 기각역 안에 놓인다면 두 모평균은 다르다고 할 수 있다. 따라서 유의수준 α에 대한 귀무가설 $\mu_i - \mu_j = 0$, $i, j = 1, 2, 3 \, (i \neq j)$의 검정통계량은 다음과 같다.

$$T_{ij} = \frac{(\bar{X}_i - \bar{X}_j) - (\mu_i - \mu_j)}{s_p \sqrt{\dfrac{1}{n_i} + \dfrac{1}{n_j}}}$$

여기서 s_p는 i번째 표본과 j번째 표본의 합동표본표준편차이고 자유도는 $n_i + n_j - 2$이다. 유의수준 α에 대해 귀무가설 $\mu_i - \mu_j = 0$을 검정하기 위한 기각역의 임계값은 다음과 같다.

$$T_{ij} = \frac{\left|\bar{X}_i - \bar{X}_j\right|}{s_p \sqrt{\dfrac{1}{n_i} + \dfrac{1}{n_j}}} > t_{\alpha/2}(n_i + n_j - 2)$$

두 표본평균에 대한 관찰값의 차가 다음과 같으면 귀무가설 $\mu_i - \mu_j = 0$을 기각한다. 즉, μ_i와 μ_j는 차이가 있다는 결론을 내리게 된다.

$$\left|\bar{x}_i - \bar{x}_j\right| > t_{\alpha/2}(n_i + n_j - 2) \, s_p \sqrt{\frac{1}{n_i} + \frac{1}{n_j}}$$

MSE는 k개의 표본에서 얻은 모든 관찰값의 정보를 담고 있으므로 두 개의 표본에 대한 합동표본분산보다 더 좋은 추정량이다. 따라서 위 검정통계량 T_{ij}에서 s_p^2을 MSE로 대체하며 자유도는 $n - k$이다. 즉, 여러 모평균 중 어느 두 모평균의 차에 대한 귀무가설을 검정할 때 다음 검정통계량과 자유도 $n - k$인 $t-$분포를 이용한다.

$$T_{ij} = \frac{\overline{X}_i - \overline{X}_j}{\sqrt{\text{MSE}\left(\frac{1}{n_i} + \frac{1}{n_j}\right)}}$$

두 표본평균의 차를 중심으로 등거리인 다음 수치 LSD를 **최소 유의차**(least significant difference)라 한다.

$$\text{LSD} = t_{\alpha/2}(n - k)\sqrt{\text{MSE}\left(\frac{1}{n_i} + \frac{1}{n_j}\right)}$$

따라서 표본평균의 차에 대한 관찰값 $|\overline{x}_i - \overline{x}_j|$가 다음과 같이 LSD보다 크면 귀무가설 $\mu_i - \mu_j = 0$을 기각한다. 즉, μ_i와 μ_j는 차이가 있다는 결론을 내리게 된다.

$$|\overline{x}_i - \overline{x}_j| > \text{LSD}$$

이와 같은 방법으로 모평균의 차를 검정하는 방법을 **피셔의 최소 유의차 검정**(Fisher's LSD method)이라 한다. 이를 이용하여 [표 13-6]의 표본에 대해 유의수준 5%에서 모평균의 차를 검정해보자.

- $n_1 = n_2 = n_3 = 6$
- $n - k = 18 - 3 = 15$
- $t_{0.025}(15) = 2.131$
- MSE $= 16.767$

그러므로 최소 유의차 LSD는 다음과 같다.

$$\text{LSD} = 2.131\sqrt{16.767\left(\frac{1}{6} + \frac{1}{6}\right)} \approx 5.038$$

표본평균이 각각 $\overline{x}_1 = 51$, $\overline{x}_2 = 46$, $\overline{x}_3 = 53.5$이므로 [표 13-8]과 같이 $\mu_1 = \mu_2$, $\mu_1 = \mu_3$이지만 $\mu_2 - \mu_3 \neq 0$이라는 결론을 얻는다.

표 13-8 피셔의 다중비교 검정 결과

가설	$\mid\overline{x}_i - \overline{x}_j\mid$	LSD	통계적 결론
$H_0 : \mu_1 - \mu_2 = 0$	5	5.038	$\mid\overline{x}_i - \overline{x}_j\mid < 5.038$이므로 H_0을 기각할 수 없다.
$H_0 : \mu_2 - \mu_3 = 0$	7.5	5.038	$\mid\overline{x}_i - \overline{x}_j\mid > 5.038$이므로 H_0을 기각한다.
$H_0 : \mu_1 - \mu_3 = 0$	2.5	5.038	$\mid\overline{x}_i - \overline{x}_j\mid < 5.038$이므로 H_0을 기각할 수 없다.

그러나 비교하는 짝의 개수가 많아질수록 실험별 오류율이 높아진다. 즉, 짝마다 유의수준 5%에서 검정을 수행하더라도 전체 짝을 검정하는 경우 실제 오류율은 그보다 더 커진다. 따라서 LSD 방법은 실험별 오류율을 관리하지 못한다는 단점을 갖는다.

| 튜키(Tukey)의 정직 유의차 검정

피셔 방법의 단점을 보완하기 위해 미국의 수학자 튜키(John W. Tukey; 1915~2000)는 가능한 모든 조합의 평균의 차에 대한 신뢰구간을 고려한 방법을 제안했으며, 이를 **튜키의 정직 유의차 검정**(Tukey's HSD method)이라 한다. 이 방법은 확률밀도함수가 [그림 13–3]과 같이 나타나는 **스튜던트화 범위 분포**(studentized range distribution) 또는 q-**분포**를 이용한다. q-분포에서 p는 모집단의 수, 즉 처리의 개수이고 f는 자유도 $n - k$이다. 또한 $100(1 - \alpha)\%$ 백분위수를 $q_\alpha(p, f)$로 나타내며 α가 0.05, 0.01인 경우의 q_α 값은 [부록 7]에 제시되어 있다. 예를 들어 [표 13–6]의 자료에 대해 $\alpha = 0.05$인 95% 백분위수는 $q_{0.05}(3, 15) = 3.67$이다.

그림 13-3 q-분포와 $100(1 - \alpha)\%$ 백분위수

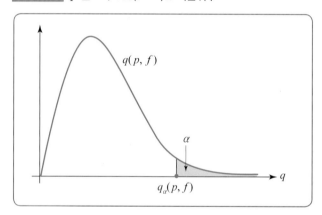

스튜던트화 범위 통계량은 다음과 같이 정의되며, $\bar{x}_{\max}$와 $\bar{x}_{\min}$은 각각 최대 표본평균과 최소 표본평균이고 n은 전체 관측값의 개수이다.

$$Q = \frac{\bar{x}_{\max} - \bar{x}_{\min}}{\sqrt{\dfrac{\text{MSE}}{n}}}$$

유의수준 α에서 검정을 위한 튜키의 방법은 피셔의 방법에서 사용한 최소 유의차 대신 다음과 같이 정의되는 **정직 유의차**(Honestly Significant Difference; HSD)를 사용한다.

$$\text{HSD} = q_\alpha(p, f)\sqrt{\frac{\text{MSE}}{n_h}}$$

따라서 표본평균의 차에 대한 관찰값 $|\bar{x}_i - \bar{x}_j|$가 다음과 같이 HSD보다 크면 귀무가설 $\mu_i - \mu_j = 0$을 기각한다. 즉, μ_i와 μ_j는 차이가 있다는 결론을 내리게 된다.

$$|\bar{x}_i - \bar{x}_j| > \text{HSD}$$

여기서 n_h는 k개의 표본 각각의 크기이며, 표본의 크기가 동일하지 않으면 각 표본의 크기에 대한 **조화평균**(harmonic average)을 사용한다.

$$n_h = \frac{k}{\dfrac{1}{n_1} + \dfrac{1}{n_2} + \cdots + \dfrac{1}{n_k}}$$

이를 이용하여 [표 13-6]의 표본에 대해 유의수준 5%에서 모평균의 차를 검정해보자.

- $k = 3$
- $n_h = n_1 = n_2 = n_3 = 6$
- $f = n - k = 18 - 3 = 15$
- MSE $= 16.767$
- $q_{0.05}(3, 15) = 3.67$

그러므로 정직 유의차 HSD는 다음과 같다.

$$\text{HSD} = 3.67\sqrt{\frac{16.767}{6}} \approx 6.135$$

표본평균이 각각 $\bar{x}_1 = 51$, $\bar{x}_2 = 46$, $\bar{x}_3 = 53.5$이므로 [표 13-9]와 같이 $\mu_1 = \mu_2$, $\mu_1 = \mu_3$이지만 $\mu_2 - \mu_3 \neq 0$이라는 결론을 얻는다.

표 13-9 튜키의 정직 유의차 검정 결과

가설	$|\bar{x}_i - \bar{x}_j|$	HSD	통계적 결론
$H_0 : \mu_1 - \mu_2 = 0$	5	6.135	$|\bar{x}_i - \bar{x}_j| < 6.135$이므로 H_0을 기각할 수 없다.
$H_0 : \mu_2 - \mu_3 = 0$	7.5	6.135	$|\bar{x}_i - \bar{x}_j| > 6.135$이므로 H_0을 기각한다.
$H_0 : \mu_1 - \mu_3 = 0$	2.5	6.135	$|\bar{x}_i - \bar{x}_j| < 6.135$이므로 H_0을 기각할 수 없다.

다음 검정 방법에 의해 [예제 1]에서 어떤 모평균이 서로 같은지 유의수준 5%에서 검정하라.

(a) 피셔의 최소 유의차 검정   (b) 튜키의 정직 유의차 검정

풀이

(a) 다음을 구한다.

- $n_1 = n_2 = n_3 = n_4 = 3$
- $n - k = 12 - 4 = 8$
- $t_{0.025}(8) = 2.306$
- $\text{MSE} = 15.166$

그러므로 다음 최소 유의차 LSD를 얻는다.

$$\text{LSD} = 2.306\sqrt{15.166\left(\frac{1}{3} + \frac{1}{3}\right)} \approx 7.33$$

즉, LSD에 의한 검정 결과는 다음과 같다.

가설	$\left|\bar{x}_i - \bar{x}_j\right|$	LSD	통계적 결론
$H_0 : \mu_1 - \mu_2 = 0$	12.33	7.33	$\left|\bar{x}_i - \bar{x}_j\right| > 7.33$이므로 H_0을 기각한다.
$H_0 : \mu_1 - \mu_3 = 0$	8.33	7.33	$\left|\bar{x}_i - \bar{x}_j\right| > 7.33$이므로 H_0을 기각한다.
$H_0 : \mu_1 - \mu_4 = 0$	2.66	7.33	$\left|\bar{x}_i - \bar{x}_j\right| < 7.33$이므로 H_0을 기각할 수 없다.
$H_0 : \mu_2 - \mu_3 = 0$	4.00	7.33	$\left|\bar{x}_i - \bar{x}_j\right| < 7.33$이므로 H_0을 기각할 수 없다.
$H_0 : \mu_2 - \mu_4 = 0$	9.67	7.33	$\left|\bar{x}_i - \bar{x}_j\right| > 7.33$이므로 H_0을 기각한다.
$H_0 : \mu_3 - \mu_4 = 0$	5.67	7.33	$\left|\bar{x}_i - \bar{x}_j\right| < 7.33$이므로 H_0을 기각할 수 없다.

따라서 $\mu_1 = \mu_4$, $\mu_2 = \mu_3$, $\mu_3 = \mu_4$이지만 $\mu_1 - \mu_2 \neq 0$, $\mu_1 - \mu_3 \neq 0$, $\mu_2 - \mu_4 \neq 0$이라는 결론을 얻는다.

(b) 다음을 구한다.

- $k = 4$
- $n_h = n_1 = n_2 = n_3 = 3$
- $f = n - k = 12 - 4 = 8$
- $q_{0.05}(4, 8) = 4.53$
- $\text{MSE} = 15.166$

그러므로 다음 정직 유의차 HSD를 얻는다.

$$\text{HSD} = 4.53\sqrt{\frac{15.166}{3}} \approx 10.19$$

즉, HSD에 의한 검정 결과는 다음과 같다.

가설	$\|\bar{x}_i - \bar{x}_j\|$	HSD	통계적 결론
$H_0 : \mu_1 - \mu_2 = 0$	12.33	10.19	$\|\bar{x}_i - \bar{x}_j\| > 10.19$이므로 H_0을 기각한다.
$H_0 : \mu_1 - \mu_3 = 0$	8.33	10.19	$\|\bar{x}_i - \bar{x}_j\| < 10.19$이므로 H_0을 기각할 수 없다.
$H_0 : \mu_2 - \mu_4 = 0$	2.66	10.19	$\|\bar{x}_i - \bar{x}_j\| < 10.19$이므로 H_0을 기각할 수 없다.
$H_0 : \mu_2 - \mu_3 = 0$	4.00	10.19	$\|\bar{x}_i - \bar{x}_j\| < 10.19$이므로 H_0을 기각할 수 없다.
$H_0 : \mu_2 - \mu_4 = 0$	9.67	10.19	$\|\bar{x}_i - \bar{x}_j\| < 10.19$이므로 H_0을 기각할 수 없다.
$H_0 : \mu_3 - \mu_4 = 0$	5.67	10.19	$\|\bar{x}_i - \bar{x}_j\| < 10.19$이므로 H_0을 기각할 수 없다.

따라서 $\mu_1 \neq \mu_2$이고 나머지 모평균의 쌍들은 모두 같다는 결론을 얻는다.

피셔의 최소 유의차 검정은 처리의 개수가 서로 다른 경우에도 사용할 수 있으나 튜키의 정직
유의차 검정은 처리의 개수가 동일하다는 가정 아래 고안된 방법이다. 한편 다중비교에서 피셔
의 최소 유의차 검정은 제1종 오류가 발생할 확률이 단일 비교의 오류율보다 크다는 단점이 있
다. 이와 같은 실험별 오류율을 낮추려면 LSD보다 큰 값을 이용하여 비교해야 하며, 따라서 튜
키의 정직 유의차 검정은 피셔의 최소 유의차 검정에 대한 단점을 보완한다.

엑셀 다중비교 검정

[예제 2]의 $H_0 : \mu_1 = \mu_2 = \mu_3 = \mu_4$를 유의수준 5%에서 검정한다.

❶ A1~D1셀에 **표본 A**, **표본 B**, **표본 C**, **표본 D**를 기입하고, A2~D4셀에 각 표본의 자료를 기입한 후 A5~D5셀에 각 표본
의 평균을 구한다.

❷ A8셀에 커서를 놓고 메뉴바에서 데이터 〉데이터 분석 〉분산 분석: 일원 배치법을 선택하여 MSE를 구한다. MSE는 D21
셀의 15.1667이다.

❸ F1~F6셀에 A-B, A-C, A-D, B-C, B-D, C-D를 기입하고, G1~G6셀에 표본평균 차의 절댓값 **=ABS(A5-B5)**, **=ABS(A5-C5)**,
=ABS(A5-D5), **=ABS(B5-C5)**, **=ABS(B5-D5)**, **=ABS(C5-D5)**를 기입한다.

❹ H1~H5셀에 **자유도**, **t-값**, **q-값**, **LSD**, **HSD**를 기입하고, I1~I5셀에 **=COUNTA(A2:D4)-4**, **=T.INV.2T(0.05,11)**, **4.53**,
=I2*SQRT(D21*(1/3+1/3)), **=I3*SQRT(D21/3)**을 기입한다. 여기서 **q-값**은 [부록 7]에서 찾은 수치이다. 그러면 다음과 같은
요약표와 분산분석표를 얻는다.

	A	B	C	D	E	F	G	H	I
1	표본A	표본B	표본C	표본D		A-B	12.33333	자유도	8
2	38	32	31	36		A-C	8.333333	t-값	2.306004
3	37	29	32	35		A-D	2.666667	q-값	4.53
4	46	23	33	42		B-C	4	**LSD**	7.332626
5	40.33333	28	32	37.66667		B-D	9.666667	**HSD**	10.18551
6						C-D	5.666667		
7									
8	분산 분석: 일원 배치법								
9									
10	요약표								
11	인자의 수준	관측수	합	평균	분산				
12	표본A	3	121	40.33333	24.33333				
13	표본B	3	84	28	21				
14	표본C	3	96	32	1				
15	표본D	3	113	37.66667	14.33333				
16									
17									
18	분산 분석								
19	변동의 요인	제곱합	자유도	제곱 평균	F 비	P-값	F 기각치		
20	처리	277.6667	3	92.55556	6.102564	0.018297	4.066181		
21	잔차	121.3333	8	**15.1667**					
22									
23	계	399	11						

|결론| G1~G6셀의 표본평균 차의 절댓값과 I4셀의 LSD 또는 I5셀의 HSD를 비교하여 두 모평균의 등가성을 확인할 수 있다. 즉, 최소 유의차 방법에 의하면 세 모평균의 쌍 $(\mu_1, \mu_2), (\mu_1, \mu_3), (\mu_2, \mu_4)$ 는 차이가 있는 것으로 조사되지만, 정직 유의차 방법을 이용하면 μ_1과 μ_2만이 차이가 있는 것으로 나타난다.

13.4 확률화 블록 설계

12.2절에서 실험 전후의 관찰값이 짝으로 이루어진 경우 이 두 정규모집단의 평균에 차이가 있는지 알기 위해 쌍체 t-검정을 이용했다. 이번 절에서는 짝으로 이루어진 세 개 이상의 정규모집단의 평균이 동일한지 검정하는 방법을 살펴본다.

일원분산분석을 하기 위해 세 가지 조건(정규성, 독립성, 등분산성)을 전제했듯이 우선 모집단에서 추출한 세 개 이상의 표본이 각각 독립이어야 한다. 즉, 이 조건이 지켜지지 않으면 일원분산분석을 할 수 없으며, 이 경우 확률화 블록 설계를 이용하여 분산분석을 해야 한다. 한 기업의 입사 지원자 중 면접 대상자로 10명이 선정됐고, 이 중 임의로 A, B, C, D, E의 다섯 명을 선택했다고 하자. [표 13-10]은 네 명의 임원 1, 2, 3, 4가 면접 대상자 다섯 명을 평가한 것이다.

표 13-10 면접 대상자에 대한 임원 네 명의 평가 점수

면접 대상자	임원			
	1	2	3	4
A	87	88	90	87
B	95	93	75	95
C	85	96	95	90
D	90	97	95	96
E	91	94	92	89

네 명의 임원에 의한 면접 대상자 다섯 명의 평균 평가 점수가 동일한지 분석한다면 요인은 임원이고, 요인의 수준은 네 명의 임원 1, 2, 3, 4이므로 일원분산분석이 된다. 또한 처리는 요인의 수준인 1, 2, 3, 4이다.

임원 네 명이 동일한 면접 대상자들에 대해 평가한 결과이므로 면접 대상자 A의 점수 (87, 88, 90, 87)은 짝을 이루게 된다. 이와 같이 연구 대상이 되는 개체들이 같거나 비슷한 특성을 갖는 그룹을 **블록**(block) 또는 **괴**라 한다. 다섯 명의 면접 대상자 A, B, C, D, E에 대해 임원들의 점수가 짝을 이루므로 블록은 5개가 된다. 또한 이 다섯 명은 10명 중 임의로 선정됐으므로 **확률화 블록**(randomized block) 또는 **난괴**가 되며, 따라서 네 개의 처리와 다섯 개의 확률화 블록으로 구성된다.

이와 같이 실험 개체 또는 실험 단위들을 서로 같거나 유사한 것끼리 그룹화 하여 블록을 만들고, 각 블록 안에서 이 개체들을 임의로 배치함으로써 처리간 비교의 공정성을 높이는 실험 설계 방법을 **확률화 블록 설계** 또는 **난괴 설계**(randomized block design)라 한다. 확률화 블록 설계는 이렇게 정의된 블록 안에서 가능한 모든 처리 그룹에 확률적으로 할당된 관찰값을 측정하는 것이다.

확률화 블록 설계를 위한 기본 표는 [표 13-11]과 같다.

표 13-11 확률화 블록 설계를 위한 기본 표

블록	처리				
	1	2	$\cdots$	k	블록 평균($\overline{x}_{i.}$)
1	x_{11}	x_{12}	$\cdots$	x_{1k}	$\overline{x}_{1.}$
2	x_{21}	x_{22}	$\cdots$	x_{2k}	$\overline{x}_{2.}$
$\vdots$	$\vdots$	$\vdots$		$\vdots$	$\vdots$
b	x_{b1}	x_{b2}	$\cdots$	x_{bk}	$\overline{x}_{b.}$
처리 평균($\overline{x}_{.j}$)	$\overline{x}_{.1}$	$\overline{x}_{.2}$	$\cdots$	$\overline{x}_{.k}$	$\overline{\overline{x}}$

여기서 사용한 기호는 다음과 같다.

- k: 처리의 수
- $\bar{x}_{i.}$: i번째 블록에 속하는 관측값의 평균
- $\bar{x}_{.j}$: j번째 처리에 속하는 관측값의 평균
- b: 블록의 개수
- $\bar{\bar{x}}$: 모든 관측값의 총 평균

일원분산분석의 결과를 나타내는 [표 13-4]에 주어진 총제곱합(SST)은 개개의 관찰값과 모든 관찰값의 평균과의 편차제곱합으로 다음과 같이 SSTR과 SSE로 분해됐다.

$$\text{SST} = \sum_{j=1}^{k} \sum_{i=1}^{n_j} \left(x_{ij} - \bar{\bar{x}} \right)^2 = \text{SSTR} + \text{SSE}$$

마찬가지로 확률화 블록 분산분석에서 총제곱합은 다음과 같이 세 개의 변동 요인으로 분해된다.

$$\text{SST} = \text{SSTR} + \text{SSB} + \text{SSE}$$

여기서 SSTR과 SSE는 일원분산분석과 동일하게 각각 처리간 변동(처리제곱합)과 처리내 변동(오차제곱합)을 나타내며, SSB는 **블록간 변동**(sum of squares for blocks)이다. 이를 정리하면 다음과 같다.

- $\text{SST} = \sum_{i=1}^{b} \sum_{j=1}^{k} \left(x_{ij} - \bar{\bar{x}} \right)^2$
- $\text{SSTR} = b \sum_{j=1}^{k} \left(\bar{x}_{.j} - \bar{\bar{x}} \right)^2$
- $\text{SSB} = k \sum_{i=1}^{b} \left(\bar{x}_{i.} - \bar{\bar{x}} \right)^2$
- $\text{SSE} = \sum_{i=1}^{b} \sum_{j=1}^{k} \left(x_{ij} - \bar{x}_{i.} - \bar{x}_{.j} + \bar{\bar{x}} \right)^2$

처리간 변동, 블록간 변동, 처리내 변동의 자유도는 각각 $k-1$, $b-1$, $(k-1)(b-1)$이다. 그러므로 처리평균제곱, 블록평균제곱, 평균제곱오차는 각각 SSTR, SSB, SSE를 각각의 자유도로 나눈 값이 된다.

- $\text{MST} = \dfrac{\text{SSTR}}{k-1}$ - $\text{MSB} = \dfrac{\text{SSB}}{b-1}$ - $\text{MSE} = \dfrac{\text{SSE}}{(k-1)(b-1)}$

처리간 평균에 대한 검정을 위한 검정통계량과 확률분포는 다음과 같다.

$$F = \frac{\text{MST}}{\text{MSE}} \sim F(k-1, (k-1)(b-1))$$

이때 기각역은 다음과 같다.

$$F > f_\alpha(k - 1, (k - 1)(b - 1))$$

한편 블록간 평균에 대한 검정을 위한 검정통계량과 확률분포는 다음과 같다.

$$F = \frac{\text{MSB}}{\text{MSE}} \sim F(b - 1, (k - 1)(b - 1))$$

이때 기각역은 다음과 같다.

$$F > f_\alpha(b - 1, (k - 1)(b - 1))$$

확률화 블록 설계를 위한 분산분석표를 작성하면 [표 13-12]와 같다.

표 13-12 확률화 블록 설계를 위한 분산분석표

변동 요인	자유도	제곱합	평균제곱	F-통계량
처리간 변동	$k - 1$	SSTR	$\text{MST} = \dfrac{\text{SSTR}}{k - 1}$	$F = \dfrac{\text{MST}}{\text{MSE}}$
블록간 변동	$b - 1$	SSB	$\text{MSB} = \dfrac{\text{SSB}}{b - 1}$	$F = \dfrac{\text{MSB}}{\text{MSE}}$
오차(그룹내)	$(k - 1)(b - 1)$	SSE	$\text{MSE} = \dfrac{\text{SSE}}{(k - 1)(b - 1)}$	–
합계	$n - 1$	SST	–	–

[표 13-10]의 표본에 대해 확률화 블록 분산분석을 하기 위해 우선 [표 13-13]을 작성한다.

표 13-13 임원 네 명의 평가에 대한 기본 표

블록	처리				블록 평균($\bar{x}_{i.}$)
	1	**2**	**3**	**4**	
1	87	88	90	87	88
2	95	93	75	95	89.5
3	85	96	95	90	91.5
4	90	97	95	96	94.5
5	91	94	92	89	91.5
처리 평균($\bar{x}_{.j}$)	89.6	93.6	89.4	91.4	91

그러면 다음 제곱합을 얻는다.

- $\text{SST} = \sum_{i=1}^{5} \sum_{j=1}^{4} (x_{ij} - 91)^2 = (87 - 91)^2 + (88 - 91)^2 + \cdots + (89 - 91)^2 = 504$

- $\text{SSTR} = 5 \sum_{j=1}^{4} (\bar{x}_{.j} - 91)^2$

  $\quad = 5[(89.6 - 91)^2 + (93.6 - 91)^2 + (89.4 - 91)^2 + (91.4 - 91)^2] = 57.2$

- $\text{SSB} = 4 \sum_{i=1}^{5} (\bar{x}_{i.} - 91)^2$

  $\quad = 4[(88 - 91)^2 + (89.5 - 91)^2 + (91.5 - 91)^2 + (94.5 - 91)^2 + (91.5 - 91)^2]$

  $\quad = 96$

- $\text{SSE} = \sum_{i=1}^{5} \sum_{j=1}^{4} (x_{ij} - \bar{x}_{i.} - \bar{x}_{.j} + \bar{\bar{x}})^2$

  $\quad = (87 - 88 - 89.6 + 91)^2 + (88 - 88 - 93.6 + 91)^2 + \cdots + (89 - 91.5 - 91.4 + 91)^2$

  $\quad = 350.8$

각 변동에 대한 평균제곱은 다음과 같다.

- $\text{MST} = \dfrac{\text{SSTR}}{k - 1} = \dfrac{57.2}{3} \approx 19.07$

- $\text{MSB} = \dfrac{\text{SSB}}{b - 1} = \dfrac{96}{4} = 24$

- $\text{MSE} = \dfrac{\text{SSE}}{(k - 1)(b - 1)} = \dfrac{350.8}{3 \times 4} \approx 29.23$

따라서 [표 13-14]와 같은 확률화 블록 분산분석표를 얻는다.

표 13-14 임원 네 명의 평가에 대한 확률화 블록 설계를 위한 분산분석표

변동 요인	자유도	제곱합	평균제곱	F-통계량
처리간 변동	3	57.2	19.07	0.652
블록간 변동	4	96	24	0.821
오차(그룹내)	12	350.8	29.23	–
합계	19	504	–	–

이 분산분석표로부터 처리에 대한 F-통계량의 관찰값 $f_0 = \dfrac{19.07}{29.23} \approx 0.652$와 블록에 대한 F-통계량의 관찰값 $f_0 = \dfrac{24}{29.23} \approx 0.821$을 얻는다. 유의수준 5%에서 처리에 대한 평균의 차이가 있는지 검정한다면, 관찰값 0.652가 기각역 $F > f_{0.05}(3, 12) = 3.49$ 안에 놓이지 않으므로 처리간의 평균에 차이가 없다는 결론을 얻는다.

동일한 방법으로 또 다른 네 명의 임원이 다섯 명의 면접 대상자를 평가한 점수가 [표 13-15]와 같은 경우 임원들의 평균 평가 점수에 차이가 있는지 유의수준 5%에서 검정해보자.

표 13-15 면접 대상자에 대한 또 다른 임원 네 명의 평가 점수

면접 대상자	임원			
	1	2	3	4
A	83	86	90	88
B	84	93	76	95
C	85	96	95	90
D	88	97	95	96
E	82	94	92	89

이에 대한 확률화 블록 분산분석표는 [표 13-16]과 같다.

표 13-16 다른 임원 네 명의 평가에 대한 확률화 블록 설계를 위한 분산분석표

변동 요인	자유도	제곱합	평균제곱	F-통계량
처리간 변동	3	219.8	73.267	3.564
블록간 변동	4	151.7	37.925	1.845
오차(그룹내)	12	246.7	20.558	−
합계	19	618.2	−	−

이 분산분석표로부터 처리에 대한 F-통계량의 관찰값 $f_0 = \dfrac{73.267}{20.558} \approx 3.564$는 유의수준 5%에 대한 기각역 $F > f_{0.05}(3, 12) = 3.49$ 안에 놓이므로 처리간에 평균의 차이가 있다는 결론을 얻는다.

예제 3

다음은 네 종류의 혈압약을 비교하기 위해 혈압이 160 이상인 사람을 연령별로 4명씩 임상시험에 참가시킨 후 참가자의 감소한 혈압을 조사한 결과이다. 네 가지 혈압약의 효능에 차이가 있는지 유의수준 5%와 1%에서 검정하라(단, 단위는 mmHg이다).

연령	혈압약			
	1	**2**	**3**	**4**
20대	24	27	13	25
30대	21	20	14	23
40대	26	16	12	23
50대	14	12	12	24
60대	15	20	14	15

풀이

먼저 처리와 블록에 대한 평균을 구하기 위해 다음 기본 표를 작성한다.

블록	처리				블록 평균($\bar{x}_{i.}$)
	1	**2**	**3**	**4**	
1	24	27	13	25	22.25
2	21	20	14	23	19.5
3	26	16	12	23	19.25
4	14	12	12	24	15.5
5	15	20	14	15	16
처리 평균($\bar{x}_{.j}$)	20	19	13	22	18.5

이제 제곱합을 구한다.

- $\text{SST} = \sum_{i=1}^{5}\sum_{j=1}^{4}(x_{ij} - 18.5)^2 = (24 - 18.5)^2 + (27 - 18.5)^2 + \cdots + (15 - 18.5)^2 = 531$

- $\text{SSTR} = 5\sum_{j=1}^{4}(\bar{x}_j - 18.5)^2$

  $\qquad\quad = 5[(20 - 18.5)^2 + (19 - 18.5)^2 + (13 - 18.5)^2 + (22 - 18.5)^2] = 225$

- $\text{SSB} = 4\sum_{i=1}^{5}(\bar{x}_{i.} - 18.5)^2$

  $\qquad\quad = 4[(22.25 - 18.5)^2 + (19.5 - 18.5)^2 + (19.25 - 18.5)^2 + (15.5 - 18.5)^2 + (16 - 18.5)^2]$

  $\qquad\quad = 123.5$

- $\text{SSE} = \sum_{i=1}^{5}\sum_{j=1}^{4}(x_{ij} - \bar{x}_{i.} - \bar{x}_{.j} + \bar{\bar{x}})^2$

  $\qquad\quad = (24 - 22.25 - 20 + 18.5)^2 + (27 - 17.5 - 19 + 18.5)^2 + \cdots + (15 - 16 - 22 + 18.5)^2$

  $\qquad\quad = 182.5$

이때 SSE를 SSE = SST − SSTR − SSB = 182.5로 구할 수도 있다.

각 변동에 대한 평균제곱은 다음과 같다.

- $\text{MST} = \dfrac{\text{SSTR}}{k-1} = \dfrac{225}{3} = 75$

- $\text{MSB} = \dfrac{\text{SSB}}{b-1} = \dfrac{123.5}{4} = 30.875$

- $\text{MSE} = \dfrac{\text{SSE}}{(k-1)(b-1)} = \dfrac{182.5}{3 \times 4} \approx 15.208$

따라서 네 가지 혈압약을 평가한 확률화 블록 설계 분산분석표는 다음과 같다.

변동 요인	자유도	제곱합	평균제곱	F-통계량
처리간 변동	3	225	75	4.93
블록간 변동	4	123.5	30.875	2.03
오차(그룹내)	12	182.5	15.208	–
합계	19	531.0	–	–

유의수준 5%에서 처리간에 평균의 차이가 없다는 주장에 대한 기각역은 $F > f_{0.05}(3, 12) = 3.49$이고 F-통계량의 관찰값 4.93이 기각역 안에 놓이므로 처리 집단 사이에 평균의 차이가 있다고 할 수 있다. 반면 유의수준 1%에서 처리간에 평균의 차이가 없다는 주장에 대한 기각역이 $F > f_{0.01}(3, 12) = 5.95$이고 F-통계량의 관찰값 4.93이 기각역 안에 놓이지 않으므로 이 경우 처리 집단 사이에 평균의 차이가 있다고 할 수 없다.

엑셀 확률화 블록 분산분석

[예제 3]의 처리 집단 사이에 평균의 차이가 있는지 유의수준 5%와 유의수준 1%에서 각각 검정한다.

❶ A열에 연령을 기입하고 B열, C열, D열, E열에 각각 네 종류의 혈압약 자료를 기입한다.

❷ 메뉴바에서 데이터 〉 데이터 분석 〉 분산 분석: 반복이 없는 이원 배치법을 선택하여 **입력 범위**에 **\$A\$1:\$E\$6**, 유의 수준에 **0.05**를 기입한다.

❸ **이름표**를 체크하고, **출력 범위**에 **\$F\$1**을 기입한다. 그러면 다음과 같은 요약표와 분산분석표를 얻는다.

	A	B	C	D	E	F	G	H	I	J	K	L
1		혈압약1	혈압약2	혈압약3	혈압약4	분산 분석: 반복 없는 이원 배치법						
2	20대	24	27	13	25							
3	30대	21	20	14	23	요약표	관측수	합	평균	분산		
4	40대	26	16	12	23	20대	4	89	22.25	39.58333		
5	50대	14	12	12	24	30대	4	78	19.5	15		
6	60대	15	20	14	15	40대	4	77	19.25	40.91667		
7						50대	4	62	15.5	33		
8						60대	4	64	16	7.333333		
9												
10						혈압약1	5	100	20	28.5		
11						혈압약2	5	95	19	31		
12						혈압약3	5	65	13	1		
13						혈압약4	5	110	22	16		
14												
15												
16						분산 분석						
17						변동의 요인	제곱합	자유도	제곱 평균	F 비	P-값	F 기각치
18						블록 인자 A(행)	123.5	4	30.875(MST)	2.030137	0.153983	3.259167
19						처리 인자 B(열)	225	3	75(MSB)	4.931507	0.018556	3.490295
20						잔차	182.5	12	15.2083(MSE)	F-통계량		
21												
22						계	531	19				

|결론| 유의수준 5%에서 처리간에 평균의 차이가 없다는 귀무가설에 대한 기각역은 $F > 3.49$이고 F-통계량의 관찰값(F 비) 4.9315가 기각역 안에 놓인다. 또는 p-값 0.01856이 유의수준 0.05보다 작으므로 귀무가설을 기각한다. 반면 유의수준 1%에서는 p-값 0.01856이 0.01보다 크므로 귀무가설을 기각할 수 없다.

13.5 이원분산분석

13.2절에서 요인이 하나뿐인 일원분산분석에 대해 살펴봤으나 대부분은 요인이 두 개로 주어진다. 예를 들어 통계학 수업에서 네 가지 수업 방식(판서, 프로젝터, 통계 패키지, e-러닝)으로 학습했을 때 평균 학점이 학년별(1학년, 2학년, 3학년, 4학년)로 차이가 있는지 비교한다고 하자. 즉, 요인이 수업 방식과 학년의 두 가지로 주어지며, 이와 같은 경우 평균에 차이가 있는지 분석하는 방법을 **이원분산분석**(two-way analysis of variance)이라 한다. 이번 절에서는 요인이 두 개인 이원분산분석에 대해 살펴본다.

통계학 수업에서 학년별로 6명씩 선정하여 네 가지 수업 방식으로 수업을 진행했을 때 각 그룹의 학점이 [표 13-17]과 같다고 하자.

표 13-17 수업 방식에 따른 학년별 학점

수업 방식 \ 학년	1학년			2학년			3학년			4학년		
판서	3.8	3.9	3.5	3.1	2.6	2.5	2.5	2.6	3.6	2.6	3.2	3.1
	3.3	2.6	4.1	3.2	3.3	3.8	2.6	3.0	3.8	3.2	3.5	3.5
프로젝터	3.0	2.8	3.0	3.3	4.0	4.0	4.1	3.3	3.2	3.9	4.0	4.3
	2.8	2.6	3.2	4.0	3.4	4.1	3.4	3.7	3.3	4.0	3.5	3.7
통계 패키지	2.8	3.9	3.3	4.2	3.8	4.3	3.1	3.7	3.2	3.3	3.9	3.7
	4.1	3.3	3.9	2.7	3.3	2.9	3.1	2.5	2.6	3.5	4.2	3.2
e-러닝	2.5	3.1	2.9	3.4	4.0	2.6	2.8	3.8	3.8	3.1	3.4	4.1
	3.5	3.0	2.9	4.1	3.8	4.1	3.9	3.3	3.2	3.4	3.2	2.8

요인 A(학년)와 요인 B(수업 방식)의 처리는 각각 네 개이므로 총 16개의 처리 조합이 있으며, 각 처리 조합은 6개의 관측값으로 이루어져 있다. 이와 같이 요인 A와 요인 B의 처리 개수가 각각 a와 b이고 각 처리 조합이 r개의 관측값으로 이루어진 실험을 **완전요인실험**(complete factorial experiment)이라 하며, 이 경우 $a \times b$ 요인실험이라 한다. 그리고 각 조합 안에 있는 관측값의 수를 **반복**(replicate)이라 하고 r로 나타낸다. 수업 방식에 따른 학년별 학점은 두 요인에 대한 이원분산분석이며, 두 요인이 각각 네 개의 처리를 가지고 있으므로 4×4 요인실험인 16개의 처리를 가지고 각 처리의 반복은 $r = 6$이다.

처리들의 평균에 차이가 있는지 검정하는 일원분산분석과 달리 이원분산분석은 요인이 두 개이므로 다음과 같이 처리 사이의 평균의 차에 대한 검정을 하게 된다.

- 학년별 평균 학점이 동일한가?
- 수업 방식에 대한 평균 학점이 동일한가?

한 가지 더 고려해볼 것이 있다. 바로 '두 요인 사이에 서로 영향을 미치는 요소는 없는가?'이다. 즉, 다음 검정을 추가로 생각할 수 있다.

- 평균 학점에 영향을 미치는 두 요인인 학년과 수업 방식이 서로 작용하는가?

이원분산분석은 이와 같은 내용을 검정하며, [표 13-18]은 이원분산분석을 위한 기본 표이다.

표 13-18 반복이 있는 이원분산분석을 위한 기본 표

요인 B	요인 A						요인 B의 각 수준평균($\bar{x}_{i.}$)
	1		2		$\cdots$	a	
1	x_{111} $\vdots$ x_{11r}	$\bar{x}_{11}$	x_{121} $\vdots$ x_{12r}	$\bar{x}_{12}$	$\cdots$	x_{1a1} $\vdots$ x_{1ar}	$\bar{x}_{1a}$ $\quad$ $\bar{x}_{1.}$
2	x_{211} $\vdots$ x_{21r}	$\bar{x}_{21}$	x_{221} $\vdots$ x_{22r}	$\bar{x}_{22}$	$\cdots$	x_{2a1} $\vdots$ x_{2ar}	$\bar{x}_{2a}$ $\quad$ $\bar{x}_{2.}$
$\vdots$	$\vdots$		$\vdots$			$\vdots$	$\vdots$
b	x_{b11} $\vdots$ x_{b1r}	$\bar{x}_{b1}$	x_{b21} $\vdots$ x_{b2r}	$\bar{x}_{b2}$	$\cdots$	x_{ba1} $\vdots$ x_{bar}	$\bar{x}_{ba}$ $\quad$ $\bar{x}_{b.}$
요인 A의 각 수준평균($\bar{x}_{.j}$)	$\bar{x}_{.1}$		$\bar{x}_{.2}$		$\cdots$	$\bar{x}_{.k}$	$\bar{\bar{x}}$

여기서 사용한 기호는 다음과 같다.

- x_{ijk}: ij번째 처리에 속하는 k번째 반응(i는 요인 B의 수준, j는 요인 A의 수준)
- $\bar{x}_{ij}$: ij번째 처리에 속하는 관측값의 평균
- $\bar{x}_{i.}$: 요인 B의 i번째 수준에 속하는 관측값의 평균
- $\bar{x}_{.j}$: 요인 A의 j번째 수준에 속하는 관측값의 평균
- $\bar{\bar{x}}$: 모든 관측값의 총 평균
- a: 요인 A의 수준 수
- b: 요인 B의 수준 수
- r: 처리별 반복의 수

[표 13-18]로부터 다음 내용을 검정한다.

❶ 요인 A의 처리들 사이에 평균의 차이가 있는가?
- 귀무가설 H_0: 요인 A에 있는 a개의 수준에 대한 모평균이 같다.
- 대립가설 H_1: 모두가 같은 것은 아니다.

❷ 요인 B의 처리들 사이에 평균의 차이가 있는가?
- 귀무가설 H_0: 요인 B에 있는 b개의 수준에 대한 모평균이 같다.
- 대립가설 H_1: 모두가 같은 것은 아니다.

❸ 요인 A와 요인 B는 평균에 상호작용을 하는가?
- 귀무가설 H_0: 요인 A와 요인 B의 상호작용은 없다.
- 대립가설 H_1: 요인 A와 요인 B의 상호작용이 있다.

두 요인의 상호작용에 대해 살펴보기 위해 우선 [표 13−19]를 작성한다.

표 13-19 수업 방식에 따른 학년별 평균 학점에 대한 기본 표

수업 방식＼학년	1학년	2학년	3학년	4학년	평균 학점
판서	3.533	3.083	3.017	3.183	3.204
프로젝터	2.900	3.800	3.500	3.900	3.525
통계 패키지	3.550	3.533	3.033	3.633	3.438
e−러닝	2.983	3.667	3.467	3.333	3.363
평균 학점	3.242	3.521	3.254	3.513	3.382

이에 따르면 프로젝터 방식은 1학년의 평균 학점이 가장 낮게 나타나며, 이 현상은 e−러닝 방식에서도 동일하게 나타난다. 그러나 판서 방식은 1학년의 평균 학점이 가장 높게 나타나며, 통계 패키지 방식은 3학년의 평균 학점이 가장 낮게 나타난다. 이와 같이 한 요인의 처리 변화에 따라 종속변수(학점)가 다른 처리 그룹에 영향을 미치는 작용을 **상호작용**(interaction)이라 한다. 수업 방식에 따라 학년별 평균 학점이 다르게 나타나는 경우 '상호작용이 있다'라 하고, 그렇지 않은 경우 '상호작용이 없다'라고 한다. [표 13−19]의 평균들에 대한 그림을 그리면 [그림 13−4(a)]와 같다. 두 요인 사이에 상호작용이 있는 경우 요인 A의 처리별 평균은 요인 B의 처리에 따라 높아지기도 하고 낮아지기도 한다. 반면 [그림 13−4(b)]와 같이 각 그래프가 평행하게 나타난다면 수업 방식에 따른 학년별 평균 학점에 변화가 없으며, 따라서 두 요인 사이에 상호작용이 없다고 한다.

그림 13-4 두 요인의 상호작용

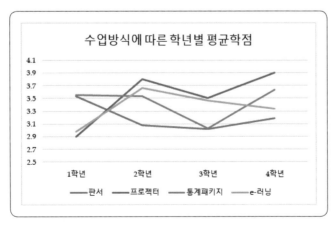

(a) 상호작용이 있는 경우

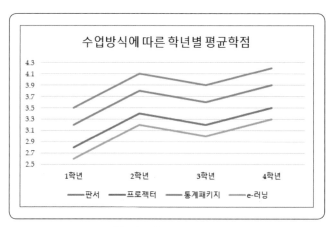

(b) 상호작용이 없는 경우

이원분산분석을 위한 분산분석표를 작성하기 위해 다음 제곱합을 구한다.

- $\text{SST} = \sum_{i=1}^{b} \sum_{j=1}^{a} \sum_{k=1}^{r} \left(x_{ijk} - \overline{\overline{x}} \right)^2$

- $\text{SS}_A = rb \sum_{j=1}^{a} \left(\overline{x}_{.j} - \overline{\overline{x}} \right)^2$

- $\text{SS}_B = ra \sum_{i=1}^{b} \left(\overline{x}_{.j} - \overline{\overline{x}} \right)^2$

- $\text{SS}_{AB} = r \sum_{i=1}^{b} \sum_{j=1}^{a} \left(\overline{x}_{ij} - \overline{x}_{i.} - \overline{x}_{.j} + \overline{\overline{x}} \right)^2$

- $\text{SSE} = r \sum_{i=1}^{b} \sum_{j=1}^{a} \sum_{k=1}^{r} \left(x_{ijk} - \overline{x}_{ij} \right)^2$

요인 A, 요인 B, 상호작용, 오차의 자유도는 각각 $a - 1$, $b - 1$, $(a - 1)(b - 1)$, $n - ab$이다. 따라서 요인 A 평균제곱, 요인 B 평균제곱, 상호작용 평균제곱, 평균제곱오차는 각각 SS_A, SS_B, SS_{AB}, SSE를 각각의 자유도로 나눈 값이 된다.

- $\text{MS}_A = \dfrac{\text{SS}_A}{a - 1}$

- $\text{MS}_B = \dfrac{\text{SS}_B}{b - 1}$

- $\text{MS}_{AB} = \dfrac{\text{SS}_{AB}}{(a - 1)(b - 1)}$

- $\text{MSE} = \dfrac{\text{SSE}}{n - ab}$

분산분석표를 작성하면 [표 13-20]과 같다.

표 13-20 이원분산분석을 위한 분산분석표

변동 요인	자유도	제곱합	평균제곱	F-통계량
요인 A	$a - 1$	SS_A	$MS_A = \dfrac{SS_A}{a - 1}$	$F = \dfrac{MS_A}{MSE}$
요인 B	$b - 1$	SS_B	$MS_B = \dfrac{SS_B}{b - 1}$	$F = \dfrac{MS_B}{MSE}$
상호작용	$(a - 1)(b - 1)$	SS_{AB}	$MS_{AB} = \dfrac{SS_{AB}}{(a - 1)(b - 1)}$	$F = \dfrac{MS_{AB}}{MSE}$
오차	$n - ab$	SSE	$MSE = \dfrac{SSE}{n - ab}$	$-$
합계	$n - 1$	SST	$-$	$-$

유의수준 α에서 각 변동 요인의 귀무가설에 대한 기각역은 다음과 같다.

- 요인 A의 기각역: $F > f_\alpha(a - 1, \, n - ab)$
- 요인 B의 기각역: $F > f_\alpha(b - 1, \, n - ab)$
- 상호작용의 기각역: $F > f_\alpha((a - 1)(b - 1), \, n - ab)$

[표 13-17]에 대한 분산분석표를 작성하기 위해 다음 제곱합을 구한다.

- $\displaystyle \overline{\overline{x}} = \frac{1}{16}(3.533 + 3.083 + \cdots + 3.333) \approx 3.382$

- $\displaystyle SST = \sum_{i=1}^{4} \sum_{j=1}^{4} \sum_{k=1}^{6} (x_{ijk} - 3.382)^2$
  $\displaystyle \qquad = (3.8 - 3.382)^2 + (3.9 - 3.382)^2 + \cdots + (3.2 - 3.382)^2 + (2.8 - 3.382)^2$
  $\displaystyle \qquad \approx 24.5799$

- $\displaystyle SS_A = (6 \times 4) \sum_{j=1}^{4} \left(\overline{x}_{\cdot j} - 3.382 \right)^2$
  $\displaystyle \qquad = (6 \times 4)[(3.242 - 3.382)^2 + (3.521 - 3.382)^2 + (3.254 - 3.382)^2 + (3.513 - 3.382)^2]$
  $\displaystyle \qquad \approx 1.7391$

- $\displaystyle SS_B = (6 \times 4) \sum_{i=1}^{4} \left(\overline{x}_{i \cdot} - 3.382 \right)^2$
  $\displaystyle \qquad = (6 \times 4)[(3.204 - 3.382)^2 + (3.525 - 3.382)^2 + (3.438 - 3.382)^2 + (3.363 - 3.382)^2]$
  $\displaystyle \qquad \approx 1.3351$

- $\displaystyle SS_{AB} = 6 \sum_{i=1}^{4} \sum_{j=1}^{4} \left(\overline{x}_{ij} - \overline{x}_{i \cdot} - \overline{x}_{\cdot j} + 3.382 \right)^2$
  $\displaystyle \qquad = 6[(3.533 - 3.204 - 3.242 + 3.382)^2 + (3.083 - 3.204 - 3.521 + 3.382)^2 + \cdots$
  $\displaystyle \qquad\quad + (3.333 - 3.363 - 3.513 + 3.382)^2] \approx 5.6931$

- $SSE = SST - SS_A - SS_B - SS_{AB} = 15.8126$

이로부터 수업 방식과 학년별 평균 학점 비교를 위한 분산분석표는 [표 13-21]과 같다.

표 13-21 수업 방식에 따른 학년별 평균 학점에 대한 분산분석표

변동 요인	자유도	제곱합	평균제곱	F-통계량	기각역
요인 A	3	1.7391	0.5797	2.9322	$F > 2.7188$
요인 B	3	1.3351	0.4450	2.2509	$F > 2.7188$
상호작용	9	5.6931	0.6326	3.1998	$F > 1.9991$
오차	80	15.8126	0.1977	–	–
합계	95	24.5799	–	–	–

유의수준 5%에서 각 요인의 처리에 대한 평균들이 동일한지 검정하기 위해 기각역을 구하면 각각 다음과 같다. 분모의 자유도 80은 [부록 6]에 나오지 않으므로 엑셀을 이용하여 임계값을 구한다.

- 요인 A의 기각역: $F > f_{0.05}(3, 80) = 2.7188$
- 요인 B의 기각역: $F > f_{0.05}(3, 80) = 2.7188$
- 상호작용의 기각역: $F > f_{0.05}(9, 80) = 1.9991$

분산분석표로부터 요인 A에 대한 F-통계량의 관찰값 2.9322가 기각역 안에 놓이므로 학년별 평균 학점이 동일하다는 귀무가설을 기각한다. 즉, 학년별 평균 학점이 동일하다는 근거는 타당성이 부족하다. 반면 요인 B에 대한 F-통계량의 관찰값 2.2509는 기각역 안에 놓이지 않으므로 수업 방식에 따른 평균 학점이 동일하다는 귀무가설을 기각할 수 없다. 즉, 수업 방식에 따른 평균 학점이 동일하다는 근거는 신빙성이 있다. 한편 상호작용에 대한 F-통계량의 관찰값 3.1998은 기각역 안에 놓이므로 수업 방식과 학년 사이에 상호작용이 없다는 귀무가설을 기각한다. 즉, 학년별 평균 학점에 수업 방식이 영향을 미치지 않는다는 근거는 타당성이 부족하다.

예제 4

다음은 타이어를 생산하는 네 회사의 타이어를 세 종류의 도로에서 주행할 때 타이어 마모 정도를 나타낸 것이다. 타이어의 평균 마모 정도가 제조 회사와 도로의 상황에 따라 동일한지 유의수준 5%에서 각각 검정하라. 또한 도로 상황과 제조 회사 사이에 상호작용이 있는지 유의수준 5%에서 검정하라.

도로 \ 제조 회사	1			2			3			4		
아스콘 포장	28	33	22	31	35	34	33	34	34	29	24	26
	17	25		25	24		26	27		31	26	
시멘트 포장	28	25	21	21	22	26	23	29	31	25	32	27
	28	13		31	19		22	34		25	28	
비포장	36	35	38	33	35	33	39	38	36	39	38	37
	35	33		37	38		34	37		36	39	

풀이

먼저 요인별 귀무가설과 대립가설을 설정한다.

❶ 제조 회사별 타이어의 평균 마모 정도에 대한 검정
  - 귀무가설 H_0: 제조 회사별 타이어의 평균 마모 정도가 동일하다.
  - 대립가설 H_1: 모두가 같은 것은 아니다.
❷ 도로별 타이어의 평균 마모 정도에 대한 검정
  - 귀무가설 H_0: 도로별 타이어의 평균 마모 정도가 동일하다.
  - 대립가설 H_1: 모두가 같은 것은 아니다.
❸ 도로와 제조 회사의 상호작용에 대한 검정
  - 귀무가설 H_0: 도로와 제조 회사의 상호작용은 없다.
  - 대립가설 H_1: 도로와 제조 회사의 상호작용이 있다.

도로와 제조 회사 두 요인에 대한 다음 기본 표를 작성한 후 제곱합을 구한다.

도로 \ 제조 회사	1	2	3	4	평균
아스콘 포장	25.0	29.8	30.8	27.2	28.2
시멘트 포장	23.0	23.8	27.8	27.4	25.5
비포장	35.4	35.2	36.8	37.8	36.3
평균	27.8	29.6	31.8	30.8	30

- $\text{SST} = \sum_{i=1}^{3} \sum_{j=1}^{4} \sum_{k=1}^{5} (x_{ij} - 30)^2$

$$= (28 - 30)^2 + (33 - 30)^2 + \cdots + (39 - 30)^2$$

$$= 2266$$

- $\text{SS}_A = (5 \times 3) \sum_{j=1}^{4} \left(\overline{x}_{\cdot j} - \overline{\overline{x}} \right)^2$

$$= (5 \times 3)[(27.8 - 30)^2 + (29.6 - 30)^2 + (31.8 - 30)^2 + (30.8 - 30)^2]$$

$$= 133.2$$

- $SS_B = (5 \times 4) \sum_{i=1}^{3} (\overline{x}_{i.} - \overline{\overline{x}})^2$

$= (5 \times 4)[(28.2 - 30)^2 + (25.5 - 30)^2 + (36.3 - 30)^2] = 1263.6$

- $SS_{AB} = 5 \sum_{i=1}^{3} \sum_{j=1}^{4} (\overline{x}_{ij} - \overline{x}_{i.} - \overline{x}_{.j} + \overline{\overline{x}})^2$

$= 5[(25 - 28.2 - 27.8 + 30)^2 + (29.8 - 28.2 - 29.6 + 30)^2 + \cdots$

$+ (37.8 - 36.3 - 30.8 + 30)^2] = 82.4$

- $SSE = SST - SS_A - SS_B - SS_{AB} = 786.8$

각 변동에 대한 평균제곱은 다음과 같다.

- $MS_A = \dfrac{133.2}{3} = 44.4$

- $MS_B = \dfrac{1263.6}{2} = 631.8$

- $MS_{AB} = \dfrac{82.4}{3 \times 2} \approx 13.73$

- $MSE = \dfrac{786.8}{60 - 4 \times 3} \approx 16.39$

엑셀을 이용하여 제조 회사(요인 A), 도로(요인 B), 상호작용의 변동 요인에 대한 기각역을 구하면 각각 다음과 같다.

- 요인 A의 기각역: $F > f_{0.05}(3, 48) = 2.7981$
- 요인 B의 기각역: $F > f_{0.05}(2, 48) = 3.1907$
- 상호작용의 기각역: $F > f_{0.05}(6, 48) = 2.2946$

따라서 도로 상황에 따른 제조 회사별 평균 마모 정도에 대한 이원분산분석표는 다음과 같다.

변동 요인	자유도	제곱합	평균제곱	F-통계량	기각역
요인 A	3	133.2	44.4	2.709	2.7981
요인 B	2	1263.6	631.8	38.55	3.1907
상호작용	6	82.4	13.73	0.838	2.2946
오차	48	786.8	16.39	−	−
합계	59	2266	−	−	−

유의수준 5%에서 제조 회사에 대한 F-통계량의 관찰값 2.709는 기각역 안에 놓이지 않으므로 제조 회사별 타이어의 평균 마모 정도는 동일하다고 할 수 있다. 반면 도로에 대한 F-통계량의 관찰값 38.55는 기각역 안에 놓이므로 도로별 타이어의 평균 마모 정도는 동일하다고 할 수 없다. 상호작용에 대한 F-통계량의 관찰값 0.838은 기각역 안에 놓이지 않으므로 도로 상황과 제조 회사의 상호작용은 없다고 할 수 있다.

엑셀 이원분산분석

[예제 4]의 두 요인 사이에 평균의 차이가 있는지 유의수준 5%에서 검정한다.

❶ A열에 도로의 상황을 기입하고 B열, C열, D열, E열에 각각 네 회사의 자료를 기입한다.

❷ 메뉴바에서 데이터 〉 데이터 분석 〉 분산 분석: 반복 있는 이원 배치법을 선택하여 **입력 범위**에 **\$A\$1:\$E\$16**, 표본당 행수에 **5**, **유의 수준**에 **0.05**를 기입한다.

❸ **출력 범위**에 **\$F\$1**을 기입하면 다음과 같은 요약표와 분산분석표를 얻는다.

	A	B	C	D	E	F	G	H	I	J	K	L
1		회사1	회사2	회사3	회사4	분산 분석: 반복 있는 이원 배치법						
2	아스콘포장도로	28	31	33	29							
3		33	35	34	24	요약표	회사1	회사2	회사3	회사4	계	
4		22	34	34	26	아스콘포장도로						
5		17	25	26	31	관측수	5	5	5	5	20	
6		25	24	27	26	합	125	149	154	136	564	
7	시멘트포장도로	28	21	23	25	평균	25	29.8	30.8	27.2	28.2	
8		25	22	29	32	분산	36.5	25.7	15.7	7.7	23.43157895	
9		21	26	31	27							
10		28	31	22	25	시멘트포장도로						
11		13	19	34	28	관측수	5	5	5	5	20	
12	비포장도로	36	33	39	39	합	115	119	139	137	510	
13		35	35	38	38	평균	23	23.8	27.8	27.4	25.5	
14		38	33	36	37	분산	39.5	22.7	26.7	8.3	25.21052632	
15		35	37	34	36							
16		33	38	37	39	비포장도로						
17						관측수	5	5	5	5	20	
18						합	177	176	184	189	726	
19						평균	35.4	35.2	36.8	37.8	36.3	
20						분산	3.3	5.2	3.7	1.7	4.115789474	
21												
22						계						
23						관측수	15	15	15	15		
24						합	417	444	477	462		
25						평균	27.8	29.6	31.8	30.8		
26						분산	54.31429	38.54286	28.17143	31.31429		
27												
28						분산 분석						
29						변동의 요인	제곱합	자유도	제곱 평균	F 비	P-값	F 기각치
30					도로	인자 A(행)	1263.6	2	631.8	38.54398	1.03901E-10	3.190727
31					제조회사	인자 B(열)	133.2	3	44.4	2.708693	0.055446659	2.798061
32						교호작용	82.4	6	13.73333	0.837824	0.546940253	2.294601
33						잔차	786.8	48	16.39167			
34												
35						계	2266	59				

|결론|

- **제조 회사별 타이어의 평균 마모 정도에 대한 검정 결과**

  유의수준 5%에서 기각역은 $F > 2.7981$이고 F-통계량의 관찰값(F 비) 2.7087은 기각역 안에 놓이지 않는다. 또는 p-값 0.055가 유의수준 0.05보다 크므로 귀무가설을 기각할 수 없다. 즉, 제조 회사별 타이어 평균 마모 정도는 동일하다고 할 수 있다.

- **도로별 타이어의 평균 마모 정도에 대한 검정 결과**

  유의수준 5%에서 기각역은 $F > 3.1907$이고 F-통계량의 관찰값(F 비) 38.54398은 기각역 안에 놓인다. 또는 p-값 1.04×10^{-10}이 유의수준 0.05보다 작으므로 귀무가설을 기각한다. 즉, 도로별 타이어 평균 마모 정도는 동일하다고 할 수 없다.

- **제조사와 도로의 상호작용에 대한 검정 결과**

  유의수준 5%에서 기각역은 $F > 2.29460$이고 F-통계량의 관찰값(F 비) 0.8378은 기각역 안에 놓이지 않는다. 또는 p-값 0.5469가 유의수준 0.05보다 크므로 귀무가설을 기각할 수 없다. 즉, 도로 상황과 제조 회사의 상호작용은 없다고 할 수 있다.

개념문제

1. 세 개 이상의 모평균에 대한 동질성을 검정하는 기법을 무엇이라 하는가?

2. 분산분석을 위한 기본적인 세 가지 조건은 무엇인가?

3. 모집단을 구분하는 기본 변수를 무엇이라 하는가?

4. 요인이 갖는 값을 무엇이라 하는가?

5. 각 요인의 수준을 조합한 것을 무엇이라 하는가?

6. 세 개 이상의 수준을 갖고 요인이 하나인 분산분석 방법을 무엇이라 하는가?

7. 표본평균들이 얼마나 가까운지 측정하는 척도를 무엇이라 하는가?

8. 표본 안에서의 변동을 무엇이라 하는가?

9. 처리제곱합과 처리평균제곱을 어떻게 구하는가?

10. 오차제곱합과 평균제곱오차를 어떻게 구하는가?

11. 일원분산분석을 위한 검정통계량과 기각역은 무엇인가?

12. 어떤 모평균이 다른 모평균들과 차이를 보이는지 분석하는 분석 절차를 무엇이라 하는가?

13. 피셔의 다중비교를 위한 최소 유의차는 무엇인가?

14. 피셔의 다중비교에서 표본평균의 차를 LSD와 비교하여 어떤 경우에 귀무가설을 기각하는가?

15. 튜키의 다중비교를 위한 확률분포는 무엇인가?

16. 튜키의 다중비교를 위한 정직 유의차는 무엇인가?

17. 확률화 블록 설계에서 연구 대상이 되는 개체들이 같거나 비슷한 특성을 갖는 그룹을 무엇이라 하는가?

18. 확률화 블록 설계에서 블록간 변동은 무엇인가?

19. 확률화 블록 설계에서 총제곱합은 어떻게 분해되는가?

20. 확률화 블록 설계에서 처리평균제곱, 블록평균제곱, 평균제곱오차는 어떻게 구하는가?

21. 확률화 블록 설계에서 유의수준이 α인 경우 처리간 변동과 블록간 변동의 기각역은 각각 무엇인가?

22. 요인이 두 개인 경우 평균에 차이가 있는지 분석하는 절차를 무엇이라 하는가?

23. 이원분산분석에서 요인 A와 요인 B의 처리가 각각 a개와 b개일 때, 처리 조합은 모두 몇 개인가?

24. 이원분산분석에서 각 처리 조합 안에 있는 관측값의 수를 무엇이라 하는가?

25. 이원분산분석에서 한 요인의 처리 변화에 따라 종속변수가 다른 처리 그룹에 영향을 미치는 작용을 무엇이라 하는가?

26. 이원분산분석에서 요인 A의 평균을 요인 B의 처리 그룹별로 그린 그림은 어떤 형태일 때 상호작용이 있는 것으로 보는가?

27. 상호작용의 검정에서 귀무가설은 무엇인가?

28. 이원분산분석에서 유의수준이 α인 경우 요인 A, 요인 B, 상호작용의 기각역은 각각 무엇인가?

29. 이원분산분석에서 상호작용 평균제곱은 무엇인가?

30. 이원분산분석에서 총제곱합은 어떻게 분해되는가?

연습문제

1. 다음 일원분산분석표를 완성하라.

변동 요인	자유도	제곱합	평균제곱	F-통계량
처리			1.5	0.0125
오차	15			–
합계	19		–	–

2. 다음 확률화 블록 분산분석표를 완성하라.

변동 요인	자유도	제곱합	평균제곱	F-통계량
처리간 변동	3			0.2
블록간 변동	5		24.84	3.45
오차				–
합계			–	–

3. 다음 이원분산분석표를 완성하라.

변동 요인	자유도	제곱합	평균제곱	F-통계량
요인 A	4		0.3105	
요인 B	5			3.5
상호작용			0.483	4.2
오차				–
합계	119		–	–

4. 다음은 각 처리에 대한 통계량을 나타낸 것이다. 물음에 답하라.

통계량	처리		
	1	2	3
크기	6	6	6
표본평균	10	12	16
표본분산	25	35	25

(a) 분산분석표를 작성하라.

(b) 유의수준 5%에서 세 모평균이 동일한지 검정하라.

(c) 세 번째 표본평균을 20으로 수정하여 유의수준 5%에서 세 모평균이 동일한지 검정하라.

5. 다음은 각 처리에 대한 통계량을 나타낸 것이다. 물음에 답하라.

통계량	처리			
	1	**2**	**3**	**4**
크기	5	5	5	5
표본평균	6	8	10	14
표본분산	25	16	25	16

(a) 분산분석표를 작성하라.

(b) 유의수준 5%에서 세 모평균이 동일한지 검정하라.

(c) 첫 번째 표본평균을 5로 수정하여 유의수준 5%에서 세 모평균이 동일한지 검정하라.

6. 다음은 세 모평균이 동일한지 알아보기 위해 표본조사한 결과이다. 물음에 답하라(단, MSE = 15.467이다).

통계량	처리		
	1	**2**	**3**
크기	6	6	6
표본평균	49	53	55

(a) LSD를 이용하여 어떤 모평균들이 서로 다른지 유의수준 5%에서 검정하라.

(b) HSD를 이용하여 어떤 모평균들이 서로 다른지 유의수준 5%에서 검정하라.

7. 다음은 네 모평균이 동일한지 알아보기 위해 표본조사한 결과이다. 물음에 답하라(단, MSE = 10.8이다).

통계량	처리			
	1	**2**	**3**	**4**
크기	4	4	4	4
표본평균	48	50	56	52

(a) LSD를 이용하여 어떤 모평균들이 서로 다른지 유의수준 5%에서 검정하라.

(b) HSD를 이용하여 어떤 모평균들이 서로 다른지 유의수준 5%에서 검정하라.

8. $k = 4$, $b = 5$인 확률화 블록 설계로부터 SSTR = 220.4, SSB = 87.2, SSE = 235.6을 얻었다. 물음에 답하라.

(a) 처리간 평균들에 차이가 있는지 유의수준 5%에서 검정하라.

(b) 블록간 평균들에 차이가 있는지 유의수준 5%에서 검정하라.

9. $k = 5$, $b = 4$인 확률화 블록 설계로부터 SSTR $= 149.2$, SSB $= 178$, SSE $= 172$를 얻었다. 물음에 답하라.

(a) 처리간 평균들에 차이가 있는지 유의수준 5%에서 검정하라.

(b) 블록간 평균들에 차이가 있는지 유의수준 5%에서 검정하라.

10. $a = 4$, $b = 4$, $r = 6$인 이원분산분석으로부터 $SS_A = 372$, $SS_B = 477$, $SS_{AB} = 207$, SSE $= 1532$를 얻었다. 물음에 답하라(단 $f_{0.05}(3, 80) = 2.72$, $f_{0.05}(9, 80) = 1.999$이다).

(a) 요인 A의 평균들에 차이가 있는지 유의수준 5%에서 검정하라.

(b) 요인 B의 평균들에 차이가 있는지 유의수준 5%에서 검정하라.

(c) 요인간에 상호작용이 있는지 유의수준 5%에서 검정하라.

11. $a = 3$, $b = 5$, $r = 5$인 이원분산분석으로부터 $SS_A = 166.11$, $SS_B = 81.81$, $SS_{AB} = 226.43$, SSE $= 832.8$를 얻었다.

(a) 요인 A의 평균들에 차이가 있는지 유의수준 5%에서 검정하라.

(b) 요인 B의 평균들에 차이가 있는지 유의수준 5%에서 검정하라.

(c) 요인간에 상호작용이 있는지 유의수준 5%에서 검정하라.

12. 다음은 통계학개론을 담당하는 세 교수에 대한 학생들의 강의평가 평균 점수가 동일한지 알아보기 위해 강의평가 점수를 표본조사한 결과이다. 이를 이용하여 세 교수의 평균 점수가 같은지 유의수준 5%에서 검정하라.

표본 A	표본 B	표본 C
4.43	4.12	4.16
4.12	4.04	4.17
4.45	4.01	4.02
4.44	4.03	4.05

13. 다음은 프로젝터용 전구를 생산하는 네 업체 전구의 평균 수명이 동일한지 알아보기 위해 업체별로 전구의 수명을 표본조사한 결과이다. 이를 이용하여 업체별 전구의 평균 수명이 같은지 유의수준 5%에서 검정하라(단, 단위 시간은 100시간이다).

표본 A	표본 B	표본 C	표본 D
70	63	64	83
72	63	80	84
89	62	71	61
88	67	73	70
75	72	78	62

14. 다음은 통계학과, 경영학과, 회계학과 졸업생들의 초임 평균 연봉이 동일한지 알아보기 위해 임의로 졸업생을 4명씩 선정하여 초임 연봉을 표본조사한 결과이다. 이를 이용하여 세 학과의 초임 평균 연봉이 같은지 유의수준 5%에서 검정하라(단, 단위는 100만 원이다).

표본 A	표본 B	표본 C
35	36	35
30	35	34
32	34	33
31	31	30

15. 다음은 세 종류의 감기약의 효능이 동일한지 알아보기 위해 환자를 임의로 선정하여 감기가 치료되는 일수를 표본조사한 결과이다. 물음에 답하라(단, 단위는 일이다).

표본 A	표본 B	표본 C
24	24	39
38	23	42
41	26	46
59	27	66
50		57
58		

(a) 세 종류의 감기약의 평균 치료 일수가 동일한지 유의수준 5%에서 검정하라.

(b) 만일 동일하지 않다면 최소 유의차를 이용하여 어떤 감기약의 평균 치료 일수가 서로 다른지 유의수준 5%에서 검정하라.

16. 어느 식품 회사 A에서 새로 개발한 다이어트 식품은 타사의 동종 식품에 비해 효과가 떨어지지 않는다고 한다. 다음은 이를 확인하기 위해 15명을 임의로 선정하여 A, B, C 회사의 다이어트 식품을 두 달간 복용하도록 하고 감량된 체중을 측정한 결과이다. 물음에 답하라(단, 단위는 kg이다).

식품 A	식품 B	식품 C
5	5	3
4	4	2
3	6	3
7	7	4
6	8	4

(a) 세 회사의 다이어트 식품의 효과가 동일한지 유의수준 5%에서 검정하라.

(b) 만일 동일하지 않다면 최소 유의차를 이용하여 어느 회사 식품의 감량된 평균 체중이 서로 다른지 유의수준 5%에서 검정하라.

(c) 만일 동일하지 않다면 정직 유의차를 이용하여 어느 회사 식품의 감량된 평균 체중이 서로 다른지 유의수준 5%에서 검정하라.

17. 세 지역에서 생산된 김장 김치용 배추가 서울 농수산시장에 납품된다. 다음은 세 지역에서 생산된 배추 한 포기의 평균 무게가 같은지 표본조사한 결과이다. 물음에 답하라(단, 단위는 kg이다).

지역 A	지역 B	지역 C
2.1	2.3	2.5
2.2	2.4	2.3
1.9	2.2	2.8
1.8	1.9	2.4

(a) 세 지역에서 생산된 배추 한 포기의 평균 무게가 동일한지 유의수준 5%에서 검정하라.

(b) 만일 동일하지 않다면 최소 유의차를 이용하여 어느 지역의 배추 무게가 서로 다른지 유의수준 5%에서 검정하라.

(c) 만일 동일하지 않다면 정직 유의차를 이용하여 어느 지역의 배추 무게가 서로 다른지 유의수준 5%에서 검정하라.

18. 다음은 우리나라 주요 도시의 최근 4년간 미세먼지(PM−10) 농도를 나타낸 것이다. 물음에 답하라(단, 단위는 μg/m^{3}이다).

연도＼지역	서울	부산	대구	인천	광주	대전	울산
2017	45	49	45	49	42	42	47
2018	46	48	45	49	41	41	46
2019	45	46	46	53	43	46	46
2020	48	44	43	49	40	44	43

(a) 도시별 미세먼지 평균 농도에 차이가 있는지 유의수준 5%에서 검정하라.

(b) 연도별 미세먼지 평균 농도에 차이가 있는지 유의수준 5%에서 검정하라.

19. 다음은 2018년 7월 28일에 상영했던 상위 5위 영화에 대한 기자·평론가와 관객의 평점을 나타낸 것이다. 물음에 답하라.

구분＼영화	미션임파서블	인크레더블2	인랑	신비아파트	앤트맨과 와이프
기자 · 평론가	7.43	7.33	5.80	6.00	6.13
관객	9.18	9.34	5.68	8.91	8.88

(a) 영화별 평균 평점이 같다고 할 수 있는지 유의수준 5%에서 검정하라.

(b) 기자·평론가와 관객의 평균 평점이 같다고 할 수 있는지 유의수준 5%에서 검정하라.

20. 스마트폰 케이스를 생산하는 어느 하청 업체는 네 공장에서 케이스를 생산한다. 다음은 상반기에 각 공장에서 월별로 생산된 불량품의 개수이다. 물음에 답하라.

월 \ 공장	공장 A	공장 B	공장 C	공장 D
1	21	40	29	26
2	30	33	27	42
3	39	32	26	39
4	20	39	21	20
5	23	36	38	37
6	35	30	33	22

(a) 네 공장의 불량품의 평균 개수가 같다고 할 수 있는지 유의수준 5%에서 검정하라.

(b) 월별로 불량품의 평균 개수에 차이가 있는지 유의수준 5%에서 검정하라.

21. 세 종류의 커튼에 대한 내연성에 차이가 있는지 알아보기 위해 크기가 동일한 세 종류의 커튼을 임의로 여섯 개씩 선정하여 두 실험실에서 태워봤다. 다음은 이 커튼들이 완전히 연소되는 데 걸리는 시간을 측정한 결과이다. 물음에 답하라(단, 단위는 분이다).

실험실 \ 커튼	1			2			3		
1	3.6	2.8	2.6	4.0	2.8	3.4	4.4	3.7	3.9
2	3.3	3.5	3.7	3.9	3.8	3.1	4.6	4.1	3.9

(a) 커튼별 평균 연소 시간에 차이가 있는지 유의수준 5%에서 검정하라.

(b) 두 실험실의 평균 연소 시간에 차이가 있는지 유의수준 5%에서 검정하라.

(c) 실험실과 커튼 종류 사이에 상호작용이 있는지 유의수준 5%에서 검정하라.

22. 다음은 세 브랜드의 골프공과 선수에 따른 비거리에 차이가 있는지 알아보기 위해 브랜드별로 36개의 골프공을 네 명의 선수가 9개씩 쳐서 비거리를 조사한 결과이다. 물음에 답하라(단, 단위는 m이고 $F > f_{0.05}(3, 96) = 2.7$, $F > f_{0.05}(2, 96) = 3.09$, $F > f_{0.05}(6, 96) = 2.19$이다).

브랜드 \ 선수	1			2			3			4		
A	265	243	267	256	248	247	257	261	254	245	255	243
	250	252	262	253	244	269	256	266	269	268	254	272
	265	247	262	270	269	248	254	256	276	240	244	247
B	252	264	274	266	268	240	240	253	268	255	275	251
	262	270	273	246	268	259	254	261	272	271	277	272
	247	259	275	245	273	275	249	259	275	277	258	249
C	266	246	264	246	261	270	257	261	253	240	244	243
	247	246	262	264	254	252	274	248	253	267	278	244
	256	258	259	242	277	256	271	274	249	241	241	261

(a) 네 명의 선수가 골프공을 친 평균 비거리에 차이가 있는지 유의수준 5%에서 검정하라.

(b) 골프공 브랜드별 평균 비거리에 차이가 있는지 유의수준 5%에서 검정하라.

(c) 골프공 브랜드와 선수 사이에 상호작용이 있는지 유의수준 5%에서 검정하라.

실전문제

1. 환경부 물환경정보시스템 자료에 의하면 2014~2018년 동안 측정한 우리나라 4대강의 BOD 농도는 다음과 같다. 물음에 답하라(단, 단위는 ppm이다).

연도 \ 강	금강 (대청댐)	낙동강 (물금)	영산강 (주암댐)	한강 (팔당댐)
2014	1	2.3	0.7	1.2
2015	1	2.2	0.9	1.3
2016	0.9	2	0.9	1.3
2017	0.8	2	0.8	1.1
2018	0.9	2	0.9	1.2

(a) 4대강의 평균 BOD 농도가 같다고 할 수 있는지 유의수준 5%에서 검정하라.

(b) 연도별 평균 BOD 농도에 차이가 있는지 유의수준 5%에서 검정하라.

2. 다음은 드라마 시청률과 성별에 따른 광고 효과에 차이가 있는지 알아보기 위해 상품 구매력을 조사한 결과이다. 물음에 답하라(단, 값이 클수록 구매력이 큰 것을 의미하며 $F > f_{0.05}(2, 48)$ = 3.19, $F > f_{0.05}(1, 48)$ = 4.04, $F > f_{0.05}(2, 48)$ = 3.19이다).

성별 \ 시청률	10% 미만			10% 이상 20% 미만			20% 이상		
남자	64	93	87	68	74	77	74	69	95
	55	51	56	82	71	73	90	97	80
	97	60	67	80	92	67	100	81	79
여자	87	95	88	77	75	74	85	86	84
	67	90	75	78	83	80	79	78	95
	65	75	96	88	84	81	98	93	85

(a) 시청률에 따른 평균 구매력에 차이가 있는지 유의수준 5%에서 검정하라.

(b) 성별에 따른 평균 구매력에 차이가 있는지 유의수준 5%에서 검정하라.

(c) 성별과 시청률 사이에 상호작용이 있는지 유의수준 5%에서 검정하라.

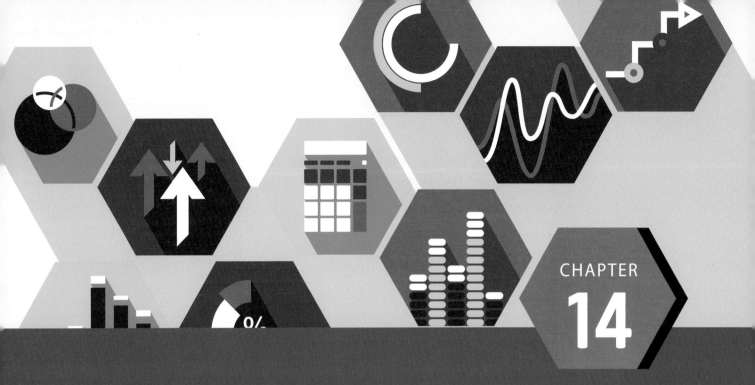

회귀분석

Regression Analysis

지금까지 독립인 두 모집단 또는 그 이상의 모집단을 비교하거나 범주형 자료를 갖는 모집단을 분석했다. 한편 광고비 대비 매출액, 소득과 지출, 중고차의 사용 연수와 가격처럼 두 변수가 서로 종속적인 관계를 갖는 확률 모형이 존재하며, 아파트 가격에는 아파트 건축 연수, 아파트 크기, 교통의 편리성, 상권 등의 요인이 작용한다. 이와 같이 하나 이상의 독립변수와 하나의 종속변수에 의해 표현되는 방정식을 추정하거나 검정하는 방법을 살펴보고 그들 사이의 상관관계를 분석해본다.

14.1 단순선형회귀모형

지금까지 하나의 변수 또는 독립인 두 변수에 대한 통계적 추론에 주안점을 두었다. 두 변수가 종속적인 관계인 경우 이 관계를 요약하기 위한 추세선을 구하고, 이를 나타내는 척도인 공분산과 상관계수를 살펴봤다. 이제 두 변수 또는 그 이상의 변수 사이에 어느 정도의 종속성을 갖는지 분석하는 방법을 알아본다.

[표 14-1]은 중고차 시장에 나온 어떤 종류의 자동차의 사용 기간에 따른 가격을 나타낸 것이다.

표 14-1 자동차의 사용 기간에 따른 가격

기간 x(년)	2	3	4	4	5	6	6	7	8	9	10
가격 y(만 원)	1989	1205.1	1146.6	1111.5	1041.3	994.5	959.4	819	819	772.2	561.6

[표 14-1]에 주어진 두 변수의 선형성에 대한 정보를 얻기 위해 산점도와 추세선을 그리면 [그림 14-1]과 같다.

그림 14-1 산점도와 추세선

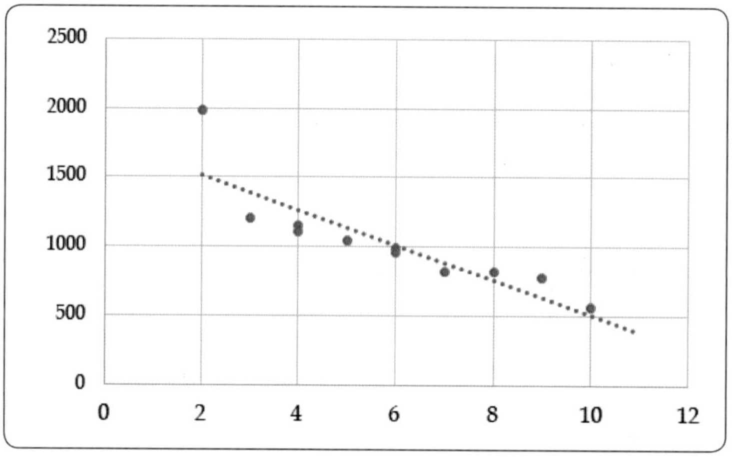

중고차의 사용 연수와 같이 가격에 영향을 미치는 변수를 **독립변수**(independent variable) 또는 **설명변수**(explanatory variable)라 하고, 자동차의 가격과 같이 독립변수에 영향을 받는 변수를 **종속변수**(dependent variable) 또는 **반응변수**(response variable)라 한다. 이러한 독립변수와 종속변수의 관계를 통계적으로 분석하는 방법을 **회귀분석**(regression analysis)이라 하며, 특히 하나의 독립변수와 하나의 종속변수 사이의 관계를 추론하는 방법을 **단순회귀분석**(simple regression analysis)이라 한다.

[그림 14-1]과 같이 사용 연수(x)와 가격(y)의 관측값 $(x_1, y_1), (x_2, y_2), \cdots, (x_n, y_n)$을 산점도

로 나타내면 x와 y의 함수 관계를 얻을 수 있다. 이와 같은 함수 관계를 **회귀방정식**(regression equation)이라 하며, 회귀방정식을 그래프로 나타내면 [그림 14-2]와 같이 직선이거나 곡선으로 표현된다. 이번 절에서는 [그림 14-2(a)]와 같이 회귀방정식이 직선인 경우에 대해 살펴본다.

그림 14-2 회귀방정식과 회귀곡선

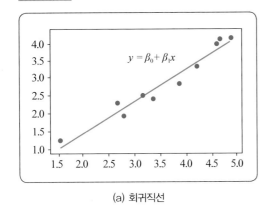

(a) 회귀직선

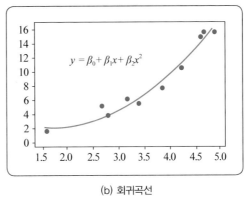

(b) 회귀곡선

14.1.1 단순선형회귀

[그림 14-1], [그림 14-2(a)]와 같이 회귀방정식이 직선인 경우 이 직선을 **회귀직선**(regression straight line)이라 하며 다음과 같이 표현된다.

$$y = \beta_0 + \beta_1 x$$

하나의 독립변수와 하나의 종속변수 사이의 회귀직선을 추론하는 방법을 **단순선형회귀분석**(simple linear regression analysis)이라 한다. 여기서 x는 독립변수, y는 종속변수이고 β_0과 β_1은 미지의 모수이다. 특히 β_0은 y**절편**(intercept)으로 $x = 0$일 때 종속변수 y의 값을 나타내고 β_1은 회귀직선의 **기울기**(slope)로 x가 1단위 증가할 때 y의 변동량을 나타내며, 이를 **회귀계수**(coefficient of regression)라 한다.

[표 14-1]에서 5년 된 중고차의 가격 1041.3만 원은 표준 가격이고 흥정에 의해 1,000만 원에 자동차가 팔릴 수도 있다. 이와 같이 다른 요인에 의해 발생하는 오차는 항상 존재한다. 따라서 다음과 같은 회귀모형을 사용하는 것이 타당하며, 이때 ε을 **오차항**(random error term)이라 한다.

$$y = \beta_0 + \beta_1 x + \varepsilon$$

오차항 ε에 대해 다음을 가정한다.

- 모든 오차항 ε의 평균은 0이다. 즉, $E(\varepsilon_i \mid X = x_i) = 0$, $i = 1, 2, \cdots, n$이다.
- 모든 오차항 ε의 분산은 σ^2이다. 즉, $Var(\varepsilon_i) = \sigma^2$, $i = 1, 2, \cdots, n$이다.
- ε_i, $i = 1, 2, \cdots, n$은 독립이다.
- ε_i는 정규분포를 이룬다.

특히 오차항 ε은 독립변수 X의 관찰값 $x_1, x_2, \cdots, x_n$과 아무 관련이 없다. 그러므로 단순선형 회귀모형에서 $X = x_i$일 때 종속변수 Y_i의 평균과 분산은 각각 다음과 같다.

- 평균: $E(Y_i \mid X = x_i) = E(\beta_0 + \beta_1 x_i + \varepsilon_i) = \beta_0 + \beta_1 x_i + E(\varepsilon_i) = \beta_0 + \beta_1 x_i$
- 분산: $Var(Y_i \mid X = x_i) = Var(\beta_0 + \beta_1 x_i + \varepsilon_i) = Var(\varepsilon_i) = \sigma^2$

각각의 ε_i가 정규분포를 이루므로 종속변수 Y_i도 정규분포를 이룬다. 즉, 확률변수 Y_i의 확률 분포는 $Y_i \sim N(\beta_0 + \beta_1 x_i, \sigma^2)$이고 확률밀도함수의 그래프는 [그림 14-3]과 같다.

그림 14-3 $X = x_i$일 때 종속변수 Y_i의 확률분포

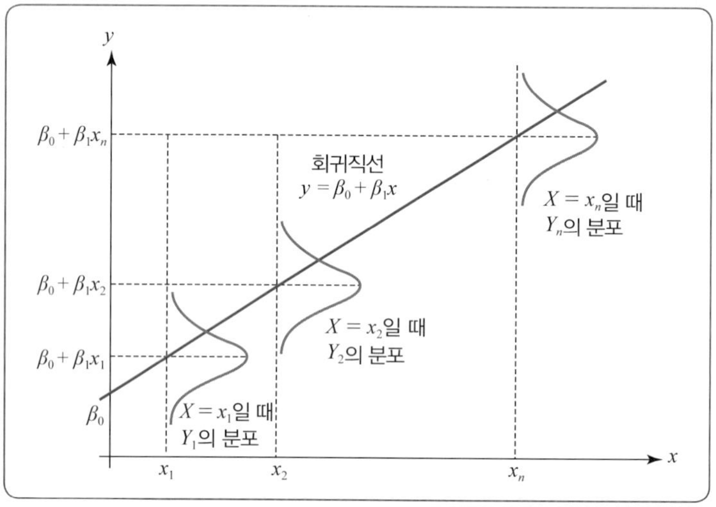

즉, 다음과 같은 y_i는 종속변수 Y_i의 관찰값으로 생각할 수 있다.

$$y_i = \beta_0 + \beta_1 x_i + \varepsilon_i$$

4.5절에서 살펴본 것처럼 $\beta_1 > 0$이면 X와 Y는 양의 상관관계, $\beta_1 < 0$이면 X와 Y는 음의 상관 관계가 있다. $\beta_1 = 0$이면 독립변수의 변화가 종속변수의 분포에 아무런 영향을 미치지 않는다. [그림 14-4]는 기울기 모수에 따른 독립변수와 종속변수 사이의 관계를 보여 준다.

그림 14-4 기울기 모수에 따른 독립변수와 종속변수의 관계

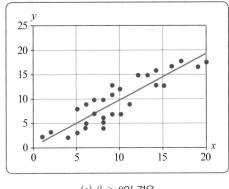

(a) $\beta_1 > 0$인 경우

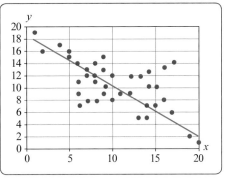

(b) $\beta_1 < 0$인 경우

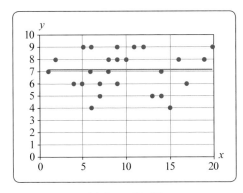

(c) $\beta_1 = 0$인 경우

14.1.2 최소제곱법

단순선형회귀모형에서 회귀직선 $y = \beta_0 + \beta_1 x$를 정확히 알고 있다면 $X = x_i$에 대한 종속변수의 관찰값 y_i를 구할 수 있을 것이다. 그러나 실제로 모수 β_0과 β_1은 알려져 있지 않으며 표본으로 그 값을 추정해야 한다. 기울기와 절편이 알려져 있지 않으므로 표본의 관찰값을 나타내는 추세선인 직선은 여러 개가 있을 수 있다. 이때 단순선형회귀모형은 여러 직선들 중 관찰값들을 가장 적합하게 나타내는 직선을 구하는 것이다. 즉, 가장 적합한 절편 모수 β_0과 기울기 모수 β_1의 추정값 b_0과 b_1을 구하는 것이다. 오차항 ε의 분산 σ^2은 관찰값들로부터 추정할 수 있으며, 이 값이 작을수록 측정값 (x_i, y_i)는 직선 $\hat{y} = b_0 + b_1 x$에 가까워진다. 그러므로 [그림 14-5]와 같이 종속변수의 관찰값 y_i와 추세선의 추정값 $b_0 + b_1 x_i$의 오차제곱합을 최소로 하는 직선을 선택하며, 이 직선을 **최소제곱직선**(least squares line)이라 한다.

그림 14-5 최소제곱직선

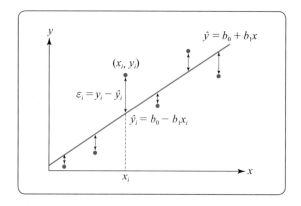

이 직선을 얻기 위해 다음과 같은 **오차제곱합**(sum of squares for error; SSE) 또는 **잔차제곱합**을 최소로 하는 b_0과 b_1을 구해야 한다.

$$\text{SSE} = \sum_{i=1}^{n} \varepsilon_i^2 = \sum_{i=1}^{n} (y_i - \hat{y}_i)^2 = \sum_{i=1}^{n} [y_i - (b_0 + b_1 x_i)]^2$$

여기서 b_0과 b_1은 각각 모수 β_0과 β_1의 추정값이다. 이 방법으로 회귀직선을 구하는 것을 **최소제곱법**(least squares method)이라 하고, 이렇게 얻은 직선 $\hat{y} = b_0 + b_1 x$를 **추정회귀직선**(estimated regression line)이라 한다. b_0과 b_1은 각각 다음과 같다.

$$b_0 = \bar{y} - b_1 \bar{x}, \quad b_1 = \frac{S_{xy}}{S_{xx}}$$

여기서 S_{xy}와 S_{xx}는 4.5절에서 다룬 X와 Y의 표본 공분산과 X의 표본분산이다. 따라서 최소제곱법으로 구한 추정회귀직선은 다음과 같다.

$$\hat{y} = b_0 + b_1 x = \bar{y} + b_1 (x - \bar{x})$$

여기서 b_0과 b_1은 각각 모수 β_0과 β_1의 불편추정량이며, 특정한 독립변수 값 x^*에 대한 종속변수 y의 점추정값은 다음과 같다.

$$\hat{y}\big|_{x^*} = \bar{y} + b_1 (x^* - x)$$

예제 1

다음은 크기가 $n = 10$인 표본에서 얻은 결과이다. 물음에 답하라.

$$\sum_{i=1}^{n} x_i = 22, \quad \sum_{i=1}^{n} y_i = 45, \quad \sum_{i=1}^{n} x_i^2 = 130, \quad \sum_{i=1}^{n} x_i y_i = 198$$

(a) 최소제곱법으로 β_0과 β_1의 추정값을 구하라.

(b) $x = 5$일 때 y의 추정값을 구하라.

풀이

(a) S_{xy}, S_{xx}를 구하면 다음과 같다.

$$S_{xy} = \frac{1}{9}\left(\sum_{i=1}^{10} x_i y_i - \frac{1}{10}\sum_{i=1}^{10} x_i \sum_{i=1}^{10} y_i\right) = \frac{1}{9}\left(198 - \frac{1}{10} \times 22 \times 45\right) = 11,$$

$$S_{xx} = \frac{1}{9}\left[\sum_{i=1}^{10} x_i^2 - \frac{1}{10}\left(\sum_{i=1}^{10} x_i\right)^2\right] = \frac{1}{9}\left(130 - \frac{22^2}{10}\right) \approx 9.067$$

따라서 β_0과 β_1의 추정값은 다음과 같다.

$$b_1 = \frac{S_{xy}}{S_{xx}} = \frac{11}{9.067} \approx 1.21,$$

$$b_0 = \bar{y} - b_1\bar{x} = 4.5 - 1.21 \times 2.2 \approx 1.84$$

(b) 추정회귀직선이 $\hat{y} = 1.84 + 1.21x$이므로 $x = 5$일 때 y의 추정값은 다음과 같다.

$$\hat{y}\big|_{x=5} = 1.84 + 1.21 \times 5 = 7.89$$

예제 2

다음은 어느 사회단체에서 우리나라 20대 남자의 몸무게(x)와 키(y)의 관계를 알아보기 위해 표본조사한 결과이다. 물음에 답하라.

x(kg)	58.6	61.6	63.8	64.0	64.7	65.2
y(cm)	159.2	162.1	164.7	169.0	169.1	169.1
x(kg)	66.3	67.0	67.6	67.7	67.9	68.0
y(cm)	171.2	171.8	171.7	173.1	173.2	173.8

(a) 추정 회귀방정식을 구하라.

(b) 20대 남자의 몸무게와 키의 관계를 설명하라.

(c) 몸무게가 63 kg인 남자의 키를 예측하라.

풀이

(a) 몸무게와 키의 평균은 각각 다음과 같다.

$$\bar{x} = \frac{1}{12}\sum_{i=1}^{12} x_i = 65.2, \quad \bar{y} = \frac{1}{12}\sum_{i=1}^{12} y_i = 169$$

이제 S_{xy}와 S_{xx}를 구하기 위해 다음 표를 작성한다.

번호	x	y	$x - \bar{x}$	$y - \bar{y}$	$(x - \bar{x})^2$	$(x - \bar{x})(y - \bar{y})$
1	58.6	159.2	−6.6	−9.8	43.56	64.68
2	61.6	162.1	−3.6	−6.9	12.96	24.84
3	63.8	164.7	−1.4	−4.3	1.96	6.02
4	64.0	169.0	−1.2	0.0	1.44	0.00
5	64.7	169.1	−0.5	0.1	0.25	−0.05
6	65.2	169.1	0	0.1	0.00	0.00
7	66.3	171.2	1.1	2.2	1.21	2.42
8	67.0	171.8	1.8	2.8	3.24	5.04
9	67.6	171.7	2.4	2.7	5.76	6.48
10	67.7	173.1	2.5	4.1	6.25	10.25
11	67.9	173.2	2.7	4.2	7.29	11.34
12	68.0	173.8	2.8	4.8	7.84	13.44
합계	782.4	2028	0	0	91.76	144.46

$$S_{xy} = \frac{1}{11}\sum_{i=1}^{12}(x_i - \bar{x})(y_i - \bar{y}) = \frac{144.46}{11} \approx 13.133,$$

$$S_{xx} = \frac{1}{11}\sum_{i=1}^{12}(x_i - \bar{x})^2 = \frac{91.76}{11} \approx 8.342$$

따라서 β_0과 β_1의 추정값은 다음과 같다.

$$b_1 = \frac{S_{xy}}{S_{xx}} = \frac{13.133}{8.342} \approx 1.57,$$

$$b_0 = \bar{y} - b_1\bar{x} \approx 169 - 1.57 \times 65.2 = 66.636$$

추정 회귀방정식은 $\hat{y} = b_0 + b_1 x = 66.636 + 1.57x$ 이다.

(b) 20대 남자의 경우 몸무게가 1 kg 증가할 때 키는 약 1.57 cm 증가한다.

(c) 몸무게가 63 kg인 남자 키의 추정값은 $\hat{y}|_{x=63} = 66.636 + 1.57 \times 63 \approx 165.55$ 이다.

14.1.3 결정계수

최소제곱법으로 구한 추정회귀직선은 독립변수 x 이외의 다른 요인에 의해 오차가 생길 있다. 오차항들 ε_i, $i = 1, 2, \cdots, n$은 독립이고 정규분포 $N(0, \sigma^2)$을 이루므로 오차분산 σ^2이 작을수록 측정값 (x_i, y_i)는 추정회귀직선 $\hat{y} = b_0 + b_1 x$에 더 가까워진다. 따라서 바람직한 추정회귀직선을 얻기 위해 오차분산을 가능한 한 작도록 해야 한다.

▌오차분산 σ^2의 추정

오차분산 σ^2은 실제 관측값 y_i와 추정값 $\hat{y}_i$의 편차를 이용하여 추정할 수 있다. [그림 14-6]과 같이 실제 관측값 y_i와 최소제곱직선에 의한 추정값 $\hat{y}_i$의 편차 ε_i를 **잔차**(residual)라 한다. 즉, 잔차는 $\varepsilon_i = y_i - \hat{y}_i$, $i = 1, 2, \cdots, n$이다.

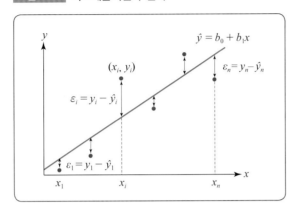

그림 14-6 최소제곱직선과 잔차

잔차제곱합은 추정회귀직선 주변의 실제 관측값의 변동성을 나타내는 척도이며, 다음과 같이 간단히 구할 수 있다.

$$SSE = (n-1)\left(S_{yy} - \frac{S_{xy}^2}{S_{xx}}\right)$$

$$= (n-1)(S_{yy} - b_1 S_{xy})$$

여기서 S_{yy}는 종속변수 Y의 분산이다.

오차분산 σ^2에 대한 불편추정량 $\hat{\sigma}^2$은 다음과 같으며 이 척도를 **평균제곱오차**(mean square error; MSE)라 한다.

$$MSE = \hat{\sigma}^2 = \frac{SSE}{n-2}$$

여기서 $n-2$는 SSE의 자유도이다. σ를 추정하기 위해 다음과 같이 $\hat{\sigma}^2$의 양의 제곱근 $\hat{\sigma}$을 이용하며, 이를 **추정값의 표준오차**(standard error of estimate)라 한다.

$$\hat{\sigma} = \sqrt{\frac{SSE}{n-2}}$$

예제 3

[예제 2] 자료의 오차분산에 대한 평균제곱오차를 구하라.

풀이

$S_{xy} = 13.133$, $S_{xx} = 8.342$이고 $S_{yy} = \dfrac{1}{11} \displaystyle\sum_{i=1}^{12} (y_i - y)^2 = \dfrac{239.62}{11} \approx 21.784$이다.

따라서 SSE와 MSE는 각각 다음과 같다.

$$\text{SSE} = (n-1)(S_{yy} - b_1 S_{xy}) = 11 \times (21.784 - 1.57 \times 13.133) \approx 12.817, \quad \text{MSE} = \frac{\text{SSE}}{n-2} = \frac{12.817}{10} \approx 1.28$$

결정계수

최소제곱법으로 구한 선형회귀모형이 얼마나 좋은지 나타내는 수치가 있다면, 선형회귀방정식을 이용하여 모집단을 분석하는 데 많은 도움이 될 것이다. 이와 같은 수치로 결정계수를 사용하며, 결정계수를 구하기 위해 총제곱합과 회귀제곱합을 살펴보자. 우선 종속변수 y_i와 y_i들의 평균 $\overline{y}$의 차 $y_i - \overline{y}$를 **총편차**(total deviation)라 하며, 총편차들의 제곱합을 **총제곱합**(total sum of squares; SST)이라 한다. 즉, 총제곱합은 다음과 같다.

$$\text{SST} = \sum_{i=1}^{n} (y_i - y)^2$$

각각의 총편차는 [그림 14-7]과 같이 오차항에 의해 설명되는 부분인 $y_i - \hat{y}_i$과 회귀직선에 의해 설명되는 부분인 $\hat{y}_i - \overline{y}$의 합으로 표현할 수 있다.

그림 14-7 **총 편차의 표현**

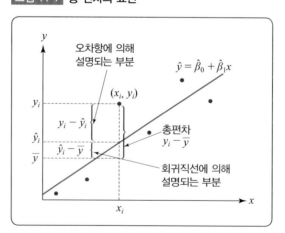

즉, 총편차를 다음과 같이 분해할 수 있다.

$$y_i - \bar{y} = (y_i - \hat{y}_i) + (\hat{y}_i - \bar{y})$$

이로부터 총제곱합은 다음과 같이 두 제곱합으로 분해된다.

$$\text{SST} = \sum_{i=1}^{n}(y_i - \hat{y}_i)^2 + \sum_{i=1}^{n}(\hat{y}_i - \bar{y})^2$$

여기서 $\sum_{i=1}^{n}(y_i - \hat{y}_i)^2$은 [그림 14-8(a)]와 같이 오차항에 의해 설명이 되는 y의 변동 부분으로 잔차제곱합 SSE이고, $\sum_{i=1}^{n}(\hat{y}_i - \bar{y})^2$은 [그림 14-8(b)]와 같이 회귀직선의 변동에 의해 설명되는 y의 변동 부분인 **회귀제곱합**(sum of squares for regression; SSR)을 나타낸다.

그림 14-8 잔차제곱합과 회귀제곱합

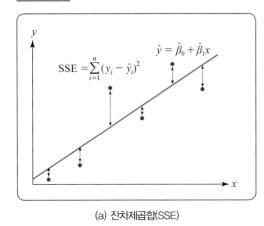

(a) 잔차제곱합(SSE)

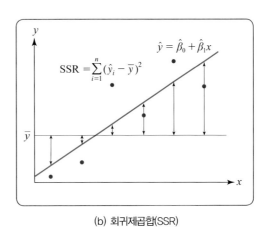

(b) 회귀제곱합(SSR)

따라서 총제곱합은 다음과 같이 잔차제곱합과 회귀제곱합으로 표현된다.

$$\text{SST} = \text{SSE} + \text{SSR}$$

앞에서 설명한 바와 같이 오차가 작을수록 추정회귀직선은 자료들을 대표하기에 적합해진다. 따라서 잔차제곱합이 작을수록(또는 회귀제곱합이 클수록) 회귀모형은 자료들을 잘 설명해 준다. 이와 같은 회귀모형의 적합도를 나타내는 모수로 다음과 같이 정의되는 **결정계수**(coefficient of determination)를 사용한다.

$$R^2 = \frac{\text{SSR}}{\text{SST}} = 1 - \frac{\text{SSE}}{\text{SST}}$$

이 결정계수는 회귀직선에 의해 설명되는 종속변수 y에 대한 총 변동 중 x의 변동에 의해 설명되는 비율로 0과 1 사이의 값이다. R^2이 클수록 SSE가 작아지며, $R^2 = 1$이면 회귀모형은 완전하다고 한다. 반면 SSE가 SST에 가까울수록 R^2이 0에 가까워지고, 이 경우 회귀모형은 매우 나쁘게 된다. 특히 $SST = (n-1)S_{yy}$이고 $SSE = (n-1)(S_{yy} - b_1 S_{xy})$이므로 결정계수를 다음과 같이 간단히 나타낼 수 있다.

$$R^2 = b_1 \frac{S_{xy}}{S_{yy}}$$

예제 4

[예제 2] 자료에 대한 결정계수 R^2을 구하라.

풀이

$S_{xy} = 13.133$, $S_{yy} = 21.784$, $b_1 = 1.57$이므로 결정계수는 다음과 같다.

$$R^2 = b_1 \frac{S_{xy}}{S_{yy}} = 1.57 \times \frac{13.133}{21.784} \approx 0.9465$$

예제 5

다음 자료에 대해 물음에 답하라.

x	1.7	2.1	3.4	3.7	4.4	4.7	5.3	5.7	6.2	6.8
y	2.6	2.9	3.3	3.4	3.6	3.7	3.8	3.6	4.3	4.8

(a) 단순선형회귀모형을 가정할 때, 추정 회귀방정식을 구하라.

(b) $x = 4$일 때 y의 추정값을 구하라.

(c) 오차분산을 추정하라.

(d) 회귀제곱합을 구하라.

(e) 결정계수를 구하라.

풀이

x와 y의 평균은 각각 다음과 같다.

$$\bar{x} = \frac{1}{10}\sum_{i=1}^{10} x_i = 4.4, \quad \bar{y} = \frac{1}{10}\sum_{i=1}^{10} y_i = 3.6$$

이제 S_{xy}와 S_{xx}를 구하기 위해 다음 표를 작성한다.

번호	x	y	$x - \bar{x}$	$y - \bar{y}$	$(x - \bar{x})^2$	$(y - \bar{y})^2$	$(x - \bar{x})(y - \bar{y})$
1	1.7	2.6	−2.7	−1.0	7.29	1.00	2.70
2	2.1	2.9	−2.3	−0.7	5.29	0.49	1.61
3	3.4	3.3	−1.0	−0.3	1.00	0.09	0.30
4	3.7	3.4	−0.7	−0.2	0.49	0.04	0.14
5	4.4	3.6	0.0	0.0	0.00	0.00	0.00
6	4.7	3.7	0.3	0.1	0.09	0.01	0.03
7	5.3	3.8	0.9	0.2	0.81	0.04	0.18
8	5.7	3.6	1.3	0.0	1.69	0.00	0.00
9	6.2	4.3	1.8	0.7	3.24	0.49	1.26
10	6.8	4.8	2.4	1.2	5.76	1.44	2.88
합계	44	36	0.0	0.0	25.66	3.6	9.1

$$S_{xy} = \frac{1}{9}\sum_{i=1}^{10}(x_i - \bar{x})(y_i - \bar{y}) = \frac{9.1}{9} \approx 1.0111,$$

$$S_{xx} = \frac{1}{9}\sum_{i=1}^{10}(x_i - \bar{x})^2 = \frac{25.66}{9} \approx 2.8511$$

(a) β_0과 β_1에 대한 추정값은 다음과 같다.

$$b_1 = \frac{S_{xy}}{S_{xx}} = \frac{1.0111}{2.8511} \approx 0.3546,$$

$$b_0 = \bar{y} - b_1\bar{x} = 3.6 - 0.3546 \times 4.4 \approx 2.0398$$

따라서 추정 회귀방정식은 $\hat{y} = 2.0398 + 0.3546x$이다.

(b) $x = 4$일 때 y의 추정값은 다음과 같다.

$$\hat{y}\big|_{x=5} = 2.0398 + 0.3546 \times 4 \approx 3.46$$

(c) SSE와 MSE는 각각 다음과 같다.

$$\text{SSE} = 9 \times (0.4 - 0.3546 \times 1.0111) \approx 0.3732,$$

$$\text{MSE} = \frac{\text{SSE}}{n-2} = \frac{0.3732}{8} \approx 0.0467$$

(d) 총제곱합 $\text{SST} = (n-1)S_{yy} = 9 \times 0.4 = 3.6$이고 $\text{SST} = \text{SSE} + \text{SSR}$이므로 회귀제곱합은 다음과 같다.

$$\text{SSR} = \text{SST} - \text{SSE} = 3.6 - 0.3732 = 3.2268$$

(e) 결정계수는 다음과 같다.

$$R^2 = b_1\frac{S_{xy}}{S_{yy}} = \frac{0.3546 \times 1.0111}{0.4} \approx 0.8963$$

엑셀 회귀분석

[예제 5] 자료에 대해 회귀계수를 구한다.

Ⓐ 절편과 기울기 구하기

❶ A1~B1셀에 **x, y**를 기입하고, 2행부터 각 열에 *x*와 *y* 자료를 기입한 후 C1~C3셀에 **절편, 기울기, 표준오차**를 기입한다.

❷ D1셀에 커서를 놓고 메뉴바에서 **수식 〉함수 삽입 〉통계 〉INTERCEPT**를 선택한 다음 **Known_y's**에 B1:B11, **Known_x's**에 **A1:A11**을 기입하여 절편 2.039595를 얻는다.

❸ D2셀에 커서를 놓고 메뉴바에서 **수식 〉함수 삽입 〉통계 〉SLOPE**를 선택한 다음 **Known_y's**에 B1:B11, **Known_x's**에 **A1:A11**을 기입하여 기울기 0.354638을 얻는다.

❹ D3셀에 커서를 놓고 메뉴바에서 **수식 〉함수 삽입 〉통계 〉STEYX**를 선택한 다음 **Known_y's**에 B2:B11, **Known_x's**에 **A2:A11**을 기입하여 표준오차 0.21587을 얻는다.

Ⓑ 데이터 분석을 이용한 회귀분석 구하기

메뉴바에서 **데이터 〉데이터 분석 〉회귀분석**을 선택한 다음 **Y축 입력 범위**에 $B$1: $B$11, **X축 입력 범위**에 $A$1:$A$11을 기입하고 **이름표**를 체크한 후 **출력 범위**에 $C$1을 기입한다.

|결론| 다음과 같이 두 자료집단에 대한 회귀분석 결과를 종합적으로 보여 준다.

	I	J	K	L	M	N	O	P	Q
	요약 출력								
	회귀분석 통계량								
	다중 상관계수	0.946808							
	결정계수	0.896445 R^2							
	조정된 결정계수	0.883501							
	표준 오차	0.21587 $\hat{\sigma}$							
	관측수	10							
	분산 분석								
		자유도	제곱합	제곱 평균	F 비	유의한 F			
	회귀	SSR 1	3.227202	3.22720187	69.25361	3.28E-05			
	잔차	SSE 8	0.372798	0.04659977 MSE					
	계	9	3.6						
		계수	표준 오차	t 통계량	P-값	하위 95%	상위 95%	하위 95.0%	상위 95.0%
	Y 절편 b_0	2.039595	0.199546	10.2211704	7.21E-06	1.579441	2.499749	1.579441	2.499749
	x b_1	0.354638	0.042615	8.32187518	3.28E-05	0.256367	0.452908	0.256367	0.452908

절편 함수	=INTERCEPT(y 범위, x 범위)
기울기 함수	=SLOPE(y 범위, x 범위)
표준오차 함수	=STEYX

14.2 회귀계수의 구간추정

지금까지 최소제곱법으로 관찰값 (x_i, y_i), $i = 1, 2, \cdots, n$에 대한 추정회귀직선의 절편과 기울기 모수를 구하는 방법을 살펴봤다. 이제 모회귀계수 β_0과 β_1의 신뢰구간을 구해보자.

14.2.1 β_1의 구간추정

오차항 ε_i, $i = 1, 2, \cdots, n$는 독립이고 정규분포 $N(0, \sigma^2)$을 이룬다고 가정하므로 회귀모형 $Y_i = \beta_0 + \beta_1 X_i + \varepsilon_i$도 역시 정규분포 $N(\beta_0 + \beta_1 x_i, \sigma^2)$을 이룬다. 이때 오차분산 σ^2을 아는 경우와 모르는 경우 구간추정을 위해 사용하는 확률분포가 다르다.

▌오차분산 σ^2을 아는 경우

기울기 모수 β_1의 추정량 b_1은 다음과 같은 정규분포를 이룬다.

$$b_1 \sim N\left(\beta_1, \frac{\sigma^2}{\sum_{i=1}^{n}(x_i - \overline{x})^2}\right)$$

b_1을 표준화하면 다음과 같다.

$$\frac{b_1 - \beta_1}{\dfrac{\sigma}{\sqrt{\sum_{i=1}^{n}(x_i - \overline{x})^2}}} \sim N(0, 1)$$

즉, 오차분산 σ^2을 아는 경우 기울기 모수 β_1에 대한 $100(1 - \alpha)\%$ 신뢰구간은 다음과 같다.

$$\left(b_1 - z_{\alpha/2}\frac{\sigma}{\sqrt{\sum_{i=1}^{n}(x_i - \overline{x})^2}}, \quad b_1 + z_{\alpha/2}\frac{\sigma}{\sqrt{\sum_{i=1}^{n}(x_i - \overline{x})^2}}\right)$$

오차분산을 모르는 경우

일반적으로 오차분산 σ^2이 미지이므로 β_0과 β_1에 대한 추론에서 정규분포를 적용할 수 없다. 이때 σ를 $\hat{\sigma}$, 즉 $\sqrt{\text{MSE}}$로 대체하면 b_1로 정의된 통계량은 다음과 같이 자유도 $n-2$인 t-분포를 이룬다.

$$\frac{b_1 - \beta_1}{\sqrt{\dfrac{\text{MSE}}{\displaystyle\sum_{i=1}^{n}(x_i - \overline{x})^2}}} \sim t(n-2)$$

즉, 오차분산을 모르는 경우 기울기 모수 β_1에 대한 $100(1-\alpha)\%$ 신뢰구간은 다음과 같다.

$$\left(b_1 - t_{\alpha/2}(n-2)\sqrt{\frac{\text{MSE}}{\displaystyle\sum_{i=1}^{n}(x_i - \overline{x})^2}}, \quad b_1 + t_{\alpha/2}(n-2)\sqrt{\frac{\text{MSE}}{\displaystyle\sum_{i=1}^{n}(x_i - \overline{x})^2}} \right)$$

예제 6

[예제 5] 자료에 대해 물음에 답하라.
(a) 오차분산이 0.04인 경우 β_1에 대한 95% 신뢰구간을 구하라.
(b) 오차분산을 모르는 경우 β_1에 대한 95% 신뢰구간을 구하라.

풀이

$S_{xx} = 2.8511$, $b_1 = 0.3546$을 이용하여 신뢰구간을 구한다.

(a) $z_{0.025} = 1.96$, $\sigma^2 = 0.04$이므로 β_1에 대한 95% 신뢰구간은 다음과 같다.

$$\left(0.3546 - \frac{1.96 \times 0.2}{\sqrt{9 \times 2.8511}}, \quad 0.3546 + \frac{1.96 \times 0.2}{\sqrt{9 \times 2.8511}} \right) \approx (0.277, 0.432)$$

(b) $\text{MSE} = 0.0466$, $t_{0.025}(8) = 2.306$이므로 β_1에 대한 95% 신뢰구간은 다음과 같다.

$$\left(0.3546 - 2.306\sqrt{\frac{0.0467}{9 \times 2.8511}}, \quad 0.3546 + 2.306\sqrt{\frac{0.0467}{9 \times 2.8511}} \right) \approx (0.256, 0.453)$$

14.2.2 β_0의 구간추정

절편 모수 β_0에 대한 구간추정도 기울기 모수와 마찬가지로 오차분산 σ^2을 아는 경우와 모르는 경우 구간추정을 위해 사용하는 확률분포가 다르다.

오차분산 σ^2을 아는 경우

절편 모수 β_0의 추정량 b_0은 다음과 같은 정규분포를 이룬다.

$$b_0 \sim N\left(\beta_0, \left(\frac{1}{n} + \frac{\overline{x}^2}{\sum\limits_{i=1}^{n}(x_i - \overline{x})^2}\right)\sigma^2\right)$$

b_0을 표준화하면 다음과 같다.

$$\frac{b_0 - \beta_0}{\sigma\sqrt{\dfrac{1}{n} + \dfrac{\overline{x}^2}{\sum\limits_{i=1}^{n}(x_i - \overline{x})^2}}} \sim N(0, 1)$$

즉, 오차분산 σ^2을 아는 경우 절편 모수 β_0에 대한 $100(1-\alpha)\%$ 신뢰구간은 다음과 같다.

$$\left(b_0 - z_{\alpha/2}\sigma\sqrt{\frac{1}{n} + \frac{\overline{x}^2}{\sum\limits_{i=1}^{n}(x_i - \overline{x})^2}}, \quad b_0 + z_{\alpha/2}\sigma\sqrt{\frac{1}{n} + \frac{\overline{x}^2}{\sum\limits_{i=1}^{n}(x_i - \overline{x})^2}}\right)$$

오차분산을 모르는 경우

기울기 모수 β_1에 대한 추론과 동일하게 오차분산 σ^2을 MSE로 대체하면 절편 모수 β_0의 추정량 b_0으로 정의된 통계량은 다음과 같은 자유도 $n-2$인 t−분포를 이룬다.

$$\frac{b_0 - \beta_0}{\sqrt{\mathrm{MSE}\left(\dfrac{1}{n} + \dfrac{\overline{x}^2}{\sum\limits_{i=1}^{n}(x_i - \overline{x})^2}\right)}} \sim t(n-2)$$

즉, 오차분산 σ^2을 모르는 경우 절편 모수 β_0에 대한 $100(1-\alpha)\%$ 신뢰구간은 다음과 같다.

$$\left(b_0 - t_{\alpha/2}(n-2)\sqrt{\mathrm{MSE}\left(\frac{1}{n} + \frac{\overline{x}^2}{\sum\limits_{i=1}^{n}(x_i - \overline{x})^2}\right)}, \quad b_0 + t_{\alpha/2}(n-2)\sqrt{\mathrm{MSE}\left(\frac{1}{n} + \frac{\overline{x}^2}{\sum\limits_{i=1}^{n}(x_i - \overline{x})^2}\right)}\right)$$

예제 7

[예제 5] 자료에 대해 물음에 답하라.

(a) 오차분산이 0.04인 경우 β_0에 대한 95% 신뢰구간을 구하라.

(b) 오차분산을 모르는 경우 β_0에 대한 95% 신뢰구간을 구하라.

풀이

$\bar{x} = 4.4$, $S_{xx} = 2.8511$, $b_0 = 2.0398$을 이용하여 신뢰구간을 구한다.

(a) $z_{0.025} = 1.96$, $\sigma^2 = 0.04$이므로 β_0에 대한 95% 신뢰구간은 다음과 같다.

$$\left(2.0398 - (1.96 \times 0.2)\sqrt{\frac{1}{10} + \frac{4.4^2}{9 \times 2.8511}},\ 2.0398 + (1.96 \times 0.2)\sqrt{\frac{1}{10} + \frac{4.4^2}{9 \times 2.8511}}\right) \approx (1.677,\ 2.402)$$

(b) MSE $= 0.0466$, $t_{0.025}(8) = 2.306$이므로 β_0에 대한 95% 신뢰구간은 다음과 같다.

$$\left(2.0398 - 2.306\sqrt{0.0466\left(\frac{1}{10} + \frac{4.4^2}{9 \times 2.8511}\right)},\ 2.0398 + 2.306\sqrt{0.0466\left(\frac{1}{10} + \frac{4.4^2}{9 \times 2.8511}\right)}\right) \approx (1.58,\ 2.50)$$

엑셀 회귀계수에 대한 신뢰구간

[예제 5]의 회귀계수에 대한 95% 신뢰구간을 구한다.

데이터 분석을 이용한 다음 결과에서 절편 모수 β_0과 기울기 모수 β_1에 대한 95% 신뢰구간은 각각 (1.5794, 2.4997), (0.256, 0.453)이다.

	계수	표준 오차	t 통계량	P-값	하위 95%	상위 95%	하위 95.0%	상위 95.0%
Y 절편	2.039595	0.199546	10.2211704	7.21E-06	1.579441	2.499749	1.579441	2.499749
x	0.354638	0.042615	8.32187518	3.28E-05	0.256367	0.492908	0.256367	0.452908

b_0의 95% 신뢰구간 b_1의 95% 신뢰구간

$x = 7$일 때 y의 예측값 y^*를 구하는 방법

❶ 메뉴바에서 수식 〉 함수 삽입 〉 통계 〉 FORECAST.LINEAR를 선택한 다음 X에 **x=7**, Known_y's에 B1:B11, Known_x's에 **A1:A11**을 기입하여 $x = 7$일 때 y의 예측값 $\hat{y}\big|_{x=7} = 4.522$를 얻는다.

❷ 메뉴바에서 수식 〉 함수 삽입 〉 통계 〉 TREND를 선택한 다음 **Known_y's**에 B2:B11, Known_x's에 **A2:A11**, New_x's에 7을 기입하여 ❶과 동일한 예측값을 얻는다.

예측값 함수	=FORECAST.LINEAR(예측값, y 범위, x 범위)
기울기 함수	=TREND(y 범위, x 범위, 예측값)

14.3 ▶ 회귀계수의 가설검정

모집단의 회귀직선에서 기울기 모수와 절편 모수의 신뢰구간을 구하기 위해 오차분산을 아는 경우와 모르는 경우에 따라 표준정규분포 또는 t-분포를 사용했다. 마찬가지로 오차분산을 아는 경우와 그렇지 않은 경우 두 회귀모수에 대한 주장을 검정해본다.

14.3.1 β_1의 가설검정

오차분산 σ^2을 아는 경우와 모르는 경우에 기울기 모수 β_1에 대한 귀무가설을 검정하는 방법을 살펴보자.

∣ 오차분산 σ^2을 아는 경우

기울기 모수의 추정량 b_1은 β_1의 불편추정량이며 다음 검정통계량은 표준정규분포를 이룬다.

$$Z = \frac{b_1 - \beta_1}{\dfrac{\sigma}{\sqrt{\sum\limits_{i=1}^{n}(x_i - \overline{x})^2}}}$$

오차분산 σ^2을 아는 경우 귀무가설 $H_0 : \beta_1 = \tilde{\beta}_1$을 검정하기 위해 다음 표준화분포를 이용한다.

$$Z = \frac{b_1 - \tilde{\beta}_1}{\dfrac{\sigma}{\sqrt{\sum\limits_{i=1}^{n}(x_i - \overline{x})^2}}} \sim N(0, 1)$$

따라서 다음 순서에 따라 귀무가설 $H_0 : \beta_1 = \tilde{\beta}_1$을 검정한다.

❶ Z-통계량을 이용한다.
❷ 검정 유형에 따라 유의수준 α에 대한 기각역을 구한다.
❸ 검정통계량의 관찰값 z_0을 구한다.
❹ 검정통계량의 관찰값 z_0이 기각역 안에 놓이거나 p-값이 α보다 작으면 H_0을 기각한다.

귀무가설의 유형에 따른 기각역은 [표 14-2]와 같다.

표 14-2 기울기 모수 β_1에 대한 가설검정(모분산을 아는 경우)

가설과 기각역 / 검정 방법	귀무가설 H_0	대립가설 H_1	H_0의 기각역	p−값
양측검정	$\beta_1 = \tilde{\beta}_1$	$\beta_1 \neq \tilde{\beta}_1$	$\lvert Z \rvert > z_{\alpha/2}$	$P(\lvert Z \rvert > \lvert z_0 \rvert)$
하단측검정	$\beta_1 \geq \tilde{\beta}_1$	$\beta_1 < \tilde{\beta}_1$	$Z < -z_\alpha$	$P(Z < z_0)$
상단측검정	$\beta_1 \leq \tilde{\beta}_1$	$\beta_1 > \tilde{\beta}_1$	$Z > z_\alpha$	$P(Z > z_0)$

두 변수 X와 Y 사이에 선형관계가 없다면 기울기는 $\beta_1 = 0$이 된다. 따라서 귀무가설 H_0 : $\beta_1 = 0$에 대한 가설검정은 특히 중요하며, H_0을 기각할 수 없다면 두 변수 X와 Y 사이에 선형관계가 없다고 할 수 있다. 그러나 두 변수 사이에 선형관계가 성립하지 않는다고 해서 아무 관계가 없는 것은 아니다. 단지 선형관계가 없다는 것을 의미하며 두 변수 사이에 이차식인 관계가 성립할 수도 있다.

| 오차분산을 모르는 경우

오차분산을 모르는 경우 추정에서와 마찬가지로 σ를 $\sqrt{\text{MSE}}$로 대체하면 귀무가설 H_0 : $\beta_1 = \tilde{\beta}_1$에 대한 다음 검정통계량은 자유도 $n - 2$인 t−분포를 이룬다.

$$T = \frac{b_1 - \tilde{\beta}_1}{\sqrt{\dfrac{\text{MSE}}{\displaystyle\sum_{i=1}^{n} (x_i - \overline{x})^2}}}$$

따라서 다음 순서에 따라 귀무가설 H_0 : $\beta_1 = \tilde{\beta}_1$을 검정한다.

❶ T−통계량을 이용한다.
❷ 검정 유형에 따라 유의수준 α에 대한 기각역을 구한다.
❸ 검정통계량의 관찰값 t_0을 구한다.
❹ 관찰값 t_0이 기각역 안에 놓이거나 p−값이 α보다 작으면 H_0을 기각한다.

귀무가설의 유형에 따른 기각역은 [표 14−3]과 같다.

표 14-3 기울기 모수 β_1에 대한 가설검정(모분산을 모르는 경우)

가설과 기각역 / 검정 방법	귀무가설 H_0	대립가설 H_1	H_0의 기각역	p−값
양측검정	$\beta_1 = \tilde{\beta}_1$	$\beta_1 \neq \tilde{\beta}_1$	$\lvert T \rvert > t_{\alpha/2}(n-2)$	$P(\lvert T \rvert > \lvert t_0 \rvert)$
하단측검정	$\beta_1 \geq \tilde{\beta}_1$	$\beta_1 < \tilde{\beta}_1$	$T < -t_\alpha(n-2)$	$P(T < t_0)$
상단측검정	$\beta_1 \leq \tilde{\beta}_1$	$\beta_1 > \tilde{\beta}_1$	$T > t_\alpha(n-2)$	$P(T > t_0)$

이 경우에도 독립변수 X와 종속변수 Y 사이에 선형관계가 없다면 기울기는 $\beta_1 = 0$이 된다. 따라서 H_0을 기각할 수 없다면 두 변수 X와 Y 사이에 선형관계가 없다고 할 수 있다.

예제 8

[예제 5] 자료에 대해 물음에 답하라.

(a) 오차분산이 0.04인 경우 유의수준 5%에서 귀무가설 $H_0 : \beta_1 = 0$을 검정하라.

(b) 오차분산을 모르는 경우 유의수준 5%에서 귀무가설 $H_0 : \beta_1 = 0$을 검정하라.

풀이

다음 순서에 따라 귀무가설을 검정한다.

(a) ❶ 대립가설이 $H_1 : \beta_1 \neq 0$인 양측검정이므로 유의수준 5%에 대한 기각역은 다음은 같다.

$$Z < -1.96, \quad Z > 1.96$$

❷ $b_1 = 0.3546$, $S_{xx} = 2.8511$이므로 검정통계량의 관찰값은 다음과 같다.

$$z_0 = \frac{0.3546 - 0}{\dfrac{0.2}{\sqrt{9 \times 2.8511}}} \approx 8.98$$

❸ 검정통계량의 관찰값 $z_0 = 8.98$이 기각역 안에 놓이므로 유의수준 5%에서 귀무가설 $H_0 : \beta_1 = 0$을 기각한다. 즉, 두 변수 x와 y 사이에 선형관계가 있다.

(b) ❶ 대립가설이 $H_1 : \beta_1 \neq 0$이고 $t_{0.025}(8) = 2.306$이므로 유의수준 5%에 대한 기각역은 다음과 같다.

$$T < -2.306, \quad T > 2.306$$

❷ $b_1 = 0.3546$, $MSE = 0.0466$, $S_{xx} = 2.8511$이므로 검정통계량의 관찰값은 다음과 같다.

$$t_0 = \frac{0.3546 - 0}{\sqrt{\dfrac{0.0466}{9 \times 2.8511}}} \approx 8.321$$

❸ 검정통계량의 관찰값 $t_0 = 8.321$이 기각역 안에 놓이므로 유의수준 5%에서 귀무가설 $H_0 : \beta_1 = 0$을 기각한다. 즉, 두 변수 x와 y 사이에 선형관계가 있다.

14.3.2 β_0의 가설검정

이제 오차분산 σ^2을 아는 경우와 모르는 경우에 절편 모수 β_0에 대한 귀무가설을 검정하는 방법을 살펴보자.

| 오차분산 σ^2을 아는 경우

절편 모수의 추정량 b_0은 β_0의 불편추정량이고 다음 정규분포를 이룬다.

$$b_0 \sim N\left(\beta_0, \left(\frac{1}{n} + \frac{\overline{x}^2}{\sum_{i=1}^{n}(x_i - \overline{x})^2}\right)\sigma^2\right)$$

오차분산 σ^2을 아는 경우 귀무가설 $H_0 : \beta_0 = \tilde{\beta}_0$을 검정하기 위해 다음 검정통계량과 표준정규분포를 이용한다.

$$Z = \frac{b_0 - \tilde{\beta}_0}{\sigma\sqrt{\dfrac{1}{n} + \dfrac{\overline{x}^2}{\sum_{i=1}^{n}(x_i - \overline{x})^2}}}$$

따라서 다음 순서에 따라 귀무가설 $H_0 : \beta_0 = \tilde{\beta}_0$을 검정한다.

❶ Z-통계량을 이용한다.

❷ 검정 유형에 따라 유의수준 α에 대한 기각역을 구한다.

❸ 검정통계량의 관찰값 z_0을 구한다.

❹ 검정통계량의 관찰값 z_0이 기각역 안에 놓이거나 p-값이 α보다 작으면 H_0을 기각한다.

귀무가설의 유형에 따른 기각역은 [표 14-4]와 같다.

표 14-4 절편 모수 β_0에 대한 가설검정(모분산을 아는 경우)

가설과 기각역 / 검정 방법	귀무가설 H_0	대립가설 H_1	H_0의 기각역	p-값
양측검정	$\beta_0 = \tilde{\beta}_0$	$\beta_0 \neq \tilde{\beta}_0$	$\lvert Z \rvert > z_{\alpha/2}$	$P(\lvert Z \rvert > \lvert z_0 \rvert)$
하단측검정	$\beta_0 \geq \tilde{\beta}_0$	$\beta_0 < \tilde{\beta}_0$	$Z < -z_\alpha$	$P(Z < z_0)$
상단측검정	$\beta_0 \leq \tilde{\beta}_0$	$\beta_0 > \tilde{\beta}_0$	$Z > z_\alpha$	$P(Z > z_0)$

| 오차분산을 모르는 경우

오차분산을 모르는 경우 추정에서와 마찬가지로 귀무가설 $H_0 : \beta_0 = \tilde{\beta}_0$을 검정하기 위해 자유도 $n-2$인 t-분포를 이루는 다음 검정통계량을 이용한다.

$$T = \frac{b_0 - \tilde{\beta}_0}{\sqrt{\text{MSE}\left(\dfrac{1}{n} + \dfrac{\overline{x}^2}{\sum_{i=1}^{n}(x_i - \overline{x})^2}\right)}}$$

따라서 다음 순서에 따라 귀무가설 $H_0 : \beta_0 = \tilde{\beta}_0$을 검정한다.

❶ T-통계량을 이용한다.

❷ 검정 유형에 따라 유의수준 α에 대한 기각역을 구한다.

❸ 검정통계량의 관찰값 t_0을 구한다.

❹ 관찰값 t_0이 기각역 안에 놓이거나 p-값이 α보다 작으면 H_0을 기각한다.

귀무가설의 유형에 따른 기각역은 [표 14-5]와 같다.

표 14-5 절편 모수 β_0에 대한 가설검정(모분산을 모르는 경우)

가설과 기각역 검정 방법	귀무가설 H_0	대립가설 H_1	H_0의 기각역	p-값
양측검정	$\beta_0 = \tilde{\beta}_0$	$\beta_0 \neq \tilde{\beta}_0$	$\lvert T \rvert > t_{\alpha/2}(n-2)$	$P(\lvert T \rvert > \lvert t_0 \rvert)$
하단측검정	$\beta_0 \geq \tilde{\beta}_0$	$\beta_0 < \tilde{\beta}_0$	$T < -t_\alpha(n-2)$	$P(T < t_0)$
상단측검정	$\beta_0 \leq \tilde{\beta}_0$	$\beta_0 > \tilde{\beta}_0$	$T > t_\alpha(n-2)$	$P(T > t_0)$

예제 9

[예제 5] 자료에 대해 물음에 답하라.

(a) 오차분산이 0.04인 경우 유의수준 5%에서 귀무가설 $H_0 : \beta_0 = 2$를 검정하라.

(b) 오차분산을 모르는 경우 유의수준 5%에서 귀무가설 $H_0 : \beta_0 = 2$를 검정하라.

풀이

다음 순서에 따라 귀무가설을 검정한다.

(a) ❶ 대립가설이 $H_1 : \beta_0 \neq 2$인 양측검정이므로 유의수준 5%에 대한 기각역은 $Z < -1.96$, $Z > 1.96$이다.

❷ $\bar{x} = 4.4$, $b_0 = 2.0398$, $S_{xx} = 2.8511$이므로 검정통계량의 관찰값은 다음과 같다.

$$z_0 = \frac{2.0398 - 2}{0.2\sqrt{\dfrac{1}{10} + \dfrac{4.4^2}{9 \times 2.8511}}} \approx 0.215$$

❸ 검정통계량의 관찰값 $z_0 = 0.215$가 기각역 안에 놓이지 않으므로 유의수준 5%에서 귀무가설 $H_0 : \beta_0 = 2$를 기각할 수 없다.

(b) ❶ 대립가설은 $H_1 : \beta_0 \neq 2$이고 $t_{0.025}(8) = 2.306$이므로 유의수준 5%에 대한 기각역은 $T < -2.306$, $T > 2.306$이다.

❷ $\bar{x} = 4.4$, $b_0 = 2.0398$, MSE $= 0.0466$, $S_{xx} = 2.8511$이므로 검정통계량의 관찰값은 다음과 같다.

$$T = \frac{2.0398 - 2}{\sqrt{0.0466\left(\dfrac{1}{10} + \dfrac{4.4^2}{9 \times 2.8511}\right)}} \approx 0.199$$

❸ 검정통계량의 관찰값 $t_0 = 0.199$가 기각역 안에 놓이지 않으므로 귀무가설 $H_0 : \beta_0 = 2$를 기각할 수 없다.

엑셀 회귀계수에 대한 가설검정

[예제 5]의 회귀계수에 대한 가설을 유의수준 5%에서 검정한다.

데이터 분석을 이용한 다음 결과는 절편 모수 β_0과 기울기 모수 β_1에 대한 두 귀무가설 $H_0 : \beta_0 = 0$과 $H_0 : \beta_1 = 0$의 검정통계량의 관찰값이 각각 10.22, 8.32이고 p-값이 0.000임을 보여 준다.

$\beta_0 = 0$에 대한 t 통계량 $\beta_1 = 0$에 대한 t 통계량

	계수	표준 오차	t 통계량	P-값	하위 95%	상위 95%	하위 95.0%	상위 95.0%
Y 절편	2.039595	0.199546	10.2211704	7.21E-06	1.579441	2.499749	1.579441	2.499749
x	0.354638	0.042615	8.32187518	3.28E-05	0.256367	0.452908	0.256367	0.452908

b_0, b_1의 표준오차   각 경우의 p-값

분산분석을 이용한 다음 결과는 회귀모형의 적합성(귀무가설 $H_0 : \beta_1 = 0$)에 대한 F-통계량의 관찰값이 69.25361이고 p-값이 0.000임을 보여 준다.

F-통계량 p-값

분산 분석		자유도	제곱합	제곱 평균	F 비	유의한 F
회귀	SSR	1	3.227202	3.22720187	69.25361	3.28E-05
잔차	SSE	8	0.372798	0.04659977		
계	SST	9	3.6	MSE		

14.4 상관분석

지금까지 두 변수 사이의 선형관계에 대해 살펴봤다. 단순히 두 변수 사이의 연관성을 알고 싶은 경우엔 상관분석을 하는데, 두 변수 사이의 연관성을 측정하는 척도로 상관계수를 이용한다. 4.5.2절에서 다음 표본상관계수를 정의했다.

$$r = \frac{s_{xy}}{s_x s_y}$$

표본상관계수는 다음과 같이 다시 쓸 수 있으며, 이를 **피어슨의 상관계수**(Pearson's correlation coefficient)라 한다.

$$r = \frac{s_{xy}}{s_x s_y} = \frac{\sum_{i=1}^{n} (x_i - \overline{x})(y_i - \overline{y})}{\sqrt{\sum_{i=1}^{n} (x_i - \overline{x})^2 \sum_{i=1}^{n} (y_i - \overline{y})^2}}$$

이번 절에서는 상관계수에 대한 가설을 검정하는 방법에 대해 살펴본다.

14.4.1 $\rho = 0$에 대한 검정

두 변수 X와 Y 사이에 상관관계가 있는지 검정하는 방법, 즉 귀무가설 $H_0 : \rho = 0$을 검정하는 방법에 대해 살펴본다. H_0이 참, 즉 $\rho = 0$이면 표본상관계수 r로 정의된 T-통계량은 다음과 같이 자유도 $n - 2$인 t-분포를 이룬다.

$$T = r\sqrt{\frac{n - 2}{1 - r^2}} \sim t(n - 2)$$

따라서 두 변수 X와 Y 사이의 상관관계 유무를 검정하기 위한 귀무가설은 $H_0 : \rho = 0$이고, 양측검정에 대한 기각역은 다음과 같다.

$$|T| > t_{\alpha/2}(n - 2)$$

예제10

[예제 5] 자료에서 두 변수 X와 Y 사이에 상관관계가 있는지 유의수준 5%에서 검정하라.

풀이

다음 순서에 따라 귀무가설을 검정한다.

❶ 귀무가설과 대립가설은 각각 $H_0 : \rho = 0$, $H_1 : \rho \neq 0$이다.

❷ 유의수준 5%에 대한 양측검정이므로 기각역은 $T < -t_{0.025}(8) = -2.306$, $T > t_{0.025}(8) = 2.306$이다.

❸ $S_{xy} = 1.0111$, $S_{xx} = 2.8511$, $S_{yy} = 0.4$이므로 상관계수는 다음과 같다.

$$r_0 = \frac{s_{xy}}{s_x s_y} = \frac{1.0111}{\sqrt{2.8511 \times 0.4}} \approx 0.9468$$

❹ $r^2 = 0.8964$이므로 검정통계량의 관찰값은 다음과 같다.

$$t_0 = \frac{0.9468\sqrt{8}}{\sqrt{1 - 0.8964}} \approx 8.32$$

⑤ 검정통계량의 관찰값 $t_0 = 8.32$가 기각역 안에 놓이므로 귀무가설 $H_0 : \rho = 0$을 기각한다. 즉, 두 변수 X와 Y 사이에 상관관계가 있고 할 수 있다.

14.4.2 $\rho = \rho_0$에 대한 검정

영국의 통계학자 피셔(R.A.Fisher; 1890~1962)는 표본의 크기가 10 이상인 경우에 다음 변량 Z_r은 근사적으로 정규분포를 이룸을 증명했다.

$$Z_r = \frac{1}{2} \ln \frac{1+r}{1-r}$$

통계량 Z_r의 평균은 $z_\rho = \frac{1}{2} \ln \frac{1+\rho_0}{1-\rho_0}$이고 분산은 $\frac{1}{n-3}$이다. 따라서 Z_r을 표준화하면 다음과 같다.

$$Z = \frac{Z_r - z_\rho}{1/\sqrt{n-3}} = \frac{\sqrt{n-3}}{2} \left(\ln \frac{1+r}{1-r} - \ln \frac{1+\rho_0}{1-\rho_0} \right) \approx N(0, 1)$$

이로부터 귀무가설 $H_0 : \rho = \rho_0$을 검정하기 위한 검정통계량은 다음과 같다.

$$Z = \frac{\sqrt{n-3}}{2} \left(\ln \frac{1+r}{1-r} - \ln \frac{1+\rho_0}{1-\rho_0} \right)$$

즉, 상관계수에 대한 가설검정은 [표 14-7]과 같다.

표 14-7 상관계수 ρ에 대한 가설검정

검정 방법 \ 가설과 기각역	귀무가설 H_0	대립가설 H_1	H_0의 기각역	p-값
양측검정	$\rho = \rho_0$	$\rho \neq \rho_0$	$\lvert Z \rvert > z_{\alpha/2}$	$P(\lvert Z \rvert > \lvert z_0 \rvert)$
하단측검정	$\rho \geq \rho_0$	$\rho < \rho_0$	$Z < -z_\alpha$	$P(Z < z_0)$
상단측검정	$\rho \leq \rho_0$	$\rho > \rho_0$	$Z > z_\alpha$	$P(Z > z_0)$

$\rho_0 = 0$이면 귀무가설 $H_0 : \rho = 0$에 대한 검정이 되며, 이 경우 $\ln 1 = 0$이므로 $z_\rho = 0$이고 따라서 검정통계량은 다음과 같다.

$$Z = \frac{\sqrt{n-3}}{2} \ln \frac{1+r}{1-r}$$

하단측검정과 상단측검정을 통해 각각 음의 상관관계 또는 양의 상관관계를 갖는지 검정할 수 있다.

예제 11

[예제 5] 자료에 대해 물음에 답하라(단, 피셔의 검정 방법을 이용한다).

(a) X와 Y 사이에 상관관계가 있는지 유의수준 5%에서 검정하라.

(b) 상관계수가 0.8 이하인지 유의수준 5%에서 검정하라.

풀이

다음 순서에 따라 귀무가설을 검정한다.

(a) ❶ 귀무가설과 대립가설은 각각 $H_0 : \rho = 0$, $H_1 : \rho \neq 0$이다.

❷ 유의수준 5%에 대한 양측검정이므로 기각역은 $Z < -1.96$, $Z > 1.96$이다.

❸ 상관계수는 $r_0 = 0.9468$이므로 검정통계량의 관찰값은 다음과 같다.

$$z_0 = \frac{\sqrt{7}}{2} \ln \frac{1 + 0.9468}{1 - 0.9468} \approx 4.76$$

❹ 검정통계량의 관찰값 $z_0 = 4.76$이 기각역 안에 놓이므로 귀무가설 $H_0 : \rho = 0$을 기각한다. 즉, 두 변수 X와 Y 사이에 상관관계가 있다고 할 수 있다.

(b) ❶ 귀무가설과 대립가설은 각각 $H_0 : \rho \leq 0.8$, $H_1 : \rho > 0.8$이다.

❷ 유의수준 5%에 대한 상측검정이므로 기각역은 $Z > 1.645$이다.

❸ 상관계수는 $r_0 = 0.9468$이므로 검정통계량의 관찰값은 다음과 같다.

$$z_0 = \frac{\sqrt{7}}{2} \left(\ln \frac{1 + 0.9468}{1 - 0.9468} - \ln \frac{1 + 0.8}{1 - 0.8} \right) \approx 1.856$$

❹ 검정통계량의 관찰값 $z_0 = 1.856$이 기각역 안에 놓이므로 귀무가설 $H_0 : \rho \leq 0.8$을 기각한다. 즉, 두 변수 X와 Y의 상관계수가 0.8 이하라는 주장은 타당성이 부족하다.

엑셀 상관분석

[예제 5]의 두 변수 X와 Y 사이에 상관관계가 있는지 분석한다.

A1~B1셀에 **x**, **y**를 기입하고, 2행부터 각 열에 x와 y 자료를 입력한 후 **=COVARIANCE.S(A1:A11,B1:B11)**을 기입하면 공분산 1.0111을 얻고, **=CORREL(A1:A11,B1:B11)**을 기입하면 상관계수 0.9468을 얻는다.

상관계수 구하는 방법

❶ B12셀에 커서를 놓고 메뉴바에서 수식 〉함수 삽입 〉통계 〉PEARSON을 선택한 다음 **Array1**에 **A1:A11**, **Array2**에 **B1:B11**을 기입하여 상관계수 0.9468을 얻는다.

❷ 메뉴바에서 데이터 〉데이터 분석 〉상관 분석을 선택한 다음 **입력 범위**에 **$A$1:$B$11**, **첫째 행 이름표 사용**을 체크하고 **출력 범위**에 **$C$1**을 기입하면 두 변수 사이의 상관계수 행렬을 얻는다. 여기서 동일 변수 사이의 상관계수는 1이다.

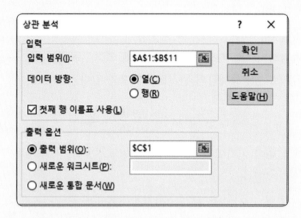

❸ 메뉴바에서 데이터 〉데이터 분석 〉공분산 분석을 선택하여 상관분석과 동일하게 기입하면 두 변수 사이의 공분산 행렬을 얻는다. 여기서 동일 변수 사이의 공분산은 분산을 의미한다.

	A	B	C	D	E	F
1	x	y			상관계수 행렬	
2	1.7	2.6			x	y
3	2.1	2.9		x	1	
4	3.4	3.3		y	0.946808	1
5	3.7	3.4			공분산 행렬	
6	4.4	3.6			x	y
7	4.7	3.7		x	2.566	
8	5.3	3.8		y	0.91	0.36
9	5.7	3.6				
10	6.2	4.3				
11	6.8	4.8				
12	상관계수	0.946808				

❹ 회귀분석표의 **회귀분석 통계량**에서도 두 변수 사이의 상관계수를 제공한다.

회귀분석 통계량	
다중 상관계수	0.946808
결정계수	0.896445
조정된 결정계수	0.883501
표준 오차	0.576327
관측수	10

14.5 다중회귀모형

[표 14-8]은 직업 훈련이 취업에 어떤 영향을 미치는지 알아보기 위해 어느 도시의 노동복지과에서 연도별로 실시한 직업 훈련의 상황을 나타낸 것이다.

표 14-8 노동복지과의 연도별 직업 훈련 현황

연도	2012	2013	2014	2015	2016	2017	2018	2019	2020
입소자 수(x_1)	110	78	48	25	39	21	30	49	42
수료자 수(x_2)	93	66	40	22	34	20	28	44	39
취업자 수(y)	26	14	18	12	21	16	24	35	32

여기서 취업자 수(y)는 종속변수(반응변수)이고 입소자 수(x_1)와 수료자 수(x_2)는 각각 독립변수(설명변수)로 생각한다. 이와 같이 하나의 종속변수와 두 개 이상의 독립변수가 오차항에 의해 어떻게 관련되어 있는지 설명하는 회귀모형을 **다중회귀모형**(multiple regression model)이라 한다. 이 도시의 직업 훈련 결과인 취업자 수는 입소자 수와 수료자 수 그리고 오차항에 의해 다음과 같은 다중회귀모형으로 표현된다.

$$y = \beta_0 + \beta_1 x_1 + \beta_2 x_2 + \varepsilon$$

이와 같은 모형을 설정하면 종속변수 y는 x_1과 x_2에 대한 선형함수 부분인 $\beta_0 + \beta_1 x_1 + \beta_2 x_2$와 오차항 ε으로 구성된다. 일반적으로 종속변수 y가 k개의 독립변수에 대한 선형관계로 설명되는 다중회귀모형은 다음과 같이 나타낼 수 있다.

$$y = \beta_0 + \beta_1 x_1 + \cdots + \beta_k x_k + \varepsilon$$

여기서 오차항 ε은 단순회귀모형에서와 같이 k개의 독립변수에 대한 선형관계로 설명되지 않는 y의 변동성을 나타내는 확률변수이다. 여기서 오차항 ε은 단순회귀모형과 동일하게 다음을 가정한다.

- 모든 오차항 ε의 평균은 0이다.
- 모든 오차항 ε의 분산은 σ^2이다.
- ε_i, $i = 1, 2, \cdots, n$은 독립이다.
- ε_i는 정규분포를 이룬다.

독립변수가 두 개이므로 회귀방정식의 그래프는 [그림 14-9]와 같이 평면으로 나타난다. 이와 같이 독립변수가 두 개 이상인 회귀방정식의 그래프를 **반응평면**(response surface)이라 하며, $k = 2$이면 평면으로 나타난다. $k = 2$인 경우 회귀직선과 동일하게 $x_1 = x_{1i}$이고 $x_2 = x_{2i}$일 때 평면 위의 점은 $E(y)$를 나타내며, 실제 관찰값의 차가 오차 ε이다.

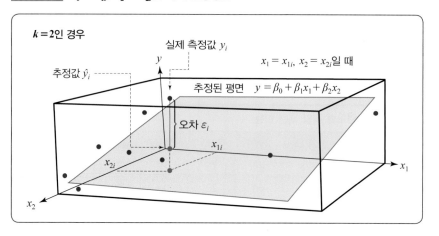

그림 14-9 $x_1 = x_{1i}$, $x_2 = x_{2i}$일 때의 반응평면

$x_1, x_2, \cdots, x_k$의 값에 대한 y의 평균을 나타내는 다음 식을 **다중회귀식**(multiple regression equation)이라 한다.

$$E(Y) = \beta_0 + \beta_1 x_1 + \cdots + \beta_k x_k$$

여기서 $\beta_0, \beta_1, \cdots, \beta_k$는 선형회귀모형과 마찬가지로 표본에서 추정해야 할 미지의 모수이다. 이 모수들의 점추정값으로 $b_0, b_1, \cdots, b_k$를 구한다면 다음과 같이 $x_1, x_2, \cdots, x_k$에 대한 y의 추정값을 얻을 수 있으며, 이 식을 **추정 다중회귀식**(estimated multiple regression equation)이라 한다.

$$\hat{y} = b_0 + b_1 x_1 + \cdots + b_k x_k$$

다중회귀에서도 단순선형회귀과 마찬가지로 총제곱합(SST)은 회귀제곱합(SSR)과 잔차제곱합(SSE)으로 분해된다. 즉, 총제곱합은 다음과 같다.

$$\text{SST} = \text{SSR} + \text{SSE}$$

한편 14.1절에서 설명한 제곱합과 평균제곱오차를 정리하면 다음과 같다.

- 총제곱합: $\text{SST} = \sum_{i=1}^{n} (y_i - \overline{y})^2$
- 회귀제곱합: $\text{SSR} = \sum_{i=1}^{n} (\hat{y}_i - \overline{y})^2$
- 잔차제곱합: $\text{SSE} = \sum_{i=1}^{n} (y_i - \hat{y}_i)^2$
- 평균제곱오차: $\text{MSE} = \hat{\sigma}^2 = \dfrac{\text{SSE}}{n - k - 1}$

오차항의 분산 σ^2은 평균제곱오차(MSE)를 이용하여 추정하며, 평균제곱오차의 자유도는 독립변수의 개수 k에 대해 $n - k - 1$이다.

엑셀을 이용하여 [표 14−8]의 자료에 대한 추정 다중회귀식을 구하면 다음과 같다.

$$\hat{y} = 5.783141 − 4.19858x_1 + 5.185818x_2$$

세 제곱합과 평균제곱오차를 구하기 위해 다음과 같이 [표 14−9]를 작성한다.

표 14-9 연도별 직업 훈련에 대한 제곱합

번호	x_1	x_2	y	$\hat{y}$	$(y_i - \bar{y})^2$	$(y_i - \hat{y}_i)^2$	$(\hat{y}_i - \bar{y})^2$
1	110	93	26	26.2204	16	0.0486	17.8118
2	78	66	14	20.5579	64	43.0061	2.0797
3	48	40	18	11.6840	16	39.8919	106.4199
4	25	22	12	14.9066	100	8.4483	50.3163
5	39	34	21	18.3563	1	6.9891	13.2765
6	21	20	16	21.3293	36	28.4014	0.4498
7	30	28	24	25.0286	4	1.0580	9.1724
8	49	44	35	28.2287	169	45.8505	38.7967
9	42	39	32	31.6897	100	0.0963	93.8903
합계	442	386	198	198.0015	506	173.7902	332.2134

따라서 총제곱합, 잔차제곱합, 회귀제곱합, 평균제곱오차는 각각 다음과 같다.

$$\text{SST} = 506, \quad \text{SSE} \approx 173.79, \quad \text{SSR} \approx 332.21, \quad \text{MSE} \approx \frac{173.79}{6} = 28.965$$

단순회귀모형에서 회귀모형의 적합도를 나타내기 위해 결정계수 $R^2 = \dfrac{\text{SSR}}{\text{SST}}$ 을 이용했듯이 다중선형회귀모형에서도 다중회귀식의 적합도를 나타내기 위해 **다중결정계수**(multiple coefficient of determination) R^2을 이용한다.

$$R^2 = \frac{\text{SSR}}{\text{SST}} = 1 - \frac{\text{SSE}}{\text{SST}}$$

이 결정계수는 회귀직선에 의해 설명되는 종속변수 y에 대한 총 변동 중 종속변수의 변동에 의해 설명되는 비율로 0과 1 사이의 값이다. 예를 들어 [표 14−9]로부터 결정계수 R^2은 다음과 같으며, 이는 추정된 회귀식이 총 변동의 약 65.65%를 설명하는 것을 의미한다.

$$R^2 = \frac{\text{SSR}}{\text{SST}} = \frac{332.21}{506} \approx 0.6565$$

즉, 결정계수는 다중선형회귀모형을 설명하는 정도를 나타내는 척도이다. 그러나 아무리 관련이 없는 변수라 할지라도 새로운 독립변수가 추가되면 R^2은 증가하게 되며, 선형관계가 없는 경우에도 $R^2 \approx 1$이 되는 경향이 있다. 이런 문제점을 극복한 결정계수를 다음과 같이 **조정결정**

계수(adjusted coefficient of determination)라 하고 R_a^2으로 나타낸다. 이때 R_a^2은 결정계수 R^2을 초과하지 않는다.

$$R_a^2 = 1 - \frac{n-1}{n-k-1} \times \frac{\text{SSE}}{\text{SST}} = 1 - \frac{\text{MSE}}{s_{yy}}$$

예를 들어 [표 14-9]의 조정결정계수는 다음과 같다.

$$R_a^2 = 1 - \frac{\text{MSE}}{s_{yy}} = 1 - \frac{28.965}{63.25} \approx 0.5421$$

이 경우 결정계수와 조정결정계수의 차이가 약 11%이다. 이런 차이는 표본의 크기가 작거나 독립변수가 많을수록 더욱 커지며, 다중회귀분석에서는 조정결정계수를 사용하는 것이 더 설득력이 있다. 만약 결정계수가 0.6565이고 조정결정계수가 0.6560이면 두 결정계수의 차가 0.0005이고, 이와 같이 차이가 작을수록 추정한 회귀모형은 우수하다고 할 수 있다.

예제 12

크기가 12인 표본의 두 제곱합이 SST = 4826, SSR = 3987이고 다중회귀식이 $\hat{y} = 46.3 + 0.16x_1 - 0.81x_2$일 때, 다음을 구하라.

(a) SSE   (b) MSE   (c) R^2 (d) R_a^2

풀이

(a) SSE = SST − SSR = 4826 − 3987 = 839

(b) $\text{MSE} = \dfrac{\text{SSE}}{n-k-1} = \dfrac{839}{12-2-1} \approx 93.22$

(c) $R^2 = \dfrac{\text{SSR}}{\text{SST}} = \dfrac{3987}{4826} \approx 0.826$

(d) $R_a^2 = 1 - \dfrac{12-1}{12-2-1} \times \dfrac{\text{SSE}}{\text{SST}} = 1 - \dfrac{11}{9} \times \dfrac{839}{4826} \approx 0.7875$

엑셀 다중회귀계수 분석

다음 표를 이용하여 다중선형회귀계수를 구한다.

번호	x_1	x_2	y
1	245	45	45
2	240	35	56
3	155	14	59
4	148	10	55
5	168	28	59
6	247	30	63
7	215	9	69
8	246	7	67
9	271	3	89
10	307	6	101
11	327	5	108
12	453	11	98

A1~C1셀에 **x1, x2, y**를 기입하고, 2행부터 각 열에 x_1, x_2, y 자료를 기입한다. 메뉴바에서 데이터 〉 데이터 분석 〉 회귀 분석을 선택하여 **Y축 입력 범위**에 **$C$1:$C$13**, **X축 입력 범위**에 **$A$1:$B$13**을 기입하고 **이름표**를 체크한다. **출력 범위**에 **$D$1**을 기입한다.

|**결론**| 다음과 같이 다중회귀분석 결과를 종합적으로 보여 준다.

	F	G	H	I	J	K	L	M	N
	요약 출력								
	회귀분석 통계량								
	다중 상관계수	0.908892							
	결정계수	0.826085	R^2						
	조정된 결정계수	0.787437	R_a^2						
	표준 오차	9.657886							
	관측수	12							
	분산 분석								
		자유도	제곱합	제곱 평균	F 비	유의한 F			
	회귀 SSR	2	3987.444	1993.722	21.37472	0.000382			
	잔차 SSE	9	839.4728	93.27475	MSE				
	계 SST	11	4826.917						
		계수	표준 오차	t 통계량	P-값	하위 95%	상위 95%	하위 95.0%	상위 95.0%
	Y 절편 β_0	46.31102	11.30708	4.095755	0.002694	20.73263	71.88941	20.73263	71.88941
	x1 β_1	0.156501	0.037025	4.226889	0.002217	0.072744	0.240258	0.072744	0.240258
	x2 β_2	-0.80972	0.21729	-3.72645	0.004723	-1.30126	-0.31818	-1.30126	-0.31818

이로부터 다음을 알 수 있다.

- 결정계수: $R^2 = 0.826085$, 조정결정계수: $R_a^2 = 0.787437$
- SSR = 3987.444, SSE = 839.4728, SST = 4826.917, MSE = 93.27475
- 회귀계수: $\beta_0 = 46.31102$, $\beta_1 = 0.156501$, $\beta_2 = -0.80972$
- 추정 회귀방정식: $\hat{y} = 46.31102 + 0.156501x_1 - 0.80972x_2$

R_a^2과 R^2이 차이가 있으므로 독립변수 중 크게 도움이 되지 않는 변수가 있음을 나타낸다.

14.6 다중회귀모형의 적합성 검정

선형회귀에서 개별적인 기울기 모수와 절편 모수에 대한 주장을 검정하기 위해 t-검정을 이용한 반면, 회귀모형에 대한 적합성을 검정하기 위해 F-검정을 이용했다. 다중회귀모형에서도 회귀계수에 대한 검정에는 t-검정, 회귀모형에 대한 적합성 검정에는 F-검정을 실시한다.

14.6.1 회귀모형에 대한 적합성 검정

다중회귀모형 $\hat{y} = \beta_0 + \beta_1 x_1 + \cdots + \beta_k x_k + \varepsilon$에 대한 회귀모형의 타당성을 검정하기 위해 '독립변수들이 종속변수와 아무런 선형관계를 갖지 않는다'라는 주장을 귀무가설로 설정한다. 즉, 귀무가설 H_0과 대립가설 H_1은 다음과 같다.

$$H_0 : \beta_1 = \beta_2 = \cdots = \beta_k = 0$$

$$H_1 : \text{적어도 하나의 } \beta_i \text{는 0이 아니다.}$$

귀무가설 H_0을 기각한다면 적어도 하나의 모수는 0이 아니므로 종속변수 y와 독립변수들 $x_1, x_2, \cdots, x_k$ 사이에 선형관계가 있다는 회귀모형이 어느 정도 타당성을 갖는다. 그러나 H_0을 기각할 수 없다면 종속변수와 독립변수들 사이에 통계적으로 유의미한 회귀모형이 존재한다는 증거가 충분하지 않다는 것이다.

이때 SST = SSR + SSE에서 잔차제곱합 SSE가 작을수록(또는 SSR이 커질수록) 회귀모형이 자료들을 잘 설명해 주며, 결정계수가 커진다. 반면 SSE가 커지면 회귀방정식에 의해 설명되지 않는 변동도 커지므로 회귀모형은 매우 나빠진다. 그러면 회귀계수가 동일하다는 귀무가설과 그렇지 않다는 대립가설을 검정하기 위해 분산분석법을 적용할 수 있다. 즉, 적어도 하나의 회귀계수가 0이 아니라는 추론을 얻기 위해 SSR이 SSE보다 상대적으로 크게 나타나는지 살펴본다. 귀무가설 H_0이 참이면 회귀모형의 평균제곱 $\text{MSR} = \dfrac{\text{SSR}}{k}$에 대해 $\dfrac{\text{MSR}}{\text{MSE}} \approx 1$, 즉 $\text{MSR} \approx \text{MSE}$

가 되어 어떤 독립변수도 y를 예측하는 데 유용하지 않다. 적어도 하나의 회귀계수가 0인 것이다. 그러나 MSR이 MSE에 비해 매우 크면 독립변수 중에서 적어도 하나는 y를 예측하는 데 유용하며, 그 독립변수에 대한 회귀계수는 0이 아니다. 따라서 $\frac{\text{MSR}}{\text{MSE}}$의 값을 구하여 F-검정을 실시할 수 있으며 SSR, SSE, SST의 자유도는 각각 k, $n - k - 1$, $n - 1$이므로 H_0을 검정하기 위해 [표 14-10]과 같은 다중회귀모형의 분산분석표를 작성한다.

표 14-10 다중회귀모형의 분산분석표

변동 요인	자유도	제곱합	평균제곱	F-통계량
회귀모형	k	SSR	$\text{MSR} = \dfrac{\text{SSR}}{k}$	$F = \dfrac{\text{MSR}}{\text{MSE}}$
오차	$n - k - 1$	SSE	$\text{MSE} = \dfrac{\text{SSE}}{n - k - 1}$	–
합계	$n - 1$	SST	–	–

이 표로부터 F-통계량의 관찰값과 다음과 같은 유의수준 α에 대한 기각역을 비교하여 귀무가설을 검정할 수 있다.

$$F > f_\alpha(k, n - k - 1)$$

예를 들어 [표 14-8]에 주어진 연도별 직업훈련 현황에 대해 유의수준 5%에서 기각역은 다음과 같다.

$$F > f_{0.05}(2, 6) = 5.14$$

이때 MSE = 28.965, SSR = 332.21, $\text{MSR} = \dfrac{332.21}{2} = 166.105$이므로 F-통계량의 관찰값은 $\dfrac{\text{MSR}}{\text{MSE}} = \dfrac{166.105}{28.965} \approx 5.735$이며, 이 값이 기각역 안에 놓이므로 β_1과 β_2 중 적어도 어느 하나는 0이 아니다. 즉, 종속변수 y와 두 독립변수 x_1, x_2 사이에 유의미한 관계가 있다고 할 수 있다.

예제 13

[예제 12]의 회귀모형 $\hat{y} = 46.3 + 0.16x_1 - 0.81x_2$에 대한 적합성을 유의수준 5%에서 검정하라.

풀이

$\text{MSE} = 93.22$, $\text{MSR} = \dfrac{3987}{2} = 1993.5$이므로 F-통계량의 관찰값은 다음과 같다.

$$f_0 = \frac{\text{MSR}}{\text{MSE}} = \frac{1993.5}{93.22} \approx 21.38$$

한편 $n = 12$, $k = 2$이므로 유의수준 5%에서 기각역은 $F > f_{0.05}(2, 9) = 4.26$이다. 즉, F-통계량의 값이 기각역 안에 놓이므로 유의수준 5%에서 주어진 회귀모형은 적합성을 갖는다.

14.6.2 회귀계수에 대한 검정

회귀모형의 적합성 검정을 통해 회귀모형이 적합하다는 결론을 내린다면 적어도 하나의 모수 β_i는 0이 아니므로 모수 각각에 대한 유의성 검정을 실시해야 한다. i번째 독립변수 x_i와 종속변수 y에 선형관계가 없다면 $\beta_i = 0$이고 선형관계가 있다면 $\beta_i \neq 0$이다. 따라서 각 모수 β_i에 대한 유의성을 검정하기 위해 귀무가설과 대립가설을 각각 다음과 같이 설정한다.

$$H_0 : \beta_i = 0, \quad H_1 : \beta_i \neq 0$$

오차분산을 모르는 경우 β_1에 대한 귀무가설 $H_0 : \beta_1 = 0$을 검정하기 위해 다음과 같이 T−통계량을 이용하여 t−검정을 실시했다.

$$T = \frac{b_1 - \beta_1}{s_{b_1}} \sim t(n-2)$$

여기서 s_{b_1}은 통계량 b_1의 표준오차이다. 다중회귀모형에서도 각 모수에 대한 유의성을 검정하기 위해 t−검정을 실시하며 자유도는 $n - k - 1$이다. 즉, 각 모수 β_i에 대해 다음과 같이 T−통계량을 이용하여 $\beta_i = 0$에 대한 t−검정을 실시한다.

$$T = \frac{b_i}{s_{b_i}} \sim t(n-k-1)$$

여기서 s_{b_i}는 점추정량 b_i의 표준편차이며, 유의수준 α에 대한 기각역은 다음과 같다.

$$T < -t_{\alpha/2}(n-k-1), \quad T > t_{\alpha/2}(n-k-1)$$

예를 들어 [표 14−8]에 주어진 연도별 직업훈련 현황에 대해 엑셀로 구한 회귀모형은 [표 14−11]과 같다.

표 14-11 연도별 직업훈련 현황에 대한 회귀모형

모수	계수	표준오차	T−통계량	p−값
β_0	5.783141	5.600867	1.032544	0.341629
β_1	−4.19858	1.288872	−3.25757	0.017301
β_2	5.185818	1.570812	3.301362	0.01638

이 모형에서 β_1의 점추정량과 표준오차는 각각 −4.19858, 1.288872이므로 T−통계량의 관찰값은 $t_0 = -\dfrac{4.19858}{1.288872} \approx -3.25757$이다. 유의수준 5%에서 검정한다면 기각역은 $T < -t_{0.025}(6)$ $= -2.447$, $T > t_{0.025}(6) = 2.447$이므로 T−통계량의 관찰값 t_0이 기각역에 놓인다. 또한 p−값

0.017301이 유의수준 0.05보다 작으므로 귀무가설 $H_0 : \beta_1 = 0$을 기각한다. 따라서 유의수준 5%에서 독립변수 x_1과 종속변수 y는 선형관계가 성립한다고 할 수 있다. 그러나 유의수준 1%에서 검정한다면 검정통계량의 관찰값 -3.25757이 기각역 $T < -t_{0.005}(6) = -3.707$, $T > t_{0.005}(6) = 3.707$ 안에 놓이지 않는다. 또한 p-값 0.017301이 유의수준 0.01보다 크므로 귀무가설을 기각할 수 없다. 따라서 유의수준 1%에서는 독립변수 x_1과 종속변수 y는 선형관계가 성립한다고 할 수 없다.

x│ 예제 14

다음 자료에 대한 귀무가설 $H_0 : \beta_i = 0$, $i = 1, 2$를 유의수준 5%에서 검정하라.

x_1	245	240	155	148	168	247	215	246	271	307	327	453
x_2	45	35	14	10	28	30	9	7	3	6	5	11
y	45	56	59	55	59	63	69	67	89	101	108	98

풀이

A1~C1셀에 **x1**, **x2**, **y**를 기입하고, 2행부터 각 열에 x_1, x_2, y 자료를 기입한다. 메뉴바에서 **데이터 〉 데이터 분석 〉 회귀분석**을 선택한 후 다음 순서에 따른다.

- **Y축 입력 범위**에 **$C$1:$C$13**을 기입한다.
- **X축 입력 범위**에 **$A$1:$B$13**을 기입한다.
- **이름표**를 체크한다.
- **출력 범위**에 **$F$1**을 기입한다.

그러면 다음 표를 얻는다.

모수	계수	표준오차	T-통계량	p-값
β_0	47.71208	10.22119	4.667958	0.001172
β_1	0.153781	0.03365	4.570052	0.001347
β_2	-0.82892	0.20467	-4.05004	0.002885

자유도는 9이고 유의수준 5%에서 기각역은 다음과 같다.

$$T < -t_{0.025}(9) = -2.262, \quad T > t_{0.025}(9) = 2.262$$

두 모수 β_1, β_2에 대한 검정통계량의 관찰값이 모두 기각역 안에 놓이므로 유의수준 5%에서 두 귀무가설 $H_0 : \beta_1 = 0$과 $H_0 : \beta_2 = 0$을 기각한다. 즉, 두 독립변수 x_1, x_2와 종속변수 y 사이에 선형관계가 성립한다. 또한 두 모수 β_1, β_2에 대한 p-값이 모두 유의수준 0.05보다 작으므로 역시 두 귀무가설을 기각한다.

다중공선성

회귀분석에서 독립변수는 종속변수의 값을 설명할 때 사용하는 변수일 뿐, 이 변수들이 통계적으로 독립인 것을 의미하지 않는다. 따라서 독립변수들은 그들끼리 어느 정도의 상관관계를 갖는다. 예를 들어 [예제 14]의 독립변수 x_1, x_2 사이에 상관계수는 $r = -0.23324$이며, 이는 두 독립변수 사이에 음의 상관관계가 있음을 보여 준다.

독립변수들 사이에 상관관계가 높으면 회귀계수의 분산이 크게 나타나며, 이 경우 회귀계수의 추정값을 신뢰할 수 없는 문제가 발생한다. 예를 들어 독립변수 사이의 상관관계가 크다면 F-검정을 통해 다중회귀식이 전체적으로 유의미할지라도 각 모수의 유의성 검정을 위한 t-검정에서는 유의미하지 않을 수 있다. 이와 같이 독립변수 사이의 상관관계가 커서 회귀모형을 분석할 때 부정적인 영향을 미치는 현상을 **다중공선성**(multicollinearity)이라 한다. 다음과 같은 경우 다중 신공선성 문제가 발생하는데, 이는 거의 모든 다중회귀모형에 나타난다.

- 보편적으로 독립변수들 사이의 상관계수가 0.9 이상인 경우
- 어떤 독립변수를 제거하거나 추가할 때, 다른 독립변수들의 추정 회귀계수에 변동이 생기는 경우
- F-통계량이 크고 t-통계량은 작은 경우

[표 14-8]에서 독립변수 x_1, x_2 사이의 상관계수를 구하면 $r \approx 0.999$이므로 다중공선성이 존재한다. 이렇듯 다중공선성의 영향을 최소화하기 위해 상관관계가 큰 독립변수를 포함하지 않도록 해야 한다. 다만 이 책에서는 다중공선성에 대한 통계적 검정 방법을 비롯한 문제 해결 방법은 생략한다.

엑셀 회귀모형의 적합성 검정

[예제 14]의 다중회귀계수 분석 결과를 다시 살펴보면 그림과 같다. 회귀모형 $y = 46.311 + 0.1565x_1 - 0.8097x_2$의 적합성 검정에 대한 p-값이 0.000382이므로 귀무가설을 기각한다. 즉, 종속변수 y와 두 독립변수 x_1, x_2 사이에 유의미한 관계가 있다고 할 수 있다. β_1과 β_2의 검정에 대한 p-값은 각각 0.002, 0.004이므로 유의수준 5%에서 귀무가설을 기각한다. 즉, 독립변수 x_1과 종속변수 y, 독립변수 x_2와 종속변수 y 각각 선형관계가 성립한다고 할 수 있다.

	F	G	H	I	J	K	L	M	N
요약 출력									
	회귀분석 통계량								
다중 상관계수		0.908892							
결정계수		0.826085							
조정된 결정계수		0.787437							
표준 오차		9.657886							
관측수		12							

회귀모형 $y = 46.311 + 0.1565x_1 - 0.8097x_2$의 적합성 검정 결과

F 통계량   P-값

분산 분석		자유도	제곱합	제곱 평균	F 비	유의한 F			
회귀		2	3987.444	1993.722	21.37472	0.000382			
잔차		9	839.4728	93.27475					
계		11	4826.917						

회귀계수의 검정 결과   회귀계수의 95% 신뢰구간

		계수	표준 오차	t 통계량	P-값	하위 95%	상위 95%	하위 95.0%	상위 95.0%
Y 절편	β_0	46.31102	11.30708	4.095755	0.002694	20.73263	71.88941	20.73263	71.88941
x1	β_1	0.156501	0.037025	4.226889	0.002217	0.072744	0.240258	0.072744	0.240258
x2	β_2	-0.80972	0.21729	-3.72645	0.004723	-1.30126	-0.31818	-1.30126	-0.31818

개념문제

1. 두 변수 중 다른 변수에 영향을 미치는 변수를 무엇이라 하는가?

2. 두 변수 중 한 변수의 변화에 영향을 받는 변수를 무엇이라 하는가?

3. 두 변수 사이의 관계를 통계적으로 분석하는 방법을 무엇이라 하는가?

4. 두 변수 사이의 통계적 관계를 나타내는 함수 관계를 무엇이라 하는가?

5. 하나의 독립변수와 하나의 종속변수 사이의 관계를 추론하는 방법을 무엇이라 하는가?

6. 하나의 독립변수와 하나의 종속변수 사이의 회귀직선을 추론하는 방법을 무엇이라 하는가?

7. 회귀방정식 $y = \beta_0 + \beta_1 x$에서 β_0과 β_1을 각각 무엇이라 하는가?

8. 오차항 ε의 확률분포에 대한 가정은 무엇인가?

9. 종속변수의 관찰값과 추세선의 추정값의 오차제곱합을 최소로 하는 직선을 무엇이라 하는가?

10. 종속변수의 관찰값과 추세선의 추정값의 오차제곱합을 최소로 하는 회귀직선을 얻는 방법과 이렇게 얻은 직선을 무엇이라 하는가?

11. 오차항들의 제곱을 모두 더한 합을 무엇이라 하는가?

12. 크기가 n인 표본에 대해 잔차제곱합의 자유도는 얼마인가?

13. 잔차제곱합을 자유도로 나눈 값을 무엇이라 하는가?

14. 개개의 종속변수와 종속변수들의 평균의 편차들의 제곱합을 무엇이라 하는가?

15. 회귀직선의 변동에 의해 설명되는 종속변수의 변동 부분을 무엇이라 하는가?

16. 회귀모형의 적합도를 나타내는 모수를 무엇이라 하는가?

17. 오차분산을 모르는 경우 기울기 β_1을 추정하기 위한 통계량과 확률분포는 무엇인가?

18. 오차분산을 모르는 경우 절편 β_0을 추정하기 위한 통계량과 확률분포는 무엇인가?

19. 오차분산을 모르는 경우 기울기 β_1에 대한 귀무가설을 검정하기 위한 통계량과 확률분포는 무엇인가?

20. 오차분산을 모르는 경우 절편 β_0에 대한 귀무가설을 검정하기 위한 통계량과 확률분포는 무엇인가?

21. 피어슨의 상관계수는 무엇인가?

22. 두 변수 사이에 상관관계가 있는지 검정하기 위한 통계량과 확률분포는 무엇인가?

23. $\rho_0 \neq 0$인 경우 귀무가설 $H_0 : \rho = \rho_0$을 검정하기 위한 검정통계량과 근사적으로 이루는 확률분포는 무엇인가?

24. 하나의 종속변수와 두 개 이상의 독립변수가 오차항에 의해 어떻게 관련되어 있는지 설명하는 회귀모형을 무엇이라 하는가?

25. $x_1, x_2, \cdots, x_k$의 값에 대한 y의 평균을 나타내는 식을 무엇이라 하는가?

26. 새로운 독립변수가 추가되면 결정계수는 어떻게 변하는가?

27. 조정결정계수를 구하는 식은 무엇인가?

연습문제

1. 다음은 크기가 $n = 11$인 표본에서 얻은 결과이다.

$$\sum_{i=1}^{11} x_i = 66, \quad \sum_{i=1}^{11} y_i = 55, \quad \sum_{i=1}^{11} x_i^2 = 456, \quad \sum_{i=1}^{11} x_i y_i = 283$$

최소제곱법으로 β_0과 β_1의 추정값을 구하라.

2. 다음은 크기가 $n = 6$인 표본에서 얻은 결과이다.

$$\sum_{i=1}^{6} x_i = 21, \quad \sum_{i=1}^{6} y_i = 33, \quad \sum_{i=1}^{6} x_i^2 = 91, \quad \sum_{i=1}^{6} x_i y_i = 133$$

최소제곱법으로 β_0과 β_1의 추정값을 구하라.

3. 독립변수 x와 종속변수 y에 대한 자료가 다음과 같을 때, x와 y의 회귀방정식을 구하라.

x	1	2	3	4	5
y	3	8	6	12	15

4. 독립변수 x와 종속변수 y에 대한 자료가 다음과 같을 때, x와 y의 회귀방정식을 구하라.

x	1	2	3	4	5
y	15	12	6	8	3

5. 독립변수 x와 종속변수 y에 대한 자료가 표와 같을 때, 다음을 구하라.

x	1	2	3	4	5
y	5	2	4	3	1

    (a) 잔차제곱합   (b) 총제곱합

    (c) 회귀제곱합   (d) 결정계수

6. 독립변수 x와 종속변수 y에 대한 자료가 표와 같을 때, 다음을 구하라.

x	1	2	3	4	5	6
y	3	2	4	8	7	9

    (a) 잔차제곱합   (b) 총제곱합

    (c) 회귀제곱합   (d) 결정계수

7. 엑셀을 이용한 회귀분석에서 회귀모형의 적합성에 대한 다음 분산분석표를 완성하라.

변동 요인	자유도	제곱합	평균제곱	F−통계량
회귀				
오차				−
합계			−	−

8. 다음은 독립변수 x와 종속변수 y에 대해 조사한 결과이다. 물음에 답하라.

$$\sum_{i=1}^{30}(x_i - \overline{x})^2 = 3760, \quad \sum_{i=1}^{30}(y_i - \overline{y})^2 = 15846, \quad \sum_{i=1}^{30}(x_i - \overline{x})(y_i - \overline{y}) = 4666, \quad \overline{x} = 27, \quad \overline{y} = 50$$

(a) 다음 분산분석표를 완성하라.

변동 요인	자유도	제곱합	평균제곱	F−통계량
회귀				
오차				−
합계			−	−

(b) $\beta_0 = 0$, $\beta_1 = 0$일 때, 신뢰도 95%에 대한 다음 회귀계수 추정표를 완성하라.

변동 요인	계수	표준오차	t−통계량	하위 95%	상위 95%
Y절편					
X					

9. 다음은 독립변수 x와 종속변수 y에 대해 조사한 결과이다. 물음에 답하라.

$$\sum_{i=1}^{11}(x_i - \overline{x})^2 = 110, \quad \sum_{i=1}^{11}(y_i - \overline{y})^2 = 254, \quad \sum_{i=1}^{11}(x_i - \overline{x})(y_i - \overline{y}) = -164, \quad \overline{x} = 8, \quad \overline{y} = 7$$

(a) 다음 분산분석표를 완성하라.

변동 요인	자유도	제곱합	평균제곱	F−통계량
회귀				
오차				−
합계			−	−

(b) $\beta_0 = 0$, $\beta_1 = 0$일 때, 신뢰도 95%에 대한 다음 회귀계수 추정표를 완성하라.

변동 요인	계수	표준오차	t-통계량	하위 95%	상위 95%
Y절편					
X					

10. 다음은 농작물 생산을 위해 사용한 퇴비 사용량과 생산량을 나타낸 것이다. 물음에 답하라(단, 단위는 kg이다).

퇴비 사용량	14	14	19	22	25	28	30
생산량	8	10	13	15	18	18	14

(a) 추정 회귀방정식을 구하라.

(b) 퇴비 사용량과 생산량의 관계를 설명하라.

(c) 오차분산에 대한 평균제곱오차를 구하라.

(d) 결정계수를 구하라.

(e) [연습문제 7]의 분산분석표를 작성하라.

(f) (e)를 이용하여 회귀모형의 적합성($H_0 : \beta_1 = 0$)을 유의수준 5%에서 검정하라.

11. 다음은 어느 대학교에서 6년 동안 투입한 광고비와 그에 따른 입학 경쟁률을 나타낸 것이다. 물음에 답하라(단, 광고비의 단위는 천만 원이다).

광고비	0	1.0	1.5	1.8	2.2	2.5
경쟁률	0.8	1.3	1.7	2.5	2.9	2.8

(a) 추정 회귀방정식을 구하라.

(b) 광고비와 입학 경쟁률의 관계를 설명하라.

(c) 오차분산에 대한 평균제곱오차를 구하라.

(d) 결정계수를 구하라.

(e) [연습문제 7]의 분산분석표를 작성하라.

(f) (e)를 이용하여 회귀모형의 적합성($H_0 : \beta_1 = 0$)을 유의수준 5%에서 검정하라.

12. 다음은 어느 치킨 회사에서 광고비에 따른 매출액을 알기 위해 광고 이후의 매출액을 조사한 결과이다. 다음을 구하라.

광고비(천만 원)	3	3.5	4	4.5	5	5.5	6
매출액(십억 원)	9.3	9.5	9.9	11.2	12.4	12.4	12.3

(a) β_1에 대한 95% 신뢰구간 　　　(b) β_0에 대한 95% 신뢰구간

13. 다음은 직장인의 월 소득액과 통신비의 관계를 알기 위해 10명의 직장인을 임의로 선정하여 조사한 결과이다. 다음을 구하라(단, 단위는 만 원이다).

월 소득액	175	190	215	240	325	365	435	485	550	620
통신비	3.9	4.7	8.8	5.7	8.1	11.9	12.4	8.6	12.8	13.1

(a) β_1에 대한 95% 신뢰구간   (b) β_0에 대한 95% 신뢰구간

14. 다음은 중고 시장에 나온 어느 자동차 모델의 사용 기간과 가격을 나타낸 것이다. 다음을 구하라.

기간(년)	2	3	4	5	5	6
가격(만 원)	1989	1205.1	1145.4	1111.5	1041.3	994.5
기간(년)	6	7	8	9	11	–
가격(만 원)	959.4	819	819	772.2	561.6	–

(a) β_1에 대한 95% 신뢰구간   (b) β_0에 대한 95% 신뢰구간

15. 한 신문기사[13]에 따르면 제주도의 순수 토지 거래가 신고된 m^2당 금액과 그에 대한 거래 금액이 표와 같다고 한다. 다음을 구하라.

연도	2014	2015	2014	2017	2018
m^2당 금액(만 원)	6.1	7.6	11.0	14.3	16.4
거래 금액(억 원)	13,783	20,870	24,264	14,854	14,609

(a) β_1에 대한 95% 신뢰구간   (b) β_0에 대한 95% 신뢰구간

16. 다음은 중년층 남성의 몸무게와 혈압을 측정한 자료이다. 다음을 구하라.

몸무게 x(kg)	56.2	57.5	62.4	64.2	65.5	66.3	68.1	71.8
혈압 y(mmHg)	122	125	128	130	133	141	131	146

(a) β_1에 대한 95% 신뢰구간   (b) β_0에 대한 95% 신뢰구간

17. [연습문제 12]에 대해 다음 귀무가설을 유의수준 5%에서 검정하라.

(a) $H_0 : \beta_0 = 3$ (b) $H_0 : \beta_1 = 1$

18. [연습문제 13]에 대해 다음 귀무가설을 유의수준 5%에서 검정하라.

(a) $H_0 : \beta_0 = 2$ (b) $H_0 : \beta_1 = 0$

19. [연습문제 14]에 대해 다음 귀무가설을 유의수준 5%에서 검정하라.

(a) $H_0 : \beta_0 \geq 2100$ (b) $H_0 : \beta_1 \leq -150$

---

[13] 선한결(2018. 8. 7.). 귀해진 제주도 땅… 거래 줄고 가격은 상승. 한국경제신문.

20. [연습문제 15]에 대해 다음 귀무가설을 유의수준 5%에서 검정하라.

(a) $H_0 : \beta_0 = 30000$ (b) $H_0 : \beta_1 \geq -150$

21. [연습문제 16]에 대해 다음 귀무가설을 유의수준 5%에서 검정하라.

(a) $H_0 : \beta_0 = 0$ (b) $H_0 : \beta_1 = 0$

22. 다음은 하루 동안 자동차 판매 대리점을 방문한 고객 수와 판매한 자동차 대수를 나타낸 것이다. 물음에 답하라.

고객 수	1	2	3	4	5	6
판매 대수	0	1	1	2	1	1

(a) 추정 회귀방정식을 구하라.

(b) 고객 수와 판매 대수 사이의 상관계수를 구하라.

(c) 모상관계수가 0인지 유의수준 5%에서 검정하라.

(d) 모상관계수가 0.5인지 유의수준 5%에서 검정하라.

23. 다음은 기성복을 만드는 어느 모직회사에서 남성복 정장을 만들기 위해 14명의 남자를 임의로 선정하여 목둘레와 허리둘레의 치수를 조사한 결과이다.

목둘레(in)	14	15	14	16	15	16	17	17	16	18	18	17	16	15
허리둘레(in)	28	29	27	30	33	30	32	33	32	35	34	33	30	28

(a) 추정 회귀방정식을 구하라.

(b) 목둘레와 허리둘레 사이의 상관계수를 구하라.

(c) 모상관계수가 0인지 유의수준 5%에서 검정하라.

(d) 모상관계수가 0.9인지 유의수준 5%에서 검정하라.

24. 크기가 10인 표본의 두 제곱합이 SST = 1233, SSR = 407이고 다중회귀식이 $\hat{y} = 153 - 0.31x_1 + 0.2x_2$일 때, 다음을 구하라.

(a) SSE (b) MSE (c) MSR

(d) R^2 (e) R_a^2 (f) F−통계량의 관찰값

(g) 유의수준 5%에서 회귀모형에 대한 적합성 검정

25. 크기가 10인 표본의 두 제곱합이 SST = 1517, SSR = 20이고 다중회귀식이 $\hat{y} = 50 + 0.69x_1 - 1.05x_2$일 때, 다음을 구하라.

(a) SSE (b) MSE (c) MSR

(d) R^2 (e) R_a^2 (f) F−통계량의 관찰값

(g) 유의수준 5%에서 회귀모형에 대한 적합성 검정

26. 다음은 종속변수 y가 독립변수 x_1, x_2에 영향을 받는지 알기 위해 크기가 12인 표본을 조사한 결과이다. 물음에 답하라.

모수	계수	표준오차	기타
β_0	1377.22	1080.792	$n = 12$
β_1	7.5046	1.741835	SST = 564078
β_2	−12.8186	9.203293	$R^2 = 0.7472$

(a) 회귀모형을 추정하라.

(b) MSE와 MSR을 구하라.

(c) 분산분석표를 작성하여 유의수준 5%에서 회귀모형에 대한 적합성을 검정하라.

(d) 유의수준 5%에서 유의미하지 않은 회귀계수는 무엇인가?

27. 다음은 자동차의 연비 y km/L가 타이어의 연수 x_1과 자동차의 중량 x_2 kg에 영향을 받는지 알기 위해 크기가 14인 표본을 조사한 결과이다. 물음에 답하라.

모수	계수	표준오차	기타
β_0	11.68957	4.276956	$n = 15$
β_1	−0.16735	0.568812	SST = 251.2143
β_2	0.004866	0.002817	$R^2 = 0.2142$

(a) 회귀모형을 추정하라.

(b) MSE와 MSR을 구하라.

(c) 분산분석표를 작성하여 유의수준 5%에서 회귀모형에 대한 적합성을 검정하라.

(d) 유의수준 5%에서 유의미하지 않은 회귀계수는 무엇인가?

28. 다음은 월 저축액이 월급과 생활비에 영향을 받는지 알아보기 위해 직장인 12명을 임의로 선정하여 얻은 표이다. 물음에 답하라.

	자유도	제곱합	평균제곱	F 비
회귀			2429.164	
잔차		4959.436		−
합계			−	−

모수	계수	표준오차	t−통계량	p−값
Y절편	158.9534	109.0418		
월급	1.903221	0.834653		
생활비	−0.49578	0.251344		

(a) 표를 완성하라(단, p-값에는 유의수준 5%와의 대소 관계를 써넣는다).

(b) 유의수준 5%에서 회귀모형에 대한 적합성을 검정하라.

(c) 유의수준 5%에서 유의미한 회귀계수를 구하라.

29. 캡스톤디자인 수업을 진행하고 수업에 대한 만족도를 조사했다. 다음은 학점, 결석 일수, 흥미 지표(5점 척도)가 만족도에 영향을 미치는 알아보기 위해 20명을 임의로 선정하여 얻은 표이다. 물음에 답하라.

	자유도	제곱합	평균제곱	F 비
회귀		22.1381		
잔차			1.806194	−
합계			−	−
모수	계수	표준오차	t-통계량	p-값
Y절편	−1.10335	5.00798		
학점	2.46354	1.154307		
결석 일수	0.609214	0.422438		
흥미 지표	−0.38129	0.331152		

(a) 표를 완성하라(단, p-값에는 유의수준 5%와의 대소 관계를 써넣는다).

(b) 유의수준 5%에서 회귀모형에 대한 적합성을 검정하라.

(c) 유의수준 5%에서 유의미한 회귀계수를 구하라.

30. 다음은 제조회사 9곳의 매출액(y), 광고비(x_1), 설비 투자비(x_2)를 나타낸 것이다. 물음에 답하라 (단, 단위는 억 원이다).

광고비(x_1)	1	2	2	3	3	4	4	5	5
설비 투자비(x_2)	1	4	10	5	15	4	18	10	14
매출액(y)	116	119	118	200	240	245	250	260	300

(a) 광고비, 설비 투자비에 대한 매출액을 나타내는 회귀모형을 추정하라.

(b) MSE와 MSR을 구하라.

(c) 유의수준 5%에서 귀무가설 $H_0 : \beta_1 = \beta_2 = 0$을 검정하라.

(d) 유의수준 5%에서 귀무가설 $H_0 : \beta_1 = 0$을 검정하고 매출액과 광고비 사이의 관계를 설명하라.

(e) 유의수준 5%에서 귀무가설 $H_0 : \beta_2 = 0$을 검정하고 매출액과 설비 투자비 사이의 관계를 설명하라.

31. 다음은 부모의 키가 아들의 키에 영향을 미치는지 알기 위해 10명의 아들 키(y), 아빠 키(x_1), 엄마 키(x_2)를 조사한 결과이다. 물음에 답하라(단, 단위는 cm이다).

아빠 키	167	162	166	164	180	167	168	169	168	174
엄마 키	155	155	150	166	161	159	157	152	169	168
아들 키	167	161	162	166	169	163	166	155	169	170

(a) 아빠와 엄마의 키에 대한 아들의 키를 나타내는 회귀모형을 추정하라.

(b) 유의수준 5%에서 귀무가설 $H_0 : \beta_1 = \beta_2 = 0$을 검정하라.

(c) 유의수준 5%에서 귀무가설 $H_0 : \beta_1 = 0$을 검정하고 아들 키와 아빠 키 사이의 관계를 설명하라.

(d) 유의수준 5%에서 귀무가설 $H_0 : \beta_2 = 0$을 검정하고 아들 키와 엄마 키 사이의 관계를 설명하라.

32. 다음은 어느 지역에 있는 주택 전기 요금이 온도, 에어컨 수, 선풍기 수, 단열재 두께, 창문 수 등에 영향을 받는지 알아보기 위해 주택 10곳을 조사하여 얻은 결과이다. 물음에 답하라.

전기요금(만 원)	온도(℃)	에어컨 수	선풍기 수	단열재 두께(mm)	창문 수
13	21	0	1	10	2
32	35	4	2	8	4
16	23	0	1	12	3
10	20	0	1	8	1
30	32	2	3	8	3
29	30	2	2	10	2
24	26	2	1	11	3
28	29	2	1	12	2
14	24	1	0	9	2
12	21	0	1	10	2

(a) 독립변수들 사이의 상관계수 행렬을 구하라.

(b) 추정 다중회귀식을 구하라.

(c) 유의수준 5%에서 회귀모형에 대한 적합성을 검정하라.

(d) 유의수준 5%에서 귀무가설 $H_0 : \beta_i = 0$, $i = 1, 2, 3, 4, 5$를 각각 검정하라.

(e) 유의미하지 않은 독립변수를 제거한 회귀분석표를 작성하라.

(f) 수정된 추정 다중회귀식을 구하라.

1. 다음은 의료보험공단에서는 연령에 따른 연간 의료비 지출을 조사한 결과이다. 물음에 답하라.

연령(세)	40	41	42	43	44	45	46	47	48	49
의료비(만 원)	27	24	26	25	27	34	32	37	35	45
연령(세)	50	51	52	53	54	55	56	57	58	59
의료비(만 원)	42	54	67	69	64	68	74	66	70	74

(a) 추정 회귀방정식을 구하라.

(b) 연령과 의료비 지출액의 관계를 설명하라.

(c) 오차분산에 대한 평균제곱오차를 구하라.

(d) 결정계수를 구하라.

(e) 분산분석표를 작성하라.

(f) 회귀모형의 적합성($H_0 : \beta_1 = 0$)을 유의수준 5%에서 검정하라.

2. 자본주의가 발달한 나라일수록 시중금리와 부동산 가격 사이의 상관관계는 큰 것으로 나타난다고 한다. 다음은 이런 현상이 우리나라에도 일어나는지 알기 위해 금리에 따른 부동산 가격을 조사한 결과이다. 물음에 답하라.

기준 금리(%)	4.5	4.8	4.0	4.2	3.6	3.2	4.3	4.6
아파트 가격(억 원)	4.1	4.4	4.9	5.2	6.2	6.5	6.7	7.2

(a) 추정 회귀방정식을 구하라.

(b) 기준 금리와 아파트 가격 사이의 상관계수를 구하라.

(c) 모상관계수가 0인지 유의수준 5%에서 검정하라.

(d) 모상관계수가 0.5인지 유의수준 5%에서 검정하라.

카이제곱검정

Chi-Squared Tests

2장에서 범주형 자료를 요약하기 위해 점도표, 도수표, 막대그래프, 원그래프를 비롯한 띠그래프, 꺾은선그래프, 교차분류표 등을 이용했다. 이러한 요약 방법은 수집한 자료를 단지 시각적으로 보여 주거나 도수 또는 비율을 이용하여 단순하게 기술하는 기법이다. 9장과 11장에서는 두 개의 범주로 구성된 모집단의 모비율에 대한 통계적 추론을 살펴봤다. 이는 이항실험에 의한 범주형 자료에 적용되는 통계적 기법이다. 또한 10장과 12장에서 동일한 두 개의 범주로 구성된 독립인 두 모집단의 모비율의 차에 대한 통계적 추론을 살펴봤다.

이번 장에서는 이항실험의 일반화라 할 수 있는 다항실험에 의한 범주형 자료에 적용할 수 있는 통계적 기법에 대해 살펴본다.

15.1 단일 변수인 경우의 적합도 검정

2장에서 요인이 두 개인 범주형 자료를 요약하기 위해 도수표 또는 교차분류표를 이용했다. [표 15-1]은 어느 동아리 회원 100명 중 임의로 20명을 선정하여 혈액형을 조사한 결과이다.

표 15-1 혈액형에 대한 도수표

혈액형	도수	상대도수	백분율(%)
A형	5	0.25	25
B형	5	0.25	25
AB형	4	0.20	20
O형	6	0.30	30

이번 절에서는 [표 15-1]과 같이 세 개 이상의 범주로 구성된 단일 범주형 자료에 대한 가설을 검정하는 방법에 대해 살펴본다.

혈액형의 종류인 A형, B형, AB형, O형과 같이 세 개 이상의 가능한 범주로 구성된 확률 실험을 **다항실험**(multinomial experiment)이라 하며, 이는 이항실험을 확대한 것으로 다음 조건을 만족한다.

- 전체 시행 횟수는 n으로 고정되어 있다.
- 매 시행은 $k(k \geq 3)$개의 가능한 결과로 구성된다.
- 매 시행에서 i번째 결과가 나올 확률은 p_i이며, $p_1 + p_2 + \cdots + p_k = 1$이다.
- 각 시행은 독립이다. 즉, 이전 결과가 다음 시행에 영향을 미치지 않는다.

[표 15-1]의 경우 $n = 20$, $k = 4$이며 매 시행에서 각 혈액형이 나올 확률이 $p_i = \frac{1}{4}$, $i = 1, 2, 3, 4$인 다항실험이다. 주사위를 20번 던지는 경우 $n = 20$, $k = 6$이며 매 시행에서 i인 눈의 수가 나올 확률이 각각 $p_i = \frac{1}{6}$, $i = 1, 2, \cdots, 6$인 다항실험이다. 지문이 '예', '아니오', '모름'과 같이 세 가지 범주인 설문조사 역시 다항실험이다. 이때 20명을 대상으로 한 혈액형 조사의 경우 각 혈액형이 나올 것으로 기대되는 도수는 5명이며, 이와 같이 이론적으로 나타날 것으로 기대되는 도수를 **기대도수**(expected frequency)라 한다. i번째 범주의 기대도수를 e_i라 하면 n번의 독립시행에서 i번째 범주가 나타날 기대도수는 다음과 같다.

$$e_i = np_i$$

실제로 조사하여 관측된 도수인 A형 5명, B형 5명, AB형 4명, O형 6명과 같이 실험이나 관측에 의해 실제로 얻어진 도수를 **관측도수**(observed frequency)라 하며 f_i로 나타낸다.

20명의 혈액형 조사 결과에 대한 관측도수, 관찰비율과 기대도수와 기대확률은 [표 15-2]와 같다.

표 15-2 20명의 혈액형의 관측도수와 기대도수

범주	관측도수(f_i)	관찰비율	기대도수(f_i)	기대확률(p_i)
A형	5	0.25	5	0.25
B형	5	0.25	5	0.25
AB형	4	0.20	5	0.25
O형	6	0.30	5	0.25
합계	20	1.00	20	1.00

실험 또는 관찰로부터 얻은 관측도수와 기대도수가 얼마나 일치하는지 나타내는 수치를 **적합도**(goodness of fit)라 하며, 관측값들이 어느 정도로 이론적인 분포를 이루고 있는지 검정하는 방법을 **적합도 검정**(goodness-of-fit test)이라 한다.

이제 k개의 범주에 대한 다음 귀무가설을 검정하는 방법에 대해 살펴보자.

$$H_0 : p_1 = p_{10}, \ p_2 = p_{20}, \ \cdots, \ p_k = p_{k0}$$

이에 대한 대립가설은 '$H_1 : H_0$이 아니다'이며, 다음과 같이 i번째 범주의 도수 f_i와 기대도수 e_i로 정의된 제곱합은 근사적으로 자유도 $k - 1$인 카이제곱분포를 이룬다.

$$\chi^2 = \sum_{i=1}^{k} \frac{(f_i - e_i)^2}{e_i} \approx \chi^2(k-1)$$

귀무가설 H_0이 참이면 실제 관측값과 기댓값의 차 $f_i - e_i$가 거의 같아지며, 통계량의 관찰값 χ_0^2도 작아질 것이다. 반면 실제 관측도수와 기대도수의 차이가 크면 편차제곱 $(f_i - e_i)^2$이 커지므로 이들의 합인 통계량의 관찰값 χ_0^2도 매우 커진다. 이 경우 $p_i = p_{i0}$, $i = 1, 2, \cdots, k$인 모집단에서 얻은 표본이 아닐 가능성이 커지며, 기각역은 항상 오른쪽 꼬리를 이용한다. 즉, 적합도 검정은 오른쪽 꼬리를 이용한 카이제곱검정을 이용한다. i번째 범주의 관측도수 f_i와 기대도수 e_i에 대하여 다음과 같은 χ^2–통계량과 자유도 $k - 1$인 카이제곱분포를 이용한다.

$$\chi^2 = \sum_{i=1}^{k} \frac{(f_i - e_i)^2}{e_i}$$

앞에서와 동일하게 다음 순서에 따라 적합도 검정, 즉 귀무가설 $H_0 : p_1 = p_{10}, \ p_2 = p_{20}, \cdots, $ $p_k = p_{k0}$을 검정한다. 이때 반드시 상단측검정을 실시한다.

❶ 대립가설 'H_1 : H_0이 아니다'를 설정한다.

❷ χ^2-통계량과 자유도 $k-1$인 카이제곱분포를 선택한다.

❸ 유의수준 α에 대한 기각역 $\chi^2 > \chi^2_\alpha(k-1)$을 구한다.

❹ 검정통계량의 관찰값 χ^2_α이 기각역 안에 놓이거나 p-값이 유의수준보다 작으면 H_0을 기 각한다.

[표 15-2]에 대해 유의수준 0.05에서 다음 순서에 따라 적합도 검정을 수행해보자.

❶ A형, B형, AB형, O형이 나올 확률을 각각 p_1, p_2, p_3, p_4라 하면 귀무가설과 대립가설은 각각 다음과 같다.

$$H_0 : p_1 = p_2 = p_3 = p_4 = \frac{1}{4}$$

$$H_1 : H_0\text{이 아니다.}$$

❷ 다음 검정통계량과 자유도 3인 χ^2-분포를 선택한다.

$$\chi^2 = \sum_{i=1}^{4} \frac{(f_i - e_i)^2}{e_i}$$

❸ 유의수준 $\alpha = 0.05$에 대한 기각역은 $\chi^2 > \chi^2_{0.05}(3) = 7.81$이다.

❹ [표 15-3]과 같이 관측도수와 기대도수에 대한 통계량의 값을 구한다.

표 15-3 **관측도수와 기대도수에 대한 통계량의 값**

범주	관측도수(f_i)	비율(p_i)	기대도수 ($e_i = np_i$)	$f_i - e_i$	$(f_i - e_i)^2$	$\dfrac{(f_i - e_i)^2}{e_i}$
A형	5	0.25	5	0	0	0
B형	5	0.25	5	0	0	0
AB형	4	0.25	5	−1	1	0.2
O형	6	0.25	5	1	1	0.2
합계	20	1.0	20	0	−	0.4

❺ 검정통계량의 관찰값 $\chi^2_\alpha = 0.4$가 기각역 안에 놓이지 않으므로 귀무가설 H_0을 기각할 수 없다. 즉, 표본에서 얻은 결과를 이용하여 네 종류의 혈액형에 대한 비율이 동일하게 $\frac{1}{4}$이 라는 주장은 타당하다.

예제 1

다음은 주사위를 600번 던져서 얻은 결과이다. 물음에 답하라.

눈의 수	1	2	3	4	5	6	합계
관측도수	101	105	106	111	82	95	600

(a) 기각역을 이용하여 유의수준 5%에서 주사위가 공정하게 만들어졌는지 검정하라.

(b) $p-$값을 이용하여 유의수준 5%에서 주사위가 공정하게 만들어졌는지 검정하라.

풀이

다음 순서에 따라 귀무가설을 검정한다.

(a) ❶ 주사위 눈의 수 i가 나올 확률을 각각 p_i, $i = 1, 2, \cdots, 6$이라 하자. 이때 주사위가 공정하게 만들어졌다면, 각각의 눈이 나올 기대확률은 동등하게 $\frac{1}{6}$이므로 귀무가설과 대립가설은 각각 다음과 같다.

$$H_0 : p_1 = p_2 = p_3 = p_4 = p_5 = p_6 = \frac{1}{6}$$

$$H_1 : H_0\text{이 아니다.}$$

❷ 검정통계량 $\chi^2 = \sum_{i=1}^{6} \frac{(f_i - e_i)^2}{e_i}$과 자유도 5인 χ^2-분포를 선택한다.

❸ 유의수준 0.05에 대한 기각역은 $\chi^2 > \chi^2_{0.05}(5) = 11.07$이다.

❹ 주사위를 600번 던지면 각 눈이 나올 기대도수는 $e_i = 100$, $i = 1, 2, \cdots, 6$이므로 검정통계량의 관찰값은 다음 표로부터 $\chi^2_0 = 5.32$이다.

범주	관측도수(f_i)	비율(p_i)	기대도수 ($e_i = np_i$)	$f_i - e_i$	$(f_i - e_i)^2$	$\dfrac{(f_i - e_i)^2}{e_i}$
1	101	$\frac{1}{6}$	100	1	1	0.01
2	105	$\frac{1}{6}$	100	5	25	0.25
3	106	$\frac{1}{6}$	100	6	36	0.36
4	111	$\frac{1}{6}$	100	11	121	1.21
5	82	$\frac{1}{6}$	100	-18	324	3.24
6	95	$\frac{1}{6}$	100	-5	25	0.25
합계	600	1.0	600	0	$-$	5.32

❺ 검정통계량의 관찰값 $\chi^2_0 = 5.32$가 기각역 안에 놓이지 않으므로 귀무가설 $H_0 : p_1 = p_2 = p_3 = p_4 = p_5 = p_6 = \frac{1}{6}$을 기각할 수 없다. 즉, 주사위는 공정하게 만들어졌다고 할 수 있다.

(b) 검정통계량의 관찰값이 $\chi^2_0 = 5.32$이므로 $p-$값의 범위는 다음과 같다.

$$0.25 < p-\text{값} = P(\chi^2 > 5.32) < 0.5$$

따라서 $p-$값 > 0.05이므로 귀무가설 $H_0 : p_1 = p_2 = p_3 = p_4 = p_5 = p_6 = \frac{1}{6}$을 기각할 수 없다.

엑셀 단일 변수에 대한 적합도 검정

[예제 1]의 $H_0 : p_1 = p_2 = p_3 = p_4 = p_5 = p_6 = \dfrac{1}{6}$에 대한 유의수준 5%인 적합도 검정을 생각하자.

❶ A1셀, B1셀에 **관찰도수**, **기대도수**를 기입하고, A2~A7셀과 B2~B7셀에 기본 정보를 기입한다.

❷ C1셀에 커서를 놓고 메뉴바에서 수식 〉함수 삽입 〉통계 〉CHISQ.TEST를 선택하여 **Actual_range**에 관측도수가 있는 셀 **A2:A7**, **Expected_range**에 기대도수가 있는 셀 **B2:B7**을 기입하면 p-값 0.378을 얻는다.

|결론| 다음과 같이 p-값 0.3781이 유의수준 0.05보다 크므로 귀무가설을 기각할 수 없다.

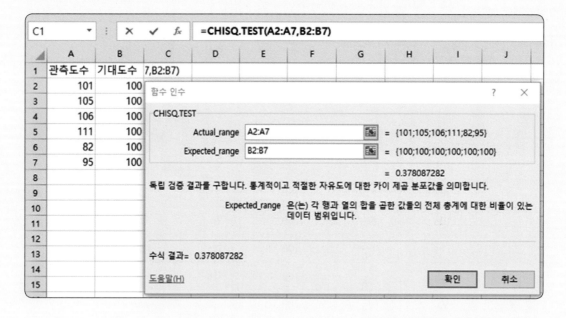

15.2 변수가 두 개인 경우의 적합도 검정

[표 15-4]는 어느 대형마트 고객 10,000명 중 임의로 100명을 선정하여 이들의 만족도를 성별에 따라 조사한 교차분류표이다. 이번 절에서는 두 가지 범주로 구성된 [표 15-4]와 같은 교차분류표에 대해 두 요인이 독립인지 검정하는 방법인 **독립성 검정**(test of independence)과 두 개 이상의 모집단에 대해 어떤 특정한 성분의 비율이 동일한지 검정하는 방법인 **동질성 검정**(test of homogeneity)을 살펴본다.

표 15-4 성별에 따른 100명의 만족도 교차분류표

성별	만족도					합계
	매우 만족	만족	보통	불만족	매우 불만족	
남자	6	12	12	8	4	42
여자	10	7	19	6	16	58
합계	16	19	31	14	20	100

15.2.1 독립성 검정

[표 15-4]에서 두 가지 범주인 성별(남자, 여자)과 만족도(5개의 작은 범주)를 기반으로 한 대형마트 고객 10,000명의 범주별 기대도수는 [표 15-5]와 같다.

표 15-5 성별에 따른 10,000명의 만족도 교차분류표

성별	만족도					합계
	매우 만족	만족	보통	불만족	매우 불만족	
남자	600	1,200	1,200	800	400	4,200
여자	1,000	700	1,900	600	1,600	5,800
합계	1,600	1,900	3,100	1,400	2,000	10,000

모집단인 10,000명의 고객에 대해 두 요인인 성별과 만족도가 서로 관련이 없다는 귀무가설을 설정할 수 있다. 이 경우 두 범주가 서로 관련이 없다면 두 범주는 서로 전혀 영향을 끼치지 않으므로 독립이지만, 연관이 있다면 어느 한 요인에 의해 다른 요인이 결정되므로 종속적인 관계를 가질 것이다.

이제 두 변수로 구성된 모집단에 대해 두 변수가 독립인지 검정하는 방법을 살펴본다. 변수 A는 r개의 범주 $A_1, A_2, \cdots, A_r$로, 변수 B는 c개의 범주 $B_1, B_2, \cdots, B_c$로 구성됐다고 하자. 그러면 두 변수에 대해 [표 15-6]과 같은 분할표를 생각할 수 있다.

표 15-6 두 요인에 대한 $r \times c$ 도수 분할표

A	B				합계
	B_1	B_2	$\cdots$	B_c	
A_1	f_{11}	f_{12}	$\cdots$	f_{1c}	$f_{1.}$
A_2	f_{21}	f_{22}	$\cdots$	f_{2c}	$f_{2.}$
$\vdots$	$\vdots$	$\vdots$	$\vdots$	$\vdots$	$\vdots$
A_r	f_{r1}	f_{r2}	$\cdots$	f_{rc}	$f_{r.}$
합계	$f_{.1}$	$f_{.2}$	$\cdots$	$f_{.c}$	n

여기서 사용한 기호는 다음과 같다.

- n: 전체 도수
- f_{ij}: A_i와 B_j의 교차 셀의 관측도수
- $f_{i.}$: A_i의 전체 도수
- $f_{.j}$: B_j의 전체 도수

이때 각 셀의 확률을 다음과 같이 나타낸다.

- p_{ij}: A_i와 B_j의 결합확률, 즉 $p_{ij} = P(A_i \cap B_j)$
- $p_{i.}$: A_i의 확률, 즉 $p_{i.} = P(A_i)$
- $p_{.j}$: B_j의 확률, 즉 $p_{.j} = P(B_j)$

두 변수가 독립이면 모든 $i = 1, 2, \cdots, r$, $j = 1, 2, \cdots, c$에 대해 다음이 성립한다.

$$p_{ij} = p_{i.}p_{.j}, \quad 즉 \ P(A_i \cap B_j) = P(A_i)P(B_j)$$

따라서 두 변수가 독립이라는 귀무가설과 이에 대한 대립가설은 다음과 같다.

$$H_0 : p_{ij} = p_{i.}p_{.j}, \ i = 1, 2, \cdots, r, \ j = 1, 2, \cdots, c$$

$$H_1 : H_0이 \ 아니다.$$

즉, 귀무가설은 항상 '두 변수가 서로 관련이 없다'이고 대립가설은 '적어도 두 개 이상의 범주가 서로 관련이 있다'이다. 두 변수의 독립성을 검정하기 위해 먼저 $p_{i.}$와 $p_{.j}$의 추정값을 구하면 다음과 같다.

$$\hat{p}_{i.} = \frac{f_{i.}}{n}, \ \hat{p}_{.j} = \frac{f_{j}}{n}$$

이때 귀무가설 H_0이 참이라 하면 $P(A_i \cap B_j) = P(A_i)P(B_j)$이므로 (i, j) 셀의 확률 p_{ij}의 추정량은 다음과 같다.

$$\hat{p}_{ij} = \hat{p}_{i.}\hat{p}_{.j} = \frac{f_{i.}f_{j}}{n^2}$$

따라서 (i, j) 셀의 기대도수는 다음과 같이 i번째 행의 도수와 j번째 열의 도수를 곱한 값을 표본의 크기 n으로 나눈 값이다.

$$\hat{e}_{ij} = n\hat{p}_{ij} = \frac{f_{i.}f_{j}}{n}$$

주의할 것은 $np \geq 5$, $n(1-p) \geq 5$이어야 이항분포의 정규근사가 가능한 것처럼 카이제곱검정에서 각 셀의 기대도수가 5 이상이 되도록 표본의 크기를 정해야 한다는 것이다. 적합도 검정에서와 마찬가지로 각 셀의 관측도수 f_{ij}와 기대도수 $\hat{e}_{ij}$으로 정의된 χ^2-통계량은 다음과 같이 근

사적으로 자유도 $(r - 1)(c - 1)$인 카이제곱분포를 이룬다.

$$\chi^2 = \sum_{i=1}^{r} \sum_{j=1}^{c} \frac{(f_{ij} - \hat{e}_{ij})^2}{\hat{e}_{ij}} \approx \chi^2 ((k - 1)(c - 1))$$

이때 귀무가설 H_0이 참이라 하면 실제 관측도수와 기대도수의 차 $f_{ij} - \hat{e}_{ij}$이 거의 0에 가까워지며 χ^2-통계량도 작아진다. 그러나 f_{ij}와 $\hat{e}_{ij}$의 차이가 크다면 χ^2-통계량도 커지고, 따라서 두 요인이 독립인 모집단에서 얻은 표본이 아닐 가능성이 커진다. 이 경우 반드시 상단측검정을 하므로 기각역은 항상 오른쪽 꼬리를 이용한다. 즉, 유의수준 α에 대한 기각역은 다음과 같다.

$$\chi^2 > \chi_{\alpha}^2 ((r - 1)(c - 1))$$

[표 15-4]의 자료에 대한 관측도수와 기대도수를 표로 나타내면 [표 15-7]과 같다.

표 15-7 성별에 따른 만족도의 관측도수와 기대도수

성별	만족도					합계
	매우 만족	만족	보통	불만족	매우 불만족	
남자	6 (6.72)	12 (7.98)	12 (13.02)	8 (5.88)	4 (8.4)	42
여자	10 (9.28)	7 (11.02)	19 (17.98)	6 (8.12)	16 (11.6)	58
합계	16	19	31	14	20	100

[표 15-7]의 관측도수와 기대도수로부터 $\dfrac{(f_{ij} - \hat{e}_{ij})^2}{\hat{e}_{ij}}$을 구하면 [표 15-8]과 같다.

표 15-8 각 셀에 대한 $\dfrac{(f_{ij} - \hat{e}_{ij})^2}{\hat{e}_{ij}}$

성별	만족도					합계
	매우 만족	만족	보통	불만족	매우 불만족	
남자	0.077	2.025	0.080	0.764	2.305	5.251
여자	0.056	1.466	0.058	0.553	1.669	3.802
합계	0.133	3.491	0.138	1.317	3.974	9.053

따라서 검정통계량의 관찰값은 $\chi_0^2 = 9.053$이고 χ^2-통계량은 자유도 $(2 - 1)(5 - 1) = 4$인 χ^2-분포를 이룬다. 따라서 유의수준 0.05에 대한 기각역은 $\chi^2 > \chi_{0.05}^2 (4) = 9.49$이고 검정통계

량의 관찰값이 기각역 안에 놓이지 않으므로 귀무가설 H_0을 기각할 수 없다. 즉, 성별과 만족도는 독립이라고 할 수 있다.

예제 2

다음은 임의로 선정한 서울 시민 500명을 대상으로 연령대와 정치적 성향을 조사한 결과이다. 물음에 답하라.

정치적 성향	연령대					합계
	20대	30대	40대	50대	60대 이상	
진보	45	36	23	19	14	137
중도	38	36	44	34	23	175
보수	21	26	28	51	62	188
합계	104	98	95	104	99	500

(a) 기각역을 이용하여 유의수준 5%에서 연령대와 정치적 성향이 독립인지 검정하라.

(b) p-값을 이용하여 유의수준 5%에서 연령대와 정치적 성향이 독립인지 검정하라.

풀이

다음 순서에 따라 귀무가설을 검정한다.

(a) ❶ 귀무가설과 대립가설은 각각 다음과 같다.

$$H_0 : \text{연령대와 정치적 성향은 서로 관련이 없다.}$$
$$H_1 : \text{연령대와 정치적 성향은 서로 관련이 있다.}$$

❷ 각 셀의 기대도수를 구한다.

$$\hat{e}_{11} = \frac{137 \times 104}{500} \approx 28.5, \quad \hat{e}_{12} = \frac{137 \times 98}{500} \approx 26.9, \quad \hat{e}_{13} = \frac{137 \times 95}{500} \approx 26.0,$$

$$\hat{e}_{14} = \frac{137 \times 104}{500} \approx 28.5, \quad \hat{e}_{15} = \frac{137 \times 99}{500} \approx 27.1, \quad \hat{e}_{21} = \frac{175 \times 104}{500} \approx 36.4,$$

$$\hat{e}_{22} = \frac{175 \times 98}{500} \approx 34.3, \quad \hat{e}_{23} = \frac{175 \times 95}{500} \approx 33.3, \quad \hat{e}_{24} = \frac{175 \times 104}{500} \approx 36.4,$$

$$\hat{e}_{25} = \frac{175 \times 99}{500} \approx 34.7, \quad \hat{e}_{31} = \frac{188 \times 104}{500} \approx 39.1, \quad \hat{e}_{32} = \frac{188 \times 98}{500} \approx 36.8,$$

$$\hat{e}_{33} = \frac{188 \times 95}{500} \approx 35.7, \quad \hat{e}_{34} = \frac{188 \times 95}{500} \approx 39.1, \quad \hat{e}_{35} = \frac{188 \times 99}{500} \approx 37.2$$

다음은 관측도수와 기대도수를 정리한 것이다.

정치적 성향	연령대										합계
	20대		30대		40대		50대		60대 이상		
진보	45	28.5	36	26.9	23	26.0	19	28.5	14	27.1	137
중도	38	36.4	36	34.3	44	33.3	34	36.4	23	34.7	34.7
보수	21	39.1	26	36.8	28	35.7	51	39.1	62	37.2	37.2
합계	104		98		95		104		99		500

이제 $\dfrac{(f_{ij} - \hat{e}_{ij})^2}{\hat{e}_{ij}}$ 을 구하면 다음 표와 같다.

연령대	범주	관측도수(f_i)	기대도수($\hat{e}_{ij}$)	$f_{ij} - \hat{e}_{ij}$	$(f_{ij} - \hat{e}_{ij})^2$	$\dfrac{(f_{ij} - \hat{e}_{ij})^2}{\hat{e}_{ij}}$
20대	진보	45	28.5	16.5	272.25	9.553
	중도	38	36.4	1.6	2.56	0.070
	보수	21	39.1	−18.1	327.61	8.379
30대	진보	36	26.9	9.1	82.81	3.078
	중도	36	34.3	1.7	2.89	0.084
	보수	26	36.8	−10.8	116.64	3.17
40대	진보	23	26.0	−3.0	9.00	0.346
	중도	44	33.3	10.7	114.49	3.438
	보수	28	35.7	−7.7	59.29	1.661
50대	진보	19	28.5	−9.5	90.25	3.167
	중도	34	36.4	−2.4	5.76	0.158
	보수	51	39.1	11.9	141.61	3.622
60대 이상	진보	14	27.1	−13.1	171.61	6.332
	중도	23	34.7	−11.7	136.89	3.945
	보수	62	37.2	24.8	615.04	16.533
합계		500	500	−	−	63.536

따라서 검정통계량의 관찰값은 $\chi_0^2 = 63.536$이다.

❸ 유의수준 0.05에 대한 기각역은 $\chi^2 > \chi_{0.05}^2(8) = 15.51$이다.

❹ 검정통계량의 관찰값 $\chi_0^2 = 63.536$이 기각역 안에 놓이므로 귀무가설 'H_0 : 연령대와 정치적 성향은 서로 관련이 없다'를 기각한다. 즉, 연령대와 정치적 성향은 독립적이지 않다.

(b) 검정통계량의 관찰값이 $\chi_0^2 = 63.536$이므로 p–값의 범위는 다음과 같다.

$$p\text{–값} = P(\chi^2 > 63.536) < 0.0005$$

따라서 p–값 < 0.05이므로 귀무가설 'H_0: 연령대와 정치적 성향은 서로 관련이 없다'를 기각한다.

15.2.2 동질성 검정

이제 범주형 자료에 대한 두 개 이상의 모집단이 동일한 성질을 갖는지 검정하는 방법을 살펴본다. [표 15-9]는 직장인 남자 100명과 여자 50명을 임의로 선정하여 아침식사 유형(과식, 소식, 금식)의 비율이 비슷한지 검정하기 위해 조사한 결과이다.

표 15-9 남녀 직장인의 아침식사 유형

성별＼식사 유형	과식	소식	금식	합계
남자	45	34	21	100
여자	10	18	22	50
합계	55	52	43	150

남자 100명과 여자 50명을 표본으로 선정한 것이므로 행의 두 합 100과 50은 이미 지정된 숫자이며, 열의 세 합은 선정된 표본의 결과이다. 이와 같이 행의 합 또는 열의 합이 정해진 경우 동질성 검정을 수행한다. 반면 150명의 직장인을 남녀로 구분하지 않고 무작위로 선정한 결과 남자가 100명이고 여자가 50명이었다면 독립성 검정을 실시해야 하며, 따라서 각 셀의 확률은 다음과 같다.

$$\hat{p}_{ij} = \hat{p}_{i.}\,\hat{p}_{.j}$$

[표 15-10]과 같이 행의 합이 고정되어 있는 경우 동질성 검정을 수행하는 방법을 살펴본다.

표 15-10 두 요인에 대한 $r \times c$ 도수 분할표

A	B				합계
	B_1	B_2	$\cdots$	B_c	
A_1	f_{11}	f_{12}	$\cdots$	f_{1c}	$f_{1.}$ (고정)
A_2	f_{21}	f_{22}	$\cdots$	f_{2c}	$f_{2.}$ (고정)
$\vdots$	$\vdots$	$\vdots$		$\vdots$	$\vdots$
A_r	f_{r1}	f_{r2}	$\cdots$	f_{rc}	$f_{r.}$ (고정)
합계	$f_{.1}$	$f_{.2}$	$\cdots$	$f_{.c}$	n

이때 동질성 검정을 위한 귀무가설과 대립가설은 다음과 같다.

$$H_0 : p_{1j} = p_{2j} = \cdots = p_{rj}, \quad j = 1, 2, \cdots, c$$

$H_1 : H_0$이 아니다.

A_i행의 각 범주 $B_1, B_2, \cdots, B_c$의 비율을 $p_{i1}, p_{i2}, \cdots, p_{ic}$라 하면 p_{ij}의 추정값은 다음과 같다.

$$\hat{p}_{ij} = \frac{f_{ij}}{f_{i.}}$$

이때 귀무가설 H_0이 참이라 하면 $p_{1j} = p_{2j} = \cdots = p_{rj} = p_j$이므로 이들의 추정값 $\hat{p}_{1j} = \hat{p}_{2j}$ $= \cdots = \hat{p}_{rj} = \hat{p}_j$으로 다음과 같은 c개의 범주에 대한 합동표본비율을 이용한다.

$$\hat{p}_j = \frac{f_{1j} + f_{2j} + \cdots + f_{cj}}{f_{1.} + f_{2.} + \cdots + f_{r.}} = \frac{f_j}{n}, \quad j = 1, 2, \cdots, c$$

따라서 A_1행의 각 셀의 기대도수는 다음과 같다.

$$\hat{e}_{1j} = f_{1.}\hat{p}_j = \frac{f_{1.}f_j}{n}$$

A_1행의 각 분할에 대한 카이제곱항은 $\dfrac{(f_{1j} - \hat{e}_{1j})^2}{\hat{e}_{1j}}$이므로 A_1행의 카이제곱합은 다음과 같으며, 자유도는 $c - 1$이다.

$$\sum_{j=1}^{c} \frac{(f_{1j} - \hat{e}_{1j})^2}{\hat{e}_{1j}}$$

A_i행의 각 셀의 기대도수는 다음과 같다.

$$\hat{e}_{ij} = \frac{f_{i.}f_j}{n}$$

따라서 A_i행의 카이제곱합은 다음과 같으며, 자유도는 $c - 1$이다.

$$\sum_{j=1}^{c} \frac{(f_{ij} - \hat{e}_{ij})^2}{\hat{e}_{ij}}$$

그러면 전체 χ^2−통계량은 다음과 같으며 자유도는 $(r-1)(c-1)$이다.

$$\chi^2 = \sum_{i=1}^{r} \sum_{j=1}^{c} \frac{(f_{ij} - \hat{e}_{ij})^2}{\hat{e}_{ij}}$$

이때 귀무가설 H_0이 참이라 하면 실제 관측도수와 기대도수의 차 $f_{ij} - \hat{e}_{ij}$이 거의 0에 가까워지며 χ^2−통계량도 작아진다. 그러나 f_{ij}와 $\hat{e}_{ij}$의 차이가 크다면 χ^2−통계량도 커지고, 따라서 H_0을 기각할 가능성이 커진다. 이 경우 반드시 상단측검정을 실시하므로 기각역은 항상 오른쪽 꼬리를 이용한다. 즉, 유의수준 α에 대한 기각역은 다음과 같다.

$$\chi^2 > \chi_\alpha^2((r-1)(c-1))$$

[표 15–9]의 자료에 대한 관측도수는 다음과 같다.

$$\hat{e}_{11} = \frac{100 \times 55}{150} \approx 36.7, \quad \hat{e}_{12} = \frac{100 \times 52}{150} \approx 34.7, \quad \hat{e}_{13} = \frac{100 \times 43}{150} \approx 28.7,$$

$$\hat{e}_{21} = \frac{50 \times 55}{150} \approx 18.3, \quad \hat{e}_{22} = \frac{50 \times 52}{150} \approx 17.3, \quad \hat{e}_{23} = \frac{50 \times 43}{150} \approx 14.3$$

그러므로 남녀 직장인의 아침식사 유형에 대한 관측도수와 기대도수는 [표 15–11]과 같다.

표 15-11 아침식사 유형에 대한 관측도수와 기대도수

성별＼식사 유형	과식	소식	금식	합계
남자	45(36.7)	34(34.7)	21(28.7)	100
여자	10(18.3)	18(17.3)	22(14.3)	50
합계	55	52	43	150

따라서 검정통계량의 관찰값은 다음과 같다.

$$\chi_0^2 = \frac{(45-36.7)^2}{36.7} + \frac{(34-34.7)^2}{34.7} + \frac{(21-28.7)^2}{28.7} + \frac{(10-18.3)^2}{18.3} + \frac{(18-17.3)^2}{17.3} + \frac{(22-14.3)^2}{14.3}$$
$$\approx 11.896$$

유의수준 5%에서 검정한다면 자유도는 $(2-1)(3-1)=2$이므로 기각역은 $\chi^2 > \chi_{0.05}(2) = 5.99$이다. 검정통계량의 관찰값 $\chi_0^2 = 11.896$이 기각역 안에 놓이므로 귀무가설 H_0을 기각한다. 즉, 남녀로 분류된 두 직장인 집단에서 아침식사 유형은 동질성을 갖지 않는다고 할 수 있다.

예제 3

다음은 서울 시민 500명을 연령대별로 각각 100명씩 선정하여 연령대와 정치적 성향을 조사한 결과이다. 연령으로 분류된 서울 시민의 정치적 성향에 동질성이 있는지 유의수준 5%에서 검정하라.

정치적 성향	연령대					합계
	20대	30대	40대	50대	60대 이상	
진보	45	36	25	18	14	138
중도	36	38	44	31	34	183
보수	19	26	31	51	52	179
합계	100	100	100	100	100	500

풀이

다음 순서에 따라 귀무가설을 검정한다.

❶ 귀무가설과 대립가설은 각각 다음과 같다.

$$H_0 : \text{연령대별로 정치적 성향은 동질성을 갖는다.}$$

$$H_1 : \text{연령대별로 정치적 성향은 동질성을 갖지 않는다.}$$

❷ $j = 1, 2, 3, 4, 5$에 대해 각 셀의 기대도수를 구하면 각각 다음과 같다.

$$\hat{e}_{1j} = \frac{138 \times 100}{500} = 27.6, \quad \hat{e}_{2j} = \frac{183 \times 100}{500} = 36.6, \quad \hat{e}_{3j} = \frac{179 \times 100}{500} = 35.8$$

다음은 관측도수와 기대도수를 정리한 것이다.

정치적 성향	연령대										합계
	20대		30대		40대		50대		60대 이상		
진보	45	27.6	36	27.6	25	27.6	18	27.6	14	27.6	138
중도	36	36.6	38	36.6	44	36.6	31	36.6	34	36.6	183
보수	19	35.8	26	35.8	31	35.8	51	35.8	52	35.8	179
합계	100		100		100		100		100		500

이제 $\dfrac{(f_{ij} - \hat{e}_{ij})^2}{\hat{e}_{ij}}$ 을 구하면 다음 표와 같다.

연령대	범주	관측도수(f_i)	기대도수($\hat{e}_{ij}$)	$f_{ij} - \hat{e}_{ij}$	$(f_{ij} - \hat{e}_{ij})^2$	$\dfrac{(f_{ij} - \hat{e}_{ij})^2}{\hat{e}_{ij}}$
20대	진보	45	27.6	17.4	302.76	10.970
	중도	36	36.6	−0.6	0.36	0.010
	보수	19	35.8	−16.8	282.24	7.884
30대	진보	36	27.6	8.4	70.56	2.557
	중도	38	36.6	1.4	1.96	0.054
	보수	26	35.8	−9.8	96.04	2.683
40대	진보	25	27.6	−2.6	6.76	0.245
	중도	44	36.6	7.4	54.76	1.496
	보수	31	35.8	−4.8	23.04	0.644
50대	진보	18	27.6	−9.6	92.16	3.339
	중도	31	36.6	−5.6	31.36	0.857
	보수	51	35.8	15.2	231.04	6.454
60대 이상	진보	14	27.6	−13.6	184.96	6.701
	중도	34	36.6	−2.6	6.76	0.185
	보수	52	35.8	16.2	262.44	7.331
합계		500	500	−	−	51.41

따라서 검정통계량의 관찰값은 $\chi_0^2 = 51.41$이다.

❸ 유의수준 0.05에 대한 기각역은 $\chi^2 > \chi_{0.05}^2(8) = 15.51$이다.

❹ 검정통계량의 관찰값 $\chi_0^2 = 51.41$이 기각역 안에 놓이므로 귀무가설 'H_0 : 연령대별로 정치적 성향은 동질성을 갖는다'를 기각한다. 즉, 연령대별로 정치적 성향은 동질성을 갖지 않는다.

엑셀 두 변수에 대한 적합도 검정

[예제 2]의 'H_0 : 연령대와 정치적 성향은 서로 관련이 없다'에 대한 유의수준 5%인 독립성 검정을 생각하자.

❶ A~F열에 기본 정보를 기입하고 6행과 G열에 각 범주의 합계를 구한다.

❷ B10셀에 커서를 놓고 =G3*$B$6/ 500을 기입하고 커서를 끌어 내려 각 범주의 기대도수를 얻는다.

❸ 메뉴바에서 수식 〉함수 삽입 〉통계 〉CHISQ.TEST를 선택하여 Actual_range에 관측도수가 있는 셀 B3:F5, Expected_range에 기대도수가 있는 셀 B10:F12를 기입하면 p−값 9.1×10^{-11}을 얻는다.

|결론| 다음과 같이 p−값 9.1×10^{-11}이 유의수준 0.05보다 작으므로 귀무가설을 기각한다.

	A	B	C	D	E	F	G
1		연령대(관찰도수)					
2		20대	30대	40대	50대	60대이상	합계
3	진보	45	36	23	19	14	137
4	중도	38	36	44	34	23	175
5	보수	21	26	28	51	62	188
6	합계	104	98	95	104	99	500
7							
8		연령대(기대도수)					
9		20대	30대	40대	50대	60대이상	합계
10	진보	28.496	26.852	26.03	28.496	27.126	137
11	중도	36.4	34.3	33.25	36.4	34.65	175
12	보수	39.104	36.848	35.72	39.104	37.224	188
13	합계	104	98	95	104	99	500
14	p-값	9.11231E-11					

1. 세 개 이상의 가능한 범주로 구성된 확률 실험을 무엇이라 하는가?

2. 실험이나 관측에 의해 실제로 얻어진 도수를 무엇이라 하는가?

3. 이론적으로 나타날 것으로 기대되는 도수를 무엇이라 하는가?

4. 관측도수와 기대도수가 얼마나 일치하는지 나타내는 수치를 무엇이라 하는가?

5. 관측값들이 어느 정도로 이론적인 분포를 이루고 있는지 검정하는 방법을 무엇이라 하는가?

6. 적합도 검정을 위한 통계량은 무엇인가?

7. 적합도 검정을 위한 확률분포는 무엇인가?

8. 적합도 검정에 대한 귀무가설은 무엇인가?

9. 두 요인이 독립인지 검정하는 방법을 무엇이라 하는가?

10. 두 개 이상의 모집단에 대해 어떤 특정한 성분의 비율이 동일한지 검정하는 방법을 무엇이라 하는가?

11. 독립성 검정에 대한 귀무가설은 무엇인가?

12. 독립성 검정의 각 셀에 대한 기대도수를 어떻게 구하는가?

13. 독립성 검정을 위한 통계량은 무엇인가?

14. 독립성 검정을 위한 확률분포는 무엇인가?

15. 독립성 검정에서 유의수준 α에 대한 기각역은 무엇인가?

16. 동질성 검정의 각 셀에 대한 기대도수를 어떻게 구하는가?

17. 동질성 검정을 위한 통계량은 무엇인가?

1. 과학기술정보통신부와 한국인터넷진흥원에서 조사한 〈2017 인터넷이용실태 요약보고서〉에 따르면 2017년도 기준으로 광역시별 인터넷 이용자 수와 광역시 인구 비율은 다음과 같다. 이를 이용하여 광역시별로 인터넷 이용률이 동일한지 유의수준 5%에서 검정하라.

지역	서울	인천	대전	대구	울산	부산	광주	합계
이용자 수	8,649	2,534	1,370	2,255	1,098	3,130	1,375	20,411
인구 비율	0.429	0.128	0.067	0.108	0.051	0.151	0.066	1.000

2. 다음은 어느 대학에서 클린 캠퍼스를 만들기 위해 120명의 학생을 대상으로 학내 금주에 대한 여론조사를 실시한 결과이다. 5년 전에 동일한 여론조사의 결과는 찬성 42%, 반대 39%, 무응답 19%이었다. 이번 조사 결과가 5년 전 여론조사 결과와 동일한지 유의수준 2.5%에서 검정하라.

구분	찬성	반대	무응답	합계
응답자 수	66	37	17	120

3. 부산광역시의 〈2012년 부산지역 외국인주민 생활환경 실태조사 및 정책발전방안〉 보고서에 따르면 부산 지역 외국인 주민의 생활 환경에 대한 만족도 결과가 만족 63%, 보통 31%, 불만족 6%이었다. 다음은 금년도에 부산 지역 외국인 주민을 대상으로 생활 환경에 대한 만족도를 조사한 결과이다. 이번 조사 결과가 2012년의 결과와 동일한지 유의수준 5%에서 검정하라.

응답 결과	만족	보통	불만족	합계
응답자 수	124	59	17	200

4. 다음은 통계청에서 2015년 고소득층의 가구 형태 비율과 올해 고소득층 200명을 임의로 선정하여 가구 형태를 조사한 결과이다. 올해 고소득층의 가구 형태가 2015년 고소득층의 가구 형태 비율과 동일한지 유의수준 1%에서 검정하라.

가구 형태	1인	2인	3인	4인	5인	6인 이상
2015(%)	4.6	13.8	28.3	39.6	11.2	2.5
올해 고소득층(명)	32	24	48	66	26	4

5. 다음은 어느 제조회사에서 생산한 완구의 불량률이 요일별로 동일한지 알아보기 위해 요일별 불량품의 수를 조사한 결과이다. 요일별 불량률이 동일한지 유의수준 5%에서 검정하라.

요일	월	화	수	목	금	합계
불량품 수	38	25	30	29	13	135

6. 다음은 네 종류의 커피 브랜드에 대한 선호도가 성별과 관계가 없는지 알아보기 위해 500명의 남녀를 임의로 선정하여 표본조사한 결과이다. 네 커피 브랜드에 대한 선호도와 성별이 관계가 없는지 유의수준 5%에서 검정하라.

성별＼브랜드	A	B	C	D	합계
남자	35	25	60	65	185
여자	85	65	75	90	315
합계	120	90	135	155	500

7. 다음은 20세 이상 성인 500명을 대상으로 자주 찾는 대형마트를 연령대별로 표본조사한 결과이다. 연령대와 대형마트의 선호도가 관계가 없는지 유의수준 5%에서 검정하라.

연령대＼대형마트	A	B	C	D	합계
20대	32	39	36	27	134
30대	26	28	31	28	113
40대	39	36	25	32	132
50대 이상	34	25	33	29	121
합계	131	128	125	116	500

8. 스마트폰 케이스를 생산하는 어느 업체는 네 공장에서 케이스를 생산하며, 상반기 각 공장에서 월별로 생산한 불량 케이스의 개수는 다음과 같다. 생산 시기와 공장의 불량 케이스의 개수에 관계가 없는지 유의수준 5%에서 검정하라.

월＼공장	A	B	C	D
1	19	40	37	26
2	30	33	31	35
3	29	32	29	34
4	27	39	34	20
5	23	36	38	37
6	31	30	33	22

9. 다음은 어느 대학의 취업을 담당하는 부서에서 재학생들이 졸업 후 희망하는 진로가 무엇인지 알아보기 위해 임의로 선정한 재학생들을 대상으로 학년별 희망 진로를 조사한 결과이다. 학년과 희망 진로가 서로 관련이 없는지 유의수준 5%에서 검정하라.

학년＼희망 진로	대기업	금융권	공무원	진학	미결정
1	34	25	8	2	22
2	31	22	15	4	19
3	24	15	17	3	21
4	13	8	21	2	14

10. 스마트폰을 생산하는 어느 대기업은 세 중소기업 A, B, C로부터 케이스를 공급받는다. 다음은 이 회사의 품질관리 부서에서 세 기업으로부터 납품받은 케이스의 양품과 불량품의 비율이 같은지 검사하기 위해 A 회사에서 150개, B 회사에서 200개, C회사에서 150개를 표본조사한 결과이다. 세 기업으로부터 납품받은 케이스의 양품과 불량품에 대한 분포가 동일한지 유의수준 5%에서 검정하라.

양품 여부＼회사	A	B	C	합계
양품	135	195	146	476
불량품	15	5	4	24
합계	150	200	150	500

11. 다음은 성별과 선호하는 색깔 사이에 연관성이 있는 조사하기 위해 남자 240명, 여자 160명을 임의로 선정하여 선호하는 색깔을 조사한 결과이다. 남녀의 선호하는 색깔에 대한 동질성 여부를 유의수준 2.5%에서 검정하라.

성별＼색깔	빨간색	파란색	노란색	갈색	보라색	검은색	합계
남자	61	56	18	32	38	35	240
여자	52	29	34	22	16	7	160
합계	113	85	52	54	54	42	400

12. 다음은 20대 150명, 30대 140명, 40대 200명, 50대 160명, 60대 이상 100명을 임의로 선정하여 TV 프로그램에 대한 선호도를 표본조사한 결과이다. 연령대별로 선호하는 TV 프로그램이 동일한지 유의수준 5%에서 검정하라.

연령대＼프로그램	오락	스포츠	드라마	보도	교양	합계
20대	45	35	18	28	24	150
30대	23	38	20	36	23	140
40대	22	46	38	55	39	200
50대	23	24	30	49	34	160
60대 이상	13	22	26	21	18	100
합계	126	165	132	189	138	750

13. 학과 학생회는 학생들이 자발적으로 지불하는 학생회비로 운영된다. 다음은 어느 대학의 경영학과에 재학 중인 1학년 60명, 2학년 56명, 3학년 61명, 4학년 57명을 대상으로 학생회비를 지불하는지 조사한 결과이다. 학년별로 학생회비 지불 비율이 동일한지 유의수준 2.5%에서 검정하라.

지불 여부 \ 학년	1학년	2학년	3학년	4학년	합계
지불함	58	51	54	46	209
지불 안 함	2	5	7	11	25
합계	60	56	61	57	234

실전문제

1. 다음은 어느 도시의 월별 일기 일수를 나타낸 것이다. 월과 일기 일수가 독립인지 유의수준 5%에서 검정하라(단, $\chi^2_{0.05}(33) = 47.4$이다).

일기 \ 월	1월	2월	3월	4월	5월	6월	7월	8월	9월	10월	11월	12월
구름	23	17	11	15	16	17	6	9	13	18	28	25
맑음	6	2	3	5	7	3	11	7	8	8	2	2
흐림	2	9	17	10	8	10	14	15	9	5	0	4
강수	5	10	13	9	11	7	16	17	12	7	4	9

2. 다음은 유치원에서 영어 교육을 실시하는 것에 대한 찬성 비율이 동일한지 알아보기 위해 광역시별로 100명의 학부모를 임의로 선정하여 유치원에서의 영어 교육에 대한 찬성 여부를 조사한 결과이다. 광역시별로 영어 조기교육에 찬성하는 비율이 동일한지 유의수준 5%에서 검정하라.

찬성 여부 \ 지역	서울	부산	대구	울산	광주	대전	세종	인천	합계
찬성	88	83	79	76	77	82	79	84	648
반대	12	17	21	24	23	18	21	16	152
합계	100	100	100	100	100	100	100	100	800

APPENDIX

부록 및 해설

A.1 누적이항확률표

$$B(x; n, p) = \sum_{k=0}^{x} \binom{n}{k} p^k (1-p)^{n-k}$$

n	x	0.05	0.10	0.15	0.20	0.25	0.30	0.35	0.40	0.45	0.50	0.55	0.60	0.65	0.70	0.75	0.80	0.85	0.90	0.95
1	0	0.9500	0.9000	0.8500	0.8000	0.7500	0.7000	0.6500	0.6000	0.5500	0.5000	0.4500	0.4000	0.3500	0.3000	0.2500	0.2000	0.1500	0.1000	0.0500
2	0	0.9025	0.8100	0.7225	0.6400	0.5625	0.4900	0.4225	0.3600	0.3025	0.2500	0.2025	0.1600	0.1225	0.0900	0.0625	0.0400	0.0225	0.0100	0.0025
	1	0.9975	0.9900	0.9775	0.9600	0.9375	0.9100	0.8775	0.8400	0.6975	0.7500	0.6975	0.6400	0.5775	0.5100	0.4375	0.3600	0.2775	0.1900	0.0975
3	0	0.8574	0.7290	0.6141	0.5120	0.4219	0.3430	0.2746	0.2160	0.1664	0.1250	0.0911	0.0640	0.0429	0.0270	0.0156	0.0080	0.0034	0.0010	0.0001
	1	0.9928	0.9720	0.9393	0.8960	0.8438	0.7840	0.7182	0.6480	0.5748	0.5000	0.4252	0.3520	0.2818	0.2160	0.1406	0.1040	0.0608	0.0280	0.0072
	2	0.9999	0.9990	0.9967	0.9920	0.9844	0.9730	0.9571	0.9360	0.9089	0.8750	0.8336	0.7840	0.7254	0.6570	0.5625	0.4880	0.3859	0.2710	0.1426
4	0	0.8154	0.6561	0.5220	0.4096	0.3164	0.2401	0.1785	0.1296	0.0915	0.0625	0.0410	0.0256	0.0150	0.0081	0.0039	0.0016	0.0005	0.0001	0.0000
	1	0.9860	0.9477	0.8905	0.8192	0.7383	0.6517	0.5630	0.4752	0.3910	0.3125	0.2415	0.1792	0.1265	0.0837	0.0508	0.0272	0.0120	0.0037	0.0005
	2	0.9995	0.9963	0.9880	0.9728	0.9492	0.9163	0.8735	0.8208	0.7585	0.6875	0.6090	0.5248	0.4370	0.3483	0.2617	0.1808	0.1095	0.0523	0.0140
	3	1.0000	0.9999	0.9995	0.9984	0.9961	0.9919	0.9850	0.9744	0.9590	0.9375	0.9085	0.8704	0.8215	0.7599	0.6836	0.5904	0.4780	0.3439	0.1855
5	0	0.7738	0.5905	0.4437	0.3277	0.2373	0.1681	0.1160	0.0778	0.0503	0.0312	0.0185	0.0102	0.0053	0.0024	0.0010	0.0003	0.0001	0.0000	0.0000
	1	0.9774	0.9185	0.8352	0.7373	0.6328	0.5282	0.4284	0.3370	0.2562	0.1875	0.1312	0.0870	0.0540	0.0308	0.0156	0.0067	0.0022	0.0005	0.0000
	2	0.9988	0.9914	0.9734	0.9421	0.8965	0.8369	0.7648	0.6826	0.5931	0.5000	0.4069	0.3174	0.2352	0.1631	0.1035	0.0579	0.0266	0.0086	0.0012
	3	1.0000	0.9995	0.9978	0.9933	0.9844	0.9692	0.9460	0.9130	0.8688	0.8125	0.7438	0.6630	0.5716	0.4718	0.3672	0.2627	0.1648	0.0815	0.0226
	4	1.0000	1.0000	0.9999	0.9997	0.9990	0.9976	0.9947	0.9898	0.9815	0.9688	0.9497	0.9222	0.8840	0.8319	0.7627	0.6723	0.5563	0.4095	0.2262
6	0	0.7351	0.5314	0.3771	0.2621	0.1780	0.1176	0.0754	0.0467	0.0277	0.0156	0.0083	0.0041	0.0018	0.0007	0.0002	0.0001	0.0000	0.0000	0.0000
	1	0.9672	0.8857	0.7765	0.6554	0.5339	0.4202	0.3191	0.2333	0.1636	0.1094	0.0692	0.0410	0.0223	0.0109	0.0046	0.0016	0.0004	0.0001	0.0000
	2	0.9978	0.9842	0.9527	0.9011	0.8306	0.7443	0.6471	0.5443	0.4415	0.3438	0.2553	0.1792	0.1174	0.0705	0.0376	0.0170	0.0059	0.0013	0.0001
	3	0.9999	0.9987	0.9941	0.9830	0.9624	0.9295	0.8826	0.8208	0.7447	0.6562	0.5585	0.4557	0.3529	0.2557	0.1694	0.0989	0.0473	0.0158	0.0022
	4	1.0000	0.9999	0.9996	0.9984	0.9954	0.9891	0.9777	0.9590	0.9308	0.8906	0.8364	0.7667	0.6809	0.5798	0.4661	0.3446	0.2235	0.1143	0.0328
	5	1.0000	1.0000	1.0000	0.9999	0.9998	0.9993	0.9982	0.9959	0.9917	0.9844	0.9723	0.9533	0.9246	0.8824	0.8220	0.7379	0.6229	0.4686	0.2649
7	0	0.6983	0.4783	0.3206	0.2097	0.1335	0.0824	0.0490	0.0280	0.0152	0.0078	0.0037	0.0016	0.0006	0.0002	0.0001	0.0000	0.0000	0.0000	0.0000
	1	0.9556	0.8503	0.7166	0.5767	0.4449	0.3294	0.2338	0.1586	0.1024	0.0625	0.0357	0.0188	0.0090	0.0038	0.0013	0.0004	0.0001	0.0000	0.0000
	2	0.9962	0.9743	0.9262	0.8520	0.7564	0.6471	0.5323	0.4199	0.3164	0.2266	0.1529	0.0963	0.0556	0.0288	0.0129	0.0047	0.0012	0.0002	0.0000
	3	0.9998	0.9973	0.9879	0.9667	0.9294	0.8740	0.8002	0.7102	0.6083	0.5000	0.3917	0.2898	0.1998	0.1260	0.0706	0.0333	0.0121	0.0027	0.0002
	4	1.0000	0.9998	0.9988	0.9953	0.9871	0.9712	0.9444	0.9037	0.8471	0.7734	0.6836	0.5801	0.4677	0.3529	0.2436	0.1480	0.0738	0.0257	0.0038
	5	1.0000	1.0000	0.9999	0.9996	0.9987	0.9962	0.9910	0.9812	0.9643	0.9375	0.8976	0.8414	0.7662	0.6706	0.5551	0.4233	0.2834	0.1497	0.0444
	6	1.0000	1.0000	1.0000	1.0000	0.9999	0.9998	0.9994	0.9984	0.9963	0.9922	0.9848	0.9720	0.9510	0.9176	0.8665	0.7903	0.6794	0.5217	0.3017

n	x		0.05	0.10	0.15	0.20	0.25	0.30	0.35	0.40	0.45	0.50	0.55	0.60	0.65	0.70	0.75	0.80	0.85	0.90	0.95
		p																			
8	0		0.6634	0.4305	0.2725	0.1678	0.1001	0.0576	0.0319	0.0168	0.0084	0.0039	0.0017	0.0007	0.0002	0.0001	0.0000	0.0000	0.0000	0.0000	0.0000
	1		0.9428	0.8131	0.6572	0.5033	0.3671	0.2553	0.1691	0.1064	0.0632	0.0352	0.0181	0.0085	0.0036	0.0013	0.0004	0.0001	0.0000	0.0000	0.0000
	2		0.9942	0.9619	0.8948	0.7969	0.6785	0.5518	0.4278	0.3154	0.2201	0.1445	0.0885	0.0498	0.0253	0.0113	0.0042	0.0012	0.0002	0.0000	0.0000
	3		0.9996	0.9950	0.9786	0.9437	0.8862	0.8059	0.7064	0.5941	0.4770	0.3633	0.2604	0.1737	0.1061	0.0580	0.0273	0.0104	0.0029	0.0004	0.0000
	4		1.0000	0.9996	0.9971	0.9896	0.9727	0.9420	0.8939	0.8263	0.7396	0.6367	0.5230	0.4059	0.2936	0.1941	0.1138	0.0563	0.0214	0.0050	0.0004
	5		1.0000	1.0000	0.9998	0.9988	0.9958	0.9887	0.9747	0.9502	0.9115	0.8555	0.7799	0.6846	0.5722	0.4482	0.3215	0.2031	0.1052	0.0381	0.0058
	6		1.0000	1.0000	1.0000	0.9999	0.9996	0.9987	0.9964	0.9915	0.9819	0.9648	0.9368	0.8936	0.8309	0.7447	0.6329	0.4967	0.3428	0.1869	0.0572
	7		1.0000	1.0000	1.0000	1.0000	1.0000	0.9999	0.9998	0.9993	0.9983	0.9961	0.9916	0.9832	0.9681	0.9424	0.8999	0.8322	0.7275	0.5695	0.3366
9	0		0.6302	0.3874	0.2316	0.1342	0.0751	0.0404	0.0207	0.0101	0.0046	0.0020	0.0008	0.0003	0.0001	0.0000	0.0000	0.0000	0.0000	0.0000	0.0000
	1		0.9288	0.7748	0.5995	0.4362	0.3003	0.1960	0.1211	0.0705	0.0385	0.0195	0.0091	0.0038	0.0014	0.0004	0.0001	0.0000	0.0000	0.0000	0.0000
	2		0.9916	0.9470	0.8591	0.7382	0.6007	0.4628	0.3373	0.2318	0.1495	0.0898	0.0498	0.0250	0.0112	0.0043	0.0013	0.0003	0.0000	0.0000	0.0000
	3		0.9994	0.9917	0.9661	0.9144	0.8343	0.7297	0.6089	0.4826	0.3614	0.2539	0.1658	0.0994	0.0536	0.0253	0.0100	0.0031	0.0006	0.0001	0.0000
	4		1.0000	0.9991	0.9944	0.9804	0.9511	0.9012	0.8283	0.7334	0.6214	0.5000	0.3786	0.2666	0.1717	0.0988	0.0489	0.0196	0.0056	0.0009	0.0000
	5		1.0000	0.9999	0.9994	0.9969	0.9900	0.9747	0.9464	0.9006	0.8342	0.7461	0.6386	0.5174	0.3911	0.2703	0.1657	0.0856	0.0339	0.0083	0.0006
	6		1.0000	1.0000	1.0000	0.9997	0.9987	0.9957	0.9888	0.9750	0.9502	0.9102	0.8505	0.7682	0.6627	0.5372	0.3993	0.2618	0.1409	0.0530	0.0084
	7		1.0000	1.0000	1.0000	1.0000	0.9999	0.9996	0.9986	0.9962	0.9909	0.9805	0.9615	0.9295	0.8789	0.8040	0.6997	0.5638	0.4005	0.2252	0.0712
	8		1.0000	1.0000	1.0000	1.0000	1.0000	1.0000	0.9999	0.9997	0.9992	0.9980	0.9954	0.9899	0.9793	0.9596	0.9249	0.8658	0.7684	0.6126	0.3698
10	0		0.5987	0.3487	0.1969	0.1074	0.0563	0.0282	0.0135	0.0060	0.0025	0.0010	0.0003	0.0001	0.0000	0.0000	0.0000	0.0000	0.0000	0.0000	0.0000
	1		0.9139	0.7361	0.5443	0.3758	0.2440	0.1493	0.0860	0.0464	0.0233	0.0107	0.0045	0.0017	0.0005	0.0001	0.0000	0.0000	0.0000	0.0000	0.0000
	2		0.9885	0.9298	0.8202	0.6778	0.5256	0.3828	0.2616	0.1673	0.0996	0.0547	0.0274	0.0123	0.0048	0.0016	0.0004	0.0001	0.0000	0.0000	0.0000
	3		0.9990	0.9872	0.9500	0.8791	0.7759	0.6496	0.5138	0.3823	0.2660	0.1719	0.1020	0.0548	0.0260	0.0106	0.0035	0.0009	0.0001	0.0000	0.0000
	4		0.9999	0.9984	0.9901	0.9672	0.9219	0.8497	0.7515	0.6331	0.5044	0.3770	0.2616	0.1662	0.0949	0.0473	0.0197	0.0064	0.0014	0.0001	0.0000
	5		1.0000	0.9999	0.9986	0.9936	0.9803	0.9527	0.9051	0.8338	0.7384	0.6230	0.4956	0.3669	0.2485	0.1503	0.0781	0.0328	0.0099	0.0016	0.0001
	6		1.0000	1.0000	0.9999	0.9991	0.9965	0.9894	0.9740	0.9452	0.8980	0.8281	0.7340	0.6177	0.4862	0.3504	0.2241	0.1209	0.0500	0.0128	0.0010
	7		1.0000	1.0000	1.0000	0.9999	0.9996	0.9984	0.9952	0.9877	0.9726	0.9453	0.9004	0.8327	0.7384	0.6172	0.4474	0.3222	0.1798	0.0702	0.0115
	8		1.0000	1.0000	1.0000	1.0000	1.0000	0.9999	0.9995	0.9983	0.9955	0.9893	0.9767	0.9536	0.9140	0.8507	0.7560	0.6242	0.4557	0.2639	0.0861
	9		1.0000	1.0000	1.0000	1.0000	1.0000	1.0000	1.0000	0.9999	0.9997	0.9990	0.9975	0.9940	0.9865	0.9718	0.9437	0.8926	0.8031	0.6513	0.4013

n	x	0.05	0.10	0.15	0.20	0.25	0.30	0.35	0.40	0.45	0.50	0.55	0.60	0.65	0.70	0.75	0.80	0.85	0.90	0.95
15	0	0.4633	0.2059	0.0874	0.0352	0.0134	0.0047	0.0016	0.0005	0.0001	0.0000	0.0000	0.0000	0.0000	0.0000	0.0000	0.0000	0.0000	0.0000	0.0000
	1	0.8290	0.5490	0.3186	0.1671	0.0802	0.0353	0.0142	0.0052	0.0017	0.0005	0.0001	0.0000	0.0000	0.0000	0.0000	0.0000	0.0000	0.0000	0.0000
	2	0.9638	0.8159	0.6042	0.3980	0.2361	0.1268	0.0617	0.0271	0.0107	0.0037	0.0011	0.0003	0.0001	0.0000	0.0000	0.0000	0.0000	0.0000	0.0000
	3	0.9945	0.9444	0.8227	0.6482	0.4613	0.2969	0.1727	0.0905	0.0424	0.0176	0.0063	0.0019	0.0005	0.0001	0.0000	0.0000	0.0000	0.0000	0.0000
	4	0.9994	0.9873	0.9383	0.8358	0.6865	0.5155	0.3519	0.2173	0.1204	0.0592	0.0255	0.0093	0.0028	0.0007	0.0001	0.0000	0.0000	0.0000	0.0000
	5	0.9999	0.9978	0.9832	0.9389	0.8516	0.7216	0.5643	0.4032	0.2608	0.1509	0.0769	0.0338	0.0124	0.0037	0.0008	0.0001	0.0000	0.0000	0.0000
	6	1.0000	0.9997	0.9964	0.9819	0.9434	0.8689	0.7548	0.6098	0.4522	0.3036	0.1818	0.0950	0.0422	0.0152	0.0042	0.0008	0.0001	0.0000	0.0000
	7	1.0000	1.0000	0.9994	0.9958	0.9827	0.9500	0.8868	0.7869	0.6535	0.5000	0.3465	0.2131	0.1132	0.0500	0.0173	0.0042	0.0006	0.0000	0.0000
	8	1.0000	1.0000	0.9999	0.9992	0.9958	0.9848	0.9578	0.9050	0.8182	0.6964	0.5478	0.3902	0.2452	0.1311	0.0566	0.0181	0.0036	0.0003	0.0000
	9	1.0000	1.0000	1.0000	0.9999	0.9992	0.9963	0.9876	0.9662	0.9231	0.8491	0.7392	0.5968	0.4357	0.2784	0.1484	0.0611	0.0168	0.0022	0.0001
	10	1.0000	1.0000	1.0000	1.0000	0.9999	0.9993	0.9972	0.9907	0.9745	0.9408	0.8796	0.7827	0.6481	0.4845	0.3135	0.1642	0.0617	0.0127	0.0006
	11	1.0000	1.0000	1.0000	1.0000	1.0000	0.9999	0.9995	0.9981	0.9937	0.9824	0.9576	0.9095	0.8273	0.7031	0.5387	0.3518	0.1773	0.0556	0.0055
	12	1.0000	1.0000	1.0000	1.0000	1.0000	1.0000	0.9999	0.9997	0.9989	0.9963	0.9893	0.9729	0.9383	0.8732	0.7639	0.6020	0.3958	0.1841	0.0362
	13	1.0000	1.0000	1.0000	1.0000	1.0000	1.0000	1.0000	1.0000	0.9999	0.9995	0.9983	0.9948	0.9858	0.9647	0.9198	0.8329	0.6814	0.4510	0.1710
	14	1.0000	1.0000	1.0000	1.0000	1.0000	1.0000	1.0000	1.0000	1.0000	1.0000	0.9999	0.9995	0.9984	0.9953	0.9866	0.9648	0.9126	0.7941	0.5367
20	0	0.3585	0.1216	0.0388	0.0115	0.0032	0.0008	0.0002	0.0000	0.0000	0.0000	0.0000	0.0000	0.0000	0.0000	0.0000	0.0000	0.0000	0.0000	0.0000
	1	0.7358	0.3917	0.1756	0.0692	0.0243	0.0076	0.0021	0.0005	0.0001	0.0000	0.0000	0.0000	0.0000	0.0000	0.0000	0.0000	0.0000	0.0000	0.0000
	2	0.9245	0.6769	0.4049	0.2061	0.0913	0.0355	0.0121	0.0036	0.0009	0.0002	0.0000	0.0000	0.0000	0.0000	0.0000	0.0000	0.0000	0.0000	0.0000
	3	0.9841	0.8670	0.6477	0.4114	0.2252	0.1071	0.0444	0.0160	0.0049	0.0013	0.0003	0.0000	0.0000	0.0000	0.0000	0.0000	0.0000	0.0000	0.0000
	4	0.9974	0.9568	0.8298	0.6296	0.4148	0.2375	0.1182	0.0510	0.0189	0.0059	0.0015	0.0003	0.0000	0.0000	0.0000	0.0000	0.0000	0.0000	0.0000
	5	0.9997	0.9887	0.9327	0.8042	0.6172	0.4164	0.2454	0.1256	0.0553	0.0207	0.0064	0.0016	0.0003	0.0000	0.0000	0.0000	0.0000	0.0000	0.0000
	6	1.0000	0.9976	0.9781	0.9133	0.7858	0.6080	0.4166	0.2500	0.1299	0.0577	0.0214	0.0065	0.0015	0.0003	0.0000	0.0000	0.0000	0.0000	0.0000
	7	1.0000	0.9996	0.9941	0.9679	0.8982	0.7723	0.6010	0.4159	0.2520	0.1316	0.0580	0.0210	0.0060	0.0013	0.0002	0.0000	0.0000	0.0000	0.0000
	8	1.0000	0.9999	0.9987	0.9900	0.9591	0.8867	0.7624	0.5956	0.4143	0.2517	0.1308	0.0565	0.0196	0.0051	0.0009	0.0001	0.0000	0.0000	0.0000
	9	1.0000	1.0000	0.9998	0.9974	0.9861	0.9520	0.8782	0.7553	0.5914	0.4119	0.2493	0.1275	0.0532	0.0171	0.0039	0.0006	0.0002	0.0000	0.0000
	10	1.0000	1.0000	1.0000	0.9994	0.9961	0.9829	0.9468	0.8725	0.7507	0.5881	0.4086	0.2447	0.1218	0.0480	0.0139	0.0026	0.0002	0.0000	0.0000
	11	1.0000	1.0000	1.0000	0.9999	0.9991	0.9949	0.9804	0.9435	0.8692	0.7483	0.5857	0.4044	0.2376	0.1133	0.0409	0.0100	0.0013	0.0001	0.0000
	12	1.0000	1.0000	1.0000	1.0000	0.9998	0.9987	0.9940	0.9790	0.9420	0.8684	0.7480	0.5841	0.3990	0.2277	0.1018	0.0321	0.0059	0.0004	0.0000
	13	1.0000	1.0000	1.0000	1.0000	1.0000	0.9997	0.9985	0.9935	0.9786	0.9423	0.8701	0.7500	0.5834	0.3920	0.2142	0.0867	0.0219	0.0024	0.0000
	14	1.0000	1.0000	1.0000	1.0000	1.0000	1.0000	0.9997	0.9984	0.9936	0.9793	0.9447	0.8744	0.7546	0.5836	0.3828	0.1958	0.0673	0.0113	0.0003
	15	1.0000	1.0000	1.0000	1.0000	1.0000	1.0000	1.0000	0.9997	0.9985	0.9941	0.9811	0.9490	0.8818	0.7625	0.5852	0.3704	0.1702	0.0432	0.0026
	16	1.0000	1.0000	1.0000	1.0000	1.0000	1.0000	1.0000	1.0000	0.9997	0.9987	0.9951	0.9840	0.9556	0.8929	0.7748	0.5886	0.3523	0.1330	0.0159
	17	1.0000	1.0000	1.0000	1.0000	1.0000	1.0000	1.0000	1.0000	1.0000	0.9998	0.9991	0.9964	0.9879	0.9645	0.9087	0.7939	0.5951	0.3231	0.0755
	18	1.0000	1.0000	1.0000	1.0000	1.0000	1.0000	1.0000	1.0000	1.0000	1.0000	0.9999	0.9995	0.9979	0.9924	0.9757	0.9308	0.8244	0.6083	0.2642
	19	1.0000	1.0000	1.0000	1.0000	1.0000	1.0000	1.0000	1.0000	1.0000	1.0000	1.0000	1.0000	0.9998	0.9992	0.9968	0.9885	0.9612	0.8784	0.6415

p (열 머리글)

$$P(X \leq x) = \sum_{k=0}^{x} \frac{\mu^k}{k!} e^{-\mu}$$

x	μ									
	0.10	0.20	0.30	0.40	0.50	0.60	0.70	0.80	0.90	1.00
0	0.905	0.819	0.741	0.670	0.607	0.549	0.497	0.449	0.407	0.368
1	0.995	0.982	0.963	0.938	0.910	0.878	0.844	0.809	0.772	0.736
2	1.000	0.999	0.996	0.992	0.986	0.977	0.966	0.953	0.937	0.920
3	1.000	1.000	1.000	0.999	0.998	0.997	0.994	0.991	0.987	0.981
4	1.000	1.000	1.000	1.000	1.000	1.000	0.999	0.999	0.998	0.996
5	1.000	1.000	1.000	1.000	1.000	1.000	1.000	1.000	1.000	0.999
6	1.000	1.000	1.000	1.000	1.000	1.000	1.000	1.000	1.000	1.000
7	1.000	1.000	1.000	1.000	1.000	1.000	1.000	1.000	1.000	1.000

x	μ									
	1.10	1.20	1.30	1.40	1.50	1.60	1.70	1.80	1.90	2.00
0	0.333	0.301	0.273	0.247	0.223	0.202	0.183	0.165	0.147	0.135
1	0.699	0.663	0.627	0.592	0.558	0.525	0.493	0.463	0.434	0.406
2	0.900	0.879	0.857	0.833	0.809	0.783	0.757	0.731	0.704	0.677
3	0.974	0.966	0.957	0.946	0.934	0.921	0.907	0.891	0.875	0.857
4	0.995	0.992	0.989	0.986	0.981	0.976	0.970	0.964	0.954	0.947
5	0.999	0.998	0.998	0.997	0.996	0.994	0.992	0.990	0.987	0.983
6	1.000	1.000	1.000	0.999	0.999	0.999	0.998	0.997	0.997	0.995
7	1.000	1.000	1.000	1.000	1.000	1.000	1.000	0.999	0.999	0.999
8	1.000	1.000	1.000	1.000	1.000	1.000	1.000	1.000	1.000	1.000
9	1.000	1.000	1.000	1.000	1.000	1.000	1.000	1.000	1.000	1.000

x	μ									
	2.10	2.20	2.30	2.40	2.50	2.60	2.70	2.80	2.90	3.00
0	0.122	0.111	0.100	0.091	0.082	0.074	0.067	0.061	0.055	0.050
1	0.380	0.355	0.331	0.308	0.287	0.267	0.249	0.231	0.215	0.199
2	0.650	0.623	0.596	0.570	0.544	0.518	0.494	0.469	0.446	0.423
3	0.839	0.819	0.799	0.779	0.758	0.736	0.714	0.692	0.670	0.647
4	0.938	0.928	0.916	0.904	0.891	0.877	0.863	0.848	0.832	0.815
5	0.980	0.975	0.970	0.964	0.958	0.951	0.943	0.935	0.923	0.916
6	0.994	0.993	0.991	0.988	0.986	0.983	0.979	0.976	0.971	0.966
7	0.999	0.998	0.997	0.997	0.996	0.995	0.993	0.992	0.990	0.988
8	1.000	1.000	0.999	0.999	0.999	0.999	0.998	0.998	0.997	0.996
9	1.000	1.000	1.000	1.000	1.000	1.000	0.999	0.999	0.999	0.999
10	1.000	1.000	1.000	1.000	1.000	1.000	1.000	1.000	1.000	1.000
11	1.000	1.000	1.000	1.000	1.000	1.000	1.000	1.000	1.000	1.000
12	1.000	1.000	1.000	1.000	1.000	1.000	1.000	1.000	1.000	1.000

누적푸아송확률표

x	μ									
	3.10	3.20	3.30	3.40	3.50	3.60	3.70	3.80	3.90	4.00
0	0.045	0.041	0.037	0.033	0.030	0.027	0.025	0.022	0.020	0.018
1	0.185	0.171	0.159	0.147	0.136	0.126	0.116	0.107	0.099	0.092
2	0.401	0.380	0.359	0.340	0.321	0.303	0.285	0.269	0.253	0.238
3	0.625	0.603	0.580	0.558	0.537	0.515	0.494	0.473	0.453	0.433
4	0.798	0.781	0.763	0.744	0.725	0.706	0.687	0.668	0.648	0.629
5	0.906	0.895	0.883	0.871	0.858	0.844	0.830	0.816	0.801	0.785
6	0.961	0.955	0.949	0.942	0.935	0.927	0.918	0.909	0.899	0.889
7	0.986	0.983	0.980	0.977	0.973	0.969	0.965	0.960	0.955	0.949
8	0.995	0.994	0.993	0.992	0.990	0.988	0.986	0.984	0.981	0.979
9	0.999	0.998	0.998	0.997	0.997	0.996	0.995	0.994	0.993	0.992
10	1.000	1.000	0.999	0.999	0.999	0.999	0.998	0.998	0.998	0.997
11	1.000	1.000	1.000	1.000	1.000	1.000	1.000	0.999	0.999	0.999
12	1.000	1.000	1.000	1.000	1.000	1.000	1.000	1.000	1.000	1.000
13	1.000	1.000	1.000	1.000	1.000	1.000	1.000	1.000	1.000	1.000
14	1.000	1.000	1.000	1.000	1.000	1.000	1.000	1.000	1.000	1.000

x	μ									
	4.50	5.00	5.50	6.00	6.50	7.00	7.50	8.00	8.50	9.00
0	0.011	0.007	0.004	0.002	0.002	0.001	0.001	0.000	0.000	0.000
1	0.061	0.040	0.027	0.017	0.011	0.007	0.005	0.003	0.002	0.001
2	0.174	0.125	0.009	0.062	0.043	0.030	0.020	0.014	0.009	0.006
3	0.342	0.265	0.202	0.151	0.112	0.082	0.059	0.042	0.030	0.021
4	0.532	0.440	0.358	0.285	0.224	0.173	0.132	0.100	0.074	0.055
5	0.703	0.616	0.529	0.446	0.369	0.301	0.241	0.191	0.150	0.116
6	0.831	0.762	0.686	0.606	0.527	0.450	0.378	0.313	0.256	0.207
7	0.913	0.867	0.809	0.744	0.673	0.599	0.525	0.453	0.386	0.324
8	0.960	0.932	0.894	0.847	0.792	0.729	0.662	0.593	0.523	0.456
9	0.983	0.968	0.946	0.916	0.877	0.830	0.776	0.717	0.653	0.587
10	0.993	0.986	0.975	0.957	0.933	0.901	0.862	0.816	0.763	0.706
11	0.998	0.995	0.989	0.980	0.966	0.947	0.921	0.888	0.849	0.803
12	0.999	0.998	0.996	0.991	0.984	0.973	0.957	0.936	0.909	0.876
13	1.000	0.999	0.998	0.996	0.993	0.987	0.978	0.966	0.949	0.926
14	1.000	1.000	0.999	0.999	0.997	0.994	0.990	0.983	0.973	0.959
15	1.000	1.000	1.000	0.999	0.999	0.998	0.995	0.992	0.986	0.978
16	1.000	1.000	1.000	1.000	1.000	0.999	0.998	0.996	0.993	0.989
17	1.000	1.000	1.000	1.000	1.000	1.000	0.999	0.998	0.997	0.995
18	1.000	1.000	1.000	1.000	1.000	1.000	1.000	0.999	0.999	0.998
19	1.000	1.000	1.000	1.000	1.000	1.000	1.000	1.000	0.999	0.999
20	1.000	1.000	1.000	1.000	1.000	1.000	1.000	1.000	1.000	1.000
21	1.000	1.000	1.000	1.000	1.000	1.000	1.000	1.000	1.000	1.000
22	1.000	1.000	1.000	1.000	1.000	1.000	1.000	1.000	1.000	1.000

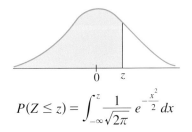

$$P(Z \leq z) = \int_{-\infty}^{z} \frac{1}{\sqrt{2\pi}} e^{-\frac{x^2}{2}} dx$$

z	0.00	0.01	0.02	0.03	0.04	0.05	0.06	0.07	0.08	0.09
0.0	0.5000	0.5040	0.5080	0.5120	0.5160	0.5119	0.5239	0.5279	0.5319	0.5359
0.1	0.5398	0.5438	0.5478	0.5517	0.5557	0.5596	0.5636	0.5675	0.5714	0.5753
0.2	0.5793	0.5832	0.5871	0.5910	0.5948	0.5987	0.6026	0.6064	0.6103	0.6141
0.3	0.6179	0.6217	0.6255	0.6293	0.6331	0.6368	0.6406	0.6443	0.6480	0.6517
0.4	0.6554	0.6591	0.6628	0.6664	0.6700	0.6736	0.6772	0.6808	0.6844	0.6879
0.5	0.6915	0.6950	0.6985	0.7019	0.7054	0.7088	0.7123	0.7157	0.7190	0.7224
0.6	0.7257	0.7291	0.7324	0.7357	0.7389	0.7422	0.7454	0.7486	0.7517	0.7549
0.7	0.7580	0.7611	0.7642	0.7673	0.7704	0.7734	0.7764	0.7794	0.7823	0.7852
0.8	0.7881	0.7910	0.7939	0.7967	0.7995	0.8023	0.8051	0.8078	0.8106	0.8133
0.9	0.8159	0.8186	0.8212	0.8238	0.8264	0.8289	0.8315	0.8340	0.8365	0.8389
1.0	0.8413	0.8438	0.8461	0.8485	0.8508	0.8531	0.8554	0.8577	0.8599	0.8621
1.1	0.8643	0.8665	0.8686	0.8708	0.8729	0.8749	0.8770	0.8790	0.8810	0.8830
1.2	0.8949	0.8869	0.8888	0.8907	0.8925	0.8944	0.8962	0.8980	0.8997	0.9015
1.3	0.9032	0.9049	0.9066	0.9082	0.9099	0.9115	0.9131	0.9147	0.9162	0.9177
1.4	0.9192	0.9207	0.9222	0.9236	0.9251	0.9265	0.9279	0.9292	0.9306	0.9319
1.5	0.9332	0.9345	0.9357	0.9370	0.9382	0.9394	0.9406	0.9418	0.9429	0.9441
1.6	0.9452	0.9463	0.9474	0.9484	0.9495	0.9505	0.9515	0.9525	0.9535	0.9545
1.7	0.9554	0.9564	0.9573	0.9582	0.9591	0.9599	0.9608	0.9616	0.9625	0.9633
1.8	0.9641	0.9649	0.9656	0.9664	0.9671	0.9678	0.9686	0.9693	0.9699	0.9706
1.9	0.9713	0.9719	0.9726	0.9732	0.9738	0.9744	0.9750	0.9756	0.9761	0.9767
2.0	0.9772	0.9778	0.9783	0.9788	0.9793	0.9798	0.9803	0.9808	0.9812	0.9817
2.1	0.9821	0.9826	0.9830	0.9834	0.9838	0.9842	0.9846	0.9850	0.9854	0.9857
2.2	0.9861	0.9864	0.9868	0.9871	0.9875	0.9878	0.9881	0.9884	0.9887	0.9890
2.3	0.9893	0.9896	0.9898	0.9901	0.9904	0.9906	0.9909	0.9911	0.9913	0.9916
2.4	0.9918	0.9920	0.9922	0.9925	0.9927	0.9929	0.9931	0.9932	0.9934	0.9936
2.5	0.9938	0.9940	0.9941	0.9943	0.9945	0.9946	0.9948	0.9949	0.9951	0.9952
2.6	0.9953	0.9955	0.9956	0.9957	0.9959	0.9960	0.9961	0.9962	0.9963	0.9964
2.7	0.9965	0.9966	0.9967	0.9968	0.9969	0.9970	0.9971	0.9972	0.9973	0.9974
2.8	0.9974	0.9975	0.9976	0.9977	0.9977	0.9978	0.9979	0.9979	0.9980	0.9981
2.9	0.9981	0.9982	0.9982	0.9983	0.9984	0.9984	0.9985	0.9985	0.9986	0.9986
3.0	0.9987	0.9987	0.9987	0.9988	0.9988	0.9989	0.9989	0.9989	0.9990	0.9990
3.1	0.9990	0.9991	0.9991	0.9991	0.9992	0.9992	0.9992	0.9992	0.9993	0.9993
3.2	0.9993	0.9993	0.9994	0.9994	0.9994	0.9994	0.9994	0.9995	0.9995	0.9995
3.3	0.9995	0.9995	0.9995	0.9996	0.9996	0.9996	0.9996	0.9996	0.9996	0.9997
3.4	0.9997	0.9997	0.9997	0.9997	0.9997	0.9997	0.9997	0.9997	0.9997	0.9998
3.5	0.9998	0.9998	0.9998	0.9998	0.9998	0.9998	0.9998	0.9998	0.9998	0.9998

A.4 카이제곱분포표

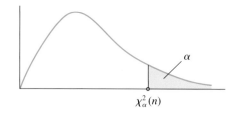

df \ α	0.9995	0.999	0.9975	0.995	0.990	0.975	0.950	0.900	0.750	0.500
1	0.00	0.00	0.00	0.00	0.00	0.00	0.00	0.02	0.10	0.45
2	0.00	0.00	0.01	0.01	0.02	0.05	0.10	0.21	0.58	1.39
3	0.02	0.02	0.04	0.07	0.11	0.22	0.35	0.58	1.21	2.37
4	0.06	0.09	0.14	0.21	0.30	0.48	0.71	1.06	1.92	3.36
5	0.16	0.21	0.31	0.41	0.55	0.83	1.15	1.61	2.67	4.35
6	0.30	0.38	0.53	0.68	0.87	1.24	1.64	2.20	3.45	5.35
7	0.48	0.60	0.79	0.99	1.24	1.69	2.17	2.83	4.25	6.35
8	0.71	0.86	1.10	1.34	1.65	2.18	2.73	3.49	5.07	7.34
9	0.97	1.15	1.45	1.73	2.09	2.70	3.33	4.17	5.90	8.34
10	1.26	1.48	1.83	2.16	2.56	3.25	3.94	4.87	6.74	9.34
11	1.59	1.83	2.23	2.60	3.05	3.82	4.57	5.58	7.58	10.34
12	1.93	2.21	2.66	3.07	3.57	4.40	5.23	6.30	8.44	11.34
13	2.31	2.62	3.11	3.57	4.11	5.01	5.89	7.04	9.30	12.34
14	2.70	3.04	3.58	4.07	4.66	5.63	6.57	7.79	10.17	13.34
15	3.11	3.48	4.07	4.60	5.23	6.26	7.26	8.55	11.04	14.34
16	3.54	3.94	4.57	5.14	5.81	6.91	7.96	9.31	11.91	15.34
17	3.98	4.42	5.09	5.70	6.41	7.56	8.67	10.09	12.79	16.34
18	4.44	4.90	5.62	6.26	7.01	8.23	9.39	10.86	13.68	17.34
19	4.91	5.41	6.17	6.84	7.63	8.91	10.12	11.65	14.56	18.34
20	5.40	5.92	6.72	7.43	8.26	9.59	10.85	12.44	15.45	19.34
21	5.90	6.45	7.29	8.03	8.90	10.28	11.59	13.24	16.34	20.34
22	6.40	6.98	7.86	8.64	9.54	10.98	12.34	14.04	17.24	21.34
23	6.92	7.53	8.45	9.26	10.20	11.69	13.09	14.85	18.14	22.34
24	7.45	8.08	9.04	9.89	10.86	12.40	13.85	15.66	19.04	23.34
25	7.99	8.65	9.65	10.52	11.52	13.12	14.61	16.47	19.94	24.34
26	8.54	9.22	10.26	11.16	12.20	13.84	15.38	17.29	20.84	25.34
27	9.09	9.80	10.87	11.81	12.88	14.57	16.15	18.11	21.75	26.34
28	9.66	10.39	11.50	12.46	13.56	15.31	16.93	18.94	22.66	27.34
29	10.23	10.99	12.13	13.12	14.26	16.05	17.71	19.77	23.57	28.34
30	10.80	11.59	12.76	13.79	14.95	16.79	18.49	20.60	24.48	29.34
40	16.91	17.92	19.42	20.71	22.16	24.43	26.51	29.05	33.66	39.34
50	23.46	24.67	26.46	27.99	29.71	32.36	34.76	37.69	42.94	49.33
60	30.34	31.74	33.79	35.33	37.48	40.48	43.19	46.46	52.29	59.33
80	44.79	46.52	49.04	51.17	53.54	57.15	60.39	64.28	71.14	79.33
100	59.90	61.92	64.86	67.33	70.06	74.22	77.93	82.36	90.13	99.33

df \ α	0.250	0.200	0.150	0.100	0.050	0.025	0.020	0.010	0.005	0.0025	0.001	0.0005
1	1.32	1.64	2.07	2.71	3.84	5.02	5.41	6.63	7.88	9.14	10.83	12.12
2	2.77	3.22	3.79	4.61	5.99	7.38	7.82	9.21	10.60	11.98	13.82	15.20
3	4.11	4.64	5.32	6.25	7.81	9.35	9.84	11.34	12.84	14.32	16.27	17.73
4	5.39	5.99	6.74	7.78	9.49	11.14	11.67	13.28	14.86	16.42	18.47	20.00
5	6.63	7.29	8.12	9.24	11.07	12.83	13.39	15.09	16.75	18.39	20.51	22.11
6	7.84	8.56	9.45	10.64	12.59	14.45	15.03	16.81	18.55	20.25	22.46	24.10
7	9.04	9.80	10.75	12.02	14.07	16.01	16.62	18.48	20.28	22.04	24.32	26.02
8	10.22	11.03	12.03	13.36	15.51	17.53	18.17	20.09	21.95	23.77	26.12	27.87
9	11.39	12.24	13.29	14.68	16.92	19.02	19.68	21.67	23.59	25.46	27.88	29.67
10	12.55	13.44	14.53	15.99	18.31	20.48	21.16	23.21	25.19	27.11	29.59	31.42
11	13.70	14.63	15.77	17.28	19.68	21.92	22.62	24.72	26.76	28.73	31.26	33.14
12	14.85	15.81	16.99	18.55	21.03	23.34	24.05	26.22	28.30	30.32	32.91	34.82
13	15.98	16.98	18.20	19.81	22.36	24.74	25.47	27.69	29.82	31.88	34.53	36.48
14	17.12	18.15	19.41	21.06	23.68	26.12	26.87	29.14	31.32	33.43	36.12	38.11
15	18.25	19.31	20.60	22.31	25.00	27.49	28.26	30.58	32.80	34.95	37.70	39.72
16	19.37	20.47	21.79	23.54	26.30	28.85	29.63	32.00	34.27	36.46	39.25	41.31
17	20.49	21.61	22.98	24.77	27.59	30.19	31.00	33.41	35.72	37.95	40.79	42.88
18	21.60	22.76	24.16	25.99	28.87	31.53	32.35	34.81	37.16	39.42	42.31	44.43
19	22.72	23.90	25.33	27.20	30.14	32.85	33.69	36.19	38.58	40.88	43.82	45.97
20	23.83	25.04	26.50	28.41	31.41	34.17	35.02	37.57	40.00	42.34	45.31	47.50
21	24.93	26.17	27.66	29.62	32.67	35.48	36.34	38.93	41.40	43.78	46.80	49.01
22	26.04	27.30	28.82	30.81	33.92	36.78	37.66	40.29	42.80	45.20	48.27	50.51
23	27.14	28.43	29.98	32.01	35.17	38.08	38.97	41.64	44.18	46.62	49.73	52.00
24	28.24	29.55	31.13	33.20	36.42	39.36	40.27	42.98	45.56	48.03	51.18	53.48
25	29.34	30.68	32.28	34.38	37.65	40.65	41.57	44.31	46.93	49.44	52.62	54.95
26	30.43	31.79	33.43	35.56	38.89	41.92	42.86	45.64	48.29	50.83	54.05	56.41
27	31.53	32.91	34.57	36.74	40.11	43.19	44.14	46.96	49.64	52.22	55.48	57.86
28	32.62	34.03	35.71	37.92	41.34	44.46	45.42	48.28	50.99	53.59	56.89	59.30
29	33.71	35.14	36.85	39.09	42.56	45.72	46.69	49.59	52.34	54.97	58.30	60.73
30	34.80	36.25	37.99	40.26	43.77	46.98	47.96	50.89	53.67	56.33	59.70	62.16
40	45.62	47.27	49.24	51.81	55.76	59.34	60.44	63.69	66.77	69.70	73.40	76.09
50	56.33	58.16	60.35	63.17	67.50	71.42	72.61	76.15	79.49	82.66	86.66	89.56
60	66.98	68.97	71.34	74.40	79.08	83.30	84.58	88.38	91.95	95.34	99.61	102.7
80	88.13	90.41	93.11	96.58	101.9	106.6	108.1	112.3	116.3	120.1	124.8	128.3
100	109.1	111.7	114.7	118.5	124.3	129.6	131.1	135.8	140.2	144.3	149.4	153.2

A.5 t-분포표

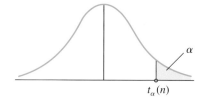

α df	0.25	0.20	0.15	0.10	0.05	0.025	0.02	0.01	0.005	0.0025	0.001	0.0005
1	1.000	1.376	1.963	3.078	6.314	12.71	15.89	31.82	63.66	127.3	318.3	636.6
2	0.816	1.061	1.386	1.886	2.920	4.303	4.849	6.965	9.925	14.09	22.33	31.60
3	0.765	0.978	1.250	1.638	2.353	3.182	3.482	4.541	5.841	7.453	10.21	12.92
4	0.741	0.941	1.190	1.533	2.132	2.776	2.999	3.747	4.604	5.598	7.173	8.610
5	0.727	0.920	1.156	1.476	2.015	2.571	2.757	3.365	4.032	4.773	5.893	6.869
6	0.718	0.906	1.134	1.440	1.943	2.447	2.612	3.143	3.707	4.317	5.208	5.959
7	0.711	0.896	1.119	1.415	1.895	2.365	2.517	2.998	3.499	4.029	4.785	5.408
8	0.706	0.889	1.108	1.397	1.860	2.306	2.449	2.896	3.355	3.833	4.501	5.041
9	0.703	0.883	1.100	1.383	1.833	2.262	2.398	2.821	3.250	3.690	4.297	4.781
10	0.700	0.879	1.093	1.372	1.812	2.228	2.359	2.764	3.169	3.581	4.144	4.587
11	0.697	0.876	1.088	1.363	1.796	2.201	2.328	2.718	3.106	3.497	4.025	4.437
12	0.695	0.873	1.083	1.356	1.782	2.179	2.303	2.681	3.055	3.428	3.930	4.318
13	0.694	0.870	1.079	1.350	1.771	2.160	2.282	2.650	3.012	3.372	3.852	4.221
14	0.692	0.868	1.076	1.345	1.761	2.145	2.264	2.624	2.977	3.326	3.787	4.140
15	0.691	0.866	1.074	1.341	1.753	2.131	2.249	2.602	2.947	3.286	3.733	4.073
16	0.690	0.865	1.071	1.337	1.746	2.120	2.235	2.583	2.921	3.252	3.686	4.015
17	0.689	0.863	1.069	1.333	1.740	2.110	2.224	2.567	2.898	3.222	3.646	3.965
18	0.688	0.862	1.067	1.330	1.734	2.101	2.214	2.552	2.878	3.197	3.611	3.922
19	0.688	0.861	1.066	1.328	1.729	2.093	2.205	2.539	2.861	3.174	3.579	3.883
20	0.687	0.860	1.064	1.325	1.725	2.086	2.197	2.528	2.845	3.153	3.552	3.850
21	0.686	0.859	1.063	1.323	1.721	2.080	2.189	2.518	2.831	3.135	3.527	3.819
22	0.686	0.858	1.061	1.321	1.717	2.074	2.183	2.508	2.819	3.119	3.505	3.792
23	0.685	0.858	1.060	1.319	1.714	2.069	2.177	2.500	2.807	3.104	3.485	3.768
24	0.685	0.857	1.059	1.318	1.711	2.064	2.172	2.492	2.797	3.091	3.467	3.745
25	0.684	0.856	1.058	1.316	1.708	2.060	2.167	2.485	2.787	3.078	3.450	3.725
26	0.684	0.856	1.058	1.315	1.706	2.056	2.162	2.479	2.779	3.067	3.435	3.707
27	0.684	0.855	1.057	1.314	1.703	2.052	2.158	2.473	2.771	3.057	3.421	3.690
28	0.683	0.855	1.056	1.313	1.701	2.048	2.154	2.467	2.763	3.047	3.408	3.674
29	0.683	0.854	1.055	1.311	1.699	2.045	2.150	2.462	2.756	3.038	3.396	3.659
30	0.683	0.854	1.055	1.310	1.697	2.042	2.147	2.457	2.750	3.030	3.385	3.646
40	0.681	0.851	1.050	1.303	1.684	2.021	2.123	2.423	2.704	2.971	3.307	3.551
50	0.679	0.849	1.047	1.299	1.676	2.009	2.109	2.403	2.678	2.937	3.261	3.496
60	0.679	0.848	1.045	1.296	1.671	2.000	2.099	2.390	2.660	2.915	3.232	3.460
80	0.678	0.846	1.043	1.292	1.664	1.990	2.088	2.374	2.639	2.887	3.195	3.416
100	0.677	0.845	1.042	1.290	1.660	1.984	2.081	2.364	2.626	2.871	3.174	3.390
1,000	0.675	0.842	1.037	1.282	1.646	1.962	2.056	2.330	2.581	2.813	3.098	3.300
∞	0.674	0.841	1.036	1.282	1.645	1.960	2.054	2.326	2.576	2.807	3.091	3.291

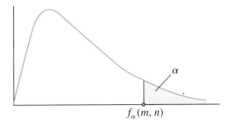

$f_\alpha(m, n)$

분모의 자유도	α	분자의 자유도									
		1	2	3	4	5	6	7	8	9	10
1	0.100	39.86	49.50	53.59	55.83	57.24	58.20	58.91	59.44	59.86	60.19
	0.050	161.45	199.50	215.71	224.58	230.10	233.99	236.77	238.88	240.54	241.88
	0.025	647.79	799.50	864.16	899.58	921.85	937.11	948.22	956.66	963.28	968.63
	0.010	4052.2	4999.5	5403.4	5624.6	5763.6	5859.0	5928.4	5981.1	6022.5	6055.8
	0.001	405284	500000	540379	562500	576405	585937	592873	598144	602284	605621
2	0.100	8.53	9.00	9.16	9.24	9.29	9.33	9.35	9.37	9.38	9.39
	0.050	18.51	19.00	19.16	19.25	19.30	19.33	19.35	19.37	19.38	19.40
	0.025	38.51	39.00	39.17	39.25	39.30	39.33	39.36	39.37	39.39	39.40
	0.010	98.50	99.00	99.17	99.25	99.30	99.33	99.36	99.37	99.39	99.40
	0.001	998.50	999.00	999.17	999.25	999.30	999.33	999.36	999.37	999.39	999.40
3	0.100	5.54	5.46	5.39	5.34	5.31	5.28	5.27	5.25	5.24	5.23
	0.050	10.13	9.55	9.28	9.12	9.01	8.94	8.89	8.85	8.81	8.79
	0.025	17.44	16.04	15.44	15.10	14.88	14.73	14.62	14.54	14.47	14.42
	0.010	34.12	30.82	29.46	28.71	28.24	27.91	27.67	27.49	27.35	27.23
	0.001	167.03	148.50	141.11	137.10	134.58	132.85	131.58	130.62	129.86	129.25
4	0.100	4.54	4.32	4.19	4.11	4.05	4.01	3.98	3.95	3.94	3.92
	0.050	7.71	6.94	6.59	6.39	6.26	6.16	6.09	6.04	6.00	5.96
	0.025	12.22	10.65	9.98	9.60	9.36	9.20	9.07	8.98	8.90	8.84
	0.010	21.20	18.00	16.69	15.98	15.52	15.21	14.98	14.80	14.66	14.55
	0.001	74.14	61.25	56.18	53.44	51.71	50.53	49.66	49.00	48.47	48.05
5	0.100	4.06	3.78	3.62	3.52	3.45	3.40	3.37	3.34	3.32	3.30
	0.050	6.61	5.79	5.41	5.19	5.05	4.95	4.88	4.82	4.77	4.74
	0.025	10.01	8.43	7.76	7.39	7.15	6.98	6.85	6.76	6.68	6.62
	0.010	16.26	13.27	12.06	11.39	10.97	10.67	10.46	10.29	10.16	10.05
	0.001	47.18	37.12	33.20	31.09	29.75	28.83	28.16	27.65	27.24	26.92
6	0.100	3.78	3.46	3.29	3.18	3.11	3.05	3.01	2.98	2.96	2.94
	0.050	5.99	5.14	4.76	4.53	4.39	4.28	4.21	4.15	4.10	4.06
	0.025	8.81	7.26	6.60	6.23	5.99	5.82	5.70	5.60	5.52	5.46
	0.010	13.75	10.92	9.78	9.15	8.75	8.47	8.26	8.10	7.98	7.87
	0.001	35.51	27.00	23.70	21.92	20.80	20.03	19.46	19.03	18.69	18.41

F−분포표(계속)

분모의 자유도	α	분자의 자유도									
		12	15	20	25	30	40	50	60	120	1,000
1	0.100	60.71	61.22	61.74	62.05	62.26	62.53	62.69	62.79	63.06	63.30
	0.050	243.91	245.95	248.01	249.26	250.10	251.14	251.77	252.20	253.25	254.11
	0.025	976.71	984.87	993.10	998.08	1001.4	1005.6	1008.1	1009.8	1014.0	1017.7
	0.010	6106.3	6157.3	6208.7	6239.8	6260.6	6286.8	6302.5	6313.0	6339.4	6362.7
	0.001	610668	615764	620908	624017	626099	628712	630285	631337	633972	636301
2	0.100	9.41	9.42	9.44	9.45	9.46	9.47	9.47	9.47	9.48	9.49
	0.050	19.41	19.43	19.45	19.46	19.46	19.47	19.48	19.48	19.49	19.49
	0.025	39.41	39.43	39.45	39.46	39.46	39.47	39.48	39.48	39.49	39.50
	0.010	99.42	99.43	99.45	99.46	99.47	99.47	99.48	99.48	99.49	99.50
	0.001	999.42	999.43	999.45	999.46	999.47	999.47	999.48	999.48	999.49	999.50
3	0.100	5.22	5.20	5.18	5.17	5.17	5.16	5.15	5.15	5.14	5.13
	0.050	8.74	8.70	8.66	8.63	8.62	8.59	8.58	8.57	8.55	8.53
	0.025	14.34	14.25	14.17	14.12	14.08	14.04	14.01	13.99	13.95	13.91
	0.010	27.05	26.87	26.69	26.58	26.50	26.41	26.35	26.32	26.22	26.14
	0.001	128.32	127.37	126.42	125.84	125.45	124.96	124.66	124.47	123.97	123.53
4	0.100	3.90	3.87	3.84	3.83	3.82	3.80	3.80	3.79	3.78	3.76
	0.050	5.91	5.86	5.80	5.77	5.75	5.72	5.70	5.69	5.66	5.63
	0.025	8.75	8.66	8.56	8.50	8.46	8.41	8.38	8.36	8.31	8.26
	0.010	14.37	14.20	14.02	13.91	13.84	13.75	13.69	13.65	13.56	13.47
	0.001	47.41	46.76	46.10	45.70	45.43	45.09	44.88	44.75	44.40	44.09
5	0.100	3.27	3.24	3.21	3.19	3.17	3.16	3.15	3.14	3.12	3.11
	0.050	4.68	4.62	4.56	4.52	4.50	4.46	4.44	4.43	4.40	4.37
	0.025	6.52	6.43	6.33	6.27	6.23	6.18	6.14	6.12	6.07	6.02
	0.010	9.89	9.72	9.55	9.45	9.38	9.29	9.24	9.20	9.11	9.03
	0.001	26.42	25.91	25.39	25.08	24.87	24.60	24.44	24.33	24.06	23.82
6	0.100	2.90	2.87	2.84	2.81	2.80	2.78	2.77	2.76	2.74	2.72
	0.050	4.00	3.94	3.87	3.83	3.81	3.77	3.75	3.74	3.70	3.67
	0.025	5.37	5.27	5.17	5.11	5.07	5.01	4.98	4.96	4.90	4.86
	0.010	7.72	7.56	7.40	7.30	7.23	7.14	7.09	7.06	6.97	6.89
	0.001	17.99	17.56	17.12	16.85	16.67	16.44	16.31	16.21	15.98	15.77

분모의 자유도	α	분자의 자유도									
		1	2	3	4	5	6	7	8	9	10
7	0.100	3.59	3.26	3.07	2.96	2.88	2.83	2.78	2.75	2.72	2.70
	0.050	5.59	4.74	4.35	4.12	3.97	3.87	3.79	3.73	3.68	3.64
	0.025	8.07	6.54	5.89	5.52	5.29	5.12	4.99	4.90	4.82	4.76
	0.010	12.25	9.55	8.45	7.85	7.46	7.19	6.99	6.84	6.72	6.62
	0.001	29.25	21.69	18.77	17.20	16.21	15.52	15.02	14.63	14.33	14.08
8	0.100	3.46	3.11	2.92	2.81	2.73	2.67	2.62	2.59	2.56	2.54
	0.050	5.32	4.46	4.07	3.84	3.69	3.58	3.50	3.44	3.39	3.35
	0.025	7.57	6.06	5.42	5.05	4.82	4.65	4.53	4.43	4.36	4.30
	0.010	11.26	8.65	7.59	7.01	6.63	6.37	6.18	6.03	5.91	5.81
	0.001	25.41	18.49	15.83	14.39	13.48	12.86	12.40	12.05	11.77	11.54
9	0.100	3.36	3.01	2.81	2.69	2.61	2.55	2.51	2.47	2.44	2.42
	0.050	5.12	4.26	3.86	3.63	3.48	3.37	3.29	3.23	3.18	3.14
	0.025	7.21	5.71	5.08	4.72	4.48	4.32	4.20	4.10	4.03	3.96
	0.010	10.56	8.02	6.99	6.42	6.06	5.80	5.61	5.47	5.35	5.26
	0.001	22.86	16.39	13.90	12.56	11.71	11.13	10.70	10.37	10.11	9.89
10	0.100	3.29	2.92	2.73	2.61	2.52	2.46	2.41	2.38	2.35	2.32
	0.050	4.96	4.10	3.71	3.48	3.33	3.22	3.14	3.07	3.02	2.98
	0.025	6.94	5.46	4.83	4.47	4.24	4.07	3.95	3.85	3.78	3.72
	0.010	10.04	7.56	6.55	5.99	5.64	5.39	5.20	5.06	4.94	4.85
	0.001	21.04	14.91	12.55	11.28	10.48	9.93	9.52	9.20	8.96	8.75
11	0.100	3.23	2.86	2.66	2.54	2.45	2.39	2.34	2.30	2.27	2.25
	0.050	4.84	3.98	3.59	3.36	3.20	3.09	3.01	2.95	2.90	2.85
	0.025	6.72	5.26	4.63	4.28	4.04	3.88	3.76	3.66	3.59	3.53
	0.010	9.65	7.21	6.22	5.67	5.32	5.07	4.89	4.74	4.63	4.54
	0.001	19.69	13.81	11.56	10.35	9.58	9.05	8.66	8.35	8.12	7.92
12	0.100	3.18	2.81	2.61	2.48	2.39	2.33	2.28	2.24	2.21	2.19
	0.050	4.75	3.89	3.49	3.26	3.11	3.00	2.91	2.85	2.80	2.75
	0.025	6.55	5.10	4.47	4.12	3.89	3.73	3.61	3.51	3.44	3.37
	0.010	9.33	6.93	5.95	5.41	5.06	4.82	4.64	4.50	4.39	4.30
	0.001	18.64	12.97	10.80	9.63	8.89	8.38	8.00	7.71	7.48	7.29
13	0.100	3.14	2.76	2.56	2.43	2.35	2.28	2.23	2.20	2.16	2.14
	0.050	4.67	3.81	3.41	3.18	3.03	2.92	2.83	2.77	2.71	2.67
	0.025	6.41	4.97	4.35	4.00	3.77	3.60	3.48	3.39	3.31	3.25
	0.010	9.07	6.70	5.74	5.21	4.86	4.62	4.44	4.30	4.19	4.10
	0.001	17.82	12.31	10.21	9.07	8.35	7.86	7.49	7.21	6.98	6.80

분모의 자유도	α	분자의 자유도									
		12	15	20	25	30	40	50	60	120	1,000
7	0.100	2.67	2.63	2.59	2.57	2.56	2.54	2.52	2.51	2.49	2.47
	0.050	3.57	3.51	3.44	3.40	3.38	3.34	3.32	3.30	3.27	3.23
	0.025	4.67	4.57	4.47	4.40	4.36	4.31	4.28	4.25	4.20	4.15
	0.010	6.47	6.31	6.16	6.06	5.99	5.91	5.86	5.82	5.74	5.66
	0.001	13.71	13.32	12.93	12.69	12.53	12.33	12.20	12.12	11.91	11.72
8	0.100	2.50	2.46	2.42	2.40	2.38	2.36	2.35	2.34	2.32	2.30
	0.050	3.28	3.22	3.15	3.11	3.08	3.04	3.02	3.01	2.97	2.93
	0.025	4.20	4.10	4.00	3.94	3.89	3.84	3.81	3.78	3.73	3.68
	0.010	5.67	5.52	5.36	5.26	5.20	5.12	5.07	5.03	4.95	4.87
	0.001	11.19	10.84	10.48	10.26	10.11	9.92	9.80	9.73	9.53	9.36
9	0.100	2.38	2.34	2.30	2.27	2.25	2.23	2.22	2.21	2.18	2.16
	0.050	3.07	3.01	2.94	2.89	2.86	2.83	2.80	2.79	2.75	2.71
	0.025	3.87	3.77	3.67	3.60	3.56	3.51	3.47	3.45	3.39	3.34
	0.010	5.11	4.96	4.81	4.71	4.65	4.57	4.52	4.48	4.40	4.32
	0.001	9.57	9.24	8.90	8.69	8.55	8.37	8.26	8.19	8.00	7.84
10	0.100	2.28	2.24	2.20	2.17	2.16	2.13	2.12	2.11	2.08	2.06
	0.050	2.91	2.85	2.77	2.73	2.70	2.66	2.64	2.62	2.58	2.54
	0.025	3.62	3.52	3.42	3.35	3.31	3.26	3.22	3.20	3.14	3.09
	0.010	4.71	4.56	4.41	4.31	4.25	4.17	4.12	4.08	4.00	3.92
	0.001	8.45	8.13	7.80	7.60	7.47	7.30	7.19	7.12	6.94	6.78
11	0.100	2.21	2.17	2.12	2.10	2.08	2.05	2.04	2.03	2.00	1.98
	0.050	2.79	2.72	2.65	2.60	2.57	2.53	2.51	2.49	2.45	2.41
	0.025	3.43	3.33	3.23	3.16	3.12	3.06	3.03	3.00	2.94	2.89
	0.010	4.40	4.25	4.10	4.01	3.94	3.86	3.81	3.78	3.69	3.61
	0.001	7.63	7.32	7.01	6.81	6.68	6.52	6.42	6.35	6.18	6.02
12	0.100	2.15	2.10	2.06	2.03	2.01	1.99	1.97	1.96	1.93	1.91
	0.050	2.69	2.62	2.54	2.50	2.47	2.43	2.40	2.38	2.34	2.30
	0.025	3.28	3.18	3.07	3.01	2.96	2.91	2.87	2.85	2.79	2.73
	0.010	4.16	4.01	3.86	3.76	3.70	3.62	3.57	3.54	3.45	3.37
	0.001	7.00	6.71	6.40	6.22	6.09	5.93	5.83	5.76	5.59	5.44
13	0.100	2.10	2.05	2.01	1.98	1.96	1.93	1.92	1.90	1.88	1.85
	0.050	2.60	2.53	2.46	2.41	2.38	2.34	2.31	2.30	2.25	2.21
	0.025	3.15	3.05	2.95	2.88	2.84	2.78	2.74	2.72	2.66	2.60
	0.010	3.96	3.82	3.66	3.57	3.51	3.43	3.38	3.34	3.25	3.18
	0.001	6.52	6.23	5.93	5.75	5.63	5.47	5.37	5.30	5.14	4.99

분모의 자유도	α	분자의 자유도									
		1	2	3	4	5	6	7	8	9	10
14	0.100	3.10	2.73	2.52	2.39	2.31	2.24	2.19	2.15	2.12	2.10
	0.050	4.60	3.74	3.34	3.11	2.96	2.85	2.76	2.70	2.65	2.60
	0.025	6.30	4.86	4.24	3.89	3.66	3.50	3.38	3.29	3.21	3.15
	0.010	8.86	6.51	5.56	5.04	4.69	4.46	4.28	4.14	4.03	3.94
	0.001	17.14	11.78	9.73	8.62	7.92	7.44	7.08	6.80	6.58	6.40
15	0.100	3.07	2.70	2.49	2.36	2.27	2.21	2.16	2.12	2.09	2.06
	0.050	4.54	3.68	3.29	3.06	2.90	2.79	2.71	2.64	2.59	2.54
	0.025	6.20	4.77	4.15	3.80	3.58	3.41	3.29	3.20	3.12	3.06
	0.010	8.68	6.36	5.42	4.89	4.56	4.32	4.14	4.00	3.89	3.80
	0.001	16.59	11.34	9.34	8.25	7.57	7.09	6.74	6.47	6.26	6.08
16	0.100	3.05	2.67	2.46	2.33	2.24	2.18	2.13	2.09	2.06	2.03
	0.050	4.49	3.63	3.24	3.01	2.85	2.74	2.66	2.59	2.54	2.49
	0.025	6.12	4.69	4.08	3.73	3.50	3.34	3.22	3.12	3.05	2.99
	0.010	8.53	6.23	5.29	4.77	4.44	4.20	4.03	3.89	3.78	3.69
	0.001	16.12	10.97	9.01	7.94	7.27	6.80	6.46	6.19	5.98	5.81
17	0.100	3.03	2.64	2.44	2.31	2.22	2.15	2.10	2.06	2.03	2.00
	0.050	4.45	3.59	3.20	2.96	2.81	2.70	2.61	2.55	2.49	2.45
	0.025	6.04	4.62	4.01	3.66	3.44	3.28	3.16	3.06	2.98	2.92
	0.010	8.40	6.11	5.19	4.67	4.34	4.10	3.93	3.79	3.68	3.59
	0.001	15.72	10.66	8.73	7.68	7.02	6.56	6.22	5.96	5.75	5.58
18	0.100	3.01	2.62	2.42	2.29	2.20	2.13	2.08	2.04	2.00	1.98
	0.050	4.41	3.55	3.16	2.93	2.77	2.66	2.58	2.51	2.46	2.41
	0.025	5.98	4.56	3.95	3.61	3.38	3.22	3.10	3.01	2.93	2.87
	0.010	8.29	6.01	5.09	4.58	4.25	4.01	3.84	3.71	3.60	3.51
	0.001	15.38	10.39	8.49	7.46	6.81	6.35	6.02	5.76	5.56	5.39
19	0.100	2.99	2.61	2.40	2.27	2.18	2.11	2.06	2.02	1.98	1.96
	0.050	4.38	3.52	3.13	2.90	2.74	2.63	2.54	2.48	2.42	2.38
	0.025	5.92	4.51	3.90	3.56	3.33	3.17	3.05	2.96	2.88	2.82
	0.010	8.18	5.93	5.01	4.50	4.17	3.94	3.77	3.63	3.52	3.43
	0.001	15.08	10.16	8.28	7.27	6.62	6.18	5.85	5.59	5.39	5.22
20	0.100	2.97	2.59	2.38	2.25	2.16	2.09	2.04	2.00	1.96	1.94
	0.050	4.35	3.49	3.10	2.87	2.71	2.60	2.51	2.45	2.39	2.35
	0.025	5.87	4.46	3.86	3.51	3.29	3.13	3.01	2.91	2.84	2.77
	0.010	8.10	5.85	4.94	4.43	4.10	3.87	3.70	3.56	3.46	3.37
	0.001	14.82	9.95	8.10	7.10	6.46	6.02	5.69	5.44	5.24	5.08

분모의 자유도	α	분자의 자유도									
		12	15	20	25	30	40	50	60	120	1,000
14	0.100	2.05	2.01	1.96	1.93	1.91	1.89	1.87	1.86	1.83	1.80
	0.050	2.53	2.46	2.39	2.34	2.31	2.27	2.24	2.22	2.18	2.14
	0.025	3.05	2.95	2.84	2.78	2.73	2.67	2.64	2.61	2.55	2.50
	0.010	3.80	3.66	3.51	3.41	3.35	3.27	3.22	3.18	3.09	3.02
	0.001	6.13	5.85	5.56	5.38	5.25	5.10	5.00	4.94	4.77	4.62
15	0.100	2.02	1.97	1.92	1.89	1.87	1.85	1.83	1.82	1.79	1.76
	0.050	2.48	2.40	2.33	2.28	2.25	2.20	2.18	2.16	2.11	2.07
	0.025	2.96	2.86	2.76	2.69	2.64	2.59	2.55	2.52	2.46	2.40
	0.010	3.67	3.52	3.37	3.28	3.21	3.13	3.08	3.05	2.96	2.88
	0.001	5.81	5.54	5.25	5.07	4.95	4.80	4.70	4.64	4.47	4.33
16	0.100	1.99	1.94	1.89	1.86	1.84	1.81	1.79	1.78	1.75	1.72
	0.050	2.42	2.35	2.28	2.23	2.19	2.15	2.12	2.11	2.06	2.02
	0.025	2.89	2.79	2.68	2.61	2.57	2.51	2.47	2.45	2.38	2.32
	0.010	3.55	3.41	3.26	3.16	3.10	3.02	2.97	2.93	2.84	2.76
	0.001	5.55	5.27	4.99	4.82	4.70	4.54	4.45	4.39	4.23	4.08
17	0.100	1.96	1.91	1.86	1.83	1.81	1.78	1.76	1.75	1.72	1.69
	0.050	2.38	2.31	2.23	2.18	2.15	2.10	2.08	2.06	2.01	1.97
	0.025	2.82	2.72	2.62	2.55	2.50	2.44	2.41	2.38	2.32	2.26
	0.010	3.46	3.31	3.16	3.07	3.00	2.92	2.87	2.83	2.75	2.66
	0.001	5.32	5.05	4.78	4.60	4.48	4.33	4.24	4.18	4.02	3.87
18	0.100	1.93	1.89	1.84	1.80	1.78	1.75	1.74	1.72	1.69	1.66
	0.050	2.34	2.27	2.19	2.14	2.11	2.06	2.04	2.02	1.97	1.92
	0.025	2.77	2.67	2.56	2.49	2.44	2.38	2.35	2.32	2.26	2.20
	0.010	3.37	3.23	3.08	2.98	2.92	2.84	2.78	2.75	2.66	2.58
	0.001	5.13	4.87	4.59	4.42	4.30	4.15	4.06	4.00	3.84	3.69
19	0.100	1.91	1.86	1.81	1.78	1.76	1.73	1.71	1.70	1.67	1.64
	0.050	2.31	2.23	2.16	2.11	2.07	2.03	2.00	1.98	1.93	1.88
	0.025	2.72	2.62	2.51	2.44	2.39	2.33	2.30	2.27	2.20	2.14
	0.010	3.30	3.15	3.00	2.91	2.84	2.76	2.71	2.67	2.58	2.50
	0.001	4.97	4.70	4.43	4.26	4.14	3.99	3.90	3.84	3.68	3.53
20	0.100	1.89	1.84	1.79	1.76	1.74	1.71	1.69	1.68	1.64	1.61
	0.050	2.28	2.20	2.12	2.07	2.04	1.99	1.97	1.95	1.90	1.85
	0.025	2.68	2.57	2.46	2.40	2.35	2.29	2.25	2.22	2.16	2.09
	0.010	3.23	3.09	2.94	2.84	2.78	2.69	2.64	2.61	2.52	2.43
	0.001	4.82	4.56	4.29	4.12	4.00	3.86	3.77	3.70	3.54	3.40

분모의 자유도	α	분자의 자유도									
		1	2	3	4	5	6	7	8	9	10
21	0.100	2.96	2.57	2.36	2.23	2.14	2.08	2.02	1.98	1.95	1.92
	0.050	4.32	3.47	3.07	2.84	2.68	2.57	2.49	2.42	2.37	2.32
	0.025	5.83	4.42	3.82	3.48	3.25	3.09	2.97	2.87	2.80	2.73
	0.010	8.02	5.78	4.87	4.37	4.04	3.81	3.64	3.51	3.40	3.31
	0.001	14.59	9.77	7.94	6.95	6.32	5.88	5.56	5.31	5.11	4.95
22	0.100	2.95	2.56	2.35	2.22	2.13	2.06	2.01	1.97	1.93	1.90
	0.050	4.30	3.44	3.05	2.82	2.66	2.55	2.46	2.40	2.34	2.30
	0.025	5.79	4.38	3.78	3.44	3.22	3.05	2.93	2.84	2.76	2.70
	0.010	7.95	5.72	4.82	4.31	3.99	3.76	3.59	3.45	3.35	3.26
	0.001	14.38	9.61	7.80	6.81	6.19	5.76	5.44	5.19	4.99	4.83
23	0.100	2.94	2.55	2.34	2.21	2.11	2.05	1.99	1.95	1.92	1.89
	0.050	4.28	3.42	3.03	2.80	2.64	2.53	2.44	2.37	2.32	2.27
	0.025	5.75	4.35	3.75	3.41	3.18	3.02	2.90	2.81	2.73	2.67
	0.010	7.88	5.66	4.76	4.26	3.94	3.71	3.54	3.41	3.30	3.21
	0.001	14.20	9.47	7.67	6.70	6.08	5.65	5.33	5.09	4.89	4.73
24	0.100	2.93	2.54	2.33	2.19	2.10	2.04	1.98	1.94	1.91	1.88
	0.050	4.26	3.40	3.01	2.78	2.62	2.51	2.42	2.36	2.30	2.25
	0.025	5.72	4.32	3.72	3.38	3.15	2.99	2.87	2.78	2.70	2.64
	0.010	7.82	5.61	4.72	4.22	3.90	3.67	3.50	3.36	3.26	3.17
	0.001	14.03	9.34	7.55	6.59	5.98	5.55	5.23	4.99	4.80	4.64
25	0.100	2.92	2.53	2.32	2.18	2.09	2.02	1.97	1.93	1.89	1.87
	0.050	4.24	3.39	2.99	2.76	2.60	2.49	2.40	2.34	2.28	2.24
	0.025	5.69	4.29	3.69	3.35	3.13	2.97	2.85	2.75	2.68	2.61
	0.010	7.77	5.57	4.68	4.18	3.85	3.63	3.46	3.32	3.22	3.13
	0.001	13.88	9.22	7.45	6.49	5.89	5.46	5.15	4.91	4.71	4.56
26	0.100	2.91	2.52	2.31	2.17	2.08	2.01	1.96	1.92	1.88	1.86
	0.050	4.23	3.37	2.98	2.74	2.59	2.47	2.39	2.32	2.27	2.22
	0.025	5.66	4.27	3.67	3.33	3.10	2.94	2.82	2.73	2.65	2.59
	0.010	7.72	5.53	4.64	4.14	3.82	3.59	3.42	3.29	3.18	3.09
	0.001	13.74	9.12	7.36	6.41	5.80	5.38	5.07	4.83	4.64	4.48
27	0.100	2.90	2.51	2.30	2.17	2.07	2.00	1.95	1.91	1.87	1.85
	0.050	4.21	3.35	2.96	2.73	2.57	2.46	2.37	2.31	2.25	2.20
	0.025	5.63	4.24	3.65	3.31	3.08	2.92	2.80	2.71	2.63	2.57
	0.010	7.68	5.49	4.60	4.11	3.78	3.56	3.39	3.26	3.15	3.06
	0.001	13.61	9.02	7.27	6.33	5.73	5.31	5.00	4.76	4.57	4.41

F−분포표(계속)

분모의 자유도	α	분자의 자유도									
		12	15	20	25	30	40	50	60	120	1,000
21	0.100	1.87	1.83	1.78	1.74	1.72	1.69	1.67	1.66	1.62	1.59
	0.050	2.25	2.18	2.10	2.05	2.01	1.96	1.94	1.92	1.87	1.82
	0.025	2.64	2.53	2.42	2.36	2.31	2.25	2.21	2.18	2.11	2.05
	0.010	3.17	3.03	2.88	2.79	2.72	2.64	2.58	2.55	2.46	2.37
	0.001	4.70	4.44	4.17	4.00	3.88	3.74	3.64	3.58	3.42	3.28
22	0.100	1.86	1.81	1.76	1.73	1.70	1.67	1.65	1.64	1.60	1.57
	0.050	2.23	2.15	2.07	2.02	1.98	1.94	1.91	1.89	1.84	1.79
	0.025	2.60	2.50	2.39	2.32	2.27	2.21	2.17	2.14	2.08	2.01
	0.010	3.12	2.98	2.83	2.73	2.67	2.58	2.53	2.50	2.40	2.32
	0.001	4.58	4.33	4.06	3.89	3.78	3.63	3.54	3.48	3.32	3.17
23	0.100	1.84	1.80	1.74	1.71	1.69	1.66	1.64	1.62	1.59	1.55
	0.050	2.20	2.13	2.05	2.00	1.96	1.91	1.88	1.86	1.81	1.76
	0.025	2.57	2.47	2.36	2.29	2.24	2.18	2.14	2.11	2.04	1.98
	0.010	3.07	2.93	2.78	2.69	2.62	2.54	2.48	2.45	2.35	2.27
	0.001	4.48	4.23	3.96	3.79	3.68	3.53	3.44	3.38	3.22	3.08
24	0.100	1.83	1.78	1.73	1.70	1.67	1.64	1.62	1.61	1.57	1.54
	0.050	2.18	2.11	2.03	1.97	1.94	1.89	1.86	1.84	1.79	1.74
	0.025	2.54	2.44	2.33	2.26	2.21	2.15	2.11	2.08	2.01	1.94
	0.010	3.03	2.89	2.74	2.64	2.58	2.49	2.44	2.40	2.31	2.22
	0.001	4.39	4.14	3.87	3.71	3.59	3.45	3.36	3.29	3.14	2.99
25	0.100	1.82	1.77	1.72	1.68	1.66	1.63	1.61	1.59	1.56	1.52
	0.050	2.16	2.09	2.01	1.96	1.92	1.87	1.84	1.82	1.77	1.72
	0.025	2.51	2.41	2.30	2.23	2.18	2.12	2.08	2.05	1.98	1.91
	0.010	2.99	2.85	2.70	2.60	2.54	2.45	2.40	2.36	2.27	2.18
	0.001	4.31	4.06	3.79	3.63	3.52	3.37	3.28	3.22	3.06	2.91
26	0.100	1.81	1.76	1.71	1.67	1.65	1.61	1.59	1.58	1.54	1.51
	0.050	2.15	2.07	1.99	1.94	1.90	1.85	1.82	1.80	1.75	1.70
	0.025	2.49	2.39	2.28	2.21	2.16	2.09	2.05	2.03	1.95	1.89
	0.010	2.96	2.81	2.66	2.57	2.50	2.42	2.36	2.33	2.23	2.14
	0.001	4.24	3.99	3.72	3.56	3.44	3.30	3.21	3.15	2.99	2.84
27	0.100	1.80	1.75	1.70	1.66	1.64	1.60	1.58	1.57	1.53	1.50
	0.050	2.13	2.06	1.97	1.92	1.88	1.84	1.81	1.79	1.73	1.68
	0.025	2.47	2.36	2.25	2.18	2.13	2.07	2.03	2.00	1.93	1.86
	0.010	2.93	2.78	2.63	2.54	2.47	2.38	2.33	2.29	2.20	2.11
	0.001	4.17	3.92	3.66	3.49	3.38	3.23	3.14	3.08	2.92	2.78

F-분포표(계속)

분모의 자유도	α	분자의 자유도									
		1	2	3	4	5	6	7	8	9	10
28	0.100	2.89	2.50	2.29	2.16	2.06	2.00	1.94	1.90	1.87	1.84
	0.050	4.20	3.34	2.95	2.71	2.56	2.45	2.36	2.29	2.24	2.19
	0.025	5.61	4.22	3.63	3.29	3.06	2.90	2.78	2.69	2.61	2.55
	0.010	7.64	5.45	4.57	4.07	3.75	3.53	3.36	3.23	3.12	3.03
	0.001	13.50	8.93	7.19	6.25	5.66	5.24	4.93	4.69	4.50	4.35
29	0.100	2.89	2.50	2.28	2.15	2.06	1.99	1.93	1.89	1.86	1.83
	0.050	4.18	3.33	2.93	2.70	2.55	2.43	2.35	2.28	2.22	2.18
	0.025	5.59	4.20	3.61	3.27	3.04	2.88	2.76	2.67	2.59	2.53
	0.010	7.60	5.42	4.54	4.04	3.73	3.50	3.33	3.20	3.09	3.00
	0.001	13.39	8.85	7.12	6.19	5.59	5.18	4.87	4.64	4.45	4.29
30	0.100	2.88	2.49	2.28	2.14	2.05	1.98	1.93	1.88	1.85	1.82
	0.050	4.17	3.32	2.92	2.69	2.53	2.42	2.33	2.27	2.21	2.16
	0.025	5.57	4.18	3.59	3.25	3.03	2.87	2.75	2.65	2.57	2.51
	0.010	7.56	5.39	4.51	4.02	3.70	3.47	3.30	3.17	3.07	2.98
	0.001	13.29	8.77	7.05	6.12	5.53	5.12	4.82	4.58	4.39	4.24
40	0.100	2.84	2.44	2.23	2.09	2.00	1.93	1.87	1.83	1.79	1.76
	0.050	4.08	3.23	2.84	2.61	2.45	2.34	2.25	2.18	2.12	2.08
	0.025	5.42	4.05	3.46	3.13	2.90	2.74	2.62	2.53	2.45	2.39
	0.010	7.31	5.18	4.31	3.83	3.51	3.29	3.12	2.99	2.89	2.80
	0.001	12.61	8.25	6.59	5.70	5.13	4.73	4.44	4.21	4.02	3.87
50	0.100	2.81	2.41	2.20	2.06	1.97	1.90	1.84	1.80	1.76	1.73
	0.050	4.03	3.18	2.79	2.56	2.40	2.29	2.20	2.13	2.07	2.03
	0.025	5.34	3.97	3.39	3.05	2.83	2.67	2.55	2.46	2.38	2.32
	0.010	7.17	5.06	4.20	3.72	3.41	3.19	3.02	2.89	2.78	2.70
	0.001	12.22	7.96	6.34	5.46	4.90	4.51	4.22	4.00	3.82	3.67
60	0.100	2.79	2.39	2.18	2.04	1.95	1.87	1.82	1.77	1.74	1.71
	0.050	4.00	3.15	2.76	2.53	2.37	2.25	2.17	2.10	2.04	1.99
	0.025	5.29	3.93	3.34	3.01	2.79	2.63	2.51	2.41	2.33	2.27
	0.010	7.08	4.98	4.13	3.65	3.34	3.12	2.95	2.82	2.72	2.63
	0.001	11.97	7.77	6.17	5.31	4.76	4.37	4.09	3.86	3.69	3.54
100	0.100	2.76	2.36	2.14	2.00	1.91	1.83	1.78	1.73	1.69	1.66
	0.050	3.94	3.09	2.70	2.46	2.31	2.19	2.10	2.03	1.97	1.93
	0.025	5.18	3.83	3.25	2.92	2.70	2.54	2.42	2.32	2.24	2.18
	0.010	6.90	4.82	3.98	3.51	3.21	2.99	2.82	2.69	2.59	2.50
	0.001	11.50	7.41	5.86	5.02	4.48	4.11	3.83	3.61	3.44	3.30

F-분포표

분모의 자유도	α	분자의 자유도									
		12	15	20	25	30	40	50	60	120	1,000
28	0.100	1.79	1.74	1.69	1.65	1.63	1.59	1.57	1.56	1.52	1.48
	0.050	2.12	2.04	1.96	1.91	1.87	1.82	1.79	1.77	1.71	1.66
	0.025	2.45	2.34	2.23	2.16	2.11	2.05	2.01	1.98	1.91	1.84
	0.010	2.90	2.75	2.60	2.51	2.44	2.35	2.30	2.26	2.17	2.08
	0.001	4.11	3.86	3.60	3.43	3.32	3.18	3.09	3.02	2.86	2.72
29	0.100	1.78	1.73	1.68	1.64	1.62	1.58	1.56	1.55	1.51	1.47
	0.050	2.10	2.03	1.94	1.89	1.85	1.81	1.77	1.75	1.70	1.65
	0.025	2.43	2.32	2.21	2.14	2.09	2.03	1.99	1.96	1.89	1.82
	0.010	2.87	2.73	2.57	2.48	2.41	2.33	2.27	2.23	2.14	2.05
	0.001	4.05	3.80	3.54	3.38	3.27	3.12	3.03	2.97	2.81	2.66
30	0.100	1.77	1.72	1.67	1.63	1.61	1.57	1.55	1.54	1.50	1.46
	0.050	2.09	2.01	1.93	1.88	1.84	1.79	1.76	1.74	1.68	1.63
	0.025	2.41	2.31	2.20	2.12	2.07	2.01	1.97	1.94	1.87	1.80
	0.010	2.84	2.70	2.55	2.45	2.39	2.30	2.25	2.21	2.11	2.02
	0.001	4.00	3.75	3.49	3.33	3.22	3.07	2.98	2.92	2.76	2.61
40	0.100	1.71	1.66	1.61	1.57	1.54	1.51	1.48	1.47	1.42	1.38
	0.050	2.00	1.92	1.84	1.78	1.74	1.69	1.66	1.64	1.58	1.52
	0.025	2.29	2.18	2.07	1.99	1.94	1.88	1.83	1.80	1.72	1.65
	0.010	2.66	2.52	2.37	2.27	2.20	2.11	2.06	2.02	1.92	1.82
	0.001	3.64	3.40	3.14	2.98	2.87	2.73	2.64	2.57	2.41	2.25
50	0.100	1.68	1.63	1.57	1.53	1.50	1.46	1.44	1.42	1.38	1.33
	0.050	1.95	1.87	1.78	1.73	1.69	1.63	1.60	1.58	1.51	1.45
	0.025	2.22	2.11	1.99	1.92	1.87	1.80	1.75	1.72	1.64	1.56
	0.010	2.56	2.42	2.27	2.17	2.10	2.01	1.95	1.91	1.80	1.70
	0.001	3.44	3.20	2.95	2.79	2.68	2.53	2.44	2.38	2.21	2.05
60	0.100	1.66	1.60	1.54	1.50	1.48	1.44	1.41	1.40	1.35	1.30
	0.050	1.92	1.84	1.75	1.69	1.65	1.59	1.56	1.53	1.47	1.40
	0.025	2.17	2.06	1.94	1.87	1.82	1.74	1.70	1.67	1.58	1.49
	0.010	2.50	2.35	2.20	2.10	2.03	1.94	1.88	1.84	1.73	1.62
	0.001	3.32	3.08	2.83	2.67	2.55	2.41	2.32	2.25	2.08	1.92
100	0.100	1.61	1.56	1.49	1.45	1.42	1.38	1.35	1.34	1.28	1.22
	0.050	1.85	1.77	1.68	1.62	1.57	1.52	1.48	1.45	1.38	1.30
	0.025	2.08	1.97	1.85	1.77	1.71	1.64	1.59	1.56	1.46	1.36
	0.010	2.37	2.22	2.07	1.97	1.89	1.80	1.74	1.69	1.57	1.45
	0.001	3.07	2.84	2.59	2.43	2.32	2.17	2.08	2.01	1.83	1.64

스튜던트화 범위 분포표

스튜던트화 범위의 임계값 $\alpha = 0.05$

f	2	3	4	5	6	7	8	9	10	11	12	13	14	15	16	17	18	19	20
1	18.0	27.0	32.8	37.1	40.4	43.1	45.4	47.4	49.1	50.6	52.0	53.2	54.3	55.4	56.3	57.2	58.0	58.8	59.6
2	6.08	8.33	9.80	10.9	11.7	12.4	13.0	13.5	14.0	14.4	14.7	15.1	15.4	15.7	15.9	16.1	16.4	16.6	16.8
3	4.50	5.91	6.82	7.50	8.04	8.48	8.85	9.18	9.46	9.72	9.95	10.2	10.3	10.5	10.7	10.8	11.0	11.1	11.2
4	3.93	5.04	5.76	6.29	6.71	7.05	7.35	7.60	7.83	8.03	8.21	8.37	8.52	8.66	8.79	8.91	9.03	9.13	9.23
5	3.64	4.60	5.22	5.67	6.03	6.33	6.58	6.80	6.99	7.17	7.32	7.47	7.60	7.72	7.83	7.93	8.03	8.12	8.21
6	3.46	4.34	4.90	5.30	5.63	5.90	6.12	6.32	6.49	6.65	6.79	6.92	7.03	7.14	7.24	7.34	7.43	7.51	7.59
7	3.34	4.16	4.68	5.06	5.36	5.61	5.82	6.00	6.16	6.30	6.43	6.55	6.66	6.76	6.85	6.94	7.02	7.10	7.17
8	3.26	4.04	4.53	4.89	5.17	5.40	5.60	5.77	5.92	6.05	6.18	6.29	6.39	6.48	6.57	6.65	6.73	6.80	6.87
9	3.20	3.95	4.41	4.76	5.02	5.24	5.43	5.59	5.74	5.87	5.98	6.09	6.19	6.28	6.36	6.44	6.51	6.58	6.64
10	3.15	3.88	4.33	4.65	4.91	5.12	5.30	5.46	5.60	5.72	5.83	5.93	6.03	6.11	6.19	6.27	6.34	6.40	6.47
11	3.11	3.82	4.26	4.57	4.82	5.03	5.20	5.35	5.49	5.61	5.71	5.81	5.90	5.98	6.06	6.13	6.20	6.27	6.33
12	3.08	3.77	4.20	4.51	4.75	4.95	5.12	5.27	5.39	5.51	5.61	5.71	5.80	5.88	5.95	6.02	6.09	6.15	6.21
13	3.06	3.73	4.15	4.45	4.69	4.88	5.05	5.19	5.32	5.43	5.53	5.63	5.71	5.79	5.86	5.93	5.99	6.05	6.11
14	3.03	3.70	4.11	4.41	4.64	4.83	4.99	5.13	5.25	5.36	5.46	5.55	5.64	5.71	5.79	5.85	5.91	5.97	6.03
15	3.01	3.67	4.08	4.37	4.59	4.78	4.94	5.08	5.20	5.31	5.40	5.49	5.57	5.65	5.72	5.78	5.85	5.90	5.96
16	3.00	3.65	4.05	4.33	4.56	4.74	4.90	5.03	5.15	5.26	5.35	5.44	5.52	5.59	5.66	5.73	5.79	5.84	5.90
17	2.98	3.63	4.02	4.30	4.52	4.70	4.86	4.99	5.11	5.21	5.31	5.39	5.47	5.54	5.61	5.67	5.73	5.79	5.84
18	2.97	3.61	4.00	4.28	4.49	4.67	4.82	4.96	5.07	5.17	5.27	5.35	5.43	5.50	5.57	5.63	5.69	5.74	5.79
19	2.96	3.59	3.98	4.25	4.47	4.65	4.79	4.92	5.04	5.14	5.23	5.31	5.39	5.46	5.53	5.59	5.65	5.70	5.75
20	2.95	3.58	3.96	4.23	4.45	4.62	4.77	4.90	5.01	5.11	5.20	5.28	5.36	5.43	5.49	5.55	5.61	5.66	5.71
30	2.89	3.49	3.85	4.10	4.30	4.46	4.60	4.72	4.82	4.92	5.00	5.08	5.15	5.21	5.27	5.33	5.38	5.43	5.47
40	2.86	3.44	3.79	4.04	4.23	4.39	4.52	4.63	4.73	4.82	4.90	4.98	5.04	5.11	5.16	5.22	5.27	5.31	5.36
60	2.83	3.40	3.74	3.98	4.16	4.31	4.44	4.55	4.65	4.73	4.81	4.88	4.94	5.00	5.06	5.11	5.15	5.20	5.24
120	2.80	3.36	3.68	3.92	4.10	4.24	4.36	4.47	4.56	4.64	4.71	4.78	4.84	4.90	4.95	5.00	5.04	5.09	5.13

p (열 머리글)

스튜던트화 범위 분포표

스튜던트화 범위의 임계값 $\alpha = 0.01$

f	2	3	4	5	6	7	8	9	10	11	12	13	14	15	16	17	18	19	20
1	90	135	164	186	202	216	227	237	246	253	260	266	272	277	282	286	290	294	298
2	14.0	19.0	22.3	24.7	26.6	28.2	29.5	30.7	31.7	32.6	33.4	34.1	34.8	35.4	36.0	36.5	37.0	37.5	37.9
3	8.26	10.6	12.2	13.3	14.2	15.0	15.6	16.2	16.7	17.1	17.5	17.9	18.2	18.5	18.8	19.1	19.3	19.5	19.8
4	6.58	8.12	9.17	9.96	10.6	11.1	11.5	11.9	12.3	12.6	12.8	13.1	13.3	13.5	13.7	13.9	14.1	14.2	14.4
5	5.70	6.97	7.80	8.42	8.91	9.32	9.67	9.97	10.2	10.5	10.7	10.9	11.1	11.2	11.4	11.6	11.7	11.8	11.9
6	5.24	6.33	7.03	7.56	7.97	8.32	8.61	8.87	9.10	9.30	9.49	9.65	9.81	9.95	10.1	10.2	10.3	10.4	10.5
7	4.95	5.92	6.54	7.01	7.37	7.68	7.94	8.17	8.37	8.55	8.71	8.86	9.00	9.12	9.24	9.35	9.46	9.55	9.65
8	4.74	5.63	6.20	6.63	6.96	7.24	7.47	7.68	7.87	8.03	8.18	8.31	8.44	8.55	8.66	8.76	8.85	8.94	9.03
9	4.60	5.43	5.96	6.35	6.66	6.91	7.13	7.32	7.49	7.65	7.78	7.91	8.03	8.13	8.23	8.32	8.41	8.49	8.57
10	4.48	5.27	5.77	6.14	6.43	6.67	6.87	7.05	7.21	7.36	7.48	7.60	7.71	7.81	7.91	7.99	8.07	8.15	8.22
11	4.39	5.14	5.62	5.97	6.25	6.48	6.67	6.84	6.99	7.13	7.25	7.36	7.46	7.56	7.65	7.73	7.81	7.88	7.95
12	4.32	5.04	5.50	5.84	6.10	6.32	6.51	6.57	6.81	6.94	7.06	7.17	7.26	7.36	7.44	7.52	7.59	7.66	7.73
13	4.26	4.96	5.40	5.73	5.98	6.19	6.37	6.53	6.67	6.79	6.90	7.01	7.10	7.19	7.27	7.34	7.42	7.48	7.55
14	4.21	4.89	5.32	5.63	5.88	6.08	6.26	6.41	6.54	6.66	6.77	6.87	6.96	7.05	7.12	7.20	7.27	7.33	7.39
15	4.17	4.83	5.25	5.56	5.80	5.99	6.16	6.31	6.44	6.55	6.66	6.76	6.84	6.93	7.00	7.07	7.14	7.20	7.26
16	4.13	4.78	5.19	5.49	5.72	5.92	6.08	6.22	6.35	6.46	6.56	6.66	6.74	6.82	6.90	6.97	7.03	7.09	7.15
17	4.10	4.74	5.14	5.43	5.66	5.85	6.01	6.15	6.27	6.38	6.48	6.57	6.66	6.73	6.80	6.87	6.94	7.00	7.05
18	4.07	4.70	5.09	5.38	5.60	5.79	5.94	6.08	6.20	6.31	6.41	6.50	6.58	6.65	6.72	6.79	6.85	6.91	6.96
19	4.05	4.67	5.05	5.33	5.55	5.73	5.89	6.02	6.14	6.25	6.34	6.43	6.51	6.58	6.65	6.72	6.78	6.84	6.89
20	4.02	4.64	5.02	5.29	5.51	5.69	5.84	5.97	6.09	6.19	6.29	6.37	6.45	6.52	6.59	6.65	6.71	6.76	6.82
30	3.89	4.45	4.80	5.05	5.24	5.40	5.54	5.65	5.76	5.85	5.93	6.01	6.08	6.14	6.20	6.26	6.31	6.36	6.41
40	3.82	4.37	4.70	4.93	5.11	5.27	5.39	5.50	5.60	5.69	5.77	5.84	5.90	5.96	6.02	6.07	6.12	6.17	6.21
60	3.76	4.28	4.60	4.82	4.99	5.13	5.25	5.36	5.45	5.53	5.60	5.67	5.73	5.79	5.84	5.89	5.93	5.98	6.02
120	3.70	4.20	4.50	4.71	4.87	5.01	5.12	5.21	5.30	5.38	5.44	5.51	5.56	5.61	5.66	5.71	5.75	5.79	5.83

|Chapter 01| 통계학이란?

개념문제

1. 양적자료, 범주형 자료(질적자료)
2. 이산자료, 연속자료　　3. 구간자료, 비율자료
4. 명목자료　　5. 서열자료
6. 시계열 자료, 횡단면 자료　　7. 횡단면 자료
8. 시계열 자료　　9. 모집단, 표본
10. 전수조사, 표본조사

연습문제

1. (a) 모집단: 올해 졸업한 모든 학생
표본: 선정된 150명의 졸업생
(b) 모집단: 아르바이트 하는 모든 학생
표본: 선정된 1,500명의 아르바이트 하는 학생
(c) 모집단: 2019년에 수입한 모든 자동차
표본: 측정에 사용한 45대의 자동차
2. (a) 구간자료　(b) 구간자료　(c) 구간자료　(d) 비율자료
(e) 비율자료　(f) 구간자료
3. (a) 서열자료　(b) 명목자료　(c) 서열자료　(d) 명목자료
(e) 명목자료　(f) 서열자료
4. (a) 범주형 자료　(b) 양적자료　(c) 범주형 자료
(d) 양적자료　(e) 양적자료　(f) 범주형 자료
5. (a) 시계열 자료　(b) 횡단면 자료　(c) 횡단면 자료
(d) 시계열 자료, 횡단면 자료　(e) 시계열 자료
(f) 시계열 자료, 횡단면 자료
6. (a) 10개　(b) 양적자료: 가격, 평점　범주형 자료: 소재지
(c) 요금: 비율자료　평점: 구간자료　소재지: 명목자료
(d) 3개
7. (a) 14개　(b) 양적자료: 지정 면적
범주형 자료: 생산 품목, 위치　(c) 명목자료, 명목자료　(d) 3개
8. 시계열 자료
9. 양적자료, 구간자료
10. (a) 3개　(b) 서열자료　(c) 시계열 자료, 횡단면 자료

(d) 비율자료

실전문제

1. (a) 모집단: 서울에 거주하는 모든 사람
표본: 응답한 50명의 시민
(b) 양적자료, 비율자료
(c) 2.94　　(d) 집단화 자료
2. (a) 모집단: 전자 업종에 근무하는 모든 회사원
표본: 응답한 50명의 회사원
(b) 양적자료, 구간자료　　(c) 3.21
(d)

만족도	매우 불만족	불만족	보통	만족	매우 만족
응답 결과	1	3	19	18	9

(e) 집단화 자료, 서열자료

|Chapter 02| 기술통계학_범주형 자료

개념문제

1. 점도표
2. 도수의 개수가 많으면 사용하기 부적절하다.
3. 각 범주를 절대적인 수치로 비교할 뿐만 아니라 상대적으로도 비교할 수 있다.
4. 막대그래프　　5. 파레토 그래프
6. 중요한 원인을 나타내는 범주를 쉽게 알 수 있다.
7. 원그래프　　8. 띠그래프　　9. 꺾은선그래프
10. 이변량 자료　　11. 교차분류표

연습문제

1.
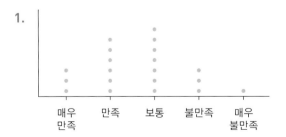

2. (a)

휴가 일수	도수	상대도수	백분율(%)
3	16	0.32	32
4	10	0.20	20
5	14	0.28	28
6	10	0.20	20
합계	50	1.00	100

(b)

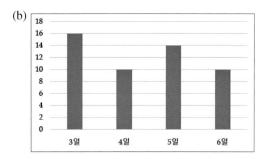

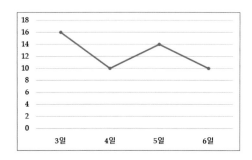

(c)

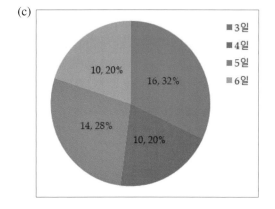

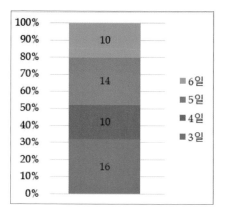

3. (a)

업무 능력	도수	상대도수	백분율(%)
S	9	0.1000	10.00
G	16	0.1778	17.78
A	25	0.2778	27.78
P	25	0.2778	27.78
I	15	0.1667	16.67
합계	90	1.0000	100.00

(b)

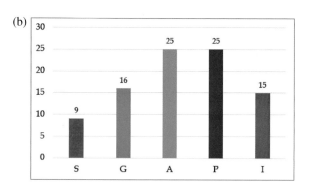

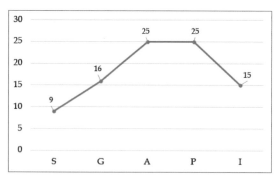

(c)

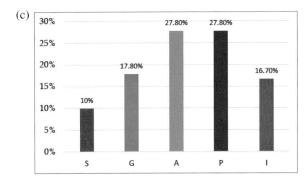

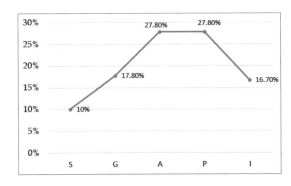

(d)

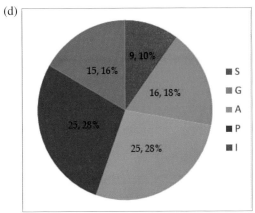

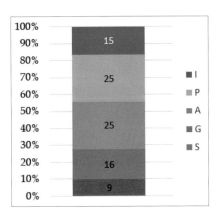

4. (a)

응답 결과	도수	상대도수	백분율(%)
찬성	66	0.5500	55.00
반대	37	0.3083	30.83
무응답	17	0.1417	14.17
합계	120	1.0000	100.00

(b)

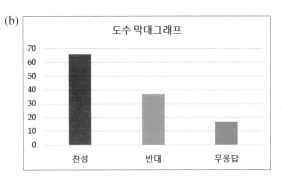

(c)

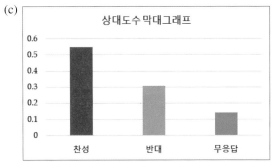

(d)

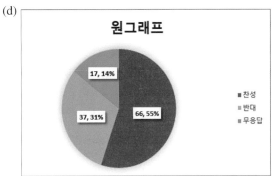

5.

용도	전력량	상대도수	백분율(%)
가정용	479,103	0.044	4.4
공공용	126,241	0.012	1.2
서비스업	925,573	0.086	8.6
산업용	9,224,691	0.858	85.8
합계	10,755,608	1.000	100.0

6.

용도	전력량	상대도수	백분율(%)
가정용	26,384	0.255	25.5
업무용	15,145	0.145	14.5
공업용	58,821	0.568	56.8
욕탕용	207	0.002	0.2
기타	3,065	0.030	3.0
합계	103,622	1.000	100.0

7.

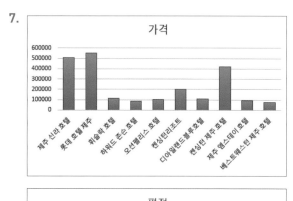

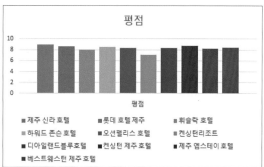

8.

만족도	도수	상대도수	백분율(%)
만족	66	0.629	62.9
보통	33	0.314	31.4
불만족	6	0.057	5.7
합계	105	1.000	100

9. (a)

국적	도수	상대도수	백분율(%)
중국(한국계)	21,894	0.17	17
중국	36,812	0.29	29
필리핀	11,836	0.09	9
일본	13,738	0.11	11
베트남	42,460	0.34	34
합계	126,740	1.00	100

(b)

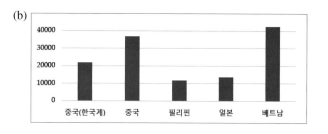

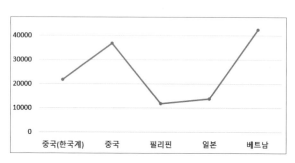

(c)

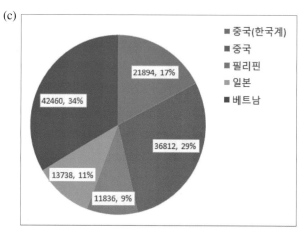

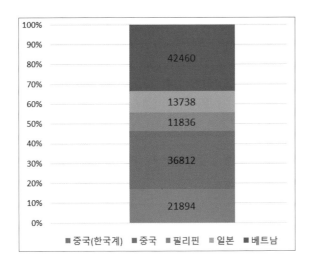

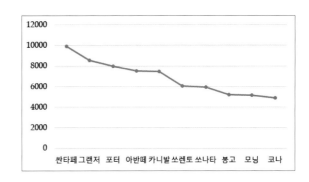

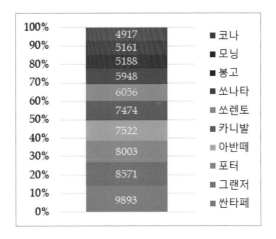

10. (a)

차종	도수	상대도수	백분율(%)
싼타페	9,893	0.1439	14.39
그랜저	8,571	0.1247	12.47
포터	8,003	0.1164	11.64
아반떼	7,522	0.1094	10.94
카니발	7,474	0.1087	10.87
쏘렌토	6,056	0.0881	8.81
쏘나타	5,948	0.0865	8.65
봉고	5,188	0.0755	7.55
모닝	5,161	0.0751	7.51
코나	4,917	0.0715	7.15
합계	68,733	1.0000	100.0

(c)

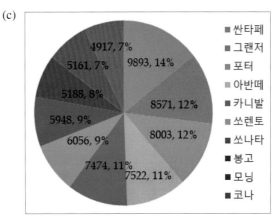

(b)

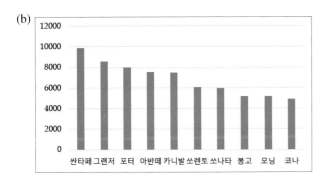

11. (a)

회사	도수	상대도수	백분율(%)
SK에너지	13,200	0.113	11.3
SK인천석유화학	13,000	0.112	11.2
SK종합화학	12,500	0.107	10.7
SK하이닉스	11,747	0.101	10.1
SK텔레콤	11,600	0.099	9.9
LG칼텍스	11,109	0.095	9.5
S-Oil	11,032	0.095	9.5
현대오일뱅크	10,900	0.093	9.3
삼성전자	10,800	0.093	9.3
LG상사	10,700	0.092	9.2
합계	116,588	1.000	100.0

(b)

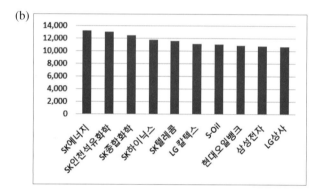

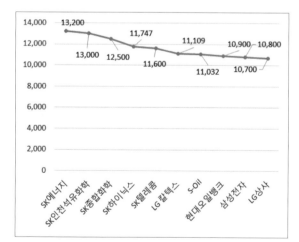

(c)

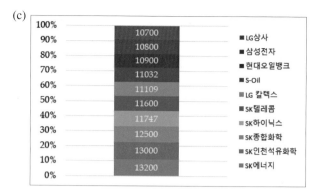

12.

교육 내용	도수	상대도수	백분율(%)
금연	49,779	0.48	48
영양	7,013	0.07	7
절주	8,412	0.08	8
운동	27,420	0.26	26
비만	4,198	0.04	4
구강 보건	7,564	0.07	7
합계	104,386	1.00	100

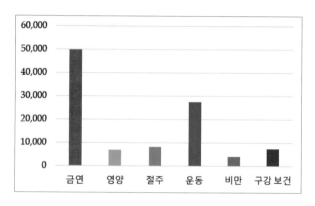

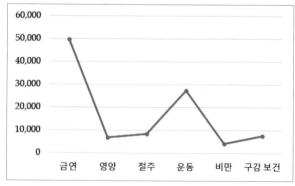

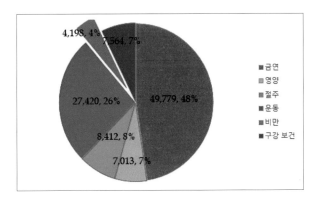

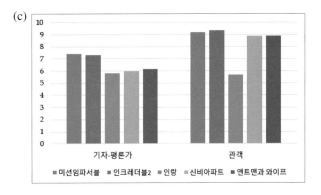

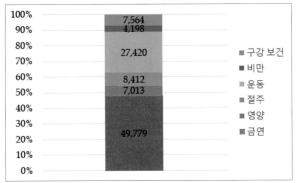

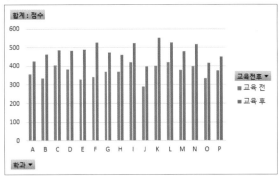

14. (a)

13. (a)

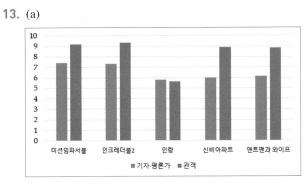

(b)

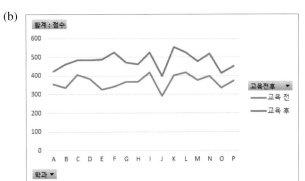

(b)

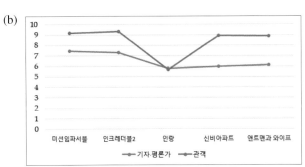

15. (a)

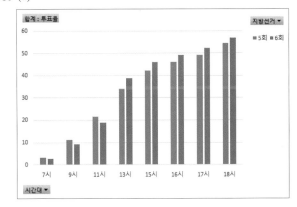

(b)

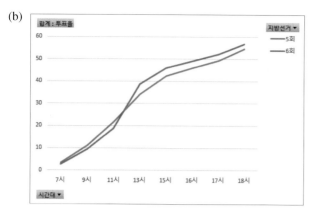

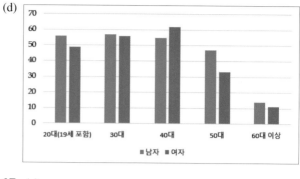

(d)

16. (a)

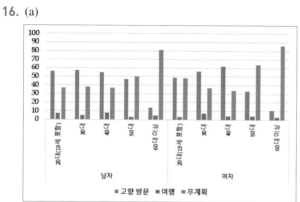

17. (a)

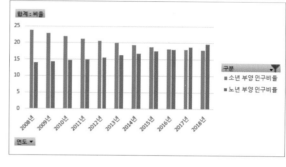

(b)

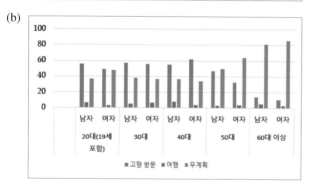

(b)

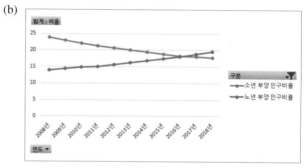

소년 부양 인구비의 감소 추세가 노년 부양 인구비의 증가 추세보다 빠르게 진행하고 있다. 이로써 청년층의 취업난으로 부모 세대가 자녀를 부양하는 현상이 뚜렷이 나타난다.

(c)

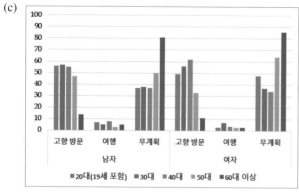

(c)

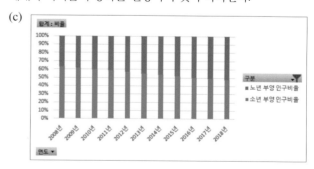

(d)
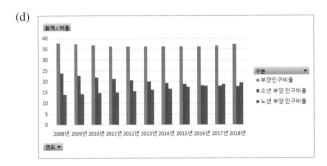

18. (a)
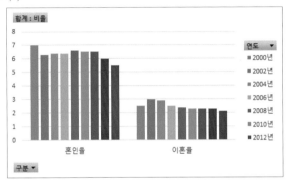

혼인율은 2002년 이후부터 2008년까지 증가하다 그 이후로 지속적으로 감소하고 있다. 이혼율은 2002년 이후로 지속적으로 감소하고 있다.

(b)
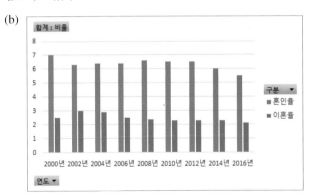

(c)
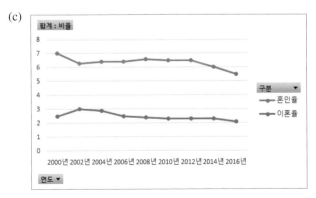

(d)
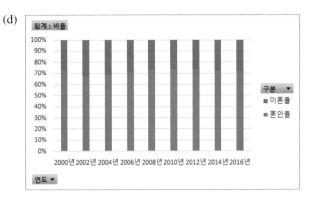

19. (a)
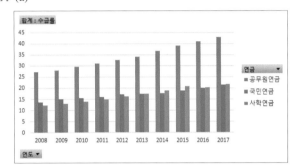

(b)
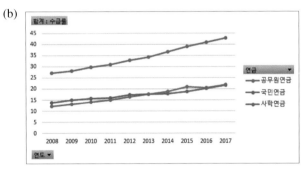

(c)
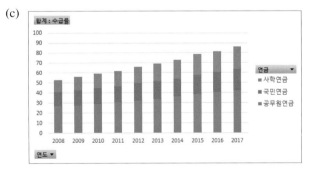

(d) 지난 10년간 3대 공적연금은 꾸준한 증가세를 보이고 있다.

1. (a)

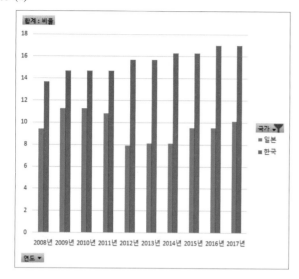

조사 기간 동안 일본에 비해 한국의 여성 국회의원 비율이 높게 나타나며, 한국은 꾸준히 증가하고 있다. 반면 일본은 2011년을 기준으로 이전보다 이후의 여성 국회의원 비율이 낮게 나타난다.

(b)

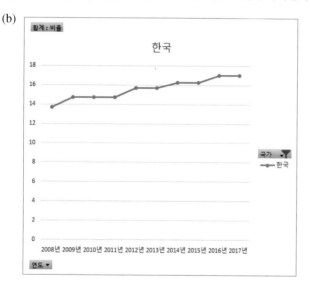

우리나라 여성 국회의원 비율은 2008년 13.7%에서 매년 꾸준히 증가하여 2017년 17.0%로 10년 전에 비해 3.3% 더 증가했다.

(c)

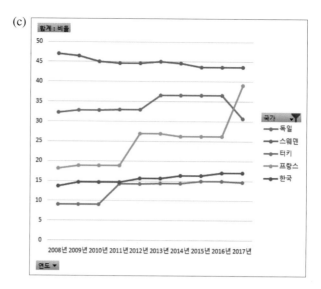

우리나라의 경우 터키보다는 약간 높지만 그 외의 다른 국가에 비해 여성 국회의원 비율이 낮다. 특히 스웨덴의 경우 여성 국회의원 비율이 비록 감소하고 있으나 거의 45% 수준으로 여성이 정치에 활발하게 참여하고 있으며, 입법기관이 양성평등에 가깝게 구성되어 있음을 알 수 있다.

(d)

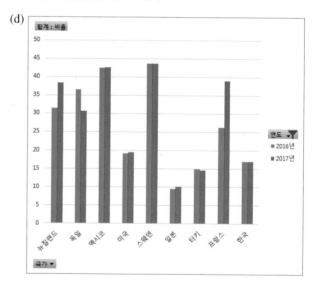

2016년과 2017년 한국의 여성 국회의원 비율은 동일한 17.0%로 일본, 터키에 비해 높으나 다른 조사 국가에 비해 낮게 나타난다.

(e) ㉘ 고위직 공무원은 정책을 직접 제안할 권한을 갖고, 국회의원은 법안을 결정하는 권한을 갖고 있기 때문에 여성 공무원과 여성 국회의원의 비율이 늘어날수록 국가의 정책이 입안되고 실행되는 과정에서 여성의 입장이 보다 많이 반영될 것이라 짐작할 수 있다.

2. (a)

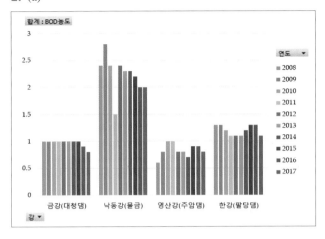

지난 10년 동안 영산강의 수질이 가장 좋으며 낙동강의 수질오염이 가장 높게 나타난다.

(b)

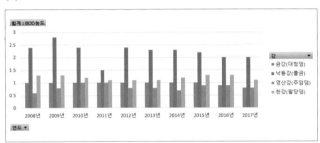

낙동강의 수질오염의 정도가 2009년 이후로 지속적으로 낮아지고 있으나 다른 강에 비해 수질오염의 정도가 두 배 가까이 높다.

(c)

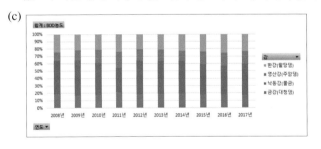

(d)

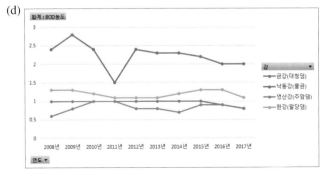

4대강 중 영산강과 금강의 BOD 농도가 1 mg/L 이하로 수질이 가장 좋으며, 낙동강은 2012년부터 BOD 농도가 꾸준히 줄어들고 있으나 다른 강에 비해 수질오염의 정도가 두 배 정도 높다.

3. (a)

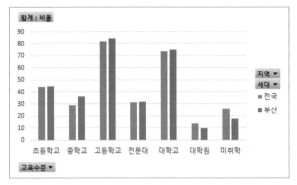

미취학을 제외한 나머지 각 급의 교육 수준은 전국적인 비율에 비해 비슷하거나 약간 상회한다. 따라서 부산의 1인 가구의 학력은 전국과 비교하여 좋다고 할 수 있다.

(b)

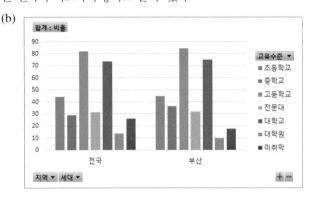

(c)

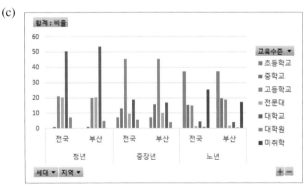

청년과 중장년층의 중고등과 전문대 교육 수준은 전국 수준과 비슷하지만 청년층의 대학 교육 정도는 전국에 비해 높고 중장년층의 대학 교육 정도는 약간 낮다. 노년층의 초등 교육과 대학 이상의 교육은 전국과 비슷하지만 중고등 교육은 약간 높다. 특히 무취학으로 인한 문맹 정도는 전국에 비해 현저히 낮음으로써 부산 지역 1인 가구의 교육 수준은 전국을 상회한다고 할 수 있다.

(d)

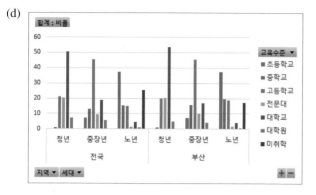

(e)

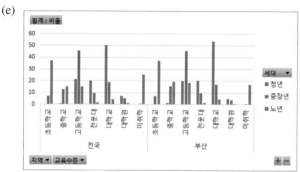

(f)

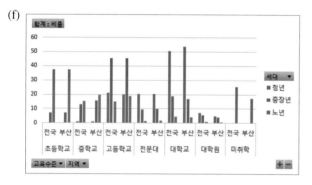

전 세대에 걸쳐 초등 교육 수준은 전국과 비슷하고, 중학 교육은 중장년 이상 세대에서 전국 수준보다 높다. 고등학교 교육은 노년층에서 전국보다 높게 나오지만 중장년 이하는 전국 수준과 비슷하다. 부산의 전문대 교육은 전 세대에 걸쳐 전국 수준과 비슷하고, 대학 교육은 청년층에서 전국보다 부산이 높으나 중장년 이상은 비슷하거나 약간 낮다. 그러나 대학원 교육과 미취학은 전국 수준보다 낮게 나타남으로써 전문화된 고등 교육의 수준은 전국보다 약간 떨어지는 반면, 문맹률은 전국에 비해 좋다는 것을 알 수 있다.

4. (a)

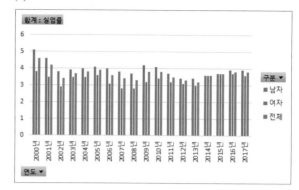

(b)

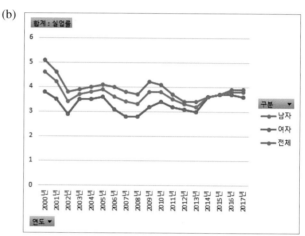

여자의 실업률은 2002년에 한 번 감소했으며 2005년까지 증가하다 2006년에 감소하여 2007년과 2008년에 최저점(2.8%)에 도달했으나 2009년 이후로 실업률이 3%대 이상으로 증가했다. 2009년까지 남자의 실업률이 여자에 비해 월등히 높지만 2010년 이후로 차이가 줄어들다가 2016년부터 다시 벌어지기 시작했다.

(c)

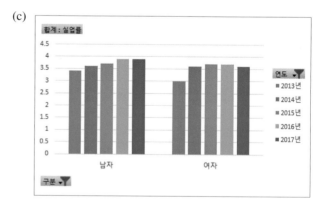

5년간 남자의 실업률은 증가세를 보이고 있으며, 2013년에 비해 2014년에 여자의 실업률이 크게 증가했으나 2015년과 2016년에 최고점에 도달했다가 다시 감소했다.

(d)

2017년 남자의 실업률이 여자에 비해 0.3% 더 높은 것으로 나타났으며, 이는 여자의 경제활동이 남자에 비해 활발한 것으로 볼 수 있다.

|Chapter 03| 기술통계학_양적자료

개념문제

1. 자료의 정확한 위치, 중심위치, 흩어진 모양을 쉽게 알 수 있다.

2. 계급, 도수, 상대도수, 누적도수, 누적상대도수, 계급값

3. 초과~이하형, 이상~미만형, 이상~이하형, 하위 단위형

4. $1 + 3.3 \log_{10} n$

5. 각 계급을 대표하는 수치,

$$(계급값) = \frac{(계급의 \ 하한값) + (계급의 \ 상한값)}{2}$$

6. 특이값

7. 대략적인 중심위치와 흩어진 모양을 알 수 있다.

8. 히스토그램

9. 양의 비대칭 히스토그램

10. 대략적인 중심위치와 분포 모양을 쉽게 알 수 있다.

11. 두 개 이상의 자료집단을 비교하는 경우

12. 줄기-잎 그림

연습문제

1. (a) 96, 11 (b) $w = \dfrac{96 - 11}{6} \approx 15$

(c) 10.5, 25.5 (d) 18

(e)

계급 간격	도수	상대도수	누적도수	누적 상대도수	계급값
10.5~25.5	24	0.40	24	0.40	18
25.5~40.5	21	0.35	45	0.75	33
40.5~55.5	12	0.20	57	0.95	48
55.5~70.5	2	0.03	59	0.98	63
70.5~85.5	0	0.00	59	0.98	78
85.5~100.5	1	0.02	60	1.00	93
합계	60	1.00	–	–	–

(f) 29.79   (g) 양의 비대칭   (h) 96

2.
(a) 197, 102 (b) $w = \dfrac{197 - 102}{6} \approx 16$ (c) 101, 117 (d) 109

(e)

계급 간격	도수	상대 도수	누적 도수	누적 상대도수	계급값
101 초과~117 이하	3	0.05	3	0.05	109
117 초과~133 이하	5	0.08	8	0.13	125
133 초과~149 이하	8	0.14	16	0.27	141
149 초과~165 이하	10	0.17	26	0.44	157
165 초과~181 이하	17	0.28	43	0.72	173
181 초과~197 이하	17	0.28	60	1.00	189
합계	60	1.00	–	–	–

(f) 170.3 (g) 음의 비대칭

3.

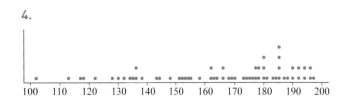

4.

5.

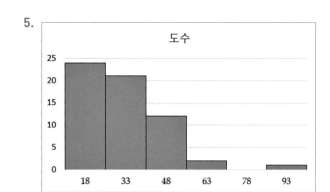

도수

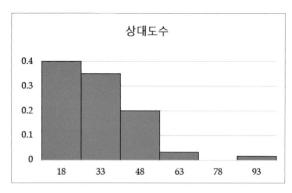

상대도수

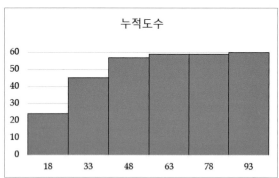

누적도수

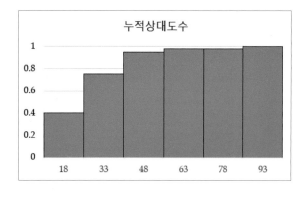

누적상대도수

6.

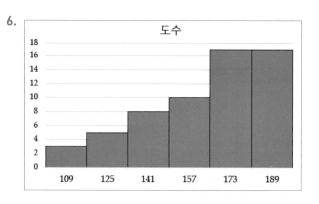

도수

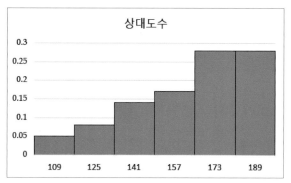

상대도수

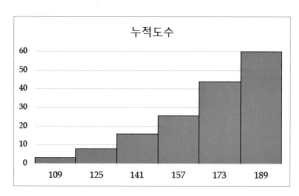

누적도수

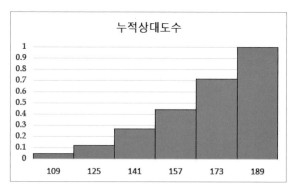

누적상대도수

7.

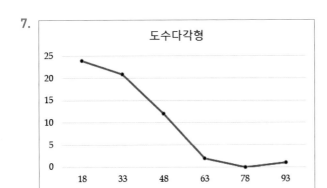

도수다각형

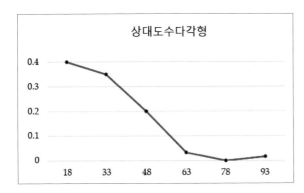

상대도수다각형

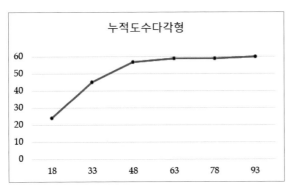

누적도수다각형

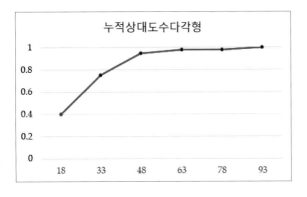

누적상대도수다각형

8.

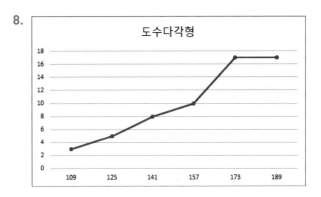

도수다각형

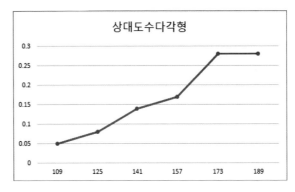

상대도수다각형

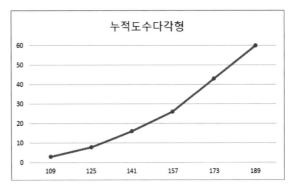

누적도수다각형

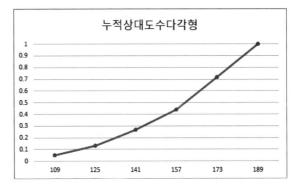

누적상대도수다각형

9.

3	1	1 3 4	잎의 단위: 1.0
9	1	5 5 6 6 7	$N = 59$
18	2	2 2 3 3 3 3 4 4	
(12)	2	5 5 5 5 5 5 6 6 6 6 8 8	
29	3	1 1 1 2 3 4 4 4 4	
20	3	5 5 5 6 6 7	
14	4	1 3 3 4	
10	4	5 5 7 9	
6	5	1 1 3	
3	5	5	
2	6	1 4	

10.

1	10	2	잎의 단위: 1.0
4	11	3 7 8	$N = 60$
6	12	2 8	
13	13	0 2 4 5 6 6 8	
16	14	3 4 8	
(5)	15	1 2 3 4 5 8	
30	16	2 2 3 4 6 6 8 9	
30	17	0 3 4 5 6 7 7 8 8	
21	18	0 0 0 1 3 4 5 5 5 5 7 8	
9	19	0 0 2 2 4 4 6 6 7	

11. (a)

계급 간격	도수	상대도수	누적도수	누적 상대도수	계급값
37.5~42.5	9	0.1406	9	0.1406	40
42.5~47.5	30	0.4688	39	0.6094	45
47.5~52.5	16	0.2500	55	0.8594	50
52.5~57.5	8	0.1250	63	0.9844	55
57.5~62.5	1	0.0156	64	1.0000	60
합계	64	1.0000	–	–	–

(b)

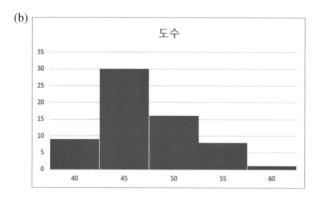

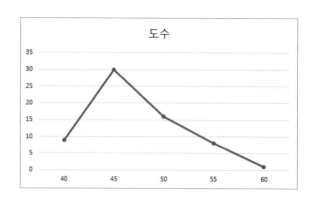

왼쪽으로 치우치고 오른쪽으로 긴 꼬리를 갖는 양의 비대칭형으로 중심은 약 45 μg/m³이다.

(c)

2	3	8 9	잎의 단위: 1.0
19	4	0 1 1 1 2 2 2 3 3 3 3 3 3 4 4 4 4	$N = 64$
(33)	4	5 5 5 5 5 5 6 6 6 6 6 6 6 6 7 7 7 7 8 8 8 8 9 9 9 9 9 9 9 9 9	
12	5	0 1 1 3 4 4	
6	5	5 5 5 7 7	
1	6	0	

(d)

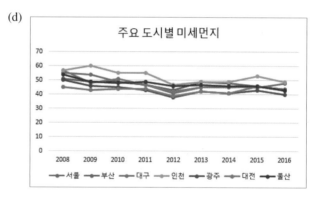

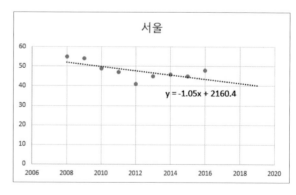

2019년도 서울의 미세먼지 농도 추정값은 40.45이다.

12. (a)

계급 간격	도수	상대도수	누적도수	누적 상대도수	계급값
5.5~215.5	97	0.60625	97	0.60625	110.5
215.5~425.5	29	0.18125	126	0.78750	320.5
425.5~635.5	15	0.09375	141	0.88125	530.5
635.5~845.5	9	0.05625	150	0.93750	740.5
845.5~1055.5	3	0.01875	153	0.95625	950.5
1055.5~1265.5	2	0.01250	155	0.96875	1160.5
1265.5~1475.5	4	0.02500	159	0.99375	1370.5
1475.5~1685.5	1	0.00625	160	1.00000	1580.5
합계	160	1.00000	—	—	—

(b)

계급 간격	도수	상대도수	누적도수	누적상대 도수	계급값
5.5~89.5	52	0.32500	52	0.32500	47.5
89.5~173.5	34	0.21250	86	0.53750	131.5
173.5~257.5	20	0.12500	106	0.66250	215.5
257.5~341.5	13	0.08125	119	0.74375	299.5
341.5~425.5	7	0.04375	126	0.78750	383.5
425.5~509.5	8	0.05000	134	0.83750	467.5
509.5~593.5	5	0.03125	139	0.86875	551.5
593.5~677.5	4	0.02500	143	0.89375	635.5
677.5~761.5	3	0.01875	146	0.91250	719.5
761.5~845.5	4	0.02500	150	0.93750	803.5
845.5~929.5	0	0.00000	150	0.93750	887.5
929.5~1013.5	3	0.01875	153	0.95625	971.5
1013.5~1097.5	1	0.00625	154	0.96250	1055.5
1097.5~1181.5	0	0.00000	154	0.96250	1139.5
1181.5~1265.5	1	0.00625	155	0.96875	1223.5
1265.5~1349.5	3	0.01875	158	0.98750	1307.5
1349.5~1433.5	1	0.00625	159	0.99375	1391.5
1433.5~1517.5	0	0.00000	159	0.99375	1475.5
1517.5~1601.5	0	0.00000	159	0.99375	1559.5
1601.5~1685.5	1	0.00625	160	1.00000	1643.5
합계	160	1.00000	—	—	—

(c)

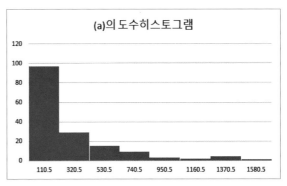

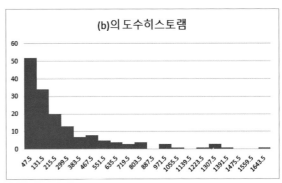

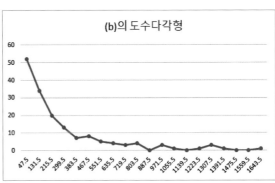

(d) 두 히스토그램은 모두 양의 비대칭인 모양을 이루고 있다. 그러나 (a)의 히스토그램에서 특이값이 없는 것으로 보이지만 (b)의 히스토그램은 틈새형으로 최댓값 1,683을 비롯한 특이값 이 여러 개 있는 것으로 보인다. 따라서 계급의 수가 너무 적으

면 자료가 갖는 특성을 명확하게 표현할 수 없다.

(e) 국가별 점도표를 그리면 다음과 같다.

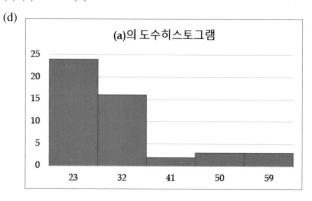

베트남: 1700 부근의 측정값   필리핀: 1,200 이상 측정값

태국: 1,300 이상 측정값   인도네시아: 1,400 부근의 측정값

캄보디아: 800 부근의 측정값

13. (a)

계급 간격	도수	상대도수	누적도수	누적 상대도수	계급값
18.5~27.5	24	0.5000	24	0.5000	23
27.5~36.5	16	0.3333	40	0.8333	32
36.5~45.5	2	0.0417	42	0.8750	41
45.5~54.5	3	0.0625	45	0.9375	50
54.5~63.5	3	0.0625	48	1.0000	59
합계	48	1.0000	–	–	–

(b)

계급 간격	도수	상대도수	누적도수	누적 상대도수	계급값
18.5~23.5	11	0.2292	11	0.2292	21
23.5~28.5	15	0.3125	26	0.5417	26
28.5~33.5	7	0.1458	33	0.6875	31
33.5~38.5	9	0.1875	42	0.8750	36
38.5~43.5	0	0.0000	42	0.8750	41
43.5~48.5	1	0.0208	43	0.8958	46
48.5~53.5	2	0.0417	45	0.9375	51
53.5~58.5	1	0.0208	46	0.9583	56
58.5~63.5	2	0.0417	48	1.0000	61
합계	48	1.0000	–	–	–

(c) (a): 27.5 (b): 29.27

(d)

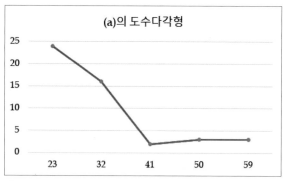

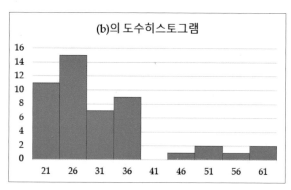

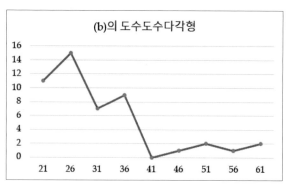

(e) (a): 특이값이 없는 것으로 보인다. (b): 6계급 이후의 자료 6개가 특이값으로 보인다.

(f)

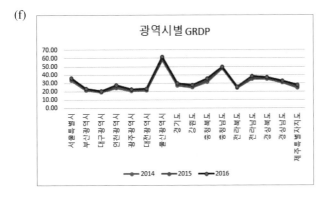

광역시별 GRDP

GRDP가 가장 낮은 도시는 대구광역시이다.

14. (a)

계급 간격	A 자동차				B 자동차				계급값
	도수	상대 도수	누적 도수	누적 상대 도수	도수	상대 도수	누적 도수	누적 상대 도수	
10.5~12.5	6	0.12	6	0.12	12	0.24	12	0.24	11.5
12.5~14.5	10	0.20	16	0.32	9	0.18	21	0.42	13.5
14.5~16.5	14	0.28	30	0.60	13	0.26	34	0.68	15.5
16.5~18.5	12	0.24	48	0.84	9	0.18	43	0.86	17.5
18.5~20.5	8	0.16	50	1.00	7	0.14	50	1.00	19.5
합계	50	1.00	–	–	50	1.00	–	–	–

(b) A 자동차의 중심위치: 15.8 B 자동차의 중심위치: 14.8

(c)

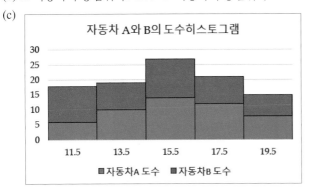

자동차 A와 B의 도수히스토그램

(d)

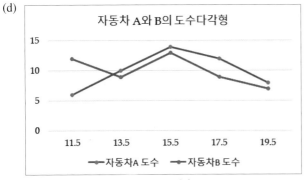

자동차 A와 B의 도수다각형

(e)

A 자동차의 주행 거리				B 자동차의 주행 거리	
잎 단위: 1.0	1	1	1	4	1111	잎 단위: 1.0
$N = 50$	333322222	10	1	19	2222222223333333	$N = 50$
	55555444444	21	1	(8)	44555555	
	777777666666666	(15)	1	23	666666667777777	
	99999999888888	14	1	9	889999999	

15. (a), (b)

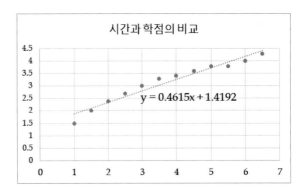

시간과 학점의 비교

$y = 0.4615x + 1.4192$

(c) 2.65

(d) 약 6시간 41분

16. (a) $y = 910 + 93.3x$

(b)

사용량 x(kWh)	4	5	6	7
요금 y(원)	1283.2	1376.5	1469.8	1563.1

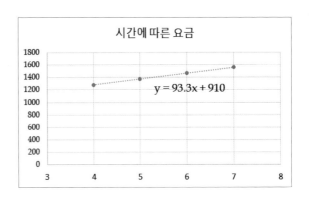

시간에 따른 요금

$y = 93.3x + 910$

(c) 약 1,866원

17. (a), (b)

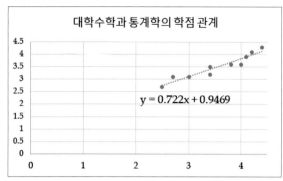

(c) 약 3.76   (d) 약 3.4

18. (a), (b)

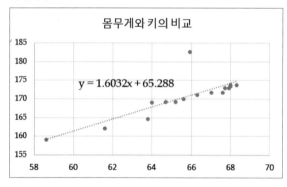

(c) 약 206.4 cm   (d) 182.7 cm

19. (a), (b)

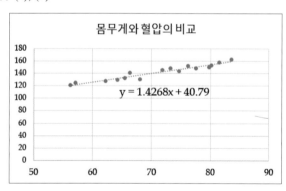

(c) 약 112 mmHg   (d) 42.1 kg

20. 추세선의 방정식은 $y = -0.6091x + 1246.3$이고 예상되는 소년 부양 인구 비율은 9.8%이다.

1. (a)

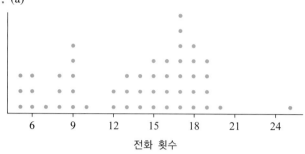

전화 횟수

오른쪽으로 집중되고 왼쪽으로 긴 꼬리를 갖는 음의 비대칭형으로 25회 걸려온 것은 특이값으로 보인다.

(b)

계급 간격	도수	상대도수	누적도수	누적 상대도수	계급값
4.5~8.5	10	0.20	10	0.20	6.5
8.5~12.5	8	0.16	18	0.36	10.5
12.5~16.5	14	0.28	32	0.64	14.5
16.5~20.5	17	0.34	49	0.98	18.5
20.5~24.5	0	0.00	49	0.98	22.5
24.5~28.5	1	0.02	50	1.00	26.5
합계	50	1.00	–	–	–

(c) 대략적인 중심위치는 14.5이다.

(d)

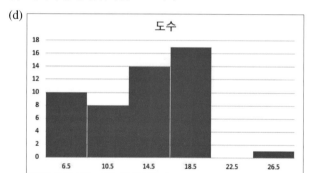

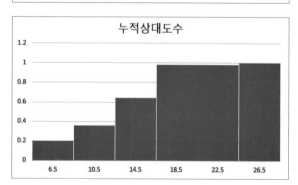

도수 히스토그램은 틈새형으로 25는 특이값으로 보인다.

(e)
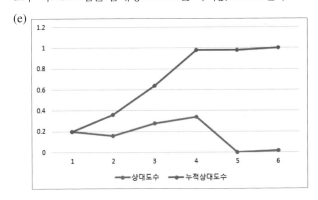

(f)
```
 15 | 0 | 555666788899999        잎의 단위: 1.0
 24 | 1 | 022333444              N = 50
(24)| 1 | 55556666777777788888 9999
  2 | 2 | 0
  1 | 2 | 5
```

(g) 25

2. (a)
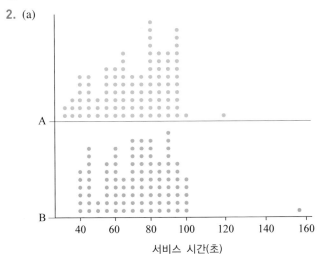

서비스 시간(초)

두 패스트푸드점의 서비스 시간은 각각 특이값을 하나씩 갖는 것으로 보인다. 패스트푸드점 A는 오른쪽으로 치우친 모양으로 나타나지만 패스트푸드점 B는 거의 일정한 모양을 갖는다.

(b)

계급 간격	A 패스트푸드점				B 패스트푸드점				계급값
	도수	상대 도수	누적 도수	누적 상대 도수	도수	상대 도수	누적 도수	누적 상대 도수	
27.5~40.5	9	0.09	9	0.09	4	0.04	4	0.04	34
40.5~53.5	13	0.13	22	0.22	16	0.16	20	0.20	47
53.5~66.5	17	0.17	39	0.39	16	0.16	36	0.36	60
66.5~79.5	22	0.22	61	0.61	25	0.25	61	0.61	73
79.5~92.5	25	0.25	86	0.86	25	0.25	86	0.86	86

계급 간격	A 패스트푸드점				B 패스트푸드점				계급값
	도수	상대 도수	누적 도수	누적 상대 도수	도수	상대 도수	누적 도수	누적 상대 도수	
92.5~105.5	13	0.13	99	0.99	13	0.13	99	0.99	99
105.5~118.5	0	0.00	99	0.99	0	0.00	99	0.99	112
118.5~131.5	1	0.01	100	1.00	0	0.00	99	0.99	125
131.5~144.5	0	0.00	100	1.00	0	0.00	99	0.99	138
144.5~157.5	0	0.00	100	1.00	1	0.01	100	1.00	151
합계	100	1.00	–	–	100	1.00	–	–	–

(c) A 패스트푸드점: 73초 B 패스트푸드점: 73.78초

(d)
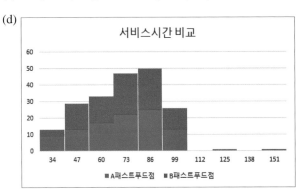

(e)

(f)
```
        A 패스트푸드점                                     B 패스트푸드점
잎의 단위: 1.0              8 | 1 | 2 |                          잎의 단위: 1.0
N = 100                87631 | 6 | 3 |                             N = 100
            8876644421000 | 19 | 4 | 16 | 0000123333466778
              98876544332 | 30 | 5 | 27 | 13335557889
          987777554432100 | 45 | 6 | 42 | 111122335779999
         9988886444432000 |(16)| 7 |(19)| 0001223344446777888
       8886555544332211000 | 39 | 8 | 39 | 011122235566678889
       8766544433333222110 | 20 | 9 | 21 | 000011223555667799
                         1 | 10 | 4 | 002
                         1 | 11 | 1 |
                       1 1 | 12 | 1 |
                           | 13 | 1 |
                           | 14 | 1 |
                         1 | 15 | 1 | 6
```

|Chapter 04| 기술통계학_수치 이용

개념문제

1. 중심위치의 척도   **2.** 평균

3. 특이점의 영향을 받는다.

4. 중앙값   **5.** 최빈값

6. 비대칭 분포   **7.** 절사평균

8. 중앙값, 가중평균   **9.** 기하평균

10. 사분위수   **11.** 산포도

12. 상자그림

13. 평균편차제곱의 합을 모분산은 자료의 수 n으로 나누며, 표본분산은 $n-1$로 나눈다.

14. 약 95%   **15.** $\frac{8}{9}$, 즉 88.9%

16. 변동계수   **17.** 왜도

18. 정규분포의 봉우리보다 뾰족하다.

19. 표준점수 또는 z−점수

20. 공분산, 상관계수

연습문제

1. (a) $\bar{x} = 47.6$, $M_e = 15$, $M_o = 15$, $T_M \approx 15.3$

(b) $R = 168$, $s^2 = 5480.3$, $s \approx 74.029$

(c) $CV_s \approx 155.5(\%)$

2. (a) $\bar{x} = 2.375$, $M_e = 1$, $M_o = 1$, $T_M = 2$

(b) $R = 7$, $s^2 \approx 5.9821$, $s \approx 2.4458$

(c) $CV_s \approx 103(\%)$

3. $\bar{x} = 22.5$, $s^2 \approx 188.1579$

4. $\bar{x}_g \approx 0.037 (= 3.7\%)$

5. (a)

연도	매출액(억 원)	전년 대비 증가율
2011	110	0.100
2012	120	0.091
2013	130	0.083
2014	140	0.077
2015	150	0.071

(b) 약 8.4%   (c) 약 8.4%

6.

(a)
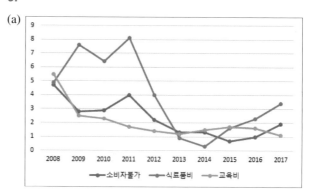

(b) 소비자물가 평균 상승률은 약 0.023, 식료품비 평균 상승률은 약 0.039, 교육비 평균 상승률은 약 0.020이다. 식료품비 상승률은 2008년을 기준으로 2011년까지 증가하다가 2014년까지 급격하게 감소한 후 2017년까지 완만하게 증가했다. 교육비는 2008년을 기준으로 2009년에는 급격하게 감소했으며, 그 이후로 완만하게 감소하는 추세를 보인다.

(c) 국제 원유 가격 급등이 있었던 2008년에 4.7%의 비교적 높은 상승률을 보였으나, 2012년 이후부터 매년 1.3%, 1.3%, 0.7%, 1.0%, 1.9%의 상승률을 보이며 5년간 평균 1.24%의 상승률을 보이면서 안정적으로 유지되고 있다.

(d) 2008년을 기준으로 2011년까지 소비자물가 평균 상승률에 비해 연평균 6.7%의 높은 상승률을 보이다가 2014년까지 3년간 연평균 1.7%로 감소했으나, 이후로 2017년까지 연평균 2.4%의 증가세를 보이고 있다.

(e) 2008년도 기준으로 2009년에 크게 떨어지기 시작하여 그 이후 평균 상승률이 연평균 1.67%를 보이면서 안정적으로 유지되고 있다.

7. (a) $x_{30} = 44.2$

(b) $Q_1 = 44$, $Q_2 = 46$, $Q_3 = 49$, $IQR = 5$

(c) $f_l = 36.5$, $f_u = 56.5$, $f_L = 29$, $f_U = 64$, 인접값: 38, 55

(d)
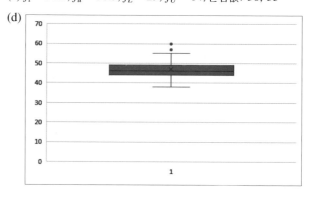

위쪽으로 특이값 57, 57, 60이 있고 중심부는 중앙값을 중심으로 아래쪽 25%의 분포가 위쪽 25%의 분포보다 약간 밀집해 있다. 꼬리 부분을 보면 위쪽과 아래쪽이 비슷하게 분포하고 있다.

8. (a) $x_{10} = 21.088$, $x_{90} = 48.841$

(b) $Q_1 = 24.005$, $Q_2 = 27.64$, $Q_3 = 34.9825$, IQR $= 10.9775$

(c) $f_l = 7.53875$, $f_u = 51.44875$, $f_L = -8.9275$, $f_U = 67.915$,
인접값: 18.8, 49.84

(d)
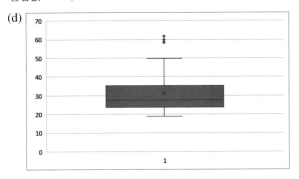

위쪽으로 특이값 58.22, 59.87, 61.78이 있고 중심부는 중앙값을 중심으로 아래쪽 25%의 분포가 위쪽 25%의 분포보다 매우 밀집해 있다. 꼬리 부분을 보면 아래쪽은 짧으나 위쪽은 매우 길게 분포한다.

9.

계급 간격	도수(f_i)	계급값(x_i)	$f_i x_i$	$(x_i - \overline{x})^2$	$(x_i - \overline{x})^2 f_i$
9.5~19.5	9	14.5	130.5	306.25	2756.25
19.5~29.5	9	24.5	220.5	56.25	506.25
29.5~39.5	9	34.5	310.5	6.25	56.25
39.5~49.5	10	44.5	445.0	156.25	1562.50
49.5~59.5	2	54.5	109.0	506.25	1012.50
59.5~69.5	1	64.5	64.5	1056.25	1056.25
합계	40	−	1280.0	−	6950.00

$\overline{x} = 32$, $s^2 \approx 178.2051$, $s \approx 13.35$

10.

계급 간격	도수(f_i)	계급값(x_i)	$f_i x_i$	$(x_i - \overline{x})^2$	$(x_i - \overline{x})^2 f_i$
57.5~58.5	2	58	116	6.8644	13.7288
58.5~59.5	14	59	826	2.6244	36.7416
59.5~60.5	10	60	600	0.3844	3.844
60.5~61.5	7	61	427	0.1444	1.0108
61.5~62.5	10	62	620	1.9044	19.044
62.5~63.5	6	63	378	5.6644	33.9864
63.5~64.5	1	64	64	11.4244	11.4244
합계	50	−	3031	−	119.78

$\overline{x} = 60.62$, $s^2 \approx 2.44449$, $s \approx 1.5635$

11. (a) $s_k \approx 2.234$ (b) $\kappa \approx 4.992$

(c)

x_i	15	12	16	15	180
z_i	−0.44037	−0.48089	−0.42686	−0.44037	1.788487

12. (a) $s_k \approx 1.2168$ (b) $\kappa \approx 0.382$

(c)

x_i	0	1	1	1	1	3	5	7
z_i	−0.97105	−0.56218	−0.56218	−0.56218	−0.56218	0.25554	1.07325	1.89096

13. $\mathrm{CV}_x \approx 5.8(\%)$, $\mathrm{CV}_y \approx 2.96(\%)$

절대적 수치인 표준편차를 이용하면 키가 몸무게보다 약간 더 넓게 분포하지만 상대적인 척도인 변동계수를 이용하면 반대의 결과가 나옴을 알 수 있다.

14. (a) 약 34명 (b) 약 38명

15. (a) $s_{xy} = 1.5$ (b) $r \approx 0.975$

(c) 양의 선형관계가 강한 편이다.

16. (a) $s_{xy} \approx 1.8072$ (b) $r \approx 0.997$

(c) 가로축을 남자의 평균 수명, 세로축을 여자의 평균 수명으로 놓고 산점도를 그리면 다음과 같으며, 남자와 여자의 수명은 거의 완전한 선형성을 갖는다.

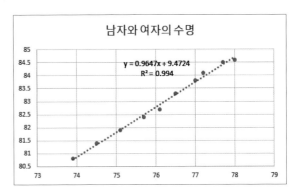

17. (a) $s_{xy} \approx 0.312$ (b) $r \approx 0.953$

(c) 양의 선형관계가 강한 편이다.

18. (a) $s_{xy} \approx 105.7433$ (b) $r \approx 0.9644$

(c) 양의 선형관계가 강한 편이다.

19. (a) $s_{xy} \approx 12.778$ (b) $r \approx 0.8536$

(c) 양의 선형관계가 약한 편이다.

20. (a) $\overline{x} = 134.99$, $\overline{y} = 6.658$

(b) $s_{xy} \approx -0.84847$, $r \approx -0.59556$

(c)

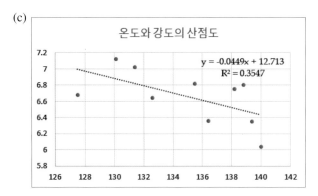

온도와 강도의 산점도

$y = -0.0449x + 12.713$
$R^2 = 0.3547$

(d) 약 6.92 MPa　　　　(e) 약 104.97℃

1. (a) $\bar{x} = 13.56$, $M_e = 15$, $M_o = 17$, $T_M = 13.725$

(b) $Q_1 = x_{25} = 9$, $Q_2 = x_{50} = 15$, $Q_3 = x_{75} = 17$, $IQR = 8$

(c)

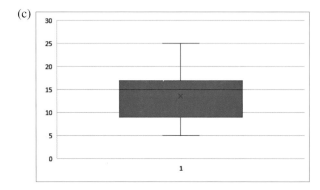

중심위치로부터 위쪽 25% 자료보다 아래쪽 25% 자료가 폭넓
게 분포하고 있으나, 꼬리 부분은 아래쪽보다 위쪽이 더 길게 분
포한다.

(d) $s^2 \approx 23.5576$, $s \approx 4.8536$, $CV_s \approx 35.79(\%)$

(e) $s_k \approx -0.242$, $\kappa \approx -0.766$

왼쪽으로 치우치고 오른쪽 긴 꼬리를 가지며 봉우리 보양은 납
작하다.

2. (a) $\bar{x} \approx 49.1111$, $\bar{y} \approx 42.8889$, $\bar{z} \approx 22.4444$

(b) $s_x \approx 28.36$, $s_y \approx 23.27$, $s_z \approx 7.84$

(c) $s_{xy} \approx 658.8889$, $s_{xz} \approx 51.5694$, $s_{yz} \approx 49.8056$, $r_{xy} \approx 0.9986$,
$r_{xz} \approx 0.2318$, $r_{yz} \approx 0.273$

입소와 수료는 선형관계가 매우 강하지만 입소와 취업, 수료와
취업 사이의 선형적 관계는 매우 미약하다.

(d)

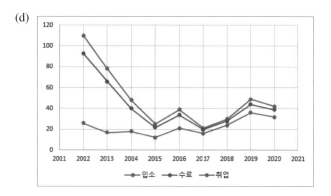

㉑ 2012년부터 2014년까지 입소 또는 수료자 수에 비해 취업
자 수가 매우 저조하게 나타나며, 이러한 이유로 2015년부터 입
소자 수가 크게 줄었다. 한편 2015년부터 입소자 수는 줄었으나
취업자 수는 입소자 수에 비례하여 나타나는 것으로 보인다. 따
라서 직업 훈련을 위한 대상자 수는 20~50명이 적당할 것이다.

|Chapter 05| 확률의 기초

1. 통계 실험　　　　　**2.** 완전성, 상호배타성, 우연성

3. 표본공간　　　　　　**4.** 표본점

5. 공사건　　　　　**6.** 순열　　　　　**7.** 조합

8. 개개의 표본점들이 나타날 가능성이 거의 동등하다는 조건

9. 합사건　　　　　　　**10.** 곱사건

11. 서로 배반사건　　　　**12.** 주변확률

13. 조건부확률　　　　　**14.** 복원추출

15. 독립　　　　　　　　**16.** 사전확률

1. (a) $6! = 6 \times 5 \times 4 \times 3 \times 2 \times 1 = 720$

(b) $_6P_3 = \dfrac{6!}{3!} = 6 \times 5 \times 4 = 120$

(c) $_4P_4 = 4! = 4 \times 3 \times 2 \times 1 = 24$

2. (a) $_4C_0 = \dfrac{_4P_0}{0!} = \dfrac{4!}{0! \times 4!} = 1$　(b) $_4C_4 = \dfrac{_4P_4}{4!} = \dfrac{4!}{4!} = 1$

(c) $_4C_1 = \dfrac{_4P_1}{1!} = \dfrac{4!}{1! \times 3!} = 4$　　　(d) $_4C_3 = \dfrac{_4P_3}{3!} = \dfrac{4!}{3! \times 1!} = 4$

3. (a) $_{15}C_3 = \dfrac{15!}{3! \times 12!} = 455$

(b) $_{13}C_3 \times {_2C_0} = \dfrac{13!}{3! \times 10!} \times \dfrac{2!}{0! \times 2!} = 286 \times 1 = 286$

(c) $_{13}C_2 \times {_2}C_1 = \dfrac{13!}{2! \times 11!} \times \dfrac{2!}{1! \times 1!} = 78 \times 2 = 156$

4. (a) $S = \begin{Bmatrix} (1, 2), (1, 3), (1, 4), \\ (2, 1), (2, 3), (2, 4), \\ (3, 1), (3, 2), (3, 4), \\ (4, 1), (4, 2), (4, 3) \end{Bmatrix}$

(b) $S = \begin{Bmatrix} (1, 1), (1, 2), (1, 3), (1, 4), \\ (2, 1), (2, 2), (2, 3), (2, 4), \\ (3, 1), (3, 2), (3, 3), (3, 4), \\ (4, 1), (4, 2), (4, 3), (4, 4) \end{Bmatrix}$

5.

혈액형	도수	상대도수
A	15	0.30
B	12	0.24
AB	9	0.18
O	14	0.28

B형인 학생이 선정될 확률은 0.24, O형인 학생이 선정될 확률은 0.28이므로 구하는 확률은 0.52이다.

6.

계급 간격	도수	상대도수
10 이상 18 이하	4	0.08
19 이상 27 이하	6	0.12
28 이상 36 이하	13	0.26
37 이상 45 이하	16	0.32
46 이상 54 이하	10	0.20
55 이상 63 이하	1	0.02
합계	50	1.00

(a) $0.08 + 0.12 = 0.20$　　(b) $0.12 + 0.26 + 0.32 = 0.70$

(c) $0.20 + 0.02 = 0.22$

7. 생일이 같은 사람이 둘 이상일 사건을 A라 하면 A의 여사건인 5명의 생일이 모두 다를 확률을 먼저 구한다. 두 번째 사람의 생일은 첫 번째 사람과 다르고, 세 번째 사람의 생일은 처음 두 사람과 달라야 한다. 네 번째 사람의 생일은 처음 세 사람과 다르고, 다섯 번째 사람은 앞의 네 사람과 달라야 한다. 그러므로 여사건의 확률은 다음과 같다.

$$P(A^c) = 1 \times \left(1 - \frac{1}{365}\right) \times \left(1 - \frac{2}{365}\right) \times \left(1 - \frac{3}{365}\right) \times \left(1 - \frac{4}{365}\right)$$

$$= \frac{365 \times 364 \times 363 \times 362 \times 361}{365^5} \approx 0.9729$$

따라서 구하는 확률은 $P(A) = 1 - P(A^c) = 1 - 0.9729 = 0.0271$이다.

8. 일주일 사이에 4명으로 구성된 그룹에서 적어도 2명의 생일 같은 사건을 A라 하면 여사건은 일주일 사이에 4명의 생일이 모두 다른 경우이다. 따라서 첫 번째 구성원의 생일이 월요일이면 두 번째 구성원은 월요일이 아닌 6일 중 하나이고, 세 번째 구성원은 앞의 두 요일이 아닌 요일 중 하나, 마지막 구성원은 세 요일이 아닌 요일에 태어났으므로 $P(A^c) = \dfrac{7 \times 6 \times 5 \times 4}{7 \times 7 \times 7 \times 7} \approx 0.35$이다. 따라서 적어도 2명의 생일 같은 요일일 확률은 $P(A) = 1 - P(A^c) = 1 - 0.35 = 0.65$이다.

9. 처음 나온 눈의 수가 1인 사건을 A라 하면 구하는 확률은 $P(A^c)$이므로 처음 나온 눈의 수가 1일 확률을 먼저 구한다. 사건 A는 첫 번째 눈의 수가 1이고 나중 세 눈의 수는 어떤 숫자가 나와도 상관없으므로 결국 주사위를 세 번 던져서 나오는 결과와 일치한다. 따라서 사건 A의 표본점은 모두 $6^3 = 216$(개)이다. 주사위를 네 번 던지는 실험에서 나타날 수 있는 모든 경우의 수는 6^4이므로 $P(A) = \dfrac{6^3}{6^4} = \dfrac{1}{6}$이고, 구하는 확률은 $P(A^c) = 1 - \dfrac{1}{6} = \dfrac{5}{6}$이다.

10. 경영학원론에서 A학점을 받을 사건을 A, 재무관리에서 A학점을 받을 사건을 B라 하면 $P(A) = 0.7$, $P(B) = 0.85$이고 $P(A \cup B) = 0.9$이다.

(a) $P(A \cap B) = P(A) + P(B) - P(A \cup B)$
$= 0.7 + 0.85 - 0.9 = 0.65$

(b) $P(A^c \cap B) = P(B) - P(A \cap B) = 0.85 - 0.65 = 0.2$

11. A 회사와 B 회사 제품을 선호할 사건을 각각 A, B라 하면 다음과 같다.

$$P(A) = 0.55, \ P(B) = 0.43, \ P(A \cap B) = 0.22,$$
$$P(A \cap B^c) = P(A) - P(A \cap B) = 0.55 - 0.22 = 0.33,$$
$$P(A^c \cap B) = P(B) - P(A \cap B) = 0.43 - 0.22 = 0.21$$

따라서 A 회사나 B 회사 제품만을 선호할 확률은 0.54이다.

12. 상수도에서 A형의 불순물이 발견되는 사건을 A, B형의 불순물이 발견되는 사건을 B라 하면 $P(A) = 0.45$, $P(B) = 0.55$, $P(A^c \cap B^c) = 0.2$이므로 다음과 같다.

$$P(A \cup B) = 1 - P(A^c \cap B^c) = 1 - 0.2 = 0.8$$
$$P(A \cap B) = P(A) + P(B) - P(A \cup B)$$
$$= 0.45 + 0.55 - 0.8 = 0.2$$

따라서 구하는 확률은 다음과 같다.

$$P[(A - B) \cup (B - A)] = P[A - (A \cap B)] + P[B - (A \cap B)]$$
$$= P(A) + P(B) - 2P(A \cap B)$$
$$= 0.45 + 0.55 - 2 \times 0.2 = 0.6$$

13. 6개월 후에 중고 덤프트럭을 사용할 수 있으면 ○, 그렇지 않으면 ×라 하자.

(a) $S = \{0, 1, 2, 3, 4\}$

(b) 한 대의 덤프트럭만이 6개월 후에도 사용할 수 있는 사건 A 는 다음과 같다.

$$A = \{○×××, ×○××, ××○×, ×××○\}$$

각 덤프트럭을 사용할 수 있을 확률이 0.65이므로 각 경우의 확률은 동일하게 0.65×0.35^3이다. 따라서 구하는 확률은 $P(A) = 4 \times 0.65 \times 0.35^3 \approx 0.1115$이다.

(c) 두 대의 덤프트럭을 6개월 후에도 사용할 수 있는 사건 B는 다음과 같다.

$$B = \{○○××, ○×○×, ○××○, ×○○×, ×○×○, ××○○\}$$

각 덤프트럭을 사용할 수 있을 확률이 0.65이므로 각 경우의 확률은 동일하게 $0.65^2 \times 0.35^2$이다. 따라서 구하는 확률은 $P(B) = 6 \times 0.65^2 \times 0.35^2 \approx 0.3105$이다.

14. 두 프로젝트가 선정되는 사건을 각각 A, B라 하면 $P(A \cup B) = 0.8$, $P(A \cap B) = 0.3$이므로 구하는 확률은 다음과 같다.

$$P((A \cup B) - (A \cap B)) = P(A \cup B) - P(A \cap B)$$
$$= 0.8 - 0.3 = 0.5$$

15. 자동차와 집을 소유하는 사건을 각각 A, B라 하면 다음과 같다.

$$P(A) = 0.75, \quad P(B) = 0.35, \quad P(A \cap B) = 0.27,$$
$$P(A \cap B^c) = P(A) - P(A \cap B) = 0.75 - 0.27 = 0.48,$$
$$P(A^c \cap B) = P(B) - P(A \cap B) = 0.35 - 0.27 = 0.08$$

따라서 자동차나 집 중 어느 하나만 소유하고 있을 확률은 0.56 이다.

16. (a)

차량 대수	관찰 횟수	상대도수	차량 대수	관찰 횟수	상대도수
0	1	0.02	5	9	0.18
1	1	0.02	6	5	0.10
2	4	0.08	7	10	0.20
3	2	0.04	8	8	0.16
4	4	0.08	9	6	0.12

(b) 좌회전하기 위해 기다리는 차량이 5대 이상인 사건을 A라 하면 구하는 확률은 다음과 같다.

$$P(A) = 0.18 + 0.10 + 0.20 + 0.16 + 0.12 = 0.76$$

17.

구분	고혈압 (A_1)	저혈압 (A_2)	정상 혈압 (A_3)	주변확률
정상 심박(B_1)	0.09	0.20	0.56	0.85
비정상 심박(B_2)	0.05	0.02	0.08	0.15
주변확률	0.14	0.22	0.64	1.00

(a) $P(A_1 \cap B_1) = 0.09$

(b) $P(B_1 | A_1) = \dfrac{P(A_1 \cap B_1)}{P(A_1)} = \dfrac{0.09}{0.14} \approx 0.6429$

18. 첫 번째, 두 번째에 꺼낸 볼펜이 불량품인 사건을 각각 A 와 B라 하자.

(a) $P(A \cap B) = P(A)P(B) = \dfrac{1}{10} \times \dfrac{1}{10} = \dfrac{1}{100}$

(b) $P(A \cap B) = P(A)P(B | A) = \dfrac{1}{10} \times \dfrac{4}{49} = \dfrac{2}{245}$

19. 남학생의 수가 여학생의 수보다 많은 경우는 (남학생, 여학생) = (3, 0), (2, 1)뿐이다. 특히 남학생 2명과 여학생 1명이 선정되는 경우는 (여, 남, 남), (남, 여, 남), (남, 남, 여)인 경우로 분류되며, 각 경우의 확률은 동일하다. 그러므로 구하는 확률은 다음과 같다.

$$\frac{8}{15} \times \frac{7}{14} \times \frac{6}{13} + \frac{8}{15} \times \frac{7}{14} \times \frac{7}{13} \times 3 = \frac{36}{65} \approx 0.5538$$

20. (a) $P(A \cup B) = P(A) + P(B) - P(A \cap B)$
$$= 0.002 + 0.007 - 0.007 \times 0.12 = 0.00816$$

(b) $P(A^c \cap B) = P(B)P(A^c | B) = P(B)(1 - P(A | B))$
$$= 0.007 \times (1 - 0.12) = 0.00616$$

(c) $P((A^c \cap B) \cup (A \cap B^c)) = P(A \cup B) - P(A \cap B)$
$$= 0.00816 - 0.00084 = 0.00732$$

21. (a) $P(E) = \dfrac{84}{450} \approx 0.1867$

(b) $P(E \cap B) = \dfrac{14}{450} \approx 0.0311$, $P(E \cap A) = \dfrac{48}{450} \approx 0.1067$,
$P(E \cap U) = \dfrac{22}{450} \approx 0.0489$

(c) $P(E \mid B) = \dfrac{14}{103} \approx 0.1359$, $P(E \mid A) = \dfrac{48}{252} \approx 0.1905$,

$P(E \mid U) = \dfrac{22}{95} \approx 0.2316$

(d) $P(A \cap G) = \dfrac{147}{450} \approx 0.3267$

(e) $P(A)P(G \mid A) = \dfrac{252}{450} \times \dfrac{147}{252} \approx 0.3267$,

$P(G)P(A \mid G) = \dfrac{250}{450} \times \dfrac{147}{250} \approx 0.3267$

(f) 확률 $P(A \cap G)$를 사건 A 또는 사건 B가 일어났다는 조건 아래 곱의 법칙으로 구할 수 있다.

22. 선정된 사람이 미보균자일 사건을 A, 양성 반응을 보일 사건을 B라 하면 다음과 같다.

$$P(A) = \frac{95340}{100000} = 0.9534, \quad P(B) = \frac{9790}{100000} = 0.0979,$$

$$P(A \cap B) = \frac{5255}{100000} = 0.05255$$

(a) $P(B \mid A) = \dfrac{P(A \cap B)}{P(A)} = \dfrac{0.05255}{0.9534} \approx 0.0551$

(b) $P(B^c \mid A^c) = \dfrac{P(A^c \cap B^c)}{P(A^c)} = \dfrac{0.00125}{0.0466} \approx 0.0268$

23. 첫째가 선정되는 사건을 A, 자신감이 있는 어린이가 선정되는 사건을 B라 하자.

(a) $P(A) = \dfrac{125}{500} + \dfrac{95}{500} = \dfrac{220}{500} = 0.44$

(b) $P(B) = \dfrac{125}{500} + \dfrac{72}{500} = \dfrac{197}{500} = 0.394$

(c) $P(B \mid A) = \dfrac{P(A \cap B)}{P(A)} = \dfrac{0.25}{0.44} \approx 0.5682$

(d) $P(A \mid B) = \dfrac{P(A \cap B)}{P(B)} = \dfrac{0.25}{0.394} \approx 0.6345$

24. 심장병이 원인이 되어 사망할 사건을 H, 두 부모 중 어느 한쪽이 심장병으로 고통 받았을 사건을 F라 하면 $P(H \cap F^c) = \dfrac{210 - 102}{937} = \dfrac{108}{937}$, $P(F^c) = \dfrac{937 - 312}{937} = \dfrac{625}{937}$이므로 구하는 확률은 다음과 같다.

$$P(H \mid F^c) = \frac{P(H \cap F^c)}{P(F^c)} = \frac{108}{625} = 0.1728$$

25.

직종 성별	의사	치과의사	한의사	약사	합계
남자	0.3847	0.0964	0.0784	0.1124	0.6719
여자	0.0914	0.0275	0.0111	0.1981	0.3281
합계	0.4761	0.1239	0.0895	0.3105	1.0000

(a) 0.3281   (b) 0.0964   (c) 0.3105

(d) $\dfrac{0.1981}{0.3281} \approx 0.6038$ (e) $\dfrac{0.1981}{0.3105} \approx 0.6380$

26. 교차로에 접근하는 차량이 직진하는 사건을 A, 우회전하는 사건을 B, 좌회전하는 사건을 C라 하면 $P(A) = 2P(B)$, $P(C) = \dfrac{1}{2}P(B)$이다.

(a) $P(A) + P(B) + P(C) = 2P(B) + P(B) + \dfrac{1}{2}P(B) = \dfrac{7}{2}P(B)$ $= 1$이므로 구하는 확률은 각각 다음과 같다.

$$P(A) = \frac{4}{7}, \quad P(B) = \frac{2}{7}, \quad P(C) = \frac{1}{7}$$

(b) 교차로에 접근하는 차량이 회전할 확률은 $P(B \cup C) = \dfrac{3}{7}$이므로 구하는 확률은 다음과 같다.

$$P(C \mid B \cup C) = \frac{P(C)}{P(B \cup C)} = \frac{1}{3}$$

27. 양성 반응을 보이는 사건을 Y, 질병이 있는 사건을 D라 하면 다음과 같다.

$$P(Y \mid D) = 0.97, P(D) = 0.015, P(D^c) = 0.985,$$
$$P(Y \mid D^c) = 0.005)$$

따라서 구하는 확률은 다음과 같다.

$$P(D \mid Y) = \frac{P(Y \mid D)P(D)}{P(Y \mid D)P(D) + P(Y \mid D^c)P(D^c)}$$
$$= \frac{0.97 \times 0.015}{0.97 \times 0.015 + 0.005 \times 0.985} \approx 0.7471$$

28. 생명보험 가입자 중 흡연자가 선정될 사건을 A, 보험 가입자가 사망할 사건을 B라 하면 $P(A) = 0.1$, $P(A^c) = 0.9$, $P(B \mid A) = 0.05$, $P(B \mid A^c) = 0.01$이다.

(a) $P(B) = P(A)P(B \mid A) + P(A^c)P(B \mid A^c)$
     $= 0.1 \times 0.05 + 0.9 \times 0.01 = 0.014$

(b) $P(A \mid B) = \dfrac{P(A)P(B \mid A)}{P(B)} = \dfrac{0.1 \times 0.05}{0.014} \approx 0.3571$

29. 처음에 앞면이 나오는 사건을 A, 두 번째에 앞면이 나오는 사건을 B라 하면 $P(A) = \frac{2}{3}$, $P(B) = \frac{2}{3}$이다.

(a) $P(A^c \cap B^c) = P(A^c)P(B^c) = \frac{1}{3} \times \frac{1}{3} = \frac{1}{9}$

(b) $P(A \cap B^c) + P(A^c \cap B) = P(A)P(B^c) + P(A^c)P(B)$

$$= \frac{2}{3} \times \frac{1}{3} + \frac{1}{3} \times \frac{2}{3} = \frac{4}{9}$$

(c) $P(A \cap B) = P(A)P(B) = \frac{2}{3} \times \frac{2}{3} = \frac{4}{9}$

30.
$$S = \left\{ \begin{matrix} \text{HHHH, HHHT, HHTH, HTHH, HHTT, HTHT, HTTH, HTTT,} \\ \text{THHH, THHT, THTH, TTHH, THTT, TTHT, TTTH, TTTT} \end{matrix} \right\},$$

$A = \{$HHHH, HHHT, HHTH, HTHH, HHTT, HTHT, HTTH, HTTT$\}$

$B = \{$HHTH, HHTT, HTTH, HTTT, THTH, THTT, TTTH, TTTT$\}$

$C = \{$HTTT, THTT, TTHT, TTTH$\}$

$P(A) = \frac{1}{2}$, $P(B) = \frac{1}{2}$, $P(C) = \frac{1}{4}$이고 각 사건들의 곱사건은 다음과 같다.

$$A \cap B = \{\text{HHTH, HHTT, HTTH, HTTT}\},$$
$$B \cap C = \{\text{HTTT, THTT, TTTH}\},$$
$$A \cap C = \{\text{HTTT}\}, \quad A \cap B \cap C = \{\text{HTTT}\}$$

(a) $P(A \cap B) = \frac{1}{4}$, $P(B \cap C) = \frac{3}{16}$, $P(A \cap C) = \frac{1}{16}$,

$P(A \cap B \cap C) = \frac{1}{16}$이고 다음이 성립한다.

$$P(A \cap B) = P(A)P(B) = \frac{1}{4},$$

$$P(B \cap C) = \frac{3}{16} \neq P(B)P(C) = \frac{1}{8},$$

$$P(A \cap C) = \frac{1}{16} \neq P(A)P(C) = \frac{1}{8}$$

따라서 A와 B는 독립이지만 B와 C, A와 C는 독립이 아니다.

(b) $P(A \cap B \cap C) = P(A)P(B)P(C) = \frac{1}{16}$이므로 세 사건은 독립이다.

31. 선택한 4명을 각각 A, B, C, D라 하면 이 사람들이 Rh+ O형일 확률은 $P(A) = P(B) = P(C) = P(D) = 0.273$이다.

(a) $P(A \cap B \cap C \cap D) = P(A)P(B)P(C)P(D)$

$$= (0.273)^4 \approx 0.00555$$

(b) $P(A^c \cap B^c \cap C^c \cap D^c) = P(A^c)P(B^c)P(C^c)P(D^c)$

$$= (1 - 0.273)^4 \approx 0.2793$$

(c) $1 - P(A^c \cap B^c \cap C^c \cap D^c) = 1 - 0.2793 = 0.7207$

32.

지불 방법\성별	신용카드	현금	직불카드	상품권	주변확률
남자	0.40	0.12	0.01	0.00	0.53
여자	0.25	0.15	0.05	0.02	0.47
주변확률	0.65	0.27	0.06	0.02	1.00

(a) 0.27   (b) 0.15   (c) $\frac{0.15}{0.47} \approx 0.3191$

33.

사고 이유\근무 시간	근로 환경	근로자의 부주의	기계의 결함	주변확률
1교대	0.03	0.23	0.02	0.28
2교대	0.05	0.28	0.01	0.34
3교대	0.06	0.29	0.03	0.38
주변확률	0.14	0.80	0.06	1.00

(a) 0.28, 0.34, 0.38   (b) 0.80   (c) $\frac{0.23}{0.80} = 0.2875$

34. 발전소 A와 발전소 B의 전력 공급이 중단되는 사건을 각각 A, B라 하면 $P(A) = 0.02$, $P(B) = 0.005$, $P(A \cap B) = 0.0007$이다.

(a) $P(B \mid A) = \frac{P(A \cap B)}{P(A)} = \frac{0.0007}{0.02} = 0.035$이므로 구하는 확률은 다음과 같다.

$$P(A \mid B) = \frac{P(A \cap B)}{P(B)} = \frac{0.0007}{0.005} = 0.14$$

(b) $P(A \cup B) = P(A) + P(B) - P(A \cap B)$

$$= 0.02 + 0.005 - 0.0007 = 0.0243$$

(c) $P(A \cap B^c \mid A \cup B) = \dfrac{P((A \cap B^c) \cap (A \cup B))}{P(A \cup B)}$

$$= \frac{P(A \cap B^c)}{P(A \cup B)} = \frac{P(A)P(B^c \mid A)}{P(A \cup B)}$$

$$= \frac{0.02 \times (1 - 0.035)}{0.0243} \approx 0.7942$$

35. (a) 스톡 가격이 1단위만큼 오르는 사건을 U, 1단위만큼 떨어지는 사건을 D라 하면 $P(U) = \frac{2}{3}$, $P(D) = \frac{1}{3}$이다. 이틀 후 스톡 가격이 동일한 경우는 내일 오르고 모레 떨어지는 경우와 내일 떨어지고 모레 오르는 경우가 있다. 이틀 후 스톡 가격이 처음과 동일한 사건을 O라 하면 구하는 확률은 다음과 같다.

$$P(O) = P(U)P(D \mid U) + P(D)P(U \mid D)$$
$$= \frac{2}{3} \times \frac{1}{3} + \frac{1}{3} \times \frac{2}{3} = \frac{4}{9}$$

(b) 3일 후 스톡 가격이 1단위만큼 오르는 경우는 오늘 오르고 내일 오르고 모레 떨어지는 경우, 오늘 오르고 내일 떨어지고 모레 오르는 경우, 오늘 떨어지고 이틀 연속 오르는 경우의 세 가지가 있다. U_1, U_2, U_3을 각각 오늘, 내일, 모레 오르는 사건이라 하고, D_1, D_2, D_3을 각각 오늘, 내일, 모레 떨어지는 사건이라 하고 3일 후에 1단위만큼 오른 사건을 U라 하면 구하는 확률은 다음과 같다.

$$P(U) = P(U_1)P(U_2 \mid U_1)P(D_3 \mid U_1 \cap U_2)$$
$$+ P(U_1)P(D_2 \mid U_1)P(U_3 \mid U_1 \cap D_2)$$
$$+ P(D_1)P(U_2 \mid D_1)P(U_3 \mid D_1 \cap U_2)$$
$$= \frac{2}{3} \times \frac{2}{3} \times \frac{1}{3} + \frac{2}{3} \times \frac{1}{3} \times \frac{2}{3} + \frac{1}{3} \times \frac{2}{3} \times \frac{2}{3} = \frac{4}{9}$$

(c) 첫날 1단위만큼 오르고 3일 후에 1단위만큼 오를 확률은 다음과 같다.

$$P(U_1 \cap U) = \frac{2}{3} \times \frac{2}{3} \times \frac{1}{3} + \frac{2}{3} \times \frac{1}{3} \times \frac{2}{3} = \frac{8}{27}$$

따라서 구하는 조건부확률은 다음과 같다.

$$P(U_1 \mid U) = \frac{P(U_1 \cap U)}{P(U)} = \frac{\frac{8}{27}}{\frac{4}{9}} = \frac{2}{3}$$

36. 근로자가 기계를 잘 운용할 사건을 A, 기계에 오작동이 발생하는 사건을 B라 하면 $P(A) = 0.8$, $P(A^c) = 0.2$, $P(B \mid A) = 0.01$, $P(B \mid A^c) = 0.04$이므로 구하는 확률은 다음과 같다.

$$P(B) = P(A)P(B \mid A) + P(A^c)P(BA^c)$$
$$= 0.8 \times 0.01 + 0.2 \times 0.04 = 0.016$$

37. 초보 운전자가 운전 교육을 받았을 사건을 A, 처음 1년간 사고를 내지 않을 사건을 B라 하면 $P(A) = 0.6$, $P(A^c) = 0.4$, $P(B \mid A) = 0.95$, $P(B \mid A^c) = 0.92$이다.

(a) $P(B) = P(A)P(B \mid A) + P(A^c)P(B \mid A^c)$
$$= 0.6 \times 0.95 + 0.4 \times 0.92 = 0.938$$

(b) $P(A \mid B) = \dfrac{P(A)P(B \mid A)}{P(B)} = \dfrac{0.6 \times 0.95}{0.938} \approx 0.6077$

38.

해고 이유 \ 연령대	20대	30대	40대	50대	60대 이상	주변확률
회사파산	0.015	0.033	0.047	0.031	0.005	0.131
정리해고	0.024	0.034	0.051	0.053	0.074	0.236
산재해고	0.061	0.043	0.026	0.015	0.009	0.154
징계해고	0.001	0.001	0.003	0.002	0.001	0.008
계약만료	0.114	0.105	0.103	0.101	0.048	0.471
주변확률	0.215	0.216	0.230	0.202	0.137	1.000

(a) $0.024 + 0.034 = 0.058$

(b) $0.202 + 0.137 = 0.339$

(c) $\dfrac{0.219}{0.471} \approx 0.465$

39. H, L, N을 각각 담배를 많이 피우는 사람, 적게 피우는 사람, 전혀 담배를 피우지 않는 사람이 선정될 사건이라고 하고, 연구 기간에 사망했을 사건을 D라고 하면 다음을 얻는다.

$$P(H) = 0.2, \quad P(L) = 0.3, \quad P(N) = 0.5,$$
$$P(D \mid L) = 2P(D \mid N), \quad P(D \mid L) = \frac{1}{2}P(D \mid H)$$

따라서 구하는 확률은 다음과 같다.

$$P(H \mid D) = \frac{P(D \mid H)P(H)}{P(D \mid H)P(H) + P(D \mid L)P(L) + P(D \mid N)P(N)}$$
$$= \frac{2P(D \mid L) \times 0.2}{2P(D \mid L) \times 0.2 + P(D \mid L) \times 0.3 + 0.5P(D \mid L) \times 0.5}$$
$$= \frac{0.4}{0.4 + 0.3 + 0.25} \approx 0.4211$$

실전문제

1. 세 고속도로 A, B, C가 혼잡해지는 사건을 각각 A, B, C라 하면 $P(A) = 0.2$, $P(B) = 0.4$, $P(B \mid A) = 0.7$, $P(A \mid B) = 0.4$, $P(C \mid A^c \cap B^c) = 0.3$이다. 사건 C는 그림과 같이 서로 배반인 $(A^c \cap B) \cap C$, $A \cap B \cap C$, $(A \cap B^c) \cap C$, $(A^c \cap B^c) \cap C$로 분할된다.

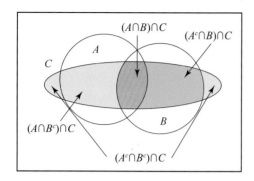

$$P(A^c \cap B) = P(B)P(A^c \mid B) = 0.4 \times (1 - 0.4) = 0.24,$$
$$P(A \cap B) = P(B)P(A \mid B) = 0.4 \times 0.4 = 0.16,$$
$$P(A \cap B^c) = P(A)P(B^c \mid A) = 0.2 \times (1 - 0.7) = 0.06,$$
$$P(A^c \cap B^c) = 1 - 0.24 - 0.16 - 0.06 = 0.54$$

따라서 구하는 확률은 다음과 같다.

$$\begin{aligned}P(C) &= P((A^c \cap B) \cap C) + P((A \cap B) \cap C) \\ &\quad + P((A \cap B^c) \cap C) + P((A^c \cap B^c) \cap C) \\ &= P(C \mid A^c \cap B)P(A^c \cap B) + P(C \mid A \cap B)P(A \cap B) \\ &\quad + P(C \mid A \cap B^c)P(A \cap B^c) \\ &= 1 \times 0.24 + 1 \times 0.16 + 1 \times 0.06 + 0.3 \times 0.54 = 0.622\end{aligned}$$

2. (a)

구분	초등학교	중학교	고등학교	전문대	대학교	대학원	미취학	합계
청년	0.0000	0.0030	0.0707	0.0673	0.1680	0.0243	0.0000	0.3333
중장년	0.0237	0.0437	0.1517	0.0323	0.0627	0.0187	0.0007	0.3335
노년	0.1243	0.0507	0.0500	0.0050	0.0147	0.0033	0.0852	0.3332
합계	0.1480	0.0974	0.2724	0.1046	0.2454	0.0463	0.0859	1.0000

(b) $0.1046 + 0.2454 + 0.0463 = 0.3963$

(c) $1 - 0.0859 = 0.9141$

(d) $\dfrac{0.0814}{0.3335} \approx 0.2441$

(e) $\dfrac{0.0814}{0.2917} \approx 0.2791$

|Chapter 06| 이산확률분포

개념문제

1. 확률변수   **2.** 확률함수   **3.** 없다.   **4.** 있다.

5. 맞다.   **6.** $Var(aX) = a^2 Var(X)$이므로 틀리다.

7. $P(\mu - 2\sigma < X < \mu + 2\sigma) \geq \dfrac{3}{4}$이므로 틀리다.

8. 베르누이 시행   **9.** 이항분포   **10.** 푸아송분포

11. 초기하분포   **12.** $\mu = np,\ \sigma^2 = np(1 - p)$

13. $\mu = m,\ \sigma^2 = m$

연습문제

1. (a) $P(X = 5) = P(X \leq 5) - P(X \leq 4)$
$$= 0.9051 - 0.7515 = 0.1536$$

(b) $P(X = 4) = P(X \leq 4) - P(X \leq 3)$
$$= 0.7515 - 0.5138 = 0.2377$$
이므로
$$P(X \neq 4) = 1 - P(X = 4) = 1 - 0.2377 = 0.7623$$

(c) $P(X \geq 6) = 1 - P(X \leq 5) = 1 - 0.9051 = 0.0949$

(d) $P(3 \leq X < 7) = P(X \leq 7) - P(X \leq 2)$
$$= 0.9952 - 0.2616 = 0.7336$$

(e) $\mu = 10 \times 0.35 = 3.5,\ \sigma^2 = 10 \times 0.35 \times 0.65 = 2.275$

(f) $\sigma = \sqrt{2.275} \approx 1.5083$이므로 $\mu - \sigma = 3.5 - 1.5083 = 1.9917$, $\mu + \sigma = 3.5 + 1.5083 = 5.0083$이고 따라서 구하는 확률은 다음과 같다.

$$\begin{aligned}P(\mu - \sigma \leq X \leq \mu + \sigma) &= P(1.9917 \leq X \leq 5.0083) \\ &= P(X \leq 5) - P(X \leq 1) \\ &= 0.9051 - 0.0860 = 0.8191\end{aligned}$$

2. (a) $P(X = 5) = P(X \leq 5) - P(X \leq 4)$
$$= 0.446 - 0.285 = 0.161$$

(b) $P(X = 4) = P(X \leq 4) - P(X \leq 3) = 0.285 - 0.151 = 0.134$
이므로
$$P(X \neq 4) = 1 - P(X = 4) = 1 - 0.134 = 0.866$$

(c) $P(X \geq 6) = 1 - P(X \leq 5) = 1 - 0.446 = 0.554$

(d) $P(3 \leq X < 7) = P(X \leq 7) - P(X \leq 2)$
$$= 0.744 - 0.062 = 0.682$$

(e) $\mu = 6,\ \sigma^2 = 6$

(f) $\sigma = \sqrt{6} \approx 2.45$이므로 $\mu - \sigma = 6 - 2.45 = 3.55$, $\mu + \sigma = 6 + 2.45 = 8.45$이고 따라서 구하는 확률은 다음과 같다.

$$\begin{aligned}P(\mu - \sigma \leq X \leq \mu + \sigma) &= P(3.55 \leq X \leq 8.45) \\ &= P(X \leq 8) - P(X \leq 2) \\ &= 0.847 - 0.062 = 0.785\end{aligned}$$

3. $N = 9$, $r = 5$, $n = 4$인 초기하분포이므로 X의 확률함수는 다음과 같다.

$$p(x) = \frac{{}_5C_x {}_4C_{4-x}}{{}_9C_4}, \quad x = 0, 1, 2, 3, 4$$

(a) $P(X = 4) = p(4) = \dfrac{{}_5C_4 {}_4C_0}{{}_9C_4} = \dfrac{5 \times 1}{126} = \dfrac{5}{126}$

(b) $P(X \neq 4) = 1 - p(4) = 1 - \dfrac{5}{126} = \dfrac{121}{126}$

(c) $P(X \geq 1) = 1 - P(X = 0) = 1 - \dfrac{{}_5C_0 {}_4C_4}{{}_9C_4} = 1 - \dfrac{1 \times 1}{126} = \dfrac{125}{126}$

(d) $P(2 \leq X \leq 4) = 1 - [p(0) + p(1)] = 1 - \dfrac{{}_5C_0 {}_4C_4}{{}_9C_4} - \dfrac{{}_5C_1 {}_4C_3}{{}_9C_4}$

$$= 1 - \dfrac{1}{126} - \dfrac{20}{126} = \dfrac{105}{126}$$

(e) $\mu = 4 \times \dfrac{5}{9} = \dfrac{20}{9}$, $\sigma^2 = 4 \times \dfrac{5}{9} \times \dfrac{4}{9} \times \dfrac{9-4}{9-1} = \dfrac{50}{81}$

(f) $\sigma = \sqrt{\dfrac{50}{81}} \approx 0.786$이므로 $\mu - \sigma \approx 2.222 - 0.786 = 1.436$, $\mu + \sigma \approx 2.222 + 0.786 = 3.008$이고 따라서 구하는 확률은 다음과 같다.

$$P(\mu - \sigma \leq X \leq \mu + \sigma) = P(1.436 \leq X \leq 3.008)$$
$$= p(2) + p(3)$$
$$= \frac{10 \times 6}{126} + \frac{10 \times 4}{126} = \frac{50}{63}$$

4. (a) $\dfrac{1}{8} + \dfrac{1}{8} + a + b + \dfrac{1}{8} = 1$, $a = 2b$에서 $a = \dfrac{5}{12}$, $b = \dfrac{5}{24}$이다.

(b) $P(X \leq 3) = p(1) + p(2) + p(3) = \dfrac{1}{8} + \dfrac{1}{8} + \dfrac{5}{12} = \dfrac{2}{3} \approx 0.667$

5. (a) $P(X < 3) = 0.4$, $P(X > 3) = 0.3$이므로 다음이 성립한다.

$$\sum_{x=1}^{5} P(X = x) = P(X < 3) + P(X = 3) + P(X < 3)$$
$$= 0.4 + P(X = 3) + 0.3 = 1$$

따라서 $P(X = 3) = 0.3$이다.

(b) $P(X < 4) = P(X < 3) + P(X = 3) = 0.4 + 0.3 = 0.7$

(c) $P(X > 2) = P(X = 3) + P(X > 3) = 0.3 + 0.3 = 0.6$

6. (a) X의 값은 0, 1, 2, 3, 4이고 파란 공과 빨간 공은 하나로 묶어서 생각할 수 있으므로 X의 확률은 다음과 같다.

$$P(X = 0) = \frac{{}_5C_0 \times {}_5C_4}{{}_{10}C_4} = \frac{5}{210} = \frac{1}{42},$$

$$P(X = 1) = \frac{{}_5C_1 \times {}_5C_3}{{}_{10}C_4} = \frac{50}{210} = \frac{5}{21},$$

$$P(X = 2) = \frac{{}_5C_2 \times {}_5C_2}{{}_{10}C_4} = \frac{100}{210} = \frac{10}{21},$$

$$P(X = 3) = \frac{{}_5C_3 \times {}_5C_1}{{}_{10}C_4} = \frac{50}{210} = \frac{5}{21},$$

$$P(X = 4) = \frac{{}_5C_4 \times {}_5C_0}{{}_{10}C_4} = \frac{5}{210} = \frac{1}{42}$$

따라서 X의 확률표는 다음과 같다.

X	0	1	2	3	4
$P(X = x)$	$\dfrac{1}{42}$	$\dfrac{5}{21}$	$\dfrac{10}{21}$	$\dfrac{5}{21}$	$\dfrac{1}{42}$

(b) $\mu = E(X)$

$$= 0 \times \frac{1}{42} + 1 \times \frac{5}{21} + 2 \times \frac{10}{21} + 3 \times \frac{5}{21} + 4 \times \frac{1}{42} = 2,$$

$$E(X^2) = 0^2 \times \frac{1}{42} + 1^2 \times \frac{5}{21} + 2^2 \times \frac{10}{21} + 3^2 \times \frac{5}{21} + 4^2 \times \frac{1}{42}$$

$$= \frac{14}{3}$$

이므로 $\sigma^2 = E(X^2) - \mu^2 = \dfrac{14}{3} - 4 = \dfrac{2}{3} \approx 0.667$이다.

(c) $P(X \geq 3) = p(3) + p(4) = \dfrac{5}{21} + \dfrac{1}{42} = \dfrac{11}{42} \approx 0.262$

7. (a) 3, 4, 5, 6

(b)

X	3	4	5	6
$P(X = x)$	0.32	0.20	0.28	0.20

(c) $P(X = 5) = 0.28$

8. (a) 1, 2, 3, 4, 5, 6

(b) $\mu = 1 \times 0.130 + 2 \times 0.248 + \cdots + 6 \times 0.013 = 2.903$, $E(X^2) = 1^2 \times 0.130 + 2^2 \times 0.248 + \cdots + 6^2 \times 0.013 = 9.791$ 이므로 $\sigma^2 = 9.791 - 2.903^2 \approx 1.3636$, $\sigma = \sqrt{1.3636} \approx 1.1677$ 이다.

(c) $P(X \geq 4) = 0.256 + 0.058 + 0.013 = 0.327$

(d) $P(2 \leq X \leq 4) = 0.248 + 0.295 + 0.256 = 0.799$

(e) $P(X \leq 3) = 0.130 + 0.248 + 0.295 = 0.673$

9. (a)

X	1	2	3	4	5	6
$P(X = x)$	0.08	0.26	0.28	0.24	0.08	0.06

(b) $P(X \leq 3) = 0.08 + 0.26 + 0.28 = 0.62$

(c) $P(X \geq 4) = 0.24 + 0.08 + 0.06 = 0.38$

(d) $\mu = 1 \times 0.08 + 2 \times 0.26 + \cdots + 6 \times 0.06 = 3.16$

10. (a)

X	0	1	2	3	4	5
$P(X=x)$	0.211	0.345	0.310	0.104	0.022	0.008

(b) $P(X=0) = 0.211$

(c) $P(X \geq 3) = 0.104 + 0.022 + 0.008 = 0.134$

(d) $\mu = 0 \times 0.211 + 2 \times 0.345 + \cdots + 5 \times 0.008 = 1.405$

(e) X_1, X_2, X_3을 각각 첫째 날, 둘째 날, 셋째 날에 판매한 자동차 대수라 하면 3일 동안 자동차를 한 대만 판매할 확률은 다음과 같다.

$$P(X_1 = 1, X_2 = 0, X_3 = 0) + P(X_1 = 0, X_2 = 1, X_3 = 0)$$
$$+ P(X_1 = 0, X_2 = 0, X_3 = 1)$$
$$= 0.345 \times 0.211 \times 0.211 + 0.211 \times 0.345 \times 0.211$$
$$+ 0.211 \times 0.211 \times 0.345 \approx 0.0461$$

11. 월 매출액을 확률변수 X, 이익금을 확률변수 Y라 하면 $E(X) = 400$, $Y = 0.4X - 12$이므로 Y의 평균, 분산, 표준편차는 각각 다음과 같다.

$$\mu = E(Y) = E(0.4X - 12) = 0.4 \times 400 - 12 = 148,$$
$$\sigma^2 = Var(Y) = Var(0.4X - 12) = 0.4^2 \times 20^2 = 64,$$
$$\sigma = \sqrt{64} = 8$$

12. (a) $\mu_X = 1 \times 0.3 + 2 \times 0.2 + 3 \times 0.1 + 4 \times 0.4 = 2.6$,
$E(X^2) = 1^2 \times 0.3 + 2^2 \times 0.2 + 3^2 \times 0.1 + 4^2 \times 0.4 = 8.4$이므로
$\sigma_X^2 = 8.4 - 2.6^2 = 1.64$, $\sigma = \sqrt{1.64} \approx 1.281$이다.

(b)

Y	1	3	5	7
$P(Y=y)$	0.3	0.2	0.1	0.4

(c) $\mu_Y = 1 \times 0.3 + 3 \times 0.2 + 5 \times 0.1 + 7 \times 0.4 = 4.2$,
$E(Y^2) = 1^2 \times 0.3 + 3^2 \times 0.2 + 5^2 \times 0.1 + 7^2 \times 0.4 = 24.2$
이므로 $\sigma_Y^2 = 24.2 - 4.2^2 = 6.56$, $\sigma_Y = \sqrt{6.56} \approx 2.651$이다.

(d) $\mu_X = 2.6$, $\sigma_X^2 = 1.64$이므로 $Y = 2X - 1$의 평균, 분산, 표준편차는 각각 다음과 같다.

$$\mu_Y = E(2X - 1) = 2E(X) - 1 = 2 \times 2.6 - 1 = 4.2,$$
$$\sigma_Y^2 = Var(2X - 1) = 4Var(X) = 4 \times 1.64 = 6.56,$$
$$\sigma_Y = \sqrt{6.56} \approx 2.651$$

13. (a) $p(x) = \dfrac{1}{10}$, $x = 1, 2, \cdots, 10$

(b) $E(X) = 10 + \dfrac{1}{2} = 5.5$, $Var(X) = \dfrac{10^2 - 1}{12} = 8.25$

(c) $p(y) = \dfrac{1}{10}$, $x = 0, 1, \cdots, 9$

(d) $E(Y) = E(X - 1) = 5.5 - 1 = 4.5$,
$\quad Var(Y) = Var(X - 1) = Var(X) = 8.25$

14. (a) $p(x) = {}_{10}C_x 0.06^x 0.94^{10-x}$, $x = 0, 1, \cdots, 10$

(b) $p(0) = {}_{10}C_0 0.06^0 0.94^{10} \approx 0.5386$,
$p(1) = {}_{10}C_1 0.06^1 0.94^9 \approx 0.3438$,
$p(2) = {}_{10}C_2 0.06^2 0.94^8 \approx 0.0988$이므로 다음과 같다.

$$P(X < 3) = 0.9812$$

15. 5명의 자녀 중 순수열성인 자녀의 수를 확률변수 X라 하면 $X \sim B(5, 0.25)$이다.

(a) $\dfrac{1}{2} \times \dfrac{1}{2} = \dfrac{1}{4} = 0.25$

(b) $P(X = 1) = P(X \leq 1) - P(X = 0)$
$\qquad\qquad = 0.6328 - 0.2373 = 0.3955$

(c) $E(X) = 5 \times 0.25 = 1.25$

16. 반대 의견을 표시한 사람의 수는 $n = 15$, $p = 0.35$인 이항분포를 이룬다.

(a) 0.5643   (b) $1 - 0.0617 = 0.9383$

(c) $0.7548 - 0.0617 = 0.6931$

(d) $\mu = 15 \times 0.35 = 5.25$

17. 방전 장치를 이용하지 않은 고객의 수는 $n = 20$, $p = 0.2$인 이항분포를 이룬다.

(a) 0.8042   (b) $1 - 0.8042 = 0.1958$

(c) $0.9133 - 0.2061 = 0.7072$

(d) $0.6296 - 0.4114 = 0.2182$

18. 민주주의 국가 중 언론의 자유를 허용하는 국가 수를 X, 비민주주의 국가 중 언론의 자유를 허용하는 국가 수를 Y라 하면 $X \sim B(50, 0.8)$, $Y \sim B(40, 0.1)$이다.

(a) $50 \times 0.8 = 40$ (b) $40 \times 0.1 = 4$

(c) $B(40, 0.1) \approx P(4)$이므로
$P(X \geq 3) = 1 - P(X \leq 2) \approx 1 - 0.238 = 0.762$이다.

19. B 사업장에 근무하는 사원의 수를 X라 하면 $X \approx B(5, 0.4)$이다.

(a) $\mu = 5 \times 0.4 = 2$ (b) 0.0778   (c) 0.6826

(d) 0.3174   (e) 0.6528

20. 한 해 동안 교통사고로 사망한 사람의 수를 X라 하면 $X \sim P(3)$이다.

(a) $P(X = 0) = 0.05$ (b) $P(X \leq 2) = 0.423$

(c) $P(X \geq 2) = 1 - 0.199 = 0.801$

21. (a) $p(x) = \dfrac{2^x}{x!}e^{-2}$, $x = 0, 1, 2, \cdots$

(b) $P(X \leq 3) = 0.857$

(c) 두 달 동안 취소된 예약 건수를 Y라 하면 $Y \sim P(4)$이므로 구하는 확률은 다음과 같다.

$$P(Y = 3) = P(Y \leq 3) - P(Y \leq 2) = 0.433 - 0.238 = 0.195$$

22. (a) 0.9972   (b) 0.0001   (c) 0.0344

(d) $\mu = 10 \times \dfrac{15}{500} = 0.3$이므로 불량품의 수를 X라 하면 $X \approx P(0.3)$이다. 따라서 구하는 확률은 다음과 같다.

$$P(2 \leq X \leq 4) = P(X \leq 4) - P(X \leq 1) = 1 - 0.963 = 0.037$$

실전문제

1. 재검사를 받아야 할 자동차 수를 X라 하면 $X \sim B(6, 0.1)$이다.

(a) $P(X = 0) = 0.5314$

(b) $P(X = 1) = 0.8857 - 0.5314 = 0.3543$

(c) $P(X \leq 2) = 0.9842$

2. (a) $x = 0, 1, \cdots, 10$, $y = 0, 1, \cdots, 6$, $z = 0, 1, \cdots, 4$에 대해 확률함수는 다음과 같다.

$$P(X = x, Y = y, Z = z) = \dfrac{{}_{10}C_x \times {}_6C_y \times {}_4C_z}{{}_{20}C_5}, \quad x + y + z = 5$$

(b) $P(X = 2, Y = 2, Z = 1)$

$$= \dfrac{{}_{10}C_2 \times {}_6C_2 \times {}_4C_1}{{}_{20}C_5} = \dfrac{45 \times 15 \times 4}{15504}$$

$$= \dfrac{225}{1292} \approx 0.1741$$

(c) $p(x) = \dfrac{{}_{10}C_x \,{}_{10}C_{5-x}}{{}_{20}C_5}$, $x = 0, 1, 2, 3, 4, 5$이므로 확률표는 다음과 같다.

X	0	1	2	3	4	5
$P(X=x)$	$\dfrac{21}{1292}$	$\dfrac{175}{1292}$	$\dfrac{225}{646}$	$\dfrac{225}{646}$	$\dfrac{175}{1292}$	$\dfrac{21}{1292}$

(d) $E(X) = 0 \times \dfrac{21}{1292} + 1 \times \dfrac{175}{1292} + 2 \times \dfrac{225}{646} + 3 \times \dfrac{225}{646}$

$$+ 4 \times \dfrac{175}{1292} + 5 \times \dfrac{21}{1292} = \dfrac{5}{2} = 2.5$$

(e) $P(X \geq 4) = \dfrac{175}{1292} + \dfrac{21}{1292} = \dfrac{49}{323} \approx 0.1517$

|Chapter 07| 연속확률분포

개념문제

1. 있다.

2. 균등분포

3. 지수분포

4. 정규분포

5. $\mu = \dfrac{1}{\lambda}$, $\sigma^2 = \dfrac{1}{\lambda^2}$

6. 0.9544

7. 0.95

8. 0.85

9. 빠진 부분의 확률을 보전하기 위해

10. 양의 비대칭

11. 정규분포

12. $f_{0.999}(m, n) = \dfrac{1}{f_{0.001}(n, m)}$

13. 1.96

14. 2.228

15. 16.01

16. $\dfrac{1}{14.98} \approx 0.0668$

연습문제

1. (a) $P(Z \geq 1.65) = 1 - P(Z \leq 1.65) = 1 - 0.9505 = 0.0495$

(b) $P(Z < -1.23) = P(Z > 1.23) = 1 - P(Z \leq 1.23)$

$$= 1 - 0.8907 = 0.1093$$

(c) $P(Z > -2.14) = P(Z \leq 2.14) = 0.9838$

(d) $P(-1.32 \leq Z \leq 1.32) = 2P(Z \leq 1.32) - 1$

$$= 2 \times 0.9066 - 1 = 0.8132$$

(e) $P(1.23 < Z < 2.14) = P(Z \leq 2.14) - P(Z \leq 1.23)$

$$= 0.9838 - 0.8907 = 0.0931$$

(f) $P(-1.16 \leq Z \leq 2.19) = P(Z \leq 2.19) - P(Z \leq -1.16)$

$$= P(Z \leq 2.19) - [1 - P(Z \leq 1.16)]$$

$$= 0.9857 - (1 - 0.8770) = 0.8627$$

2. $X \sim N(15, 4)$를 표준화하면 $Z = \dfrac{X - 15}{2} \sim N(0, 1)$이다.

(a) $P(X \geq 13) = P(Z \geq -1) = P(Z \leq 1) = 0.8413$

(b) $P(X > 18) = P(Z > 1.5) = 1 - P(Z \leq 1.5)$

$$= 1 - 0.9332 = 0.0668$$

(c) $P(X < 10.5) = P(Z \leq -2.25) = 1 - P(Z \leq 2.25)$

$$= 1 - 0.9878 = 0.0122$$

(d) $P(11.5 \leq X \leq 20.7) = P(-1.75 \leq Z \leq 2.85)$

$$= P(Z \leq 2.85) - [1 - P(Z \leq 1.75)]$$

$$= 0.9978 - (1 - 0.9599) = 0.9577$$

3. (a) 17.53   (b) 1.34

4. (a) 2.764   (b) -1.812

5. (a) 6.63   (b) $f_{0.95}(5, 8) = \dfrac{1}{f_{0.05}(8, 5)} = \dfrac{1}{4.82} \approx 0.207$

6. (a) $P(X \leq \mu + \sigma z_\alpha) = P\left(\dfrac{X - \mu}{\sigma} \leq z_\alpha\right) = P(Z \leq z_\alpha)$

$$= 1 - P(Z > z_\alpha) = 1 - \alpha$$

(b) $P(\mu - \sigma z_{\alpha/2} \leq X \leq \mu + \sigma z_{\alpha/2}) = P\left(-z_\alpha \leq \dfrac{X - \mu}{\sigma} \leq z_\alpha\right)$

$$= P(-z_{\alpha/2} \leq Z \leq z_{\alpha/2}) = 1 - \alpha$$

7. (a) $z_0 = 2.76$

(b) $P(Z \geq z_0) = 1 - P(Z \leq z_0) = 0.0154$이므로
$P(Z \leq z_0) = 0.9846$이고 $z_0 = 2.16$이다.

(c) $P(0 \leq Z \leq z_0) = 0.3554$이므로 $P(Z \leq z_0) = 0.8554$이고
$z_0 = 1.06$이다.

(d) $P(-z_0 \leq Z \leq z_0) = 2P(Z \leq z_0) - 1 = 0.9030$이므로
$P(Z \leq z_0) = 0.9515$이고 $z_0 = 1.66$이다.

(e) $P(Z \leq z_0) = P(Z \geq -z_0) = 1 - P(Z \leq -z_0) = 0.0066$이므
로 $P(Z \leq -z_0) = 0.9934$이고 $-z_0 = 2.48$, 즉 $z_0 = -2.48$이다.

(f) $P(Z \geq z_0) = P(Z \leq -z_0) = 0.6915$이므로 $-z_0 = 0.50$, 즉
$z_0 = -0.50$이다.

8. 표준화 확률변수 Z에 대해 $X = 6 + 2Z$이다.

(a) $P(Z \leq z_0) = 0.9911$이고 $z_0 = 2.37$이므로 $x_0 = 6 + 2 \times 2.37$
$= 10.74$이다.

(b) $P(Z \leq z_0) = 0.0233$이므로 $P(Z \leq z_0) = 1 - P(Z \leq -z_0) =$
0.0233이고 $P(Z \leq -z_0) = 0.9767$이다. 따라서 $z_0 = -1.99$이므
로 $x_0 = 6 + 2 \times (-1.99) = 2.02$이다.

(c) $P(4 \leq X \leq x_0) = P(Z \leq z_0) - P(Z < -1)$

$$= P(Z \leq z_0) - 0.1587 = 0.8259$$

이므로 $P(Z \leq z_0) = 0.9846$이고 $z_0 = 2.16$이다. 따라서
$x_0 = 6 + 2 \times 2.16 = 10.32$이다.

(d) $P(-z_0 \leq Z \leq z_0) = 2P(Z \leq z_0) - 1 = 0.95$이므로 $P(Z \leq z_0)$
$= 0.9750$이고 $z_0 = 1.96$이다. 따라서 $x_0 = 6 + 2 \times 1.96 = 9.92$
이다.

(e) $P(-z_0 \leq Z \leq z_0) = 2P(Z \leq z_0) - 1 = 0.5406$이므로
$P(Z \leq z_0) = 0.7703$이고 $z_0 = 0.74$이다.
따라서 $x_0 = 6 + 2 \times 0.74 = 7.48$이다.

(f) $P(Z \geq z_0) = 0.9505$이면 $P(Z \leq -z_0) = 0.9505$이므로
$z_0 = -1.65$이다. 따라서 $x_0 = 6 + 2 \times (-1.65) = 2.7$이다.

9. 분산은 $\dfrac{n}{n-2} = 1.25$이므로 $n = 10$이고 $t_\alpha(10) = 2.228$이므
로 $\alpha = 0.025$이다. $P(T > 2.228) = 0.025$, 즉 $P(T < -2.228)$
$= 0.025$이므로 $P(|T| \leq 2.228) = 1 - 2 \times 0.025 = 0.95$이다.

10. $P(X < a) = 1 - P(X > a) = 0.05$이므로 $P(X > a) = 0.95$
이고, $P(X > a) = 0.95$인 상수 a는 $a = 3.94$이며 다음이 성립
한다.

$$P(a < X < b) = P(X < b) - P(X < a)$$
$$= P(X < b) - 0.05 = 0.90$$

$P(X < b) = 0.95$이므로 $b = \chi^2_{0.05}(10) = 18.31$이다.

11. (a) $k = \dfrac{1}{5}$이므로 $f(x) = \dfrac{1}{5}$, $1 \leq x \leq 6$이다.

(b) $\mu = \dfrac{1+6}{2} = 3.5$, $\sigma^2 = \dfrac{(6-1)^2}{12} \approx 2.083$

(c) $P(X \geq 4) = \dfrac{6-4}{5} = 0.4$

(d) $P(2 < X \leq 5) = \dfrac{5-2}{5} = 0.6$

(e) $P(X \leq 3) = \dfrac{3-1}{5} = 0.4$

12. (a) $f(x) = \dfrac{1}{20}$, $0 \leq x \leq 20$

(b) $\mu = \dfrac{0+20}{2} = 10$, $\sigma^2 = \dfrac{(20-0)^2}{12} \approx 33.33$

(c) $P(X \geq 17) = \dfrac{20-17}{20} = 0.15$

(d) $P(8 < X \leq 15) = \dfrac{15-8}{20} = 0.35$

(e) $P(X \leq 4) = \dfrac{4-0}{20} = 0.2$

13. (a) 확률밀도함수는 그림과 같은 삼각형이고, 넓이가 $\dfrac{1}{2} \times 5$
$\times 5k = \dfrac{25k}{2} = 1$이므로 $k = \dfrac{2}{25}$이다.

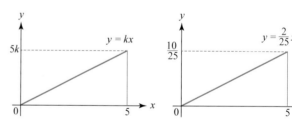

(b) $P(X \geq 3) = \dfrac{1}{2}\left(\dfrac{10}{25} + \dfrac{6}{25}\right) \times 2 = \dfrac{16}{25} = 0.64$

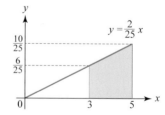

(c) $P(2 \leq X \leq 4) = \dfrac{1}{2}\left(\dfrac{8}{25} + \dfrac{4}{25}\right) \times 2 = \dfrac{12}{25} = 0.48$

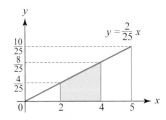

(d) $P(X < 4) = \dfrac{1}{2} \times 4 \times \dfrac{8}{25} = \dfrac{16}{25} = 0.64$

14. (a) 두 직선의 교점의 x좌표는 $2x = a - x$, $x = \dfrac{a}{3}$이다. 그림과 같이 두 직각삼각형의 넓이의 합이 1이어야 한다.

$$\dfrac{1}{2} \times \dfrac{a}{3} \times \dfrac{2a}{3} + \dfrac{1}{2} \times \dfrac{2a}{3} \times \dfrac{2a}{3} = \dfrac{a^2}{9} + \dfrac{2a^2}{9} = \dfrac{a^2}{3} = 1$$

$a^2 = 3$이므로 $a = \sqrt{3}$이다.

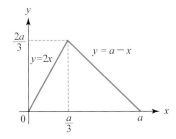

(b) $P(X \geq k) = P(X \leq k)$에서 $P(X \geq k) = \dfrac{1}{2}$이다. 한 변의 길이가 $\sqrt{3} - k$인 직각이등변삼각형의 넓이는 $\dfrac{1}{2}$이다.
$\dfrac{1}{2}(\sqrt{3} - k)^2 = \dfrac{1}{2}$, $k^2 - 2\sqrt{3}\,k + 2 = 0$에서 $k = -1 + \sqrt{3}$ 또는 $k = 1 + \sqrt{3}$이고, $k < \sqrt{3}$이므로 $k = -1 + \sqrt{3}$이다.

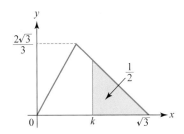

(c) $P(X \geq 1.5) = \dfrac{1}{2} \times (\sqrt{3} - 1.5)^2 \approx 0.0269$이므로 $P(X \leq 1.5) = 1 - 0.0269 = 0.9731$이다.

15. (a) 0.5811

(b) $\mu = 200 \times 0.307 = 61.4$, $\sigma^2 = 200 \times 0.307 \times 0.693 \approx 42.55$, $\sigma \approx 6.523$에서 $X \approx N(61.4, 6.523^2)$이므로 연속성을 수정하여 엑셀로 근사 확률을 구하면 다음과 같다.

$$P(X \leq 60.5) = P\left(Z \leq \dfrac{60.5 - 61.4}{6.523}\right) \approx P(Z \leq -0.138)$$
$$\approx 0.4451$$

(c) $\mu = 2000 \times 0.307 = 614$, $\sigma^2 = 2000 \times 0.307 \times 0.693 = 425.502$, $\sigma \approx 20.628$에서 $X \approx N(614, 20.628^2)$이므로 연속성을 수정하여 엑셀로 근사 확률을 구하면 다음과 같다.

$$P(X \leq 600.5) = P\left(Z \leq \dfrac{600.5 - 614}{20.628}\right) \approx P(Z \leq -0.654)$$
$$\approx 0.2566$$

(d) 각 표본에 대해 반대하는 비율은 동일하지만 표본의 크기가 작을수록 반대할 확률은 높아진다.

16. 삼진 아웃된 선수의 명수를 X라 하자.

(a) $\mu = 50 \times 0.32 = 16$, $\sigma = \sqrt{50 \times 0.32 \times 0.68} \approx 3.2985$

(b) $X \approx N(16, 3.2985^2)$이므로 연속성을 수정하여 근사 확률을 구하면 다음과 같다.

$$P(X \leq 10.5) = P\left(Z \leq \dfrac{10.5 - 16}{3.2985}\right) \approx P(Z \leq -1.67) = 0.0475$$

(c) $P(X > 15) = P(X \geq 16) = P(X \geq 15.5) \approx P(Z \geq -0.15)$
$$= 0.5596$$

(d) $P(13 \leq X \leq 18) = P(13.5 \leq X \leq 18.5)$
$$\approx P(-0.76 \leq Z \leq 0.76)$$
$$= 2 \times 0.7764 - 1 = 0.5528$$

(e) $P(X = 18) = P(17.5 \leq X \leq 18.5)$
$$\approx P(0.45 \leq Z \leq 0.76)$$
$$= 0.7764 - 0.6736 = 0.1028$$

17. (a) 100장 중 평균 1.5장의 타일에 흠집이 있고, 푸아송분포의 분산은 평균과 동일하므로 $\mu = 1.5$, $\sigma^2 = 1.5$이다.

(b) 0.223   (c) 0.809   (d) $1 - 0.934 = 0.066$

(e) 1,000장의 타일 중 흠집이 있는 타일 수의 평균은 15, 분산도 15이므로 표준편차는 약 3.87이다. 따라서 연속성을 수정하여 근사 확률을 구하면 다음과 같다.

$$P(X \leq 20) = P(X \leq 20.5) \approx P(Z \leq 1.42) = 0.9222$$

18. 기다리는 시간을 X분이라 하자.

(a) $\mu = \dfrac{1}{\lambda} = 10$

(b) $f(x) = 0.1e^{-0.1x}$, $x > 0$이므로 $P(X \leq 3) = 1 - e^{-0.3} = 1 - 0.741 = 0.259$이다.

(c) $P(X \geq 15) = 1 - P(X \leq 15) = e^{-1.5} = 0.2231$

19. 정류장에서 택시에 타기 위해 기다리는 시간을 X라 하자.

(a) $X \sim Exp(0.2)$이므로 $f(x) = 0.2e^{-0.2x}$, $x > 0$이다.

(b) $P(X < 3) = 1 - e^{-0.6} = 1 - 0.549 = 0.451$

(c) $P(X \geq 10) = 1 - P(X \leq 10) = e^{-2} = 0.1353$

20. 우리나라 국민이 사망하는 나이를 X라 하면 $X \sim Exp(82.4)$ 이므로 $f(x) = \dfrac{1}{82.4} e^{-\frac{x}{82.4}}, x > 0$이다.

(a) $P(X < 50) = 1 - e^{-\frac{50}{82.4}} = 1 - 0.5451 = 0.4549$

(b) $P(X > 80) = e^{-\frac{80}{82.4}} = 0.3788$

(c) $P(X \geq 93 \mid X \geq 83) = \dfrac{P(X \geq 93, X \geq 83)}{P(X \geq 83)} = \dfrac{P(X \geq 93)}{P(X \geq 83)}$

$$= \dfrac{e^{-\frac{93}{82.4}}}{e^{-\frac{83}{82.4}}} = e^{-\frac{10}{82.4}} = 0.8857$$

21. 배출되는 물의 양을 X라 하면 $X \sim N(26.5, 5^2)$이다.

(a) $P(23.5 < X < 30.8) = P(-0.6 < Z < 0.86)$
$$= 0.8051 - (1 - 0.7257) = 0.5308$$

(b) $P(X > 32) = P(Z > 1.1) = 1 - 0.8643 = 0.1357$

22. A학점: 상위 10%이므로 90% 백분위수는 $z_A \approx 1.28$이다.
$x_A = 76 + 4 \times 1.28 = 81.12$이므로 하한 점수는 82이다.
B학점: 상위 45%이므로 55% 백분위수는 $z_B \approx 0.126$이다.
$x_B = 76 + 4 \times 0.126 \approx 76.5$이므로 하한 점수는 77이다.
C학점: 하위 25%이므로 25% 백분위수는 $z_C \approx -0.674$이다.
$x_C = 76 + 4 \times (-0.674) \approx 73.3$이므로 하한 점수는 74이다.
D학점: 하위 10%이므로 10% 백분위수는 $z_D \approx -1.28$이다.
$x_D = 76 + 4 \times (-1.28) = 70.88$이므로 하한 점수는 71이다.

23. $\mu = 35 \times 0.4 = 14$, $\sigma^2 = 35 \times 0.4 \times 0.6 = 8.4$, $\sigma \approx 2.8983$ 이므로 $X \approx N(14, 2.8983^2)$이다.

(a) $P(X \leq 15) = P(X \leq 15.5) \approx P(Z \leq 0.517) \approx 0.6974$이다.

(b) $P(11 \leq X \leq 17) = P(10.5 \leq X \leq 17.5)$
$$\approx P(-1.208 \leq Z \leq 1.208)$$
$$\approx 2 \times 0.8865 - 1 = 0.773$$

(c) $P(X \geq 21) = P(X \geq 20.5) \approx P(Z \geq 2.243)$
$$\approx 1 - 0.9876 = 0.0124$$

24. 표본으로 선정한 청년 100명 중 미취업자 수를 X라 하면 $X \sim B(100, 0.093)$이다.

(a) $\mu = 100 \times 0.093 = 9.3$

(b) $\sigma^2 = 100 \times 0.093 \times 0.907 = 8.4351$, $\sigma \approx 2.9$

(c) $P(X = 8) = P(7.5 \leq X \leq 8.5) \approx P(-0.62 \leq Z \leq -0.28)$
$$= 0.7324 - 0.6103 = 0.1221$$

(d) $P(X \leq 15) = P(X \leq 15.5) \approx P(Z \leq 2.14) = 0.9838$

25. 학생이 답안지를 제출하는 데 걸리는 시간을 X라 하면 $X \sim N(44, 5^2)$이다.

(a) $P(X < 30) = P(Z \leq -2.8) = 1 - 0.9974 = 0.0026$

(b) $P(38 < X < 48) = P(-1.2 \leq Z \leq 0.8)$
$$= 0.7881 - (1 - 0.8849) = 0.673$$

(c) $P(X > 50) = P(Z > 1.2) = 1 - 0.8949 = 0.1051$

26. 자동차의 속도를 시속 X라 하면 $X \sim N(110, 5^2)$이다.

(a) $P(X < 100) = P(Z \leq -2) = 1 - 0.9772 = 0.0228$

(b) 네 자동차의 속도를 각각 시속 X_1, 시속 X_2, 시속 X_3, 시속 X_4 라 하고 이 자동차들의 평균 속도를 $\overline{X}$라 하면
$\overline{X} = \dfrac{1}{4}(X_1 + X_2 + X_3 + X_4)$이므로 $E(\overline{X}) = \dfrac{1}{4} \times 4 \times 110 = 110$,
$Var(\overline{X}) = \dfrac{1}{16} \times 4 \times 5^2 = 6.25$이다. 즉, $\overline{X} \sim N(110, 2.5^2)$이므로
$P(105 < \overline{X} < 115) = P(-2 \leq Z \leq 2) = 2 \times 0.9772 - 1 = 0.9544$
이다.

(c) $z_{0.85} \approx 1.036$이므로 상위 15%인 최저 속도는 시속 $x_{0.85} = 110 + 5 \times 1.036 = 115.18$이다.

(d) $z_{0.10} \approx -1.282$이므로 하위 10%인 최고 속도는 시속 $x_{0.10} = 110 + 5 \times (-1.282) = 103.59$이다.

실전문제

1. 게임에 참가한 시간을 X라 하자.

(a) $f(x) = \begin{cases} 0.020, & 0 \leq x \leq 25 \\ 0.012, & 25 < x \leq 50 \\ 0.005, & 50 < x \leq 90 \end{cases}$

(b) $P(X \geq 15) = 10 \times 0.02 + 25 \times 0.012 + 40 \times 0.005 = 0.7$

(c) $P(30 \leq X \leq 65) = 20 \times 0.012 + 15 \times 0.005 = 0.315$

(d) $P(X \leq 45) = 25 \times 0.02 + 20 \times 0.012 = 0.74$

2. 비행기에 탑승하려는 승객 수를 X라 하면 $X \sim B(32, 0.9)$이다.

(a) $P(X \geq 31) = P(X = 31) + P(X = 32)$
$$= {}_{32}C_{31}0.9^{31} \times 0.1 + {}_{32}C_{32}0.9^{32} \approx 0.1564$$

(b) $\mu = 32 \times 0.9 = 28.8$, $\sigma^2 = 32 \times 0.9 \times 0.1 = 2.88$, $\sigma \approx 1.697$ 에서 $X \approx N(28.8, 1.697^2)$이므로 구하는 확률은 다음과 같다.

$$P(X \geq 31) = P(X \geq 30.5) \approx P(Z \geq 1.00)$$
$$= 1 - 0.8413 = 0.1587$$

3. $\dfrac{12495}{178500} = 0.07$, 즉 상위 7% 안에 들어가야 하므로 응시생의 시험 점수를 X, 최저 점수를 a라 하면 $P(X \geq a) = 0.07$,

$P(X \leq a) = 0.93$, $P(Z \leq z_{0.07}) = 0.93$이다. 엑셀로 93% 백분위수를 구하면 $z_{0.07} \approx 1.476$이므로 $a = 74 + 12 \times 1.476 = 91.712$, 즉 92점 이상 받아야 한다.

|Chapter 08| 표본분포

개념문제

1. 모집단분포　　2. 모비율　　3. 표본분포

4. 표준오차　　5. 중심극한정리

6. $\mu_{\overline{X}} = \mu$, $\sigma_{\overline{X}}^2 = \dfrac{\sigma^2}{n}$　　7. $\dfrac{\overline{X} - \mu}{\sigma/\sqrt{n}} \sim N(0, 1)$

8. $\dfrac{\overline{X} - \mu}{s/\sqrt{n}} \sim t(n-1)$　　9. $\dfrac{(n-1)S^2}{\sigma^2} \sim \chi^2(n-1)$

10. $\hat{P} \approx N\left(p, \dfrac{pq}{n}\right)$　　11. $\overline{X} - \overline{Y} \sim N(0, 0.14)$

12. 약 0.6364　　13. 1.12

14. $\hat{P}_1 - \hat{P}_2 \approx N(0.1, 0.0041)$　　15. $\dfrac{1.5S_1^2}{S_2^2} \sim F(4, 6)$

연습문제

1. $x = \dfrac{15 + 13 + 11 + 0 + 8 + 9 + 4 + 6}{8} = 8.25$,

$s^2 = \dfrac{1}{7}\sum_{i=1}^{8}(x_i - 8.25)^2 = \dfrac{167.5}{7} \approx 23.93$

2. (a) $\overline{x} = \dfrac{1}{50}\sum_{i=1}^{50} x_i = 3.344$, $s^2 = \dfrac{1}{49}\sum_{i=1}^{50}(x_i - 3.344)^2 \approx 2.1948$,

$s = \sqrt{2.1948} \approx 1.4815$

(b)

계급 간격	도수	계급값
0.95~1.55	8	1.2
1.55~2.15	7	1.8
2.15~2.75	5	2.4
2.75~3.35	3	3.0
3.35~3.95	8	3.6
3.95~4.55	4	4.2
4.55~5.15	8	4.8
5.15~5.75	7	5.4

(c)
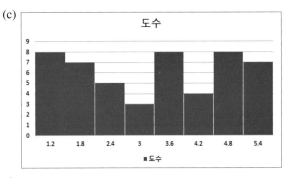

3.

(a) (1, 1), (1, 2), (1, 3), (2, 1), (2, 2), (2, 3), (3, 1), (3, 2), (3, 3)

(b) 1, 1.5, 2, 2.5, 3

(c) $i, j = 1, 2, 3$에 대해 표본 (i, j)가 나올 확률은 $\dfrac{1}{3} \times \dfrac{1}{3} = \dfrac{1}{9}$이므로 각 표본에 대한 표본평균의 확률분포는 다음과 같다.

표본	$\overline{x}$	$p(\overline{x})$
(1, 1)	1	$\dfrac{1}{9}$
(1, 2), (2, 1)	1.5	$\dfrac{2}{9}$
(1, 3), (2, 2), (3, 1)	2	$\dfrac{3}{9}$
(3, 2), (2, 3)	2.5	$\dfrac{2}{9}$
(3, 3)	3	$\dfrac{1}{9}$

(d) $\mu_{\overline{X}} = 2$, $E(\overline{X}^2) = \dfrac{39}{9}$이므로 $\sigma_{\overline{X}}^2 = \dfrac{39}{9} - 2^2 = \dfrac{1}{3}$이다.

(e) $\mu_X = 2$이므로 표본평균 $\overline{X}$의 평균과 모평균은 동일하게 2이다.

(f) $E(X^2) = \dfrac{14}{3}$이므로 $\sigma_X^2 = \dfrac{14}{3} - 2^2 = \dfrac{2}{3}$이고 모분산은 표본평균의 분산의 두 배이다.

4. (a) (1, 2), (1, 3), (2, 1), (2, 3), (3, 1), (3, 2)

(b) 1.5, 2, 2.5

(c) $i, j = 1, 2, 3$에 대해 표본 (i, j)가 나올 확률은 $\dfrac{1}{3} \times \dfrac{1}{2} = \dfrac{1}{6}$이므로 각 표본에 대한 표본평균의 확률분포는 다음과 같다.

표본	$\overline{x}$	$p(\overline{x})$
(1, 2), (2, 1)	1.5	$\dfrac{1}{3}$
(1, 3), (3, 1)	2	$\dfrac{1}{3}$
(2, 3), (3, 2)	2.5	$\dfrac{1}{3}$

(d) $\mu_{\overline{X}} = 2$, $E(\overline{X}^2) = \dfrac{25}{6}$이므로 $\sigma_{\overline{X}}^2 = \dfrac{25}{6} - 2^2 = \dfrac{1}{6}$이다.

(e) $\mu_X = 2$이므로 표본평균 $\overline{X}$의 평균과 모평균은 동일하게 2이다.

(f) $\sigma_X^2 = \dfrac{2}{3}$, $\sigma_{\overline{X}}^2 = \dfrac{1}{6}$, $N = 3$, $n = 2$이므로

$$\sigma_{\overline{X}}^2 = \dfrac{\sigma_X^2}{n} \times \dfrac{N-n}{N-1} = \dfrac{1}{2} \times \dfrac{2}{3} \times \dfrac{1}{2} = \dfrac{1}{6}$$ 이다.

5. (a) (1, 2), (1, 3), (1, 4), (2, 1), (2, 3), (2, 4),
(3, 1), (3, 2), (3, 4), (4, 1), (4, 2), (4, 3)

(b) 1.5, 2, 2.5, 3, 3.5

(c) $i, j = 1, 2, 3, 4$에 대해 표본 (i, j)가 나올 확률은 $\dfrac{1}{4} \times \dfrac{1}{3} = \dfrac{1}{12}$이므로 표본평균 $\overline{X}$의 확률분포는 다음과 같다.

$\overline{x}$	1.5	2	2.5	3	3.5
$p(\overline{x})$	$\dfrac{1}{6}$	$\dfrac{1}{6}$	$\dfrac{2}{6}$	$\dfrac{1}{6}$	$\dfrac{1}{6}$

(d) $\mu_{\overline{X}} = 2.5$, $E(\overline{X}^2) = \dfrac{20}{3}$이므로 $\sigma_{\overline{X}}^2 = \dfrac{20}{3} - 2.5^2 = \dfrac{5}{12}$이다.

(e) $\mu_X = 2.5$이므로 표본평균 $\overline{X}$의 평균과 모평균은 동일하게 2.5이다.

(f) $E(X^2) = \dfrac{15}{2}$이므로 $\sigma_X^2 = \dfrac{15}{2} - \left(\dfrac{5}{2}\right)^2 = \dfrac{5}{4}$이다. $\sigma_{\overline{X}}^2 = \dfrac{5}{12}$, $N = 4$, $n = 2$이므로 $\sigma_{\overline{X}}^2 = \dfrac{\sigma_X^2}{n} \times \dfrac{N-n}{N-1} = \dfrac{1}{2} \times \dfrac{5}{4} \times \dfrac{2}{3} = \dfrac{5}{12}$이다.

6. (a) 표본으로 나올 수 있는 모든 경우는 다음과 같이 36가지이다.

(1, 1), (1, 2), (1, 3), (1, 4), (1, 5), (1, 6),
(2, 1), (2, 2), (2, 3), (2, 4), (2, 5), (2, 6),
(3, 1), (3, 2), (3, 3), (3, 4), (3, 5), (3, 6),
(4, 1), (4, 2), (4, 3), (4, 4), (4, 5), (4, 6),
(5, 1), (5, 2), (5, 3), (5, 4), (5, 5), (5, 6),
(6, 1), (6, 2), (6, 3), (6, 4), (6, 5), (6, 6)

(b) 1, 1.5, 2, 2.5, 3, 3.5, 4, 4.5, 5, 5.5, 6

(c) $i, j = 1, 2, 3, 4, 5, 6$에 대해 표본 (i, j)가 나올 확률은 $\dfrac{1}{6} \times \dfrac{1}{6} = \dfrac{1}{36}$이므로 표본평균 $\overline{X}$의 확률분포는 다음과 같다.

$\overline{x}$	1	1.5	2	2.5	3	3.5	4	4.5	5	5.5	6
$p(\overline{x})$	$\dfrac{1}{36}$	$\dfrac{2}{36}$	$\dfrac{3}{36}$	$\dfrac{4}{36}$	$\dfrac{5}{36}$	$\dfrac{6}{36}$	$\dfrac{5}{36}$	$\dfrac{4}{36}$	$\dfrac{3}{36}$	$\dfrac{2}{36}$	$\dfrac{1}{36}$

(d) $\mu_{\overline{X}} = 3.5$, $E(\overline{X}^2) \approx 13.70833$이므로 $\sigma_{\overline{X}}^2 = 13.70833 - 3.5^2$
$= 1.45833$이다.

(e) $\mu_X = 3.5$이므로 표본평균 $\overline{X}$의 평균과 모평균은 동일하게 3.5이다.

(f) $E(X^2) \approx 15.1667$이므로 $\sigma_X^2 = 15.1667 - 3.5^2 = 2.9167$이고 모분산은 표본평균의 분산의 두 배이다.

7. (a) 표본으로 나올 수 있는 모든 경우는 다음과 같이 216가지이다.

(1, 1, 1), (1, 1, 2), (1, 1, 3), (1, 1, 4), (1, 1, 5), (1, 1, 6),
(1, 2, 1), (1, 2, 2), (1, 2, 3), (1, 2, 4), (1, 2, 5), (1, 2, 6),
$\vdots$ $\qquad$ $\vdots$ $\qquad$ $\vdots$ $\qquad$ $\vdots$ $\qquad$ $\vdots$ $\qquad$ $\vdots$
(6, 6, 1), (6, 6, 2), (6, 6, 3), (6, 6, 4), (6, 6, 5), (6, 6, 6)

(c) $i, j, k = 1, 2, 3, 4, 5, 6$에 대하여 표본 (i, j, k)가 나올 확률은 $\dfrac{1}{6} \times \dfrac{1}{6} \times \dfrac{1}{6} = \dfrac{1}{216}$이므로 표본평균 $\overline{X}$의 확률분포는 다음과 같다.

$\overline{x}$	1.000	1.333	1.667	2.000	2.333	2.667	3.000	3.333
$p(\overline{x})$	$\dfrac{1}{216}$	$\dfrac{3}{216}$	$\dfrac{6}{216}$	$\dfrac{10}{216}$	$\dfrac{15}{216}$	$\dfrac{21}{216}$	$\dfrac{25}{216}$	$\dfrac{27}{216}$
$\overline{x}$	3.667	4.000	4.333	4.667	5.000	5.333	5.667	6.000
$p(\overline{x})$	$\dfrac{27}{216}$	$\dfrac{25}{216}$	$\dfrac{21}{216}$	$\dfrac{15}{216}$	$\dfrac{10}{216}$	$\dfrac{6}{216}$	$\dfrac{3}{216}$	$\dfrac{1}{216}$

(d) $\mu_{\overline{X}} = 3.5$, $E(\overline{X}^2) \approx 13.2222$이므로 $\sigma_{\overline{X}}^2 = 13.2222 - 3.5^2 = 0.9722$이다.

(e) $\mu_X = 3.5$이므로 표본평균 $\overline{X}$의 평균과 모평균은 동일하게 3.5이다.

(f) $\sigma_X^2 = 2.9167$, $\sigma_{\overline{X}}^2 = 0.9722$이므로 모분산은 표본평균의 분산의 세 배이다.

8. (a) $\overline{X} \sim N(10, 0.5^2)$ $\qquad$ (b) 0.5

(c) $P(9 \leq \overline{X} \leq 11) = P(-2 \leq Z \leq 2) = 2 \times 0.9772 - 1 = 0.9544$

(d) $P(\overline{X} - 10 > 1.5\sigma_{\overline{X}}) = P(Z > 1.5) = 1 - 0.9332 = 0.0668$

9. (a) $\overline{X} \sim N(12, 0.5^2)$이므로 구하는 확률은 다음과 같다.

$$P(11.7 < \overline{X} < 12.4) = P(-0.6 < Z < 0.8)$$
$$= 0.7881 - (1 - 0.7257) = 0.5138$$

(b) $\overline{X} \sim N(12, 0.25^2)$이므로 구하는 확률은 다음과 같다.

$$P(11.7 < \overline{X} < 12.4) = P(-1.2 < Z < 1.6)$$
$$= 0.9452 - (1 - 0.8849) = 0.8301$$

(c) $\overline{X} \sim N(12, 0.2^2)$이므로 구하는 확률은 다음과 같다.

$$P(11.7 < \overline{X} < 12.4) = P(-1.5 < Z < 2)$$
$$= 0.9772 - (1 - 0.9332) = 0.9104$$

10. $\mu = 100$, $\sigma^2 = 36$, $n = 25$이므로 $\overline{X} \sim N(100, 1.2^2)$이다.

(a) $P(|\overline{X} - \mu| \geq 3) = P\left(\left|\dfrac{\overline{X} - \mu}{1.2}\right| \geq \dfrac{3}{1.2}\right) = P(|Z| \geq 2.5)$
$$= 2(1 - 0.9938) = 0.0124$$

(b) x_0을 표준화하면 $\dfrac{x_0 - 100}{1.2} = z_{0.01}$이고 $P(Z \leq 2.32) = 0.9898$, $P(Z \leq 2.33) = 0.9901$이므로 $P(Z \leq z_{0.01}) = 0.9900$을 만족하는 $z_{0.01}$을 구한다.

$$0.0003 : 0.0002 = 0.01 : z, \quad z \approx 0.007$$

따라서 $z_{0.01} \approx 2.32 + 0.007 = 2.327$이고 $x_0 = 100 + 1.2 \times 2.327 = 102.7924$이다.

11. $n = \dfrac{9}{0.18} = 50$

12. (a) $\mu = 4$, $\sigma = 1.5$인 정규모집단으로부터 $n = 50$인 표본을 추출하므로 표본평균 $\overline{X}$는 평균이 $\mu_{\overline{X}} = 4$, 분산이 $\sigma_{\overline{X}}^2 = \dfrac{2.25}{50} \approx 0.2121^2$인 정규분포를 이룬다.

(b) $P(\overline{X} \leq 3.65) \approx P(Z \leq -1.65) = 1 - 0.9505 = 0.0495$

(c) $P(\overline{X} \geq 4.59) \approx P(Z \geq 2.78) = 1 - 0.9973 = 0.0027$

(d) $P(3.5 < \overline{X} < 4.5) \approx P(-2.36 < Z < 2.36)$
$$= 2 \times 0.9909 - 1 = 0.9818$$

13. 이 자동차 모델의 질소산화물 배출량을 X라 하면 $X \sim N(0.329, 0.15^2)$이다.

(a) $P(X \leq 0.114) = P\left(Z \leq \dfrac{0.114 - 0.329}{0.15}\right) = P(Z \leq -1.43)$
$$= 1 - 0.9236 = 0.0764$$

(b) $\sigma_{\overline{X}} = \dfrac{0.15}{\sqrt{2}} \approx 0.106$이므로 구하는 확률은 다음과 같다.

$$P(\overline{X} \leq 0.114) \approx P\left(Z \leq \dfrac{0.114 - 0.329}{0.106}\right) \approx P(Z \leq -2.03)$$
$$= 1 - 0.9788 = 0.0212$$

14. 이 자동차 모델의 질소산화물 배출량을 X라 하면 $X \sim N(0.23, 0.05^2)$이다.

(a) $P(X \leq 0.12) = P\left(Z \leq \dfrac{0.12 - 0.23}{0.05}\right) = P(Z \leq -2.2)$
$$= 1 - 0.9861 = 0.0139$$

(b) $\sigma_{\overline{X}} = \dfrac{0.05}{\sqrt{2}} \approx 0.035$이므로 구하는 확률은 다음과 같다.

$$P(\overline{X} \leq 0.12) = P\left(Z \leq \dfrac{0.12 - 0.23}{0.035}\right) = P(Z \leq -3.14)$$
$$= 1 - 0.9992 = 0.0008$$

15. (a) $\overline{x} = 157$, $s^2 \approx 29.3333$이므로 $s \approx 5.42$이고 $\overline{X}$의 표준오차는 $\dfrac{s}{\sqrt{n}} = \dfrac{5.42}{\sqrt{7}} \approx 2.05$이다. 따라서 $T = \dfrac{\overline{X} - 157}{2.05} \sim t(6)$이다.

(b) $P(159.33 < \overline{X} < 160.98) \approx P(1.136 < T < 1.941)$
$$\approx (1 - 0.05) - (1 - 0.15) = 0.1$$

(c) $t_{0.01}(6) = 3.143$에서 $t_{0.01}(6) = \dfrac{x_0 - 157}{2.05} = 3.143$이므로 상위 1%인 백분위수는 다음과 같다.

$$x_0 = 157 + 2.05 \times 3.143 \approx 163.44$$

16. (a) 표본평균 $\overline{X}$의 표준오차는 $\dfrac{s}{\sqrt{n}} = \dfrac{0.4}{\sqrt{10}} \approx 0.1265$이므로 $T = \dfrac{\overline{X} - 3.4}{0.1265} \sim t(9)$이다.

(b) $\dfrac{3.26 - 3.4}{0.1265} \approx -1.1$, $\dfrac{3.7 - 3.4}{0.1265} \approx 2.372$이다. $P(T > 2.262) = 0.025$, $P(T > 2.398) = 0.02$임을 이용하여 $P(T > 2.372)$를 구한다.

$$0.136 : 0.11 = 0.005 : t_0, \, t_0 \approx 0.004$$

따라서 $P(T > 2.372) = 0.025 - 0.004 = 0.021$이므로 구하는 근사 확률은 다음과 같다.

$$P(3.26 < \overline{X} < 3.70) = P(-1.1 < T < 2.372)$$
$$= (1 - 0.021) - 0.15 = 0.829$$

(c) $t_{0.90}(9) = -t_{0.10}(9) = -1.383$이므로 하위 10%인 백분위수는 다음과 같다.

$$t_{0.90}(9) = \dfrac{x_0 - 3.4}{0.1265} = -1.383,$$
$$x_0 = 3.4 - 0.1265 \times 1.383 \approx 3.23$$

17. 면허정지 처분을 받은 사람들의 혈중알코올 농도 X_i, $i = 1$, 2, $\cdots$는 $\mu = 0.085$, $\sigma = 0.006$인 확률분포를 이루므로 표본평균 $\overline{X} = \dfrac{1}{160} \displaystyle\sum_{i=1}^{160} X_i$는 근사적으로 평균이 $\mu_{\overline{X}} = 0.085$, 표준편차가 $s = \dfrac{0.006}{\sqrt{160}} \approx 0.0047$인 정규분포를 이룬다. 즉, $\overline{X} \approx N(0.085, 0.0047^2)$이므로 구하는 확률은 다음과 같다.

$$P(0.07 < \overline{X} < 0.09) \approx P(-3.19 < Z < 2.13)$$
$$= 0.9834 - (1 - 0.9993) = 0.9827$$

18. 하루 동안 등락 금액을 X_i라 하면 X_i의 확률밀도함수는 $p(x) = \dfrac{1}{2}$, $x = -1, 1$이다.

(a) $\mu = 0$ (b) $\sigma^2 = 1 - 0^2 = 1$

(c) $\displaystyle\sum_{i=1}^{50} X_i \approx N(0, 50)$이므로 $\mu_X = 500 + \displaystyle\sum_{i=1}^{50} E(X_i) = 500$, $\sigma_X^2 = \displaystyle\sum_{i=1}^{50} Var(X_i) = 50$이다. 따라서 $X \approx N(500, 50)$이다.

(d) $P(X \geq 520) = P\left(Z \geq \dfrac{520 - 500}{\sqrt{50}}\right) \approx P(Z \geq 2.83)$
$$= 1 - 0.9977 = 0.023$$

19. $\mu_{\hat{P}} = 0.15$, $\sigma_{\hat{P}} = \sqrt{\dfrac{0.15 \times 0.85}{n}} \approx \dfrac{0.3571}{\sqrt{n}}$이므로 $\hat{P} \approx N\left(0.15, \left(\dfrac{0.3571}{\sqrt{n}}\right)^2\right)$이다.

(a) $\hat{P} \approx N(0.15, 0.05^2)$이므로 구하는 확률은 다음과 같다.
$$P(0.145 < \hat{P} < 0.155) = P(-0.1 < Z < 0.1)$$
$$= 2 \times 0.5398 - 1 = 0.0796$$

(b) $\hat{P} \approx N(0.15, 0.0357^2)$이므로 구하는 확률은 다음과 같다.
$$P(0.145 < \hat{P} < 0.155) \approx P(-0.14 < Z < 0.14)$$
$$= 2 \times 0.5557 - 1 = 0.1114$$

(c) $\hat{P} \approx N(0.15, 0.011^2)$이므로 구하는 확률은 다음과 같다.
$$P(0.145 < \hat{P} < 0.155) \approx P(-0.45 < Z < 0.45)$$
$$= 2 \times 0.6736 - 1 = 0.3472$$

20. (a) $\mu_{\hat{P}} = 0.3$, $\sigma_{\hat{P}} = \sqrt{\dfrac{0.3 \times 0.7}{100}} \approx 0.0458$에서 $\hat{P} \approx N(0.3, 0.0458^2)$이므로 구하는 확률은 다음과 같다.
$$P(\hat{P} > 0.4) \approx P(Z > 2.18) = 1 - 0.9854 = 0.0146$$

(b) $\mu_{\hat{P}} = 0.5$, $\sigma_{\hat{P}} = \sqrt{\dfrac{0.5 \times 0.5}{100}} = 0.05$에서 $\hat{P} \approx N(0.5, 0.05^2)$이므로 구하는 확률은 다음과 같다.
$$P(\hat{P} > 0.4) = P(Z > -2) = 0.9772$$

(c) $\mu_{\hat{P}} = 0.55$, $\sigma_{\hat{P}} = \sqrt{\dfrac{0.55 \times 0.45}{100}} \approx 0.0497$에서 $\hat{P} \approx N(0.55, 0.0497^2)$이므로 구하는 확률은 다음과 같다.
$$P(\hat{P} > 0.4) \approx P(Z > -3.02) = 0.9987$$

21. (a) $\mu_{\hat{P}} = 0.272$, $\sigma_{\hat{P}} = \sqrt{\dfrac{0.272 \times 0.728}{1200}} \approx 0.013$이므로 $\hat{P} \approx N(0.272, 0.013^2)$이다.

(b) $P(\hat{P} > 0.3) \approx P(Z > 2.15) = 1 - 0.9842 = 0.0158$

(c) $P(0.25 < \hat{P} < 0.3) \approx P(-1.69 < Z < 2.15)$
$$= 0.9842 - (1 - 0.9545) = 0.9387$$

(d) 1,200명 중 서울의 미래를 낙관적으로 생각하는 사람의 수를 X라 하면 X는 근사적으로 평균과 분산이 각각 다음과 같은 정규분포를 이룬다.
$$\mu_X = 1200 \times 0.272 = 326.4,$$
$$\sigma^2 = 1200 \times 0.272 \times 0.728 = 237.6192 \approx 15.41^2$$
따라서 구하는 확률은 다음과 같다.
$$P(X \geq 350) \approx P(Z \geq 1.53) = 1 - 0.9370 = 0.063$$

22. (a) $\mu_{\hat{P}} = 0.08$, $\sigma_{\hat{P}} = \sqrt{\dfrac{0.08 \times 0.92}{1000}} \approx 0.0086$이므로 $\hat{P} \approx N(0.08, 0.0086^2)$이다.

(b) $P(\hat{P} > 0.07) = P\left(Z > \dfrac{0.07 - 0.08}{0.0086}\right) \approx P(Z > -1.16)$
$$= 0.8770$$

(c) $P(0.066 < \hat{P} < 0.098) \approx P(-1.63 < Z < 2.09)$
$$= 0.9817 - (1 - 0.9484) = 0.9301$$

(d) 1,000명 중 왼손잡이의 수를 X라 하면 X는 근사적으로 평균과 분산이 각각 다음과 같은 정규분포를 이룬다.
$$\mu_X = 1000 \times 0.08 = 80,$$
$$\sigma^2 = 1000 \times 0.08 \times 0.92 = 73.6 \approx 8.58^2$$
따라서 구하는 확률은 다음과 같다.
$$P(X \geq 60) \approx P(Z \geq -2.33) = P(Z \leq 2.33) = 0.9901$$

23. (a) $\mu_{\hat{P}} = 0.05$, $\sigma_{\hat{P}} = \sqrt{\dfrac{0.05 \times 0.95}{1500}} \approx 0.0056$이므로 $\hat{P} \approx N(0.05, 0.0056^2)$이다.

(b) $p = 0.05$이므로 구하는 확률은 다음과 같다.
$$P(0.036 < \hat{P} < 0.064) = P(-2.5 < Z < 2.5)$$
$$= 2 \times 0.9938 - 1 = 0.9876$$

(c) 1,500곳의 매장 중 주제 색상을 5의 비율로 사용하는 매장 수를 X라 하면 X는 근사적으로 평균과 분산이 각각 다음과 같은 정규분포를 이룬다.

$$\mu_X = 1500 \times 0.05 = 75,$$

$$\sigma^2 = 1500 \times 0.05 \times 0.95 = 71.25 \approx 8.441^2$$

따라서 구하는 확률은 다음과 같다.

$$P(50 < X < 80) \approx P(-2.96 < Z < 1.78)$$
$$= 0.9625 - (1 - 0.9985) = 0.9610$$

(d) $z_{0.1} = 1.2817$, $z_{0.01} = 2.3267$이므로 90% 백분위수, 99% 백분위수는 각각 다음과 같다.

$$p_{0.1} = 0.05 + 0.0056 \times 1.2817 \approx 0.057,$$

$$p_{0.01} = 0.05 + 0.0056 \times 2.3267 \approx 0.063$$

24. (a) $\mu_{\hat{P}} = 0.15$, $\sigma_{\hat{P}} = \sqrt{\dfrac{0.15 \times 0.85}{2000}} \approx 0.0025$이므로 $\hat{P} \approx N(0.15, 0.0025^2)$이다.

(b) $p = 0.15$이므로 구하는 확률은 다음과 같다.

$$P(0.144 < \hat{P} < 0.156) = P(-2.4 < Z < 2.4)$$
$$= 2 \times 0.9918 - 1 = 0.9836$$

(c) $z_{0.1} = 1.2817$, $z_{0.05} = 1.645$, $z_{0.01} = 2.3267$이므로 90% 백분위수, 95% 백분위수, 99% 백분위수는 각각 다음과 같다.

$$p_{0.1} = 0.15 + 0.0025 \times 1.2817 \approx 0.153,$$

$$p_{0.05} = 0.15 + 0.0025 \times 1.645 \approx 0.154,$$

$$p_{0.01} = 0.15 + 0.0025 \times 2.3267 \approx 0.156$$

25. (a) $V = \dfrac{(n-1)S^2}{\sigma^2} = \dfrac{9S^2}{4} \sim \chi^2(9)$

(b) $\bar{x} = 6.06$이므로 $s_0^2 = 4.376$이다.

(c) $P(S^2 \geq v_1) = P\left(V \geq \dfrac{9v_1}{4}\right) = P(V \geq \chi_{0.9}^2(9)) = 0.9$이므로 v_1은 다음과 같다.

$$\frac{9v_1}{4} = \chi_{0.9}^2(9) = 4.17, \ v_1 = \frac{4 \times 4.17}{9} \approx 1.853$$

(d) $P(S^2 > v_2) = P\left(V > \dfrac{9v_2}{4}\right) = P(V > \chi_{0.05}^2(9)) = 0.05$이므로 v_2는 다음과 같다.

$$\frac{9v_2}{4} = \chi_{0.05}^2(9) = 16.92, \ v_2 = \frac{4 \times 16.92}{9} = 7.52$$

26. (a) $V = \dfrac{(n-1)S^2}{\sigma^2} = \dfrac{15S^2}{\sigma^2} \sim \chi^2(15)$

(b) $\bar{x} = 2.9$이므로 $s_0^2 \approx 0.1221$이다.

(c) $\sigma^2 = 0.2447^2 \approx 0.0599$이므로 $v_0 = \dfrac{15 \times 0.1221}{0.0599} \approx 30.58$이다.

(d) $P(S^2 > 0.1221) \approx P\left(\dfrac{15S^2}{0.0599} > 30.58\right) = P(V > 30.58)$
$$= 0.01$$

(e) $P(S^2 \geq v_1) = P\left(V \geq \dfrac{15v_1}{0.0599}\right) = P(V \geq \chi_{0.75}^2(15)) = 0.75$이므로 v_1은 다음과 같다.

$$\frac{15v_1}{0.0599} = \chi_{0.75}^2(15) = 11.04, \ v_1 = \frac{0.0599 \times 11.04}{15} \approx 0.0441$$

(f) $P(S^2 > v_2) = P\left(\dfrac{15S^2}{0.0599} > \dfrac{15v_2}{0.0599}\right)$
$$= P\left(\frac{15S^2}{0.0599} > \chi_{0.05}^2(15)\right) = 0.05$$

이므로 v_2는 다음과 같다.

$$\frac{15v_2}{0.0599} = \chi_{0.05}^2(15) = 25, \ v_2 = \frac{25 \times 0.0599}{15} \approx 0.0998$$

27. (a) $\mu_{\bar{X}-\bar{Y}} = 154 - 145 = 9$, $\sigma_{\bar{X}-\bar{Y}} = \sqrt{\dfrac{9}{36} + \dfrac{25}{49}} \approx 0.8719$ 이므로 $\bar{X} - \bar{Y} \sim N(9, 0.8719^2)$이다.

(b) $P(\bar{X} - \bar{Y} \geq 10) \approx P(Z \geq 1.15) = 1 - 0.8749 = 0.1251$

(c) $P(7.2 < \bar{X} - \bar{Y} < 11.6) \approx P(-2.06 < Z < 2.98)$
$$= 0.9986 - (1 - 0.9803) = 0.9789$$

(d) $\sigma_{\bar{X}-\bar{Y}} = \sqrt{\dfrac{25}{36} + \dfrac{25}{49}} \approx 1.0976$이므로 구하는 확률은 다음과 같다.

$$P(7.2 < \bar{X} - \bar{Y} < 11.6) \approx P(-1.64 < Z < 2.37)$$
$$= 0.9911 - (1 - 0.9495) = 0.9406$$

(e) $\sigma_{\bar{X}-\bar{Y}} = \sqrt{\dfrac{9}{36} + \dfrac{25}{36}} \approx 0.9718$이므로 구하는 확률은 다음과 같다.

$$P(7.2 < \bar{X} - \bar{Y} < 11.6) \approx P(-1.85 < Z < 2.68)$$
$$= 0.9963 - (1 - 0.9678) = 0.9641$$

28. $\mu_{\bar{X}-\bar{Y}} = 20 - 15 = 5$, $\sigma_{\bar{X}-\bar{Y}} = \sqrt{\dfrac{25}{100} + \dfrac{16}{100}} \approx 0.64$ 이므로 $\bar{X} - \bar{Y} \sim N(5, 0.64^2)$이다.

(a) $P(|\bar{X} - \bar{Y}| < 3.5) = P\left(Z < \dfrac{3.5 - 5}{0.64}\right) \approx P(Z < -2.34)$
$$= 1 - 0.9904 = 0.0096$$

(b) $P(\bar{X} - \bar{Y} > 6) = P\left(Z > \dfrac{6 - 5}{0.64}\right) \approx P(Z > 1.56)$
$$= 1 - 0.9406 = 0.0594$$

29. (a) $\mu_{\overline{X}-\overline{Y}} = 55 - 53 = 2$, $\sigma_{\overline{X}-\overline{Y}} = \sqrt{\dfrac{25}{25} + \dfrac{64}{50}} \approx 1.51$에서 $\overline{X} - \overline{Y} \sim N(2, 1.51^2)$이므로 구하는 확률은 다음과 같다.

$$P(\overline{X} - \overline{Y} > 0) = P\left(Z > \dfrac{0-2}{1.51}\right) \approx P(Z > -1.32)$$
$$= P(Z \le 1.32) = 0.9066$$

(b) $\mu_{\overline{X}-\overline{Y}} = 255 - 253 = 2$에서 $\overline{X} - \overline{Y} \sim N(2, 1.51^2)$이므로 구하는 확률은 다음과 같다.

$$P(\overline{X} - \overline{Y} > 0) = P\left(Z > \dfrac{0-2}{1.51}\right) \approx P(Z > -1.32)$$
$$= P(Z \le 1.32) = 0.9066$$

(c) $\sigma_{\overline{X}-\overline{Y}} = \sqrt{\dfrac{100}{25} + \dfrac{256}{50}} \approx 3.02$에서 $\overline{X} - \overline{Y} \sim N(2, 3.02^2)$이므로 구하는 확률은 다음과 같다.

$$P(\overline{X} - \overline{Y} > 0) = P\left(Z > \dfrac{0-2}{3.02}\right) \approx P(Z > -0.66)$$
$$= P(Z \le 0.66) = 0.7454$$

(d) $\sigma_{\overline{X}-\overline{Y}} = \sqrt{\dfrac{25}{50} + \dfrac{64}{25}} \approx 1.75$에서 $\overline{X} - \overline{Y} \sim N(2, 1.75^2)$이므로 구하는 확률은 다음과 같다.

$$P(\overline{X} - \overline{Y} > 0) = P\left(Z > \dfrac{0-2}{1.75}\right) \approx P(Z > -1.14)$$
$$= P(Z \le 1.14) = 0.8729$$

30. 선정된 남자 직원과 여자 직원의 평균 근속 연수를 각각 $\overline{X}$, $\overline{Y}$라 하면 $\mu_{\overline{X}-\overline{Y}} = 11.3 - 8.8 = 2.5$, $\sigma_{\overline{X}-\overline{Y}} = \sqrt{\dfrac{49}{10} + \dfrac{25}{10}} \approx 2.72$이므로 $\overline{X} - \overline{Y} \sim N(2.5, 2.72^2)$이다.

(a) $P(\overline{X} - \overline{Y} > 6.5) \approx P(Z > 1.47) = 1 - 0.9292 = 0.0708$

(b) $P(|\overline{X} - \overline{Y}| \le 8) \approx P(|Z| \le 2.02) = 2 \times 0.9783 - 1 = 0.9566$

31. 선정된 남자 직원과 여자 직원의 평균 연봉을 각각 $\overline{X}$, $\overline{Y}$라 하면 $\mu_{\overline{X}-\overline{Y}} = 8992 - 5949 = 3043$, $\sigma_{\overline{X}-\overline{Y}} = \sqrt{\dfrac{4000}{10} + \dfrac{2000}{10}} \approx 24.5$이므로 $\overline{X} - \overline{Y} \sim N(3043, 24.5^2)$이다.

(a) $P(\overline{X} - \overline{Y} > 3000) = P\left(Z > \dfrac{3000 - 3043}{24.5}\right)$
$$\approx P(Z > -1.76) = 0.9608$$

(b) $P(|\overline{X} - \overline{Y}| \le 3100) = P\left(Z > \dfrac{3100 - 3043}{24.5}\right)$
$$\approx P(|Z| > 2.33) = 2 \times 0.9901 - 1$$
$$= 0.9802$$

32. 표본으로 선정된 남자와 여자의 평균 데이트 비용을 각각 $\overline{X}$, $\overline{Y}$라 하면 $\mu_{\overline{X}-\overline{Y}} = 44500 - 34100 = 10400$, $\sigma_{\overline{X}-\overline{Y}} = \sqrt{\dfrac{3000^2}{15} + \dfrac{2100^2}{20}} \approx 905.815$이므로 $\overline{X} - \overline{Y} \sim N(10400, 905.815^2)$이다.

(a) 남자의 데이트 비용을 X라 하면 $X \sim N(44500, 3000^2)$이므로 구하는 확률은 다음과 같다.

$$P(X > 50000) \approx P(Z > 1.83) = 1 - 0.9664 = 0.0036$$

(b) 여자의 데이트 비용을 Y라 하면 $Y \sim N(34100, 2100^2)$이므로 구하는 확률은 다음과 같다.

$$P(Y > 40000) \approx P(Z > 2.81) = 1 - 0.9975 = 0.0025$$

(c) $z_{0.05} = 1.645$이므로 구하는 금액은 각각 다음과 같다.

$$z_{0.05} = \dfrac{x_{0.05} - 44500}{3000} = 1.645,$$
$$x_{0.05} = 44500 + 3000 \times 1.645 = 49435$$
$$z_{0.05} = \dfrac{y_{0.05} - 34100}{2100} = 1.645,$$
$$y_{0.05} = 34100 + 2100 \times 1.645 \approx 37555$$

(d) $P(\overline{X} - \overline{Y} > 12800) \approx P(Z > 2.65) = 1 - 0.9960 = 0.0040$

(e) $P(9150 < \overline{X} - \overline{Y} < 12250) \approx P(-1.38 < Z < 2.04)$
$$= 0.9793 - (1 - 0.9162)$$
$$= 0.8955$$

(f) $z_{0.025} = 1.96$이므로 $x_0 = 10400 + 905.815 \times 1.96 \approx 12175$이다.

33. 선정된 남성과 여성의 평균 키를 각각 $\overline{X}$, $\overline{Y}$라 하면 $\mu_{\overline{X}-\overline{Y}} = 173.4 - 160.3 = 13.1$, $\sigma_{\overline{X}-\overline{Y}} = \sqrt{\dfrac{5.5^2}{100} + \dfrac{4.9^2}{100}} \approx 0.7366$이므로 $\overline{X} - \overline{Y} \approx (13.1, 0.7366^2)$이다. 따라서 구하는 근사 확률은 다음과 같다.

$$P(\overline{X} - \overline{Y} > 12) = P\left(Z > \dfrac{12 - 13.1}{0.7366}\right)$$
$$\approx P(Z > -1.49) = 0.9319$$

34. (a) $s_p^2 = \dfrac{1}{15 + 12 - 2}(14s_1^2 + 11s_2^2) = 694.96$, $s_p = \sqrt{694.96} \approx 26.362$

(b) $\overline{X} - \overline{Y}$의 표준오차는 $s_p \sqrt{\dfrac{1}{n} + \dfrac{1}{m}} = 26.362 \times \sqrt{0.15} \approx 10.21$

이고, $\mu_X - \mu_Y = 30$이므로 $T = \dfrac{(\overline{X} - \overline{Y}) - 30}{10.21}$은 자유도 25인 t−분포를 이룬다.

(c) $t_{0.1}(25) = 1.316$이므로 90% 백분위수는 다음과 같다.

$$t_{0.1}(25) = \frac{t_0 - 30}{10.21} = 1.316,$$

$$t_0 = 30 + 10.21 \times 1.316 \approx 43.44$$

35. (a) $\nu = \dfrac{(s_1^2/n + s_2^2/m)^2}{\dfrac{(s_1^2/n)^2}{n-1} + \dfrac{(s_2^2/m)^2}{m-1}} = \dfrac{(25^2/15 + 28^2/12)^2}{\dfrac{(25^2/15)^2}{14} + \dfrac{(28^2/12)^2}{11}}$

≈ 22.359에서 자유도는 $\nu = 22$, $\overline{X} - \overline{Y}$의 표준오차는

$\sqrt{\dfrac{S_1^2}{n} + \dfrac{S_2^2}{m}} = \sqrt{\dfrac{25^2}{15} + \dfrac{28^2}{12}} \approx 10.344$이고, $\mu_X - \mu_Y = 30$이므로 $T = \dfrac{(\overline{X} - \overline{Y}) - 30}{10.344}$은 자유도 22인 t−분포를 이룬다.

(b) $t_{0.1}(22) = 1.321$이므로 근사적인 90% 백분위수는 다음과 같다.

$$t_{0.1}(22) = \frac{t_0 - 30}{10.344} = 1.321, \ t_0 = 30 + 10.344 \times 1.321 \approx 43.66$$

36. $\dfrac{n + m - 2}{\sigma^2} = \dfrac{10}{16} = \dfrac{5}{8}$이므로 합동표본분산 S_p^2에 대해 $\dfrac{5}{8}S_p^2 \sim \chi^2(10)$이다. $\chi_{0.05}^2(10) = 18.31$이므로 95% 백분위수는 다음과 같다.

$$\chi_{0.05}^2(10) = \frac{5}{8}s_0 = 18.31, \ s_0 = \frac{8 \times 18.31}{5} = 29.296$$

37. (a) $\dfrac{n + m - 2}{\sigma^2} = \dfrac{12}{25}$이므로 합동표본분산 S_p^2에 대해 $\dfrac{12}{25}S_p^2 \sim \chi^2(12)$이다.

(b) $\chi_{0.05}^2(12) = 21.03$이므로 95% 백분위수는 다음과 같다.

$$\chi_{0.05}^2(12) = \frac{12}{25}s_0 = 21.03, \ s_0 = \frac{25 \times 21.03}{12} = 43.8125$$

(c) $P(S_p^2 > 54.625) = P\left(\dfrac{12}{25}S_p^2 > \dfrac{12 \times 54.625}{25}\right)$

$$= P(V > 26.22) = 0.01$$

38. $n = 6$, $m = 8$이고 $\sigma_1^2 = 9$, $\sigma_2^2 = 8$이므로 $\dfrac{S_1^2/9}{S_2^2/8} = \dfrac{8S_1^2}{9S_2^2} \sim F(5, 7)$이다.

(a) $f_{0.05}(5, 7) = 3.97$이므로 s_0은 다음과 같다.

$$\frac{8}{9}s_0 = f_{0.05}(5, 7) = 3.97, \ s_0 = \frac{9 \times 3.97}{8} \approx 4.466$$

(b) $f_{0.95}(5, 7) = \dfrac{1}{f_{0.05}(7, 5)} = \dfrac{1}{4.88} \approx 0.205$이므로 s_1은 다음과 같다.

$$\frac{8}{9}s_1 = f_{0.95}(5, 7) = 0.205, \ s_1 = \frac{9 \times 0.205}{8} \approx 0.231$$

39. 표본 1과 표본 2의 표본평균을 각각 $\overline{X}$, $\overline{Y}$라 하자.

(a) $s_p^2 = \dfrac{1}{13 + 17 - 2}(12 \times 10.5^2 + 16 \times 9.8^2) = 102.13$

(b) $\mu_1 - \mu_2 = 0$, $s_p = \sqrt{102.13} \approx 10.106$이고, $\overline{X} - \overline{Y}$의 표준오차는 $10.106\sqrt{\dfrac{1}{13} + \dfrac{1}{17}} \approx 3.723$이므로 $T = \dfrac{\overline{X} - \overline{Y}}{3.723} \sim t(28)$이다. 따라서 구하는 확률은 다음과 같다.

$$P(\overline{X} - \overline{Y} > 7.62) = P\left(T > \frac{7.62}{3.723}\right) \approx P(T > 2.047) \approx 0.025$$

(c) $V = \dfrac{28}{100}S_p^2 \sim \chi^2(28)$이므로 구하는 확률은 다음과 같다.

$$P(S_p^2 > 158.8) = P\left(\frac{28}{100}S_p^2 \geq \frac{28 \times 158.8}{100}\right)$$

$$\approx P(V > 44.46) = 0.025$$

(d) $\sigma_1^2 = 100$, $\sigma_2^2 = 81$이므로 $\dfrac{S_1^2/\sigma_1^2}{S_2^2/\sigma_2^2} = \dfrac{81S_1^2}{100S_2^2} \sim F(12, 16)$이다. 이때 $f_{0.05}(12, 16) = 2.425$이므로 구하는 확률은 다음과 같다.

$$P(S_1^2 > 2.994S_2^2) = P\left(\frac{S_1^2}{S_2^2} > 2.994\right)$$

$$= P\left(\frac{81S_1^2}{100S_2^2} > \frac{81 \times 2.994}{100}\right)$$

$$\approx P(F > 2.425) = 0.05$$

40.

(a) $s_p^2 = \dfrac{1}{10 + 14 - 2}(9 \times 1.5^2 + 13 \times 1.2^2) = \dfrac{38.97}{22} \approx 1.7714$

(b) $\mu_1 - \mu_2 = 0$, $s_p = \sqrt{1.7714} \approx 1.33$이다. $\overline{X} - \overline{Y}$의 표준오차는 $1.33\sqrt{\dfrac{1}{10} + \dfrac{1}{14}} \approx 0.55$이므로 $T = \dfrac{\overline{X} - \overline{Y}}{0.55} \sim t(22)$이다. $t_{0.05}(22) = 1.717$이므로 $t_{0.05}(22) = \dfrac{x_0}{0.55} = 1.717$, $x_0 \approx 0.9444$이다.

(c) $V = \dfrac{22}{2.25}S_p^2 \sim \chi^2(22)$, $\chi_{0.05}^2(22) = 33.92$이므로 s_0은 다음과 같다.

$$\chi_{0.05}^2(22) = \frac{22}{2.25}s_0 = 33.92, \ s_0 = \frac{2.25 \times 33.92}{22} \approx 3.469$$

(d) $\sigma_1^2 = 1.44$, $\sigma_2^2 = 1.21$이므로 $F = \dfrac{S_1^2/1.44}{S_2^2/1.21} = \dfrac{1.21S_1^2}{1.44S_2^2} \sim$ $F(9, 13)$이다. $f_{0.05}(9, 13) = 2.71$이므로 f_0은 다음과 같다.

$$f_{0.05}(9, 13) = \frac{1.21}{1.44}\, f_0 = 2.71, \quad f_0 = \frac{2.71 \times 1.44}{1.21} \approx 3.225$$

41. 무죄를 주장하는 피고인이 교도소로 수감되는 비율을 p_1, 유죄를 인정하는 피고인이 교도소로 수감되는 비율을 p_2라 하면 $p_1 = 0.847$, $p_2 = 0.521$이므로 $p_1 - p_2 = 0.326$이다.
$$\sqrt{\frac{p_1 q_1}{n} + \frac{p_2 q_2}{m}} = \sqrt{\frac{0.847 \times 0.153}{100} + \frac{0.521 \times 0.479}{100}} \approx 0.062$$
이므로 $\hat{P}_1 - \hat{P}_2 \approx N(0.326, 0.062^2)$이다. 따라서 구하는 확률은 다음과 같다.

$$P(\hat{P}_1 - \hat{P}_2 > 0.3) = P\left(\frac{(\hat{P}_1 - \hat{P}_2) - 0.326}{0.062} > \frac{0.3 - 0.326}{0.062}\right)$$
$$\approx P(Z > -0.42) = 0.6628$$

42. (a) 커피 브랜드를 좋아하는 여성의 비율을 p_1, 남성의 비율을 p_2라 하면 $p_1 = 0.27$, $p_2 = 0.22$이므로 $p_1 - p_2 = 0.05$이다.
$$\sqrt{\frac{p_1 q_1}{n} + \frac{p_2 q_2}{m}} = \sqrt{\frac{0.27 \times 0.73}{250} + \frac{0.22 \times 0.78}{250}} \approx 0.0384$$
이므로 $\hat{P}_1 - \hat{P}_2 \approx N\left(0.05, 0.0384^2\right)$이다.

(b) $P(\hat{P}_1 - \hat{P}_2 \le 0.01) \approx P(Z < -1.04) = 1 - 0.8508 = 0.1492$

(c) 관찰된 여성의 비율은 $\hat{p}_1 = \dfrac{69}{250} = 0.276$, 남성의 비율은 $\hat{p}_2 = \dfrac{58}{250} = 0.232$이므로 $\hat{p}_1 - \hat{p}_2 = 0.044$이다. 따라서 구하는 확률은 다음과 같다.

$$P(\hat{P}_1 - \hat{P}_2 > 0.044) \approx P(Z > -0.16) = 0.5636$$

(d) $\dfrac{p_0 - 0.05}{0.0384} = z_{0.025} = 1.96$,

$p_0 = 0.05 + 1.96 \times 0.0384 \approx 0.1253$

43. (a) 한국어 교육을 받을 의향이 있는 중화권 외국어 주민의 비율을 p_1, 북미 및 유럽권 외국어 주민의 비율을 p_2라 하면 $p_1 = p_2 = 0.93$이므로 $p_1 - p_2 = 0$이다.
$$\sqrt{\frac{p_1 q_1}{n} + \frac{p_2 q_2}{m}} = \sqrt{\frac{0.93 \times 0.07}{131} + \frac{0.93 \times 0.07}{48}} \approx 0.043$$
이므로 $\hat{P}_1 - \hat{P}_2 \approx N(0, 0.043^2)$이다.

(b) $P(\hat{P}_1 - \hat{P}_2 \le 0.05) = P\left(Z < \dfrac{0.05}{0.043}\right) \approx P(Z \le 1.16)$
$$= 0.8770$$

(c) 관찰된 중화권의 비율은 $\hat{p}_1 = 0.939$, 북미 및 유럽권의 비율은 $\hat{p}_2 = 0.938$이므로 $\hat{p}_1 - \hat{p}_2 = 0.001$이다. 따라서 구하는 확률은 다음과 같다.

$$P(\hat{P}_1 - \hat{P}_2 > 0.001) \approx P(Z > 0.02) = 1 - 0.5080 = 0.492$$

(d) $P(\hat{p}_1 - \hat{p}_2 > p_0) = P\left(Z > \dfrac{p_0}{0.043}\right) = P(Z > z_{0.05}) = 0.05$, $z_{0.05} = 1.645$이므로 $p_0 = 1.645 \times 0.043 \approx 0.0707$이다.

실전문제

1. 공무원 필기시험에 합격한 응시생의 시험 점수를 X라 하면 $X \sim N(74, 12^2)$이고, 이로부터 $n = 100$인 표본을 추출하므로 $\overline{X} \sim N(74, 1.2^2)$이다.

(a) $P(\overline{X} \le 70) \approx P(Z \le -3.33) = 1 - 0.9996 = 0.0004$

(b) $P(72 < \overline{X} < 75) \approx P(-1.67 < Z < 0.83)$
$$= 0.7967 - (1 - 0.9525) = 0.7492$$

(c) $P(\overline{X} \ge 77) = P(Z \ge 2.5) = 1 - 0.9938 = 0.0062$

2. $\mu_{\hat{P}} = 0.78$, $\sigma_{\hat{P}} = \sqrt{\dfrac{0.78 \times 0.22}{n}} \approx \dfrac{0.4142}{\sqrt{n}}$이므로 $\hat{P} \approx N\left(0.78, \left(\dfrac{0.4142}{\sqrt{n}}\right)^2\right)$이다.

(a) $\hat{P} \approx N(0.78, 0.04142^2)$이므로 구하는 근사 확률은 다음과 같다.

$$P(\hat{P} > 0.75) = P\left(Z > \frac{0.75 - 0.78}{0.04142}\right)$$
$$\approx P(Z > -0.72) = 0.7642$$

(b) $\hat{P} \approx N(0.78, 0.0131^2)$이므로 구하는 근사 확률은 다음과 같다.

$$P(\hat{P} > 0.75) = P\left(Z > \frac{0.75 - 0.78}{0.0131}\right)$$
$$\approx P(Z > -2.29) = 0.9890$$

(c) $\hat{P} \approx N(0.78, 0.0093^2)$이므로 구하는 근사 확률은 다음과 같다.

$$P(\hat{P} > 0.75) = P\left(Z > \frac{0.75 - 0.78}{0.0093}\right)$$
$$\approx P(Z > -3.23) = 0.9994$$

표본의 크기가 커질수록 75% 이상이 현 체제를 선호할 확률이 커짐을 알 수 있다.

3. 실험에 참가한 환자들에 대한 진통제 A의 평균 치료 시간을 $\overline{X}$, 진통제 B의 평균 치료 시간을 $\overline{Y}$라 하면 $\mu_{\overline{X}-\overline{Y}} = 1$, $\sigma_{\overline{X}-\overline{Y}} = \sqrt{\dfrac{4}{75} + \dfrac{9}{50}} \approx 0.483$이므로 $\overline{X} - \overline{Y} \approx N(1, 0.483^2)$이다. 따라서 구하는 확률은 다음과 같다.

$$P(\overline{X} - \overline{Y} < 0) = P\left(Z < \frac{0-1}{0.483}\right) = P(Z < -2.07)$$
$$= 1 - 0.9808 = 0.0192$$

4. 월요일과 다른 요일에 만들어진 자동차의 결함 비율을 각각 p_1, p_2라 하면 $p_1 - p_2 = 0.002$이고, 두 표본비율 $\hat{P}_1$, $\hat{P}_2$에 대해 $\hat{P}_1 - \hat{P}_2$의 표준오차는 다음과 같다.

$$\sqrt{\frac{p_1 q_1}{n} + \frac{p_2 q_2}{m}} = \sqrt{\frac{0.008 \times 0.992}{125} + \frac{0.006 \times 0.994}{155}} \approx 0.01$$

따라서 $\hat{P}_1 - \hat{P}_2 \approx N(0.002, 0.01^2)$이므로 구하는 확률은 다음과 같다.

$$P(\hat{P}_1 - \hat{P}_2 > 0) = P\left(Z > -\frac{0.002}{0.01}\right) = P(Z > -0.2)$$
$$= 1 - 0.5793 = 0.4207$$

|Chapter 09| 단일 모집단의 추정

개념문제

1. 추정량
2. 점추정
3. 구간추정
4. 불편성
5. 표본평균, 표본분산, 표본비율
6. 유효추정량
7. 일치추정량
8. 신뢰구간
9. 아니다.
10. 정규분포
11. $\left(\overline{x} - z_{\alpha/2} \dfrac{\sigma}{\sqrt{n}}, \overline{x} + z_{\alpha/2} \dfrac{\sigma}{\sqrt{n}}\right)$
12. $e = z_{\alpha/2} \dfrac{\sigma}{\sqrt{n}}$
13. t-분포
14. $\left(x - t_{\alpha/2}(n-1)\dfrac{s}{\sqrt{n}}, x + t_{\alpha/2}(n-1)\dfrac{s}{\sqrt{n}}\right)$
15. $e = t_{\alpha/2}(n-1)\dfrac{s}{\sqrt{n}}$
16. $\left(\hat{p} - z_{\alpha/2}\sqrt{\dfrac{\hat{p}\hat{q}}{n}}, \hat{p} + z_{\alpha/2}\sqrt{\dfrac{\hat{p}\hat{q}}{n}}\right)$
17. $e = z_{\alpha/2}\sqrt{\dfrac{\hat{p}\hat{q}}{n}}$
18. 카이제곱분포
19. $\left(\dfrac{(n-1)s^2}{\chi_{\alpha/2}^2(n-1)}, \dfrac{(n-1)s^2}{\chi_{1-\alpha/2}^2(n-1)}\right)$
20. $n = \left(z_{\alpha/2}\dfrac{\sigma^*}{d}\right)^2$
21. $n \geq \dfrac{z_{\alpha/2}^2}{4d^2}$

연습문제

1. (a) $E(X_1) = E(X_2) = \mu$이므로 각 추정량의 평균은 다음과 같다.

$E(\hat{\mu}_1) = E(X_1) = \mu$,

$E(\hat{\mu}_2) = \dfrac{1}{2}E(X_1 + X_2) = \dfrac{1}{2}[E(X_1) + E(X_2)] = \dfrac{1}{2}(\mu + \mu) = \mu$,

$E(\hat{\mu}_3) = \dfrac{1}{3}E(X_1 + 2X_2) = \dfrac{1}{3}[E(X_1) + 2E(X_2)] = \dfrac{1}{3}(\mu + 2\mu) = \mu$,

$E(\hat{\mu}_4) = E\left(\overline{X} + \dfrac{1}{2}\right) = \mu + \dfrac{1}{2}$

따라서 $\hat{\mu}_1, \hat{\mu}_2, \hat{\mu}_3$은 불편추정량이고 $\hat{\mu}_4$은 편의추정량이다.

(b) $Var(X_1) = Var(X_2) = \sigma^2$이라 하면 각 추정량의 분산은 다음과 같다.

$Var(\hat{\mu}_1) = Var(X_1) = \sigma^2$,

$Var(\hat{\mu}_2) = \dfrac{1}{4}Var(X_1 + X_2) = \dfrac{1}{4}[Var(X_1) + Var(X_2)]$
$= \dfrac{1}{4}(\sigma^2 + \sigma^2) = \dfrac{\sigma^2}{2}$,

$Var(\hat{\mu}_3) = \dfrac{1}{9}Var(X_1 + 2X_2) = \dfrac{1}{9}[Var(X_1) + 4Var(X_2)]$
$= \dfrac{1}{9}(\sigma^2 + 4\sigma^2) = \dfrac{5}{9}\sigma^2$,

$Var(\hat{\mu}_4) = Var\left(\overline{X} + \dfrac{1}{2}\right) = Var(\overline{X}) = \dfrac{\sigma^2}{2}$

따라서 $Var(\hat{\mu}_2) = Var(\hat{\mu}_4) < Var(\hat{\mu}_3) < Var(\hat{\mu}_1)$이므로 유효추정량은 $\hat{\mu}_2$와 $\hat{\mu}_4$이다.

(c) $\hat{\mu}_2$

2. (a) $E(X_1) = E(X_2) = E(X_3) = \mu$이므로 각 추정량의 평균은 다음과 같다.

$E(\hat{\mu}_1) = \dfrac{1}{2}E(X_1 + X_2) = \dfrac{1}{2}(\mu + \mu) = \mu$,

$E(\hat{\mu}_2) = \dfrac{1}{3}E(X_1 + X_2 + X_3) = \dfrac{1}{3}(\mu + \mu + \mu) = \mu$,

$E(\hat{\mu}_3) = \dfrac{1}{4}E(2X_1 + X_2 + X_3) = \dfrac{1}{4}(2\mu + \mu + \mu) = \mu$,

$E(\hat{\mu}_4) = \dfrac{1}{5}E(2X_1 + 2X_2 + X_3) = \dfrac{1}{5}(2\mu + 2\mu + \mu) = \mu$

따라서 $\hat{\mu}_1, \hat{\mu}_2, \hat{\mu}_3, \hat{\mu}_4$ 모두 불편추정량이다.

(b) $Var(X_1) = Var(X_2) = Var(X_3) = \sigma^2$이라 하면 각 추정량의 분산은 다음과 같다.

$$Var(\hat{\mu}_1) = \frac{1}{4}Var(X_1 + X_2) = \frac{1}{4}(\sigma^2 + \sigma^2) = \frac{\sigma^2}{2},$$

$$Var(\hat{\mu}_2) = \frac{1}{9}Var(X_1 + X_2 + X_3) = \frac{1}{9}(\sigma^2 + \sigma^2 + \sigma^2) = \frac{\sigma^2}{3},$$

$$Var(\hat{\mu}_3) = \frac{1}{16}Var(2X_1 + X_2 + X_3) = \frac{1}{16}(4\sigma^2 + \sigma^2 + \sigma^2) = \frac{3}{8}\sigma^2,$$

$$Var(\hat{\mu}_4) = \frac{1}{25}Var(2X_1 + 2X_2 + X_3) = \frac{1}{25}(4\sigma^2 + 4\sigma^2 + \sigma^2)$$
$$= \frac{9}{25}\sigma^2$$

따라서 $Var(\hat{\mu}_2) < Var(\hat{\mu}_4) < Var(\hat{\mu}_3) < Var(\hat{\mu}_1)$이므로 유효추정량은 $\hat{\mu}_2$이다.

(c) $\hat{\mu}_2$

3. (a) $e = 1.96\frac{1}{\sqrt{25}} = 0.392$ (b) $e = 1.96\frac{2}{\sqrt{25}} = 0.784$

(c) $e = 1.96\frac{5}{\sqrt{25}} = 1.96$ (d) $e = 1.96\frac{10}{\sqrt{25}} = 3.92$

모표준편차가 커질수록 신뢰구간의 폭이 넓어진다.

4. (a) $e = 1.96\frac{2}{\sqrt{20}} \approx 0.8765$ (b) $e = 1.96\frac{2}{\sqrt{50}} \approx 0.5544$

(c) $e = 1.96\frac{2}{\sqrt{100}} = 0.392$ (d) $e = 1.96\frac{2}{\sqrt{200}} \approx 0.2772$

표본의 크기가 커질수록 신뢰구간의 폭이 좁아진다.

5. (a) $e_{90\%} = z_{0.05}\frac{\sigma}{\sqrt{n}} = 1.645\frac{1.2}{\sqrt{25}} = 0.3948$이므로 신뢰하한과 신뢰상한은 다음과 같다.

$$\bar{x} - e_{90\%} = 12.4 - 0.3948 = 12.0052,$$
$$\bar{x} + e_{90\%} = 12.4 + 0.3948 = 12.7948$$

따라서 90% 신뢰구간은 (12.0052, 12.7948)이다.

(b) $e_{95\%} = z_{0.025}\frac{\sigma}{\sqrt{n}} = 1.96\frac{1.2}{\sqrt{25}} = 0.4704$이므로 신뢰하한과 신뢰상한은 다음과 같다.

$$\bar{x} - e_{95\%} = 12.4 - 0.4704 = 11.9296,$$
$$\bar{x} + e_{95\%} = 12.4 + 0.4704 = 12.8704$$

따라서 95% 신뢰구간은 (11.9296, 12.8704)이다.

(c) $e_{99\%} = z_{0.005}\frac{\sigma}{\sqrt{n}} = 2.58\frac{1.2}{\sqrt{25}} = 0.6192$이므로 신뢰하한과 신뢰상한은 다음과 같다.

$$\bar{x} - e_{99\%} = 12.4 - 0.6192 = 11.7808,$$
$$\bar{x} + e_{99\%} = 12.4 + 0.6492 = 13.0492$$

따라서 95% 신뢰구간은 (11.7808, 13.0492)이다.
신뢰도가 커질수록 신뢰구간의 폭이 넓어진다.

6. (a) $e = t_{0.025}(15)\frac{s}{\sqrt{n}} = 2.131\frac{1}{\sqrt{16}} \approx 0.5328$

(b) $e = t_{0.025}(15)\frac{s}{\sqrt{n}} = 2.131\frac{1.5}{\sqrt{16}} \approx 0.7991$

(c) $e = t_{0.025}(15)\frac{s}{\sqrt{n}} = 2.131\frac{2}{\sqrt{16}} = 1.0655$

(d) $e = t_{0.025}(15)\frac{s}{\sqrt{n}} = 2.131\frac{4}{\sqrt{16}} = 2.131$

표본표준편차가 커질수록 신뢰구간의 폭이 넓어진다.

7. (a) $e = t_{0.025}(9)\frac{s}{\sqrt{n}} = 2.262\frac{2}{\sqrt{10}} \approx 1.4306$

(b) $e = t_{0.025}(19)\frac{s}{\sqrt{n}} = 2.093\frac{2}{\sqrt{20}} \approx 0.9360$

(c) $e = t_{0.025}(40)\frac{s}{\sqrt{n}} = 2.021\frac{2}{\sqrt{41}} \approx 0.6313$

(d) $e = t_{0.025}(80)\frac{s}{\sqrt{n}} = 1.990\frac{2}{\sqrt{81}} \approx 0.4422$

표본의 크기가 커질수록 신뢰구간의 폭이 좁아진다.

8. (a) $e_{90\%} = t_{0.05}(24)\frac{s}{\sqrt{n}} = 1.711\frac{1.25}{\sqrt{25}} \approx 0.4278$이므로 신뢰하한과 신뢰상한은 다음과 같다.

$$\bar{x} - e_{90\%} = 9.4 - 0.4278 = 8.9722,$$
$$\bar{x} + e_{90\%} = 9.4 + 0.4278 = 9.8278$$

따라서 90% 신뢰구간은 (8.9722, 9.8278)이다.

(b) $e_{95\%} = t_{0.025}(24)\frac{s}{\sqrt{n}} = 2.064\frac{1.25}{\sqrt{25}} = 0.516$이므로 신뢰하한과 신뢰상한은 다음과 같다.

$$\bar{x} - e_{95\%} = 9.4 - 0.516 = 8.884,$$
$$\bar{x} + e_{95\%} = 9.4 + 0.516 = 9.916$$

따라서 95% 신뢰구간은 (8.884, 9.916)이다.

(c) $e_{99\%} = t_{0.005}(24)\frac{s}{\sqrt{n}} = 2.797\frac{1.25}{\sqrt{25}} \approx 0.6993$이므로 신뢰하한과 신뢰상한은 다음과 같다.

$$\bar{x} - e_{99\%} = 9.4 - 0.6993 = 8.7007,$$
$$\bar{x} + e_{99\%} = 9.4 + 0.6993 = 10.0993$$

따라서 99% 신뢰구간은 (8.7007, 10.0993)이다.
신뢰도가 커질수록 신뢰구간의 폭이 넓어진다.

9. (a) $e = 1.96\sqrt{\frac{0.54 \times 0.46}{50}} \approx 0.1381$

(b) $e = 1.96\sqrt{\frac{0.54 \times 0.46}{100}} \approx 0.0977$

(c) $e = 1.96\sqrt{\dfrac{0.54 \times 0.46}{150}} \approx 0.0798$

(d) $e = 1.96\sqrt{\dfrac{0.54 \times 0.46}{200}} \approx 0.0691$

표본의 크기가 커질수록 신뢰구간의 폭이 좁아진다.

10. $\bar{x} = 2.31$, $e_{90\%} = 1.645\dfrac{3}{\sqrt{20}} \approx 1.103$이므로 신뢰하한과 신뢰상한은 다음과 같다.

$$\bar{x} - e_{90\%} = 2.31 - 1.103 = 1.207,$$
$$\bar{x} + e_{90\%} = 2.31 + 1.103 = 3.413$$

따라서 90% 신뢰구간은 (1.207, 3.413)이다.

11. $\bar{x} = 3.344$, $e_{99\%} = 2.58\dfrac{0.5}{\sqrt{50}} \approx 0.18$이므로 신뢰하한과 신뢰상한은 다음과 같다.

$$\bar{x} - e_{99\%} = 3.344 - 0.18 = 3.164,$$
$$\bar{x} + e_{99\%} = 3.344 + 0.18 = 3.524$$

따라서 99% 신뢰구간은 (3.164, 3.524)이다.

12. $\bar{x} = 91.66$, $e_{95\%} = 1.96\dfrac{3.2}{\sqrt{30}} \approx 1.145$이므로 신뢰하한과 신뢰상한은 다음과 같다.

$$\bar{x} - e_{95\%} = 91.66 - 1.145 = 90.515,$$
$$\bar{x} + e_{95\%} = 91.66 + 1.145 = 92.805$$

따라서 95% 신뢰구간은 (90.515, 92.805)이다.

13. $\bar{x} = 91.9$, $e_{90\%} = 1.645\dfrac{15}{\sqrt{20}} \approx 5.52$이므로 신뢰하한과 신뢰상한은 다음과 같다.

$$\bar{x} - e_{90\%} = 91.9 - 5.52 = 86.38,$$
$$\bar{x} + e_{90\%} = 91.9 + 5.52 = 97.42$$

따라서 90% 신뢰구간은 (86.38, 97.42)이다.

14. $\bar{x} = 30.425$, $e_{95\%} = 1.96\dfrac{3}{\sqrt{40}} \approx 0.93$이므로 신뢰하한과 신뢰상한은 다음과 같다.

$$\bar{x} - e_{95\%} = 30.425 - 0.93 = 29.495,$$
$$\bar{x} + e_{95\%} = 30.425 + 0.93 = 31.355$$

따라서 95% 신뢰구간은 (29.495, 31.355)이다.

15. (a) $e_{95\%} = 1.96\dfrac{8.5}{\sqrt{2490}} \approx 0.33$이므로 신뢰하한과 신뢰상한은 다음과 같다.

$$\bar{x} - e_{95\%} = 60.8 - 0.33 = 60.47,$$
$$\bar{x} + e_{95\%} = 60.8 + 0.33 = 61.13$$

따라서 95% 신뢰구간은 (60.47, 61.13)이다.

(b) $e_{90\%} = 1.645\dfrac{4.5}{\sqrt{336}} \approx 0.4$이므로 신뢰하한과 신뢰상한은 다음과 같다.

$$\bar{x} - e_{90\%} = 65.7 - 0.4 = 65.3,$$
$$\bar{x} + e_{90\%} = 65.7 + 0.4 = 66.1$$

따라서 90% 신뢰구간은 (65.3, 66.1)이다.

(c) $e_{99\%} = 2.58\dfrac{8.7}{\sqrt{314}} \approx 1.3$이므로 신뢰하한과 신뢰상한은 다음과 같다.

$$\bar{x} - e_{99\%} = 49.5 - 1.3 = 48.2,$$
$$\bar{x} + e_{99\%} = 49.5 + 1.3 = 50.8$$

따라서 99% 신뢰구간은 (48.2, 50.8)이다.

16. $e_{98\%} = 2.33 \times \dfrac{1.5}{\sqrt{100}} = 0.3495$이므로 신뢰하한과 신뢰상한은 다음과 같다.

$$\bar{x} - e_{98\%} = 9.84 - 0.3495 = 9.4905,$$
$$\bar{x} + e_{98\%} = 9.84 + 0.3495 = 10.1895$$

따라서 98% 근사 신뢰구간은 (9.4905, 10.1895)이다.

17. $e_{95\%} = 1.96\dfrac{12.5}{\sqrt{64}} \approx 3.06$이므로 신뢰하한과 신뢰상한은 다음과 같다.

$$\bar{x} - e_{95\%} = 165 - 3.06 = 161.94,$$
$$\bar{x} + e_{95\%} = 165 + 3.06 = 168.06$$

따라서 95% 근사 신뢰구간은 (161.94, 168.06)이다.

18. (a) $\bar{x} = 44.075$

(b) $s^2 \approx 9.866$, $s \approx 3.14$, $t_{0.025}(39) \approx 2.023$이므로

$e_{95\%} = 2.023\dfrac{3.14}{\sqrt{40}} \approx 1.004$이다.

(c) (43.071, 45.079)

19. (a) $\bar{x} = 60.4$

(b) $s^2 \approx 78.5429$, $s \approx 8.86$, $t_{0.005}(14) = 2.977$이므로

$e_{99\%} = 2.977\dfrac{8.86}{\sqrt{15}} \approx 6.81$이다.

(c) (53.59, 67.21)

20. $\bar{x} = 12.8$, $s^2 = 17.6$, $s \approx 4.2$, $t_{0.025}(14) = 2.145$이므로 $e_{95\%} = 2.145\dfrac{4.2}{\sqrt{15}} \approx 2.33$이고 신뢰하한과 신뢰상한은 다음과 같다.

$$\bar{x} - e_{95\%} = 12.8 - 2.33 = 10.47,$$
$$\bar{x} + e_{95\%} = 12.8 + 2.33 = 15.13$$

따라서 95% 신뢰구간은 (10.47, 15.13)이다.

21. $\bar{x} = 16.2$, $s^2 \approx 13.408$, $s \approx 3.66$, $t_{0.025}(29) = 2.045$이므로 $e_{95\%} = 2.045\dfrac{3.66}{\sqrt{30}} \approx 1.367$이고 신뢰하한과 신뢰상한은 다음과 같다.

$$\bar{x} - e_{95\%} = 16.2 - 1.367 = 14.833,$$
$$\bar{x} + e_{95\%} = 16.2 + 1.367 = 17.567$$

따라서 95% 신뢰구간은 (14.833, 17.567)이다.

22. $\bar{x} = 60$, $s^2 \approx 5.0053$, $s \approx 2.2373$, $t_{0.005}(15) = 2.947$이므로 $e_{99\%} = 2.947\dfrac{2.2373}{\sqrt{16}} \approx 1.648$이고 신뢰하한과 신뢰상한은 다음과 같다.

$$\bar{x} - e_{99\%} = 60 - 1.648 = 58.352,$$
$$\bar{x} + e_{99\%} = 60 + 1.648 = 61.648$$

따라서 99% 신뢰구간은 (58.352, 61.648)이다.

23. $\bar{x} = 45$, $s^2 \approx 305.5556$, $s \approx 17.48$, $t_{0.05}(9) = 1.833$이므로 $e_{90\%} = 1.833\dfrac{17.48}{\sqrt{10}} \approx 10.13$이고 신뢰하한과 신뢰상한은 다음과 같다.

$$\bar{x} - e_{90\%} = 45 - 10.13 = 34.87,$$
$$\bar{x} + e_{90\%} = 45 + 10.13 = 55.13$$

따라서 90% 신뢰구간은 (34.87, 55.13)이다.

24. $e_{95\%} = 1.96\sqrt{\dfrac{0.231 \times 0.769}{680}} \approx 0.032$이므로 신뢰하한과 신뢰상한은 다음과 같다.

$$\hat{p} - e_{95\%} = 0.231 - 0.032 = 0.199,$$
$$\hat{p} + e_{95\%} = 0.231 + 0.032 = 0.263$$

따라서 95% 근사 신뢰구간은 (0.199, 0.263)이다.

25. $e_{90\%} = 1.645\sqrt{\dfrac{0.97 \times 0.03}{720}} \approx 0.0105$이므로 신뢰하한과 신뢰상한을 계산한다.

$$\hat{p} - e_{90\%} = 0.97 - 0.0105 = 0.9595,$$
$$\hat{p} + e_{90\%} = 0.97 + 0.0105 = 0.9805$$

따라서 90% 근사 신뢰구간은 (0.9595, 0.9805)이다.

26. $e_{99\%} = 2.58\sqrt{\dfrac{0.793 \times 0.207}{1000}} \approx 0.033$이므로 신뢰하한과 신뢰상한은 다음과 같다.

$$\hat{p} - e_{99\%} = 0.793 - 0.033 = 0.760,$$
$$\hat{p} + e_{99\%} = 0.793 + 0.033 = 0.826$$

따라서 99% 근사 신뢰구간은 (0.760, 0.826)이다.

27. (a) $\hat{p} = \dfrac{12}{20} = 0.6$에서 $e_{95\%} = 1.96\sqrt{\dfrac{0.6 \times 0.4}{20}} \approx 0.2147$이므로 신뢰하한과 신뢰상한은 다음과 같다.

$$\hat{p} - e_{95\%} = 0.6 - 0.2147 = 0.3853,$$
$$\hat{p} + e_{95\%} = 0.6 + 0.2147 = 0.8147$$

따라서 95% 근사 신뢰구간은 (0.3853, 0.8147)이다.

(b) $\hat{p} = \dfrac{10}{25} = 0.4$에서 $e_{90\%} = 1.645\sqrt{\dfrac{0.4 \times 0.6}{25}} \approx 0.1612$이므로 신뢰하한과 신뢰상한은 다음과 같다.

$$\hat{p} - e_{90\%} = 0.4 - 0.1612 = 0.2388,$$
$$\hat{p} + e_{90\%} = 0.4 + 0.1612 = 0.5612$$

따라서 90% 근사 신뢰구간은 (0.2388, 0.5612)이다.

28. $\hat{p} = \dfrac{35}{100} = 0.35$에서 $e_{98\%} = 2.33\sqrt{\dfrac{0.35 \times 0.65}{100}} \approx 0.1111$이므로 신뢰하한과 신뢰상한은 다음과 같다.

$$\hat{p} - e_{98\%} = 0.35 - 0.1111 = 0.2389,$$
$$\hat{p} + e_{98\%} = 0.35 + 0.1111 = 0.4611$$

따라서 98% 근사 신뢰구간은 (0.2389, 0.4611)이다.

29. (a) $e_{95\%} = 1.96\sqrt{\dfrac{0.23 \times 0.77}{14950}} \approx 0.0067$이므로 신뢰하한과 신뢰상한은 다음과 같다.

$$\hat{p} - e_{95\%} = 0.23 - 0.0067 = 0.2233,$$
$$\hat{p} + e_{95\%} = 0.23 + 0.0067 = 0.2367$$

따라서 95% 신뢰구간은 (0.2233, 0.2367)이다.

(b) $e_{90\%} = 1.645\sqrt{\dfrac{0.268 \times 0.732}{4500}} \approx 0.0109$이므로 신뢰하한과 신뢰상한은 다음과 같다.

$$\hat{p} - e_{90\%} = 0.268 - 0.0109 = 0.2571,$$
$$\hat{p} + e_{90\%} = 0.268 + 0.0109 = 0.2789$$

따라서 90% 신뢰구간은 (0.2571, 0.2789)이다.

(c) $e_{99\%} = 2.58\sqrt{\dfrac{0.198 \times 0.802}{9450}} \approx 0.0106$이므로 신뢰하한과 신뢰상한은 다음과 같다.

$$\hat{p} - e_{99\%} = 0.198 - 0.0106 = 0.1874,$$
$$\hat{p} + e_{99\%} = 0.198 + 0.0106 = 0.2086$$

따라서 99% 신뢰구간은 (0.1874, 0.2086)이다.

30. $\dfrac{9s^2}{\chi_{0.025}^2(9)} = \dfrac{9 \times 2.56}{19.02} \approx 1.21$, $\dfrac{9s^2}{\chi_{0.975}^2(9)} = \dfrac{9 \times 2.56}{2.7} \approx 8.53$
이므로 95% 신뢰구간은 (1.21, 8.53)이다.

31. $\dfrac{14s^2}{\chi_{0.05}^2(14)} = \dfrac{14 \times 5.76}{23.68} \approx 3.41$, $\dfrac{14s^2}{\chi_{0.95}^2(14)} = \dfrac{14 \times 5.76}{6.57} \approx$
12.27이므로 모분산에 대한 90% 신뢰구간은 (3.41, 12.27)이다.
따라서 모표준편차에 대한 90% 신뢰구간은 (1.847, 3.503)이다.

32. $\bar{x} = 15$, $s^2 \approx 0.7364$이므로 신뢰하한과 신뢰상한은 다음과 같다.

$$\dfrac{11s^2}{\chi_{0.025}^2(11)} = \dfrac{11 \times 0.7364}{21.92} \approx 0.37,$$
$$\dfrac{11s^2}{\chi_{0.975}^2(11)} = \dfrac{11 \times 0.7364}{3.82} \approx 2.12$$

따라서 모분산과 모표준편차에 대한 95% 신뢰구간은 각각 (0.37, 2.12), (0.608, 1.456)이다.

33. $n = \left(1.96 \times \dfrac{7}{0.5}\right)^2 = 752.9536 \approx 753$

34. $n \geq \left(1.645 \times \dfrac{0.02}{0.004}\right)^2 \approx 67.65 \approx 68$

35. $n \geq \dfrac{1.96^2}{4 \times 0.01^2} = 9604$

36. $n = 1.645^2 \dfrac{0.78 \times 0.22}{0.025^2} \approx 742.97 \approx 743$

37. (a) $n = 1.96^2 \dfrac{0.224 \times 0.776}{0.02^2} \approx 1669.41 \approx 1670$

(b) $n \geq \dfrac{1.96^2}{4 \times 0.02^2} = 2401$

38. (a) $n \geq \dfrac{1.96^2}{4 \times 0.03^2} \approx 1067.11 \approx 1068$

(b) $e_{95\%} = 1.96\sqrt{\dfrac{0.65 \times 0.35}{1068}} \approx 0.0286$이므로 신뢰하한과 신뢰상한은 다음과 같다.

$$\hat{p} - e_{95\%} = 0.65 - 0.0286 = 0.6214,$$
$$\hat{p} + e_{95\%} = 0.65 + 0.0286 = 0.6786$$

따라서 95% 신뢰구간은 (0.6214, 0.6786)이다.

(c) $n = 1.96^2 \dfrac{0.65 \times 0.35}{0.03^2} \approx 971.071 \approx 972$

(d) $e_{95\%} = 1.96\sqrt{\dfrac{0.65 \times 0.35}{972}} \approx 0.03$이므로 신뢰하한과 신뢰상한은 다음과 같다.

$$\hat{p} - e_{95\%} = 0.65 - 0.03 = 0.62,$$
$$\hat{p} + e_{95\%} = 0.65 + 0.03 = 0.68$$

따라서 95% 신뢰구간은 (0.62, 0.68)이다.

실전문제

1. $\bar{x} = 334$, $e_{95\%} = 1.96\dfrac{9.1}{\sqrt{30}} \approx 3.26$이므로 신뢰하한과 신뢰상한은 다음과 같다.

$$\bar{x} - e_{95\%} = 334 - 3.26 = 330.74,$$
$$\bar{x} + e_{95\%} = 334 + 3.26 = 337.26$$

따라서 95% 신뢰구간은 (330.74, 337.26)이다.

2. $\bar{x} = 30.2$, $e_{98\%} = 2.33\dfrac{10}{\sqrt{40}} \approx 3.684$이므로 신뢰하한과 신뢰상한은 다음과 같다.

$$\bar{x} - e_{98\%} = 30.2 - 3.684 = 26.516,$$
$$\bar{x} + e_{98\%} = 30.2 + 3.684 = 33.884$$

따라서 98% 신뢰구간은 (26.516, 33.884)이다.

3. $\bar{x} \approx 0.0053$, $s^2 \approx 2.2 \times 10^{-7}$, $s \approx 0.00047$, $t_{0.025}(16) = 2.120$
에서 $e_{95\%} = 2.12\dfrac{0.00047}{\sqrt{17}} \approx 0.00024$이므로 신뢰하한과 신뢰상한은 다음과 같다.

$$\bar{x} - e_{95\%} = 0.0053 - 0.00024 = 0.00506,$$
$$\bar{x} + e_{95\%} = 0.0053 + 0.00024 = 0.00554$$

따라서 95% 신뢰구간은 (0.00506, 0.00554)이다.

|Chapter 10| 두 모집단의 추정

개념문제

1. 표준정규분포 **2.** 표본평균의 차

3. $1.96\sqrt{\dfrac{\sigma_1^2}{n} + \dfrac{\sigma_2^2}{m}}$ **4.** t−분포

5. 합동표본분산 **6.** 일반적으로 다르다.

7. $t-$분포   **8.** 표본비율의 차

9. $z_{\alpha/2}\sqrt{\dfrac{\hat{p}_1\hat{q}_1}{n}+\dfrac{\hat{p}_2\hat{q}_2}{m}}$ **10.** $F-$분포

연습문제

1. $\bar{x}-\bar{y}=1.8$, $e_{95\%}=1.96\sqrt{\dfrac{2}{36}+\dfrac{2.4}{25}}\approx0.763$이므로 신뢰하한과 신뢰상한은 다음과 같다.

$$(\bar{x}-\bar{y})-e_{95\%}=1.8-0.763=1.037,$$
$$(\bar{x}-\bar{y})+e_{95\%}=1.8+0.763=2.563$$

따라서 95% 신뢰구간은 (1.037, 2.563)이다.

2. $\bar{x}-\bar{y}=16$, $t_{0.025}(17)=2.110$, $s_p^2=\dfrac{1}{17}(7\times14.5+10\times13.2)$ ≈13.7353, $s_p\approx3.706$에서 $e_{95\%}=(2.110\times3.706)\sqrt{\dfrac{1}{8}+\dfrac{1}{11}}$ ≈3.6335이므로 신뢰하한과 신뢰상한은 다음과 같다.

$$(\bar{x}-\bar{y})-e_{95\%}=16-3.6335=12.3665,$$
$$(\bar{x}-\bar{y})+e_{95\%}=16+3.6335=19.6335$$

따라서 95% 신뢰구간은 (12.3665, 19.6335)이다.

3. $\bar{x}-\bar{y}=4$, $\nu=\dfrac{\left(\dfrac{14.5}{8}+\dfrac{13.2}{11}\right)^2}{\dfrac{1}{7}\left(\dfrac{14.5}{8}\right)^2+\dfrac{1}{10}\left(\dfrac{13.2}{11}\right)^2}\approx14.8\approx14$,

$t_{0.025}(14)=2.145$에서 $e_{95\%}=2.145\sqrt{\dfrac{14.5}{8}+\dfrac{13.2}{11}}\approx3.723$이므로 신뢰하한과 신뢰상한은 다음과 같다.

$$(\bar{x}-\bar{y})-e_{95\%}=4-3.723=0.277,$$
$$(\bar{x}-\bar{y})+e_{95\%}=4+3.723=7.723$$

따라서 95% 근사 신뢰구간은 (0.277, 7.723)이다.

4. $\bar{x}-\bar{y}=0$, $e_{95\%}=1.96\sqrt{\dfrac{4}{64}+\dfrac{4}{85}}\approx0.6488$이므로 신뢰하한과 신뢰상한은 다음과 같다.

$$(\bar{x}-\bar{y})-e_{95\%}=0-0.6488=-0.6488,$$
$$(\bar{x}-\bar{y})+e_{95\%}=0+0.6488=0.6488$$

따라서 95% 신뢰구간은 (−0.6488, 0.6488)이다.

5. (a) $\bar{x}-\bar{y}=14$ (b) $\sigma_{\bar{x}-\bar{y}}=\sqrt{\dfrac{125}{18}+\dfrac{256}{24}}\approx4.197$

(c) $e=1.645\times4.197\approx6.9$ (d) (7.1, 20.9)

6. $\bar{x}-\bar{y}=534$, $\sigma_1^2=47089$, $\sigma_2^2=20164$에서

$e_{99\%}=2.58\sqrt{\dfrac{47089}{150}+\dfrac{20164}{100}}\approx58.58$이므로 신뢰하한과 신뢰상한은 다음과 같다.

$$(\bar{x}-\bar{y})-e_{99\%}=534-58.58=475.42,$$
$$(\bar{x}-\bar{y})+e_{99\%}=534+58.58=592.58$$

따라서 99% 신뢰구간은 (475.42, 592.58)이다.

7. $\bar{x}-\bar{y}=18$, $\sigma_1^2=64$, $\sigma_2^2=169$에서

$e_{95\%}=1.96\sqrt{\dfrac{64}{7}+\dfrac{169}{9}}\approx10.36$이므로 신뢰하한과 신뢰상한은 다음과 같다.

$$(\bar{x}-\bar{y})-e_{95\%}=18-10.36=7.64,$$
$$(\bar{x}-\bar{y})+e_{95\%}=18+10.36=28.36$$

따라서 95% 신뢰구간은 (7.64, 28.36)이다.

8. $\bar{x}-\bar{y}=6$, $\sigma_1^2=20.25$, $\sigma_2^2=9.61$에서

$e_{90\%}=1.645\sqrt{\dfrac{20.25}{36}+\dfrac{9.61}{36}}\approx1.5$이므로 신뢰하한과 신뢰상한은 다음과 같다.

$$(\bar{x}-\bar{y})-e_{90\%}=6-1.5=4.5,$$
$$(\bar{x}-\bar{y})+e_{90\%}=6+1.5=7.5$$

따라서 90% 신뢰구간은 (4.5, 7.5)이다.

9. (a) $\bar{x}-\bar{y}=12.5$, $\sigma_1^2=18.49$, $\sigma_2^2=9.61$에서

$e_{95\%}=1.96\sqrt{\dfrac{18.49}{260}+\dfrac{9.61}{250}}\approx0.65$이므로 신뢰하한과 신뢰상한은 다음과 같다.

$$(\bar{x}-\bar{y})-e_{95\%}=12.5-0.65=11.85,$$
$$(\bar{x}-\bar{y})+e_{95\%}=12.5+0.65=13.15$$

따라서 95% 신뢰구간은 (11.85, 13.15)이다.

(b) $\bar{x}-\bar{y}=13.4$, $\sigma_1^2=20.25$, $\sigma_2^2=6.25$에서

$e_{98\%}=2.33\sqrt{\dfrac{20.25}{260}+\dfrac{6.25}{250}}\approx0.75$이므로 신뢰하한과 신뢰상한은 다음과 같다.

$$(\bar{x}-\bar{y})-e_{98\%}=13.4-0.75=12.65,$$
$$(\bar{x}-\bar{y})+e_{98\%}=13.4+0.75=14.15$$

따라서 98% 신뢰구간은 (12.65, 14.15)이다.

(c) $\hat{p}_2-\hat{p}_1=0.03$,

$e_{90\%} = 1.645 \sqrt{\dfrac{0.441 \times 0.559}{250} + \dfrac{0.411 \times 0.589}{260}} \approx 0.072$이므로 신뢰하한과 신뢰상한은 다음과 같다.

$$(\hat{p}_2 - \hat{p}_1) - e_{90\%} = 0.03 - 0.072 = -0.042,$$
$$(\hat{p}_2 - \hat{p}_1) + e_{90\%} = 0.03 + 0.072 = 0.102$$

따라서 90% 근사 신뢰구간은 (−0.042, 0.102)이다.

(d) $\hat{p}_1 - \hat{p}_2 = 0.133$,

$e_{98\%} = 2.33 \sqrt{\dfrac{0.689 \times 0.311}{260} + \dfrac{0.556 \times 0.444}{250}} \approx 0.099$이므로 신뢰하한과 신뢰상한은 다음과 같다.

$$(\hat{p}_1 - \hat{p}_2) - e_{98\%} = 0.133 - 0.099 = 0.034,$$
$$(\hat{p}_1 - \hat{p}_2) + e_{98\%} = 0.133 + 0.099 = 0.232$$

따라서 98% 근사 신뢰구간은 (0.034, 0.232)이다.

10. $\bar{x} - \bar{y} = 5.8$, $\sigma_1^2 = 4$, $\sigma_2^2 = 5.76$에서

$e_{95\%} = 1.96 \sqrt{\dfrac{4}{30} + \dfrac{5.76}{20}} \approx 1.27$이므로 신뢰하한과 신뢰상한은 다음과 같다.

$$(\bar{x} - \bar{y}) - e_{95\%} = 5.8 - 1.27 = 4.53,$$
$$(\bar{x} - \bar{y}) + e_{95\%} = 5.8 + 1.27 = 7.07$$

따라서 95% 신뢰구간은 (4.53, 7.07)이다.

11. $\bar{x} - \bar{y} = 2.3$, $\sigma_1^2 = 9$, $\sigma_2^2 = 9$에서

$e_{90\%} = 1.645 \sqrt{\dfrac{9}{15} + \dfrac{9}{10}} \approx 2.01$이므로 신뢰하한과 신뢰상한은 다음과 같다.

$$(\bar{x} - \bar{y}) - e_{90\%} = 2.3 - 2.01 = 0.29,$$
$$(\bar{x} - \bar{y}) + e_{90\%} = 2.3 + 2.01 = 4.31$$

따라서 90% 신뢰구간은 (0.29, 4.31)이다.

12. $\bar{x} - \bar{y} = 45.8 - 34.4 = 11.4$, $\sigma_1^2 = 31.36$, $\sigma_2^2 = 10.24$에서

$e_{98\%} = 2.33 \sqrt{\dfrac{31.36}{15} + \dfrac{10.24}{20}} \approx 3.76$이므로 신뢰하한과 신뢰상한은 다음과 같다.

$$(\bar{x} - \bar{y}) - e_{98\%} = 11.4 - 3.76 = 7.64,$$
$$(\bar{x} - \bar{y}) + e_{98\%} = 11.4 + 3.76 = 15.16$$

따라서 98% 신뢰구간은 (7.64, 15.16)이다.

13. $\bar{x} - \bar{y} = 7.7$, $t_{0.025}(25) = 2.060$,

$s_p^2 = \dfrac{1}{25}(14 \times 5.4^2 + 11 \times 2.2^2) = 18.4592$, $s_p \approx 4.296$에서

$e_{95\%} = 2.06 \times 4.296 \sqrt{\dfrac{1}{15} + \dfrac{1}{12}} \approx 3.43$이므로 신뢰하한과 신뢰상한은 다음과 같다.

$$(\bar{x} - \bar{y}) - e_{95\%} = 7.7 - 3.43 = 4.27,$$
$$(\bar{x} - \bar{y}) + e_{95\%} = 7.7 + 3.43 = 11.13$$

따라서 95% 신뢰구간은 (4.27, 11.13)이다.

14. $\bar{x} - \bar{y} = 0.8$, $t_{0.05}(18) = 1.734$,

$s_p^2 = \dfrac{1}{18}(6 \times 2^2 + 12 \times 2.4^2) \approx 5.173$, $s_p \approx 2.2744$에서

$e_{90\%} = (1.734 \times 2.2744) \sqrt{\dfrac{1}{7} + \dfrac{1}{13}} \approx 1.85$이므로 신뢰하한과 신뢰상한은 다음과 같다.

$$(\bar{x} - \bar{y}) - e_{90\%} = 0.8 - 1.85 = -1.05,$$
$$(\bar{x} - \bar{y}) + e_{90\%} = 0.8 + 1.85 = 2.65$$

따라서 90% 신뢰구간은 (−1.05, 2.65)이다.

15. $\bar{x} - \bar{y} = 23$, $t_{0.005}(40) = 2.704$,

$s_p^2 = \dfrac{1}{40}(23 \times 15^2 + 17 \times 21^2) = 316.8$, $s_p \approx 17.799$에서

$e_{99\%} = (2.704 \times 17.799) \sqrt{\dfrac{1}{24} + \dfrac{1}{18}} \approx 15.00$이므로 신뢰하한과 신뢰상한은 다음과 같다.

$$(\bar{x} - \bar{y}) - e_{99\%} = 23 - 15 = 8,$$
$$(\bar{x} - \bar{y}) + e_{99\%} = 23 + 15 = 38$$

따라서 99% 신뢰구간은 (8, 38)이다.

16. $\bar{x} \approx 69.7$, $\bar{y} = 53.5$, $s_1^2 \approx 27.9$, $s_2^2 \approx 9.5$, $t_{0.025}(11) = 2.201$에서 $\bar{x} - \bar{y} = 16.2$, $s_p^2 = \dfrac{1}{11}(6 \times 27.9 + 5 \times 9.5) \approx 19.54$, $s_p \approx 4.42$이므로 $e_{95\%} = (2.201 \times 4.42) \sqrt{\dfrac{1}{7} + \dfrac{1}{6}} \approx 5.41$이고 신뢰하한과 신뢰상한은 다음과 같다.

$$(\bar{x} - \bar{y}) - e_{95\%} = 16.2 - 5.41 = 10.79,$$
$$(\bar{x} - \bar{y}) + e_{95\%} = 16.2 + 5.41 = 21.61$$

따라서 95% 신뢰구간은 (10.79, 21.61)이다.

17. $\bar{x} \approx 90.3$, $\bar{y} = 83.8$, $s_1^2 \approx 76.011$, $s_2^2 \approx 125.07$, $t_{0.025}(18) = 2.101$에서 $\bar{x} - \bar{y} = 6.5$, $s_p^2 = \dfrac{1}{18}(9 \times 76.011 + 9 \times 125.07) = 100.5405$, $s_p \approx 10.027$이므로 $e_{95\%} = (2.101 \times 10.027) \sqrt{\dfrac{1}{10} + \dfrac{1}{10}} \approx 9.42$이고 신뢰하한과 신뢰상한은 다음과 같다.

$$(\bar{x} - \bar{y}) - e_{95\%} = 6.5 - 9.42 = -2.92,$$
$$(\bar{x} - \bar{y}) + e_{95\%} = 6.5 - 9.42 = 15.92$$

따라서 95% 신뢰구간은 $(-2.92, 15.92)$이다.

18. $\bar{x} - \bar{y} = 2.9$, $t_{0.01}(30) = 2.457$,

$s_p^2 = \dfrac{1}{30}(14 \times 2.1^2 + 16 \times 3.7^2) \approx 9.3593$, $s_p \approx 3.06$이므로

$e_{98\%} = (2.457 \times 3.06)\sqrt{\dfrac{1}{15} + \dfrac{1}{17}} \approx 2.66$이고 신뢰하한과 신뢰상한은 다음과 같다.

$$(\bar{x} - \bar{y}) - e_{98\%} = 2.9 - 2.66 = 0.24,$$
$$(\bar{x} - \bar{y}) + e_{98\%} = 2.9 + 2.66 = 5.56$$

따라서 98% 신뢰구간은 $(0.24, 5.56)$이다.

19. $\bar{x} - \bar{y} = 11.7$, $t_{0.005}(40) = 2.704$,

$s_p^2 = \dfrac{1}{40}(20 \times 12^2 + 20 \times 15^2) = 184.5$, $s_p \approx 13.58$이므로

$e_{99\%} = (2.704 \times 13.58)\sqrt{\dfrac{1}{21} + \dfrac{1}{21}} \approx 11.33$이고 신뢰상한은 다음과 같다.

$$(\bar{x} - \bar{y}) - e_{99\%} = 11.7 - 11.33 = 0.37,$$
$$(\bar{x} - \bar{y}) + e_{99\%} = 11.7 + 11.33 = 23.03$$

따라서 99% 신뢰구간은 $(0.37, 23.03)$이다.

20. (a) **서울 지역**

$\bar{x} = 0.0747$, $s_1^2 \approx 0.000168$, $s_1 \approx 0.013$, $t_{0.025}(9) = 2.262$에서

$e_{95\%} = 2.262\dfrac{0.013}{\sqrt{10}} \approx 0.0093$이므로 신뢰하한과 신뢰상한은 다음과 같다.

$$\bar{x} - e_{95\%} = 0.0747 - 0.0093 = 0.0654,$$
$$\bar{x} + e_{95\%} = 0.0747 + 0.0093 = 0.0840$$

따라서 95% 신뢰구간은 $(0.0654, 0.0840)$이다.

부산 지역

$\bar{y} = 0.0762$, $s_2^2 \approx 0.0000731$, $s_2 \approx 0.0085$, $t_{0.025}(9) = 2.262$에서 $e_{95\%} = 2.262\dfrac{0.0085}{\sqrt{10}} \approx 0.00608$이므로 신뢰하한과 신뢰상한은 다음과 같다.

$$\bar{x} - e_{95\%} = 0.0762 - 0.00608 = 0.07012,$$
$$\bar{x} + e_{95\%} = 0.0762 + 0.00608 = 0.08228$$

따라서 95% 신뢰구간은 $(0.07012, 0.08228)$이다.

(b) $\bar{x} - \bar{y} = -0.0015$, $t_{0.025}(18) = 2.101$,

$s_p^2 = \dfrac{1}{18}(9 \times 0.000168 + 9 \times 0.0000731) \approx 0.000121$,

$s_p = 0.011$이므로 $e_{95\%} = (2.101 \times 0.011)\sqrt{\dfrac{1}{10} + \dfrac{1}{10}} \approx 0.01$이고 신뢰하한과 신뢰상한은 다음과 같다.

$$(\bar{x} - \bar{y}) - e_{95\%} = -0.0015 - 0.01 = -0.0115,$$
$$(\bar{x} - \bar{y}) + e_{95\%} = -0.0015 + 0.01 = 0.0085$$

따라서 95% 신뢰구간은 $(-0.0115, 0.0085)$이다.

21. $\bar{x} = 14$, $\bar{y} = 12.2$, $s_1^2 = 1.6667$, $s_2^2 = 2.7$,

$\nu = \dfrac{\left(\dfrac{1.6667}{7} + \dfrac{2.7}{5}\right)^2}{\dfrac{1}{6}\left(\dfrac{1.6667}{7}\right)^2 + \dfrac{1}{4}\left(\dfrac{2.7}{5}\right)^2} \approx 7.35 \approx 7$, $t_{0.025}(7) = 2.365$이므

로 $\bar{x} - \bar{y} = 1.8$, $e_{95\%} = 2.365\sqrt{\dfrac{1.6667}{7} + \dfrac{2.7}{5}} \approx 2.086$이고 신뢰하한과 신뢰상한은 다음과 같다.

$$(\bar{x} - \bar{y}) - e_{95\%} = 1.8 - 2.086 = -0.286,$$
$$(\bar{x} - \bar{y}) + e_{95\%} = 1.8 + 2.086 = 3.886$$

따라서 95% 근사 신뢰구간은 $(-0.286, 3.886)$이다.

22. $\bar{x} - \bar{y} = 22$, $s_1^2 = 18.49$, $s_2^2 = 26.01$,

$\nu = \dfrac{\left(\dfrac{18.49}{7} + \dfrac{26.01}{8}\right)^2}{\dfrac{1}{6}\left(\dfrac{18.49}{7}\right)^2 + \dfrac{1}{7}\left(\dfrac{26.01}{8}\right)^2} \approx 12.99 \approx 12$, $t_{0.05}(12) = 1.782$

이므로 $e_{90\%} = 1.782\sqrt{\dfrac{18.49}{7} + \dfrac{26.01}{8}} \approx 4.33$이고 신뢰하한과 신뢰상한은 다음과 같다.

$$(\bar{x} - \bar{y}) - e_{90\%} = 22 - 4.33 = 17.67,$$
$$(\bar{x} - \bar{y}) + e_{90\%} = 22 + 4.33 = 26.33$$

따라서 90% 근사 신뢰구간은 $(17.67, 26.33)$이다.

23. $\bar{x} = 4.5$, $\bar{y} = 4.5$, $s_1^2 = 2$, $s_2^2 = 3.1$,

$\nu = \dfrac{\left(\dfrac{2}{8} + \dfrac{3.1}{6}\right)^2}{\dfrac{1}{7}\left(\dfrac{2}{8}\right)^2 + \dfrac{1}{5}\left(\dfrac{3.1}{6}\right)^2} \approx 9.43 \approx 9$, $t_{0.01}(9) = 2.821$이므로

$\bar{x} - \bar{y} = 0$, $e_{98\%} = 2.821\sqrt{\dfrac{2}{8} + \dfrac{3.1}{6}} \approx 2.47$이고 신뢰하한과 신뢰상한은 다음과 같다.

$$(\bar{x} - \bar{y}) - e_{98\%} = 0 - 2.47 = -2.47,$$
$$(\bar{x} - \bar{y}) + e_{98\%} = 0 + 2.47 = 2.47$$

따라서 98% 근사 신뢰구간은 $(-2.47, 2.47)$이다.

24. (a) $\bar{x} - \bar{y} = 7.2$, $s_1^2 = 139.24$, $s_2^2 = 106.09$,

$$\nu = \frac{\left(\frac{139.24}{54} + \frac{106.09}{24}\right)^2}{\frac{1}{53}\left(\frac{139.24}{54}\right)^2 + \frac{1}{23}\left(\frac{106.09}{24}\right)^2} \approx 50.24 \approx 50,\ t_{0.025}(50) =$$

2.009이므로 $e_{95\%} = 2.009\sqrt{\dfrac{139.24}{54} + \dfrac{106.09}{24}} \approx 5.315$이고 신

뢰하한과 신뢰상한은 다음과 같다.

$$(\bar{x} - \bar{y}) - e_{95\%} = 7.2 - 5.315 = 1.885,$$
$$(\bar{x} - \bar{y}) + e_{95\%} = 7.2 + 5.315 = 12.515$$

따라서 95% 근사 신뢰구간은 $(1.885, 12.515)$이다.

(b) $\sigma_1^2 \approx 139.24$, $\sigma_2^2 \approx 106.09$이므로

$e_{95\%} = 1.96\sqrt{\dfrac{139.24}{54} + \dfrac{106.09}{24}} \approx 5.185$이고 신뢰하한과 신뢰

상한은 각각 다음과 같다.

$$(\bar{x} - \bar{y}) - e_{95\%} = 7.2 - 5.185 = 2.015,$$
$$(\bar{x} - \bar{y}) + e_{95\%} = 7.2 + 5.185 = 12.385$$

따라서 95% 신뢰구간은 $(2.015, 12.385)$이다.

25. 쌍체 관찰값의 차 $d_i = x_i - y_i$와 d_i^2을 구한다.

작업장	1	2	3	4	5	합계
d_i	2	1	3	2	3	11
d_i^2	4	1	9	4	9	27

$\bar{d} = \dfrac{11}{5} = 2.2$, $s_D^2 = \dfrac{5 \times 27 - 11^2}{5 \times 4} = 0.7$, $s_D \approx 0.8367$, $t_{0.025}(4)$

$= 2.776$이므로 $e_{95\%} = 2.776\dfrac{0.8367}{\sqrt{5}} \approx 1.039$이고 신뢰하한과 신

뢰상한은 다음과 같다.

$$\bar{d} - e_{95\%} = 2.2 - 1.039 = 1.161,$$
$$\bar{d} + e_{95\%} = 2.2 + 1.039 = 3.239$$

따라서 95% 신뢰구간은 $(1.161, 3.239)$이다.

26. 쌍체 관찰값의 차 $d_i = x_i - y_i$와 d_i^2을 구한다.

선수	1	2	3	4	5	6	7	합계
d_i	−3	2	1	2	2	−1	−4	−1
d_i^2	9	4	1	4	4	1	16	39

$\bar{d} = -\dfrac{1}{7} \approx -0.14$, $s_D^2 = \dfrac{7 \times 39 - (-1)^2}{7 \times 6} \approx 6.476$, $s_D \approx 2.545$

, $t_{0.05}(6) = 1.943$이므로 $e_{90\%} = 1.943\dfrac{2.545}{\sqrt{7}} \approx 1.87$이고 신뢰하

한과 신뢰상한은 다음과 같다.

$$\bar{d} - e_{90\%} = -0.14 - 1.87 = -2.01,$$
$$\bar{d} + e_{90\%} = -0.14 + 1.87 = 1.73$$

따라서 90% 신뢰구간은 $(-2.01, 1.73)$이다.

27. 쌍체 관찰값의 차 $d_i = x_i - y_i$와 d_i^2을 구한다.

근로자	1	2	3	4	5	6	7	8	9	10	11	합계
d_i	4	2	−1	2	2	1	4	3	1	0	6	24
d_i^2	16	4	1	4	4	1	16	9	1	0	36	92

$\bar{d} = \dfrac{24}{11} \approx 2.18$, $s_D^2 = \dfrac{11 \times 92 - 24^2}{11 \times 10} \approx 3.9636$, $s_D \approx 1.991$,

$t_{0.01}(10) = 2.764$이므로 $e_{98\%} = 2.764\dfrac{1.991}{\sqrt{11}} \approx 1.66$이고 신뢰하

한과 신뢰상한은 다음과 같다.

$$\bar{d} - e_{98\%} = 2.18 - 1.66 = 0.52,$$
$$\bar{d} + e_{98\%} = 2.18 + 1.66 = 3.84$$

따라서 98% 신뢰구간은 $(0.52, 3.84)$이다.

28. 쌍체 관찰값의 차 $d_i = x_i - y_i$와 d_i^2을 구한다.

회원	1	2	3	4	5	6	7	8	9	10	11	12	13	14	15	합계
d_i	5	8	6	1	2	1	5	3	6	5	4	2	0	2	4	54
d_i^2	25	64	36	1	4	1	25	9	36	25	16	4	0	4	16	266

$\bar{d} = \dfrac{54}{15} = 3.6$, $s_D^2 = \dfrac{15 \times 266 - 54^2}{15 \times 14} \approx 5.1143$, $s_D \approx 2.2615$,

$t_{0.025}(14) = 2.145$이므로 $e_{95\%} = 2.145\dfrac{2.2615}{\sqrt{15}} \approx 1.25$이고 신뢰

하한과 신뢰상한은 다음과 같다.

$$\bar{d} - e_{95\%} = 3.6 - 1.25 = 2.35,$$
$$\bar{d} + e_{95\%} = 3.6 + 1.25 = 4.85$$

따라서 95% 신뢰구간은 $(2.35, 4.85)$이다.

29. 쌍체 관찰값의 차 $d_i = x_i - y_i$와 d_i^2을 구한다.

부부	1	2	3	4	5	6	7	8	9	10	합계
d_i	4	12	11	15	3	6	9	13	17	9	99
d_i^2	16	144	121	225	9	36	81	169	289	81	1171

$\bar{d} = \dfrac{99}{10} \approx 9.9$, $s_D^2 = \dfrac{10 \times 1171 - 99^2}{10 \times 9} \approx 21.2111$, $s_D \approx 4.606$,

$t_{0.005}(9) = 3.25$이므로 $e_{99\%} = 3.25\dfrac{4.606}{\sqrt{10}} \approx 4.73$이고 신뢰하한과 신뢰상한은 다음과 같다.

$$\bar{d} - e_{99\%} = 9.9 - 4.73 = 5.17,$$
$$\bar{d} + e_{99\%} = 9.9 + 4.73 = 14.63$$

따라서 99% 신뢰구간은 (5.17, 14.63)이다.

30. $\hat{p}_1 - \hat{p}_2 \approx 0.012 - 0.011 = 0.001$,

$e_{95\%} = 1.96\sqrt{\dfrac{0.012 \times 0.988}{500} + \dfrac{0.011 \times 0.989}{450}} \approx 0.0136$이므로 신뢰하한과 신뢰상한은 다음과 같다.

$$(\hat{p}_1 - \hat{p}_2) - e_{95\%} = 0.001 - 0.0136 = -0.0126,$$
$$(\hat{p}_1 - \hat{p}_2) + e_{95\%} = 0.001 + 0.0136 = 0.0146$$

따라서 95% 근사 신뢰구간은 (−0.0126, 0.0146)이다.

31. $\hat{p}_1 - \hat{p}_2 = 0.067 - 0.043 = 0.024$,

$e_{95\%} = 1.96\sqrt{\dfrac{0.067 \times 0.933}{1000} + \dfrac{0.043 \times 0.957}{1000}} \approx 0.02$이므로 신뢰하한과 신뢰상한은 다음과 같다.

$$(\hat{p}_1 - \hat{p}_2) - e_{95\%} = 0.024 - 0.02 = 0.004,$$
$$(\hat{p}_1 - \hat{p}_2) + e_{95\%} = 0.024 + 0.02 = 0.044$$

따라서 95% 근사 신뢰구간은 (0.004, 0.044)이다.

32. $\hat{p}_1 - \hat{p}_2 \approx 0.503 - 0.426 = 0.077$,

$e_{90\%} = 1.645\sqrt{\dfrac{0.503 \times 0.497}{680} + \dfrac{0.426 \times 0.574}{575}} \approx 0.046$이므로 신뢰하한과 신뢰상한은 다음과 같다.

$$(\hat{p}_1 - \hat{p}_2) - e_{90\%} = 0.077 - 0.046 = 0.031,$$
$$(\hat{p}_1 - \hat{p}_2) + e_{90\%} = 0.077 + 0.046 = 0.123$$

따라서 90% 근사 신뢰구간은 (0.031, 0.123)이다.

33. $\hat{p}_1 - \hat{p}_2 = 0.272 - 0.2 = 0.072$,

$e_{98\%} = 2.33\sqrt{\dfrac{0.272 \times 0.728}{250} + \dfrac{0.2 \times 0.8}{185}} \approx 0.0948$이므로 신뢰하한과 신뢰상한은 다음과 같다.

$$(\hat{p}_1 - \hat{p}_2) - e_{98\%} = 0.072 - 0.0948 = -0.0228,$$
$$(\hat{p}_1 - \hat{p}_2) + e_{98\%} = 0.072 + 0.0948 = 0.1668$$

따라서 98% 근사 신뢰구간은 (−0.0228, 0.1668)이다.

34. $\hat{p}_1 - \hat{p}_2 = 0.268 - 0.198 = 0.07$,

$e_{99\%} = 2.58\sqrt{\dfrac{0.268 \times 0.732}{4500} + \dfrac{0.198 \times 0.802}{9450}} \approx 0.02$이므로

신뢰하한과 신뢰상한은 다음과 같다.

$$(\hat{p}_1 - \hat{p}_2) - e_{99\%} = 0.07 - 0.02 = 0.05,$$
$$(\hat{p}_1 - \hat{p}_2) + e_{99\%} = 0.07 + 0.02 = 0.09$$

따라서 99% 근사 신뢰구간은 (0.05, 0.09)이다.

35. $\hat{p}_1 - \hat{p}_2 \approx 0.949 - 0.903 = 0.046$,

$e_{95\%} = 1.96\sqrt{\dfrac{0.949 \times 0.051}{156} + \dfrac{0.903 \times 0.097}{186}} \approx 0.055$이므로 신뢰하한과 신뢰상한은 다음과 같다.

$$(\hat{p}_1 - \hat{p}_2) - e_{95\%} = 0.046 - 0.055 = -0.009,$$
$$(\hat{p}_1 - \hat{p}_2) + e_{95\%} = 0.046 + 0.055 = 0.101$$

따라서 95% 근사 신뢰구간은 (−0.009, 0.101)이다.

36. $\hat{p}_1 - \hat{p}_2 = 0.6 - 0.4 = 0.2$,

$e_{90\%} = 1.645\sqrt{\dfrac{0.6 \times 0.4}{20} + \dfrac{0.4 \times 0.6}{25}} \approx 0.24$이므로 신뢰하한과 신뢰상한은 다음과 같다.

$$(\hat{p}_1 - \hat{p}_2) - e_{90\%} = 0.2 - 0.24 = -0.04,$$
$$(\hat{p}_1 - \hat{p}_2) + e_{90\%} = 0.2 + 0.24 = 0.44$$

따라서 90% 근사 신뢰구간은 (−0.04, 0.44)이다.

37. $\hat{p}_1 - \hat{p}_2 \approx 0.743 - 0.45 = 0.293$,

$e_{95\%} = 1.96\sqrt{\dfrac{0.743 \times 0.257}{35} + \dfrac{0.45 \times 0.55}{40}} \approx 0.211$이므로 신뢰하한과 신뢰상한은 다음과 같다.

$$(\hat{p}_1 - \hat{p}_2) - e_{95\%} = 0.293 - 0.211 = 0.082,$$
$$(\hat{p}_1 - \hat{p}_2) + e_{95\%} = 0.293 + 0.211 = 0.504$$

따라서 95% 근사 신뢰구간은 (0.082, 0.504)이다.

38. $f_{0.025}(7, 6) = 5.7$, $f_{0.025}(6, 7) = 5.12$이므로 신뢰하한과 신뢰상한은 다음과 같다.

$$\frac{1.6^2}{2.1^2}\frac{1}{f_{0.025}(7, 6)} \approx \frac{0.58}{5.7} \approx 0.102,$$
$$\frac{1.6^2}{2.1^2}f_{0.025}(6, 7) \approx 0.58 \times 5.12 = 2.9676$$

따라서 95% 신뢰구간은 (0.102, 2.9676)이다.

39. $f_{0.05}(9, 9) = 3.18$이므로 신뢰하한과 신뢰상한은 다음과 같다.

$$\frac{0.8^2}{0.5^2}\frac{1}{f_{0.05}(9, 9)} = \frac{2.56}{3.18} \approx 0.805,$$
$$\frac{0.8^2}{0.5^2}f_{0.05}(9, 9) = 2.56 \times 3.18 = 8.1408$$

따라서 90% 신뢰구간은 (0.805, 8.1408)이다.

40. $f_{0.01}(12, 9) = 5.11$, $f_{0.01}(9, 12) = 4.39$이므로 신뢰하한과 신뢰상한은 다음과 같다.

$$\frac{5.6^2}{5.2^2} \frac{1}{f_{0.01}(12, 9)} \approx \frac{1.16}{5.11} \approx 0.227,$$

$$\frac{5.6^2}{5.2^2} f_{0.01}(9, 12) = 1.16 \times 4.39 = 5.0924$$

따라서 98% 신뢰구간은 (0.227, 5.0924)이다.

41. $f_{0.025}(9, 8) = 4.36$, $f_{0.025}(8, 9) = 4.10$이므로 신뢰하한과 신뢰상한은 다음과 같다.

$$\frac{1.5^2}{1.2^2} \frac{1}{f_{0.025}(9, 8)} = \frac{1.5625}{4.36} \approx 0.358,$$

$$\frac{1.5^2}{1.2^2} f_{0.025}(8, 9) = 1.5625 \times 4.1 \approx 6.406$$

따라서 95% 신뢰구간은 (0.358, 6.406)이다.

42. $f_{0.025}(15, 15) = 2.86$이므로 신뢰하한과 신뢰상한은 다음과 같다.

$$\frac{10.5^2}{9.8^2} \frac{1}{f_{0.025}(15, 15)} \approx \frac{1.148}{2.86} \approx 0.401,$$

$$\frac{10.5^2}{9.8^2} f_{0.025}(15, 15) \approx 1.148 \times 2.86 \approx 3.283$$

따라서 95% 신뢰구간은 (0.401, 3.283)이다.

실전문제

1. 서울과 부산의 미세먼지 평균 농도를 각각 $\overline{X}$, $\overline{Y}$라 하면 $\overline{x} - \overline{y} \approx 39.2 - 36 = 3.2$, $s_1^2 \approx 232.5359$, $s_2^2 \approx 80.1176$,

$$\nu = \frac{\left(\frac{232.5359}{18} + \frac{80.1176}{18} \right)^2}{\frac{1}{17}\left(\frac{232.5359}{18} \right)^2 + \frac{1}{17}\left(\frac{80.1176}{18} \right)^2} \approx 27.47 \approx 27,\ t_{0.025}(27)$$

$= 2.052$이므로 $e_{95\%} = 2.052 \sqrt{\dfrac{232.5359}{18} + \dfrac{80.1176}{18}} \approx 8.552$

이고 신뢰하한과 신뢰상한은 다음과 같다.

$$(\overline{x} - \overline{y}) - e_{95\%} = 3.2 - 8.552 = -5.352,$$

$$(\overline{x} - \overline{y}) + e_{95\%} = 3.2 + 8.552 = 11.752$$

따라서 95% 근사 신뢰구간은 (−5.352, 11.752)이다.

2. 쌍체 관찰값의 차 $d_i = y_i - x_i$를 구한다.

지역	서울	부산	대구	인천	광주	대전	울산	합계
d_i	1.1	0.7	0.2	0.7	0.9	0.4	−0.3	3.7
d_i^2	1.21	0.49	0.04	0.49	0.81	0.16	0.09	3.29

$\overline{d} = \dfrac{3.7}{7} \approx 0.529$, $s_D^2 = \dfrac{7 \times 3.29 - 3.7^2}{7 \times 6} \approx 0.2224$, $s_D \approx 0.472$,

$t_{0.025}(6) = 2.447$이므로 $e_{95\%} = 2.447 \dfrac{0.472}{\sqrt{7}} \approx 0.437$이고 신뢰하한과 신뢰상한은 다음과 같다.

$$\overline{d} - e_{95\%} = 0.529 - 0.437 = 0.092,$$

$$\overline{d} + e_{95\%} = 0.529 + 0.437 = 0.966$$

따라서 95% 신뢰구간은 (0.092, 0.966)이다.

3. $\hat{p}_1 - \hat{p}_2 = 0.939 - 0.891 = 0.048$,

$e_{95\%} = 1.96 \sqrt{\dfrac{0.939 \times 0.061}{2000} + \dfrac{0.891 \times 0.109}{2000}} \approx 0.017$이므로 신뢰하한과 신뢰상한은 다음과 같다.

$$(\hat{p}_1 - \hat{p}_2) - e_{95\%} = 0.048 - 0.017 = 0.031,$$

$$(\hat{p}_1 - \hat{p}_2) + e_{95\%} = 0.048 + 0.017 = 0.065$$

따라서 95% 근사 신뢰구간은 (0.031, 0.065)이다.

|Chapter 11| 단일 모집단의 가설검정

개념문제

1. 가설   **2.** 귀무가설   **3.** 귀무가설

4. 제1종 오류   **5.** 유의수준   **6.** 검정력

7. 양측검정   **8.** p-값   **9.** 귀무가설

10. $Z = \dfrac{\overline{X} - \mu_0}{\sigma/\sqrt{n}}$ **11.** $P(Z < -|z_0|) + P(Z > |z_0|)$

12. $T = \dfrac{\overline{X} - \mu_0}{s/\sqrt{n}}$ **13.** $Z = \dfrac{\hat{P} - p_0}{\sqrt{p_0 q_0/n}}$

14. $V = \dfrac{(n-1)S^2}{\sigma_0^2}$

연습문제

1. 검정통계량의 관찰값: $z_0 = \dfrac{205 - 200}{24/\sqrt{50}} \approx 1.47$

기각역: $Z < -z_{0.025} = -1.96$, $Z > z_{0.025} = 1.96$

검정 결과: $z_0 = 1.47$이 기각역 안에 놓이지 않으므로 $H_0 : \mu = 200$을 기각할 수 없다.

2. 검정통계량의 관찰값: $z_0 = \dfrac{191 - 200}{24/\sqrt{50}} \approx -2.65$

기각역: $Z < -z_{0.01} = -2.33$

검정 결과: $z_0 = -2.65$가 기각역 안에 놓이므로 $H_0 : \mu \geq 200$을 기각한다.

3. 검정통계량의 관찰값: $z_0 = \dfrac{207 - 200}{24/\sqrt{50}} \approx 2.06$

기각역: $Z > z_{0.01} = 2.33$

검정 결과 : $z_0 = 2.06$이 기각역 안에 놓이지 않으므로 $H_0 : \mu \leq 200$을 기각할 수 없다.

4. 검정통계량의 관찰값: $z_0 = \dfrac{16.8 - 17.5}{1.6/\sqrt{32}} \approx -2.47$

기각역: $Z < -z_{0.005} = -2.58$, $Z > z_{0.005} = 2.58$

검정 결과: $z_0 = -2.47$이 기각역 안에 놓이지 않으므로 $H_0 : \mu = 17.5$를 기각할 수 없다.

5. 검정통계량의 관찰값: $z_0 = \dfrac{17.0 - 17.5}{1.6/\sqrt{32}} \approx -1.77$

기각역: $Z < -z_{0.05} = -1.645$

검정 결과: $z_0 = -1.77$이 기각역 안에 놓이므로 $H_0 : \mu \geq 17.5$를 기각한다.

6. 검정통계량의 관찰값: $z_0 = \dfrac{18.2 - 17.5}{1.6/\sqrt{32}} \approx 2.47$

기각역: $Z > z_{0.01} = 2.33$

검정 결과: $z_0 = 2.47$이 기각역 안에 놓이므로 $H_0 : \mu \leq 17.5$를 기각한다.

7. $p\text{-값} = 2P(Z > 1.47) = 2(1 - 0.9292) = 0.1416$,

즉 $p-$값 > 0.05이므로 $H_0 : \mu = 200$을 기각할 수 없다.

8. $p\text{-값} = P(Z < -2.65) = 1 - 0.9960 = 0.004$, 즉 $p-$값 < 0.01 이므로 $H_0 : \mu \geq 200$을 기각한다.

9. $p\text{-값} = P(Z > 2.06) = 1 - 0.9803 = 0.0197$, 즉 $p-$값 > 0.01 이므로 $H_0 : \mu \leq 200$을 기각할 수 없다.

10. $p\text{-값} = 2P(Z > 2.47) = 2(1 - 0.9932) = 0.0136$,

즉 $p-$값 > 0.01이므로 $H_0 : \mu = 17.5$를 기각할 수 없다.

11. $p\text{-값} = P(Z < -1.77) = 1 - 0.9616 = 0.0384$,

즉 $p-$값 < 0.05이므로 $H_0 : \mu \geq 17.5$를 기각한다.

12. $p\text{-값} = P(Z > 2.47) = 1 - 0.9932 = 0.0068$,

즉 $p-$값 < 0.01이므로 $H_0 : \mu \leq 17.5$를 기각한다.

13. 검정통계량의 관찰값: $t_0 = \dfrac{76 - 78}{6/\sqrt{25}} \approx -1.667$

기각역: $T < -t_{0.025}(24) = -2.064$, $T > t_{0.025}(24) = 2.064$

검정 결과: $t_0 = -1.667$이 기각역 안에 놓이지 않으므로 $H_0 : \mu = 78$을 기각할 수 없다.

14. 검정통계량의 관찰값: $t_0 = \dfrac{75.5 - 78}{6/\sqrt{25}} \approx -2.083$

기각역: $T < -t_{0.01}(24) = -2.492$

검정 결과: $t_0 = -2.083$이 기각역 안에 놓이지 않으므로 $H_0 : \mu \geq 78$을 기각할 수 없다.

15. 검정통계량의 관찰값: $t_0 = \dfrac{80 - 78}{6\sqrt{25}} \approx 1.667$

기각역: $T > t_{0.1}(24) = 1.318$

검정 결과: $t_0 = 1.667$이 기각역 안에 놓이므로 $H_0 : \mu \leq 78$을 기각한다.

16. $0.05 < P(T > 1.667) < 0.1$, 즉 $0.1 < p-$값 < 0.2에서 $p-$값 > 0.05이므로 $H_0 : \mu = 78$을 기각할 수 없다.

17. $0.02 < P(T < -2.083) < 0.025$, 즉 $p-$값 > 0.01이므로 $H_0 : \mu \geq 78$을 기각할 수 없다.

18. $0.05 < P(T > 1.667) < 0.1$, 즉 $p-$값 < 0.1이므로 $H_0 : \mu \leq 78$을 기각한다.

19. 검정통계량의 관찰값: $z_0 = \dfrac{0.35 - 0.38}{\sqrt{\dfrac{0.38 \times 0.62}{1500}}} \approx -2.39$

기각역: $Z < -z_{0.005} = -2.58$, $Z > z_{0.005} = 2.58$

검정 결과: $z_0 = -2.39$는 기각역 안에 놓이지 않으므로 $H_0 : p = 0.38$을 기각할 수 없다.

20. 검정통계량의 관찰값: $z_0 = \dfrac{0.35 - 0.38}{\sqrt{\dfrac{0.38 \times 0.62}{1500}}} \approx -2.39$

기각역: $Z < -z_{0.01} = -2.33$

검정 결과: $z_0 = -2.39$는 기각역 안에 놓이므로 $H_0 : p \geq 0.38$을 기각한다.

21. 검정통계량의 관찰값: $z_0 = \dfrac{0.4 - 0.38}{\sqrt{\dfrac{0.38 \times 0.62}{1500}}} \approx 1.60$

기각역: $Z > z_{0.05} = 1.645$

검정 결과: $z_0 = 1.60$이 기각역 안에 놓이지 않으므로 $H_0 : p \leq 0.38$을 기각할 수 없다.

22. 검정통계량의 관찰값: $v_0 = \dfrac{14 \times 25}{12} \approx 29.167$

기각역: $V < \chi^2_{0.995}(14) = 4.07$, $V > \chi^2_{0.005}(14) = 31.32$

검정 결과: $v_0 = 29.167$은 기각역 안에 놓이지 않으므로 $H_0 : \sigma^2 = 12$를 기각할 수 없다.

23. 검정통계량의 관찰값: $v_0 = \dfrac{14 \times 5.6}{12} \approx 6.533$

기각역: $V < \chi^2_{0.95}(14) = 6.57$

검정 결과: $v_0 = 6.533$은 기각역 안에 놓이므로 $H_0 : \sigma^2 \geq 12$를 기각한다.

24. 검정통계량의 관찰값: $v_0 = \dfrac{14 \times 25}{12} \approx 29.167$

기각역: $V > \chi^2_{0.01}(14) = 29.14$

검정 결과: $v_0 = 29.167$은 기각역 안에 놓이므로 $H_0 : \sigma^2 \leq 12$를 기각한다.

25. $0.005 < P(V > 29.167) < 0.01$, 즉 $0.01 < p{-}값 < 0.02$에서 $p{-}값 > 0.01$이므로 $H_0 : \sigma^2 = 12$를 기각할 수 없다.

26. $0.95 < P(V > 6.533) < 0.975$, 즉 $0.025 < P(V < 6.533) < 0.05$에서 $p{-}값 < 0.05$이므로 $H_0 : \sigma^2 \geq 12$를 기각한다.

27. $0.005 < P(V > 29.167) < 0.01$에서 $p{-}값 < 0.01$이므로 $H_0 : \sigma^2 \leq 12$를 기각한다.

28. (a) $z_0 = \dfrac{34.6 - 34}{2.5/\sqrt{10}} \approx 0.76$,

$p{-}값 = 2P(Z > 0.76) = 2(1 - 0.7764) = 0.4472$

(b) $z_0 = \dfrac{34.6 - 34}{2.5/\sqrt{50}} \approx 1.70$,

$p{-}값 = 2P(Z > 1.70) = 2(1 - 0.9554) = 0.0892$

(c) $z_0 = \dfrac{34.6 - 34}{2.5/\sqrt{100}} = 2.40$,

$p{-}값 = 2P(Z > 2.40) = 2(1 - 0.9918) = 0.0164$

29. (a) 표본의 크기가 커질수록 z_0은 커지고 $p{-}값은 작아진다.

(b) 표본의 크기가 커질수록 귀무가설을 기각할 가능성이 높아진다.

30. (a) $z_0 = \dfrac{55.6 - 56.4}{4/\sqrt{10}} \approx -0.63$,

$p{-}값 = P(Z < -0.63) = 1 - 0.7357 = 0.2643$

(b) $z_0 = \dfrac{55.6 - 56.4}{4/\sqrt{50}} \approx -1.41$,

$p{-}값 = P(Z < -1.41) = 1 - 0.9207 = 0.0793$

(c) $z_0 = \dfrac{55.6 - 56.4}{4/\sqrt{100}} = -2$,

$p{-}값 = P(Z < -2.00) = 1 - 0.9772 = 0.0228$

31. (a) 표본의 크기가 커질수록 z_0은 작아지고 $p{-}값도 작아진다.

(b) 표본의 크기가 커질수록 귀무가설을 기각할 가능성이 높아진다.

32. (a) $z_0 = \dfrac{78.3 - 77}{5.5/\sqrt{10}} \approx 0.75$,

$p{-}값 = P(Z > 0.75) = 1 - 0.7734 = 0.2266$

(b) $z_0 = \dfrac{78.3 - 77}{5.5/\sqrt{50}} \approx 1.67$,

$p{-}값 = P(Z > 1.67) = 1 - 0.9525 = 0.0475$

(c) $z_0 = \dfrac{78.3 - 77}{5.5/\sqrt{100}} \approx 2.36$,

$p{-}값 = P(Z > 2.36) = 1 - 0.9909 = 0.0091$

33. (a) 표본의 크기가 커질수록 z_0은 커지고 $p{-}값은 작아진다.

(b) 표본의 크기가 커질수록 귀무가설을 기각할 가능성이 높아진다.

34. (a) $z_0 = \dfrac{34.5 - 34}{2.5/\sqrt{50}} \approx 1.41$,

$p{-}값 = 2P(Z > 1.41) = 2(1 - 0.9207) = 0.1586$

(b) $z_0 = \dfrac{34.8 - 34}{2.5/\sqrt{50}} \approx 2.26$,

$p{-}값 = 2P(Z > 2.26) = 2(1 - 0.9881) = 0.0238$

(c) $z_0 = \dfrac{35.0 - 34}{2.5/\sqrt{50}} \approx 2.83$,

$p{-}값 = 2P(Z > 2.83) = 2(1 - 0.9977) = 0.0046$

35. (a) 표본평균이 커질수록 z_0은 커지고 $p{-}값은 작아진다.

(b) 표본평균이 커질수록 귀무가설을 기각할 가능성이 높아진다.

36. (a) $z_0 = \dfrac{56.1 - 56.4}{4/\sqrt{50}} \approx -0.53$,

$p{-}값 = P(Z < -0.53) = 1 - 0.7019 = 0.2981$

(b) $z_0 = \dfrac{55.5 - 56.4}{4/\sqrt{50}} \approx -1.59$,

$p{-}값 = P(Z < -1.59) = 1 - 0.9441 = 0.0559$

(c) $z_0 = \dfrac{55 - 56.4}{4/\sqrt{50}} \approx -2.47$,

$p{-}값 = P(Z < -2.47) = 1 - 0.9932 = 0.0068$

37. (a) 표본평균이 작아질수록 z_0은 작아지고 $p{-}값도 작아진다.

(b) 표본평균이 작아질수록 귀무가설을 기각할 가능성이 높아진다.

38. (a) $z_0 = \dfrac{77.5 - 77}{5.5/\sqrt{50}} \approx 0.64$,

$p{-}값 = P(Z > 0.64) = 1 - 0.7389 = 0.2611$

(b) $z_0 = \dfrac{78 - 77}{5.5/\sqrt{50}} \approx 1.29$,

$p{-}값 = P(Z > 1.29) = 1 - 0.9015 = 0.0985$

(c) $z_0 = \dfrac{79 - 77}{5.5/\sqrt{50}} \approx 2.57$,

p-값 $= P(Z > 2.57) = 1 - 0.9949 = 0.0051$

39. (a) 표본평균이 커질수록 z_0은 커지고 p-값은 작아진다.

(b) 표본평균이 커질수록 귀무가설을 기각할 가능성이 높아진다.

40. 귀무가설과 대립가설은 각각 $H_0 : \mu = 902, H_1 : \mu \neq 902$이고 기각역은 $Z < -z_{0.025} = -1.96, Z > z_{0.025} = 1.96$이며 검정통계량의 관찰값은 $z_0 = \dfrac{895 - 902}{25/\sqrt{50}} \approx -1.98$이다. $z_0 = -1.98$은 기각역 안에 놓이므로 H_0을 기각한다. 즉, 환경부의 발표는 근거가 미약하다.

41. 귀무가설과 대립가설은 각각 $H_0 : \mu = 3.2, H_1 : \mu \neq 3.2$이고 $\bar{x} = 3.344$에서 검정통계량의 관찰값은 $z_0 = \dfrac{3.344 - 3.2}{0.5/\sqrt{50}} \approx 2.04$이므로 p-값은 다음과 같다.

$$p\text{-값} = 2P(Z > 2.04) = 2(1 - 0.9793) = 0.0414$$

p-값 < 0.05이므로 H_0을 기각한다. 즉, 경찰청의 주장은 근거가 미약하다.

42. 귀무가설과 대립가설은 각각 $H_0 : \mu \leq 89, H_1 : \mu > 89$이고 기각역은 $Z > z_{0.02} \approx 2.055$이다. $\bar{x} = 91.25$에서 검정통계량의 관찰값은 $z_0 = \dfrac{91.25 - 89}{5/\sqrt{20}} \approx 2.012$이다. $z_0 = 2.012$는 기각역 안에 놓이지 않으므로 H_0을 기각할 수 없다. 즉, 패스트푸드 가게의 주장은 신빙성이 있다.

43. 귀무가설과 대립가설은 각각 $H_0 : \mu = 160, H_1 : \mu \neq 160$이고 기각역은 $T < -t_{0.025}(14) = -2.145, T > t_{0.025}(14) = 2.145$이며 검정통계량의 관찰값은 $t_0 = \dfrac{167 - 160}{12.5/\sqrt{15}} \approx 2.169$이다. $t_0 = 2.169$는 기각역 안에 놓이므로 H_0을 기각한다. 즉, 여행사의 주장은 근거가 미약하다.

44. 귀무가설과 대립가설은 각각 $H_0 : \mu \geq 61, H_1 : \mu < 61$이고 $\bar{x} = 60, s^2 \approx 5.0053, s \approx 2.2373$이므로 검정통계량의 관찰값은 $t_0 = \dfrac{60 - 61}{2.2373/\sqrt{16}} \approx -1.788$이다.

(a) 기각역은 $T < -t_{0.05}(15) = -1.753$이고 $t_0 = -1.788$은 기각역 안에 놓이므로 H_0을 기각한다. 즉, 이 회사의 주장은 근거가 미약하다.

(b) $0.025 < P(T < -1.788) = P(T > 1.788) < 0.05$에서 p-값 < 0.05이므로 H_0을 기각한다. 즉, 이 회사의 주장은 근거가 미약하다.

45. 귀무가설과 대립가설은 각각 $H_0 : \mu \leq 30, H_1 : \mu > 30$이

고 $\bar{x} \approx 30.77, s^2 \approx 4.185, s \approx 2.0457$이므로 검정통계량의 관찰값은 $t_0 = \dfrac{30.77 - 30}{2.0457/\sqrt{30}} \approx 2.062$이다.

(a) 기각역은 $T > t_{0.02}(29) = 2.150$이고 $t_0 = 2.062$는 기각역 안에 놓이지 않으므로 H_0을 기각할 수 없다. 즉, 텔레비전의 평균 광고 시간은 30초 이하라는 주장은 신빙성이 있다.

(b) $0.02 < P(T > 2.062) < 0.025$에서 p-값 > 0.02이므로 H_0을 기각할 수 없다. 즉, 텔레비전의 평균 광고 시간은 30초 이하라는 주장은 신빙성이 있다.

46. 귀무가설과 대립가설은 각각 $H_0 : p_0 = 0.35, H_1 : p_0 \neq 0.35$이고 $\hat{p} = \dfrac{51}{180} \approx 0.283$이므로 검정통계량의 관찰값은 $z_0 = \dfrac{0.283 - 0.35}{\sqrt{\dfrac{0.35 \times 0.65}{180}}} \approx -1.88$이다.

(a) 기각역은 $Z < -z_{0.025} = -1.96, Z > z_{0.025} = 1.96$이고 $z_0 = -1.88$은 기각역 안에 놓이지 않으므로 H_0을 기각할 수 없다. 즉, 잡지사의 주장은 신빙성이 있다.

(b) p-값 $= 2P(Z > 1.88) = 2(1 - 0.9699) = 0.0602$에서 p-값 > 0.05이므로 H_0을 기각할 수 없다. 즉, 잡지사의 주장은 신빙성이 있다.

47. 귀무가설과 대립가설은 각각 $H_0 : p_0 \leq 0.62, H_1 : p_0 > 0.62$이고 $\hat{p} = \dfrac{957}{1500} = 0.638$이므로 검정통계량의 관찰값은 $z_0 = \dfrac{0.638 - 0.62}{\sqrt{\dfrac{0.638 \times 0.362}{1500}}} \approx 1.45$이다.

(a) 기각역은 $Z > z_{0.05} = 1.645$이고 $z_0 = 1.45$는 기각역 안에 놓이지 않으므로 H_0을 기각할 수 없다. 즉, 보건복지부의 주장은 타당성이 있다.

(b) p-값 $= P(Z > 1.45) = 1 - 0.9265 = 0.0735$에서 p-값 > 0.05이므로 H_0을 기각할 수 없다. 즉, 보건복지부의 주장은 타당성이 있다.

48. 귀무가설과 대립가설은 각각 $H_0 : p_0 \geq 0.5, H_1 : p_0 < 0.5$이고 기각역은 $Z < -z_{0.05} = -1.645$이다.

(a) $\hat{p} = \dfrac{45}{100} = 0.45$이므로 검정통계량의 관찰값은 $z_0 = \dfrac{0.45 - 0.5}{\sqrt{\dfrac{0.5 \times 0.5}{100}}} = -1.0$이고, $z_0 = -1$은 기각역 안에 놓이지 않으므로 H_0을 기각할 수 없다. 즉, 국민의 절반 이상이 이 정책을 지지한다는 주장은 신빙성이 있다.

(b) $\hat{p} = \dfrac{450}{1000} = 0.45$이므로 검정통계량의 관찰값은

$z_0 = \dfrac{0.45 - 0.5}{\sqrt{\dfrac{0.5 \times 0.5}{1000}}} \approx -3.16$이고, $z_0 = -3.16$은 기각역 안에 놓

이므로 H_0을 기각한다. 즉, 국민의 절반 이상이 이 정책을 지지

한다는 주장은 근거가 미약하다.

49. 귀무가설과 대립가설은 각각 $H_0 : \sigma^2 \geq 0.36$,

$H_1 : \sigma^2 < 0.36$이고 $s^2 = 0.51^2 = 0.2601$이므로 검정통계량의

관찰값은 $v_0 = \dfrac{19 \times 0.2601}{0.36} = 13.7275$이다.

(a) 기각역은 $V < \chi_{0.95}^2(19) = 10.12$이고 $v_0 = 13.7275$는 기각

역 안에 놓이지 않으므로 H_0을 기각할 수 없다. 즉, 회사의 주장

은 신빙성이 있으므로 수용할 수 있다.

(b) $0.750 < P(V > 13.7275) < 0.900$, 즉 $0.1 < P(V < 13.7275)$

< 0.25에서 $p-$값 > 0.05이므로 H_0을 기각할 수 없다. 즉, 회사

의 주장은 신빙성이 있으므로 수용할 수 있다.

50. 귀무가설과 대립가설은 각각 $H_0 : \sigma^2 \leq 0.8$, $H_1 : \sigma^2 > 0.8$

이고 $\bar{x} = 14$, $s^2 \approx 1.0764$이므로 검정통계량의 관찰값은 $v_0 = $

$\dfrac{11 \times 1.0764}{0.8} = 14.8005$이다. 기각역은 $V > \chi_{0.01}^2(11) = 24.72$

이고 $v_0 = 14.8005$는 기각역 안에 놓이지 않으므로 H_0을 기각할

수 없다. 즉, 이 회사의 주장은 신빙성이 있다.

실전문제

1. 귀무가설과 대립가설은 각각 $H_0 : \mu \geq 92.5$, $H_1 : \mu < 92.5$

이고 기각역은 $Z < -z_{0.01} = -2.33$이다. $\bar{x} = 91.66$에서 검정통

계량의 관찰값은 $z_0 = \dfrac{91.66 - 92.5}{3.2/\sqrt{30}} \approx -1.438$이다. $z_0 = -1.438$

은 기각역 안에 놓이지 않으므로 H_0을 기각할 수 없다. 즉, 보건

복지부의 주장은 신빙성이 있다.

2. 귀무가설과 대립가설은 각각 $H_0 : \mu \leq 47$, $H_1 : \mu > 47$이고

$\bar{x} = 48.28$, $s^2 \approx 15.7933$, $s \approx 3.974$이므로 검정통계량의 관찰

값은 $t_0 = \dfrac{48.28 - 47}{3.974/\sqrt{25}} \approx 1.61$이다.

(a) 기각역은 $T > t_{0.05}(24) = 1.711$이고 $t_0 = 1.61$은 기각역 안

에 놓이지 않으므로 H_0을 기각할 수 없다. 즉, 환경단체의 주장

은 신빙성이 있다.

(b) $0.05 < P(T > 1.61) < 0.1$에서 $p-$값 > 0.05이므로 H_0을

기각할 수 없다. 즉, 환경단체의 주장은 신빙성이 있다.

3. 귀무가설과 대립가설은 각각 $H_0 : p = 0.062$, $H_1 : p \neq 0.062$

이고 기각역은 $Z < -z_{0.05} = -1.645$, $Z > z_{0.05} = 1.645$이다.

표본비율이 $\hat{p} = \dfrac{75}{1000} = 0.075$이므로 검정통계량의 관찰값은

$z_0 = \dfrac{0.075 - 0.062}{\sqrt{\dfrac{0.075 \times 0.925}{1000}}} \approx 1.56$이다. $z_0 = 1.56$은 기각역 안에

놓이지 않으므로 H_0을 기각할 수 없다. 즉, 보건복지부의 주장

은 신빙성이 있다.

4. 귀무가설과 대립가설은 각각 $H_0 : \sigma^2 = 360000$, $H_1 : \sigma^2 \neq$

360000이고 검정통계량의 관찰값은 $v_0 = \dfrac{29 \times 475^2}{360000} \approx 18.17$

이다. 기각역은 $V < \chi_{0.975}^2(29) = 16.05$, $V > \chi_{0.025}^2(29) = 45.72$

이고 $v_0 = 18.17$은 기각역 안에 놓이지 않으므로 H_0을 기각할

수 없다. 즉, 이 잡지 기사의 주장은 신빙성이 있다.

|Chapter 12| 두 모집단의 가설검정

개념문제

1. $Z = \dfrac{(\bar{X} - \bar{Y}) - \mu_0}{\sqrt{\dfrac{\sigma_1^2}{n} + \dfrac{\sigma_2^2}{m}}}$

2. $T = \dfrac{(\bar{X} - \bar{Y}) - \mu_0}{s_p\sqrt{\dfrac{1}{n} + \dfrac{1}{m}}}$

3. $T = \dfrac{(\bar{X} - \bar{Y}) - \mu_0}{\sqrt{\dfrac{s_1^2}{n} + \dfrac{s_2^2}{m}}}$ **4.** $t-$분포

5. $T = \dfrac{\bar{D} - \mu_D}{s_D/\sqrt{n}}$ **6.** $Z = \dfrac{(\hat{P}_1 - \hat{P}_2) - p_0}{\sqrt{\dfrac{\hat{p}_1\hat{q}_1}{n} + \dfrac{\hat{p}_2\hat{q}_2}{m}}}$

7. 합동표본비율   **8.** $\hat{p} = \dfrac{x + y}{n + m}$

9. $Z = \dfrac{\hat{P}_1 - \hat{P}_2}{\sqrt{\hat{p}(1 - \hat{p})\left(\dfrac{1}{n} + \dfrac{1}{m}\right)}}$

10. $F-$분포

11. $F = \dfrac{S_1^2}{S_2^2}$

1. 대립가설은 $H_1 : \mu_1 - \mu_2 \neq 0$이고 기각역은 $Z < -1.96$, $Z >$ 1.96이며 검정통계량의 관찰값은 $z_0 = \dfrac{(73.7 - 71.8) - 0}{\sqrt{\dfrac{6.2}{25} + \dfrac{5.9}{18}}} \approx 2.50$

이다. $z_0 = 2.50$이 기각역 안에 놓이므로 H_0을 기각한다.

2. 대립가설은 $H_1 : \mu_1 - \mu_2 \neq 0$이고 검정통계량의 관찰값은 $z_0 = 2.50$이므로 p-값은 다음과 같다.

$$p\text{-값} = 2P(Z > 2.50) = 2(1 - 0.9938) = 0.0124$$

p-값 < 0.05이므로 H_0을 기각한다.

3. 대립가설은 $H_1 : \mu_1 - \mu_2 \neq 0$이고 기각역은 $Z < -2.58$, $Z >$ 2.58이다. 검정통계량의 관찰값 $z_0 = 2.50$이 기각역 안에 놓이지 않으므로 H_0을 기각할 수 없다.

4. 대립가설은 $H_1 : \mu_1 - \mu_2 \neq 0$이고 검정통계량의 관찰값은 $z_0 = 2.50$이므로 p-값은 다음과 같다.

$$p\text{-값} = 2P(Z > 2.50) = 2(1 - 0.9938) = 0.0124$$

p-값 > 0.01이므로 H_0을 기각할 수 없다.

5. 대립가설은 $H_1 : \mu_1 - \mu_2 > 0.5$이고 기각역은 $Z > 1.645$이며 검정통계량의 관찰값은 $z_0 = \dfrac{(73.7 - 71.8) - 0.5}{\sqrt{\dfrac{6.2}{25} + \dfrac{5.9}{18}}} \approx 1.85$이

다. $z_0 = 1.85$가 기각역 안에 놓이므로 H_0을 기각한다.

6. 대립가설은 $H_1 : \mu_1 - \mu_2 > 0.5$이고 검정통계량의 관찰값은 $z_0 = 1.85$이므로 p-값은 다음과 같다.

$$p\text{-값} = P(Z > 1.85) = 1 - 0.9678 = 0.0322$$

p-값 < 0.05이므로 H_0을 기각한다.

7. 대립가설은 $H_1 : \mu_1 - \mu_2 > 0.5$이고 기각역은 $Z > 2.33$이다. 검정통계량의 관찰값 $z_0 = 1.85$가 기각역 안에 놓이지 않으므로 H_0을 기각할 수 없다.

8. 대립가설은 $H_1 : \mu_1 - \mu_2 > 0.5$이고 검정통계량의 관찰값은 $z_0 = 1.85$이므로 p-값은 다음과 같다.

$$p\text{-값} = P(Z > 1.85) = 1 - 0.9678 = 0.0322$$

p-값 > 0.01이므로 H_0을 기각할 수 없다.

9. 대립가설은 $H_1 : \mu_1 - \mu_2 \neq 0$이고 기각역은 $T < -t_{0.025}(11)$ $= -2.201$, $T > t_{0.025}(11) = 2.201$이며

$s_p^2 = \dfrac{1}{11}(6 \times 3.8 + 5 \times 3.5) \approx 3.66$, $s_p \approx 1.9131$이므로 검정통

계량의 관찰값은 $t_0 = \dfrac{(12.6 - 9.3) - 0}{1.9131\sqrt{\dfrac{1}{7} + \dfrac{1}{6}}} \approx 3.1$이다. $t_0 = 3.1$이

기각역 안에 놓이므로 H_0을 기각한다.

10. 대립가설은 $H_1 : \mu_1 - \mu_2 \neq 0$이고 검정통계량의 관찰값은 $t_0 = 3.1$이며 $0.005 < P(T > 3.1) < 0.01$에서 $0.01 < p$-값 < 0.02, 즉 p-값 < 0.05이므로 H_0을 기각한다.

11. 대립가설은 $H_1 : \mu_1 - \mu_2 \neq 0$이고 기각역은 $T < -t_{0.005}(11)$ $= -3.106$, $T > t_{0.005}(11) = 3.106$이며 검정통계량의 관찰값 $t_0 =$ 3.1이 기각역 안에 놓이지 않으므로 H_0을 기각할 수 없다.

12. 대립가설은 $H_1 : \mu_1 - \mu_2 \neq 0$이고 검정통계량의 관찰값은 $t_0 = 3.1$이며 $0.005 < P(T > 3.1) < 0.01$에서 $0.01 < p$-값 $<$ 0.02이므로 H_0을 기각할 수 없다.

13. 대립가설은 $H_1 : \mu_1 - \mu_2 > 1$이고 기각역은 $T > t_{0.05}(11)$ $= 1.796$이며 검정통계량의 관찰값은 $t_0 = \dfrac{(12.6 - 9.3) - 1}{1.9131\sqrt{\dfrac{1}{7} + \dfrac{1}{6}}} \approx$

2.161이다. $t_0 = 2.161$이 기각역 안에 놓이므로 H_0을 기각한다.

14. 대립가설은 $H_1 : \mu_1 - \mu_2 > 1$이고 검정통계량의 관찰값은 $t_0 = 2.161$이며 $0.025 < P(T > 2.161) < 0.05$에서 p-값 < 0.05 이므로 H_0을 기각한다.

15. 대립가설은 $H_1 : \mu_1 - \mu_2 > 1$이고 기각역은 $T > t_{0.01}(11) =$ 2.718이며 검정통계량의 관찰값 $t_0 = 2.161$이 기각역 안에 놓이지 않으므로 H_0을 기각할 수 없다.

16. 대립가설은 $H_1 : \mu_1 - \mu_2 > 1$이고 검정통계량의 관찰값은 $t_0 = 2.161$이며 $0.025 < P(T > 2.161) < 0.05$에서 p-값 > 0.01 이므로 H_0을 기각할 수 없다.

17. 대립가설은 $H_1 : \mu_1 - \mu_2 \neq 0$이고 자유도는

$$\nu = \dfrac{\left(\dfrac{3.8}{7} + \dfrac{3.5}{6}\right)^2}{\dfrac{1}{6}\left(\dfrac{3.8}{7}\right)^2 + \dfrac{1}{5}\left(\dfrac{3.5}{6}\right)^2} \approx 10.82 \approx 10$$이므로 기각역은

$T < -t_{0.025}(10) = -2.228$, $T > t_{0.025}(10) = 2.228$이다.

검정통계량의 관찰값 $t_0 = \dfrac{(12.6 - 9.3) - 0}{\sqrt{\dfrac{3.8}{7} + \dfrac{3.5}{6}}} \approx 3.11$이 기각역 안

에 놓이므로 H_0을 기각한다.

18. 대립가설은 $H_1 : \mu_1 - \mu_2 \neq 0$이고 검정통계량의 관찰값은 $t_0 = 3.11$이며 $0.005 < P(T > 3.11) < 0.01$에서 $0.01 < p$-값 < 0.02, 즉 p-값 < 0.05이므로 H_0을 기각한다.

19. 대립가설은 $H_1 : \mu_1 - \mu_2 \neq 0$이고 자유도는 10이므로 기각역은 $T < -t_{0.005}(10) = -3.169$, $T > t_{0.005}(10) = 3.169$이다. 검정통계량의 관찰값 $t_0 = 3.11$이 기각역 안에 놓이지 않으므로 H_0을 기각할 수 없다.

20. 대립가설은 $H_1 : \mu_1 - \mu_2 \neq 0$이고 검정통계량의 관찰값은 $t_0 = 3.11$이며 $0.005 < P(T > 3.11) < 0.01$에서 p-값 > 0.01이므로 H_0을 기각할 수 없다.

21. 대립가설은 $H_1 : \mu_1 - \mu_2 > 1$이고 자유도는 10이므로 기각역은 $T > t_{0.05}(10) = 1.812$이다. 검정통계량의 관찰값 $t_0 = \dfrac{(12.6 - 9.3) - 1}{\sqrt{\dfrac{3.8}{7} + \dfrac{3.5}{6}}} \approx 2.167$이 기각역 안에 놓이므로 H_0을 기각한다.

22. 대립가설은 $H_1 : \mu_1 - \mu_2 > 1$이고 검정통계량의 관찰값은 $t_0 = 2.167$이며 $0.025 < P(T > 2.167) < 0.05$에서 p-값 < 0.05이므로 H_0을 기각한다.

23. 대립가설은 $H_1 : \mu_1 - \mu_2 > 1$이고 자유도는 10이므로 기각역은 $T > t_{0.01}(10) = 2.764$이다. 검정통계량의 관찰값 $t_0 = 2.167$이 기각역 안에 놓이지 않으므로 H_0을 기각할 수 없다.

24. 대립가설은 $H_1 : \mu_1 - \mu_2 > 1$이고 검정통계량의 관찰값은 $t_0 = 2.167$이며 $0.025 < P(T > 2.167) < 0.05$에서 p-값 > 0.01이므로 H_0을 기각할 수 없다.

25. 대립가설은 $H_1 : p_1 - p_2 \neq 0$이고 기각역은 $Z < -1.96$, $Z > 1.96$이며 합동표본비율은 $\hat{p} = \dfrac{500 \times 0.6 + 450 \times 0.54}{500 + 450} \approx 0.5716$이므로 검정통계량의 관찰값은 다음과 같다.

$$z_0 = \frac{0.60 - 0.54}{\sqrt{(0.5716 \times 0.4284)\left(\dfrac{1}{500} + \dfrac{1}{450}\right)}} \approx 1.87$$

$z_0 = 1.87$이 기각역 안에 놓이지 않으므로 H_0을 기각할 수 없다.

26. 대립가설은 $H_1 : p_1 - p_2 \neq 0$이고 검정통계량의 관찰값은 $z_0 = 1.87$이므로 p-값은 다음과 같다.

$$p\text{-값} = 2P(Z > 1.87) = 2(1 - 0.9693) = 0.0614$$

p-값 > 0.05이므로 H_0을 기각할 수 없다.

27. 대립가설은 $H_1 : p_1 - p_2 \neq 0$이고 기각역은 $Z < -1.645$, $Z > 1.645$이며 검정통계량의 관찰값 $z_0 = 1.87$은 기각역 안에 놓이므로 H_0을 기각한다.

28. 대립가설은 $H_1 : p_1 - p_2 \neq 0$이고 검정통계량의 관찰값은 $z_0 = 1.87$이므로 p-값은 다음과 같다.

$$p\text{-값} = 2P(Z > 1.87) = 2(1 - 0.9693) = 0.0614$$

p-값 < 0.1이므로 H_0을 기각한다.

29. 대립가설은 $H_1 : p_1 - p_2 < 0.12$이고 기각역은 $Z < -1.645$이며 검정통계량의 관찰값은 다음과 같다.

$$z_0 = \frac{(0.60 - 0.54) - 0.12}{\sqrt{\dfrac{0.6 \times 0.4}{500} + \dfrac{0.54 \times 0.46}{450}}} \approx -1.87$$

$z_0 = -1.87$은 기각역 안에 놓이므로 H_0을 기각한다.

30. 대립가설은 $H_1 : p_1 - p_2 < 0.12$이고 검정통계량의 관찰값은 $z_0 = -1.87$이므로 p-값은 다음과 같다.

$$p\text{-값} = P(Z < -1.87) = 1 - 0.9693 = 0.0307$$

p-값 < 0.05이므로 H_0을 기각한다.

31. 대립가설은 $H_1 : p_1 - p_2 < 0.12$이고 기각역은 $Z < -2.33$이며 검정통계량의 관찰값 $z_0 = -1.87$은 기각역 안에 놓이지 않으므로 H_0을 기각할 수 없다.

32. 대립가설은 $H_1 : p_1 - p_2 < 0.12$이고 검정통계량의 관찰값은 $z_0 = -1.87$이므로 p-값은 다음과 같다.

$$p\text{-값} = P(Z < -1.87) = 1 - 0.9693 = 0.0307$$

p-값 > 0.01이므로 H_0을 기각할 수 없다.

33. 대립가설은 $H_1 : \sigma_1^2 \neq \sigma_2^2$이고 기각역은 다음과 같다.

$$F < f_{0.975}(7, 8) = \frac{1}{f_{0.025}(8, 7)} = \frac{1}{4.9} \approx 0.204,$$

$$F > f_{0.025}(7, 8) = 4.53$$

검정통계량의 관찰값 $f_0 = \dfrac{10}{2.2} \approx 4.545$가 기각역 안에 놓이므로 H_0을 기각한다.

34. 대립가설은 $H_1 : \sigma_1^2 \neq \sigma_2^2$이고 검정통계량의 관찰값은 $f_0 = 4.545$이며 $0.01 < P(F > 4.545) < 0.025$에서 $0.02 < p$-값 < 0.05이므로 H_0을 기각한다.

35. 대립가설은 $H_1 : \sigma_1^2 \neq \sigma_2^2$이고 기각역은 다음과 같다.

$$F > f_{0.999}(7, 8) = \frac{1}{f_{0.001}(8, 7)} = \frac{1}{14.63} \approx 0.068,$$

$$F > f_{0.001}(7, 8) = 12.4$$

검정통계량의 관찰값 $f_0 = 4.545$는 기각역 안에 놓이지 않으므로 H_0을 기각할 수 없다.

36. 대립가설은 $H_1 : \sigma_1^2 \neq \sigma_2^2$이고 검정통계량의 관찰값은 $f_0 = 4.545$이며 $0.01 < P(F > 4.545) < 0.025$에서

$0.02 < p$-값 < 0.05이므로 H_0을 기각할 수 없다.

37. 대립가설은 $H_1 : \sigma_1^2 > \sigma_2^2$이고 기각역은 $F > f_{0.05}(7, 8) = 3.5$이며 검정통계량의 관찰값 $f_0 = 4.545$가 기각역 안에 놓이므로 H_0을 기각한다.

38. 대립가설은 $H_1 : \sigma_1^2 > \sigma_2^2$이고 검정통계량의 관찰값은 $f_0 = 4.545$이며 $0.01 < P(F > 4.545) < 0.025$에서 p-값 < 0.05이므로 H_0을 기각한다.

39. 대립가설은 $H_1 : \sigma_1^2 > \sigma_2^2$이고 기각역은 $F > f_{0.01}(7, 8) = 6.18$이며 검정통계량의 관찰값 $f_0 = 4.545$가 기각역 안에 놓이지 않으므로 H_0을 기각할 수 없다.

40. 대립가설은 $H_1 : \sigma_1^2 > \sigma_2^2$이고 검정통계량의 관찰값은 $f_0 = 4.545$이며 $0.01 < P(F > 4.545) < 0.025$에서 p-값 > 0.01이므로 H_0을 기각할 수 없다.

41. 남자 어린이와 여자 어린이의 텔레비전 시청 시간의 평균을 각각 μ_1, μ_2이라 하면 귀무가설과 대립가설은 각각 $H_0 : \mu_1 - \mu_2 \le 0$, $H_1 : \mu_1 - \mu_2 > 0$이다. 유의수준 5%에서 검정하므로 기각역은 $Z > 1.645$이며 검정통계량의 관찰값은 $z_0 = \dfrac{16.8 - 15.7}{\sqrt{\dfrac{3.7^2}{48} + \dfrac{2.8^2}{42}}} \approx 1.601$이다. $z_0 = 1.601$이 기각역 안에 놓이지 않으므로 H_0을 기각할 수 없다. 즉, 남자 어린이가 여자 어린이에 비해 주당 텔레비전 시청 시간이 더 길다고 할 수 없다.

42. 여성과 남성의 평균 수명을 각각 μ_1, μ_2라 하면 귀무가설과 대립가설은 각각 $H_0 : \mu_1 - \mu_2 \ge 10$, $H_1 : \mu_1 - \mu_2 < 10$이고 기각역은 $Z < -1.645$이며 검정통계량의 관찰값은 $z_0 = \dfrac{8.3 - 10}{\sqrt{\dfrac{5.6^2}{50} + \dfrac{4.2^2}{50}}} \approx -1.717$이다. $z_0 = -1.717$이 기각역 안에 놓이므로 H_0을 기각한다. 즉, 여성이 남성보다 10년 이상 더 오래 산다는 주장은 근거가 미약하다.

43. 신입 종업원과 기존 종업원의 평균 서비스 시간을 각각 μ_1, μ_2라 하면 귀무가설과 대립가설은 각각 $H_0 : \mu_1 - \mu_2 = 0$, $H_1 : \mu_1 - \mu_2 \ne 0$이고 기각역은 $T < -t_{0.025}(18) = -2.101$, $T > t_{0.025}(18) = 2.101$이며 $s_p^2 = \dfrac{1}{18}(10 \times 1.2^2 + 8 \times 0.8^2) \approx 1.0274$, $s_p \approx 1.0413$이므로 검정통계량의 관찰값은 $t_0 = \dfrac{4.2 - 3.3}{1.0413 \sqrt{\dfrac{1}{11} + \dfrac{1}{9}}} \approx 1.9230$이다. $t_0 = 1.9230$은 기각역 안에 놓이지 않으므로 H_0을 기각할 수 없다. 즉, 신입 종업원과 기존 종업원의 서비스 시간에 차이가 없다고 할 수 있다.

44. 회사 A와 회사 B에서 생산된 타이어의 평균 제동거리를 각각 μ_1, μ_2라 하면 귀무가설과 대립가설은 각각 $H_0 : \mu_1 - \mu_2 = 0$, $H_1 : \mu_1 - \mu_2 \ne 0$이고 기각역은 $T < -t_{0.005}(28) = -2.763$, $T > t_{0.005}(28) = 2.763$이며 $s_p^2 = \dfrac{1}{28}(14 \times 0.7^2 + 14 \times 0.9^2) = 0.65$, $s_p = \sqrt{0.65} \approx 0.806$이므로 검정통계량의 관찰값은 $t_0 = \dfrac{12.4 - 13.2}{0.806 \sqrt{\dfrac{1}{15} + \dfrac{1}{15}}} \approx -2.718$이다. $t_0 = -2.718$이 기각역 안에 놓이지 않으므로 H_0을 기각할 수 없다. 즉, 두 회사 타이어의 제동 거리가 같다고 할 수 있다.

45. 회사 A와 회사 B에서 생산한 배터리의 평균 수명을 각각 μ_1, μ_2라 하면 귀무가설과 대립가설은 각각 $H_0 : \mu_1 - \mu_2 \ge 4$, $H_1 : \mu_1 - \mu_2 < 4$이고 기각역은 $T < -t_{0.05}(30) = -1.697$이며 $s_p^2 = \dfrac{1}{30}(14 \times 2.1^2 + 16 \times 3.7^2) \approx 9.3593$, $s_p \approx 3.06$이므로 검정통계량의 관찰값은 $t_0 = \dfrac{(36.4 - 34.1) - 4}{3.06 \sqrt{\dfrac{1}{15} + \dfrac{1}{17}}} \approx -1.568$이다.

$t_0 = -1.568$이 기각역 안에 놓이지 않으므로 H_0을 기각할 수 없다. 즉, 회사 A의 주장은 신빙성이 있다.

46. 자유 시간 선택제와 고정 시간제에서의 평균 일의 양을 각각 μ_1, μ_2라 하면 귀무가설과 대립가설은 각각 $H_0 : \mu_1 - \mu_2 \le 0$, $H_1 : \mu_1 - \mu_2 > 0$이고 기각역은 $T > t_{0.05}(21) = 1.721$이며 $s_p^2 = \dfrac{1}{21}(9 \times 2.4^2 + 12 \times 3.5^2) \approx 9.4686$, $s_p \approx 3.0771$이므로 검정통계량의 관찰값은 $t_0 = \dfrac{78.4 - 76.1}{3.0771 \sqrt{\dfrac{1}{10} + \dfrac{1}{13}}} \approx 1.777$이다.

$t_0 = 1.777$이 기각역 안에 놓이므로 H_0을 기각한다. 즉, 자유 시간 선택제로 근무한 근로자의 일 효율이 높다는 주장은 신빙성이 있다.

47. VISA 카드와 MASTER 카드의 일 평균 사용 금액을 각각 μ_1, μ_2라 하면 귀무가설과 대립가설은 각각 $H_0 : \mu_1 - \mu_2 = 0$, $H_1 : \mu_1 - \mu_2 \ne 0$이고 자유도는 $\nu = \dfrac{\left(\dfrac{4.6^2}{18} + \dfrac{12.4^2}{21}\right)^2}{\dfrac{1}{17}\left(\dfrac{4.6^2}{18}\right)^2 + \dfrac{1}{20}\left(\dfrac{12.4^2}{21}\right)^2} \approx 26.1448 \approx 26$이므로 기각역은 $T < -t_{0.025}(26) = -2.056$, $T > t_{0.025}(26) = 2.056$이다. 검정통계량의 관찰값 $t_0 = \dfrac{74.5 - 64.2}{\sqrt{\dfrac{4.6^2}{18} + \dfrac{12.4^2}{21}}} \approx 3.5334$가 기각역 안에 놓이므로 H_0을 기각한다. 즉, 두 종류의 신용카드 소지자의 평균 사용 금액에

차이가 있다고 할 수 있다.

48. 서울 시민과 수도권 주민의 평균 한 달 주유비를 각각 μ_1, μ_2라 하면 귀무가설과 대립가설은 각각 $H_0 : \mu_1 - \mu_2 \leq 0$, $H_1 : \mu_1 - \mu_2 > 0$이고 자유도는 $\nu = \dfrac{\left(\dfrac{4.5^2}{10} + \dfrac{3.1^2}{10}\right)^2}{\dfrac{1}{9}\left(\dfrac{4.5^2}{10}\right)^2 + \dfrac{1}{9}\left(\dfrac{3.1^2}{10}\right)^2}$

$\approx 15.972 \approx 15$이므로 기각역은 $T > t_{0.05}(15) = 1.753$이다. 검정

통계량의 관찰값 $t_0 = \dfrac{21 - 17.5}{\sqrt{\dfrac{4.5^2}{10} + \dfrac{3.1^2}{10}}} \approx 2.0255$가 기각역 안에

놓이므로 H_0을 기각한다. 즉, 서울 시민의 한 달 주유비가 수도권 주민의 한 달 주유비보다 많다고 할 수 있다.

49. 학교 수업만 받은 학생과 사교육을 받은 학생의 평균 점수를 각각 μ_1, μ_2라 하면 귀무가설과 대립가설은 각각 $H_0 : \mu_1 - \mu_2 \geq 0$, $H_1 : \mu_1 - \mu_2 < 0$이고 자유도는 $\nu = \dfrac{\left(\dfrac{5.5^2}{15} + \dfrac{6.7^2}{17}\right)^2}{\dfrac{1}{14}\left(\dfrac{5.5^2}{15}\right)^2 + \dfrac{1}{16}\left(\dfrac{6.7^2}{17}\right)^2}$

$\approx 29.864 \approx 29$이므로 기각역은 $T < -t_{0.05}(29) = -1.699$이다. 검정통계량의 관찰값 $t_0 = \dfrac{74.3 - 78.6}{\sqrt{\dfrac{5.5^2}{15} + \dfrac{6.7^2}{17}}} \approx -1.993$이 기각역

안에 놓이므로 H_0을 기각한다. 즉, 학교 수업만 받은 학생의 점수가 사교육을 받은 학생의 점수보다 낮다는 주장은 신빙성이 있다.

50. 구형 골프채와 신형 골프채의 평균 타수를 각각 μ_1, μ_2라 하면 귀무가설과 대립가설은 각각 $H_0 : \mu_1 \leq \mu_2$, $H_1 : \mu_1 > \mu_2$이고 기각역은 $T > t_{0.05}(5) = 2.015$이다. 쌍체 관찰값의 차 $d_i = x_i - y_i$와 d_i^2은 다음과 같다.

골퍼	1	2	3	4	5	6	합계
d_i	3	4	0	−1	3	5	16
d_i^2	9	36	0	1	9	25	80

$\bar{d} = \dfrac{16}{6} \approx 2.667$, $s_d^2 = \dfrac{6 \times 80 - 16^2}{6 \times 5} \approx 7.4667$, $s_d \approx 2.7325$에서 검정통계량의 관찰값 $t_0 = \dfrac{2.667}{2.7325/\sqrt{6}} \approx 2.391$이 기각역 안에 놓이므로 H_0을 기각한다. 즉, 골프채 회사의 주장은 신빙성이 있다.

51. 실험 전후의 평균 측정값을 각각 μ_1, μ_2라 하면 귀무가설

과 대립가설은 각각 $H_0 : \mu_1 = \mu_2$, $H_1 : \mu_1 \neq \mu_2$이고 기각역은 $T < -t_{0.025}(9) = -2.262$, $T > t_{0.025}(9) = 2.262$이다. 쌍체 관찰값의 차 $d_i = x_i - y_i$와 d_i^2은 다음과 같다.

표본	1	2	3	4	5	6	7	8	9	10	합계
d_i	0.3	0.5	0.3	1.2	−0.4	−0.1	−0.2	0.6	0.4	0.3	2.9
d_i^2	0.09	0.25	0.09	1.44	0.16	0.01	0.04	0.36	0.16	0.09	2.69

$\bar{d} = \dfrac{2.9}{10} = 0.29$, $s_d^2 = \dfrac{10 \times 2.69 - 2.9^2}{10 \times 9} \approx 0.2054$, $s_d \approx 0.4532$에서 검정통계량의 관찰값 $t_0 = \dfrac{0.29}{0.4532/\sqrt{10}} \approx 2.0235$가 기각역 안에 놓이지 않으므로 H_0을 기각할 수 없다. 즉, 실험 전후에 변화가 있다고 할 수 없다.

52. 교육 전후의 평균 사고 건수를 각각 μ_1, μ_2라 하면 귀무가설과 대립가설은 각각 $H_0 : \mu_1 \leq \mu_2$, $H_1 : \mu_1 > \mu_2$이고 기각역은 $T > t_{0.05}(4) = 2.132$이다. 쌍체 관찰값의 차 $d_i = x_i - y_i$와 d_i^2은 다음과 같다.

작업장	1	2	3	4	5	합계
d_i	2	−1	2	2	3	8
d_i^2	4	1	4	4	9	22

$\bar{d} = \dfrac{8}{5} = 1.6$, $s_d^2 = \dfrac{5 \times 22 - 8^2}{5 \times 4} = 2.3$, $s_d \approx 1.5166$에서 검정통계량의 관찰값 $t_0 = \dfrac{1.6}{1.5166/\sqrt{5}} \approx 2.359$가 기각역 안에 놓이므로 H_0을 기각한다. 즉, 교육 후 사고 건수가 줄어든다고 할 수 있다.

53. 생산 라인 A와 생산 라인 B의 불량률을 각각 p_1, p_2라 하면 귀무가설과 대립가설은 각각 $H_0 : p_1 - p_2 = 0$, $H_1 : p_1 - p_2 \neq 0$이고 기각역은 $Z < -1.96$, $Z > 1.96$이다. $\hat{p}_1 = \dfrac{8}{1600} = 0.005$, $\hat{p}_2 = \dfrac{3}{1500} = 0.002$, $\hat{p} = \dfrac{8 + 3}{1600 + 1500} \approx 0.0035$이므로 검정통계량의 관찰값은 $z_0 = \dfrac{0.005 - 0.002}{\sqrt{(0.0035 \times 0.9965)\left(\dfrac{1}{1600} + \dfrac{1}{1500}\right)}} \approx$

1.413이다. $z_0 = 1.413$이 기각역 안에 놓이지 않으므로 H_0을 기각할 수 없다. 즉, 두 생산 라인의 불량률에 차이가 있다고 할 수 없다.

54. 이 커피를 좋아하는 여자와 남자의 비율을 각각 p_1, p_2라 하면 귀무가설과 대립가설은 각각 $H_0 : p_1 - p_2 = 0$, $H_1 : p_1 -$

$p_2 \neq 0$이고 기각역은 $Z < -2.58$, $Z > 2.58$이다. $\hat{p}_1 = \dfrac{345}{680} \approx$ 0.507, $\hat{p}_2 = \dfrac{248}{575} \approx 0.431$, $\hat{p} = \dfrac{345 + 248}{680 + 575} \approx 0.473$이므로 검정통계량의 관찰값은 $z_0 = \dfrac{0.507 - 0.431}{\sqrt{(0.473 \times 0.527)\left(\dfrac{1}{680} + \dfrac{1}{575}\right)}} \approx$ 2.6869이다. $z_0 = 2.6869$가 기각역 안에 놓이므로 H_0을 기각한다. 즉, 이 커피를 좋아하는 남녀의 비율에 차이가 있다고 할 수 있다.

55. 흑맥주를 좋아하는 남자와 여자의 비율을 각각 p_1, p_2라 하면 귀무가설과 대립가설은 각각 $H_0 : p_1 - p_2 \geq 0.15$, $H_1 : p_1 - p_2 < 0.15$이고 기각역은 $Z < -1.645$이다. $\hat{p}_1 = \dfrac{72}{250}$ $= 0.288$, $\hat{p}_2 = \dfrac{36}{185} \approx 0.195$이므로 검정통계량의 관찰값은 $z_0 = \dfrac{(0.288 - 0.195) - 0.15}{\sqrt{\dfrac{0.288 \times 0.712}{250} + \dfrac{0.195 \times 0.805}{185}}} \approx -1.395$이다. $z_0 = -1.395$가 기각역 안에 놓이지 않으므로 H_0을 기각할 수 없다. 즉, 흑맥주를 좋아하는 남자의 비율이 여자의 비율보다 15% 이상 크다는 주장은 신빙성이 있다.

56. 서민층과 중산층의 적자 가구의 비율을 각각 p_1, p_2라 하면 귀무가설과 대립가설은 각각 $H_0 : p_1 - p_2 \geq 0.085$, $H_1 : p_1 - p_2 < 0.085$이고 기각역은 $Z < -1.645$이다. $\hat{p}_1 = \dfrac{1206}{4500}$ $= 0.268$, $\hat{p}_2 = \dfrac{1881}{9500} = 0.198$이므로 검정통계량의 관찰값은 $z_0 = \dfrac{(0.268 - 0.198) - 0.085}{\sqrt{\dfrac{0.268 \times 0.732}{4500} + \dfrac{0.198 \times 0.802}{9500}}} \approx -1.932$이다. $z_0 = -1.932$가 기각역 안에 놓이므로 H_0을 기각한다. 즉, 서민층의 적자 가구의 비율이 중산층의 적자 가구의 비율보다 8.5% 이상 많다는 주장은 타당성이 부족하다.

57. 아르바이트를 하는 남학생과 여학생의 비율을 각각 p_1, p_2라 하면 귀무가설과 대립가설은 각각 $H_0 : p_1 - p_2 \leq 0.03$, $H_1 : p_1 - p_2 > 0.03$이고 기각역은 $Z > z_{0.02} \approx 2.055$이다. $\hat{p}_1 = \dfrac{391}{570} = 0.686$, $\hat{p}_2 = \dfrac{395}{660} \approx 0.598$이므로 검정통계량의 관찰값은 $z_0 = \dfrac{(0.686 - 0.598) - 0.03}{\sqrt{\dfrac{0.686 \times 0.314}{570} + \dfrac{0.598 \times 0.402}{660}}} \approx 2.13$이다. $z_0 = 2.13$이 기각역 안에 놓이므로 H_0을 기각한다. 즉, 아르바이트하는 남학생의 비율이 여학생의 비율보다 3%를 초과한다는 주장은 신빙성이 있다.

58. 남자와 여자의 혈압에 대한 분산을 각각 σ_1^2, σ_2^2이라 하면

귀무가설과 대립가설은 각각 $H_0 : \sigma_1^2 \leq \sigma_2^2$, $H_1 : \sigma_1^2 > \sigma_2^2$이고 기각역은 $F > f_{0.05}(6, 7) = 3.87$이며 검정통계량의 관찰값은 $f_0 = \dfrac{6.2^2}{3.1^2} = 4$이다. $f_0 = 4$가 기각역 안에 놓이므로 H_0을 기각한다. 즉, 남자의 혈압에 대한 분산이 여자의 혈압에 대한 분산보다 높다는 주장은 신빙성이 있다.

59. A 회사와 B 회사의 배터리 수명에 대한에 대한 분산을 각각 σ_1^2, σ_2^2이라 하면 귀무가설과 대립가설은 각각 $H_0 : \sigma_1^2 \geq \sigma_2^2$, $H_1 : \sigma_1^2 < \sigma_2^2$이고 기각역은 $F < f_{0.95}(12, 9) = \dfrac{1}{f_{0.05}(9, 12)} = \dfrac{1}{2.8}$ ≈ 0.3571이며 검정통계량의 관찰값은 $f_0 = \dfrac{0.48^2}{0.82^2} \approx 0.3427$이다. $f_0 = 0.3427$이 기각역 안에 놓이므로 H_0을 기각한다. 즉, A 회사의 배터리 수명에 대한 분산이 B 회사의 배터리 수명에 대한 분산보다 작다는 주장은 신빙성이 있다.

실전문제

1. 사회 계열과 공학 계열 졸업자의 월평균 급여를 각각 μ_1, μ_2라 하면 귀무가설과 대립가설은 각각 $H_0 : \mu_1 - \mu_2 = 0$, $H_1 : \mu_1 - \mu_2 \neq 0$이고 기각역은 $Z < -1.96$, $Z > 1.96$이며 검정통계량의 관찰값은 $z_0 = \dfrac{228.4 - 233.3}{\sqrt{\dfrac{15.4^2}{50} + \dfrac{8.7^2}{50}}} \approx -1.959$이다.

$z_0 = -1.959$가 기각역 안에 놓이지 않으므로 H_0을 기각할 수 없다. 즉, 두 계열을 졸업한 근로자들의 월평균 급여가 같다고 할 수 있다.

2. 첫 번째 라운드와 네 번째 라운드의 평균 타수를 각각 μ_1, μ_2라 하면 귀무가설과 대립가설은 각각 $H_0 : \mu_1 \geq \mu_2$, $H_1 : \mu_1 < \mu_2$이고 기각역은 $T < -t_{0.05}(6) = -1.943$이다. 쌍체 관찰값의 차 $d_i = x_i - y_i$와 d_i^2은 다음과 같다.

선수	1	2	3	4	5	6	7	합계
d_i	-3	2	1	2	2	-1	-4	-1
d_i^2	9	4	1	4	4	1	16	39

$\bar{d} = -\dfrac{1}{7} \approx -0.1429$, $s_d^2 = \dfrac{7 \times 39 - (-1)^2}{7 \times 6} \approx 6.4762$, $s_d \approx 2.5448$에서 검정통계량의 관찰값 $t_0 = -\dfrac{0.1429}{2.5448/\sqrt{7}} \approx -0.1486$이 기각역 안에 놓이지 않으므로 H_0을 기각할 수 없다. 즉, 첫 번째 라운드의 타수가 네 번째 라운드의 타수보다 작다고 할 수 없다.

3. 대도시와 중소도시의 찬성률을 각각 p_1, p_2라 하면 귀무가설과 대립가설은 각각 $H_0 : p_1 - p_2 \leq 0$, $H_1 : p_1 - p_2 > 0$이고 기각역은 $Z > 1.645$이다. $\hat{p}_1 = \dfrac{1312}{2055} \approx 0.6384$, $\hat{p}_2 = \dfrac{486}{800}$ $= 0.6075$, $\hat{p} = \dfrac{1312 + 486}{2055 + 800} \approx 0.6298$이므로 검정통계량의 관찰값은 $z_0 = \dfrac{0.6384 - 0.6075}{\sqrt{(0.6298 \times 0.3702)\left(\dfrac{1}{2055} + \dfrac{1}{800}\right)}} \approx 1.5356$이다. $z_0 = 1.5356$이 기각역 안에 놓이지 않으므로 H_0을 기각할 수 없다. 즉, 대도시 거주민의 찬성률이 중소도시 거주민의 찬성률보다 크다고 할 수 없다.

4. 서울 지역과 울산 지역의 1인당 개인 소득에 대한 분산을 각각 σ_1^2, σ_2^2이라 하면 귀무가설과 대립가설은 각각 $H_0 : \sigma_1^2 = \sigma_2^2$, $H_1 : \sigma_1^2 \neq \sigma_2^2$이고 기각역은 $F < f_{0.975}(6, 6) = \dfrac{1}{f_{0.025}(6, 6)} = \dfrac{1}{5.82} \approx 0.172$, $F > f_{0.025}(6, 6) = 5.82$이며 검정통계량의 관찰값은 $f_0 = \dfrac{85.8^2}{52.4^2} \approx 2.68$이다. $f_0 = 2.68$이 기각역 안에 놓이지 않으므로 H_0을 기각할 수 없다. 즉, 두 지역 주민의 소득에 대한 분산이 동일하다는 주장은 신빙성이 있다.

|Chapter 13| 분산분석

개념문제

1. 분산분석

2. 정규성, 독립성, 등분산성

3. 요인(인자)

4. 수준

5. 처리

6. 일원분산분석

7. 처리간 변동(그룹간 변동)

8. 처리내 변동(그룹내 변동)

9. $\text{SSTR} = \sum_{j=1}^{k} n_j (\bar{x}_j - \bar{\bar{x}})^2$, $\text{MST} = \dfrac{\text{SSTR}}{k-1}$

10. $\text{SSE} = \sum_{j=1}^{k} \sum_{i=1}^{n_j} (x_{ij} - \bar{x}_j)^2$, $\text{MSE} = \dfrac{\text{SSE}}{n-k}$

11. $F = \dfrac{\text{MST}}{\text{MSE}}$, $F > f_\alpha(k-1, n-k)$

12. 다중비교

13. $\text{LSD} = t_{\alpha/2}(n-k)\sqrt{\text{MSE}\left(\dfrac{1}{n_i} + \dfrac{1}{n_j}\right)}$

14. $\left|\bar{x}_i - \bar{x}_j\right| > \text{LSD}$

15. 스튜던트화 범위 분포(q-분포)

16. $\text{HSD} = q_\alpha(p, f)\sqrt{\dfrac{\text{MSE}}{n_h}}$

17. 블록(괴)

18. $\text{SSB} = k\sum_{i=1}^{b}(\bar{x}_{i.} - \bar{\bar{x}})^2$

19. $\text{SST} = \text{SSTR} + \text{SSB} + \text{SSE}$

20. $\text{MST} = \dfrac{\text{SSTR}}{k-1}$, $\text{MSB} = \dfrac{\text{SSB}}{b-1}$, $\text{MSE} = \dfrac{\text{SSE}}{(k-1)(b-1)}$

21. $F > f_\alpha(k-1, (k-1)(b-1))$, $F > f_\alpha(b-1, (k-1)(b-1))$

22. 이원분산분석

23. ab개

24. 반복

25. 상호작용

26. 평행하지 않은 경우

27. H_0 : 두 요인의 상호작용은 없다.

28. $F > f_\alpha(a-1, n-ab)$, $F > f_\alpha(b-1, n-ab)$, $F > f_\alpha((a-1)(b-1), n-ab)$

29. $\text{MS}_{AB} = \dfrac{r\sum_{i=1}^{b}\sum_{j=1}^{a}\left(\bar{x}_{ij} - \bar{x}_{i.} - \bar{x}_{j} + \bar{\bar{x}}\right)^2}{(a-1)(b-1)}$

30. $\text{SST} = \text{SS}_A + \text{SS}_B + \text{SS}_{AB} + \text{SSE}$

연습문제

1.

변동 요인	자유도	제곱합	평균제곱	F-통계량
처리	4	6	1.5	0.0125
오차	15	1800	120	—
합계	19	1806	—	—

2.

변동 요인	자유도	제곱합	평균제곱	F-통계량
처리간 변동	3	4.32	1.44	0.2
블록간 변동	5	124.2	24.84	3.45
오차	15	108	7.2	—
합계	23	236.52	—	—

3.

변동 요인	자유도	제곱합	평균제곱	F-통계량
요인 A	4	1.242	0.3105	2.7
요인 B	5	2.0125	0.4025	3.5
상호작용	20	9.66	0.483	4.2
오차	90	10.35	0.115	—
합계	119	23.2645	—	—

4. (a) $\bar{\bar{x}} = \frac{1}{3}(10 + 12 + 16) \approx 12.6667$,

$\text{SSTR} = 6(10 - 12.6667)^2 + 6(12 - 12.6667)^2 + 6(16 - 12.6667)^2$

≈ 112, $\text{MST} = \frac{112}{2} = 56$, $\text{SSE} = 5 \times 25 + 5 \times 35 + 5 \times 25 =$

425, $\text{MSE} = \frac{425}{18 - 3} \approx 28.33$, $f_0 = \frac{56}{28.33} \approx 1.977$이므로 분산

분석표는 다음과 같다.

변동 요인	자유도	제곱합	평균제곱	F-통계량
처리	2	112	56	1.977
오차	15	425	28.33	−
합계	17	537	−	−

(b) 기각역은 $F > f_{0.05}(2, 15) = 3.68$이고 $f_0 = 1.977$은 기각역 안에 놓이지 않으므로 귀무가설을 기각할 수 없다. 즉, 세 모평균은 동일하다고 할 수 있다.

(c) $\bar{\bar{x}} = \frac{1}{3}(10 + 12 + 20) = 14$, $\text{SSTR} = 6(10 - 14)^2 + 6(12 - 14)^2 + 6(20 - 14)^2 = 336$, $\text{MST} = \frac{336}{2} = 168$에서 $f_0 = \frac{168}{28.33} \approx 5.93$이고 이 관찰값은 기각역 안에 놓이므로 귀무가설을 기각한다. 즉, 세 모평균이 모두 같은 것은 아니다.

5. (a) $\bar{\bar{x}} = \frac{1}{4}(6 + 8 + 10 + 14) = 9.5$, $\text{SSTR} = 5(6 - 9.5)^2 + 5(8 - 9.5)^2 + 5(10 - 9.5)^2 + 5(14 - 9.5)^2 = 175$, $\text{MST} = \frac{175}{3} = 58.333$, $\text{SSE} = 4 \times 25 + 4 \times 16 + 4 \times 25 + 4 \times 16 = 328$, $\text{MSE} = \frac{328}{20 - 4} = 20.5$, $f_0 = \frac{58.333}{20.5} \approx 2.846$이므로 분산분석표는 다음과 같다.

변동 요인	자유도	제곱합	평균제곱	F-통계량
처리	3	175	58.333	2.846
오차	16	328	20.5	−
합계	19	503	−	−

(b) 기각역은 $F > f_{0.05}(3, 16) = 3.24$이고 $f_0 = 2.846$은 기각역 안에 놓이지 않으므로 귀무가설을 기각할 수 없다. 즉, 세 모평균은 동일하다고 할 수 있다.

(c) $\bar{\bar{x}} = \frac{1}{4}(5 + 8 + 10 + 14) = 9.25$, $\text{SSTR} = 5(5 - 9.25)^2 + 5(8 - 9.25) + 5(10 - 9.25)^2 + 5(14 - 9.25)^2 = 213.75$, $\text{MST} = \frac{213.75}{3} = 71.25$에서 $f_0 = \frac{71.25}{20.5} \approx 3.476$이고 이 관찰값은 기각역 안에 놓이므로 귀무가설을 기각한다. 즉, 세 모평균이 모두 같은 것은 아니다.

6. 표본평균의 차는 $|\bar{x}_1 - \bar{x}_2| = 4$, $|\bar{x}_2 - \bar{x}_3| = 2$, $|\bar{x}_1 - \bar{x}_3| = 6$ 이다.

(a) $t_{0.025}(15) = 2.131$, $\text{MSE} = 15.467$이므로

$\text{LSD} = 2.131 \sqrt{15.467\left(\frac{1}{6} + \frac{1}{6}\right)} \approx 4.84$이다. $|\bar{x}_1 - \bar{x}_3| > \text{LSD}$ 이므로 μ_1과 μ_3이 서로 다르다.

(b) $q_{0.05}(3, 15) = 3.67$, $\text{MSE} = 15.467$이므로

$\text{HSD} = 3.67 \sqrt{\frac{15.467}{6}} \approx 5.89$이다. $|\bar{x}_1 - \bar{x}_3| > \text{HSD}$이므로 μ_1 과 μ_3이 서로 다르다.

7. 표본평균의 차는 $|\bar{x}_1 - \bar{x}_2| = 2$, $|\bar{x}_1 - \bar{x}_3| = 8$, $|\bar{x}_1 - \bar{x}_4| = 4$, $|\bar{x}_2 - \bar{x}_3| = 6$, $|\bar{x}_2 - \bar{x}_4| = 2$, $|\bar{x}_3 - \bar{x}_4| = 4$이다.

(a) $t_{0.025}(12) = 2.179$, $\text{MSE} = 10.8$이므로

$\text{LSD} = 2.179 \sqrt{10.8\left(\frac{1}{4} + \frac{1}{4}\right)} \approx 5.06$이다.

$|\bar{x}_1 - \bar{x}_3| > \text{LSD}$, $|\bar{x}_2 - \bar{x}_3| > \text{LSD}$이므로 μ_1과 μ_3, μ_2와 μ_3이 서로 다르다.

(b) $q_{0.05}(4, 12) = 4.2$, $\text{MSE} = 10.8$이므로 $\text{HSD} = 4.2 \sqrt{\frac{10.8}{4}} \approx 6.9$이다. $|\bar{x}_1 - \bar{x}_3| > \text{HSD}$이므로 μ_1과 μ_3이 서로 다르다.

8. $\text{MST} = \frac{220.4}{3} \approx 73.467$, $\text{MSB} = \frac{87.2}{4} = 21.8$,

$\text{MSE} = \frac{235.6}{3 \times 4} \approx 19.63$에서 처리간 F-통계량의 관찰값은 $f_0 = \frac{73.467}{19.63} \approx 3.74$이고, 블록간 F-통계량의 관찰값은 $f_0 = \frac{21.8}{19.63} \approx 1.11$이다.

(a) 처리간 변동의 기각역이 $F > f_{0.05}(3, 12) = 3.49$이고 $f_0 = 3.74$가 기각역 안에 놓이므로 귀무가설을 기각한다. 즉, 처리간 평균이 모두 같은 것은 아니다.

(b) 블록간 변동의 기각역은 $F > f_{0.05}(4, 12) = 3.26$이고 $f_0 = 1.11$이 기각역 안에 놓이지 않으므로 귀무가설을 기각할 수 없다. 즉, 블록간 평균이 모두 같다고 할 수 있다.

9. $\text{MST} = \frac{149.2}{4} = 37.3$, $\text{MSB} = \frac{178}{3} \approx 59.33$, $\text{MSE} = \frac{172}{4 \times 3} \approx 14.33$에서 처리간 F-통계량의 관찰값은 $f_0 = \frac{37.3}{14.33} \approx 2.60$이고, 블록간 F-통계량의 관찰값은 $f_0 = \frac{59.33}{14.33} \approx 4.14$이다.

(a) 처리간 변동의 기각역이 $F > f_{0.05}(4, 12) = 3.26$이고 $f_0 = 2.60$이 기각역 안에 놓이지 않으므로 귀무가설을 기각할 수 없다. 즉, 처리간 평균이 모두 같다고 할 수 있다.

(b) 블록간 변동의 기각역은 $F > f_{0.05}(3, 12) = 3.49$이고 $f_0 = 4.14$가 기각역 안에 놓이므로 귀무가설을 기각한다. 즉, 블록간

평균이 모두 같은 것은 아니다.

10. $MS_A = \dfrac{372}{3} = 124$, $MS_B = \dfrac{477}{3} = 159$, $MS_{AB} = \dfrac{207}{9} = 23$, $MSE = \dfrac{1532}{80} = 19.15$에서 요인 A 사이의 F-통계량의 관찰값은 $f_0 = \dfrac{124}{19.15} \approx 6.475$, 요인 B 사이의 F-통계량의 관찰값은 $f_0 = \dfrac{159}{19.15} \approx 8.303$, 두 요인의 상호작용에 대한 F-통계량의 관찰값은 $f_0 = \dfrac{23}{19.15} \approx 1.201$이다.

(a) 요인 A의 기각역이 $F > 2.72$이고 $f_0 = 6.475$가 기각역 안에 놓이므로 귀무가설을 기각한다. 즉, 요인 A의 평균이 모두 같은 것은 아니다.

(b) 요인 B의 기각역이 $F > 2.72$이고 $f_0 = 8.303$이 기각역 안에 놓이므로 귀무가설을 기각한다. 즉, 요인 B의 평균이 모두 같은 것은 아니다.

(c) 상호작용의 기각역이 $F > 1.999$이고 $f_0 = 1.201$이 기각역 안에 놓이지 않으므로 귀무가설을 기각할 수 없다. 즉, 요인간에 상호작용이 없다고 할 수 있다.

11. $MS_A = \dfrac{166.11}{2} \approx 83.06$, $MS_B = \dfrac{81.81}{4} \approx 20.45$, $MS_{AB} = \dfrac{226.43}{8} \approx 28.30$, $MSE = \dfrac{832.8}{60} = 13.88$에서 요인 A 사이의 F-통계량의 관찰값은 $f_0 = \dfrac{83.06}{13.88} \approx 5.98$, 요인 B 사이의 F-통계량의 관찰값은 $f_0 = \dfrac{20.45}{13.88} \approx 1.47$, 두 요인의 상호작용에 대한 F-통계량의 관찰값은 $f_0 = \dfrac{28.3}{13.88} \approx 2.04$이다.

(a) 요인 A의 기각역이 $F > f_{0.05}(2, 60) = 3.15$이고 $f_0 = 5.98$이 기각역 안에 놓이므로 귀무가설을 기각한다. 즉, 요인 A의 평균이 모두 같은 것은 아니다.

(b) 요인 B의 기각역이 $F > f_{0.05}(4, 60) = 2.53$이고 $f_0 = 1.47$이 기각역 안에 놓이지 않으므로 귀무가설을 기각할 수 없다. 즉, 요인 B의 평균이 모두 같다고 할 수 있다.

(c) 상호작용의 기각역이 $F > f_{0.05}(8, 60) = 2.1$이고 $f_0 = 2.04$가 기각역 안에 놓이지 않으므로 귀무가설을 기각할 수 없다. 즉, 요인간에 상호작용이 없다고 할 수 있다.

12. 귀무가설과 대립가설은 다음과 같다.

$$H_0 : \mu_1 = \mu_2 = \mu_3, \quad H_1 : \text{모든 평균 점수가 같은 것은 아니다.}$$

기각역은 $F > f_{0.05}(2, 9) = 4.26$이고 $\bar{x}_1 = 4.36$, $\bar{x}_2 = 4.05$, $\bar{x}_3 = 4.1$, $\bar{\bar{x}} = 4.17$이므로 처리제곱합과 오차제곱합은 다음과 같다.

$$SSTR = \sum_{j=1}^{3} 4(\bar{x}_j - \bar{\bar{x}})^2 = 4(4.36 - 4.17)^2 + 4(4.05 - 4.17)^2$$
$$+ 4(4.1 - 4.17)^2 = 0.2216$$
$$SST = \sum_{j=1}^{3}\sum_{i=1}^{4} (x_{ij} - \bar{\bar{x}})^2 = (4.43 - 4.17)^2 + (4.12 - 4.17)^2 + \cdots$$
$$+ (4.05 - 4.17)^2 = 0.323$$
$$SSE = SST - SST = 0.323 - 0.2216 = 0.1014$$

이로부터 다음 분산분석표를 작성한다.

변동 요인	자유도	제곱합	평균제곱	F-통계량
처리	2	0.2216	$\dfrac{0.2216}{2} = 0.1108$	$\dfrac{0.1108}{0.0113} \approx 9.805$
오차	9	0.1014	$\dfrac{0.1014}{9} \approx 0.0113$	—
합계	11	0.3230	—	—

$f_0 = 9.805$는 기각역 안에 놓이므로 귀무가설을 기각한다. 즉, 세 교수의 강의평가 평균 점수가 모두 같은 것은 아니다.

13. 귀무가설과 대립가설은 다음과 같다.

$$H_0 : \mu_1 = \mu_2 = \mu_3 = \mu_4,$$
$$H_1 : \text{모든 평균 수명이 같은 것은 아니다.}$$

기각역은 $F > f_{0.05}(3, 16) = 3.24$이고 $\bar{x}_1 = 78.8$, $\bar{x}_2 = 65.4$, $\bar{x}_3 = 73.2$, $\bar{x}_4 = 72$, $\bar{\bar{x}} = 72.35$이므로 처리제곱합과 오차제곱합은 다음과 같다.

$$SSTR = \sum_{j=1}^{4} 5(\bar{x}_j - \bar{\bar{x}})^2$$
$$= 5(78.8 - 72.35)^2 + 5(65.4 - 72.35)^2$$
$$+ 5(73.2 - 72.35)^2 + 5(72 - 72.35)^2 = 453.75$$
$$SST = \sum_{j=1}^{4}\sum_{i=1}^{5} (x_{ij} - \bar{\bar{x}})^2 = (70 - 72.35)^2 + (72 - 72.35)^2 + \cdots$$
$$+ (62 - 72.35)^2 = 1498.55$$
$$SSE = SST - SSTR = 1498.55 - 453.75 = 1044.8$$

이로부터 다음 분산분석표를 작성한다.

변동 요인	자유도	제곱합	평균제곱	F-통계량
처리	3	453.75	$\dfrac{453.75}{3} = 151.25$	$\dfrac{151.25}{65.3} \approx 2.316$
오차	16	1044.8	$\dfrac{1044.8}{16} = 65.3$	—
합계	19	1498.55	—	—

$f_0 = 2.316$이 기각역 안에 놓이지 않으므로 귀무가설을 기각할 수 없다. 즉, 네 업체에서 생산한 전구의 평균 수명이 같다고 할 수 있다.

14. 귀무가설과 대립가설은 다음과 같다.

$H_0 : \mu_1 = \mu_2 = \mu_3$, $H_1 :$ 모든 평균 연봉이 같은 것은 아니다.

기각역은 $F > f_{0.05}(2, 9) = 4.26$이고 $\bar{x}_1 = 32$, $\bar{x}_2 = 34$, $\bar{x}_3 = 33$, $\bar{\bar{x}} = 33$이므로 처리제곱합과 오차제곱합은 다음과 같다.

$$\begin{aligned}
\text{SSTR} &= \sum_{j=1}^{3} 4(\bar{x}_j - \bar{\bar{x}})^2 \\
&= 4(32-33)^2 + 4(34-33)^2 + 4(33-33)^2 = 8 \\
\text{SST} &= \sum_{j=1}^{3}\sum_{i=1}^{4}(x_{ij} - \bar{\bar{x}})^2 = (35-33)^2 + (30-33)^2 + \cdots \\
&\quad + (30-33)^2 = 50 \\
\text{SSE} &= \text{SST} - \text{SSTR} = 50 - 8 = 42
\end{aligned}$$

이로부터 다음 분산분석표를 작성한다.

변동 요인	자유도	제곱합	평균제곱	F-통계량
처리	2	8	$\frac{8}{2} = 4$	$\frac{4}{4.67} \approx 0.857$
오차	9	42	$\frac{42}{9} \approx 4.67$	–
합계	11	50	–	–

$f_0 = 0.857$이 기각역 안에 놓이지 않으므로 귀무가설을 기각할 수 없다. 즉, 세 학과의 졸업생 초임 평균 연봉은 동일하다고 할 수 있다.

15. (a) 귀무가설과 대립가설은 다음과 같다.

$H_0 : \mu_1 = \mu_2 = \mu_3$, $H_1 :$ 모든 평균 일수가 같은 것은 아니다.

기각역은 $F > f_{0.05}(2, 12) = 3.89$이고 $\bar{x}_1 = 45$, $\bar{x}_2 = 25$, $\bar{x}_3 = 50$, $\bar{\bar{x}} \approx 41.33$이므로 처리제곱합과 오차제곱합은 다음과 같다.

$$\begin{aligned}
\text{SSTR} &= \sum_{j=1}^{3} n_j(\bar{x}_j - \bar{\bar{x}})^2 \\
&= 6(45-41.33)^2 + 4(25-41.33)^2 + 5(50-41.33)^2 \\
&\approx 1523.33 \\
\text{SST} &= \sum_{j=1}^{3}\sum_{i=1}^{n_j}(x_{ij} - \bar{\bar{x}})^2 = (24-41.33)^2 + (38-41.33)^2 + \cdots \\
&\quad + (57-41.33)^2 \approx 2935.33 \\
\text{SSE} &= \text{SST} - \text{SSTR} = 2935.33 - 1523.33 = 1412
\end{aligned}$$

이로부터 다음 분산분석표를 작성한다.

변동 요인	자유도	제곱합	평균제곱	F-통계량
처리	2	1523.33	$\frac{1523.33}{2} = 761.665$	$\frac{761.665}{117.667} \approx 6.473$
오차	12	1412	$\frac{1412}{12} \approx 117.667$	–
합계	14	2935.33	–	–

$f_0 = 6.473$이 기각역 안에 놓이므로 귀무가설을 기각한다. 즉, 세 종류의 감기약의 효능이 모두 동일한 것은 아니다.

(b) $t_{0.025}(12) = 2.179$, $\text{MSE} = 117.667$이므로

$$\text{LSD}_{12} = 2.179\sqrt{117.667\left(\frac{1}{6} + \frac{1}{4}\right)} \approx 15.26,$$

$$\text{LSD}_{13} = 2.179\sqrt{117.667\left(\frac{1}{6} + \frac{1}{5}\right)} \approx 14.31,$$

$$\text{LSD}_{23} = 2.179\sqrt{117.667\left(\frac{1}{4} + \frac{1}{5}\right)} \approx 15.86$$이다.

한편 $|\bar{x}_1 - \bar{x}_2| = 20$, $|\bar{x}_1 - \bar{x}_3| = 5$, $|\bar{x}_2 - \bar{x}_3| = 25$이므로 $\mu_1 = \mu_3$이고 $\mu_1 \neq \mu_2$, $\mu_2 \neq \mu_3$이다. 즉, A와 B 감기약, B와 C 감기약은 평균 치료 일수가 다르다고 할 수 있다.

16. (a) 귀무가설과 대립가설은 다음과 같다.

$$H_0 : \mu_1 = \mu_2 = \mu_3,$$

$$H_1 :$$ 모든 감량된 평균 체중이 같은 것은 아니다.

기각역은 $F > f_{0.05}(2, 12) = 3.89$이고 $\bar{x}_1 = 5$, $\bar{x}_2 = 6$, $\bar{x}_3 = 3.2$, $\bar{\bar{x}} \approx 4.733$이므로 처리제곱합과 오차제곱합은 다음과 같다.

$$\begin{aligned}
\text{SSTR} &= \sum_{j=1}^{3} 5(\bar{x}_j - \bar{\bar{x}})^2 \\
&= 5(5-4.733)^2 + 5(6-4.733)^2 + 5(3.2-4.733)^2 \\
&\approx 20.133 \\
\text{SST} &= \sum_{j=1}^{3}\sum_{i=1}^{5}(x_{ij} - \bar{\bar{x}})^2 = (5-4.733)^2 + (4-4.733)^2 + \cdots \\
&\quad + (4-4.733)^2 \approx 42.933 \\
\text{SSE} &= \text{SST} - \text{SSTR} = 42.933 - 20.133 = 22.8
\end{aligned}$$

이로부터 다음 분산분석표를 작성한다.

변동 요인	자유도	제곱합	평균제곱	F-통계량
처리	2	20.133	$\frac{20.133}{2} \approx 10.07$	$\frac{10.07}{1.9} = 5.3$
오차	12	22.8	$\frac{22.8}{12} = 1.9$	–
합계	14	42.933	–	–

$f_0 = 5.3$이 기각역 안에 놓이므로 귀무가설을 기각한다. 즉, 세 종류의 다이어트 식품의 효과가 모두 같다고 할 수 없다.

(b) $t_{0.025}(12) = 2.179$, MSE $= 1.9$이므로

$$\text{LSD} = 2.179 \sqrt{1.9\left(\frac{1}{5} + \frac{1}{5}\right)} \approx 1.9\text{이다.}$$

한편 $|\bar{x}_1 - \bar{x}_2| = 1, |\bar{x}_1 - \bar{x}_3| = 1.8, |\bar{x}_2 - \bar{x}_3| = 2.8$이므로 $\mu_1 = \mu_2$, $\mu_1 = \mu_3$이고 $\mu_2 \neq \mu_3$이다. 즉, B와 C 회사 식품으로 인해 감량된 평균 체중은 다르다고 할 수 있다.

(c) $q_{0.05}(3, 12) = 3.77$, MSE $= 1.9$이므로

$$\text{HSD} = 3.77 \sqrt{\frac{1.9}{5}} \approx 2.324\text{이다.}$$

한편 $|\bar{x}_1 - \bar{x}_2| = 1, |\bar{x}_1 - \bar{x}_3| = 1.8, |\bar{x}_2 - \bar{x}_3| = 2.8$이므로 $\mu_1 = \mu_2$, $\mu_1 = \mu_3$이고 $\mu_2 \neq \mu_3$이다. 즉, B와 C 회사 식품으로 인해 감량된 평균 체중은 다르다고 할 수 있다.

17. (a) 귀무가설과 대립가설은 다음과 같다.

$$H_0 : \mu_1 = \mu_2 = \mu_3, \ H_1 : \text{모두가 같은 것은 아니다.}$$

기각역은 $F > f_{0.05}(2, 9) = 4.26$이고 $\bar{x}_1 = 2, \bar{x}_2 = 2.2, \bar{x}_3 = 2.5$, $\bar{\bar{x}} \approx 2.23$이므로 처리제곱합과 오차제곱합은 다음과 같다.

$$\begin{aligned}
\text{SSTR} &= \sum_{j=1}^{3} 4(\bar{x}_j - \bar{\bar{x}})^2 \\
&= 4(2 - 2.23)^2 + 4(2.2 - 2.23)^2 + 4(2.5 - 2.23)^2 \\
&= 0.5068 \\
\text{SST} &= \sum_{j=1}^{3}\sum_{i=1}^{4} (x_{ij} - \bar{\bar{x}})^2 = (2.1 - 2.23)^2 + (2.2 - 2.23)^2 + \cdots \\
&\quad + (2.4 - 2.23)^2 = 0.8868 \\
\text{SSE} &= \text{SST} - \text{SSTR} = 0.8868 - 0.5068 = 0.38
\end{aligned}$$

이로부터 다음 분산분석표를 작성한다.

변동 요인	자유도	제곱합	평균제곱	$F-$통계량
처리	2	0.5068	$\dfrac{0.5068}{2} = 0.2534$	$\dfrac{0.2534}{0.0422} \approx 6.005$
오차	9	0.38	$\dfrac{0.38}{9} \approx 0.0422$	$-$
합계	11	0.8868	$-$	$-$

$f_0 = 6.005$가 기각역 안에 놓이므로 귀무가설을 기각한다. 즉, 세 지역에서 생산된 배추 한 포기의 평균 무게가 모두 같다고 할 수 없다.

(b) $t_{0.025}(9) = 2.262$, MSE $= 0.0422$이므로

$$\text{LSD} = 2.262 \sqrt{0.0422\left(\frac{1}{4} + \frac{1}{4}\right)} \approx 0.3286\text{이다.}$$

한편 $|\bar{x}_1 - \bar{x}_2| = 0.2, |\bar{x}_1 - \bar{x}_3| = 0.5, |\bar{x}_2 - \bar{x}_3| = 0.3$이므로 $\mu_1 = \mu_2$, $\mu_2 = \mu_3$이고 $\mu_1 \neq \mu_3$이다. 즉, A와 C 지역에서 생산된 배추 한 포기의 평균 무게는 다르다고 할 수 있다.

(c) $q_{0.05}(3, 9) = 3.95$, MSE $= 0.0422$이므로

$$\text{HSD} = 3.95 \sqrt{\frac{0.0422}{4}} \approx 0.406\text{이다.}$$

한편 $|\bar{x}_1 - \bar{x}_2| = 0.2, |\bar{x}_1 - \bar{x}_3| = 0.5, |\bar{x}_2 - \bar{x}_3| = 0.3$이므로 $\mu_1 = \mu_2$, $\mu_2 = \mu_3$이고 $\mu_1 \neq \mu_3$이다. 즉, A와 C 지역에서 생산된 배추 한 포기의 평균 무게는 다르다고 할 수 있다.

18.

블록	처리							블록 평균 $(\bar{x}_{i.})$
	1	**2**	**3**	**4**	**5**	**6**	**7**	
2017	45	49	45	49	42	42	47	45.57
2018	46	48	45	49	41	41	46	45.14
2019	45	46	46	53	43	46	46	46.43
2020	48	44	43	49	40	44	43	44.43
처리 평균($\bar{x}_{.j}$)	46	46.75	44.75	50	41.5	43.25	45.5	45.39

기본 표로부터 제곱합을 구하면 다음과 같다.

$$\begin{aligned}
\text{SST} &= \sum_{i=1}^{4}\sum_{j=1}^{7} (x_{ij} - 45.39)^2 = (45 - 45.39)^2 + (49 - 45.39)^2 \\
&\quad + \cdots + (43 - 45.39)^2 = 240.6788 \\
\text{SSTR} &= 4\sum_{j=1}^{7} (\bar{x}_{.j} - 45.39)^2 \\
&= 4[(46 - 45.39)^2 + (46.75 - 45.39)^2 + \cdots \\
&\quad + (45.5 - 45.39)^2] \\
&= 174.4288 \\
\text{SSB} &= 7\sum_{i=1}^{4} (\bar{x}_{i.} - 91)^2 \\
&= 7[(45.57 - 45.39)^2 + (45.14 - 45.39)^2 \\
&\quad + (46.43 - 45.39)^2 + (44.43 - 45.39)^2] \\
&= 14.6867 \\
\text{SSE} &= \text{SST} - \text{SSTR} - \text{SSB} = 240.6788 - 174.4288 \\
&\quad - 14.6867 = 51.5633
\end{aligned}$$

그러므로 각 변동에 대한 평균제곱은 다음과 같다.

$$\text{MST} = \frac{174.4288}{6} \approx 29.07, \ \text{MSB} = \frac{14.6867}{3} \approx 4.9,$$

$$\text{MSE} = \frac{51.5633}{6 \times 3} \approx 2.86$$

이로부터 다음 확률화 블록 분산분석표를 작성한다.

변동 요인	자유도	제곱합	평균제곱	F-통계량
처리간 변동	3	174.4288	29.07	10.16
블록간 변동	6	14.6867	4.9	1.71
오차(그룹내)	18	51.5633	2.86	–
합계	27	240.6788	–	–

처리의 평균에 대한 기각역은 $F > f_{0.05}(3, 18) = 3.16$이고 $f_0 = 10.16$이 기각역 안에 놓이므로 처리간에 평균의 차이가 있다고 할 수 있다. 반면 블록의 평균에 대한 기각역은 $F > f_{0.05}(6, 18) = 2.66$이고 $f_0 = 1.71$이 기각역 안에 놓이지 않으므로 블록간에 평균의 차이는 없다. 즉, 도시별 미세먼지 평균 농도가 모두 같은 것은 아니지만 연도별 미세먼지 평균 농도는 같다고 할 수 있다.

19.

블록	처리					블록 평균
	1	2	3	4	5	$(\overline{x}_{i.})$
기자·평론가	7.43	7.33	5.80	6.00	6.13	6.538
관객	9.18	9.34	5.68	8.91	8.88	8.398
처리 평균$(\overline{x}_{.j})$	8.305	8.335	5.74	7.455	7.505	7.468

기본 표로부터 제곱합을 구하면 다음과 같다.

$$\text{SST} = \sum_{i=1}^{4}\sum_{j=1}^{7}(x_{ij} - 7.468)^2 = (7.43 - 7.468)^2 + (7.33 - 7.468)^2$$
$$+ \cdots + (8.88 - 7.468)^2 \approx 20.4534$$
$$\text{SSTR} = 2\sum_{j=1}^{5}(\overline{x}_{.j} - 7.468)^2$$
$$= 2[(8.305 - 7.468)^2 + (8.335 - 7.468)^2$$
$$+ (5.74 - 7.468)^2 + (7.455 - 7.468)^2$$
$$+ (7.505 - 7.468)^2] \approx 8.8796$$
$$\text{SSB} = 5\sum_{i=1}^{2}(\overline{x}_{i.} - 7.468)^2$$
$$= 5[(6.538 - 7.468)^2 + (8.398 - 7.468)^2] = 8.649$$
$$\text{SSE} = \text{SST} - \text{SSTR} - \text{SSB}$$
$$= 20.4534 - 8.8796 - 8.649 = 2.9248$$

그러므로 각 변동에 대한 평균제곱은 다음과 같다.

$$\text{MST} = \frac{8.8796}{4} \approx 2.2199, \quad \text{MSB} = \frac{8.649}{1} = 8.649,$$
$$\text{MSE} = \frac{2.9248}{4 \times 1} = 0.7312$$

이로부터 다음 확률화 블록 분산분석표를 작성한다.

변동 요인	자유도	제곱합	평균제곱	F-통계량
처리간 변동	4	8.8796	2.2199	3.036
블록간 변동	1	8.649	8.649	11.829
오차(그룹내)	4	2.9248	0.7312	–
합계	9	20.4534	–	–

처리의 평균에 대한 기각역은 $F > f_{0.05}(4, 4) = 6.39$이고 $f_0 = 3.036$이 기각역 안에 놓이지 않으므로 처리간에 평균의 차이는 없다. 반면 블록의 평균에 대한 기각역은 $F > f_{0.05}(1, 4) = 7.71$이고 $f_0 = 11.829$가 기각역 안에 놓이므로 블록간에 평균의 차이가 있다고 할 수 있다. 즉, 영화별 평균 평점은 모두 같으나 기자·평론가와 관객의 평균 평점은 같다고 할 수 없다.

20.

블록	처리				블록 평균
	A	B	C	D	$(\overline{x}_{i.})$
1	21	40	29	26	29
2	30	33	27	42	33
3	39	32	26	39	34
4	20	39	21	20	25
5	23	36	38	37	33.5
6	35	30	33	22	30
처리 평균$(\overline{x}_{.j})$	28	35	29	31	30.75

기본 표로부터 제곱합을 구하면 다음과 같다.

$$\text{SST} = \sum_{i=1}^{6}\sum_{j=1}^{4}(x_{ij} - 30.75)^2 = (21 - 30.75)^2 + (40 - 30.75)^2$$
$$+ \cdots + (22 - 30.75)^2 = 1186.5$$
$$\text{SSTR} = 6\sum_{j=1}^{4}(\overline{x}_{.j} - 30.75)^2 = 6[(28 - 30.75)^2 + (35 - 30.75)^2$$
$$+ (29 - 30.75)^2 + (31 - 30.75)^2] = 172.5$$

$$SSB = 4 \sum_{i=1}^{6} (\overline{x}_{i.} - 30.75)^2$$
$$= 4[(29 - 30.75)^2 + (33 - 30.75)^2 + (34 - 30.75)^2$$
$$+ (25 - 30.75)^2 + (33.5 - 30.75)^2 + (30 - 30.75)^2]$$
$$= 239.5$$
$$SSE = SST - SSTR - SSB = 1186.5 - 172.5 - 239.5 = 774.5$$

그러므로 각 변동에 대한 평균제곱은 다음과 같다.

$$MST = \frac{172.5}{3} = 57.5, \ MSB = \frac{239.5}{5} = 47.9,$$
$$MSE = \frac{774.5}{3 \times 5} \approx 51.633$$

이로부터 다음 확률화 블록 분산분석표를 작성한다.

변동 요인	자유도	제곱합	평균제곱	F-통계량
처리간 변동	3	172.5	57.5	1.114
블록간 변동	5	239.5	47.9	0.928
오차(그룹내)	15	774.5	51.633	—
합계	23	1186.5	—	—

처리의 평균에 대한 기각역은 $F > f_{0.05}(3, 15) = 3.29$이고 $f_0 = 1.114$가 기각역 안에 놓이지 않으므로 처리간에 평균의 차이가 없다. 한편 블록의 평균에 대한 기각역은 $F > f_{0.05}(5, 15) = 2.90$이고 $f_0 = 0.928$은 기각역 안에 놓이지 않으므로 블록간에 평균의 차이가 없다. 즉, 네 공장의 불량품의 평균 개수에 차이가 없으며 월별 불량품의 평균 개수에도 차이가 없다고 할 수 있다.

21. 요인별 귀무가설과 대립가설은 각각 다음과 같다.

① 커튼별 평균 연소 시간에 대한 검정
  - 귀무가설 H_0 : 커튼별 평균 연소 시간이 동일하다.
  - 대립가설 H_1 : 모두가 같은 것은 아니다.

② 실험실별 평균 연소 시간에 대한 검정
  - 귀무가설 H_0 : 실험실별 평균 연소 시간이 동일하다.
  - 대립가설 H_1 : 모두가 같은 것은 아니다.

③ 실험실과 커튼 종류의 상호작용에 대한 검정
  - 귀무가설 H_0 : 실험실과 커튼 종류의 상호작용은 없다.
  - 대립가설 H_1 : 실험실과 커튼 종류의 상호작용이 있다.

실험실 \ 커튼	1	2	3	평균
실험실 1	3.0	3.4	4.0	3.467
실험실 2	3.5	3.6	4.2	3.767
평균	3.25	3.5	4.1	3.617

기본 표로부터 제곱합을 구하면 다음과 같다.

$$SST = \sum_{i=1}^{2} \sum_{j=1}^{3} \sum_{k=1}^{3} (x_{ijk} - \overline{\overline{x}})^2$$
$$= (3.6 - 3.617)^2 + (2.8 - 3.617)^2 + \cdots + (3.9 - 3.617)^2$$
$$\approx 5.045$$

$$SS_A = (3 \times 2) \sum_{j=1}^{3} (\overline{x}_{j} - \overline{\overline{x}})^2$$
$$= 6[(3.25 - 3.617)^2 + (3.5 - 3.617)^2 + (4.1 - 3.617)^2]$$
$$\approx 2.29$$

$$SS_B = (3 \times 3) \sum_{i=1}^{2} (\overline{x}_{i.} - \overline{\overline{x}})^2$$
$$= 9[(3.467 - 3.617)^2 + (3.767 - 3.617)^2]$$
$$= 0.405$$

$$SS_{AB} = 3 \sum_{i=1}^{2} \sum_{j=1}^{3} (\overline{x}_{ij} - \overline{x}_{i.} - \overline{x}_{j} + \overline{\overline{x}})^2$$
$$= 3[(3 - 3.467 - 3.25 + 3.617)^2$$
$$+ (3.4 - 3.467 - 3.5 + 3.617)^2$$
$$+ (3.5 - 3.767 - 3.25 + 3.617)^2$$
$$+ (3.6 - 3.767 - 3.5 + 3.617)^2$$
$$+ (4.2 - 3.767 - 4.1 + 3.617)^2 = 0.09$$

$$SSE = SST - SS_A - SS_B - SS_{AB}$$
$$= 5.045 - 2.29 - 0.405 - 0.09 = 2.26$$

그러므로 각 변동에 대한 평균제곱은 다음과 같다.

$$MS_A = \frac{2.29}{2} = 1.145, \ MS_B = \frac{0.405}{1} = 0.405,$$
$$MS_{AB} = \frac{0.09}{2 \times 1} = 0.045, \ MSE = \frac{2.26}{18 - 3 \times 2} \approx 0.1883$$

커튼(요인 A), 실험실(요인 B), 상호작용의 변동 요인에 대한 기각역은 각각 $F > f_{0.05}(2, 12) = 3.89$, $F > f_{0.05}(1, 12) = 4.75$, $F > f_{0.05}(2, 12) = 3.89$이므로 이원분산분석표는 다음과 같다.

변동 요인	자유도	제곱합	평균제곱	F-통계량	기각역
요인 A	2	2.29	1.145	6.08	3.89
요인 B	1	0.405	0.405	2.15	4.75
상호작용	2	0.09	0.045	0.24	3.89
오차	12	2.26	0.1883	–	–
합계	17	5.045	–	–	–

(a) $f_0 = 6.08$이 기각역 안에 놓이므로 커튼별 평균 연소 시간은 동일하다고 할 수 없다.

(b) $f_0 = 2.15$가 기각역 안에 놓이지 않으므로 실험실별 평균 연소 시간은 동일하다고 할 수 있다.

(c) $f_0 = 0.24$가 기각역 안에 놓이지 않으므로 실험실과 커튼 종류는 상호작용이 없다고 할 수 있다.

22. 요인별 귀무가설과 대립가설은 각각 다음과 같다.

① 네 명의 선수가 골프공을 친 평균 비거리에 대한 검정
 • 귀무가설 H_0 : 선수별 평균 비거리가 동일하다.
 • 대립가설 H_1 : 모두가 같은 것은 아니다.

② 브랜드별 평균 비거리에 대한 검정
 • 귀무가설 H_0 : 브랜드별 평균 비거리가 동일하다.
 • 대립가설 H_1 : 모두가 같은 것은 아니다.

③ 브랜드와 선수의 상호작용에 대한 검정
 • 귀무가설 H_0 : 브랜드와 선수의 상호작용은 없다.
 • 대립가설 H_1 : 브랜드와 선수의 상호작용이 있다.

브랜드＼선수	1	2	3	4	평균
A	257	256	261	252	256.50
B	264	260	259	265	262.00
C	256	258	260	251	256.25
평균	259	258	260	256	258.25

$$\text{SST} = \sum_{i=1}^{3}\sum_{j=1}^{3}\sum_{k=1}^{9}(x_{ijk} - \bar{\bar{x}})^2$$
$$= (265 - 258.25)^2 + (243 - 258.25)^2 + \cdots$$
$$+ (261 - 258.25)^2 = 13060.25$$
$$\text{SS}_A = (9 \times 3)\sum_{j=1}^{4}(\bar{x}_{\cdot j} - \bar{\bar{x}})^2$$
$$= 27[(259 - 258.25)^2 + (258 - 258.25)^2$$
$$+ (260 - 258.25)^2 + (256 - 258.25)^2] = 236.25$$

$$\text{SS}_B = (9 \times 4)\sum_{i=1}^{3}(\bar{x}_{i\cdot} - \bar{\bar{x}})^2$$
$$= 36[(256.5 - 258.25)^2 + (262 - 258.25)^2$$
$$+ (256.25 - 258.25)^2] = 760.5$$
$$\text{SS}_{AB} = 9\sum_{i=1}^{3}\sum_{j=1}^{4}(\bar{x}_{ij} - \bar{x}_{i\cdot} - \bar{x}_{\cdot j} + \bar{\bar{x}})^2$$
$$= 9[(257 - 256.5 - 259 + 258.25)^2$$
$$+ (256 - 256.5 - 258 + 258.25)^2$$
$$+ \cdots + (260 - 256.25 - 260 + 258.25)^2$$
$$+ (251 - 256.25 - 256 + 258.25)^2]$$
$$= 769.5$$
$$\text{SSE} = \text{SST} - \text{SS}_A - \text{SS}_B - \text{SS}_{AB}$$
$$= 13060.25 - 236.25 - 760.5 - 769.5 = 11294$$

그러므로 각 변동에 대한 평균제곱은 다음과 같다.

$$\text{MS}_A = \frac{236.25}{3} = 78.75, \quad \text{MS}_B = \frac{760.5}{2} = 380.25,$$
$$\text{MS}_{AB} = \frac{769.5}{3 \times 2} = 128.25, \quad \text{MSE} = \frac{11294}{108 - 4 \times 3} \approx 117.65$$

선수(요인 A), 브랜드(요인 B), 상호작용의 변동 요인에 대한 기각역은 각각 $F > f_{0.05}(3, 96) = 2.7$, $F > f_{0.05}(2, 96) = 3.09$, $F > f_{0.05}(6, 96) = 2.19$이므로 이원분산분석표는 다음과 같다.

변동 요인	자유도	제곱합	평균제곱	F-통계량	기각역
요인 A	3	236.25	78.75	0.669	2.7
요인 B	2	760.5	380.25	3.23	3.09
상호작용	6	769.5	128.25	1.09	2.19
오차	96	11294	117.65	–	–
합계	107	13060.25	–	–	–

(a) $f_0 = 0.669$가 기각역 안에 놓이지 않으므로 선수별 평균 비거리는 동일하다고 할 수 있다.

(b) $f_0 = 3.23$이 기각역 안에 놓이므로 브랜드별 평균 비거리는 동일하다고 할 수 없다.

(c) $f_0 = 1.09$가 기각역 안에 놓이지 않으므로 브랜드와 선수는 상호작용이 없다고 할 수 있다.

1.

블록	처리				블록 평균 $(\overline{x}_{i.})$
	금강	낙동강	영산강	한강	
2014	1	2.3	0.7	1.2	1.3
2015	1	2.2	0.9	1.3	1.35
2016	0.9	2	0.9	1.3	1.275
2017	0.8	2	0.8	1.1	1.175
2018	0.9	2	0.9	1.2	1.25
처리 평균$(\overline{x}_{.j})$	0.92	2.1	0.84	1.22	1.27

기본 표로부터 제곱합을 구하면 다음과 같다.

$$\text{SST} = \sum_{i=1}^{5}\sum_{j=1}^{4}(x_{ij} - 1.27)^2$$
$$= (1 - 1.27)^2 + (2.3 - 1.27)^2 + \cdots + (1.2 - 1.27)^2$$
$$= 5.162$$

$$\text{SSTR} = 5\sum_{j=1}^{4}(\overline{x}_{.j} - 1.27)^2$$
$$= 5[(0.92 - 1.27)^2 + (2.1 - 1.27)^2 + (0.84 - 1.27)^2$$
$$+ (1.22 - 1.27)^2] = 4.994$$

$$\text{SSB} = 4\sum_{i=1}^{5}(\overline{x}_{i.} - 1.27)^2$$
$$= 4[(1.3 - 1.27)^2 + (1.35 - 1.27)^2 + (1.275 - 1.27)^2$$
$$+ (1.175 - 1.27)^2 + (1.25 - 1.27)^2] = 0.067$$

$$\text{SSE} = \text{SST} - \text{SSTR} - \text{SSB} = 5.162 - 4.994 - 0.067 = 0.101$$

그러므로 각 변동에 대한 평균제곱은 다음과 같다.

$$\text{MST} = \frac{4.994}{3} \approx 1.66, \quad \text{MSB} = \frac{0.067}{4} \approx 0.017,$$
$$\text{MSE} = \frac{0.101}{3 \times 4} \approx 0.0084$$

이로부터 다음 확률화 블록 분산분석표를 작성한다.

변동 요인	자유도	제곱합	평균제곱	F-통계량
처리간 변동	3	4.994	1.66	197.62
블록간 변동	4	0.067	0.017	2.024
오차(그룹내)	12	0.101	0.0084	–
합계	19	5.163	–	–

처리의 평균에 대한 기각역은 $F > f_{0.05}(3, 12) = 3.49$이고 $f_0 =$

197.62는 기각역 안에 놓이므로 처리간에 평균의 차이가 있다고 할 수 있다. 반면 블록의 평균에 대한 기각역은 $F > f_{0.05}(4, 12) = 3.26$이고 $f_0 = 2.024$는 기각역 안에 놓이지 않으므로 블록간에 평균의 차이는 없다. 즉, 4대강의 평균 BOD 농도는 차이가 있지만 연도별 평균 BOD 농도는 같다고 할 수 있다.

2. 요인별 귀무가설과 대립가설은 각각 다음과 같다.

① 시청률에 따른 평균 구매력에 대한 검정
  - 귀무가설 H_0 : 시청률에 따라 평균 구매력이 동일하다.
  - 대립가설 H_1 : 모두가 같은 것은 아니다.

② 성별에 따른 평균 구매력에 대한 검정
  - 귀무가설 H_0 : 성별에 따라 평균 구매력이 동일하다.
  - 대립가설 H_1 : 모두가 같은 것은 아니다.

③ 시청률과 성별의 상호작용에 대한 검정
  - 귀무가설 H_0 : 시청률과 성별의 상호작용은 없다.
  - 대립가설 H_1 : 시청률과 성별의 상호작용이 있다.

성별 \ 시청률	10% 미만	10% 이상 20% 미만	20% 이상	평균
남자	70	76	85	77
여자	82	80	87	83
평균	76	78	86	80

$$\text{SST} = \sum_{i=1}^{2}\sum_{j=1}^{3}\sum_{k=1}^{9}(x_{ijk} - \overline{\overline{x}})^2 = (64 - 80)^2 + (93 - 80)^2$$
$$+ \cdots + (85 - 80)^2 = 7310$$

$$\text{SS}_A = (9 \times 2)\sum_{j=1}^{3}(\overline{x}_{.j} - \overline{\overline{x}})^2 = 18[(76 - 80)^2 + (78 - 80)^2$$
$$+ (86 - 80)^2] = 1008$$

$$\text{SS}_B = (9 \times 3)\sum_{i=1}^{2}(\overline{x}_{i.} - \overline{\overline{x}})^2 = 27[(77 - 80)^2 + (83 - 80)^2] = 486$$

$$\text{SS}_{AB} = 9\sum_{i=1}^{2}\sum_{j=1}^{3}(\overline{x}_{ij} - \overline{x}_{i.} - \overline{x}_{.j} + \overline{\overline{x}})^2$$
$$= 9[(70 - 77 - 76 + 80)^2 + (76 - 77 - 78 + 80)^2$$
$$+ (85 - 77 - 86 + 80)^2 + (82 - 83 - 76 + 80)^2$$
$$+ (80 - 83 - 78 + 80)^2 + (87 - 83 - 86 + 80)^2]$$
$$= 252$$

$$\text{SSE} = \text{SST} - \text{SS}_A - \text{SS}_B - \text{SS}_{AB}$$
$$= 7310 - 1008 - 486 - 252 = 5564$$

그러므로 각 변동에 대한 평균제곱은 다음과 같다.

$$\text{MS}_A = \frac{1008}{2} = 504, \quad \text{MS}_B = \frac{486}{1} = 486,$$

$$\text{MS}_{AB} = \frac{252}{2 \times 1} = 126, \quad \text{MSE} = \frac{5564}{54 - 3 \times 2} \approx 115.92$$

시청률(요인 A), 성별(요인 B), 상호작용의 변동 요인에 대한 기각역은 각각 $F > f_{0.05}(2, 48) = 3.19$, $F > f_{0.05}(1, 48) = 4.04$, $F > f_{0.05}(2, 48) = 3.19$이므로 이원분산분석표는 다음과 같다.

변동 요인	자유도	제곱합	평균제곱	F-통계량	기각역
요인 A	2	1008	504	4.35	3.19
요인 B	1	486	486	4.19	4.04
상호작용	2	252	126	1.09	3.19
오차	48	5564	115.92	−	−
합계	53	7310	−	−	−

(a) $f_0 = 4.35$가 기각역 안에 놓이므로 시청률에 따른 평균 구매력이 동일하다고 할 수 없다.

(b) $f_0 = 4.19$가 기각역 안에 놓이므로 성별에 따른 평균 구매력이 동일하다고 할 수 없다.

(c) $f_0 = 1.09$가 기각역 안에 놓이지 않으므로 시청률과 성별은 상호작용이 없다고 할 수 있다.

|Chapter 14| 회귀분석

개념문제

1. 독립변수(설명변수)
2. 종속변수(반응변수)
3. 회귀분석
4. 회귀방정식
5. 단순회귀분석
6. 단순선형회귀분석
7. y절편, 기울기
8. $\varepsilon \sim N(0, \sigma^2)$
9. 최소제곱직선
10. 최소제곱법, 추정회귀직선
11. 오차(잔차)제곱합(SSE)
12. $n - 2$
13. 평균제곱오차(MSE)
14. 총제곱합(SST)
15. 회귀제곱합(SSR)
16. 결정계수

17. $\dfrac{b_1 - \beta_1}{\sqrt{\dfrac{\text{MSE}}{\sum\limits_{i=1}^{n}(x_i - \bar{x})^2}}} \sim t(n - 2)$

18. $\dfrac{b_0 - \beta_0}{\sqrt{\text{MSE}\left(\dfrac{1}{n} + \dfrac{\bar{x}^2}{\sum\limits_{i=1}^{n}(x_i - \bar{x})^2}\right)}} \sim t(n - 2)$

19. $\dfrac{b_1 - \beta_1}{\sqrt{\dfrac{\text{MSE}}{\sum\limits_{i=1}^{n}(x_i - \bar{x})^2}}} \sim t(n - 2)$

20. $\dfrac{b_0 - \beta_0}{\sqrt{\text{MSE}\left(\dfrac{1}{n} + \dfrac{\bar{x}^2}{\sum\limits_{i=1}^{n}(x_i - \bar{x})^2}\right)}} \sim t(n - 2)$

21. $r = \dfrac{\sum\limits_{i=1}^{n}(x_i - \bar{x})(y_i - \bar{y})}{\sqrt{\sum\limits_{i=1}^{n}(x_i - \bar{x})^2 \sum\limits_{i=1}^{n}(y_i - \bar{y})^2}}$

22. $T = r\sqrt{\dfrac{n - 2}{1 - r^2}} \sim t(n - 2)$

23. $\dfrac{\sqrt{n - 3}}{2}\left(\ln\dfrac{1 + r}{1 - r} - \ln\dfrac{1 + \rho_0}{1 - \rho_0}\right) \approx N(0, 1)$

24. 다중회귀모형
25. 다중회귀식
26. 증가한다.

27. $R_a^2 = 1 - \dfrac{n - 1}{n - k - 1} \times \dfrac{\text{SSE}}{\text{SST}} = 1 - \dfrac{\text{MSE}}{s_{yy}}$

연습문제

1. $S_{xy} = \dfrac{1}{10}\left(283 - \dfrac{1}{11} \times 66 \times 55\right) = -4.7$,

$S_{xx} = \dfrac{1}{10}\left(456 - \dfrac{66^2}{11}\right) = 6$이므로 β_1과 β_0의 추정값은 각각 다음과 같다.

$$b_1 = -\frac{4.7}{6} \approx -0.7833, \quad b_0 = 5 - (-0.7833 \times 6) = 9.6998$$

2. $S_{xy} = \dfrac{1}{5}\left(133 - \dfrac{1}{6} \times 21 \times 33\right) = 3.5$, $S_{xx} = \dfrac{1}{5}\left(91 - \dfrac{21^2}{6}\right) = 3.5$이므로 β_1과 β_0의 추정값은 각각 다음과 같다.

$$b_1 = \frac{3.5}{3.5} = 1, \quad b_0 = y - b_1 x = 5.5 - 1 \times 3.5 = 2$$

3.

번호	x	y	$x - \bar{x}$	$(x - \bar{x})^2$	$y - \bar{y}$	$(x - \bar{x})(y - \bar{y})$
1	1	3	−2	4	−5.8	11.6
2	2	8	−1	1	−0.8	0.8
3	3	6	0	0	−2.8	0
4	4	12	1	1	3.2	3.2
5	5	15	2	4	6.2	12.4
합계	15	44	0	10	0	28

$S_{xy} = \dfrac{28}{4} = 7$, $S_{xx} = \dfrac{10}{4} = 2.5$이므로 β_1과 β_0의 추정값은 각각 다음과 같다.

$$b_1 = \dfrac{7}{2.5} = 2.8, \ b_0 = 8.8 - 2.8 \times 3 = 0.4$$

따라서 회귀방정식은 $\hat{y} = 0.4 + 2.8x$이다.

4.

번호	x	y	$x - \bar{x}$	$(x - \bar{x})^2$	$y - \bar{y}$	$(x - \bar{x})(y - \bar{y})$
1	1	15	−2	4	6.2	−12.4
2	2	12	−1	1	3.2	−3.2
3	3	6	0	0	−2.8	0
4	4	8	1	1	−0.8	−0.8
5	5	3	2	4	−5.8	−11.6
합계	15	44	0	10	0	−28

$S_{xy} = -\dfrac{28}{4} = -7$, $S_{xx} = \dfrac{10}{4} = 2.5$이므로 β_1과 β_0의 추정값은 각각 다음과 같다.

$$b_1 = -\dfrac{7}{2.5} = -2.8, \ b_0 = 8.8 - (-2.8 \times 3) = 17.2$$

따라서 회귀방정식은 $\hat{y} = 17.2 - 2.8x$이다.

5.

번호	x	y	$x - \bar{x}$	$y - \bar{y}$	$(x - \bar{x})^2$	$(y - \bar{y})^2$	$(x - \bar{x})(y - \bar{y})$
1	1	5	−2	2	4	4	−4
2	2	2	−1	−1	1	1	1
3	3	4	0	1	0	1	0
4	4	3	1	0	1	0	0
5	5	1	2	−2	4	4	−4
합계	15	15	0	0	10	10	−7

(a) $\text{SSE} = (n-1)(S_{yy} - b_1 S_{xy}) = 5.1$

(b) $\text{SST} = \sum_{i=1}^{n}(y_i - \bar{y})^2 = 10$

(c) $\text{SSR} = \text{SST} - \text{SSE} = 4.9$

(d) $R^2 = \dfrac{\text{SSR}}{\text{SST}} = 0.49$

6.

번호	x	y	$x - \bar{x}$	$y - \bar{y}$	$(x - \bar{x})^2$	$(y - \bar{y})^2$	$(x - \bar{x})(y - \bar{y})$
1	1	3	−2.5	−2.5	6.25	6.25	6.25
2	2	2	−1.5	−3.5	2.25	12.25	5.25
3	3	4	−0.5	−1.5	0.25	2.25	0.75
4	4	8	0.5	2.5	0.25	6.25	1.25
5	5	7	1.5	1.5	2.25	2.25	2.25
6	6	9	2.5	3.5	6.25	12.25	8.75
합계	21	33	0	0	17.5	41.5	24.5

(a) $\text{SSE} = (n-1)(S_{yy} - b_1 S_{xy}) = 7.2$

(b) $\text{SST} = \sum_{i=1}^{n}(y_i - \bar{y})^2 = 41.5$

(c) $\text{SSR} = \text{SST} - \text{SSE} = 34.3$

(d) $R^2 = \dfrac{\text{SSR}}{\text{SST}} \approx 0.8265$

7.

변동 요인	자유도	제곱합	평균제곱	F-통계량
회귀	1	SSR	$\text{MSR} = \dfrac{\text{SSR}}{1}$	$F = \dfrac{\text{MSR}}{\text{MSE}}$
오차	$n - 2$	SSE	$\text{MSE} = \dfrac{\text{SSE}}{n-2}$	−
합계	$n - 1$	SST	−	−

8. $b_1 = \dfrac{4666}{3760} \approx 1.241$, $b_0 = 50 - 1.241 \times 27 = 16.493$

(a) $S_{xx} = \dfrac{3760}{29} \approx 129.655$, $S_{yy} = \dfrac{15846}{29} \approx 546.414$,

$S_{xy} = \dfrac{4666}{29} \approx 160.897$

$\text{SSE} = 29(546.414 - 1.241 \times 160.897) \approx 10055.484$,

$\text{SST} = 15846$, $\text{SSR} = 15846 - 10055.484 = 5790.516$,

$\text{MSE} = \dfrac{10055.484}{28} \approx 359.124$, $f_0 = \dfrac{5790.516}{359.124} \approx 16.124$이므로 분산분석표는 다음과 같다.

변동 요인	자유도	제곱합	평균제곱	F-통계량
회귀	1	5790.516	5790.516	16.124
오차	28	10055.484	359.124	−
합계	29	15846	−	−

(b) b_1의 표준오차는 $\sqrt{\dfrac{359.124}{3760}} \approx 0.309$, b_0의 표준오차는

$\sqrt{359.124\left(\dfrac{1}{30}+\dfrac{27^2}{3760}\right)}\approx 9.033$이고 b_1의 T-통계량은 $\dfrac{1.241}{0.309}$ ≈ 4.016, b_0의 T-통계량은 $\dfrac{16.493}{9.033}\approx 1.826$이다.

$t_{0.025}(28)=2.048$이므로 95% 신뢰구간은 각각 다음과 같다.

b_1의 신뢰구간: $1.241\pm 2.048\times 0.309\approx 0.608, 1.874$에서 $(0.608, 1.874)$

b_0의 신뢰구간: $16.493\pm 2.048\times 9.033\approx -2.007, 34.993$에서 $(-2.007, 34.993)$

회귀계수 추정표는 다음과 같다.

변동 요인	계수	표준오차	t-통계량	하위 95%	상위 95%
Y절편	16.493	9.033	1.826	-2.007	34.993
X	1.241	0.309	4.016	0.608	1.874

9. $b_1=-\dfrac{164}{110}=-1.49091$, $b_0=7-(-1.49091\times 8)\approx 18.9273$이다.

(a) $S_{xx}=\dfrac{110}{10}=11$, $S_{yy}=\dfrac{254}{10}=25.4$, $S_{xy}=-\dfrac{164}{10}=-16.4$,

SSE $=10[25.4-(-1.49091)\times(-16.4)]\approx 9.491$, SST $=254$,

SSR $=254-9.491=244.509$, MSE $=\dfrac{9.491}{9}\approx 1.0546$, $f_0=$

$\dfrac{244.509}{1.0546}\approx 231.85$이므로 분산분석표는 다음과 같다.

변동 요인	자유도	제곱합	평균제곱	F-통계량
회귀	1	244.509	244.509	231.85
오차	9	9.491	1.0546	—
합계	10	254	—	—

(b) b_1의 표준오차는 $\sqrt{\dfrac{1.0546}{110}}\approx 0.098$, b_0의 표준오차는

$\sqrt{1.0546\left(\dfrac{1}{11}+\dfrac{8^2}{110}\right)}\approx 0.8423$이고 b_1의 T-통계량은

$-\dfrac{1.49091}{0.098}\approx -15.213$, b_0의 T-통계량은 $\dfrac{18.9273}{0.8423}\approx 22.471$이다.

$t_{0.025}(9)=2.262$이므로 95% 신뢰구간은 각각 다음과 같다.

b_1의 신뢰구간: $-1.49091\pm 2.262\times 0.098\approx -1.7126, -1.2692$에서 $(-1.7126, -1.2692)$

b_0의 신뢰구간: $18.9273\pm 2.262\times 0.8423\approx 17.022, 20.8326$에서 $(17.022, 20.8326)$

회귀계수 추정표는 다음과 같다.

변동 요인	계수	표준오차	t-통계량	하위 95%	상위 95%
Y절편	18.9273	0.8423	22.471	17.022	20.8326
X	-1.4909	0.098	-15.213	-1.7126	-1.2692

10.

번호	x	y	$x-\bar{x}$	$y-\bar{y}$	$(x-\bar{x})^2$	$(y-\bar{y})^2$	$(x-\bar{x})(y-\bar{y})$
1	14	8	-8	-6	64	36	48
2	16	10	-6	-4	36	16	24
3	19	13	-3	-1	9	1	3
4	22	15	0	1	0	1	0
5	25	18	3	4	9	16	12
6	28	18	6	4	36	16	24
7	30	16	8	2	64	4	16
합계	154	98	0	0	218	90	127

$\bar{x}=22$, $\bar{y}=14$, $b_1=\dfrac{127}{218}=0.582569$, $b_0=14-0.582569\times 22=1.183482$

(a) $\hat{y}=1.183482+0.582569x$

(b) 기울기가 양수이므로 퇴비 사용량이 증가하면 생산량도 늘어난다.

(c) $S_{xx}=\dfrac{218}{6}\approx 36.3333$, $S_{yy}=\dfrac{90}{6}=15$, $S_{xy}=\dfrac{127}{6}\approx 21.16667$,

SSE $=6(15-0.582569\times 21.16667)\approx 16.01376$에서

MSE $=\dfrac{16.01376}{5}\approx 3.20275$이다.

(d) SST $=90$, SSR $=90-16.01376=73.98624$에서

$R^2=\dfrac{73.98624}{90}\approx 0.82207$이다.

(e)

변동 요인	자유도	제곱합	평균제곱	F-통계량
회귀	1	73.98624	73.98624	23.1008
오차	5	16.01376	3.20275	—
합계	6	90	—	—

(f) 검정통계량의 관찰값 $f_0=23.1008$이 기각역 $F>f_{0.05}(1, 5)=6.61$ 안에 놓이므로 H_0을 기각한다. 즉, 두 변수 사이에 선형관계가 있다고 할 수 있다.

11.

번호	x	y	$x-\bar{x}$	$y-\bar{y}$	$(x-\bar{x})^2$	$(y-\bar{y})^2$	$(x-\bar{x})(y-\bar{y})$
1	0.0	0.8	−1.5	−1.2	2.25	1.44	1.80
2	1.0	1.3	−0.5	−0.7	0.25	0.49	0.35
3	1.5	1.7	0.0	−0.3	0.00	0.09	0.00
4	1.8	2.5	0.3	0.5	0.09	0.25	0.15
5	2.2	2.9	0.7	0.9	0.49	0.81	0.63
6	2.5	2.8	1.0	0.8	1.00	0.64	0.80
합계	9	12	0	0	4.08	3.72	3.73

$\bar{x} = 1.5$, $\bar{y} = 2$, $b_1 = \dfrac{3.73}{4.08} \approx 0.914216$, $b_0 = 2 - 0.914216 \times 1.5 = 0.628676$

(a) $\hat{y} = 0.628676 + 0.914216x$

(b) 기울기가 양수이므로 광고비가 증가하면 입학 경쟁률도 높아진다.

(c) $S_{xx} = \dfrac{4.08}{5} = 0.816$, $S_{yy} = \dfrac{3.72}{5} = 0.744$, $S_{xy} = \dfrac{3.73}{5} = 0.746$, SSE $= 5(0.744 - 0.914216 \times 0.746) \approx 0.309974$에서

MSE $= \dfrac{0.309974}{4} \approx 0.077494$이다.

(d) SST $= 3.72$, SSR $= 3.72 - 0.309974 = 3.410026$에서 $R^2 = \dfrac{3.410026}{3.72} \approx 0.9167$이다.

(e)

변동 요인	자유도	제곱합	평균제곱	F−통계량
회귀	1	3.410026	3.410026	44.004
오차	4	0.309974	0.077494	−
합계	5	3.72	−	−

(f) 검정통계량의 관찰값 $f_0 = 44.004$가 기각역 $F > f_{0.05}(1, 4) = 7.71$ 안에 놓이므로 H_0을 기각한다. 즉, 두 변수 사이에 선형 관계가 있다고 할 수 있다.

12.

번호	x	y	$x-\bar{x}$	$y-\bar{y}$	$(x-\bar{x})^2$	$(y-\bar{y})^2$	$(x-\bar{x})(y-\bar{y})$
1	3	9.3	−1.5	−1.7	2.25	2.89	2.55
2	3.5	9.5	−1	−1.5	1	2.25	1.5
3	4	9.9	−0.5	−1.1	0.25	1.21	0.55
4	4.5	11.2	0	0.2	0	0.04	0
5	5	12.4	0.5	1.4	0.25	1.96	0.7
6	5.5	12.4	1	1.4	1	1.96	1.4
7	6	12.3	1.5	1.3	2.25	1.69	1.95
합계	31.5	77	0	0	7	12	8.65

$\bar{x} = 4.5$, $\bar{y} = 11$, $b_1 = \dfrac{8.65}{7} \approx 1.235714$, $b_0 = 11 - 1.235714 \times 4.5 = 5.439287$,

$S_{xx} = \dfrac{7}{6} \approx 1.16667$, $S_{yy} = \dfrac{12}{6} = 2$, $S_{xy} = \dfrac{8.65}{6} \approx 1.441667$,

SSE $= 6(2 - 1.235714 \times 1.441667) \approx 1.311071$,

MSE $= \dfrac{1.311071}{5} \approx 0.262214$, $t_{0.025}(5) = 2.571$을 이용하여 95% 신뢰구간을 구한다.

(a) $1.235714 \pm 2.571\sqrt{\dfrac{0.262214}{7}} \approx 0.738$, 1.733이므로 β_1에 대한 95% 신뢰구간은 $(0.738, 1.733)$이다.

(b) $5.439287 \pm 2.571\sqrt{0.262214\left(\dfrac{1}{7} + \dfrac{4.5^2}{7}\right)} \approx 3.145$, 7.733이므로 β_0에 대한 95% 신뢰구간은 $(3.145, 7.733)$이다.

13.

번호	x	y	$x-\bar{x}$	$y-\bar{y}$	$(x-\bar{x})^2$	$(y-\bar{y})^2$	$(x-\bar{x})(y-\bar{y})$
1	175	3.9	−185	−5.1	34225	26.01	943.5
2	190	4.7	−170	−4.3	28900	18.49	731
3	215	8.8	−145	−0.2	21025	0.04	29
4	240	5.7	−120	−3.3	14400	10.89	396
5	325	8.1	−35	−0.9	1225	0.81	31.5
6	365	11.9	5	2.9	25	8.41	14.5
7	435	12.4	75	3.4	5625	11.56	255
8	485	8.6	125	−0.4	15625	0.16	−50
9	550	12.8	190	3.8	36100	14.44	722
10	620	13.1	260	4.1	67600	16.81	1066
합계	3600	90	0	0	224750	107.62	4138.5

$\bar{x} = 360$, $\bar{y} = 9$, $b_1 = \dfrac{4138.5}{224750} \approx 0.018414$,

$b_0 = 9 - 0.018414 \times 360 = 2.37096$,

$S_{xx} = \dfrac{224750}{9} \approx 24972.22$, $S_{yy} = \dfrac{107.62}{9} = 11.95778$,

$S_{xy} = \dfrac{4138.5}{9} \approx 459.8333$, SSE $= 9(11.95778 - 0.018414 \times 459.8333) \approx 31.41369$, MSE $= \dfrac{31.41369}{8} \approx 3.9267$,

$t_{0.025}(8) = 2.306$을 이용하여 95% 신뢰구간을 구한다.

(a) $0.018414 \pm 2.306\sqrt{\dfrac{3.9267}{224750}} \approx 0.0088$, 0.0281이므로 β_1에 대한 95% 신뢰구간은 $(0.0088, 0.0281)$이다.

(b) $2.37096 \pm 2.306\sqrt{3.9267\left(\dfrac{1}{10} + \dfrac{360^2}{224750}\right)} \approx -1.3879$, 6.1298이므로 β_0에 대한 95% 신뢰구간은 $(-1.3879, 6.1298)$이다.

14.

번호	x	y	$x-\bar{x}$	$y-\bar{y}$	$(x-\bar{x})^2$	$(y-\bar{y})^2$	$(x-\bar{x})(y-\bar{y})$
1	2	1989	-4	951	16	904401	-3804
2	3	1205.1	-3	167.1	9	27922.41	-501.3
3	4	1145.4	-2	107.4	4	11534.76	-214.8
4	5	1111.5	-1	73.5	1	5402.25	-73.5
5	5	1041.3	-1	3.3	1	10.89	-3.3
6	6	994.5	0	-43.5	0	1892.25	0
7	6	959.4	0	-78.6	0	6177.96	0
8	7	819	1	-219	1	47961	-219
9	8	819	2	-219	4	47961	-438
10	9	772.2	3	-265.8	9	70649.64	-797.4
11	11	561.6	5	-476.4	25	226957	-2382
합계	66	11418	0	0	70	1350870	-8433.3

$\bar{x}=6$, $\bar{y}=1038$, $b_1=-\dfrac{8433.3}{70} \approx -120.475714$,

$b_0 = 1038 - (-120.475714 \times 6) \approx 1760.854284$,

$S_{xx}=\dfrac{70}{10} \approx 7$, $S_{yy}=\dfrac{1350870}{10}=135087$, $S_{xy}=-\dfrac{8433.3}{10}=$
-843.33, SSE $= 10\,[135087 - (-120.475714) \times (-843.33)] \approx$
334862.2, MSE $=\dfrac{334862.2}{9} \approx 37206.911$, $t_{0.025}(9)=2.262$를
이용하여 95% 신뢰구간을 구한다.

(a) $-120.475714 \pm 2.262\sqrt{\dfrac{37206.911}{70}} \approx -172.626,\ -68.326$
이므로 β_1에 대한 95% 신뢰구간은 $(-172.626,\ -68.326)$이다.

(b) $1760.854284 \pm 2.262\sqrt{37206.911\left(\dfrac{1}{11}+\dfrac{6^2}{70}\right)} \approx 1421.423$,
2100.286이므로 β_0에 대한 95% 신뢰구간은 $(1421.423,$
$2100.286)$이다.

15.

번호	x	y	$x-\bar{x}$	$y-\bar{y}$	$(x-\bar{x})^2$	$(y-\bar{y})^2$	$(x-\bar{x})(y-\bar{y})$
1	6.1	13783	-4.98	-4293	24.8004	18429849	21379.14
2	7.6	20870	-3.48	2794	12.1104	7806436	-9723.12
3	11	24264	-0.08	6188	0.0064	38291344	-495.04
4	14.3	16854	3.22	-1222	10.3684	1493284	-3934.84
5	16.4	14609	5.32	-3467	28.3024	12020089	-18444.4
합계	55.4	90380	0	0	75.588	78041002	-11218.3

$\bar{x}=11.08$, $\bar{y}=18076$, $b_1=-\dfrac{11218.3}{75.588} \approx -148.414$,

$b_0 = 18076 - (-148.414 \times 11.08) \approx 19720.43$,

$S_{xx}=\dfrac{75.588}{4}=18.897$, $S_{yy}=\dfrac{78041002}{4}=19510250.5$,

$S_{xy}=-\dfrac{11218.3}{4}=-2804.575$,

SSE $= 4[19510250.5 - (-148.414) \times (-2804.575)]$
$= 76376049.22$,

MSE $=\dfrac{76376049.22}{3} \approx 25458683.07$, $t_{0.025}(3)=3.182$를 이용
하여 95% 신뢰구간을 구한다.

(a) $-148.414 \pm 3.182\sqrt{\dfrac{25458683.07}{75.588}} \approx -1995.09,\ 1698.26$이
므로 β_1에 대한 95% 신뢰구간은 $(-1995.09,\ 1698.26)$이다.

(b) $19720.43 \pm 3.182\sqrt{25458683.07\left(\dfrac{1}{5}+\dfrac{11.08^2}{75.588}\right)} \approx -1964.03$,
41404.89이므로 β_0에 대한 95% 신뢰구간은 $(-1964.03,\ 41404.89)$
이다.

16.

번호	x	y	$x-\bar{x}$	$y-\bar{y}$	$(x-\bar{x})^2$	$(y-\bar{y})^2$	$(x-\bar{x})(y-\bar{y})$
1	56.2	122	-7.8	-10	60.84	100	78
2	57.5	125	-6.5	-7	42.25	49	45.5
3	62.4	128	-1.6	-4	2.56	16	6.4
4	64.2	130	0.2	-2	0.04	4	-0.4
5	65.5	133	1.5	1	2.25	1	1.5
6	66.3	141	2.3	9	5.29	81	20.7
7	68.1	131	4.1	-1	16.81	1	-4.1
8	71.8	146	7.8	14	60.84	196	109.2
합계	512	1056	0	0	190.88	448	256.8

$\bar{x}=64$, $\bar{y}=132$, $b_1=\dfrac{256.8}{190.88} \approx 1.345348$,

$b_0 = 132 - 1.345348 \times 64 \approx 45.89773$,

$S_{x.x}=\dfrac{190.88}{7} \approx 27.26857$, $S_{yy}=\dfrac{448}{7}=64$,

$S_{xy}=\dfrac{256.8}{7} \approx 36.68571$,

SSE $= 7(64 - 1.345348 \times 36.68571) \approx 102.51467$,

MSE $=\dfrac{102.51467}{6} \approx 17.0858$, $t_{0.025}(6)=2.447$을 이용하여
95% 신뢰구간을 구한다.

(a) $1.345348 \pm 2.447\sqrt{\dfrac{17.0858}{190.88}} \approx 0.61325,\ 2.07745$이므로 β_1에 대한 95% 신뢰구간은 $(0.61325,\ 2.07745)$이다.

(b) $45.89773 \pm 2.447\sqrt{17.0858\left(\dfrac{1}{8} + \dfrac{64^2}{190.88}\right)} \approx -1.0930,$ 92.8885이므로 β_0에 대한 95% 신뢰구간은 $(-1.0930,\ 92.8885)$이다.

17. (a) 대립가설은 $H_1 : \beta_0 \neq 3$이고 기각역은 $T < -t_{0.025}(5) = -2.571$, $T > t_{0.025}(5) = 2.571$이며 검정통계량의 관찰값

$t_0 = \dfrac{5.439287 - 3}{\sqrt{0.262214\left(\dfrac{1}{7} + \dfrac{4.5^2}{7}\right)}} \approx 2.73$이 기각역 안에 놓이므로 H_0을 기각한다. 즉, $\beta_0 = 3$이라 할 근거가 충분하지 않다.

(b) 대립가설은 $H_1 : \beta_1 \neq 1$이고 기각역은 $T < -t_{0.025}(5) = -2.571$, $T > t_{0.025}(5) = 2.571$이며 검정통계량의 관찰값

$t_0 = \dfrac{1.235714 - 1}{\sqrt{\dfrac{0.262214}{7}}} \approx 1.218$이 기각역 안에 놓이지 않으므로 H_0을 기각할 수 없다. 즉, $\beta_1 = 1$이라 할 근거는 충분하다.

18. (a) 대립가설은 $H_1 : \beta_0 \neq 2$이고 기각역은 $T < -t_{0.025}(8) = -2.306$, $T > t_{0.025}(8) = 2.306$이며 검정통계량의 관찰값

$t_0 = \dfrac{2.37096 - 2}{\sqrt{3.9267\left(\dfrac{1}{10} + \dfrac{360^2}{224750}\right)}} \approx 0.2276$이 기각역 안에 놓이지 않으므로 H_0을 기각하지 않는다. 즉, $\beta_0 = 2$라 할 근거는 충분하다.

(b) 대립가설은 $H_1 : \beta_1 \neq 0$이고 기각역은 $T < -t_{0.025}(8) = -2.306$, $T > t_{0.025}(8) = 2.306$이며 검정통계량의 관찰값

$t_0 = \dfrac{0.018414}{\sqrt{\dfrac{3.9267}{224750}}} \approx 4.405$가 기각역 안에 놓이므로 H_0을 기각한다. 즉, $\beta_1 = 0$이라 할 근거가 충분하지 않다.

19. (a) 대립가설은 $H_1 : \beta_0 < 2100$이고 기각역은 $T < -t_{0.05}(9) = -1.833$이며 검정통계량의 관찰값

$t_0 = \dfrac{1760.854284 - 2100}{\sqrt{37206.911\left(\dfrac{1}{11} + \dfrac{6^2}{70}\right)}} \approx -2.26$이 기각역 안에 놓이므로 H_0을 기각한다. 즉, $\beta_0 \geq 2100$이라 할 근거가 충분하지 않다.

(b) 대립가설은 $H_1 : \beta_1 > -150$이고 기각역은 $T > t_{0.05}(9) = 1.833$이며 검정통계량의 관찰값

$t_0 = \dfrac{-120.475714 - (-150)}{\sqrt{\dfrac{37206.911}{70}}} \approx 1.28$이 기각역 안에 놓이지 않

으므로 H_0을 기각할 수 없다. 즉, $\beta_1 \leq -150$이라 할 근거는 충분하다.

20. (a) 대립가설은 $H_1 : \beta_0 \neq 30000$이고 기각역은 $T < -t_{0.025}(3) = -3.182$, $T > t_{0.025}(3) = 3.182$이며 검정통계량의 관찰값 $t_0 = \dfrac{19720.43 - 30000}{\sqrt{25458683.07\left(\dfrac{1}{5} + \dfrac{11.08^2}{75.588}\right)}} \approx -1.508$이 기각역 안에 놓이지 않으므로 H_0을 기각할 수 없다. 즉, $\beta_0 = 30000$이라 할 근거는 충분하다.

(b) 대립가설은 $H_1 : \beta_1 < -150$이고 기각역은 $T < -t_{0.05}(3) = -2.353$이며 검정통계량의 관찰값

$t_0 = \dfrac{-148.414 - (-150)}{\sqrt{\dfrac{25458683.07}{75.588}}} \approx 0.0027$이 기각역 안에 놓이지 않으므로 H_0을 기각할 수 없다. 즉, $\beta_1 \geq -150$이라 할 근거가 충분하다.

21. (a) 대립가설은 $H_1 : \beta_0 \neq 0$이고 기각역은 $T < -t_{0.025}(6) = -2.447$, $T > t_{0.025}(6) = 2.447$이며 검정통계량의 관찰값

$t_0 = \dfrac{45.89773}{\sqrt{17.0858\left(\dfrac{1}{8} + \dfrac{64^2}{190.88}\right)}} \approx 2.39$가 기각역 안에 놓이지 않으므로 H_0을 기각할 수 없다. 즉, $\beta_0 = 0$이라 할 근거는 충분하다.

(b) 대립가설은 $H_1 : \beta_1 \neq 0$이고 기각역은 $T < -t_{0.025}(6) = -2.447$, $T > t_{0.025}(6) = 2.447$이며 검정통계량의 관찰값

$t_0 = \dfrac{1.345348}{\sqrt{\dfrac{17.0858}{190.88}}} \approx 4.497$이 기각역 안에 놓이므로 H_0을 기각한다. 즉, $\beta_1 = 0$이라 할 근거가 충분하지 않다.

22.

번호	x	y	$x-\bar{x}$	$y-\bar{y}$	$(x-\bar{x})^2$	$(y-\bar{y})^2$	$(x-\bar{x})(y-\bar{y})$
1	1	0	-2.5	-1	6.25	1	2.5
2	2	1	-1.5	0	2.25	0	0
3	3	1	-0.5	0	0.25	0	0
4	4	2	0.5	1	0.25	1	0.5
5	5	1	1.5	0	2.25	0	0
6	6	1	2.5	0	6.25	0	0
합계	21	6	0	0	17.5	2	3

$\bar{x} = 3.5,\ \bar{y} = 1,\ b_1 = \dfrac{3}{17.5} \approx 0.1714,\ \ b_0 = 1 - 0.1714 \times 3.5 = 0.4001$

(a) $\hat{y} = 0.4001 + 0.1714x$

(b) $S_{xx} = \dfrac{17.5}{5} = 3.5$, $S_{yy} = \dfrac{2}{5} = 0.4$, $S_{xy} = \dfrac{3}{5} = 0.6$이므로

$s_x = \sqrt{3.5} \approx 1.8708$, $s_y = \sqrt{0.4} \approx 0.6325$이고

$r = \dfrac{0.6}{1.8708 \times 0.6325} \approx 0.5071$이다.

(c) 귀무가설과 대립가설은 각각 $H_0 : \rho = 0$, $H_1 : \rho \neq 0$이고 기각역은 $T < -t_{0.025}(4) = -2.776$, $T > t_{0.025}(4) = 2.776$이며 검정통계량의 관찰값 $t_0 = 0.5071 \sqrt{\dfrac{4}{1 - 0.5071^2}} \approx 1.1767$이 기각역 안에 놓이지 않으므로 H_0을 기각할 수 없다. 즉, 고객 수와 판매 대수 사이에 상관관계가 없다.

(d) 귀무가설과 대립가설은 각각 $H_0 : \rho = 0.5$, $H_1 : \rho \neq 0.5$이고 기각역은 $Z < -1.96$, $Z > 1.96$이며 검정통계량의 관찰값 $z_0 = \dfrac{\sqrt{3}}{2}\left(\ln\dfrac{1 + 0.5071}{1 - 0.5071} - \ln\dfrac{1 + 0.5}{1 - 0.5}\right) \approx 0.016$이 기각역 안에 놓이지 않으므로 H_0을 기각할 수 없다. 즉, 모상관계수가 0.5라고 할 수 있다.

23.

번호	x	y	$x - \bar{x}$	$y - \bar{y}$	$(x - \bar{x})^2$	$(y - \bar{y})^2$	$(x - \bar{x})(y - \bar{y})$
1	14	28	−2	−3	4	9	6
2	15	29	−1	−2	1	4	2
3	14	27	−2	−4	4	16	8
4	16	30	0	−1	0	1	0
5	15	33	−1	2	1	4	−2
6	16	30	0	−1	0	1	0
7	17	32	1	1	1	1	1
8	17	33	1	2	1	4	2
9	16	32	0	1	0	1	0
10	18	35	2	4	4	16	8
11	18	34	2	3	4	9	6
12	17	33	1	2	1	4	2
13	16	30	0	−1	0	1	0
14	15	28	−1	−3	1	9	3
합계	224	434	0	0	22	80	36

$\bar{x} = 16$, $\bar{y} = 31$, $b_1 = \dfrac{36}{22} \approx 1.636364$,

$b_0 = 31 - 1.636364 \times 16 \approx 4.8182$

(a) $\hat{y} = 4.8182 + 1.636364x$

(b) $s_{xy} = \dfrac{36}{13} \approx 2.769231$이고 $s_{xx} = 1.69231$, $s_{yy} = 6.15385$에서 $s_x = \sqrt{1.69231} \approx 1.3009$, $s_y = \sqrt{6.15385} \approx 2.4807$이므로 $r = \dfrac{s_{xy}}{s_x s_y} = \dfrac{2.769231}{1.3009 \times 2.4807} \approx 0.8581$이다.

(c) 귀무가설과 대립가설은 각각 $H_0 : \rho = 0$, $H_1 : \rho \neq 0$이고 기각역은 $T < -t_{0.025}(12) = -2.179$, $T > t_{0.025}(12) = 2.179$이며 검정통계량의 관찰값 $t_0 = 0.8581 \sqrt{\dfrac{12}{1 - 0.8581^2}} \approx 5.789$가 기각역 안에 놓이므로 H_0을 기각한다. 즉, 목둘레와 허리둘레 사이에 상관관계는 있다고 할 수 있다.

(d) 귀무가설과 대립가설은 각각 $H_0 : \rho = 0.9$, $H_1 : \rho \neq 0.9$이고 기각역은 $Z < -1.96$, $Z > 1.96$이며 검정통계량의 관찰값 $z_0 = \dfrac{\sqrt{11}}{2}\left(\ln\dfrac{1 + 0.8581}{1 - 0.8581} - \ln\dfrac{1 + 0.9}{1 - 0.9}\right) \approx -0.617$이 기각역 안에 놓이지 않으므로 H_0을 기각할 수 없다. 즉, $\rho = 0.9$라 할 수 있다.

24. (a) $SSE = 1233 - 407 = 826$

(b) $MSE = \dfrac{826}{10 - 2 - 1} = 118$

(c) $MSR = \dfrac{407}{2} = 203.5$ (d) $R^2 = \dfrac{407}{1233} \approx 0.33$

(e) $R_a^2 = 1 - \dfrac{9}{7} \times \dfrac{826}{1233} \approx 0.1387$ (f) $f_0 = \dfrac{203.5}{118} \approx 1.7246$

(g) 기각역은 $F > f_{0.05}(2, 7) = 4.74$이고 $f_0 = 1.7246$이 기각역 안에 놓이지 않으므로 귀무가설을 기각할 수 없다. 즉, $\beta_1 = \beta_2 = 0$이라 할 수 있다.

25. (a) $SSE = 1517 - 20 = 1497$

(b) $MSE = \dfrac{1497}{10 - 2 - 1} \approx 213.86$

(c) $MSR = \dfrac{20}{2} = 10$ (d) $R^2 = \dfrac{20}{1517} \approx 0.0132$

(e) $R_a^2 = 1 - \dfrac{9}{7} \times \dfrac{1497}{1517} \approx -0.2688$

(f) $f_0 = \dfrac{10}{213.86} \approx 0.0468$

(g) 유의수준 5%에서 기각역은 $F > f_{0.05}(2, 7) = 4.74$이고 $f_0 = 0.0468$이 기각역 안에 놓이지 않으므로 귀무가설을 기각할 수 없다. 즉, $\beta_1 = \beta_2 = 0$이라 할 수 있다.

26. (a) $\hat{y} = 1377.22 + 7.5046x_1 - 12.8186x_2$

(b) $R^2 = 0.7472$이므로 $SSR = 0.7472 \times 564078 \approx 421479.08$이고 자유도는 2이다. $SSE = 564078 - 421479.08 = 142598.92$이고 자유도는 9이므로 $MSR = \dfrac{421479.08}{2} = 210739.54$, $MSE = \dfrac{142598.92}{9} \approx 15844.32$

(c)

변동 요인	자유도	제곱합	평균제곱	F-통계량
회귀	2	421479.08	210739.54	13.30063
오차	9	142598.92	15844.32	—
합계	11	564078	—	—

기각역은 $F > f_{0.05}(2, 9) = 4.26$이고 검정통계량의 관찰값 $f_0 = 13.30063$이 기각역 안에 놓이므로 β_1과 β_2 중 적어도 하나는 0이 아니다. 즉, 주어진 회귀모형은 적합성을 갖는다.

(d) 기각역은 $T < -t_{0.025}(9) = -2.262$, $T > t_{0.025}(9) = 2.262$이고 두 회귀계수의 T-통계량은 각각 다음과 같다.

$$\beta_1 \text{의 } T\text{-통계량} = t_1 = \frac{7.5046}{1.741835} \approx 4.308$$

$$\beta_2 \text{의 } T\text{-통계량} = t_2 = -\frac{12.8186}{9.203293} \approx -1.3928$$

귀무가설 $\beta_1 = 0$은 기각하지만 귀무가설 $\beta_2 = 0$은 기각할 수 없으므로 유의미하지 않은 회귀계수는 β_2이다.

27. (a) $\hat{y} = 11.68957 - 0.16735x_1 + 0.004866x_2$

(b) $R^2 = 0.2142$이므로 $\text{SSR} = 0.2142 \times 251.2143 \approx 53.8101$이고 자유도는 2이다. $\text{SSE} = 251.2143 - 53.8101 = 197.4042$이고 자유도는 11이므로 $\text{MSR} = \frac{53.8101}{2} = 26.90505$, $\text{MSE} = \frac{197.4042}{11} \approx 17.94584$

(c)

변동 요인	자유도	제곱합	평균제곱	F-통계량
회귀	2	53.8101	26.90505	1.499236
오차	11	197.4042	17.94584	—
합계	13	251.2143	—	—

기각역은 $F > f_{0.05}(2, 11) = 3.98$이고 검정통계량의 관찰값 $f_0 = 1.499236$이 기각역 안에 놓이지 않으므로 $\beta_1 = \beta_2 = 0$이라 할 수 있다. 즉, 주어진 회귀모형은 적합성을 갖지 않는다.

(d) 기각역은 $T < -t_{0.025}(11) = -2.201$, $T > t_{0.025}(11) = 2.201$이고 두 회귀계수의 T-통계량은 각각 다음과 같다.

$$\beta_1 \text{의 } T\text{-통계량} = t_1 = -\frac{0.16735}{0.568812} \approx -0.294$$

$$\beta_2 \text{의 } T\text{-통계량} = t_2 = \frac{0.004866}{0.002817} \approx 1.727$$

두 귀무가설 $\beta_1 = 0$, $\beta_2 = 0$ 모두 기각할 수 없으므로 두 회귀계수 β_1, β_2 모두 유의미하지 않다.

28. (a)

	자유도	제곱합	평균제곱	F 비
회귀	2	4858.328	2429.164	4.408258
잔차	9	4959.436	551.0485	—
합계	11	9817.764	—	—
모수	**계수**	**표준오차**	**t-통계량**	**p-값**
Y절편	158.9534	109.0418	1.45773	크다
월급	1.903221	0.834653	2.280254	작다
생활비	−0.49578	0.251344	−1.97251	크다

(b) 기각역은 $F > f_{0.05}(2, 9) = 4.26$이고 검정통계량의 관찰값 $f_0 = 4.408258$이 기각역 안에 놓이므로 두 기울기 모수 중 적어도 하나는 0이라 할 수 없다. 즉, 저축액은 월급과 생활비 사이에 유의미한 관계가 있다고 할 수 있다.

(c) 기각역은 $T < -t_{0.025}(9) = -2.262$, $T > t_{0.025}(9) = 2.262$이고 두 회귀계수의 T-통계량은 각각 다음과 같다.

$$\beta_1 \text{의 } T\text{-통계량} = t_1 = 2.280254$$

$$\beta_2 \text{의 } T\text{-통계량} = t_2 = -1.97251$$

귀무가설 $\beta_1 = 0$은 기각하지만 귀무가설 $\beta_2 = 0$은 기각할 수 없다. 따라서 저축액에 월급은 유의미하지만 생활비는 유의미하지 않다.

29. (a)

	자유도	제곱합	평균제곱	F 비
회귀	3	22.1381	7.379367	4.085589
잔차	16	28.8991	1.806194	—
합계	19	51.0372	—	—
모수	**계수**	**표준오차**	**t-통계량**	**p-값**
Y절편	−1.10335	5.00798	−0.22032	크다
학점	2.46354	1.154307	2.134216	작다
결석 일수	0.609214	0.422438	1.442138	크다
흥미 지표	−0.38129	0.331152	−1.1514	크다

(b) 기각역은 $F > f_{0.05}(3,\ 16) = 3.24$이고 검정통계량의 관찰값 $f_0 = 4.085589$가 기각역 안에 놓이므로 세 기울기 모수 중 적어도 하나는 0이 아니다. 즉, 수업 만족도는 학점, 출석 일수, 흥미 지표 사이에 유의미한 관계가 있다고 할 수 있다.

(c) 기각역은 $T < -t_{0.025}(16) = -2.12,\ T > t_{0.025}(16) = 2.12$이고 세 회귀계수의 T-통계량은 각각 다음과 같다.

$$\beta_1\text{의 } T\text{-통계량} = t_1 = 2.134216$$

$$\beta_2\text{의 } T\text{-통계량} = t_2 = 1.442138$$

$$\beta_3\text{의 } T\text{-통계량} = t_3 = -1.1514$$

귀무가설 $\beta_1 = 0$은 기각하지만 두 귀무가설 $\beta_2 = 0$, $\beta_3 = 0$은 기각할 수 없다. 따라서 만족도에 학점은 유의미하지만 결석 일수와 흥미 지표는 유의미하지 않다.

30. (a)

	자유도	제곱합	평균제곱	F 비	유의한 F
회귀	2	35291.34	17645.67	23.43039	0.001462
잔차	6	4518.663	753.1104	–	–
합계	8	39810	–	–	–

모수	계수	표준오차	t-통계량	p-값
Y절편	50.43947	24.40802	2.066512	0.084293
광고비	43.4092	8.340705	5.2045	0.002006
설비 투자비	1.668864	1.987331	0.839751	0.433228

회귀모형은 $\hat{y} = 50.43947 + 43.4092x_1 + 1.668864x_2$이다.

(b) $MSE = 753.1104$, $MSR = 17645.67$

(c) p-값 0.001462가 0.05보다 작으므로 H_0을 기각한다. 즉, β_1과 β_2 중 적어도 하나는 0이 아니므로 회귀모형은 적합성을 갖는다.

(d) p-값 0.002006이 0.05보다 작으므로 H_0을 기각한다. 즉, 광고비와 매출액은 선형관계를 갖는다.

(e) p-값 0.433228이 0.05보다 크므로 H_0을 기각할 수 없다. 즉, 설비 투자비와 매출액은 선형관계가 없다.

31. (a)

	자유도	제곱합	평균제곱	F 비	유의한 F
회귀	2	115.1424	57.5712	5.270874	0.040141
잔차	7	76.4576	10.92251	–	–
합계	9	191.6	–	–	–

모수	계수	표준오차	t-통계량	p-값
Y절편	52.90874	39.87016	1.327026	0.226147
아빠 키	0.231241	0.22429	1.030989	0.336846
엄마 키	0.458085	0.172549	2.654804	0.032713

회귀모형은 $\hat{y} = 52.90874 + 0.231241x_1 + 0.458085x_2$이다.

(b) p-값 0.040141이 0.05보다 작으므로 H_0을 기각한다. 즉, β_1과 β_2 중 적어도 하나는 0이 아니므로 회귀모형은 적합성을 갖는다.

(c) p-값 0.336846이 0.05보다 크므로 H_0을 기각할 수 없다. 즉, 아빠 키와 아들 키는 선형관계를 갖지 않는다.

(d) p-값 0.032713이 0.05보다 작으므로 H_0을 기각한다. 즉, 엄마 키와 아들 키는 선형관계가 있다.

32. (a)

	온도	에어컨 수	선풍기 수	단열재 두께	창문 수
온도	1				
에어컨 수	0.942555	1			
선풍기 수	0.696511	0.514627	1		
단열재 두께	−0.21903	−0.23595	−0.3833195	1	
창문 수	0.677444	0.669894	0.44812908	−0.01701	1

(b)

	자유도	제곱합	평균제곱	F 비	유의한 F
회귀	5	659.6512	131.9302	133.6402	0.000154
잔차	4	3.948818	0.987205	–	–
합계	9	663.6	–	–	–

	계수	표준오차	t-통계량	p-값
Y절편	−20.2501	5.666669	−3.57354	0.023302
온도	0.789507	0.306937	2.572213	0.061834
에어컨 수	2.951583	1.015035	2.907864	0.043772
선풍기 수	3.186643	0.801078	3.977942	0.016429
단열재 두께	1.61135	0.258255	6.239385	0.003362
창문 수	−1.38625	0.555694	−2.49462	0.067151

회귀모형은 다음과 같다.

$$\hat{y} = -20.2501 + 0.789507x_1 + 2.951583x_2 + 3.186643x_3$$
$$+ 1.61135x_4 - 1.38625x_5$$

(c) p-값 0.000154가 0.05보다 작으므로 H_0을 기각한다. 즉, 기울기 모수 중에는 0이 아닌 모수가 존재하므로 회귀모형은 적합성을 갖는다.

(d) 온도와 창문 수의 회귀계수에 대한 검정통계량의 p-값이 유의수준 0.05보다 크므로 회귀계수는 0이고 따라서 유의미한 독립변수는 에어컨 수, 선풍기 수, 단열재 두께이다.

(e) 유의미하지 않은 독립변수를 제거한 다중회귀분석 결과는 다음과 같다.

	계수	표준오차	t-통계량	p-값
Y절편	−7.96715	4.299996	−1.85283	0.113345
에어컨 수	4.861061	0.48459	10.03128	0.000057
선풍기 수	4.47167	0.82831	5.398544	0.001666
단열재 두께	1.697408	0.388383	4.37045	0.004717

(f) 유의미한 독립변수인 에어컨 수, 선풍기 수, 단열재 두께에 의한 추정회귀식은 다음과 같다.

$$\hat{y} = -7.96715 + 4.861061x_1 + 4.47167x_2 + 1.697408x_3$$

실전문제

1.

번호	x	y	$x-\bar{x}$	$y-\bar{y}$	$(x-\bar{x})^2$	$(y-\bar{y})^2$	$(x-\bar{x})(y-\bar{y})$
1	40	27	−9.5	−21	90.25	441	199.5
2	41	24	−8.5	−24	72.25	576	204
3	42	26	−7.5	−22	56.25	484	165
4	43	25	−6.5	−23	42.25	529	149.5
5	44	27	−5.5	−21	30.25	441	115.5
6	45	34	−4.5	−14	20.25	196	63
7	46	32	−3.5	−16	12.25	256	56
8	47	37	−2.5	−11	6.25	121	27.5
9	48	35	−1.5	−13	2.25	169	19.5
10	49	45	−0.5	−3	0.25	9	1.5
11	50	42	0.5	−6	0.25	36	−3
12	51	54	1.5	6	2.25	36	9
13	52	67	2.5	19	6.25	361	47.5
14	53	69	3.5	21	12.25	441	73.5
15	54	64	4.5	16	20.25	256	72
16	55	68	5.5	20	30.25	400	110
17	56	74	6.5	26	42.25	676	169
18	57	66	7.5	18	56.25	324	135
19	58	70	8.5	22	72.25	484	187
20	59	74	9.5	26	90.25	676	247
합계	990	960	0	0	665	6912	2048

$\bar{x} = 49.5$, $\bar{y} = 48$, $b_1 = \dfrac{2048}{665} \approx 3.079699$, $b_0 = 48 - 3.079699 \times 49.5 \approx -104.445$

(a) $\hat{y} = -104.445 + 3.079699x$

(b) 기울기가 양수이므로 연령이 늘어남에 따라 의료비 지출액도 증가한다.

(c) $S_{xx} = \dfrac{665}{19} = 35$, $S_{yy} = \dfrac{6912}{19} \approx 363.7895$, $S_{xy} = \dfrac{2048}{19} \approx 107.7895$, $\text{SSE} = 19(363.7895 - 3.079699 \times 107.7895) \approx 604.7754$에서 $\text{MSE} = \dfrac{604.7754}{18} \approx 33.5986$이다.

(d) $\text{SSR} = 6912 - 604.7754 = 6307.2246$에서 $R^2 = \dfrac{6307.2246}{6912} \approx 0.9125$이다.

(e)

변동 요인	자유도	제곱합	평균제곱	F-통계량
회귀	1	6307.2246	6307.2246	187.723
오차	18	604.7754	33.5986	−
합계	19	6912	−	−

(f) 검정통계량의 관찰값 $f_0 = 187.723$은 기각역 $F > f_{0.05}(1, 18) = 4.41$ 안에 놓이므로 H_0을 기각한다. 즉, 두 변수 사이에 선형관계가 있다고 할 수 있다.

2.

번호	x	y	$x-\bar{x}$	$y-\bar{y}$	$(x-\bar{x})^2$	$(y-\bar{y})^2$	$(x-\bar{x})(y-\bar{y})$
1	4.5	4.1	0.35	−1.55	0.1225	2.4025	−0.5425
2	4.8	4.4	0.65	−1.25	0.4225	1.5625	−0.8125
3	4.0	4.9	−0.15	−0.75	0.0225	0.5625	0.1125
4	4.2	5.2	0.05	−0.45	0.0025	0.2025	−0.0225
5	3.6	6.2	−0.55	0.55	0.3025	0.3025	−0.3025
6	3.2	6.5	−0.95	0.85	0.9025	0.7225	−0.8075
7	4.3	6.7	0.15	1.05	0.0225	1.1025	0.1575
8	4.6	7.2	0.45	1.55	0.2025	2.4025	0.6975
합계	33.2	45.2	0	0	2	9.26	−1.52

$\bar{x} = 4.15$, $\bar{y} = 5.65$, $b_1 = -\dfrac{1.52}{2} = -0.76$, $b_0 = 5.65 - (-0.76 \times 4.15) = 8.804$

(a) $\hat{y} = 8.804 - 0.76x$

(b) $S_{xx} = \dfrac{2}{7} \approx 0.285714$, $S_{yy} = \dfrac{9.26}{7} \approx 1.322857$,

$S_{xy} = -\dfrac{1.52}{7} \approx -0.21714$이므로 $s_x \approx 0.5345$, $s_y \approx 1.15$이고

$r = -\dfrac{0.21714}{0.5345 \times 1.15} \approx -0.3533$이다.

(c) 귀무가설과 대립가설은 각각 $H_0 : \rho = 0$, $H_1 : \rho \neq 0$이고 기각역은 $T < -t_{0.025}(6) = -2.447$, $T > t_{0.025}(6) = 2.447$이며 검정통계량의 관찰값 $t_0 = -0.3533\sqrt{\dfrac{6}{1-(-0.3533)^2}} \approx -0.9251$이 기각역 안에 놓이지 않으므로 H_0을 기각할 수 없다. 즉, 기준금리와 아파트 가격 사이에 상관관계가 없다.

(d) 귀무가설과 대립가설은 각각 $H_0 : \rho = 0.5$, $H_1 : \rho \neq 0.5$이고 기각역은 $Z < -1.96$, $Z > 1.96$이며 검정통계량의 관찰값 $z_0 = \dfrac{\sqrt{5}}{2}\left(\ln\dfrac{1-0.3533}{1+0.3533} - \ln\dfrac{1+0.5}{1-0.5}\right) \approx -2.054$가 기각역 안에 놓이므로 H_0을 기각한다. 즉, $\rho \neq 0.5$라 할 수 있다.

|Chapter 15| 카이제곱검정

개념문제

1. 다항실험   2. 관측도수   3. 기대도수

4. 적합도   5. 적합도 검정

6. $\chi^2 = \displaystyle\sum_{i=1}^{k} \dfrac{(f_i - e_i)^2}{e_i}$ 7. $\chi^2(k-1)$

8. $H_0 : p_1 = p_{10}, p_2 = p_{20}, \cdots, p_k = p_{k0}$

9. 독립성 검정   10. 동질성 검정

11. 두 변수가 서로 관련이 없다.

12. $\hat{e}_{ij} = \dfrac{f_{i.}f_{.j}}{n}$ 13. $\chi^2 = \displaystyle\sum_{i=1}^{r}\sum_{j=1}^{c} \dfrac{(f_{ij} - \hat{e}_{ij})^2}{\hat{e}_{ij}}$

14. $\chi^2((k-1)(c-1))$ 15. $\chi^2 > \chi_\alpha^2((r-1)(c-1))$

16. $\hat{e}_{ij} = \dfrac{f_{i.}f_{.j}}{n}$ 17. $\chi^2 = \displaystyle\sum_{i=1}^{r}\sum_{j=1}^{c} \dfrac{(f_{ij} - \hat{e}_{ij})^2}{\hat{e}_{ij}}$

연습문제

1. 각 광역시의 인터넷 이용률을 p_1, p_2, p_3, p_4, p_5, p_6, p_7이라 하면 귀무가설과 대립가설은 각각 다음과 같다.

$$H_0 : p_1 = p_2 = p_3 = p_4 = p_5 = p_6 = p_7$$

$H_1 : H_0$이 아니다.

범주	관측도수(f_i)	비율(p_i)	기대도수($\hat{e}_i = np_i$)	$f_i - e_i$	$(f_i - e_i)^2$	$\dfrac{(f_i - e_i)^2}{e_i}$
1	8649	0.429	8756.319	−107.319	11517.368	1.315
2	2534	0.128	2612.608	−78.608	6179.218	2.365
3	1370	0.067	1367.537	2.463	6.066	0.004
4	2255	0.108	2204.388	50.612	2561.575	1.162
5	1098	0.051	1040.961	57.039	3253.448	3.125
6	3130	0.151	3082.061	47.939	2298.148	0.746
7	1375	0.066	1347.126	27.874	776.960	0.577
합계	20411	1.000	20411	−	−	9.294

기각역은 $\chi^2 > \chi_{0.05}^2(6) = 12.59$이고 검정통계량의 관찰값 $\chi_0^2 = 9.294$가 기각역 안에 놓이지 않으므로 H_0을 기각할 수 없다. 즉, 광역시별로 인터넷 이용률은 동일하다고 할 수 있다.

2. 귀무가설과 대립가설은 각각 다음과 같다.

$$H_0 : \text{5년 전의 결과와 동일하다.}$$

$$H_1 : H_0\text{이 아니다.}$$

범주	관측도수(f_i)	비율(p_i)	기대도수($\hat{e}_i = np_i$)	$f_i - e_i$	$(f_i - e_i)^2$	$\dfrac{(f_i - e_i)^2}{e_i}$
찬성	66	0.42	50.4	15.6	243.36	4.829
반대	37	0.39	46.8	−9.8	96.04	2.052
무응답	17	0.19	22.8	−5.8	33.64	1.475
합계	120	1.00	120	−	−	8.356

기각역은 $\chi^2 > \chi_{0.025}^2(2) = 7.38$이고 검정통계량의 관찰값 $\chi_0^2 = 8.356$이 기각역 안에 놓이므로 H_0을 기각한다. 즉, 이번 조사 결과가 5년 전의 응답 결과와 동일하다고 할 수 없다.

3. 귀무가설과 대립가설은 각각 다음과 같다.

$$H_0 : \text{2012년의 응답 결과와 동일하다.}$$

$$H_1 : H_0\text{이 아니다.}$$

범주	관측도수(f_i)	비율(p_i)	기대도수($\hat{e}_i = np_i$)	$f_i - e_i$	$(f_i - e_i)^2$	$\dfrac{(f_i - e_i)^2}{e_i}$
만족	124	0.63	126	−2	4	0.032
보통	59	0.31	62	−3	9	0.145
불만족	17	0.06	12	5	25	2.083
합계	200	1.00	200	−	−	2.26

기각역은 $\chi^2 > \chi^2_{0.05}(2) = 5.99$이고 검정통계량의 관찰값 $\chi^2_0 = 2.26$이 기각역 안에 놓이지 않으므로 H_0을 기각할 수 없다. 즉, 이번 조사 결과가 2012년의 응답 결과와 동일하다고 할 수 있다.

4. 귀무가설과 대립가설은 각각 다음과 같다.

H_0 : 2015년의 가구 형태 비율과 동일하다.

H_1 : H_0이 아니다.

범주	관측도수(f_i)	비율(p_i)	기대도수($\hat{e}_i = np_i$)	$f_i - e_i$	$(f_i - e_i)^2$	$\dfrac{(f_i - e_i)^2}{e_i}$
1인	32	0.046	9.2	22.8	519.84	56.50
2인	24	0.138	27.6	-3.6	12.96	0.47
3인	48	0.283	56.6	-8.6	73.96	1.31
4인	66	0.396	79.2	-13.2	174.24	2.20
5인	26	0.112	22.4	3.6	12.96	0.58
6인	4	0.025	5.0	-1	1.00	0.20
합계	200	1.000	200	-	-	61.26

기각역은 $\chi^2 > \chi^2_{0.01}(5) = 15.09$이고 검정통계량의 관찰값 $\chi^2_0 = 61.26$이 기각역 안에 놓이므로 H_0을 기각한다. 즉, 이번 조사 결과가 2015년 고소득층의 가구 형태 비율과 동일하다고 할 수 없다.

5. 귀무가설과 대립가설은 각각 다음과 같다.

H_0 : 요일별 불량률이 동일하다.

H_1 : H_0이 아니다.

범주	관측도수(f_i)	비율(p_i)	기대도수($\hat{e}_i = np_i$)	$f_i - e_i$	$(f_i - e_i)^2$	$\dfrac{(f_i - e_i)^2}{e_i}$
월	38	0.2	27	11	121	4.48
화	25	0.2	27	-2	4	0.15
수	30	0.2	27	3	9	0.33
목	29	0.2	27	2	4	0.15
금	13	0.2	27	-14	196	7.26
합계	135	1	135	-	-	12.37

기각역은 $\chi^2 > \chi^2_{0.05}(4) = 9.49$이고 검정통계량의 관찰값 $\chi^2_0 = 12.37$이 기각역 안에 놓이므로 H_0을 기각한다. 즉, 요일별 불량률이 동일하다고 할 수 없다.

6. 귀무가설과 대립가설은 각각 다음과 같다.

H_0 : 커피 브랜드 선호도와 성별은 독립이다.

H_1 : H_0이 아니다.

성별	범주	관측 도수(f_i)	기대도수($\hat{e}_{ij}$)	$f_{ij} - \hat{e}_{ij}$	$(f_{ij} - \hat{e}_{ij})^2$	$\dfrac{(f_{ij} - \hat{e}_{ij})^2}{\hat{e}_{ij}}$
남자	A	35	44.40	-9.40	88.36	1.99
	B	25	33.30	-8.30	68.89	2.07
	C	60	49.95	10.05	101.00	2.02
	D	65	57.35	7.65	58.52	1.02
여자	A	85	75.60	9.40	88.36	1.17
	B	65	56.70	8.30	68.89	1.21
	C	75	85.05	-10.05	101.00	1.19
	D	90	97.65	-7.65	58.52	0.60
합계		500	500	-	-	11.27

기각역은 $\chi^2 > \chi^2_{0.05}(3) = 7.81$이고 검정통계량의 관찰값 $\chi^2_0 = 11.27$이 기각역 안에 놓이므로 H_0을 기각한다. 즉, 성별과 커피 브랜드 선호도는 서로 관련이 있다고 할 수 있다.

7. 귀무가설과 대립가설은 각각 다음과 같다.

H_0 : 연령대와 대형마트의 선호도는 서로 관련이 없다.

H_1 : 연령대와 대형마트의 선호도는 서로 관련이 있다.

연령	범주	관측 도수(f_i)	기대도수($\hat{e}_{ij}$)	$f_{ij} - \hat{e}_{ij}$	$(f_{ij} - \hat{e}_{ij})^2$	$\dfrac{(f_{ij} - \hat{e}_{ij})^2}{\hat{e}_{ij}}$
20대	A	32	35.1	-3.1	9.61	0.27
	B	39	34.3	4.7	22.09	0.64
	C	36	33.5	2.5	6.25	0.19
	D	27	31.1	-4.1	16.81	0.54
30대	A	26	29.6	-3.6	12.96	0.44
	B	28	28.9	-0.9	0.81	0.03
	C	31	28.3	2.7	7.29	0.26
	D	28	26.2	1.8	3.24	0.12
40대	A	39	34.6	4.4	19.36	0.56
	B	36	33.8	2.2	4.84	0.14
	C	25	33.0	-8.0	64.00	1.94
	D	32	30.6	1.4	1.96	0.06
50대 이상	A	34	31.7	2.3	5.29	0.17
	B	25	31.0	-6.0	36.00	1.16
	C	33	30.2	2.8	7.84	0.26
	D	29	28.1	0.9	0.81	0.03
합계		500	500	-	-	6.81

기각역은 $\chi^2 > \chi^2_{0.05}(9) = 16.92$이고 검정통계량의 관찰값 $\chi^2_0 = 6.81$이 기각역 안에 놓이지 않으므로 H_0을 기각할 수 없다. 즉,

연령대와 대형마트의 선호도는 관계가 없다고 할 수 있다.

8. 귀무가설과 대립가설은 각각 다음과 같다.

$$H_0 : \text{생산 시기와 공장은 서로 관련이 없다.}$$

$$H_1 : \text{생산 시기와 공장은 서로 관련이 있다.}$$

월	범주	관측 도수 (f_i)	기대도수 $(\hat{e}_{ij})$	$f_{ij} - \hat{e}_{ij}$	$(f_{ij} - \hat{e}_{ij})^2$	$\dfrac{(f_{ij} - \hat{e}_{ij})^2}{\hat{e}_{ij}}$
1	A	19	26.04	−7.04	49.5616	1.90
	B	40	34.39	5.61	31.4721	0.92
	C	37	33.08	3.92	15.3664	0.46
	D	26	28.49	−2.49	6.2001	0.22
2	A	30	27.53	2.47	6.1009	0.22
	B	33	36.36	−3.36	11.2896	0.31
	C	31	34.98	−3.98	15.8404	0.45
	D	35	30.13	4.87	23.7169	0.79
3	A	29	26.46	2.54	6.4516	0.24
	B	32	34.95	−2.95	8.7025	0.25
	C	29	33.62	−4.62	21.3444	0.63
	D	34	28.96	5.04	25.4016	0.88
4	A	27	25.61	1.39	1.9321	0.08
	B	39	33.83	5.17	26.7289	0.79
	C	34	32.54	1.46	2.1316	0.07
	D	20	28.03	−8.03	64.4809	2.30
5	A	23	28.60	−5.60	31.3600	1.10
	B	36	37.77	−1.77	3.1329	0.08
	C	38	36.33	1.67	2.7889	0.08
	D	37	31.30	5.70	32.4900	1.04
6	A	31	24.76	6.24	38.9376	1.57
	B	30	32.70	−2.70	7.2900	0.22
	C	33	31.45	1.55	2.4025	0.08
	D	22	27.09	−5.09	25.9081	0.96
합계		745	745.0	−	−	15.64

기각역은 $\chi^2 > \chi^2_{0.05}(15) = 25$이고 검정통계량의 관찰값 $\chi^2_0 = 15.64$가 기각역 안에 놓이지 않으므로 H_0을 기각할 수 없다. 즉, 생산 시기와 공장의 불량 케이스의 개수에 관계가 없다고 할 수 있다.

9. 귀무가설과 대립가설은 각각 다음과 같다.

$$H_0 : \text{학년과 희망 진로는 서로 관련이 없다.}$$

$$H_1 : \text{학년과 희망 진로는 서로 관련이 있다.}$$

학년	범주	관측 도수 (f_i)	기대 도수 $(\hat{e}_{ij})$	$f_{ij} - \hat{e}_{ij}$	$(f_{ij} - \hat{e}_{ij})^2$	$\dfrac{(f_{ij} - \hat{e}_{ij})^2}{\hat{e}_{ij}}$
1학년	대기업	34	29.0	5.0	25.00	0.86
	금융권	25	19.9	5.1	26.01	1.31
	공무원	8	17.3	−9.3	86.49	5.00
	진학	2	3.1	−1.1	1.21	0.39
	미결정	22	21.6	0.4	0.16	0.01
2학년	대기업	31	29.0	2.0	4.00	0.14
	금융권	22	19.9	2.1	4.41	0.22
	공무원	15	17.3	−2.3	5.29	0.31
	진학	4	3.1	0.9	0.81	0.26
	미결정	19	21.6	−2.6	6.76	0.31
3학년	대기업	24	25.5	−1.5	2.25	0.09
	금융권	15	17.5	−2.5	6.25	0.36
	공무원	17	15.3	1.7	2.89	0.19
	진학	3	2.8	0.2	0.04	0.01
	미결정	21	19.0	2.0	4.00	0.21
4학년	대기업	13	18.5	−5.5	30.25	1.64
	금융권	8	12.7	−4.7	22.09	1.74
	공무원	21	11.1	9.9	98.01	8.83
	진학	2	2.0	0.0	0.00	0.00
	미결정	14	13.8	0.2	0.04	0.00
합계		320	320	−	−	21.88

기각역은 $\chi^2 > \chi^2_{0.05}(12) = 21.03$이고 검정통계량의 관찰값 $\chi^2_0 = 21.88$이 기각역 안에 놓이므로 H_0을 기각한다. 즉, 학년과 희망 진로는 서로 관련이 있다고 할 수 있다.

10. 귀무가설과 대립가설은 각각 다음과 같다.

$$H_0 : \text{세 중소기업의 양품과 불량품에 대한 분포가 동일하다.}$$

$$H_1 : H_0 \text{이 아니다.}$$

양품 여부	범주	관측 도수 (f_i)	기대도수 $(\hat{e}_{ij})$	$f_{ij} - \hat{e}_{ij}$	$(f_{ij} - \hat{e}_{ij})^2$	$\dfrac{(f_{ij} - \hat{e}_{ij})^2}{\hat{e}_{ij}}$
양품	A	135	142.8	−7.8	60.84	0.426
	B	195	190.4	4.6	21.16	0.111
	C	146	142.8	3.2	10.24	0.072

양품 여부	범주	관측 도수 (f_i)	기대도수 $(\hat{e}_{ij})$	$f_{ij} - \hat{e}_{ij}$	$(f_{ij} - \hat{e}_{ij})^2$	$\dfrac{(f_{ij} - \hat{e}_{ij})^2}{\hat{e}_{ij}}$
불량품	A	15	7.2	7.8	60.84	8.450
	B	5	9.6	−4.6	21.16	2.204
	C	4	7.2	−3.2	10.24	1.422
합계		500	500	−	−	12.685

기각역은 $\chi^2 > \chi^2_{0.05}(2) = 5.99$이고 검정통계량의 관찰값 $\chi^2_0 = 12.685$가 기각역 안에 놓이므로 H_0을 기각한다. 즉, 세 회사의 양품과 불량품에 대한 분포가 다르다고 할 수 있다.

11. 귀무가설과 대립가설은 각각 다음과 같다.

H_0 : 성별에 따라 선호하는 색깔은 동질성을 갖는다.

H_1 : 성별에 따라 선호하는 색깔은 동질성을 갖지 않는다.

성별	범주	관측 도수 (f_i)	기대 도수 $(\hat{e}_{ij})$	$f_{ij} - \hat{e}_{ij}$	$(f_{ij} - \hat{e}_{ij})^2$	$\dfrac{(f_{ij} - \hat{e}_{ij})^2}{\hat{e}_{ij}}$
남자	빨간색	61	67.8	−6.8	46.24	0.682
	파란색	56	51.0	5.0	25.00	0.490
	노란색	18	31.2	−13.2	174.24	5.585
	갈색	32	32.4	−0.4	0.16	0.005
	보라색	38	32.4	5.6	31.36	0.968
	검은색	35	25.2	9.8	96.04	3.811
여자	빨간색	52	45.2	6.8	46.24	1.023
	파란색	29	34.0	−5.0	25.00	0.735
	노란색	34	20.8	13.2	174.24	8.377
	갈색	22	21.6	0.4	0.16	0.007
	보라색	16	21.6	−5.6	31.36	1.452
	검은색	7	16.8	−9.8	96.04	5.717
합계		400	400	−	−	28.852

기각역은 $\chi^2 > \chi^2_{0.025}(5) = 12.83$이고 검정통계량의 관찰값 $\chi^2_0 = 28.852$가 기각역 안에 놓이므로 H_0을 기각한다. 즉, 성별과 선호하는 색깔 사이에는 동질성이 없다.

12. 귀무가설과 대립가설은 각각 다음과 같다.

H_0 : 연령대별로 선호하는 TV 프로그램은 동질성을 갖는다.

H_1 : 연령대별로 선호하는 TV 프로그램은 동질성을 갖지 않는다.

연령	범주	관측 도수 (f_i)	기대 도수 $(\hat{e}_{ij})$	$f_{ij} - \hat{e}_{ij}$	$(f_{ij} - \hat{e}_{ij})^2$	$\dfrac{(f_{ij} - \hat{e}_{ij})^2}{\hat{e}_{ij}}$
20대	오락	45	25.20	19.80	392.04	15.56
	스포츠	35	33.00	2.00	4.00	0.12
	드라마	18	26.40	−8.40	70.56	2.67
	보도	28	37.80	−9.80	96.04	2.54
	교양	24	27.60	−3.60	12.96	0.47
30대	오락	23	23.52	−0.52	0.27	0.01
	스포츠	38	30.80	7.20	51.84	1.68
	드라마	20	24.64	−4.64	21.53	0.87
	보도	36	35.28	0.72	0.52	0.01
	교양	23	25.76	−2.76	7.62	0.30
40대	오락	22	33.60	−11.60	134.56	4.00
	스포츠	46	44.00	2.00	4.00	0.09
	드라마	38	35.20	2.80	7.84	0.22
	보도	55	50.40	4.60	21.16	0.42
	교양	39	36.80	2.20	4.84	0.13
50대	오락	23	26.88	−3.88	15.05	0.56
	스포츠	24	35.20	−11.20	125.44	3.56
	드라마	30	28.16	1.84	3.39	0.12
	보도	49	40.32	8.68	75.34	1.87
	교양	34	29.44	4.56	20.79	0.71
60대 이상	오락	13	16.80	−3.80	14.44	0.86
	스포츠	22	22.00	0.00	0.00	0.00
	드라마	26	17.60	8.40	70.56	4.01
	보도	21	25.20	−4.20	17.64	0.70
	교양	18	18.40	−0.40	0.16	0.01
합계		750	750	−	−	41.49

기각역은 $\chi^2 > \chi^2_{0.05}(16) = 26.3$이고 검정통계량의 관찰값 $\chi^2_0 = 41.49$가 기각역 안에 놓이므로 H_0을 기각한다. 즉, 연령대별로 선호하는 TV 프로그램은 동질성이 없다.

13. 귀무가설과 대립가설은 각각 다음과 같다.

H_0 : 학년별로 학생회비 지불 비율은 동질성을 갖는다.

H_1 : 학년별로 학생회비 지불 비율은 동질성을 갖지 않는다.

학년	범주	관측 도수 (f_i)	기대 도수 $(\hat{e}_{ij})$	$f_{ij} - \hat{e}_{ij}$	$(f_{ij} - \hat{e}_{ij})^2$	$\dfrac{(f_{ij} - \hat{e}_{ij})^2}{\hat{e}_{ij}}$
1	지불함	58	53.6	4.4	19.36	0.361
	지불 안 함	2	6.4	−4.4	19.36	3.025
2	지불함	51	50.0	1.0	1.00	0.020
	지불 안 함	5	6.0	−1.0	1.00	0.167
3	지불함	54	54.5	−0.5	0.25	0.005
	지불 안 함	7	6.5	0.5	0.25	0.038
4	지불함	46	50.9	−4.9	24.01	0.472
	지불 안 함	11	6.1	4.9	24.01	3.936
합계		234	234	−	−	8.024

기각역은 $\chi^2 > \chi^2_{0.025}(3) = 9.35$이고 검정통계량의 관찰값 $\chi^2_0 =$ 8.024가 기각역 안에 놓이지 않으므로 H_0을 기각할 수 없다. 즉, 학년별로 학생회비를 지불하는 비율이 동일하다고 할 수 있다.

실전문제

1. 귀무가설과 대립가설은 각각 다음과 같다.

H_0 : 월과 일기 일수는 서로 관련이 없다.

H_1 : 월과 일기 일수는 서로 관련이 있다.

월	범주	관측 도수 (f_i)	기대 도수 $(\hat{e}_{ij})$	$f_{ij} - \hat{e}_{ij}$	$(f_{ij} - \hat{e}_{ij})^2$	$\dfrac{(f_{ij} - \hat{e}_{ij})^2}{\hat{e}_{ij}}$
1	구름	23	14.70	8.30	68.8900	4.69
	맑음	6	4.75	1.25	1.5625	0.33
	흐림	2	7.65	−5.65	31.9225	4.17
	강수	5	8.91	−3.91	15.2881	1.72
2	구름	17	15.51	1.49	2.2201	0.14
	맑음	2	5.01	−3.01	9.0601	1.81
	흐림	9	8.07	0.93	0.8649	0.11
	강수	10	9.40	0.60	0.3600	0.04
3	구름	11	17.96	−6.96	48.4416	2.70
	맑음	3	5.81	−2.81	7.8961	1.36
	흐림	17	9.34	7.66	58.6756	6.28
	강수	13	10.89	2.11	4.4521	0.41

월	범주	관측 도수 (f_i)	기대 도수 $(\hat{e}_{ij})$	$f_{ij} - \hat{e}_{ij}$	$(f_{ij} - \hat{e}_{ij})^2$	$\dfrac{(f_{ij} - \hat{e}_{ij})^2}{\hat{e}_{ij}}$
4	구름	15	15.92	−0.92	0.8464	0.05
	맑음	5	5.15	−0.15	0.0225	0.00
	흐림	10	8.28	1.72	2.9584	0.36
	강수	9	9.65	−0.65	0.4225	0.04
5	구름	16	17.15	−1.15	1.3225	0.08
	맑음	7	5.54	1.46	2.1316	0.38
	흐림	8	8.92	−0.92	0.8464	0.09
	강수	11	10.39	0.61	0.3721	0.04
6	구름	17	15.11	1.89	3.5721	0.24
	맑음	3	4.88	−1.88	3.5344	0.72
	흐림	10	7.86	2.14	4.5796	0.58
	강수	7	9.16	−2.16	4.6656	0.51
7	구름	6	19.19	−13.19	173.9761	9.07
	맑음	11	6.20	4.80	23.0400	3.72
	흐림	14	9.98	4.02	16.1604	1.62
	강수	16	11.63	4.37	19.0969	1.64
8	구름	9	19.60	−10.60	112.3600	5.73
	맑음	7	6.33	0.67	0.4489	0.07
	흐림	15	10.19	4.81	23.1361	2.27
	강수	17	11.88	5.12	26.2144	2.21
9	구름	13	17.15	−4.15	17.2225	1.00
	맑음	8	5.54	2.46	6.0516	1.09
	흐림	9	8.92	0.08	0.0064	0.00
	강수	12	10.39	1.61	2.5921	0.25
10	구름	18	15.51	2.49	6.2001	0.40
	맑음	8	5.01	2.99	8.9401	1.78
	흐림	5	8.07	−3.07	9.4249	1.17
	강수	7	9.40	−2.40	5.7600	0.61
11	구름	28	13.88	14.12	199.3744	14.36
	맑음	2	4.49	−2.49	6.2001	1.38
	흐림	0	7.22	−7.22	52.1284	7.22
	강수	4	8.41	−4.41	19.4481	2.31
12	구름	25	16.33	8.67	75.1689	4.60
	맑음	2	5.28	−3.28	10.7584	2.04
	흐림	4	8.49	−4.49	20.1601	2.37
	강수	9	9.90	−0.90	0.8100	0.08
합계		485	485	−	−	93.84

기각역은 $\chi^2 > \chi_{0.05}^2(33) = 47.4$이고 검정통계량의 관찰값 $\chi_0^2 = 93.84$가 기각역 안에 놓이므로 H_0을 기각한다. 즉, 월과 일기 일수는 서로 관련이 있다.

2. 귀무가설과 대립가설은 각각 다음과 같다.

H_0 : 광역시별로 영어 조기교육에 찬성하는 비율은 동질성을 갖는다.

H_1 : 광역시별로 영어 조기교육에 찬성하는 비율은 동질성을 갖지 않는다.

지역	범주	관측 도수 (f_i)	기대 도수 $(\hat{e}_{ij})$	$f_{ij} - \hat{e}_{ij}$	$(f_{ij} - \hat{e}_{ij})^2$	$\dfrac{(f_{ij} - \hat{e}_{ij})^2}{\hat{e}_{ij}}$
서울	찬성	88	81	7	49	0.605
	반대	12	19	−7	49	2.579
부산	찬성	83	81	2	4	0.049
	반대	17	19	−2	4	0.211
대구	찬성	79	81	−2	4	0.049
	반대	21	19	2	4	0.211
울산	찬성	76	81	−5	25	0.309
	반대	24	19	5	25	1.316
광주	찬성	77	81	−4	16	0.198
	반대	23	19	4	16	0.842
대전	찬성	82	81	1	1	0.012
	반대	18	19	−1	1	0.053
세종	찬성	79	81	−2	4	0.049
	반대	21	19	2	4	0.211
인천	찬성	84	81	3	9	0.111
	반대	16	19	−3	9	0.474
합계		800	800	−	−	7.279

기각역은 $\chi^2 > \chi_{0.05}^2(7) = 14.07$이고 검정통계량의 관찰값 $\chi_0^2 = 7.279$가 기각역 안에 놓이지 않으므로 H_0을 기각할 수 없다. 즉, 광역시별로 영어 조기교육에 찬성하는 비율이 동일하다고 할 수 있다.